Binnewies · Glaum · Schmidt · Schmidt

Chemische Transportreaktionen

Michael Binnewies · Robert Glaum · Marcus Schmidt · Peer Schmidt

Chemische Transportreaktionen

DE GRUYTER

Autoren

Prof. Dr. Michael Binnewies
Universität Hannover
Institut für Anorganische Chemie
Callinstr. 9
30167 Hannover
michael.binnewies@aca.uni-hannover.de

Prof. Dr. Robert Glaum
Institut für Anorganische Chemie
der Universität Bonn
Gerhard-Domagk-Str. 1
53121 Bonn
rglaum@uni-bonn.de

Dr. Marcus Schmidt
Max-Planck-Institut
für Chemische Physik fester Stoffe
Nöthnitzer Str. 40
01187 Dresden
mschmidt@cpfs.mpg.de

Prof. Dr. Peer Schmidt
Hochschule Lausitz (FH)
Fachbereich Bio-, Chemie- und
Verfahrenstechnik
Großenhainer Str. 57
01968 Senftenberg
peer.schmidt@hs-lausitz.de

Das Buch enthält 320 Abbildungen und 52 Tabellen.

ISBN 978-3-11-048350-5
e-ISBN 978-3-11-024897-5

Library of Congress Cataloging-in-Publication Data

```
Chemische transportreaktionen / Michael Binnewies ... [et al.].
   p. cm.
   ISBN 978-3-11-048350-5
   1. Reaction mechanisms (Chemistry)    2. Transport theory.
I. Binnewies, Michael.
   QD502.5.C44   2011
   541'.39-dc22
                                               2010036629
```

Bibliografische Information der Deutschen Nationalbibliothek

Die Deutsche Nationalbibliothek verzeichnet diese Publikation in der Deutschen
Nationalbibliografie; detaillierte bibliografische Daten sind im Internet
über http://dnb.d-nb.de abrufbar.

© 2011 by Walter de Gruyter GmbH & Co. KG, 10785 Berlin
Satz: Meta Systems GmbH, Wustermark
Druck und Bindung: Hubert & Co. GmbH & Co. KG, Göttingen
♾ Gedruckt auf säurefreiem Papier
Printed in Germany
www.degruyter.com

Professor Dr. Dr. h.c. *Harald Schäfer*
in Anerkennung seiner fundamentalen Beiträge zum Thema
„Chemische Transportreaktionen" gewidmet.

Vorwort

Das vorliegende Buch hat eine lange Geschichte. Im Jahre 1962 publizierte Professor *Harald Schäfer* eine Monographie mit dem Titel „Chemische Transportreaktionen". In dieser wurde der damalige Kenntnisstand zusammengefasst. Das **Transportbuch** bildete für ein halbes Jahrhundert als viel zitiertes Werk die Grundlage für das Verständnis und die Anwendung Chemischer Transportreaktionen.

Mit dem Erscheinen des Buchs waren die Arbeiten auf diesem Gebiet jedoch keineswegs abgeschlossen. In den folgenden Jahrzehnten wurden zahlreiche weitere Untersuchungen zum Thema publiziert. In ihnen wird eine Vielzahl neuartiger Beispiele für diese Synthesemethode beschrieben. Ein wichtiges Ziel war die Herstellung wohl definierter, reiner Feststoffe, häufig vor dem Hintergrund, deren physikalische Eigenschaften zu untersuchen. Ein anderes Ziel war die Herstellung von Einkristallen für die Kristallstrukturanalyse. Weitere Arbeiten widmeten sich der Weiterentwicklung der Modellvorstellungen. Aufbauend auf den grundlegenden Arbeiten von Professor *Harald Schäfer* wurden wesentliche Fortschritte von Professor *Reginald Gruehn*, Professor *Gernot Krabbes* sowie Professor *Heinrich Oppermann* und deren Arbeitsgruppen erzielt.

Nach seiner Emeritierung fasste *Schäfer* um 1980 den damaligen, gegenüber 1962 wesentlich erweiterten Kenntnisstand in einem neuen Buchmanuskript zusammen. Dieses wurde von *Gruehn* ergänzt, jedoch nicht vollendet. Das große Interesse zahlreicher Kollegen an Chemischen Transportreaktionen, stellvertretend sei hier Professor *Arndt Simon* genannt, hat uns als Schüler von *Schäfer*, *Gruehn* und *Oppermann* bewogen, das Buchprojekt erneut aufzugreifen. Keimbildung und Wachstum des Vorhabens wurden insbesondere von Professor *Rüdiger Kniep* gefördert. Durch seine Gastfreundschaft am Max-Planck-Institut für Chemische Physik fester Stoffe, Dresden wurden regelmäßige Arbeitstreffen möglich. Mit der gewährten Unterstützung, für die wir uns an dieser Stelle besonders bedanken, konnte das **neue Transportbuch** in einem Zeitraum von drei Jahren fertig gestellt werden.

Den Autoren lag die von *Gruehn* erweiterte Fassung des *Schäfer*schen Manuskripts vor. Es diente als Ausgangspunkt für das nun vorliegende Buch. Es wurde von uns in vielfältiger Weise umgestaltet und wesentlich, insbesondere um die einschlägige Literatur der Jahre von 1980 bis 2010 erweitert. So werden erstmals die wichtigsten *Modellvorstellungen*, die zum Verständnis auch komplexer Chemischer Transportexperimente notwendig sind, in einheitlicher Form präsentiert. Das Kapitel *Gasteilchen und ihre Stabilität* soll das Verständnis zum Verhalten anorganischer Stoffe in der Gasphase fördern. Darüber hinaus war es uns ein besonderes Anliegen, die *chemischen* Hintergründe von Transportreaktionen darzustellen und den präparativen Nutzen der Methode möglichst vollständig zu dokumentieren. So wurde beispielsweise der Chemische *Transport von inter-*

metallischen Phasen und der von *Chalkogenidhalogeniden* erstmals systematisch erfasst und beschrieben.

Wir danken Herrn Dr. Werner Marx, Zentrale Informationsvermittlungsstelle der Chemisch-Physikalisch-Technischen Sektion der Max-Planck-Gesellschaft, für die umfassende Literaturrecherche zum Thema. Frau Claudia Schulze, Hannover, sowie den Mitarbeiterinnen der Bibliothek des MPI CPfS danken wir für die Beschaffung von über 2000 Literaturstellen. Frau Friederike Steinbach, Dresden, sei für ihre Mithilfe bei der Gestaltung des Manuskripts gedankt. Unser besonderer Dank gilt darüber hinaus Professor *Heinrich Oppermann* für die kritische Durchsicht des Manuskripts. Herrn Dr. R. Köppe (KIT, Karlsruhe) danken wir für die Mitgestaltung des Abschnitts über „Quantenchemische Berechnung thermodynamischer Daten".

Michael Binnewies, Robert Glaum,
Marcus Schmidt, Peer Schmidt

Hinweise für den Leser

An dieser Stelle sollen einige Hinweise gegeben werden, die dem Leser den Zugang zur Thematik dieses Buchs erleichtern und die Nutzung der sehr umfangreichen Literaturangaben erläutern.

In Kapitel 1 findet der Leser eine Einführung in die Thematik Chemische Transportreaktionen. Zum Verständnis dieses Textes sind lediglich Grundkenntnisse anorganischer und physikalisch-chemischer Zusammenhänge notwendig. Die Lektüre dieses Kapitels ist für diejenigen Leser als Einführung hinreichend, die Chemische Transportreaktionen lediglich als präparative Methode nutzen.

Will sich der Leser darüber hinaus ein tieferes Verständnis der thermodynamischen Hintergründe und der für die Gasbewegung im Temperaturgefälle maßgeblichen Vorgänge nach dem heutigen Kenntnisstand erarbeiten, findet er in Kapitel 2 eine umfangreiche Darstellung dieses Themenbereichs.

Für das Verständnis der chemischen Vorgänge bei Chemischen Transportreaktionen sind gewisse Kenntnisse über anorganische Verbindungen im gasförmigen Zustand unerlässlich. In Kapitel 11 wird hierzu ein kurzer Überblick gegeben.

In den Kapiteln 3 bis 10 wird, nach Stoffgruppen geordnet, der Chemische Transport ausgewählter Verbindungen anhand typischer Beispiele exemplarisch behandelt. Jeweils am Ende eines dieser Kapitel bzw. Abschnitts befinden sich eine Tabelle, in der in alphabetischer Reihenfolge zusammengestellt ist, welche Bodenkörper mithilfe Chemischer Transportreaktionen transportiert wurden, welche Transportzusätze dafür verwendet und bei welchen Temperaturen die Experimente durchgeführt wurden. Dazu wird das jeweilige Literaturzitat angegeben. Um die sehr umfangreichen Literaturangaben übersichtlich zu gestalten, haben wir bewusst darauf verzichtet, ein zusammenfassendes Literaturverzeichnis bereitzustellen. Stattdessen wird am Ende eines jeden Kapitels bzw. Abschnitts ein Literaturverzeichnis bereitgestellt, in der die Literaturangaben für die jeweils behandelte Thematik zusammengestellt sind. Arbeiten, die uns für den jeweiligen Abschnitt besonders wichtig erschienen, sind durch Fettdruck hervorgehoben.

In Kapitel 12 werden einige Hinweise zum Umgang mit thermodynamischen Daten, wie deren Tabellierung, Herkunft und Genauigkeit gegeben. Eine Übersicht über die Abschätzung thermochemischer Daten ergänzt dieses Kapitel.

Mit der Modellierung Chemischer Transportreaktionen mithilfe von Computerprogrammen befasst sich Kapitel 13. Die vorgestellten Programme sind kostenfrei erhältlich, Bezugsquellen und Hinweise zu ihrer Benutzung werden angeben.

Zwei Kapitel über Arbeittechniken (Kapitel 14) und ausgewählte Experimente für den Unterricht (Kapitel 15) runden die Behandlung des Themas Chemische Transportreaktionen ab.

Inhalt

1	**Chemische Transportreaktionen – eine Einführung**	1
1.1	Historische Entwicklung und Prinzipien	1
1.2	Experimentelle Durchführung	3
1.3	Thermodynamische Betrachtungen	4
1.4	Quellen- und Senkenbodenkörper	10
1.5	Transportmittel	11
1.6	Methoden der Gasphasenabscheidung im Überblick	15
	Literaturangaben	18
2	**Chemischer Transport – Modelle**	19
2.1	Thermodynamische Grundlagen zum Verständnis Chemischer Transportreaktionen	21
2.2	Phasenverhältnisse im einfachen Fall	22
2.3	Komplexe, kongruente Transporte	33
2.4	Inkongruente Auflösung und quasistationäres Transportverhalten	38
2.4.1	Phasenverhältnisse bei inkongruenter Auflösung des Bodenkörpers	38
2.4.2	Das erweiterte Transportmodell	41
2.5	Nichtstationäres Transportverhalten	61
2.5.1	Chemische Gründe für das Auftreten mehrphasiger Bodenkörper in Transportexperimenten	61
2.5.2	Zeitlicher Verlauf des Chemischen Transports mehrphasiger Bodenkörper	70
2.5.3	Kooperatives Transportmodell	77
2.6	Diffusion, stöchiometrischer Fluss und Transportrate	80
2.6.1	Stationäre Diffusion	80
2.6.2	Eindimensionale stationäre Diffusion als geschwindigkeitsbestimmender Schritt	80
2.6.3	Verwendung von λ zur Berechnung der Transportrate in komplexen, geschlossenen Transportsystemen	83
2.6.4	Löslichkeit und Wanderungsgeschwindigkeit in offenen, strömenden Systemen	85
2.6.5	Exemplarische Berechnung der Transportrate für das System Nickel/Kohlenstoffmonoxid	86
2.7	Diffusionskoeffizienten	90
2.7.1	D^0 in binären Systemen	90
2.7.2	D^0 in komplexen Systemen	93
2.8	Gasbewegung in Ampullen	95
2.8.1	Allgemeine Bemerkungen	95

XII | Inhalt

2.8.2	Experimente zur Gasbewegung, Diffusion und Konvektion in geschlossenen Ampullen	98
2.8.3	Experimente zur thermischen Konvektion	102
2.9	Kinetische Aspekte bei Chemischen Transportreaktionen	107
2.9.1	Reaktionsverhalten auf atomarer Ebene	107
2.9.2	Kinetische Einflüsse auf Transportexperimente	108
2.9.3	Einige Beobachtungen zu katalytischen Effekten	110
2.9.4	Indirekter Transport	111
	Literaturangaben	111
3	**Chemischer Transport von Elementen**	117
3.1	Transport mit Halogenen	118
3.2	Synproportionierungsgleichgewichte	122
3.3	Umkehr der Transportrichtung	124
3.4	Transport über Gaskomplexe	127
3.5	Transport unter Zusatz von Halogenwasserstoffen und Wasser	128
3.6	Sauerstoff als Transportmittel	129
3.7	Technische Anwendungen	130
	Literaturangaben	138
4	**Chemischer Transport von Metallhalogeniden**	143
4.1	Bildung höherer Halogenide	144
4.2	Synproportionierungsgleichgewichte	145
4.3	Bildung von Gaskomplexen	146
4.4	Umhalogenierungsreaktionen	149
4.5	Bildung von Interhalogenverbindungen	149
	Literaturangaben	155
5	**Chemischer Transport von binären und polynären Oxiden**	159
5.1	Transportmittel	164
5.2	Bodenkörper	172
5.2.1	Gruppe 1	172
5.2.2	Gruppe 2	173
5.2.3	Gruppe 3, Lanthanoide und Actinoide	175
5.2.4	Gruppe 4	191
5.2.5	Gruppe 5	198
5.2.6	Gruppe 6	209
5.2.7	Gruppe 7	214
5.2.8	Gruppe 8	220
5.2.9	Gruppe 9	224
5.2.10	Gruppe 10	226
5.2.11	Gruppe 11	231
5.2.12	Gruppe 12	234
5.2.13	Gruppe 13	236
5.2.14	Gruppe 14	241
5.2.15	Gruppe 15	249
5.2.16	Gruppe 16	252
5.2.17	Transport von Oxiden im Überblick	254
	Literaturangaben	285

6	**Chemischer Transport von Oxidoverbindungen mit komplexen Anionen** .	301
6.1	Transport von Sulfaten	302
6.2	Transport von Phosphaten, Arsenaten, Antimonaten und Vanadaten	306
6.2.1	Chlor als Transportmittel für wasserfreie Phosphate	307
6.2.2	Halogene mit reduzierenden Zusätzen als Transportmittel für Phosphate	309
6.2.3	Chemischer Transport polynärer Phosphate	314
6.2.4	Abscheidung thermodynamisch metastabiler Phosphate aus der Gasphase	315
6.2.5	Bildung von Silicophosphaten beim Chemischen Transport von Phosphaten	317
6.2.6	Chemischer Transport von Arsenaten(V), Antimonaten(V) und Vanadaten(V)	318
6.3	Transport von Carbonaten, Silicaten und Boraten	320
	Literaturangaben	330
7	**Chemischer Transport von Sulfiden, Seleniden und Telluriden**	335
7.1	Transport von Sulfiden	336
7.2	Transport von Seleniden	375
7.3	Transport von Telluriden	400
	Literaturangaben	413
8	**Chemischer Transport von Calkogenidhalogeniden**	417
8.1	Transport von Oxidhalogeniden	424
8.2	Transport von Sulfid-, Selenid- und Telluridhalogeniden	435
8.3	Transport von Verbindungen mit Chalkogenpolykationen und Chalkogenat(IV)-halogeniden	447
	Literaturangaben	460
9	**Chemischer Transport von Pnictiden**	467
9.1	Transport von Phosphiden	468
9.2	Transport von Arseniden	480
	Literaturangaben	498
10	**Chemischer Transport von intermetallischen Phasen**	503
10.1	Ausgewählte Beispiele	508
	Literaturangaben	528
11	**Gasteilchen und ihre Stabilität**	533
11.1	Halogenverbindungen	533
11.2	Elemente im gasförmigen Zustand	539
11.3	Wasserstoffverbindungen	541
11.4	Sauerstoffverbindungen	542
11.5	Weitere Stoffgruppen	543
	Literaturangaben	544
12	**Thermodynamische Daten**	545
12.1	Bestimmung und Tabellierung thermodynamischer Daten	545

12.2	Abschätzung thermodynamischer Daten	546
12.2.1	Thermodynamische Daten von Feststoffen	546
12.2.2	Thermodynamische Daten von Gasen	551
12.3	Quantenchemische Berechnung thermodynamischer Daten	555
	Literaturangaben	556

13	**Modellierung Chemischer Transportexperimente: Die Computerprogramme TRAGMIN und CVTRANS**	559
13.1	Zielsetzungen bei der Modellierung Chemischer Transportexperimente	559
13.2	Gleichgewichtsberechnungen nach der G_{min}-Methode	560
13.3	Das Programm TRAGMIN	565
13.4	Das Programm CVTRANS	568
	Literaturangaben	574

14	**Arbeitstechniken**	577
14.1	Transportampullen und Transportöfen	577
14.2	Vorbereitung von Transportampullen	580
14.3	Das Transportexperiment	585
14.4	Transportwaage	587
14.5	Hochtemperaturtransport, Transport unter Plasmabedingungen	588
	Literaturangaben	589

15	**Ausgewählte Praktikumsexperimente zum Chemischen Transport**	591
15.1	Transport von WO_2 mit HgX_2 (X = Cl, Br, I)	591
15.2	Transport von $Zn_{1-x}Mn_xO$-Mischkristallen	603
15.3	Transport von Rhenium(VI)-oxid	605
15.4	Transport von Nickel	608
15.5	Transport von Monophosphiden MP (M = Ti bis Co)	609
15.6	Numerische Berechnung eines Koexistenzzersetzungsdrucks	614
	Literaturangaben	616

16	**Anhang**	619
16.1	Wichtige thermodynamische Beziehungen	619
16.2	Häufig verwendete Einheiten, Konstanten und Umrechnungen	620
16.3	Abkürzungsverzeichnis	623

Index ... 627

Tafelteil

1 Chemische Transportreaktionen – eine Einführung

> Unter dem Begriff **Chemische Transportreaktionen** (engl. **C**hemical **V**apour **T**ransport, CVT) fasst man eine Vielzahl von Reaktionen zusammen, die ein gemeinsames Merkmal aufweisen: Eine kondensierte Phase, typischerweise ein Feststoff, wird in Gegenwart eines gasförmigen Reaktionspartners, des **Transportmittels**, verflüchtigt und scheidet sich an anderer Stelle, meist in Form gut ausgebildeter Kristalle, wieder ab.

Unter einem Feststoff verstehen wir hier zwei- oder dreidimensional unendlich aufgebaute Stoffe, z. B. Metalle oder Ionenverbindungen, nicht aber Molekülkristalle. Die Abscheidung kann dann erfolgen, wenn am Ort der Kristallisation andere äußere Bedingungen herrschen als am Ort der Verflüchtigung, in der Regel eine andere Temperatur. Häufig ist der Chemische Transport mit einem Reinigungseffekt verbunden. Wir haben es also mit einem Verfahren zur Herstellung reiner und gut kristallisierter Feststoffe zu tun. Insbesondere die Herstellung von Einkristallen hat einen besonderen Wert, denn sie ermöglicht unter anderem die Bestimmung der Kristallstruktur mit Hilfe von Beugungsmethoden. Über diesen Aspekt der reinen Grundlagenforschung hinaus haben Chemische Transportreaktionen auch praktische Bedeutung erlangt: Sie bilden die wesentliche Grundlage der Funktionsweise von Halogenlampen. Auch ein großtechnisches Verfahren beruht auf einer Chemischen Transportreaktion, das *Mond-Langer*-Verfahren zur Herstellung von hochreinem Nickel (Hol 2007).

1.1 Historische Entwicklung und Prinzipien

Transportreaktionen sind keine Erfindung der Chemiker. Sie sind in der Natur im Verlauf der Erdgeschichte vielfach bei der Bildung von Gesteinen und Mineralien ohne menschliches Zutun abgelaufen, insbesondere an Orten höherer Temperatur. In Form von schön ausgebildeten Kristallen finden wir heute noch die Zeugnisse natürlicher Chemischer Transportreaktionen. Der Erste, der dies beobachtet und beschrieben hat, war *Bunsen* (Bun 1852). Er erkannte, dass die Bildung von kristallinem Eisen(III)-oxid in Anwesenheit vulkanischer Gase mit dem dort vorhandenen Chlorwasserstoff-Gas in Zusammenhang steht. Heute wissen wir, dass die Verflüchtigung und Abscheidung von Fe_2O_3 auf der Gleichgewichtsreaktion 1.1.1 beruht:

$$Fe_2O_3(s) + 6\,HCl(g) \rightleftharpoons 2\,FeCl_3(g) + 3\,H_2O(g) \tag{1.1.1}$$

Durch die *Hinreaktion* wird Fe_2O_3 in die Gasphase überführt, man spricht auch von einer **Auflösung** in der Gasphase. Bei der *Rückreaktion* scheidet es sich aus der Gasphase ab. Man bezeichnet heute den Ort, an dem die Verflüchtigung erfolgt, als die **Quelle** und den Ort der Abscheidung als die **Senke**. Die Reaktionsgleichung, welche Auflösung und Abscheidung beschreibt, nennt man **Transportgleichung**. Die Reaktionsenthalpie und -entropie einer Transportreaktion bezieht sich stets auf die Auflösungsreaktion.

Die ersten Naturwissenschaftler, die gezielt Transportreaktionen im Labor durchführten, waren *van Arkel* und *de Boer* in der Zeit ab 1925 (Ark 1925). Motivation für ihre Arbeiten war das zur damaligen Zeit große Interesse an Verfahren zur Reindarstellung von Metallen wie zum Beispiel Titan (Ark 1939). *Van Arkel* und *de Boer* benutzten die so genannte *Glühdrahtmethode*. Dabei wird das verunreinigte Metall M (z. B. ein Metall der Gruppe 4) in einem geschlossenen Gefäß in Gegenwart von Iod als Transportmittel in exothermer Reaktion in ein bei den Reaktionsbedingungen gasförmiges Metalliodid (MI_n) überführt. Dieses zunächst an der Metalloberfläche gebildete Iodid verteilt sich gleichmäßig im gesamten Reaktionsgefäß und gelangt an einen durch Stromfluss auf sehr hohe Temperaturen erhitzten Glühdraht. Das Prinzip des kleinsten Zwangs fordert bei den nun sehr viel höheren Temperaturen für die exotherme Bildungsreaktion den Ablauf der Rückreaktion, d. h. die Zersetzung des Metalliodids unter Abscheidung des Metalls. Eine Transportreaktion dieser Art wird durch die Transportgleichung 1.1.2 beschrieben.

$$M(s) + \frac{n}{2} I_2(g) \rightleftharpoons MI_n(g) \tag{1.1.2}$$
exotherm

Auch hier lässt sich das allgemeine Prinzip einer Transportreaktion klar erkennen: Der Quellenbodenkörper wird durch ein Transportmittel reversibel in ein gasförmiges Reaktionsprodukt überführt. Bei anderer Temperatur und damit veränderter Gleichgewichtslage tritt die Rückreaktion ein, es kommt zur Abscheidung des Senkenbodenkörpers aus der Gasphase. Es ist üblich, die Quellen- und Senkentemperaturen mit T_1 bzw. T_2 zu bezeichnen, wobei T_1 stets die niedrigere der beiden Temperaturen ist. Exotherme Transportreaktionen transportieren also stets von T_1 nach T_2 ($T_1 \rightarrow T_2$), endotherme von T_2 nach T_1 ($T_2 \rightarrow T_1$). Eine Chemische Transportreaktion wird üblicherweise in folgender allgemeiner Form formuliert:

$$i\,A(s) + k\,B(g) \rightleftharpoons j\,C(g) + \ldots \tag{1.1.3}$$

Gegebenenfalls können zusätzlich zu $C(g)$ noch weitere gasförmige Reaktionsprodukte gebildet werden.

Zweifellos haben *van Arkel* und *de Boer* dieses Prinzip erkannt, dennoch nutzten sie es nur für den Transport von Metallen. Sie bemühten sich weder um ein quantitatives Verständnis der ablaufenden Reaktionen noch um eine Übertragung des Prinzips von Metallen auf chemische Verbindungen. Eine systematische Erforschung und Beschreibung von Chemischen Transportreaktionen erfolgte dann in den fünfziger und sechziger Jahren durch *Schäfer* (Sch 1962). Dabei wurde deutlich, dass mithilfe Chemischer Transportreaktionen Festkörper der verschiedensten Art in reiner, kristalliner Form hergestellt werden können: Metalle, Halbmetalle, intermetallische Phasen, Halogenide, Chalkogenidhalogenide, Chalkogenide, Pnictide und andere mehr. Heute kennen wir viele tausend Beispiele für Chemische Transportreaktionen. Der Chemische Transport hat sich zu einem wichtigen und vielseitig anwendbaren präparativen Verfahren in der Festkörperchemie entwickelt.

Die Arbeiten von *Schäfer* haben auch gezeigt, dass Chemische Transportreaktionen thermodynamischen Gesetzmäßigkeiten folgen. Kinetische Effekte werden nur selten beobachtet. Dies erleichtert eine allgemeine Beschreibung. Das Verständnis Chemischer Transportreaktionen ist heute weit entwickelt, Voraussagen über mögliche Transportmittel, optimale Reaktionsbedingungen und die transportierten Stoffmengen sind möglich und durch Computerprogramme jedermann zugänglich (Kra 2008, Gru 1997). Der sachgerechte Umgang mit diesen Programmen erfordert jedoch stets die Kenntnis zuverlässiger thermodynamischer Daten (Enthalpie, Entropie, Wärmekapazität) aller beteiligten kondensierten und gasförmigen Stoffe.

Zum Thema Chemische Transportreaktionen sind ein Buch (Sch 1962), einige Übersichtsartikel (Nit 1967, Sch 1971, Kal 1974, Mer 1982, Len 1997, Bin 1998, Gru 2000) und ein umfangreiches Buchkapitel erschienen (Wil 1988). Diese Arbeiten geben jeweils Einblick in den Stand der Forschung zum Thema Chemische Transportreaktionen im jeweiligen Zeitabschnitt. In dem genannten Buch von *Wilke* wird das Thema Kristallzüchtung umfassender behandelt.

1.2 Experimentelle Durchführung

Für die praktische Durchführung im Labor kommen prinzipiell zwei Arbeitsweisen in Betracht: der Transport im offenen oder im geschlossenen System. In einem offenen System, einem beidseitig offenen Rohr aus Glas oder einem keramischen Material, wird ein Strom des Transportmittels bei einer bestimmten Temperatur kontinuierlich über den Bodenkörper geleitet; dieser scheidet sich dann an einem anderem Ort bei einer anderen Temperatur unter Freisetzung des Transportmittels wieder ab. In einem geschlossenen System, typischerweise einer zugeschmolzenen Glasampulle, verbleibt das in der Senke freigesetzte Transportmittel im System und greift immer wieder in das Reaktionsgeschehen ein. Hier wird also eine viel geringere Transportmittelmenge benötigt als im offenen System; in manchen Fällen reichen winzige Mengen, wenige Milligramm, eines Transportmittels aus, um einen *Transporteffekt* zu bewirken. Auch in der Natur beobachten wir diese beiden Varianten. Denken wir an die Beobachtungen von *Bunsen*: Ein Chlorwasserstoff-Strom reagiert an heißen Stellen in einem Vulkankrater mit Eisen(III)-oxid. Dabei entstehen gasförmiges Eisen(III)-chlorid und Wasserdampf, die an anderer Stelle, bei anderer Temperatur, unter Rückbildung von festem Eisen(III)-oxid und Chlorwasserstoffgas miteinander reagieren. Ein vielen Chemikern aus dem Labor bekanntes Beispiel für einen Transport im offenen System ist die Reindarstellung von Chrom(III)-chlorid: Zunächst wird festes

Chrom(III)-chlorid als Rohprodukt aus den Elementen hergestellt. Dann wird es im Chlorstrom bei hoher Temperatur „sublimiert" (so formuliert in *G. Brauer, Handbuch der Präparativen Anorganischen Chemie* (Bra 1975)). In Wirklichkeit handelt es sich jedoch nicht um eine Sublimation, sondern um eine Chemische Transportreaktion entsprechend folgender Gleichung:

$$\text{CrCl}_3(\text{s}) + \frac{1}{2}\,\text{Cl}_2(\text{g}) \;\rightleftharpoons\; \text{CrCl}_4(\text{g}) \tag{1.2.1}$$

Ein Beispiel aus der Natur für ein geschlossenes System ist die Bildung von Quarz-Kristallen in verschiedenen Varietäten wie Bergkristall, Amethyst oder Citrin in geschlossenen Gesteinshohlräumen – der Mineraloge nennt sie Drusen – unter Einwirkung des Transportmittels Wasserdampf. Hier erfolgt die Transportreaktion oberhalb der kritischen Temperatur und des kritischen Drucks von Wasser. Man nennt dies *Hydrothermalsynthese* (Rab 1985). Dieses Verfahren wird heute in technischem Maßstab zur Kristallisation von α-Quarz genutzt.

Im Labor arbeitet man überwiegend in geschlossenen Systemen. Ein einfaches geschlossenes System ist ein zugeschmolzenes Glasrohr. Eine solche *Transportampulle* hat typischerweise eine Länge von 100 bis 200 mm und einen Durchmesser von 10 bis 20 mm. Sie enthält etwa ein Gramm des Bodenkörpers, der transportiert werden soll und so viel Transportmittel, dass der Druck in der Ampulle bei der Reaktionstemperatur etwa ein bar beträgt. Eine Überschlagsrechnung macht deutlich, dass der Bodenkörper in großem Überschuss vorhanden ist.

1.3 Thermodynamische Betrachtungen

Es wurde bereits gesagt, dass sich die *Transportrichtung* nach dem Prinzip des kleinsten Zwangs aus dem Vorzeichen der Reaktionsenthalpie der Transportreaktion ergibt: Bei einer exothermen Transportreaktion erfolgt ein Transport in die heißere Zone, bei einer endothermen in die kältere. Nun ist nicht jede beliebige exotherme oder endotherme Reaktion eines Feststoffs mit einem Gas auch als Transportreaktion geeignet. Es müssen zwei weitere Bedingungen erfüllt sein, damit eine Reaktion zwischen Festkörper und Gasphase als Chemische Transportreaktion nutzbar gemacht werden kann:

- Alle durch die Transportreaktion gebildeten Reaktionsprodukte müssen bei den Reaktionsbedingungen gasförmig sein.
- Die Gleichgewichtslage der Transportreaktion darf nicht extrem sein.

Den größten Transporteffekt erwartet man, wenn der Zahlenwert der Gleichgewichtskonstante K_p bei der *mittleren Transporttemperatur* $[\bar{T} = (T_1 + T_2)/2]$ etwa eins beträgt. Wir werden dies später an einem Beispiel erläutern.

Eine Transportreaktion lässt sich gedanklich in drei Schritte zerlegen: Die *Hinreaktion* am Quellenbodenkörper, die *Gasbewegung* und die *Rückreaktion* unter Bildung des Senkenbodenkörpers. Von diesen drei Schritten ist in den allermeisten Fällen die Gasbewegung der langsamste und damit der geschwindigkeitsbestimmende Schritt. Bei Drücken um 1 bar erfolgt die Gasbewegung überwiegend durch Diffusion; die Diffusionsgesetze bestimmen also die Geschwindigkeit des gesamten Vorgangs. Ein gerichteter Stofftransport durch Diffusion erfolgt dann, wenn ein räumlicher Aktivitätsgradient da/ds der betrachteten Teilchenart vorhanden ist. Da wir hier die Diffusion von Gasen betrachten, ist es zweckmäßig, anstelle des Aktivitätsgradienten den Partialdruckgradienten dp/ds einzuführen. Die pro Zeiteinheit durch Diffusion transportierte Stoffmenge ist proportional zu diesem Partialdruckgradienten. Der Differentialquotient dp/ds kann durch den Differenzenquotienten $\Delta p/\Delta s$ angenähert werden: $dp/ds \approx \Delta p/\Delta s$. Hier ist Δp die Differenz der Partialdrücke bei den Transporttemperaturen T_1 und T_2 und Δs die Länge der Diffusionsstrecke, also der Abstand zwischen dem Quellen- und Senkenbodenkörper. Die transportierte Stoffmenge ist weiterhin proportional zum Diffusionskoeffizienten D. Da der Zahlenwert des Diffusionskoeffizienten umgekehrt proportional zum Gesamtdruck Σp im betrachteten System ist, muss die pro Zeiteinheit durch einen bestimmten Querschnitt transportierte Stoffmenge proportional zum Quotienten $\Delta p/\Sigma p$ sein.

Um sich einen Überblick über den in einem bestimmten System zu erwartenden Transporteffekt zu verschaffen, berechnet man häufig den Quotienten $p/\Sigma p$ als Funktion der Temperatur und stellt diesen Zusammenhang graphisch dar[1]. So erhält man sehr anschauliche Graphen, die in einfach gelagerten Fällen unmittelbare Schlussfolgerungen auf mögliche Transporteffekte zulassen. Dies gilt zumindest dann, wenn das gesamte Reaktionsgeschehen im Wesentlichen durch *eine* Transportgleichung beschrieben werden kann.

Ein einfacher Fall Betrachten wir nachfolgend einen solch einfach gelagerten Fall, den Transport von Zinksulfid mit Iod als Transportmittel im Temperaturgradienten von 1000 nach 900 °C. Hier machen wir die etwas vereinfachende Annahme, dass Iod bei den Reaktionsbedingungen als $I_2(g)$ und Schwefel als $S_2(g)$ vorliegt, sodass man folgende Transportgleichung formulieren kann:

$$ZnS(s) + I_2(g) \rightleftharpoons ZnI_2(g) + \frac{1}{2} S_2(g) \tag{1.3.1}$$

$$\Delta_R H^0_{298} = 144 \text{ kJ} \cdot \text{mol}^{-1}, \quad \Delta_R S^0_{298} = 124 \text{ J} \cdot \text{mol}^{-1} \cdot \text{K}^{-1}$$

Die Reaktion ist endotherm; deshalb muss sich die Gleichgewichtslage mit steigender Temperatur auf die Seite der Reaktionsprodukte Zinkiodid und Schwefel verschieben[2].

Berechnet man aus den thermodynamischen Daten dieser Transportgleichung bei den experimentellen Randbedingungen die Partialdrücke von Iod, Zinkiodid und Schwefel (S_2) als Funktion der Temperatur, so ergibt sich das in Abbildung 1.3.1 dargestellte Bild.

---

[1] $p/\Sigma p$ ist gleich dem Stoffmengenanteil x.
[2] Eine exakte Behandlung des Transports von Zinksulfid mit Iod unter Einbeziehung von Iod-Atomen und anderen Schwefelspezies führt zu einem sehr ähnlichen Ergebnis.

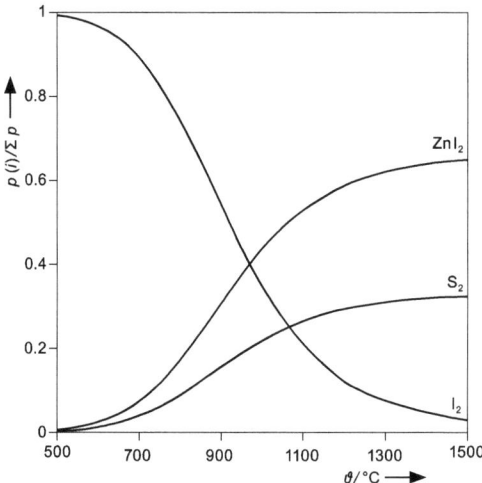

Abbildung 1.3.1 Temperaturabhängigkeit der auf den Gesamtdruck normierten Partialdrücke (Stoffmengenanteile) von I_2, ZnI_2 und S_2 in der Gasphase bei der Reaktion von Zinksulfid mit Iod.

Man sieht, dass der Anteil von Iod wie erwartet mit steigender Temperatur abnimmt und die Anteile von Zinkiodid und Schwefel zunehmen. Zinkiodid und Schwefel (hier im Wesentlichen S_2) sind die sogenannten **transportwirksamen Spezies**, denn sie enthalten die Atome, aus denen der Bodenkörper Zinksulfid aufgebaut ist. Man erkennt weiterhin, dass der Anteil von S_2 im gesamten dargestellten Temperaturbereich genau halb so groß ist wie der von ZnI_2. Dies entspricht dem Verhältnis der stöchiometrischen Koeffizienten von S_2 und ZnI_2 in der Transportgleichung. Der Transport verläuft von T_2 nach T_1. Der zu erwartende Transporteffekt ist dort am größten, wo bei einem festgelegten Temperaturintervall ΔT der Quotient $\Delta p / \Sigma p$ für eine der transportwirksamen Spezies den höchsten Wert erreicht. Dies ist in der Nähe des Wendepunkts der dargestellten Kurve für ZnI_2 (oder S_2) der Fall, also bei einer Temperatur um 900 °C. Berechnet man für drei ausgewählte Temperaturen, 700, 900 und 1100 °C, die Gleichgewichtskonstanten K_p, so erhält man folgende Werte: 0,03 $bar^{0,5}$, 0,5 $bar^{0,5}$ und 3,8 $bar^{0,5}$. Diese Werte zeigen beispielhaft, dass der erwartete Transporteffekt dann besonders groß ist, wenn der Zahlenwert der Gleichgewichtkonstante für die Transportreaktion etwa eins ist.

Häufig ist es vorteilhaft, bei der graphischen Darstellung der Temperaturabhängigkeit der Stoffmengenanteile eine logarithmische Darstellung zu wählen. Für den hier diskutierten Fall ist eine solche Darstellung in Abbildung 1.3.2 gegeben.

Ein komplizierter Fall Eisen kann mit Iod von 800 nach 1000 °C (exotherm) im Sinne von *van Arkel* transportiert werden. Folgende Transportgleichung kommt zunächst in Betracht:

$$Fe(s) + I_2(g) \rightleftharpoons FeI_2(g) \tag{1.3.2}$$
$$\Delta_R H^0_{298} = 24 \text{ kJ} \cdot \text{mol}^{-1}$$

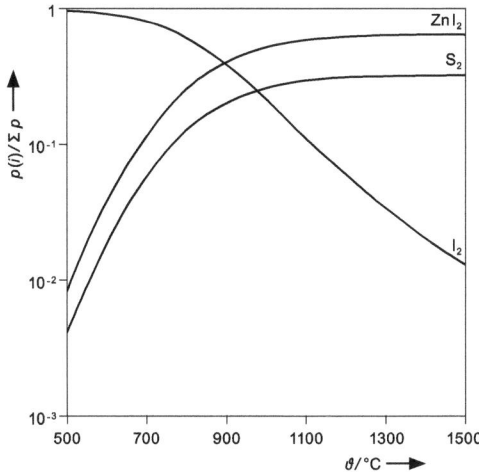

Abbildung 1.3.2 Temperaturabhängigkeit der Stoffmengenanteile von I_2, ZnI_2 und S_2 in der Gasphase bei der Reaktion von Zinksulfid mit Iod in logarithmischer Darstellung.

Diese Reaktion ist jedoch endotherm. Nach dem Prinzip des kleinsten Zwangs ist also ein Transport von T_2 nach T_1 zu erwarten. Da das Prinzip des kleinsten Zwangs streng gültig ist, muss man davon ausgehen, dass sich der Transport offenbar nicht, zumindest nicht allein, durch die oben formulierte Reaktion beschreiben lässt. Eine genaue Untersuchung hat gezeigt, dass noch weitere Reaktionen ablaufen. So bildet Eisen(II)-iodid im Dampf monomere und dimere Moleküle, FeI_2 und Fe_2I_4. Die Reaktion von Eisen mit Iod unter Bildung von gasförmigen Fe_2I_4-Molekülen lässt sich folgendermaßen formulieren:

$$2\,Fe(s) + 2\,I_2(g) \;\rightleftharpoons\; Fe_2I_4(g) \tag{1.3.3}$$
$$\Delta_R H^0_{298} = -116\;kJ \cdot mol^{-1}$$

Auch diese Reaktionsgleichung hat den Charakter einer Transportgleichung. Die Reaktion ist exotherm, man erwartet also einen Transport von T_1 nach T_2. Die Situation wird noch komplizierter, weil Iod bei hohen Temperaturen zum Teil atomar vorliegt. Iod-Atome können auch mit Eisen unter Bildung von $FeI_2(g)$ und $Fe_2I_4(g)$ reagieren; auch für diese Reaktionen kann man Transportgleichungen formulieren. Transportwirksame Spezies sind die Moleküle FeI_2 und Fe_2I_4.

Berechnet man die Stoffmengenanteile aller am Transportgeschehen beteiligten Moleküle und stellt sie als Temperaturfunktion dar, ergibt sich das in Abbildung 1.3.3 dargestellte Bild.

Abbildung 1.3.3 macht Folgendes deutlich:

- Die Anteile von Iod-Atomen und Iod-Molekülen sind klein gegenüber denen der Eseniodide. Die Gleichgewichte, die zur Bildung von FeI_2 und Fe_2I_4 führen, liegen offenbar auf der rechten Seite.
- Der Anteil von FeI_2 nimmt mit steigender Temperatur zunächst zu. Dies entspricht der Erwartung, denn wir haben es bei der Bildung von FeI_2 aus Eisen

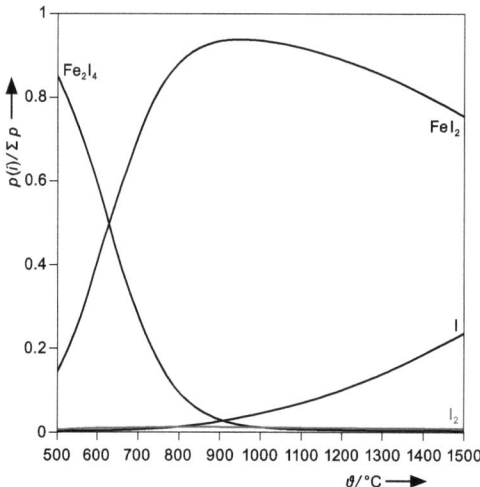

Abbildung 1.3.3 Temperaturabhängigkeit der Stoffmengenanteile von I, I_2, FeI_2 und Fe_2I_4 in der Gasphase bei der Reaktion von Eisen mit Iod.

und Iodmolekülen mit einem endothermen Gleichgewicht zu tun (Prinzip des kleinsten Zwangs). Wäre nur dieses Gleichgewicht bestimmend für den Transport des Eisens, so müsste es im betrachteten Temperaturintervall (800 → 1000 °C) von der höheren zur tieferen Temperatur wandern. Oberhalb von 1000 °C nimmt der Anteil von FeI_2 mit steigender Temperatur wieder ab. Dies ist darauf zurückzuführen, dass in diesem Temperaturbereich Iod überwiegend atomar vorliegt. Die Reaktion von Eisen mit Iodatomen ist eine exotherme Reaktion, sodass der Anteil von FeI_2 mit steigender Temperatur sinkt und der von Iodatomen ansteigt. Der Anteil von Fe_2I_4 nimmt mit steigender Temperatur ab.

Wir haben es also unterhalb von 1000 °C mit zwei gegenläufigen Vorgängen zu tun – der mit steigender Temperatur zunehmenden Bildung von FeI_2 und der mit steigender Temperatur abnehmenden Bildung von Fe_2I_4. Der erste Vorgang lässt einen Transport in die kältere Zone erwarten, der zweite einen Transport in die heißere Zone. Welcher der beiden Vorgänge dominiert, lässt sich zunächst nicht voraussagen. Ein neuer Begriff – die **Gasphasenlöslichkeit** – ist hilfreich, um diese Frage zu beantworten.

Die Gasphasenlöslichkeit λ Der Begriff der Gasphasenlöslichkeit nimmt inhaltlich Bezug auf den Begriff der Löslichkeit eines Stoffes (fest, flüssig oder gasförmig) in einer Flüssigkeit. Flüssige Lösungen fester Stoffe werden unter anderem zur Reinigung des gelösten Stoffs durch Umkristallisieren verwendet. Man nutzt die Temperaturabhängigkeit der Löslichkeit bzw. des Löslichkeitsgleichgewichts aus, stellt eine in der Hitze gesättigte Lösung her und erreicht durch Abkühlen ein Auskristallisieren des gelösten Stoffes. Dies ist im Regelfall mit einer Reinigung verbunden. Im Grunde ist eine Chemische Transportreaktion etwas sehr Ähnliches. Auch hier nutzt man die Temperaturabhängigkeit der Gleichgewichtslage

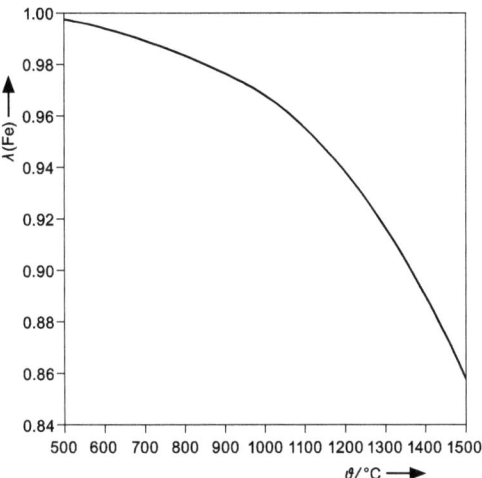

Abbildung 1.3.4 Temperaturabhängigkeit der Löslichkeit von Eisen.

einer Reaktion aus, um einen Stoff zu kristallisieren und zu reinigen. In beiden Fällen handelt es sich um heterogene Gleichgewichte, zum einen zwischen einem Festkörper und einer Lösung und zum anderen zwischen einem Festkörper und einer Gasphase. Bei flüssigen Lösungen benutzt man den Begriff der Löslichkeit unabhängig von der Chemie des Lösevorgangs. Ein fester Stoff, z. B. eine typische Molekülverbindung, löst sich ohne erkennbare chemische Veränderung durch Solvatation in einem bestimmten Lösemittel. Ein Gas wie Chlorwasserstoff löst sich jedoch unter erheblicher chemischer Veränderung (Dissoziation und Hydratation) in Wasser. Ein unedles Metall löst sich unter Wasserstoffentwicklung in einer Säure. Für diese chemisch sehr unterschiedlichen Vorgänge verwendet man Begriffe wie Lösen, Lösung und Löslichkeit. So war es durchaus nahe liegend, auch für die Überführung eines Feststoffs in die Gasphase durch eine chemische Reaktion den Begriff der Auflösung, nicht in einer Flüssigkeit, sondern in der Gasphase, einzuführen (Sch 1973).

Am Beispiel des Transports von Eisen erkennt man, welchen Vorteil bei der Beschreibung etwas komplizierterer Transportreaktionen der Begriff der Löslichkeit mit sich bringt. Entsprechend den Transportgleichungen 1.3.2 und 1.3.3 wird Eisen als FeI_2 und Fe_2I_4 in die Gasphase überführt, gewissermaßen in der Gasphase gelöst. Das Lösemittel ist die Gasphase, also alle gasförmigen Spezies gemeinsam. Wenn man auf der Basis dieser Vorstellung die Löslichkeit des Eisens in der Gasphase quantitativ beschreiben will, muss berücksichtigt werden, dass ein Molekül Fe_2I_4 zwei Eisenatome enthält, das FeI_2-Molekül hingegen nur eins. Dies geschieht in der Weise, dass der Partialdruck von Fe_2I_4 mit dem Faktor 2 multipliziert wird. Analoges gilt für das Lösemittel Gasphase. Geht man primär von I_2-Molekülen aus, hat man die Partialdrücke der anderen Gasmoleküle mit entsprechenden Faktoren zu multiplizieren. Die Löslichkeit des Eisens in der Gasphase kann folgendermaßen definiert werden:

$$\lambda(\text{Fe}) = \frac{p(\text{FeI}_2) + 2 \cdot p(\text{Fe}_2\text{I}_4)}{p(\text{I}) + 2 \cdot p(\text{I}_2) + 2 \cdot p(\text{FeI}_2) + 4 \cdot p(\text{Fe}_2\text{I}_4)} \quad (1.3.4)$$

Die Temperaturabhängigkeit der so definierten Löslichkeit des Eisens in der Gasphase berücksichtigt beide eisenhaltigen Moleküle FeI$_2$ und Fe$_2$I$_4$. In Abbildung 1.3.4 ist die Löslichkeit von Eisen in der Gasphase als Funktion der Temperatur dargestellt.

Man erkennt, dass die Löslichkeit mit steigender Temperatur abnimmt. Wenn sich also bei höherer Temperatur weniger Eisen in der Gasphase löst als bei tieferer, so muss Eisen von der tieferen zur höheren Temperatur transportiert werden. Dies ist in Einklang mit den experimentellen Beobachtungen. Mithilfe des Begriffs der *Löslichkeit eines Bodenkörpers in der Gasphase* gelingt es also, die Transportrichtung auch dann richtig zu beschreiben, wenn mehrere Transportreaktionen gleichzeitig ablaufen.

1.4 Quellen- und Senkenbodenkörper

Den präparativ arbeitenden Chemiker interessiert vorrangig, ob bestimmte Feststoffe mithilfe Chemischer Transportreaktionen dargestellt werden können, welche Transportmittel geeignet sind und bei welchen Bedingungen ein Transport zu erwarten ist. Wir wollen an dieser Stelle einige grundsätzliche qualitative Überlegungen anstellen.

Der einfachste Fall ist der Chemische Transport eines Elements, zum Beispiel des Metalls Nickel mit Kohlenstoffmonoxid (*Mond-Langer*-Verfahren). Der Transport wird durch folgende Transportgleichung beschrieben:

$$\text{Ni(s)} + 4\,\text{CO(g)} \; \rightleftharpoons \; \text{Ni(CO)}_4\text{(g)} \quad (1.4.1)$$
$$\Delta_R H^0_{298} = -160\,\text{kJ} \cdot \text{mol}^{-1}$$

Die Reaktion ist exotherm, der Transport erfolgt also von T_1 nach T_2. Die Beschreibung des Transports von Metallen mit Iod ist, wie oben diskutiert, zwar etwas komplizierter, doch in beiden Fällen, dem Transport eines Metalls mit Iod und dem des Nickels mit Kohlenstoffmonoxid scheidet sich in der Senke das eingesetzte Metall wieder ab. Wenn Quellen- und Senkenbodenkörper dieselbe Zusammensetzung haben, spricht man auch von einem **stationären Transport**.

Betrachten wir nun den Transport einer binären Verbindung A_nB_m. Besonders einfach lassen sich die Verhältnisse beschreiben, wenn A ein Metall und B ein Nichtmetall, zum Beispiel Sauerstoff oder Schwefel ist. Als Transportmittel werden hier häufig Halogene oder Halogenverbindungen wie zum Beispiel Halogenwasserstoffe verwendet. Betrachten wir beispielhaft die folgenden Transportgleichungen:

$$\text{ZnO(s)} + \text{Cl}_2\text{(g)} \; \rightleftharpoons \; \text{ZnCl}_2\text{(g)} + \tfrac{1}{2}\,\text{O}_2\text{(g)} \quad (1.4.2)$$

$$\text{ZnS(s)} + \text{I}_2\text{(g)} \; \rightleftharpoons \; \text{ZnI}_2\text{(g)} + \tfrac{1}{2}\,\text{S}_2\text{(g)} \quad (1.4.3)$$

In diesen Fällen entstehen bei der Transportreaktion gasförmige Metallhalogenide. Die Nichtmetalle Sauerstoff und Schwefel liegen hingegen bei den Versuchsbedingungen in der Gasphase elementar vor. Das Transportmittel reagiert also ausschließlich mit A, nicht jedoch mit B.

Soll hingegen eine binäre Verbindung A_nB_m transportiert werden, in der A und B Metalle oder Halbmetalle mit hohen Siedetemperaturen sind, muss das Transportmittel mit *beiden* Bestandteilen, A und B, zu gasförmigen Reaktionsprodukten reagieren. Es ist jedoch keineswegs selbstverständlich, dass das Transportmittel mit A und B gleichermaßen reagiert. Ob dies tatsächlich geschieht, hängt vom Transportmittel, den chemischen Eigenschaften von A und B und den thermodynamischen Stabilitäten aller beteiligten Stoffe ab.

Setzt man bei einem Transportexperiment in der Quelle eine intermetallische Phase A_nB_m ein, kann diese unter bestimmten Umständen in der Senke wieder abgeschieden werden. Es kann jedoch auch A oder B, oder auch eine intermetallische Phase mit einer anderen Zusammensetzung transportiert werden. Auch die Bildung von zwei verschiedenen Phasen nebeneinander ist möglich. Haben die Bodenkörper in Quelle und Senke eine unterschiedliche Zusammensetzung, spricht man auch von einem **nichtstationären Transport**. In solchen Fällen verändert sich im Verlaufe des Experiments notwendigerweise auch die Zusammensetzung des Quellenbodenkörpers. Dies kann dazu führen, dass sich das Transportverhalten des Systems mit der Zeit verändert. Gegebenfalls werden in der Senke mit fortschreitender Zeit mehrere Phasen nacheinander abgeschieden. Noch komplizierter werden die Verhältnisse beim Transport ternärer oder polynärer intermetallischer Verbindungen. Ähnliche Überlegungen gelten auch für den Transport ternärer salzartiger Verbindungen wie zum Beispiel Spinellen oder Perowskiten. So kann nicht ohne Weiteres vorausgesagt werden, ob beim Transport eines Spinells $A^{II}B_2^{III}O_4$ eines der beiden binären Oxide $A^{II}O$, $B_2^{III}O_3$, der Spinell oder ein ternäres Oxid einer anderen Zusammensetzung transportiert wird.

1.5 Transportmittel

Grundvoraussetzung für einen Transporteffekt ist, dass das Transportmittel mit dem Quellenbodenkörper unter Bildung einer oder auch mehrerer gasförmiger Verbindungen reagiert. Besonders häufig kommen Halogene oder verschiedene Halogenverbindungen zum Einsatz. Die Auswahl eines geeigneten Transportmittels erfordert zum einen gewisse Kenntnisse der Chemie gasförmiger anorganischer Stoffe und zum anderen Grundkenntnisse der Thermodynamik. Ein wichtiger Gesichtspunkt wurde bereits angesprochen: Die Gleichgewichtslage darf bei der Transporttemperatur nicht extrem sein. Betrachten wir in diesem Zusammenhang noch einmal den Chemischen Transport von Zinksulfid im Temperaturgefälle von 1000 nach 900 °C. Als Transportmittel werden die Halogene Chlor, Brom oder Iod in Betracht gezogen. Die Transportgleichung ist folgendermaßen zu formulieren.

$$\text{ZnS(s)} + X_2\text{(g)} \rightleftharpoons \text{Zn}X_2\text{(g)} + \frac{1}{2}S_2\text{(g)} \qquad (1.5.1)$$
$$(X = \text{Cl, Br, I})$$

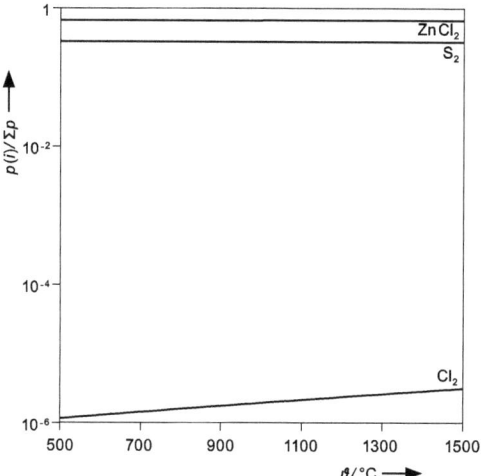

Abbildung 1.5.1 Temperaturabhängigkeit der Stoffmengenanteile von Cl_2, $ZnCl_2$ und S_2 in der Gasphase bei der Reaktion von Zinksulfid mit Chlor.

Berechnet man aus den thermodynamischen Daten der beteiligten Stoffe für eine mittlere Transporttemperatur von 950 °C die Gleichgewichtskonstanten K_p aus den Zahlenwerten der Reaktionsenthalpie und -entropie, ergeben sich folgende Werte:

$X = Cl$: $K_p = 2{,}9 \cdot 10^5 \, bar^{0{,}5}$

$X = Br$: $K_p = 3{,}7 \cdot 10^3 \, bar^{0{,}5}$

$X = I$: $K_p = 0{,}9 \, bar^{0{,}5}$

Die Gleichgewichtslage bei den Reaktionen von Zinksulfid mit Chlor und Brom ist weit auf Seiten von Zinkchlorid bzw. Zinkbromid. Für Iod als Transportmittel berechnet man einen Zahlenwert der Gleichgewichtskonstante nahe eins. Iod ist also unter den drei betrachteten Transportmitteln als das am besten geeignete anzusehen. Experimentelle Untersuchungen bestätigen diese Voraussage. Die graphische Darstellung der Anteile von X_2, ZnX_2 und S_2 als Funktion der Temperatur macht unmittelbar deutlich, dass Chlor und Brom als Transportmittel nicht infrage kommen (Abbildungen 1.5.1 und 1.5.2), denn ihr Anteil ist bei 1000 °C praktisch genau so groß wie bei 900 °C, sodass die Partialdruckdifferenz Δp sehr gering ist und kein nennenswerter Transporteffekt erwartet werden kann.

Ganz anders stellt sich die Situation bei der Reaktion von Zinksulfid mit Iod dar (Abbildung 1.5.3). Es ist ersichtlich, dass sich die Anteile von ZnI_2 und S_2 bei den Temperaturen in Quelle und Senke deutlich unterscheiden. Hier wird ein Transporteffekt erwartet.

Die optimale Transporttemperatur Als optimale Transporttemperatur T_{opt} bezeichnet man die Temperatur, bei der der Zahlenwert der Gleichgewichtskonstante K_p gleich 1 ist. Die Gleichgewichtskonstante lässt sich auf einfache Weise

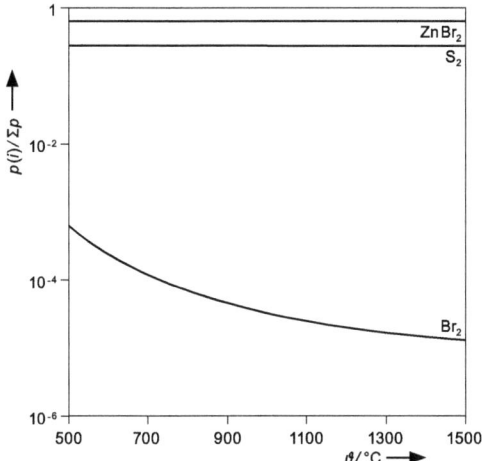

Abbildung 1.5.2 Temperaturabhängigkeit der Stoffmengenanteile von Br_2, $ZnBr_2$ und S_2 in der Gasphase bei der Reaktion von Zinksulfid mit Brom.

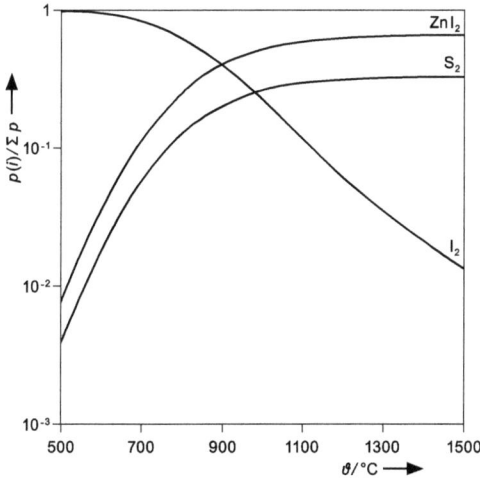

Abbildung 1.5.3 Temperaturabhängigkeit der Stoffmengenanteile von I_2, ZnI_2 und S_2 in der Gasphase bei der Reaktion von Zinksulfid mit Iod.

aus den thermodynamischen Daten der Transportreaktion berechnen. Dazu ist die Verwendung von Reaktionsenthalpie und -entropie bei 298 K ausreichend. Die Gleichung von *van't Hoff* stellt den Zusammenhang zwischen K und den thermodynamischen Daten Reaktionsenthalpie und Reaktionsentropie her:

$$\ln K = -\frac{\Delta_R H^0}{R \cdot T} + \frac{\Delta_R S^0}{R} \tag{1.5.2}$$

Für $K = 1$ ergibt sich dann folgender Zusammenhang:

$$T_{opt} = \frac{\Delta_R H^0}{\Delta_R S^0} \qquad (1.5.3)$$

In einem Temperaturgradienten bei der optimalen Transporttemperatur ist die **Transportrate**, die pro Zeit in der Senke abgeschiedene Stoffmenge, am größten. Nicht selten führt man Transportreaktionen jedoch bei höheren Temperaturen als der so berechneten optimalen Transporttemperatur durch. Der Grund hierfür ist in Regel darin zu suchen, dass bei der berechneten Temperatur Reaktionsprodukte ungewollt kondensieren würden oder das Kristallwachstum gehemmt ist.

Bei der Wahl eines geeigneten Transportmittels muss man nicht immer thermodynamische Vorüberlegungen anstellen. Häufig ist es hinreichend zu prüfen, ob ähnliche Stoffe bereits transportiert wurden, welches Transportmittel dort zur Anwendung kam und bei welchen Temperaturen der Transport erfolgte. Die zahlreichen Tabellen in den Kapiteln 3 bis 10 können hier eine Hilfe sein.

Nach *Schäfer* kann in einfach gelagerten Fällen die Transportrate mithilfe der nachfolgenden, auf der Basis eines Diffusionsansatzes beruhenden Gleichung berechnet werden.

$$\dot{n}(A) = \frac{n(A)}{t'} = \frac{i}{j} \cdot \frac{\Delta p(C)}{\Sigma p} \cdot \frac{\bar{T}^{0,75} \cdot q}{s} \cdot 0{,}6 \cdot 10^{-4} \; (\mathrm{mol} \cdot \mathrm{h}^{-1}) \qquad (1.5.4)^3$$

$\dot{n}(A)$ Transportrate/mol · h^{-1}
i, j stöchiometrische Koeffizienten in der Transportgleichung
     $i\, A(s) + k\, B(g) \rightleftharpoons j\, C(g) + ...$
$\Delta p(C)$ Partialdruckdifferenz der *transportwirksamen* Spezies C/bar
Σp Gesamtdruck/bar
$\bar{T}$ mittlere Temperatur entlang der Diffusionsstrecke/K
     (praktisch ergibt sich $\bar{T}$ als Mittelwert von T_1 und T_2)
q Querschnitt der Diffusionsstrecke/cm^2
s Länge der Diffusionsstrecke/cm
t' Dauer des Transportexperiments/h

---

[3] Meist wird an Stelle des Faktors $0{,}6 \cdot 10^{-4}$ in Gleichung 1.5.4 ein Wert von $1{,}8 \cdot 10^{-4}$ angegeben, der Eingang in die Literatur gefunden hat (Sch 1962). Der Faktor $0{,}6 \cdot 10^{-4}$ ergibt sich nach neueren Erkenntnissen unter Verwendung eines kleineren Zahlenwerts für den Diffusionskoeffizienten und Korrektur eines Rechenfehlers.

1.6 Methoden der Gasphasenabscheidung im Überblick

Eine Vielzahl von Reaktionen, an denen die Gasphase beteiligt ist, unterscheidet sich in ihrem Erscheinungsbild kaum voneinander: Wird eine kondensierte Substanz einem Temperaturgradienten ausgesetzt, so wandert sie über die Gasphase vom Ort der Auflösung in den Abscheidungsraum, von der Quelle zur Senke. Man beobachtet den Transport eines Bodenkörpers an einen anderen Ort. Auf welche Weise die Substanz in die Gasphase überführt und an anderer Stelle wieder abgeschieden wird, „sehen" wir jedoch nicht. Nachfolgend werden derartige Reaktionen beschrieben und gegenüber gestellt.

Sublimation Ein prägnantes Beispiel für eine Sublimation ist die von festem Kohlenstoffdioxid, Trockeneis, CO_2:

$$CO_2(s) \rightleftharpoons CO_2(g) \tag{1.6.1}$$

Andere mögliche Gasspezies im System Kohlenstoff/Sauerstoff, wie $CO(g)$, $C_x(g)$ und $O_2(g)$ bzw. $O(g)$ spielen dabei wegen ihrer bedeutend niedrigeren Partialdrücke bei der gegebenen Temperatur keine Rolle.

Auch salzartige Stoffe können sublimieren. Ein bekanntes Beispiel ist Aluminium(III)-chlorid, das in der Gasphase zum beträchtlichen Anteil als dimeres Molekül Al_2Cl_6 vorliegt:

$$2\,AlCl_3(s) \rightleftharpoons Al_2Cl_6(g) \tag{1.6.2}$$

Allgemein wird die Sublimation einer Verbindung AB_x durch folgendes Gleichgewicht beschrieben:

$$AB_x(s) \rightleftharpoons AB_x(g) \tag{1.6.3}$$

Zersetzungssublimation Ein Bodenkörper kann beim Erhitzen auch in mehrere gasförmige Produkte zerfallen. Auch aus einer solchen Gasphase kann sich der eingesetzte Bodenkörper beim Abkühlen wieder bilden. Man spricht dann von einer Zersetzungssublimation. Ein Beispiel hierfür ist Ammoniumchlorid. Es zerfällt im Dampf in Ammoniak und Chlorwasserstoff, NH_4Cl-Moleküle treten nicht auf.

$$NH_4Cl(s) \rightleftharpoons NH_3(g) + HCl(g) \tag{1.6.4}$$

Beim Abkühlen bildet sich wieder festes Ammoniumchlorid. Allgemein lässt sich die Zersetzungssublimation einer Verbindung AB_x durch die Gleichgewichte 1.6.5 bzw. 1.6.6 beschreiben:

$$AB_x \rightleftharpoons A(g) + x\,B(g) \tag{1.6.5}$$

$$AB_x \rightleftharpoons AB_y(g) + (x - y)\,B(g) \tag{1.6.6}$$

Eine Zersetzungssublimation kann kongruent oder inkongruent ablaufen. Bei einer kongruenten Zersetzungssublimation (Beispiel Ammoniumchlorid) hat der abgeschiedene Bodenkörper dieselbe Zusammensetzung wie der eingesetzte. Bei einer inkongruenten Zersetzungssublimation hingegen hat der abgeschiedene Bodenkörper eine andere Zusammensetzung. Ein einfaches Beispiel hierfür ist

Kupfer(II)-chlorid. Erhitzt man es an laufender Pumpe auf einige hundert Grad, bildet sich ein Dampf, der die Moleküle CuCl, Cu_3Cl_3, Cu_4Cl_4 und Cl_2 enthält. An kälterer Stelle scheidet sich festes Kupfer(I)-chlorid ab.

$$CuCl_2(s) \rightleftharpoons CuCl(g) + \frac{1}{2} Cl_2(g) \tag{1.6.7}$$

$$CuCl(g) \rightleftharpoons CuCl(s) \tag{1.6.8}$$

Noch komplizierter werden die Verhältnisse, wenn die inkongruente Zersetzung zu einem weiteren kondensierten Bodenkörper und einer reaktiven Gasphase führt (Autotransport).

Autotransport Der Autotransport ähnelt in seinem Erscheinungsbild einer Sublimation oder Zersetzungssublimation: Der Ausgangsbodenkörper wird bei einer höheren Temperatur ohne Zusatz eines externen Transportmittels aufgelöst. Das Transportmittel bildet sich durch thermische Zersetzung des Bodenkörpers. Dieses überführt dann den Ausgangsbodenkörper in die Gasphase. Ein Beispiel hierfür ist der Autotransport von $MoBr_3$:

$$MoBr_3(s) \rightleftharpoons MoBr_2(s) + \frac{1}{2} Br_2(g) \tag{1.6.9}$$

$$MoBr_3(s) + \frac{1}{2} Br_2(g) \rightleftharpoons MoBr_4(g) \tag{1.6.10}$$

Ausgehend von diesem Beispiel kann man den Verlauf des Autotransports allgemein formulieren (Opp 2005). Eine Verbindung $AB_x(s)$ baut selbst keinen transportwirksamen Partialdruck der Gasspezies $AB_x(g)$ auf.

Der Autotransport beruht auf einem Gleichgewicht zweier miteinander koexistierender fester Phasen $AB_x(s)$ und $AB_{x-n}(s)$ und der durch die Zersetzungsreaktion gebildeten Gasphase.

$$AB_x(s) \rightleftharpoons AB_{x-n}(s) + n\,B(g) \tag{1.6.11}$$

Die gebildete Gasspezies B reagiert dann unter Bildung nur gasförmiger Produkte AB_{x+n} im Sinne einer Chemischen Transportreaktion. Autotransporte verlaufen grundsätzlich wie Sublimationen und Zersetzungssublimationen endotherm (Transportrichtung von heiß nach kalt). Das Transportgleichgewicht kann nur wirksam werden, wenn zwei Bedingungen erfüllt sind: zum einen muss der Partialdruck von B genügend groß sein und zum anderen muss die zu transportierende Phase $AB_x(s)$ im Gleichgewicht verbleiben, $AB_x(s)$ darf also nicht vollständig zersetzt werden. B steht hier stellvertretend für ein gasförmiges Zersetzungsprodukt im Sinne von Gleichung 1.6.11. B kann ein Atom sein (zum Beispiel ein Iodatom), ein homonukleares Molekül (Cl_2, S_2 ...), oder auch ein heteronukleares Molekül wie zum Beispiel $BiCl_3$.

Der Übergang von den beschriebenen Phänomenen der Sublimation oder Zersetzungssublimation zum Autotransport einer Verbindung kann fließend sein. So findet man bei der Auflösung von $CrCl_3$ in der Gasphase gleichzeitig Anteile einer kongruenten Sublimation, der Bildung von gasförmigem Chrom(III)-chlorid, und einer inkongruenten Zersetzung in festes Chrom(II)-chlorid und Chlor. Dieses kann in einer Folgereaktion mit dem Ausgangsbodenkörper CrCl$_3$ als Transportmittel wirksam werden, wobei das transportwirksame gasförmige Molekül CrCl$_4$ gebildet wird. Bei den Chloriden MoCl$_3$ oder VCl$_3$ sind die Gasteilchen MCl$_3$ zu instabil bzw. gar nicht bekannt und die Wanderung im Temperaturgradienten erfolgt ausschließlich durch Autotransport entsprechend den Gleichgewichten 1.6.12 und 1.6.13, (M = Cr, Mo, V).

$$M\text{Cl}_3(s) \; \rightleftharpoons \; M\text{Cl}_2(s) + \frac{1}{2}\text{Cl}_2(g) \tag{1.6.12}$$

$$M\text{Cl}_3(s) + \frac{1}{2}\text{Cl}_2(g) \; \rightleftharpoons \; M\text{Cl}_4(g) \tag{1.6.13}$$

Autotransporte sind auch für andere Stoffklassen, wie Oxide, Chalkogenide und vor allem Chalkogenidhalogenide bekannt. Exemplarisch für den Autotransport eines Oxids kann IrO$_2$ stehen. Die Verbindung zersetzt sich bei Temperaturen um 1050 °C inkongruent in das Metall und Sauerstoff (1.6.14). Im Gleichgewicht 1.6.15 reagiert Sauerstoff mit dem Ausgangsbodenkörper zu der transportwirksamen Gasspezies IrO$_3$. Bei ca. 850 °C läuft die Rückreaktion ab und IrO$_2$ scheidet sich kristallin ab.

$$\text{IrO}_2(s) \; \rightleftharpoons \; \text{Ir}(s) + \text{O}_2(g) \tag{1.6.14}$$

$$2\,\text{IrO}_2(s) + \text{O}_2(g) \; \rightleftharpoons \; 2\,\text{IrO}_3(g) \tag{1.6.15}$$

Die hier angesprochenen Autotransporte sind grundsätzlich auch als „reguläre" Chemische Transportreaktionen durchführbar. Der Transport ist in diesen Fällen durch Zugabe des Transportmittels auch ohne die vorgelagerte Zersetzungsreaktion möglich.

Bildet mindestens eine der Komponenten der abzuscheidenden Verbindung AB_x in den beschriebenen Gasphasengleichgewichten (Sublimation, Zersetzungssublimation, Autotransport) keine für einen Stofftransport geeignete Gasspezies mit hinreichendem Dampfdruck, so wird die Zugabe eines Transportmittels notwendig.

Chemische Transportreaktion Eine Chemische Transportreaktion ist, wie oben ausführlich beschrieben, dadurch gekennzeichnet, dass für die Auflösung eines Bodenkörpers in der Gasphase ein weiterer Stoff, das Transportmittel, notwendig ist. Ein Beispiel ist der Transport von Zinkoxid mit Chlor:

$$\text{ZnO}(s) + \text{Cl}_2(g) \; \rightleftharpoons \; \text{ZnCl}_2(g) + \frac{1}{2}\text{O}_2(g) \tag{1.6.16}$$

Hier treten im Dampf ganz andere Stoffe auf als im Bodenkörper.

Literaturangaben

Ark 1925	A. E. van Arkel, J. H. de Boer, *Z. Anorg. Allg. Chem.* **1925**, *148*, 345.
Ark 1939	A. E. van Arkel, *Reine Metalle*, Springer, Berlin, **1939**.
Bin 1998	M. Binnewies, *Chemie in uns. Zeit* **1998**, *32*, 15.
Bra 1975	G. Brauer, *Handbuch der Präparativen Anorganischen Chemie*, Enke, Stuttgart, **1975**.
Bun 1852	R. Bunsen, *J. prakt. Chem.* **1852**, *56*, 53.
Gru 1997	R. Gruehn, R. Glaum, O. Trappe, *Computerprogramm CVTrans*, Universität Giessen, **1997**.
Gru 2000	R. Gruehn, R. Glaum, *Angew. Chemie* **2000**, *112*, 706. *Angew. Chem. Int. Ed.* **2000**, *39*, 692.
Hol 2007	A. F. Holleman, N. Wiberg, *Lehrbuch der Anorganischen Chemie*, de Gruyter, Berlin, 102. Aufl. **2007**.
Kal 1974	E. Kaldis, *Principles of the vapour growth of single crystals*. In: C. H. L. Goodman (Ed.) *Crystal Growth, Theory and Techniques*. Vol. 1. **1974**, 49.
Kra 2008	G. Krabbes, W. Bieger, K.-H. Sommer, T. Söhnel, U. Steiner, *Computerprogramm TRAGMIN*, Version 5.0, IFW Dresden, Univerität Dresden, HTW Dresden, **2008**.
Len 1997	M. Lenz, R. Gruehn, *Chem. Rev.* **1997**, *97*, 2967.
Mer 1982	J. Mercier, *J. Cryst. Growth* **1982**, *56*, 235.
Nit 1967	R. Nitsche, *Fortschr. Miner.* **1967**, *442*, 231.
Opp 2005	H. Oppermann, M. Schmidt, P. Schmidt, *Z. Anorg. Allg. Chem.* **2005**, *631*, 197.
Rab 1985	A. Rabeneau, *Angew. Chem.* **1985**, *97*, 1017.
Sch 1962	H. Schäfer, *Chemische Transportreaktionen*, Verlag Chemie, Weinheim, **1962**.
Sch 1971	H. Schäfer, *J. Cryst. Growth* **1971**, *9*, 17.
Sch 1973	H. Schäfer, *Z. Anorg. Allg. Chem.* **1973**, *400*, 242.
Wil 1988	K.-Th. Wilke, J. Bohm, *Kristallzüchtung*, Harri Deutsch, Frankfurt, **1988**.

2 Chemischer Transport – Modelle

Transport mit kongruenter Auflösung in die Gasphase

Einfacher Transport

$$ZnS(s) + I_2(g) \rightleftharpoons ZnI_2(g)$$

Komplexer Transport mit mehreren Gleichgewichten

$$Si(s) + SiI_4(g) \rightleftharpoons 2\,SiI_2(g)$$
$$Si(s) + 2\,I_2(g) \rightleftharpoons SiI_4(g)$$

Transport mit inkongruenter Auflösung in die Gasphase

Quasistationäre Transportexperimente

Abscheidung von Phasen mit Homogenitätsgebiet (FeS_x)

Abscheidung einer definierten Phase aus einem Zweiphasengebiet (V_nO_{2n-1})

Zeitabhängige (nichtstationäre) Transportexperimente

Sequentielle Wanderung mehrphasiger Bodenkörper (CuO/Cu_2O)

In Kapitel 2 werden die theoretischen Grundlagen Chemischer Transportreaktionen behandelt. Die auf thermodynamischen Betrachtungen basierenden verschiedenen Modellvorstellungen werden ausführlich erläutert. Es ist heute üblich, zur modellhaften Beschreibung von Transportreaktionen Computerprogramme zu verwenden. Diese liefern auch ohne vertiefte Kenntnisse der ihnen zugrunde liegenden thermodynamischen Betrachtungen die gewünschten Ergebnisse: die optimalen Transportbedingungen, die Transportrichtung und die Transportraten. In komplizierter gelagerten Fällen ist eine Beschäftigung mit den thermodynamischen Grundlagen jedoch unerlässlich. Dies gilt insbesondere dann, wenn Bodenkörper mit Phasenbreiten oder mehrere Bodenkörper nebeneinander auftreten können. In allen Fällen, den einfach erscheinenden wie den komplexeren, muss sich der Nutzer zunächst umfassend mit der Frage auseinandersetzen, welche Bodenkörper und welche Gasspezies in dem betrachteten System zu erwarten sind. Nur wenn alle in einem System möglicherweise auftretenden festen und gasförmigen Verbindungen erfasst sind, liefern die Betrachtungen realitätsnahe Ergebnisse. Dies erfordert zum einen die Kenntnis der Phasenverhältnisse in den jeweiligen Bodenkörpersystemen und zum anderen ein Grundverständnis über zu erwartende gasförmige Verbindungen und deren Reaktionsweisen.

Neben den thermodynamischen Gesetzmäßigkeiten kann das Transportverhalten auch durch kinetische Effekte beeinflusst werden. Während in der Regel die Gasbewegung geschwindigkeitsbestimmend sein sollte, können in manchen Fällen die am Transport beteiligten Elementarreaktionen die kinetische Kontrolle übernehmen. Dies gilt für die heterogene Auflösungsreaktion, die Keimbildung und das Kristallwachstum während der Abscheidung.

Die nachfolgenden Schemata fassen stichwortartig die wesentlichen Charakteristika der verschiedenen Transportverläufe zusammen.

Kongruente Auflösung des Bodenkörpers:
Zusammensetzung von Quellenbodenkörper und Gasphase sind identisch.

Eine kongruente Auflösung in die Gasphase bedingt immer kongruente Abscheidung.
⇒ stationäres, zeitunabhängiges Transportverhalten

Modell des einfachen Transports	*Modell des komplexen Transports*
Beschreibung des Chemischen Transports ist mit *einer* unabhängigen Reaktion möglich.	Zusammensetzung der Gasphase ergibt sich aus *mehreren* unabhängigen Gleichgewichten.
Berechnung von K_p und Ableitung von Δp.	Berechnung von λ und Ableitung von $\Delta \lambda$.
Ermittlung der Gleichgewichtslage und der Richtung des Transports mit Hilfe von $\Delta_R H^0$ ($T_2 \rightarrow T_1$ oder $T_1 \rightarrow T_2$).	Ermittlung der Gleichgewichtslage und der Richtung des Transports mit Hilfe von $\Delta \lambda_{(T_2 - T_1)}$ ($T_2 \rightarrow T_1$ oder $T_1 \rightarrow T_2$).

Inkongruente Auflösung des Bodenkörpers:
Die Zusammensetzung der Gasphase weicht von der des Quellenbodenkörpers ab

---

Die Zusammensetzung der Gasphase ergibt sich aus *mehreren* unabhängigen Gleichgewichten.

Berechnung des „Flusses" der Komponenten A und B, $J(A/B)$, zwischen den Gleichgewichtsräumen

Quasistationäres Verhalten	Nichtstationäres (zeitabhängiges) Verhalten
Bestimmung der Zusammensetzung des Senkenbodenkörpers mit der Stationaritätsbeziehung: ε = konst.	Iterative Bestimmung der Zusammensetzung des Senkenbodenkörpers und Ermittlung der Reihenfolge der Abscheidung.
Erweitertes Transportmodell: „quasistationärer Transport".	*Kooperatives Transportmodell*: „sequentieller Transport".

2.1 Thermodynamische Grundlagen zum Verständnis Chemischer Transportreaktionen

Wir haben in Kapitel 1 das Grundprinzip Chemischer Transportreaktionen erläutert. Ein über die allgemeinen Prinzipien hinaus gehendes, grundlegendes Verständnis der Vorgänge bei den Transportreaktionen ermöglicht darüber hinaus eine systematische Planung und Durchführung von Experimenten.

Wie bereits erläutert, können Chemische Transportexperimente in offenen (Strömungsrohr) oder geschlossenen Systemen (Ampullen) durchgeführt werden. Als Folge von heterogenen Gleichgewichtsreaktionen erfolgt dabei die Überführung eines oder mehrerer Bodenkörper in die Gasphase; diesen Vorgang bezeichnet man auch als *Auflösung* (in der Gasphase). Aus der Gasphase können kondensierte Phasen wieder abgeschieden werden. Die Abscheidung kann aufgrund von Temperaturgradienten oder, allgemeiner betrachtet, Gradienten des chemischen Potentials, räumlich getrennt von der Auflösung erfolgen. Für die praktische Anwendung wie auch zum chemischen Verständnis der Transportexperimente interessieren bei diesem Vorgang verschiedene Fragen:

- Welche Reaktion bestimmt die Überführung eines Bodenkörpers in die Gasphase und wie kann sie quantitativ beschrieben werden?
- Welche gasförmigen Verbindungen bilden sich bei der Auflösung eines Bodenkörpers in der Gasphase?
- Mit welcher Geschwindigkeit erfolgen Auflösung, Wanderung und Abscheidung eines Bodenkörpers?
- Welche Überlegungen erlauben die Abschätzung der günstigsten experimentellen Bedingungen für bestimmte Transportexperimente?
- Welche (chemischen) Informationen können aus Transportexperimenten erhalten werden?

Die Intensität der dem Experiment vorausgehenden theoretischen Behandlung ist jedoch vom zu untersuchenden System und der Komplexität der Festkörper-Gasphasen-Gleichgewichte abhängig. Nicht in jedem Fall wird eine intensive thermodynamische Behandlung der Problematik notwendig sein. Für ein tiefergehendes Verständnis wollen wir in diesem Kapitel einen Überblick geben, mithilfe welcher Modelle der Verlauf Chemischer Transportreaktionen beschrieben werden kann. Diese lassen vor allem verstehen, auf welche Weise eine transportrelevante Gasphase gebildet wird, in welchem Temperaturgradienten der Transport verläuft, welcher Bodenkörper abgeschieden wird und ob gegebenenfalls eine Phasenfolge in der Abscheidung zu erwarten ist. In jedem Fall wird dabei auch erfasst, mit welcher Rate der Stofftransport erfolgen kann.

In offenen, strömenden Systemen ist die Transportrate ($\dot{m}$ /g · h^{-1} oder $\dot{n}$ /mol · h^{-1}) für einen Bodenkörper, der im Gleichgewicht mit der Gasphase steht, proportional zur Strömungsgeschwindigkeit (vgl. Untersuchung von Verdampfungsgleichgewichten durch *Mitführungsmessungen* (Kub 1993)). In geschlossenen Ampullen ist hingegen die Diffusion zwischen Gleichgewichtsräumen für die Geschwindigkeit der Wanderung bestimmend. Die Diffusion wird über die Partialdruckgradienten dp/dT – und damit durch die thermodynami-

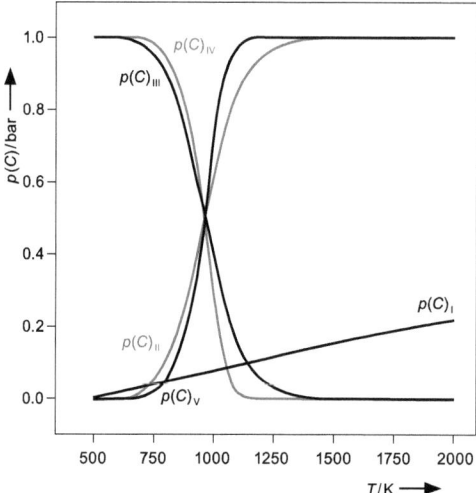

Abbildung 2.1.1 Einfluss von $\Delta_R H^0$ und $\Delta_R S^0$ auf die Größe von $p(C)$ als Funktion der Temperatur und in Abhängigkeit vom Reaktionstyp nach (Sch 1956b)[1].

schen Gegebenheiten – maßgeblich bestimmt. Die Zahlenwerte der Diffusionskoeffizienten gasförmiger Teilchen liegen alle in der gleichen Größenordnung ($\approx 0{,}025$ cm$^2 \cdot$ sec^{-1}). Der Einfluss von unterschiedlichen Diffusionskoeffizienten auf die Transportrate ist vergleichsweise gering. Er wird in Abschnitt 2.7 behandelt.

Wir betrachten zunächst eine einzelne Reaktion:

$$i\,A(s) + k\,B(g) \;\rightleftharpoons\; j\,C(g) + l\,D(g)\, \ldots \tag{2.1.1}$$

Der Gleichgewichtspartialdruck $p(C)$ über dem einphasigen Bodenkörper $A(s, l)$ und seine Temperaturabhängigkeit werden von der Reaktionsenthalpie und der -entropie bestimmt. Für verschiedene Zahlenwerte von $\Delta_R H^0$ und $\Delta_R S^0$ sind die resultierenden Drücke in Abbildung 2.1.1 dargestellt. Das Vorzeichen der Reaktionsentropie hängt maßgeblich von der Änderung der Anzahl Δn gasförmiger Teilchen bei der jeweils betrachteten Reaktion ab. Als grobe Näherung kann $\Delta_R S^0 = \Delta n \cdot 140$ J $\cdot$ mol$^{-1} \cdot$ K^{-1} angenommen werden. In Abbildung 2.1.2 ist der Einfluss eines konstanten, von außen vorgegebenen Drucks $p(D)$ auf $p(C)$ als Funktion der Temperatur enthalten. Aus der Temperaturabhängigkeit des Partialdrucks von C, $p(C)$, ergibt sich für ein vorgegebenes Temperaturgefälle, ΔT, eine Partialdruckdifferenz $\Delta p(C)$.

---

[1] I) $A(s) + B(g) \rightleftharpoons C(g)$ ($\Delta_R H^0 = 20$ kJ $\cdot$ mol^{-1}, $\Delta_R S^0 = 0$ J $\cdot$ mol$^{-1} \cdot$ K^{-1}),
 II) $A(s) + B(g) \rightleftharpoons 2\,C(g)$ oder
   $2\,A(s) + B_2(g) \rightleftharpoons 2\,C(g)$ ($\Delta_R H^0 = 140$ kJ $\cdot$ mol^{-1}, $\Delta_R S^0 = 140$ J $\cdot$ mol$^{-1} \cdot$ K^{-1}),
 III) $A(s) + 2\,B(g) \rightleftharpoons C(g)$ ($\Delta_R H^0 = -140$ kJ $\cdot$ mol^{-1}, $\Delta_R S^0 = -140$ J $\cdot$ mol$^{-1} \cdot$ K^{-1}),
 IV) $A(s) + 4\,B(g) \rightleftharpoons C(g)$ ($\Delta_R H^0 = -420$ kJ $\cdot$ mol^{-1}, $\Delta_R S^0 = -420$ J $\cdot$ mol$^{-1} \cdot$ K^{-1}),
 V) $4A(s) + B_4(g) \rightleftharpoons 4\,C(g)$ ($\Delta_R H^0 = 420$ kJ $\cdot$ mol^{-1}, $\Delta_R S^0 = 420$ J $\cdot$ mol$^{-1} \cdot$ K^{-1}),
   ($\Sigma p = 1$ bar).

2.1 Thermodyn. Grundlagen zum Verständnis Chemischer Transportreaktionen | 23

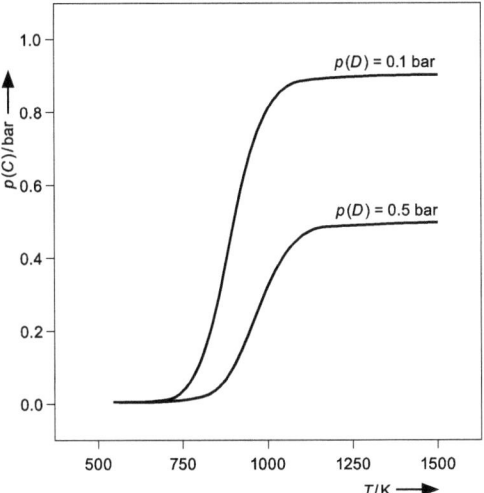

Abbildung 2.1.2 $p(C)$ als Funktion von T nach (Sch 1956b).
Reaktionstyp: $A(s) + B_2(g) \rightleftharpoons C(g) + D(g)$.
($p(D) = 0{,}1$ bzw. $0{,}5$ bar, $\Sigma p = 1$ bar, $\Delta_R H^0 = 140$ kJ · mol^{-1}, $\Delta_R S^0 = 140$ J · mol^{-1} · K^{-1}).

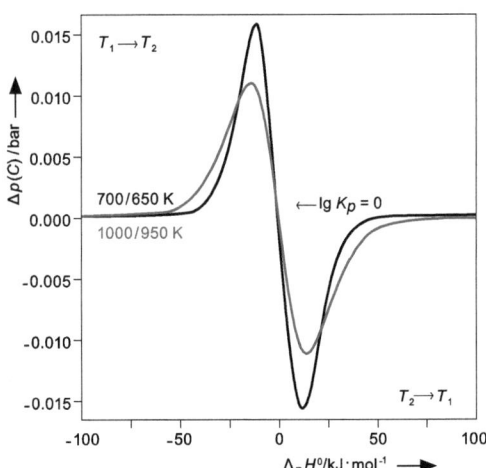

Abbildung 2.1.3 $\Delta p(C)$ als Funktion von $\Delta_R H^0$ nach (Sch 1956b).
Reaktionstyp: $A(s) + B(g) \rightleftharpoons C(g)$ (exotherm oder endotherm).
($\Delta_R S^0 = 0$ J · mol^{-1} · K^{-1}, $\Sigma p = 1$ bar).

Die Abbildungen 2.1.1 bis 2.1.7 veranschaulichen den Zusammenhang zwischen $p(C)$ bzw. $\Delta p(C)$ und $\Delta_R H^0$ für verschiedene Temperaturen. Die Transportrate $\dot{n}$ (mol · h^{-1}) bzw. $\dot{m}$ (mg · h^{-1}) ist proportional zu $\Delta p(C)$ (vgl. Abschnitt 2.6).

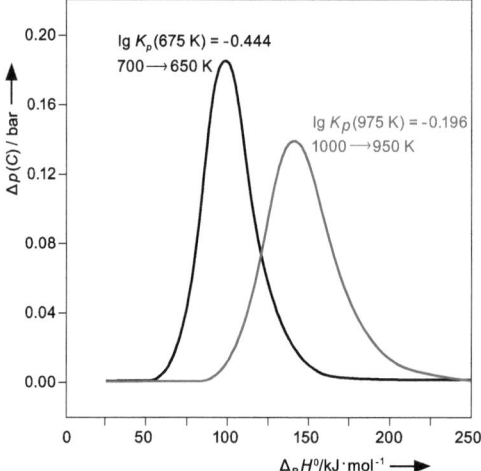

Abbildung 2.1.4 $p(C)$ als Funktion von $\Delta_R H^0$ nach (Sch 1956b).
Reaktionstyp: $A(s) + B(g) \rightleftharpoons 2\,C(g)$ (endotherm).
($\Delta_R S^0 = +140$ J $\cdot$ mol^{-1} $\cdot$ K^{-1}, $\Sigma p = 1$ bar).

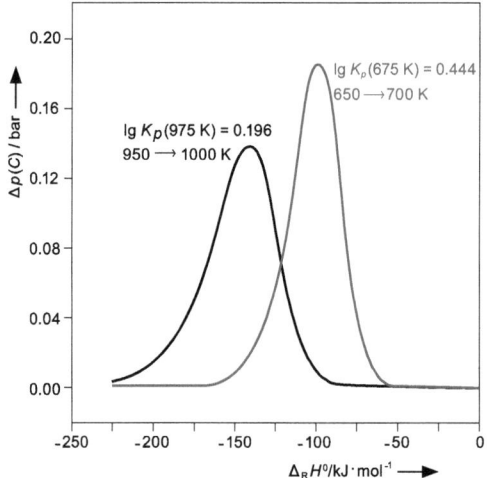

Abbildung 2.1.5 $\Delta p(C)$ als Funktion von $\Delta_R H^0$ nach (Sch 1956b).
Reaktionstyp: $A(s) + 2\,B(g)\ C(g)$ (exotherm).
($\Delta_R S^0 = -140$ J $\cdot$ mol^{-1} $\cdot$ K^{-1}, $\Sigma p = 1$ bar).

Aus den in den Abbildungen 2.1.1 bis 2.1.7 zusammengefassten Betrachtungen ergeben sich verschiedene Schlussfolgerungen zum Einfluss thermodynamischer Größen auf das Transportgeschehen.

Der Einfluss von $\Delta_R H^0$ Das Vorzeichen von $\Delta_R H^0$ bestimmt das Vorzeichen von $\Delta p(C)$ und damit die Richtung der Wanderung des Bodenkörpers im

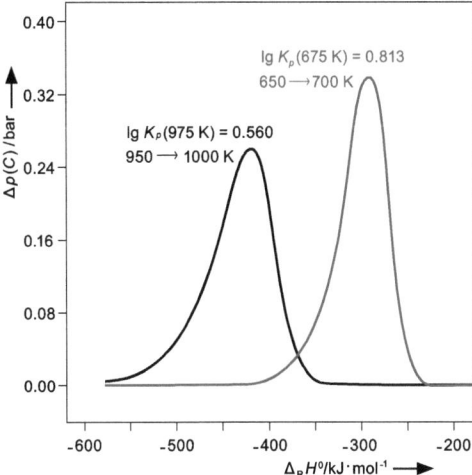

Abbildung 2.1.6 $\Delta p(C)$ als Funktion von $\Delta_R H^0$ nach (Sch 1956b). Reaktionstyp: $A(s) + 4\,B(g) \rightleftharpoons C(g)$ (exotherm) ($\Delta_R S^0 = -420\ \text{J}\cdot\text{mol}^{-1}\cdot\text{K}^{-1}$, $\Sigma p = 1$ bar).

Temperaturgradienten. Exotherme Reaktionen führen zum Transport von T_1 nach T_2, endotherme von T_2 nach T_1. Ist $\Delta_R H^0 = 0$, wird $\Delta p(C)$ ebenfalls null sein. Unter diesen Bedingungen kann kein Transport erfolgen (vgl. Abbildungen 2.1.3 bis 2.1.7).

Der Einfluss von $\Delta_R S^0$ Die Abbildungen 2.1.3 bis 2.1.7 zeigen $\Delta p(C)$ als Funktion von $\Delta_R H^0$ bei unterschiedlichen Werten von $\Delta_R S^0$. Ist die Reaktionsentropie klein, kann in Abhängigkeit vom Vorzeichen von $\Delta_R H^0$ ein Transport von T_1 zur höheren Temperatur T_2 oder umgekehrt von T_2 nach T_1 erfolgen. Das gilt besonders dann, wenn die Transportreaktion ohne Änderung der Anzahl gasförmiger Teilchen verläuft (vgl. Abbildung 2.1.3). Der maximale Transporteffekt nimmt mit wachsendem $\Delta_R S^0$ unabhängig vom Vorzeichen zu, wenn sich $\Delta_R H^0$ entsprechend ändert (Abbildung 2.1.7).

Weicht der Betrag von $\Delta_R S^0$ deutlich von Null ab ($\geq 40\ \text{J}\cdot\text{mol}^{-1}\cdot\text{K}^{-1}$), ist ein Transport nur möglich, wenn $\Delta_R H^0$ und $\Delta_R S^0$ das gleiche Vorzeichen haben (Abbildungen 2.1.3 bis 2.1.7). Bei einer Reaktion mit einem hinreichend großen Entropiegewinn ($\Delta_R S^0 \geq 40\ \text{J}\cdot\text{mol}^{-1}\cdot\text{K}^{-1}$), ist ein merklicher Transport des Bodenkörpers nur von einer höheren zu einer niedrigeren Temperatur möglich ($T_2 \rightarrow T_1$). Eine Reaktion mit negativer Reaktionsentropie ($\Delta_R S^0 \leq -40\ \text{J}\cdot\text{mol}^{-1}\cdot\text{K}^{-1}$) kann andererseits nur zu einem signifikanten Transport von T_1 nach T_2 führen. (Abbildung 2.1.7).

Der Einfluss der Gleichgewichtslage Für $\Delta_R H^0 = 0$ und $\Delta_R S^0 = 0$ wird der Partialdruckgradient und damit auch die Transportrate $= 0$, auch wenn $\lg K_p = 0$ gilt, vgl. Abbildung 2.1.3. Weicht $\Delta_R H^0$ von null ab, nimmt auch $\lg K_p$ von null verschiedene Werte an. Die Transportrate durchläuft damit ein Maximum und

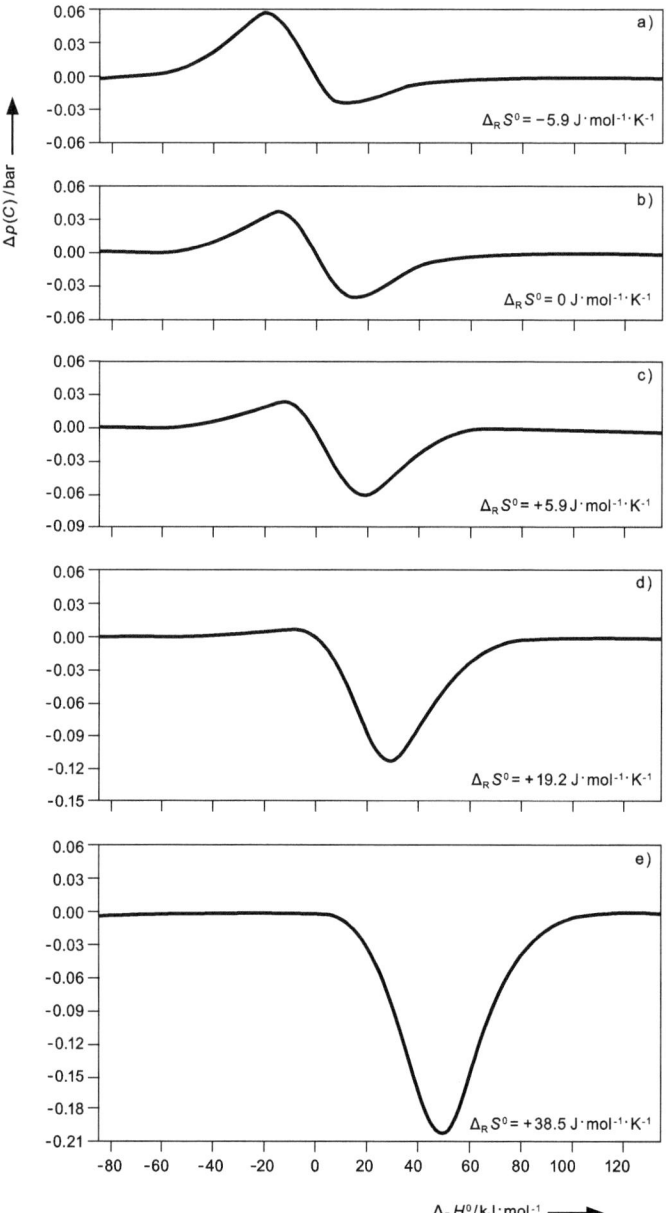

Abbildung 2.1.7 Transport eines Bodenkörpers $A(\text{s})$ über die Reaktion $A(\text{s}) + B(\text{g}) \rightleftarrows C(\text{g})$ nach (Sch 1956b).
(Temperaturgradient $1273 \rightarrow 1073$ K, $\Sigma p = 1$ bar.)
Die Kurven a) bis e) geben $\Delta p(C) = p(C)_{T_2} - p(C)_{T_1}$ als ein Maß für den Transporteffekt in Abhängigkeit von $\Delta_R H^0$ bei konstantem $\Delta_R S^0$ wieder.

nähert sich schließlich null an. Die Veränderung von K_p durch Anwendung anderer Temperaturen kann wegen des steilen Kurvenverlaufs den Transport erheblich beeinflussen (Abbildungen 2.1.3 bis 2.1.6).

Eine Vergrößerung von Δp kann erreicht werden, wenn die Zusammensetzung der Gasphase – bei Reaktionen mit Änderung der Anzahl gasförmiger Teilchen auch der Gesamtdruck – so gewählt wird, dass sich das Gleichgewicht zu einer weniger extremen Lage verschiebt. Nach dieser Überlegung kann sich der Zusatz eines der Reaktionsprodukte günstig auf das Transportverhalten auswirken. Eine Veränderung des Gesamtdrucks (durch Änderung der Transportmittelmenge) sollte sich bei Reaktionen mit Änderung der Anzahl gasförmiger Teilchen ähnlich auswirken.

Zusammenfassung Der Wert von Δp ist für die Berechnung des Transportverhaltens (unter verschiedenen experimentellen Bedingungen) einer Reaktion von größter Bedeutung. Ein Transport findet nur bei einer nennenswerten Partialdruckdifferenz von $\Delta p \geq 10^{-5}$ bar (vgl. Abschnitt 2.6) statt. Gleiches gilt für komplexere chemische Systeme, in denen man zweckmäßigerweise die Differenz der Löslichkeit $\Delta \lambda$ statt der Partialdruckdifferenz Δp verwendet.

Die vorstehenden Zusammenhänge haben sich bei der Auswahl von Transportreaktionen in praktischen Anwendungen vielfach bewährt. Da man die Reaktionsentropie $\Delta_R S^0$ einer in Betracht gezogenen Reaktion aus der Zahl der beteiligten Gasmoleküle leicht abschätzen kann, kann man die Werte für $\Delta_R H^0$ und T berechnen, bei denen ein erheblicher Transporteffekt erwartet wird.

Transportsysteme mit *einem* Transportmittel Ergänzend zu den thermodynamischen Betrachtungen vergleichen wir die Ergebnisse von Transportexperimenten mit Eisen, Cobalt und Nickel (Sch 1956b) gemäß Gleichung 2.1.2 mit den Aussagen von Abbildung 2.1.8.

$$M(s) + 2\,X(g) \rightleftharpoons MX_2(g) \tag{2.1.2}$$
$$(M = \text{Fe, Co, Ni}, \quad X = \text{Cl, Br, I, exotherm})$$

Dabei werden die Versuchsbedingungen mit den Temperaturen $T_1 = 1073$ K und $T_2 = 1273$ K und einem Gesamtdruck von 0,1 bar festgelegt. Die Reaktionsentropie von 2.1.2 beträgt im Durchschnitt $\Delta_R S^0 = -85$ J · mol^{-1} · K^{-1}. Dieser Wert weicht von dem oben genannten Wert von 140 J · mol^{-1} · K^{-1} deutlich ab, weil bei atomaren Gasteilchen der Rotations- und Schwingungsbeitrag zur Zustandssumme null ist. Mit diesem Wert kann die Partialdruckdifferenz und daraus der Transporteffekt (mit Gleichung 1.5.4) für verschiedene Reaktionsenthalpien berechnet werden. Das Ergebnis ist in Abbildung 2.1.8 wiedergegeben. Der beobachtete Metalltransport stimmt gut mit dem berechneten Kurvenverlauf überein. Ein Transport der jeweiligen Metalle über $FeCl_2$, $FeBr_2$ und $NiCl_2$ ist experimentell nicht nachweisbar. Für die Systeme Ni/Br, Fe/I, Co/I und Ni/I erfolgt eine Wanderung des Metalls. Dabei steigt die Transportrate vom System Ni/Br über Fe/I zu Co/I an und fällt schließlich zu Ni/I hin wieder ab.

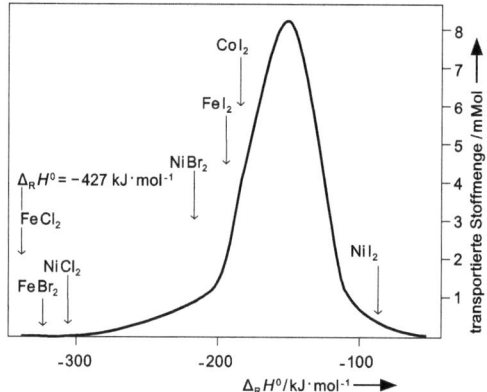

Abbildung 2.1.8 Metalltransport entsprechend der Reaktion $M(s) + 2X(g) \rightleftharpoons MX_2(g)$. Abhängigkeit der transportierten Metallmenge von der Reaktionsenthalpie nach (Sch 1956b). (berechnet für Transportampullen nach Abbildung 2.6.1.1, (Dauer 10 h, 1073 → 1273 K, $\Sigma p = 0{,}1$ bar, $\Delta_R S^0 = -85$ J · mol^{-1} · K^{-1}.)

Das Ergebnis ist qualitativ leicht verständlich. Mit FeCl$_2$, FeBr$_2$ und NiCl$_2$ liegt das Gleichgewicht weit auf Seiten der Reaktionsprodukte: diese Dihalogenide sind sehr stabil. Mit dem in der Reihenfolge NiBr$_2$, FeI$_2$, CoI$_2$ zunehmenden Zerfall der Dihalogenide nimmt auch der Transporteffekt zu. Wird der Zerfall jedoch zu groß (NiI$_2$), so nimmt der Transporteffekt wieder ab. In Übereinstimmung mit den thermodynamischen Überlegungen liegt der maximale Transporteffekt in der Nähe von lg $K_p = 0$.

Reaktionen mit *mehreren* Transportmitteln Die nachfolgenden Beispiele (Gleichungen 2.1.3 bis 2.1.6) zeigen, dass manchmal zwei oder mehr Reaktionspartner gemeinsam als Transportmittel wirken.

$$W(s) + 2\,H_2O(g) + 3\,I_2(g) \rightleftharpoons WO_2I_2(g) + 4\,HI(g) \quad (2.1.3)$$

$$MoS_2(s) + 2\,H_2O(g) + 3\,I_2(g) \rightleftharpoons MoO_2I_2(g) + 4\,HI(g) + S_2(g) \quad (2.1.4)$$

$$Pt(s) + 2\,CO(g) + Cl_2(g) \rightleftharpoons Pt(CO)_2Cl_2(g) \quad (2.1.5)$$

$$Cr_2O_3(s) + \frac{1}{2}O_2(g) + 2\,Cl_2(g) \rightleftharpoons 2\,CrO_2Cl_2(g) \quad (2.1.6)$$

In diesen Fällen wirkt es sich günstig auf den Transporteffekt aus, wenn die Transportmittel im stöchiometrischen Verhältnis eingesetzt werden. Tatsächlich kennt man Beispiele, in denen die Gasphase noch komplizierter zusammengesetzt ist. So bei der Verwendung der Transportmittelkombinationen Te/Cl oder P/I beim Transport von Vanadiumoxiden (Abschnitte 2.4.2 und 5.2.5), bzw. von Phosphaten (Abschnitt 6.2.1). In solchen unübersichtlichen Fällen ist die Formulierung von realitätsnahen Transportreaktionen häufig schwierig.

Kriterien für die Auswahl von Chemischen Transportreaktionen und von deren experimentellen Bedingungen Möchte man einen gegebenen Feststoff transportieren, sollte man zunächst $\Delta_R H^0$ und $\Delta_R S^0$ für eine geplante Transportreaktion berechnen oder abschätzen (Kapitel 12). Mit der optimalen Transporttemperatur, $T_{opt} = \Delta_R H^0 / \Delta_R S^0$, ergibt sich die Temperatur, bei der die Transportrate maximal ist. Allerdings weicht man von dieser Temperatur aus folgenden Gründen nicht selten ab:

- Der Feststoff hat nur eine begrenzte thermische Stabilität, oberhalb einer bestimmten Temperatur findet Zersetzung, Phasenumwandlung oder Schmelzen statt.
- Der Feststoff und/oder das Transportmittel reagieren oberhalb einer bestimmten Temperatur mit dem Ampullenmaterial.
- Die Temperatur muss ausreichend hoch sein, um eine Kondensation der transportwirksamen Spezies zu vermeiden.
- Die Temperatur darf nicht zu niedrig sein, damit die Reaktionsgeschwindigkeit noch hinreichend groß ist und die Gleichgewichtseinstellung schnell erfolgt.

Beispiel: Der Transport von ZnO

Wenn Kieselglasampullen verwendet werden, sollte die Temperatur nicht höher als $\vartheta_{Quelle} \approx 1000\,°C$ sein, um eine Reaktion mit der Wand zu vermeiden. Der Transport ist mit einer Reihe von Transportmitteln möglich, wie aus der Zusam-

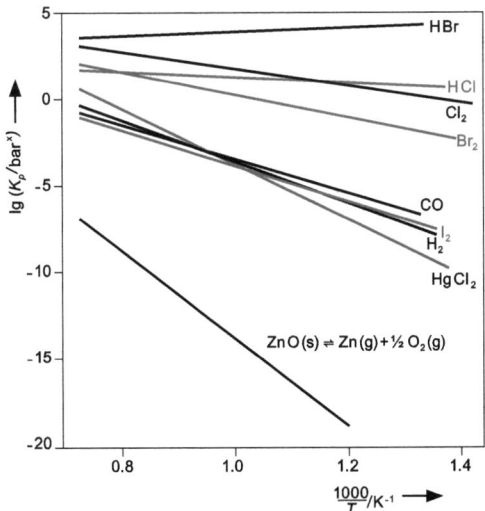

Abbildung 2.1.9 Heterogene Gleichgewichte mit ZnO(s) als Gleichgewichtsbodenkörper nach (Sch 1972).
(K_p bezieht sich jeweils auf die Reaktion mit der Stöchiometriezahl 1 für ZnO.)

menstellung verschiedener heterogener Gleichgewichte mit ZnO als Bodenkörper hervorgeht (Abbildung 2.1.9). Das am besten geeignete Transportmittel ist HgCl$_2$ (1000 → 900 °C):

- Für das heterogene Transportgleichgewicht liegt lg K nahe bei null ($K_p \approx 1$) (formuliert für eine Stöchiometriezahl des Bodenkörpers gleich eins).
- Die Temperaturabhängigkeit von lg K ist vergleichsweise groß.
- Eine Kondensation von Zinkchlorid findet nicht statt.
- Die Temperatur ist nicht zu niedrig, sodass sichergestellt ist, dass sich die Gleichgewichte bei T_2 und T_1 genügend schnell einstellen.

Experimente haben diese Vorhersagen bestätigt. In jedem Fall ist es empfehlenswert, vor der Durchführung von Transportexperimenten entsprechende Überlegungen anzustellen. Bei der Wahl von T_1 und T_2 können zusätzlich Gesichtspunkte, die mit dem Kristallwachstum (Keimbildung, Wachstumsgeschwindigkeit) im Zusammenhang stehen, von Bedeutung sein.

2.2 Phasenverhältnisse im einfachen Fall

Im einfachsten Fall eines chemischen Transportexperiments liegen im Quellenraum (Auflösungsseite) und im Senkenraum (Abscheidungsseite) während der gesamten Dauer des Experiments einphasige Bodenkörper mit identischer Zusammensetzung vor (**Quellenbodenkörper QBK**, **Senkenbodenkörper**, **SBK**). Die heterogenen Gleichgewichte zwischen Bodenkörper und Gasphase in Quelle und Senke werden durch *eine* Gleichgewichtsreaktion und deren Temperaturabhängigkeit vollständig beschrieben. Unter diesen Bedingungen ist das Verhältnis der Stoffmengen aller Komponenten in den Bodenkörpern und der Gasphase identisch. Diese Situation wird als **kongruenter Transport** bezeichnet. Nach Einstellung des heterogenen Gleichgewichts in Quelle und Senke ändert sich während des Transportexperiments die Gasphasenzusammensetzung *nicht* mit der Zeit. Die Transportrate ist unabhängig von der Zeit, der Transport erfolgt **stationär**. Der vorstehend beschriebene Transport von ZnO mit HgCl$_2$ und die Transporte der Metalle nach Gleichung 2.1.2 wie auch eine Vielzahl der in den nachfolgenden Kapiteln beschriebenen Transportexperimente verlaufen in dieser Form.

Für das Verständnis des Transportvorgangs sind die Kenntnis der Gleichgewichtspartialdrücke und deren Temperaturabhängigkeit notwendig. Für diesen einfachsten Fall kann die Berechnung der Gleichgewichtsdrücke im Quellen- und Senkenraum über das Massenwirkungsgesetz erfolgen. Hierzu ist die Kenntnis der Gleichgewichtskonstante $K_p(T)$ und der experimentellen Randbedingungen erforderlich. Mit dem noch herzuleitenden Diffusionsansatz (Abschnitt 2.6) ist schließlich die Berechnung des zu erwartenden Transporteffekts möglich.

Für den Chemischen Transport von Zinksulfid mit Iod wird die Durchführung der entsprechenden Berechnung nachfolgend schrittweise vorgeführt. Die Wanderung von ZnS im Temperaturgefälle erfolgt nach Gleichung 2.2.1 (vgl. Abschnitt 7.1).

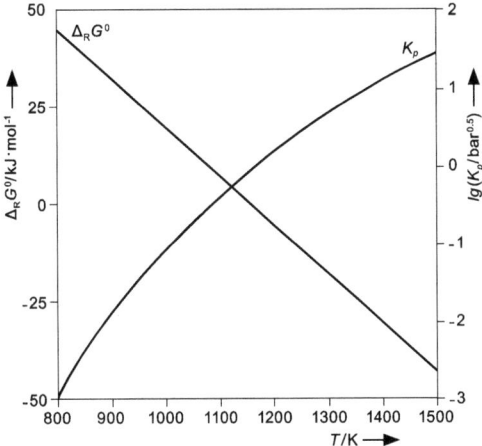

Abbildung 2.2.1 Temperaturabhängigkeit von $\Delta_R G^0$ und K_p von Reaktion 2.2.1.

$$\text{ZnS(s)} + \text{I}_2(\text{g}) \rightleftharpoons \text{ZnI}_2(\text{g}) + \frac{1}{2}\text{S}_2(\text{g}) \qquad (2.2.1)$$

Mit den thermodynamischen Daten von Zinkblende und den Daten für die gasförmigen Reaktionsteilnehmer ergeben sich für Gleichung 2.2.1 folgende Werte: $\Delta_R H^0_{298} = 144$ kJ · mol^{-1} und $\Delta_R S^0_{298} = 124$ J · mol^{-1} · K^{-1} (Bin 2002). Die Reaktion ist endotherm, die Wanderung des Bodenkörpers wird somit im Temperaturgradienten $T_2 \rightarrow T_1$ erfolgen. Aus der Reaktionsenthalpie und der Reaktionsentropie folgt die in Abbildung 2.2.1 graphisch dargestellte Temperaturabhängigkeit von $\Delta_R G^0$ und lg K. Bei deren Berechnung unter Verwendung der *Gibbs-Helmholtz*-Gleichung und der *Van't Hoff*-Gleichung wurde vereinfachend die Temperaturabhängigkeit von $\Delta_R H^0$ und $\Delta_R S^0$ vernachlässigt und mit $\Delta_R H^0_{298}$ und $\Delta_R S^0_{298}$ gerechnet. Über die *Kirchhoff*'schen Sätze kann diese bei Bedarf berücksichtigt werden. Für $T = 1160$ K ergibt sich $\Delta_R G^0 = 0$ kJ · mol^{-1} und somit $K_{p,\,1160} = 1$ bar^{0,5}. Im Sinne der Überlegungen in Abschnitt 2.1 sollte der Transport im Bereich dieser Temperatur erfolgen. Wir wählen den Temperaturgradienten 950 → 850 °C und den Gesamtdruck in der Ampulle $\Sigma p = 1$ bar.

Mit diesen Vorgaben werden die in Abbildung 2.2.1 dargestellten Gleichgewichtsdrücke sowie die Partialdruckdifferenzen (Abbildung 2.2.2) berechnet. Zur Berechnung der drei Partialdrücke bei einer gegebenen Temperatur werden drei voneinander unabhängige Gleichungen benötigt. Eine dieser Gleichungen ist stets der Massenwirkungsausdruck der Transportreaktion:

$$K_p = \frac{p(\text{ZnI}_2) \cdot p^{\frac{1}{2}}(\text{S}_2)}{p(\text{I}_2)} \qquad (2.2.2)$$

Die zweite Gleichung trägt der Tatsache Rechnung, dass das Verhältnis der Stoffmengen von Zink und Schwefel in der Gasphase eins ist (s. o.). Da das S_2-Molekül zwei Schwefelatome, das Zinkiodidmolekül jedoch nur ein Zinkatom enthält, muss diese Beziehung (*Stöchiometriebeziehung*) folgendermaßen lauten:

$$p(S_2) = \frac{1}{2} \cdot p(ZnI_2) \tag{2.2.3}$$

Die dritte Gleichung ergibt sich aus der Randbedingung, dass der Gesamtdruck 1 bar betragen soll.

$$\Sigma p = p(I_2) + p(ZnI_2) + p(S_2) \tag{2.2.4}$$

Die Lösung solcher Gleichungssysteme kann iterativ erfolgen, z. B. mit den Routinen „Zielwertsuche" oder „equation solver" in EXCEL. Diese Vorgehensweise

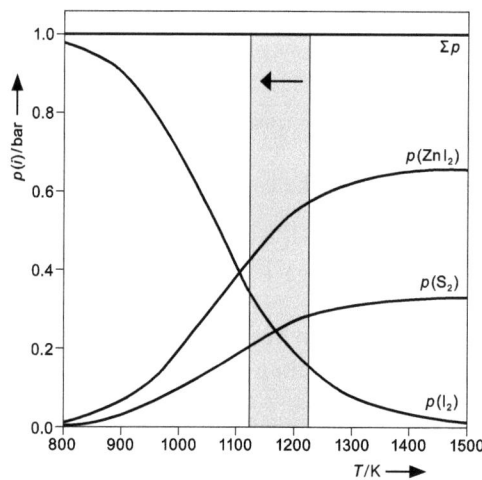

Abbildung 2.2.2 Gleichgewichtsdrücke $p(ZnI_2)$, $p(S_2)$ und $p(I_2)$ als Funktion der Temperatur. ($\Sigma p = 1$ bar. Der Pfeil gibt die Wanderungsrichtung von ZnS im Temperaturgradienten an.)

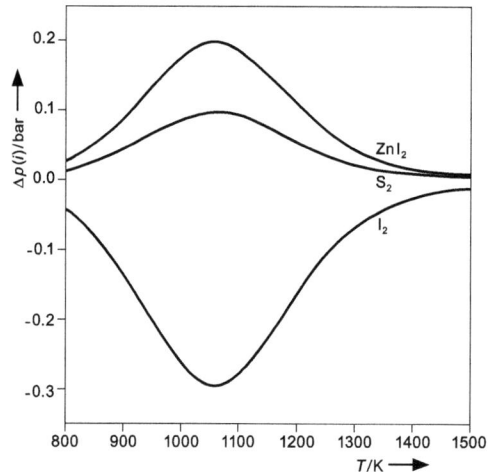

Abbildung 2.2.3 $\Delta p(ZnI_2)$, $\Delta p(S_2)$, $\Delta p(I_2)$ als Funktion von $\overline{T}$. ($\Delta T = 100\,°C$, $\overline{T} = (T_2 + T_1)/2$).

bei der Berechnung von chemischen Gleichgewichten (K_p-Methode) ist in der Literatur ausführlich beschrieben (Bin 1996).

Aus den Partialdrücken $p(I_2)_{1273}$, $p(I_2)_{1173}$, $p(ZnI_2)_{1273}$ und $p(ZnI_2)_{1173}$, dem Ampullenvolumen ($V_{ges} = 20$ cm^3) und der Randbedingung $V_{Quelle} = \frac{2}{3} V_{ges}$ und $V_{Senke} = \frac{1}{3} V_{ges}$ ergibt sich mit dem Allgemeinen Gasgesetz die zur Einhaltung der gewählten Randbedingung $\Sigma p = 1$ bar benötigte Iodeinwaage $m(I_2) = 37{,}8$ mg. Unter Verwendung des *Schäfer*'schen Diffusionsansatzes (2.2.5 und 2.6.5.11) wird schließlich die zu erwartende Transportrate berechnet:

$$\dot{n}(A)\,(A) = \frac{n(A)}{t'} = \frac{i}{j} \cdot \frac{\Delta p(C)}{\Sigma p} \cdot \frac{D^0 \cdot \bar{T}^{0{,}75} \cdot q}{s} \cdot 2{,}4 \cdot 10^{-3} \quad (\text{mol} \cdot \text{h}^{-1}) \quad (2.2.5)$$

$\dot{n}(A)$ Stoffmenge des transportierten Bodenkörpers ZnS
i, j stöchiometrische Koeffizienten von Zink in ZnI_2(g) und ZnS(s)
$\Delta p(C)$ Differenz der Gleichgewichtsdrücke von ZnI_2 /bar
Σp Gesamtdruck in der Transportampulle/bar
D^0 Diffusionskoeffizient (0,025 cm$^2 \cdot$ s^{-1})
$\bar{T}$ mittlere Temperatur der Diffusionsstrecke/K
q Querschnitt der Diffusionsstrecke/cm^2
t' Versuchsdauer/h
s Länge der Diffusionsstrecke/cm

$\dot{n}(A)$ (ZnS) $= \left(\frac{1}{1}\right) \cdot$ (0,13 bar/1 bar) $\cdot$ (0,025 cm$^2 \cdot$ s$^{-1} \cdot 1173^{0{,}75} \cdot 2{,}0$ cm^2/
  10 cm) $\cdot 2{,}4 \cdot 10^{-3}$ mol $\cdot$ h^{-1}
$\dot{n}$(ZnS) $= 0{,}3 \cdot 10^{-3}$ mol $\cdot$ h^{-1}

Der berechnete Erwartungswert für die Transportrate von Zinksulfid $\dot{m}$(ZnS) = 30 mg $\cdot$ h^{-1} liegt im Bereich der beobachteten Transportraten (Nit 1960, Har 1974).

2.3 Komplexe, kongruente Transporte

In zahlreichen Fällen kann der Chemische Transport eines Bodenkörpers mit nur *einer* Reaktionsgleichung nicht vollständig beschrieben werden. In solchen Fällen werden mehrere unabhängige Gleichgewichte wirksam. Deren Anzahl r_u kann mithilfe von Gleichung 2.3.1 ermittelt werden.

$$r_u = s - k + 1 \qquad (2.3.1)$$

s ist die Anzahl der Gasteilchen, k ist die Anzahl der Komponenten (im Sinne der *Gibbs*'schen Phasenregel die Anzahl der Elemente).

Betrachten wir das Beispiel des Transports von Silicium mit Iod. Dabei können die Gasteilchen SiI_4, SiI_2, I_2 und I auftreten. Damit wird $r_u = 4 - 2 + 1 = 3$. Über die drei unabhängigen Gleichgewichte 2.3.2 bis 2.3.4 sind die Partialdrücke aller beteiligten Gasteilchen festgelegt.

$$\text{Si(s)} + 2\,I_2(g) \rightleftharpoons SiI_4(g) \qquad (2.3.2)$$

$$\text{Si(s)} + \text{SiI}_4(g) \rightleftharpoons 2\,\text{SiI}_2(g) \tag{2.3.3}$$

$$\text{I}_2(g) \rightleftharpoons 2\,\text{I}(g) \tag{2.3.4}$$

Grundsätzlich können SiI_2 und SiI_4, zum Transport von Silicium beitragen, wir wissen jedoch nicht in welchem Maße. Die bereits in Kapitel 1 eingeführte Gasphasenlöslichkeit λ fasst die Partialdrücke $p(\text{SiI}_4)$ und $p(\text{SiI}_2)$ zusammen und beschreibt auf einfache Weise die Auflösung des Bodenkörpers in der Gasphase. Für $\lambda(\text{Si})$ erhält man die Gleichungen 2.3.5 bzw. 2.3.6.

$$\lambda(\text{Si}) = \frac{p(\text{SiI}_2) + p(\text{SiI}_4)}{p(\text{I}) + 2 \cdot p(\text{I}_2) + 2 \cdot p(\text{SiI}_2) + 4 \cdot p(\text{SiI}_4)} \tag{2.3.5}$$

$$\lambda(\text{Si}) = \frac{\Sigma(\nu(\text{Si}) \cdot p(\text{Si}))}{\Sigma(\nu(\text{I}) \cdot p(\text{I}))} = \frac{n^*(\text{Si})}{n^*(\text{I})} \tag{2.3.6}$$

Darin ist n^* die **Stoffmengenbilanz** der jeweiligen Komponente.

Die „Löslichkeit" λ eines Bodenkörpers in der Gasphase Die Löslichkeit eines Bodenkörpers gibt die maximal aus der Gasphase herstellbare Menge des betreffenden Bodenkörpers an (Sch 1973). Diese Menge wird stöchiometrisch berechnet, ohne Rücksicht darauf zu nehmen, ob dies chemisch möglich ist. Der nach Abzug dieser Bodenkörpermenge verbleibende Inhalt des Gasraumes kann als Lösungsmittel L aufgefasst werden.

Für ein einfaches System, das sich beispielsweise aus einem Bodenkörper $A(s)$, einem Halogen als Transportmittel $X_2(g)$ und einem Inertgas I aufbaut und die gasförmigen Moleküle A, AX, A_2X, X_2, X und I enthält, gilt dann folgende mit den Stoffmengen n formulierte Gleichung:

$$\lambda(A) = \frac{n^*(A)}{n^*(L)} = \frac{n^*(A)}{n^*(X) + n^*(I)}$$
$$= \frac{n(A) + n(AX) + 2 \cdot n(A_2X)}{n(AX) + n(A_2X) + 2 \cdot n(X_2) + n(X) + n(I)} \tag{2.3.7}$$

Die Stoffmengenbilanzen für A, L, X und I werden durch die Variablen $n^*(A)$, $n^*(L)$, $n^*(X)$ und $n^*(I)$ beschrieben. Die Definition der Löslichkeit λ beinhaltet, dass alle Partner die gleiche Temperatur haben und sich alle Molzahlen auf dasselbe Gasvolumen beziehen. Daher verhalten sich die Stoffmengen n wie die Drücke p.

$$\lambda(A) = \frac{p^*(A)}{p^*(L)} = \frac{p^*(A)}{p^*(X) + p^*(I)}$$
$$= \frac{p(A) + p(AX) + 2 \cdot p(A_2X)}{p(AX) + p(A_2X) + 2 \cdot p(X_2) + p(X) + p(I)} \tag{2.3.8}$$

Wie die Stoffmengenbilanzen n^* steht p^* für einen **Bilanzdruck**. Ob, wie in Gleichung 2.3.7 und 2.3.8 geschehen, die Löslichkeit von A in der Gasphase relativ zur gesamten verbleibenden Gasphase definiert wird, oder ob der Gehalt der Gasphase an A auf X oder sogar auf das Inertgas I bezogen wird, ist unerheblich. Es ist allerdings zu beachten, dass nur solche Bestandteile (Elemente) der Gasphase als Lösungsmittel angesehen werden dürfen, die nicht im Bodenkörper auftreten. Je nach Definition unterscheiden sich die Zahlenwerte von $\lambda(A)$.

$$\lambda(A) = \frac{p^*(A)}{p^*(X) + p^*(I)} = \frac{n^*(A)}{n^*(X) + n^*(I)} \quad (2.3.9)$$

$$\lambda'(A) = \frac{p^*(A)}{p^*(X)} = \frac{n^*(A)}{n^*(X)} \quad (2.3.10)$$

$$\lambda''(A) = \frac{p^*(A)}{p^*(I)} = \frac{n^*(A)}{n^*(I)} \quad (2.3.11)$$

$$\lambda(A) \neq \lambda'(A) \neq \lambda''(A) \quad (2.3.12)$$

Im konkreten Fall stößt man bei der Formulierung der Löslichkeit gelegentlich auf Schwierigkeiten. Deshalb werden nachfolgend einige Beispiele erläutert. Dabei ist man frei, mit Stoffmengen oder Drücken zu rechnen.

1. Beispiel: $Si(s) + SiCl_4(g)$

Bodenkörper: Si, Gasphase ($\approx 1000\,°C$): $SiCl_4$, $SiCl_2$

Beim Transport von Silicium mit Silicium(IV)-chlorid (z. B. $1000 \rightarrow 900\,°C$) stellt sich am Bodenkörper das folgende endotherme Gleichgewicht ein.

$$Si(s) + SiCl_4(g) \rightleftharpoons 2\,SiCl_2(g) \quad (2.3.13)$$

Befindet sich sowohl bei T_2 wie auch bei T_1 ein aus Silicium bestehender Bodenkörper, so ist $p(SiCl_2)_{T_2} > p(SiCl_2)_{T_1}$. An jeder Stelle der Ampulle gilt folgende Beziehung:

$$\Sigma p = p(SiCl_4) + p(SiCl_2) = p^*(Si) \quad (2.3.14)$$

Somit könnte man bei oberflächlicher Betrachtung schließen, dass ein Transport von Silicium nicht zu erwarten ist, weil in Bezug auf $p^*(Si)$ kein Gradient existiert. Dass dennoch ein Transport eintritt, liegt daran, dass ein Partialdruckgradient an $SiCl_2$ vorhanden ist, das in Si und $SiCl_4$ disproportionieren kann. Diese Situation wird durch die Gleichungen 2.3.15 und 2.3.16 zum Ausdruck gebracht.

$$\lambda(Si) = \frac{p(SiCl_2) + p(SiCl_4)}{2 \cdot p(SiCl_2) + 4 \cdot p(SiCl_4)} \quad (2.3.15)$$

$$\lambda(Si)_{T_2} > \lambda(Si)_{T_1} \quad (2.3.16)$$

Hier wird auch der Unterschied zwischen **reversibler und irreversibler Löslichkeit** deutlich. Reversibel gelöst ist die unter Bildung von $SiCl_2$ von der Gasphase aufgenommene Menge an Silicium (Gleichung 2.3.13). Irreversibel gelöst ist der trotz Temperaturerniedrigung als $SiCl_4$ in der Gasphase verbleibende Siliciumanteil.

2. Beispiel: $Fe(s) + HCl(g)$

Bodenkörper: Fe, Gasphase ($\approx 1000\,°C$): $FeCl_2$, H_2, HCl

$$\lambda(Fe) = \frac{n^*(Fe)}{n^*(Cl) + n^*(H)} = \frac{n(FeCl_2)}{2 \cdot n(FeCl_2) + 2 \cdot n(H_2) + 2 \cdot n(HCl)} \quad (2.3.17)$$

Hätte man nicht nur Fe + HCl, sondern auch H_2 und $FeCl_2$ in den Reaktionsraum eingeführt, so ergäbe sich $\lambda(Fe)$ wie beschrieben aus der Gleichgewichtszusammensetzung des Gases.

3. Beispiel: $W(s) + Cl_2(g) + Ar$

Bodenkörper: W, Gasphase (1500 … 3000 °C): W, WCl_x ($1 \leq x \leq 6$), Cl_2, Cl, Ar

$$\lambda(W) = \frac{n^*(W)}{n^*(Cl) + n^*(Ar)}$$
$$= \frac{n(W) + n(WCl) + ... + n(WCl_6)}{2 \cdot n(Cl_2) + n(Cl) + n(WCl) + ... + 6 \cdot n(WCl_6) + n(Ar)} \quad (2.3.18)$$

Es werden alle Gasspezies bei der Formulierung von λ einbezogen, unabhängig davon, ob sie am chemischen Geschehen beteiligt sind oder nicht. Das gilt auch für das Inertgas.

4. Beispiel: $GaAs(s) + I_2(g) + H_2(g)$

Bodenkörper: GaAs, Gasphase ($\approx 1000\,°C$): GaI, GaI_3, I_2, I, HI, H_2, As_4, As_2

$$\lambda(GaAs) = \frac{n^*(Ga) + n^*(As)}{n^*(I) + n^*(H)} \quad (2.3.19)$$

Da von GaAs ausgegangen wurde, gilt auch $n^*(Ga) = n^*(As)$. Es würde hier also genügen, die in der Gasphase gelöste Stoffmenge an GaAs durch nur eine der beiden, durch die Stöchiometrie verknüpften Komponenten zu beschreiben.

Die Situation kann z. B. dadurch verändert werden, dass zusätzlich Arsen eingeführt wird, welches dann gasförmig vorliegt und in der Bilanz bei den Lösungsmitteln erscheint. Diese Arsen-Stoffmenge(II) ist von der aus GaAs stammenden (I) zu unterscheiden.

$$n^*(As)_I = n^*(Ga) \quad (2.3.20)$$

$$n^*(As)_{II} = 4n(As_4) + 2n(As_2) - n^*(As)_I \quad (2.3.21)$$

$$\lambda(\text{GaAs}) = \frac{n^*(\text{Ga}) + n^*(\text{As})_\text{I}}{n^*(\text{I}) + n^*(\text{H}) + n^*(\text{As})_\text{II}} \quad (2.3.22)$$

Beim Vorliegen eines Bodenkörpers mit Homogenitätsgebiet ist für dessen Komponenten die Unterscheidung von solchen Anteilen, die als gelöster Stoff, und jenen, die als Teil des Lösungsmittels auftreten, nicht mehr sinnvoll (im Beispiel $n^*(\text{As})_\text{I}$ und $n^*(\text{As})_\text{II}$). Die individuellen, nicht mehr über eine stöchiometrische Beziehung festgelegten Löslichkeiten der verschiedenen Komponenten, führen unter Umständen zur An- oder Abreicherung einer Komponente im Bodenkörper („Verschiebung der Zusammensetzung").

5. *Beispiel:* $\text{ReO}_2(\text{s}) + \text{Re}_2\text{O}_7(\text{g}) + \text{I}_2$

Bodenkörper: ReO_2, Gasphase ($\approx 500\,°\text{C}$): Re_2O_7, ReO_3I, I_2, I.

Hier sind zwei Anteile von Sauerstoff zu unterscheiden. Bei Umwandlung des gesamten Rheniums in ReO_2 geht die Stoffmenge $n^*(\text{O})_\text{I} = 2\cdot n^*(\text{Re})$ in den Bodenkörper über, der Rest $n^*(\text{O})_\text{II} = n^*(\text{O}) - n^*(\text{O})_\text{I}$ bleibt in der Gasphase. Damit folgt Gleichung 2.3.23.

$$\lambda(\text{ReO}_2) = \frac{n^*(\text{Re}) + n^*(\text{O})_\text{I}}{n^*(\text{I}) + n^*(\text{O})_\text{II}} \quad (2.3.23)$$

Die so definierte Größe von $\lambda(\text{ReO}_2)$ enthält einen irreversibel gelösten Rheniumanteil, der nicht als ReO_2 abscheidbar ist, sondern in der Gasphase als Re_2O_7 verbleibt.

6. *Beispiel:* $\text{Fe}_2\text{O}_3(\text{s}) + \text{HCl}(\text{g})$

Bodenkörper: Fe_2O_3, Gasphase ($\approx 900\,°\text{C}$): FeCl_3, Fe_2Cl_6, HCl, H_2O.

$$\lambda(\text{Fe}_2\text{O}_3) = \frac{n^*(\text{Fe}) + n^*(\text{O})}{n^*(\text{Cl}) + n^*(\text{H})} \quad (2.3.24)$$

Wird außer Fe_2O_3 und HCl auch H_2O in den Reaktionsraum eingeführt, so gelten die Gleichungen 2.3.25 bis 2.3.27.

$$n^*(\text{O})_\text{I} = 1{,}5 \cdot n^*(\text{Fe}) \quad (2.3.25)$$

$$n^*(\text{O})_\text{II} = n^*(\text{O}) - n^*(\text{O})_\text{I} \quad (2.3.26)$$

$$\lambda(\text{Fe}_2\text{O}_3) = \frac{n^*(\text{Fe}) + n^*(\text{O})_\text{I}}{n^*(\text{Cl}) + n^*(\text{H}) + n^*(\text{O})_\text{II}} \quad (2.3.27)$$

Der gleiche Ausdruck für $\lambda(\text{Fe}_2\text{O}_3)$ ergibt sich auch, wenn Fe_2O_3 aus einer in den Reaktionsraum strömenden Gasphase, bestehend aus FeCl_3, H_2O, O_2, abgeschieden wird (CVD *chemical vapor deposition*). Dabei werden H_2O und O_2 im Überschuss angewendet. Gleichgewichtsbestandteile sind dann der Fe_2O_3-Bodenkörper und die aus FeCl_3, Fe_2Cl_6, HCl, Cl_2, H_2O und O_2 bestehende Gasphase.

Unter Gleichgewichtsbedingungen ist die Transportrate proportional zur Differenz der Löslichkeiten $\Delta\lambda = \lambda(T_{\text{Quelle}}) - \lambda(T_{\text{Senke}})$ eines Bodenkörpers in der Gasphase, die als Lösungsmittel L betrachtet wird und alle Gasteilchen umfasst. Die Löslichkeit λ kann über den Ausdruck $\lambda = n^*(A)/n^*(L)$ oder mit der Beziehung von n zu p im Allgemeinen Gasgesetz über die Beziehung $\lambda = \Sigma(\nu(A) \cdot p(A))/\Sigma(\nu(L) \cdot p(L))$ beschrieben werden. Die Bedeutung von L wurde vorstehend erläutert. Die Werte $\nu(A)$ und $\nu(L)$ bezeichnen die Stöchiometriekoeffizienten von A und L in den Gasteilchen. Der genannte Zusammenhang gilt für Systeme beliebiger Komplexität in geschlossenen wie auch in offenen Systemen.

2.4 Inkongruente Auflösung und quasistationäres Transportverhalten

2.4.1 Phasenverhältnisse bei inkongruenter Auflösung des Bodenkörpers

Handelt es sich bei dem zu transportierenden Stoff um eine Phase mit einem Homogenitätsgebiet $AB_{x\pm\delta}$ oder erfolgt der Transport in einem System mit mehreren koexistierenden Verbindungen AB_y und AB_z, wird die thermodynamische Beschreibung des Systems komplizierter. In diesem Fall kann nicht mehr davon ausgegangen werden, dass der Bodenkörper kongruent aufgelöst wird: Man erwartet eine inkogruente Auflösung. Diese liegt dann vor, wenn die Stoffmengenverhältnisse der Komponenten im Quellenbodenkörper und in der Gasphase nicht übereinstimmen. Damit ist die Zusammensetzung des Bodenkörpers auf der Abscheidungsseite $(n(A)/n(B)$ in $AB_{x,\text{ Senke}}$ nicht mehr identisch mit dem Verhältnis der Bilanzdrücke der Komponenten $p^*(A)/p^*(B)$. Das Stoffmengenverhältnis der Komponenten am Ort der Abscheidung muss nicht mehr dem auf der Quellenseite entsprechen. In der Folge kann es zur Abscheidung einer anderen als der auf der Quellenseite vorgelegten Phase kommen. Dieses Verhalten ist vergleichbar mit der Bildung einer peritektisch schmelzenden Verbindung: Dabei unterscheiden sich die Zusammensetzungen von Schmelze und fester Phase.

Neben der Abscheidung von koexistierenden Bodenkörperphasen (AB_y und AB_z) sind vor allem Transporte von Phasen mit variabler Zusammensetzung in einem Homogenitätsgebiet $AB_{x\pm\delta}$ als inkongruente Transporte zu beschreiben. Eine anschauliche Auseinandersetzung mit diesem Problem behandelt den Transport von TiS$_{2-\delta}$ (Sae 1976). Der Transport entsprechend Gleichgewicht 2.4.1.1 wird dabei vom Zersetzungsgleichgewicht 2.4.1.2 begleitet.

$$\text{TiS}_{2-\delta}(s) + 2\,\text{I}_2(g) \;\rightleftharpoons\; \text{TiI}_4(g) + \frac{(2-\delta)}{2}\,\text{S}_2(g) \qquad (2.4.1.1)$$

2.4 Inkongruente Auflösung und quasistationäres Transportverhalten | 39

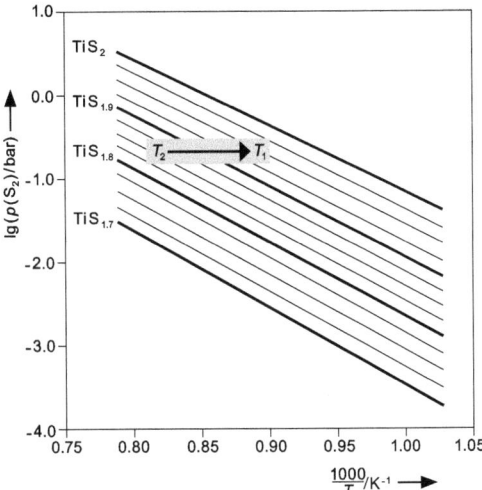

Abbildung 2.4.1.1 Zustandsbarogramm des Systems Ti/S mit den Koexistenzdrücken der Phasen im Bereich TiS$_{2-\delta}$ und Darstellung der Phasenverhältnisse beim Chemischen Transport im Temperaturgradienten von 950 nach 850 °C nach (Sae 1976).

$$\text{TiS}_2(s) \rightleftharpoons \text{TiS}_{2-\delta}(s) + \frac{\delta}{2} \text{S}_2(g) \qquad (2.4.1.2)$$

Bei Transporten im Temperaturbereich von 950 nach 850 °C wird immer, unabhängig von der Ausgangszusammensetzung TiS$_{2-\delta}$, eine schwefelreichere Phase bei T_1 abgeschieden, während auf der Auflösungsseite eine schwefelärmere Phase verbleibt. So wird aus einem Ausgangsbodenkörper TiS$_{1,889}$ die Phase TiS$_{1,933}$ transportiert; der resultierende Bodenkörper der Auflösungsseite verarmt an Schwefel. Die thermodynamische Beschreibung der Phasenverhältnisse erfolgte in diesem Fall durch separate Berechnungen der Gleichgewichtsbedingungen auf der Quellen- und der Senkenseite. Werden beide Gleichgewichtsräume durch *eine* homogene Gasphase miteinander verknüpft, erhält man korrespondierende Bodenkörperphasen bei T_2 und T_1, deren Zusammensetzungen durch die folgende Bedingung bestimmt sind:

$$p(\text{S}_2) \text{ (über TiS}_{2-\delta_1} \text{ bei } T_1) = p(\text{S}_2) \text{ (über TiS}_{2-\delta_2} \text{ bei } T_2) \ (\delta_2 > \delta_1) \qquad (2.4.1.3)$$

Sinnvolle Hilfsmittel zur Analyse der vorstehend beschriebenen Phasenverhältnisse sind die Zustandsbarogramme der jeweiligen Systeme. Aus der Lage der Kurven lg $(p/p^0) = f(x, T)$ kann bei definierten Temperaturen T_2 und T_1 der stöchiometrische Koeffizient x entlang von Isobaren bestimmt werden (Abbildung 2.4.1.1).

Eine darüber hinaus gehende, allgemein gültige Behandlung der Phasenverhältnisse in einem solchen System bedient sich des Umstands, dass die beiden Gleichgewichtsräume tatsächlich nicht unabhängig voneinander sind. Betrachten wir den Fall eines Systems mit 3 Komponenten und 2 Phasen (Festkörper + Gasphase). In diesem System bilden die beiden Komponenten A und B den Bodenkörper AB_x, der durch das Transportmittel X in die Gasphase überführt wird.

Gemäß der Phasenregel hat das System drei Freiheitsgrade zu seiner thermodynamischen Beschreibung: Σp, T_{Quelle} und $x_{T_{\text{Quelle}}}$.

$$AB_{x,\text{Quelle}}(s) + X(g) \rightleftharpoons AX(g) + x\, B(g) \tag{2.4.1.4}$$

$$F = K - P + 2$$

$$F = 3 - 2 + 2 = 3$$

Damit ist die Zusammensetzung von $AB_{x,\text{Senke}}$ bei der Temperatur der Abscheidungsseite T_{Senke} zwar variabel, jedoch nicht unabhängig von den Gleichgewichtsbedingungen der Auflösungsseite (T_{Quelle}, x_{Quelle}, Σp). Anders als beim kongruenten Transport, bei dem eine separate Berechnung der Zustände der beiden Gleichgewichtsräume und die anschließende Bestimmung der Partial- bzw. Bilanzdruckdifferenzen zur Berechnung des Transportverhaltens möglich ist, müssen die Gleichgewichtsräume für einen inkongruenten Transport miteinander verknüpft werden, um die Zusammensetzung von $AB_{x,\text{Senke}}$ bei T_{Senke} zu ermitteln. Die Beziehung zwischen den Gleichgewichtsräumen bei T_{Quelle} und T_{Senke} lassen sich wie folgt beschreiben: Zu Beginn des Transports stellen sich alle Gleichgewichte zwischen Bodenkörper und Gasphase ein. Es folgt ein stationärer Zustand, bei dem ein konstanter Massetransport von der Quelle zur Senke erfolgt. Während der Überführung bleibt das Stoffmengenverhältnis der Komponenten in der Gasphase konstant. Es ist identisch mit jenem auf der Quellenseite. Aus dieser Gasphase scheidet sich in der Senke ein Bodenkörper mit einem davon abweichenden Stoffmengenverhältnis $n(A)/n(B)$ ab. Infolgedessen unterscheiden sich auch die Stoffmengenverhältnisse in den Gasphasen im Quellen- und Senkenraum. Die resultierende Differenz der Stoffmengen $n_{\text{Quelle}} - n_{\text{Senke}}$ bezeichnet man als den **Fluss**.

Die Zusammensetzung $AB_{x,\text{Senke}}$ wird durch das Verhältnis der Flüsse von A und B bestimmt, nicht jedoch durch das Verhältnis ihrer Bilanzdrücke.

$$\left(\frac{n(B)}{n(A)}\right)_{T_{\text{Senke}}} = \left(\frac{Fluss(B)}{Fluss(A)}\right)_{T_{\text{Quelle}} \to T_{\text{Senke}}} = \frac{J(B)}{J(A)} = x_{\text{Senke}} \tag{2.4.1.5}$$

Man stelle sich vor, eine größere Menschenmenge ist mit einem Bus kreuz und quer in der Stadt unterwegs: Die Mobilität der Menschen während des Tages ist sicher hoch, die „Transportleistung" am Ende des Tages jedoch gering, da die meisten Personen an den Ausgangsort zurückkehren. Erfolgt der „Transport" mit einem Kleinwagen, werden weitaus weniger Menschen mobil. Die Transportleistung hängt jedoch nicht nur von der Mobilität der Individuen ab. Sie ist vielmehr an eine einheitlich gerichtete Bewegung auf ein bestimmtes Ziel gebunden. Eine effektive Transportleistung kann also mit einem Kleinwagen erbracht werden, wenn dieser nicht an den Ausgangsort zurückkehrt. Die Zusammensetzung der Personengruppe am Ziel ergibt sich aus der Anzahl der tatsächlich gerichtet bewegten Personen.

Für den kongruenten Transport gilt Beziehung 2.4.1.5 in gleicher Weise. Es ist offenkundig, dass bei konstanten Verhältnissen der Bilanzdrücke in Quelle und Senke auch eine konstante Überführung der Komponenten zwischen den Gleichgewichtsräumen stattfindet. Die Gültigkeit der Flussbeziehung wird für *alle* Chemischen Transportreaktionen angenommen.

Der stationäre Zustand ist für den inkongruenten Transport jedoch nur so lange gegeben, wie sich die Gleichgewichtslage auf der Auflösungsseite nicht ändert. Unterscheidet sich x_{Senke} von x_{Quelle}, muss sich im zeitlichen Verlauf des Transports die Zusammensetzung des Ausgangsbodenkörpers und damit auch die Zusammensetzung der Gasphase ändern. Die Änderung der Zusammensetzung eines Bodenkörpers kann sich auf zweierlei Weise äußern.

- Diskontinuierliche Änderung der Zusammensetzung durch die Ausbildung zweier koexistierender Phasen.
- Kontinuierliche Änderung der Zusammensetzung innerhalb eines Homogenitätsgebiets.

Für die Beschreibung der vorstehend erläuterten Phasenverhältnisse bei chemischen Transportexperimenten stehen zwei Modelle zur Verfügung.

- Das **Erweiterte Transportmodell** von *Krabbes*, *Oppermann* und *Wolf* erlaubt insbesondere die geschlossene Beschreibung der Abscheidung von Bodenkörpern in einem Homogenitätsgebiet (Kra 1975, Kra 1976a, Kra 1976b, Kra 1983). Dabei wird vereinfachend angenommen, dass die Bodenkörpermenge der Quelle unendlich groß ist und sich der stationäre Zustand praktisch nicht ändert (**quasistationärer Transport**).
- Das **Kooperative Transportmodell** von *Schweizer* und *Gruehn* zielt besonders auf die Beschreibung der zeitabhängigen Wanderung mehrphasiger Bodenkörper im Temperaturgefälle (Schw 1983a, Gru 1983). Hier wird die vollständige Überführung des Quellenbodenkörpers in die Senke und damit auch eine Änderung der Zusammensetzung der Bodenkörper in Quelle und Senke mit der Zeit behandelt (**nichtstationärer Transport**).

Die beiden Modelle sind in unterschiedlichen Computerprogrammen implementiert (Erweitertes Transportmodell: TRAGMIN (Kra 2008); Kooperatives Transportmodell: CVTRANS (Tra 1999)). Beide Programme beruhen auf Gleichgewichtsberechnungen nach der G_{min}-Methode (Eri 1971). Diese basiert auf der Berechnung von Gleichgewichtsbodenkörpern und Gasphasen über die Minimierung der Freien Enthalpie eines Systems. Kapitel 13 gibt Erläuterungen zur G_{min}-Methode und den beiden Computerprogrammen.

2.4.2 Das erweiterte Transportmodell

Die Betrachtung der Flüsse einzelner Komponenten zur Beschreibung des ausschließlich auf Diffusion beruhenden Gasbewegung ist zuerst von *Lever* für das recht einfach zu beschreibenden System Ge(s)/GeI$_4$(g) vorgenommen worden (Lev 1962b, Lev 1966). Demnach ergibt sich der Fluss von Germanium $J(\text{Ge})$ bei einem einheitlichen, für alle Spezies gemittelten Diffusionskoeffizienten folgendermaßen:

$$J(\text{Ge}) = \frac{p^*(\text{Ge})}{\Sigma p} J_{\text{ges}} - \frac{\bar{D}}{R \cdot T} \cdot \frac{\mathrm{d}p^*(\text{Ge})}{\mathrm{d}s} \qquad (2.4.2.1)$$

Richardson und *Noläng* nutzten diese Beziehung für die Ableitung von Transportraten bei der Abscheidung in komplexen Systemen (Ric 1977). Solange dabei eine kongruente Auflösung des Bodenkörpers gegeben ist, führt dieses Modell auch zu guten Vorhersagen des Transportverhaltens. Wir betrachten aber gerade den Fall der inkongruenten Auflösung: Dabei erweist sich die Annahme, der Fluss einer Komponente A ergebe sich aus der Gesamtstoffmengenbilanz 2.4.2.2 als unzureichend:

$$n(A(s))_{\text{Quelle}} + n(A(g))_{\text{Quelle}} = n(A(s))_{\text{Senke}} + n(A(g))_{\text{Senke}} \qquad (2.4.2.2)$$

Der stationäre Zustand in einem System mit inkongruenter Auflösung eines Bodenkörpers AB_x ergibt sich nach *Krabbes, Oppermann* und *Wolf* vielmehr durch Verknüpfung der Stoffmengenbilanz in der Senke $[n(A(s))_{\text{Senke}} + n(A(g))_{\text{Senke}}]$ mit der Stoffmenge der Komponente A in der Gasphase der Quelle (Kra 1975, Kra 1976a, Kra 1976b, Kra 1983). Die Stoffmenge von A im Quellenbodenkörper geht dabei nicht in den Fluss ein, da der in der Quelle verbleibende Bodenkörper keiner Bewegung unterliegt. Vereinfachend ausgedrückt ergibt sich folgende Gleichung:

$$n(A(g))_{\text{Quelle}} = n(A(s))_{\text{Senke}} + n(A(g))_{\text{Senke}} \qquad (2.4.2.3)$$

Bei Verknüpfung der „Flüsse" der einzelnen Komponenten $J(B)$ und $J(A)$ des Systems und unter der Annahme, dass das Transportmittel selbst keinen Fluss hat ($J(X) = 0$), folgt die **Stationaritätsbeziehung** ε (Kra 1975).

$$\left(\frac{p^*(B) - x_{\text{Senke}} \cdot p^*(A)}{p^*(X)}\right)_{\text{Quelle}} = \left(\frac{p^*(B) - x_{\text{Senke}} \cdot p^*(A)}{p^*(X)}\right)_{\text{Senke}} = \varepsilon \qquad (2.4.2.4)$$

Durch Umstellen der Gleichung wird die Aussage für die Beschreibung des Transports praktikabel:

$$\left[\left(\frac{p^*(B)}{p^*(X)}\right)_{\text{Quelle}} - \left(\frac{p^*(B)}{p^*(X)}\right)_{\text{Senke}}\right] =$$
$$x_{\text{Senke}} \cdot \left[\left(\frac{p^*(A)}{p^*(X)}\right)_{\text{Quelle}} - \left(\frac{p^*(A)}{p^*(X)}\right)_{\text{Senke}}\right] \qquad (2.4.2.5)$$

$$\frac{\left[\left(\frac{p^*(B)}{p^*(X)}\right)_{\text{Quelle}} - \left(\frac{p^*(B)}{p^*(X)}\right)_{\text{Senke}}\right]}{\left[\left(\frac{p^*(A)}{p^*(X)}\right)_{\text{Quelle}} - \left(\frac{p^*(A)}{p^*(X)}\right)_{\text{Senke}}\right]} = \frac{\Delta\lambda(B)}{\Delta\lambda(A)} = x_{\text{Senke}} \qquad (2.4.2.6)$$

2.4 Inkongruente Auflösung und quasistationäres Transportverhalten

Im Vergleich zu Gleichung 2.4.2.3 wird deutlich, dass die Flüsse der Komponenten proportional zur Änderung der auf das Lösungsmittel normierten Bilanzdrücke zwischen den Gleichgewichtsräumen ist. Das Verhältnis der Flüsse kann wiederum dem Quotienten der Gasphasenlöslichkeiten gleich gesetzt werden. Damit folgt die Zusammensetzung des in der Senke abgeschiedenen Bodenkörpers $AB_{x,\,\text{Senke}}$ aus der *Änderung* der Löslichkeit der Komponenten zwischen Quelle und Senke (Kra 1975). Dieses Verfahren zur Behandlung Chemischer Transportreaktionen nach dem erweiterten Transportmodell ist im Programmpaket TRAGMIN (Kra 2008) verankert (vgl. Abschnitt 13).

Mithilfe des Erweiterten Transportmodells können zusätzlich zur Berechnung der Gleichgewichtspartialdrücke und Bodenkörper eine Reihe weiterer Aussagen zur Durchführung und Beschreibung von Chemischen Transportreaktionen getroffen werden:

- Berechnung der Transportwirksamkeit von Gasteilchen und Ableitung der dominierenden Transportreaktion(en).
- Berechnung des Einflusses der experimentellen Bedingungen auf die Abscheidung von Feststoffen mit Homogenitätsgebiet.
- Berechnung des Einflusses der experimentellen Bedingungen auf die Abscheidung mehrphasiger Bodenkörper.

Transportwirksamkeit von Gasteilchen Erhält man aus den normierten Bilanzdrücken gemäß der Stationaritätsbeziehung 2.4.2.4 zunächst die Information, in welchem Maße die einzelnen Komponenten in die Senke überführt werden, so kann man bei Verwendung der Partialdrücke $p(i)$ auch Hinweise auf die Flüsse einzelner Gasteilchen erhalten. Auf diese Weise können die Anteile der verschiedenen Spezies $i(g)$ am Transport aufgeklärt und die Transportgleichung(en) aufgestellt werden. Häufig bestimmt *eine* heterogene Reaktion das Transportgeschehen. Diese bezeichnen wir im weiteren Verlauf des Buches als **dominierende Transportreaktion**. Der Fluss einer einzelnen Gasspezies wird durch den Ausdruck $\Delta[p(i)/p^*(X)]$ erfasst, man bezeichnet ihn als *Transportwirksamkeit* (2.4.2.7). Damit wird der Anteil – eben die Wirksamkeit – der einzelnen Gasspezies am Transport beschrieben. Die Transportwirksamkeit beinhaltet mehrere Anteile: Zum einen den Anteil aus den heterogenen Fest/Gas-Gleichgewichten, die in der Regel die Transportgleichgewichte sind, und zum anderen den Anteil aus homogenen Gasgleichgewichten.

$$w(i) = \Delta \left(\frac{p(i)}{p^*(X)}\right)_{\text{Quelle} \to \text{Senke}} = \left(\frac{p(i)}{p^*(X)}\right)_{\text{Quelle}} - \left(\frac{p(i)}{p^*(X)}\right)_{\text{Senke}} \quad (2.4.2.7)$$

Transportwirksame Spezies werden auf der Auflösungsseite gebildet und in der Senke wieder verbraucht. Sie zeigen mit einer Wirksamkeit $w(i) = \Delta[p(i)/p^*(X)] > 0$ einen Fluss von der Quelle zur Senke ($p(i)_{\text{Quelle}} > p(i)_{\text{Senke}}$) und sind damit für die Überführung der einzelnen Komponenten im Temperaturgradienten verantwortlich. Spezies mit einer Transportwirksamkeit $\Delta[p(i)/p^*(X)] < 0$ werden auf der Quellenseite im heterogenen Gleichgewicht verbraucht und in der Senke wieder freigesetzt ($p(i)_{\text{Quelle}} < p(i)_{\text{Senke}}$), sie agieren somit als *Transportmittel*.

Unter der **absoluten Transportwirksamkeit** versteht man den Anteil der Transportwirksamkeit einer Spezies, der tatsächlich zum Transport eines Bodenkörpers beiträgt. So kann beispielsweise beim Transport eines Sulfids mit Iod ein Zahlenwert für die Transportwirksamkeit von $I_2(g)$ berechnet werden. Von diesem Zahlenwert ist jedoch nur der Anteil als absolute Transportwirksamkeit zu betrachten, der im heterogenen Transportgleichgewicht wirksam wird. Dieser Anteil ergibt sich aus der formal berechneten Transportwirksamkeit vermindert um den Anteil, der durch die Dissoziation in Iodatome verloren geht. Die Begriffe Transportwirksamkeit und absolute Transportwirksamkeit entsprechen in gewisser Weise der Differenz der Löslichkeiten zwischen Quelle und Senke bzw. der reversiblen Löslichkeit (vgl. Abschnitt 2.6).

Wenn die Transportwirksamkeit als

$$w(i) = [p(i)/p^*(X)]_{\text{Quelle}} - [p(i)/p^*(X)]_{\text{Senke}}$$

definiert und $p^*(X)$ der Bilanzdruck einer beliebigen Gasspezies X des betrachteten Systems ist, so kann X unter anderem das verwendete Transportmittel (z. B. ein Halogen) oder ein Bestandteil des Transportzusatzes (z. B. Chlor bei der Verwendung von Tellur(IV)-chlorid) oder ein Inertgas (z. B. Stickstoff) sein. Damit erhält man für die berechnete Transportwirksamkeit unterschiedliche Werte in Abhängigkeit von der verwendeten Bezugsspezies, ihrer Stoffmenge und ihres daraus resultierenden Bilanzdrucks. Somit können die berechneten Werte für die Transportwirksamkeit von verschiedenen Systemen bzw. für unterschiedliche Transportmittel oder Transportmittelmengen nur dann miteinander verglichen werden, wenn man sich auf ein Inertgas mit demselben Bilanzdruck (z. B. Stickstoff als Restgas, z. B. mit $p^*(N_2) = 4 \cdot 10^{-6}$ bar beim Evakuieren einer Ampulle) bezieht. Unter anderen Voraussetzungen, wenn der Bilanzdruck des Transportmittels (z. B. $p^*(Cl_2)$) oder einer Komponente des Transportzusatzes (z. B. $p^*(Cl_2)$ bei der Verwendung von Tellur(IV)-chlorid) zur Berechnung der Transportwirksamkeit herangezogen wird, können nur die *Verhältnisse* der Transportwirksamkeiten der einzelnen Gasspezies verglichen werden, nicht aber die *Absolutwerte*. Wenn die Transportwirksamkeiten nur dazu dienen, die Transportgleichung abzuleiten, können die verschiedenen Bilanzdrücke als Bezugsgröße verwendet werden, da sich in den Transportgleichungen nur die Verhältnisse der einzelnen Gasspezies zueinander widerspiegeln. Für einen direkten Vergleich von Transportwirksamkeiten zwischen verschiedenen Systemen, für verschiedene Transportmittel und für verschiedene Transportmittelmengen ist der Bezug auf den Bilanzdruck eines Inertgases notwendig. In jedem Fall ist bei der Angabe der Transportwirksamkeit die Spezies zu nennen, deren Bilanzdruck als Normierungsgröße verwendet wird, zum Beispiel $w(i) = \Delta[p(i)/p^*(N_2)]$.

In diesem Zusammenhang sei darauf verwiesen, dass Transportgleichungen *immer* so aufgestellt werden müssen, dass sie die *Flüsse* der verschiedenen Gasteilchen im Temperaturgradienten richtig beschreiben. Das Verhältnis der Partialdrücke der *gebildeten* Gasspezies wird mit diesen Gleichungen nur bei kongruenten Transporten richtig wiedergegeben.

2.4 Inkongruente Auflösung und quasistationäres Transportverhalten

Einfache Beispiele

ZnO mit HCl: **eine** *heterogene Reaktion*

Bei Verwendung von Chlorwasserstoff für den Chemischen Transport von ZnO sind die Phasenverhältnisse einfach: Das System ZnO/HCl besteht aus vier Komponenten Zn, O, H und Cl. Da HCl unter den Reaktionsbedingungen praktisch nicht in die Elemente zerfällt, wird es als *eine* Komponente behandelt (Pseudokomponente). Damit ist das System, das die drei Gasspezies HCl, $ZnCl_2$ und H_2O enthält, durch eine Reaktionsgleichung (2.4.2.9) zu beschreiben.

$$r_u = s - k + 1 = 3 - 3 + 1 = 1 \tag{2.4.2.8}$$

Die einzige im System relevante Reaktion von ZnO(s) mit HCl(g) führt zur kongruenten Auflösung unter Bildung von $ZnCl_2$(g) und H_2O(g) (2.4.2.9). In der Darstellung der Gasphasenzusammensetzung (Abbildung 2.4.2.1) ist die Kongruenz der Auflösung daran abzulesen, dass die Partialdrücke von $ZnCl_2$ und H_2O gleich groß sind. Weitere mögliche Gasspezies (H, H_2, Cl, Cl_2, O_2, Zn) spielen im untersuchten Temperaturbereich keine Rolle, ihre Partialdrücke sind nicht transportrelevant, da ihre Partialdrücke kleiner als 10^{-5} bar sind. Die Berechnung der Transportwirksamkeiten weist für HCl einen negativen Koeffizienten aus, $\Delta[p(i)/p^*(X)] < 0$ aus, der normierte Partialdruck ist auf der Quellenseite geringer als in der Senke. Entsprechend der Erwartung agiert HCl damit als Transportmittel, das auf der Quellenseite verbraucht und in der Senke zurückgebildet wird. Für den Stofftransport der beiden Komponenten des Bodenkörpers von der Auflösungs- zur Abscheidungsseite sind die Gasspezies $ZnCl_2$ sowie H_2O mit $\Delta[p(i)/p^*(X)] > 0$ verantwortlich (Abbildung 2.4.2.2). Berechnungen über die temperaturabhängige Gleichgewichtskonstante $K_{p,T}$ führen zu denselben Ergebnissen, weil der Transport mit nur einer Transportgleichung beschrieben werden kann.

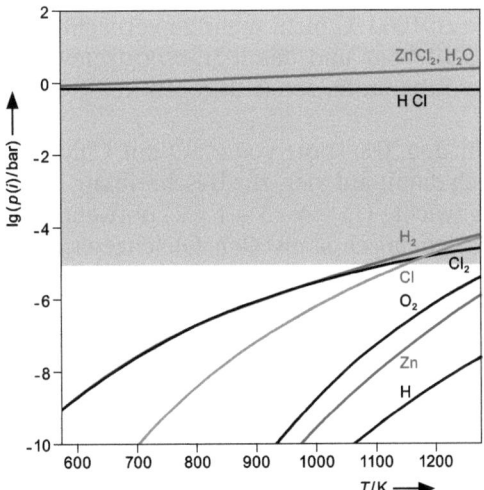

Abbildung 2.4.2.1 Partialdrücke $p(i)$ der Gasspezies bei der Auflösung von ZnO mit HCl(g).

46 | 2 Chemischer Transport – Modelle

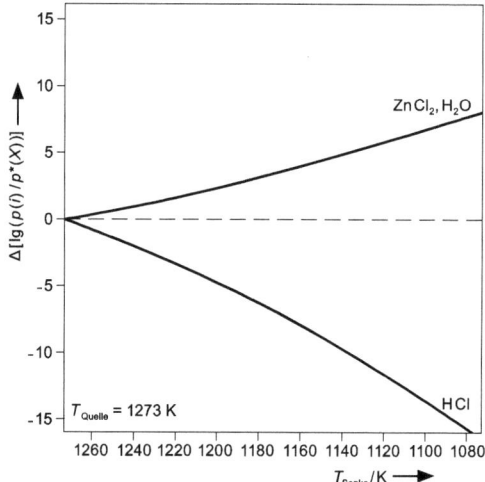

Abbildung 2.4.2.2 Transportwirksamkeiten $\Delta[p(i)/p^*(X)]$ der Gasspezies bei der Auflösung von ZnO mit HCl(g).

$$\text{ZnO(s)} + 2\,\text{HCl(g)} \rightleftharpoons \text{ZnCl}_2(\text{g}) + \text{H}_2\text{O}(\text{g}) \quad (2.4.2.9)$$

$$\Delta_R G^0_{1000} = -23\,\text{kJ} \cdot \text{mol}^{-1};\ K_{p,1000} = 16$$

*ZnO mit Cl$_2$: **eine** heterogene Reaktion, **mehrere** homogene Reaktionen*

Oberflächlich betrachtet erscheint der Transport von Zinkoxid mit Chlor ähnlich einfach, wie der mit Chlorwasserstoff. Unter Berücksichtigung der drei Komponenten des Systems (Zn, O, Cl) sowie der Gasspezies Cl$_2$, ZnCl$_2$ und O$_2$ erhält man gleichfalls *eine* unabhängige Reaktion (2.4.2.10). Wie die Berechnung der Gasphasenzusammensetzung zeigt, ist die Dissoziation von Cl$_2$ in die Atome aber bei Temperaturen bis zu 1000 °C nicht mehr zu vernachlässigen, der Partialdruck von Cl ist größer als 10^{-4} bar und damit transportrelevant (Abbildung 2.4.2.3). Die Dissoziation des Sauerstoffs spielt dagegen keine transportrelevante Rolle ($p(\text{O}) < 10^{-7}$ bar).

Die Anzahl der für den Transport von ZnO mit Chlor zu berücksichtigenden Gasspezies erhöht sich damit auf vier, zur Beschreibung des Systems werden zwei unabhängige Gleichgewichte ($r_u = 4 - 3 + 1 = 2$) notwendig (Gleichungen 2.4.2.10 und 2.4.2.11). Welche chemisch sinnvollen Gleichgewichte das sind, ergibt sich aus der Berechnung der Transportwirksamkeiten (Abbildung 2.4.2.4)

Die Berechnung der Transportwirksamkeiten $\Delta[p(i)/p^*(X)]$ der betrachteten Gasspezies weist lediglich für Cl$_2$ einen negativen Wert aus, Cl$_2$ wirkt damit als Transportmittel im System. Die positiven Werte der Transportwirksamkeiten von ZnCl$_2$ und O$_2$ entsprechen der Bildung als transportwirksame Spezies. Darüber hinaus erscheint atomares Chlor mit einem positiven Beitrag zur Transportwirksamkeit. Die Reaktionsgleichungen sind in jedem Fall so aufzustellen, dass Spezies mit einer negativen Transportwirksamkeit auf der Eduktseite der Reaktion stehen. Gasteilchen mit einer positiven Wirksamkeit erscheinen auf der Produkt-

2.4 Inkongruente Auflösung und quasistationäres Transportverhalten

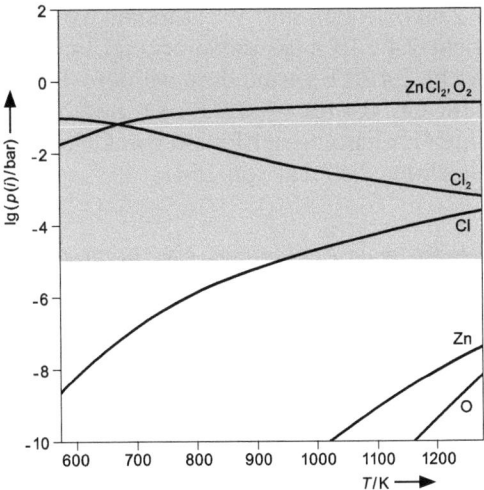

Abbildung 2.4.2.3 Partialdrücke $p(i)$ der Gasspezies bei der Auflösung von ZnO mit Cl_2.

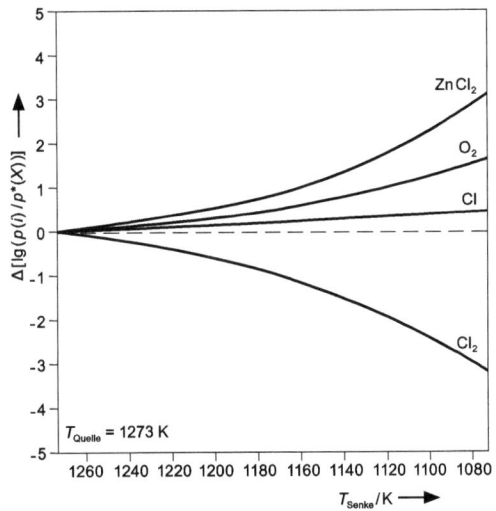

Abbildung 2.4.2.4 Transportwirksamkeiten $\Delta[p(i)/p^*(X)]$ der Gasspezies bei der Auflösung von ZnO mit Cl_2.

seite. Für den Transport von Zinkoxid mit Chlor sind entsprechend die Gleichgewichte 2.4.2.10 und 2.4.2.11 zu formulieren.

$$ZnO(s) + Cl_2(g) \rightleftharpoons ZnCl_2(g) + \frac{1}{2} O_2(g) \tag{2.4.2.10}$$

$$Cl_2(g) \rightleftharpoons 2\,Cl(g) \tag{2.4.2.11}$$

Die dargestellte Wirksamkeit von atomarem Chlor ist ausschließlich auf das homogene Gleichgewicht 2.4.2.11 zurückzuführen. Damit trägt sie jedoch nicht zum

Massetransport von Zinkoxid bei. Die Wirksamkeit von Cl_2 als Transportmittel über das Gleichgewicht 2.4.2.10 muss entsprechend um den Anteil von Cl_2 am Gasphasengleichgewicht 2.4.2.11 vermindert werden. Bei den absoluten Wirksamkeiten von −3,2 für Cl_2, 0,4 für Cl, 1,5 für O_2 und 3,0 für $ZnCl_2$ (Abbildung 2.4.2.4) ergibt sich eine Gewichtung der Flüsse von Chlor über $ZnCl_2$ (Gleichung 2.4.2.10) bzw. Cl (Gleichung 2.4.2.11) von 15:1.

Bi_2Se_3 mit I_2: **zwei** *heterogene Reaktionen,* **eine** *homogene Reaktion*

Der Chemische Transport von Bismutselenid ist unter Zusatz von Iod möglich (Schö 2010). Die Berechnung der Gasphasenzusammensetzung im System Bi_2Se_3/I zeigt transportrelevante Partialdrücke der Gasspezies BiI_3, BiI, Se_n sowie I_2 und I (Abbildung 2.4.2.5). In einer ersten Näherung soll dabei angenommen werden, dass alle Gasspezies des Selens durch das dominierende Teilchen $Se_2(g)$ repräsentiert werden. Mit den verbleibenden transportrelevanten Spezies werden zur vollständigen Beschreibung des Transportverhaltens drei unabhängige Gleichgewichte benötigt ($r_u = 5 − 3 + 1 = 3$).

Aus der Berechnung der Transportwirksamkeiten folgt, dass I_2 als einzige Spezies mit einem negativen Wert als Transportmittel im System wirksam ist (Abbildung 2.4.2.6). Sowohl BiI_3, als auch BiI sind für den Transport von Bismut verantwortlich, während Se_2 bei der Überführung des Selens vom Gleichgewichtsraum der Quelle zur Senke wirksam ist.

Die Bildung der beiden gasförmigen Bismutiodide erfordert die Formulierung zweier heterogener Transportgleichgewichte:

$$2\,Bi_2Se_3(s) + 6\,I_2(g) \rightleftharpoons 4\,BiI_3(g) + 3\,Se_2(g) \qquad (2.4.2.12)$$
$$\Delta_R G^0_{800} = 5\,kJ \cdot mol^{-1};\; K_{p,\,800} = 5 \cdot 10^{-1}\,bar$$

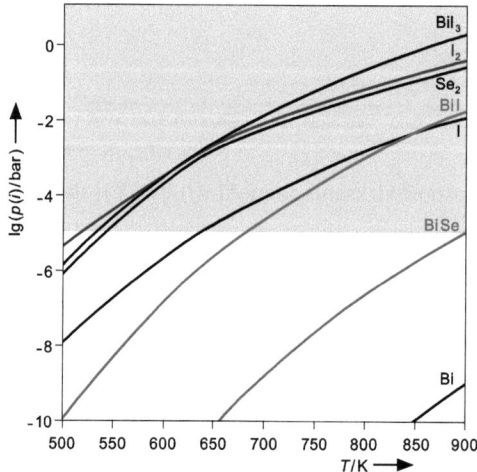

Abbildung 2.4.2.5 Partialdrücke $p(i)$ der Gasspezies bei der Auflösung von Bi_2Se_3 mit I_2 in logarithmischer Darstellung.

2.4 Inkongruente Auflösung und quasistationäres Transportverhalten | 49

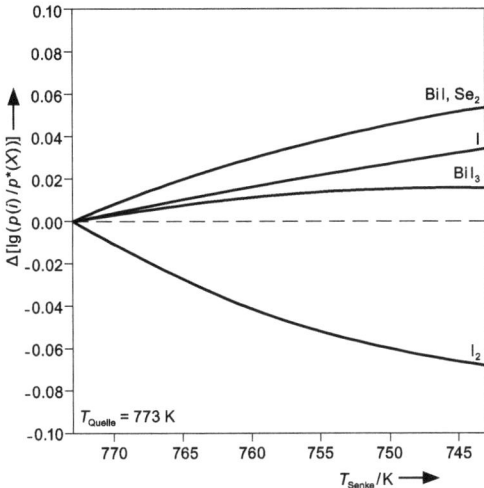

Abbildung 2.4.2.6 Transportwirksamkeiten $\Delta[p(i)/p^*(X)]$ der Gasspezies bei der Auflösung von Bi_2Se_3 mit I_2.

$$\frac{2}{5}Bi_2Se_3(s) + \frac{2}{5}I_2(g) \rightleftharpoons \frac{4}{5}BiI(g) + \frac{3}{5}Se_2(g) \qquad (2.4.2.13)$$

$\Delta_R G^0_{800} = 44\,\text{kJ} \cdot \text{mol}^{-1}$; $K_{p,\,800} = 10^{-3}\,\text{bar}$

Gemäß der Abschätzung der Gleichgewichtslagen würde man aufgrund der ausgeglicheneren Gleichgewichtslage von 2.4.2.12 für BiI_3 eine höhere Wirksamkeit als für BiI erwarten (2.4.2.13). Die detaillierte Rechnung zeigt dagegen eine größere Transportwirksamkeit für BiI. Diese resultiert aus der größeren Temperaturabhängigkeit von Gleichgewicht 2.4.2.13 und der damit verbundenen größeren Änderung des Partialdrucks von BiI im gewählten Temperaturgradienten (vgl. Abbildung 2.4.2.5). Dennoch gibt es keine, den Transport allein dominierende Reaktion; beide heterogenen Gleichgewichte 2.4.2.12 und 2.4.2.13 haben Anteil am Transport. Die Anteile der Flüsse von $BiI_3(g)$ und $BiI(g)$ am Gesamttransport von Bi_2Se_3 sind aus den Wirksamkeiten abzulesen:

$$\Delta[p(BiI_3)/p^*(X)] : \Delta[p(BiI)/p^*(X)] = 0{,}34.$$

Das homogene Gleichgewicht 2.4.2.14 hat keinen Anteil am Transport des Bodenkörpers, verringert jedoch die Wirksamkeit von I_2 am Transport von Bi_2Se_3 um den Betrag $\frac{1}{2} \cdot \Delta[p(I)/p^*(X)]$.

$$I_2(g) \rightleftharpoons 2\,I(g) \qquad (2.4.2.14)$$

$K_{p,\,800} = 3 \cdot 10^{-5}\,\text{bar}$

Sublimation von Bi_2Se_3

Die aus der Zersetzungsreaktion von Bi_2Se_3 (Gleichung 2.4.2.15) resultierende Gasspezies BiSe hat bei 650 °C einen gerade an der Grenze der Transportrelevanz liegenden Partialdruck $p(BiSe) \approx 10^{-5}\,\text{bar})$ (Abbildung 2.4.2.5). Wir kön-

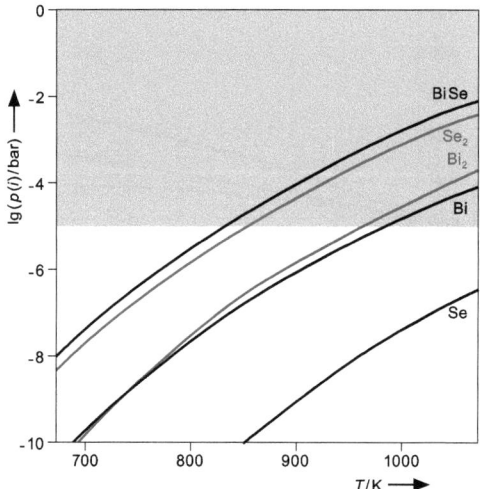

Abbildung 2.4.2.7 Partialdrücke $p(i)$ der Gasspezies bei der Zersetzungssublimation von Bi_2Se_3 in logarthmischer Darstellung.

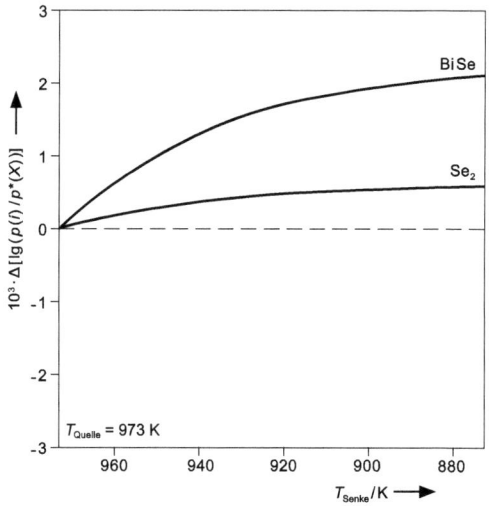

Abbildung 2.4.2.8 Transportwirksamkeiten $\Delta[p(i)/p^*(X)]$ der Gasspezies bei der Zersetzungssublimation von Bi_2Se_3

nen dieses Gleichgewicht in einer separaten Rechnung betrachten: Gemäß der kongruenten Auflösung des Bodenkörpers im Sinne einer Zersetzungssublimation dominieren die Spezies BiSe und Se_2 bei der Ausbildung der Gasphase. Deren Partialdrücke stehen immer im Verhältnis von 4:1.

Für einen Stofftransport hinreichende Partialdrücke erhält man demnach ab etwa 600 °C, noch im Bereich der festen Phase ($\vartheta_m(Bi_2Se_3) = 722$ °C). Neben dem Transport von Bi_2Se_3 mit Iod im Bereich von 500 °C ist bei höheren Temperaturen folglich auch eine Zersetzungssublimation ohne Zusatz eines Transportmittels möglich. Die Transportwirksamkeiten der Gasspezies stellen dieses Verhalten entsprechend dar: BiSe und Se$_2$ sind mit $\Delta[p(i)/p^*(X)] > 0$ transportwirksam. Das Verhältnis der Wirksamkeiten dieser beiden Gasteilchen ergibt sich aus dem Verhältnis der Partialdrücke im Gleichgewicht 2.4.2.15. Dem Charakter einer Sublimation folgend gibt es keine Spezies, die mit $\Delta[p(i)/p^*(X)] < 0$ als Transportmittel agiert.

Aus diesem Verhalten lässt sich die folgende Gleichung ableiten, welche die Zersetzungssublimation beschreibt:

$$\frac{2}{5}\text{Bi}_2\text{Se}_3(s) \;\rightleftharpoons\; \frac{4}{5}\text{BiSe}(g) + \frac{1}{5}\text{Se}_2(g) \quad (2.4.2.15)$$

$\Delta_R G^0_{800} = 85 \text{ kJ} \cdot \text{mol}^{-1}$; $K_{p,\,800} = 2{,}6 \cdot 10^{-6}\,\text{bar}$

Die Schilderung der verschiedenen Fälle zeigt, dass Festkörper/Gasphasen-Gleichgewichte beliebiger Komplexität mit dem erweiterten Transportmodell dargestellt werden können. Für Sublimationsreaktionen und einfache Chemische Transportreaktionen liefern die Berechnungen der Transportwirksamkeiten ein direktes Abbild des Transportgleichgewichts in *einer unabhängigen Reaktion*. Für komplexe Transporte mit mehr als einer unabhängigen Reaktion können heterogene und homogene Gasphasengleichgewichte unterschieden und die Wirksamkeiten verschiedener transportrelevanter Gasspezies abgeleitet werden. In der Regel kann man anhand der berechneten Transportwirksamkeiten ein oder zwei dominierende Transportreaktionen als Abbild der *Flüsse* der beteiligten Komponenten zwischen den Gleichgewichtsräumen formulieren.

Entscheidende Bedeutung erlangt das erweiterte Transportmodell bei der Behandlung von Systemen mit nichtkongruenter Auflösung von Bodenkörpern mit variabler Zusammensetzung. Die Frage, welche Verbindung auf der Senkenseite abgeschieden wird, kann nur mit Hilfe einer detaillierten Analyse der Stoffmengenflüsse beantwortet werden. Auf diese Weise kann verstanden werden, wie der Transport von Bodenkörpern mit einem Homogenitätsgebiet erfolgt, ob sich die Zusammensetzung auf der Abscheidungsseite gegenüber dem Ausgangsbodenkörper ändert und welche Komponente ggf. an- oder abgereichert wird. In gleicher Weise ist die Auflösung mehrphasiger Ausgangsbodenkörper zu betrachten. Über die Berechnung der Stoffmengenflüsse ist zu klären, ob ein *Simultantransport* oder eine *sequentielle Wanderung* mehrerer Phasen auftritt.

Transport von Senkenbodenkörpern mit Homogenitätsgebiet Das erweiterte Transportmodell wurde erstmals für die Beschreibung des Chemischen Transports von Eisensulfid mit einer variablen Zusammensetzung FeS$_x$ unter Zusatz von Iod aufgestellt (Kra 1975), vgl. Kapitel 7.1. Eisensulfid weist ausgehend von FeS$_{1,0}$ ein Homogenitätsgebiet im schwefelreichen Gebiet FeS$_x$ ($1{,}0 \leq x \leq 1{,}15$) auf. Der Transport von FeS mit Iod erfolgt nach folgendem formalen Gleichgewicht:

$$2\,\text{FeS}(s) + 2\,\text{I}_2(g) \;\rightleftharpoons\; 2\,\text{FeI}_2(g) + \text{S}_2(g) \quad (2.4.2.16)$$

Der dabei gebildete Schwefel wird jedoch nicht frei, er wird in einem zweiten heterogenen Gleichgewicht 2.4.2.17 vom Bodenkörper fixiert.

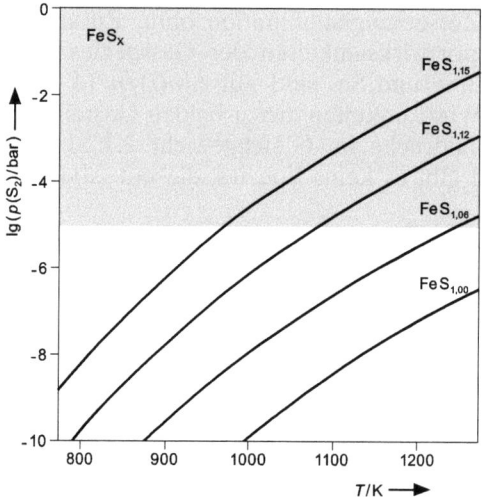

Abbildung 2.4.2.9 Koexistenzdrücke $p(S_2)$ von Bodenkörpern innerhalb des Homogenitätsgebietes von FeS_x in logarithmischer Darstellung nach (Kra 1975).

$$FeS(s) + \frac{(x-1)}{2}S_2(g) \rightleftharpoons FeS_x(s) \qquad (2.4.2.17)$$
$$(1{,}0 \leq x \leq 1{,}15)$$

Das Problem für den angestrebten Transport von $FeS_{1,0}$ besteht darin, dass dabei einerseits der Schwefelpartialdruck stark absinkt und sich andererseits die Zusammensetzung des Eisensulfids im Homogenitätsgebiet hin zu schwefelreicheren Bodenkörpern FeS_x ändert. Diese Änderung ist entsprechend der Gleichgewichtslage von 2.4.2.17 abhängig von der Temperatur. Maßgeblichen Einfluss hat aber auch das Verhältnis der verwendeten Stoffmengen des Ausgangsbodenkörpers und des Transportmittels Iod. So führen in einer Ampulle mit einem Volumen von 20 cm^3 Konzentrationen des Transportmittels von mehr als 3 mg · cm^{-3} bei mittleren Bodenkörpermengen von ca. 500 mg $FeS_{1,0}$ durch die Auflösung des Eisens im Gleichgewicht 2.4.2.16 zu einer deutlichen Verschiebung der Bodenkörperzusammensetzung FeS_x ($x > 1{,}05$). Bei einer Ausgangsmenge von etwa 1 g $FeS_{1,0}$ und einer Transportmittelkonzentration von 0,5 mg · cm^{-3} dagegen bleibt die Zusammensetzung nahe bei $FeS_{1,01}$. Einen Bodenkörper der unteren Phasengrenze kann man schließlich gezielt vorlegen, wenn der Ausgangsbodenkörper im Zweiphasengebiet Fe + $FeS_{1,0}$ gewählt wird.

Im Folgenden soll untersucht werden, in welchem Bereich der Zusammensetzung des im Gleichgewicht 2.4.2.17 gebildeten Quellenbodenkörpers FeS_x ein Transport grundsätzlich möglich ist und welche Zusammensetzung der Senkenbodenkörper hat. Dazu betrachten wir zunächst ausschließlich die Schwefelkoexistenzdrücke von Eisensulfid innerhalb des Homogenitätsgebietes. Die eisenreiche Phasengrenzzusammensetzung $FeS_{1,0}$ wird durch den geringsten Partialdruck $p(S_2) = f(T)$ repräsentiert; der Wert übersteigt bis 1000 °C einen Druck von 10^{-6} bar nicht. Ein solcher Partialdruck ist praktisch nicht transportwirksam und

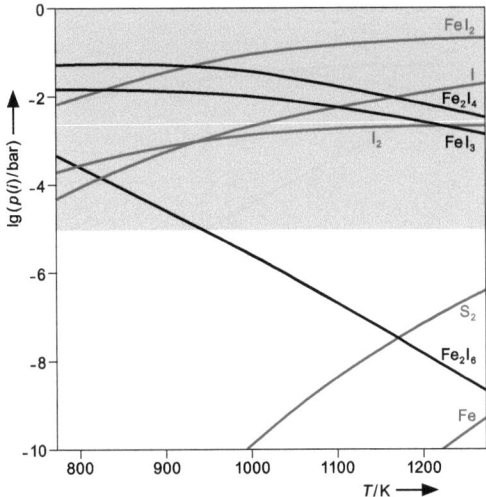

Abbildung 2.4.2.10 Partialdrücke $p(i)$ der Gasspezies bei der Auflösung von $FeS_{1,0}$ mit Iod als Temperaturfunktion in logarthmischer Darstellung nach (Kra 1975).

$FeS_{1,0}$ somit nicht transportierbar. Ein Bodenkörper der oberen Phasengrenze $FeS_{1,15}$ weist dagegen oberhalb von 700 °C einen transportrelevanten Schwefelpartialdruck auf. Bei 1000 °C ist mit $p(S_2) > 10^{-5}$ bar der Transport eines Bodenkörpers FeS_x mit $x \geq 1{,}05$ zu erwarten (Abbildung 2.4.2.9). Die Transportrate von $FeS_{1,05}$ ist mit weniger als $0{,}1 \text{ mg} \cdot \text{h}^{-1}$ jedoch immer noch sehr gering (Kra 1976a).

Die Berechnung der Gasphasenzusammensetzung (Abbildung 2.4.2.10) zeigt, dass die Verhältnisse über die Gleichgewichte 2.4.2.16 und 2.4.2.17 hinaus weitaus komplexer sind. So treten neben den Spezies des Transportzusatzes Iod (I_2 und I), die für die Überführung von Eisen relevanten Spezies FeI_3, Fe_2I_6, FeI_2 und Fe_2I_4 auf. Als einzig dominierendes Gasteilchen des Schwefels agiert S_2. Über einem Ausgangsbodenkörper $FeS_{1,0}$ ($0{,}5 \text{ mg} \cdot \text{cm}^{-3}$ Iod) weist die Zusammensetzung der Gasphase für die Eisen-übertragenden Gasteilchen FeI_3, FeI_2 und Fe_2I_4 transportrelevante Partialdrücke größer als 10^{-5} bar aus. Dagegen wird Schwefel bis 1000 °C nicht mit einem transportwirksamen Partialdruck aufgelöst ($p(S_2) < 10^{-6}$ bar). Dieser Wert entspricht dem in Abbildung 2.4.2.9 dargestellten Koexistenzzersetzungsdruck von $FeS_{1,0}$. Anhand der Gasphasenzusammensetzung über $FeS_{1,0}$ ist die Aussage nochmals zu bekräftigen, dass $FeS_{1,0}$ mit Iod nicht transportierbar ist (Kra 1975).

Bei Vorlage eines schwefelreicheren Bodenkörpers $FeS_{1,1}$ ändert sich die Zusammensetzung der Gasphase entscheidend. Der Schwefelpartialdruck ist größer als 10^{-4} bar und wird neben den für Eisen transportrelevanten Spezies transportwirksam. Die Rechnung ergibt in Übereinstimmung mit der Ableitung aus der Berechnung der Koexistenzdrücke der Phasen FeS_x, dass $FeS_{1,1}$ transportierbar sein sollte (Abbildung 2.4.2.9).

Die thermodynamische Behandlung des Systems Fe/S/I im Sinne eines komplexen Chemischen Transports erfordert mindestens vier unabhängige Gleichgewichte ($r_u = 6 - 3 + 1$). Diese sind aus der Darstellung der Transportwirksamkei-

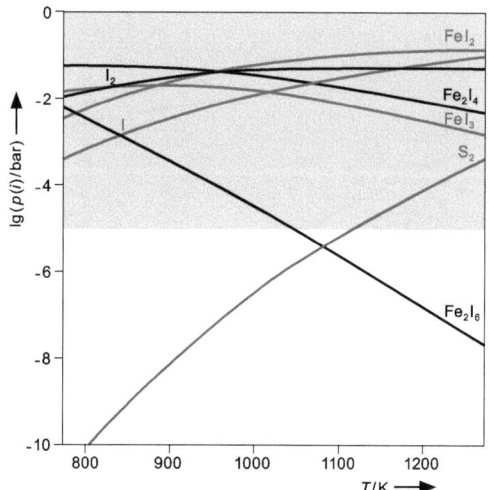

Abbildung 2.4.2.11 Partialdrücke $p(i)$ der Gasspezies bei der Auflösung von $FeS_{1,1}$ mit Iod als Temperaturfunktion in logarithmischer Darstellung nach (Kra 1975).

ten der Gasteilchen abzuleiten. Mit $\Delta[p(i)/p^*(X)] < 0$ wird I_2 als Transportmittel wirksam, während FeI_2 und S_2 mit $\Delta[p(i)/p^*(X)] > 0$ maßgeblich die Flüsse beim Transport von Eisen und Schwefel zur Senke bestimmen (Abbildung 2.4.2.12). Als dominierende Transportreaktion wird das heterogene Gleichgewicht 2.4.2.18 wirksam. Der Stofftransport über dieses Gleichgewicht ist aber durch die geringe Wirksamkeit von S_2, $\Delta[p(S_2)/p^*(X)] = 10^{-2}$, geprägt.

$$\frac{20}{11} FeS_{1,1}(s) + \frac{20}{11} I_2(g) \rightleftharpoons \frac{20}{11} FeI_2(g) + S_2(g) \quad (2.4.2.18)$$

In der Darstellung der Transportwirksamkeiten der Gasspezies über einem Ausgangsbodenkörper von $FeS_{1,1}$ dominieren die homogenen Gleichgewichte (2.4.2.19) bis (2.4.2.21). Die Spezies mit einem negativen Wert für $\Delta[p(i)/p^*(X)] < 0$ ($i = I_2$, Fe_2I_4, FeI_3) werden dabei auf der Quellenseite (bei T_2) verbraucht. In der Formulierung der Gleichgewichte müssen sie auf der Eduktseite stehen.

$$I_2(g) \rightleftharpoons 2\,I(g) \quad (2.4.2.19)$$

$$Fe_2I_4(g) \rightleftharpoons 2\,FeI_2(g) \quad (2.4.2.20)$$

$$FeI_3(g) \rightleftharpoons FeI_2(g) + I(g) \quad (2.4.2.21)$$

Die Zusammensetzung des abgeschiedenen Bodenkörpers FeS_{x1} ist sowohl von der Zusammensetzung des Ausgangsbodenkörpers FeS_{x2} als auch von den Temperaturen in Quelle und Senke und dem Gesamtdruck (bzw. der Transportmittelkonzentration) im System abhängig. Wir haben dieses, sich aus Gleichgewicht 2.4.2.17 ergebende Problem bereits erörtert. Bei Zusammensetzungen des Ausgangsbodenkörpers der Quellenseite nahe der unteren Phasengrenze bildet sich zunächst ein schwefelreicherer Quellenbodenkörper FeS_x, der dann in der Senke abgeschieden werden kann. Neben dem Argument der verschwindend geringen

2.4 Inkongruente Auflösung und quasistationäres Transportverhalten | 55

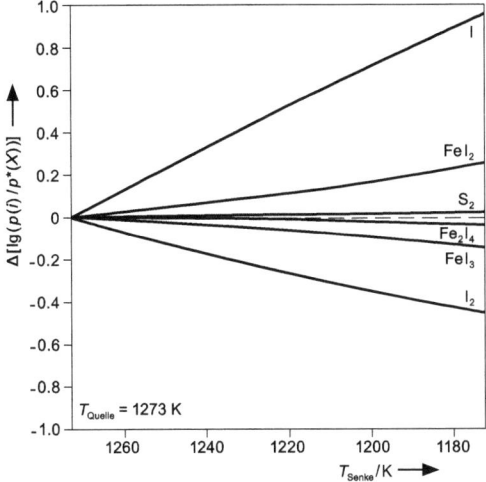

Abbildung 2.4.2.12 Transportwirksamkeiten $\Delta[p(i)/p^*(X)]$ der Gasspezies bei der Auflösung von FeS$_{1,1}$ mit Iod nach (Kra 1975).

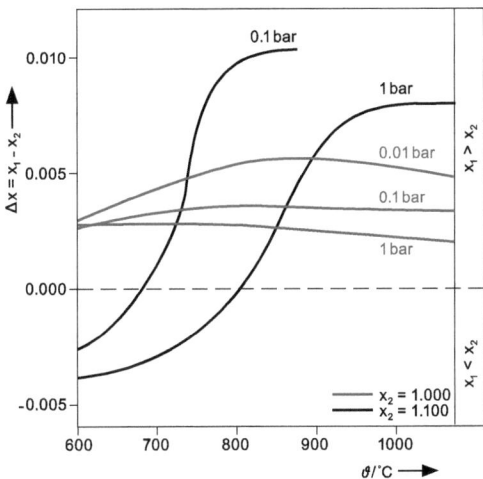

Abbildung 2.4.2.13 Berechnete Differenz der Stöchiometriekoeffizienten in FeS$_x$ $\Delta x = x_1 - x_2$ zwischen Quelle und Senke nach (Kra 1975).

Transportwirksamkeit für einen Ausgangsbodenkörper FeS$_{1,0}$ ergibt sich aus der Abscheidung schwefelreicherer Bodenkörper ein weiterer Grund, dass FeS$_x$ an der unteren Phasengrenze mit Iod nicht abgeschieden werden kann. Transporte schwefelreicherer Verbindungen innerhalb des Homogenitätsgebiets können bei Temperaturen unterhalb 700 °C mit einer geringfügigen Anreicherung an Eisen auf der Senkenseite verlaufen. Oberhalb 800 °C werden auf der Senkenseite grundsätzlich schwefelreichere Bodenkörper erhalten (Abbildung 2.4.2.13).

Während FeS der unteren Phasengrenze mit Iod nicht transportierbar ist, wird der Transport mit HCl grundsätzlich möglich (Kra 1976b). Die Umsetzung des

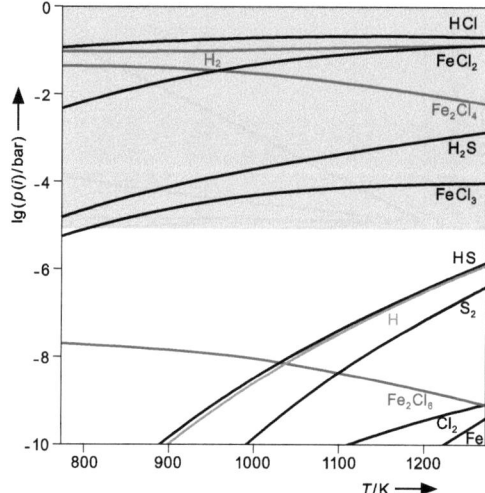

Abbildung 2.4.2.14 Partialdrücke $p(i)$ der Gasspezies bei der Auflösung von $FeS_{1,0}$ mit HCl als Temperaturfunktion in logarithmischer Darstellung nach (Kra 1975).

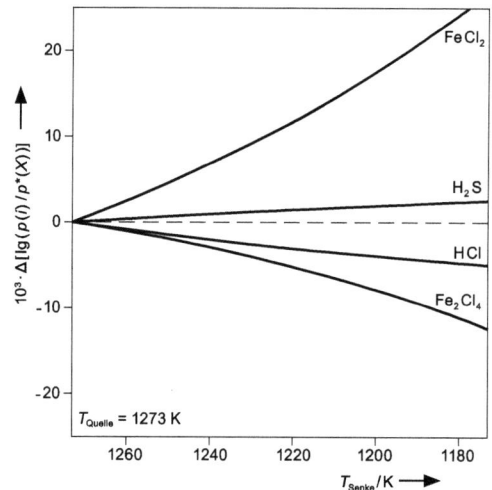

Abbildung 2.4.2.15 Transportwirksamkeiten $\Delta[p(i)/p^*(X)]$ der Gasspezies bei der Auflösung von $FeS_{1,0}$ mit HCl(g) nach (Kra 1975).

Ausgangsbodenkörpers mit Chlorwasserstoff führt dabei zur Bildung von Schwefelwasserstoff mit einem hinreichend transportrelevanten Partialdruck ($p(H_2S) \leq 10^{-3}$ bar). Eisen wird vor allem über gasförmiges Eisen(II)-chlorid und dessen Dimer in der Gasphase aufgelöst (Abbildung 2.4.2.14).

Die Transportwirksamkeiten der Gasspezies spiegeln den Verlauf der Stoffflüsse wider. Chlorwasserstoff ist mit $\Delta[p(i)/p^*(X)] < 0$ als Transportmittel wirksam, während der Stofftransport durch Auflösung des Bodenkörpers mit HCl über FeCl$_2$ und H$_2$S mit $\Delta[p(i)/p^*(X)] > 0$ erfolgt. Die durch die homogene Dissoziationsreaktion 2.4.2.23 bedingten Flüsse von FeCl$_2$ und Fe$_2$Cl$_4$ haben keinen Anteil am Transport.

$$\text{FeS(s)} + 2\,\text{HCl(g)} \rightleftharpoons \text{FeCl}_2\text{(g)} + \text{H}_2\text{S(g)} \tag{2.4.2.22}$$

$$\text{Fe}_2\text{Cl}_4\text{(g)} \rightleftharpoons 2\,\text{FeCl}_2\text{(g)} \tag{2.4.2.23}$$

Ausgehend von einem Bodenkörper FeS$_{1,0}$ auf der Quellenseite ändert sich die Zusammensetzung des in der Senke abgeschiedenen Bodenkörpers praktisch nicht. Von einem Ausgangsmaterial FeS$_x$ oberhalb der unteren Phasengrenzzusammensetzung ($x > 1$) erfolgt der Transport mit HCl, wenn auch mit geringer Änderung der Zusammensetzung, in Richtung eisenreicher Bodenkörper auf der Abscheidungsseite. Der gezielte Transport von FeS der unteren Phasengrenze ist aufgrund der genannten Argumente also thermodynamisch möglich. Das Experiment gelingt mit Transportraten von 1 bis 2 mg · h^{-1}, die dabei abgeschiedenen Kristalle werden in Form hexagonaler Prismen von bis zu 1 mm Kantenlänge erhalten (Kra 1976b).

In gleicher Weise sind Transporte von FeS$_{1,0}$ mit HBr und HI zu beschreiben. Bei Verwendung von GeCl$_2$ bzw. GeI$_2$ als Transportmittel wird FeS$_{1,0}$ ebenfalls an der unteren Phasengrenze abgeschieden, der Transport wird in diesen Fällen durch die Bildung des leicht flüchtigen Gasteilchens GeS neben den Eisenhalogeniden möglich (Kra 1976b).

Stationärer Transport aus mehrphasigen Bodenkörpern Eine weitere wichtige Anwendung des erweiterten Transportmodels ergibt sich bei der Behandlung von Transporten aus Zwei- oder Mehrphasengebieten. Dabei besteht die Möglichkeit der Bevorzugung einer Phase oder eines simultanen Transports mehrerer Phasen. In beiden Fällen sind unter der Maßgabe der Stationarität die Stoffflüsse zeitlich konstant. Beim Simultantransport bestimmt die für die Abscheidungsseite berechnete Zusammensetzung $AB_{x, \text{Senke}}$ das Mengenverhältnis der transportierten Phasen AB_y und AB_z. Dieses Problem ist eingehend am Beispiel der Vanadiumoxide von *Oppermann* und Mitarbeitern erläutert (Opp 1977a, Opp 1977b, Opp 1977c, Rei 1977).

Neben den Oxiden mit Vanadiumatomen in nur einer Oxidationsstufe (VO, V$_2$O$_3$, VO$_2$ und V$_2$O$_5$) existieren im System V/O zwischen V$_2$O$_3$ und VO$_2$ die *Magnéli*-Phasen mit einer allgemeinen Zusammensetzung V$_n$O$_{2n-1}$. Es handelt sich dabei nicht um ein Homogenitätsgebiet, sondern um diskrete Phasen definierter Zusammensetzung V$_3$O$_5$, V$_4$O$_7$, V$_5$O$_9$, V$_6$O$_{11}$, V$_7$O$_{13}$, V$_8$O$_{15}$. Deren Stabilitätsgebiet ist gemäß dem Zustandsbarogramm des Systems stark vom Sauerstoffpartialdruck abhängig (Abbildung 2.4.2.16). Der Chemische Transport von Bodenkörpern im Bereich der *Magnéli*-Phasen stellt aufgrund der dicht beieinander liegenden Zusammensetzung der einzelnen Verbindungen eine besondere Herausforderung dar (siehe Abschnitt 5.2.5). Von besonderer Bedeutung ist hier die Frage, welche Transportbedingungen zur gezielten Abscheidung der einzelnen Phasen führen. Zu untersuchende Parameter für die Kristallisation eines Bodenkörpers mit definierter Zusammensetzung sind dabei vor allem die Zusammensetzung des Ausgangsbodenkörpers sowie die mittlere Transporttemperatur

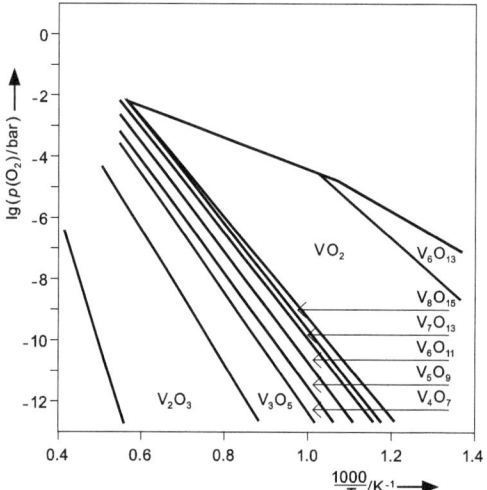

Abbildung 2.4.2.16 Zustandsbarogramm des Systems V/O mit den Sauerstoffkoexistenzdrücken der Verbindungen V_2O_3 und V_2O_5 sowie der *Magnéli*-Phasen V_nO_{2n-1} in logarithmischer Darstellung nach (Opp 1977b, Opp 1977c).

und der Temperaturgradient. Die Ermittlung der Flüsse der Komponenten zwischen Quelle und Senke erfolgt dabei sinnvoll mit dem Erweiterten Transportmodell.

Auswahl des Transportmittels

Das Redoxverhalten des Transportmittels ist in Fällen wie dem hier untersuchten System Vanadium/Sauerstoff von besonderer Bedeutung. Chlor ist hier als Transportmittel ungeeignet, da es zu einer irreversiblen Oxidation des Bodenkörpers führt. Mit Chlorwasserstoff oder Tellur(IV)-chlorid gelingt der Transport jedoch. Diese Transportmittel erlauben die Bildung von Sauerstoff-übertragenden Spezies und ermöglichen dadurch den Transport von Oxiden mit sehr niedrigen Sauerstoffkoexistenzdrücken (siehe Abschnitt 5.1).

Die vollständige thermodynamische Beschreibung des Systems mit 4 Komponenten (V, O, Te, Cl) und 15 Spezies (O_2, O, Cl_2, Cl, VCl_4, VCl_3, VCl_2, $VOCl_3$, Te_2, Te, $TeCl_4$, $TeCl_2$, $TeOCl_2$, TeO_2, TeO) erfordert die Berücksichtigung von 12 unabhängigen Gleichgewichten. Die daraus resultierenden Partialdrücke der Gasteilchen sind exemplarisch für die Ausgangsbodenkörper VO_2 (Abbildung 2.4.2.17) und V_3O_5 (Abbildung 2.4.2.18) dargestellt.

Die Dominanz der Spezies $TeCl_2$ und $VOCl_3$ ist für alle Zusammensetzungen im Bereich der *Magnéli*-Phasen gegeben. Dagegen ändern sich die Partialdrücke der sauerstoffhaltigen Spezies des Tellurs aufgrund des veränderten Sauerstoffpartialdrucks über den *Magnéli*-Phasen (vgl. Abbildung 2.4.2.16) deutlich. Die besondere Eignung von Tellur(IV)-chlorid als Transportzusatz zeigt sich daran, dass im gesamten Stabilitätsbereich der *Magnéli*-Phasen die Sauerstoff-übertra-

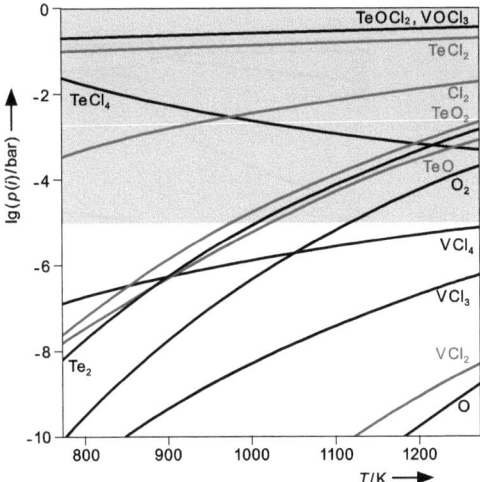

Abbildung 2.4.2.17 Partialdrücke der Gasspezies bei der Auflösung von VO_2 mit $TeCl_4$ in logarithmischer Darstellung.

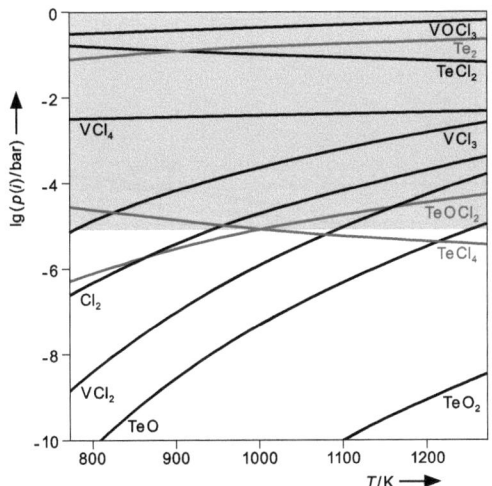

Abbildung 2.4.2.18 Partialdrücke der Gasspezies bei der Auflösung von V_3O_5 mit $TeCl_4$ in logarithmischer Darstellung.

genden Spezies $VOCl_3$ und $TeOCl_2$ bei 1000 °C mit Partialdrücken oberhalb von 10^{-5} bar transportrelevant bleiben (Abbildung 2.4.2.19).

Gemäß der Darstellung der Transportwirksamkeiten ergeben sich formal dominierende Gleichgewichte für den Transport von VO_2 (Gleichgewicht 2.4.2.24, Abbildung 2.4.2.20) sowie für V_3O_5 (Gleichgewicht 2.4.2.25, Abbildung 2.4.2.21).

$$6\,VO_2(s) + 13\,TeCl_2(g) \rightleftharpoons 6\,VOCl_3(g) + 4\,TeOCl_2(g) + TeO_2(g) + 4\,Te_2(g) \qquad (2.4.2.24)$$

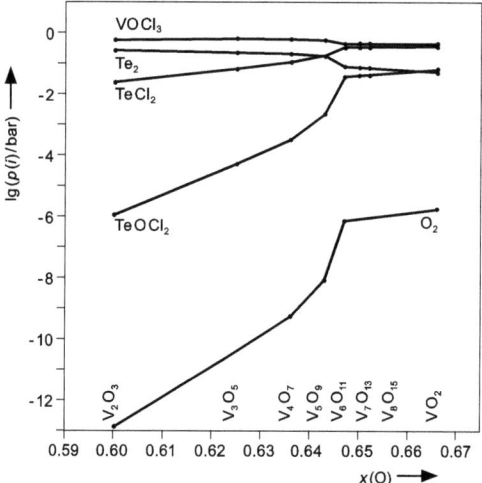

Abbildung 2.4.2.19 Gasphasenzusammensetzung bei der Auflösung der *Magnéli*-Phasen V_nO_{2n-1} mit $TeCl_4$ bei $\vartheta = 1000\,°C$.

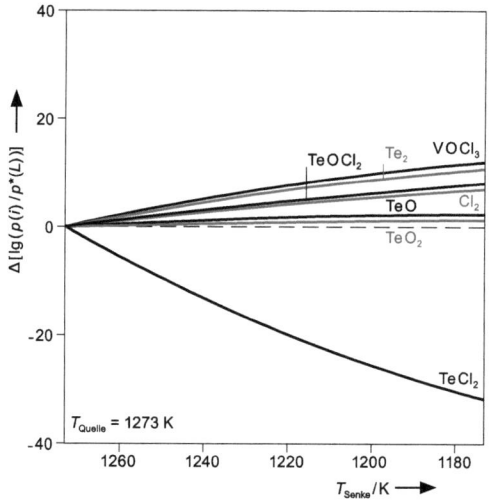

Abbildung 2.4.2.20 Transportwirksamkeiten $\Delta[p(i)/p^*(L)]$ der Gasspezies bei der Auflösung von VO_2 mit $TeCl_2(g)$.

$$2\,V_3O_5(s) + 7\,TeCl_2(g) + 4\,VCl_4(g) \;\rightleftharpoons\; 10\,VOCl_3(g) + \frac{7}{2}\,Te_2(g) \qquad (2.4.2.25)$$

Im Temperaturbereich zwischen 900 und 1000 °C sind gemäß der Analyse der Transportwirksamkeiten alle Verbindungen zwischen V_2O_3 und VO_2 unter Zusatz von $TeCl_4$ transportierbar. Für Bodenkörpergemenge zwischen VO_2 und V_2O_5 ist darüber hinaus aufgrund der höheren Sauerstoffpartialdrücke ein Transport zwischen 450 und 650 °C möglich (siehe auch Abschnitt 5.2.5).

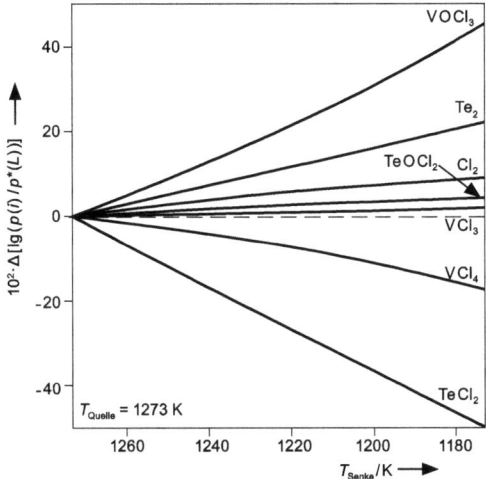

Abbildung 2.4.2.21 Transportwirksamkeiten $\Delta[p(i)/p*(L)]$ der Gasspezies bei der Auflösung von V_3O_5 mit $TeCl_2(g)$.

Für Transporte der *Magnéli*-Phasen oberhalb einer Senkentemperatur von 900 °C ergeben die Berechnungen in der Senke sauerstoffärmere Bodenkörper. Bei Vorlage eines zweiphasigen Ausgangsbodenkörpers wird zuerst die sauerstoffärmere Phase transportiert. Die experimentellen Untersuchungen bestätigen die Ergebnisse der Berechnungen: Bei einem Transport von 1000 nach 900 °C beobachtet man den Transport von V_2O_3 vor V_3O_5, V_3O_5 vor V_4O_7, ..., V_8O_{15} vor VO_2. Der Transport von VO_2 von 650 nach 550 °C verläuft dagegen unter Anreicherung von Sauerstoff in der Senke (VO_2 vor V_8O_{15}) (Opp 1977c).

2.5 Nichtstationäres Transportverhalten

2.5.1 Chemische Gründe für das Auftreten mehrphasiger Bodenkörper in Transportexperimenten

Im vorstehenden Abschnitt wurden die allgemeinen Bedingungen für die inkongruente Auflösung eines Bodenkörpers in der Gasphase und das Auftreten mehrphasiger Bodenkörper in chemischen Transportexperimenten behandelt. Durch Vorlage großer Bodenkörpermengen und bei hinreichend kurzer Transportdauer kann quasistationäres (mit der Zeit unverändertes) Transportverhalten mit der Abscheidung nur eines Feststoffs in der Senke erzielt werden. Im Experiment werden dazu vergleichsweise große Einwaagen an Quellenbodenkörper (etwa 2 g) bei Transportraten in der Größenordnung von $1 \text{ mg} \cdot \text{h}^{-1}$ eingesetzt. So wird quasistationäres Verhalten auch dann erreicht, wenn der Bodenkörper der Quelle aus mehreren Verbindungen oder einer Phase mit Homogenitätsgebiet besteht. Nachfolgend werden Transportexperimente beschrieben, in denen tatsächlich die

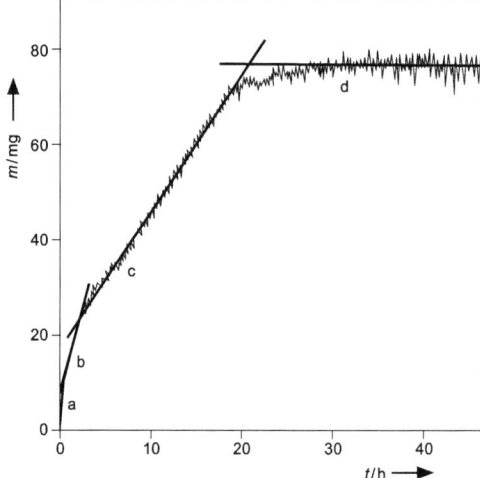

Abbildung 2.5.1.1 Masse/Zeit-Diagramm für den Chemischen Transport von Rh_2O_3 mit Chlor nach (Gör 1996).

Wanderung *mehrerer* Bodenkörper zur Senke erfolgt. Die sequentielle Abscheidung mehrphasiger Bodenkörper ist immer von Veränderungen der Gasphasenzusammensetzung in Quelle und Senke begleitet. Auch bei der Kristallisation von Verbindungen mit Homogenitätsgebiet kann es zu einer Änderung der Zusammensetzung des Senkenbodenkörpers mit der Zeit kommen. Diese Zeitabhängigkeit kann zur Ausbildung von Konzentrationsgradienten innerhalb der abgeschiedenen Kristalle führen. Der Nachweis und die nähere Untersuchung eines derartigen *nicht-stationären* Transportverhaltens erfolgt durch Serien von Transportexperimenten mit unterschiedlicher Zeitdauer oder in einfacher Weise mit der so genannten Transportwaage (vgl. Abschnitt 14.4), mit deren Hilfe der Stofftransport während eines Experiments kontinuierlich verfolgt werden kann. Exemplarisch ist in Abbildung 2.5.1.1 die sequentielle Abscheidung von $RhCl_3$ (Bereich b) und Rh_2O_3 (Bereich c) beim Chemischen Transport von Rhodium(III)-oxid mit Chlor dargestellt. Diese erfolgt in einem Transportexperiment, das durch zwei aufeinander folgende stationäre Zustände zu beschreiben ist.

Der zeitliche Verlauf von Transportexperimenten (Masse der abgeschiedenen Bodenkörper und deren Abscheidungsreihenfolge) ist thermodynamisch kontrolliert und kaum anfällig für kinetische Störungen. Deshalb eignen sich entsprechende Experimente auch zur Eingrenzung der thermodynamischen Daten der beteiligten Feststoffe. In diesem Sinne kann auch die Vorgabe eines mehrphasigen Bodenkörpers auf der Quellenseite bei der thermodynamischen Analyse von Transportvorgängen hilfreich sein. Im Unterschied zur Ableitung thermodynamischer Daten aus den Transportraten ist die Bestimmung der Daten hierbei nicht durch kinetische Effekte beeinflusst.

a) Gleichgewichtseinstellung zwischen Bodenkörper und Gasphase,
b) Sublimation von $RhCl_3$,

c) Transport von Rh_2O_3,
d) Massekonstanz nach vollständigem Transport von Rh_2O_3
   (1075 → 975 °C, Einwaagen: 75,6 mg Rh_2O_3, 56,7 mg Cl_2).

Trotz Einwaage eines einphasigen Bodenkörpers kann nach der Gleichgewichtseinstellung zu Beginn eines Transportexperiments im Quellenraum ein mehrphasiger Bodenkörper vorliegen. In der Literatur werden inzwischen, insbesondere in Arbeiten von *Gruehn* und Mitarbeitern, eine ganze Reihe von Beispielen für solche Beobachtungen mitgeteilt (Tabelle 2.5.1.1).

Tabelle 2.5.1.1 Beispiele für nichtstationär verlaufende Transportexperimente mit mehrphasigen Bodenkörpern.

Quellenbodenkörper (Transportmittel)	Temperatur/°C	Phasenabfolge in der Senke	Literatur
NbO, NbO_2 ($NbCl_5$)	1125 → 1025	I) NbO_2, II) NbO	(Scha 1974; Gru 1983)
NbO_2, $Nb_{12}O_{29}$ ($NbCl_5$)	1125 → 1025	I) $Nb_{12}O_{29}$, II) NbO_2	(Scha 1974; Gru 1983)
H-Nb_2O_5, $FeNb_{11}O_{29}$ (Cl_2)	1125 → 1025	I) $Nb_{12}O_{29}$, II) NbO_2	(Bru 1975; Gru 1983)
H-Nb_2O_5, $AlNb_{11}O_{29}$ (Cl_2)	1125 → 1025	I) $Nb_{12}O_{29}$, II) NbO_2	(Stu 1972; Gru 1983)
Ti_3O_5, Ti_4O_7 (HCl)	1000 → 860	I) Ti_4O_7, II) Ti_3O_5	(Sei 1984)
WO_2, $W_{18}O_{49}$ (HgI_2)	1060 → 980	I) WO_2, II) $W_{18}O_{49}$	(Scho 1989)
CuO (I_2 [a])	1000 → 900	I) CuO, II) Cu_2O	(Tra 1994)
CuO (I_2 [b])	1000 → 900	I) CuI, II) CuO	(Tra 1994)
Rh_2O_3 (Cl_2)	1075 → 975	I) $RhCl_3$(s), II) Rh_2O_3	(Gör 1996)
CrOCl (Cl_2)	600 → 500	I) $CrCl_3$, II) CrOCl	(Noc 1993a, Noc 1993b)
CrOCl (Cl_2)	900 → 800	I) $CrCl_3$, II) Cr_2O_3	(Noc 1993a, Noc 1993b)
CoP (I_2)	800 → 700	I) CoI_2(l), II) CoP	(Schm 1995)
$Cr_2P_2O_7$, CrP (I_2)	1050 → 950	I) $Cr_2P_2O_7$ + CrP[c], II) CrP	(Lit 2003)
WP_2O_7, WP (I_2)	1000 → 900	I) WP_2O_7 + WP[d], II) WP	(Lit 2003)
WPO_5, WP (I_2)	1000 → 900	I) WPO_5 + WP[e], II) WP	(Lit 2003)

[a] Iodzusatz: 9 mg;
[b] Iodzusatz: 140 mg;
[c] Simultantransport mit $n(Cr_2P_2O_7) : n(CrP) \approx 3 : 8$;
[d] Simultantransport mit $n(WP_2O_7) : n(WP) \approx 7 : 4$;
[e] Simultantransport mit $n(WPO_5) : n(WP) \approx 7 : 3$

Das Auftreten *mehrphasiger* Gleichgewichtsbodenkörper in der Quelle einer Transportampulle (Quellenbodenkörper) kann, trotz Einwaage eines *einphasigen* Bodenkörpers (Ausgangsbodenkörpers), aus drei Gründen erfolgen:

- Reaktion zwischen Bodenkörper und Transportmittel.
- Thermische Zersetzung des Ausgangsbodenkörpers unter den Bedingungen des Transportexperiments.
- Reaktion zwischen dem Ausgangsbodenkörper und dem Ampullenmaterial (unter Umständen unter Beteiligung des Transportmittels).

Reaktion zwischen Bodenkörper und Transportmittel Reaktionen zwischen Bodenkörper und Transportmittel, die nicht ausschließlich gasförmige Produkte liefern, können nicht zu einem Chemischen Transport führen. Allerdings kann durch solche Reaktionen die Zusammensetzung der Bodenkörper gegenüber der Einwaage verändert werden. Beim Chemischen Transport von Rh_2O_3 mit Chlor (Abbildung 2.5.1.1) führt Reaktion 2.5.1.1 zum Auftreten von $RhCl_3(s)$ neben dem Oxid.

$$Rh_2O_3(s) + 3\,Cl_2(g) \rightleftharpoons 2\,RhCl_3(s) + \frac{3}{2}O_2(g) \qquad (2.5.1.1)$$

In ähnlicher Weise entsteht beim Transport von CoP mit Iod bei höheren Einwaagen an Iod auch eine Schmelze von Cobaltiodid neben Cobaltmonophosphid:

$$CoP(s) + I_2(g) \rightleftharpoons CoI_2(l) + \frac{1}{4}P_4(g) \qquad (2.5.1.2)$$

Erwartungsgemäß nimmt die Menge an flüssigem Cobaltiodid, bei ansonsten gleichen experimentellen Bedingungen, mit zunehmender Temperatur durch einen erhöhten Gehalt in der Gasphase ab (Abbildung 2.5.1.2).

Die Gleichgewichte 2.5.1.1 und 2.5.1.2 sind den jeweiligen Transportreaktionen überlagert und stellen typische Beispiele für die inkongruente Auflösung von Bodenkörpern in der Gasphase dar. Im System Rh_2O_3/Cl_2 enthält die Gleichgewichtsgasphase deutlich mehr Sauerstoff als durch die kongruente Auflösung des Oxids in der Gasphase zu erwarten wäre ($p^*(O)/p(Rh) > \frac{3}{2}$). Über dem Quellenbodenkörper $CoI_2(l)/CoP(s)$ gilt entsprechend für die Bilanzdrücke von Phosphor und Cobalt $p^*(P)/p^*(Co) > \frac{1}{1}$.

Bei Versuchen, Fe_2P und Co_2P mit Iod zu transportieren, werden im Quellenbodenkörper sogar drei kondensierte Phasen, $MI_2(l)$, $M_2P(s)$ und $MP(s)$, beobachtet:

$$M_2P(s) + I_2(g) \rightleftharpoons MI_2(l) + MP(s) \qquad (2.5.1.3)$$
$$(M = Fe, Co)$$

Phosphor geht bei diesen Reaktionen nicht in die Gasphase, sondern wird durch Reaktion mit dem metallreichen Phosphid M_2P im Bodenkörper gebunden. Die Partialdrücke $p(P_2, P_4)$ sind über einem Bodenkörper aus zwei koexistierenden Phosphiden festgelegt. Mit Phosphordrücken $p(P_2, P_4) \ll 10^{-5}$ bar ist der Chemische Transport der Phosphide M_2P nicht möglich. Zudem wird in den beschriebe-

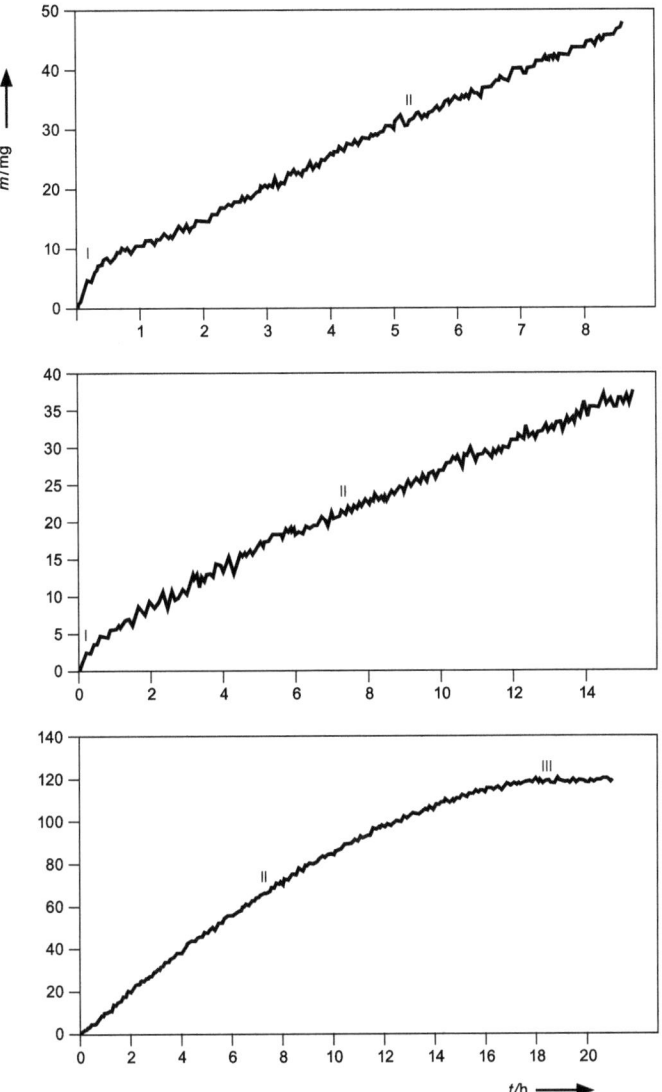

Abbildung 2.5.1.1 Masse/Zeit-Diagramme für den Chemischen Transport von CoP mit Iod oben 700 → 600 °C, mitte 850 → 750 °C, unten 1050 → 950 °C nach (Schm 1995)[2].

---

[2] Einwaage: 123,3 mg CoP, 300 mg Iod, $V = 20$ cm^3, $q = 2$ cm^2, Diffusionsstrecke für Cobaltmonophosphid $s\,(\text{CoP}) = 9{,}4$ cm.
  I) Destillation von CoI$_2$
 II) Transport von CoP
III) Massekonstanz nach vollständigem Transport von CoP.

nen Beispielen das gasförmige Iod vollständig im Bodenkörper gebunden und es findet unter diesen Bedingungen auch kein Transport der Monophosphide statt. In ähnlicher Weise sind die Beobachtungen bei Versuchen zum Chemischen Transport von niederen Vanadiumoxiden mit Chlor zu deuten.

$$2\,V_2O_3(s) + 6\,Cl_2(g) \rightleftharpoons 4\,VOCl_3(g) + O_2(g) \quad (2.5.1.4)$$

$$6\,V_2O_3(s) + O_2(g) \rightleftharpoons 4\,V_3O_5(s) \quad (2.5.1.5)$$

$$6\,V_2O_3(s) + \frac{9}{2}\,Cl_2(g) \rightleftharpoons 3\,V_3O_5(s) + 3\,VOCl_3(g) \quad (2.5.1.6)$$

Das als Transportmittel vorgesehene Chlor wird vollständig aufgezehrt, die Gasphase enthält nahezu ausschließlich $VOCl_3$. Der Partialdruck des Sauerstoffs, der durch 2.5.1.4 gebildet wird, ist aber durch 2.5.1.5 festgelegt und liegt weit unterhalb der transportrelevanten Größenordnung. Ein Transport der *Magnéli*-Phasen des Vanadiums wird unter solchen Bedingungen nicht beobachtet. Entsprechend verhalten sich niedere Titanoxide (Sei 1983, Sei 1984). Transportmittel, die außer Sauerstoff die Bildung von anderen, Sauerstoff enthaltenden Molekülen erlauben (z. B. HCl, $TeCl_4$), bewirken dagegen sehr wohl einen Transport der Vanadium- und Titanoxide (vgl. Abschnitt 5.2.4 und 5.2.5). In solchen Experimenten erfolgt die Abscheidung des sauerstoffärmeren Oxids in der Senke immer vor dem sauerstoffreicheren. Beim Transport von Oxiden mit Sauerstoff als Sauerstoffüberträger wird dagegen immer zuerst die Abscheidung des sauerstoffreicheren Oxids in der Senke beobachtet. Die Abscheidungsreihenfolge erlaubt hier eine klare Festlegung des für Sauerstoff transportwirksamen Gasteilchens (Sei 1983, Sei 1984).

Thermische Zersetzung des Ausgangsbodenkörpers Temperaturen, unter denen ein Ausgangsbodenkörper vollständig zersetzt wird, sind naturgemäß für dessen Transport ungeeignet. Andererseits müssen chemische Transportexperimente häufig nahe der Zersetzungstemperatur des Bodenkörpers durchgeführt werden, um für die Wanderung im Temperaturgradienten hinreichende Partialdrücke zu gewährleisten. Unter diesen Bedingungen treten durch die partielle thermische Zersetzung mehrphasige Bodenkörper auf. Sehr gut untersucht ist dieses Verhalten beim Chemischen Transport von Kupfer(II)-oxid mit Iod (Tra 1994). Abhängig von den experimentellen Bedingungen können in diesem übersichtlichen System vier verschiedene kondensierte Phasen auftreten: $CuO(s)$, $Cu_2O(s)$, $Cu(s)$ und $CuI(l)$.

Vier verschiedene Transportverläufe können unterschieden werden:

1. Stationärer Transport von Kupfer(II)-oxid als einzigem Bodenkörper bei $\vartheta_{Quelle} \leq 900\,°C$ und niedrigen Iodeinwaagen.
2. Stationärer Transport von Kupfer(II)-oxid gefolgt von der Abscheidung von Kupfer(I)-oxid in einem zweiten stationären Zustand bei $\vartheta_{Quelle} \geq 900\,°C$ und niedrigen Iodeinwaagen (Abbildung 2.5.1.3).
3. Destillation von flüssigen Kupferiodid gefolgt vom Transport von Kupfer(II)-oxid bei $\vartheta_{Quelle} \geq 850\,°C$ und hohen Iodeinwaagen (Abbildung 2.5.1.4).
4. Bei kleinen Einwaagen an Kupfer(II)-oxid und Iod ist bei hohen Temperaturen mit der Bildung von Kupfer im Bodenkörper zu rechnen.

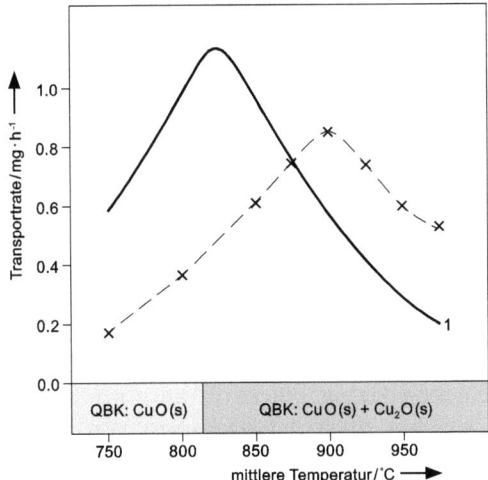

Abbildung 2.5.1.3 Einfluss der mittleren Temperatur $\bar{T}$ auf die experimentellen (---) und berechneten (—) Transportraten von Kupfer(II)-oxid und die Zusammensetzung des Quellenbodenkörpers nach (Tra 1994)[3].

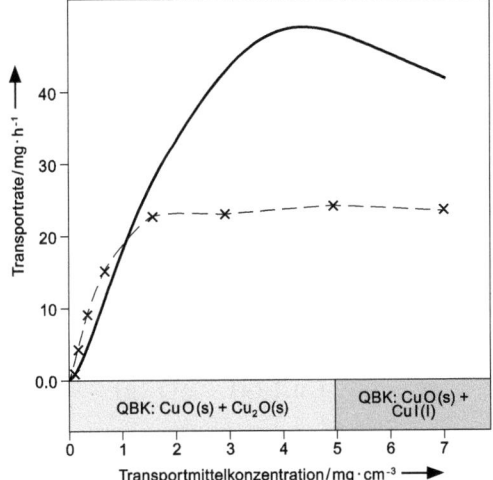

Abbildung 2.5.1.4 Einfluss der Transportmittelkonzentration $c(I_2)$ auf die experimentellen (---) und berechneten (—) Transportraten von Kupfer(II)-oxid und die Zusammensetzung des Quellenbodenkörpers bei $\bar{T} = 950\,°C$ nach (Tra 1994)[4].

Neben dem heterogenen Gleichgewicht 2.5.1.7, das auch den Transport von Kupfer(II)-oxid mit Iod beschreibt, wird die Zusammensetzung des Quellenboden-

---

[3] Einwaagen: 500 mg CuO, 9,2 mg I_2, 0,01 mmol H_2O, $\Delta T = 100$ K, Ampulle: $V = 20$ cm^3, $q = 2$ cm^2, $s = 10$ cm.
[4] Einwaagen: 500 mg CuO, variable Menge an Iod, 0,01 mmol H_2O, $\Delta T = 100$ K, Ampulle: $V = 20$ cm^3, $q = 2$ cm^2, $s = 10$ cm.

körpers in Abhängigkeit von Temperatur und Iodeinwaage durch die Gleichgewichte 2.5.1.7 bis 2.5.1.10 bestimmt. Diese weisen im untersuchten Temperaturbereich zwischen 700 und 1100 °C keine extreme Gleichgewichtslage auf, wie eine quantitative thermodynamische Behandlung zeigt. Hierdurch erklärt sich deren beobachtete gegenseitige Beeinflussung. Modellrechnungen unter Anwendung des Kooperativen Transportmodells (vgl. Abschnitt 2.5.3) geben die Beobachtungen (Zusammensetzung der Bodenkörper, Reihenfolge der Abscheidung, Transportraten) gut wieder (Tra 1994).

Die Beobachtungen beim Chemischen Transport von Kupfer(II)-oxid mit Iod stehen exemplarisch für die komplexen Phasenverhältnisse und Abscheidungsreihenfolgen beim Chemischen Transport vieler anderer, thermisch labiler Verbindungen, bei denen partielle thermische Zersetzung und die Bildung kondensierter Metallhalogenide neben der eigentlichen Transportreaktion beobachtet werden. Besonders genannt sei hier noch der Transport von Polyphosphiden. Bei der Darstellung und Kristallisation von FeP_4 mittels chemischer Transportexperimente treten immer FeP_2 und/oder FeI_2 als weitere Bodenkörper auf (Flö 1983). Noch komplizierter sind die Phasenverhältnisse beim Chemischen Transport von Cu_2P_7 (Möl 1982, Öza 1993). Hier werden neben dem Polyphosphid auch noch CuP_2, $CuI(l)$ und verschiedene Kupferphosphidiodide sowie Addukte aus Kupferiodid und Phosphor beobachtet ($Cu_2P_3I_2$ (Möl 1986), $Cu_3I_3P_{12}$ (Pfi 1995), $Cu_2I_2P_{14}$ (Pfi 1997)). Sogar das noch phosphorreichere Phosphid Cu_2P_{20} ist durch isothermes Tempern zugänglich (Lan 2008). Thermodynamische Modellrechnungen lassen die Probleme bei Versuchen zur Synthese einphasigen Produkte verstehen. Sie zeigen, dass zur gezielten, reproduzierbaren Darstellung nicht nur die Stoffmengenverhältnisse der einzelnen Komponenten (Kupfer, Iod, Phosphor) einzuhalten sind, sondern auch die absoluten Einwaagen und das Ampullenvolumen, da unter den Synthesebedingungen alle drei Komponenten in erheblichem Umfang in der Gleichgewichtsgasphase enthalten sind. Den Rechnungen zufolge sollten isotherme Temperexperimente eher zu einphasigen Produkten führen, da so eine Entmischung im Temperaturgradienten vermieden werden kann (Öza 1993).

$$CuO(s) + \frac{1}{2}I_2(g) \rightleftharpoons \frac{1}{3}Cu_3I_3(g) + \frac{1}{2}O_2(g) \qquad (2.5.1.7)$$

$$2\,CuO(s) \rightleftharpoons Cu_2O(s) + \frac{1}{2}O_2(g) \qquad (2.5.1.8)$$

$$Cu_2O(s) \rightleftharpoons 2\,Cu(s) + \frac{1}{2}O_2(g) \qquad (2.5.1.9)$$

$$CuI(l) \rightleftharpoons \frac{1}{3}Cu_3I_3(g) \qquad (2.5.1.10)$$

Schließlich soll an dieser Stelle auch noch auf den Chemischen Transport wasserfreier Sulfate verwiesen werden (vgl. Abschnitt 6.1), der ebenfalls in vielen Fällen unter teilweiser thermischer Zersetzung des Sulfat-Bodenkörpers und nichtstationär verlaufender Wanderung der mehrphasigen Bodenkörper erfolgt (z. B.: $CuSO_4/Cu_2O(SO_4)/CuO$ (Bal 1983), $Fe_2(SO_4)_3/Fe_2O_3$ (Dah 1992)). Das komplexe, nichtstationäre Transportverhalten von Rhodium(III)-orthophosphat mit dem Auftreten der Bodenkörper $RhPO_4$, $Rh(PO_3)_3$, $RhCl_3(s)$ und Rh wird in Abschnitt 6.2 ausführlich erläutert. Transporte mit Phasenfolge sind gleichermaßen ein Phänomen beim Transport von Calkogeniden in Koexistenz zu den Chalkogenidhalogeniden bzw. Metallhalogeniden (vgl. Abschnitte 7.2 und 8.2).

Aus dem Zustandsbarogramm für die Vanadiumoxide in Abbildung 2.4.2.16 folgt, dass beim Chemischen Transport mit Chlorwasserstoff oder Tellur(IV)-chlorid die Zusammensetzung des in der Senke abgeschiedenen Oxids von der Wahl des Temperaturgradienten abhängt. Der Sauerstoffkoexistenzdruck im Quellenraum führt bei einer niedrigeren Temperatur der Senke zur Abscheidung eines Oxids mit höherem Sauerstoffgehalt. In Abschnitt 2.4.2 wurde ausgeführt, dass sich bei hinreichend großer Menge an Quellenbodenkörper und kurzer Dauer des Experiments das ganze System sich trotzdem quasi-stationär verhält. Wählt man die Stoffmenge des Ausgangsbodenkörpers jedoch so, dass dieser während der Dauer des Experiments weitgehend zur Senke wandern kann, muss daraus nichtstationäres Transportverhalten folgen. Im genannten Fall führt die Abscheidung eines sauerstoffreicheren Oxids im Senkenraum bei gleichzeitiger Auflösung des sauerstoffärmeren Oxids im Quellenraum zu langsamen Verarmung der Gasphase im Senkenraum an Sauerstoff. Das Verhältnis der Bilanzdrücke $p*(O)/p*(V)$ im Senkenraum wird kleiner und bedingt schließlich die Abscheidung eines Vanadiumoxids mit niedrigerem Sauerstoffgehalt. Tatsächlich kann der Vorgang als Disproportionierung des Quellenbodenkörpers durch die Wanderung im Temperaturgradienten angesehen werden. Ob nach vollständiger Wanderung die Zusammensetzung des Senkenbodenkörpers mit jener des Quellenbodenkörpers zu Beginn des Experiments chemisch identisch ist, hängt von verschiedenen Parametern ab. So ist zu beachten, dass bei einer von der Quellentemperatur abweichenden Temperatur der Senke aus thermodynamischen Gründen veränderte Phasenverhältnisse auftreten können. Liegen entsprechende thermodynamische Gründe nicht vor, erwartet man in Quelle und Senke dieselben Bodenkörper. Trotzdem kann die Synproportionierung im Senkenraum unterbleiben, wenn die isotherme Einstellung der heterogenen Gleichgewichte im Senkenraum langsam erfolgt im Vergleich zur Wanderungsgeschwindigkeit des Bodenkörpers von der Quelle zur Senke. Dieser kinetische Effekt wird im Widerspruch zur Phasenregel zum gleichzeitigen Auftreten von mehr als zwei binären Oxiden im Senkenraum führen. Im Falle der *Magnéli*-Phasen von Vanadium und Titan scheint die Einstellung aller beteiligten Gleichgewichte jedoch schnell zu erfolgen, so dass zu jedem Zeitpunkt eines Experiments die Bodenkörperverhältnisse den thermodynamischen Überlegungen entsprechen.

Die bei Transportexperimenten mit $Fe_5^{II}V_2^{III}(P_2O_7)_4$ beobachtete *Dismutation* (Aufspaltung in Phosphate mit höherem Gehalt an $Fe_2P_2O_7$ und solche mit höherem Gehalt an $V_4(P_2O_7)_3$) und das daraus folgende, zeitgleiche Auftreten von vier festen Phasen ($Fe_2P_2O_7$, $Fe_5^{II}V_2^{III}(P_2O_7)_4$, $Fe_3^{II}V_2^{III}(P_2O_7)_3$ und $Fe^{II}V_2^{III}(P_2O_7)_2$ im Senkenbodenkörper widerspricht allerdings der Phasenregel und könnte auf eine zu langsame Einstellung der heterogenen Gleichgewichte in der Senke zurückzuführen sein (vgl. Abschnitt 6.2.3). Gleiches gilt offenbar auch für die Zersetzung von $In_2P_2O_7$ in $InPO_4$ und InP beim Chemischen Transport mit Iod im Temperaturgefälle 800 nach 750 °C (Tha 2003).

Mit Quecksilber(II)-bromid als Transportmittel lassen sich im Temperaturgradienten von 1000 nach 900 °C Mo/W-Mischkristalle transportieren. Der Transport von Wolfram ist jedoch von einer „Transporthemmung" begleitet, er setzt erst nach einer gewissen Zeit in nennenswertem Umfang ein. Als Folge davon erhält man Mischkristalle, die innerhalb einzelner Kristalle einen Konzentrationsgradienten aufweisen: Der Kern der Kristalle ist reich an Molybdän, zum Rand hin steigt der Wolframgehalt immer weiter an (Ned 1996). Ähnliche Beobachtungen wurden beim Transport von Gemengen aus Cobalt(II)-oxid und Gallium(III)-oxid gamcht. Hier werden in der Senke Kristalle abgeschieden, deren unterschiedlicher Gehalt an Cobalt bereits an der Farbe erkenntlich ist, der Kern der Kristalle ist blau, die Spitzen hingegen farblos (Loc 2000).

Reaktion mit der Ampullenwand Wie viele Beispiele in der Literatur belegen, kann offensichtlich auch die Reaktion mit dem Material der Ampullenwand zur Bildung weiterer Phasen im Bodenkörper eines Transportexperiments führen. Insbesondere die Bildung von Silicaten und der Einbau von SiO_2 (in Abhängigkeit von den Reaktionsbedingungen auch nur von Silicium oder Sauerstoff) werden beobachtet. Beobachtungen zum zeitlichen Verlauf solcher Reaktionen liegen nur für die Bildung einiger Silicate vor (vgl. Abschnitt 6.3). Häufig dürfte die Reaktion eines Bodenkörpers mit dem SiO_2 aus der Ampullenwand als Überlagerung von zwei Prozessen zu deuten sein, dem Kurzwegtransport unter isothermen Bedingungen im Quellenraum und der gemeinsamen Abscheidung von SiO_2 und dem vorgelegtem Bodenkörper im Senkenraum der Ampulle. In jedem Fall werden die Reaktionen von der Kinetik der Auflösung des Wandmaterials in der Gasphase bestimmt. Thermodynamische Betrachtungen beschreiben die Realität in solchen Fällen nicht hinreichend.

Die vorstehenden Beispiele behandeln den Transport von mehrphasigen Bodenkörpern. Dabei wird angenommen, dass der Quellenbodenkörper zu Beginn eines Experiments mit dem Senkenbodenkörper nach dessen Beendigung chemisch identisch ist. Tatsächlich muss diese Einschränkung nicht gegeben sein.

2.5.2 Zeitlicher Verlauf des Chemischen Transports mehrphasiger Bodenkörper

In den vorangehenden Abschnitten wurde ausgeführt, warum es sinnvoll sein kann, in Chemischen Transportexperimenten mehrphasige Quellenbodenkörper vorzulegen. So kann hierdurch die gezielte Abscheidung eines einphasigen Bodenkörpers mit präzise definierter Zusammensetzung in der Senke bewirkt werden (vgl. Abschnitt 7.1, Transport der *Chevrel*-Phase $Pb_xMo_6S_y$ (Kra 1981)). Auch erlauben Beobachtungen zum Transportverhalten von Systemen mit mehrphasigen Bodenkörpern (Stoffmengenverhältnisse der Phasen, Abscheidungsreihenfolge, Transportrate der einzelnen Phasen) häufig die Eingrenzung der thermodynamischen Daten der beteiligten Verbindungen. Schließlich wurden auch chemische Gründe genannt, die das Auftreten mehrphasiger Bodenkörper im Verlauf von Transportexperimenten verständlich machen, selbst wenn nur ein einphasiger Ausgangsbodenkörper vorgelegt wurde.

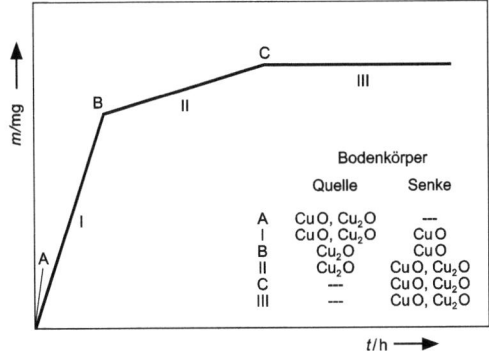

Abbildung 2.5.2.1 Nicht-stationäres Verhalten beim Chemischen Transport von Kupfer(II)-oxid mit Iod (1050 → 950 °C, 10 mg Iod) nach (Tra 1994).
a) Schematisches Masse/Zeit-Diagramm mit dem Transport von Kupfer(II)-oxid (Bereich I) und Kupfer(I)-oxid (Bereich II), sowie Massekonstanz nach vollständigem Transport des Bodenkörpers (Bereich III).

Für den zeitlichen Verlauf von Transportexperimenten mit mehrphasigen Bodenkörpern sind verschiedene Szenarien vorstellbar, die nachfolgend anhand von Beispielen erläutert werden sollen.

- Sequentielle Wanderung über eine Folge von stationären Zuständen mit nichtstationärem Verhalten (zeitliche Veränderung der Gasphase) an den Übergängen zwischen den stationären Bereichen: z. B.: CuO vor Cu_2O (Tra 1994), $CoI_2(l)$ vor CoP (Schm 1992), WO_2 vor $W_{18}O_{49}$ (Scho 1989), CrOCl vor Cr_2O_3 (Noc 1993a, Noc 1993b).
- Simultane Wanderung von Bodenkörpern über voneinander unabhängige Transportgleichgewichte in einem Experiment.
- Gekoppelter Transport von zwei Bodenkörpern über ein gemeinsames heterogenes Transportgleichgewicht; z. B.: $Cr_2P_2O_7$/CrP mit Iod (Lit 2003), WO_2/$W_{18}O_{49}$ mit $SbBr_3$ (Bur 2001).

Sequentieller Transport Beim Vorliegen mehrphasiger Bodenkörper im Quellenraum, zu Beginn eines Transportexperiments erfolgt deren Wanderung in den meisten Fällen nacheinander („*sequentieller Transport*"). Für ein Transportexperiment mit Kupfer(II)-oxid und dem Transportmittel Iod unter Vorliegen von Kupfer(II)-oxid und Kupfer(I)-oxid sind die verschiedenen Phasen in Abbildung 2.5.2.1 schematisch dargestellt.

Nach der Gleichgewichtseinstellung liegen im Quellenbodenkörper Kupfer(II)-oxid und Kupfer(I)-oxid im Gleichgewicht mit der Gasphase vor. Deren Gehalt an Sauerstoff ist über Gleichgewicht 2.5.1.7 festgelegt. Für das Verhältnis der Gleichgewichtspartialdrücke gilt $p(O_2)_{Quelle}/p(Cu_3I_3)_{Quelle} > 1$. Nach Überführung dieser Gasphase zur Senke kristallisiert dort die thermodynamisch stabilste Phase, Kupfer(II)-oxid, aus. Durch Auflösen von Kupfer(II)-oxid im Quellenraum und gleichzeitige Abscheidung von Kupfer(II)-oxid im Senkenraum entsteht ein stationärer Zustand der durch das Verhältnis der Flüsse $J(\text{O})/J(\text{Cu}) = 1$ bzw. $(\frac{1}{2} \cdot J(\text{O}_2))/(\frac{1}{3} \cdot J(\text{Cu}_3\text{I}_3)) = 1$ gekennzeichnet ist (Bereich I). Nach der Aufzehrung von Kupfer(II)-oxid wird im Quellenraum Kupfer(I)-oxid aufgelöst. Kurzzeitig erfolgt trotzdem die Abscheidung von weiterem Kupfer(II)-oxid in der Senke (Übergang von Bereich I nach Bereich II), wodurch die Gasphase an Sauerstoff verarmt. Diese Verarmung hat schließlich die Abscheidung von Kupfer(I)-oxid in der Senke zur Folge (Bereich II). Während des Transports von Kupfer(I)-oxid gilt für das Verhältnis der Flüsse $J(\text{O})/J(\text{Cu}) = \frac{1}{2}$ bzw. $(\frac{1}{2} \cdot J(\text{O}_2))/(\frac{1}{3} \cdot J(\text{Cu}_3\text{I}_3)) = \frac{1}{2}$, da nur O_2 und Cu_3I_3 als transportwirksame Spezies auftreten.

Der Übergang von einem zum nächsten Bereich eines nichtstationär verlaufenden Transports gewinnt beim Chemischen Transport von Cobaltmonophosphid mit Iod und der Bildung einer Schmelze von CoI_2 als weiterer Phase im Bodenkörper reale Bedeutung für das Verständnis der Transportvorgänge. Bei hohen Iodeinwaagen und niedrigen Temperaturen liegt flüssiges Cobaltiodid bereits im Quellenbodenkörper neben CoP vor. Sämtliche Betrachtungen zum System CuO/Cu_2O/Iod können übertragen werden. Abbildung 2.5.2.2 zeigt jedoch, dass die Destillationsgeschwindigkeit von CoI_2 sehr stark von der Iodeinwaage abhängt, ein zunächst überraschender Befund, da in der Gasphase nur CoI_2 und Co_2I_4 als Cobalt enthaltende Spezies vorliegen und ein Chemischer Transport von CoI_2 über CoI_3 unter diesen Bedingungen ausgeschlossen werden kann. Die Destillationsgeschwindigkeit von flüssigem Cobaltiodid durchläuft ausgeprägte Maxima in Abhängigkeit von der Iodeinwaage (Kurve 1, Kurve 2) und steigt mit $\bar{T}$ (von 650 nach 800 °C, Kurve 1 bis 3) stark an. Tatsächlich wird im vorderen Bereich von Kurve 1 und Kurve 2 sowie im gesamten Bereich von Kurve 3 zwar die Abscheidung von $CoI_2(l)$ in der Senke beobachtet, das Iodid liegt dabei jedoch nicht als Bodenkörper im Quellenraum vor. CoP wird in der Quelle aufgelöst, CoI_2 in der Senke abgeschieden. Hierdurch erhöht sich langsam der Gehalt der Gasphase an Phosphor $p^*(\text{P})_\text{Quelle}/p^*(\text{Co})_\text{Quelle} > 1$ bis in der Senke die Abscheidung von CoP (statt CoI_2) erfolgt. Für die Wanderungsgeschwindigkeit von CoI_2 von der Quelle zur Senke ist im Wesentlichen die Partialdruckdifferenz $\Delta p(\text{CoI}_2) = p(\text{CoI}_2)_\text{Quelle} - p(\text{CoI}_2)_\text{Senke}$ bestimmend. Der Partialdruck von CoI_2 in der Senke wird durch den Sättigungsdampfdruck über flüssigem Cobaltiodid festgelegt (Gleichung 2.5.2.1). Bei niedrigen Iodeinwaagen und/oder hohen Temperaturen liegt kein CoI_2 in der Quelle vor, $p(\text{CoI}_2)$ wird durch Gleichgewicht 2.5.2.2 bestimmt. Dieses verschiebt sich mit zunehmender Iodeinwaage zu höheren Drücken für $CoI_2(g)$, bis dessen Sättigungsdampfdruck auch im Quellenraum erreicht wird und die Iodidschmelze neben CoP als kondensierte Phase auftritt. Diese Situation ändert sich auch bei einer weiteren Steigerung der Iodeinwaage nicht. Die Destillationsgeschwindigkeit von CoI_2 wird durch den steigenden Gesamtdruck unter diesen Bedingungen jedoch etwas verlangsamt (Schm 1992).

$$CoI_2(l) \rightleftharpoons CoI_2(g) \quad (2.5.2.1)$$

$$CoP(s) + \frac{5}{2} I_2(g) \rightleftharpoons CoI_2(g) + PI_3(g) \quad (2.5.2.2)$$

Zweiphasige Bodenkörper $WO_2/W_{18}O_{49}$ zeigen beim Chemischen Transport mit HgI_2 als Transportmittel in Abhängigkeit von der mittleren Temperatur $\bar{T}$ und der Anwesenheit von Feuchtigkeitsspuren in der Ampulle sehr unterschiedliches

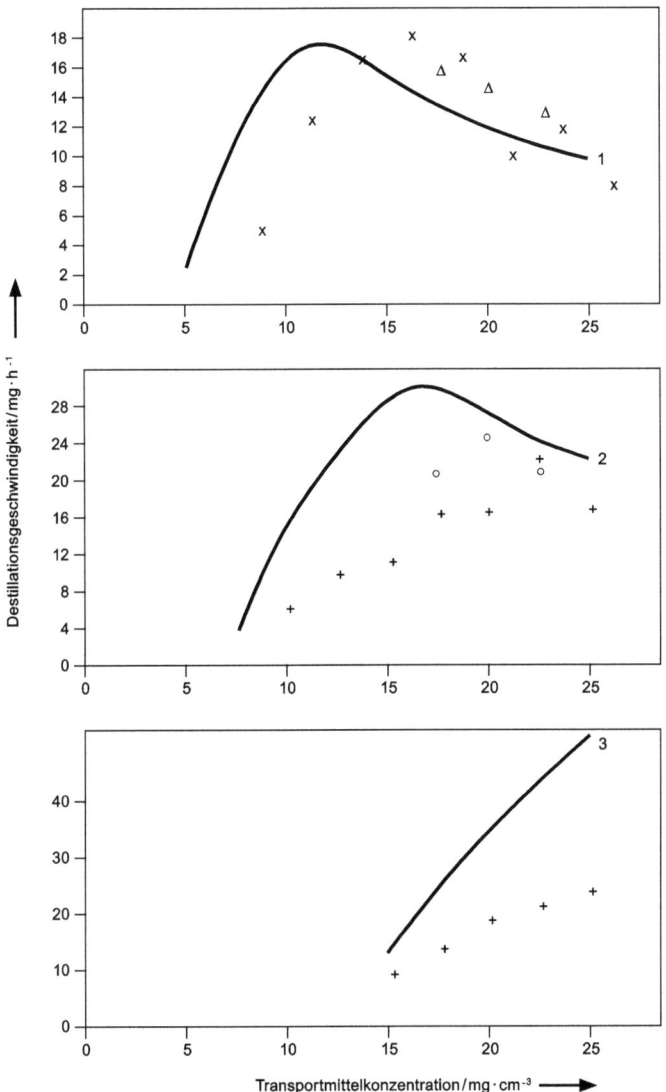

Abbildung 2.5.2.2 Destillationsgeschwindigkeit von CoI_2 in Abhängigkeit von $\overline{T}$ und der Transportmittelkonzentration $c(I_2)$ nach (Schm 1992), experimentelle (Δ, x, +, o) und berechnete ($-$) Werte.
Kurve 1: $\overline{T} = 650\,°C$, Kurve 2: $\overline{T} = 700\,°C$, Kurve 3: $\overline{T} = 800\,°C$.
(Modellrechnungen mit variabler Menge an Iod, 0,1 mmol H_2, $\Delta T = 100\,K$, Ampulle: $V = 20\,cm^3$, $q = 2\,cm^2$, $s = 10$).

Transportverhalten (Scho 1989). Die Experimente mit der Transportwaage (vgl. Abschnitt 14.4) zeigen in Übereinstimmung mit Modellrechnungen, dass WO_2 vor $W_{18}O_{49}$ zur kälteren Ampullenseite wandert. Dabei nimmt die Transportrate für WO_2 mit der Temperatur zu. Bemerkenswert ist die Verzögerung am Trans-

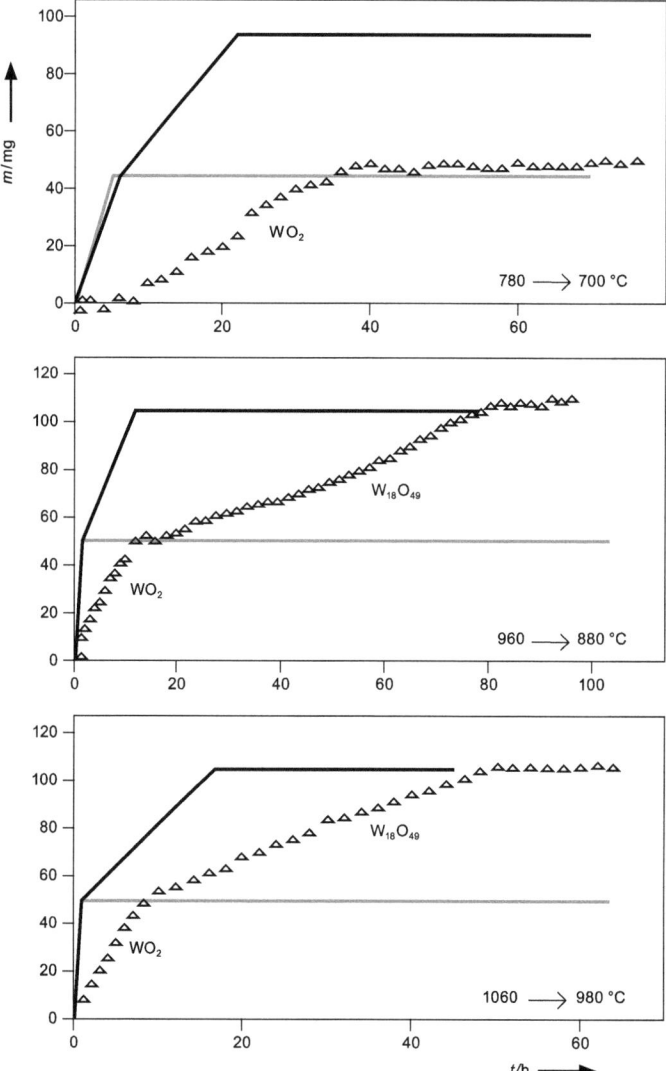

Abbildung 2.5.2.3 Masse/Zeit-Diagramme für den Transport von $WO_2/W_{18}O_{49}$ mit dem Transportmittel HgI_2 in verschiedenen Temperaturgradienten nach (Scho 1989), experimentell beobachteter ($\triangle$) und berechneter Transportverlauf unter Berücksichtigung von Feuchtigkeit (0,005 mmol H_2O (—, schwarz), Modellrechnungen unter Vernachlässigung von Feuchtigkeit (—, grau).

portbeginn von WO_2 bei vergleichsweise niedrigen Temperaturen (780 → 700 °C; Abbildung 2.5.2.3). Gleichgewicht 2.5.2.3 ist transportbestimmend.

$$WO_2(s) + HgI_2(g) \rightleftharpoons WO_2I_2(g) + Hg(g) \qquad (2.5.2.3)$$

Der Vergleich der Experimente mit den Modellrechnungen (Abbildung 2.5.2.3) zeigt, dass Feuchtigkeitsspuren in den Ampullen für den Chemischen Transport

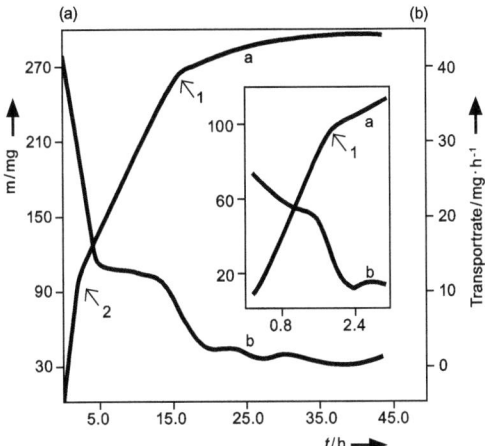

Abbildung 2.5.2.4 Masse/Zeit-Diagramm für den Chemischen Transport von NiSO$_4$ unter Zusatz von PbCl$_2$ nach (Pli 1989). Im vergrößerten Ausschnitt ist der stationäre Zustand für die Abscheidung von PbSO$_4$ (begleitet von geringen Mengen PbCl$_2$) zu Anfang des Experiments (bis an Punkt 1) zu erkennen. Zwischen den Punkten 1 und 2 erfolgt der Transport von NiSO$_4$ zur Senke. Masseänderungen nach Punkt 2 werden durch die Wanderung von NiSO$_4$ und PbCl$_2$ innerhalb des Senkenraums hervorgerufen.

von W$_{18}$O$_{49}$ mit verantwortlich sind. In wasserfreien Systemen unterbleibt der Transport. In Anwesenheit von Wasser, das durch WO$_2$ teilweise zu Wasserstoff reduziert wird, können 2.5.2.4 und 2.5.2.5 in Einklang mit detaillierten Modellrechnungen als Transportgleichgewichte für W$_{18}$O$_{49}$ formuliert werden. Die insbesondere bei niedrigen Temperaturen auftretenden Unterschiede zwischen beobachtetem und berechnetem Transportverlauf für WO$_2$ und W$_{18}$O$_{49}$ werden von den Autoren auf kinetische Hemmungen bei der Abscheidung der Oxide zurückgeführt.

$$W_{18}O_{49}(s) + 5\,HgI_2(g) + 26\,HI(g) \rightleftharpoons 18\,WO_2I_2(g) + 5\,Hg(g) + 13\,H_2O(g) \quad (2.5.2.4)$$

$$W_{18}O_{49}(s) + 18\,HgI_2(g) + 13\,H_2(g) \rightleftharpoons 18\,WO_2I_2(g) + 18\,Hg(g) + 13\,H_2O(g) \quad (2.5.2.5)$$

Ein Beispiel für das Auftreten besonders kompliziert zusammengesetzter Bodenkörper mit sequentieller Phasenfolge in der Senke stellt der Chemische Transport von NiSO$_4$ unter Zusatz von PbCl$_2$ dar (Pli 1989). Während der Gleichgewichtseinstellung von Reaktion 2.5.2.6 entstehen im Quellenraum PbSO$_4$ und NiO neben NiSO$_4$ und PbCl$_2$. Das freigesetzte Chlor wirkt schließlich als Transportmittel gemäß Gleichgewicht 2.5.2.7.

$$2\,NiSO_4(s) + PbCl_2(l) \rightleftharpoons PbSO_4(s) + 2\,NiO(s) + SO_2(g) + Cl_2(g) \quad (2.5.2.6)$$

$$NiSO_4(s) + Cl_2(g) \rightleftharpoons NiCl_2(g) + SO_3(g) + \frac{1}{2}O_2(g) \quad (2.5.2.7)$$

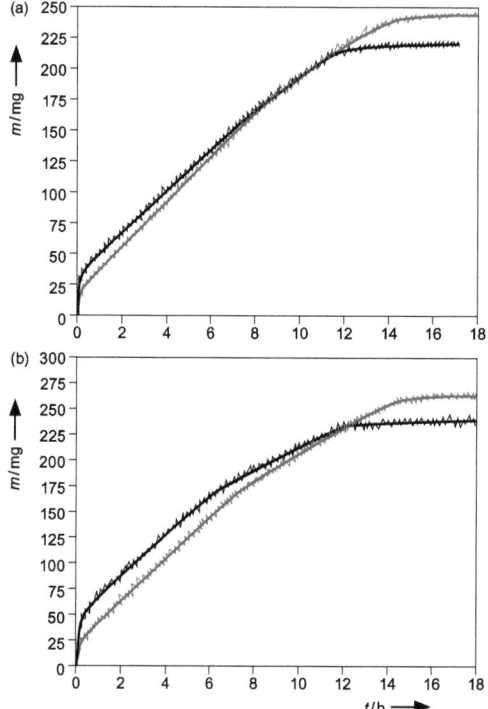

Abbildung 2.5.2.5 Masse/Zeit-Diagramme für den gekoppelten Transport von $Cr_2P_2O_7$ und CrP mit Iod als Transportmittel (1050 → 950 °C) nach (Lit 2003).
a) Stoffmengenverhältnis $n(Cr_2P_2O_7):n(CrP) = 3:10{,}53$ (zwei Experimente),
b) $n(Cr_2P_2O_7):n(CrP) = 3:4{,}40$ (zwei Experimente).

Je nach Versuchsbedingungen werden bei den Transportexperimenten bis zu vier kondensierte Phasen ($NiSO_4$, $PbSO_4$, NiO, $PbCl_2$) beobachtet (vgl. Abschnitt 6.1). Abbildung 2.5.2.4 gibt ein mit der Transportwaage aufgezeichnetes Masse/Zeit-Diagramm für den Chemischen Transport von $NiSO_4$ mit $PbCl_2$ wieder.

Gekoppelter Transport mehrerer kondensierter Phasen Eine Besonderheit beim Chemischen Transport mehrphasiger Bodenkörper sind solche Transportsysteme, bei denen diese Bodenkörper simultan in einem festgelegten Stoffmengenverhältnis zur Senke wandern. Diese Situation tritt immer dann auf, wenn zwei oder mehr kondensierte Phasen über ein einziges Transportgleichgewicht „gekoppelt" transportiert werden können. Als Beispiel betrachten wir den gekoppelten Chemischen Transport von $Cr_2P_2O_7$ und CrP, der über Synproportionierung von P^{5+} und P^{3-} zu P_4O_6 in der Gasphase führt.

$$3\,Cr_2P_2O_7(s) + 8\,CrP(s) + 14\,I_2(g) \rightleftharpoons 14\,CrI_2(g) + \frac{7}{2}P_4O_6(g) \quad (2.5.2.8)$$

Das Verhältnis von Phosphid zu Phosphat in der Transportgleichung wird durch die Synproportionierung zu gasförmigem P_4O_6 bestimmt. Bei Einwaagen von

$Cr_2P_2O_7$ und CrP im Stoffmengenverhältnis 3 : 8 sollten beide Verbindungen in einem stationär verlaufenden Transport zur Senke wandern. Die Masse/Zeit-Diagramme entsprechender Transportexperimente (Abbildung 2.5.2.5a) bestätigen diese Erwartung. Bei einer Einwaage mit dem Stoffmengenverhältnis $n(Cr_2P_2O_7) : n(CrP) = 3 : 4{,}40$ (Überschuß von $Cr_2P_2O_7$ im Vergleich zu Gleichung 2.5.2.8) treten dagegen zwei stationäre Zustände auf. Zunächst wandern $Cr_2P_2O_7$ und CrP im Verhältnis $n(Cr_2P_2O_7) : n(CrP) = 3 : 8$ zur Senke und danach wandert der Überschuss an Diphosphat.

Simultantransport Es ist in besonderen Fällen auch möglich, dass zwei oder mehr Phasen unter denselben Bedingungen in einer Ampulle weitgehend unabhängig voneinander transportiert werden können. Dies setzt voraus, dass beide Bodenkörper unter den gegebenen Bedingungen nicht miteinander reagieren; im Phasendiagramm eines solchen Systems dürfen bei Transportbedingungen weder Mischkristalle noch Verbindungen existieren. Eine weitere Voraussetzung für den unabhängigen Simultantransport zweier Phasen ist, dass beide Bodenkörper in vergleichbarem Umfang mit dem Transportmittel reagieren. Als Beispiel nennt *Emmenegger* das System NiO/SnO_2. Hier werden beide binären Oxide nebeneinander mit Chlor transportiert (Emm 1968).

2.5.3 Kooperatives Transportmodell

Durch die Modellierung soll eine möglichst genaue Wiedergabe der verschiedenen Beobachtungen an einem Transportsystem erreicht werden. Dabei sind Größen, die ausschließlich von den thermodynamischen Eigenschaften der beteiligten kondensierten Phasen und Gasteilchen abhängen, von solchen zu unterscheiden, die durch „nichtthermodynamische" Effekte beeinflusst oder sogar bestimmt werden. Zu den ersteren gehören die Zusammensetzung der Gleichgewichtsbodenkörper und deren Löslichkeit in der Gasphase, zu letzteren die Transportraten. Diese sind über den Diffusionsansatz von *Schäfer* (vgl. Abschnitt 2.6) mit den Partialdruckdifferenzen zwischen Quelle und Senke und folglich auch mit den thermodynamischen Gegebenheiten in einem System verknüpft, werden aber unter Umständen durch kinetische Effekte wie auch durch Stofftransport über Konvektion erheblich beeinflusst. Bei der Modellierung von Transportexperimenten sind thermodynamische Berechnungen der Phasenverhältnisse in Quellen- und Senkenraum von solchen Rechnungen zu unterscheiden, welche, auf thermodynamischen Rechnungen aufbauend, die Geschwindigkeit des Stofftransports zwischen den Gleichgewichtsräumen beschreiben.

Modell kooperierender Gleichgewichtsräume („Kooperatives Transportmodell")
Die Berechnung der Gleichgewichtsbodenkörper und Gasphasen in Quelle und Senke erfolgt im Rahmen des *Modells des kooperativen Transports* (Schw 1983a, Gru 1983) über die Minimierungen der freien Enthalpie nach *Eriksson* (G_{min}-Methode (Eri 1971), vgl. Abschnitt 13.2) in den beiden Gleichgewichtsräumen der Transportampulle. Benötigt werden für die Berechnungen die Randbedingungen eines Experiments (Temperaturen, Ampullenvolumen, Einwaagen) sowie die

thermodynamischen Daten ($\Delta_B H_T^0$, S_T^0, evtl. auch $C_p^0(T)$) für alle zu berücksichtigenden Gasteilchen und kondensierten Phasen. Der Vorteil gegenüber der allgemeiner bekannten Methode zu Berechnung von Gleichgewichtspartialdrücken über die Gleichgewichtskonstante K_p liegt einerseits in der zwanglosen, voraussetzungsfreien Behandelbarkeit von mehrphasigen Bodenkörpern (das Auftreten bestimmter Phasen folgt aus deren thermodynamischen Daten), andererseits in der einfachen Automatisierung des Rechenvorgangs (vgl. Abschnitt 13.2). Das wesentliche konzeptionelle Problem bei der Modellierung von Chemischen Transportexperimenten besteht in der Verknüpfung der Gleichgewichtsberechnungen für den Quellen- und Senkenraum. Die Vorgabe von identischen und einphasigen Gleichgewichtsbodenkörpern in den beiden Gleichgewichtsräumen (kongruenter Transport; vgl. Abschnitt 2.2 und 2.3) erlaubt eine sehr starke Vereinfachung der Berechnungen. Als Nebenbedingung ist nur $\Sigma p_\text{Quelle} = \Sigma p_\text{Senke}$ zu berücksichtigen.

Das kooperative Transportmodell nach *Schweizer* und *Gruehn* (Schw 1983a, Gru 1983) verknüpft die Gleichgewichtsberechnungen von Quellen- und Senkenraum miteinander. Im ersten Teilschritt wird mit den Stoffmengen der Komponenten unter Berücksichtigung aller im System möglichen Verbindungen eine isotherm-isochore (iterative) Gleichgewichtsberechnung für die Quellentemperatur bei gegebenem Ampullenvolumen durchgeführt. Im zweiten Teilschritt wird die so berechnete Gleichgewichtsgasphase in den Senkenraum überführt. Im dritten Teilschritt erfolgt die isotherm-isobare Gleichgewichtsberechnung unter der Randbedingung $\Sigma p_\text{Quelle} = \Sigma p_\text{Senke}$ für die Senkentemperatur. Daraus ergibt sich, ob bzw. welche kondensierten Phasen dort gebildet werden. Als Randbedingung gilt, dass die Stoffmengen der kondensierten *und* gasförmigen Verbindungen der Senke den Stoffmengen der gasförmigen Verbindungen der Quelle entsprechen (vgl. Abschnitt 2.4.2). Diese Vorgehensweise verzichtet auf die explizite Bilanzierung der Flüsse der einzelnen Gasspezies, wie sie mit der Flussbeziehung nach *Krabbes*, *Oppermann* und *Wolf* vorgenommen wird (Kra 1975, Kra 1976a, Kra 1976b, Kra 1983). Damit einher geht auch der Verzicht auf individuelle Diffusionskoeffizienten für die unterschiedlichen Gasspezies. Bei einer Beschränkung der Modellierung auf kondensierte Phasen ohne Homogenitätsgebiet werden mit diesem einfacheren Ansatz jedoch die gleichen Ergebnisse erhalten wie mit der Flussbeziehung (Abschnitt 2.4). Die Vorgehensweise bei der rechnerischen Umsetzung ist in Abbildung 2.5.3.1 schematisch dargestellt.

Zur Modellierung einfacher, stationär verlaufender Transporte wird nur ein Rechenzyklus mit den Teilschritten 1 bis 3 durchlaufen. Durch Vergleich der berechneten Bodenkörper von Quelle und Senke erfolgt die Überprüfung auf Stationarität. Der Fall eines stationären Transports wird angenommen, wenn beide Bodenkörper identisch sind. Beim Auftreten unterschiedlicher Bodenkörper muss nichtstationäres Transportverhalten vorliegen. Das kooperative Transportmodell bietet auf einfache Weise die Möglichkeit, den zeitlich veränderlichen Stofftransport in einer Ampulle zu simulieren. Dazu werden die in einem Rechenzyklus erhaltenen Gleichgewichtsbodenkörper von Quellen- und Senkenseite jeweils dort belassen (Abbildung 2.5.3.1). Für den folgenden Zyklus werden bei der Gleichgewichtsberechnung für den Quellenraum die im vorangegangenen Schritt in der Senke abgeschiedenen Stoffmengen nicht mehr berücksichtigt. Die

2.5 Nichtstationäres Transportverhalten

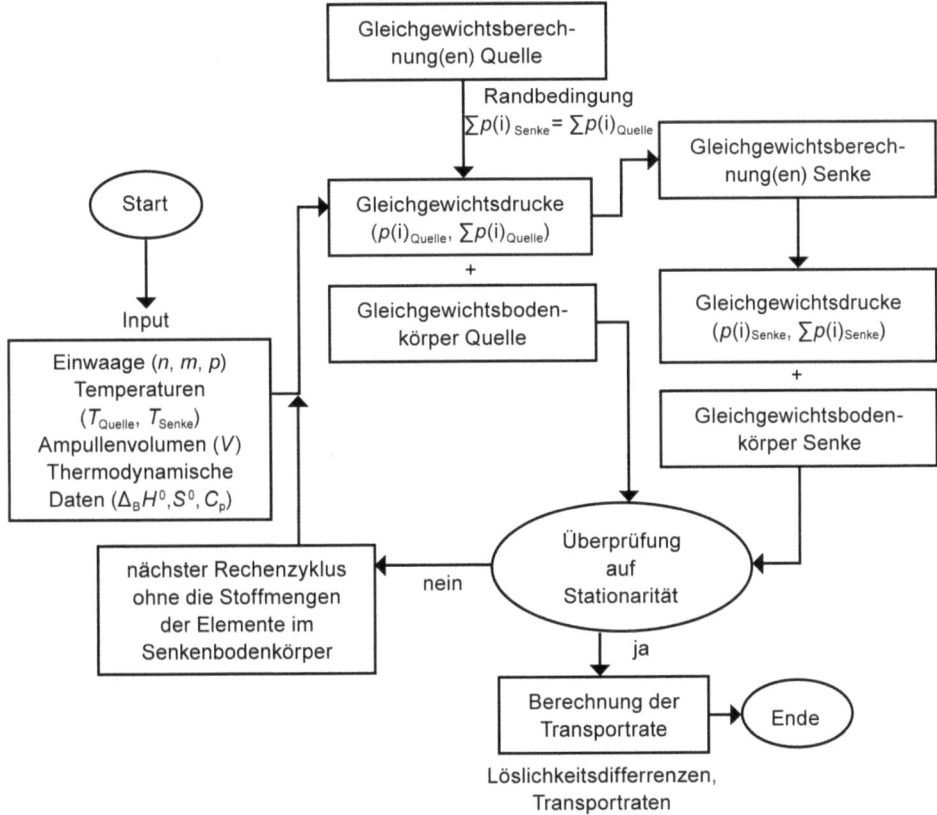

Abbildung 2.5.3.1 Flussdiagramm zum Modell des kooperativen Transports

schrittweise Übertragung des Quellenbodenkörpers zur Senke wird über Wiederholung der Rechenzyklen simuliert. Die Rechnung ist dann beendet, wenn auf der Quellenseite kein Bodenkörper mehr vorhanden ist oder aber sich dessen Zusammensetzung nicht mehr ändert. Hier lässt sich nun das Stationaritätskriterium exakt durch Vergleich der Zusammensetzung der Gasphase in der aktuellen und der vorangegangenen Rechnung überprüfen. Der stationäre Transport einer einzigen kondensierten Phase liegt erst dann vor, wenn sich dessen Stoffmenge auf der Quellenseite verringert und gleichzeitig auf der Senkenseite erhöht hat. Trifft dies für mehrere kondensierte Phasen zu, so handelt es sich um den Simultantransport zweier oder auch mehrerer kondensierter Phasen. Desweiteren kann auch der seltene Fall auftreten, dass die kondensierte Phase, die sich auf der Quellenseite auflöst, auf der Senkenseite nicht auftritt. Die Berechnung der Transportraten kann nach dem Diffusionsansatz von *Schäfer* (vgl. Abschnitt 2.6) erfolgen. Dazu werden die über das kooperative Transportmodell erhaltenen Gasphasenlöslichkeiten verwendet.

2.6 Diffusion, stöchiometrischer Fluss und Transportrate

2.6.1 Stationäre Diffusion

Die hier angestellten Betrachtungen sind auf den einfachsten und zugleich am häufigsten auftretenden Fall beschränkt, die Diffusion entlang der Ampullenlängsachse. Die Form einer idealisierten Ampulle ist in den Abbildung 2.6.1.1 skizziert. Sie besteht aus den zwei Gleichgewichtsräumen 1 und 2 sowie der Diffusionsstrecke zwischen diesen. In erster Näherung kann eine einfache zylindrische Ampulle sowohl in horizontaler wie auch in vertikaler Lage verwendet werden. Wie bereits in Kapitel 1 erläutert, wird der Gleichgewichtsraum, in dem sich der Ausgangsbodenkörper befindet, als Quellenraum, kurz Quelle, der Abscheidungsraum als Senke bezeichnet.

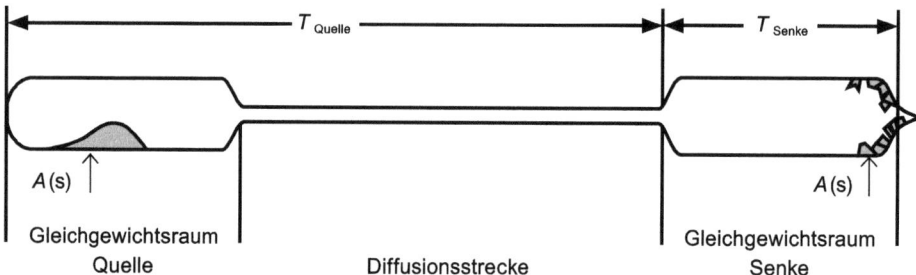

Abbildung 2.6.1.1 Bodenkörpertransport bei Gasbewegung durch Diffusion (die theoretische Behandlung erfolgt anhand dieser Anordnung).

2.6.2 Eindimensionale stationäre Diffusion als geschwindigkeitsbestimmender Schritt

Das nachfolgend beschriebene Modell beruht auf einer Reihe von Annahmen (Sch 1962, Sch 1956):

- ΔT ist klein gegenüber T.
- Entlang der Diffusionsstrecke findet keine homogene Reaktion in der Gasphase statt.
- Das Konzentrations-(Partialdruck-)Gefälle ist linear.
- Der stationäre Zustand stellt sich schnell ein.
- Die mittlere freie Weglänge der Moleküle in der Gasphase ist klein gegenüber den Abmessungen des Gefäßes.

Verläuft eine einfache heterogene Reaktion (2.6.2.1) unter Änderung der Teilchenzahl in der Gasphase ($k \neq j$), dann führt die Voraussetzung eines einheitlichen Gesamtdrucks in der Ampulle zu einem Fluss der gesamten gasförmigen Masse.

2.6 Diffusion, stöchiometrischer Fluss und Transportrate

$$i\,A(s) + k\,B(g) \rightleftharpoons j\,C(g) \tag{2.6.2.1}$$

Dieser stöchiometrische, laminare Fluss ist der Diffusion überlagert. Die Transportrate $\dot{n}$ (mol · sec^{-1}) ebenso wie die transportierte Stoffmenge n wird durch die Gleichungen 2.6.2.2 oder 2.6.2.3 beschrieben. Gleichung 2.6.2.2 beschreibt den Transport über den negativen Konzentrationsgradienten des Transportmittels B. Gleichung 2.6.2.3 drückt denselben Sachverhalt über die transportwirksame Spezies C aus, die zur Abscheidungsseite wandert.

$$\dot{n}(A) = \frac{n(A)}{t} = \frac{i \cdot n(B)}{k \cdot t}$$

$$= -\frac{i}{k} \cdot D \cdot q \cdot \frac{\mathrm{d}c(B)}{\mathrm{d}s} - \frac{i}{k} \cdot q \cdot c(B) \cdot W \tag{2.6.2.2}$$

$$\dot{n}(A) = \frac{n(A)}{t} = \frac{i \cdot n(C)}{j \cdot t}$$

$$= +\frac{i}{j} \cdot D \cdot q \cdot \frac{\mathrm{d}c(C)}{\mathrm{d}s} + \frac{i}{j} \cdot q \cdot c(C) \cdot W \tag{2.6.2.3}$$

i, k, j	stöchiometrische Koeffizienten
$c(B), c(C)$	Konzentrationen
D	Diffusionskoeffizient unter den experimentellen Bedingungen (Σp und T sind konstant)
q	Querschnitt der Diffusionsstrecke
s	Länge der Diffusionsstrecke
t	Zeit
W	Fließgeschwindigkeit der gesamten Gasphase

Der durch Änderung der Teilchenzahl ($k \neq j$) hervorgerufene Fluss kann ebenfalls durch einen Diffusionsansatz ausgedrückt werden, wie die Kombination der Gleichungen 2.6.2.2 und 2.6.2.3 zeigt.

$$W = -\frac{n(B)}{q \cdot t \cdot c(B)} - D \cdot \frac{\mathrm{d}c(B)\mathrm{d}s}{c(B)} = \frac{n(C)}{q \cdot t \cdot c(C)} - D \cdot \frac{\mathrm{d}c(C)\mathrm{d}s}{c(C)} \tag{2.6.2.4}$$

Mit $\dfrac{\mathrm{d}c(B)}{\mathrm{d}s} = -\dfrac{\mathrm{d}c(C)}{\mathrm{d}s}$ folgen schließlich die Gleichungen 2.6.2.5 und 2.6.2.6, in welchen die Ausdrücke in { } den **Flussfaktor F** beschreiben.

$$\dot{n}(A) = -\frac{i}{k} \cdot D \cdot q \cdot \frac{\mathrm{d}c(B)}{\mathrm{d}s} \cdot \left\{ \frac{k(c(B) + c(C))}{j \cdot c(B) + k \cdot c(C)} \right\} \tag{2.6.2.5}$$

$$\dot{n}(A) = \frac{i}{j} \cdot D \cdot q \cdot \frac{\mathrm{d}c(C)}{\mathrm{d}s} \cdot \left\{ \frac{j(c(B) + c(C))}{j \cdot c(B) + k \cdot c(C)} \right\} \tag{2.6.2.6}$$

Die Konzentrationen können über das Allgemeine Gasgesetz in Drücke umgewandelt werden ($p \cdot V = n \cdot R \cdot T$, $p = c \cdot R \cdot T$). Im stationären Zustand und bei kleinen Werten für ΔT kann dp/ds durch $\Delta p/s$ ersetzt werden. Als weitere vereinfachende Annahmen können eine mittlere Temperatur $\bar{T}$ entlang der Diffusionsstrecke und ein mittlerer Druck $\bar{p} = (p_{T_1} + p_{T_2})/2$ eingeführt werden. Damit erhält man die Gleichungen 2.6.2.7 und 2.6.2.8.

$$\dot{n}(A) = -\frac{i}{k} \cdot \frac{D \cdot q}{R \cdot \bar{T}} \cdot \frac{\Delta p(B)}{s} \cdot \left\{ \frac{k(\bar{p}(B) + \bar{p}(C))}{j \cdot \bar{p}(B) + j \cdot \bar{p}(C)} \right\} \qquad (2.6.2.7)$$

$$\dot{n}(A) = \frac{i}{j} \cdot \frac{D \cdot q}{R \cdot \bar{T}} \cdot \frac{\Delta p(C)}{s} \cdot \left\{ \frac{j(\bar{p}(B) + \bar{p}(C))}{j \cdot \bar{p}(B) + k \cdot \bar{p}(C)} \right\} \qquad (2.6.2.8)$$

Die Ausdrücke in geschweiften Klammern in den Gleichungen 2.6.2.7 und 2.6.2.8 werden als *individuelle Flussfaktoren F* bezeichnet. Diese sind durch die stöchiometrischen Koeffizienten der Transportreaktion 2.6.2.1 bestimmt. Die weiteren Terme in den Gleichungen 2.6.2.7 und 2.6.2.8 ergeben sich aus den experimentellen Bedingungen.

Verläuft eine Transportreaktion ohne Änderung der Anzahl der Gasteilchen ($k = j$) nimmt der Flussfaktor den Wert $F = 1$ an. Gilt $k \neq j$, kann man in guter Näherung $F = 1$ setzen, wenn die Gasspezies mit dem niedrigeren Partialdruck für die Berechnung der Diffusion verwendet wird.

Im Falle von $\bar{p}(B) < \bar{p}(C)$ gilt $F \approx 1$ in Gleichung 2.6.2.7

und bei $\bar{p}(B) < \bar{p}(C)$ gilt $F \approx 1$ in Gleichung 2.6.2.8.

Der Unterschied zwischen den beiden Berechnungen, Gleichungen 2.6.2.7 und 2.6.2.8, wird durch das Verhältnis k/j bestimmt. Diese Überlegung zeigt, dass der Einfluss des Flussfaktors vergleichsweise klein ist. Nimmt man $F = 1$ an und verwendet zusätzlich die semiempirisch von *Blanck* ermittelte Temperaturabhängigkeit des Diffusionskoeffizienten (Jel 1928)

$$D = D^0 \cdot \frac{\Sigma p^0}{\Sigma p} \cdot \left(\frac{\bar{T}}{T^0}\right)^{1,75} \qquad (2.6.2.9)$$

mit $\Sigma p^0 = 1$ bar and $T^0 = 273$ K, dann erhält man aus Gleichung 2.6.2.8 die Gleichung 2.6.2.10. Üblicherweise wird der Diffusionskoeffizient in der Einheit $cm^2 \cdot s^{-1}$ angegeben.

$$\dot{n}(A)' = \frac{n(A)}{t'} = \frac{i}{j} \cdot \frac{\Delta p(C)}{\Sigma p} \cdot \frac{D^0 \cdot \bar{T}^{0,75} \cdot q}{273{,}15^{1,75} \cdot s \cdot R} \qquad (2.6.2.10)$$

Gleichung. 2.6.2.11 wird häufig als die Transportgleichung nach *Schäfer* bezeichnet. Sie beschreibt die Transportrate nach Zusammenfassen der Konstanten in der handlicheren Einheit $mol \cdot h^{-1}$.

$$\dot{n}(A) = \frac{n(A)}{t'}$$

$$= \frac{i}{j} \cdot \frac{\Delta p(C)}{\Sigma p} \cdot \frac{D^0 \cdot \bar{T}^{0,75} \cdot q}{s} \cdot 2,4 \cdot 10^{-3} \; (\text{mol} \cdot \text{h}^{-1}) \qquad (2.6.2.11)$$

$\dot{n}(A)$ Stoffmenge des transportierten Bodenkörpers
i, j stöchiometrische Koeffizienten
$\Delta p(C)$ Differenz der Gleichgewichtsdrücke
Σp Gesamtdruck in der Transportampulle /bar
D^0 Diffusionskoeffizient (0,025 cm$^2 \cdot$ s^{-1})
$\bar{T}$ mittlere Temperatur der Diffusionsstrecke /K
q Querschnitt der Diffusionsstrecke /cm^2
t' Versuchsdauer/h
s Länge der Diffusionsstrecke /cm

Unter Annahme von $s = 10$ cm, $q = 2$ cm^2, $t' = 1$ h, $\bar{T} = 1000$ K, $\Sigma p = 1$ bar, $i/j = 1$, $D^0 = 0,025$ cm$^2 \cdot$ sec^{-1} und $\Delta p = 1 \cdot 10^{-3}$ bar ergibt sich $\dot{n}(A) = 2,1 \cdot 10^{-6}$ mol $\cdot$ h^{-1} = $2,1 \cdot 10^{-3}$ mmol $\cdot$ h^{-1}. Bei einer molaren Masse $M(A) = 100$ g $\cdot$ mol^{-1} führt die Betrachtung schließlich zu einer Transportrate von $2,1 \cdot 10^{-1} \approx 0,1$ mg $\cdot$ h^{-1}. Dieser Wert liegt unter den vorstehend beschriebenen Annahmen an der Untergrenze für präparative Anwendungen im Labor. Der Nutzen von Gleichung 2.6.2.11 zur Abschätzung des Transporteffekts hat sich in einer Vielzahl von in der Literatur beschriebenen Experimenten erwiesen. Als Beispiele seien die Systeme NiO/HCl, Fe$_2$O$_3$/HCl und NiFe$_2$O$_4$/HCl genannt (Kle 1969).

Chemische Transportreaktionen können Transportraten aufweisen, die sich um viele Größenordnungen unterscheiden. Die Genauigkeit, mit der die transportierten Mengen berechnet werden können, hängt von verschiedenen Faktoren ab (experimentelle Randbedingungen, Genauigkeit der verwendeten Daten, Kenntnis aller beteiligten Gleichgewichte). Für viele praktische Zwecke ist es gewöhnlich ausreichend, die Größenordnung des Transporteffekts zu berechnen. Abweichungen um einen Faktor von zwei bis drei werden oft gefunden. Aus diesem Grund erscheint die Verwendung genauerer Modelle häufig nicht gerechtfertigt, wie in Abschnitt 2.6.4 noch verdeutlicht wird.

2.6.3 Verwendung von λ zur Berechnung der Transportrate in komplexen, geschlossenen Transportsystemen

Für einfache Systeme kann die Geschwindigkeit des über Diffusion und stöchiometrischen Fluss bestimmten Transports bei Kenntnis von berechnet werden (Abschnitt 2.6.2). Statt der Partialdruckdifferenz Δp kann man für Systeme mit beliebiger Komplexität in guter Näherung das Produkt der dimensionslosen Löslichkeitsdifferenz mit einem Normierungsdruck $\overline{p^*(L)}$ verwenden (Gleichung 2.6.3.1). Dabei muss beachtet werden, dass das Lösungsmittel L genauso festgelegt wird, wie bei der Definition von λ (vgl. Abschnitt 2.4).

$$\Delta p = \lambda_{T_{\text{Quelle}}} \cdot p^*(L)_{T_{\text{Quelle}}} - \lambda_{T_{\text{Senke}}} \cdot p^*(L)_{T_{\text{Senke}}}$$
$$\approx (\lambda_{T_2} - \lambda_{T_1}) \cdot \overline{p^*(L)} \quad (2.6.3.1)$$

Diese Gleichung berücksichtigt bereits den Beitrag des stöchiometrischen Flusses in Systemen, deren Transportreaktion unter Änderung der Anzahl der Gasteilchen verläuft. Die Verwendung des arithmetischen Mittels für $\overline{p^*(L)}$ stellt eine Näherung dar, wie sie in der Praxis angewendet werden kann.

$$\overline{p^*(L)} = 0{,}5 \cdot (p^*(L)_{T_{\text{Quelle}}} + p^*(L)_{T_{\text{Senke}}}) \quad (2.6.3.2)$$

Der Zahlenwert für λ enthält die reversible und irreversible Löslichkeit. Bei der Bildung der Löslichkeitsdifferenzen fallen die irreversiblen Anteile weg (vgl. Abschnitt 2.4).

Um den Zusammenhang zwischen der Gasphasenlöslichkeit λ und der früher von *Schäfer* eingeführten Größe p^*, dem Bilanzdruck, zu erklären, betrachten wir das System Si(s), SiI$_4$(g), SiI$_2$(g), I$_2$(g), I$_1$(g): Die Menge an Silicium, welche durch die Gasphase bei T_{Quelle} aufgenommen und bei der Temperatur der Senke aus dieser wieder abgeschieden wird, hängt in entscheidendem Maße vom Gehalt der Gasphase an SiI$_2$, I$_2$ und I ab. Nur jener Teil an SiI$_2$, welcher nicht durch Reaktion mit I$_2$ und I bei T_{Senke} aufgebraucht wird, disproportioniert gemäß folgender Reaktion:

$$2\,\text{SiI}_2(g) \;\rightleftharpoons\; \text{Si}(s) + \text{SiI}_4(g) \quad (2.6.3.3)$$

Diese Überlegung führt zur Größe p^* in Gleichung 2.6.3.4, welche die *reversibel* in der Gasphase gelöste Menge an Si darstellt.

$$p^*(\text{Si})_{T_{\text{Quelle}}} = 0{,}5 \cdot (p(\text{SiI}_2) - p(\text{I}_2) - 0{,}5\, p(\text{I}))_{T_{\text{Quelle}}} \quad (2.6.3.4)$$

In Übereinstimmung damit gilt Gleichung 2.6.3.5.

$$\Delta p^*(\text{Si}) = p^*(\text{Si})_{T_{\text{Quelle}}} - p^*(\text{Si})_{T_{\text{Senke}}} = \Delta\lambda(\text{Si}) \cdot \overline{p^*(\text{I})}$$
$$= (\lambda(\text{Si})_{T_{\text{Quelle}}} - \lambda(\text{Si})_{T_{\text{Senke}}}) \cdot \overline{p^*(\text{I})} \quad (2.6.3.5)$$

Grundsätzlich erfolgt der Transport von einem Ort höherer zu einem mit niedrigerer Löslichkeit. Die Löslichkeit von Silicium in gasförmigem Iod durchläuft in Abhängigkeit von der Temperatur (und vom Druck) ein Maximum (Abbildung 2.6.3.1). Daraus ergibt sich bei Temperaturen oberhalb des Maximums eine Wanderung von der niedrigeren zur höheren Temperatur ($T_1 \rightarrow T_2$), bei Temperaturen unterhalb des Maximums erfolgt Wanderung von T_2 nach T_1. Man spricht von einer **Transportumkehr**. Bei Temperaturen von Quelle und Senke im Bereich des Löslichkeitsmaximums unterbleibt der Transport. In einer Reihe von Arbeiten, z. B. zu Systemen Metall/Iod wurde vereinfachend der Ausdruck $p^*(M)$ anstatt der Löslichkeit $\lambda = p^*(M)/p^*(X)$ verwendet. Das ist zulässig, wenn $p^*(X)$ groß und annähernd konstant ist. Unter diesen Bedingungen gilt: $\Delta\lambda \approx \Delta p^*(M)$.

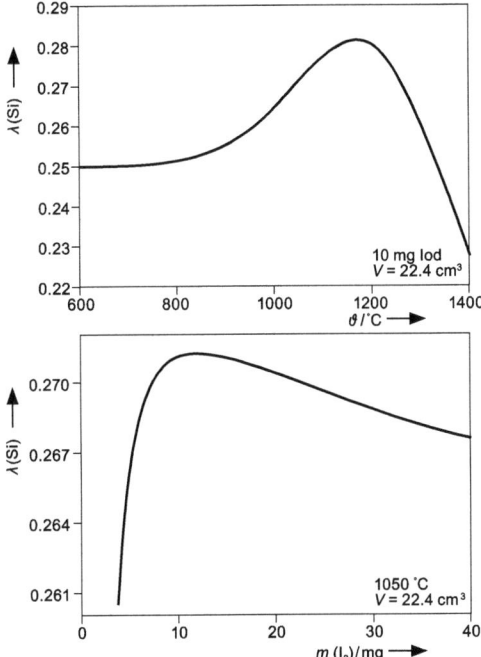

Abbildung 2.6.3.1 Löslichkeit von Silicium in gasförmigem Iod.

2.6.4 Löslichkeit und Wanderungsgeschwindigkeit in offenen, strömenden Systemen

Auflösung und Abscheidung eines Bodenkörpers in einem strömenden System sind in Abbildung 2.6.4.1 schematisch dargestellt.

Abbildung 2.6.4.1 Strömungsrohr.

Der Zusammenhang zwischen Wanderungsgeschwindigkeit und Löslichkeit in offenen Systemen wird anhand der Überführung von Eisen(III)-oxid in die Gasphase durch einen Chlorwasserstoffstrom verdeutlicht. Entsprechend $r_u = 7 - 4 + 1 = 4$ wird der Vorgang bei Berücksichtigung von sieben Gasteilchen durch die vier unabhängige Gleichgewichte 2.6.4.1 bis 2.6.4.4 beschrieben.

$$Fe_2O_3(s) + 6\,HCl(g) \rightleftharpoons Fe_2Cl_6(g) + 3\,H_2O(g) \qquad (2.6.4.1)$$

$$Fe_2Cl_6(g) \rightleftharpoons 2\,FeCl_3(g) \qquad (2.6.4.2)$$

$$2\,FeCl_3(g) \rightleftharpoons 2\,FeCl_2(g) + Cl_2(g) \qquad (2.6.4.3)$$

$$Cl_2(g) \rightleftharpoons 2\,Cl(g) \qquad (2.6.4.4)$$

Für die Löslichkeit von Eisen λ(Fe) ergeben sich die Ausdrücke 2.6.4.5 bzw. 2.6.4.6.

$$\lambda(Fe) = \frac{2 \cdot p(Fe_2Cl_6) + p(FeCl_3) + p(FeCl_2)}{p(HCl) + 6 \cdot p(Fe_2Cl_6) + 3 \cdot p(FeCl_3) + 2 \cdot p(FeCl_2) + 2 \cdot p(Cl_2) + p(Cl)}$$

(2.6.4.5)

$$\lambda(Fe) = \frac{\Sigma(\nu(Fe) \cdot p(Fe))}{\Sigma(\nu(Cl) \cdot p(Cl))} = \frac{p^*(Fe)}{p^*(Cl)} = \frac{n^*(Fe)}{n^*(Cl)} \quad (2.6.4.6)$$

Bei einer Strömungsgeschwindigkeit $f = n^*(Cl)/t$ ergibt sich die Transportrate gemäß folgender Gleichung:

$$\dot{n} = [\lambda(Fe)_T - \lambda(Fe)_T] \cdot f = \frac{[\lambda(Fe)_T - \lambda(Fe)_T] \cdot n^*(Cl)}{t} \quad (2.6.4.7)$$

Dabei ist es unerheblich, welche Atomsorte für A bzw. L gewählt wird, solange die Berechnungen einheitlich durchgeführt werden, wie die Gleichungen 2.6.4.8 und 2.6.4.9 für das vorstehend behandelte System Fe_2O_3/HCl zeigen.

$$\lambda'(Fe) = \frac{2 \cdot p(Fe_2Cl_6) + p(FeCl_3) + p(FeCl_2)}{p(HCl) + 2 \cdot p(H_2O)} = \frac{\Sigma(\nu(Fe) \cdot p(Fe))}{\Sigma(\nu(H) \cdot p(H))} = \frac{n^*(Fe)}{n^*(H)}$$

$$\lambda(Fe) \neq \lambda'(Fe) \quad (2.6.4.8)$$

In diesem Fall wird die Strömungsgeschwindigkeit durch $f' = n^*(H)/t$ ausgedrückt. Für die Transportrate $\dot{n}$ ergibt sich $\dot{n} = (\lambda'(Fe)_{T_2} - \lambda'(Fe)_{T_1}) \cdot n^*(H)/t$. Eine dritte Möglichkeit der Berechnung ist mit Gleichung 2.6.4.9 gegeben.

$$\lambda(O) = \frac{p(H_2O)}{p(HCl) + 2 \cdot p(H_2O)} = \frac{\Sigma(\nu(O) \cdot p(O))}{\Sigma(\nu(H) \cdot p(H))} = \frac{n^*(O)}{n^*(H)} \quad (2.6.4.9)$$

Entsprechend folgt mit der Strömungsgeschwindigkeit $f' = n^*(H)/t$ für die Transportrate folgende Beziehung:

$$\dot{n} = \frac{(\lambda(O)_{T_2} - \lambda(O)_{T_1}) \cdot n^*(H)}{t} \quad (2.6.4.10)$$

2.6.5 Exemplarische Berechnung der Transportrate für das System Nickel/Kohlenstoffmonoxid

Die Auswirkungen des stöchiometrischen Flusses bei einer Transportampulle in vertikaler Lage (T_2 oben) kann mittels Berechnung für die folgende Reaktion veranschaulicht werden (Sch 1982):

$$Ni(s) + 4\,CO(g) \rightleftharpoons Ni(CO)_4(g) \quad (2.6.5.1)$$

2.6 Diffusion, stöchiometrischer Fluss und Transportrate

In diesem Beispiel treten zum einen extrem unterschiedliche Werte für k und j auf (vgl. Gleichung 2.6.2.1), zum anderen weist die Gasphase große Unterschiede in der Zusammensetzung bei T_1 und T_2 auf. Folgende thermodynamische Daten werden verwendet (Sch 1982):

$$\Delta_R H^0_{298} = -146{,}4 \text{ kJ} \cdot \text{mol}^{-1}, \Delta_R S^0_{298} = -418{,}4 \text{ J} \cdot \text{mol}^{-1} \cdot \text{K}^{-1},$$

$$\Delta_R C^0_p = -34{,}14 + 97{,}53 \cdot 10^{-3} T + 7{,}43 \cdot 10^5 T^{-2}.$$

Das Vorzeichen von $\Delta_R H^0_{298}$ zeigt, dass der Transport in die heißere Zone erfolgt. (T_1 = 355 K, T_2 = 453 K, Σp = 0,85 bar, $p(\text{Ni}(\text{CO})_4)_{T_1}$ = 1,43 · 10^{-1} bar, $p(\text{CO})_{T_1}$ = 7,08 · 10^{-1} bar, $p(\text{Ni}(\text{CO})_4)_{T_2}$ = 6,06 · 10^{-6} bar, $p(\text{CO})_{T_2}$ = 8,52 · 10^{-1} bar)

Wie die Gleichgewichtsdrücke zeigen, existiert keine Gasspezies deren Partialdruck bei den beiden Temperaturen T_1 und T_2 hinreichend niedrig wäre, um eine näherungsweise Berechnung, wie sie in Abschnitt 2.6.2 beschrieben ist, zu gestatten. Unter Vernachlässigung des stöchiometrischen Flusses, also bei Verwendung des Strömungsfaktors F = 1, und unter Berücksichtigung von $-\Delta p(\text{CO}) = \Delta p(\text{Ni}(\text{CO})_4) = 1{,}43 \cdot 10^{-1}$ bar sowie von $k = D \cdot q / R \cdot \bar{T} \cdot s$ (mol · s^{-1} · bar^{-1}) als Konstante erhält man für Gleichung 2.6.2.7 die untere Grenze des Transporteffekts.

$$\dot{n}(\text{Ni}) = -\frac{1}{4} \cdot (-1{,}43 \cdot 10^{-1}) \cdot k = 0{,}36 \cdot 10^{-1} \cdot k \quad (2.6.5.2)$$

Für Gleichung 2.6.2.8 folgt als obere Grenze des Transporteffekts:

$$\dot{n}(\text{Ni}) = \frac{1}{1} \cdot 1{,}43 \cdot 10^{-1} \cdot k \quad (2.6.5.3)$$

Die zwei unterschiedlichen Ergebnisse zeigen die Auswirkung des stöchiometrischen Flusses bei der Reaktion 2.6.5.1. Diese ist wegen der drastischen Abnahme der Anzahl gasförmiger Teilchen in diesem Beispiel ungewöhnlich hoch. In diesem Fall wirkt der stöchiometrische Fluss der Wanderung von Tetracarbonylnickel entgegen und führt zu einer Verringerung der Transportrate.

Die Vernachlässigung des stöchiometrischen Flusses führt zu zwei Konsequenzen. Die Berechnung der Transportrate für Nickel über $\Delta p(\text{CO})$ ergibt den unteren, die Verwendung von $\Delta p(\text{Ni}(\text{CO})_4)$ den oberen Grenzwert. Alle Ansätze, welche zur Berechnung der Transportrate von Nickel den stöchiometrischen Fluss berücksichtigen, müssen Ergebnisse innerhalb dieser Grenzen liefern. Über den vorstehend erläuterten Effekt wird auch für den Transport von InAs mit I_2 berichtet (Nic 1972).

Die Einführung des stöchiometrischen Flussfaktors F in die Behandlung des Chemischen Transports von Nickel (Sch 1982) liefert die folgenden Ergebnisse.

$$\overline{p(B)} = \overline{p(\text{CO})} = 0{,}5 \cdot (p(\text{CO})_T + p(\text{CO})_{T_2})$$
$$= 7{,}80 \cdot 10^{-1} \text{ bar} \quad (2.6.5.4)$$

$$\bar{p}(C) = \bar{p}(Ni(CO)_4) = 0{,}5 \cdot (p(Ni(CO)_4)_{T_1} + p(Ni(CO)_4)_{T_2})$$
$$= 7{,}17 \cdot 10^{-2} \text{ bar} \tag{2.6.5.5}$$

Wir erhalten damit für Gleichung 2.6.2.7 folgendes Ergebnis:

$$\dot{n}(Ni) = -\frac{1}{4} \cdot (-1{,}43 \cdot 10^{-1}) \cdot 3{,}19 \cdot k = 1{,}44 \cdot 10^{-1} \cdot k \tag{2.6.5.6}$$

Für Gleichung 2.6.2.8 ergibt sich der folgende Ausdruck:

$$\dot{n}(Ni) = \frac{1}{1} \cdot 1{,}43 \cdot 10^{-1} \cdot 7{,}98 \cdot 10^{-1} \cdot k = 1{,}14 \cdot 10^{-1} \cdot k \tag{2.6.5.7}$$

Nach den Ausführungen in Abschnitt 2.3 können wir die Gasphasenlöslichkeiten λ einführen. Diese haben den Vorteil, sowohl für Systeme zu gelten, die mit nur einer Reaktion zu beschreiben sind, wie auch für solche, bei denen mehrere Reaktionen am Transportgeschehen beteiligt sind.

$$\lambda(Ni) = \frac{p(Ni(CO)_4)}{p(CO) + 4 \cdot p(Ni(CO)_4)} = \frac{p^*(Ni)}{p^*(CO)} \tag{2.6.5.8}$$

Wir verwenden die Werte aus (Sch 1982): $\lambda(Ni)_{T_1} = 1{,}12 \cdot 10^{-1}$, $p^*(CO)_{T_1} = 1{,}28$ bar, $\lambda(Ni)_{T_2} = 7{,}11 \cdot 10^{-6}$, $p^*(CO)_{T_2} = 8{,}52 \cdot 10^{-1}$ bar. Mit diesem Ansatz (Gleichung 2.6.5.4) erhalten wir Gleichung 2.6.5.9.

$$0{,}5 \cdot (p^*(CO)_{T_1} + p^*(CO)_{T_2}) = \overline{p^*}(CO) \tag{2.6.5.9}$$

Gleichung 2.6.5.9 erlaubt es, den CO-Gehalt an jedem Ort der Ampulle zur mittleren Lösungsmittelmenge an CO (ausgedrückt als $p(CO)$) in Beziehung zu setzen. Gemäß Gleichung 2.6.3.1 erhalten wir folgenden Wert:

$$\Delta p^*(Ni) = \Delta\lambda(Ni) \cdot (0{,}5 \cdot (p^*(CO)_{T_1} + p^*(CO)_{T_2}))$$
$$= 1{,}19 \cdot 10^{-1} \text{ bar} \tag{2.6.5.10}$$

Das Zusammenfassen aller Konstanten in den Gleichungen 2.6.2.9 und 2.6.2.10 führt zu folgender Beziehung:

$$k = D^0 \left(\frac{\bar{T}}{T^0}\right)^{1{,}75} \cdot \frac{p^0}{\Sigma p} \cdot \frac{q}{s \cdot R \cdot \bar{T}}$$

$$= 0{,}06 \left(\frac{354 \text{ K}}{273{,}15 \text{ K}}\right)^{1{,}75} \cdot$$

$$\frac{1 \text{ bar}}{0{,}8517 \text{ bar}} \cdot \frac{2{,}43 \text{ cm}^2}{15 \text{ cm} \cdot 83{,}1415 \text{ cm}^3 \cdot \text{bar} \cdot \text{K}^{-1} \cdot \text{mol}^{-1} \cdot 354 \text{ K}} \cdot 3600 \text{ s} \cdot \text{h}^{-1}$$

$$= 2{,}23 \cdot 10^{-3} \text{ mol} \cdot \text{h}^{-1} \cdot \text{bar}^{-1} \tag{2.6.5.11}$$

Damit kann die Transportrate für Nickel folgendermaßen beschrieben werden:

$$\dot{n}(Ni) = \Delta p^*(Ni) \cdot k' = 1{,}1926 \cdot 10^{-1} \cdot k' \text{ mol} \cdot \text{h}^{-1} \tag{2.6.5.12}$$

Tabelle 2.6.5.1 Nach verschiedenen Modellen berechnete Transportraten für den Chemischen Transport von Nickel mit Kohlenstoffmonoxid.

Modell [a]	$\dot{m}$ (Ni)/mg · h^{-1}
unterer Erwartungswert, gemäß Gl. 2.6.2.7 mit $F = 1$	4,7
Berechnung nach Gl. 2.6.2.7 bzw. 2.6.2.8 mit individuellen Flußfaktoren F	15,0
Arizumi und *Nishinaga* (Ari 1965)	15,0
Richardson (Ric 1977, Ric 1978)	15,0
Faktor und *Garrett* (Fak 1974)	13,3
Berechnung unter Verwendung von λ(Ni) (Gleichung 2.6.5.8)	15,6
oberer Erwartungswert, gemäß Gleichung 2.6.2.8 mit $F = 1$	18,8

[a] Berechnungen mit $D_0 = 0{,}06$ cm^2 · sec^{-1}; Innendurchmesser des Diffusionsrohrs $d_i = 1{,}8$ cm, Diffusionsstrecke $s = 15$ cm; $\bar{T}$ (entlang der Diffusionsstrecke) = 354 K; $t = 3600$ sec; $\bar{p}$(CO) = $7{,}800 \cdot 10^{-1}$ bar; $\bar{p}$(Ni(CO)$_4$) = $7{,}166 \cdot 10^{-2}$ bar.

Der so berechnete Wert ist nahe an dem früher berechneten und liegt auch innerhalb der im vorangegangenen Abschnitt 2.6.2 abgeleiteten Grenzen. Experimente zum Chemischen Transport von Ni mit CO und Berechnungen der Transportrate unter Verwendung verschiedener Ansätze aus der Literatur (Sch 1982) sind in Tabelle 2.6.5.1 zusammengestellt. Die verschiedenen Werte liegen im Rahmen der Ergebnisse aus den Gleichungen 2.6.2.7 und 2.6.2.8.

Weitere Berechnungen unter Verwendung der Löslichkeit λ wurden von *Gruehn* und Mitarbeitern angestellt (Schm 1981). Für Transportexperimente unter den Bedingungen der Mikrogravitation führen die Berechnungen für Diffusion wie auch für Diffusion plus stöchiometrische Strömung unter Verwendung von Modellen, wie sie von *Schäfer* (Sch 1956, Sch 1962), *Lever* (Lev 1962), *Mandel* (Man 1962) und *Faktor* (Fak 1971) vorgeschlagen wurden, zu nahezu den gleichen Resultaten (vgl. auch *Wiedemeier* (Wie 1976)).

> Zum Abschluss dieses Abschnitts sei nochmals daran erinnert, dass alle hier wie auch von anderen gegebenen Ableitungen Vereinfachungen beinhalten. Dazu gehören folgende Annahmen:
>
> - Der Partialdruckgradienten ändert sich linear mit der Länge der Diffusionsstrecke.
> - Homogene Gasphasenreaktionen laufen im Bereich der Diffusionsstrecke nicht ab.
> - Die Temperatur der Diffusionsstrecke ist gleich dem Mittelwert der Temperaturen von Quelle und Senke.
> - Kinetische Effekte treten nicht auf, insbesondere keine Übersättigung während des Keimbildungsprozesses.
> - Alle Gasspezies haben denselben Diffusionskoeffizienten.

Unter diesen Umständen sind alle Bemühungen zur Berechnung noch präziserer Zahlenwerte für die Transportrate bedeutungslos. Diese Feststellung ist besonders deshalb zutreffend, weil der Einfluss der verwendeten Näherungen klein ist, im Vergleich zu den Ungenauigkeiten, die aus fehlerhaften thermodynamischen Daten resultieren.

2.7 Diffusionskoeffizienten

2.7.1 D^0 in binären Systemen

Allgemeine Anmerkungen D_0 ist für $T^0 = 273$ K und $\Sigma p^0 = 1$ bar standardisiert. Wechselwirkungen zwischen den einzelnen Bestandteilen der Gasphase werden vernachlässigt. Nach *Chapman* und *Cowling* (Cha 1953) gilt in erster Näherung Gleichung 2.7.1.1 für starre, elastische Kugeln.

$$D^0(i,j) = \frac{3}{8 \cdot n(\sigma(i,j))^2} \cdot \sqrt{\frac{k_B \cdot T^0 (m(i) + m(j))}{2 \cdot \pi \cdot m(i) \cdot m(j)}} \qquad (2.7.1.1)$$

n \qquad Anzahl der Moleküle pro cm³
(bei 1 bar und 273 K ist $n = 2{,}6874 \cdot 10^{19}$ cm^{-3}).
k_B \qquad Boltzmankonstante (= $1{,}38032 \cdot 10^{-23}$ J · K^{-1})
$m(i), m(j)$ \qquad Molekülmassen
$\sigma(i,j)$ \qquad arithmetische Mittelwerte der Durchmesser der starren, elastischen Kugeln, welche die Moleküle repräsentieren (= $0{,}5 \cdot [\sigma(i) + \sigma(j)]$).

Mit der molaren Masse M erhält man Gleichung 2.7.1.2.

$$\begin{aligned}D^0(i,j) &= \frac{3}{8 \cdot n} \sqrt{\frac{k_B T^0}{2 \cdot \pi}} \cdot \frac{1}{j(\sigma(i,j))^2} \cdot \sqrt{\frac{(M(i) + M(j)) \cdot N_A}{M(i) \cdot M(j)}} \\ &= 1{,}08 \cdot 10^{-27} \cdot \frac{1}{(\sigma(i,j))^2} \cdot \sqrt{\left(\frac{1}{M(i)} + \frac{1}{M(j)}\right) \cdot N_A} \qquad (2.7.1.2)\end{aligned}$$

N_A ist die Avogadrokonstante. Der Wert von σ ist vergleichsweise unsicher. Werte für σ welche eine hinreichend genaue Berechnung von D^0 gestatten, sind in Tabelle 2.7.1.1 zusammengestellt.

Hastie (Has 1975) schlägt für die Berechnung von σ die empirische Näherung 2.7.1.3 vor.

$$\sigma = 0{,}841(V_c)^{\frac{1}{3}} = 1{,}166(V_b)^{\frac{1}{3}} = 1{,}221(V_m)^{\frac{1}{3}} \qquad (2.7.1.3)$$

Darin ist V_c das molare Volumen am kritischen Punkt, V_b und V_m sind die molaren Volumina der Flüssigkeit bei der Siedetemperatur bzw. das molare Volumen des Feststoffs bei der Schmelztemperatur. Die Tabellen 2.7.1.2 bis 2.7.1.5 geben eine Zusammenstellung von experimentell bestimmten Werten für D^0.

2.7 Diffusionskoeffizienten

Tabelle 2.7.1.1 Aus den Stoßquerschnitten abgeleitet Durchmesser σ bestimmt aus den Autodiffusionskoeffizienten bei $T = 273$ K (Lan 1950).

Gas	He	Ne	Ar	Kr	Xe	Na	Cd
$\sigma/10^{-8}$ cm	2,5	(2,83)	(3,30)	(4,24)	(5,41)	3,7	3,0

Gas	Hg	H_2	O_2	Br_2	I_2	N_2	H_2O
$\sigma/10^{-8}$ cm	4,4	(2,91)	3,6	4,6	6,5	(3,57)	3,9

Gas	HCl	HBr	NH_3	N_2O	CO_2	CO	HCN
$\sigma/10^{-8}$ cm	(4,46)	(4,59)	3,9	4,5	(4,5)	3,7	4,1

Gas	$COCl_2$	UF_6	CH_4	CCl_4			
$\sigma/10^{-8}$ cm	4,8	(7,11)	(4,12)	6,7			

Tabelle 2.7.1.2 Diffusionskoeffizienten D^0 für $\Sigma p = 1$ bar und $T = 273$ K. Experimentelle Bestimmung für Gaspaare $A + B$ mit $A = H_2$ (Lan 1969, Ful 1966).

Gas B	NH_3	H_2O	N_2	O_2	HCl	CO	CH_4
$D^0/$cm$^2\cdot$sec^{-1}	0,75	0,75	0,70	0,70	0,70	0,65	0,63

Gas B	CO_2	N_2O	Hg	Br_2	SO_2	CS_2	SF_6
$D^0/$cm$^2\cdot$sec^{-1}	0,54	0,54	0,53	0,52	0,48	0,37	0,36

Gas B	CCl_4						
$D^0/$cm$^2\cdot$sec^{-1}	0,30						

Tabelle 2.7.1.3 Diffusionskoeffizienten D^0 für $\Sigma p = 1$ bar und $T = 273$ K. Experimentelle Bestimmung für Gaspaare $A + B$ mit $A = N_2$ (Die Zahlenwerte sind übertragbar auf die Diffusion in O_2 und Luft) (Lan 1969, Ful 1966).

Gas B	NH_3	H_2O	NO	CH_4	CO	$COCl_2$
$D^0/$cm$^2\cdot$sec^{-1}	0,22	0,20	0,20	0,20	0,19	0,17

Gas B	O_2	Cd	CO_2	Hg	SO_2	Cl_2
$D^0/$cm$^2\cdot$sec^{-1}	0,17	0,17	0,14	0,11	0,11	0,11

Gas B	CS_2	Br_2	SF_6	I_2	CCl_4	UF_6
$D^0/$cm$^2\cdot$sec^{-1}	0,09	0,09	0,09	0,07	0,06	0,06

Tabelle 2.7.1.4 Diffusionskoeffizienten D^0 für $\Sigma p = 1$ bar und $T = 273$ K. Experimentelle Bestimmung für Gaspaare $A + B$ mit $A = CO_2$ (Lan 1969, Ful 1966).

Gas B	CH_4	H_2O	CO	N_2	I_2	Br_2	SO_2
$D^0/$cm$^2\cdot$sec^{-1}	0,15	0,13	0,13	0,1	0,10	0,09	0,07

Gas B	CS_2	SF_6	$(C_2H_5)_2O$				
$D^0/$cm$^2\cdot$sec^{-1}	0,063	0,06	0,05				

Tabelle 2.7.1.5 Diffusionskoeffizienten D^0 für $\Sigma p = 1$ bar und $T = 273$ K. Experimentelle Bestimmung für Gaspaare $A + B$ (Lan 1969, Ful 1966).

Gas A	H_2O	CO	NH_3	CO	H_2O	NH_3	CO
Gas B	CH_4	NH_3	CO	CH_4	SO_2	SF_6	SF_6
$D^0/cm^2 \cdot sec^{-1}$	0,24	0,24	0,21	0,19	0,11	0,09	0,08

Empirische Formeln zur Ermittlung von D^0 *Andrussow* (And 1950) empfiehlt zur Berechnung von D^0 die folgende Gleichung 2.7.1.4.

$$D^0 = \frac{17{,}2 \cdot \left[1 + \sqrt{M(i) + M(j)}\right]}{\left[(V(i))^{\frac{1}{3}} + (V(j))^{\frac{1}{3}}\right]^2 \cdot \sqrt{M(i) \cdot M(j)}} \qquad (2.7.1.4)$$

Die Gleichung gilt nur für wasserstofffreie Systeme. Die molaren Volumina $V(i)$ können, wenn auch mit eingeschränkter Genauigkeit, über die Volumeninkremente nach *Biltz* (Bil 1934) berechnet werden.

Eine kritische Sammlung von Werten für D^0 und eine optimierte empirische Formel zu deren Berechnung, die auf einer großen Zahl experimenteller Daten beruht, gibt *Fuller* (Ful 1966).

Tabelle 2.7.1.6 Repräsentative Volumeninkremente ($cm^3 \cdot mol^{-1}$) nach *Fuller, Schettler* und *Giddings* (Ful 1966) (Werte in Klammern sind unsicher).

C	16,5	Cl	(19,5)	O_2	16,6	N_2O	35,9
Cl_2	(37,7)	H	1,98	S	(17,0)	Ar	16,1
NH_3	14,9	Br_2	(67,2)	O	5,48	H_2	7,07
CO	18,9	H_2O	12,7	SO_2	(41,1)	N	(5,69)
N_2	17,9	CO_2	26,9	SF_6	(69,7)		

$$D(i,j) = \frac{1{,}00 \cdot 10^{-3} \cdot T^{1{,}75}}{p \cdot \left((\Sigma V(i))^{\frac{1}{3}} + (\Sigma V(j))^{\frac{1}{3}}\right)^2} \cdot \sqrt{\frac{1}{M(i)} + \frac{1}{M(j)}} \qquad (2.7.1.5)$$

$$D^0 = \frac{18{,}34}{\left((\Sigma V(i))^{\frac{1}{3}} + (\Sigma V(j))^{\frac{1}{3}}\right)^2} \cdot \sqrt{\frac{1}{M(i)} + \frac{1}{M(j)}} \qquad (2.7.1.6)$$

Der Einfluß von Σp und T auf den Diffusionskoeffizienten In der Literatur wird Gleichung 2.7.1.7 zur Beschreibung der Temperaturabhängigkeit von D angegeben (Jel 1928).

$$D = D^0 \cdot \frac{1}{\Sigma p} \cdot \left(\frac{T}{273{,}15}\right)^n \tag{2.7.1.7}$$

Theoretische Betrachtungen führen für den Exponenten n zu Werten zwischen 1,5 und 2. Experimentell bestimmte Werte für n liegen für viele Substanzen zwischen 1,66 und 2,0 (Mül 1968). Wir verwenden im Allgemeinen $n = 1{,}75$. Die Streuung der Werte für n führen bei 1000 K zu Unsicherheiten von etwa 30 %.

Die Brauchbarkeit der Abschätzungen wurde durch Transportexperimente in den Systemen $NbCl_4/NbCl_5$ und $ZrCl_4/NbCl_5$ gezeigt. Dabei wurde der Diffusionskoeffizient für $NbCl_4$ und daraus folgend die molare Masse von $NbCl_4$ bestimmt (Wes 1975). Allerdings sollte bei derartigen Experimenten berücksichtigt werden, dass die Ergebnisse sehr stark von den Dampfdrücken von $NbCl_4$ und $ZrCl_4$ abhängen, auf denen die Berechnungen beruhen.

2.7.2 D^0 in komplexen Systemen

Die im vorangegangenen Abschnitt behandelten Systeme enthalten die Substanzen $A(s)$, $B(g)$ und $C(g)$. Entsprechend der Phasenregel entfallen auf jeden Gleichgewichtsraum 2 Freiheitsgrade. Diese werden durch die Wahl des Ampulleninhalts und die Reaktionstemperatur festgelegt. Unter diesen Bedingungen sind alle Gleichgewichtsdrücke vollständig bestimmt, weil der Chemische Transport zwischen Gleichgewichtsräumen erfolgen soll.

Liegen mehr als zwei Gasteilchen vor, wie das bei einem Transport gemäß Gleichung 2.7.2.1 gegeben ist, werden die ersten beiden der drei verfügbaren Freiheitsgrade durch die Wahl des Ampulleninhalts und der Temperatur festgelegt. Die stöchiometrische Beziehung zwischen den Partialdrücken von C und D, wird durch die unterschiedlichen Diffusionskoeffizienten von C und D gestört. **Als Folge wird ein stationärer Zustand eingestellt, der von der Diffusion abhängt.** Diese Beziehungen werden jetzt ausführlicher erörtert.

$$i\,A(s) + j\,B(g) \;\rightleftharpoons\; k\,C(g) + l\,D(g) \tag{2.7.2.1}$$

Wenn ein Reaktionsrohr mit dem Feststoff A und einer bekannten Menge an $B(g)$ gefüllt ist, können die Gleichgewichtsdrücke für die Reaktion zwischen A und B für die Teilräume bei T_1 und T_2 berechnet werden. Dabei gilt die Randbedingung, dass der Gesamtdruck in beiden Teilräumen den gleichen Wert annimmt. Wird die hypothetische Trennwand zwischen den beiden Teilräumen entfernt, beginnt der Transport. Mit der Berechnung unter Annahme einer hypothetischen Wand zwischen den Halbräumen hat man stillschweigend nicht nur die Gleichgewichtseinstellung zwischen der Gasphase und dem Bodenkörper angenommen, sondern auch eine stöchiometrische Beziehung zwischen den gasförmigen Reaktionsprodukten (Gleichung 2.7.2.2).

$$p(C) : p(D) = k : l \tag{2.7.2.2}$$

Diese Beziehung kann durch Diffusion gestört werden, ohne notwendigerweise die grundlegende Annahme einer Gleichgewichtseinstellung zwischen Bodenkörper und Gasphase infrage zu stellen. In einer entsprechenden Ampulle stellt sich ein stationärer Zustand ein, der durch die Bedingung beschrieben wird, dass in einer heterogenen Reaktion so viel einer bestimmten Substanz in die Gasphase überführt wird, wie über Diffusion zu- oder abgeführt wird. Der berechnete Transport von A ist unabhängig davon, ob $\Delta p(B)$, $\Delta p(C)$ oder $\Delta p(D)$ zur Berechnung verwendet werden (vgl. Abschnitt 2.6). Demzufolge muss Gleichung 2.7.2.3 gelten.

$$D(B) \cdot \frac{1}{j} \cdot \Delta p(B) = D(C) \cdot \frac{1}{k} \cdot \Delta p(C) = D(D) \cdot \frac{1}{l} \cdot \Delta p(D) \qquad (2.7.2.3)$$

$D(B)$, $D(C)$ und $D(D)$ sind die Diffusionskoeffizienten der Gase B, C, und D in der Gasmischung. Die Gleichung zeigt, dass die Anwesenheit eines Moleküls $X(g)$ mit einem hohen Zahlenwert von $D(X)$ einen geringeren Wert von $\Delta p(X)$ zur Folge hat. Dem entsprechend kann sich die Zusammensetzung der Gleichgewichtsgasphase ändern. Die Betrachtung gilt nur für eine Reaktion ohne Veränderung der Anzahl an Gasteilchen: $j = k + l$. In anderen Fällen muss der Fluss der Gasphase in seiner Gesamtheit behandelt werden. In den meisten Fällen sind individuelle Diffusionskoeffizienten für die am Transport beteiligten Gasteilchen nicht verfügbar. Trotzdem wurden Ergebnisse erhalten, die in den meisten Fällen hinreichend genau sind, wenn man annimmt, dass die Diffusion ohne Änderung der Gleichgewichtsdrücke nach dem Entfernen der hypothetischen Wand einsetzt. Aus diesem Grund **wird ein gemittelter Wert für den Diffusionskoeffizienten verwendet**. Anstelle des von *Schäfer* vorgeschlagenen Werts von $0{,}1 \text{ cm}^2 \cdot \text{s}^{-1}$ verwendet man heute meist einen Wert von $0{,}025 \text{ cm}^2 \cdot \text{s}^{-1}$. Für thermodynamisch sehr genau charakterisierte Transportsysteme wird mit dem letztgenannten Wert eine sehr gute Übereinstimmung zwischen Theorie und Experiment erzielt (Kra 1982, Scho 1990).

Sind die Gleichgewichtsdrücke über einem Bodenkörper und die binären Diffusionskoeffizienten in Abhängigkeit von der Temperatur hinreichend genau bekannt und werden außerdem die experimentellen Bedingungen so gewählt, dass thermische Konvektion und thermische Diffusion im Vergleich zur Diffusion vernachlässigt werden können, dann könnte es sinnvoll sein, die Betrachtungen zum Transport für Systeme mit mehr als zwei verschiedenen Gasteilchen zu verfeinern. Eine theoretische Behandlung zu diesem Punkt geben *Lever, Mandel* und *Jona* (Man 1962, Lev 1962a, Lev 1962b, Jon 1963). Der Einfluss von verschiedenen binären Diffusionskoeffizienten in Gasgemischen wurde auch von *Hugo* behandelt (Hug 1966).

> Generell kann gesagt werden, dass der Einfluss von Unsicherheiten bezüglich des Zahlenwerts des Diffusionskoeffizienten auf die Berechnung von Transportraten einen sehr viel kleineren Einfluss hat als Fehler in den thermodynamischen Daten.

Für den Diffusionskoeffizienten eines Gasteilchens in einem Gasgemisch wurde Gleichung 2.7.2.4 vorgeschlagen (Wil 1950).

$$D(1, 2, 3, ..., n) = \frac{1 - x(1)}{x(2) \cdot \dfrac{1}{D(1,2)} + x(3) \cdot \dfrac{1}{D(1,3)} + x(4) \cdot \dfrac{1}{D(1,4)} + ...} \quad (2.7.2.4)$$

$D(1, n)$ ist der binäre Diffusionskoeffizient für die Gase 1 und n und $x(n)$ ist der Stoffmengenanteil von n in der Mischung.

Um diese Überlegungen mit dem Konzept der Löslichkeit λ eines Bodenkörpers in der Gasphase (vgl. Abschnitt 2.3) zu verknüpfen, ist es empfehlenswert, jenes Molekül als Grundlage der Betrachtung zu nehmen (Gasteilchen 1), welches aus der heterogenen Reaktion mit dem Bodenkörper entsteht und welches die größte Partialdruckdifferenz $\Delta p = p(T_2) - p(T_1)$ aufweist. Das größte Lösungsmittelmolekül sollte als Gasteilchen 2 betrachtet werden. Wir erhalten damit den binären Diffusionskoeffizienten $D(1, 2)$. Diese Empfehlung beruht auf der Überlegung, dass der langsamste Schritt geschwindigkeitsbestimmend ist.

Für eine Gasmischung aus mehreren Komponenten erscheint die nachfolgende Vorgehensweise sinnvoll (Gleichung 2.7.2.5).

$$\lambda(A1) = \frac{p^*(A1)}{p^*(L)}; \quad \lambda(A2) = \frac{p^*(A2)}{p^*(L)}; \quad \lambda(A3) \quad \text{usw.} \quad (2.7.2.5)$$

$D(A1, A2 ... An)$, $D(A2, A1, A3 ... An)$ usw. können mit Gleichung 2.7.2.4 berechnet werden.

Für die Berechnung der Transportrate $\dot{n}(A) = n(A)/t$ addiert man die folgenden Terme, welche die Löslichkeit beschreiben (vgl. Abschnitt 2.3) und die Diffusion der Gasteilchen $A1, A2, A3$, usw. in der Gasmischung (Gleichung 2.7.2.6).

$$\Delta\lambda(A1) \cdot \overline{\Sigma p(L)} \cdot D(A1, A2 ... An)$$
$$+ \Delta\lambda(A2) \cdot \overline{\Sigma p(L)} \cdot D(A2, A1, A3 ... An) + ... \sim n'(A) \quad (2.7.2.6)$$

2.8 Gasbewegung in Ampullen

2.8.1 Allgemeine Bemerkungen

Wir nehmen bei der Behandlung chemischer Transportreaktionen immer an, dass die Gleichgewichte zwischen Feststoffen und Gasen auf beiden Seiten einer Ampulle eingestellt sind. Diese Annahme gilt üblicherweise bei Temperaturen oberhalb von 500 °C und Drücken größer als 0,01 bar. Die Einstellung der homogenen Gasphasengleichgewichte wird hier nicht weiter erörtert.

Die Gasbewegung erfolgt über Diffusion und stöchiometrischen (laminaren) Fluss, wenn Ampullen, wie in Abbildung 2.6.1.1 und 2.8.1.1 beschrieben, verwendet werden.

Für die Beschreibung der Strömungseigenschaften der üblicherweise vorliegenden Gasgemische aus vielen verschiedenen Teilchen kann man einen mittleren

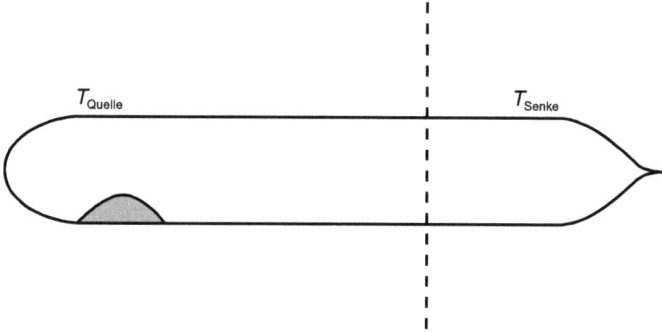

Abbildung 2.8.1.1 Typische Transportampulle (l = 10 ... 20 cm, q ≈ 2 cm³).

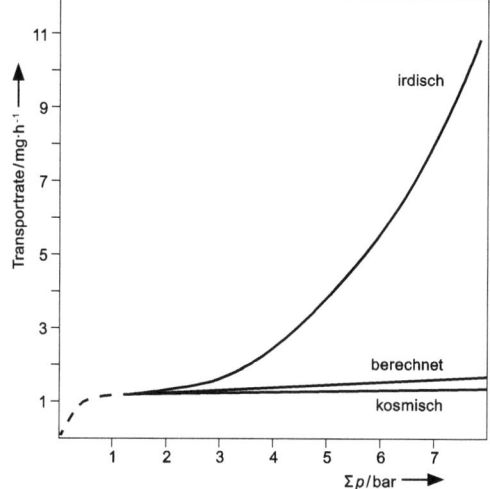

Abbildung 2.8.1.2 Vergleich von berechneter und experimentell bestimmter Transportraten beim Transport von Germanium mit Iod nach (Opp 1981)

Diffusionskoeffizienten verwenden. Hierdurch ergibt sich jedoch eine gewisse Unsicherheit in der Beschreibung.

Für präparative Zwecke kann man einfache Ampullen in horizontaler Lagerung gemäß Abbildung 2.8.1.1 verwenden. Auf dem Diffusionsansatz beruhende Modellrechnungen geben die Verhältnisse bis zu einem Rohrdurchmesser kleiner als 2 cm ausreichend wieder. Bei größeren Durchmessern und Gesamtdrücken oberhalb von 1 bar kann die experimentell bestimmte Transportrate fünf- bis zehnmal höher liegen als die berechneten Werte, weil die Wanderung der Gasteilchen über Konvektion erheblich an Bedeutung gewinnt (Pao 1975). *Schäfer* und *Trenkel* haben in einer Untersuchung zum Chemischen Transport von Ge mit GeCl$_4$ den Einfluss der Reaktionskinetik sowie von Form und Neigung der Ampulle auf das Transportverhalten ermittelt (Sch 1980a).

Für das System Ge/I$_2$ vergleicht *Oppermann* unter Berücksichtigung der Löslichkeit λ(Ge) die berechneten Transportraten mit den auf der Erde und unter

Mikrogravitationsbedingungen experimentell bestimmten (Opp 1981). Dabei wird deutlich, dass bei Experimenten unter Schwerelosigkeit die über den Diffusionsansatz berechneten Transportraten bei einem Gesamtdruck zwischen 1 und 7 bar gültig sind. Auf der Erde hingegen steigen die Transportraten bei Gesamtdrucken oberhalb von zwei bis drei bar aufgrund von Konvektion stark an (Abbildung 2.8.1.2.

Wiedemeier hat die Transportraten für den Chemischen Transport von GeSe und GeTe mit den Transportmitteln GeI_4 und $GeCl_4$ unter Mikrogravitationsbedingungen untersucht. In einigen dieser Experimente wurde Argon als Inertgas zur Einstellung des gewünschten Gesamtdrucks zugesetzt. Die beobachteten Transportraten waren etwa dreimal höher als die berechneten Werte. Allerdings scheinen experimentelle Unsicherheiten für diese Abweichungen verantwortlich zu sein (Wie 1976).

Einige Komplikationen Thermische Konvektion und Diffusion können in einer Ampulle immer simultan stattfinden. An der Oberfläche eines Festkörpers muss jedoch immer eine Diffusionsgrenzschicht angenommen werden. Das bedeutet, dass für die Konvektion, die außerhalb der Diffusionsgrenzschicht erfolgt, eine kürzere Wegstrecke angenommen werden muss (Wie 1981). *Klosse* und *Ullersma* schlagen Gleichung 2.8.1.1 zur Beschreibung der Beziehung zwischen thermischer Konvektion und Diffusion vor (Klo 1973).

$$K = \frac{1}{[A \cdot (Sc \cdot Gr)^{-2} + B]} \quad (2.8.1.1)$$

A und B sind Funktionen von l/d (l: Länge, d: Durchmesser) und Sc und Gr sind die *Schmidt*- und *Grashof*zahlen (Klo 1973).

Neben der Konvektion durch Gasausdehnung trägt auch der stöchiometrische Fluss zur Teilchenbewegung in der Ampulle bei, wenn z. B. Änderungen der Gasdichte im anliegenden Temperaturgradienten durch Dissoziation von einem oder mehreren Bestandteilen der Gasphase hervorgerufen werden (Sch 1980b, Sch 1982b). Weiterhin sind Adsorption und Desorption der Gasphase an und von der Ampullenwand, die Wärmeleitfähigkeit des Ampullenmaterials, die thermische Entmischung der Gasphase (Thermodiffusion) und die Übersättigung der Gasphase über den abgeschiedenen Kristallen von Bedeutung.

Trotz aller störender Einflüsse wird die Transportrate bei niedrigen Gesamtdrücken ($0{,}01 \leq \Sigma p \leq 3$ bar) im Wesentlichen durch Diffusion und stöchiometrischen Fluss bestimmt. Bei höheren Drücken gewinnt die Konvektion an Bedeutung.

Eine Reihe von weiteren Publikationen gibt zusätzlich Aufschluss über die Beobachtung von Gasbewegungen unter Verwendung von Kohlenstoffrauch (Cho 1979), die natürliche Konvektion in geschlossenen Ampullen (Lau 1981), über numerische Modelle zum Transport von Ge über GeI_4 und GeI_2 (Lau 1982), zur numerischen Modellierung des diffusionsbestimmten physikalischen Transports in zylindrischen Ampullen (Gre 1981, Mar 1981) und zur Konvektion über Gasausdehnung beim Gasphasentransport in horizontal gelagerten, rechteckigen Gefäßen (Iha 1982).

2.8.2 Experimente zur Gasbewegung, Diffusion und Konvektion in geschlossenen Ampullen

Man kann erwarten, dass die Gasbewegung in geschlossenen Ampullen dem Schema in Abbildung 2.8.2.1 folgt. Mit der Annahme, dass auf beiden Seiten der Ampulle das Gleichgewicht zwischen Bodenkörper und Gasphase eingestellt ist, kann man die Transportrate $\dot{n}$ unter Voraussetzung, dass die Gasbewegung durch Diffusion erfolgt, berechnen (vgl. Abschnitt 2.6.2). Der bei Annahme von Diffusionskontrolle erhaltene Wert $\dot{n}_{ber}$ kann mit der tatsächlich experimentell beobachteten Transportrate $\dot{n}_{beob}$ verglichen werden, indem man das Verhältnis der beiden Werte gegen den Gesamtdruck graphisch aufträgt (Abbildung 2.8.2.1).

Im Allgemeinen werden in solchen Auftragungen drei verschiedene Bereiche beobachtet. Diese stimmen mit den jeweils geschwindigkeitsbestimmenden Prozessen überein. Dabei handelt es sich um die Einstellung des chemischen Gleichgewichts (Bereich I), Diffusion zwischen Gleichgewichtsräumen (Bereich II) sowie die Kombination von Konvektion und Diffusion zwischen Gleichgewichtsräumen (Bereich III).

Bereich I

a) Bei sehr niedrigen Transportmittelmengen und einer hohen spezifischen Oberfläche des Quellenbodenkörpers kann der Transportprozess durch Ad-

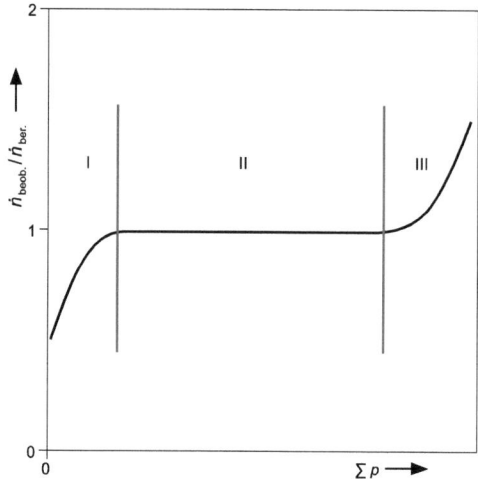

Abbildung 2.8.2.1 Von der Theorie geforderte Abhängigkeit des Transporteffekts vom Gesamtdruck (schematische Darstellung).
(Das Verhältnis $\dot{n}_{beob}/\dot{n}_{ber}$ ist der Quotient aus experimentell ermittelter und über den Diffusionsansatz berechneten Transportrate)

sorption der Gasphase an der Festkörperoberfläche behindert oder zumindest verlangsamt werden (vgl. MgO/HCl (Kle 1972)).

b) Bei niedrigen Gesamtdrücken wird die mittlere freie Weglänge der Gasteilchen mit den Abmessungen des Transportgefäßes vergleichbar oder übertrifft diese sogar. Damit nimmt die Anzahl der Zusammenstöße in der Gasphase drastisch ab. Wir betrachten in diesem Zusammenhang die Glühdrahtanordnung zum Metalltransport nach der Iodidmethode (siehe Abschnitt 1.1 und 3.1). Dabei sollen Bedingungen gelten, unter denen Gleichung 2.8.2.1 den Transport beschreibt.

$$M(s) + \frac{n}{2} I_2(g) / n\, I(g) \;\rightleftharpoons\; MI_n(g) \tag{2.8.2.1}$$

An der Oberfläche des Rohmetalls wird Iod weitgehend zu $MI_n(g)$ umgesetzt. Die Moleküle MI_n mit einer sehr großen mittleren freien Weglänge erreichen den Glühdraht, wo ein nennenswerter Teil zersetzt wird. Die Menge des so transportierten Metalls ist proportional zur Oberfläche des Glühdrahts. Gleiches gilt, wenn neben dem Rohmetall noch MI_n als Bodenkörper vorliegt und der Sättigungsdampfdruck $p(MI_n)$ damit unabhängig von der zunehmenden Oberfläche des Glühdrahts gehalten wird (Dör 1952, Hol 1953, Sha 1955, Loo 1959). In diesem Fall kann der Sättigungsdampfdruck von MI_n abgeschätzt werden (Loo 1959, Rol 1961), wenn man annimmt, dass alle Zusammenstöße von MI_n-Molekülen mit dem Glühdraht zur Abscheidung von Metall führen. Im Bereich des Übergangs von molekularer Strömung zur Diffusion kann erstere in einer Glühdrahtanordnung, mit sehr dünnem Draht, vorherrschen. Die Menge des abgeschiedenen Metalls ist proportional zur Oberfläche des Glühdrahts. Wenn die Dicke des Drahts während des Experiments deutlich zunimmt, erfolgt der Übergang zur Diffusion der Gasteilchen als geschwindigkeitsbestimmendem Schritt. In diesem Fall ist die Menge des abgeschiedenen Metalls praktisch unabhängig von der Oberfläche des Glühdrahts (Sha 1955).

c) Es ist auch möglich, dass die Diffusion für die Wanderung eines Festkörpers verantwortlich ist, obwohl die Geschwindigkeit der Gleichgewichtsreaktion zwischen Festkörper und gasförmigem Transportmittel die Geschwindigkeit des Gesamtprozesses bestimmt. Entsprechende Beobachtungen ergeben sich, wenn die Diffusion so schnell verläuft, dass auf einer oder beiden Seiten der Ampulle eine vollständige Einstellung der Gleichgewichte zwischen Bodenkörper und Gasphase nicht mehr möglich ist. Letzteres gilt besonders, wenn der Abstand zwischen Quelle und Abscheidungsraum klein ist (Kurzwegtransport) (Krä 1974).

Bereich II

Wenn Gasdiffusion (und stöchiometrischer Fluss) zwischen den beiden Gleichgewichtsräumen auftreten und die Diffusion der geschwindigkeitsbestimmende Schritt ist, handelt es sich um den einfachsten Fall des Masseflusses bei einem chemischen Transportexperiment. Im allgemeinen kann man erwarten, dass sich der Bereich der Diffusion mit steigender Temperatur zu niedrigeren Drücken ausdehnt. Es ist auch möglich, durch eine Vergrößerung der Bodenkörpermenge oder durch die Wahl anderer Ampullenabmessungen den Bereich der vorherrschenden Diffusion zu erweitern. Insbesondere die Verwendung von Ampullen mit einer engen Diffusionsstrecke hat sich experimentell bewährt.

Bereich III

In diesem Bereich höherer Gesamtdrücke sollte Konvektion neben Diffusion eine wichtige Rolle spielen. Diese Erwartung wurde durch Transportexperimente bestätigt, die durch Gleichgewicht 2.8.2.2 beschrieben werden (Doe 1973, Opp 1968).

$$\mathrm{CrCl_3(s)} + \frac{1}{2}\mathrm{Cl_2(g)} \;\rightleftharpoons\; \mathrm{CrCl_4(g)} \tag{2.8.2.2}$$

Kieselglasampullen mit 10 mm Innendurchmesser und einer Länge von 200 mm wurden mit 0,7 g $\mathrm{CrCl_3}$ (Synthese aus Elektrolytchrom und Chlor; nachfolgende „Sublimation" im Chlorstrom) und genau bekannten Mengen an Chlor beschickt. Dabei wurde flüssiges Chlor mittels Kapillarröhrchen eingebracht. Für die Experimente wurde ein horizontal gelagerter Zweizonenofen verwendet. Der Dampfdruck von $\mathrm{CrCl_3}$ kann bei den gewählten Temperaturen vernachlässigt werden. Die Dauer je Experiment betrug 20 h, die Transportstrecke 15 cm. Die Menge an transportiertem $\mathrm{CrCl_3}$ lag dabei zwischen 3 und 30 mg.

Die Ergebnisse zeigt Abbildung 2.8.2.2. Aus dem Vergleich mit Abbildung 2.8.2.1 geht hervor, dass der Verlauf der Experimente vollständig mit den Erwartungen übereinstimmt, auch wenn die Werte $\dot{n}_{\mathrm{ber}}$ als Funktion des Gesamtdrucks

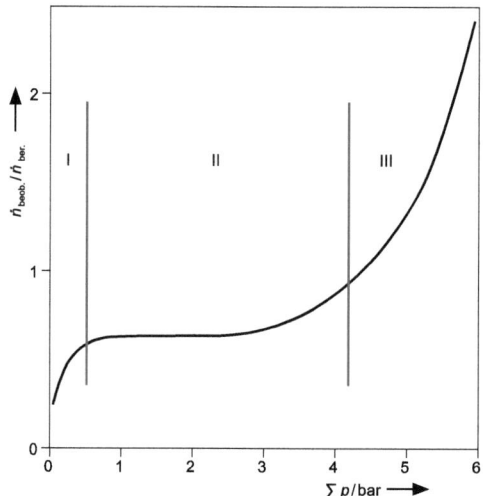

Abbildung 2.8.2.2 Beobachteter Transport von $\mathrm{CrCl_3}$ (500 → 400 °C) in Gegenwart von Chlor: relativer Transporteffekt $\dot{n}_{\mathrm{beob}}/\dot{n}_{\mathrm{ber}}$ in Abhängigkeit vom Gesamtdruck nach (Doe 1973, Opp 1968).

(Bereich II) um den Faktor 0,6 zu niedrig liegen. Der zur Auswertung angenommene Diffusionskoeffizient D^0(273 K, 1 bar) = 0,05 cm$^2 \cdot$ sec^{-1} könnte für diese Abweichung verantwortlich sein (vgl. Abschnitt 2.7). Die Versuche belegen, dass der Chemische Transport von CrCl$_3$ in diesen einfachen Ampullenexperimenten bei Gesamtdrücken zwischen 0,2 und 4 bar unter der Annahme von Diffusion zwischen Gleichgewichtsräumen berechnet werden kann. Selbst bei einem Gesamtdruck von 0,01 bar ist der Quotient $\dot{n}_{ber}$ = 0,27 und kann somit noch als brauchbare Näherung angesehen werden. Bei noch niedrigeren Drücken (Bereich I) wird die Geschwindigkeit der Einstellung des heterogenen Gleichgewichts zu klein und damit geschwindigkeitsbestimmend. Bei höheren Drücken (Bereich III) gewinnt die thermische Konvektion stark an Bedeutung. Zu ähnlichen Ergebnissen führten auch Experimente im folgenden Transportsystem:

$$\text{Fe}_2\text{O}_3(\text{s}) + 6\,\text{HCl}(\text{g}) \rightleftharpoons 2\,\text{FeCl}_3(\text{g}) + 3\,\text{H}_2\text{O}(\text{g}) \qquad (2.8.2.3)$$
(1000 → 800 °C)

Der Chemische Transport von Fe$_2$O$_3$ in geschlossenen Ampullen bei Gesamtdrücken zwischen 0,04 und 0,4 bar entspricht den Berechnungen unter Annahme von Diffusion als geschwindigkeitsbestimmendem Schritt. Experimente bei höheren Gesamtdrücken wurden in diesem Fall nicht durchgeführt. Bei niedrigeren Gesamtdrücken (0,004 und 0,0004 bar) hingegen war die beobachtete Transportrate sehr viel niedriger als die auf der Grundlage von Diffusionskontrolle berechneten Werte (Sch 1956). Der Diffusionsbereich (Bereich II) verdient besondere Aufmerksamkeit, weil bei den meisten der noch zu beschreibenden Transportexperimente die Diffusion zwischen Gleichgewichtsräumen der geschwindigkeitsbestimmende Schritt ist. Das gilt für den Transport von Zirkonium an einen Glühfaden nach der Iodidmethode (Sha 1955, Mor 1952) ebenso wie für Experimente in einfachen Ampullen, in welchen die nachfolgenden Transportreaktionen 2.8.2.4 bis 2.8.2.14 bei mittleren Drücken (0,03 bis 1 bar) und Temperaturen (400 bis 1100 °C) durchgeführt wurden.

$$\text{Fe}(\text{s}) + 2\,\text{HCl}(\text{g}) \rightleftharpoons \text{FeCl}_2(\text{g}) + \text{H}_2(\text{g}) \qquad (2.8.2.4)\ (\text{Sch 1959a})$$

$$\text{Ni}(\text{s}) + 2\,\text{HCl}(\text{g}) \rightleftharpoons \text{NiCl}_2(\text{g}) + \text{H}_2(\text{g}) \qquad (2.8.2.5)\ (\text{Sch 1959a})$$

$$3\,\text{Cu}(\text{s}) + 3\,\text{HCl}(\text{g}) \rightleftharpoons \text{Cu}_3\text{Cl}_3(\text{g}) + \frac{3}{2}\,\text{H}_2(\text{g}) \qquad (2.8.2.6)\ (\text{Sch 1957a})$$

$$\text{Si}(\text{s}) + \text{SiCl}_4(\text{g}) \rightleftharpoons 2\,\text{SiCl}_2(\text{g}) \qquad (2.8.2.7)\ (\text{Sch 1956a})$$

$$\text{Si}(\text{s}) + \text{SiI}_4(\text{g}) \rightleftharpoons 2\,\text{SiI}_2(\text{g}) \qquad (2.8.2.8)\ (\text{Sch 1957b})$$

$$\text{Fe}(\text{s}) + 2\,\text{I}(\text{g}) \rightleftharpoons \text{FeI}_2(\text{g}) \qquad (2.8.2.9)\ (\text{Sch 1956b})$$

$$\text{Ni}(\text{s}) + 2\,\text{Br}(\text{g}) \rightleftharpoons \text{NiBr}_2(\text{g}) \qquad (2.8.2.10)\ (\text{Sch 1956b})$$

$$\text{Ni}(\text{s}) + 2\,\text{I}(\text{g})/\text{I}_2(\text{g}) \rightleftharpoons \text{NiI}_2(\text{g}) \qquad (2.8.2.11)\ (\text{Sch 1956b})$$

$$3\,Cu_2O(s) + 6\,HCl(g) \rightleftharpoons 2\,Cu_3Cl_3(g) + 3\,H_2O(g) \quad (2.8.2.12)\ (Sch\ 1957a)$$

$$Fe_2O_3(s) + 6\,HCl(g) \rightleftharpoons 2\,FeCl_3(g) + 3\,H_2O(g) \quad\quad (2.8.2.13)\ (Sch\ 1956a)$$

$$NbCl_3(s) + NbCl_5(g) \rightleftharpoons 2\,NbCl_4(g) \quad\quad\quad\quad\quad\quad (2.8.2.14)\ (Sch\ 1959b)$$

Ähnliche Ergebnisse wurden für ZnS/HCl erhalten (Jon 1963). Mit Rohrdurchmessern von 2 cm und mehr wird der Diffusionsbereich (Bereich II) schmaler. Das bedeutet, dass die Konvektion bereits bei niedrigeren Drücken nennenswerten Einfluss gewinnt. Trotzdem kann immer noch zwischen den drei Bereichen Gleichgewichtseinstellung, Diffusion und Konvektion unterschieden werden (Wie 1972). Die Diffusion als geschwindigkeitsbestimmender Schritt in Transportexperimenten ist auch von einer Reihe weiterer Autoren bestätigt worden (Lev 1966, Dan 1973, Got 1963, Ari 1967).

Im offenen Strömungsrohr bei $\Sigma p = 1$ bar kann ein ähnlicher Kurvenverlauf wie in Abbildung 2.8.2.2 beobachtet werden. Im geschlossenen System ist die Transportrate $\dot{n}_{ber}$ umgekehrt proportional zum Gesamtdruck; im strömenden System ist sie proportional zur Strömungsgeschwindigkeit. Die Forderung nach schneller Gleichgewichtseinstellung gilt für beide Fälle (Sch 1949):

Bereich I: Keine Gleichgewichtseinstellung, die Kinetik der Reaktion zwischen Bodenkörper und Gasphase ist geschwindigkeitsbestimmend.
Bereich II: Das Gleichgewicht ist eingestellt.
Bereich III: Das Gleichgewicht ist eingestellt, zusätzlich wird dem Gasfluss thermische Konvektion überlagert.

2.8.3 Experimente zur thermischen Konvektion

Im Bereich III (Abbildungen 2.8.2.1 und 2.8.2.2) ist das heterogene Gleichgewicht eingestellt. Thermische Konvektion gewinnt neben der Diffusion an Bedeutung, wenn der Gesamtdruck in der Ampulle einige bar beträgt, oder eine beträchtliche Änderung der Anzahl gasförmiger Teilchen auftritt (Sch 1980b, Sch 1982b). Die thermische Konvektion hängt vom Gesamtdruck Σp, von Durchmesser und Länge der Ampulle, und von der Ausrichtung der Ampulle (horizontal oder vertikal) ab. Wenn man Konvektion vermeiden möchte, sollte man eine vertikale Ausrichtung mit der höheren Temperatur am oberen Ampullenende wählen (Wie 1982). Bei einem Gesamtdruck von 1 bar und einer horizontal ausgerichteten Ampulle mit einem Durchmesser von 2 cm wurde keine Konvektion beobachtet. Die Verwendung von weiteren Rohren mit einem Durchmesser von 3 cm führte jedoch schon zu sehr starker Konvektion (Pao 1975).

Die Kombination von thermischer Konvektion und Diffusion wird in Abbildung 2.8.3.1 veranschaulicht. Die Wanderungsstrecke zwischen Quelle und Senke wird hauptsächlich durch Konvektion überwunden. Trotzdem bildet Diffusion den geschwindigkeitsbestimmenden Schritt, aufgrund einer Grenzschicht zwischen der Festkörperoberfläche und der benachbarten Gasphase. Daraus folgt, dass eine Berechnung der Transportrate, die auf dem Diffusionsansatz beruht

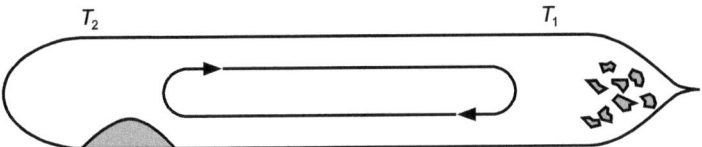

Abbildung 2.8.3.1 Transport über Konvektion und Diffusion. Schema zur Gasbewegung in einer horizontal gelagerten Ampulle.

und die Länge der Ampulle als Diffusionsstrecke verwendet, zu niedrige Werte für die Transportrate liefert.

Zur Züchtung großer Kristalle wird man Bedingungen bevorzugen, die eine Konvektion fördern. Allerdings neigen unter solchen Bedingungen gezüchtete Kristalle zur Ausbildung von Inhomogenitäten und können eine höhere Defektdichte aufweisen (Wie 1982).

Ein Beispiel für den Einfluss von Konvektion in einer dissoziierenden Gasphase ist der Chemische Transport von TaS$_2$ mit Schwefel entsprechend Gleichung 2.8.3.1 bei Temperaturen zwischen 973 K und 1273 K und einem Schwefeldruck $p(S_2)$ bis zu 25 bar.

$$\text{TaS}_2(s) + \frac{n}{x} S_x(g) \rightleftharpoons \text{TaS}_{2+n}(g) \qquad (2.8.3.1)$$

Schwefelmoleküle mit $x = 2, 3, \ldots 8$ müssen bei der Betrachtung berücksichtigt werden. Durch die temperaturabhängige Dissoziation von $S_8(g)$ nimmt die thermische Konvektion zu. Der stöchiometrische Koeffizient n der gasförmigen Spezies TaS$_{2+n}$ wurde zu $n + 2 = 5$ oder im Rahmen der experimentellen Unsicherheit möglicherweise auch $n + 2 = 6$ bestimmt (Sch 1980b).

Durch Zusammenfassen der Variablen in Gleichung 2.6.2.11 zu einem experimentellen Faktor $f(\exp)$ wird für die Transportrate $\dot{n}$ Gleichung 2.8.3.2 erhalten.

$$\dot{n} \approx \Delta p' \cdot f(\exp) \qquad (2.8.3.2)$$

Der Faktor $f(\exp)$ wurde empirisch aus der Sublimationsgeschwindigkeit von NaCl in Schwefeldampf bestimmt. Dazu wurden Experimente unter den gleichen Bedingungen wie beim Transport von TaS$_2$ und mit dem gleichen Schwefeldruck durchgeführt. Wurde dabei der Schwefeldruck von 1 auf 25 bar erhöht, stieg $f(\exp)$ von 10 auf 30. Der entsprechende, ausschließlich für Diffusion berechnete Faktor $f(\text{diff})$ nimmt unter diesen Bedingungen von 10 auf 0,5 ab. Aus diesen Erfahrungen kann man schließen, dass die Gasbewegung als Ganzes (Diffusion, stöchiometrischer Fluß und thermische Konvektion) für jedes System und jeden Druck über den empirisch bestimmten Faktor $f(\exp.)$ ausgedrückt werden kann. Damit erlaubt die Berechnung der Transportrate $\dot{n}$ mit Gleichung (2.8.3.2) unter Verwendung von $\Delta p' = \Delta \lambda \cdot \overline{\Sigma p(S)}$ schließlich auch die Bestimmung der Koeffizienten in Gleichung 2.8.3.1.

Qualitative Betrachtungen zum Einfluss der thermischen Konvektion können anhand von Abbildung 2.8.3.2 angestellt werden. Ein Rohr mit dem Radius r hat die Temperatur T_1. Nur ein kurzer Abschnitt mit der Länge $l(w)$ wird auf der höheren Temperatur T_2 gehalten. Die unterschiedlichen Gasdichten im kälteren und wärmeren Rohrabschnitt führen zum Auftrieb. Das Gas legt die Strecke l

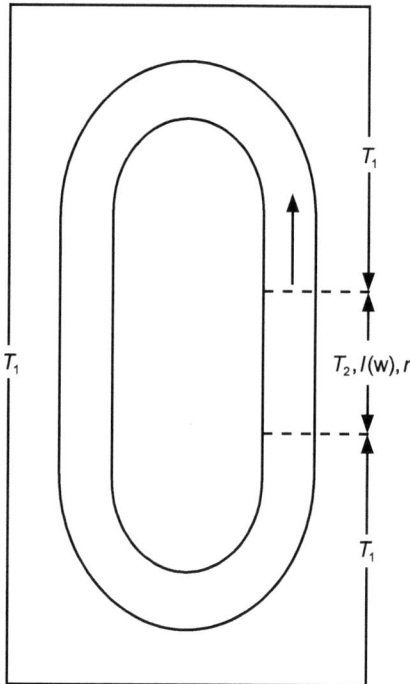

Abbildung 2.8.3.2 Schematische Darstellung zur Gasbewegung durch Konvektion.

zurück. Das Volumen V eines Gases mit der Viskosität η, das pro Zeiteinheit durch den Querschnitt eines Rohres mit dem Radius r strömt, wird durch das *Hagen-Poiseuille*-Gesetz beschrieben:

$$V = \frac{\pi \cdot r^4 \cdot \Delta p^*}{8 \cdot \eta \cdot l} \qquad (2.8.3.3)$$

Die Druckdifferenz Δp^* folgt aus der Differenz der Kräfte pro Fläche am wärmeren und kälteren Ende des Rohres. In den beiden Abschnitten bei T_1 und T_2 beschreiben m_1 und m_2 die Stoffmengen an Gas mit der molaren Masse M bei einem Gesamtdruck Σp.

$$\Delta p^* = 981 \frac{m_1 - m_2}{r^2 \cdot \pi} \, \text{g} \cdot \text{cm}^{-1} \cdot \text{sec}^{-2} \qquad (2.8.3.4)$$

Durch Berechnung des Volumens für jeden Abschnitt mithilfe des Allgemeinen Gasgesetzes erhält man folgende Beziehung:

$$m_1 - m_2 = \frac{l(\text{w}) \cdot r^2 \cdot \pi \cdot p \cdot M}{R} \cdot \left(\frac{1}{T_1} - \frac{1}{T_2}\right) \qquad (2.8.3.5)$$

Schließlich folgen mit den Gleichungen 2.8.3.3, 2.8.2.4 und 2.8.3.5 die Gleichungen 2.8.3.6 bzw. 2.8.3.7.

2.8 Gasbewegung in Ampullen

$$V = \frac{981 \cdot r^4 \cdot \pi \cdot l(w) \cdot p \cdot M}{8 \cdot l \cdot R} \cdot \left(\frac{1}{T_1} - \frac{1}{T_2}\right) \tag{2.8.3.6}$$

$$V = \frac{981 \cdot 4{,}7 \cdot r^4 \cdot l(w) \cdot p \cdot M}{\eta \cdot l} \left(\frac{1}{T_1} - \frac{1}{T_2}\right) \tag{2.8.3.7}$$

Die Viskosität η wird in g·cm^{-1} angegeben, r in cm und p in bar (Clu 1948). V und η beziehen sich auf die Temperatur T_1.

Die Molzahl des Gases B, $n(B, \text{init.})$, die in t Sekunden in die heißere Zone strömt, erhält man mit $n = p \cdot V/(R \cdot T)$ gemäß Gleichung 2.8.3.8.

$$n(B, \text{init.}) = (p(B, \text{init.}))^2 \cdot \left\{\frac{4{,}7 \cdot 981 \cdot r^4 \cdot l(w) \cdot p \cdot M(B)}{R \cdot T_1 \cdot \eta \cdot l} \left(\frac{1}{T_1} - \frac{1}{T_2}\right)\right\} \tag{2.8.3.8}$$

Kombiniert man diesen Ausdruck mit Gleichung 2.8.3.9, welche für strömende Systeme abgeleitet wurde (Sch 1962), dann kann die über Konvektion transportierte Stoffmenge $n(A)$ eines Feststoffs berechnet werden (Gleichung 2.8.3.10).

$$n(A) = \frac{i}{j} \cdot \frac{\Delta p(C) \cdot n(B, \text{init.})}{p(B, \text{init.})} \tag{2.8.3.9}$$

$$n(A) = \frac{i}{j} \cdot \Delta p(C) \cdot p(B, \text{init.}) \cdot \left\{\frac{4{,}7 \cdot r^4 \cdot l(w) \cdot M(B) \cdot t}{R \cdot T_1 \cdot \eta \cdot l} \left(\frac{1}{T_1} - \frac{1}{T_2}\right)\right\} \tag{2.8.3.10}$$

Es sei daran erinnert, dass der Transporteffekt über Diffusion proportional zu $1/\Sigma p$ ist, während sich die thermische Konvektion proportional zu p entwickelt. Entsprechend ist der Transport in geschlossenen Ampullen bei niedrigen Drücken im Wesentlichen durch Diffusion, bei höheren Drücken jedoch durch thermische Konvektion bestimmt.

In der Praxis arbeitet man oft mit einer experimentellen Anordnung, die weniger einfach zu veranschaulichen ist als die in Abbildung 2.6.1.1 dargestellte, anhand derer die Ableitungen zum Konvektionsprozess durchgeführt wurden. So möchte man z. B. einfache Ampullen, wie in Abbildung. 2.8.1.1 dargestellt, verwenden. In solchen Fällen erscheint es angeraten, den in geschweifte Klammern gesetzten Teil von Gleichung 2.8.3.10 empirisch als Rohrkonstante zu bestimmen. Hierfür kann eine gut bekannte Transportreaktion verwendet werden.

Möchte man in einem Druckbereich arbeiten, in dem sowohl Diffusion als auch thermische Konvektion in ähnlichem Umfang zum Transporteffekt beitragen, dann sollte der Gasfluss empirisch als Funktion des Drucks bestimmt werden. Auf diesem Weg erhält man Daten, die zur Beschreibung von Transportexperimenten unter vergleichbaren Bedingungen verwendet werden können.

Klosse und *Ullersma* (Klo 1973) geben einen Ausdruck zur Beschreibung des Verhältnisses von Diffusion und thermischer Konvektion in einer geschlossenen

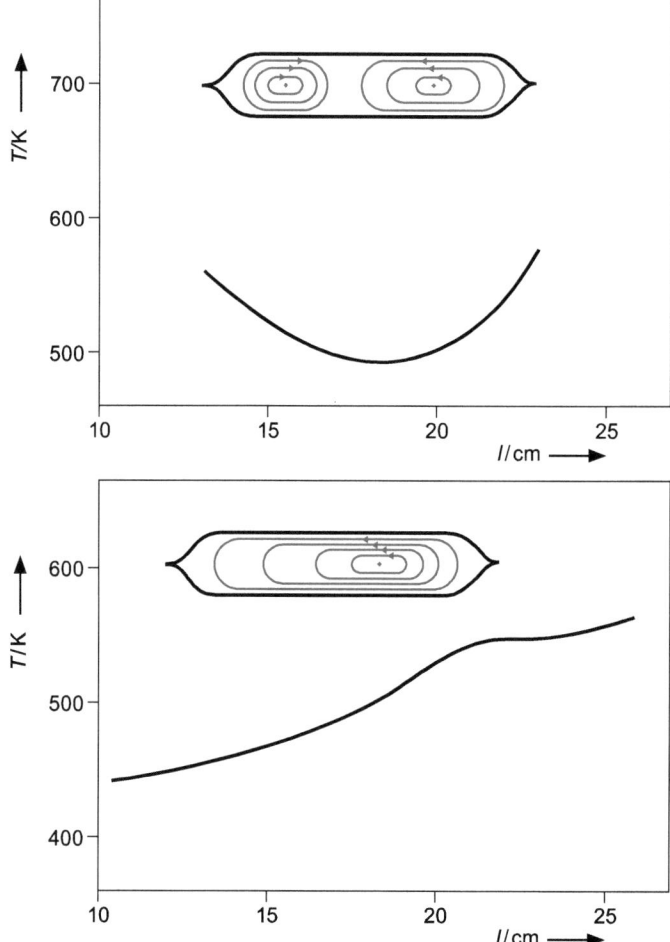

Abbildung 2.8.3.3 Gasbewegung bei Konvektion in Abhängigkeit vom Temperaturprofil (vgl. (Cho 1979)).

Ampulle an. Andere Autoren haben Diffusion und thermische Konvektion qualitativ in geschlossenen, horizontal gelagerten Rohren untersucht, indem sie Kohlenstoff (aus der unvollständigen Oxidation von Acetylen) als Indikator für die Gasbewegung verwendeten (Cho 1979). Dabei beobachteten sie unterschiedliche Typen von Konvektionsmustern (Abbildung 2.8.3.3). In einigen Fällen kann auch die Wärmeleitfähigkeit die Transportrate bestimmen. Das gilt besonders in He oder H_2 enthaltenden Systemen (Schö 1980, Ind 1966).

2.9 Kinetische Aspekte bei Chemischen Transportreaktionen

2.9.1 Reaktionsverhalten auf atomarer Ebene

Trotz der enormen Bedeutung von Reaktionen zwischen Feststoffen und Gasen ist deren Reaktionskinetik an der Festkörperoberfläche nur unvollständig bekannt. Unsere Überlegungen sind deshalb auf Modellvorstellungen beschränkt. Für die exemplarische Reaktion von festem Fe_2O_3 mit gasförmigem HCl werden die folgenden Reaktionsschritte angenommen.

Hinreaktion

1. Adsorption von HCl Molekülen auf der Oberfläche von Fe_2O_3. Polarisation der Bindungen in den adsorbierten Molekülen und im Festkörper an der Nähe der Oberfläche.
2. Bei ausreichend hohen Temperaturen verlassen Ionen (oder Atome) den Festkörper und wandern in die Adsorbatschicht. Die aus Festkörper und Gasphase stammenden Teilchen mischen sich in der Adsorbatschicht, ähnlich wie in einer Schmelze.
3. Neutrale Moleküle, die in Schritt 2 gebildet wurden, werden desorbiert und entfernen sich von der Oberfläche, wenn ein Konzentrationsgradient in die Gasphase existiert.

Anmerkungen zu Schritt 2 Der Transfer von Atomen aus dem Inneren des Festkörpers in die Adsorbatschicht wurde am Beispiel des Einflusses von $AlCl_3$ oder I_2 auf die Sublimation von rotem Phosphor und As_2O_3 (Claudetit) nachgewiesen (Sch 1978). Der Prozess ist vergleichbar mit der Oxidbildung bei der Reaktion von Metallen mit Sauerstoff. Dabei bewegen sich die Metallionen in die Oxidschichten an der Metalloberfläche (Schm 1995a).

Weitere Beispiele, welche die Ähnlichkeit von Adsorbatschicht und einer Schmelze zeigen, sind die Verdampfung von Arsen in Gegenwart einer Thalliumschmelze (Bre 1955) und die Begünstigung der Zersetzung von Galliumnitrid durch eine Indiumschmelze (Scho 1965).

$$As(s) \;\rightleftharpoons\; \frac{1}{4} As_4(g) \tag{2.9.1.1}$$

$$GaN(s) \;\rightleftharpoons\; Ga(g) + \frac{1}{2} N_2(g) \tag{2.9.1.2}$$

Rückreaktion

Die Gasteilchen H_2O und $FeCl_3$ werden an der Oberfläche eines Festkörpers adsorbiert. Die Mischung von deren Ionen führt zur Keimbildung und Wachstum von Fe_2O_3-Kristallen. Chlorwasserstoff wird schließlich desorbiert.

Für die Bildung von GaAs aus gasförmigem As_4, GaCl und H_2 beschreibt *Cadoret* (Cad 1975) die folgenden Elementarschritte 2.9.1.3 bis 2.9.1.5.

$$\frac{1}{4} As_4(g) \rightleftharpoons As(\text{adsorbiert}) \tag{2.9.1.3}$$

$$As(\text{adsorbiert}) + GaCl(g) \rightleftharpoons GaAsCl(\text{adsorbiert}) \tag{2.9.1.4}$$

$$GaAsCl(\text{adsorbiert}) + \frac{1}{2} H_2(g) \rightleftharpoons GaAs(s) + HCl(g) \tag{2.9.1.5}$$

Ähnlich komplexe Prozesse werden wahrscheinlich auch bei der Abscheidung von $Nb_3O_7Cl(s)$ gemäß Gleichung 2.9.1.6 auftreten.

$$7\, NbOCl_3(g) \rightleftharpoons Nb_3O_7Cl(s) + 4\, NbCl_5(g) \tag{2.9.1.6}$$

Als weiteres Beispiel dient die Abscheidung von $Pd_5AlI_2(s)$ aus gasförmigem $PdAl_2I_8$, das aus PdI_2 und Al_2I_6 entsteht. Grob betrachtet erfolgt die Abscheidung über die folgenden Schritte:

- $PdAl_2I_8$-Moleküle werden auf einer Oberfläche adsorbiert und dissoziieren.
- Pd-Atome und Al-Atome oder PdAl-Moleküle wandern über die Oberfläche, bis sie an besonders günstigen Stellen angelagert werden.
- Iod wird desorbiert und als I_2 und AlI_3 freigesetzt (Mer 1980).

$$5\, PdAl_2I_8(g) \rightleftharpoons Pd_5AlI_2(s) + 9\, AlI_3(g) + \frac{11}{2} I_2(g) \tag{2.9.1.7}$$

Die komplexen Prozesse sind in der Bruttoreaktion eines Chemischen Transports verborgen, wenn nur die heterogene Gleichgewichtsreaktion zwischen Feststoff und Gasphase betrachtet wird. Viele Transportmittel unterstützen auch die Wanderung der Bestandteile eines Festkörpers durch die Adsorbatschicht auf die Oberfläche des wachsenden Kristalls. Trotzdem werden sie nur recht selten in den Senkenbodenkörper eingebaut.

2.9.2 Kinetische Einflüsse auf Transportexperimente

Das bekannteste Beispiel für den Einfluss kinetischer Effekte auf den Verlauf von Chemischen Transportreaktionen stellt das *Boudouard*-Gleichgewicht 2.9.2.1 dar, welches die Verflüchtigung von Kohlenstoff bewirkt.

$$C(s) + CO_2(g) \rightleftharpoons 2\, CO(g) \tag{2.9.2.1}$$

(Experimentelle Bedingungen: Kieselglasampulle mit 8 mm Innendurchmesser, 200 mm Länge, 1 g bei 1100 °C im Hochvakuum entgaster Spektralkohlenstoff; Anfangsdruck $p^0(CO_2)$ = 0,36 bar bei 800 °C; Länge der Diffusionsstrecke s = 15 cm (Sch 1958)) Innerhalb von 45 Stunden wurde ungefähr 1 mg Kohlenstoff (1000 → 600 °C) transportiert.

Der Transport von Kohlenstoff unter den genannten Bedingungen ist sicher nachgewiesen, die Menge beträgt jedoch nur etwa ein Hundertstel des erwarteten Wertes, für einen Prozess, dessen Geschwindigkeit durch die Diffusion der Gasphase bestimmt wird. Deshalb ist für die Abscheidung von Kohlenstoff offenbar die Geschwindigkeit der beteiligten chemischen Elementarreaktionen der geschwindigkeitsbestimmende Schritt. Die Bedeutung der Reaktionsgeschwindigkeit für den Kohlenstofftransport über das *Boudouard*-Gleichgewicht wurde auch durch Reaktionen von Kohlefadenlampen gezeigt. Auch dabei ist die Transportrate durch die kinetische Stabilität von CO reduziert.

Ähnlichen Situationen begegnet man beim Transport von Nitriden wegen der hohen Stabilität des N_2-Moleküls. Im Falle von TiN ist ein Transport nur bei hohen Temperaturen, z. B. 1500 °C oder unter Plasmabedingungen (siehe Abschnitt 14.5), möglich (Sch 1962).

Ein Beispiel einer Transportreaktion, welche die kinetische Stabilität von Kohlenstoffmonoxid ausnutzt, ist der Chemische Transport von Platin über $Pt(CO)_2X_2$ (X = Cl, Br) (Sch 1971). Eine gewisse Ähnlichkeit zu dieser Reaktion zeigt auch der beobachtete Transport von Platin im Strom von metastabilem NO (Teb 1962). Der Transportreaktion ist dabei die katalytische Zersetzung von NO überlagert.

$$Pt(s) + 2\,NO(g) \rightarrow PtO_2(g) + N_2(g) \tag{2.9.2.2}$$

$$PtO_2(g) \rightarrow Pt(s) + O_2(g) \tag{2.9.2.3}$$

Der Transport von Germanium mit Iod in einem geschlossenen System (Ampullenabmessungen l = 30 cm, d = 1,6 cm, $p(I_{2,\,298\,K})$ = 96 mbar) wurde untersucht (Ari 1967). Danach wird bei 450 °C die Transportrate durch die Geschwindigkeit der Abscheidungsreaktion 2.9.2.4 begrenzt, während oberhalb von 500 °C die Gasbewegung durch Diffusion (und die thermodynamischen Gegebenheiten) bestimmend werden.

$$2\,GeI_2(g) \rightarrow Ge(s) + GeI_4(g) \tag{2.9.2.4}$$

Analoge Untersuchungen zum Transportverhalten von Germanium mit Iod bzw. Brom im Temperaturgradienten von 430 nach 395 °C (Ampullenabmessungen l = 20 cm, d = 0,8 cm, $p(I_{2,\,298\,K})$ = 0,1 bis 133 mbar) haben gezeigt, dass der Transport von Germanium mit Iod diffusionskontrolliert erfolgt. Hingegen wurde im System Ge/Br_2 ein kinetischer Einfluss (oberflächenkontrollierter Prozess) beobachtet (Jon 1965). Die chemische Kinetik und die Parameter für Diffusion und Konvektion des Transports von Germanium mit $GeCl_4$ wurde von *Schäfer* untersucht und beschrieben (Sch 1980a).

Aufgrund thermodynamischer Überlegungen wird der Chemische Transport von SiO_2 mit $TeCl_4$ (1000 → 800 °C) erwartet. Es ist bemerkenswert und wichtig für die Durchführung von Transportexperimenten in Kieselglasampullen, dass er experimentell nicht beobachtet wird. Auch hier ist die Reaktionsgeschwindigkeit zu niedrig (Sch 1978). Bei der Abscheidung von GaAs, GaP, InAs und InP aus einem Gasstrom, der H_2, ein Inertgas, $AsCl_3$ oder PCl_3 enthält wurde unterhalb von 750 °C eine kinetische und oberhalb von 750 °C die thermodynamische Kontrolle der Abscheidung beobachtet (Miz 1975).

Die vorgestellten Resultate stellen außergewöhnliche Beispiele für den kinetischen Einfluss der Geschwindigkeit der heterogenen Reaktionen auf das Transportverhalten dar. Diese kinetische Kontrolle ist besonders überraschend bei

Experimenten im Bereich vergleichsweise hoher Temperaturen (700 bis 1000 °C). Es ist unvermeidlich, dass bei niedrigeren Temperaturen vollständig gehemmte Reaktionen häufiger angetroffen werden.

Der Zirkoniumtransport nach der Iodidmethode (Sha 1955) kann als weiteres Beispiel angeführt werden. Wenn die Temperatur des Ausgangsmaterials nur 285 °C beträgt, hängt die Transportrate zum Glühfaden von der spezifischen Oberfläche und der Reaktivität des vorgelegten Rohmetalls ab. Die Bedeutung der Reaktionsgeschwindigkeit am Rohmetall wird durch die Tatsache verdeutlicht, dass am Anfang des Experiments die Transportrate des Metalls durch ein Maximum und bei weiterer Versuchsdauer durch ein Minimum geht. Dieses Phänomen wurde bislang nicht vollständig erklärt. Es erscheint jedoch plausibel, dass bei den tiefen Temperaturen das vergleichsweise flüchtige ZrI_4 kinetisch kontrolliert gebildet wird. Dessen Konzentration nimmt deshalb trotz exothermer Bildungsreaktion bei einer Erhöhung der Temperatur zunächst zu. Wird die Temperatur noch weiter erhöht, entstehen schließlich die stabileren, weniger flüchtigen Iodide. Diese Verbindungen bedecken die Metalloberfläche und binden gleichzeitig das Transportmittel aus der Gasphase, wodurch die Transportrate verringert wird. Werden die Temperaturen zur Disproportionierung der festen, niederen Iodide in Zirkonium und ZrI_4 erreicht, steigt die Reaktivität des Rohmetalls und der Gehalt der Gasphase an Iod nimmt zu. Eine steigende Transportrate ist die Folge (Dör 1952). Ähnliche Beobachtungen werden auch beim Transport von Niob nach der Iodidmethode gemacht.

2.9.3 Einige Beobachtungen zu katalytischen Effekten

Ein gut bekanntes Beispiel für den Einfluss katalysierter Reaktionen auf den Verlauf eines chemischen Transportexperiments bietet die Wanderung von Nickel im Temperaturgradienten (80 → 180 °C) unter Verwendung von (metastabilem) Kohlenstoffmonoxid.

$$Ni(s) + 4\,CO(g) \;\rightleftharpoons\; Ni(CO)_4(g) \tag{2.9.3.1}$$

Bei der niedrigen Quellentemperatur (80 °C) wird die Reaktion mit Nickelfolie nur in Gegenwart von Schwefel beobachtet, der als Katalysator wirkt. Die Rückreaktion (Zersetzung) bei 180 °C ist aus sich selbst heraus ausreichend schnell (Sch 1982) (Bei Verwendung von fein verteiltem Nickelpulver ist Schwefel als Katalysator nicht notwendig).

Nach Beobachtungen von *Gruehn* und Mitarbeitern (Red 1978, Schm 1984) kann eine kinetische Behinderung des Chemischen Transports von GeO_2 mit Chlor durch Zusatz von Mangan(II)-chlorid oder von Alkalimetallchloriden überwunden werden. Für den Chemischen Transport von Siliciumdioxid mit Fluorwasserstoff fanden *Gruehn* und Mitarbeiter (Hof 1977), dass die Rückreaktion durch Zugabe von Platin, Nickelfolie oder Kaliumfluorid katalysiert werden kann. Des Weiteren wurde der Transport von Siliciumdioxid mit Niob(V)-chlorid im Temperaturgradienten von 1050 nach 950 °C untersucht (Hib 1977). Dabei wurde beobachtetet, dass die Rückreaktion (Abscheidung von SiO_2) auf der Wand von Kieselglasampullen behindert ist, wenn der Anfangsdruck $p^0(NbCl_5, 298)$ niedriger ist als 2 bar.

2.9.4 Indirekter Transport

Ein kinetischer Einfluss kann auch bei der Bildung von NbO_2Cl aus Nb_2O_5 und $NbCl_5$ angenommen werden. Die Experimente erlauben den Schluss, dass während des Transportprozesses zunächst $NbOCl_3$ in der Senke bei T_1 abgeschieden wird (Zyl 1966). Dieses zerfällt dann nach folgender Gleichung:

$$2\,NbOCl_3(s) \;\rightleftharpoons\; NbO_2Cl(s) + NbCl_5(g) \qquad (2.9.4.1)$$

Eine ähnliche Beobachtung wurde beim Transport von $Nb_{12}O_{29}$ mit $NbCl_5$ in Kieselglasampullen gemacht (Hib 1977). Das zunächst abgeschiedene $Nb_{12}O_{29}$ reagierte bei längerer Versuchsdauer mit gasförmigem $SiCl_4$ unter Bildung von amorphem SiO_2. Letzteres hatte sich pseudomorph mit der Form der vormaligen $Nb_{12}O_{29}$-Kristalle abgeschieden. Eine ähnliche Beobachtung wurde bei der Umsetzung einer Eisendrahtspirale mit Silicium(IV)-chlorid gemacht. Hier bildet sich eine Spirale von FeSi (Bin 2001).

> Jedes Modell, so auch die verschiedenen Transportmodelle, kann ein Experiment nur dann gut beschreiben, wenn die zugrunde liegenden Daten zuverlässig sind. Bei Chemischen Transportreaktionen sind dies die thermodynamischen Daten Enthalpie, Entropie und Wärmekapazität aller beteiligten Stoffe. Deren Genauigkeit kann sehr unterschiedlich sein (siehe hierzu Kapitel 12). Vor einer kritischen Wertung des Ergebnisses einer modellhaften Beschreibung sollte man sich mit der Genauigkeit der zugrunde liegenden Daten auseinandersetzen, um so das Ergebnis der Modellrechnung sachgerecht beurteilen zu können.

Literaturangaben

Alc 1967	C. B. Alcock, J. H. E. Jeffes, *Trans. Inst. Mining* **1967**, *76*, C246.
And 1950	L. Andrussow, *Z. Elektrochem.* **1950**, *54*, 566. Landolt-Börnstein, Tabellen II/5a, **1969**.
Ari 1967	T. Arizumi, T. Nishinaga, *Crystal Growth Suppl. J. Phys. Chem. Solids* **1967**, C14.
Bal 1983	L. Bald, M. Spiess, R. Gruehn, Th. Kohlmann, *Z. Anorg. Allg. Chem.* **1983**, *498*, 153.
Bin 1996	M. Binnewies, *Chemische Gleichgewichte: Grundlagen, Berechnungen, Tabellen*, VCH Verlagsgesellschaft, Weinheim, **1996**.
Bin 2002	M. Binnewies, E. Milke, *Thermodynamic Data of Elements and Compounds*, 2.nd Ed. Wiley-VCH, Weinheim u. a., **1999**.
Bin 2001	M. Binnewies, A. Meyer, M. Schütte, *Angew. Chem.* **2001**, *113*, 3801, *Angew. Chem. Intern. Ed.* **2001**, *40*, 3688.
Bre 1955	L. Brewer, J. S. Kane, *J. Phys. Chem.* **1955**, *59*, 105.
Bru 1975	H. Brunner, *Dissertation*, Universität Gießen, **1975**.

Bur 1971	J. Burmeister, *Mater. Res. Bull.* **1971**, *6*, 219.
Cad 1975	R. Cadoret, L. Hollam, J. B. Loyau, M. Oberlin, A. Oberlin, *J. Cryst. Growth* **1975**, *29*, 187.
Cat 1960	E. D. Cater, E. R. Plante, P. W. Gilles, *J. Chem. Phys.* **1960**, *32*, 1269.
Cha 1953	S. Chapman, T. G. Cowling, *The Math. Theory of Non-Uniform Gases*, University Press, Cambridge, **1953**.
Cho 1979	S. Choukroun, J. C. Launay, M. Pouchard, M. Combarnous, *J. Cryst. Growth* **1979**, *46*, 644.
Clu 1948	K. Clusius, zitiert in: A. Klemenc: *Die Behandlung und Reindarstellung von Gasen*, Springer-Verlag, Wien **1948**.
Cor 1983	J. D. Corbett, *Inorg. Synthesis* **1983**, *22*, 15.
Daa 1952	A. H. Daane, *Rev. Sci. Instruments* **1952**, *23*, 245.
Dah 1992	T. Dahmen, R. Gruehn *Z. Anorg. Allg. Chem.* **1992**, *609*, 139.
Dan 1973	P. N. Dangel, B. J. Wuensch, *J. Cryst. Growth* **1973**, *19*, 1.
Dör 1952	H. Döring, K. Molière, *Z. Elektrochem.* **1952**, *56*, 403.
Doe 1973	H. A. Doerner, *A. S. Bur. Mines, Tech. Paper*, 577, **1973**.
Emm 1968	F. Emmenegger, *J. Cryst. Growth* **1968**, *3/4*, 135.
Eri 1971	G. Eriksson, *Acta Chem. Scand.* **1971**, *25*, 2651.
Fak 1971	M. M. Faktor, I. Garrett, R. Heckingbottom, *J. Cryst. Growth* **1971**, *9*, 3.
Flö 1983	U. Flörke, *Z. Anorg. Allg. Chem.* **1983**, *502*, 218.
Fuh 1961	W. Fuhr, *Diplomarbeit*, Universität Münster, **1961**.
Ful 1966	E. N. Fuller, P. D. Schettler, J. C. Giddings, *Inst. Enging. Chem.* **1966**, *58*, 19.
Gla 1989a	R. Glaum, R. Gruehn *Z. Anorg. Allg. Chem.* **1989**, *568*, 73.
Gla 1989b	R. Glaum, R. Gruehn, *Z. Anorg. Allg. Chem.* **1989**, *573*, 24.
Gör 1996	H. Görzel, R. Glaum, *Z. Anorg. Allg. Chem.* **1996**, *622*, 1773.
Got 1963	G. E. Gottlieb, J. F. Corboy, *R. C. A. Rev.* **1963**, *24*, 585.
Gre 1981	D. W. Greenwell, B. L. Markham, F. Rosenberger, *J. Cryst. Growth* **1981**, *51*, 413.
Gru 1983	R. Gruehn, H. J. Schweizer, *Angew. Chem.* **1983**, *95*, 80.
Gru 2000	R. Gruehn, R. Glaum, *Angew. Chem.* **2000,** *112*, 706, *Angew. Chem. Int. Ed.* **2000**, *39*, 692.
Has 1975	J. W. Hastie, *High-Temperature Vapours*, New York, **1975**.
Hib 1977	H. Hibst, R. Gruehn, *Z. Anorg. Allg. Chem.* **1977**, *434*, 63.
Hof 1977	J. Hofmann, R. Gruehn, *Z. Anorg. Allg. Chem.* **1977**, *431*, 105.
Hol 1953	R. B. Holden, B. Kopelman, *J. Electrochem. Soc.* **1953**, *100*, 120.
Hug 1966	P. Hugo, *Ber. Bunsenges. Phys. Chem.* **1966**, *70*, 44.
Iha 1982	B. S. Ihaveri, F. Rosenberger, *J. Cryst. Growth* **1982**, *57*, 57.
Ind 1966	X. Indradev, *Mater. Res. Bull.* **1966**, *1*, 173.
Jel 1928	K. Jellinek, *Lehrbuch der Physikalischen Chemie*, Enke, Stuttgart, **1928**.
Jon 1963	F. Jona, G. Mandel, *J. Chem. Phys.* **1963**, *38*, 346.
Jon 1965	F. Jona, *J. Chem. Phys.* **1965**, *42*, 1025.
Kal 1968	E. Kaldis, *J. Cryst. Growth* **1968**, *3/4*, 146.
Kem 1957	C. P. Kempter, C. Alvarez-Tostado, *Z. Anorg. Allg. Chem.* **1957**, *290*, 238.
Kle 1969	P. Kleinert, „*Chemischer Transport oxidischer Metallverbindungen, besonders Ferriten, im System Festkörper-HCl*", in: J. W. Mitchel, R. C. DeVries, R. W. Roberts, P. Cannon (Hrsg.): Proc. 6th Intl. Symp. On the Reactivity of Solids. New York, Wiley Interscience, **1969**.
Kle 1972	P. Kleinert, *Z. Anorg. Allg. Chem.* **1972**, *387*, 11.
Klo 1965a	H. Klotz, *Vakuum-Technik* **1965**, *15*, 63.
Klo 1965b	H. Klotz, *Naturwissenschaften* **1965**, *52*, 451.
Klo 1973	K. Klosse, P. Ullersma, *J. Cryst. Growth* **1973**, *18*, 167.

Klo 1975	K. Klosse, *Dissertation*, Utrecht **1973**. *J. Solid State Chem.* **1975**, *15*, 105.
Kra 1975	G. Krabbes, H. Oppermann, E. Wolf, *Z. Anorg. Allg. Chem.* **1975**, *416*, 65.
Kra 1976a	G. Krabbes, H. Oppermann, E. Wolf, *Z. Anorg. Allg. Chem.* **1976**, *421*, 111.
Kra 1976b	G. Krabbes, H. Oppermann, E. Wolf,. *Z. Anorg. Allg. Chem.* **1976**, *423*, 212.
Kra 1982	G. Krabbes, *Zur Thermodynamik heterogener Gleichgewichte bei der Abscheidung fester Verbindungen aus der Gasphase in komplexen chemischen Reaktionssystemen*, Akademie der Wissenschaften der DDR, Dresden, **1982**.
Kra 1983	G. Krabbes, H. Oppermann, E. Wolf, *J. Cryst. Growth* **1983**, 64, 353.
Kra 2008	G. Krabbes, W. Bieger, K.-H. Sommer, T. Söhnel, U. Steiner, *Computerprogramm TRAGMIN*, Version 5.0, IFW Dresden, TU Dresden, HTW Dresden, **2008**.
Krä 1974	V. Krämer, R. Nitsche, M. Schuhmacher, *J. Cryst. Growth* **1974**, *24/25*, 179.
Kub 1993	O. Kubaschewski, C. B. Alcock, P. J. Spencer, *Materials Thermochemistry*, 6. Auflage, Pergamon Press, Oxford, **1993**.
Lan 2008	S. Lange, M. Bawohl, R. Weihrich, T. Nilges, *Angew. Chem. Int. ed.* **2008**, *47*, 5654.
Lau 1981	J. C. Launay, J. Miroglio, B. Roux, *J. Cryst. Growth* **1981**, *51*, 61.
Lau 1982	J. C. Launay, B. Roux, *J. Cryst. Growth* **1982**, *58*, 354.
Len 1994	M. Lenz, R. Gruehn, *Z. Anorg. Allg. Chem.* **1994**, *620*, 867.
Len 1997	M. Lenz, R. Gruehn, *Chem. Rev.* **1997**, *97*, 2967.
Lev 1962a	R. F. Lever, G. Mandel, *J. Phys. Chem. Solids* **1962**, *23*, 599.
Lev 1962b	R. F. Lever, *J. Chem. Phys.* **1962**, *37*, 1078; **1962**, *37*, 1174; **1962**, *37*, 1177.
Lev 1966	R. F. Lever, F. Jona, *A. I. Ch. E.* **1966**, *12*, 1158.
Loc 2000	S. Locmelis, *Dissertation*, Universität Hannover, **2000**.
Loo 1959	A. C. Loonam, *J. Electrochem. Soc.* **1959**, *106*, 238.
Man 1962	G. Mandel, *J. Chem. Phys.* **1962**, *37*, 1177.
Mar 1981	B. L. Markham, D. W. Greenwell, F. Rosenberger, *J. Cryst. Growth* **1981**, *51*, 426.
Mer 1980	H. B. Merker, H. Schäfer, B. Krebs, *Z. Anorg. Allg. Chem.* **1980**, *462*, 49.
Miz 1975	O. Mizumo, H. Watanabe, *J. Cryst. Growth* **1975**, *30*, 240.
Möl 1982	M. Möller, W. Jeitschko, *Z. Anorg. Allg. Chem.* **1982**, *491*, 225.
Möl 1986	M. Möller, W. Jeitschko, *J. Solid State Chem.* **1986**, *65*, 178.
Mor 1952	W. Morawietz, *Z. Elektrochem.* **1952**, *56*, 407.
Mül 1968	R. Müller, *Chem. Ing. Tech.* **1968**, *40*, 344.
Ned 1996	R. Neddermann, S. Gerighausen, M. Binnewies, *Z. Anorg. Allg. Chem.* **1996**, *622*, 21.
Nic 1972	W. Nicolaus, E. Seidowski, V. A. Voronin, *Kristall und Techn.* **1972**, *7*, 589.
Nit 1971	R. Nitsche, *J. Cryst. Growth* **1971**, *9*, 238.
Noc 1993a	K. Nocker, R. Gruehn, *Z. Anorg. Allg. Chem.* **1993**, *619*, 699.
Noc 1993b	K. Nocker, *Dissertation*, Universität Gießen, **1993**.
Opp 1968	H. Opperman, *Z. Anorg. Allg. Chem.* **1968**, *359*, 51.
Opp 1977a	H. Oppermann, W. Reichelt, E. Wolf, *Z. Anorg. Allg. Chem.* **1977**, *432*, 26.
Opp 1977b	H. Oppermann, W. Reichelt, G. Krabbes, E. Wolf, *Kristall Techn.* **1977**, *12*, 717.
Opp 1977c	H. Oppermann, W. Reichelt, G. Krabbes, E. Wolf, *Kristall Techn.* **1977**, *12*, 919.
Opp 1981	H. Oppermann, *Wiss. Ber. Akad. Wiss. DDR* **1981**, *22*, 51.
Oxl 1961	J. H. Oxley, J. M. Blocher, *J. Electrochem. Soc.* **1961**, *108*, 460.
Öza 1993	D. Özalp, *Dissertation*, Universität Gießen, **1993**.
Pao 1975	C. Paorici, C. Pelosi, G. Attolini, G. Zuccalli, *J. Cryst. Growth* **1975**, *28*, 358.
Pau 1997	N. Pausch, J. Burggraf, R. Gruehn, *Z. Anorg. Allg. Chem.* **1997**, *623*, 1835.

Pfi 1995	A. Pfitzner, E. Freudenthaler, *Angew. Chem.* **1995**, *107*, 1784, *Angew. Chem. Int. Ed.* **1995**, *34*, 1647.
Pli 1989	V. Plies, T. Kohlmann, R. Gruehn, *Z. Anorg. Allg. Chem.* **1989**, *568*, 62.
Red 1978	W. Redlich, R. Gruehn, *Z. Anorg. Allg. Chem.* **1978**, *438*, 25.
Rei 1977	W. Reichelt, Dissertation, *Akademie der Wissenschaften der DDR*, **1977**.
Ric 1977	M. W. Richardson, B. I. Noläng, *J. Cryst. Growth* **1977**, *42*, 90.
Ros 1975	F. Rosenberger, M. C. Delong, D. W. Greenwell, J. M. Olson, G. H. Westphal, *J. Cryst. Growth* **1975**, *29*, 49.
Sae 1976	M. Saeki, *J. Crystal Growth* **1976**, *36*, 77.
Sch 1949	H. Schäfer, *Z. Anorg. Allg. Chem.* **1949**, *259*, 75.
Sch 1956a	H. Schäfer, H. Jacob, K. Etzel, *Z. Anorg. Allg. Chem.* **1956**, *286*, 27.
Sch 1956b	H. Schäfer, H. Jacob, K. Etzel, *Z. Anorg. Allg. Chem.* **1956**, *286*, 42.
Sch 1957a	H. Schäfer, K. Etzel, *Z. Anorg. Allg. Chem.* **1957**, *291*, 294.
Sch 1957b	H. Schäfer, B. Morcher, *Z. Anorg. Allg. Chem.* **1957**, *290*, 279.
Sch 1958	H. Schäfer, J. Tillack, unveröffentlichte Ergebnisse, **1958**.
Sch 1959a	H. Schäfer, K. Etzel, *Z. Anorg. Allg. Chem.* **1959**, *301*, 137.
Sch 1959b	H. Schäfer, K. D. Dohmann, *Z. Anorg. Allg. Chem.* **1959**, *300*, 1.
Sch 1962	H. Schäfer, *Chemische Transportreaktionen*, Verlag Chemie, Weinheim **1962**.
Sch 1962b	H. Schäfer, W. Fuhr, *Z. Anorg. Allg. Chem.* **1962**, *319*, 52.
Sch 1971	H. Schäfer, U. Wiese, *J. Less-Common Met.* **1971**, *24*, 55.
Sch 1972	H. Schäfer, *Preparation of Oxides and Related Compounds by Chemical Transport"*, in: Natl. Bur. of Standards, Special Publ. *364*, **1972**, 5th Materials Res. Symposium Solid State Chemistry.
Sch 1973	H. Schäfer, *Z. Anorg. Allg. Chem.* **1973**, *400*, 242.
Sch 1978	H. Schäfer, M. Binnewies *Z. Anorg. Allg. Chem.* **1978**, *441*, 216.
Sch 1978b	H. Schäfer, M. Trenkel, *Z. Naturforsch.* **1978**, *33b*, 1318.
Sch 1980a	H. Schäfer, M. Trenkel, *Z. Anorg. Allg. Chem.* **1980**, *461*, 22.
Sch 1980b	H. Schäfer, *Z. Anorg. Allg. Chem.* **1980**, *471*, 21.
Sch 1982	H. Schäfer, *Z. Anorg. Allg. Chem.* **1982**, *493*, 17.
Sch 1982b	H. Schäfer, *Z. Anorg. Allg. Chem.* **1982**, *489*, 154.
Scha 1974	E. Schaum, *Diplomarbeit*, Universität Gießen, **1974**.
Schm 1981	G. Schmidt, R. Gruehn, *J. Cryst. Growth* **1981**, *55*, 599.
Schm 1984	G. Schmidt, R. Gruehn, *Z. Anorg. Allg. Chem.* **1984**, *512*, 193.
Schm 1992	A. Schmidt, *Diplomarbeit*, Universität Gießen, **1992**.
Schm 1995	A. Schmidt, R. Glaum, *Z. Anorg. Allg. Chem.* **1995**, *621*, 1693.
Schm 1995a	H. Schmalzried, *Chemical Kinetics of Solids*, Wiley-VCH, Weinheim, **1995**.
Schö 1980	E. Schönherr, *Crystals, Growth, Properties, Applications*, 2, Springer, Berlin, **1980**.
Schö 2010	M. Schöneich, M. Schmidt, P. Schmidt, *Z. Anorg. Allg. Chem.* **2010**, *636*, 1810.
Scho 1965	R. C. Schoonmaker, A. Buhl, J. Lemley, *J. Phys. Chem.* **1965**, *69*, 3455.
Scho 1989	H. Schornstein, R. Gruehn, *Z. Anorg. Allg. Chem.* **1989**, *579*, 173.
Scho 1990	H. Schornstein, R. Gruehn, *Z. Anorg. Allg. Chem.* **1990**, *587*, 129.
Schw 1983a	H.-J. Schweizer, *Dissertation*, Universität Gießen, **1983**.
Sei 1983	F. J. Seiwert, R. Gruehn, *Z. Anorg. Allg. Chem.* **1983**, *503*, 151.
Sei 1984	F. J. Seiwert, R. Gruehn, *Z. Anorg. Allg. Chem.* **1984**, *510*, 93.
Sha 1955	Z. M. Shapiro, zitiert in: B. Lustmann, F. Kerze, *The Metallurgy of Zirconium*, McGraw-Hill, New York **1955**.
Stu 1972	J. Sturm, *Diplomarbeit*, Universität Gießen, 1972.
Teb 1962	A. Tebben, *Dissertation*, Universität Münster, **1962**.
Tha 2003	H. Thauern, R. Glaum, *Z. Anorg. Allg. Chem.* **2003**, *629*, 479.

Tra 1994	O. Trappe, *Diplomarbeit*, Universität Gießen, **1994**.
Tra 1999	O. Trappe, R. Glaum, R. Gruehn, *Das Computerprogramm CVTRANS*, Universität Gießen, **1999**.
Whi 1958	W. B. White, S. M. Johnson, G. B. Dantzig, *J. Chem. Phys.* **1958**, *28*, 751.
Wie 1972	H. Wiedemeier, E. A. Irene, A. K. Chaudhuri, *J. Cryst. Growth.* **1972**, *13/14*, 393.
Wie 1976	H. Wiedemeier, H. Sadeek, F. C. Klaessig, M. Norek, R. Santandrea, *E.S.A. Spec. Publ.* **1976**, *114. Mater. Sci. Space* N77 – 14066, 189.
Wie 1981	H. Wiedemeier, D. Chandra, F. C. Klaessig, *J. Cryst. Growth.* **1981**, *51*, 345.
Wil 1950	C. R. Wilke, *Chem. Eng. Progr.* **1950**, *46*, 95. Zitiert in: R. C. Reid, T. K. Sherwood, *The Properties of Gases and Liquids*, S. 281, New York, **1958**.
Zeg 1970	F. van Zeggeren, S. H. Storey, *The Computation of Chemical Equilibria*, Cambridge University Press, New York, **1970**.
Zel 1968	F. J. Zeleznik, S. Gordon, *Ind. Eng. Chem.* **1968**, *60*, 27.
Zin 1935	E. Zintl, A. Harder, *Z. Elektrochem.* **1935**, *41*, 767.
Zyl 1966	L. Zylka, *Dissertation*, Universität Münster, **1966**.

3 Chemischer Transport von Elementen

Chrom
nach *van Arkel* und *de Boer*

H																	He
Li	Be											B	C	N	O	F	Ne
Na	Mg											Al	Si	P	S	Cl	Ar
K	Ca	Sc	Ti	V	Cr	Mn	Fe	Co	Ni	Cu	Zn	Ga	Ge	As	Se	Br	Xe
Rb	Sr	Y	Zr	Nb	Mo	Tc	Ru	Rh	Pd	Ag	Cd	In	Sn	Sb	Te	I	Xe
Cs	Ba	La	Hf	Ta	W	Re	Os	Ir	Pt	Au	Hg	Tl	Pb	Bi	Po	At	Rn

Ce	Pr	Nd	Pm	Sm	Eu	Gd	Tb	Dy	Ho	Er	Tm	Yb	Lu
Th	Pa	U	Np	Pu									

Van-Arkel-de-Boer-Verfahren

$$Zr(s) + 2\,I_2(g) \rightleftharpoons ZrI_4(g)$$

Synproportionierungsreaktionen

$$Si(s) + SiI_4(g) \rightleftharpoons 2\,SiI_2(g)$$

Transport mit Sauerstoff

$$Pt(s) + O_2(g) \rightleftharpoons PtO_2(g)$$

Der Chemische Transport von Elementen ist am Beispiel von Metallen und einigen Halbmetallen eingehend untersucht und beschrieben worden. Bei den typischen Nichtmetallen Phosphor und Schwefel besteht aufgrund ihrer hohen Dampfdrücke kein Bedarf, die Flüchtigkeit im Sinne einer Chemischen Transportreaktion zu erhöhen. Auch einige Metalle und Halbmetalle, die hohe Dampfdrücke aufweisen, können auf einfache Weise durch Destillation bzw. Sublimation in die Gasphase überführt und aus dieser wieder abgeschieden werden. Hierzu zählen insbesondere folgende Elemente: Die Alkali- und Erdalkimetalle, Zink, Cadmium, Quecksilber, Europium, Ytterbium, Arsen, Antimon, Selen und Tellur. Manche Metalle haben so niedrige Schmelztemperaturen, dass sie durch eine Transportreaktion allenfalls in flüssiger Form erhalten werden können. Dies trifft zum Beispiel auf Gallium, Zinn und Blei zu. Der Chemische Transport ist für hoch schmelzende Elemente mit niedrigen Dampfdrücken von Bedeutung. Diese Elemente können in geschlossenen Reaktionsgefäßen (Ampullen), in strömenden Systemen, in speziellen Reaktoren (Heißdraht-Verfahren nach *Van Arkel* und *De Boer*) oder durch CVD-Prozesse (Cho 2003) aus der Gasphase abgeschieden werden. Alle genannten Prozesse beruhen auf denselben thermodynamischen Grundprinzipien. So lassen sich mehr als 40 Elemente durch Chemische Transportreaktionen kristallisieren, davon mehr als 25 mit Iod als Transportmittel (Rol 1960, Rol 1961).

Neben Iod als dem wichtigsten Transportmittel für Elemente sind Verbindungen wie zum Beispiel Aluminium(III)-, Gallium(III)- und Eisen(III)-chlorid sowie Aluminium(III)- und Indium(III)-iodid als transportwirksame Zusätze beschrieben worden (Sch 1975). Diese können halogenierend wirken und so gasförmige Halogenide der zu transportierenden Elemente bilden. Zusätzlich stabilisieren sie diese durch die Bildung von Gaskomplexen (siehe Kapitel 11). Andere Transportmittel, die in Einzelfällen verwendet werden können, sind die Halogene Fluor, Chlor und Brom sowie die Halogenwasserstoffe, Wasser, die Chalkogene Sauerstoff, Schwefel, Selen und Tellur sowie Kohlenstoffmonoxid. Obwohl Kohlenstoffmonoxid nur für den Transport von Nickel angewendet wird, hat dieses industrielle Reinigungsverfahren nach *Mond* und *Langer* Eingang in die Lehrbücher gefunden und Kohlenstoffmonoxid damit als Transportmittel zu einer besonderen Bekanntheit verholfen (Mon 1890).

3.1 Transport mit Halogenen

Transport mit Iod Aufgrund der besonderen Bedeutung soll auf den Chemischen Transport von Elementen mit Iod als Transportmittel näher eingegangen werden. Die dabei zugrunde liegenden Reaktionen lassen sich im Wesentlichen auch auf den Transport mit anderen Halogenen übertragen.

> Bei der Reaktion eines festen Elements mit Iod unter Bildung des gasförmigen Iodids kann man folgende Fälle unterscheiden:
> - *Die Reaktion ist stark exotherm*: Es findet kein Transport statt, da keine Rückreaktion erfolgen kann. Ausnahme: Beim Heißdraht-Verfahren nach *van Arkel* und *de Boer* kann das Gleichgewicht weit auf der Seite der gebildeten Iodide liegen ($\Delta_R G^0$ bis zu -600 kJ $\cdot$ mol^{-1}). Aufgrund der sehr hohen Temperaturen, teilweise bis zu 2000 °C, kann die Rückreaktion dennoch ablaufen.

> - *Die Reaktion ist exotherm*: Es findet ein Transport von kalt nach heiß statt.
> - *Die Reaktion ist endotherm*: Es findet ein Transport von heiß nach kalt statt.
> - *Die Reaktion ist stark endotherm*: Es findet kein Transport statt, weil Iodide mit transportwirksamen Partialdrücken nicht gebildet werden.

Im ersten Fall einer stark exothermen Reaktion bilden die Elemente thermisch sehr stabile Iodide, die auf der Abscheidungsseite zwar im Prinzip zersetzt werden könnten, dafür aber eine so hohe Temperatur erfordern, dass auch die Elemente schon beträchtliche Dampfdrücke aufweisen. In einigen Fällen liegt die Zersetzungstemperatur der Iodide über den Siedetemperaturen der Elemente. Solche sind zum Beispiel die Alkali- und Erdalkalimetalle, aber auch Europium, Mangan, Zink, Cadmium, Quecksilber, Thallium und Blei.

Der Chemische Transport eines Elements mit Iod von T_1 nach T_2 ist die am häufigsten beschriebene Transportreaktion bei Metallen. Sie ist u. a. für Titan, Zirkonium, Hafnium und Thorium umfangreich untersucht und beschrieben (Verfahren von *van Arkel* und *de Boer*) (Ark 1925, Boe 1926, Boe 1930, Ark 1934). Weitere Elemente, die so transportiert werden können, sind Yttrium, Vanadium, Niob, Tantal, Chrom, Eisen, Cobalt, Nickel, Kupfer, Bor, Silicium, Germanium und Zinn sowie Uran und Protactinium (Rol 1960, Rol 1961, She 1966, Has 1967, Cue 1978, Spi 1979). Diese Art eines Chemischen Transports in die heißere Zone soll am Transport von Zirkonium mit Iod beschrieben werden. Die Temperatur der Auflösungsseite T_1 kann zwischen 200 und 650 °C variieren. Die günstigste Temperatur liegt zwischen 350 und 400 °C. Die Temperatur der Abscheidungsseite T_2 kann zwischen 1100 und 2000 °C liegen, wobei in der Regel Temperaturen von 1400 °C angewendet werden. Häufig ist ein durch Stromfluss erhitzter Glühdraht der Abscheidungsort. Das Transportverhalten wird durch die Gleichgewichte 3.1.1 bis 3.1.3 beschrieben.

$$\text{Zr(s)} + 4\,\text{I(g)} \;\rightleftharpoons\; \text{ZrI}_4(g) \tag{3.1.1}$$

$$\text{ZrI}_2(g) + 2\,\text{I(g)} \;\rightleftharpoons\; \text{ZrI}_4(g) \tag{3.1.2}$$

$$\text{I}_2(g) \;\rightleftharpoons\; 2\,\text{I(g)} \tag{3.1.3}$$

In Abbildung 3.1.1 sind die Partialdrücke im System Zr/I als Funktion der Temperatur dargestellt. Abbildung 3.1.2 zeigt die Transportwirksamkeit der einzelnen Spezies. Weitere, im System zu berücksichtigende Gasspezies sind ZrI_3 und ZrI, die jedoch zur Beschreibung des Transportgeschehens von untergeordneter Bedeutung sind (Eme 1956, Eme 1957).

Zwei Beispiele für den exothermen Chemischen Transport nach dem *Van-Arkel-de-Boer*-Verfahren mit relativ niedrigen Temperaturen auf der Abscheidungsseite sind der Transport von Uran (850 → 950 °C) (Has 1967) und der von Kupfer mit Iod (420 → 920 °C, siehe Gleichung 3.1.6) (She 1966).

$$\text{U(s)} + \tfrac{3}{2}\,\text{I}_2(g) \;\rightleftharpoons\; \text{UI}_3(g) \tag{3.1.4}$$

$$\text{U(s)} + 2\,\text{I}_2(g) \;\rightleftharpoons\; \text{UI}_4(g) \tag{3.1.5}$$

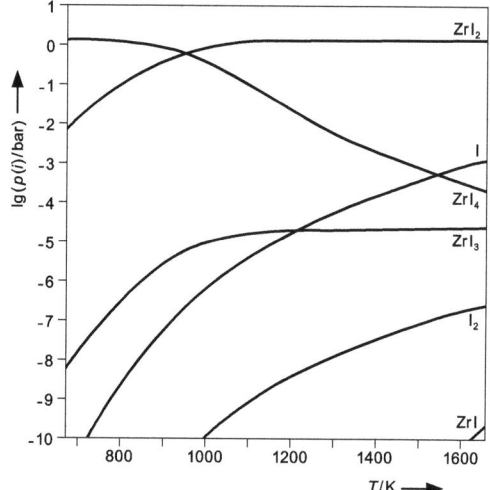

Abbildung 3.1.1 Partialdrücke im System Zr/I in Abhängigkeit von der Temperatur.

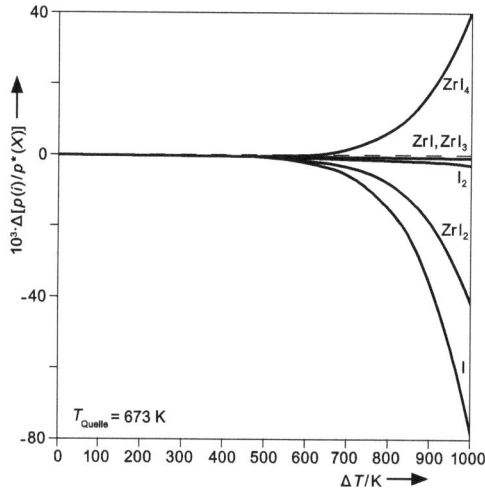

Abbildung 3.1.2 Transportwirksamkeit der wesentlichen Gasspezies im System Zr/I.

$$3\,Cu(s) + \frac{3}{2}\,I_2(g) \rightleftharpoons Cu_3I_3(g) \tag{3.1.6}$$

Niob, Tantal und Silicium können ebenfalls in diesem Temperaturbereich (500 → 1050 °C) in einem mit Iod beladenen Trägergasstrom über die Gasphase übertragen werden. Ein Beispiel für den exothermen Transport eines Elements mit Iod in einer Ampulle ist der von Eisen (800 → 1000 °C).

$$Fe(s) + I_2(g) \rightleftharpoons FeI_2(g) \tag{3.1.7}$$

$$2\,Fe(s) + 2\,I_2(g) \rightleftharpoons Fe_2I_4(g) \tag{3.1.8}$$

$$I_2(g) \rightleftharpoons 2\,I(g) \tag{3.1.9}$$

Das erste Gleichgewicht ist endotherm und kann damit nicht den Transport in die heißere Zone bewirken. Für die Beschreibung des exothermen Transportverhaltens ist deshalb das zweite, exotherme Gleichgewicht entscheidend (siehe auch Kapitel 1).

Am Beispiel des Transports von Germanium mit Iod von T_2 nach T_1 haben *Oppermann* und Mitarbeiter die Anteile von Diffusion und Konvektion an der Gasbewegung bei unterschiedlichen Gesamtdrücken untersucht. In vergleichenden Experimenten wurde das Transportverhalten bei normaler Gravitation auf der Erde sowie unter den Bedingungen der Mikrogravitation im Weltraum ermittelt (Opp 1981). Die Transportraten der unter normaler Gravitation durchgeführten Experimente steigen oberhalb von ca. 3 bar exponentiell mit dem Druck an. Im Gegensatz dazu zeigen die Transportraten unter Mikrogravitation keine Abhängigkeit vom Gesamtdruck. Bei Mikrogravitation ist die Konvektion vernachlässigbar klein, der Stofftransport erfolgt ausschließlich über Diffusion. Dies zeigt, dass die Gasbewegung oberhalb von 3 bar im Gravitationsfeld der Erde nicht nur über Diffusion, sondern zunehmend über Konvektion erfolgt.

Die für den exothermen Transport mit Iod geschilderten Zusammenhänge gelten auch für die übrigen Halogene. Deren Bedeutung als Transportmittel für Elemente ist jedoch aufgrund der ungünstigen Gleichgewichtslage relativ gering. Da die Stabilität der Halogenide von den Iodiden zu den Fluoriden zunimmt, steigen deren Zersetzungstemperaturen in dieser Richtung an. Es werden immer höhere Zersetzungstemperaturen notwendig, die experimentell zunehmend schwieriger zu realisieren sind.

Transport mit Chlor und Brom Elemente wie zum Beispiel Molybdän, Ruthenium, Rhodium, Palladium, Osmium, Iridium und Platin bilden keine gasförmigen Iodide mit einer Stabilität, die hinreichend groß ist, um transportwirksam werden zu können (Rol 1961). Die festen Iodide zersetzen sich beim Erhitzen in das nicht flüchtige Metall und elementares, gasförmiges Iod. Bei Palladium und Platin ist ein endothermer Transport mit Iod beschrieben, der aufgrund der ungünstigen Gleichgewichtslage jedoch mit sehr geringen Transportraten verläuft. Wenn Iod als Transportmittel ungeeignet ist, bilden in vielen Fällen Brom und insbesondere Chlor stabilere und damit transportwirksame Spezies. So ist zum Beispiel der Chemische Transport von Molybdän, Palladium, Rhenium, Osmium, Platin und Gold mit Chlor möglich. Der endotherme Transport von Gold (700 → 500 °C) kann durch das Gleichgewicht 3.1.10 beschrieben werden (Sch 1975).

$$2\,Au(s) + Cl_2(g) \rightleftharpoons Au_2Cl_2(g) \tag{3.1.10}$$

Der exotherme Transport von Osmium mit Chlor (450 → 1000 °C) ist auf Reaktion 3.1.11 zurückzuführen (Sch 1975).

$$Os(s) + 2\,Cl_2(g) \rightleftharpoons OsCl_4(g) \tag{3.1.11}$$

Der Chemische Transport von Platin mit Chlor kann in Abhängigkeit von der Temperatur sowohl endotherm als auch exotherm erfolgen. Die Wanderung aufgrund exothermer Reaktion (600 → 700 °C) erfolgt mit hohen Transportraten über das Gleichgewicht 3.1.12.

$$6\,\text{Pt(s)} + 6\,\text{Cl}_2(g) \rightleftharpoons \text{Pt}_6\text{Cl}_{12}(g) \qquad (3.1.12)$$

Der endotherme Transport (1000 → 800 °C) wird durch die Gleichgewichte 3.1.13 und 3.1.14 beschrieben.

$$\text{Pt(s)} + \frac{3}{2}\,\text{Cl}_2(g) \rightleftharpoons \text{PtCl}_3(g) \qquad (3.1.13)$$

$$\text{Pt(s)} + \text{Cl}_2(g) \rightleftharpoons \text{PtCl}_2(g) \qquad (3.1.14)$$

Die Transportumkehr beobachtet man bei einer Temperatur von ca. 725 °C. Bei dieser Temperatur durchläuft die Löslichkeit des Platins in der Gasphase ein Minimum (Sch 1974).

Beispiele für das Heißdraht-Verfahren, bei dem nicht Iod sondern Chlor als Transportmittel verwendet wird, sind der Transport von Molybdän und Wolfram von 400 nach 1400 °C sowie von Rhenium von T_1 nach 1800 °C.

$$\text{Mo(s)} + \frac{5}{2}\,\text{Cl}_2(g) \rightleftharpoons \text{MoCl}_5(g) \qquad (3.1.15)$$

$$\text{W(s)} + 3\,\text{Cl}_2(g) \rightleftharpoons \text{WCl}_6(g) \qquad (3.1.16)$$

$$\text{Re(s)} + \frac{5}{2}\,\text{Cl}_2(g) \rightleftharpoons \text{ReCl}_5(g) \qquad (3.1.17)$$

3.2 Synproportionierungsgleichgewichte

Neben Bildung und Zerfall von Halogeniden können auch Synproportionierungsreaktionen (Auflösung) bzw. Disproportionierungsreaktionen (Abscheidung) von Halogeniden zum Chemischen Transport von Elementen genutzt werden. Bei diesen Reaktionen treten in der Gasphase mindestens zwei Halogenide unterschiedlicher Zusammensetzung auf (3.2.1 bis 3.2.3).

$$\text{Be(s)} + \text{Be}X_2(g) \rightleftharpoons 2\,\text{Be}X(g) \qquad (3.2.1)$$
(X = F, Cl, 1300 °C → T_1)

$$2\,\text{B(s)} + \text{B}X_3(g) \rightleftharpoons 3\,\text{B}X(g) \qquad (3.2.2)$$
(X = F, Cl, Br, I, 900 → 600 °C)

$$\text{Si(s)} + \text{Si}X_4(g) \rightleftharpoons 2\,\text{Si}X_2(g) \qquad (3.2.3)$$
(X = F, Cl, Br, I, 1100 → 900 °C)

Die Triebkraft der endothermen Bildung des niederen Halogenids ist der Entropiegewinn. Der Transport erfolgt stets von T_2 nach T_1. Elemente, die durch solche Reaktionen transportiert werden können, sind u.a. Beryllium, Zink, Cadmium, Bor, Aluminium, Gallium, Silicium, Germanium, Zinn, Antimon und Bismut (Sch 1971). Als Transportmittel kann das entsprechende Halogenid direkt eingesetzt werden. In vielen Fällen wird stattdessen das Halogen zugesetzt. Dabei wird in einer Primärreaktion das Halogenid als Transportmittel gebildet.

So kann Bor entsprechend Gleichgewicht 3.2.2 mit $BBr_3 + Br_2$ von 900 nach 600 °C transportiert und kristallin erhalten werden. Der Transport im Temperaturgradienten 900 nach 400 °C mit $BI_3 + I_2$ als Transportzusatz führt hingegen zur Abscheidung von amorphem Bor. Aufgrund der höheren Abscheidungstemperatur beim Transport mit Iod nach dem Heißdraht-Verfahren erhält man kristallines Bor.

Der Transport von Aluminium, Gallium, Indium, Antimon, Bismut, Silicium, Germanium und Niob unter Bildung ihrer Subhalogenide kann durch die Gleichgewichte 3.2.4 bis 3.2.11 beschrieben werden.

$$2\,Al(s) + AlX_3(g) \rightleftharpoons 3\,AlX(g) \tag{3.2.4}$$
$(X = F, Cl, Br, I)$

$$2\,Ga(s) + GaCl_3(g) \rightleftharpoons 3\,GaCl(g) \tag{3.2.5}$$

$$2\,In(s) + InX_3(g) \rightleftharpoons 3\,InX(g) \tag{3.2.6}$$
$(X = F, Cl)$

$$2\,Sb(s) + SbCl_3(g) \rightleftharpoons 3\,SbCl(g) \tag{3.2.7}$$

$$2\,Bi(s) + BiX_3(g) \rightleftharpoons 3\,BiX(g) \tag{3.2.8}$$
$(X = Cl, Br, I)$

$$Si(s) + SiX_4(g) \rightleftharpoons 2\,SiX_2(g) \tag{3.2.9}$$
$(X = F, Cl, Br, I)$

$$Ge(s) + GeI_4(g) \rightleftharpoons 2\,GeI_2(g) \tag{3.2.10}$$

$$Nb(s) + 4\,NbCl_5(g) \rightleftharpoons 5\,NbCl_4(g) \tag{3.2.11}$$

Diese Beispiele kann man in folgender Weise verallgemeinern:

$$M(s) + MX_2(g) \rightleftharpoons 2\,MX(g) \tag{3.2.12}$$
$(M = Be, Cd, Zn)$

$$2\,M(s) + MX_3(g) \rightleftharpoons 3\,MX(g) \tag{3.2.13}$$
$(M = B, Al, Ga, In, Sb, Bi)$

$$M(s) + MX_4(g) \rightleftharpoons 2\,MX_2(g) \tag{3.2.14}$$
$(M = Si, Ge)$

$$M(s) + 4\,MCl_5(g) \rightleftharpoons 5\,MCl_4(g) \tag{3.2.15}$$
$(M = Nb, Ta)$

Im Unterschied zu Silicium und Germanium verläuft der Transport von Zinn nicht unter Beteiligung von Zinn(IV)-chlorid, sondern über das Gleichgewicht 3.2.16 unter Beteiligung von Zinn(II)- und Zinn(I)-chlorid als Gasspezies. Bei Abscheidungstemperaturen zwischen 500 und 700 °C wird flüssiges Zinn erhalten (Spe 1972).

$$Sn(l) + SnCl_2(g) \rightleftharpoons 2\,SnCl(g) \tag{3.2.16}$$

Durch Synproportionierungsgleichgewichte kann auch der Transport der Elemente Titan, Zirkonium und Chrom erklärt werden. Sie werden im strömenden

System mit ihren Halogeniden bei Temperaturen um 1000 °C umgesetzt. Bei der Reaktion von Titan mit Titan(IV)-chlorid bildet sich in einer vorgelagerten Reaktion gasförmiges $TiCl_3$ als Transportmittel. Dessen Partialdruck ist relativ niedrig und liegt im Bereich von 10^{-3} bar. Im Transportgleichgewicht 3.2.17 (1200 → 1000 °C) erfolgt die Umsetzung zu Titan(II)-chlorid.

$$Ti(s) + 2\,TiCl_3(g) \rightleftharpoons 3\,TiCl_2(g) \quad (3.2.17)$$

Das Prinzip der Synproportionierung kann auch für Transportreaktionen mit Chalkogeniden genutzt werden (Sch 1979). Dies zeigen folgende Beispiele:

$$4\,Al(s) + Al_2Q_3(s) \rightleftharpoons 3\,Al_2Q(g) \quad (3.2.18)$$
$(Q = S, Se, 1300 \rightarrow 1000\,°C)$

$$Si(s) + SiQ_2(g) \rightleftharpoons 2\,SiQ(g) \quad (3.2.19)$$
$(Q = S, Se, Te)$

$$Ge(s) + GeQ_2(g) \rightleftharpoons 2\,GeQ(g) \quad (3.2.20)$$
$(Q = S, Se, Te)$

3.3 Umkehr der Transportrichtung

Sind zur Beschreibung des Transports eines Elements mehrere unabhängige Reaktionen notwendig, können sowohl endotherme als auch exotherme Reaktionen relevant sein. Welche von diesen Reaktionen dominierend ist und damit die Transportrichtung bestimmt, hängt vom Gesamtdruck und der Temperatur ab. Eine thermodynamische Diskussion zeigt, dass die Transportrichtung bei Variation der Transportbedingungen umkehrbar sein kann.

Untersuchungen zum Chemischen Transport von Silber mit Iod haben gezeigt, dass Silber exotherm von 625 nach 715 °C und endotherm von 925 nach 715 °C transportiert werden kann. Zur Beschreibung des Transports sind die drei unabhängigen Gleichgewichte 3.3.1 bis 3.3.3 notwendig (Sch 1973c).

$$Ag(s) + I(g) \rightleftharpoons AgI(g) \quad (3.3.1)$$
$\Delta_R H^0_{298} = 18{,}4\ kJ \cdot mol^{-1}$

$$3\,Ag(s) + 3\,I(g) \rightleftharpoons Ag_3I_3(g) \quad (3.3.2)$$
$\Delta_R H^0_{298} = -307\ kJ \cdot mol^{-1}$

$$I_2(g) \rightleftharpoons 2\,I(g) \quad (3.3.3)$$
$\Delta_R H^0_{298} = 151{,}4\ kJ \cdot mol^{-1}$

Berechnet man die Gasphasenlöslichkeit von Silber in Abhängigkeit von der Temperatur, erhält man bei ca. 680 °C ein Minimum. Dieses zeigt den Wechsel in der Transportrichtung an. Unterhalb dieser Temperatur erfolgt der Transport in die heißere, oberhalb in die kältere Zone. Man bezeichnet diese Temperatur als die *Umkehrtemperatur* (Umkehrpunkt). In Abbildung 3.3.1 ist die Löslichkeit von Silber als Temperaturfunktion dargestellt.

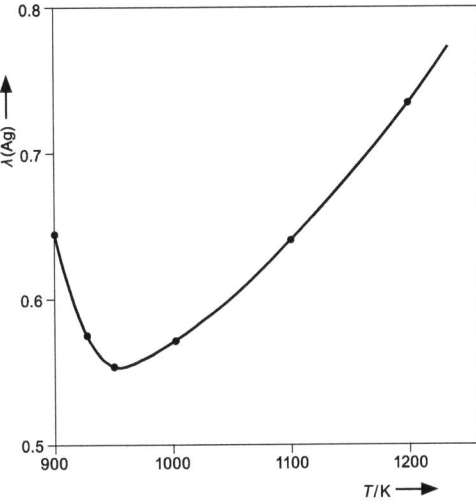

Abbildung 3.3.1 Gasphasenlöslichkeit im System Ag/I als Temperaturfunktion (Sch 1973c).

Einen Wechsel der Transportrichtung beobachtet man auch bei der Abscheidung von Titan unter Zusatz von Iod.

$$Ti(s) + 4\,I(g) \rightleftharpoons TiI_4(g) \quad (3.3.4)$$
$$\Delta_R H^0_{298} = -704{,}3 \text{ kJ} \cdot \text{mol}^{-1}$$

$$Ti(s) + TiI_4(g) \rightleftharpoons 2\,TiI_2(g) \quad (3.3.5)$$
$$\Delta_R H^0_{298} = 237{,}9 \text{ kJ} \cdot \text{mol}^{-1}$$

$$I_2(g) \rightleftharpoons 2\,I(g) \quad (3.3.6)$$
$$\Delta_R H^0_{298} = 151{,}4 \text{ kJ} \cdot \text{mol}^{-1}$$

In diesem Fall durchläuft die Gasphasenlöslichkeit von Titan bei ca. 1000 °C ein Maximum. Bei tieferen Temperaturen überwiegt das exotherme Gleichgewicht, während der Transport bei höheren Temperaturen durch das endotherme Gleichgewicht bestimmt wird.

Ein weiteres, besonders gut untersuchtes Beispiel für die Transportumkehr ist der Transport von Silicium mit Iod, zu dessen Beschreibung die folgenden drei voneinander unabhängigen Gleichgewichte formuliert werden:

$$Si(s) + 2\,I_2(g) \rightleftharpoons SiI_4(g) \quad (3.3.7)$$
$$\Delta_R H^0_{298} = -235{,}3 \text{ kJ} \cdot \text{mol}^{-1}$$

$$Si(s) + 4\,I(g) \rightleftharpoons SiI_4(g) \quad (3.3.8)$$
$$\Delta_R H^0_{298} = -537{,}5 \text{ kJ} \cdot \text{mol}^{-1}$$

$$Si(s) + SiI_4(g) \rightleftharpoons 2\,SiI_2(g) \quad (3.3.9)$$
$$\Delta_R H^0_{298} = 295{,}4 \text{ kJ} \cdot \text{mol}^{-1}$$

Bei Temperaturen unterhalb 600 °C ist gasförmiges Silicium(IV)-iodid die dominierende siliciumhaltige Gasspezies. Mit zunehmender Temperatur wird die Bil-

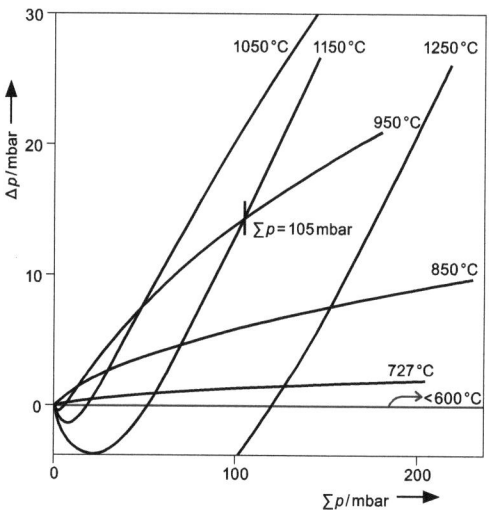

Abbildung 3.3.2 Einfluss des Gesamtdrucks im System Silicium/Iod auf die Löslichkeit[1] von Silicium in der Gasphase nach (Sch 1957).

dung von Silicium(II)-iodid gefördert, das schließlich zur dominierenden Gasspezies wird. Damit geht eine Umkehr der Transportrichtung einher. Das die Transportrichtung bestimmende Partialdruckverhältnis $p(\text{SiI}_4)/p(\text{SiI}_2)$ ist jedoch nicht nur von der Temperatur, sondern auch vom Gesamtdruck abhängig. Eine Änderung des Gesamtdrucks kann deshalb zum Wechsel der Transportrichtung führen (vgl. Abbildung 3.3.2). So kann Silicium sowohl von 1150 nach 950 °C als auch von 350 nach 1000 °C transportiert werden (Sch 1957, Rol 1961).

> Das Wechselspiel von zwei Gleichgewichten mit unterschiedlichen Vorzeichen der Reaktionsenthalpie kann also eine Umkehr der Transportrichtung zur Folge haben. In der Regel hängt diese nicht nur von der Temperatur bzw. dem Temperaturgradienten, sondern auch vom Gesamtdruck ab. Dies ist dann der Fall, wenn die Lagen der beteiligten Gleichgewichte vom Gesamtdruck abhängig sind. Nicht selten müssen zur Beschreibung des Transports deutlich mehr als zwei Gleichgewichte herangezogen werden. In diesen Fällen ist es hilfreich, die Temperaturabhängigkeit der Gasphasenlöslichkeit zur Beschreibung des Transports und zur Wahl der geeigneten Transportbedingungen (Temperatur, Temperaturgradient, Gesamtdruck) heranzuziehen.

---

[1] Die Größe $\Delta p = p(\text{SiI}_2) + p(\text{I}_2) + 0{,}5 \cdot p(\text{I})$ wird in der zitierten Arbeit als Maß für die „in der Gasphase gelöste Menge an Silicium" bezeichnet.

3.4 Transport über Gaskomplexe

Neben reinen Halogenierungsgleichgewichten sind Halogenierungsgleichgewichte in Kombination mit Komplexbildungsgleichgewichten von wesentlicher Bedeutung für den Chemischen Transport von Elementen (Sch 1975). Die Bildung von Gaskomplexen führt dabei zu einer Erhöhung der Löslichkeit der jeweiligen Elemente in der Gasphase. So ist der Transport von Gold mit Iod nur unter Beteiligung von Al_2I_6 möglich.

Als Komplexbildner kommen AlX_3, GaX_3, InX_3 und FeX_3 (X = Cl, Br, I) zum Einsatz, wobei die Chloride am häufigsten Anwendung finden. Die genannten Halogenide können in der Gasphase zum beträchtlichen Anteil als dimere Moleküle vorliegen. Über Komplexbildungsgleichgewichte können u. a. Silber, Gold, Cobalt, Chrom, Kupfer, Iridium, Nickel, Osmium, Palladium, Platin, Rhodium und Ruthenium transportiert werden. Die Zusammensetzungen der unterschiedlichen Gaskomplexe sind in Kapitel 11 thematisiert. In vielen Fällen, insbesondere bei niedrigen Temperaturen unterhalb 500 °C, lassen sich die transportwirksamen Gleichgewichte durch folgende Gleichungen in allgemeiner Weise beschreiben:

$$M^a(s) + \frac{a}{2} X_2(g) \rightleftarrows MX_a(g) \qquad (3.4.1)$$

$$MX_a(g) + M'_2X_6(g) \rightleftarrows MM'_2X_{6+a}(g) \qquad (3.4.2)$$
(M = Co, Cu, Ni, Pd, Pt, M' = Al, Ga, In, Fe, X = Cl, Br, I)

Die Transportgleichung ergibt sich aus den Gleichgewichten 3.4.1 und 3.4.2.

$$M^a(s) + a/2\, X_2(g) + M'_2X_6(g) \rightleftarrows MM'_2X_{6+a}(g) \qquad (3.4.3)$$

Hier sei angemerkt, dass je nach Temperatur und Druck auch Gaskomplexe anderer Zusammensetzung gebildet werden können (siehe Kapitel 11).

Die Bildung von Gaskomplexen nach Gleichung 3.4.2 ist stets exotherm und mit einem Entropieverlust verbunden. Verläuft die Bildung des gasförmigen Halogenids nach Gleichung 3.4.1 gleichfalls exotherm, so bewirkt die Zugabe des Komplexbildners eine Vergrößerung des Betrags der Reaktionsenthalpie. Der für den Transport günstige Temperaturbereich verschiebt sich im Vergleich zu einer Transportreaktion ohne Zugabe eines Komplexbildners. Der Transport verläuft von T_1 nach T_2. Ist die Bildung des gasförmigen Halogenids endotherm, kann sich die Transportrichtung umkehren: Ist der Betrag der Reaktionsenthalpie bei der Halogenidbildung größer als der Betrag der Reaktionsenthalpie der Gaskomplexbildung, wird die Transportreaktion weniger endotherm, die Transportrichtung (T_2 nach T_1) bleibt jedoch bestehen. Ist der Betrag der Reaktionsenthalpie der exothermen Gaskomplexbildung größer als der der endothermen Halogenidbildung, kommt es zu einem Wechsel der Transportrichtung. Der ursprünglich endotherme Transport von heiß nach kalt wird durch die Zugabe eines Komplexbildners zu einem exothermen Transport von kalt nach heiß. In den meisten Fällen führt der Zusatz von Komplexbildnern zu einer Erhöhung der Transportraten bei niedrigeren Temperaturen und zu einer Verringerung bei höheren Temperaturen.

Bei höheren Temperaturen liegen die genannten Komplexbildner in der Gasphase zunehmend als monomere Moleküle vor. Gleichzeitig bilden sich auch vermehrt Gaskomplexe anderer Zusammensetzungen. Es laufen andere Reaktionen ab und die thermodynamischen Verhältnisse verändern sich. Diese Effekte müssen dann im jeweiligen Einzelfall eingehender diskutiert werden.

Der exotherme Transport von Platin mit Chlor und Kohlenstoffmonoxid bzw. mit Brom und Kohlenstoffmonoxid von 375 nach 475 °C lässt sich über die Bildung eines gasförmigen Komplexes erklären (Sch 1970).

$$Pt(s) + Cl_2(g) \rightleftharpoons PtCl_2(s) \qquad (3.4.4)$$

$$PtCl_2(s) + 2\,CO(g) \rightleftharpoons Pt(CO)_2Cl_2(g) \qquad (3.4.5)$$

bzw. $\quad Pt(s) + COCl_2(g) + CO(g) \rightleftharpoons Pt(CO)_2Cl_2(g) \qquad (3.4.6)$

Auch in diesem Fall erhöht die Bildung eines gasförmigen Komplexes die Flüchtigkeit des Platinchlorids, das ohne die Komplexbildung bei den angegebenen Temperaturen keinen transportwirksamen Partialdruck erreicht.

Durch die Zugabe von Iod, Aluminium(III)-chlorid oder Gallium(III)-chlorid kann die Verflüchtigung fester Stoffe mit niedrigen *Verdampfungskoeffizienten* katalytisch beschleunigt werden. Ein Beispiel dafür ist die katalysierte Verflüchtigung von rotem Phosphor (Sch 1972, Sch 1976). Vergleichbare Effekte wurden bei der Sublimation von Arsen in Gegenwart von Thallium beobachtet, wobei die *Verdampfungsgeschwindigkeit* um den Faktor 100 erhöht wird (Bre 1955).

3.5 Transport unter Zusatz von Halogenwasserstoffen und Wasser

Für den Transport von Metallen spielen die Halogenwasserstoffe eine untergeordnete Rolle. Lediglich Chrom, Eisen, Cobalt, Nickel und Kupfer sind mit Chlorwasserstoff endotherm transportierbar, Eisen auch mit Bromwasserstoff (1020 → 900 °C) (Kot 1967). Die Transportgleichungen 3.5.1 und 3.5.2 beschreiben die Vorgänge exemplarisch.

$$Ni(s) + 2\,HCl(g) \rightleftharpoons NiCl_2(g) + H_2(g) \qquad (3.5.1)$$

$$3\,Cu(s) + 3\,HCl(g) \rightleftharpoons Cu_3Cl_3(g) + \frac{3}{2}H_2(g) \qquad (3.5.2)$$

Einige Elemente, wie Molybdän, Wolfram, Rhenium, Gallium, Germanium, Zinn und Antimon können mit Wasser über die Gasphase transportiert werden. Der Transport beruht auf der Bildung flüchtiger Oxide bzw. Säuren.

$$4\,Sb(s) + 6\,H_2O(g) \rightleftharpoons Sb_4O_6(g) + 6\,H_2(g) \qquad (3.5.3)$$
$(500 \rightarrow 400\,°C)$

$$Mo(s) + 4\,H_2O(g) \rightleftharpoons H_2MoO_4(g) + 3\,H_2(g) \qquad (3.5.4)$$
$(1500 \rightarrow 1200\,°C)$

$$W(s) + 4\,H_2O(g) \;\rightleftharpoons\; H_2WO_4(g) + 3\,H_2(g) \tag{3.5.5}$$
$(1500 \rightarrow 1200\,°C)$

$$Re(s) + 4\,H_2O(g) \;\rightleftharpoons\; HReO_4(g) + \frac{7}{2}H_2(g) \tag{3.5.6}$$
$(1000 \rightarrow 800\,°C)$

Für den Transport von Molybdän und Wolfram sind im angegebenen Temperaturbereich neben den flüchtigen Säuren H_2MoO_4 bzw. H_2WO_4 auch gasförmige Oxide als transportwirksame Spezies zu berücksichtigen.

Besonders ausführlich ist der Chemische Transport von Germanium mit Wasser beschrieben (Schm 1981, Schm 1982). Er erfolgt von 850 nach 750 °C, die Gasphase enthält die Spezies GeO, $(GeO)_2$, $(GeO)_3$, H_2O und H_2.

$$Ge(s) + H_2O(g) \;\rightleftharpoons\; \frac{1}{n}(GeO)_n(g) + H_2(g) \quad (n = 1, 2, 3) \tag{3.5.7}$$

Anhand der transportierten Stoffmenge von Germanium wurde die reversibel in Kieselglasampullen gebundene Feuchtigkeit ermittelt (Schm 1981, Schm 1982).

Molybdän und Wolfram lassen sich durch den Zusatz von Iod *und* Wasser über exotherme Chemische Transportreaktionen kristallisieren (Mo: 1050 → 1150 °C, W: 800 → 1000 °C) (Det 1969, Sch 1973a). Den Transportprozessen liegen die Gleichgewichte 3.5.8 und 3.5.9 zugrunde.

$$Mo(s) + 2\,H_2O(g) + 3\,I_2(g) \;\rightleftharpoons\; MoO_2I_2(g) + 4\,HI(g) \tag{3.5.8}$$

$$W(s) + 2\,H_2O(g) + 3\,I_2(g) \;\rightleftharpoons\; WO_2I_2(g) + 4\,HI(g) \tag{3.5.9}$$

3.6 Sauerstoff als Transportmittel

Für eine Reihe von Edelmetallen – Ruthenium, Rhodium, Iridium, Platin und Silber – kann Sauerstoff als Transportmittel fungieren (Sch 1963, Sch 1984, Han 2005). Der Transport erfolgt dabei in stark endothermen Reaktionen unter Bildung flüchtiger Oxide immer bei relativ hohen Temperaturen. So werden Platin von 1500 °C nach T_1, Silber von 1400 °C nach T_1 und Iridium von 1325 nach 1125 °C transportiert. Als Transportgleichgewichte können die Reaktionen 3.6.1 bis 3.6.3 formuliert werden.

$$Pt(s) + O_2(g) \;\rightleftharpoons\; PtO_2(g) \tag{3.6.1}$$

$$Ag(s) + \frac{1}{2}O_2(g) \;\rightleftharpoons\; AgO(g) \tag{3.6.2}$$

$$Ir(s) + \frac{3}{2}O_2(g) \;\rightleftharpoons\; IrO_3(g) \tag{3.6.3}$$

Insbesondere der Chemische Transport von Iridium erfolgt nur bei niedrigem Sauerstoffpartialdruck und hoher Transporttemperatur. Unter diesen Bedingungen kann die Bildung des festen Iridium(IV)-oxids unterdrückt werden. Beim Transport von Ruthenium mit Sauerstoff sind RuO_3 und RuO_4 die transportwirksamen Gasspezies. Schwefel und Selen können in seltenen Fällen durch die

Bildung flüchtiger Sulfide bzw. Selenide als Transportmittel wirksam werden (vergleiche auch Abschnitt 3.2). So kann Bor mit Schwefel über die Bildung von flüchtigem BS_2 transportiert werden. Der Transport von Bor mit Selen erfolgt von 900 nach 800 °C über das Gleichgewicht 3.6.4.

$$B(s) + Se_2(g) \rightleftharpoons BSe_2(g) \tag{3.6.4}$$

Schwefel kann ebenfalls die Flüchtigkeit von Tellur über die Bildung von Gasteilchen wie Te_2S_x ($x = 1, 2, ..., 6$) erhöhen.

3.7 Technische Anwendungen

Der Chemische Transport von Elementen ist auch von technischem und ökonomischem Interesse. Insbesondere drei praktische Anwendungen müssen hierbei genannt werden.

- Die industrielle Reinigung von Nickel nach dem Verfahren von *Mond* und *Langer*.
- Die Abscheidung von Kohlenstoff aus der Gasphase.
- Transportreaktionen, die in der Technologie von Leuchtmitteln von Bedeutung sind.

Die Reinigung von Nickel nach dem *Mond-Langer*-Verfahren erfolgt über ein reversibles Transportgleichgewicht, bei dem in der Hinreaktion das zu reinigende Nickelpulver bei ca. 50 bis 80 °C in einem Reaktor mit Kohlenstoffmonoxid bei einem Partialdruck von 1 bar zu gasförmigem Tetracarbonylnickel reagiert. Bei Temperaturen um 200 °C erfolgt die Rückreaktion, wobei Tetracarbonylnickel unter Freisetzung von Nickel an Nickelgranulat zersetzt wird. Das dabei frei werdende Kohlenstoffmonoxid wird in den Prozess zurückgeführt. Die wesentlichen Verunreinigungen des Rohnickels sind Kupfer und Cobalt. Diese bilden unter den gegebenen Bedingungen keine flüchtigen Carbonyle, sodass Nickel in Reinheiten von 99,9 bis 99,99 % erhalten werden kann. Das zugrunde liegende Transportgleichgewicht lautet folgendermaßen (vgl. Abschnitt 2.6.5):

$$Ni(s) + 4\,CO(g) \rightleftharpoons Ni(CO)_4(g) \tag{3.7.1}$$

Bei der Abscheidung von Kohlenstoff durch Chemische Transportreaktionen wird in der Regel amorpher Ruß erhalten. Der Transport kann über das endotherme *Boudouard*-Gleichgewicht 3.7.3 erfolgen.

$$C(s) + O_2(g) \rightleftharpoons CO_2(g) \tag{3.7.2}$$

$$C(s) + CO_2(g) \rightleftharpoons 2\,CO(g) \tag{3.7.3}$$

Die Temperatur der Auflösungsseite liegt oberhalb von 1000 °C, während die Temperatur der Abscheidungsseite zwischen 400 und 600 °C variieren kann. Bei der Rückreaktion unter Abscheidung von Kohlenstoff erfolgt die Disproportionierung des Kohlenstoffmonoxids in Kohlenstoff und Kohlenstoffdioxid. Diese Rückreaktion ist bei Raumtemperatur kinetisch gehemmt und läuft praktisch nicht ab. Im angegebenen Temperaturbereich kann sich das Gleichgewicht jedoch einstellen. Analog zum Transport von Kohlenstoff über das *Boudouard*-Gleichgewicht kann auch Kohlenstoffdisulfid als Transportmittel verwendet werden:

$$C(s) + CS_2(g) \rightleftharpoons 2\,CS(g) \tag{3.7.4}$$

Unter speziellen Bedingungen kann Kohlenstoff aus der Gasphase auch als Diamant abgeschieden werden. Dies gelingt jedoch nicht durch eine Chemische Transportreaktion, sondern mithilfe eines CVD-Verfahrens: Methan, als die Kohlenstoff tragende Gasspezies, wird zusammen mit Wasserstoff über ein Substrat geleitet, an dem unter Plasmabedingungen die Abscheidung des Diamants erfolgt. Als Substrat kann feines Diamantpulver oder das isotype Silicium dienen. Die Substrattemperaturen liegen zwischen 800 und 1100 °C, der Gesamtdruck zwischen 0,1 und 0,3 bar. Die Zusammensetzung des zur Reaktion gebrachten Gases variiert zwischen reinem Methan und Gasmischungen mit 2 % Methan und 98 % Wasserstoff (Reg 2001, Ale 2003).

Glühlampen mit einem Wolfram-Glühfaden sind zurzeit noch häufig eingesetzte Leuchtmittel. Das Transportverhalten von Wolfram mit den verschiedensten Transportmitteln ist aus diesem Grund umfangreich untersucht worden. Hervorzuheben sind insbesondere die Arbeiten von *Neumann* (Neu 1971, Neu 1972, Neu 1974) und *Dittmer* (Dit 1977, Ditt 1981, Ditt 1983). Glühlampen weisen einen äußerst geringen Wirkungsgrad auf. Nur ca. 5 % der zugeführten elektrischen Energie werden in sichtbares Licht umgewandelt, der weitaus größte Teil wird als Wärme abgegeben. Da die Lichtausbeute mit zunehmender Temperatur des Glühfadens steigt, werden möglichst hohe Betriebstemperaturen angestrebt. Dem steht jedoch entgegen, dass der Glühfaden mit steigender Temperatur zunehmend verdampft und sich Wolfram auf der Innenseite des Lampenkolbens abscheidet. Der Glühfaden wird so mit der Zeit dünner und brennt schließlich durch. Zudem wird der Lampenkolben geschwärzt, was die Lichtausbeute wiederum senkt. Dieses „Abdampfen" des Wolframfadens wird zusätzlich durch den endothermen Chemischen Transport des Wolframs mit Wasser verstärkt, das in Spuren in der Inertgasfüllung der Glühlampe immer vorhanden ist (Bel 1964, Alm 1971). Bei Halogenlampen, welche Chlor, Brom oder Iod bzw. Gasmischungen davon enthalten, gelingt es, in Gegenwart von Feuchtigkeitsspuren Wolfram durch exothermen Chemischen Transport von der Wand des Glaskörpers an den Glühfaden zurück zu transportieren. Dadurch ist es möglich, die Glühfäden mit einer höheren Temperatur zu betreiben. Dies verbessert die Lichtausbeute, unterbindet die Schwärzung des Glaskolbens und steigert die Lebensdauer der Glühfäden, da die Rückreaktion den Glühfaden zumindest teilweise rekonstruiert (Bin 1986).

Für bestimmte Anwendungen hat man in jüngerer Zeit so genannte „Metallhalogenidlampen" entwickelt (Bor 2006). Im Unterschied zu Glüh- und Halogenlampen enthalten diese keinen Glühdraht. Der Lampenkörper besteht meist nicht aus Glas bzw. Quarzglas, sondern üblicherweise aus Aluminiumoxid. In den sehr kleinen Lampen wird zwischen zwei Wolframelektroden ein Plasma gezündet. Die Lampen enthalten eine Reihe von Inhaltsstoffen (Na, I_2, Hg, Tl, Ar und/oder Xe), die als Plasmagase für die Lichtemission verantwortlich sind. Zusätzlich enthalten die Lampen das Iodid eines Seltenerdmetalls, meist Dysprosium sowie Thallium(I)-iodid und Aluminium(III)-iodid.

Durch Zusatz dieser Iodide können Chemische Transportreaktionen ablaufen (Fis 2008). Dabei wird Wolfram von den Elektroden weg in kältere Teile der Lampe transportiert. Auch ein Transport von Aluminiumoxid wird beobachtet. Diese unerwünschten Transportvorgänge beeinträchtigen die Effizienz und die Lebensdauer der Lampe, sind aber zurzeit noch nicht vollständig geklärt. Sicher ist, dass die Bildung von Gaskomplexen in der Lampe eine Rolle spielt. Metallhalogenidlampen werden beispielsweise in Scheinwerfern von Autos und in Videoprojektoren verwendet.

Tabelle 3.1 Beispiele für den Chemischen Transport von Elementen

Senkenbodenkörper	Transportzusatz	Temperatur/°C	Literatur
Ag	I_2	625 → 715, 925 → 715	Sch 1973c
	HCl + $AlCl_3$	450 → 700	Sch 1975
	O_2	1400	Tro 1877, War 1913
	O_2	610 → 720	Sch 1986
Al	F_2 + AlF_3, Cl_2 + $AlCl_3$, Br_2 + $AlBr_3$, I_2 + AlI_3	1000 → 600	Schn 1951, Alu 1958
	S + Al_2S_3, Se + Al_2Se_3	1300 → 1000	Kle 1948
Au	Cl_2	1000 → 700	Bil 1928
	Cl_2	300 → 500, 700 → 500	Sch 1975
	I_2	1050 → 600, 700 → 500	Sch 1955, Sch 1975
	Cl_2 + $AlCl_3$, Cl_2 + $FeCl_3$	500 → 700	Sch 1975
	I_2 + AlI_3	300 → 350, 700 → 500	Sch 1975
B	I_2	870 → 1300 ... 1450	Cue 1978
	F_2 + BF_3	keine Angabe	Bla 1964
	Cl_2 + BCl_3	keine Angabe	Gro 1949
	Br_2 + BBr_3	900 → 600	Arm 1967
	I_2 + BI_3	900 → 400	Arm 1967
	Se	900 → 800	Bin 1981
Be	F_2 + BeF_2, Cl_2 + $BeCl_2$	1300 → T_1	Gre 1963, Gre 1964, Gro 1973
	NaCl	1000 → T_1	Gro 1956
Bi	Cl_2 + $BiCl_3$, Br_2 + $BiBr_3$, I_2 + BiI_3	T_2 → T_1	Cor 1957, Cub 1959, Cub 1960, Cub 1961
C	F	1725 → 2575	Rie 1988
	H_2 + CH_4	2045 → 1100 ... 700	Ale 2003
	H_2 + CH_4	2000 ... 2500 → T_1	Reg 2001
	CO_2	1000 → 600, 1600 → 400	Sch 1962a
	CS_2	T_2 → T_1	Sch 1958

Tabelle 3.1 (Fortsetzung)

Senken-bodenkörper	Transportzusatz	Temperatur/°C	Literatur
Cd	Br_2 + $CdBr_2$	$T_2 \rightarrow T_1$	Leh 1980
Co	I_2	800 → 900	Sch 1962a
	HCl	900 → 600	Sch 1962a
	$GaCl_3$	525 → 625, 1075 → 975	Sch 1977
	GaI_3	800 → 900	Sch 1962a
	GaI_3	525 → 625, 925 → 825	Sch 1977
	H_2 + H_2O	1400	Bel 1962, Bel 1967
Cr	I_2	800 → 1100	Ark 1934
	I_2	790 → 1000	Rol 1960, Rol 1961
	HCl, $AlCl_3$	1050 → 850	Lut 1974
	$CrCl_2$, $CrCl_3$	1250	Lee 1958
Cu	I_2	400 → 900	Ark 1934
	I_2	360 → 1000	Rol 1961
	I_2	400 → 890	She 1966
	I_2	keine Angabe	She 1968, She 1968a
	I_2	400 → 890	Sch 1975
	HCl	1000 → 500, 600 → 500	Sch 1975
	HCl + $AlCl_3$	400 → 600	Sch 1975
Fe	Cl_2, Br_2, I_2	800 → 1000	Sch 1956
	I_2	500 → 1100	Ark 1934
	I_2	550 → 1100	Rol 1961
	I_2	900	Nic 1973
	HCl	1000 → 800	Sch 1959
	HBr	1020 → 900	Kot 1967
	$GaCl_3$	925 → 825, 1000 → 900	Sch 1977
	GaI_3	925 → 825	Sch 1977
	H_2 + H_2O	1400	Bel 1962, Bel 1967
Ga	Cl_2	1200 → T_1	Gas 1962
	I_2	500 → 700	Wil 1976
	Cl_2 + $GaCl_3$	1200 → T_1	Gas 1962
	I_2 + GaI_3	$T_2 \rightarrow T_1$	Sil 1962
	$GaCl_2$	800	Lee 1958
	H_2O	1000 → T_1	Coc 1962
	H_2O	500 → 700	Wil 1976
Ge	Br_2	425 → 395	Jon 1965
	I_2	keine Angabe	Rol 1961
	I_2	425 → 395	Jon 1965
	I_2	500 → 400	Ari 1966
	I_2	545 → 500, 880 → 930	Sch 1966
	I_2	500 → T_1, 900 → T_1	Sch 1980

Tabelle 3.1 (Fortsetzung)

Senken-bodenkörper	Transportzusatz	Temperatur/°C	Literatur
Ge	I_2	$T_2 \rightarrow T_1$	Fis 1981
	I_2	$895 \rightarrow 620$	Opp 1981
	$Cl_2 + GeCl_4$	$T_2 \rightarrow T_1$	Sed 1965
	$Br_2 + GeBr_4, I_2 + GeI_4$	$T_2 \rightarrow T_1$	Jon 1964
	$GaCl_3$	$500 \rightarrow 400$	Sch 1980a
	$GaCl_2$	1250	Lee 1958
	$GeCl_4$	$350 \rightarrow 250, 500 \rightarrow 400, 700 \rightarrow 600$	Sch 1980
	H_2O	$850 \rightarrow 750$	Schm 1981, Schm 1982
	H_2O	keine Angabe	Lev 1963, Tra 1969, And 1972
	$H_2O + CO_2$	$800 \rightarrow T_1$	Rös 1954
	S	$600 \rightarrow 550$	Sch 1979
	$S + GeS_2, Se + GeSe_2$	$T_2 \rightarrow T_1$	Sch 1979
	$Te + GeTe_2$	$T_2 \rightarrow T_1$	Yel 1981
	GeI_4	$535 \rightarrow 460 \ldots 485$	Lau 1982
	$BI_3 + H_2$	$590 \rightarrow 340$	Eti 1986
	BI_3	$590 \rightarrow 340$	Eti 1986
Hf	I_2	$650 \rightarrow 2000$	Ark 1925
	I_2	$T_1 \rightarrow T_2$	Boe 1926, Boe 1930
	I_2	$400 \rightarrow 1600$	Ark 1934
	I_2	keine Angabe	Rol 1961
	I_2	$T_1 \rightarrow T_2$	Ger 1968
	I_2	keine Angabe	She 1968, She 1968a
In	Cl_2	$1200 \rightarrow T_1$	Gas 1962
	$F_2 + InF_3$	$T_2 \rightarrow T_1$	Dim 1976
	$Cl_2 + InCl_3$	$1200 \rightarrow T_1$	Gas 1962
Ir	$Cl_2 + O_2$	keine Angabe	Bel 1966
	$Cl_2 + AlCl_3, Cl_2 + FeCl_3$	$600 \rightarrow 800, 500 \rightarrow 700$	Sch 1975
	O_2	$1325 \rightarrow 1130$	Sch 1960, Cor 1962
	O_2	1480	Sch 1984
Mo	Cl_2	$T_1 \rightarrow T_2$	Gei 1924, Dit 1983
	Cl_2	$300 \rightarrow 1400$	Ark 1934
	Br_2	$T_1 \rightarrow T_2$	Mur 1972
	$I_2 + H_2O$	$1050 \rightarrow 1150$	Sch 1973a
	$HgBr_2$	$1000 \rightarrow 900$	Len 1993
	MoO_3	$1600 \rightarrow T_1$	Cat 1960
	$SbBr_3$	$1000 \rightarrow 900$	Pau 1994, Pau 1997
	$H_2O + H_2$	$T_2 \rightarrow T_1$	Jae 1952, Bel 1965
Nb	I_2	$240 \ldots 470 \rightarrow 1200 \ldots 1400$	Rol 1961
	I_2	keine Angabe	Sch 1962

Tabelle 3.1 (Fortsetzung)

Senken-bodenkörper	Transportzusatz	Temperatur/°C	Literatur
Ni	Cl_2, Br_2	800 → 1000	Sch 1956
	I_2	860 → 1030	Sch 1956
	HCl	1000 → 700	Sch 1959
	HBr	1000 → 800	Kot 1967
	$GaCl_3$, GaI_3	1075 → 975, 925 → 825	Sch 1977
	InI_3	1000 → 900	Sch 1978
	$H_2 + H_2O$	1400	Bel 1962, Bel 1967
	CO	80 → 180	Sch 1982
	CO	$T_1 \rightarrow T_2$	Mon 1890, Mon 1988, Cad 1990
	CO	120 → 180	Las 1990
Os	Cl_2, $Cl_2 + FeCl_3$	450 → 1000	Sch 1975
Pa	I_2	keine Angabe	Spi 1979
Pd	Cl_2, $Cl_2 + AlCl_3$	400 → 600	Sch 1975
	$Cl_2 + FeCl_3$	400 → 900	Sch 1975
	$I_2 + AlI_3$	375 → 600	Sch 1975
Pt	Cl_2	1000 → 800, 580 → 650	Sch 1974
	Cl_2	600 → 800	Sch 1975
	Cl_2	995 → 875	Str 1981
	Cl_2	1025, 1625	Sch 1984
	$Cl_2 + AlCl_3$, $Cl_2 + FeCl_3$	600 → 800	Sch 1975
	$Cl_2 + CO$	375 → 475	Sch 1970
	Br_2	1025, 1625	Sch 1984
	$Br_2 + CO$	375 → 475	Sch 1970
	O_2	1500 → T_1	Alc 1960
	O_2	1340	Sch 1984
	O_2	900 → 800	Han 2005
Re	Cl_2	$T_1 \rightarrow 1800$	Ark 1934
	I_2	1000 → 900	Sch 1973b
	$I_2 + H_2O$, H_2O	1000 → 800	Sch 1973b
Rh	$Cl_2 + AlCl_3$	600 → 800	Sch 1975
	O_2	900 → 800	Han 2005
Ru	$Cl_2 + AlCl_3$, $Cl_2 + FeCl_3$	450 → 600	Sch 1975
	O_2	$T_2 \rightarrow T_1$	Sch 1963
Sb	$I_2 + SbI_3$	$T_2 \rightarrow T_1$	Cor 1957
	$GaCl_3$, $SbCl_3$, H_2O	500 → 400	Sch 1982a

Tabelle 3.1 (Fortsetzung)

Senkenbodenkörper	Transportzusatz	Temperatur/°C	Literatur
Se	H_2	$160 \rightarrow T_1$	Scho 1966
Si	Cl_2	$1300 \rightarrow 1100$	Les 1961
	Br_2	1000	Nic 1973
	I_2	$1150 \rightarrow 950, 950 \rightarrow 1050$	Les 1961
	I_2	$350 \rightarrow 1000$	Rol 1961
	$F_2 + SiF_4, Cl_2 + SiCl_4,$	$1100 \rightarrow 900$	Tro 1876, Sch 1953,
	$Br_2 + SiBr_4, I_2 + SiI_4$		Tei 1966, Wol 1966
	$I_2 + H_2$	$1100 \rightarrow 800$	Gre 1961
	$AlCl_3$	$1000 \rightarrow T_1$	Lee 1958
	$CdCl_2$	keine Angabe	Val 1967
	$S + SiS_2, Se + SiSe_2,$	$T_2 \rightarrow T_1$	Hol 1981, Dro 1969,
	$Te + SiTe_2$		Fau 1968
	$SiCl_4$	$1150 \rightarrow 950$	Sch 1957
	$SiCl_4$	1000	Lee 1958
	$SiCl_4$	$1100 \rightarrow 900$	Sch 1991
	$SiBr_4, SiI_4$	$1150 \rightarrow 950$	Sch 1957
	SiI_4	$950 \rightarrow 1150$	Sch 1957
Sn	$Cl_2 + SnCl_2$	$T_2 \rightarrow T_1$	Spe 1972
	HCl, H_2O	750	Wil 1976
Ta	I_2	$225 \ldots 495 \rightarrow 1100$	Rol 1961
	I_2	keine Angabe	Sch 1973, Gaw 1983
Te	I_2	$T_2 \rightarrow T_1$	Bur 1971
	I_2	$375 \rightarrow 325$	Sch 1991
	$AlCl_3$	$T_2 \rightarrow T_1$	Pri 1970
	S	$T_2 \rightarrow T_1$	Bin 1976
	S	$375 \rightarrow 325$	Sch 1991
Th	I_2	$650 \rightarrow 2000$	Ark 1925
	I_2	keine Angabe	Boe 1926, Boe 1930
	I_2	$400 \rightarrow 1700$	Ark 1934
	I_2	$455 \ldots 485 \rightarrow T_2$	Vei 1955
	I_2	keine Angabe	Rol 1961
	I_2	$420 \ldots 470 \rightarrow 1200 \ldots 1400$	Spi 1979
Ti	Br_2	1000	Nic 1973
	I_2	$650 \rightarrow 2000$	Ark 1925
	I_2	$T_1 \rightarrow T_2$	Boe 1926, Boe 1930
	I_2	$200 \rightarrow 1400$	Ark 1934
	I_2	$525 \rightarrow 1300 \ldots 1400$	Cam 1948
	I_2	$500 \rightarrow 1100$	Rol 1961
	I_2	keine Angabe	She 1968, She 1968a
	$F_2 + TiF_3, Cl_2 + TiCl_3$	$1200 \rightarrow 1000$	Gro 1952, Sch 1958a

Tabelle 3.1 (Fortsetzung)

Senkenbodenkörper	Transportzusatz	Temperatur/°C	Literatur
Ti	$TiCl_3$, $TiCl_4$	1250, 1300	Lee 1958
	NaCl	1000 → T_1	Gro 1956
U	I_2	800 → 1000	Has 1967
	NaCl	1000 → T_1	Gro 1956
	$I_2 + H_2$	keine Angabe	Ber 1954
V	I_2	800 → 1200	Ark 1934
	I_2	800 → 1300	Car 1961
	I_2	keine Angabe	Rol 1961
	NaCl	1000 → T_1	Gro 1956
W	F_2	$T_1 \rightarrow T_2$	Neu 1971a, Neu 1971b, Dit 1977
	Cl_2	$T_1 \rightarrow T_2$	Lan 1915, Ark 1923, Rie 1960, Wei 1970, Neu 1971a, Neu 1971b, Neu 1972, Neu 1973, Smi 1986
	Cl_2	300 → 1400	Ark 1934
	Br_2	$T_1 \rightarrow T_2$	Neu 1971a, Neu 1971b, Yan 1972
	Br_2	1000	Nic 1973
	Br_2	775 → 1125	Wei 1977
	$HgBr_2$	1000 → 900	Len 1994
	I_2	keine Angabe	Rol 1961
	I_2	$T_1 \rightarrow T_2$	Neu 1971a
	HgI_2	$T_2 \rightarrow T_1$	Scho 1991
	$F_2 + H_2$	$T_1 \rightarrow T_2$	Neu 1973d
	$F_2 + Br_2$, $F_2 + O_2$, $F_2 + Br_2 + O_2$	keine Angabe	Rie 1987
	$F_2 + O_2$	$T_1 \rightarrow T_2$	Neu 1971c, Neu 1973b, Har 1976, Dit 1981
	$Cl_2 + H_2$	$T_1 \rightarrow T_2$	Neu 1973c
	$Cl_2 + O_2$, $Br_2 + O_2$, $I_2 + O_2$	$T_1 \rightarrow T_2$	Neu 1971c, Neu 1973b, Dit 1981
	$F_2 + H_2 + O_2$	$T_1 \rightarrow T_2$	Neu 1973f
	$F_2 + H_2 + O_2 + C$	$T_1 \rightarrow T_2$	Neu 1973g
	$Cl_2 + H_2$	$T_1 \rightarrow T_2$	Neu 1973d
	$Cl_2 + H_2 + O_2$	$T_1 \rightarrow T_2$	Neu 1973f, Neu 1973g, Det 1974
	$Br_2 + H_2$	$T_1 \rightarrow T_2$	Neu 1973d
	$Br_2 + H_2 + O_2$	$T_1 \rightarrow T_2$	Neu 1973f
	$Br_2 + O_2 + C$	$T_1 \rightarrow T_2$	Neu 1974
	$Br_2 + H_2 + O_2 + C$	$T_1 \rightarrow T_2$	Neu 1973g, Neu 1974a

Tabelle 3.1 (Fortsetzung)

Senken-bodenkörper	Transportzusatz	Temperatur/°C	Literatur
W	$Br_2 + H_2O$	$T_1 \rightarrow T_2$	Det 1974
	$I_2 + H_2 + O_2$	$T_1 \rightarrow T_2$	Neu 1973f, Det 1974
	$I_2 + H_2O$	$800 \rightarrow 1000$	Det 1969, Sch 1973a
	BF_3, SiF_4	keine Angabe	Rie 1987, Rie 1987a
	$BF_3 + BBr_3$, $SiF_4 + SiBr_4$	keine Angabe	Rie 1987
	CF_4, SF_6, WF_6	keine Angabe	Rie 1987a
	BF_3, NF_3, PF_3, SiF_4, SF_6, WF_6	$T_1 \rightarrow T_2$	Dit 1977
	$PSCl_3$, $PSBr_3$	$T_1 \rightarrow T_2$	Neu 1972a
	$P + N_2 + Cl_2$, $P + N_2 + Br_2$	$T_1 \rightarrow T_2$	Neu 1972b
	H_2O	$T_2 \rightarrow T_1$	Lan 1913, Smi 1921, Alt 1924, Mil 1957, Bel 1964, Hof 1964, Wie 1970, Sch 1973a, Pra 1974
	H_2O	$2400 \rightarrow T_1$	Smi 1952
	H_2O	$2525 \rightarrow 1225$	Alm 1971
	H_2O	$1100 \rightarrow 900$	Sch 1973a
	$O_2 + H_2$	$T_2 \rightarrow T_1$	Neu 1973a
	O_2	keine Angabe	Neu 1971
	CH_2Br_2	$T_1 \rightarrow T_2$	Neu 1974b
Zn	$Cl_2 + ZnCl_2$	$T_2 \rightarrow T_1$	Gai 1964
Zr	I_2	$650 \rightarrow 2000$	Ark 1925
	I_2	$T_1 \rightarrow T_2$	Boe 1926, Boe 1930, Eme 1956, Eme 1957
	I_2	$200 \rightarrow 1400$	Ark 1934
	I_2	keine Angabe	Rol 1961, She 1968, She 1968a
	$ZrCl_4$	1225	Lee 1958
Y	I_2	$560 \rightarrow 1200$	Rol 1960

Literaturangaben

Alc 1960   C. B. Alcock, G. W. Hooper, *Proc. Roy. Soc.* **1960**, *A254*, 551.
Ale 2003   V. D. Aleksandrov, I. V. Sel'skaya, *Inorg. Mater.* **2003**, *39*, 455.
Alm 1971   F. H. R. Almer, P. Wiedijk, *Z. Anorg. Allg. Chem.* **1971**, *385*, 312.
Alt 1924   H. Alterthum, *Z. Phys. Chem.* **1924**, *110*, 1.

Alu 1958	Aluminium Laboratories Limited, Montreal, US Patent 2914398 (DE1130605) **1958**.
And 1972	R. Andrade, E. Butter, *Krist. Tech.* **1972**, *7*, 581.
Ari 1966	T. Arizumi, T. Nishinaga, *Crystal Growth (Suppl. J. Phys. Chem. Solids), Conference of Crystal Growth, Boston* **1966**, C 14.
Ark 1923	A. E. van Arkel, *Physica* **1923**, *3*, 76.
Ark 1925	A. E. van Arkel, J. H. de Boer, *Z. Anorg. Allg. Chem.* **1925**, *148*, 345.
Ark 1934	A. E. van Arkel, *Metallwirtschaft* **1934**, *13*, 405.
Bel 1967	G. R. Belton, A. S. Jordan, *J. Phys. Chem.* **1965**, *71*, 4114.
Ber 1954	G. Berge, G. P. Monet, *US Patent.* US2743113 **1954**.
Bil 1928	W. Biltz, W. Fischer, R. Juza, *Z. Anorg. Allg. Chem.* **1928**, *176*, 121.
Bin 1976	M. Binnewies, *Z. Anorg. Allg. Chem.* **1976**, *422*, 43.
Bin 1981	M. Binnewies, **1981**, *unveröffentlichte Ergebnisse*.
Bin 1986	M. Binnewies, *Chem. unserer Zeit* **1986**, *5*, 141.
Bla 1964	J. Blauer, M. A. Greenbaum, M. Farber, *J. Phys. Chem.* **1964**, *68*, 2332.
Boe 1926	J. H. de Boer, J. D. Fast, *Z. Anorg. Allg. Chem.* **1926**, *153*, 1.
Boe 1930	J. H. de Boer, J. D. Fast, *Z. Anorg. Allg. Chem.* **1930**, *187*, 193.
Bor 2006	M. Born, T. Jüstel, *Chem. unserer Zeit* **2006**, *40*, 294.
Bur 1971	J. Burmeister, *Mater. Res. Bull.* **1971**, *6*, 219.
Cad 1990	R. Cadoret, *Ann. Chim. Fr.* **1990**, *15*, 156.
Cam 1948	I. E. Campbell, R. I. Jaffee, J. M. Blocher, J. Gurland, B. W. Gonser, *Trans. Electrochem. Soc.* **1948**, *93*, 271.
Car 1961	D. N. Carlson, C. W. Owen, *J. Electrochem. Soc.* **1961**, *108*, 88.
Cat 1960	E. D. Cater, E. R. Plante, P. W. Gilles, *J. Chem. Phys.* **1960**, *32*, 1269.
Cho 2003	K. L. Choy, *Progress in Materials Science* **2003**, *48*, 57.
Coc 1962	C. N. Cochran, L. M. Foster, *J. Electrochem. Soc.* **1962**, *109*, 149.
Cor 1957	J. D. Corbett, S. v. Winbush, F. C. Albers, *J. Anorg. Chem. Soc.* **1957**, *79*, 3020.
Cor 1962	E. H. P. Cordfunke, G. Meyer, *Rec. Trav. Chim.* **1962**, *81*, 495.
Cub 1958	D. Cubicciotti, F. J. Keneshea, G. M. Kelley, *J. Phys. Chem.* **1958**, *62*, 463.
Cub 1959	D. Cubicciotti, F. J. Keneshea, *J. Phys. Chem.* **1959**, *63*, 295.
Cub 1961	D. Cubicciotti, *J. Phys. Chem.* **1961**, *65*, 521.
Cue 1978	J. Cueilleron, J. C. Viala, *J. Less-Common Met.* **1978**, *58*, 123.
Det 1969	J. H. Dettingmeijer, J. Tillack, H. Schäfer, *Z. Anorg. Allg. Chem.* **1969**, *369*, 161.
Det 1974	J. H. Dettingmeijer, B. Meinders, L. M. Nijland, *J. Less-Common Met.* **1974**, *35*, 159.
Dim 1976	V. S. Dimitriev, V. A. Smirnov, *Zh. Fiz. Khim.* **1976**, *50*, 2445.
Dit 1977	G. Dittmer, A. Klopfer, J. Schröder, *Philips Res. Repts.* **1977**, *32*, 341.
Dit 1981	G. Dittmer, U. Niemann, *Philips J. Res.* **1981**, *36*, 87.
Dit 1983	G. Dittmer, U. Niemann, *Mater. Res. Bull.* **1983**, *18*, 355.
Dro 1969	M. I. Dronyuk, Vestnik, *Lrovskogo Politechniceskogo Intituta* **1969**, *34*, 11.
Eme 1956	V. S. Emelyanov, P. D. Bystrov, A. I. Evstyukhin, *J. Nucl. Energy* **1956**, *3*, 121.
Eme 1957	V. S. Emelyanov, P. D. Bystrov, A. I. Evstyukhin, *J. Nucl. Energy* **1957**, *4*, 253.
Eti 1986	D. Étienne, N. Archagui, G. Bougnot, *J. Cryst. Growth* **1986**, *74*, 145.
Fau 1968	J. W. Faust, H. F. John, C. Pritchard, *J. Cryst. Growth* **1968**, *3*, 321.
Fis 1981	H. J. Fischer, R. Kuhl, H. Oppermann, R. Herrmann, K. Hilbert, A. S. Okhotin, G. E. Ignatjev, V. T. Khrjapov, E. M. Markov, I. V. Barmin, *Adv. Space Res.* **1981**, *1*, 111.
Fis 2008	S. Fischer, U. Niemann, T. Markus, *Appl. Phys.* **2008**, *41*, 144015.
Gai 1964	B. Gaiek, F. Proshek, *Russ. J. Inorg. Chem.* **1964**, *9*, 469.
Gas 1962	E. Gastinger, *Z. Anorg. Allg. Chem.* **1962**, *316*, 161.

Gaw 1983   I. I. Gawrilow, A. I. Ewstjuschin, A. Schulow, M. M. Koslow, *Zh. Fiz. Khim.* **1983**, *57*, 1347.
Ger 1968   J. Gerlach, J. P. Krumme, F. Pawlek, *J. Less-Common Met.* **1968**, *15*, 303.
Gre 1961   E. S. Greiner, J. A. Gutowski, W. C. Ellis, *J. Appl. Phys.* **1961**, *32*, 2489.
Gre 1963   M. A. Greenbaum, R. E. Yates, M. L. Arin, M. Arshadi, J. Weiher, M. Farber, *J. Phys. Chem.* **1963**, *67*, 703.
Gre 1964   M. A. Greenbaum, M. L. Arin, M. Wong, M. Farber, *J. Phys. Chem.* **1964**, *68*, 791.
Gro 1949   P. Groß, *French Patent* **1949**, 960785.
Gro 1952   P. Groß, *Austr. Patent* **1952**, 161020.
Gro 1956   P. Groß, D. L. Levi, *Extr. Refining Rarer Metals, Proc. Sympos.* London **1956**, 337.
Gro 1973   P. Groß, R. H. Levin, *Chem. Soc. Faraday Division, Sympos. High Temp. Studies in Chem.*, London, **1973**.
Han 2005   L. Hannevold, O. Nilsen, A. Kjekshus, H. Fjellvåg, *J. Cryst. Growth* **2005**, *279*, 206.
Har 1976   G. Hartel, H. G. Kloss, *Z. Phys. Chem.* **1976**, *257*, 873.
Has 1967   T. Hashino, T. Kawai, *Trans. Faraday Soc.* **1967**, *63*, 3088.
Hof 1964   T. W. Hoffmann, J. Nikliborc, *Acta Phys. Pol.* **1964**, *25*, 633.
Hol 1981   C. Holm, E. Sirtl, *J. Cryst. Growth* **1981**, *54*, 253.
Jae 1952   G. Jaeger, R. Krasemann, *Werkst. Korros.* **1952**, *3*, 401.
Jon 1964   F. Jona, R. F. Lever, H. R. Wendt, *J. Electrochem. Soc.* **1964**, *111*, 413.
Jon 1965   F. Jona, *J. Chem. Phys.* **1965**, *42*, 1025.
Kan 1964   A. S. Kanaan, J. L. Margrave, *Inorg. Chem.* **1964**, *3*, 1037.
Kem 1957   C. P. Kempter, C. Alvarez-Tostado, *Z. Anorg. Allg. Chem.* **1957**, *290*, 238.
Kle 1948   W. Klemm, K. Geiersberger, B. Schaeler, H. Mindt, *Z. Anorg. Allg. Chem.* **1948**, *255*, 287.
Kot 1967   M. Kotrbová, Z. Hauptman, *Krist. Tech.* **1967**, *2*, 505.
Lan 1913   I. Langmuir, *Proc. AIEE* **1913**, *32*, 1894, 1923.
Lan 1915   I. Langmuir, *J. Amer. Chem. Soc.* **1915**, *137*, 1139.
Las 1990   J. Laskowski, M. Oledzka, *Ann. Chim. Fr.* **1990**, *15*, 153.
Lau 1982   J. C. Launay, *J. Cryst. Growth* **1982**, *60*, 185.
Lee 1958   M. F. Lee, *J. Phys. Chem.* **1958**, *62*, 877.
Leh 1980   G. Lehmann, *persönliche Mitteilung* **1980**.
Len 1993   M. Lenz, R. Gruehn, *Z. Anorg. Allg. Chem.* **1993**, *619*, 731.
Len 1994   M. Lenz, R. Gruehn, *Z. Anorg. Allg. Chem.* **1994**, *620*, 867.
Les 1961   R. Lesser, E. Erben, *Z. Anorg. Allg. Chem.* **1961**, *309*, 297.
Lev 1963   R. F. Lever, F. Jona, *J. Appl. Phys.* **1963**, *34*, 3139.
Lut 1974   H. D. Lutz, K. H. Bertram, G. Wrobel, M. Ridder, *Mh. Chem.* **1974**, *105*, 849.
Mil 1957   T. Millner, *Acta Techn. Acad. Sci. Hung.* **1957**, *17*, 67.
Mon 1890 L. Mond, C. Langer, F. Quincke, *J. Chem. Soc.* **1890**, 749.
Mon 1988   Y. Monteil, P. Raffin, J. Bouix, *Spectrochim. Acta* **1988**, *44*, 429.
Mor 1962   C. R. Morelock, *Acta Metall. Mater.* **1962**, *10*, 161.
Mur 1972   J. J. Murray, J. B. Taylor, L. Asner, *J. Cryst. Growth* **1972**, *15*, 231.
Mur 1995   K. Murase, K. Machida, G. Adachi, *J. Alloys Compd.* **1995**, *217*, 218.
Neu 1971   G. M. Neumann, G. Gottschalk, *Z. Naturforsch.* **1971**, *26a*, 882.
Neu 1971a G. M. Neumann, W. Knatz, *Z. Naturforsch.* **1971**, *26a*, 863.
Neu 1971b G. M. Neumann, G. Gottschalk, *Z. Naturforsch.* **1971**, *26a*, 870.
Neu 1971c G. M. Neumann, G. Gottschalk, *Z. Naturforsch.* **1971**, *26a*, 1046.
Neu 1972   G. M. Neumann, U. Müller, *J. Less-Common Met.* **1972**, *26*, 391.
Neu 1972a   G. M. Neumann, *Thermochim. Acta* **1972**, *5*, 25.

Neu 1972b	G. M. Neumann, *Thermochim. Acta* **1972**, *4*, 73.
Neu 1973	G. M. Neumann, *J. Less-Common Met.* **1974**, *35*, 45.
Neu 1973a	G. M. Neumann, *Z. Metallkde.* **1973**, *64*, 193.
Neu 1973b	G. M. Neumann, *Z. Metallkde.* **1973**, *64*, 26.
Neu 1973c	G. M. Neumann, D. Schmidt, *J. Less-Common Met.* **1973**, *33*, 209.
Neu 1973d	G. M. Neumann, *Z. Metallkde.* **1973**, *64*, 117.
Neu 1973f	G. M. Neumann, *Z. Metallkde.* **1973**, *64*, 379.
Neu 1973g	G. M. Neumann, *Z. Metallkde.* **1973**, *64*, 444.
Neu 1974	G. M. Neumann, *J. Less-Common Met.* **1974**, *35*, 51.
Neu 1974a	G. M. Neumann, *Thermochim. Acta* **1974**, *8*, 369.
Neu 1974b	G. M. Neumann, *Z. Naturforsch.* **1974**, *29a*, 1471.
Nic 1971a	J. J. Nickl, J. D. Koukoussas, *J. Less-Common Met.* **1971**, *23*, 73.
Nic 1973	J. J. Nickl, J. D. Koukoussas, A. Mühlratzer, *J. Less-Common Met.* **1973**, *32*, 243.
Opp 1981	H. Oppermann, A. S. Okhotin, *Adv. Space Res.* **1981**, *1*, 51.
Pau 1994	N. Pausch, *Diplomarbeit,* Universität, Giessen **1994**.
Pau 1997	N. Pausch, J. Burggraf, R. Gruehn, *Z. Anorg. Allg. Chem.* **1997**, *623*, 1835.
Pra 1974	M. Prager, *J. Crystal Growth* **1974**, *22*, 6.
Pri 1970	D. J. Prince, J. D. Corbett, B. Garbisch, *Inorg. Chem.* **1970**, *9*, 2731.
Reg 2001	L. Regel, W. Wilcox, *Acta Astronaut.* **2001**, *48*, 129.
Rie 1960	G. D. Rieck, H. A. C. M. Bruning, *Acta Metallurg.* **1960**, *8*, 97.
Rie 1987	L. Riesel, A. Dimitrov, P. Szillat, *Z. Anorg. Allg. Chem.* **1987**, *547*, 205.
Rie 1987a	L. Riesel, A. Dimitrov, P. Szillat, H. Vogt, *Z. Anorg. Allg. Chem.* **1987**, *547*, 216.
Rie 1988	L. Riesel, K.- H. Rietze, *Z. Anorg. Allg. Chem.* **1988**, *557*, 191.
Rol 1959	R. F. Rolsten, *J. Electrochem. Soc.* **1959**, *106*, 975.
Rol 1960	R. F. Rolsten, *Z. Anorg. Allg. Chem.* **1960**, *305*, 25.
Rol 1961	R. F. Rolsten, *Iodide Metals and Metal Iodides*, J. Wiley, New York **1961**.
Rös 1954	O. Rösner, *Patent. DE976701* **1954**.
Sch 1953	H. Schäfer, J. Nickl, *Z. Anorg. Allg. Chem.* **1953**, *274*, 250.
Sch 1955	H. Schäfer, B. Morcher, **1955**, *unveröffentlichte Ergebnisse.*
Sch 1956	H. Schäfer, H. Jacob, K. Etzel, *Z. Anorg. Allg. Chem.* **1956**, *286*, 42.
Sch 1956a	H. Schäfer, H. Jacob, K. Etzel, *Z. Anorg. Allg. Chem.* **1956**, *286*, 27.
Sch 1957	H. Schäfer, B. Morcher, *Z. Anorg. Allg. Chem.* **1957**, *290*, 279.
Sch 1958	H. Schäfer, H. Wiedemeier, *Z. Anorg. Allg. Chem.* **1958**, *296*, 241.
Sch 1958a	H. Schäfer, F. Wartenpfuhl, **1958**, *unveröffentlichte Ergebnisse.*
Sch 1959	H. Schäfer, K. Etzel, *Z. Anorg. Allg. Chem.* **1959**, *301*, 137.
Sch 1960	H. Schäfer, H. J. Heitland, *Z. Anorg. Allg. Chem.* **1960**, *304*, 249.
Sch 1962	H. Schäfer, M. Hüsker, *Z. Anorg. Allg. Chem.* **1962**, *317*, 321.
Sch 1962a	H. Schäfer, *Chemische Transportreaktionen*, VCH, Weinheim, **1962**.
Sch 1963	H. Schäfer, A. Tebben, W. Gerhardt, *Z. Anorg. Allg. Chem.* **1963**, *321*, 41.
Sch 1966	H. Schäfer, H. Odenbach, *Z. Anorg. Allg. Chem.* **1966**, *346*, 127.
Sch 1970	H. Schäfer, U. Wiese, *J. Less-Common Met.* **1971**, *24*, 55.
Sch 1971	H. Schäfer, *J. Cryst. Growth* **1971**, *9*, 17.
Sch 1972	H. Schäfer, M. Trenkel, *Z. Anorg. Allg. Chem.* **1972**, *391*, 11.
Sch 1973	H. Schäfer, *J. Less-Common Met.* **1973**, *30*, 141.
Sch 1973a	H. Schäfer, T. Grofe, M. Trenkel, *J. Sol. State. Chem.* **1973**, *8*, 14.
Sch 1973b	H. Schäfer, *Z. Anorg. Allg. Chem.* **1973**, *400*, 253.
Sch 1973c	H. Schäfer, *Z. Anorg. Allg. Chem.* **1973**, *401*, 227.
Sch 1974	H. Schäfer, *Z. Anorg. Allg. Chem.* **1974**, *410*, 269.
Sch 1975	H. Schäfer, M. Trenkel, *Z. Anorg. Allg. Chem.* **1975**, *414*, 137.

Sch 1976	H. Schäfer, M. Trenkel, *Z. Anorg. Allg. Chem.* **1976**, *420*, 261.
Sch 1977	H. Schäfer, J. Nowitzki, *Z. Anorg. Allg. Chem.* **1977**, *435*, 49.
Sch 1978	H. Schäfer, J. Nowitzki, *Z. Anorg. Allg. Chem.* **1978**, *439*, 80.
Sch 1978a	H. Schäfer, M. Binnewies, *Z. Anorg. Allg. Chem.* **1978**, *441*, 216.
Sch 1979	H. Schäfer, M. Trenkel, *Z. Anorg. Allg. Chem.* **1979**, *458*, 234.
Sch 1980	H. Schäfer, M. Trenkel, *Z. Anorg. Allg. Chem.* **1980**, *461*, 22.
Sch 1980a	H. Schäfer, M. Trenkel, *Z. Anorg. Allg. Chem.* **1980**, *461*, 29.
Sch 1982	H. Schäfer, *Z. Anorg. Allg. Chem.* **1982**, *493*, 17.
Sch 1982a	H. Schäfer, *Z. Anorg. Allg. Chem.* **1982**, *489*, 154.
Sch 1983a	H. Schäfer, T. Grofe, M. Trenkel, *J. Sol. State Chem.* **1973**, *8*, 14.
Sch 1984	H. Schäfer, W. Gerhardt, *Z. Anorg. Allg. Chem.* **1984**, *512*, 79.
Sch 1986	H. Schäfer, W. Kluy, *Z. Anorg. Allg. Chem.* **1986**, *536*, 53.
Sch 1991	H. Schäfer, C. Brendel, *Z. Anorg. Allg. Chem.* **1991**, *598*, 293.
Schm 1981	G. Schmidt, R. Gruehn, *J. Cryst. Growth* **1981**, *55*, 599.
Schm 1982	G. Schmidt, R. Gruehn, *J. Cryst. Growth* **1982**, *58*, 623.
Schn 1951	A. Schneider, W. Schmidt, *Z. Metallkunde* **1951**, *42*, 43.
Scho 1966	H. Scholz, **1966**, *unveröffentlichte Ergebnisse.*
Scho 1991	H. Schornstein, *Dissertation,* Universität Gießen, **1991**.
Schr 1975	J. Schroeder, *Philips Tech. Rev.* **1975**, *35*, 332.
Sed 1965	T. O. Sedgwick, *J. Electrochem. Soc.* **1965**, *112*, 496.
She 1966	R. A. J. Shelton, *Trans. Faraday Soc.* **1966**, *62*, 222.
She 1968	R. A. J. Shelton, *Trans. Inst. Mining and Metallurgy* **1968**, *77*, C 32.
She 1968a	R. A. J. Shelton, *Trans. Inst. Mining and Metallurgy* **1968**, *77*, C 113.
Sil 1962	V. J. Silvestri, V. J. Lions, *J. Electrochem. Soc.* **1962**, *109*, 963.
Smi 1921	C. J. Smithells, *Trans. Faraday Soc.* **1921**, *17*, 485.
Smi 1986	V. P. Smirnov, Y. I. Sidorov, V. P. Yanchur, *Poverkhnost* **1986**, *4*, 123.
Spe 1972	D. M. Speros, R. M. Caldwell, W. E. Smyser, *High Temp. Sci.* **1972**, *4*, 99.
Spi 1979	H. C. Spirlet, *J. Phys. Colloq.* **1979**, *40*, 87.
Str 1981	P. Strobel, Y. Le Page, *J. Cryst. Growth* **1981**, *54*, 345.
Tei 1966	R. Teichmann, E. Wolf, *Z. Anorg. Allg. Chem.* **1966**, *347*, 145.
Tra 1969	R. F. Tramposch, *J. Electrochem. Soc.* **1969**, *116*, 654.
Tro 1876	L. Troost, O. Hautefeuille, *Ann. Chem. Phys.* **1876**, *5*, 452.
Tro 1877	L. Troost, O. Hautefeuille, *C. R. Acad. Sci.* **1877**, *84*, 946.
Val 1967	J. A. Valov, R. L. Plečko, *Krist. Tech.* **1967**, *2*, 535.
Vei 1955	N. D. Veigel, E. M. Sherwood, I. E. Campbell, *J. Electrochem. Soc.* **1955**, *102*, 687.
War 1913	H. von Wartenberg, *Z. Elektrochem.* **1913**, *19*, 482.
Wei 1970	G. Weise, G. Owsian, *J. Less-Comm. Met.* **1970**, *22*, 99.
Wei 1977	G. Weise, W. Richter, *Growth of Crystals* **1977**, *12*, 34.
Wie 1970	G. Wiese, R. Günther, *Krist. Tech.* **1970**, *5*, 323.
Wil 1976	M. Wilhelm, S. Frohmader, G. Ziegler, *Mater. Res. Bull.* **1976**, *11*, 491.
Wol 1966	E. Wolf, C. Herbst, *Z. Anorg. Allg. Chem.* **1966**, *347*, 113.
Yan 1972	L. N. Yannopoulos, *J. Appl. Phys.* **1972**, *43*, 2435.
Yel 1981	N. Yellin, G. Gafni, *J. Cryst. Growth* **1981**, *53*, 409.

4 Chemischer Transport von Metallhalogeniden

$CoCl_2$

H																	He
Li	Be											B	C	N	O	F	Ne
Na	Mg											Al	Si	P	S	Cl	Ar
K	Ca	Sc	Ti	V	Cr	Mn	Fe	Co	Ni	Cu	Zn	Ga	Ge	As	Se	Br	Xe
Rb	Sr	Y	Zr	Nb	Mo	Tc	Ru	Rh	Pd	Ag	Cd	In	Sn	Sb	Te	I	Kr
Cs	Ba	La	Hf	Ta	W	Re	Os	Ir	Pt	Au	Hg	Tl	Pb	Bi	Po	At	Rn

Ce	Pr	Nd	Pm	Sm	Eu	Gd	Tb	Dy	Ho	Er	Tm	Yb	Lu
Th	Pa	U	Np	Pu									

Bildung höherer Halogenide

$$CrCl_3(s) + \tfrac{1}{2} Cl_2(g) \rightleftharpoons CrCl_4(g)$$

Synproportionierungsreaktionen

$$MoCl_3(s) + MoCl_5(g) \rightleftharpoons 2\,MoCl_4(g)$$

Bildung von Gaskomplexen

$$CoCl_2(s) + Al_2Cl_6(g) \rightleftharpoons CoAl_2Cl_8(g)$$

Umhalogenierungsreaktionen

$$4\,AlF_3(s) + 3\,SiCl_4(g) \rightleftharpoons 4\,AlCl_3(g) + 3\,SiF_4(g)$$

Die meisten Metallhalogenide sind thermodynamisch so stabil, dass sie unzersetzt verdampft werden können. Sie können also durch Destillation oder Sublimation verflüchtigt und bei niedrigerer Temperatur wieder abgeschieden werden. Manche Metallhalogenide zersetzen sich bei höherer Temperatur entweder in die Elemente oder in ein niederes Halogenid und das entsprechende Halogen. So zersetzt sich Platin(II)-chlorid bei Temperaturen oberhalb von 500 °C merklich in Platin und Chlor. Kupfer(II)-chlorid zersetzt sich ab 300 °C unter Bildung von Kupfer(I)-chlorid und Chlor. Die Neigung zur Zersetzung steigt im Allgemeinen von den Fluoriden zu den Iodiden an. Einige Metallhalogenide disproportionieren beim Erhitzen: Molybdän(III)-chlorid zerfällt oberhalb von 600 °C im Wesentlichen unter Bildung von festem Molybdän(II)-chlorid und gasförmigem Molybdän(IV)-chlorid.

Viele Metallhalogenide können durch Chemische Transportreaktionen erhalten werden. Dabei spielen vier verschiedene Typen von Fest/Gas-Reaktionen eine zentrale Rolle. Diese werden nachfolgend besprochen.

- Halogene als Transportmittel unter Bildung höherer Halogenide.
  $CrCl_3(s) + \frac{1}{2} Cl_2(g) \rightleftharpoons CrCl_4(g)$
- Synproportionierungsreaktionen.
  $MoCl_3(s) + MoCl_5(g) \rightleftharpoons 2 MoCl_4(g)$
- Bildung von Gaskomplexen.
  $CoCl_2(s) + Al_2Cl_6(g) \rightleftharpoons CoAl_2Cl_8(g)$
- Umhalogenierungsreaktionen.
  $4 AlF_3(s) + 3 SiCl_4(g) \rightleftharpoons 4 AlCl_3(g) + 3 SiF_4(g)$

Darüber hinaus kennt man einige weitere andersartige Reaktionen, die für den Transport von Metallhalogeniden genutzt werden können. Diese haben jedoch bisher keine breitere Anwendbarkeit gefunden. Hier sei auf die zitierte Originalliteratur verwiesen. Einen Überblick zum den Chemischen Transport von Halogeniden gibt *Oppermann* (Opp 1990).

4.1 Bildung höherer Halogenide

Betrachtet man die Siedetemperaturen der Halogenide eines Metalls in verschiedenen Oxidationsstufen, findet man mit steigender Oxidationsstufe immer niedrigere Siedetemperaturen. Ursache für diesen Effekt ist die mit steigender Oxidationsstufe des Metalls zunehmende Kovalenz der Metall/Halogen-Bindung. Bei der Reaktion eines Metallhalogenids mit einem Halogen können also gegebenenfalls leicht flüchtige Halogenide gebildet werden, in denen das Metall eine höhere Oxidationsstufe hat als im Bodenkörper. Besonders häufig beobachtet man dies bei den Halogeniden der Übergangsmetalle. Die Halogenide eines Elements neigen jedoch mit steigender Oxidationsstufe zunehmend zur Zersetzung.

$$MX_n(s, l, g) \rightleftharpoons MX_{n-m}(s, l, g) + m/2\, X_2(g) \tag{4.1.1}$$

So ist nicht selten ein recht hoher Partialdruck des Halogens notwendig, um einen genügend hohen, transportwirksamen Partialdruck des höheren Halogenids aufzubauen. Beim Transport von Ruthenium(III)-bromid mit Brom wird gasförmiges Ruthenium(IV)-bromid gebildet (Bro 1968a). Allerdings ist ein hoher Bromdruck von 15 bar notwendig, um einen hinreichenden Transporteffekt zu bewirken.

$$\text{RuBr}_3(s) + \frac{1}{2}\text{Br}_2(g) \rightleftharpoons \text{RuBr}_4(g) \tag{4.1.2}$$
$$(700 \rightarrow 650\,°\text{C})$$

In aller Regel verwendet man als Transportmittel das Halogen, das auch im Bodenkörper enthalten ist. Gelegentlich wird jedoch auch ein anderes Halogen als Transportmittel verwendet (McC 1964).

$$\text{VCl}_3(s) + \frac{1}{2}\text{Br}_2(g) \rightleftharpoons \text{VCl}_3\text{Br}(g) \tag{4.1.3}$$
$$(325 \rightarrow 450\,°\text{C})$$

Bei der Abscheidung wird hier ein kleiner Anteil Bromid eingebaut, es bildet sich in der Senke ein Bodenkörper der Zusammensetzung $\text{VCl}_{2,97}\text{Br}_{0,03}$.

4.2 Synproportionierungsgleichgewichte

Die Übergangsmetalle können in ihren binären Halogeniden nicht selten in mehr als zwei, bei den Transportbedingungen stabilen Oxidationsstufen auftreten. Dies gilt insbesondere für die Metalle der Gruppen 5 und 6. Dies kann genutzt werden, um ein festes Metallhalogenid, in dem das Metall eine niedrige Oxidationsstufe hat, mit einem gasförmigen Metallhalogenid zu transportieren, in dem das Metall eine um mindestens zwei Einheiten höhere Oxidationsstufe hat. Ein Beispiel ist der Transport von Niob(III)-chlorid mit Niob(V)-chlorid als Transportmittel (Sch 1962).

$$\text{NbCl}_3(s) + \text{NbCl}_5(g) \rightleftharpoons 2\,\text{NbCl}_4(g) \tag{4.2.1}$$
$$(400 \rightarrow 300\,°\text{C})$$

Es wird gasförmiges Niob(IV)-chlorid gebildet, das im Senkenraum in festes Niob(III)-chlorid und gasförmiges Niob(V)-chlorid disproportioniert. Häufig gibt man nicht das in der Transportgleichung formulierte Transportmittel zu, sondern setzt das entsprechende Halogen ein. Das eigentlich wirksame Transportmittel bildet sich erst durch Reaktion des Transportzusatzes mit dem Bodenkörper. Um zu entscheiden, ob das zugesetzte Halogen oder ein daraus gebildetes höheres Halogenid das eigentliche Transportmittel ist, müssen zusätzliche experimentelle Untersuchungen und/oder thermodynamische Modellrechnungen durchgeführt werden.

4.3 Bildung von Gaskomplexen

Unter Gaskomplexen versteht man gasförmige Metall/Halogen-Verbindungen, in denen mehrere Metallatome über Halogenbrücken miteinander verknüpft sind. Gaskomplexe mit mehreren gleichen Metallatomen, wie zum Beispiel Al_2Cl_6, bezeichnet man auch als *Homöokomplexe*, solche mit verschiedenen Metallatomen, wie $NaAlCl_4$, als *Heterokomplexe* (Sch 1976, Sch 1983). Ein kurzer Überblick über häufig auftretende Typen von Gaskomplexen und deren Stabilität ist im Kapitel 11 gegeben. Gaskomplexe spielen bei zahlreichen Chemischen Transportreaktionen eine große Rolle (Sch 1975), insbesondere jedoch beim Chemischen Transport von Halogeniden: Dabei ist der zu transportierende Bodenkörper ein Metallhalogenid mit einer hohen Siedetemperatur, das Transportmittel ein leicht flüchtiges Halogenid, besonders häufig ein Aluminiumhalogenid. Die Aluminiumhalogenide haben niedrige Siedetemperaturen und bilden stabile Gaskomplexe mit einer Vielzahl von Metallhalogeniden. Auch Gallium(III)-, Indium(III)- und Eisen(III)-halogenide werden als Transportmittel eingesetzt. In Ausnahmefällen bewirkt auch der Zusatz anderer Metallhalogenide, wie beispielsweise Titan(IV)-chlorid oder Tantal(V)-chlorid, einen Transporteffekt (Sch 1981a).

Monohalogenide, wie die Alkalimetallhalogenide, MX, bilden mit Aluminiumhalogeniden, AlX_3, Gaskomplexe der Zusammensetzung $MAlX_4$. Diese zeichnen sich durch eine ganz besondere Stabilität aus. Die festen und flüssigen ternären Halogenide dieser Zusammensetzung sind jedoch so stabil, dass es nicht gelingt, Alkalimetallhalogenide mit Alumininiumhalogeniden zu transportieren: Es scheidet sich in der Senke stets eine ternäre Phase, nicht aber das Alkalimetallhalogenid ab. Entsprechendes gilt auch bei Verwendung von Gallium(III)-, Indium(III)-, und Eisen(III)-halogeniden als Transportmittel.

Dihalogenide, MX_2, bilden mit Aluminium-, Gallium- und Eisenhalogeniden im Wesentlichen Gaskomplexe der Zusammensetzung und MAl_2X_8 und $MAlX_5$. Darüber hinaus wurde in einigen Fällen über Gaskomplexe der Zusammensetzung MAl_3Cl_{11} berichtet (Sch 1980a, Kra 1987b). Bei relativ niedrigen Temperaturen um 300 bis 400 °C erfolgt der Transport von Dihalogeniden mit Aluminium(III)-halogeniden praktisch ausschließlich über MAl_2X_8 als transportwirksame Spezies.

$$MX_2(s) + Al_2X_6(g) \rightleftharpoons MAl_2X_8(g) \quad (4.3.1)$$
(endotherm)

Diese Reaktionen sind stets endotherm. Die Reaktionsenthalpien liegen zwischen 30 und 60 kJ · mol^{-1}. Man kann die Transportgleichung 4.3.1 formal in die Reaktionsgleichungen 4.3.2 und 4.3.3 zerlegen.

$$MX_2(s) \rightleftharpoons MX_2(g) \quad (4.3.2)$$
(endotherm)

$$MX_2(g) + Al_2X_6(g) \rightleftharpoons MAl_2X_8(g) \quad (4.3.3)$$
(exotherm)

Offenbar macht der Enthalpiegewinn durch die Komplexbildung die Sublimationsenthalpie nicht ganz wett, sodass die Transportreaktion 4.3.1 stets endotherm ist. Führt man eine solche Transportreaktion jedoch bei Bedingungen durch, bei denen das Transportmittel Aluminium(III)-chlorid überwiegend monomer als AlCl$_3$(g) vorliegt, kann sich die Transportrichtung umkehren. Der Transport erfolgt dann nach Gleichung 4.3.4. Dies konnte *Lange* am Beispiel des Transports von EuCl$_2$ zeigen (Lan 1993).

$$MX_2(s) + AlX_3(g) \rightleftharpoons MAlX_5(g) \tag{4.3.4}$$
(endotherm oder exotherm)

Neben EuAl$_2$Cl$_8$ spielen zusätzlich die Gaskomplexe EuAl$_3$Cl$_{11}$ und EuAl$_4$Cl$_{14}$ eine gewisse Rolle. Eine Vielzahl von Dihalogeniden lassen sich auf diese Weise in kristalliner Form bereits bei recht niedrigen Temperaturen erhalten. Typische Transporttemperaturen sind 400 nach 300 °C. In analoger Weise reagieren Gallium(III)-, Indium(III)-, und Eisen(III)-halogenide. Bei Temperaturen oberhalb von etwa 500 °C liegen die genannten Transportmittel zunehmend monomer vor. Zusätzlich gewinnen Komplexe der Zusammensetzung $MAlX_5$ zunehmend an Bedeutung. Der Transport erfolgt dann in die heißere Zone. Er lässt durch die Transportgleichung 4.3.5 beschreiben.

$$MX_2(s) + AlX_3(g) \rightleftharpoons MAlX_5(g) \tag{4.3.5}$$
(exotherm)

Am Beispiel des Transports von Mangan(II)-chlorid mit Aluminium- Gallium- und Indiumchlorid wurden von *Krauße* und *Oppermann* die thermodynamischen Verhältnisse, die zur Umkehr der Transportrichtung führen, eingehend diskutiert (Kra 1987).

Trihalogenide, MX_3, können mit Aluminium-, Gallium- und Eisenhalogeniden Gaskomplexe der Zusammensetzung MAl_3X_{12} und MAl_4X_{15} bilden (Øye 1969, Gru 1967). Die Bildung dieser Gaskomplexe kann genutzt werden, um schwerflüchtige Trihalogenide zu transportieren (Las 1974, Sch 1974). Der Transport verläuft endotherm, typische Transporttemperaturen sind 500 nach 400 °C. So lassen sich beispielsweise Chrom(III)-chlorid (Las 1971) und die Trihalogenide der Lanthanoid-Metalle (Gun 1987) mit Aluminium(III)-chlorid als Transportmittel sehr gut in kristalliner Form erhalten.

Beim Transport der Tetrahalogenide UCl$_4$ und ThCl$_4$ mit Aluminium(III)-chlorid wird die Bildung von UAl$_2$Cl$_{10}$ bzw. ThAl$_2$Cl$_{10}$ vermutet (Sch 1974). Auch diese Reaktionen verlaufen endotherm (UCl$_4$: 350 → 250 °C, ThCl$_4$: 500 → 400 °C).

Pentahalogenide von Metallen treten nicht sehr häufig auf. Ihr Dampfdruck ist recht hoch, sodass sie problemlos sublimiert werden können und Transportreaktionen von geringerem Interesse sind.

Die Bildung von Gaskomplexen kann auch bei der Synthese von Metallhalogeniden aus den Elementen nützlich sein: Metalle reagieren mit Halogenen in der Regel in exothermer Reaktion unter Bildung eines Metallhalogenids. Hat dieses bei den Synthesebedingungen einen so niedrigen Dampfdruck, dass es in fester Form gebildet wird, kommt es zu einer Deckschichtbildung auf der Oberfläche des Metalls. Diese Deckschicht verlangsamt die weitere Reaktion beträchtlich. Führt man solche Synthesen in Gegenwart von Aluminiumhalogeniden aus, kann das Halogenid unter Bildung eines Gaskomplexes in die Gasphase übergehen, die Deckschichtbildung wird vermieden, die Synthese verläuft wesentlich schneller als in Abwesenheit von Aluminiumhalogeniden. Dies wurde am Beispiel der Synthese einiger Übergangsmetallhalogenide gezeigt (Sch 1978, Sch 1980c).

Die Bildung von Gaskomplexen wurde auch zur Trennung der Halogenide der Lanthanoide genutzt. Im Sinne eines *Mitführungsexperiments* wird dabei ein Strom von Aluminium(III)-chlorid über ein Gemisch von Lanthanoidhalogeniden geleitet. Bei geeigneter Temperatur bilden die einzelnen Lathanoidhalogenide Gaskomplexe etwas unterschiedlicher Stabilität, die sich an verschiedenen Orten unter Rückbildung der Halogenide LnX_3 wieder zersetzen. Auf diese Weise können die Halogenide der Lanthanoide voneinander getrennt werden (Shi 1990, Ada 1991, Mur 1992, Mur 1993, Oza 1997, Yu 1997, Oza 1998a, Oza 1998b, Oza 1999, Wan 1999, Wan 2000, Yan 2003). Bei Trennungen über einen solchen „fraktionierten Chemischen Transport" kann auch ein Ausgangsbodenkörper aus Lanthanoidoxiden verwendet werden. Dieser wird mit Kohlenstoff vermischt und mit einem chlorhaltigen Trägergasstrom zur Reaktion gebracht. Bei ca. 1000 °C erfolgt eine Reaktion entsprechend folgender Gleichung:

$$Ln_2O_3(s) + 3\,C(s) + 3\,Cl_2(g) \;\rightleftharpoons\; 2\,LnCl_3(g) + 3\,CO(g) \qquad (4.3.6)$$

Die so gebildeten Lanthanoidtrichloride können dann mit Aluminium(III)-chlorid in Gaskomplexe überführt und, wie beschrieben, getrennt werden. In Gegenwart von Alkalimetallchloriden bilden sich flüchtige Gasphasenkomplexe der Zusammensetzung $MLnCl_4$ (M = Li, Na, K, Rb, Cs) (Sun 2002, Sun 2004). Aluminiumhalogenide sind für den Chemischen Transport von nahezu allen Oxidoverbindungen ungeeignet, da auch ein sehr niedriger Sauerstoffpartialdruck praktisch immer zur Abscheidung des besonders stabilen Aluminium(III)-oxids führt (Sch 1978). Lediglich die Lanthanoidoxide sind noch stabiler als Aluminiumoxid. Dies zeigt sich beispielsweise darin, dass in den so genannten Metallhalogenidlampen („Xenonlampen") die dort als Füllung dienenden Iodide ausgewählter Lanthanoidmetalle mit dem häufig aus Aluminiumoxid gefertigten Lampenkolben reagieren können. Das Aluminiumoxid wird dabei unter Bildung von Lanthanoidoxid teilweise in Aluminiumiodid überführt. Dies führt zum einen zu unerwünschter Korrosion des Lampenkolbens und zum anderen zu einer veränderten Gasphasenzusammensetzung in der Lampe, die sich sich negativ auf das Emissionsverhalten der Lampe auswirkt (siehe auch Kapitel 3).

An dieser Stelle sei angemerkt, dass der Zusatz des sehr feuchtigkeitsempfindlichen Aluminium(III)-chlorids als Transportmittel besondere experimentelle Sorgfalt erfordert. Gleiches gilt für Eisen(III)- und Indium(III)-, insbesondere aber für Gallium(III)-halogenide. Es ist davon abzuraten, kommerziell erhältliche Präparate unter geeignet erscheinenden Schutzmaßnahmen in die Transportampullen zu füllen, da der Reinheitsgrad dieser Präparate nicht immer hinreichend ist. Sehr viel besser ist es, diese Halogenide *in situ* aus den Elementen zu synthetisieren und in die Transportampulle zu sublimieren (vgl. Abschnitt 14.2); auch ein stöchiometrischer Einsatz des jeweiligen Metalls mit dem entsprechenden Halogen wird empfohlen.

4.4 Umhalogenierungsreaktionen

Die Fluoride der Metalle haben im Gegensatz zu denen der Halb- und Nichtmetalle wesentlich höhere Siedetemperaturen als die Chloride, Bromide und Iodide: Die Siedetemperatur von Aluminiumfluorid beträgt 1275 °C, die der übrigen Halogenide 181 °C ($AlCl_3$), 254 °C ($AlBr_3$), 374 °C (AlI_3). Metallfluoride können häufig nicht ohne weiteres durch Sublimation in kristalliner Form erhalten werden, sodass Transportreaktionen als präparative Methode von Interesse sind. In einigen wenigen Fällen gelang der Transport mit Silicium(IV)-chlorid (Bon 1978, Red 1983).

$$4\,AlF_3(s) + 3\,SiCl_4(g) \;\rightleftharpoons\; 4\,AlCl_3(g) + 3\,SiF_4(g) \tag{4.4.1}$$

Hier macht man sich zu Nutze, dass sowohl Silicium(IV)-fluorid als auch Silicium(IV)-chlorid sehr leicht flüchtige Verbindungen sind.

4.5 Bildung von Interhalogenverbindungen

Der Chemische Transport von Fluoriden mit Halogenen als Transportmittel ist über Gleichgewichte wie 4.5.1 wegen deren sehr ungünstiger Lage nicht möglich. Die mit der Reaktion verbundene Freisetzung von Fluor ist offensichtlich thermodynamisch sehr ungünstig. Trotzdem kann Magnesiumfluorid mit Iod als Transportmittel im Temperaturgradienten 1000 $\rightarrow$ 900 °C mit nennenswerten Transportraten kristallisiert werden (Zen 1999). Thermodynamische Modellrechnungen mit Daten für die gasförmigen Iodfluoride IF_n ($n = 1, 3, 5, 7$) aus *ab initio* Berechnungen (Dix 2008) geben den beobachteten Transporteffekt wieder und machen die maßgebliche Beteiligung von IF_5 am Transport gemäß 4.5.2 wahrscheinlich (Gla 2008). Die Übertragbarkeit von Transportreaktion 4.5.2 auf andere Fluoride wurde noch nicht untersucht.

$$MgF_2(s) + X_2(g) \;\rightleftharpoons\; MgX_2(g) + F_2(g) \tag{4.5.1}$$
(X = Cl, Br, I)

$$5\,MgF_2(s) + 6\,I_2(g) \;\rightleftharpoons\; 5\,MgI_2(g) + 2\,IF_5(g) \tag{4.5.2}$$

Tabelle 4.1 Beispiele für den Chemischen Transport von Halogeniden.

Senkenbodenkörper	Transportzusatz	Temperatur/°C	Literatur
AlF_3	$SiCl_4$	600 ... 800 → 400 ... 650	Bon 1978
AuCl	Cl_2	235 → 247	Jan 1974
$BaCl_2$	$FeCl_3$	780 → 680	Emm 1977
$BaBr_2$	$AlCl_3$	500 → T_1	Zva 1979
$CaCl_2$	$GaCl_3$	390 ... 455 → 495 ... 525	Sch 1977
	$FeCl_3$	495 → 325 ... 400	Emm 1977
	$UCl_5 + Cl_2$	500 → 400	Sch 1981b
$CeCl_3$	$AlCl_3$	500 → 400	Gun 1987
	$AlCl_3$	400 → 180	Yin 2000
$CeBr_3$	$AlBr_3$	500 → T_1	Zva 1979
$CeBr_{3-x}Cl_x$	$AlCl_3 + AlBr_3$	500 → 400	Schu 1991
$CoCl_2$	$AlCl_3$	400 → 300	Sch 1974
	$GaCl_3$	350 → 300	Sch 1974
	$AlCl_3$	360 → 240	Del 1975
	$GaCl_3$	410 ... 440 → 500 ... 590	Sch 1977
	$AlCl_3$	400 → 350	Sch 1978
	$AlCl_3$	390 → 310	Sch 1979
	$AlCl_3$	400 → 350	Sch 1981a
	$GaCl_3$	400 → 350	Sch 1981a
	$FeCl_3$	400 → 350	Sch 1981a
	$UCl_5 + Cl_2$	500 → 400	Sch 1981a
$CoBr_2$	$AlBr_3$	345 → 245	Gee 1975
$CrCl_2$	$AlCl_3$	T_2 → 200	Las 1972
	$GaCl_3$	420 ... 430 → 520 ... 530	Sch 1977
$CrCl_3$	Cl_2	T_2 → 400	Opp 1968
	Cl_2	400 ... 700 → T_1	Ban 1969
	$AlCl_3$	500 → 400	Las 1971
	$NbCl_5$	600 → 500	Sch 1974
	CCl_4	550 → 400	Ahm 1989
$CrBr_3$	Br_2	600 → T_1	Sch 1962
	Br_2	625 ... 875 → T_1 ($\Delta T = 50$)	Noc 1994
	Br_2	640 → 580	Bel 1966
CrI_2	AlI_3	450 → 400	Sch 1978
$CuCl_2$	$AlCl_3$	450 → 350	Sch 1974
	$FeCl_3 + Cl_2$	400 → 350	Sch 1974
	$GaCl_3 + Cl_2$	425 → 515	Sch 1977
	$AlCl_3$	400 → 350	Sch 1978
	$AlCl_3$	390 → 310	Sch 1979
	$AlCl_3$	400 → 350	Sch 1981a

4.5 Bildung von Interhalogenverbindungen

Tabelle 4.1 (Fortsetzung)

Senkenboden-körper	Transportzusatz	Temperatur/°C	Literatur
$CuCl_2$	$GaCl_3$	400 → 350	Sch 1981a
	$FeCl_3$	400 → 350	Sch 1981a
$CsNb_4Cl_{11}$	$NbCl_5$	730 → 700	Bro 1969
	$NbBr_5$	630 → 610	Bro 1969
$DyCl_3$	$AlCl_3$	400 → 180	Yin 2000
$DyAl_3Cl_{12}$	$AlCl_3$	250 → 160	Hak 1990
$EuCl_2$	$AlCl_3$	510 → 570, 400 → 300	Lan 1993
	$AlCl_3$	400 → 180	Yin 2000
Eu_5Cl_{11}	$AlCl_3$	480 → 545	Lan 1993
$Eu_{14}Cl_{33}$	$AlCl_3$	550 → 575	Lan 1993
$Eu(AlCl_4)_2$	$AlCl_3$	320 → 200	Lan 1993
$Eu(AlCl_4)_3$	$AlCl_3$	190 → 160	Lan 1993
$EuBr_3$	$AlCl_3$	500 → T_1	Zva 1979
FeF_3	$SiCl_4$	580 → 360	Bon 1978
$FeCl_2$	$AlCl_3$	350 → 250	Sch 1974
	$FeCl_3$	350 → 250	Sch 1974
	$GaCl_3$	500 → 400	Sch 1977
	$AlCl_3$	400 → 350	Sch 1978
FeI_2	I_2	500 → T_1	Sch 1962
	AlI_3	450 → 400	Sch 1978
$GdCl_3$	$AlCl_3$	400 → 310	Gun 1987
	$AlCl_3$	400 → 180	Yin 2000
$GdBr_3$	$AlCl_3$	500 → T_1	Zva 1979
$GdBr_{3-x}Cl_x$	$AlCl_3 + AlBr_3$	500 → 400	Schu 1991
$Ge_{4,06}I$	I_2	1070 → 625	Nes 1986
$HfNBr$	NH_4Br	760 → 860	Oro 2002
$HoCl_3$	$AlCl_3$	400 → 180	Yin 2000
$HoAl_3Cl_{12}$	$AlCl_3$	250 → 160	Hak 1990
$IrBr_3$	Br_2	900 → 450	Bro 1968b
IrI_3	I_2	1000 → 400	Bro 1968b
$LaCl_3$	$AlCl_3$	750 → 650	Sch 1974
	$AlCl_3$	500 → 400	Gun 1987
	$AlCl_3$	400 … 750 → 350	Opp 1999
	$AlCl_3$	400 → 180	Yin 2000
$LaBr_3$	$AlBr_3$	350 … 600 → T_1, 700 … 900 → T_1	Opp 2001
$LuCl_3$	$AlCl_3$	400 → 180	Yon 1999
	$AlCl_3$	400 → 180	Yin 2000

Tabelle 4.1 (Fortsetzung)

Senkenbodenkörper	Transportzusatz	Temperatur/°C	Literatur
LuBr$_3$	AlCl$_3$	500 → T_1	Zva 1979
	AlBr$_3$	400 → 600	Jia 2005
MgF$_2$	I$_2$	1000 → 900	Zen 1999
MgCl$_2$	FeCl$_3$	575 → 525	Emm 1977
MnCl$_2$	AlCl$_3$	400 → 350	Sch 1978
	AlCl$_3$	580 → T_1	Kra 1987
	GaCl$_3$	380 → T_1, 380 → T_2	Kra 1987
	InCl$_3$	730 → T_1	Kra 1987
MoCl$_2$ (Mo$_6$Cl$_{12}$)	MoCl$_4$	950 → 850	Sch 1967
MoCl$_3$	MoCl$_5$	400 → 375	Sch 1967
	MoCl$_5$	450 → 375	Opp 1972
	AlCl$_3$	450 → 350	Sch 1974
	MoCl$_5$	445 → 405	Sch 1980a
MoBr$_3$	Br$_2$	450 → 350	Opp 1973
MoI$_2$ (Mo$_6$I$_{12}$)	I$_2$	800 → 1000	Ali 1981
NaCl	NbCl$_5$	600 → 500	Sch 1974
NbF$_{2,5}$ (Nb$_6$F$_{15}$)	NbF$_5$	700 → T_1	Sch 1965a
NbCl$_3$	NbCl$_5$	390 → 355	Sch 1962
NbCl$_{2,67}$ (Nb$_3$Cl$_8$)	NbCl$_5$	T_2 → 355	Sch 1955
	NbCl$_5$	600 → 580	Sch 1959
NbCl$_{2,33}$ (Nb$_6$Cl$_{14}$)	NbCl$_5$	840 → 830	Sim 1965
NbCl$_x$ (x = 2,7 … 4)	NbCl$_5$	T_2 → 350	Sae 1972
NbBr$_{2,67}$ (Nb$_3$Br$_8$)	NbBr$_5$	800 → 760	Sim 1966
NbBr$_3$	NbBr$_5$	450 → 400	Sch 1961
Nb$_3$I$_8$	NbI$_5$	800 → 760	Sim 1966
NdCl$_3$	AlCl$_3$	500 → 400	Gun 1987
	AlCl$_3$	400 → 180	Yin 2000
NdBr$_{3-x}$Cl$_x$	AlCl$_3$ + AlBr$_3$	500 → 400	Schu 1991
NiCl$_2$	AlCl$_3$	350 → 300	Sch 1974
	GaCl$_3$	450 → 400	Sch 1974
	GaCl$_3$	505 → 405	Sch 1977
	AlCl$_3$	400 → 350	Sch 1978
	AlCl$_3$	465 → 405	Sch 1979
NiBr$_2$	AlBr$_3$	345 → 245	Gee 1975

Tabelle 4.1 (Fortsetzung)

Senkenbodenkörper	Transportzusatz	Temperatur/°C	Literatur
NiI_2	AlI_3	450 → 400	Sch 1978
$OsCl_{3,5}$	$OsCl_4$	500 → 480	Hun 1986
$OsCl_4$	Cl_2	470 → 420	Hun 1986
$PdCl_2$	$AlCl_3$	350 → 300	Sch 1978
	$AlCl_3$	350 → 300	Sch 1974
	$GaCl_3 + Cl_2$	445 → 520	Sch 1977
$PmBr_3$	$AlCl_3$	500 → T_1	Zva 1979
$PrCl_3$	$AlCl_3$	500 → 400	Gun 1987
	$AlCl_3$	400 → 180	Yin 2000
$PrBr_{3-x}Cl_x$	$AlCl_3 + AlBr_3$	500 → 400	Schu 1991
$PtCl_2$	Cl_2	650 → 550	Sch 1970
	$AlCl_3$	350 → 300	Sch 1974
$PtCl_3$	Cl_2	600 → 400	Sch 1970
$PuCl_3$	Cl_2	400 … 750 → T_1	Ben 1962
$RbNb_4Cl_{11}$	$NbCl_5$	730 → 700	Bro 1969
$RhCl_3$	$AlCl_3$	300 → 220	Bog 1998
$RuCl_3$	Cl_2	500 → T_1	Sch 1962
$RuBr_3$	Br_2	700 → 600	vSc 1966
	Br_2	750 → 650	Bro 1968a
ScF_3	$SiCl_4, GeCl_4$	900 → 850	Red 1983
$ScCl_3$	$AlCl_3$	400 → 180	Yin 2000
Sc_7Cl_{10}	$ScCl_3$	880 → 900	Poe 1977
$ScBr_3$	$AlCl_3$	500 → T_1	Yin 2000
$SmCl_2$	$AlCl_3$	460 → 500	Rud 1997
$Sm_{14}Cl_{32}$	$AlCl_3$	500 → 520	Rud 1997
$SmCl_3$	$AlCl_3$	400 → 310	Gun 1987
	$AlCl_3$	400 → 180	Yin 2000
$SmBr_{3-x}Cl_x$	$AlCl_3 + AlBr_3$	500 → 400	Schu 1991
$SrCl_2$	$FeCl_3$	790 → 690	Emm 1977
$SrBr_2$	$AlCl_3$	500 → T_1	Zva 1979
$TaCl_3$	$TaCl_5$	600 … 620 → 365	Sch 1964
$TaCl_{2,5}$ (Ta_6Cl_{15})	$TaCl_5$	630 → 470	Sch 1964
$TaBr_3$	$TaBr_5$	620 → 380	Sch 1965a
$TaCl_{2,5}$ (Ta_6Br_{15})	$TaBr_5$	620 → 450	Sch 1965a

Tabelle 4.1 (Fortsetzung)

Senkenbodenkörper	Transportzusatz	Temperatur/°C	Literatur
$TaI_{2,33}$ (Ta_6I_{14})	TaI_5	$650 \rightarrow 350 \ldots 510$	Bau 1965
$TbCl_3$	$AlCl_3$	$500 \rightarrow 400, 400 \rightarrow 310$	Gun 1987
$TbCl_3$	$AlCl_3$	$400 \rightarrow 180$	Yin 2000
$TbAl_3Cl_{12}$	$AlCl_3$	$250 \rightarrow 160$	Hak 1990
Te_3AlCl_4	$AlCl_3$	$290 \rightarrow 225$	Pri 1970
$ThCl_4$	$AlCl_3$	$500 \rightarrow 400$	Sch 1974
TiF_3	$SiCl_4$	$600 \rightarrow 400$	Bon 1978
$TiCl_3$	$AlCl_3$	$300 \rightarrow 250$	Sch 1981c
Ti_7Cl_{16}	$AlCl_3$	$400 \rightarrow 350$	Sch 1981c
$TiBr_3$	$AlBr_3$	$350 \rightarrow 250$	Sch 1981c
Ti_7Br_{16}	Br_2	$350 \rightarrow 250$	Sch 1981c
TiNCl	NH_4Cl	$400 \rightarrow 440$	Yam 2009
$TmCl_3$	$AlCl_3$	$400 \rightarrow 180$	Yin 2000
$TmBr_3$	$AlCl_3$	$500 \rightarrow T_1$	Zva 1979
UF_5	UF_6	keine Angabe	Lei 1980
UCl_3	I_2	$770 \rightarrow T_1$	Bar 1951
UCl_4	Cl_2	$650 \ldots 750 \rightarrow T_1$	Lel 1914
	$AlCl_3$	$350 \rightarrow 250$	Sch 1974
VCl_2	I_2	$350 \rightarrow 400$	McC 1964
VCl_3	Cl_2	$300 \rightarrow 250$	Sch 1962
	Br_2	$325 \rightarrow 400$	McC 1964
	$AlCl_3$	$400 \rightarrow 350$	Sch 1981b
	I_2	$T_2 \rightarrow 260 \ldots 280$	Cor 1980
VI_2	I_2	$580 \rightarrow 520$	Juz 1969
	I_2	$500 \rightarrow 400, 800 \rightarrow 700$	Lam 1980
VI_3	I_2	$400 \rightarrow 320$	Juz 1969
WI_3	I_2	$450 \rightarrow 350$	Sch 1984
$YbCl_3$	$AlCl_3$	$400 \rightarrow 180$	Yin 2000
$YbBr_3$	$AlCl_3$	$500 \rightarrow T_1$	Zva 1979
YCl_3	$AlCl_3$	$600 \rightarrow 510$	Sch 1974
	$FeCl_3 + Cl_2$	$600 \rightarrow 500$	Sch 1974
	$AlCl_3$	$550 \rightarrow 300$	Opp 1995
	$AlCl_3$	$400 \rightarrow 180$	Yin 2000
YBr_3	$AlBr_3$	$550 \ldots 800 \rightarrow 500$	Opp 1998
YI_3	AlI_3	$550 \ldots 800 \rightarrow 500$	Opp 1998
$ZrCl_2$ (Zr_6Cl_{12})	$ZrCl_4$	$610 \rightarrow 700$	Imo 1981

Literaturangaben

Ada 1991	G.-Y. Adachi, K. Shinozaki, Y. Hirashima, K.-I. Machida, *J. Less-Common Met.* **1991**, *169*, L1.
Ada 1992	G.-Y. Adachi, K. Murase, K. Shinozaki, K.-I. Machida, *Chem. Lett. (Chemical Soc. of Japan)* **1998**, 511.
Ahm 1989	A. U. Ahmed, *J. Bagladesh Acad. Sci.* **1989**, *13*, 181.
Ali 1981	Z. G. Aliev, L. A. Klinkova, I. V. Dubrovnin, L. O. Atovmyan, *Zh. Neorg. Khim.* **1981**, *26*, 1964.
Ban 1969	J. S. Bandorawolla, V. A. Altekar, *Trans. Indian. Inst. Metals* **1969**, 34.
Bau 1965	D. Bauer, H. G. v. Schnering, H. Schäfer, *J. Less-Common Met.* **1965**, *8*, 388.
Bar 1951	C. H. Barkelew, in: J. J. Katz, E. Rabinowitch (Ed's), *The Chemistry of Uranium* McGraw Hill, New York, National Nuclear Energy Series, **1951**.
Bel 1966	L. M. Belyaev, V. A. Lyakhovitdkaya, V. D. Spytsyna, *Izvest. Akad. Nauk. SSR Neorg. Mater.* **1966**, *2*, 2074.
Ben 1962	R. Benz, *J. Inorg. Nucl. Chem.* **1962**, *24*, 1191.
Bog 1998	S. Boghosian, G. D. Zissi, *Electrochem. Soc. Proc.* **1998**, *98*, 377.
Bon 1978	C. Bonnamy, J. C. Launay, M. Pouchard, *Rev. Chim. Minéral.* **1978**, *15*, 178.
Bro 1968a	K. Brodersen, H. K. Breitbach, G. Thiele, *Z. Anorg. Allg. Chem.* **1968**, *357*, 162.
Bro 1968b	K. Brodersen, *Angew. Chem.* **1968**, *80*, 155.
Bro 1969	A. Broll, A. Simon, H. G. v. Schnering, H. Schäfer, *Z. Anorg. Allg. Chem.* **1969**, *367*, 1.
Cor 1980	P. Corradini, A. Rovello, A. Sirigu, *Congr. Naz. Chim. Inorg. (Atti)* 13th **1980**, 185.
Del 1975	A. DellÁnna, F. P. Emmenegger, *Helv. Chim. Acta* **1975**, *58*, 1145.
Dix 2008	D. A. Dixon, D. J. Grant, K. O. Christe, K. A. Peterson, *Inorg. Chem.* **2008**, *47*, 5485.
Emm 1977	F. P. Emmenegger, *Inorg. Chem.* **1977**, *16*, 343.
Gee 1975	R. Gee, R. A. J. Sheldon, *J. Less-Common Met.* **1975**, *40*, 351.
Gla 2008	R. Glaum, *unveröffentlichte Ergebnisse*, Universität Bonn, **2008**.
Gru 1967	D. M. Gruen, H. A. Oye, *Inorg. Nucl. Chem. Letters* **1967**, *3*, 453.
Gun 1987	H. Gunsilius, W. Urland, R. Kremer, *Z. Anorg. Allg. Chem.* **1987**, *550*, 35.
Hak 1990	D. Hake, W. Urland, *Z. Anorg. Allg. Chem.* **1990**, *586*, 99.
Hun 1986	K.-H. Huneke, H. Schäfer, *Z. Anorg. Allg. Chem.* **1980**, *534*, 216.
Imo 1981	H. Imoto, J. D. Corbett, A. Cisar, *Inorg. Chem.* **1981**, *20*, 145.
Jan 1974	E. M. W. Janssen, J. C. W. Folmer, G. A. Wiegers, *J. Less-Common Met.* **1974**, *38*, 71.
Jia 2005	J.-H. Jiang, X.-R- Xiao, T. Kuang, *Appl. Chem. Ind.* (China) **2005**, *34*, 317.
Juz 1969	D. Juza, D. Giegling, H. Schäfer, *Z. Anorg. Allg. Chem.* **1969**, *366*, 121.
Kra 1987	R. Krausze, H. Oppermann, *Z. Anorg. Allg. Chem.* **1987**, *550*, 123.
Lam 1980	G. Lamprecht, E. Schönherr, *J. Cryst. Growth* **1980**, *49*, 415.
Lan 1993	F. Th. Lange, H. Bärnighausen, *Z. Anorg. Allg. Chem.* **1993**, *619*, 1747.
Las 1971	K. Lascelles, H. Schäfer, *Z. Anorg. Allg. Chem.* **1971**, *382*, 249.
Las 1972	K. Lascelles, R. A. J. Shelton, H. Schäfer, *J. Less-Common Met.* **1972**, *29*, 109.
Lei 1980	J. M. Leitnaker, *High Temp. Sci.* **1980**, *12*, 289.
Lel 1914	D. Lely, L. Hamburger, *Z. Anorg. Allg. Chem.* **1914**, *87*, 209.
McC 1964	R. E. Mc Carley, J. W. Roddy, K. O. Berry, *Inorg. Chem.* **1964**, *3*, 50.
Mur 1992	K. Murase, K. Shinozaki, K.-I. Machida, G.-Y. Adachi, *Bull. Chem. Soc. Jpn.* **1992**, *65*, 2724.
Mur 1993	K. Murase, K. Shinozaki, Y. Hirashima, K.-I. Machida, G.-Y. Adachi, *J. Alloys Compd.* **1993**, *198*, 31.

Nes 1986	R. Nesper, J. Curda, H.-G. v. Schnering, *Angew. Chem.* **1986**, *98*, 369, *Angew. Chem. Int. Ed.* **1986**, *25*, 350.
Noc 1994	K. Nocker, R. Gruehn, *Z. Anorg. Allg. Chem.* **1994**, *620*, 73.
Opp 1968	H. Oppermann, *Z. Anorg. Allg. Chem.* **1968**, *359*, 51.
Opp 1972	H. Oppermann, G. Stöver, *Z. Anorg. Allg. Chem.* **1972**, *387*, 218.
Opp 1973	H. Oppermann, *Z. Anorg. Allg. Chem.* **1973**, *395*, 249.
Opp 1995	H. Oppermann, D. Q. Huong, *Z. Anorg. Allg. Chem.* **1995**, *621*, 659.
Opp 1990	H. Oppermann, *Solid State Ionics* **1990**, *39*, 17.
Opp 1998	H. Oppermann, S. Herrera, D. Q. Huong, *Z. Naturforsch.* **1998**, *53 b*, 361.
Opp 1999	H. Oppermann, H. D. Quoc, A. Morgenstern, *Z. Naturforsch.* **1999**, *54 b*, 1410.
Opp 2001	H. Oppermann, H. D. Quoc, M. Zhang-Preße, *Z. Naturforsch.* **2001**, *56 b*, 908.
Oro 2002	J. Oró-Solé, M. Vlassov, D. Beltrán-Porter, M. T. Caldés, V. Primo, A. Fuertes, *Solid States Sci.* **2002**, *4*, 475.
Oye 1969	H. A. Oye, D. M. Gruen, *J. Amer. Chem. Soc.* **1969**, *91*, 2229.
Oza 1998a	T. Ozaki, K.-I. Machida, G.-Y. Adachi, *Rare Earths* **1988**, *32*, 154.
Oza 1998b	T. Ozaki, J. Jiang, K. Murase, K.-I. Machida, G.-Y. Adachi, *J. Alloys Compd.* **1998**, *265*, 125.
Oza 1999	T. Ozaki, K.-I. Machida, G.-Y. Adachi, *Metall. Mater. Trans.* **1999**, *30 B*, 45.
Poe 1977	K. R. Poeppelmeier, J. D. Corbett, *Inorg. Chem*, **1977**, *16*, 1107.
Pri 1970	D. J. Prince, J. D. Corbett, B. Garbisch, *Inorg. Chem*, **1970**, *9*, 2731.
Red 1983	W. Redlich, T. Petzel, *Rev. Chim. Min.* **1983**, *20*, 54.
Rud 1997	M. Rudolph, W. Urland, *Z. Anorg. Allg. Chem.* **1997**, *623*, 1349.
Sae 1972	Y. Saeki, M. Yanai, A. Sofue, *Denki Kagagu*, **1972**, *40*, 816.
Sch 1955	H. Schäfer, *Angew. Chem.* **1955**, *67*, 748.
Sch 1959	H. Schäfer, K. D. Dohmann, *Z. Anorg. Allg. Chem.* **1959**, *300*, 1.
Sch 1961	H. Schäfer, K. D. Dohmann, *Z. Anorg. Allg. Chem.* **1961**, *311*, 134.
Sch 1962	H. Schäfer, *Chemische Transportreaktionen*, Verlag Chemie, Weinheim, **1962**.
Sch 1964	H. Schäfer, H. Scholz, R. Gehrken, *Z. Anorg. Allg. Chem.* **1964**, *331*, 154.
Sch 1965a	H. Schäfer, R. Gehrken, H. Scholz, *Z. Anorg. Allg. Chem.* **1965**, *335*, 96.
Sch 1965b	H. Schäfer, H. G. v. Schnering, K. J. Niehues, H. G. Nieder-Vahrenholz, *J. Less-Common Met.* **1965**, *9*, 95.
Sch 1980	H. Schäfer, U. Wiese, C. Brendel, J. Nowitzki, *J. Less-Common Met.* **1980**, *76*, 63.
Sch 1967	H. Schäfer, H. G. v. Schnering, J. Tillack, F. Kuhnen, H. Wöhrle, H. Baumann, *Z. Anorg. Allg. Chem.* **1967**, *353*, 281.
Sch 1970	U. Wiese, H. Schäfer, H. G. v. Schnering, C. Brendel, *Angew. Chem.* **1970**, *82*, 135.
Sch 1974	H. Schäfer, M. Binnewies, W. Domke, J. Karbinski, *Z. Anorg. Allg. Chem.* **1974**, *403*, 116.
Sch 1975	H. Schäfer, *J. Cryst. Growth* **1975**, *31*, 31.
Sch 1976	H. Schäfer, *Angew. Chem.* **1976**, *88*, 775, *Angew. Chem. Int. Ed.* **1976**, *15*, 713.
Sch 1977	H. Schäfer, M. Trenkel, *Z. Anorg. Allg. Chem.* **1977**, *437*, 10.
Sch 1978	H. Schäfer, J. Nowitzki, *J. Less-Common Met.* **1978**, *61*, 47.
Sch 1979	H. Schäfer, J. Nowitzki, *Z. Anorg. Allg. Chem.* **1979**, *457*, 13.
Sch 1980a	H. Schäfer, *Z. Anorg. Allg. Chem.* **1980**, *469*, 123.
Sch 1980b	H. Schäfer, U. Flörke, *Z. Anorg. Allg. Chem.* **1980**, *469*, 172.
Sch 1981a	H. Schäfer, *Z. Anorg. Allg. Chem.* **1981**, *479*, 105.
Sch 1981b	H. Schäfer, U. Flörke, M. Trenkel, *Z. Anorg. Allg. Chem*, **1981**, *478*, 191.
Sch 1981c	H. Schäfer, R. Laumanns, *Z. Anorg. Allg. Chem*, **1981**, *474*, 135.

Sch 1983	H. Schäfer, *Adv. Inorg. Nucl. Chem.* **1983**, *26*, 201.
Sch 1984	H. Schäfer, H. G. Schulz, *Z. Anorg. Allg. Chem.* **1984**, *516*, 196.
Schu 1991	M. Schulze, W. Urland, *Eur. J. Solid State Inorg. Chem.* **1991**, *28*, 571.
Shi 1975	C. F. Shieh, N. W. Gregory, *J. Phys. Chem.* **1975**, *79*, 828.
Shi 1990	K. Shinozaki, Y. Hirashima, G. Adachi, *Trans. Nonferrous Met. Soc. China* **1990**, *16*, 42.
Sim 1965	A. Simon, H. G. v. Schnering, H. Wöhrle, H. Schäfer, *Z. Anorg. Allg. Chem.* **1965**, *339*, 155.
Sim 1966	A. Simon, H. G. v. Schnering, *J. Less-Common Met.* **1966**, *11*, 31.
Sun 2002	Y.-H.- Sun, L. Zhang, P. X. Lei, Z.-C. Wang, L. Guo, *J. Alloys Compd.* **2002**, *335*, 196.
Sun 2004	Y.-H. Sun, Z.-F. Chen, Z.-C. Wang, *Trans. Nonferrous Met. Soc. China* **2004**, *14*, 412.
vSc 1966	H. G. v. Schnering, K. Brodersen, F. Moers, H. Breitbach and G. Thiele, *J. Less-Common Met.* **1966**, *11*, 288.
Wan 1999	Z.-C. Wang, Y.-H. Sun, L. Guo, *J. Alloys Compd.* **1999**, *287*, 109.
Wan 2000	Y. H. Wang, L. S. Wang, *J. Chinese Rare Earth Soc.* **2000**, *18*, 74.
Yam 2009	S. Yamanaka, T. Yasunaga, K. Yamaguchi, M. Tagawa, *J. Mater. Chem.* **2009**, *19*, 2573.
Yan 2003	D. Yang, J. Yu, J. Jiang, Z. Wang, *J. Mater. and Metall.* **2003**, *2*, 113.
Yin 2000	L. Yin, W. Linshan, W. Yuhong, *Rare Met.* **2000**, *19*, 157.
Yon 2000	S. Yonbo, W. Linshan, W. Yuhong, *Rare Met.* **1999**, *18*, 217.
Yu 1997	J. Yu, Y. Yu, Z. Wang, *Jinshu Xuebao (Acta Metallurgica Sinica)* **1997**, *3*, 391.
Zva 1979	T. S. Zvarova, *Radiokhirniya* **1979**, *21*, 727.
Zen 1999	L.-P. Zenser, *Dissertation,* Universität Gießen, **1999**.

5 Chemischer Transport von binären und polynären Oxiden

CeTa$_3$O$_9$

Chlor als Transportmittel

$$\text{NiO(s)} + \text{Cl}_2\text{(g)} \rightleftharpoons \text{NiCl}_2\text{(g)} + \frac{1}{2}\text{O}_2\text{(g)}$$

Tellur(IV)-chlorid als Transportmittel

$$\text{ZrO}_2\text{(s)} + \text{TeCl}_4\text{(g)} \rightleftharpoons \text{ZrCl}_4\text{(g)} + \text{TeO}_2\text{(g)}$$

Chlorwasserstoff als Transportmittel

$$\text{NiMoO}_4\text{(s)} + 4\,\text{HCl(g)} \rightleftharpoons \text{NiCl}_2\text{(g)} + \text{MoO}_2\text{Cl}_2\text{(g)} + 2\,\text{H}_2\text{O(g)}$$

Autotransport

$$\text{IrO}_2\text{(s)} + \frac{1}{2}\text{O}_2\text{(g)} \rightleftharpoons \text{IrO}_3\text{(g)}$$

Betrachtet man die Gesamtzahl der durch Chemische Transportreaktionen kristallisierten Verbindungen, so stellen die Oxide mit über 600 Beispielen die größte Gruppe dar. Dazu zählen binäre Oxide wie zum Beispiel Eisen(III)-oxid, Oxide mit komplexen Anionen wie Phosphate oder Sulfate sowie Oxide mit mehreren verschiedenen Kationen wie $ZnFe_2O_4$ oder $Co_{1-x}Ni_xO$. Am stärksten vertreten sind ternäre Verbindungen, zu denen auch die meisten Verbindungen mit komplexen Anionen gezählt werden können. Die binären Oxide bilden eine Gruppe von etwas über 100 Beispielen, wobei man besonders viele für den Chemischen Transport von Oxiden der Nebengruppenelemente kennt. Die kleinste Gruppe ist die der quaternären und polynären Oxide mit etwas mehr als 50 Vertretern.

Ob ein Oxid transportierbar ist, hängt nicht nur von *seiner* thermodynamischen Stabilität ab, sondern auch von den Stabilitäten der zu bildenden Gasspezies. So ist das thermodynamisch äußerst stabile Zirconium(IV)-oxid im Gegensatz zum wesentlich instabileren Rubidiumoxid für Transportreaktionen geeignet. Metalloxide sind thermodynamisch sehr stabile Verbindungen. Dennoch verdampfen nur wenige unzersetzt. Beispiele sind CrO_3, MoO_3, WO_3, Re_2O_7, GeO, SnO, PbO und TeO_2. Die meisten Metalloxide zersetzen sich bei hohen Temperaturen. Hierbei bilden sich Sauerstoff und das jeweilige Metall oder aber ein niederes Oxid. Dieses kann in kondensierter Phase oder auch gasförmig vorliegen. Für das unterschiedliche thermische Verhalten von Metalloxiden seien die folgenden drei Beispiele genannt:

$$2\,ZnO(s) \rightleftharpoons 2\,Zn(g) + O_2(g) \tag{5.1}$$

$$2\,SiO_2(s) \rightleftharpoons 2\,SiO(g) + O_2(g) \tag{5.2}$$

$$6\,Fe_2O_3(s) \rightleftharpoons 4\,Fe_3O_4(s) + O_2(g) \tag{5.3}$$

Man nennt den sich bei einer solchen Zersetzung einstellenden Sauerstoffpartialdruck auch den **Zersetzungsdruck**. Er bestimmt maßgeblich das Transportverhalten und die Zusammensetzung des transportierten Bodenkörpers. Dies sei am Beispiel der Zersetzung von Fe_2O_3 kurz erläutert. Ist der Sauerstoffpartialdruck im System größer als der Zersetzungsdruck von Fe_2O_3, ist Fe_2O_3 als Bodenkörper stabil; ist er hingegen kleiner, bildet sich die sauerstoffärmere Verbindung Fe_3O_4. Ist bei einer bestimmten Temperatur der Sauerstoffpartialdruck identisch mit dem Zersetzungsdruck, dann koexistieren zwei feste Phasen nebeneinander. In diesen Fällen spricht man von einem **Koexistenzzersetzungsdruck**. Der jeweilige Sauerstoffkoexistenzzersetzungsdruck einer beliebigen oxidischen Phase ergibt sich aus dem Zersetzungsgleichgewicht, in dem die sauerstoffreichere feste Phase in die koexistierende, sauerstoffärmere feste Phase (im Grenzfall das Metall) und gasförmigen Sauerstoff übergeht.

Um verschiedene Zersetzungsreaktionen quantitativ miteinander zu vergleichen, formuliert man das Massenwirkungsgesetz so, dass die Gleichgewichtskonstanten K_p dieselben Einheiten erhalten, z. B. bar.

$$2\,Ag_2O(s) \rightleftharpoons 4\,Ag(s) + O_2(g) \tag{5.4}$$
$$K_p = p(O_2)$$

$$\frac{2}{5} \mathrm{Nb_{12}O_{29}(s)} \rightleftharpoons \frac{24}{5} \mathrm{NbO_2(s)} + \mathrm{O_2(g)} \qquad (5.5)$$

$$K_p = p(\mathrm{O_2})$$

$$\frac{2}{3} \mathrm{HgO(s)} \rightleftharpoons \frac{2}{3} \mathrm{Hg(g)} + \frac{1}{3} \mathrm{O_2(g)} \qquad (5.6)$$

$$K_p = p^{\frac{2}{3}}(\mathrm{Hg})\, p^{\frac{1}{3}}(\mathrm{O_2})$$

Aus den thermodynamischen Daten einer Zersetzungsreaktion kann man die Gleichgewichtskonstante und den Sauerstoffpartialdruck berechnen (siehe Abschnitt 15.6).

Der Koexistenzzersetzungsdruck verschiedener Oxide eines Metalls nimmt mit der Temperatur zu. Bei gleicher Temperatur steigt er von den sauerstoffärmeren zu den sauerstoffreicheren Phasen hin an. Trägt man den Logarithmus des Koexistenzzersetzungsdrucks gegen die reziproke Temperatur für verschiedene Oxide eines Metalls auf, erhält man das **Zustandsbarogramm** des Systems. Die lineare Abhängigkeit von $\lg p(\mathrm{O_2})$ gegenüber T^{-1} ergibt die Koexistenzzersetzungslinie. Diese trennt die jeweiligen Existenzgebiete der beiden Phasen. Abbildung 5.1 zeigt schematisch ein hypothetisches Phasendiagramm (T/x), in dem die Phasen MO, M_2O_3, eine Verbindung mit Phasenbreite $MO_{2\pm\delta}$ und M_2O_5 auftreten. In Abbildung 5.2 sind die Koexistenzzersetzungsdrücke über den genannten Phasen als Temperaturfunktion dargestellt. Abbildung 5.3 gibt denselben Zusammenhang in einer anderen Darstellungsweise wieder ($\lg p$ gegen $1/T$). Beide Darstellungen können auch als Phasendiagramme verstanden werden, denn sie geben die Existenzbereiche der verschiedenen Phasen bei einer Temperatur als Funktion des Sauerstoffdrucks an.

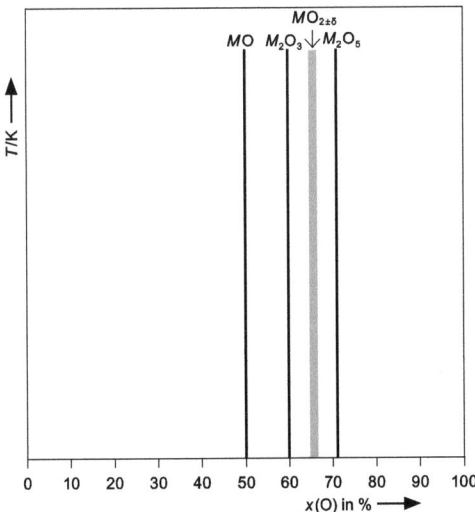

Abbildung 5.1 Schematische Darstellung eines hypothetischen Phasendiagramms für ein Metall/Sauerstoff-System.

162 | 5 Chemischer Transport von binären und polynären Oxiden

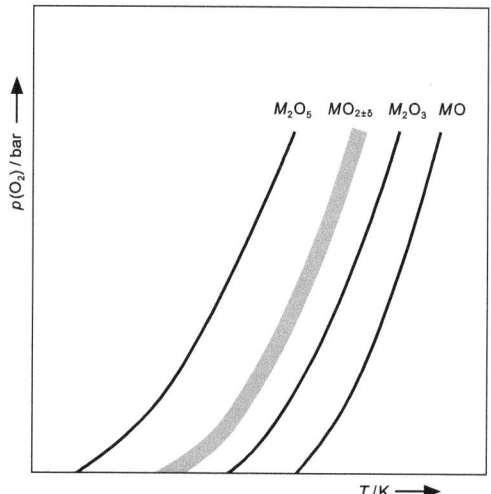

Abbildung 5.2 Schematische Darstellung der Temperaturabhängigkeit der Sauerstoffpartialdrücke über den verschiedenen Phasen (p gegen T).

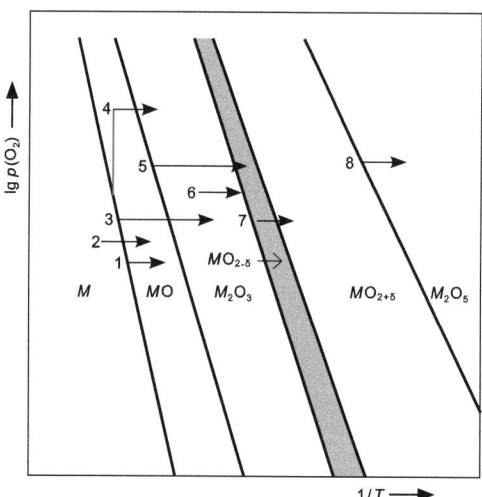

Abbildung 5.3 Schematische Darstellung der Temperaturabhängigkeit der Sauerstoffpartialdrücke über den verschiedenen Phasen ($\lg p$ gegen $1/T$).

Da der Sauerstoffpartialdruck entscheidend für die Zusammensetzung des abgeschiedenen Bodenkörpers ist, lassen sich aus dem Zustandsbarogramm wichtige Kriterien für die Transportbedingungen ableiten. Im Folgenden werden anhand von Abbildung 5.1 und 5.3 acht verschiedene Möglichkeiten für den endothermen Transport von T_2 nach T_1 in einem binären System diskutiert.

Fall 1: MO ist der Ausgangsbodenkörper bei T_2. Der gewählte Temperaturgradient zwischen T_2 und T_1 ist kleiner als der Temperaturunterschied, bei dem

MO und M_2O_3 den gleichen Sauerstoffkoexistenzdruck aufweisen (siehe Abbildung 5.3). Somit erfolgt der *stationäre Transport* im Existenzgebiet von MO, das als Senkenbodenkörper abgeschieden wird.

Fall 2: Der Ausgangsbodenkörper bei T_2 ist zweiphasig, er besteht aus M und MO. Der gewählte Temperaturgradient ist wie bei Beispiel 1 kleiner als der Temperaturunterschied, bei dem MO und M_2O_3 denselben Sauerstoffkoexistenzdruck aufweisen (siehe Abbildung 5.3). Als Senkenbodenkörper bildet sich MO.

Fall 3: Als Ausgangsbodenkörper wird MO bei T_2 vorgelegt. Der gewählte Temperaturgradient zwischen T_2 und T_1 ist in diesem Fall größer als der Temperaturunterschied, bei dem MO und M_2O_3 denselben Sauerstoffpartialdruck aufweisen (siehe Abbildung 5.3). Es kommt bei T_1 zunächst zur Abscheidung von M_2O_3. Hierdurch verarmt sowohl die Gasphase als auch der Ausgangsbodenkörper an Sauerstoff. Als Folge ergibt sich ein neuer stationärer Zustand, der wie Fall 2 zu beschreiben ist und zur Abscheidung von MO führt. Man erwartet also ein *nichtstationäres Transportverhalten*.

Fall 4: Der Ausgangsbodenkörper besteht wie bei Fall 1 aus MO. Jedoch wird der Sauerstoffpartialdruck durch das Transportmittel, Restgas oder Feuchtigkeitsspuren erhöht. Dadurch wird trotz desselben Temperaturgradienten wie im Fall 1 die Koexistenzlinie von M_2O_3 geschnitten und nicht MO abgeschieden, sondern M_2O_3. Das weitere Verhalten entspricht Fall 3.

Fall 5: Als Ausgangsbodenkörper wird M_2O_3 bei T_2 eingesetzt. Der Temperaturgradient zwischen T_2 und T_1 ist so gewählt, dass er in das Existenzgebiet der Phase $MO_{2\pm\delta}$ hineinreicht. In diesem Fall erfolgt die nichtstationär verlaufende Abscheidung von $MO_{2-\delta}$ bei T_1.

Fall 6: In diesem Fall wird ein zweiphasiger Ausgangsbodenkörper, bestehend aus M_2O_3 und MO_2, eingesetzt. Der Temperaturgradient zwischen T_2 und T_1 ist wie bei Fall 5 so gewählt, dass er in das Homogenitätsgebiet der Phase $MO_{2\pm\delta}$ hineinreicht. Die Abscheidung erfolgt im Homogenitätsgebiet zwischen $MO_{2-\delta}$ und $MO_{2+\delta}$.

Fall 7: Der Transport erfolgt aus dem Homogenitätsgebiet heraus. Der Temperaturgradient ist etwas größer als der Temperaturunterschied, bei dem $MO_{2-\delta}$ und $MO_{2+\delta}$ denselben Sauerstoffkoexistenzdruck aufweisen. Es erfolgt die Abscheidung von $MO_{2+\delta}$.

Fall 8: Als Ausgangsbodenkörper wird die sauerstoffreichste Verbindung M_2O_5 vorgelegt. Da keine sauerstoffreicheren Verbindungen im System existieren, ist hier der Sauerstoffpartialdruck nach der *Gibbs*schen Phasenregel frei. Damit ist auch der Temperaturgradient nicht begrenzt. Es wird stets M_2O_5 als Senkenbodenkörper abgeschieden.

Wie diese unterschiedlichen Beispiele zeigen, ist der Sauerstoffpartialdruck in oxidischen Systemen für die gezielte Abscheidung einer bestimmten Verbindung von entscheidender Bedeutung. Ebenso ist die Wahl des Transportmittels vom Sauerstoffpartialdruck abhängig. Sind die Sauerstoffpartialdrücke über den festen Phasen sehr niedrig, muss das Transportmittel entsprechende Sauerstoffübertragende Spezies bilden können. Hierfür findet man in der Literatur zahlreiche Beispiele. Wird beispielsweise TeCl$_4$ als Transportmittel für Oxide verwendet, können TeOCl$_2$ und/oder TeO$_2$ als Sauerstoff-übertragende Gasspezies entstehen. Anders sind die Verhältnisse, wenn gasförmige Oxidhalogenide des Metalls gebildet werden. Diese übertragen gleichzeitig die im Bodenkörper enthaltenen Metall- und Sauerstoffatome von der Quelle in die Senke.

5.1 Transportmittel

Für den Chemischen Transport von Oxiden haben sich Chlorierungsgleichgewichte als besonders geeignet erwiesen. Neben Chlor und Chlorwasserstoff ist insbesondere Tellur(IV)-chlorid ein wichtiges Transportmittel. Tellur(IV)-chlorid wird in den Fällen verwendet, in denen der Sauerstoffpartialdruck im System über viele Größenordnungen variiert und die Einstellung des Sauerstoffpartialdrucks für den Transport von entscheidender Bedeutung ist. Weitere chlorierend wirkende, transportwirksame Zusätze sind u. a. Phosphor(V)-, Niob(V)-, Selen(IV)-chlorid, Tetrachlormethan sowie Schwefel + Chlor, Vanadium(III)-chlorid + Chlor und Chrom(III)-chlorid + Chlor. Aufgrund der in der Regel ungünstigeren Gleichgewichtslage spielen Bromierungs- und Iodierungsgleichgewichte eine untergeordnete Rolle. Als Transportmittel bzw. transportwirksame Zusätze sind hier zu nennen: Brom bzw. Iod, Brom- bzw. Iodwasserstoff, Phosphor(V)-bromid, Niob(V)-bromid bzw. -iodid sowie Schwefel + Iod. Iod als Transportmittel bzw. iodierende Gleichgewichte sind dann von Interesse, wenn Chlor zu stark oxidierend wirkt oder wenn sich, wie bei den Lanthanoidoxiden, stabile feste Oxidchloride bilden, die dem System das Transportmittel entziehen. Einige weitere Transportmittel bzw. transportwirksame Zusätze sind Wasserstoff, Sauerstoff, Wasser, Kohlenstoffmonoxid und in Sonderfällen Fluor bzw. Fluorwasserstoff. Oxide können in einigen Fällen transportwirksame, gasförmige Verbindungen bilden, die gleichzeitig Sauerstoff- und Halogenatome enthalten, die Oxidhalogenide. Man kennt viele Metall/Sauerstoff-Systeme, in denen der Sauerstoffpartialdruck je nach Zusammensetzung der festen Phase sehr unterschiedlich ist. Dieser Tatsache muss das Transportmittel Rechnung tragen.

Transport mit Halogenen Der Prozess der Auflösung eines Oxids in der Gasphase, beispielsweise durch die Reaktion mit einem Halogen, kann in zwei Teilreaktionen zerlegt werden:

$$M^aO_{\frac{1}{2a}}(s) \rightleftharpoons M^a(s) + \frac{1}{4} a\, O_2(g) \tag{5.1.1}$$
(a = Oxidationsstufe des Metalls)

$$M^a(s) + \frac{1}{2} a\, X_2(g) \rightleftharpoons MX_a(g) \tag{5.1.2}$$
(X = Cl, Br, I).

In der Regel ist die erste Teilreaktion endergonisch, die zweite in fast allen Fällen exergonisch. Für die Transportierbarkeit eines Oxids ist die Differenz der freien

Reaktionsenthalpien dieser Teilreaktionen entscheidend. Die Transportreaktion ergibt sich dann als Summe der beiden Teilreaktionen, wenn keine gasförmigen Oxidhalogenide gebildet werden. Die freie Reaktionsenthalpie einer Transportreaktion sollte etwa zwischen -100 kJ $\cdot$ mol^{-1} und $+100$ kJ $\cdot$ mol^{-1} liegen. (siehe Kapitel 1 und 2). In oxidischen Systemen ist der Betrag der Reaktionsenthalpie für die erste Teilreaktion in der Regel größer als für die zweite, sodass ein endothermer Transport von T_2 nach T_1 zu erwarten ist. Bei der Auflösung eines Oxids durch ein Halogen nimmt der Betrag der freien Reaktionsenthalpie der zweiten Teilreaktion vom Chlor über Brom zum Iod ab. Aufgrund der höheren Stabilität der Chloride im Vergleich zu den Bromiden und Iodiden sowie der sich daraus ergebenden günstigeren Gleichgewichtslage wird beim Chemischen Transport von Oxiden meist Chlor als Transportmittel verwendet. Dabei werden ausreichend stabile Gasspezies mit einem genügend hohen Partialdruck ($p > 10^{-5}$ bar) gebildet, die entlang des Temperaturgradienten eine für den Transport hinreichende Partialdruckdifferenz aufweisen. Die verallgemeinerte Transportgleichung für den Transport eines binären Oxids lautet:

$$M^a O_{\frac{1}{2a}}(s) + \frac{1}{2} a\, X_2(g) \rightleftharpoons MX_a(g) + \frac{1}{4} a\, O_2(g) \qquad (5.1.3)$$

Für ein ternäres Oxid gilt entsprechend folgende Gleichung:

$$M^a_n M^b_m O_{\frac{1}{2}(n\cdot a + m\cdot b)}(s) + \frac{1}{2}(n\cdot a + m\cdot b)\, X_2(g)$$
$$\rightleftharpoons n\, MX_a(g) + m\, MX_b(g) + \frac{1}{4}(a + b)\, O_2(g) \qquad (5.1.4)$$

Als Beispiele seien die Transporte von Fe_2O_3 und $NiGa_2O_4$ mit Chlor angeführt.

$$Fe_2O_3(s) + 3\,Cl_2(g) \rightleftharpoons 2\,FeCl_3(g) + \frac{3}{2}\,O_2(g) \qquad (5.1.5)$$

$$NiGa_2O_4(s) + 4\,Cl_2(g) \rightleftharpoons NiCl_2(g) + 2\,GaCl_3(g) + 2\,O_2(g) \qquad (5.1.6)$$

Die Halogene sind als Transportmittel für Oxide auch dann gut geeignet, wenn gasförmige Oxidhalogenide gebildet werden. Auf diese Weise gelingt zum Beispiel der Transport von Molybdän(VI)-oxid mit Chlor:

$$MoO_3(s) + Cl_2(g) \rightleftharpoons MoO_2Cl_2(g) + \frac{1}{2}\,O_2(g) \qquad (5.1.7)$$

Anstelle der Halogene können auch leicht zersetzliche Halogenide wie zum Beispiel PtX_2 (X = Cl, Br, I) als Halogenquellen eingesetzt werden. Werden Quecksilberhalogenide als Transportmittel verwendet, so ändert sich die Gleichgewichtslage gegenüber dem Einsatz von elementarem Halogen. Durch den Zerfall von gasförmigem Quecksilberhalogenid in die Elemente (Gleichung 5.1.8) wird eine zusätzliche Gasspezies gebildet. Es kommt zu einer Veränderung der Entropiebilanz, durch die das Gleichgewicht auf die Seite der Reaktionsprodukte verschoben wird.

$$HgX_2(g) \rightleftharpoons Hg(g) + X_2(g) \qquad (5.1.8)$$

Transport mit Halogenwasserstoffen Weitere, häufig verwendete und effektive Transportmittel für den Transport von Oxiden sind die Halogenwasserstoffe Chlor-, Brom- und Iodwasserstoff. Auch Fluorwasserstoff findet gelegentlich als Transportmittel Anwendung, insbesondere für Silicate. Beim Transport eines binären Oxids mit einem Halogenwasserstoff wird neben Wasser ein gasförmiges Metallhalogenid gebildet. Die allgemeine Transportgleichung für den Transport lautet:

$$M^aO^1_{\frac{1}{2}a}(s) + a\,HX(g) \rightleftharpoons MX_a(g) + \frac{1}{2}a\,H_2O(g) \tag{5.1.9}$$

Ein Beispiel ist der Transport von Zinkoxid mit Chlorwasserstoff.

$$ZnO(s) + 2\,HCl(g) \rightleftharpoons ZnCl_2(g) + H_2O(g) \tag{5.1.10}$$

Für ternäre Oxide gilt die folgende verallgemeinerte Transportgleichung:

$$M^a_n M^b_m O^1_{\frac{1}{2}(n\cdot a + m\cdot b)} + (n\cdot a + m\cdot b)\,HX(g)$$
$$\rightleftharpoons n\,MX_a(g) + m\,MX_b(g) + \frac{1}{2}(a+b)\,H_2O(g) \tag{5.1.11}$$

Die Gleichungen dieser Form gelten nur für den Fall, dass keine flüchtigen Säuren, wie z. B. H_2MoO_4(g) bzw. Hydroxide oder Oxidhalogenide gebildet werden. In einigen Fällen kann durch die Verwendung der Halogenwasserstoffe anstelle der Halogene eine günstigere Gleichgewichtslage erreicht werden. Oft werden Ammoniumhalogenide (NH_4X, X = Cl, Br, I) als Quelle für die Halogenwasserstoffe eingesetzt. Diese Feststoffe sind leicht zu handhaben und zu dosieren (vergleiche Kapitel 14). Sie zerfallen bei erhöhter Temperatur in Ammoniak und Chlorwasserstoff. Die Bildung von Ammoniak führt aber zur Erhöhung des Gesamtdrucks im System und damit zu niedrigeren Transportraten. Zu beachten ist, dass Ammoniak und der oberhalb von 600 °C durch Zersetzung gebildete Wasserstoff eine reduzierende Atmosphäre schaffen, was zur Reduktion von Gasspezies und/oder Bodenkörperphasen führen kann.

In einigen Fällen, in denen der Transport von Oxiden oder auch Sulfiden mit feuchtigkeitsempfindlichen Halogeniden, wie Aluminium(III)-chlorid oder Tellur(IV)-chlorid beschrieben wird, kann man Chlorwasserstoff als Transportmittel vermuten. Spuren von Wasser, die nie völlig ausgeschlossen werden können, verursachen die Bildung von Halogenwasserstoff aus diesen Halogeniden.

Tellur(IV)-halogenide als Transportmittel Für Oxide, insbesondere der Übergangsmetalle und Verbindungen mit komplexen Anionen, ist Tellur(IV)-chlorid ein vielfältig einsetzbares Transportmittel, wie insbesondere durch Arbeiten von *Oppermann* und Mitarbeitern gezeigt wurde (Opp 1975, Mer 1981). Betrachten wir als Beispiel den Transport eines Dioxids oberhalb von 700 °C. Man kann die folgende vereinfachte Transportgleichung annehmen:

$$MO_2(s) + TeCl_4(g) \rightleftharpoons MCl_4(g) + TeO_2(g) \tag{5.1.12}$$

Bei dieser Vereinfachung bleiben jedoch die Gleichgewichte 5.1.13 bis 5.1.18 im System Te/O/Cl unberücksichtigt. Eine eingehende Diskussion des komplexen

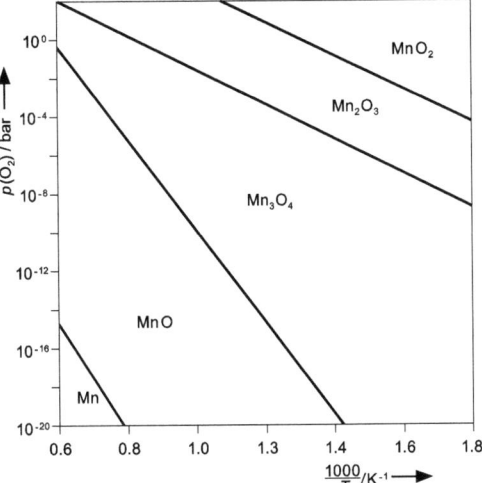

Abbildung 5.1.1 Zustandsbarogramm des Systems Mn/O nach (Ros 1987).

Reaktionsverhalten von Tellur(IV)-chlorid wurde von *Reichelt* geführt (Rei 1977).

$$TeCl_4(g) \rightleftharpoons TeCl_2(g) + Cl_2(g) \tag{5.1.13}$$

$$TeCl_2(g) + \frac{1}{2}O_2(g) \rightleftharpoons TeOCl_2(g) \tag{5.1.14}$$

$$TeOCl_2(g) \rightleftharpoons TeO(g) + Cl_2(g) \tag{5.1.15}$$

$$TeO_2(g) \rightleftharpoons \frac{1}{2}Te_2(g) + O_2(g) \tag{5.1.16}$$

$$Te_2(g) \rightleftharpoons 2\,Te(g) \tag{5.1.17}$$

$$Cl_2(g) \rightleftharpoons 2\,Cl(g) \tag{5.1.18}$$

Tellur(IV)-chlorid ist als Transportzusatz für solche oxidischen Systeme besonders geeignet, in denen sich der Sauerstoffpartialdruck über einen weiten Bereich von 10^{-25} bis 1 bar erstreckt, weil es ein komplexes Redoxsystem aufbaut, das durch die Gleichungen 5.1.13 bis 5.1.18 beschrieben wird. Bei kleinen Sauerstoffpartialdrücken dominieren die sauerstofffreien Gasspezies $TeCl_4$, $TeCl_2$, Te_2, Te, Cl_2 und Cl, so zum Beispiel beim Transport von Mn_3O_4 mit Tellur(IV)-chlorid als Transportmittel (Zustandsbarogramm des Systems Mn/O siehe Abbildung 5.1.1). Die Gasphase wird im Temperaturbereich um 1000 °C durch die Gasspezies $MnCl_2$, Te_2, Mn_2Cl_4, Te, TeO und $TeCl_2$ geprägt, wobei der Partialdruck der einzigen Sauerstoff-übertragenden Spezies TeO lediglich $5 \cdot 10^{-4}$ bar beträgt (siehe Abbildung 5.1.2 und 5.1.3). Die Partialdrücke der beiden anderen sauerstoffhaltigen Gasspezies TeO_2 und $TeOCl_2$ liegen deutlich unter 10^{-5} bar (Ros 1988). Bei mittleren und hohen Sauerstoffpartialdrücken sind die Anteile der sauerstoffhaltigen Gasspezies TeO_2, TeO und $TeOCl_2$ wesentlich höher, zum Beispiel beim Transport des sauerstoffreicheren Mangan(III)-oxids. Hier enthält die Gasphase

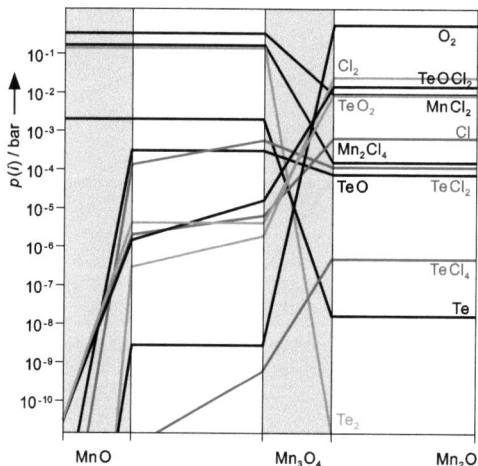

Abbildung 5.1.2 Gasphasenzusammensetzung über den verschiedenen Manganoxiden im Gleichgewicht mit Tellur(IV)-chlorid bei 1200 K nach (Ros 1988).

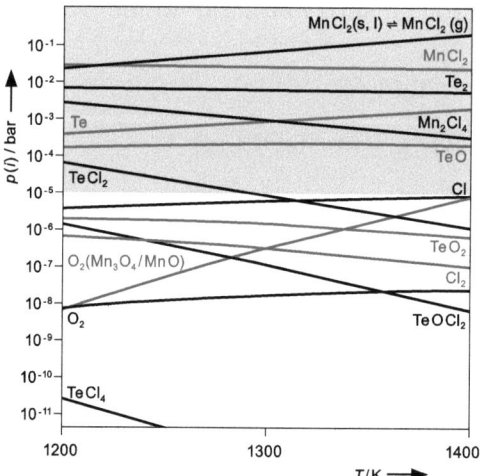

Abbildung 5.1.3 Gasphasenzusammensetzung im System $Mn_3O_4/TeCl_4$ als Temperaturfunktion nach (Ros 1988).

bei 1000 °C die Spezies O_2, Cl_2, $TeOCl_2$, TeO_2, $MnCl_2$, Cl, $TeCl_2$ und TeO im Druckbereich zwischen 1 und 10^{-5} bar (Ros 1988).

Tellur(IV)-chlorid erweist sich als idealer Transportzusatz für solche Oxide, die sich in ihrer Zusammensetzung und ihrer Stabilität nur geringfügig unterscheiden und so nur in engen Bereichen des Sauerstoffkoexistenzdrucks thermodynamisch stabil sind, wie z. B. *Magnéli*-Phasen. So gelang es *Oppermann* und Mitarbeitern, die Phasen V_nO_{2n-1} ($n = 2 \ldots 8$) durch Chemischen Transport mit Tellur(IV)-chlorid kristallin abzuscheiden (vgl. Abschnitt 2.4) (Opp 1977, Opp 1977c, Rei 1977).

Ebenso eignet sich Tellur(IV)-chlorid zum Transport oxidischer Phasen, die vom Sauerstoffpartialdruck abhängige Phasenbreiten aufweisen, wie zum Beispiel „VO₂" (Opp 1975, Opp 1977a) und für Oxide von Übergangsmetallen, die in ihrer Stabilität nahe beieinander liegen wie beispielsweise MnO und Mn₃O₄ (Ros 1988, Sch 1977). Analoge Redoxsysteme bilden sich bei der Verwendung von Tellur(IV)-bromid (TeBr₄) (Opp 1978a) und Tellur(IV)-iodid (TeI₄) (Opp 1980) als Transportmittel. Diese Verbindungen sind jedoch als Transportmittel weniger effektiv und daher von geringerer Bedeutung.

Kombinationen von Transportzusätzen Nicht selten verwendet man die Kombination von zwei Transportzusätzen, so die Kombinationen Schwefel + Chlor, Schwefel + Brom, Schwefel+ Iod, Selen + Chlor, Selen + Brom, Kohlenstoff + Chlor und Kohlenstoff + Brom. Auch diese bilden komplexe Redoxsysteme aus und können ähnlich wie Tellur(IV)-chlorid behandelt werden. Die Wirkungsweise der Kombination Schwefel + Iod wird beispielhaft durch folgende Gleichung beschrieben:

$$2\,Ga_2O_3(s) + \frac{3}{2}\,S_2(g) + 6\,I_2(g) \rightleftharpoons 4\,GaI_3(g) + 3\,SO_2(g) \qquad (5.1.19)$$

Der Schwefel dient zur Übertragung von Sauerstoff, das Iod überträgt Gallium. Die Transportmittelkombinationen Kohlenstoff + Chlor und Kohlenstoff + Brom werden häufig in Form von CCl₄ bzw. CBr₄ eingebracht (Carbohalogenierung).

$$Y_2O_3(s) + 3\,CCl_4(g) \rightleftharpoons 2\,YCl_3(g) + 3\,CO(g) + 3\,Cl_2(g) \qquad (5.1.20)$$

Die Bildung von gasförmigen SO₂ bzw. CO bewirkt eine ausgeglichenere Gleichgewichtslage gegenüber den Fällen, in denen freier Sauerstoff gebildet wird. Das Reaktionsgleichgewicht wird auf die Seite der gasförmigen Reaktionsprodukte verschoben

Andere Transportzusätze In einigen Fällen werden Transportmittelkombinationen aus einem Halogenid und einem Halogen eingesetzt, zum Beispiel beim Transport von SiO₂ mit CrCl₄ + Cl₂. Dabei führt der Halogenüberschuss zu einer Verschiebung der Gleichgewichtslage auf die Seite der Reaktionsprodukte.

$$SiO_2(s) + CrCl_4(g) + Cl_2(g) \rightleftharpoons SiCl_4(g) + CrO_2Cl_2(g) \qquad (5.1.21)$$

Weitere Transportmittel für den Chemischen Transport von Oxiden sind einige Metall- und Nichtmetallhalogenide, z. B. NbCl₅ oder TaCl₅ bzw. PCl₅ oder PBr₅. Diese wirken einerseits halogenierend auf das Metall und können andererseits transportwirksam für den Sauerstoff werden.

$$Nb_2O_5(s) + 3\,NbCl_5(g) \rightleftharpoons 5\,NbOCl_3(g) \qquad (5.1.22)$$

$$LaPO_4(s) + 3\,PCl_3(g) + 3\,Cl_2(g) \rightleftharpoons LaCl_3(g) + 4\,POCl_3(g) \qquad (5.1.23)$$

Aluminium(III)-chlorid ist für den Transport von Oxiden nicht geeignet, da Aluminiumoxid gebildet wird. Beobachtete Transporteffekte können meist auf die Bildung von Chlorwasserstoff zurückgeführt werden.

Neben den beschriebenen, auf verschiedene Weise halogenierend wirkenden Transportmitteln werden auch Wasser (Gle 1963) und Sauerstoff zum Transport in oxidischen Systemen verwendet. Kommt Wasser als Transportmittel zum Einsatz, wird durch die Reaktion des zu transportierenden Oxids mit dem Transportmittel ein flüchtiges Hydroxid bzw. eine gasförmige Säure (z. B. H_2MoO_4) gebildet. Zum Beispiel beim Transport von Berylliumoxid mit Wasser:

$$BeO(s) + H_2O(g) \rightleftharpoons Be(OH)_2(g) \qquad (5.1.24)$$

Wird Sauerstoff als Transportmittel verwendet, erfolgt der Transport in der Regel über ein höheres, leicht flüchtiges Oxid, das im Transportgleichgewicht gebildet wird.

$$IrO_2(s) + \frac{1}{2}O_2(g) \rightleftharpoons IrO_3(g) \qquad (5.1.25)$$

Gleichgewichtslage für verschiedene Transportmittel Die folgenden Gleichungen beschreiben den Transport von Magnesiumoxid. Die angegebenen Zahlenwerte der freien Reaktionsenthalpien vermitteln einen Überblick über die Gleichgewichtslagen bei den verschiedenen Transportmitteln:

Transport mit Halogenen

$$MgO(s) + Cl_2(g) \rightleftharpoons MgCl_2(g) + \frac{1}{2}O_2(g) \qquad (5.1.26)$$
$$\Delta_R G^0_{1300} = 42 \text{ kJ} \cdot \text{mol}^{-1}$$

$$MgO(s) + Br_2(g) \rightleftharpoons MgBr_2(g) + \frac{1}{2}O_2(g) \qquad (5.1.27)$$
$$\Delta_R G^0_{1300} = 102 \text{ kJ} \cdot \text{mol}^{-1}$$

$$MgO(s) + I_2(g) \rightleftharpoons MgI_2(g) + \frac{1}{2}O_2(g) \qquad (5.1.28)$$
$$\Delta_R G^0_{1300} = 211 \text{ kJ} \cdot \text{mol}^{-1}$$

Transport mit Halogenwasserstoffen

$$MgO(s) + 2\,HCl(g) \rightleftharpoons MgCl_2(g) + H_2O(g) \qquad (5.1.29)$$
$$\Delta_R G^0_{1300} = 71 \text{ kJ} \cdot \text{mol}^{-1}$$

$$MgO(s) + 2\,HBr(g) \rightleftharpoons MgBr_2(g) + H_2O(g) \qquad (5.1.30)$$
$$\Delta_R G^0_{1300} = 51 \text{ kJ} \cdot \text{mol}^{-1}$$

$$MgO(s) + 2\,HI(g) \rightleftharpoons MgI_2(g) + H_2O(g) \qquad (5.1.31)$$
$$\Delta_R G^0_{1300} = 68 \text{ kJ} \cdot \text{mol}^{-1}$$

Transport mit Halogenverbindungen

$$\text{MgO(s)} + \text{HgCl}_2(\text{g}) \rightleftharpoons \text{MgCl}_2(\text{g}) + \frac{1}{2}\text{O}_2(\text{g}) + \text{Hg(g)} \quad (5.1.32)$$
$\Delta_R G^0_{1300} = 119 \text{ kJ} \cdot \text{mol}^{-1}$

$$\text{MgO(s)} + \text{PCl}_3(\text{g}) + \text{Cl}_2(\text{g}) \rightleftharpoons \text{MgCl}_2(\text{g}) + \text{POCl}_3(\text{g}) \quad (5.1.33)$$
$\Delta_R G^0_{1300} = -113 \text{ kJ} \cdot \text{mol}^{-1}$

$$\text{MgO(s)} + \frac{1}{2}\text{TeCl}_2(\text{g}) + \frac{1}{2}\text{Cl}_2(\text{g}) \rightleftharpoons \text{MgCl}_2(\text{g}) + \frac{1}{2}\text{TeO}_2(\text{g}) \quad (5.1.34)$$
$\Delta_R G^0_{1300} = 79 \text{ kJ} \cdot \text{mol}^{-1}$

Transport mit zwei Transportzusätzen

$$\text{MgO(s)} + \text{Cl}_2(\text{g}) + \frac{1}{4}\text{S}_2(\text{g}) \rightleftharpoons \text{MgCl}_2(\text{g}) + \frac{1}{2}\text{SO}_2(\text{g}) \quad (5.1.35)$$
$\Delta_R G^0_{1300} = -92 \text{ kJ} \cdot \text{mol}^{-1}$

$$\text{MgO(s)} + \text{Cl}_2(\text{g}) + \frac{1}{2}\text{C(s)} \rightleftharpoons \text{MgCl}_2(\text{g}) + \frac{1}{2}\text{CO}_2(\text{g}) \quad (5.1.36)$$
$\Delta_R G^0_{1300} = -146 \text{ kJ} \cdot \text{mol}^{-1}$

$$\text{MgO(s)} + \text{Cl}_2(\text{g}) + \text{CO(g)} \rightleftharpoons \text{MgCl}_2(\text{g}) + \text{CO}_2(\text{g}) \quad (5.1.37)$$
$\Delta_R G^0_{1300} = -128 \text{ kJ} \cdot \text{mol}^{-1}$

$$\text{MgO(s)} + \text{Cl}_2(\text{g}) + \frac{1}{4}\text{Se}_2(\text{g}) \rightleftharpoons \text{MgCl}_2(\text{g}) + \frac{1}{2}\text{SeO}_2(\text{g}) \quad (5.1.38)$$
$\Delta_R G^0_{1300} = -5 \text{ kJ} \cdot \text{mol}^{-1}$

$$\text{MgO(s)} + \frac{1}{2}\text{CrCl}_4(\text{g}) + \frac{1}{2}\text{Cl}_2(\text{g}) \rightleftharpoons \text{MgCl}_2(\text{g}) + \frac{1}{2}\text{CrO}_2\text{Cl}_2(\text{g}) \quad (5.1.39)$$
$\Delta_R G^0_{1300} = -3 \text{ kJ} \cdot \text{mol}^{-1}$

$$\text{MgO(s)} + \text{VCl}_4(\text{g}) + \frac{1}{2}\text{Cl}_2(\text{g}) \rightleftharpoons \text{MgCl}_2(\text{g}) + \text{VOCl}_3(\text{g}) \quad (5.1.40)$$
$\Delta_R G^0_{1300} = -103 \text{ kJ} \cdot \text{mol}^{-1}$

Für die Auswahl des geeigneten Transportmittels bzw. transportwirksamen Zusatzes ist die Gleichgewichtslage von entscheidender Bedeutung. Die verschiedenen Halogenierungsgleichgewichte für den Umsatz von jeweils einem Mol Magnesiumoxid unterscheiden sich stark. Für die Reaktion mit Iod ergibt sich für die freie Reaktionsenthalpie ein Wert von $\Delta_R G^0_{1300} = 212 \text{ kJ} \cdot \text{mol}^{-1}$, für die Umsetzung mit PCl$_5$ ist $\Delta_R G^0_{1300} = -243 \text{ kJ} \cdot \text{mol}^{-1}$. Betrachtet man die Transportgleichgewichte von Magnesiumoxid mit den Halogenen, so verspricht nur der Transport mit Chlor Erfolg. Ebenso sollte es möglich sein, Magnesiumoxid mit den Halogenwasserstoffen zu transportieren. Weitere Transportmittel, die einen erfolgreichen Transport von Magnesiumoxid erwarten lassen, sind Tellur(IV)-chlorid und die Transportmittelkombinationen Selen + Chlor sowie Chrom(IV)-chlorid + Chlor. In vielen Fällen helfen Analogieschlüsse zu bereits beschriebenen Transportreaktionen bei der Wahl des Transportmittels und der Transportbedingungen. Tabelle 5.1 gibt eine umfassende Zusammenstellung bekannter Transportreaktionen.

5.2 Bodenkörper

In diesem Abschnitt wird der Chemische Transport von Oxiden an ausgewählten Beispielen eingehender diskutiert. Als Ordnungsprinzip des sehr umfangreichen Stoffs dient das Periodensystem. Die Zuordnung bestimmter Verbindungen zu einer Gruppe des Periodensystems ist hier nicht ohne eine gewisse Willkür. So kann mit gleicher Berechtigung der Transport von beispielsweise $MgGeO_3$ bei der Behandlung der Oxide aus Gruppe 2 oder Gruppe 14 abgehandelt werden. Die hier getroffene Zuordnung orientiert sich an dem in der üblichen Schreibweise zuerst genannten Atom.

5.2.1 Gruppe 1

Der Chemische Transport von Oxiden der Gruppe 1 ist ein Sonderfall. Aufgrund der ungünstigen, weit auf der Seite der Halogenide liegenden Gleichgewichte ist ein Transport von binären Alkalimetalloxiden mit den oben angeführten Transportmitteln nicht möglich. In der Literatur wird jedoch die Flüchtigkeit von Lithiumoxid (Li_2O) in Gegenwart von Wasserdampf beschrieben. Danach kann Lithiumoxid mit Wasser in einem endothermen Transport von 1000 °C zur kälteren Zone T_1 entsprechend Gleichung 5.2.1.1 transportiert werden (Ark 1955, Ber 1963).

$$Li_2O(s) + H_2O(g) \rightleftharpoons 2\,Li(OH)(g) \qquad (5.2.1.1)$$

Neben dem monomeren gasförmigen Lithiumhydroxid, LiOH, wurde auch die Existenz eines Dimers, $Li_2(OH)_2$, nachgewiesen (Ber 1960).

Man kennt nur ganz wenige Beispiele für den Transport ternärer oder polynärer Oxide, die Alkalimetallatome enthalten. Eine der wenigen Ausnahmen ist der Chemische Transport von Lithiumniobat, $LiNbO_3$, mit Schwefel, der unter Zusatz von Niob(V)-oxid in Gegenwart eines hohen Schwefeldrucks in einem Temperaturgradienten von 1000 nach 900 °C verläuft (Sch 1988). Weitere Ausnahmen stellen die Wolfram- und Niobbronzen der Zusammensetzung M_xWO_3 bzw. $M_xNb_yW_{1-y}O_3$ (M = Li, K, Rb, Cs, z. B. $K_{0,25}WO_3$) sowie die Molybdänbronzen Li_xMoO_3 dar. Hier gelingt der endotherme Transport besonders gut mit den

Quecksilber(II)-halogeniden $HgCl_2$ oder $HgBr_2$ im Temperaturgradienten von 800 nach 750 °C mit relativ hohen Transportraten (Hus 1991, Hus 1994, Hus 1997). Die lithiumhaltigen Wolfram- bzw. Molybdänbronzen werden mit Tellur(IV)-chlorid endotherm transportiert (Schm 2008). Die genauen Vorgänge sind hier ungeklärt.

5.2.2 Gruppe 2

Für die Oxide der Elemente der Gruppe 2 ist besonders intensiv der Chemische Transport von Magnesiumoxid mit verschiedenen Transportmitteln untersucht. Des Weiteren kennt man eine Vielzahl von Beispielen für den Chemischen Transport von ternären Oxiden des Magnesiums, wie z. B. $MgWO_4$. Berylliumoxid und Calciumoxid können durch Reaktionen mit Wasserdampf verflüchtigt werden. Verbindungen der schwereren Erdalkalimetalle sind wegen der geringen Flüchtigkeit ihrer Halogenide nur sehr schlecht (Ca, Sr) bzw. praktisch gar nicht (Ba) durch Chemischen Transport zu erhalten.

Magnesiumoxid kann sowohl mit Chlor (1200 → 1000 °C) (Bay 1985) als auch mit Chlorwasserstoff (1000 → 800 °C) (Klei 1972) transportiert werden. Die dabei wirksam werdenden Transportgleichgewichte entsprechen den oben angegebenen allgemeinen Transportgleichungen für den Transport mit Halogenen bzw. Halogenwasserstoffen. Weiterhin kann Magnesiumoxid mithilfe der Transportmittel Wasserstoff, Kohlenstoff bzw. Kohlenstoffmonoxid unter Bildung von Magnesiumdampf transportiert werden:

$$MgO(s) + H_2(g) \rightleftharpoons Mg(g) + H_2O(g) \qquad (5.2.2.1)$$

$$MgO(s) + C(s) \rightleftharpoons Mg(g) + CO(g) \qquad (5.2.2.2)$$

$$MgO(s) + CO(g) \rightleftharpoons Mg(g) + CO_2(g) \qquad (5.2.2.3)$$

Ausgehend vom Transportverhalten von MgO können Mischkristalle in den Systemen MnO/MgO, CoO/MgO und NiO/MgO durch Chemischen Transport mit Chlorwasserstoff in endothermer Reaktionen erhalten werden (Skv 2000).

Sowohl für Berylliumoxid (Bud 1966, Stu 1964, You 1960) als auch für Calciumoxid (Mat 1981a) ist eine Flüchtigkeit durch die Bildung von gasförmigen Hydroxiden im Temperaturbereich um 1500 °C beschrieben. Bei der Reaktion wird BeO bei einer niedrigeren Temperatur T_1 in Form sehr feiner, faserförmiger Kristalle abgeschieden. Die Zusammensetzung des dabei gebildeten gasförmigen Hydroxids (möglicherweise $Be(OH)_2$) ist nicht gesichert. Der Nachweis von Be_3O_3- und Be_4O_4-Molekülen in der Gasphase wird als Hinweis darauf gewertet, dass durch die Reaktion mit dem Wasserdampf $Be_nO_n \cdot H_2O$-Moleküle als transportwirksame Spezies gebildet werden (Chu 1959). Zudem ist der Transport von Berylliumoxid mit Chlorwasserstoff von 1100 nach 800 °C nach folgendem Gleichgewicht möglich (Spi 1930):

$$BeO(s) + 2 HCl(g) \rightleftharpoons BeCl_2(g) + H_2O(g) \qquad (5.2.2.4)$$

Einige typische Beispiele für den Transport ternärer bzw. quaternärer Magnesium/Übergangsmetalloxide sind $MgFe_2O_4$, $MgTiO_3$, $MgWO_4$, $MgNb_2O_6$, $MgTa_2O_6$ und $Mg_{0,5}Mn_{0,5}Fe_2O_4$. Sie sind mit Chlor bzw. Chlorwasserstoff jeweils von 1000 °C nach T_1 transportierbar, der Transport erfolgt über Magnesiumchlorid. Für MgV_2O_4 wird ein Transport mit verschiedenen Bromverbindungen als Transportmittel beschrieben (Pic 1973b). $Mg_2Mo_3O_8$ kann sowohl mit Chlor als auch mit Brom transportiert werden (Ste 2003a). *Steiner* nimmt an, dass Chlorwasserstoff- bzw. Bromwasserstoff als Transportmittel wirken, die unter dem Einfluss von Wasserspuren gebildet werden. Nach Gleichgewichtsberechnungen lässt sich der Transportvorgang durch die Transportgleichungen 5.2.2.5 bis 5.2.2.7 beschreiben.

$$Mg_2Mo_3O_8(s) + 10\,HX(g)$$
$$\rightleftharpoons 2\,MgX_2(g) + 3\,MoO_2X_2(g) + 2\,H_2O(g) + 3\,H_2(g) \qquad (5.2.2.5)$$

$$Mg_2Mo_3O_8(s) + 13\,HX(g)$$
$$\rightleftharpoons 2\,MgX_2(g) + 3\,MoOX_3(g) + 5\,H_2O(g) + \frac{3}{2}H_2(g) \qquad (5.2.2.6)$$

$$Mg_2Mo_3O_8(s) + 4\,HX(g) + 4\,H_2O(g)$$
$$\rightleftharpoons 2\,MgX_2(g) + 3\,H_2MoO_4(g) + 3\,H_2(g) \qquad (5.2.2.7)$$
$(X = Cl, Br)$

Beim Einsatz von Chlorwasserstoff als Transportmittel erfolgt die Beschreibung des Transportverhaltens über alle drei Gleichungen, beim Einsatz von Bromwasserstoff über 5.2.2.5 und 5.2.2.7.

Die ternären Calciumverbindungen $CaMoO_4$, $CaMo_5O_8$, $CaNb_2O_6$ und $CaWO_4$ sind über Chlorierungsgleichgewichte mit Chlor endotherm transportierbar. Während der Chemische Transport von Strontiumoxid nicht beschrieben ist, liegen Berichte zum Transport der drei strontiumhaltigen ternären Verbindungen $SrMoO_4$, $SrMo_5O_8$ (Ste 2006) und $SrWO_4$ (Ste 2005a) vor. Diese sind mit Chlor transportierbar (1150 → 1050 °C). Der Transport von $CaMoO_4$ und $SrMoO_4$ lässt sich durch folgende Gleichung gut beschreiben:

$$MMoO_4(s) + 2\,Cl_2(g) \rightleftharpoons MCl_2(g) + MoO_2Cl_2(g) + O_2(g) \qquad (5.2.2.8)$$
$(M = Ca, Sr)$.

In analoger Weise ist der Transport der Erdalkalimetallwolframate zu beschreiben (Ste 2005a).

$$MWO_4(s) + 2\,Cl_2(g) \rightleftharpoons MCl_2(g) + WO_2Cl_2(g) + O_2(g) \qquad (5.2.2.9)$$
$(M = Mg, Ca, Sr)$.

Dabei sei angemerkt, dass die Transportrate vom Magnesiumwolframat (0,7 mg · h^{-1}) zum Calcium- und Strontiumwolframat (0,1 mg · h^{-1}) systematisch kleiner wird.

Das Transportverhalten der binären und ternären oxidischen Verbindungen der Erdalkalimetalle wird durch die hohe thermodynamische Stabilität dieser

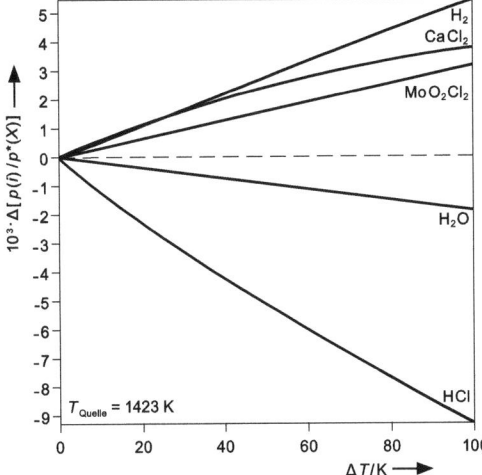

Abbildung 5.2.2.1 Transportwirksamkeit der wesentlichen Gasteilchen für den Chemischen Transport von CaMoO$_4$ unter Zusatz von Chlor in Anwesenheit von Wasser nach (Ste 2006) (n(Cl) = 2,5 · 10^{-5} mol, n(H$_2$O) = 2,5 · 10^{-5} mol).

Verbindungen bestimmt. Die Transportreaktionen sind durch extreme Gleichgewichtslagen gekennzeichnet. Die transportwirksamen Erdalkalimetallchloride weisen niedrige Partialdrücke auf, sodass erst bei Temperaturen oberhalb 1000 °C eine Abscheidung der Oxidoverbindungen möglich ist. Die Transportraten sind in allen Fällen niedrig. Es hat sich dabei als notwendig erwiesen, das Transportmittel Chlor in sehr kleinen Konzentrationen (0,05 mg · cm^{-3}) einzusetzen, um eine Kondensation der Erdalkalimetallchloride zu vermeiden.

5.2.3 Gruppe 3, Lanthanoide und Actinoide

Binäre Oxide Im folgenden Abschnitt wird das Transportverhalten der binären, ternären und polynären Oxide der Seltenerdmetalle (*SE*) beschrieben. Zu diesen zählt man die Elemente Scandium, Yttrium und Lanthan sowie die auf Lanthan folgenden 14 Elemente bis zum Lutetium. Die genannten Elemente haben sehr ähnliche chemische Eigenschaften. An der Gesamtzahl der Veröffentlichungen zum Chemischen Transport von Oxiden haben die zum Transport von Oxidoverbindungen der Seltenerdmetalle nur einen geringen Anteil.

Über den Transport von binären Oxiden der Seltenerdmetalle ist wenig bekannt. Beschrieben ist der von Scandium(III)-oxid, Yttrium(III)-oxid und Cer(IV)-oxid. Mit den üblichen Arbeitstechniken gelingt der Transport der übrigen nicht. Der Transport von Gadolinium(III)-oxid nimmt eine Sonderstellung ein, da die Kristallisation als Transport bei sehr hohen Temperaturen (1800 °C → T_1) untersucht und beschrieben wurde (Kal 1971).

Die besondere Problematik beim Chemischen Transport von oxidischen Verbindungen der Seltenerdmetalle beruht auf folgenden Eigenschaften:

- Die Oxide der Seltenerdmetalle weisen außerordentlich hohe thermodynamische Stabilität auf.
- Die Halogenide der Seltenerdmetalle haben geringe Dampfdrücke.
- Die festen Oxidhalogenide der Seltenerdmetalle *SE*OX zeichnen sich durch besondere Stabilität aus.

Die sehr hohe Stabilität der binären Oxide SE_2O_3 wird im Vergleich ihrer Standardbildungsenthalpien mit der von Aluminium(III)-oxid deutlich:

Al_2O_3: $-1676 \text{ kJ} \cdot \text{mol}^{-1}$
Sc_2O_3: $-1909 \text{ kJ} \cdot \text{mol}^{-1}$
Y_2O_3: $-1905 \text{ kJ} \cdot \text{mol}^{-1}$
La_2O_3: $-1794 \text{ kJ} \cdot \text{mol}^{-1}$
Lu_2O_3: $-1878 \text{ kJ} \cdot \text{mol}^{-1}$

Aufgrund der Gleichgewichtslage spielen für den Chemischen Transport von Seltenerdmetalloxidoverbindungen im Wesentlichen nur Chlorierungsgleichgewichte und damit die Seltenerdmetall(III)-chloride eine Rolle. Die Sättigungsdrücke der Trichloride liegen an der Grenze zur Transportwirksamkeit. Ergibt sich für ein Transportgleichgewicht rechnerisch ein höherer Partialdruck, so kommt es zur Kondensation des Trichlorids und der Transport unterbleibt.

Die Seltenerdmetall(III)-halogenide gehen wegen ihrer hohen thermischen Stabilität unzersetzt, im Wesentlichen als monomere Moleküle in die Gasphase über. Eine Ausnahme stellen Europium und Samarium dar, die eine geringere thermische Stabilität aufweisen. Die Gleichgewichtspartialdrücke der Seltenerdmetall(III)-chloride nehmen vom Lanthan zum Lutetium tendenziell zu. Lanthan(III)-chlorid erreicht bei 1000 °C einen Gleichgewichtspartialdruck von $6 \cdot 10^{-4}$ bar, Gadolinium(III)-chlorid von $1,5 \cdot 10^{-3}$ bar und Ytterbium(III)-chlorid $2 \cdot 10^{-2}$ bar (Opp 2005a).

Reagiert z. B. Lanthan(III)-oxid mit Chlor, so bildet sich das feste Oxidchlorid LaOCl:

$$La_2O_3(s) + Cl_2(g) \rightleftharpoons 2\,LaOCl(s) + \frac{1}{2}O_2(g) \quad (5.2.3.1)$$

$\Delta_R G^0_{1300} = -144 \text{ kJ} \cdot \text{mol}^{-1}$

Die Zersetzung von LaOCl erfolgt nach folgendem Gleichgewicht:

$$3\,LaOCl(s) \rightleftharpoons La_2O_3(s) + LaCl_3(g) \quad (5.2.3.2)$$

$\Delta_R G^0_{1300} = 239 \text{ kJ} \cdot \text{mol}^{-1}$

Der sich daraus ergebende Partialdruck des Lanthan(III)-chlorids beträgt $2 \cdot 10^{-10}$ bar und liegt damit weit unterhalb des transportwirksamen Bereichs von $p \geq 10^{-5}$ bar.

Der Chemische Transport von Scandium(III)-, Yttrium(III)-, Cer(IV)- und Gadolinium(III)-oxid soll hier näher erläutert werden. Scandium(III)-oxid lässt sich von 1100 °C nach 1000 °C mit Chlor als Transportmittel transportieren (Ros 1990a). Der Transport von Scandium(III)-oxid mit Chlor ist im Gegensatz zum chemisch verwandten Lanthan(III)-oxid möglich, da Scandiumoxidchlorid aufgrund seiner geringeren Stabilität einen transportwirksamen Scandium(III)-chlorid-Partialdruck zulässt.

$$Sc_2O_3(s) + Cl_2(g) \rightleftharpoons 2\,ScOCl(s) + \frac{1}{2}O_2(g) \qquad (5.2.3.3)$$
$$\Delta_R G^0_{1300} = -51 \text{ kJ} \cdot \text{mol}^{-1}$$

$$3\,ScOCl(s) \rightleftharpoons Sc_2O_3(s) + ScCl_3(g) \qquad (5.2.3.4)$$
$$\Delta_R G^0_{1300} = 123 \text{ kJ} \cdot \text{mol}^{-1}$$

Der Scandium(III)-chlorid-Partialdruck über ScOCl beträgt bei 1300 K 10^{-5} bar. Der Transport kann daher entsprechend folgender Gleichung ablaufen:

$$Sc_2O_3(s) + 3\,Cl_2(g) \rightleftharpoons 2\,ScCl_3(g) + \frac{3}{2}O_2(g) \qquad (5.2.3.5)$$

Cer(IV)-oxid ist ebenfalls endotherm mit Chlor von 1100 nach 1000 °C transportierbar (Scha 1986). Es reagiert wie Scandium(III)-oxid (aber im Gegensatz zu Lanthan(III)-oxid) zum gasförmigen Trichlorid und nicht unter Bildung des festen Oxidchlorids. Folgende Transportgleichung wird angenommen:

$$CeO_2(s) + \frac{3}{2}Cl_2(g) \rightleftharpoons CeCl_3(g) + O_2(g) \qquad (5.2.3.6)$$

Günstigere Gleichgewichtslagen bei Chlorierungsgleichgewichten für die Oxide der Seltenerdmetalle SE_2O_3 und damit auch höhere Transportraten werden durch den Zusatz von Kohlenstoff und die dadurch bedingte Bildung von CO bzw. CO_2 erreicht. *Matsumoto* und Mitarbeitern (Mat 1983) gelang der Transport von Yttrium(III)-oxid unter Verwendung von Brom + Kohlenstoffmonoxid als Transportmittel von 1160 nach 1100 °C. Analoge Transportexperimente unter ausschließlicher Verwendung von Brom (5.2.3.7) bewirkten keinen Transport. Das Gleichgewicht 5.2.3.8 beschreibt dagegen das beobachtete Transportverhalten.

$$Y_2O_3(s) + 3\,Br_2(g) \rightleftharpoons 2\,YBr_3(g) + \frac{3}{2}O_2(g) \qquad (5.2.3.7)$$

$$Y_2O_3(s) + 3\,Br_2(g) + 3\,CO(g) \rightleftharpoons 2\,YBr_3(g) + 3\,CO_2(g) \qquad (5.2.3.8)$$

Die freie Reaktionsenthalpie $\Delta_R G^0_{1300}$ für 5.2.3.8 beträgt $= -166$ kJ · mol^{-1}. Dieser Wert liegt immer noch in einem für Transportreaktionen ungünstigen Bereich. Da Yttrium(III)-oxid unter den angegebenen Bedingungen transportierbar ist, sollten auch andere Seltenerdmetall(III)-oxide auf diese Weise abgeschieden werden können, zum Beispiel Gadolinium(III)-oxid ($\Delta_R G^0_{1300} = -105$ kJ · mol^{-1}) oder Erbium(III)-oxid $\Delta_R G^0_{1300} = -67$ kJ · mol^{-1}).

Mit Europium dotierte Yttrium(III)-oxid-Kristalle können über endotherme Transportreaktionen von 1190 nach 1090 °C mit den Transportmitteln Brom, Kohlenstoffmonoxid, Bromwasserstoff und der Transportmittelkombination

Kohlenstoffmonoxid + Brom transportiert werden (Mat 1982). Gadolinium(III)-oxid kristallisiert beim Transport von 1800 °C nach T_1 unter Verwendung von Chlorwasserstoff als Transportmittel (Kal 1971).

Umfangreiche thermodynamische Betrachtungen zum Transportverhalten der binären Oxide der Seltenerdmetalle stellte *Orlovskii* (Orl 1985) an. Modellrechnungen zu den Systemen SE_2O_3/Cl_2, /Br_2, /HBr, /BBr_3, /CO + Br_2 und /S + Br_2 für einen Temperaturbereich zwischen 900 und 1150 °C belegen den limitierenden Einfluss der Bildung fester Oxidhalogenide für den Chemischen Transport der Seltenerden. Es kann gezeigt werden, dass für den Transport von Sc_2O_3, Y_2O_3, sowie CeO_2 höhere Transportraten zu erwarten sind, als für die Oxide der übrigen Seltenerdmetalle und dass die effektivsten Transportzusätze die Kombinationen Kohlenstoffmonoxid + Brom bzw. Schwefel + Brom sein sollten. Ein Transport unter Zusatz von Bromwasserstoff scheint ebenfalls möglich, jedoch mit einer um den Faktor 10 verringerten Transportrate gegenüber der Verwendung von Schwefel + Brom. Die Bildung von festem Bor(III)-oxid neben den jeweiligen Seltenerdmetalloxidbromiden lassen Bor(III)-bromid als Transportzusatz ungeeignet erscheinen.

Polynäre Oxidoverbindungen *Phosphate, Arsenate, Antimonate*: Beim Vergleich des Transportverhaltens der Oxidoverbindungen der Seltenerdmetalle ist festzustellen, dass Verbindungen mit den Elementen Lanthan bis Europium in der Regel mit höheren Transportraten transportierbar sind als entsprechende Verbindungen mit den schwereren Lathanoiden Gadolinium bis Lutetium. Das gilt insbesondere bei Verbindungen mit komplexen Anionen wie $SEPO_4$, $SEAsO_4$, $SESbO_4$ und $SEVO_4$. Nachfolgend werden thermodynamische Grundprinzipien für den Transport von polynären Oxidoverbindungen der Seltenerdmetalle erläutert. Für den exemplarisch betrachteten Transport eines Seltenerdmetallarsenats mit Chlor ergeben eingehende thermodynamische Betrachtungen die Transportgleichung:

$$SEAsO_4(s) + 3\,Cl_2(g) \rightleftharpoons SECl_3(g) + AsCl_3(g) + 2\,O_2(g) \quad (5.2.3.9)$$

Diese lässt sich formal in folgende drei Teilgleichungen zerlegen:

$$2\,SEAsO_4(s) \rightleftharpoons SE_2O_3(s) + \frac{1}{2}As_4O_6(g) + O_2(g) \quad (5.2.3.10)$$

$$SE_2O_3(s) + 3\,Cl_2(g) \rightleftharpoons 2\,SECl_3(g) + \frac{3}{2}O_2(g) \quad (5.2.3.11)$$

$$As_4O_6(g) + 6\,Cl_2(g) \rightleftharpoons 4\,AsCl_3(g) + 3\,O_2(g) \quad (5.2.3.12)$$

Für die Reihe der Seltenerdmetalle lässt sich bezüglich der oben formulierten drei Teilgleichungen 5.2.3.10 bis 5.2.3.12 Folgendes feststellen:

- Die Beträge der freien Enthalpien der ersten Teilreaktion liegen nahe beieinander.

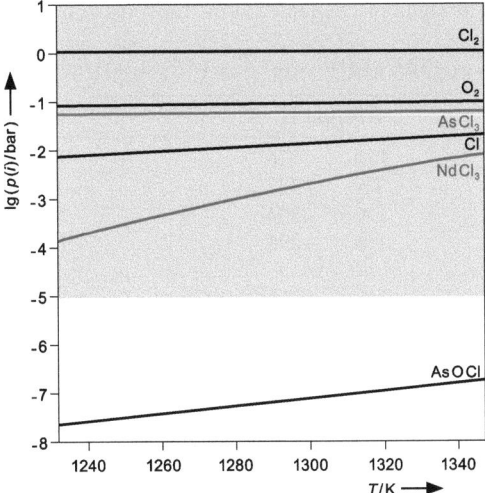

Abbildung 5.2.3.1 Gasphasenzusammensetzung für den Chemischen Transport von NdAsO$_4$ mit Chlor.

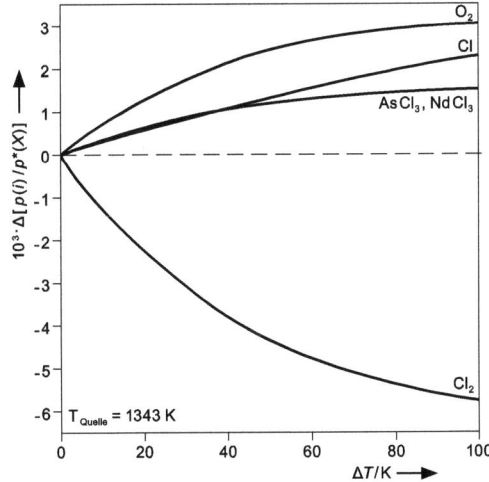

Abbildung. 5.2.3.2 Transportwirksamkeit der wesentlichen Gasteilchen beim Chemischen Transport von NdAsO$_4$ mit Chlor.

- Die freien Enthalpien der zweiten Teilreaktion sind deutlich voneinander verschieden.
- Die freien Enthalpien der dritten Teilreaktion sind identisch.

Die freien Reaktionsenthalpien für den Transportvorgang lassen sich auf die Differenz zwischen den freien Enthalpien des gasförmigen Seltenerdmetall(III)-chlorids und des Seltenerdmetall(III)-oxids zurückführen. Diese Differenzen sind beispielhaft für 1300 K in Tabelle 5.2.3.1 zusammengestellt.

Tabelle 5.2.3.1 Thermodynamische Daten zum Transport von Seltenerdmetall(III)-oxidoverbindungen.
Zahlenwerte: $2 \cdot \Delta_R G^0_{1300} (SECl_3(g)) - \Delta_R G^0_{1300} (SE_2O_3(s))/kJ \cdot mol^{-1}$

Gruppe I		Gruppe II		Gruppe III	
La	−472	Gd	−376	Er	−264
Ce	−447	Tb	−322	Tm	−267
Pr	−454	Dy	−304	Yb	−285
Nd	−432	Ho	−294	Lu	−190
Sm	−				
Eu	−457	Y	−318	Sc	−224

Die Aufstellung zeigt drei Gruppen mit unterschiedlichen Werten für die freien Reaktionsenthalpien der Transportreaktionen: Gruppe I (Werte um −450 kJ · mol^{-1}) mit relativ hohen Transportraten, Gruppe II (Werte im Bereich von −350 bis −300 kJ · mol^{-1}) mit mittleren bis niedrigen Transportraten und Gruppe III (Werte zwischen −300 und −190 kJ · mol^{-1}) mit sehr kleinen Transportraten bei Transportreaktionen mit Chlor oder chlorhaltigen Transportmitteln von 1100 nach 1000 °C. Bei einigen Verbindungsklassen z. B. den Seltenerdmetallvanadaten(V) und einigen Seltenerdmetallantimonaten(V) ist mit den Seltenerdmetallen der Gruppe 3 kein Transport mit Chlor bzw. chlorhaltigen Transportmitteln zu beobachten. Transporteffekte werden allgemein dann beobachtet, wenn die freie Reaktionsenthalpie im Bereich zwischen −100 und 100 kJ · mol^{-1} liegt. Vergleicht man diese Spanne mit der des seltenerdmetallabhängigen Anteils an der freien Reaktionsenthalpie der Transportreaktion, so ergibt sich allein daraus eine Varianz von 280 kJ · mol^{-1}. Dies erklärt das unterschiedliche Transportverhalten solcher Oxidoverbindungen der Seltenerdmetalle. Will man eine ganze Reihe analoger Seltenerdmetalloxidoverbindungen (La … Lu) transportieren, macht dies im Allgemeinen die Änderung des Transportmittels und/oder der Transportbedingungen (Lage und Größe des Temperaturgradienten) erforderlich. Bei manchen Verbindungsklassen, wie zum Beispiel den Seltenerdmetallphosphaten (SE-PO$_4$, SE = Dy … Lu), kann durch einen Wechsel zu Brom bzw. bromhaltigen Transportmitteln eine Veränderung der Gleichgewichtslage und damit ein Transport erreicht werden.

Im Folgenden soll der Transport der Phosphate, Arsenate und Antimonate im Einzelnen behandelt werden. Für alle gegebenen Beispiele des Transports mit Chlor gilt folgende allgemeine Gleichung:

$$SE_m A^a_n O_{\frac{1}{2}(n \cdot a + 3 \cdot m)} (s) + \frac{1}{2}(n \cdot a + 3 \cdot m) \, Cl_2(g)$$
$$\rightleftharpoons m \, SECl_3(g) + n \, ACl_a(g) + \frac{1}{4}(a + 3) \, O_2(g) \qquad (5.2.3.13)$$

(A = Zentralatom des komplexen Anions, zum Beispiel Si, Ge, P, As, Sb, Ti, V, Nb oder Ta).

Die Seltenerdmetallphosphate lassen sich über verschiedene Chlorierungs- bzw. Bromierungsgleichgewichte endotherm entlang unterschiedlicher Tempera-

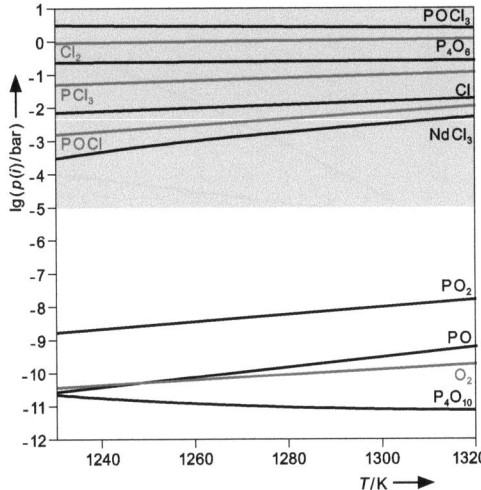

Abbildung 5.2.3.3 Gasphasenzusammensetzung für den Chemischen Transport von NdPO$_4$ mit PCl$_5$.

turgradienten transportieren. Folgende Transportzusätze finden Anwendung: Phosphor(V)-chlorid, Chlor + Kohlenstoffmonoxid, Phosphor(V)-bromid, Brom + Kohlenstoff, Brom + Kohlenstoffmonoxid und Ammoniumbromid. Die Seltenerdmetallphosphate der Zusammensetzung *SE*PO$_4$ (*SE* = Dy, Tm, Yb, Lu) lassen sich dabei ausschließlich über Bromierungsgleichgewichte transportieren. Ein Problem, insbesondere bei der Verwendung von Phosphor(V)-bromid als Transportzusatz, ist der Transport von erheblichen Mengen Silicium(IV)-oxid, das sich als Cristobalit neben den Seltenerdmetallphosphaten abscheidet (Orl 1971).

$$\text{SiO}_2(s) + 2\,\text{PBr}_5(g) \rightleftharpoons \text{SiBr}_4(g) + 2\,\text{POBr}_3(g) \qquad (5.2.3.14)$$

Der Chemische Transport von Lanthanphosphat kann mit Phosphor(V)-chlorid als Transportzusatz erfolgen. Der Transport wird in der Literatur durch folgende Gleichung beschrieben (Orl 1971):

$$\text{LaPO}_4(s) + 3\,\text{PCl}_5(g) \rightleftharpoons \text{LaCl}_3(g) + 4\,\text{POCl}_3(g) \qquad (5.2.3.15)$$

Modellrechnungen für das System NdPO$_4$/PCl$_5$ zeigen, dass POCl$_3$ als Transportmittel wirkt.

Weitere Beispiele für den Transport von Seltenerdmetallphosphaten sind in Tabelle 5.1 zusammengestellt. Eine umfassende Analyse des Chemischen Transports von Lanthanphosphat, LaPO$_4$, mit bromhaltigen Transportmitteln wurde von *Schäfer* durchgeführt (Sch 1972). Dabei wurde das Transportverhalten von Lanthanphosphat mit den Transportzusätzen Brom, Bromwasserstoff, Phosphor(V)-bromid (bzw. PBr$_3$ + Br$_2$) sowie Brom + Kohlenstoff (bzw. CO) thermodynamisch analysiert. Experimente und thermodynamische Berechnungen haben ergeben, dass Lanthanphosphat mit allen genannten Transportmitteln außer Brom transportiert werden kann. Der Transport erfolgt in jedem Fall endotherm von 1130 °C nach 930 °C, wobei die höchste Transportrate von 13,4 mg · h^{-1} mit

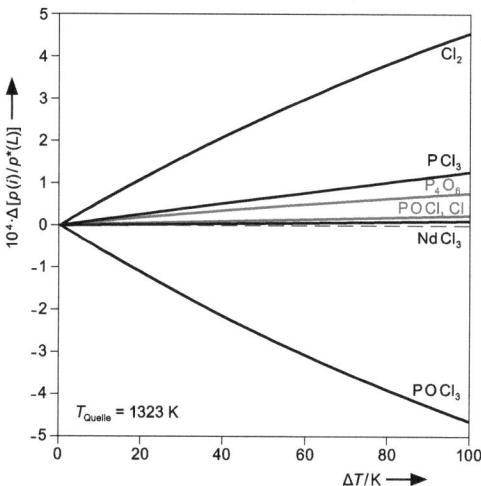

Abbildung 5.2.3.4 Transportwirksamkeit der wesentlichen Gasteilchen beim Chemischen Transport von NdPO$_4$ mit PCl$_5$.

Phosphor(V)-bromid bzw. PBr$_3$ + Br$_2$ erzielt werden konnte. Die den Berechnungen zugrunde liegenden Gasspezies sind LaBr$_3$, HBr, Br, Br$_2$, H$_2$O, O$_2$, CO, CO$_2$, PBr$_5$, PBr$_3$, POBr$_3$ und P$_4$O$_{10}$. Der Transport von Lanthanphosphat mit Bromwasserstoff lässt sich durch die beiden folgenden Gleichgewichte beschreiben:

$$\text{LaPO}_4(s) + 6\,\text{HBr}(g) \rightleftharpoons \text{LaBr}_3(g) + \text{POBr}_3(g) + 3\,\text{H}_2\text{O}(g) \quad (5.2.3.16)$$

$$\text{LaPO}_4(s) + 8\,\text{HBr}(g) \rightleftharpoons \text{LaBr}_3(g) + \text{PBr}_3(g) + 4\,\text{H}_2\text{O}(g) + \text{Br}_2(g) \quad (5.2.3.17)$$

Das zweite Gleichgewicht liefert den entscheidenden Beitrag zum Transportgeschehen. Für den Transport mit Phosphor(V)-bromid wird folgendes Gleichgewicht angegeben:

$$\text{LaPO}_4(s) + 3\,\text{PBr}_5(g) \rightleftharpoons \text{LaBr}_3(g) + 4\,\text{POBr}_3(g) \quad (5.2.3.18)$$

Findet die Transportmittelkombination Brom + Kohlenstoff bzw. Brom + Kohlenstoffmonoxid Anwendung, so kann nachstehendes transportwirksames Gleichgewicht angenommen werden:

$$\text{LaPO}_4(s) + 3\,\text{Br}_2(g) + 4\,\text{CO}(g) \rightleftharpoons \text{LaBr}_3(g) + \text{PBr}_3(g) + 4\,\text{CO}_2(g) \quad (5.2.3.19)$$

Basierend auf diesen Untersuchungen konnte *Orlovskii* auch den bis dahin nicht beschriebenen Transport eines Seltenerdmetallphosphats mit einem der schwereren Seltenerdmetalle (Lutetiumphosphat, LuPO$_4$) erfolgreich durchführen (Orl 1974, Orl 1978). Der Transport erfolgt von 1200 nach 1000 °C mit Phosphor(V)-bromid (1,9 mg · cm^{-3}) und Brom + Kohlenstoffmonoxid. Die Transportexperimente wurden in Ampullen mit Durchmessern zwischen ca. 8 mm und 35 mm ausgeführt, wobei oberhalb eines Durchmessers von 20 mm ein sehr steiler Anstieg der Transportrate zu beobachten war, der auf einen stark zunehmenden

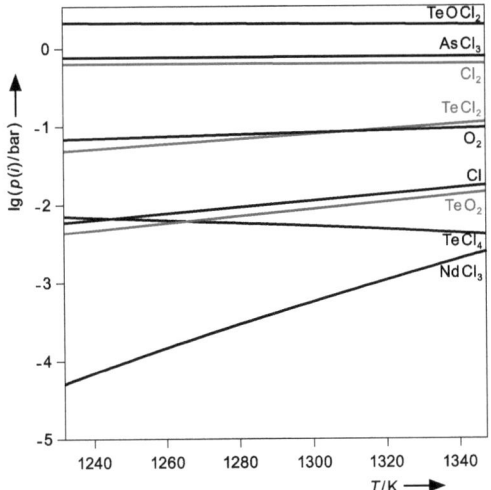

Abbildung 5.2.3.5 Gasphasenzusammensetzung für den Chemischen Transport von NdAsO₄ mit TeCl₄.

konvektiven Anteil zurückzuführen ist. Der endotherme Chemische Transport von Seltenerdmetallphosphaten(V) der Zusammensetzung *SE*PO$_4$ (*SE* = Ce, Pr, Nd, Gd, Ho, Er) mit Phosphor(V)-chlorid als Transportmittel sowie mit Phosphor(V)-bromid für *SE*PO$_4$ (*SE* = Dy, Ho, Er, Tm, Yb, Lu) wurde beschrieben (Mül 2004). Weiterhin gelang der Transport von Seltenerdmetallphosphat-Mischkristallen der Zusammensetzungen Nd$_{1-x}$Pr$_x$PO$_4$, Nd$_{1-x}$Sm$_x$PO$_4$ und Sm$_{1-x}$Gd$_x$PO$_4$. Die Transportreaktionen erfolgen endotherm unter Verwendung von Phosphor(V)-chlorid als Transportmittel.

Neben dem Transportverhalten der Seltenerdmetallphosphate wurde auch das der weniger stabilen, höheren Homologen, der Seltenerdmetallarsenate(V) (*SE*AsO$_4$) und -antimonate (*SE*SbO$_4$), untersucht (Schm 2005, Ger 2007). Die Seltenerdmetallarsenate *SE*AsO$_4$ (*SE* = Sc, Y, La ... Nd, Sm ... Lu) können durch endothermen Chemischen Transport mit Tellur(IV)-chlorid kristallisiert werden. Des Weiteren zeigt das Beispiel des Neodymarsenats, dass die Transportzusätze Tellur(IV)-bromid, Phosphor(V)-chlorid, Phosphor(V)-bromid, Quecksilber(II)-chlorid, Schwefel + Chlor, Arsen + Chlor und Arsen + Brom ebenfalls geeignet sind. Experimente mit verschiedenen iodhaltigen Transportmitteln führten nicht zum Erfolg. Zudem wurde eine Reihe von unterschiedlich zusammengesetzten Seltenerdmetallarsenat-Mischkristallen der allgemeinen Formel *SE*$_{1-x}$*SE'*$_x$AsO$_4$ mit Tellur(IV)-chlorid im angegebenen Temperaturbereich kristallin abgeschieden (siehe Tabelle 5.1).

Aus thermodynamischen Modellrechnungen lässt sich folgende dominierende Transportgleichung ableiten:

$$SEAsO_4(s) + 3\,TeOCl_2(g)$$
$$\rightleftharpoons SECl_3(g) + AsCl_3(g) + 3\,TeO_2(g) + \frac{1}{2}O_2(g) \qquad (5.2.3.20)$$

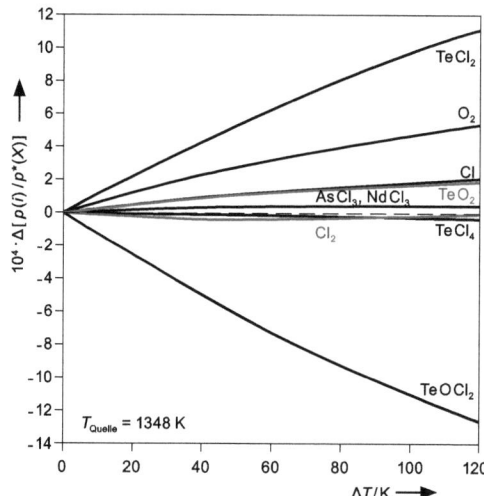

Abbildung 5.2.3.6 Transportwirksamkeit der wesentlichen Gasteilchen beim Chemischen Transport von NdAsO$_4$ mit TeCl$_4$.

Die Seltenerdmetall-übertragende Spezies ist ausschließlich das entsprechende Seltenerdmetall(III)-chlorid mit Partialdrücken im Bereich von 10^{-3} bar. Als Arsen-übertragende Spezies wird im Wesentlichen Arsen(III)-chlorid transportwirksam. Die ebenfalls berücksichtigten Gasspezies As$_4$O$_6$ und AsOCl liegen mit Partialdrücken von ca. 10^{-5} bar bzw. 10^{-6} bar an der Grenze der Transportwirksamkeit (siehe Abbildung 5.2.3.5). Im Vergleich der verschiedenen Seltenerdmetallarsenate(V) zeigt sich, dass die Transportrate der Arsenate der leichten Seltenerdmetalle (La ... Nd, Sm, Eu) größer ist als die der Arsenate mit den schweren Seltenerdmetallen (Gd ... Lu).

Neben den Seltenerdmetallarsenaten(V) können auch die thermodynamisch etwas instabileren Seltenerdmetallantimonate(V) (*SE* = La, Pr, Nd, Sm, Eu, Gd, Tb, Dy, Ho, Er, Lu) durch Chemischen Transport mit Tellur(IV)-chlorid als Transportmittel kristallin abgeschieden werden. Transportexperimente mit Praseodymantimonat, PrSbO$_4$, unter Verwendung von Tellur(IV)-bromid, Tellur(IV)-iodid, Phosphor(V)-chlorid, Phosphor(V)-bromid, Chlor und Brom haben ergeben, dass eine Kristallisation von PrSbO$_4$ nur mit chlorhaltigen Transportmitteln möglich ist. Die allgemein niedrigen Transportraten der Seltenerdmetallantimonate(V) von 0,05 bis 0,1 mg · h^{-1} werden mit ungewöhnlich hohen Transportmittelkonzentrationen von ca. 5 mg · cm^{-3} erreicht. Bei Transportmittelkonzentrationen unter 2,5 mg · cm^{-3} ist kein Transport mehr zu beobachten. Transportmittelkonzentrationen im Bereich von 5 bis 10 mg · cm^{-3} führen zu einer deutlichen Steigerung der Transportrate. Die Steigerung liegt darin begründet, dass es zu einer Erhöhung des Gesamtdrucks in der Ampulle auf bis zu 6,7 bar kommt, sodass der konvektive Anteil überwiegt. Aus der berechneten Transportwirksamkeit (siehe Abbildung 5.2.3.8) wurde folgende dominierende Transportgleichung abgeleitet:

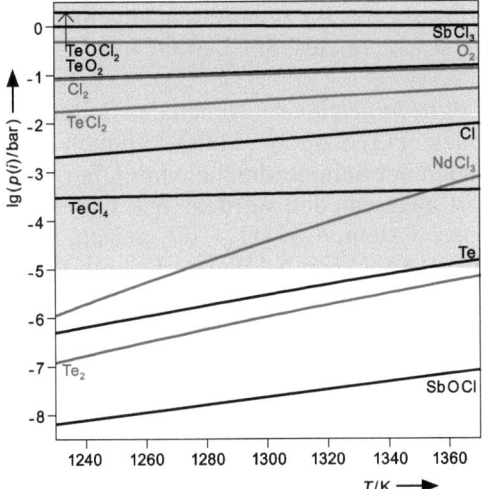

Abbildung 5.2.3.7 Gasphasenzusammensetzung für den Chemischen Transport von NdSbO$_4$ mit TeCl$_4$.

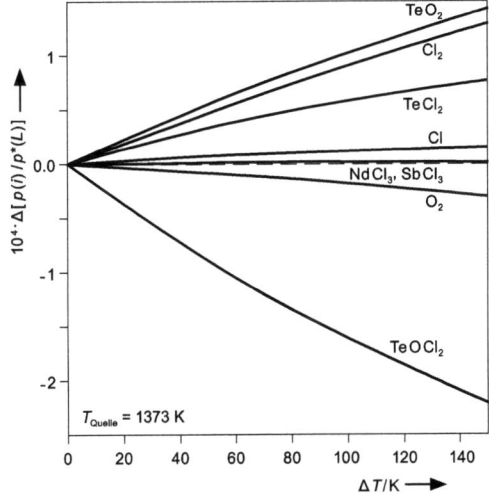

Abbildung 5.2.3.8 Transportwirksamkeit der wesentlichen Gasteilchen beim Chemischen Transport von NdSbO$_4$ mit TeCl$_4$.

$$SESbO_4(s) + 4\,TeOCl_2(g)$$
$$\rightleftharpoons SECl_3(g) + SbCl_3(g) + 4\,TeO_2(g) + Cl_2(g) \qquad (5.2.3.21)$$

Zur vollständigen Beschreibung des komplexen, fünf Komponenten (k) enthaltenden Transportsystems (SE, Sb, O, Te, Cl) sind neun unabhängige Gleichgewichte (r$_u$) entsprechend r$_u$ = s + 1 − k notwendig. Bei der thermodynamischen Modellierung sind neben den kondensierten Phasen SESbO$_4$, SE$_2$O$_3$, SEOCl,

$SECl_3$ und Sb_2O_4 13 Gasspezies (s) zu berücksichtigen: $TeOCl_2$, $SbCl_3$, O_2, TeO_2, Cl_2, $TeCl_2$, Cl, $SECl_3$, $TeCl_4$, Te, Te_2, $SbCl$, $SbOCl$.

Weitere Seltenerdmetalloxidometallate: Neben den Seltenerdmetallverbindungen mit komplexen Anionen (PO_4^{3-}, AsO_4^{3-}, SbO_4^{3-}) können eine Reihe von ternären bzw. quaternären Oxiden der Seltenerdmetalle mit Übergangsmetalloxiden durch Chemischen Transport abgeschieden werden. Wie Untersuchungen zum Chemischen Transport in den Systemen SE_2O_3/TiO_2 zeigen, lassen sich Titanate der Zusammensetzung $SE_2Ti_2O_7$ (SE = Nd, Sm ... Lu) mit Chlor als Transportmittel endotherm (z. B. 1050 → 950 °C) transportieren (Hüb 1992):

$$SETi_2O_7(s) + \frac{11}{2}Cl_2(g) \rightleftharpoons SECl_3(g) + 2\,TiCl_4(g) + \frac{7}{2}O_2(g) \quad (5.2.3.22)$$

Die für Transportreaktionen von oxidischen seltenerdmetallhaltigen Verbindungen störende Nebenreaktion mit dem Transportmittel Chlor kann zur Bildung von Seltenerdmetalloxidhalogeniden $SEOCl$ führen:

$$SE_2O_3(s) + Cl_2(g) \rightleftharpoons 2\,SEOCl(s) + \frac{1}{2}O_2(g) \quad (5.2.3.23)$$

Im System SE_2O_3/TiO_2 kann folgende Reaktion ablaufen:

$$2\,SE_2TiO_5(s) + Cl_2(g)$$
$$\rightleftharpoons 2\,SEOCl(s) + SE_2Ti_2O_7(s) + \frac{1}{2}O_2(g) \quad (5.2.3.24)$$
(SE = La, Pr, Nd, Sm ... Gd).

Es können aber auch polynäre Oxidchloride, z. B. der Zusammensetzung $SE_2Ti_3O_8Cl_2$ neben $SEOCl$ bei T_1 abgeschieden werden (siehe Kapitel 8). Ist das Seltenerdmetall/Titan-Verhältnis ≤ 1, werden diese Nebenreaktionen nicht beobachtet. Neben Chlor kann in einigen Fällen auch Quecksilber(II)-chlorid, $HgCl_2$, als Transportmittel verwendet werden (Zen 1999a). Die analoge oxidationsempfindliche Cer(III)-Verbindung $Ce_2Ti_2O_7$ kann weder mit Chlor noch mit Chlorwasserstoff transportiert werden. Hier ist ein Transport mit Ammoniumchlorid oder mit Quecksilber(II)-chlorid in die kältere Zone möglich (Pre 1996). Weiterhin kann das Neodymtitanat $Nd_4Ti_9O_{24}$ mit Chlor von T_2 nach T_1 transportiert werden (Hüb 1992a). In Kurzwegtransportexperimenten kristallisierten die Titanate $Nd_2Ti_4O_{11}$ (Hüb 1992b) sowie $Pr_4Ti_9O_{24}$ (Zen 1999a). Unter Zusatz von Ammoniumchlorid erfolgt der endotherme Transport von Cer(III)-Silikat-Titanat ($Ce_2Ti_2SiO_9$) von 1050 nach 900 °C (Zen 1999).

Neben den Seltenerdmetalltitanaten können eine Vielzahl von Seltenerdmetallvanadaten, -niobaten und -tantalaten durch Chemische Transportreaktionen kristallin erhalten werden. In Gegenwart von Tellur(IV)-chlorid kristallisiert mit Europium dotiertes Yttriumvanadat(V), YVO_4:Eu, in der kälteren Zone (Mat 1981). Der endotherme Chemische Transport von Seltenerdmetallvanadaten(V) $SEVO_4$ (SE = Y, La ... Nd, Sm ... Ho) sowie von gemischten Seltenerdmetallvanadaten(V), $Pr_{1-x}Nd_xVO_4$ und $Sm_{1-x}Eu_xVO_4$, ist mit Tellur(IV)-chlorid möglich (Schm 2005a). Der Transport der Seltenerdmetallvanadate(V) lässt sich, basierend auf Gleichgewichtsberechnungen zur Transportwirksamkeit der einzelnen Gasspezies, anhand folgender Transportgleichung in guter Näherung beschreiben:

$$SE\text{VO}_4(s) + 3\,\text{TeOCl}_2(g)$$
$$\rightleftharpoons SE\text{Cl}_3(g) + \text{VOCl}_3(g) + 3\,\text{TeO}_2(g) \qquad (5.2.3.25)$$

In diesem Fall wirkt das in komplexer Reaktion entstehende TeOCl$_2$ als eigentliches Transportmittel und nicht das zugesetzte Tellur(IV)-chlorid.

Durch endothermen Chemischen Transport mit Chlor als Transportmittel lassen sich Seltenerdmetallniobate erhalten (Scha 1991, Gru 2000) (siehe Tabelle 5.1). Bei einigen der genannten Verbindungen ist auch die Verwendung von Ammoniumchlorid oder Ammoniumbromid als Transportzusatz möglich. Der Transport von LaNbO$_4$ mit Chlor wird folgendermaßen beschrieben:

$$\text{LaNbO}_4(s) + 3\,\text{Cl}_2(g) \rightleftharpoons \text{LaCl}_3(g) + \text{NbOCl}_3(g) + \frac{3}{2}\text{O}_2(g) \qquad (5.2.3.26)$$

LaNbO$_4$ steht stellvertretend für die Transportgleichgewichte zur Abscheidung der anderen Seltenerdmetallniobate (Gru 2000). Neben den Seltenerdmetallniobaten ist auch der Transport einer Reihe von Seltenerdmetalltantalaten publiziert (siehe Tabelle 5.1). Er erfolgt endotherm mit Chlor als Transportmittel, wobei die Temperaturen der Auflösungsseite in der Regel 1100 °C und die der Abscheidungsseite 1000 °C betragen. Allgemein kann für den Transport der Selterdmetalltantalate(V) mit Chlor das folgende Gleichgewicht angegeben werden:

$$SE\text{TaO}_4(s) + 3\,\text{Cl}_2(g) \rightleftharpoons SE\text{Cl}_3(g) + \text{TaOCl}_3(g) + \frac{3}{2}\text{O}_2(g) \qquad (5.2.3.27)$$

Eine Ausnahme stellt CeTaO$_4$ dar (Scha 1989). Es wird exotherm von 1000 nach 1100 °C unter Zugabe von Kohlenstoffmonoxid und Tetrabrommethan transportiert. Dabei bildet sich eine reduzierende Gasphase, bestehend aus Kohlenstoffmonoxid und Brom. Brom ist das eigentliche Transportmittel. Beim Transport der Seltenerdmetalltantalate wird eine ähnliche Tendenz zur Bildung polynärer Oxidhalogenide wie bei den Seltenerdmetalltitanaten beobachtet. Die Reaktion unter Verbrauch des Transportmittels Chlor erfolgt in diesem Fall jedoch unter Beteiligung von Wasserspuren:

$$3\,SE_3\text{TaO}_7(s) + 6\,\text{Cl}_2(g) + \text{H}_2\text{O}(g)$$
$$\rightarrow 3\,SE_3\text{TaO}_5(\text{OH})\text{Cl}_3(s) + SE\text{TaO}_4(s) + SE\text{Cl}_3(s) + 3\,\text{O}_2(g) \qquad (5.2.3.28)$$

In zahlreichen Publikationen ist der Chemische Transport von Granatkristallen thematisiert (siehe Tabelle 5.1). Insbesondere die Abscheidung des Yttrium-Eisen-Granats, Y$_3$Fe$_5$O$_{12}$, wird behandelt. Daneben wird der Transport eines Gadolinium-Eisen-Granats (Klei 1977) und eines Granats der Zusammensetzung Gd$_{2,66}$Tb$_{0,34}$Fe$_5$O$_{12}$ beschrieben (Gib 1973). Yttrium-Eisen-Granat kann endotherm mit verschiedenen chlorhaltigen Transportzusätzen (HCl, HCl + FeCl$_3$, GdCl$_3$, YCl$_3$, CCl$_4$, FeCl$_3$) transportiert werden. Unter anderem wird das Transportverhalten des Yttrium-Eisen-Granats mit Chlorwasserstoff anhand von thermodynamischen Berechnungen beschrieben und analysiert (Weh 1970). Als Transportgleichung wird angegeben:

$$\text{Y}_3\text{Fe}_5\text{O}_{12}(s) + 24\,\text{HCl}(g)$$
$$\rightleftharpoons 3\,\text{YCl}_3(g) + 5\,\text{FeCl}_3(g) + 12\,\text{H}_2\text{O}(g) \qquad (5.2.3.29)$$

Die Experimente zeigen, dass $Y_3Fe_5O_{12}$ von 1140 °C nach 1045 °C mit Chlorwasserstoff nur dann transportiert werden kann, wenn zusätzlich Eisen(III)-chlorid zugegeben wird. Im angegebenen Temperaturbereich führen Transportexperimente mit Chlorwasserstoff + Eisen(III)-chlorid in sieben Tagen zu bis zu 5 mm großen Yttrium-Eisen-Granat-Kristallen. Ohne die Zugabe von Eisen(III)-chlorid erfolgt lediglich die Abscheidung von Eisen(III)-oxid. Auch bei Zugabe von Eisen(III)-chlorid wird ein simultaner Transport von Yttrium-Eisen-Granat und Eisen(III)-oxid beobachtet. *Piekarczyk* verwendet Tetrachlormethan als effektives Transportmittel für $Y_3Fe_5O_{12}$ im Temperaturgradienten von 1100 nach 950 °C (Pie 1981). Zur thermodynamischen Beschreibung geht er von den festen Phasen $Y_3Fe_5O_{12}$, $YFeO_3$, Fe_2O_3, Y_2O_3, $YOCl$ und von den Gasspezies CCl_4, YCl_3, $FeCl_3$, $FeCl_2$, Fe_2Cl_6, Cl_2, CO_2, CO, O_2 aus. Nachfolgende Gleichung beschreibt die Transportreaktion:

$$Y_3Fe_5O_{12}(s) + 6\,CCl_4(g)$$
$$\rightleftharpoons 3\,YCl_3(g) + 5\,FeCl_3(g) + 6\,CO_2(g) \qquad (5.2.3.30)$$

Yttrium-Eisen-Granate und Gadolinium-Eisen-Granate können unter Verwendung von Yttrium(III)-chlorid bzw. Gadolinium(III)-chlorid erhalten werden (Klei 1977, Klei 1977a). Der Transport erfolgt von T_2 nach T_1, wobei der Yttrium-Eisen-Granat nahezu einphasig transportiert werden kann. Im Temperaturgradienten von 1165 nach 1050 °C erfolgt die Abscheidung von $Gd_3Fe_5O_{12}$ neben der von Fe_2O_3. Der Chemische Transport des Yttrium-Eisen-Granats mit Chlor sowie der mit Chlor + Eisen(II)-chlorid als Transportmittel wird von *Gibart* neben dem von $Gd_{2,34}Tb_{0,66}Fe_5O_{12}$ mit Chlor und Eisen(II)-chlorid publiziert. Bei den Experimenten wird die Abscheidung von Granatkristallen neben Eisen(III)-oxid beobachtet. Folgende Transportreaktion wird angenommen:

$$Y_3Fe_5O_{12}(s) + \frac{19}{2}Cl_2(g)$$
$$\rightleftharpoons 3\,YCl_3(g) + 5\,FeCl_2(g) + 6\,O_2(g) \qquad (5.2.3.31)$$

Berechnungen zeigen, dass im Widerspruch zu Angaben mancher Autoren im Temperaturbereich um 1100 °C, insbesondere auch bei der Verwendung von Tetrachlormethan und Chlorwasserstoff, $FeCl_2(g)$ gegenüber $FeCl_3(g)$ die dominierende Gasspezies ist (Gib 1973).

Eine beträchtliche Anzahl ternärer und quaternärer Oxidoverbindungen der Seltenerdelemente können durch Chemischen Transport erhalten werden. Ternäre Verbindungen lassen sich besser transportieren als die binären Seltenerdmetalloxide. Die Ursache für dieses unterschiedliche Transportverhalten ist darin zu sehen, dass die Bildung von festen Oxidchloriden, *SE*OCl, nicht erfolgt, weil andere Reaktionen thermodynamisch bevorzugt sind. Die ternären Oxidoverbindungen der Seltenerdmetalle $(SE_2O_3)_x(MO_n)_y$ unterscheiden sich aus thermodynamischer Sicht von den binären Seltenerdmetalloxiden dadurch, dass die thermodynamische Aktivität des SE_2O_3 kleiner als 1 ist. Dies verschiebt die Gleichgewichtslage aller Reaktionen auf die linke Seite. Dadurch unterbleibt die Bildung der Oxidchloride und das Transportgleichgewicht wird ausglichener. Tendenziell sinkt die Aktivität mit kleiner werdendem Quotienten x/y. Seltenerdmetallarme Oxidoverbindungen lassen sich in der Regel besser transportieren als seltenerdmetallreiche.

Oxidoverbindungen der Actinoide Das Transportverhalten ist am Beispiel der binären Oxide Thorium(IV)-oxid (ThO$_2$), Uran(IV)-oxid (UO$_2$), Uran(IV,VI)-oxid (U$_3$O$_8$), Uran(IV,VI)-oxid (U$_4$O$_9$) sowie Neptunium(IV)-oxid (NpO$_2$) untersucht. Publiziert sind ebenfalls Untersuchungen zu Thoriumsilicat, -titanat und -zirconat, Thoriumniobaten und -tantalaten sowie zu Uranniobaten und -tantalaten.

Thorium(IV)-oxid kann endotherm über Chlorierungsgleichgewichte mit den Transportmitteln Tellur(IV)-chlorid (Kor 1989) und Chlor bzw. Ammoniumchlorid (als HCl-Quelle) transportiert werden (Schm 1991a). Folgende Transportgleichungen werden wirksam:

$$\text{ThO}_2(s) + \text{TeCl}_4(g) \rightleftharpoons \text{ThCl}_4(g) + \text{TeO}_2(g) \tag{5.2.3.32}$$

$$\text{ThO}_2(s) + 2\,\text{Cl}_2(g) \rightleftharpoons \text{ThCl}_4(g) + \text{O}_2(g) \tag{5.2.3.33}$$

$$\text{ThO}_2(s) + 4\,\text{HCl}(g) \rightleftharpoons \text{ThCl}_4(g) + 2\,\text{H}_2\text{O}(g) \tag{5.2.3.34}$$

Uran(IV)-oxid ist über verschiedene Halogenierungsgleichgewichte mit den Transportmitteln Chlor, Brom, Iod, Chlorwasserstoff und insbesondere Tellur(IV)-chlorid sowie mit Brom + Selen und Brom + Schwefel endotherm transportierbar. *Oppermann* und Mitarbeiter beschreiben den Transport von UO$_2$ mit Tellur(IV)-chlorid von 1100 nach 900 °C mit hohen Transportraten, wobei gut ausgebildete Kristalle mit bis zu 5 mm Kantenlänge erhalten wurden (Opp 1975). Die Transportgleichung wurde folgendermaßen angegeben:

$$\text{UO}_2(s) + \text{TeCl}_4(g) \rightleftharpoons \text{UCl}_4(g) + \text{TeO}_2(g) \tag{5.2.3.35}$$

Bei Verwendung der Halogene als Transportmittel, lässt sich folgende Transportgleichung angeben (Sin 1974):

$$\text{UO}_2(s) + 2\,X_2(g) \rightleftharpoons UX_4(g) + \text{O}_2(g) \tag{5.2.3.36}$$
$(X = \text{Cl, Br, I})$

Uran(IV)-oxid kann endotherm mit den Transportmitteln Chlor, Brom, Iod, Chlorwasserstoff und Brom + Schwefel transportiert werden (Nai 1971). Als Transportgleichungen werden angegeben:

$$\text{UO}_2(s) + 4\,\text{HCl}(g) \rightleftharpoons \text{UCl}_4(g) + 2\,\text{H}_2\text{O}(g) \tag{5.2.3.37}$$

$$\text{UO}_2(s) + 2\,\text{Br}_2(g) + \frac{1}{2}\text{S}_2(g) \rightleftharpoons \text{UBr}_4(g) + \text{SO}_2(g) \tag{5.2.3.38}$$

Auf diese Weise werden gut ausgebildete Kristalle bei hohen Transportraten erhalten. Noch höhere Transportraten erzielt man bei Verwendung von Chlor. Dabei erfolgt zunächst die Abscheidung von U$_4$O$_9$ und nicht, wie erwartet die von UO$_2$ (Nai 1971). Als Ursache dieses nichtstationären Transportverhaltens kann ein sich im Verlaufe des Experiments veränderender Sauerstoffpartialdruck vermutet werden. Das gemischtvalente Uranoxid U$_4$O$_9$ (Nei 1971, Opp 1977d, Nom

1981) lässt sich wie U_3O_8 (Nei 1971, Nom 1981) auch in einem kongruenten Transport mit den genannten Transportmitteln abscheiden. Zudem wird der Transport von U_3O_8 und U_4O_9 mit Chlorwasserstoff beschrieben (Nom 1981). An gleicher Stelle wird die Beteiligung von UCl_4, UCl_5 und UCl_6 neben den gasförmigen Uranoxidchloriden der Zusammensetzung $UOCl_2$ und UO_2Cl_2 diskutiert. Deren Transportwirksamkeit ist jedoch aufgrund der unsicheren thermodynamischen Daten nicht quantifizierbar. Die Überlegung, dass beim Chemischen Transport von Uranoxiden bzw. uranoxidhaltigen Verbindungen gasförmige Uranoxidchloride als transportwirksame Gasspezies wirksam werden können, wird durch massenspektrometrische Untersuchungen zur Existenz von UO_2Cl_2 in der Gasphase gestützt (Schl 1999). Aus Untersuchungen zum thermischen Verhalten von festem UO_2F_2 geht hervor, dass dieses teilweise unzersetzt sublimiert. Ein Teil zerfällt jedoch unter Bildung von festem U_3O_8 sowie gasförmigem UF_6 und Sauerstoff. Daraus kann abgeleitet werden, dass U_3O_8 mit Sauerstoff und Uran(VI)-flourid transportiert werden kann.

$$2\,U_3O_8(s) + 3\,UF_6(g) + O_2(g) \rightleftharpoons 9\,UO_2F_2(g) \qquad (5.2.3.39)$$

Neben Uran(IV)- und Thorium(IV)-oxid ist auch der Transport von Mischkristallen $U_{1-x}Th_xO_2$ ($x \leq 0{,}69$) möglich (Kam 1978). Der Transport erfolgt endotherm von 1100 nach 950 °C mit Chlorwasserstoff als Transportmittel. Als transportwirksame Gasspezies werden UCl_4 und $ThCl_4$ angegeben:

$$\begin{aligned} &U_{1-x}Th_xO_2(s) + 4\,HCl(g) \\ &\rightleftharpoons (1-x)\,UCl_4(g) + x\,ThCl_4(g) + 2\,H_2O(g) \end{aligned} \qquad (5.2.3.40)$$

Bei Transportexperimenten mit Thorium(IV)-oxid in Quarzglasampullen beobachtet man die Kristallisation des Thorium(IV)-orthosilicats $ThSiO_4$. Dieses Verhalten ist bei reinem Thorium(IV)-oxid stärker ausgeprägt als bei thoriumoxidhaltigen Verbindungen. Dies wird auf folgende Reaktionen zurückgeführt:

$$ThCl_4(g) + SiO_2(s) \rightleftharpoons ThO_2(s) + SiCl_4(g) \qquad (5.2.3.41)$$

$$SiCl_4(g) + ThCl_4(g) + 4\,H_2O(g) \rightleftharpoons ThSiO_4(s) + 8\,HCl(g) \qquad (5.2.3.42)$$

Der Transport des Thorium(IV)-orthosilicats (Kam 1979, Schm 1991a) wird unter dem Gesichtspunkt des Chemischen Transports von Silicaten noch einmal in Abschnitt 6.3 thematisiert.

Als weiteres Beispiel für den Transport ein Actinoidoxids ist der von Neptunium(IV)-oxid von 1050 nach 960 °C mit $TeCl_4$ zu nennen, wobei relativ hohe Transportmittelkonzentrationen von $5\ \text{mg}\cdot\text{cm}^{-3}$ notwendig sind (Spi 1980). Diese hohe Transportmittelkonzentration wird auch in einigen Fällen für den erfolgreichen Transport von seltenerdmetallhaltigen Oxidoverbindungen benötigt. Neben Uran(IV)-oxid und Neptunium(IV)-oxid sind auch Thorium(IV)-oxid und Plutonium(IV)-oxid mit Tellur(IV)-chlorid endotherm transportierbar; es kommt dabei zu einer starken Korrosion der Kieselglasampulle.

Transportexperimente mit Thoriumtitanaten, -niobaten und -tantalaten zeigen, dass die simultan zur Transportreaktion ablaufende Bildung des Thorium(IV)-orthosilicats und damit die starke Korrosion der Quarzampulle aufgrund der Stabilität dieser Verbindungen und der abgesenkten Thoriumoxidaktivität weitgehend unterdrückt ist. ThNb$_2$O$_7$, ThNb$_4$O$_{12}$, Th$_2$Nb$_2$O$_9$, ThTa$_2$O$_7$, ThTa$_4$O$_{12}$, ThTa$_8$O$_{22}$, Th$_2$Ta$_2$O$_9$ und Th$_2$Ta$_6$O$_{19}$ lassen sich endotherm mit Chlor oder Ammoniumchlorid transportieren. Mit Chlor unter Zusatz von geringen Mengen Vanadium oder Tantal kann ThTa$_6$O$_{17}$ transportiert werden (Schm 1991a). Ähnliches gilt für den endothermen Transport von Th$_4$Ta$_{18}$O$_{53}$ mit Chlor unter Zugabe von Tantal(V)-chlorid. Das Thoriumtitanat ThTi$_2$O$_6$ kristallisiert unter Zusatz von Chlor und Schwefel in der kälteren Ampullenseite. Das ternäre Thorium(IV)/Zirconium(IV)-oxid Th$_{1-x}$Zr$_x$O$_2$ kann mit Zirconium(IV)-chlorid als Transportmittel in einem Temperaturgradienten von 1000 nach 980 °C kristallisiert werden (Bus 1996). In analoger Weise ist die Kristallisation von Th$_2$Ta$_6$O$_{19}$ mit Zirconium(IV)- bzw. Hafnium(IV)-chlorid als Transportzusatz möglich.

Neben den ternären Thoriumverbindungen konnten verschiedene Uranniobate und -tantalate durch Chemische Transportreaktionen erhalten werden. Bei allen Verbindungen erfolgte der Transport endotherm über Chlorierungsgleichgewichte. Die Uranniobate UNbO$_5$ und UNb$_2$O$_7$ lassen sich mit Chlor unter Zugabe von Niob(V)-chlorid transportieren. UNb$_6$O$_{16}$ kann ebenso wie die Urantantalate UTa$_3$O$_{10}$ und UTa$_6$O$_{17}$ unter Zugabe von Ammoniumchlorid abgeschieden werden. Diese Verbindungen sowie U$_4$Ta$_{18}$O$_{53}$ können auch mit Tantal(V)-chlorid transportiert werden. Das Urantantalat U$_4$Ta$_{18}$O$_{53}$ wird durch Chemischen Transport mit Chlor unter Zugabe von Tantal(V)-chlorid erhalten.

Massenspektrometrische Untersuchungen zum Transportverhalten von UTaO$_5$ mit Chlor zeigen, dass in der Gasphase die Moleküle UO$_2$Cl$_2$ und TaOCl$_3$ vorliegen (Schl 1999). Daraus lässt sich folgende Transportgleichung ableiten:

$$\text{UTaO}_5(s) + \frac{5}{2}\text{Cl}_2(g) \rightleftharpoons \text{UO}_2\text{Cl}_2(g) + \text{TaOCl}_3(g) + \text{O}_2(g) \quad (5.2.3.43)$$

Über den Transport von rein oxidischen Actinoidmetallverbindungen hinaus kennt man weitere Beispiele für den Transport von Oxidoverbindungen, zum einen Thorium(IV)-oxidsulfid ThOS, das in Gegenwart von Iod im kälteren Teil der Ampulle kristallisiert, zum anderen Urantelluridoxid, UTeO, das beim exothermen Transport von U$_2$Te$_3$ mit Brom von 900 nach 950 °C als Aufwachsung auf den U$_2$Te$_3$-Kristallen erhalten wird (Shl 1995).

5.2.4 Gruppe 4

Titanoxide Die Gruppe 4 bietet hinsichtlich des Chemischen Transports eines der am besten und umfangreichsten untersuchten Systeme, das System Titan/Sauerstoff. Neben Titan(IV)-oxid (TiO$_2$) und Titan(III)-oxid (Ti$_2$O$_3$) ist der Chemische Transport der zwischen TiO$_2$ und Ti$_3$O$_5$ existierenden Vielzahl von Titanoxiden der Zusammensetzung Ti$_n$O$_{2n-1}$ (*Magnéli*-Phasen) mit verschiedensten Transportmitteln von zahlreichen Autoren umfangreich und fundiert beschrieben (u.a. Far 1955, Hau 1967, Wäs 1972, Mer 1973, Ban 1981, Hon 1982, Str 1982a, Sei 1984, Kra 1987, Mul 2004). Titan(II)-oxid, TiO, konnte bislang nicht durch Chemischen Transport abgeschieden werden.

Bei den Transportreaktionen der Titanoxide können folgende Transportmittel bzw. transportwirksame Zusätze Anwendung finden: Chlor, Quecksilber(II)-chlorid, Chlorwasserstoff, Ammoniumchlorid, Tetrachlormethan, Chlor + Schwefel,

Selen(IV)-chlorid, Tellur(IV)-chlorid, Ammoniumbromid, Tellur(IV)-chlorid + Schwefel sowie Iod + Schwefel. Der Transport aller Titan/Sauerstoff-Verbindungen verläuft mit den genannten Transportmitteln stets endotherm (siehe Tabelle 5.1). Wie von einer Reihe von Autoren durch umfangreiche thermodynamische Modellrechnungen zu den Fest/fest- und Fest/Gas-Gleichgewichten gezeigt wurde, ist $TiCl_4$ die wesentliche transportwirksame, Titan-übertragende Gasspezies bei Chlorierungsgleichgewichten (Sei 1983, Sei 1984, Kra 1987, Kra 1988). Weitere zu berücksichtigende Gasspezies sind $TiCl_3$, Ti_2Cl_6, $TiCl_2$, $TiCl$, $TiOCl$ und $TiOCl_2$, wobei $TiCl_3$ einen deutlich niedrigeren Anteil als $TiCl_4$ aufweist, aber noch im transportwirksamen Bereich liegt. Die übrigen genannten Gasspezies dienen zur vollständigen Beschreibung der Gasphase, sind jedoch aufgrund ihrer sehr kleinen Partialdrücke für den Transport von untergeordneter Bedeutung. Aufgrund der Tatsache, dass es im System Titan/Sauerstoff eine Vielzahl diskreter Phasen gibt, die nur in jeweils sehr engen Sauerstoffkoexistenzdruckbereichen existieren, ist die Einstellung des Sauerstoffpartialdrucks für die gezielte Abscheidung bestimmter Phasen von entscheidender Bedeutung. Nur bei der sauerstoffreichsten Verbindung TiO_2 ist der Sauerstoffpartialdruck zur Abscheidung nach oben frei wählbar. Alle übrigen binären Titanoxide können nur in engen Sauerstoffkoexistenzdruckbereichen aus der Gasphase abgeschieden werden. Für die Titan/Sauerstoff-Phasen kann folgendes allgemeines Koexistenzzersetzungsgleichgewicht formuliert werden:

$$TiO_{x_1}(s) \rightleftharpoons TiO_{x_2}(s) + \frac{1}{2}(x_1 - x_2)\, O_2(g) \tag{5.2.4.1}$$

bzw. $\quad 2/(x_1 - x_2)\, TiO_{x_1}(s) \rightleftharpoons 2/(x_1 - x_2)\, TiO_{x_2}(s) + O_2(g) \tag{5.2.4.2}$
$(x_2 < x_1)$

Aus der freien Reaktionsenthalpie dieser Reaktion ergibt sich die Gleichgewichtskonstante für 5.2.4.2 und daraus der Sauerstoffpartialdruck über der festen Phase (siehe Abschnitt 15.6).

$$\Delta_R G_T^0 = -R \cdot T \cdot \ln K \tag{5.2.4.3}$$

$$K_p = p(O_2)/bar \tag{5.2.4.4}$$

Die daraus resultierenden Sauerstoffpartialdrücke liegen bei 1000 °C für TiO_2 im Bereich von 10^{-17} bar als obere Grenze und für Ti_2O_3 im Bereich von $6 \cdot 10^{-23}$ bar als untere Grenze. Die Sauerstoffpartialdrücke über den *Magnéli*-Phasen der Zusammensetzung Ti_nO_{2n-1} liegen in jeweils engen Koexistenzdruckbereichen zwischen diesen Werten. Da für den Chemischen Transport von TiO_2 der Sauerstoffpartialdruck nach oben frei wählbar ist, ergeben sich diesbezüglich für die Auswahl des Transportmittels keine Einschränkungen, sodass alle oben genannten Transportmittel bzw. Transportmittelkombinationen geeignet sind. Erfolgt der Chemische Transport von TiO_2 mit Chlor als Transportmittel (Mer 1982, Str 1982, Str 1982b, Schm 1983a, Mon 1984, Schm 1984, Kra 1987), kann folgende Transportgleichung formuliert werden:

$$TiO_2(s) + 2\, Cl_2(g) \rightleftharpoons TiCl_4(g) + O_2(g) \tag{5.2.4.5}$$
$$\Delta_R G_{1300}^0 = 103\ kJ \cdot mol^{-1}$$

Der Chemische Transport von TiO$_2$ mit Chlorwasserstoff kann über nachstehendes Gleichgewicht beschrieben werden (Far 1955):

$$\text{TiO}_2(s) + 4\,\text{HCl}(g) \rightleftharpoons \text{TiCl}_4(g) + 2\,\text{H}_2\text{O}(g) \qquad (5.2.4.6)$$

In analoger Weise lässt sich der Transport unter Zusatz von Ammoniumchlorid (Wäs 1972, Izu 1979, Ban 1981) bzw. Ammoniumbromid (Izu 1979) als Quelle für Chlorwasserstoff- bzw. Bromwasserstoff beschreiben, die als eigentliche Transportmittel dienen. Die Wirkungsweise der Transportmittelkombination Iod + Schwefel kann für den Chemischen Transport von binären Oxiden anhand des Beispiels TiO$_2$ erläutert werden. Als Transportgleichung wird angegeben (Nit 1967a):

$$\text{TiO}_2(s) + 2\,\text{I}_2(g) + \tfrac{1}{2}\text{S}_2(g) \rightleftharpoons \text{TiI}_4(g) + \text{SO}_2(g) \qquad (5.2.4.7)$$

Im Gegensatz zu Chlor ist Iod als Transportmittel aufgrund der Gleichgewichtslage für den TiO$_2$-Transport nicht geeignet. Durch die Zugabe von Schwefel, der die Bildung von SO$_2$ ermöglicht, erfolgt jedoch eine Verschiebung des Gleichgewichts in den für Transportreaktionen günstigen Bereich.

Der Transport der anderen im System Titan/Sauerstoff existierenden binären Oxide unterscheidet sich vom TiO$_2$-Transport aufgrund der Partialdruckabhängigkeit und der Ausbildung von Redoxsystemen zwischen dem zu transportierenden Oxid und dem Transportmittel grundlegend. Dennoch eignen sich Chemische Transportreaktionen zur Kristallisation dieser Oxide. Dabei werden bestimmte Anforderungen an das zu wählende Transportmittel gestellt. Da die Sauerstoffpartialdrücke über den festen Phasen sehr niedrig sind und die Titanoxidhalogenide eine zu geringe Stabilität aufweisen, muss ein geeignetes Transportmittel stabile gasförmige Sauerstoffverbindungen bilden. Folgende Transportmittel kommen infrage (Sauerstoff-übertragende Gasspezies in ( )): HCl, HBr bzw. NH$_4$Cl oder NH$_4$Br (H$_2$O), TeCl$_4$ (TeO$_2$, TeOCl$_2$, TeO), SeCl$_4$ (SeO$_2$, SeOCl$_2$, SeO), CCl$_4$ (CO$_2$, CO).

Das im Titan/Sauerstoff-System am häufigsten eingesetzte Transportmittel ist Tellur(IV)-chlorid. Es ermöglicht den Chemischen Transport von Oxiden in dem weiten Sauerstoffpartialdruckbereich von 1 bar bis 10^{-25} bar, in dem auch die Titanoxide existenzfähig sind (Mer 1973, Mer 1973a, Mer 1977, Opp 1975, Fou 1977, Wes 1980, Mer 1982, Hon 1982, Sei 1983, Kra 1987). Die wesentliche Titan-übertragende Gasspezies ist Titan(IV)-chlorid, die Sauerstoff-übertragenden Spezies sind im Wesentlichen TeOCl$_2$(g) und mit untergeordneten Anteilen TeO(g) und TeO$_2$(g) (Kra 1987, Wes 1980).

Für die sauerstoffärmeren Titanoxide TiO$_{2-x}$ zeigen die Rechnungen hingegen eine im Vergleich zum System Vanadium/Sauerstoff oder Niob/Sauerstoff unerwartete Gasphasenzusammensetzung. Zwar haben die Titan-übertragenden Gasspezies TiCl$_4$ und TiCl$_3$ sowie die Spezies Te$_2$, Te und TeCl$_2$ transportwirksame Partialdrücke, die Partialdrücke der als Sauerstoffüberträger möglichen Gasspezies TeO$_2$, TeOCl$_2$ und TeO liegen aber im Temperaturbereich zwischen 600 und 1100 °C deutlich unterhalb von 10^{-5} bar. Für die Titanoxide TiO$_{2-x}$ ist TeCl$_4$ damit als Transportmittel nicht geeignet.

Seiwert und *Gruehn* analysierten den Chemischen Transport der im System Titan/Sauerstoff existierenden binären Oxide mit Tellur(IV)-chlorid durch ther-

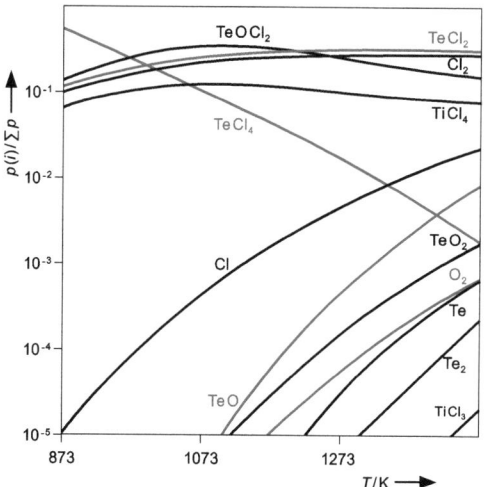

Abbildung 5.2.4.1 Gasphasenzusammensetzung für den Chemischen Transport von TiO_2 mit $TeCl_4$ nach (Kra 1987).

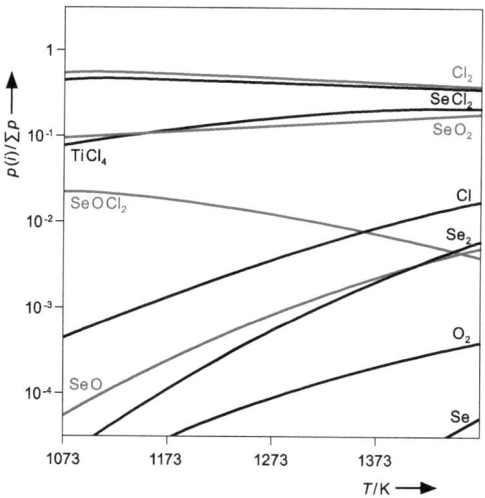

Abbildung 5.2.4.2 Gasphasenzusammensetzung für den Chemischen Transport von TiO_2 mit $SeCl_4$ nach (Kra 1987).

modynamische Modellrechnungen (Sei 1983, Sei 1984). Dabei wird der Transport der Titanoxide durch den Vergleich der Wirksamkeit von Quecksilber(II)-chlorid, Ammoniumchlorid, Chlorwasserstoff und Tellur(IV)-chlorid als Transportmittel sowie der Einfluss von Wasser im System umfassend erklärt. Die Gleichgewichtsberechnungen zeigen, dass Titanoxide der Zusammensetzung TiO_{2-x} mit Tellur(IV)-chlorid und Quecksilberchlorid nicht transportierbar sind, da keine geeigneten Sauerstoff-übertragenden Gasspezies mit ausreichend hohen Partialdrücken zur Verfügung stehen. Beobachtete Transporteffekte bei Ti_3O_5, Ti_4O_7

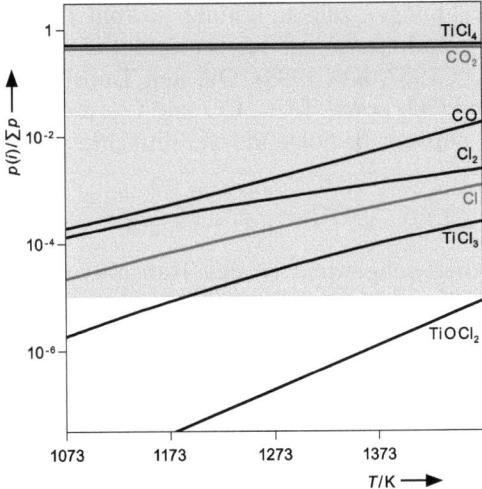

Abbildung 5.2.4.3 Gasphasenzusammensetzung für den Chemischen Transport von TiO_2 mit CCl_4 nach (Kra 1987).

und Ti_5O_9 können aber mit der Anwesenheit von Wasser erklärt werden. Bereits Spuren von Wasser führen durch Hydrolyse des Tellur(IV)-chlorids zur Bildung von Chlorwasserstoff, der als maßgebliches Transportmittel wirksam wird.

Das gegenüber den Verbindungen VO_{2-x} und NbO_{2-x} stärkere Reduktionsvermögen der Titanverbindungen ist der Grund dafür, dass TeO_2 und $TeOCl_2$ als Gasspezies ohne transportwirksame Bedeutung bleiben. Abhängig vom Stoffmengenverhältnis Bodenkörper/Transportmittel führt der Zusatz von Tellur(IV)-chlorid zur Abscheidung von elementarem Tellur und/oder zur vollständigen Oxidation des Bodenkörpers zu TiO_2. Erst ein einphasiger TiO_2-Bodenkörper erlaubt den Chemischen Transport mit Tellur(IV)-chlorid ohne Beteiligung von Wasser mit hohen Transportraten, wobei $TiCl_4$, $TeCl_4$, $TeOCl_2$, $TeCl_2$ und Cl_2 wieder die dominierenden Gasspezies sind. Im Gegensatz zu den Vanadium/Sauerstoff- und Niob/Sauerstoff-Systemen lässt sich im Titan/Sauerstoff-System nur das sauerstoffreichste Oxid unter Ausschluss von Wasser transportieren. Die Ursache dafür liegt in der geringeren Stabilität des gasförmigen Oxidchlorids $TiOCl_2$ im Vergleich zu $VOCl_3$ und $NbOCl_3$, die in den jeweiligen Systemen maßgeblich am Transport beteiligt sind. Im Titan/Sauerstoff-System können keine transportwirksamen $TiOCl_2$-Partialdrücke ausgebildet werden.

Analog zum Transport der Titanoxide mit Tellur(IV)-chlorid unter Ausschluss von Wasser lässt sich das Transportverhalten mit Selen(IV)-chlorid beschreiben. Auch hier kann TiO_2 mit Selen(IV)-chlorid ohne weiteres transportiert werden, wobei die Gasspezies $TiCl_4$, SeO_2, $SeCl_2$, $SeOCl_2$, SeO, Cl_2, Cl und Se_2 den Transport bestimmen. Handelt es sich bei dem Ausgangsbodenkörper um ein titanreicheres Oxid TiO_{2-x}, enthält die mit dem Bodenkörper im Gleichgewicht stehende Gasphase keine Sauerstoff-übertragende Spezies mit einem Partialdruck von oberhalb 10^{-5} bar (Kra 1987). Im Gegensatz dazu ist der Transport mit Tetrachlormethan bzw. Chlor + Kohlenstoff möglich. Wie Untersuchungen und thermodynamische Berechnungen zeigen, können sowohl TiO$_2$ als auch die titanreicheren Phasen TiO$_{2-x}$ endotherm mit Tetrachlormethan als Transportmittel abgeschieden werden (Kra 1987, Kra 1988). Die den Transport dominierenden Gasspezies sind TiCl$_4$ und CO$_2$ sowie TiCl$_3$, CO und Cl$_2$, die ebenfalls transportwirksame Partialdrücke aufweisen. Folgende vereinfachte Transportgleichung kann formuliert werden:

$$\text{TiO}_2(s) + \text{CCl}_4(g) \rightleftharpoons \text{TiCl}_4(g) + \text{CO}_2(g) \tag{5.2.4.8}$$

Über dieses Transportgleichgewicht ist der Transport von Titanoxiden der Zusammensetzung TiO$_x$ ($x \geq 1{,}5$) möglich. Bei titanreicheren Oxiden ($x < 1{,}5$) findet eine Reaktion mit dem SiO$_2$ der Transportampulle statt, sodass neben Ti$_2$O$_3$ auch Ti$_5$Si$_3$ abgeschieden wird.

Der Transport mit Chlorwasserstoff bzw. Ammoniumchlorid wird von verschiedenen Autoren (Wäs 1972, Mer 1977, Izu 1979, Ban 1981, Mul 2004) beschrieben und ist durch thermodynamische Modellrechnungen umfassend analysiert worden (Sei 1984). Wird Ammoniumchlorid (Chlorwasserstoffquelle) als Transportzusatz eingesetzt, herrscht durch den Zerfall des zunächst gebildeten Ammoniaks im System ein höherer Wasserstoffpartialdruck als beim Einsatz von Chlorwasserstoff. Ammoniumchlorid hat also eine stärker reduzierende Wirkung als Chlorwasserstoff. Zum Verständnis des Chemischen Transport der Titanoxide mit den genannten Transportmitteln müssen die Gleichgewichtszustände im Auflösungs- und Abscheidungsraum getrennt voneinander betrachtet werden. Der Ausgangsbodenkörper Ti$_n$O$_{2n-1}$, der mit Chlorwasserstoff im Gleichgewicht steht, reagiert in einem Redoxgleichgewicht unter Bildung eines heterogenen mehrphasigen Bodenkörpers der Zusammensetzung Ti$_n$O$_{2n-1}$ und Ti$_{n+1}$O$_{2n}$ und einer Gasphase, die neben Chlorwasserstoff auch Wasserstoff und Titan(IV)-chlorid enthält. Nach dieser Gleichgewichtseinstellung erfolgt die Umsetzung des neu gebildeten heterogenen Bodenkörpers mit den eigentlichen Transportmitteln Titan(IV)-chlorid und Wasserstoff nach folgender Gleichung:

$$\text{Ti}_{n+1}\text{O}_{2n}(s) + 3(n+1)\,\text{TiCl}_4(g) + 2n\,\text{H}_2(g)$$
$$\rightleftharpoons 4(n+1)\,\text{TiCl}_3(g) + 2n\,\text{H}_2\text{O}(g) \tag{5.2.4.9}$$

Auf diese Weise kristallisiert auf der Abscheidungsseite bei T_1 nicht der ursprüngliche Ausgangsbodenkörper Ti$_n$O$_{2n-1}$, sondern die über das Redoxgleichgewicht zwischen Ausgangsbodenkörper und Transportmittel gebildete Phase Ti$_{n+1}$O$_{2n}$. Die Zusammensetzung des abgeschiedenen Bodenkörpers wird durch die Temperatur des Ausgangsbodenkörpers bestimmt, dessen Zusammensetzung, die Transportmittelmenge und dem Temperaturgradienten. Kleine Temperaturgradienten ($\Delta T \leq 50\,\text{K}$) in Kombination mit kleinen Transportmittelmengen führen in der Regel zur Abscheidung der im Phasendiagramm benachbarten sauerstoffreicheren Phase. Größere Temperaturgradienten und/oder größere Transportmittelkonzentrationen bewirken, dass mehrere Sauerstoffkoexistenzdrucklinien im Zustandsbarogramm geschnitten und damit immer sauerstoffreichere Phasen transportiert werden. Mit größer werdenden Temperaturgradienten und Transportmittelmengen steigt das Sauerstoff/Titan-Verhältnis, sodass als sauerstoffreichste Phase auch TiO$_2$ abgeschieden werden kann.

Neben den umfangreichen Untersuchungen zum Chemischen Transport von binären Titanoxiden sind einige Arbeiten publiziert, die den Transport ternärer titanhaltiger Oxide beschreiben. Das sind zum einen die bereits erwähnten Seltenerdmetalltitanate der Zusammensetzung $SE_2Ti_2O_7$, das Thoriumtitanat $ThTi_2O_6$ und das quaternäre Cer(III)-Silicat-Titanat $Ce_2Ti_2SiO_9$. Zum anderen betreffen die Arbeiten die Mischkristalle $Mo_{1-x}Ti_xO_2$ (Mer 1982), $Ti_{1-x}Ru_xO_2$ (Tri 1983, Kra 1991) und $V_{1-x}Ti_xO_2$ (Hör 1976), Nickeltitanat, $NiTiO_3$ (Emm 1968b, Bie 1990) und Eisentitanat, Fe_2TiO_5, (Mer 1980) sowie mit Aluminium(III)-, Eisen(III)-, Gallium(III)-, Indium(III)-, Magnesium(II)- oder Niob(IV)-oxid dotiertes Titan(IV)-oxid (Izu 1979, Raz 1981, Mul 2004). In den genannten Verbindungen liegt Titan in der höchsten Oxidationsstufe IV vor. Die einzige ternäre Verbindung mit Titan in einer niedrigeren Oxidationsstufe, deren Transport beschrieben wurde, ist $(Ti_{1-x}V_x)_4O_7$ (Mer 1980). Der endotherme Chemische Transport von unterschiedlich zusammengesetzten Molybdän(IV)/Titan(IV)-Mischoxiden mit Tellur(IV)-chlorid kann von 900 nach 850 °C und mit Tellur(IV)-chlorid/Schwefel von 745 nach 685 °C erfolgen. (Mer 1982). Der Chemische Transport von Mischkristallen der Zusammensetzung $Ti_{1-x}Ru_xO_2$ gelingt, ausgehend von den binären Oxiden TiO_2 und RuO_2, mit den Transportmitteln HCl, $TeCl_4$, CBr_4 und Br_2. Dabei sind die chlorierenden Transportmittel effektiver als die bromierenden. Ebenso kann die Abscheidung von iridium-, indium-, niob- oder tantaldotierten Rutil-Kristallen durch Transport mit HCl oder $TeCl_4$ von 1050 nach 1000 °C beobachtet werden. Auch in diesen Fällen geht man von TiO_2 und dem jeweiligen binären Oxid des Dotierungselements aus (Tri 1983).

Im Rahmen der Modellierung und Interpretation von Chemischen Transportexperimenten binärer fester Lösungen wurde von *Krabbes* und Mitarbeitern unter anderem auch das System Ruthenium/Titan/Sauerstoff mit Tellur(IV)-chlorid und Tetrachlormethan als geeigneten Transportmitteln anhand umfangreicher thermodynamischer Betrachtungen analysiert (Kra 1991). Die Berechnung der Gasphasenzusammensetzung zeigt, dass $TiCl_4$ die wesentliche Titan-übertragende Spezies ist und der Rutheniumtransport über das Oxidchlorid RuOCl sowie über die Chloride $RuCl_3$ und $RuCl_4$ erfolgt. Der berechnete Sauerstoffpartialdruck bei 1075 °C liegt ebenfalls noch im Bereich oberhalb von 10^{-5} bar. Die wesentliche Sauerstoff-übertragende Spezies ist jedoch Kohlenstoffdioxid. Analog zum Titan(IV)/Ruthenium(IV)-Mischoxid ist der Transport eines Vanadium(IV)/Titan(IV)-Mischoxids mit Tellur(IV)-chlorid von 1080 nach 970 °C möglich (Hör 1976).

Nickeltitanat, $NiTiO_3$, kann über die Gasphase mit Chlor bzw. Selen(IV)-chlorid als Transportmittel erhalten werden (Emm 1968b, Bie 1990). Das Transportverhalten von $NiTiO_3$ mit $SeCl_4$ wurde anhand umfangreicher thermodynamischer Rechnungen analysiert (Bie 1990). Als domonierendes Transportgleichgewicht im Temperaturbereich von 1050 nach 1000 °C wurde angegeben:

$$NiTiO_3(s) + 3\,SeCl_2(g) \;\rightleftharpoons\; NiCl_2(g) + TiCl_4(g) + 3\,SeO(g) \quad (5.2.4.10)$$

Wie die Gleichgewichtsberechnungen zeigen, wirkt Selen(II)-chlorid als eigentliches Transportmittel und gasförmiges Selen(II)-oxid als sauerstoffübertragende Spezies. Dotiertes TiO_2 kann über Chemischen Transport erhalten werden (Izu 1979, Raz 1981]). Dabei werden die Elemente Aluminium, Eisen, Gallium, Indium und Magnesium in Anteilen zwischen 1 und 10 mol % in Form ihrer Oxide für die Dotierung eingesetzt. Als Transportzusätze werden Ammoniumchlorid bzw. -bromid sowie Tellur(IV)-chlorid verwendet. Mit Niob dotiertes Titan(IV)-oxid wird endotherm unter Zusatz von Ammoniumchlorid in Form von bis zu 5 mm großen Einkristallen transportiert (Mul 2004).

Zirconium- und Hafniumoxide Neben Titan(IV)-oxid lassen sich auch die Dioxide der schwereren Homologen der Gruppe 4, ZrO_2 und HfO_2, durch Chemischen Transport erhalten. *Oppermann* und *Ritschel* beschreiben den Chemischen Transport von Übergangsmetalldioxiden mit Tellurhalogeniden (Opp 1975). Danach kann mit Tellur(IV)-chlorid als Transportmittel sowohl Zirconium(IV)-oxid von 1100 nach 900 °C als auch Hafnium(IV)-oxid von 1100 nach 1000 °C mit Transportraten um $1\ mg \cdot h^{-1}$ abgeschieden werden. Beide Oxide sind mit Tellur(IV)-bromid nicht transportierbar. In dem angegebenen Temperaturbereich wird der Transport im Wesentlichen über folgendes Gleichgewicht beschrieben:

$$MO_2(s) + TeCl_4(g) \rightleftharpoons MCl_4(g) + TeO_2(g) \qquad (5.2.4.11)$$
$(M = Zr, Hf)$.

Das als Transportmittel zugesetzte Tellur(IV)-chlorid dissoziiert bei Transportbedingungen um 1000 °C in $TeCl_2(g)$ und $Cl_2(g)$. Untersuchungen zum Transportverhalten von Zirconium(IV)-oxid und Hafnium(IV)-oxid mit den Transportmitteln Cl_2 und $TeCl_4$ zeigen, dass beide Oxide sowohl mit Chlor als auch mit Tellur(IV)-chlorid endotherm von 1100 nach 1000 °C transportiert werden können, wobei $TeCl_4$ das wesentlich effektivere Transportmittel mit einer bis zu zehnmal höheren Transportrate ($2\ mg \cdot h^{-1}$) ist (Dag 1992). Für den Transport mit Chlor wird folgendes Gleichgewicht angegeben:

$$ZrO_2(s) + 2\,Cl_2(g) \rightleftharpoons ZrCl_4(g) + O_2(g) \qquad (5.2.4.12)$$

Zirconium(IV)-oxid ist auch mit Iod + Schwefel von 1050 nach 1000 °C transportierbar (Nit 1966, Nit 1967a). Unter den ternären Zirconium- und Hafniumoxiden ist die Abscheidung ihrer Orthosilicate $ZrSiO_4$ bzw. $HfSiO_4$ über die Gasphase patentiert (Hul 1968). Als Transportmittel fungieren jeweils die Halogene Chlor, Brom und Iod oder die entsprechenden Tetrahalogenide $ZrCl_4$, $ZrBr_4$ und ZrI_4 bzw. $HfCl_4$, $HfBr_4$ und HfI_4. Der Transport verläuft endotherm bei relativ hohen Temperaturen von T_2 (1150 … 1250 °C) nach T_1 (1050 … 1150 °C).

5.2.5 Gruppe 5

Vanadiumoxide Vanadium als leichtestes Element dieser Gruppe bildet mit Sauerstoff eine Vielzahl diskreter Phasen, die sich teilweise nur geringfügig im Vanadium/Sauerstoff-Verhältnis unterscheiden (Phasendiagramm siehe Abbildung 5.2.5.1). Einige dieser Verbindungen haben (unterschiedlich große) Phasenbreiten (Brü 1983).

Das Vanadium/Sauerstoff-System ist hinsichtlich des Chemischen Transports eines der am besten untersuchten Systeme. Dabei wurde mit einer Vielzahl verschiedener Transportmittel experimentiert, thermodynamische Berechnungen durchgeführt und die Gasphasenzusammensetzungen spektrometrisch bestimmt.

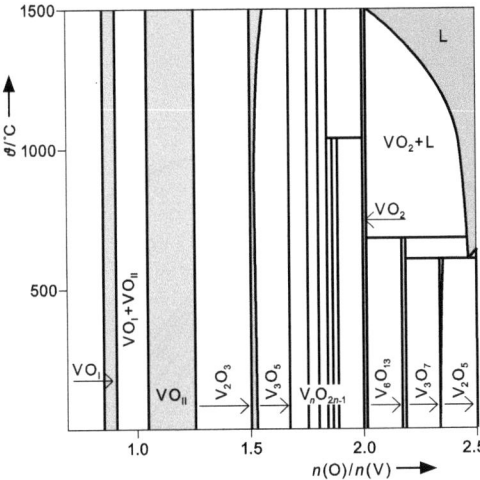

Abbildung 5.2.5.1 Phasendiagramm des Systems Vanadium/Sauerstoff nach (Opp 1977).

Folgende Transportmittel und Transportmittelkombinationen kamen zur Anwendung: Cl_2, I_2, $HgCl_2$, $HgBr_2$, HgI_2, HCl, HBr (bzw. NH_4Cl, NH_4Br), $NH_4Cl + H_2O$, $NH_4Br + H_2O$, $I_2 + S$, $I_2 + H_2O$, und insbesondere $TeCl_4$. Wesentliche Veröffentlichungen mit Übersichtscharakter stammen von *Nagasawa* (Nag 1972), *Oppermann* und Mitarbeitern (Opp 1977, Opp 1977a, Opp 1977c, Rei 1977), *Bando* (Ban 1978), *Brückner* (Brü 1983), *Ohtani* (Oht 1986) sowie von *Gruehn* und Mitarbeitern (Wen 1989, Wen 1991, Hac 1998).

Die im System Vanadium/Sauerstoff existierenden Oxide V_2O_5, V_3O_7, V_6O_{13}, VO_2, V_9O_{17}, V_8O_{15}, V_7O_{13}, V_6O_{11}, V_5O_9, V_4O_7, V_3O_5 und V_2O_3 konnten durch Chemischen Transport von T_2 nach T_1 abgeschieden werden. Nur der Transport des Vanadium(II)-oxids VO wurde bislang nicht beschrieben. In Abhängigkeit von der zu transportierenden Verbindung und dem Transportmittel variieren dabei die Temperaturen der Auflösungsseite zwischen 500 und 1050 °C sowie die der Abscheidungsseite zwischen 450 und 950 °C. Eine Ausnahme stellt der exotherme Transport von Vanadium(IV)-oxid VO_2 mit Chlorwasserstoff bzw. Chlorwasserstoff + Chlor dar, der von 450 nach 600 °C bzw. 530 nach 680 °C verläuft (Opp 1977, Opp 1977a, Opp 1977c, Rei 1977). Das System Vanadium/Sauerstoff ist ein Beispiel für ein binäres System A/B mit einer Vielzahl von Phasen AB_x, wobei der Bodenkörper im Gleichgewicht mit einer Gasphase steht, die eine seiner Komponenten, Sauerstoff, in elementarer Form enthält (Opp 1975a). Der Sauerstoffkoexistenzdruck wird durch folgendes Zersetzungsgleichgewicht bestimmt (siehe auch Abschnitt 5.2.4 und 15.6):

$$VO_{x1}(s) \rightleftharpoons VO_{x2}(s) + \frac{1}{2}(x_1 - x_2)\, O_2(g) \qquad (5.2.5.1)$$

bzw. $\quad 2/(x_1 - x_2)\, VO_{x1}(s) \rightleftharpoons 2/(x_1 - x_2)\, VO_{x2}(s) + O_2(g) \qquad (5.2.5.2)$
$(x_2 < x_1).$

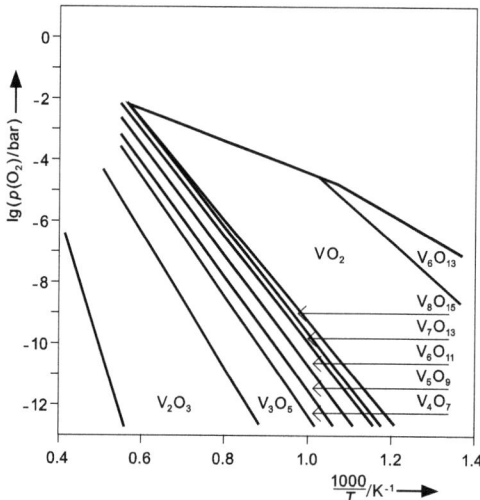

Abbildung. 5.2.5.2 Zustandsbarogramm des Systems Vanadium/Sauerstoff nach (Opp 1977c).

Er erstreckt sich im System Vanadium/Sauerstoff bei 1000 °C von 10^{-3} bis 10^{-20} bar. Tellur(IV)-chlorid ermöglicht den Transport von Oxiden über den großen Sauerstoffpartialdruckbereich von 10^{-25} bis 1 bar und eignet sich deshalb besonders gut als Transportmittel im System Vanadium/Sauerstoff.

Wie die experimentellen Ergebnisse belegen, können alle binären Vanadiumoxide mit Ausnahme von VO mit Tellur(IV)-chlorid transportiert werden (siehe Tabelle 5.1). Zur thermodynamischen Beschreibung eines Transportsystems ist neben der Kenntnis der festen Phasen insbesondere die Kenntnis der Gasspezies von entscheidender Bedeutung.

Der endotherme Transport der sauerstoffreichsten Phase im System Vanadium/Sauerstoff V_2O_5, wurde mit den Transportzusätzen $TeCl_4$, H_2O, $I_2 + H_2O$, NH_4Cl, $NH_4Cl + Cl_2$, $NH_4Cl + H_2O$ und $NH_4Br + H_2O$ beschrieben. Bei dieser Phase ist der Sauerstoffpartialdruck nach oben nicht begrenzt. Die Temperatur der Auflösungsseite T_2 liegt in der Regel nahe der Schmelztemperatur von V_2O_5 (676 °C). Zwei Publikationen nennen eine Temperatur des Ausgangsbodenkörpers oberhalb der Schmelztemperatur (Rei 1975, Mar 1999).

Untersuchungen zum Transport von V_2O_5 von 580 nach 480 °C unter Zugabe von H_2O, $I_2 + H_2O$, NH_4Br, $NH_4Br + H_2O$, NH_4Cl, $NH_4Cl + Cl_2$ oder $NH_4Cl + H_2O$ zeigen, dass Ammoniumchlorid sowie Kombinationen, die Ammoniumchlorid enthalten, neben Wasser sehr gut zum Transport von V_2O_5 geeignet sind. Weniger gut gelingt der Transport mit Iod + Wasser. Die Verwendung von Ammoniumbromid und Wasser führt stets zur Abscheidung von V_2O_5 neben V_3O_7. Dieser reduzierende Effekt wird bei der ausschließlichen Verwendung von Ammoniumbromid weiter verstärkt. In diesem Fall wird, ausgehend von einem V_2O_5-Ausgangsbodenkörper, phasenreines V_3O_7 transportiert (Wen 1989).

Um den Einfluss der Abscheidungstemperatur auf die Phasenbreite der durch Chemischen Transport erhaltenen V_2O_5-Kristalle zu untersuchen, wurden die

Temperaturen der Auflösungsseite zwischen 550 und 660 °C sowie die der Abscheidungsseite zwischen 450 und 620 °C variiert. Als Transportmittel kam in jedem Fall Tellur(IV)-chlorid zum Einsatz. Es wurde festgestellt, dass die Phasenbreite von V_2O_5 oberhalb von 550 °C stark temperaturabhängig ist und mit steigender Temperatur erheblich zunimmt (Kir 1994).

Die Rolle von Wasser als effektivem Transportmittel für V_2O_5 wurde mithilfe der Knudsenzellen-Massenspektrometrie und anhand thermodynamischer Modellrechnungen untersucht. Massenspektrometrisch gelang der Nachweis des Gasteilchens $V_2O_3(OH)_4$, sodass der endotherme Transport durch folgende Transportgleichung formuliert werden kann:

$$V_2O_5(s) + 2\,H_2O(g) \;\rightleftharpoons\; V_2O_3(OH)_4(g) \tag{5.2.5.3}$$

Weiterhin konnte sowohl massenspektrometrisch als auch durch thermodynamische Modellrechnungen gezeigt werden, dass die gasförmigen Vanadiumoxide V_4O_{10} und V_4O_8 so geringe Partialdrücke aufweisen, dass sie für die Beschreibung des Transports keine Bedeutung haben (Hac 1989).

Für die Verbindungen, die sich durch geringe Unterschiede im V/O-Verhältnis von den Nachbarphasen unterscheiden und die jeweils nur in sehr engen Sauerstoffkoexistenzdruckbereichen existieren, hat sich insbesondere Tellur(IV)-chlorid als ein universelles Transportmittel erwiesen (Nag 1972, Opp 1977c). Die Verbindungen V_3O_7 und V_6O_{13} lassen sich zudem mit NH_4Br, NH_4Cl, H_2O, NH_4Cl + H_2O sowie I_2 + H_2O transportieren (Wen 1989). In einigen Fällen wurde auch der Transport mit Chlor (Wen 1991) oder Chlorwasserstoff (Gra 1986) erprobt, wobei in der Regel Quecksilber(II)-chlorid als Chlorquelle zum Einsatz kam. So wird der endotherme Transport der Verbindungen V_3O_5, V_4O_7, V_5O_9, V_6O_{11}, V_7O_{13}, V_8O_{15} und V_9O_{17} von 900 nach 840 °C unter Zusatz von Quecksilber(II)-chlorid ausführlich beschrieben (Wen 1991). Die Autoren setzten in der Regel einen zweiphasigen Ausgangsbodenkörper ein, der die zu transportierende Phase und die koexistierende sauerstoffärmere Phase enthielt.

Der Transport von VO_2 ist umfassend untersucht und beschrieben (siehe auch Abschnitt 2.4). VO_2 lässt sich mit $TeCl_4$, I_2, NH_4Cl, NH_4Br sowie mit Cl_2 ($HgCl_2$) und Br_2 ($HgBr_2$) endotherm in einem weiten Temperaturbereich von 1100 bis 450 °C transportieren. Einen Sonderfall stellt der exotherme VO_2-Transport in die heißere Zone mit Chlorwasserstoff bzw. Chlorwasserstoff + Chlor dar. Die Untersuchungen zeigen, dass VO_2 der oberen Phasengrenze mit den genannten Transportmitteln von 530 nach 680 °C transportiert werden kann. Folgende Transportgleichung wurde angegeben:

$$VO_2(s) + 2\,HCl(g) + \frac{1}{2}Cl_2(g) \;\rightleftharpoons\; VOCl_3(g) + H_2O(g) \tag{5.2.5.4}$$

Die Abscheidung von VO_2 der unteren Phasengrenze ist unter diesen Bedingungen nicht möglich (Opp 1975a, Opp 1977a). Mit Tellur(IV)-chlorid hingegen ist die Abscheidung von VO_2 sowohl der oberen als auch der unteren Phasengrenze möglich (1000 → 900 °C) (Brü 1983). Darüber hinaus kann auch Tellur(IV)-bromid als Transportmittel verwendet werden, wobei die Transportraten vergleichsweise sehr gering sind (Opp 1975). Vanadium(III)-oxid ist die sauerstoffärmste transportierbare Verbindung im System Vanadium/Sauerstoff. Der Transport ist immer endotherm und für die verschiedensten Transportzusätze beschrieben, so zum Beispiel mit I_2 + S (Pic 1973), HCl (Pou 1973), $TeCl_4$ (Nag 1971, Lau 1976, Opp 1977c, Gra 1986), Cl_2 (Bli 1977, Pes 1980) sowie mit HgX_2 (X = Cl, Br, I) (Wen 1991). Bei der Verwendung von Chlor, einem recht stark oxidierenden Transportmittel, kann anstelle von V_2O_3 eine der sauerstoffreicheren Phasen abgeschieden werden. Tellur(IV)-chlorid ist im System Vanadium/Sauerstoff das effektivste und am vielseitigsten einsetzbare Transportmittel.

Als Beispiel für andere binäre oxidische Systeme mit einer Vielzahl diskreter Phasen, die nur eine geringe Differenz im Metall/Sauerstoff-Verhältnis aufweisen, wird im Folgenden der Transport der Vanadiumoxide mit Tellur(IV)-chlorid näher erläutert (vergleiche Abschnitt 2.4). Zur vollständigen thermodynamischen Beschreibung des Vierkomponentensystems V/O/Te/Cl, welches dreizehn für den Transport wesentliche Gasspezies ausbildet ($VOCl_3$, VCl_4, VCl_3, VCl_2, $TeCl_4$, $TeCl_2$, $TeOCl_2$, TeO_2, Te_2, Te, Cl_2, Cl und O_2), sind nach *Oppermann* und Mitarbeitern folgende zehn unabhängige Reaktionsgleichgewichte notwendig (r_u = 13 − 4 + 1) (Rei 1977):

$$2\,VO_x(s) + 3\,Cl_2(g) \rightleftharpoons 2\,VOCl_3(g) + (x-1)\,O_2(g) \tag{5.2.5.5}$$

$$TeCl_4(g) \rightleftharpoons TeCl_2(g) + Cl_2(g) \tag{5.2.5.6}$$

$$TeCl_2(g) + \frac{1}{2}O_2(g) \rightleftharpoons TeOCl_2(g) \tag{5.2.5.7}$$

$$TeCl_2(g) + O_2(g) \rightleftharpoons TeO_2(g) + Cl_2(g) \tag{5.2.5.8}$$

$$VOCl_3(g) + \frac{1}{2}Cl_2(g) \rightleftharpoons VCl_4(g) + \frac{1}{2}O_2(g) \tag{5.2.5.9}$$

$$TeO_2(g) \rightleftharpoons \frac{1}{2}Te_2(g) + O_2(g) \tag{5.2.5.10}$$

$$Te_2(g) \rightleftharpoons 2\,Te(g) \tag{5.2.5.11}$$

$$2\,VCl_4(g) \rightleftharpoons 2\,VCl_3(g) + Cl_2(g) \tag{5.2.5.12}$$

$$2\,VCl_3(g) \rightleftharpoons VCl_4(g) + VCl_2(g) \tag{5.2.5.13}$$

$$Cl_2(g) \rightleftharpoons 2\,Cl(g) \tag{5.2.5.14}$$

Im System Vanadium/Sauerstoff nimmt der Sauerstoffkoexistenzzersetzungsdruck von der sauerstoffreichsten Phase V_2O_5 zur sauerstoffärmsten transportierbaren Phase V_2O_3 um mehr als 15 Größenordnungen ab. Dementsprechend sind auch die Gasphasen ganz unterschiedlich zusammengesetzt. Oberhalb von 675 °C tritt über Bodenkörpern im Bereich zwischen V_2O_3 und VO_2 als dominierende Gasspezies $VOCl_3$ auf. Der Anteil der Sauerstoff-übertragenden tellurhaltigen Spezies $TeOCl_2$ und TeO_2 nimmt mit steigendem Sauerstoffpartialdruck im System stark zu. In gleichem Maße erhöhen sich die Partialdrücke von $TeCl_4$ und Cl_2 sowie in geringerem Maße der von $TeCl_2$. Die Partialdrücke von VCl_4, VCl_3 und VCl_2 steigen hingegen mit sinkendem Sauerstoffpartialdruck (von VO_2 zu V_2O_3) stark an. Bei Temperaturen unterhalb von 675 °C wird über einem V_2O_5-Bodenkörper die Gasphase von $VOCl_3$ und $TeOCl_2$ dominiert. Der TeO_2-Partialdruck nimmt mit sinkendem Sauerstoffpartialdruck stark ab, der $TeCl_2$-Partialdruck hingegen wächst (Opp 1977, Opp 1977c).

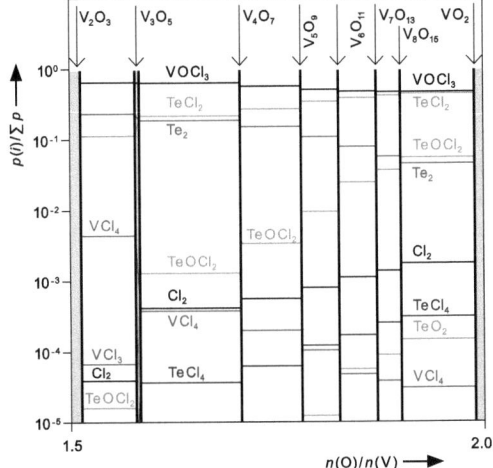

Abbildung 5.2.5.3 Gasphasenzusammensetzung über den verschiedenen Vanadiumoxiden im Gleichgewicht mit TeCl$_4$ bei 900 °C nach (Opp 1977c).

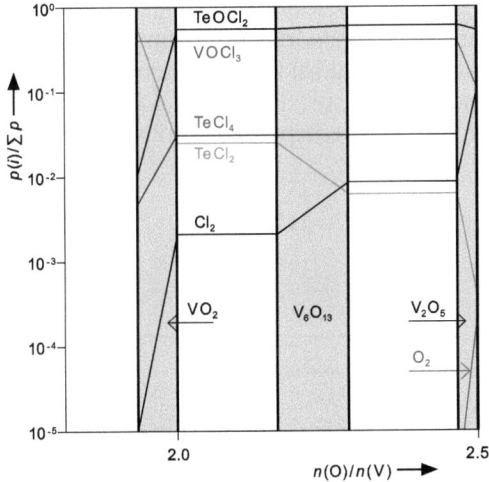

Abbildung 5.2.5.4 Gasphasenzusammensetzung über VO$_2$, V$_6$O$_{13}$ und V$_2$O$_5$ im Gleichgewicht mit TeCl$_4$ bei 500 °C nach (Opp 1977c).

Über die genannten Arbeiten hinaus wurde eine Reihe von Arbeiten publiziert, die den Chemischen Transport von dotierten Vanadiumoxiden (V$_2$O$_3$:Cr, V$_2$O$_5$:Na, V$_6$O$_{13}$:Fe), insbesondere von Mischkristallen der Zusammensetzung V$_{1-x}$M$_x$O$_2$ (M = Al, Ga, Ti, Fe, Nb, Mo, Ru, W, Os) thematisieren. Die Mischkristalle werden in allen Fällen endotherm abgeschieden. In der Regel findet Tellur(IV)-chlorid als Transportmittel Anwendung (Hör 1972, Lau 1973, Hör 1973, Brü 1976, Rit 1977, Kra 1991, Fec 1993). Eine Ausnahme stellen die Mischphasen V$_{1-x}$Ru$_x$O$_2$ und V$_{1-x}$Os$_x$O$_2$ dar, die mit Quecksilber(II)-chlorid als transportwirksamem Zusatz erhalten wurden (Arn 2008). Umfangreiche Untersuchungen zum ternären System Vanadium/Niob/Sauerstoff wurden publiziert (Fec 1993, Fec 1993a, Woe 1997). Sie umfassen die thermodynamische Beschreibung der Phasenbeziehungen und des Transportverhaltens der im System existierenden ternären Phasen mit den Transportmitteln Tellur(IV)-chlorid, Chlorwasserstoff und Chlor. So wird unter anderem der Transport von VNb_9O_{25} mit Tellur(IV)-chlorid und mit Chlorwasserstoff beschrieben. Weitere ternäre, durch Chemischen Transport mit Tellur(IV)-chlorid zugängliche Verbindungen sind $VTeO_4$ und $V_6Te_6O_{25}$ (Rei 1979).

Nioboxide Gleichfalls gut untersucht ist der Transport der Nioboxide, insbesondere von Niob(IV)-oxid und Niob(V)-oxid. Das System Niob/Sauerstoff verhält sich in vieler Hinsicht ähnlich zum System Vanadium/Sauerstoff. Das vereinfachte Phasendiagramm des Systems Nb/O ist in Abbildung 5.2.5.5 dargestellt.

Die im System auftretenden Phasen Nb_2O_5, $Nb_{53}O_{132}$, $Nb_{25}O_{62}$, $Nb_{47}O_{116}$, $Nb_{22}O_{54}$, $Nb_{12}O_{29}$, NbO_2 und NbO sind durch Chemischen Transport kristallin abscheidbar. Der Transport erfolgt mit Ausnahme von NbO endotherm. NbO stellt eines der wenigen Beispiele für einen *exothermen* Chemischen Transport eines Oxids dar und kann sowohl mit Iod als auch mit den Ammoniumhalogeniden NH_4X (X = Cl, Br, I) von 920 bis 990 °C nach 1080 bis 1150 °C transportiert werden. Die Änderung der Transportrichtung im System Niob/Sauerstoff in Abhängigkeit vom Sauerstoffpartialdruck ist für den Transport mit Iod beschrieben (Sch 1962). Die „sauerstoffärmste" Phase des Systems, elementares Niob, kann exotherm von 725 nach 1000 °C entsprechend folgendem Gleichgewicht transportiert werden:

$$Nb(s) + \frac{5}{2}I_2(g) \rightleftharpoons NbI_5(g) \qquad (5.2.5.15)$$

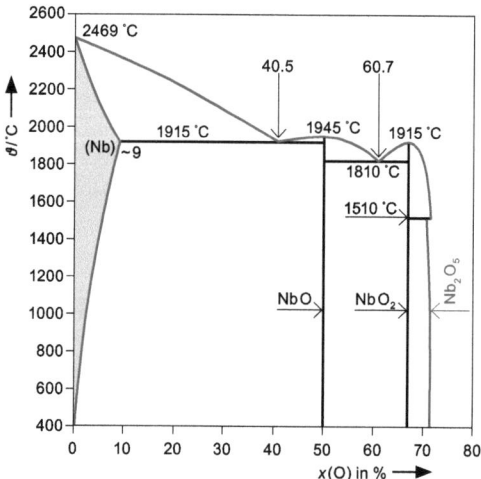

Abbildung 5.2.5.5 Phasendiagramm des Systems Niob/Sauerstoff nach (Mas 1990).

Das sauerstoffärmste Nioboxid NbO transportiert ebenfalls exotherm mit Iod von 950 nach 1100 °C, wobei $NbOI_3(g)$ die sowohl niob- als auch sauerstoffübertragende Spezies ist. Folgende Transportgleichung beschreibt den Vorgang:

$$NbO(s) + \frac{3}{2}I_2(g) \rightleftharpoons NbOI_3(g) \tag{5.2.5.16}$$

Für den Transport des sauerstoffreicheren NbO_2 ist Iod jedoch kein besonders effektives Transportmittel, da die Reaktionsenthalpie für das exotherme transportwirksame Gleichgewicht nahe null liegt.

$$NbO_2(s) + \frac{1}{2}I_2(g) + NbI_5(g) \rightleftharpoons 2\,NbOI_3(g) \tag{5.2.5.17}$$

Präparativ können jedoch NbO_2-Kristalle erhalten werden, wenn NbO_2 mit elementarem Niob im Stoffmengenverhältnis von 7 : 5 unter Einwirkung von Iod bei 970 °C zur Reaktion gebracht wird. Das sich dabei bildende NbO wird nach 1100 °C transportiert, bei 970 °C verbleiben NbO_2-Kristalle. Die sauerstoffreichste Phase im System Niob/Sauerstoff, Nb_2O_5, kann endotherm mit Iod bzw. Niob(V)-iodid von 740 nach 650 °C transportiert werden.

$$Nb_2O_5(s) + 3\,NbI_5(g) \rightleftharpoons 5\,NbOI_3(g) \tag{5.2.5.18}$$

Ausgehend von Gemengen aus elementarem Niob und Niob(V)-oxid wurde NbO mit den Ammoniumhalogeniden NH_4X (X = Cl, Br, I) von 990 nach 1150 °C erhalten (Kod 1976). Bei Umkehr des Temperaturgradienten war die Kristallisation von NbO_2 bei T_1 (980 °C) zu beobachten. Wesentliche Transportgleichgewichte sind folgende:

$$NbO(s) + 3\,HX(g) \rightleftharpoons NbOX_3(g) + \frac{3}{2}H_2(g) \tag{5.2.5.19}$$

$$NbO(s) + 4\,HX(g) \rightleftharpoons NbX_4(g) + H_2O(g) + H_2(g) \tag{5.2.5.20}$$

$$NbO(s) + 5\,HX(g) \rightleftharpoons NbX_5(g) + H_2O(g) + \frac{3}{2}H_2(g) \tag{5.2.5.21}$$

Der endotherme Transport von Niob(IV)-oxid kann mit Iod, Tellur(IV)-chlorid, Tellur(IV)-bromid, den Ammoniumhalogeniden sowie Niob(V)-chlorid erfolgen (Sak 1972, Kod 1975, Kod 1975a, Opp 1975, Kod 1976, Schw 1982). Nach systematischen Untersuchungen zum Transportverhalten von NbO_2 mit einer Vielzahl von Transportmitteln ist festzustellen, dass die Transportwirksamkeit von Ammoniumchlorid über Ammoniumbromid, Ammoniumiodid, Niob(V)-chlorid zum Iod abnimmt (Kod 1975a). Im System Niob/Sauerstoff existieren zwischen Niob(IV)-oxid und Niob(V)-oxid eine Reihe anderer Oxidphasen mit unterschiedlich breiten Homogenitätsgebieten, welche die Kristallisation von NbO_2 erschweren, da die Transportbedingungen so gewählt werden müssen, dass die Abscheidung innerhalb des Existenzgebietes von NbO_2 stattfindet. In einigen Fällen ist bei der Verwendung von Tellur(IV)-chlorid als Transportmittel ein gleichzeitiger Transport der koexistierenden sauerstoffreicheren Phase $Nb_{12}O_{29}$ zu beobachten. Die Ursache dafür liegt im sehr niedrigen Sauerstoffkoexistenzdruck von NbO_2 und dem oxidierenden Charakter des Transportmittels Tellur(IV)-chlorid. Diese bewirken die Bildung der sauerstoffreicheren Phase

Nb₁₂O₂₉ im Ausgangsbodenkörper. Zunächst erfolgt der Transport von $Nb_{12}O_{29}$ in die Abscheidungszone und nach dessen Abtransport der eigentliche NbO_2-Transport (Rit 1978).

Die Kristallisation der bezüglich ihrer Zusammensetzung zwischen NbO_2 und Nb_2O_5 liegenden Phasen $Nb_{12}O_{29}$, $Nb_{22}O_{54}$, $Nb_{47}O_{116}$, $Nb_{25}O_{62}$ und $Nb_{53}O_{132}$ wurde von *Ritschel* und *Oppermann* (Rit 1978) und anderen Autoren (Hus 1986) beschrieben. Bei Verwendung von Tellur(IV)-chlorid als Transportmittel beobachtete man eine Abscheidung von jeweils zwei koexistierenden Nb/O-Phasen. Auch gelang der Transport der genannten Verbindungen mit Quecksilber(II)-chlorid als transportwirksamem Zusatz von 1250 nach 1200 °C (Hus 1986).

Das sauerstoffreichste Nioboxid Nb_2O_5 hat eine beträchtliche Phasenbreite. Es kann mit den verschiedensten Transportmitteln in endothermer Reaktion abgeschieden werden. Es kristallisiert in einer Reihe verschiedener Modifikationen, deren Auftreten sowohl temperatur- als auch druckabhängig ist und deren Zusammensetzungen im Bereich von $NbO_{2,4}$ bis $NbO_{2,5}$ variieren (Sch 1966, Hib 1978). Nb_2O_5 kann unter anderem mit den Niob(V)-halogeniden NbX_5 (X = Cl, Br, I), den Niob(V)-halogeniden + Halogen sowie mit Tellur(IV)-chlorid, Halogenwasserstoff, Schwefel und auch mit $NbOF_3$ transportiert werden. Erfolgt der Transport über Halogenierungsgleichgewichte unter Verwendung der Niob(V)-halogenide und/oder der Halogene (Lav 1964, Sch 1964, Emm 1968, Hib 1978), können folgende Transportgleichungen formuliert werden:

$$Nb_2O_5(s) + 3\,NbX_5(g) \;\rightleftharpoons\; 5\,NbOX_3(g) \tag{5.2.5.22}$$

$$Nb_2O_5(s) + 3\,X_2(g) \;\rightleftharpoons\; 2\,NbOX_3(g) + \frac{3}{2}O_2(g) \tag{5.2.5.23}$$

Die zusätzliche Verwendung von Chlor neben Niob(V)-chlorid verhindert die Bildung von reduzierten Nb_2O_{5-x}-Phasen und führt zur Abscheidung von Phasen der oberen Grenzzusammensetzung Nb_2O_5. *Gruehn* und Mitarbeiter beschreiben den Chemischen Transport von Kristallen mit einer Zusammensetzung an der unteren Phasengrenze von 1080 nach 980 °C mit $NbCl_5$ + $NbOCl_3$ unter Zusatz eines Puffergases CO_2/CO im Verhältnis 1:1 (Gru 1967). Ebenfalls können Kristalle mit der Zusammensetzung der unteren Phasengrenze durch Chemischen Transport mit Schwefel von 1000 nach 900 °C erhalten werden (Sch 1988). Bei Untersuchungen im System Nb_2O_5/Nb_3O_7F wurde der Transport von Nb_2O_5 beobachtet. Als Transportgleichung wurde angegeben (Gru 1973):

$$Nb_2O_5(s) + 3\,NbF_5(g) \;\rightleftharpoons\; 5\,NbOF_3(g) \tag{5.2.5.24}$$

Die Wirkungsweise von Tellur(IV)-chlorid als Transportmittel für Nb_2O_5 wurde anhand thermodynamischer Rechnungen von *Oppermann* und *Ritschel* diskutiert (Rit 1978, Rit 1978a). Niob(V)-oxid kann mit Tellur(IV)-chlorid in einem weiten Temperaturbereich von T_2 (600 bis 1000 °C) nach T_1 transportiert werden. Der Vergleich der Gasphasenzusammensetzung über Nb_2O_5 der oberen Phasengrenze mit Nb_2O_5 an der unteren Phasengrenze zeigt deutliche Unterschiede. In beiden Fällen ist $NbOCl_3$ die dominierende, Niob-übertragende Gasspezies. Der Partialdruck von $NbCl_5$ liegt in beiden Fällen noch im transportwirksamen Bereich ($p > 10^{-5}$ bar). Der Druck von $NbCl_4$ liegt für die untere Phasengrenze im Bereich von 10^{-3} bar und ist damit transportwirksam, für die obere Phasengrenze hingegen bei 5 · 10⁻⁷ bar. Besonders deutlich ist der Unterschied bei Betrachtung der tellurhaltigen Spezies: Während die Gasphase über Nb_2O_5 der unteren Phasengrenze durch Te_2, Te und $TeCl_2$ geprägt ist und der $TeOCl_2$-Partialdruck unterhalb von 10^{-8} bar liegt, wird die Gasphase über Nb_2O_5 der oberen Phasengrenze durch $TeOCl_2$ mit einem Partialdruck von 10^{-1} bar dominiert. Zudem liegen die TeO_2- und TeO-Partialdrücke im transportwirksamen Bereich. Diese Unterschiede in der Gasphasenzusammensetzung spiegeln die große Änderung des Sauerstoffkoexistenzdrucks innerhalb der Phasenbreite von Nb_2O_5 wieder und sind ein anschauliches Beispiel dafür, welchen gravierenden Einfluss auch kleine Änderungen in der Bodenkörperzusammensetzung auf die Gasphasenzusammensetzung haben können.

Einen experimentellen Beleg für die Gasphasenzusammensetzung beim Chemischen Transport von NbO_2 mit Tellur(IV)-chlorid sowie deren Änderung in Abhängigkeit von der Bodenkörperzusammensetzung und dem Restfeuchtegehalt im System liefern massenspektrometrische Untersuchungen in einem Temperaturbereich zwischen 1100 und 830 °C (Kob 1981). In diesem Zusammenhang wird auch der Transport von NbO_2 und $Nb_{12}O_{29}$ mit Tellur(IV)-chlorid von 1100 nach 1030 °C ausgehend von verschiedenen Ausgangsbodenkörperzusammensetzungen und der Einfluss von HCl als Transportmittel untersucht und diskutiert.

Neben dem klassischen Chemischen Transport können Kristallisationsvorgänge unter Beteiligung der Gasphase die Geschwindigkeit von Festkörperreaktionen erheblich erhöhen. So findet bei 900 °C praktisch keine Reaktion zwischen elementarem Niob und Niob(V)-oxid statt. Die Zugabe von Wasserstoff (1 bar) ermöglicht diese Umsetzung und es erfolgt die Bildung von NbO. Die dazu notwendige Übertragung des Sauerstoffs lässt sich anhand folgender Gleichgewichte beschreiben:

$$Nb_2O_5(s) + H_2(g) \rightleftharpoons 2\,NbO_2(s) + H_2O(g) \qquad (5.2.5.25)$$

$$NbO_2(s) + H_2(g) \rightleftharpoons NbO(s) + H_2O(g) \qquad (5.2.5.26)$$

$$Nb(s) + H_2O(g) \rightleftharpoons NbO(s) + H_2(g) \qquad (5.2.5.27)$$

Tantaloxid Als einziges Tantaloxid ist Ta_2O_5 transportierbar. Es kann endotherm von 800 bis 1000 °C nach 700 bis 800 °C über Chlorierungsgleichgewichte mit Tantal(V)-chlorid, Ammoniumchlorid, Chlor, Chrom(III)-chlorid + Chlor sowie Schwefel als Transportmittel abgeschieden werden. Ebenso ist der exotherme Transport mit Tetrabrommethan von 900 nach 1000 °C möglich (Scha 1989). Der Vergleich zeigt die unterschiedliche Effizienz der Transportgleichgewichte.

$$Ta_2O_5(s) + 3\,Cl_2(g) \rightleftharpoons 2\,TaOCl_3(g) + \frac{3}{2}O_2(g) \qquad (5.2.5.28)$$
$$\Delta_R G^0_{1000} = 265 \text{ kJ} \cdot \text{mol}^{-1}$$

$$Ta_2O_5(s) + \frac{3}{2}CrCl_4(g) + \frac{3}{2}Cl_2(g)$$
$$\rightleftharpoons 2\,TaOCl_3(g) + \frac{3}{2}CrO_2Cl_2(g) \qquad (5.2.5.29)$$
$$\Delta_R G^0_{1000} = 124 \text{ kJ} \cdot \text{mol}^{-1}$$

$$\text{Ta}_2\text{O}_5(\text{s}) + 3\,\text{TaCl}_5(\text{g}) \rightleftharpoons 5\,\text{TaOCl}_3(\text{g}) \quad (5.2.5.30)$$
$$\Delta_\text{R} G^0_{1000} = 8 \text{ kJ} \cdot \text{mol}^{-1}$$

Danach ist Tantal(V)-chlorid das geeignete Transportmittel für den Transport von Tantal(V)-oxid, da die freie Reaktionsenthalpie nahe bei null und somit in einem für Transportreaktionen optimalen Bereich ist. Für diese Reaktion sind die höchsten Transportraten zu erwarten Bei allen Chlorierungsgleichgewichten ist TaOCl_3 die entscheidende transportwirksame tantalhaltige Gasspezies. Andere gasförmige Tantaloxidchloride, z. B. TaO_2Cl, $\text{Ta}_2\text{O}_4\text{Cl}_2$ oder Tantalchloride, haben sehr niedrige, nicht transportwirksam werdende Partialdrücke. Gleichzeitig ist TaOCl_3 auch die Sauerstoff-übertragende Spezies.

Man kennt nur wenige Beispiele, bei denen Schwefel allein als Transportmittel wirksam wird. Der Transport von Tantal(V)-oxid ist ein solches Beispiel. Es kann mit Schwefel von 1000 nach 900 °C transportiert werden, da Schwefel sowohl eine flüchtige stabile Verbindung mit Tantal, vermutlich TaS_5, als auch mit Sauerstoff, SO_2, bildet. Folgende Transportgleichung kann formuliert werden (Sch 1980):

$$\text{Ta}_2\text{O}_5(\text{s}) + \frac{25}{4}\text{S}_2(\text{g}) \rightleftharpoons 2\,\text{TaS}_5(\text{g}) + \frac{5}{2}\text{SO}_2(\text{g}) \quad (5.2.5.31)$$

Der Transport der Oxide in der 5. Gruppe ist zum einen davon geprägt, dass sich die Sauerstoffkoexistenzdrücke über den binären Oxiden über einen großen Bereich erstrecken. Manche sind nur in engen Koexistenzgebieten thermodynamisch stabil. Das gilt insbesondere für die Systeme Vanadium/Sauerstoff und Niob/Sauerstoff, in denen eine Vielzahl von Phasen existiert, die sich in ihrem Metall/Sauerstoff-Verhältnis nur gering unterscheiden, wobei einige dieser Phasen unterschiedlich große Homogenitätsgebiete aufweisen. Zum anderen kann festgestellt werden, dass in allen Systemen bei der Verwendung von halogenierenden Transportmitteln die jeweiligen Metalloxidhalogenide der Zusammensetzung MOX_3 (M = V, Nb, Ta; X = F, Cl, Br, I) die Metall-übertragenden und in vielen Fällen auch die Sauerstoff-übertragenden Spezies sind. Die Stabilität dieser Verbindungen nimmt von den Fluoriden über die Chloride und Bromide zu den Iodiden ab und von Vanadium über Niob zu Tantal zu. Dies zeigt der Vergleich der Standardbildungsenthalpien:

$\text{VOCl}_3(\text{g})$: $-696 \text{ kJ} \cdot \text{mol}^{-1}$

$\text{NbOCl}_3(\text{g})$: $-752 \text{ kJ} \cdot \text{mol}^{-1}$

$\text{TaOCl}_3(\text{g})$: $-783 \text{ kJ} \cdot \text{mol}^{-1}$

Neben Publikationen zum Transportverhalten der binären Oxide in der Gruppe 5 sind eine Reihe von Arbeiten zum Chemischen Transport ternärer und quaternärer vanadium-, niob- bzw. tantalhaltiger Oxidoverbindungen veröffentlicht. Diese werden in den Abschnitten über Vanadate, Niobate und Tantalate der jeweiligen Metalle beschrieben.

5.2.6 Gruppe 6

Chromoxide Unter den binären Chromoxiden ist nur Chrom(III)-oxid transportierbar. Chrom(III)-oxid ist in Anwesenheit von Sauerstoff bei Temperaturen deutlich oberhalb von 1000 °C flüchtig (Grim 1961, Cap 1961). Transportreaktionen ermöglichen auch die Kristallisation von Chrom(III)-oxid im endothermen Transport über Chlorierungs- und Bromierungsgleichgewichte. Die Transportreaktionen verlaufen mit den Transportmitteln Cl_2, $Cl_2 + O_2$, $HgCl_2$, $TeCl_4$, Br_2 und $CrBr_3 + Br_2$ in der Regel von 1000 nach 900 °C. *Nocker* und *Gruehn* widmen sich ausführlich dem Transport im System Chrom/Sauerstoff/Chlor und tragen sowohl mit Experimenten als auch durch thermodynamische Berechnungen zum Verständnis des Transports von Chrom(III)-oxid mit Chlor bzw. Quecksilber(II)-chlorid bei (Noc 1993a, Noc 1993b). Aus den Rechnungen folgt, dass folgende Gleichgewichte eine wesentliche Rolle spielen:

$$Cr_2O_3(s) + \frac{5}{2}Cl_2(g) \rightleftharpoons \frac{3}{2}CrO_2Cl_2(g) + \frac{1}{2}CrCl_4(g) \qquad (5.2.6.1)$$

In Gegenwart von zusätzlichem Sauerstoff im System wird eine andere Transportgleichung bedeutsamer:

$$Cr_2O_3(s) + 2Cl_2(g) + \frac{1}{2}O_2(g) \rightleftharpoons 2CrO_2Cl_2(g) \qquad (5.2.6.2)$$

bei Anwesenheit von Wasser im System wird zusätzlich Chlorwasserstoff gebildet:

$$Cr_2O_3(s) + 3Cl_2(g) + H_2O(g) \rightleftharpoons 2CrO_2Cl_2(g) + 2HCl(g) \qquad (5.2.6.3)$$

Das Transportverhalten von Chrom(III)-oxid mit Quecksilber(II)-chlorid ist in entsprechender Weise beschreibbar. Ebenso wurde der Transport von Chrom(III)-oxid mit Brom bzw. Chrom(III)-bromid + Brom untersucht (Noc 1994). Der endotherme Transport mit Brom kann über analoge Gleichgewichte formuliert werden. Bei der Verwendung von Chrom(III)-bromid + Brom wird der Sauerstoffpartialdruck im System so weit herabgesetzt, dass $CrOBr_2(g)$ und nicht $CrO_2Br_2(g)$ die transportwirksame Spezies ist, wobei $CrBr_4(g)$ als eigentliches Transportmittel wirkt. Somit kann folgende Transportgleichung formuliert werden:

$$Cr_2O_3(s) + 3CrBr_4(g) \rightleftharpoons 3CrOBr_2(g) + 2CrBr_3(g) \qquad (5.2.6.4)$$

In der Literatur sind zudem Transportreaktionen für eine Reihe ternärer und quaternärer chromhaltiger Oxidoverbindungen publiziert. Dabei finden bis auf die Ausnahme des Transports von $Cr_2BP_3O_{12}$ mit Iod bzw. Phosphor + Iod (Schm 2002) ausschließlich endotherme Chlorierungsgleichgewichte Erwähnung. Beispiele sind die Transporte von $Cr_{0,18}In_{1,82}GeO_7$ (Pfe 2002b) und von $CrGa_2O_4$ (Pat 2000b) mit Chlor. Die chromhaltigen Oxidoverbindungen $CrTaO_4$ und $CrNbO_4$ sind jeweils mit Chlor bzw. Niob(V)-chlorid + Chlor transportierbar (Emm 1968b, Emm 1968c). Der Transport eines Chrom/Niob-Mischoxids, $(Cr, Nb)_{12}O_{29}$, sowohl mit Chlor als auch mit Niob(V)-chlorid ist ebenso untersucht (Hof 1994).

Molybdänoxide Durch Chemischen Transport können Molybdän(IV)-oxid (MoO_2), Molybdän(VI)-oxid (MoO_3) sowie die gemischtvalenten Oxide Mo_4O_{11},

Mo_8O_{23} und Mo_9O_{26} erhalten werden. So gelingt der endotherme Transport aller genannten Oxide mit Tellur(IV)-chlorid als Transportmittel (Ban 1976). *Monteil* et. al. (Mon 1984) beschrieben und analysierten die Thermodynamik des Molybdän(IV)-oxid-Transports mit Tellur(IV)-chlorid und bestimmten experimentell die Gasphasenzusammensetzung mittels Raman-Spektroskopie. Dabei wurde deutlich, dass im unteren Temperaturbereich zwischen 400 und 500 °C der Transport entsprechend folgender Transportgleichung verläuft:

$$MoO_2(s) + TeCl_4(g) \rightleftarrows MoO_2Cl_2(g) + TeCl_2(g) \qquad (5.2.6.5)$$

Oberhalb dieser Temperaturen führt die Dissoziation von $TeCl_4$ zur Bildung von Tellur(II)-chlorid. Dieses wird als Transportmittel wirksam.

$$MoO_2(s) + TeCl_2(g) \rightleftarrows MoO_2Cl_2(g) + \frac{1}{2} Te_2(g) \qquad (5.2.6.6)$$

Monteil bestätigte damit die Daten der Arbeiten von *Ritschel* und *Oppermann* (Rit 1980), die den Transport von Molybdän(IV)-oxid mit Tellur(IV)-chlorid sowie Tellur(IV)-bromid aus thermodynamischer Sicht für den Temperaturbereich um 1000 °C analysierten. Dabei konnte gezeigt werden, dass $MoO_2X_2(g)$ (X = Cl, Br) sowohl die wesentliche Molybdän als auch Sauerstoff-übertragende Spezies ist. Die Partialdrücke der Spezies $MoOX_3$, $MoOX_4$ sowie MoX_4 (X = Cl, Br) liegen am Rande des transportwirksamen Bereichs. Dies trifft auch auf $TeOX_2$ (X = Cl, Br) zu. Die Rechnungen zeigen, dass die Tellur(II)-halogenide als eigentliches Transportmittel wirken. Experimentell und mittels Modellrechnung wurde das Transportverhalten von MoO_2 und Mo_4O_{11} mit Quecksilber(II)-chlorid untersucht und dabei der Einfluss der Ausgangsbodenkörperzusammensetzung, der Transportmittelkonzentration sowie der Größe und Lage des Temperaturgradienten analysiert (Scho 1990b). Der Transport von MoO_2 wird über folgendes Gleichgewicht beschrieben:

$$MoO_2(s) + HgX_2(g) \rightleftarrows MoO_2X_2(g) + Hg(g) \qquad (5.2.6.7)$$
$$(X = Cl, Br, I)$$

Wie die berechneten Gasphasenzusammensetzungen zeigen, werden für einen Bodenkörper Mo/MoO_2 die Gasspezies MoO_2Cl_2, $MoOCl_3$ und $MoCl_4$ bei 800 °C transportwirksam (Abbildung 5.2.6.1). Über einem Bodenkörper bestehend aus MoO_2/MoO_3 werden neben MoO_2Cl_2 auch die flüchtigen Molybdänoxide Mo_3O_9, Mo_4O_{12} und Mo_5O_{15} transportwirksam, die oberhalb von 950 °C die dominierenden Gasspezies sind. Bei Anwesenheit von Wasser im System ist bei sauerstoffreichen Bodenkörpern die Bildung von Molybdänsäure H_2MoO_4 mit transportwirksamen Partialdrücken möglich.

Neben den bisher beschriebenen Halogenierungsgleichgewichten ist der Chemische Transport von Molybdän(IV)-oxid auch mit Iod von 1000 nach 800 °C publiziert. Der Transport erfolgt nach folgendem Gleichgewicht:

$$MoO_2(s) + I_2(g) \rightleftarrows MoO_2I_2(g) \qquad (5.2.6.8)$$

Die Beschreibung des Chemischen Transports von Molybdän(IV)-oxid mit Iod umfasst auch einen Vergleich der thermodynamischen Stabilitäten der gasförmigen Metalloxidhalogenide der Gruppe 6 der Zusammensetzung MO_2X_2 (X = Cl,

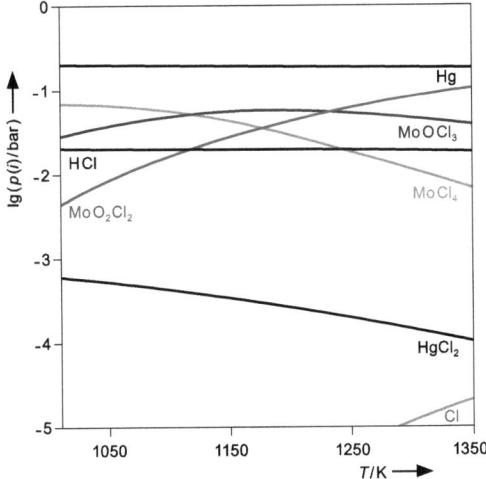

Abbildung 5.2.6.1 Gasphasenzusammensetzung über Mo/MoO$_2$ im Gleichgewicht mit HgCl$_2$ in Anwesenheit von Wasser nach (Scho 1992).

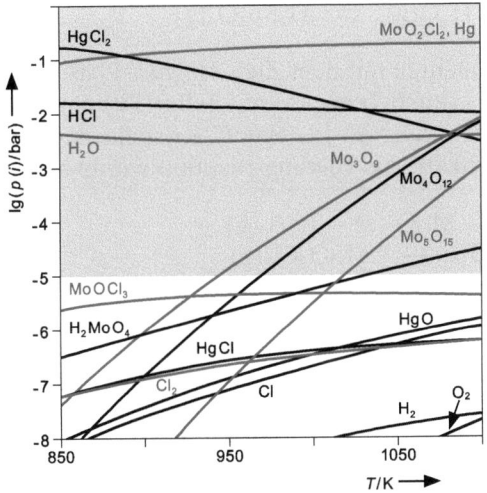

Abbildung 5.2.6.2 Gasphasenzusammensetzung über MoO$_2$/Mo$_4$O$_{11}$ im Gleichgewicht mit HgCl$_2$ in Anwesenheit von Wasser nach (Scho 1992).

Br, I) (Opp 1971). Diese Spezies erweisen sich als essentiell für alle Transporte von Molybdänoxidoverbindungen mit halogenierenden Transportmitteln.

Zahlreiche Publikationen thematisieren den Transport einer Reihe von Molybdaten(IV) (Ste 1983, Rei 1994, Ste 1996, Söh 1997, Ste 2000, Ste 2003, Ste 2004a, Ste 2005b, Ste 2006) wie auch von Molybdän(IV)-oxid-Mischphasen Mo$_{1-x}$Ti$_x$O$_2$ (Mer 1982), Mo$_{1-x}$V$_x$O$_2$ (Brü 1977, Rit 1977), Mo$_{1-x}$Ru$_x$O$_2$ (Nic 1993) und Mo$_{1-x}$Re$_x$O$_2$ (Fel 1998a). Der Transport erfolgt endotherm mit Tellur(IV)-chlorid als Transportmittel. Bei Transportexperimenten im System Molybdän/Rhenium/

Sauerstoff können Mischkristalle der Zusammensetzung $Mo_{1-x}Re_xO_2$ (0 < x < 0,42) mit I_2 (1100 → 1000 °C) und $TeCl_4$ (1000 → 900 °C) als Transportmittel abgeschieden werden (Fel 1998a). Im Vergleich zum Transport mit Tellur(IV)-chlorid sind die mit Iod transportierten Kristalle besser ausgebildet. Des Weiteren kann in diesem System eine Phase der Zusammensetzung Mo_3ReO_{11} mit $TeCl_4$ und $HgCl_2$ von 740 nach 700 °C transportiert werden. Wie thermodynamische Rechnungen zeigen, erfolgt der Transport der Mischphasen mit Iod über die molybdänhaltige Spezies $MoO_2I_2(g)$ und über die rheniumhaltige Spezies $ReO_3I(g)$. Wird Tellur(IV)-chlorid als Transportmittel eingesetzt, ist die Zusammensetzung der Gasphase im Wesentlichen durch die Spezies Re_2O_7, ReO_3Cl, $TeOCl_2$, $TeCl_2$ und MoO_2Cl_2 geprägt.

Das sauerstoffreichste binäre Molybdänoxid MoO_3 kann bei Temperaturen oberhalb von 780 °C auch durch Sublimation kristallin abgeschieden werden. Dabei sind in der Gasphase Trimere, Tetramere und Pentamere zu beobachten. Die Bildung der Molybdänsäure ist die Ursache dafür, dass Molybdän(VI)-oxid im Temperaturbereich zwischen 600 und 700 °C mit Hilfe von Wasser in die Gasphase überführt werden kann (Gle 1962). Folgendes Gleichgewicht wird formuliert:

$$MoO_3(s) + H_2O(g) \rightleftharpoons H_2MoO_4(g) \qquad (5.2.6.9)$$

Bei Transportexperimenten mit dem Ziel, *Magnéli*-Phasen im System Molybdän/Sauerstoff, Mo_nO_{3n-1} durch Transport mit Tellur(IV)-chlorid zu erhalten, wurden im Temperaturbereich von 680 bis 690 °C Kristalle der Verbindung Mo_5TeO_{16} abgeschieden (Neg 2000). Als Bildungsreaktion wurde angegeben:

$$6 MoO_3(s) + MoO_2(s) + TeCl_4(g)$$
$$\rightarrow Mo_5TeO_{16}(s) + 2 MoO_2Cl_2(g) \qquad (5.2.6.10)$$

Wolframoxide Der Chemische Transport von Wolframoxiden ist über einen langen Zeitraum durch eine Vielzahl von Publikationen belegt. Die binären Oxide Wolfram(IV)-oxid (WO_2), Wolfram(VI)-oxid (WO_3) sowie die gemischtvalenten Oxide $W_{18}O_{49}$ und $W_{20}O_{58}$ können durch Chemischen Transport mit den verschiedensten Transportmitteln erhalten werden, wobei alle Transportgleichgewichte endotherm sind. Als besonders effektive Transportmittel für den Transport von WO_2 haben sich die Quecksilber(II)-halogenide HgX_2 (X = Cl, Br, I), Tellur(IV)-chlorid und Iod erwiesen. Den WO_2-Transport mit den Quecksilber(II)-halogeniden beschreiben *Schornstein* und *Gruehn* (Scho 1988, Scho 1989, Scho 1990a). Ausführliche thermodynamische Rechnungen erklären das Transportverhalten umfassend (vgl. Abschnitt 15.1). Ebenso wird der Einfluss von Größe und Lage des Temperaturgradienten in Abhängigkeit vom verwendeten Transportmittel sowie der Einfluss von Feuchtigkeitsspuren im System diskutiert. Der Transport verläuft für alle drei Transportmittel über folgendes Gleichgewicht:

$$WO_2(s) + HgX_2(g) \rightleftharpoons WO_2X_2(g) + Hg(g) \qquad (5.2.6.11)$$
$$(X = Cl, Br, I).$$

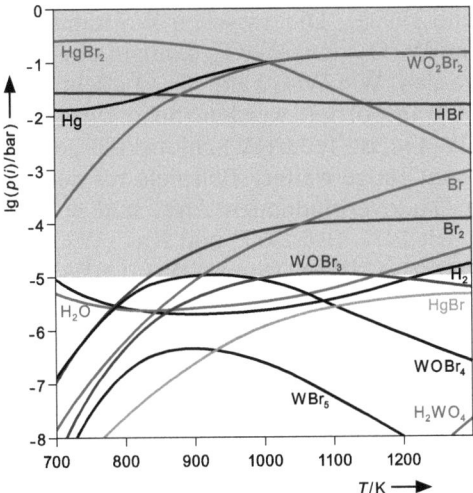

Abbildung 5.2.6.3 Gasphasenzusammensetzung über $WO_2/W_{18}O_{49}$ im Gleichgewicht mit $HgCl_2$ in Anwesenheit von Wasser nach (Scho 1992).

In Gegenwart von Wasser wird ein weiteres Gleichgewicht transportwirksam:

$$WO_2(s) + 2\,H_2O(g) + HgX_2(g)$$
$$\rightleftharpoons H_2WO_4(g) + 2\,HX(g) + Hg(g) \qquad (5.2.6.12)$$
$$(X = Cl, Br, I).$$

Im Temperaturbereich um 1000 °C wird die gebildete Wolframsäure H_2WO_4 transportwirksam, wobei deren Partialdruck um ca. zwei Größenordnungen niedriger ist als der Partialdruck der wesentlichen, Wolfram-übertragenden Spezies WO_2X_2. Andere gasförmige Wolframoxidhalogenide WOX_3 und WOX_4 weisen keine transportwirksamen Partialdrücke auf. Der Transport von Wolfram(IV)-oxid mit den Quecksilber(II)-halogeniden ist ein anschauliches Beispiel für die Wechselwirkung zwischen der Lage des Temperaturgradienten und dem verwendeten Transportmittel. Bei der Verwendung von Quecksilber(II)-chlorid werden maximale Transportraten beim Transport von 700 nach 600 °C erreicht, bei Verwendung von Quecksilber(II)-bromid bei 800 nach 700 °C und bei Quecksilber(II)-iodid bei 1060 nach 980 °C.

Gleichfalls sind Iod und Tellur(IV)-chlorid geeignet. Darüber hinaus kann Wolfram(IV)-oxid mit Wasser transportiert werden (Mil 1949). Der endotherme Transport erfolgt über folgendes Gleichgewicht:

$$WO_2(s) + 2\,H_2O(g) \rightleftharpoons H_2WO_4(g) + H_2(g) \qquad (5.2.6.13)$$

Analog dazu ist auch die Abscheidung von Wolfram(VI)-oxid mit Wasser über die Gasphase möglich (Mil 1949, Glen 1962, Heu 1981, Sah 1983).

$$WO_3(s) + H_2O(g) \rightleftharpoons H_2WO_4(g) \qquad (5.2.6.14)$$

Wolfram(VI)-oxid kann ebenso über die verschiedensten Chlorierungsgleichgewichte endotherm in einem weiten Temperaturbereich transportiert werden (Kle

1966, Opp 1985a, Scho 1990a). Die zwischen Wolfram(IV)- und Wolfram(VI)-oxid gelegenen Phasen $W_{18}O_{49}$ und $W_{20}O_{58}$ können ebenfalls durch Chemischen Transport erhalten werden. Wie WO_3 kann $W_{18}O_{49}$ sehr effektiv mit den Quecksilber(II)-halogeniden transportiert werden (Scho 1988, Scho 1989). Sowohl für $W_{18}O_{49}$ als auch für $W_{20}O_{58}$ ist Tellur(IV)-chlorid ein geeignetes Transportmittel (Opp 1985a). Man kennt einige weitere Beispiele für den Chemischen Transport von wolframhaltigen Oxidoverbindungen. Dies sind neben den Mischkristallen $V_{1-x}W_xO_2$ (Hör 1972, Rit 1977, Brü 1977) und $Ru_{1-x}W_xO_2$ (Nic 1993) die Wolframate $CaWO_4$ (Ste 2005a), $CdWO_4$ (Ste 2005a), $CuWO_4$ (Yu 1993, Ste 2005a) $FeWO_4$ (Emm 1968b, Sie 1982, Yu 1993), $MnWO_4$ (Emm 1968b, Ste 2005), $MgWO_4$ (Emm 1968b, Ste 2005a), $SrWO_4$ (Ste 2005a) und $ZnWO_4$ (Cur 1965, Emm 1968b, Ste 2005) sowie die Wolframbronzen M_xWO_3 (M = Li, K, Rb, Cs, In) (Hus 1994, Hus 1997, Schm 2008, Rüs 2008, Ste 2008). Das Transportverhalten dieser Verbindungen wird im Zusammenhang mit den zuerst genannten Elementen erörtert.

Das Transportverhalten der oxidischen Verbindungen der Gruppe 6 ist vor allem durch die Bildung flüchtiger Oxidhalogenide der Zusammensetzung MO_2X_2 (M = Cr, Mo, W, X = Cl, Br, I) gekennzeichnet, die als transportwirksame Spezies im Wesentlichen die Übertragung der Metallatome übernehmen. Diese werden unabhängig von der Oxidationsstufe im Bodenkörper immer in die Oxidationsstufe VI überführt, sodass der Transportvorgang (außer bei den Metall(VI)-oxiden) durch Redoxgleichgewichte gekennzeichnet ist. Diese Gleichgewichte bestimmen sowohl die Wahl des geeigneten Transportmittels als auch die Zusammensetzung des abgeschiedenen Bodenkörpers. Andere Gasspezies wie die Molybdän- bzw. Wolframsäure H_2MO_4 (M = Mo, W) und andere Oxidhalogenide als MO_2X_2 werden zwar gebildet, erreichen aber in der Regel keine transportwirksamen Partialdrücke.

5.2.7 Gruppe 7

Der Chemische Transport von binären, ternären und quaternären Oxiden von Mangan und Rhenium ist bekannt. Zum Chemischen Transport von technetiumhaltigen Oxidoverbindungen gibt es keine Angaben.

Manganoxide Im System Mangan/Sauerstoff existieren die binären Oxide MnO_2, Mn_2O_3, Mn_3O_4 und MnO, die mit Ausnahme von MnO_2 alle durch endothermen Transport abscheidbar sind. Der Transport von Mn_2O_3 ist mit den Transportmitteln Chlor, Brom, Chlorwasserstoff, Bromwasserstoff, Selen(IV)-chlorid und Tellur(IV)-chlorid von T_2 nach T_1 möglich (Ros 1987, Ros 1988). Mn_3O_4 ist endotherm mit denselben Transportmitteln transportierbar. Chlor und Brom sind dabei als Transportmittel nur bedingt geeignet, da bei ihrer Verwendung nur Mn_3O_4 der oberen Phasengrenze abgeschieden werden kann (Klei 1963, Klei 1972a, Yam 1972, Ros 1987, Ros 1988). Zur Abscheidung von Mn_3O_4 der unteren Phasengrenze sowie von MnO sind Selen(IV)-chlorid und Tellur(IV)-chlorid besonders geeignet (Ros 1988). Der Manganoxid-Transport mit Chlor und Brom ist im Wesentlichen durch folgende drei Gleichgewichte zu beschreiben:

$$MnO_a(s) + X_2(g) \rightleftharpoons MnX_2(g) + \frac{1}{2}a\, O_2(g) \quad (5.2.7.1)$$

$$2\,MnX_2(g) \rightleftharpoons Mn_2X_4(g) \quad (5.2.7.2)$$

$$X_2(g) \rightleftharpoons 2\,X(g) \quad (5.2.7.3)$$
$(X = Cl, Br).$

Daraus ergeben sich die zu berücksichtigenden transportwirksamen Gasspezies MnX_2 (X = Cl, Br) bzw. die Dimere Mn_2X_4 und Sauerstoff. Da Mangan keine flüchtigen Oxidhalogenide bildet und im System Mn/O/X (X = Cl, Br) keine weitere Spezies existiert, die den Sauerstoff übertragen kann, bestimmt der Sauerstoffpartialdruck die Transportierbarkeit der einzelnen Manganoxide. Mit abnehmendem Sauerstoff/Mangan-Verhältnis sinkt der Sauerstoffpartialdruck stark ab. Er unterschreitet im Homogenitätsgebiet von Mn_3O_4 die transportwirksame Grenze von 10^{-5} bar bei 1000 °C, sodass Mn_3O_4 der unteren Phasengrenze sowie MnO mit Halogenen nicht transportierbar sind. Halogenwasserstoffe ermöglichen durch die Bildung von Wasser als weitere, Sauerstoff-übertragende Spezies den Transport von MnO sowie den von Mn_3O_4 an der unteren Phasengrenze. Bei Verwendung der entsprechenden Halogenwasserstoffe HCl bzw. HBr als Transportmittel kann folgendes transportwirksames Gleichgewicht angenommen werden:

$$Mn_3O_4(s) + 8\,HX(g) \rightleftharpoons 3\,MnX_2(g) + 4\,H_2O(g) + X_2(g) \quad (5.2.7.4)$$
$(X = Cl, Br).$

Ähnlich wirken die Transportmittel Selen(IV)-chlorid bzw. Tellur(IV)-chlorid, die in der Lage sind, Sauerstoff-übertragende Spezies zu bilden. Beim Transport von Mn_2O_3 und Mn_3O_4 der oberen Phasengrenze sind $MnCl_2$ und Sauerstoff die transportwirksamen Gasspezies, bei Mn_3O_4 der unteren Phasengrenze und MnO sind es $MnCl_2$ und TeO bzw. $MnCl_2$ und SeO sowie SeO_2 (Ros 1987, Ros 1988).

Aus der Literatur kennt man keine experimentellen Hinweise auf den Chemischen Transport von MnO_2. Modellrechnungen zum Transportverhalten von MnO_2 mit den Transportmitteln $AlCl_3$, $GaCl_3$ und $InCl_3$ erfassen insbesondere die Bildung von Gaskomplexen der Zusammensetzung MnM_2Cl_8 (Kra 1988b). Unter der Voraussetzung, dass der Sauerstoffpartialdruck über MnO_2 bei 527 °C 1 bar beträgt, kann man aber davon ausgehen, dass die Trichloride von Aluminium und Gallium nach Reaktion 5.2.7.5 praktisch vollständig in die Oxide überführt werden.

$$M_2Cl_6(g) + \frac{3}{2}O_2(g) \rightleftharpoons M_2O_3(s) + 3\,Cl_2(g) \quad (5.2.7.5)$$
$(M = Al, Ga, In).$

Die Trichloride von Aluminium und Gallium scheiden so als Transportmittel aus, Indium(III)-chlorid verbleibt als mögliches Transportmittel. Durch die zusätzliche Zugabe von Chlor neben dem Transportmittel Indium(III)-chlorid wird das Gleichgewicht weiter auf die Seite der Ausgangsstoffe verschoben und damit der

216 | 5 Chemischer Transport von binären und polynären Oxiden

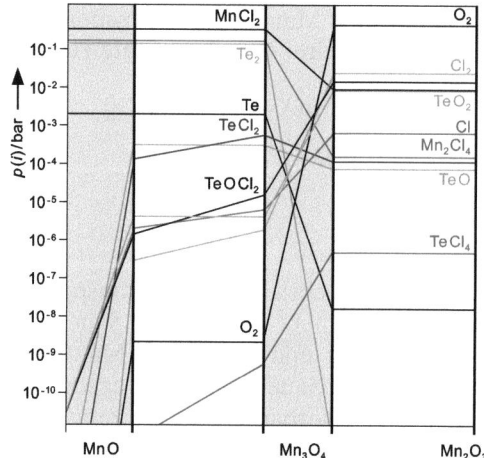

Abbildung 5.2.7.1 Gasphasenzusammensetzung über den verschiedenen Manganoxiden im Gleichgewicht mit TeCl$_4$ bei 1200 K nach (Ros 1988).

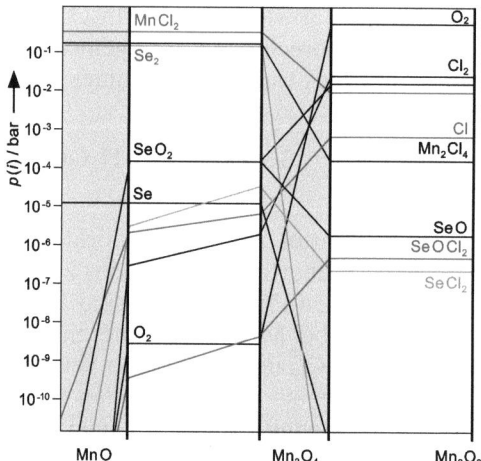

Abbildung 5.2.7.2 Gasphasenzusammensetzung über den verschiedenen Manganoxiden im Gleichgewicht mit SeCl$_4$ bei 1200 K nach (Ros 1988).

Bildung von Indium(III)-oxid entgegengewirkt. Die berechneten Transportraten für den Transport von MnO$_2$ mit Indium(III)-chlorid/Chlor von 530 nach 480 °C liegen im Bereich zwischen 10^{-3} und 10^{-2} mg · h^{-1}. Es wird also ein äußerst minimaler Transporteffekt erwartet. Die Transportexperimente sind in soweit mit den Rechnungen im Einklang, als selbst bei einer Versuchsdauer von 700 Stunden praktisch kein Transport von MnO$_2$ beobachtet wird.

Man kennt eine Vielzahl von Beispielen für den Transport von ternären und quaternären, manganhaltigen Oxidoverbindungen, in denen Mangan stets in der Oxidationsstufe II auftritt. So ist unter anderem der Transport von Spinellen publiziert, bei dem ausschließlich Chlorierungsgleichgewichte wirksam werden und Chlor, Chlorwasserstoff bzw. Ammoniumchlorid als Transportzusatz Verwendung finden (Klei 1963, Klei 1964, Mem 1968b, Trö 1972, Klei 1972a, Klei 1973). Weitere Beispiele für den Transport ternärer Manganoxide sind $MnMoO_4$ und $Mn_2Mo_3O_8$. Deren Transportverhalten mit den Transportmitteln Chlor, Chlorwasserstoff, Tellur(IV)-chlorid und Selen(IV)-chlorid bzw. Chlor, Iod, Chlorwasserstoff, Iodwasserstoff und Selen(IV)-chlorid wurde in thermodynamischen Rechnungen und Experimenten ausführlich untersucht (Rei 1994). Das Transportverhalten und die Gasphasenzusammensetzung sind dabei von denselben Charakteristika geprägt wie der Transport der binären Oxide. $MnCl_2$ und Mn_2Cl_4 sind die transportwirksamen, Mangan-übertragenden Spezies. MoO_2Cl_2 ist für die Übertragung von Molybdän verantwortlich.

$MnNb_2O_6$ wird sowohl mit Chlor + Ammoniumchlorid als auch mit Niob(V)-chlorid + Chlor endotherm abgeschieden (Emm 1968c, Ros 1991a). Die folgenden transportwirksamen Gleichgewichte beschreiben das Reaktionsgeschehen:

$$MnNb_2O_6(s) + 4\,Cl_2(g)$$
$$\rightleftharpoons MnCl_2(g) + 2\,NbOCl_3(g) + 2\,O_2(g) \qquad (5.2.7.6)$$

$$MnNb_2O_6(s) + 8\,HCl(g)$$
$$\rightleftharpoons MnCl_2(g) + 2\,NbOCl_3(g) + 4\,H_2O(g) \qquad (5.2.7.7)$$

$$MnNb_2O_6(s) + 4\,NbCl_5(g)$$
$$\rightleftharpoons MnCl_2(g) + 6\,NbOCl_3(g) \qquad (5.2.7.8)$$

Die Granate der Zusammensetzung $Mn_3Cr_2Ge_3O_{12}$ bzw. $Mn_3Fe_2Ge_3O_{12}$ und $Mn_3Ga_2Ge_3O_{12}$ können unter Zusatz von Chlor, Schwefel + Chlor, Tellur(IV)-chlorid oder Tetrachlormethan von T_2 nach T_1 transportiert werden (Paj 1985, Paj 1986a). Der Transport erfolgt entsprechend der folgenden Gleichgewichte:

$$Mn_3Cr_2Ge_3O_{12}(s) + 8\,Cl_2(g)$$
$$\rightleftharpoons 3\,MnCl_2(g) + 2\,CrO_2Cl_2(g) + 3\,GeCl_2(g) + 4\,O_2(g) \qquad (5.2.7.9)$$

$$Mn_3Cr_2Ge_3O_{12}(s) + 2\,S_2(g) + 8\,Cl_2(g)$$
$$\rightleftharpoons 3\,MnCl_2(g) + 2\,CrO_2Cl_2(g) + 3\,GeCl_2(g) + 4\,SO_2(g) \qquad (5.2.7.10)$$

$$Mn_3Cr_2Ge_3O_{12}(s) + 4\,TeCl_4(g)$$
$$\rightleftharpoons 3\,MnCl_2(g) + 2\,CrO_2Cl_2(g) + 3\,GeCl_2(g) + 4\,TeO_2(g) \qquad (5.2.7.11)$$

$$Mn_3Cr_2Ge_3O_{12}(s) + 4\,CCl_4(g)$$
$$\rightleftharpoons 3\,MnCl_2(g) + 2\,CrO_2Cl_2(g) + 3\,GeCl_2(g) + 4\,CO_2(g) \qquad (5.2.7.12)$$

Dabei hat sich Tetrachlormethan als effektivstes Transportmittel erwiesen, da es neben Chlor die höchste Transportrate erlaubt, aber nicht zum unerwünschten nichtstationären Transport von Chrom(III)-oxid neben $Mn_3Cr_2Ge_3O_{12}$ führt. Außerdem sind die mit Tetrachlormethan transportierten Kristalle am größten und am besten ausgebildet.

Die manganhaltigen Germanate $Mn_{1-x}Co_xGeO_3$, $Mn_{1-x}Zn_xGeO_3$ und $(Mn_{1-x}Zn_x)_2GeO_4$ können durch endothermen Transport mit Chlorwasserstoff von 900 nach 700 °C bzw. von 1050 nach 900 °C abgeschieden werden (Pfe 2002, Pfe 2002c). Ebenfalls mit Chlorwasserstoff ist der Transport von $Mn_{1-x}Mg_xO$-Mischkristallen möglich (Skv 2000).

Rheniumoxide Rhenium(IV)-oxid, ReO$_2$, und Rhenium(VI)-oxid, ReO$_3$, lassen sich durch Chemischen Transport kristallisieren. Auch Rhenium(VII)-oxid, Re$_2$O$_7$, ist über die Gasphase übertragbar. Dabei ist die thermische Stabilität der unterschiedlichen Rheniumoxide ausschlaggebend für den Temperaturbereich, in dem die Transportreaktionen ablaufen (Opp 1985b). Die thermisch stabilste Verbindung ReO$_2$ kann in einem weiten Temperaturbereich transportiert werden. Die Temperatur der Auflösungsseite variiert zwischen 700 und 1100 °C, die der Abscheidungsseite zwischen 600 und 1000 °C. Der ebenfalls endotherme ReO$_3$-Transport erfolgt in einem Temperaturbereich von 385 bis 600 °C nach 350 bis 500 °C. Die thermisch relativ instabile, flüchtige Verbindung Re$_2$O$_7$ kann bei Temperaturen unterhalb von 200 °C sublimiert werden. Das Gasteilchen Re$_2$O$_7$ konnte massenspektrometrisch nachgewiesen werden (Rin 1967). Die Zugabe von Wasser oder Wasser und Sauerstoff erhöht die Flüchtigkeit im Sinne eines Chemischen Transports, bei dem folgendes Gleichgewicht transportwirksam wird:

$$Re_2O_7(s) + H_2O(g) \rightleftharpoons 2\,HReO_4(g) \tag{5.2.7.13}$$

Dieser Effekt kann sowohl im geschlossenen als auch im strömenden System zur Abscheidung von Re$_2$O$_7$ genutzt werden (Gle 1964a, Mül 1965).

Rhenium(VI)-oxid ReO$_3$ erhält man analog zu den Oxiden Re$_2$O$_7$ und ReO$_2$ mit Wasser als Transportmittel über die Bildung von gasförmiger Perrheniumsäure, HReO$_4$, von 400 nach 350 °C. Darüber hinaus finden Halogene, Quecksilberhalogenide, Tellur(IV)-chlorid und Chlorwasserstoff als Transportzusätze Verwendung. Besonders geeignet ist Quecksilber(II)-chlorid, das im endothermen Transport von 600 nach 500 °C ungewöhnlich hohe Transportraten von bis zu 26 mg · h^{-1} bewirkt (siehe Abschnitt 15.3). Werden Brom oder Iod bzw. HgBr$_2$ oder HgI$_2$ eingesetzt, liegen die Transportraten geringfügig niedriger. Die Zugabe von Tellur(IV)-chlorid ergibt Transportraten von ca. 0,1 mg · h^{-1}. Die Gasphase ist im Wesentlichen durch die Gasspezies Re$_2$O$_7$ und ReO$_3X$ (X = Cl, Br, I) geprägt. Re$_2$O$_7$ entsteht oberhalb von 300 °C durch Disproportionierung von ReO$_3$ unter gleichzeitiger Bildung von festem ReO$_2$. Unter Berücksichtigung von Wasserspuren im System bildet sich zusätzlich HReO$_4$. Die transportwirksamsten Spezies sind in jedem Fall die gasförmigen Rheniumoxidhalogenide ReO$_3X$, sodass folgende Transportgleichung formuliert werden kann:

$$ReO_3(s) + \frac{1}{2}X_2(g) \rightleftharpoons ReO_3X(g) \tag{5.2.7.14}$$
$$(X = Br, I)$$

Neben den genannten Gasspezies treten in den Systemen Re/O/X (X = Cl, Br, I) die Spezies ReX_3 und ReX_5 sowie im System Re/O/Cl zusätzlich ReO$_2$Cl$_3$ und ReOCl$_5$ auf (Fel 1998).

Die Morphologie der abgeschiedenen Kristalle hängt in vielen Fällen von der Temperatur, dem Temperaturgradienten sowie vom Transportmittel und dessen Menge ab. So kann Rhenium(VI)-oxid in Form von Würfeln, Plättchen oder Nadeln abgeschieden werden.

Rhenium(IV)-oxid ist über verschiedene Halogenierungsgleichgewichte sowie mit Wasser transportierbar. Der Chemische Transport von ReO$_2$ unter Zusatz von Wasser als Transportmittel erfolgt von 700 nach 600 °C über folgendes Gleichgewicht:

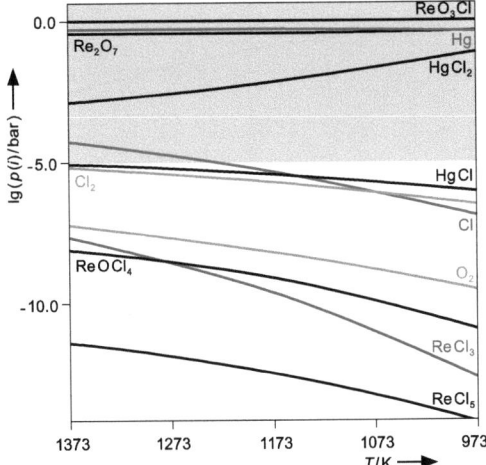

Abbildung 5.2.7.3 Gasphasenzusammensetzung über ReO₃ im Gleichgewicht mir HgCl₂ nach (Fel 1998).

$$\text{ReO}_2(s) + 2\,\text{H}_2\text{O}(g) \rightleftharpoons \text{HReO}_4(g) + \frac{3}{2}\text{H}_2(g) \quad (5.2.7.15)$$

Transportwirksam ist wie beim Re₂O₇-Transport die gasförmige Perrheniumsäure (Sch 1973b). Sehr effektive Transportmittel für den ReO₂-Transport sind die Halogene sowie Tellur(IV)-chlorid. Auch die Quecksilber(II)-halogenide HgX₂ (X = Cl, Br, I) haben sich als wirksame Transportzusätze erwiesen. Mit den genannten Transportmitteln werden hohe Transportraten erreicht. Die wesentlichen transportwirksamen Gasspezies sind die Rheniumoxidhalogenide der Zusammensetzung ReO₃X (X = Cl, Br, I) mit einer ausreichend hohen Partialdruckdifferenz zwischen Auflösungs- und Abscheidungsseite. Der hohe Re₂O₇-Gleichgewichtsdruck steigt mit sinkender Temperatur (siehe Abbildung 5.2.7.4). Re₂O₇(g) trägt damit nicht zum endothermen Transport von ReO₂ bei. Rhenium und Sauerstoff werden über ReO₃Cl(g) übertragen. Somit kann folgende wesentliche Transportgleichung formuliert werden:

$$3\,\text{ReO}_2(s) + \frac{5}{2}X_2(g) \rightleftharpoons 2\,\text{ReO}_3X(g) + \text{Re}X_3(g) \quad (5.2.7.16)$$
(X = Cl, Br, I)

Höhere Transportraten werden erreicht, wenn eine zusätzliche sauerstoffhaltige Spezies im System vorhanden ist. Dies kann zum Beispiel durch einen Überschuss an Rhenium(VII)-oxid erreicht werden kann. In diesem Fall erfolgt der Transport über folgendes Gleichgewicht:

$$\text{ReO}_2(s) + \text{Re}_2\text{O}_7(g) + \frac{3}{2}X_2(g) \rightleftharpoons 3\,\text{ReO}_3X(g) \quad (5.2.7.17)$$
(X = Cl, Br, I).

Abgeleitet von den Transportbedingungen von ReO₂ gelingt auch der Transport der Mischphase Re$_{1-x}$Mo$_x$O$_2$. Diese kann mit Iod von 1100 nach 1000 °C transportiert werden (Fel 1998a).

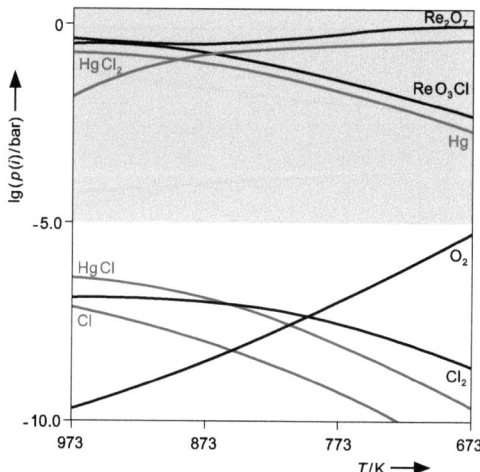

Abbildung 5.2.7.4 Gasphasenzusammensetzung über ReO_2 im Gleichgewicht mit $HgCl_2$ nach (Fel 1998).

Vergleicht man die thermochemischen Eigenschaften der binären Manganoxide und Rheniumoxide mit denen der Technetiumoxide Tc_2O_7 und TcO_2, so sollte der Transport von Technetiumoxiden möglich sein. Dies zeigt eine Zusammenstellung der Standardbildungsenthalpien.

MnO_2(s):   −520 kJ · mol^{-1}
TcO_2(s):   −433 kJ · mol^{-1}
ReO_2(s):   −449 kJ · mol^{-1}
Tc_2O_7(s): −1115 kJ · mol^{-1}
Re_2O_7(s): −1263 kJ · mol^{-1}

Technetium(VII)-oxid schmilzt bereits bei 120 °C und ist durch Sublimation bei 300 °C kristallin erhältlich. Bei der Schmelztemperatur beträgt der Tc_2O_7-Partialdruck ca. 10^{-3} bar. Technetium(IV)-oxid sollte insbesondere über Chlorierungsgleichgewichte transportierbar sein, da die Existenz der gasförmigen Technetiumoxidchloride TcO_3Cl und $TcOCl_3$ bekannt ist. Weitere mögliche transportwirksame Gasspezies könnten $HTcO_4$ sowie flüchtige Oxide sein. Massenspektrometrisch wurden bei hohen Temperaturen folgende Gasteilchen nachgewiesen: Tc_2O_6, Tc_2O_5, Tc_2O_4, TcO_3, TcO_2, TcO (Gue 1972, Rar 2005).

5.2.8 Gruppe 8

Eisenoxide Eisen bildet die binären Oxide Eisen(II)-oxid, $Fe_{1-x}O$, Eisen(II/III)-oxid, Fe_3O_4, und Eisen(III)-oxid, Fe_2O_3. Alle drei lassen sich durch Chemischen Transport erhalten. Der Transport des Eisen(II)-oxids ist lediglich in einer Publikation beschrieben. Der Transport des nur oberhalb von 570 °C thermodynamisch stabilen Wüstits erfolgte auf einem Magnesium(II)-oxid-Substrat von 725 °C nach 700 °C mit Chlorwasserstoff als Transportmittel. Die relativ niedrigen

Transportmitteldrücke wurden im Bereich zwischen 0,001 und 0,05 bar variiert. (Bow 1974) Wie die thermodynamischen Rechnungen zur Analyse des Chemischen Transports im System Eisen/Sauerstoff unter Berücksichtigung des Sauerstoffkoexistenzdrucks zeigen, sollte der Transport von FeO allenfalls mit Chlorwasserstoff möglich sein. Aufgrund des sehr kleinen Sauerstoffkoexistenzdrucks im Koexistenzgebiet FeO/Fe$_3$O$_4$ bildet sich im System kein transportwirksamer Sauerstoffpartialdruck. Zur Übertragung des Sauerstoffs ist die Bildung einer sauerstoffhaltigen, gasförmigen *Verbindung* notwendig. Beim Transportmittel Chlorwasserstoff ist dies Wasser. Auch wenn die Rechnungen den Transport einer Phasenfolge Fe$_3$O$_4$ vor FeO prognostizieren, wird doch in den meisten Experimenten nur Fe$_3$O$_4$ nachgewiesen (Ger 1977b). Der schmale Existenzbereich von FeO bezüglich des Sauerstoffpartialdrucks führt bereits bei kleinen Temperaturgradienten immer zur Abscheidung der sauerstoffreicheren Phase Fe$_3$O$_4$.

Die mit FeO koexistierende sauerstoffreichere Phase Fe$_3$O$_4$ kann mit den chlorierenden Transportmitteln Chlorwasserstoff und Tellur(IV)-chlorid endotherm von 1000 nach 800 °C transportiert werden. Auch dabei ist aufgrund des niedrigen Sauerstoffkoexistenzdrucks die Bildung einer Sauerstoff-übertragenden Gasspezies entscheidend; bei TeCl$_4$ als Transportmittel ist TeOCl$_2$ transportwirksam. Die Eisen-übertragenden Spezies sind FeCl$_2$, Fe$_2$Cl$_4$ sowie FeCl$_3$ und Fe$_2$Cl$_6$ (Hau 1962, Klei 1972a, Mer 1973a, Ger 1977b, Bli 1977, Pes 1984).

Eisen(III)-oxid als das sauerstoffreichste binäre Oxid kann aufgrund des relativ hohen Sauerstoffkoexistenzdrucks sowohl mit den Halogenen Chlor und Iod (vermutlich auch Brom) als auch mit den halogenierenden Transportmitteln Chlorwasserstoff und Tellur(IV)-chlorid endotherm (z. B. 1000 → 800 °C) oder mit Chlorwasserstoff auch exotherm (z.B. 300 °C → 400 °C) transportiert werden (Klei 1966) (siehe auch Tabelle 5.1). Der Transport von Eisen(III)-oxid mit Chlorwasserstoff wird bei 1000 °C im Wesentlichen durch das folgende endotherme Gleichgewicht beschrieben:

$$\text{Fe}_2\text{O}_3(\text{s}) + 6\,\text{HCl}(\text{g}) \rightleftharpoons 2\,\text{FeCl}_3(\text{g}) + 3\,\text{H}_2\text{O}(\text{g}) \qquad (5.2.8.1)$$
$$(1000\,°\text{C} \rightarrow T_1)$$

Neben der transportwirksamen Gasspezies FeCl$_3$ tritt bei 1000 °C mit einem vernachlässigbar kleinen Partialdruck auch Fe$_2$Cl$_6$ als Eisen-übertragende Spezies auf. Aufgrund des temperaturabhängigen Dimerisierungsgleichgewichts nimmt bei niedrigen Temperaturen (300 bis 400 °C) der Fe$_2$Cl$_6$-Partialdruck so weit zu, dass Fe$_2$Cl$_6$ zur wesentlichen Eisen-übertragenden Gasspezies wird und folgende Transportgleichung gilt:

$$\text{Fe}_2\text{O}_3(\text{s}) + 6\,\text{HCl}(\text{g}) \rightleftharpoons \text{Fe}_2\text{Cl}_6(\text{g}) + 3\,\text{H}_2\text{O}(\text{g}) \qquad (5.2.8.2)$$
$$(300 \rightarrow 400\,°\text{C})$$

Dieses Transportgleichgewicht ist exotherm, sodass sich aus den unterschiedlichen transportwirksamen Gasspezies der Wechsel der Transportrichtung beim Transport von Fe$_2$O$_3$ mit Chlorwasserstoff ergibt. Zwei Gleichgewichte sind zusätzlich für das Reaktionsgeschehen von Bedeutung:

$$\text{FeCl}_3(\text{g}) \rightleftharpoons \text{FeCl}_2(\text{g}) + \frac{1}{2}\text{Cl}_2(\text{g}) \qquad (5.2.8.3)$$

$$2\,\text{FeCl}_2(g) \;\rightleftharpoons\; \text{Fe}_2\text{Cl}_4(g) \tag{5.2.8.4}$$

Diese Bildung von Eisen(II)-Ionen bewirkt den Einbau von Fe^{2+} in das Fe_2O_3-Gitter (Klei 1970, Sch 1971). Da das Ausmaß der FeCl_2-Bildung mit der Temperatur stark ansteigt, wird beim exothermen Transport von Fe_2O_3 von 300 nach 400 °C wesentlich weniger Fe^{2+} eingebaut als beim endothermen Transport von 1000 nach 800 °C. Andere Möglichkeiten, den Einbau von Fe^{2+} zu vermeiden, sind der Einsatz von Chlor bzw. Chlorwasserstoff + Chlor als Transportmittel (Sch 1971) oder die Verwendung von Chlorwasserstoff + Sauerstoff (Klei 1970).

Krabbes, Gerlach und *Reichelt* untersuchten am Beispiel des Transports von Fe_2O_3 mit Chlor die Veränderung des Isotopenverhältnisses $^{16}\text{O}/^{18}\text{O}$ durch den Transportvorgang und führte diese auf den Einfluss unterschiedlicher Diffusionskoeffizienten der isotopomeren Sauerstoffmoleküle zurück. Um einen rein diffusiven Transport sicherzustellen, wurde der Transport unter Mikrogravitation auf einer Erdumlaufbahn im Weltall realisiert. Zusätzlich wurde die Transportmittelkonzentration variiert. Diese Ergebnisse sind mit Modellrechnungen sowie mit Ergebnissen gemischt diffusiv/konvektiver Gasbewegung unter Einfluss der Erdgravitation als Referenzen vergleichend publiziert (Kra 2005).

Neben den binären Oxiden kennt man den Transport einer Reihe von ternären und quaternären Oxiden, die Eisen als eine Komponente enthalten. Das ist u. a. die große Gruppe der Ferrite, deren Transport in zahlreichen Publikationen thematisiert wurde (siehe Tabelle 5.1). Die meisten dieser Verbindungen werden durch endothermen Chemischen Transport über Chlorierungsgleichgewichte erhalten. Weiterhin ist der Transport von Eisen(III)/Chrom(III)-oxid- bzw. Eisen(III)/Gallium(III)-oxid-Mischkristallen von 1000 nach 900 °C mit Tellur(IV)-chlorid als Transportmittel beschrieben (Pes 1984, Pat 2000c). Wie thermodynamische Rechnungen zeigen, erfolgt der Transport der Eisen(III)/Chrom(III)-oxid-Mischphase im Wesentlichen über $\text{FeCl}_3(g)$ und $\text{CrO}_2\text{Cl}_2(g)$ als Metallübertragende Gasspezies. Insgesamt sind neben den festen Phasen 24 Gasspezies zur genauen Beschreibung des Systems notwendig, u.a. auch die Gaskomplexe CrFe_2Cl_8 und $\text{CrFe}_3\text{Cl}_{12}$ (Pes 1984). Als gemischtvalente Eisenverbindung mit einem komplexen Anion kann Eisen(II/III)-arsenat $\text{Fe}_3^{\text{II}}\text{Fe}_4^{\text{III}}(\text{AsO}_4)_6$ durch Chemischen Transport mit Ammoniumchlorid von 900 nach 800 °C erhalten werden (Wei 2004b).

Ruthenium- und Osmiumoxide Der Transport von Rutheniumoxidoverbindungen ist für Ruthenium(IV)-oxid, RuO_2, sowie für einige Ruthenium(IV)-Metall(IV)-oxid-Mischkristalle beschrieben. Ruthenium(IV)-oxid kann dabei mit Sauerstoff, Chlor und Tellur(IV)-chlorid endotherm transportiert werden. Sauerstoff als Transportmittel für Ruthenium(IV)-oxid ist auch in präparativer Hinsicht für die Abscheidung gut ausgebildeter RuO_2-Kristalle im strömenden System einsetzbar (Par 1982). Die Transportierbarkeit beruht auf den Gleichgewichten 2.5.8.5 und 2.5.8.6 (Sch 1963, Sch 1963a). Gemäß folgender Gleichungen ist auch der Autotransport von RuO_2 unter dem eigenen Zersetzungsdruck möglich (Opp 2005).

$$\text{RuO}_2(s) + \frac{1}{2}\text{O}_2(g) \;\rightleftharpoons\; \text{RuO}_3(g) \tag{5.2.8.5}$$

$$RuO_2(s) + O_2(g) \rightleftharpoons RuO_4(g) \tag{5.2.8.6}$$

Erfolgt der Transport über Chlorierungsgleichgewichte mit Chlor oder Tellur(IV)-chlorid als Transportmittel, sind die Ruthenium-übertragenden Spezies RuOCl, RuCl$_3$ und RuCl$_4$ (Rei 1991). So lässt sich auch der Transport von Ru$_{1-x}$V$_x$O$_2$-Mischkristallen mit Tellur(IV)-chlorid beschreiben, wobei VOCl$_3$ und RuOCl die wesentlichen Metall-übertragenden Spezies sind. Die Partialdrücke der Rutheniumchloride RuCl$_3$ und RuCl$_4$ liegen an der Grenze der Transportwirksamkeit. Die Partialdrücke der Vanadiumchloride VCl$_4$, VCl$_3$ und VCl$_2$ sowie der flüchtigen Rutheniumoxide RuO$_3$ und RuO$_4$ liegen nicht mehr im transportwirksamen Bereich (Kra 1986). Neben der Ru$_{1-x}$V$_x$O$_2$-Mischphase sind auch andere, Ru$_{1-x}$Ti$_x$O$_2$, Ru$_{1-x}$Mo$_x$O$_2$, Ru$_{1-x}$W$_x$O$_2$, Ru$_{1-x}$Sn$_x$O$_2$ mit Chlor bzw. Tellur(IV)-chlorid von 1100 nach 1000 °C zu erhalten (Rei 1991, Kra 1991, Nic 1993). Ru$_{1-x}$Ir$_x$O$_2$-Mischkristalle sind über die Gasphase unter Zusatz von Sauerstoff als Transportmittel präparativ zugänglich, da Iridium analog zum Ruthenium flüchtige Oxide der Zusammensetzung IrO$_3$(g) und IrO$_4$(g) bildet (Geo 1982, Tri 1982). Osmium(IV)-oxid ist sowohl mit Sauerstoff als auch mit Tellur(IV)-chlorid sowie durch Autotransport zu kristallisieren. Der Transport mit Sauerstoff lässt sich über die Bildung der gasförmigen Oxide OsO$_3$ und OsO$_4$ erklären (Opp 1998). Gut ausgebildete Osmium(IV)-oxid-Kristalle werden zum Beispiel im Temperaturgradienten von 930 nach 900 °C erhalten (Yen 2004). Als Transportgleichung kann angenommen werden:

$$OsO_2(s) + \frac{1}{2}O_2(g) \rightleftharpoons OsO_3(g) \tag{5.2.8.7}$$

Osmium(IV)-oxid ist auch ohne Zugabe eines Transportmittels im Gradienten von 900 nach 600 °C abscheidbar und gehört damit zu den wenigen Beispielen für einen Autotransport von Oxiden. Osmium(IV)-oxid hat bei 1400 °C einen Sauerstoffzersetzungsdruck von ca. 1 bar. Der Gesamtdruck über Osmium(IV)-oxid erreicht aber 1 bar bereits bei etwa 900 °C: Im Dampf über Osmium(IV)-oxid treten insbesondere OsO$_4$ und OsO$_3$ auf, wobei der OsO$_4$-Partialdruck anderthalb Größenordnungen über dem von OsO$_3$ liegt. Diese thermische Zersetzung liefert das Transportmittel OsO$_4$, welches den Autotransport entsprechend folgendem Gleichgewicht ermöglicht (Opp 2005):

$$OsO_2(s) + OsO_4(g) \rightleftharpoons 2\,OsO_3(g) \tag{5.2.8.8}$$

Der Transport von Osmium(IV)-oxid mit Tellur(IV)-chlorid ist von T_2 nach T_1 möglich (Opp 1975). Dabei können insbesondere OsCl$_4$ sowie OsCl$_3$, OsCl$_2$, OsCl, OsO$_2$Cl$_2$ und OsOCl$_4$ als Osmium-übertragende Spezies angenommen werden (Hun 1986). Die folgende Transportgleichung beschreibt den Vorgang näherungsweise:

$$OsO_2(s) + TeCl_4(g) \rightleftharpoons OsCl_4(g) + TeO_2(g) \tag{5.2.8.9}$$

Das leichtflüchtige Osmium(VIII)-oxid, OsO$_4$, kann durch Sublimation bei 35 bis max. 40 °C erhalten werden. In der Literatur ist neben dem Transport von Osmium(IV)-oxid lediglich der Chemische Transport einer weiteren Osmiumoxiderverbindung publiziert, der einer Vanadium(IV)/Osmium(IV)-Mischphase von 900 nach 800 °C mit Quecksilber(II)-chlorid als transportwirksamem Zusatz (Arn 2008).

5.2.9 Gruppe 9

Von den Elementen der Gruppe 9, Cobalt, Rhodium und Iridium, ist der Transport zahlreicher Oxidoverbindungen beschrieben. Die binären Cobaltoxide Cobalt(II)-oxid, CoO, (Kle 1966a, Emm 1968c) und Cobalt(II/III)-oxid, Co$_3$O$_4$, (Kle 1963, Emm 1968c, Klei 1972a, Tar 1984, Pat 2000b) sind in endothermen Reaktionen mit Chlor oder Chlorwasserstoff zu transportieren. Die Transportgleichgewichte können wie folgt formuliert werden:

$$CoO(s) + Cl_2(g) \rightleftharpoons CoCl_2(g) + \frac{1}{2}O_2(g) \quad (5.2.9.1)$$

$$CoO(s) + 2\,HCl(g) \rightleftharpoons CoCl_2(g) + H_2O(g) \quad (5.2.9.2)$$

$$Co_3O_4(s) + 3\,Cl_2(g) \rightleftharpoons 3\,CoCl_2(g) + 2\,O_2(g) \quad (5.2.9.3)$$

$$Co_3O_4(s) + 6\,HCl(g) \rightleftharpoons 3\,CoCl_2(g) + 3\,H_2O(g) + \frac{1}{2}O_2(g) \quad (5.2.9.4)$$

Wie bei allen cobalthaltigen Oxidoverbindungen ist Cobalt(II)-chlorid die transportwirksame cobalthaltigen Gasspezies. Daneben treten mit wesentlich niedrigeren Partialdrücken Co$_2$Cl$_4$ und CoCl$_3$ auf.

Ternäre cobalthaltige Oxidoverbindungen, deren Transport beschrieben und teilweise umfassend anhand thermodynamischer Rechnungen analysiert wurde, sind in Tabelle 5.1 zusammengestellt. Sie werden endotherm über Chlorierungsgleichgewichte unter Verwendung der Transportzusätze Chlor, Quecksilber(II)-chlorid, Chlorwasserstoff, Ammoniumchlorid oder Tellur(IV)-chlorid erhalten. Viele dieser Verbindungen sind Spinelle oder Mischspinelle, bei deren Transport die Transportmittel Cl$_2$, HCl und TeCl$_4$ mit hohen Transportraten zu gut ausgebildeten Kristallen führen. Werden Quecksilber(II)-chlorid oder Ammoniumchlorid eingesetzt, bilden sich ebenfalls gut ausgebildete Kristalle, aber wegen der ungünstigeren Gleichgewichtslage nur mit geringen Transportraten. Neben den chlorhaltigen Transportmitteln können für die Molybdate Co$_2$Mo$_3$O$_8$ bzw. Co$_{2-x}$Zn$_x$Mo$_3$O$_8$ (Ste 2004a, Ste 2005) auch Brom bzw. Ammoniumbromid sowie für Cobalt(II)-silikat, Co$_2$SiO$_4$, auch Tellur(IV)-chlorid (Str 1981) und Fluorwasserstoff (Schm 1964a) als Transportzusätze zum Einsatz kommen. Beim Transport von ternären bzw. quaternären cobalthaltigen Oxidoverbindungen ist zur Beschreibung des Chemischen Transports auch die Existenz von Gaskomplexen zu beachten, die zum Beispiel als CoFe$_2$Cl$_8$, CoFeCl$_5$, CoNiCl$_4$, CoGa$_2$Cl$_8$ oder CoGaCl$_5$ auftreten können (siehe Abschnitt 11.1).

Die Transportreaktionen von CoNb$_2$O$_6$ mit Chlor, Quecksilber(II)-chlorid oder Ammoniumchlorid sind Beispiele für den Transport eines ternären Oxids, welches die Charakteristika der Transporte der jeweiligen binären Oxide CoO und Nb$_2$O$_5$ in sich vereint. Der Transport von 1020 nach 960 °C lässt durch die Gleichgewichte 5.2.9.5 bis 5.2.9.7 beschreiben:

$$CoNb_2O_6(s) + 4\,Cl_2(g)$$
$$\rightleftharpoons CoCl_2(g) + 2\,NbOCl_3(g) + 2\,O_2(g) \quad (5.2.9.5)$$

$$CoNb_2O_6(s) + 4\,HgCl_2(g)$$
$$\rightleftharpoons CoCl_2(g) + 2\,NbOCl_3(g) + 2\,O_2(g) + 4\,Hg(g) \quad (5.2.9.6)$$

$$\text{CoNb}_2\text{O}_6(\text{s}) + 8\,\text{HCl}(\text{g})$$
$$\rightleftharpoons \text{CoCl}_2(\text{g}) + 2\,\text{NbOCl}_3(\text{g}) + 4\,\text{H}_2\text{O}(\text{g}) \tag{5.2.9.7}$$

Im Gegensatz zu Cobalt bildet Niob als Element der Gruppe 5 flüchtige Oxidchloride, sodass NbOCl_3 die transportwirksame Spezies für Niob darstellt. Die transportwirksamen, sauerstoffhaltigen Spezies sind neben NbOCl_3 elementarer Sauerstoff bzw. Wasser (Ros 1992): Weitere Beispiele für den Transport von cobalthaltigen Oxidoverbindungen sind zum einen Cobalt(II)-diarsenat, $\text{Co}_2\text{As}_2\text{O}_7$, mit Chlor (Wei 2005) und zum anderen Cobalt(II)-selenat(IV), CoSeO_3, mit Tellur(IV)-chlorid.

Als einziges binäres Oxid des Rhodiums kann Rhodium(III)-oxid transportiert werden. Der Transport erfolgt endotherm mit Chlor von 1050 nach 950 °C und mit Chlorwasserstoff von 1000 nach 850 °C (Poe 1981, Goe 1996). Der Transport mit Chlor wird durch folgendes Gleichgewicht beschrieben:

$$\text{Rh}_2\text{O}_3(\text{s}) + 3\,\text{Cl}_2(\text{g}) \rightleftharpoons 2\,\text{RhCl}_3(\text{g}) + \frac{3}{2}\text{O}_2(\text{g}) \tag{5.2.9.8}$$

Wie Modellrechnungen zeigen, ist RhCl_3 die wesentliche Rhodium-übertragende Gasspezies, wobei die weiteren Gasspezies RhCl_2, RhCl_4 und RhOCl_2 eine untergeordnete Rolle spielen (Goe 1996).

Rhodium(III)-arsenat(V) sowie Rhodium(III)-niobat(V) und Rhodium(III)-tantalat(V) können mit Chlor als Transportmittel kristallin abgeschieden werden. Darüber hinaus sind RhVO_4, RhNbO_4 und RhTaO_4 mit Tellur(IV)-chlorid transportierbar (1000 $\rightarrow$ 900 °C). Die Spinellphase CuRh_2O_4 kann als eine weitere Rhodiumoxidoverbindung durch endothermen Chemischen Transport sowohl mit Chlor als auch mit Tellur(IV)-chlorid erhalten werden (Jen 2009).

Iridium ist dem Ruthenium chemisch ähnlich und kann wie Ruthenium und Osmium über flüchtige Oxide transportiert werden. So ist Iridium(IV)-oxid IrO_2 analog zu Ruthenium(IV)-oxid RuO_2 mit Sauerstoff, Chlor und Tellur(IV)-chlorid in die kältere Zone transportierbar. Der Transport mit Sauerstoff erfolgt von 1100 bis 1200 nach 1000 bis 1050 °C über die Bildung des flüchtigen Oxids IrO_3 (Sch 1960, Cor 1962, Geo 1982, Tri 1982, Opp 2005). Folgende Transportgleichung beschreibt den Vorgang:

$$\text{IrO}_2(\text{s}) + \frac{1}{2}\text{O}_2(\text{g}) \rightleftharpoons \text{IrO}_3(\text{g}) \tag{5.2.9.9}$$

Wird Tellur(IV)-chlorid als Transportmittel eingesetzt, kann der endotherme Transport von 1100 nach 1000 °C durch folgendes Gleichgewicht beschrieben werden (Opp 1975):

$$\text{IrO}_2(\text{s}) + \text{TeCl}_4(\text{g}) \rightleftharpoons \text{IrCl}_4(\text{g}) + \text{TeO}_2(\text{g}) \tag{5.2.9.10}$$

Des Weiteren kann IrO_2 im Autotransport von 1050 nach 850 °C in Form gut ausgebildeter Kristalle erhalten werden. Dabei zersetzt sich ein Teil des Iridium(IV)-oxids bei ca. 1050 °C inkongruent in elementares Iridium und Sauerstoff unter Bildung eines zweiphasigen Ausgangsbodenkörpers (IrO_2/Ir). Entsprechend Gleichgewicht 5.2.9.9 reagiert der freigesetzte Sauerstoff als Transportmittel mit dem im Bodenkörper verbliebenen IrO_2 zu der transportwirksamen Gasspezies IrO_3. Bei 850 °C erfolgt die Rückreaktion unter Abscheidung von IrO_2.

5.2.10 Gruppe 10

Von Nickel, Palladium und Platin lassen sich nur die binären Oxide NiO und PdO sowie eine Reihe ternärer und quaternärer Nickeloxidoverbindungen transportieren.

Nickel(II)-oxid, NiO, kann mit Chlor und Brom sowie Chlor- und Bromwasserstoff von 1000 nach 900 °C transportiert werden. Als Transportgleichungen können formuliert werden (Sto 1966, Emm 1968c):

$$\text{NiO(s)} + X_2(g) \rightleftharpoons \text{Ni}X_2(g) + \frac{1}{2}\text{O}_2(g) \qquad (5.2.10.1)$$

$$\text{NiO(s)} + 2\,\text{H}X(g) \rightleftharpoons \text{Ni}X_2(g) + \text{H}_2\text{O}(g) \qquad (5.2.10.2)$$
$(X = \text{Cl, Br})$

Neben dem Transport des binären Nickel(II)-oxids ist der Transport von nickelhaltigen Mischkristallen beschrieben, so der Transport von $\text{Ni}_{1-x}\text{Co}_x\text{O}$. Die binären Oxide NiO und CoO sind isotyp (Bow 1972). Der Transport erfolgt mit Chlorwasserstoff als Transportmittel von 900 nach 800 °C, wobei als Transportgleichung angegeben wurde:

$$\text{Ni}_{1-x}\text{Co}_x\text{O(s)} + 2\,\text{HCl(g)}$$
$$\rightleftharpoons (1-x)\,\text{NiCl}_2(g) + x\,\text{CoCl}_2(g) + \text{H}_2\text{O}(g) \qquad (5.2.10.3)$$

Darüber hinaus wurde die Mischkristallbildung im System NiO/ZnO untersucht. Diese Oxide kristallisieren in unterschiedlichen Strukturtypen, NiO im Steinsalz- und ZnO im Wurtzit-Typ. Der Transport erfolgt ebenfalls unter Verwendung von Chlorwasserstoff als Transportmittel von 900 nach 750 °C. Dabei können sowohl nickeloxidreiche als auch zinkoxidreiche Mischkristalle transportiert werden. Wie thermodynamische Rechnungen zeigen, sind NiCl_2, Ni_2Cl_4 sowie der Gaskomplex ZnNiCl_4 die Nickel-übertragenden Gasspezies, ZnCl_2, ZnNiCl_4 und Zn_2Cl_4 die Zink-übertragenden Gasspezies (Loc 1999a).

Der Transport von nickelhaltigen Spinellen erfolgt überwiegend endotherm mit Chlor oder Chlorwasserstoff als Transportmittel, z.B. $\text{Ni}_{0,5}\text{Zn}_{0,5}\text{Fe}_2\text{O}_4$ (Klei 1973), NiCr_2O_4 (Emm 1968b), NiFe_2O_4 (Klei 1964, Bli 1977, Pes 1978), NiGa_2O_4 (Paj 1990). So lässt sich für den Transport von NiGa_2O_4 mit Chlor als Transportmittel durch nachfolgende Transportgleichung beschreiben:

$$\text{NiGa}_2\text{O}_4(s) + 4\,\text{Cl}_2(g) \rightleftharpoons \text{NiCl}_2(g) + 2\,\text{GaCl}_3(g) + 2\,\text{O}_2(g) \qquad (5.2.10.4)$$

Weitere Gleichgewichte bestimmen die Zusammensetzung der Gasphase:

$$2\,\text{NiCl}_2(g) \rightleftharpoons \text{Ni}_2\text{Cl}_4(g) \qquad (5.2.10.5)$$

$$2\,\text{GaCl}_3(g) \rightleftharpoons \text{Ga}_2\text{Cl}_6(g) \qquad (5.2.10.6)$$

$$\text{GaCl}_3(g) \rightleftharpoons \text{GaCl}(g) + \text{Cl}_2(g) \qquad (5.2.10.7)$$

$$2\,\text{GaCl}(g) \rightleftharpoons \text{Ga}_2\text{Cl}_2(g) \qquad (5.2.10.8)$$

$$\text{GaCl}(g) + \text{GaCl}_3(g) \rightleftharpoons \text{Ga}_2\text{Cl}_4(g) \qquad (5.2.10.9)$$

$$NiCl_2(g) + \frac{1}{2}Ga_2Cl_6(g) \rightleftharpoons NiGaCl_5(g) \quad (5.2.10.10)$$

$$NiCl_2(g) + 2\,GaCl_3(g) \rightleftharpoons NiGa_2Cl_8(g) \quad (5.2.10.11)$$

Die Partialdrücke der in den genannten Gleichgewichten auftretenden Gasspezies liegen mit Ausnahme von GaCl in einem transportrelevanten Bereich. Die wesentlichen, Nickel bzw. Gallium-übertragenden Gasspezies sind jedoch $NiCl_2$ bzw. $GaCl_3$. Dieses Beispiel zeigt, dass der Transport von ternären oder komplexeren Verbindungen einerseits wesentlich durch die Charakteristika des Transports der jeweiligen binären Oxide geprägt ist. Andererseits ist beim Transport ternärer oder komplexerer Verbindungen zu berücksichtigen, dass ternäre Verbindungen generell thermodynamisch stabiler sind als die Gesamtheit der binären, aus denen sie aufgebaut sind. Zudem ist die Bildung von Gaskomplexen möglich, was einen Einfluss auf die Gleichgewichtslage hat. Somit ist der Transport von ternären und komplexeren Oxiden nicht nur als gleichzeitiger Transport der betreffenden binären Oxide zu betrachten. Dies gilt sowohl, wenn als Ausgangsbodenkörper das komplexe Oxid vorgelegt wird als auch beim Einsatz eines stöchiometrischen Gemenges der binären Oxide. Entsprechend der Fest/fest- und Fest/Gas-Gleichgewichte bildet sich der bei den Temperaturen thermodynamisch stabile, ein- oder mehrphasige Bodenkörper und es stellen sich die entsprechenden Partialdrücke der Spezies ein, die den Transport der Verbindung bestimmen. Unterschiedliche Gasphasenlöslichkeiten der binären Oxide können zu An- bzw. Abreicherungsprozessen beim Transport führen. Dieses Phänomen kommt insbesondere beim Transport von Mischphasen zum Tragen (Kra 1979, Kra 1984, Kra 1991).

Nickel(II)-niobat(V) kann sowohl mit Chlor als auch mit Ammoniumchlorid von T_2 nach T_1 transportiert werden. Thermodynamische Modellrechnungen zeigen den Transport über endotherme Gleichgewichte:

$$NiNb_2O_6(s) + 4\,Cl_2(g)$$
$$\rightleftharpoons NiCl_2(g) + 2\,NbOCl_3(g) + 2\,O_2(g) \quad (5.2.10.12)$$

$$NiNb_2O_6(s) + 8\,HCl(g)$$
$$\rightleftharpoons NiCl_2(g) + 2\,NbOCl_3(g) + 4\,H_2O(g) \quad (5.2.10.13)$$

Die Partialdrücke von Ni_2Cl_4 und $NbCl_5$ liegen an der Grenze der Transportwirksamkeit (Ros 1992b). Neben Nickel(II)-niobat(V) kann auch Nickel(II)-tantalat(V) mit Tantal(V)-chlorid + Chlor von 1000 nach 900 °C durch Chemischen Transport erhalten werden. Untersuchungen zum Chemischen Transport im ternären System Ni/Mo/O zeigen, dass die Verbindungen $NiMoO_4$ und $Ni_2Mo_3O_8$ mit Chlor und Brom als Transportmittel abgeschieden werden können (Ste 2006a). Als Transportgleichung wurde angegeben:

$$NiMoO_4(s) + 2\,X_2(g) \rightleftharpoons NiX_2(g) + MoO_2X_2(g) + O_2(g) \quad (5.2.10.14)$$
$$(X = Cl, Br)$$

Wie thermodynamische Modellrechnungen belegen, spielt durch Feuchtigkeitsspuren gebildeter Chlorwasserstoff für den Transport von $NiMoO_4$, insbesondere aber für den von $Ni_2Mo_3O_8$ eine entscheidende Rolle:

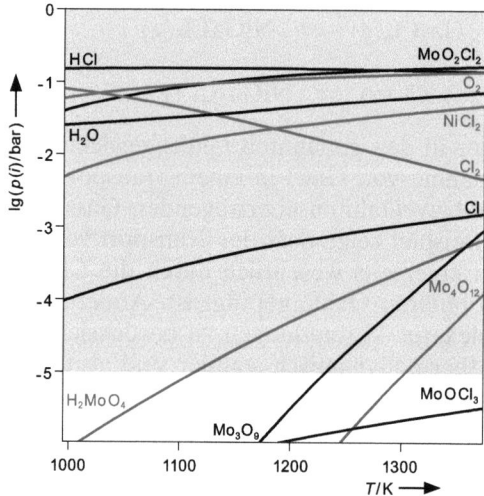

Abbildung 5.2.10.1 Gasphasenzusammensetzung über NiMoO$_4$ im Gleichgewicht mit Cl$_2$ in Anwesenheit von Wasser nach (Ste 2006a).

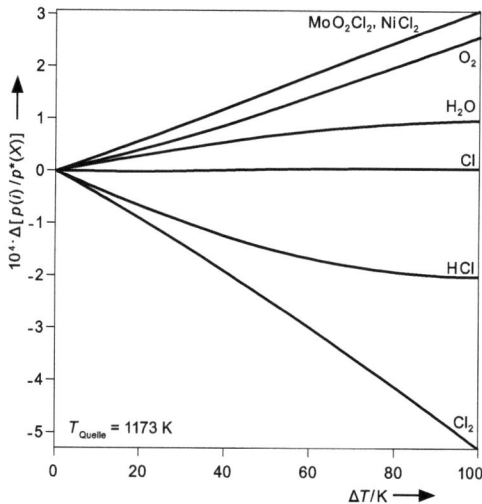

Abbildung 5.2.10.2 Transportwirksamkeit der wesentlichen Gasteilchen für den Transport von NiMoO$_4$ mit Cl$_2$ in Anwesenheit von Wasser nach (Ste 2006a).

$$\text{NiMoO}_4(s) + 4\,\text{HCl}(g)$$
$$\rightleftharpoons \text{NiCl}_2(g) + \text{MoO}_2\text{Cl}_2(g) + 2\,\text{H}_2\text{O}(g) \tag{5.2.10.15}$$

$$\text{Ni}_2\text{Mo}_3\text{O}_8(s) + 10\,\text{HCl}(g)$$
$$\rightleftharpoons 2\,\text{NiCl}_2(g) + 3\,\text{MoO}_2\text{Cl}_2(g) + 2\,\text{H}_2\text{O}(g) + 3\,\text{H}_2(g) \tag{5.2.10.16}$$

Im System Ni/Mo/O ist es in vielen Fällen günstig, nicht von einem einphasigen Bodenkörper, sondern von einem mehrphasigen Gemenge als Bodenkörper aus-

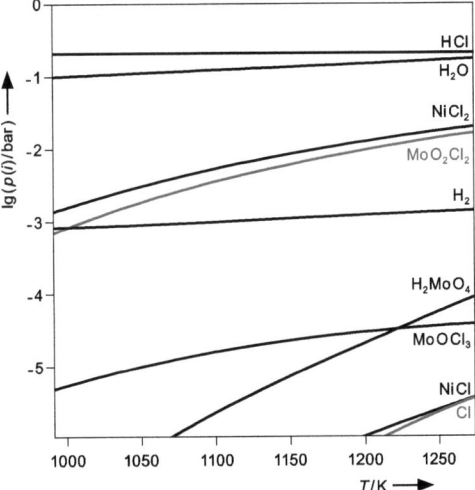

Abbildung 5.2.10.3 Gasphasenzusammensetzung über $Ni_2Mo_3O_8/MoO_2$ im Gleichgewicht mit Cl_2 in Anwesenheit von Wasser nach (Ste 2006a).

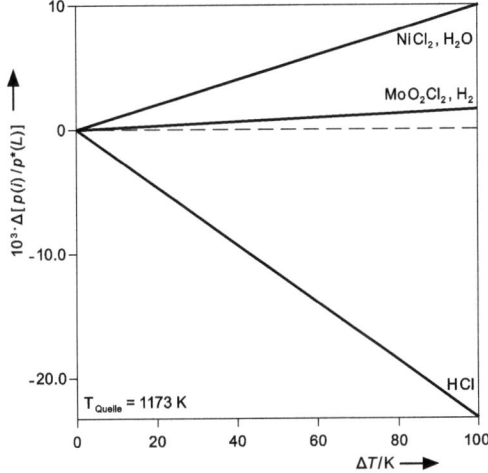

Abbildung 5.2.10.4 Transportwirksamkeit der wesentlichen Gasteilchen für den Transport von $Ni_2Mo_3O_8$ mit Cl_2 in Anwesenheit von Wasser nach (Ste 2006a).

zugehen, der die zu transportierende Zielphase und eine der koexistierenden Verbindungen enthält. Nickel(II)-wolframat(VI), $NiWO_4$, kann mit Chlor transportiert werden (Emm 1968b, Ste 2005a). Weitere Nickelverbindungen, die mit Chlor transportiert werden können, sind in Tabelle 5.1 zusammengestellt.

Neben Chlor und Chlorwasserstoff fungiert beim Transport von nickelhaltigen Spinellen in Ausnahmefällen Tellur(IV)-chlorid als Transportmittel. Der Transport von $NiFe_2O_4$ mit Tellur(IV)-chlorid von 980 nach 880 °C wird mit 5.2.10.17 gut beschrieben (Pes 1978):

$$\text{NiFe}_2\text{O}_4(\text{s}) + 2\,\text{TeCl}_4(\text{g})$$
$$\rightleftharpoons\ \text{NiCl}_2(\text{g}) + 2\,\text{FeCl}_3(\text{g}) + 2\,\text{TeO}_2(\text{g}) \tag{5.2.10.17}$$

Eine weitere ternäre Nickeloxidoverbindung, deren Transportverhalten mit Selen(IV)-chlorid beschrieben und thermodynamisch umfassend untersucht wurde, ist NiTiO_3 (Bie 1990). Als Transportmittel wirkt Selen(II)-chlorid:

$$\text{NiTiO}_3(\text{s}) + 3\,\text{SeCl}_2(\text{g}) \rightleftharpoons \text{NiCl}_2(\text{g}) + \text{TiCl}_4(\text{g}) + 3\,\text{SeO}(\text{g}) \tag{5.2.10.18}$$

Zur vollständigen Beschreibung der thermodynamischen Situation beim Transport von NiTiO_3 mit Selen(IV)-chlorid sind neben den festen Phasen NiTiO_3, NiO, TiO_2, Ni und NiCl_2 insgesamt 18 Gasspezies zu berücksichtigen, von deren überwiegender Anzahl der jeweilige Partialdruck in dem für Transportreaktionen relevanten Bereich liegt. Nickel(II)-ortosilikat, Ni_2SiO_4, kann mit SiF_4 transportiert werden. Ausgehend von einem NiO-Bodenkörper, der in einem Platintiegel in einer Quarzglasampulle vorgelegt wird, die gleichzeitig als SiO_2-Quelle dient, bildet sich Ni_2SiO_4 im Temperaturgefälle von 1200 nach 1030 °C. Dabei ist die Bildung von Ni_2SiO_4-Kristallen sowohl bei T_1 als auch bei T_2 in dem Platintiegel zu beobachten. Daraus lässt sich folgern, dass der nickelhaltige Bestandteil endotherm transportiert wird, während der siliciumhaltige Bestandteil exotherm wandert. Der Transport von Nickel und Silicium über die Gasphase mit unterschiedlichen Transportrichtungen kann als Austauschreaktion beschrieben werden.

$$2\,\text{NiO}(\text{s}) + \text{SiF}_4(\text{g}) \rightleftharpoons 2\,\text{NiF}_2(\text{g}) + \text{SiO}_2(\text{s}) \tag{5.2.10.19}$$

Da in diesem Fall kein Sauerstofftransport über die Gasphase erfolgt, kann nur von einem „partiellen Transport" gesprochen werden. Spuren von Wasser tragen ebenfalls zur Erklärung der Kristallisation von Ni_2SiO_4 über die Gasphase bei (Hof 1977a). Das durch Hydrolyse gebildete Transportmittel Fluorwasserstoff ermöglicht sowohl den endothermen Nickeloxid- als auch den exothermen Silicium(IV)-oxid-Transport entsprechend folgender Gleichgewichte:

$$\text{NiO}(\text{s}) + 2\,\text{HF}(\text{g}) \rightleftharpoons \text{NiF}_2(\text{g}) + \text{H}_2\text{O}(\text{g}) \tag{5.2.10.20}$$

$$\text{SiO}_2(\text{g}) + 4\,\text{HF}(\text{g}) \rightleftharpoons \text{SiF}_4(\text{g}) + 2\,\text{H}_2\text{O}(\text{g}) \tag{5.2.10.21}$$

Weiterhin ist in Gegenwart von Wasserspuren die Bildung von Ni_2SiO_4 in einer mittleren Temperaturzone möglich:

$$2\,\text{NiF}_2(\text{g}) + \text{SiF}_4(\text{g}) + 4\,\text{H}_2\text{O}(\text{g}) \rightleftharpoons \text{Ni}_2\text{SiO}_4(\text{s}) + 8\,\text{HF}(\text{g}) \tag{5.2.10.22}$$

Von Palladium ist nur der Transport einer Oxidoverbindung beschrieben, der von Palladium(II)-oxid. Der Transport gelingt mit Chlor als Transportmittel exotherm von 800 nach 900 °C (Rog 1971).

$$\text{PdO}(\text{s}) + \text{Cl}_2(\text{g}) \rightleftharpoons \text{PdCl}_2(\text{g}) + \frac{1}{2}\text{O}_2(\text{g}) \tag{5.2.10.23}$$

5.2.11 Gruppe 11

Von den Elementen Kupfer, Silber und Gold ist nur der Chemische Transport der beiden binären Kupferoxide CuO und Cu$_2$O sowie einer Reihe ternärer Kupferoxidoverbindungen publiziert. Die Ursache dafür, dass die binären Oxide der Elemente Silber und Gold nicht durch Chemischen Transport erhältlich sind, liegt in ihrer geringen thermischen Stabilität – Ag$_2$O zersetzt sich bei 420 °C, Au$_2$O$_3$ bereits bei 310 °C – und den bei diesen Temperaturen niedrigen Halogenidpartialdrücken. Silber- bzw. Goldhalogenide kommen als Metall-übertragende Spezies primär infrage. Flüchtige Oxide oder Oxidhalogenide werden nicht gebildet.

Kupfer(II)-oxid kann im Wesentlichen über Chlorierungsgleichgewichte unter Zugabe von Cl$_2$ (Kle 1970, Bal 1985), HgCl$_2$ (Bal 1985), HCl (Sch 1976, Kra 1977, Des 1998) bzw. NH$_4$Cl (Bal 1985) sowie TeCl$_4$ (Des 1989) und CuCl (Bal 1985) transportiert werden. Aber auch I$_2$ (Bal 1985), HI (Kle 1970) und HBr (Kle 1970) können als Transportmittel Anwendung finden. Alle Transporte verlaufen endotherm, wobei T_2 im Bereich von 800 bis 1000 °C liegt und T_1 zwischen 700 und 900 °C. Als Besonderheit beim Transport von Cu(II)-Verbindungen ist anzumerken, dass keine Kupfer(II)-halogenide in der Gasphase auftreten. Es bilden sich ausschließlich Kupfer(I)-halogenide, die im Wesentlichen monomer und/oder trimer vorliegen. Der Chemische Transport von Kupfer(II)-oxid mit Chlor bzw. Quecksilber(II)-chlorid lässt sich anhand folgender Gleichgewichte formulieren:

$$\text{CuO(s)} + \frac{1}{2}\text{Cl}_2(\text{g}) \rightleftharpoons \frac{1}{3}\text{Cu}_3\text{Cl}_3(\text{g}) + \frac{1}{2}\text{O}_2(\text{g}) \tag{5.2.11.1}$$

$$\text{CuO(s)} + \frac{1}{2}\text{HgCl}_2(\text{g})$$
$$\rightleftharpoons \frac{1}{3}\text{Cu}_3\text{Cl}_3(\text{g}) + \frac{1}{2}\text{Hg(g)} + \frac{1}{2}\text{O}_2(\text{g}) \tag{5.2.11.2}$$

Werden Halogenwasserstoffe bzw. Ammoniumhalogenide als Transportzusatz eingesetzt, so lautet die Transportgleichung folgendermaßen:

$$\text{CuO(s)} + 2\,\text{H}X(\text{g}) \rightleftharpoons \frac{1}{3}\text{Cu}_3X_3(\text{g}) + \text{H}_2\text{O(g)} + \frac{1}{2}X_2(\text{g}) \tag{5.2.11.3}$$
$(X = \text{Cl, Br, I})$

Die Transportrate mit Quecksilber(II)-chlorid ist am höchsten. Im Vergleich dazu sind die mit Chlor, den Halogenwasserstoffen bzw. Ammoniumhalogeniden sowie Kupfer(I)-chlorid erzielten Transportraten relativ gering (Bal 1985). Dabei sind die trimeren Kupfer(I)-halogenide, Cu$_3X_3$, (X = Cl, Br, I) die wesentlichen Kupfer-übertragenden Spezies. Das Monomer CuX und das Tetramer Cu$_4X_4$ liegen in ihrer Transportwirksamkeit deutlich unter der des Trimers, sind aber bei thermodynamischen Rechnungen ebenfalls zu berücksichtigen, da ihre Partialdrücke zumindest bei chlorhaltigen Systemen oberhalb von 10^{-5} bar liegen. Da die Übertragung des Kupfers stets als Kupfer(I)-Spezies erfolgt, sind die entsprechenden Transportreaktionen immer mit einer simultan ablaufenden Redoxreaktion verbunden. Dies ist insbesondere dann von entscheidender Bedeutung, wenn ternäre oder höhere Kupferoxidoverbindungen transportiert werden sollen, die hohe Sauerstoffpartialdrücke aufweisen, welche der Reduktion entgegenwirken können.

Der Transport von einphasigem Kupfer(I)-oxid ist nur mit Chlorwasserstoff bzw. Ammoniumchlorid als Transportzusatz exotherm in einem weiten Temperaturbereich von 650 bis 900 °C nach 730 bis 1000 °C möglich (Sch 1957, Kra 1977, Bal 1985, Mar 1999). Bei der Verwendung von Bromwasserstoff und insbesondere von Iodwasserstoff als Transportmittel wird neben Cu_2O elementares Kupfer abgeschieden (Kra 1977). Folgende charakteristische Transportgleichung kann formuliert werden:

$$Cu_2O(s) + 2\,HCl(g) \rightleftharpoons \frac{2}{3}Cu_3Cl_3(g) + H_2O(g) \qquad (5.2.11.4)$$

Transportwirksame Partialdrücke werden im angegebenen Temperaturbereich ebenfalls von den Gasspezies Cu_4Cl_4 und $CuCl$ erreicht. Aufgrund des geringen Sättigungsdampfdrucks des flüssigen $CuCl$ ist bei Transportexperimenten mit chlorierenden Transportmitteln häufig dessen Kondensation auf der kälteren Ampullenseite zu beobachten, was bereits bei relativ niedrigen Transportmitteldrücken (z. B. 0,04 bar HCl bei 850 °C) auftreten kann (Kra 1977).

Neben Publikationen zum Transportverhalten im binären System Kupfer/Sauerstoff, aus thermodynamischer Sicht insbesondere von *Krabbes* und *Oppermann* (Kra 1977) und *Bald* und *Gruehn* (Bal 1985) bearbeitet, sind Arbeiten publiziert, die den Chemischen Transport von Mischkristallen im System CuO/ZnO sowie von Kupferoxidoverbindungen mit komplexen Anionen thematisieren. Durch Chemischen Transport mit Chlor von T_2 nach T_1 können im System CuO/ZnO trotz der unterschiedlichen Struktur der binären Oxide sowohl kupferoxid- als auch zinkoxidreiche Mischkristalle abgeschieden werden. Die transportwirksamen Gasspezies sind im wesentlichen $ZnCl_2$, Cu_3Cl_3, Cu_4Cl_4 und O_2 (Loc 1999c).

Umfangreiche Untersuchungen zum Chemischen Transport kennt man zum System Kupfer/Molybdän/Sauerstoff (Ste 1996). Die Kupfer(II)-molybdate $CuMoO_4$ und $Cu_3Mo_2O_9$ sind mit den Transportmitteln Chlor, Brom, Chlorwasserstoff und Tellur(IV)-chlorid endotherm transportierbar. Wie thermodynamische Modellrechnungen zeigen, ist bei chlorierenden Transportmitteln MoO_2Cl_2 die wesentliche, Molybdän-übertragende Spezies. Die Kupfer-übertragenden Spezies sind in erster Linie Cu_3Cl_3 und Cu_4Cl_4, die Sauerstoff-übertragenden Spezies sind neben MoO_2Cl_2 elementarer Sauerstoff sowie in Abhängigkeit vom Transportmittel auch H_2O, TeO_2 und $TeOCl_2$. Neben Kupfer(II)-molybdat, $CuMoO_4$, ist auch eine Mischphase $Cu_{1-x}Zn_xMoO_4$ durch Chemischen Transport mit Chlor, Brom sowie Ammoniumchlorid zu erhalten (Rei 2000, Ste 2003). Die wesentlichen transportwirksamen Gasspezies sind MoO_2X_2, Cu_3X_3 und ZnX_2 (X = Cl, Br). Kupfer(II)-wolframat, $CuWO_4$, kann endotherm mit Chlor und Tellur(IV)-chlorid transportiert werden (Yu 1993, Ste 2005a). Neben diesen genannten ternären und quaternären Kupferoxidoverbindungen können $CuSb_2O_6$ (Pro 2003), $Cu_2V_2O_7$ (Pro 2001), $CuTe_2O_5$ sowie Cu_2SeO_4 (Meu 1976), $CuSeO_3$ (Meu 1976) und $CuSe_2O_5$ (Jan 2009) mit Tellur(IV)-chlorid in die kältere Zone transportiert werden. So lässt sich der Transport der Verbindung $CuSe_2O_5$ mit Tellur(IV)-chlorid als Transportmittel von 380 nach 280 °C in guter Näherung beschreiben:

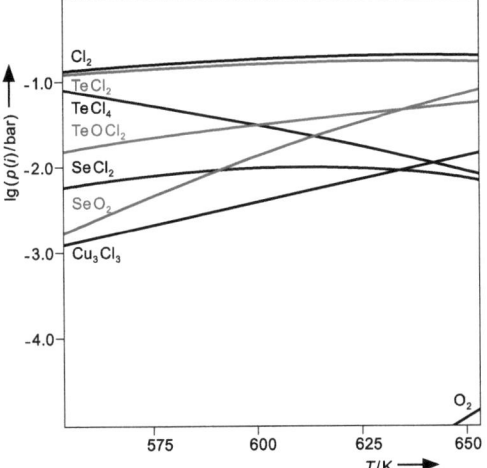

Abbildung 5.2.11.1 Gasphasenzusammensetzung über $CuSe_2O_5$ im Gleichgewicht mit $TeCl_4$.

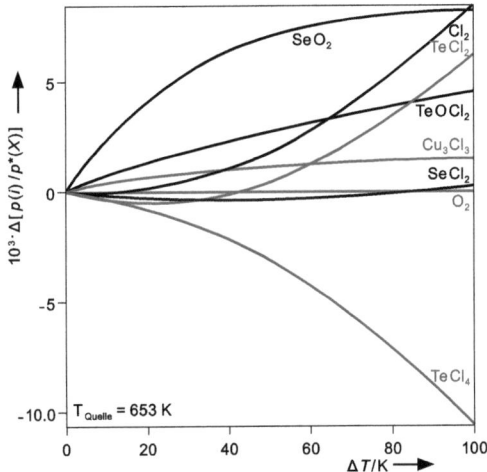

Abbildung 5.2.11.2 Transportwirksamkeit der wesentlichen Gasteilchen für den Transport von $CuSe_2O_5$ mit $TeCl_4$.

$$CuSe_2O_5(s) + TeCl_4(g)$$
$$\rightleftharpoons \frac{1}{3}Cu_3Cl_3(g) + TeOCl_2(g) + 2\,SeO_2(g) + \frac{1}{2}Cl_2(g) \qquad (5.2.11.5)$$

Die wesentliche transportwirksame Gasspezies bezüglich des Kupfers ist auch hier Cu_3Cl_3, die Sauerstoff-übertragenden Gasspezies sind im angegebenen Temperaturbereich $TeOCl_2$ und SeO_2.

Die Kupfer(II)-verbindungen $Cu_2As_2O_7$, $CuSb_2O_6$ und $CuTe_2O_5$ sind mit Chlor transportierbar. Für den Transport von $CuTe_2O_5$ mit Chlor von 590 nach 490 °C kann eine dominierende Transportgleichung formuliert werden:

$$CuTe_2O_5(s) + \frac{5}{2}Cl_2(g)$$
$$\rightleftharpoons \frac{1}{3}Cu_3Cl_3(g) + 2\,TeOCl_2(g) + \frac{3}{2}O_2(g) \quad (5.2.11.6)$$

Weiterhin ist $CuTe_2O_5$ mit $TeCl_4$ bei hohen Transportraten von 590 nach 490 °C transportierbar. Da nur Kupfer(I)-halogenide als Kupfer-übertragende Gasspezies eine Rolle spielen, ist es bei hohen Temperaturen um 1000 °C und niedrigen Sauerstoffpartialdrücken im System häufig problematisch bzw. gar nicht möglich, ternäre oder polynäre Kupfer(II)-oxidoverbindungen über Chemische Transportreaktionen zu kristallisieren. Ein weiteres Problem ist die Bildung stabiler fester quaternärer Oxidhalogenide, wie zum Beispiel im System Kupfer/Niob/Sauerstoff/Chlor, die das Transportmittel in der festen Phase binden und damit den Transport zum Erliegen bringen.

5.2.12 Gruppe 12

Von den Elementen der Gruppe 12 ist der Chemische Transport zahlreicher Oxidoverbindungen in der Literatur beschrieben. Zink- und Cadmiumoxid können im Gegensatz zu Quecksilber(II)-oxid transportiert werden. Man kennt vom Quecksilber jedoch den Transport der beiden ternären Verbindungen $HgAs_2O_6$ (Wie 2000) und $(Hg_2)_2As_2O_7$ (Wie 2003).

ZnO, als einziges existierendes Zinkoxid ist mit zahlreichen Transportmitteln endotherm bei Temperaturen im Bereich von 1000 bis 1100 °C nach 800 bis 1000 °C transportierbar. So kann ZnO mit den Halogenen Chlor (Kle 1966b, Opp 1984, Pat 1999), Brom (Wid 1971, Opp 1984) und Iod (Sch 1966), den Halogenwasserstoffen Chlorwasserstoff (Kle 1966a, Opp 1984), Bromwasserstoff (Opp 1984) und Iodwasserstoff (Mat 1988) bzw. unter Zusatz der entsprechenden Ammoniumhalogenide transportiert werden. Weitere für den Zinkoxid-Transport geeignete Transportzusätze sind Wasserstoff (Shi 1971), Kohlenstoff (Pal 2006), Kohlenstoffmonoxid (Pal 2006), Wasser (Gle 1957, Pal 2006), Ammoniak (Shi 1971) sowie Quecksilber(II)-chlorid (Sch 1972a, Shi 1973) und Zink(II)-chlorid (Mat 1985, Mat 1988). Zinkoxid weist eine kleine, jedoch deutlich nachweisbare Phasenbreite auf, wobei für die gezielte Abscheidung an der oberen bzw. unteren Phasengrenze die Wahl des Transportmittels von entscheidender Bedeutung ist (Opp 1985). Für die Abscheidung von ZnO_{1-x} der unteren Phasengrenze sind Bromwasserstoff und Ammoniumbromid besonders geeignet. Die Abscheidung an der oberen Phasengrenze ist insbesondere mit den Transportmitteln Chlor und Brom gut möglich. Folgende transportwirksame Gleichgewichte für die unterschiedlichen Transportmittel können formuliert werden (X = Cl, Br, I) (vgl. Abschnitt 2.4):

$$ZnO(s) + X_2(g) \rightleftharpoons ZnX_2(g) + \frac{1}{2}O_2(g) \qquad (5.2.12.1)$$

$$ZnO(s) + 2HX(g) \rightleftharpoons ZnX_2(g) + H_2O(g) \qquad (5.2.12.2)$$

$$ZnO(s) + H_2(g) \rightleftharpoons Zn(g) + H_2O(g) \qquad (5.2.12.3)$$

$$ZnO(s) + CO(g) \rightleftharpoons Zn(g) + CO_2(g) \qquad (5.2.12.4)$$

$$ZnO(s) + \frac{2}{3}NH_3(g) \rightleftharpoons Zn(g) + H_2O(g) + \frac{1}{3}N_2(g) \qquad (5.2.12.5)$$

Feste Lösungen von Eisen(II)-, Mangan(II)- und Cobalt(II)-oxid in Zink(II)-oxid können ebenfalls endotherm mit Chlorwasserstoff oder Ammoniumchlorid transportiert werden (Loc 1999b, Kra 1984). Darüber hinaus kennt man eine Vielzahl von ternären und quaternären Zinkoxidoverbindungen, die durch endothermen Chemischen Transport über Halogenierungsgleichgewichte erhalten werden können. (s. Tabelle 5.1)

Die Übertragung von Zink erfolgt in allen Fällen über $ZnCl_2$ und Zn_2Cl_4. Das spezifische Transportverhalten der einzelnen Verbindungen wird nicht nur vom Zink bestimmt, sondern auch von den anderen Metallatomen. Dabei ist in Einzelfällen zur exakten Beschreibung der Gasphase die Bildung von Gaskomplexen wie z. B. $FeZnCl_4$ zu berücksichtigen (siehe Kapitel 11). Der Einfluss unterschiedlicher Transportmittel auf das Transportverhaltens im ternären Zn/Mo/O-System wird auf thermodynamischer Basis diskutiert (Söh 1997).

Cadmiumoxid kann sowohl mit Brom als auch mit Iod entsprechend folgender Transportgleichung abgeschieden werden (Emm 1978c):

$$CdO(s) + X_2(g) \rightleftharpoons CdX_2(g) + \frac{1}{2}O_2(g) \qquad (5.2.12.6)$$
$(X = Br, I)$

Cadmiumniobat(V), $CdNb_2O_6$, ist mit Quecksilber(II)-chlorid und -bromid sowie mit Chlorwasserstoff bzw. unter Zusatz von Ammoniumchlorid und -bromid transportierbar (Kru 1987). Zudem können die Cadmiummolybdate $CdMoO_4$ mit Chlor, Brom und Iod sowie $Cd_2Mo_3O_8$ mit Chlor und Brom von T_2 nach T_1 transportiert werden (Ste 2000). Der Cadmium(II)/Eisen(III)-Spinell $CdFe_2O_4$ wird mit Chlorwasserstoff endotherm transportiert. Die Verbindungen $CdAs_2O_6$ (Wei 2001), $Cd_2As_2O_7$ (Wei 2001a), $CdTe_2O_5$ und $CdWO_4$ (Ste 2005a) können durch endothermen Transport mit Chlor erhalten werden. $CdTe_2O_5$ ist auch mit Tellur(IV)-chlorid von 600 nach 500 °C transportierbar. Wie thermodynamische Modellrechnungen zeigen, sind die jeweiligen Cadmium(II)-halogenide die transportwirksamen Spezies, die ebenfalls bei den Rechnungen berücksichtigten Cadmium(I)-halogenide erreichen keine transportwirksamen Partialdrücke.

Exemplarisch für den Transport von ternären Cadmiumoxidoverbindungen stehen die Cadmiummolybdate. *Steiner* (Ste 2000) untersuchte und beschrieb das Transportverhalten von $CdMoO_4$ und $Cd_2Mo_3O_8$ mit den Halogenen Chlor, Brom und Iod sowie den jeweiligen Halogenwasserstoffen. Das beobachtete Transportverhalten wird mit den Resultaten von thermodynamischen Modellrechnungen verglichen und ausführlich diskutiert. Der Schwerpunkt liegt dabei auf der Interpretation der Modellrechnungen bezüglich der Koexistenzbeziehungen der festen Phasen, der Gasphasenzusammensetzung und der Transportwirksamkeit der einzelnen Gasspezies. Insbesondere die Bedeutung der Transportwirksamkeit für die Interpretation der Stoffflüsse steht im Fokus dieser Arbeit.

5.2.13 Gruppe 13

Die binären Oxide der Gruppe 13 Aluminium(III)-oxid, Gallium(III)-oxid und Indium(III)-oxid lassen sich in die kältere Zone transportieren. Insbesondere für Gallium(III)- und Indium(III)-oxid wird der Transport vielfach und mit verschiedenen Transportmitteln beschrieben. Bor(III)-oxid und Thallium(III)-oxid können oberhalb von 1200 °C (B_2O_3) bzw. von 500 °C (Tl_2O_3) sublimiert werden. Thallium(III)-oxid bildet dabei im Dampf gasförmiges Thallium(I)-oxid und Sauerstoff. Thallium(III)-oxid kann in Form von bis 2 mm großen Kristallen durch Sublimation im Sauerstoffstrom bei 900 °C erhalten werden (Sle 1970).

Binäre Oxide *Aluminiumoxid* kann bei sehr hohen Temperaturen über 1100 °C mit sehr kleinen Transportraten über die folgenden Chlorierungsgleichgewichte transportiert werden:

$$Al_2O_3(s) + 6\,HCl(g) \;\rightleftharpoons\; 2\,AlCl_3(g) + 3\,H_2O(g) \qquad (5.2.13.1)$$

$$Al_2O_3(s) + 3\,Cl_2(g) \;\rightleftharpoons\; 2\,AlCl_3(g) + \frac{3}{2}O_2(g) \qquad (5.2.13.2)$$

Der Transport gelingt auch durch den Zusatz von Fluoriden (z. B. PbF_2) (Tsu 1966, Whi 1974) von T_2 nach T_1. Des Weiteren ist es möglich, Aluminiumoxid, insbesondere in Form von Whiskern, über die Gasphase mit Hilfe von feuchtem Wasserstoff abzuscheiden (Dev 1959, Sea 1963). In der Regel sind dabei Temperaturen im Bereich von 1700 bis 2000 °C auf der Auflösungsseite erforderlich. Die Abscheidung erfolgt bei T_1:

$$Al_2O_3(s) + 2\,H_2(g) \;\rightleftharpoons\; Al_2O(g) + 2\,H_2O(g) \qquad (5.2.13.3)$$

$$Al_2O_3(s) + H_2(g) \;\rightleftharpoons\; 2\,AlO(g) + H_2O(g) \qquad (5.2.13.4)$$

Außer den Suboxiden wurden hier Aluminiumatome in der Gasphase nachgewiesen (Mar 1959). Aufgrund der extremen Bedingungen beim Transport von Aluminiumoxid sind andere Kristallisationsverfahren hier vorzuziehen (z. B. *Verneuil*-, *Czochralski*-Verfahren). Der endotherme Transport von *Gallium(III)-oxid* ist mit verschiedenen chlor- und iodhaltigen Transportmitteln beschrieben. Häufig finden die Transportmittelkombinationen Schwefel + Chlor bzw. Schwefel + Iod Anwendung. Durch die Zugabe von Schwefel bildet sich $SO_2(g)$ als sauerstoffübertragende Spezies. Diese Bildung von SO_2 verschiebt die Lage des Gleichgewichts auf die Seite der Reaktionsprodukte. Für den Transport von Gallium(III)-oxid mit Schwefel und Chlor kann nach Gleichgewichtsberechnungen folgende Transportgleichung abgeleitet werden (Jus 1988):

$$2\,Ga_2O_3(s) + \frac{3}{2}S_2(g) + 6\,Cl_2(g) \;\rightleftharpoons\; 4\,GaCl_3(g) + 3\,SO_2(g) \qquad (5.2.13.5)$$

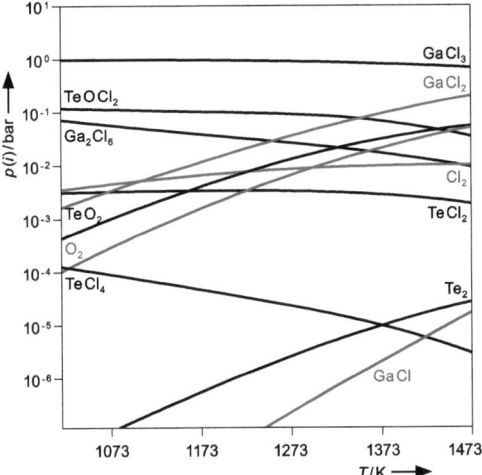

Abbildung 5.2.13.1 Gasphasenzusammensetzung über Ga$_2$O$_3$ im Gleichgewicht mit TeCl$_4$ nach (Ger 1977a).

Bei tieferen Temperaturen zeigt Gallium(III)-oxid mit Schwefel und Chlor als Transportmittel ein exothermes Transportverhalten von 550 nach 750 °C (Jus 1988). Für den Transport von Gallium(III)-oxid mit Schwefel + Iod wird folgende Transportgleichung angegeben (Nit 1966, Aga 1985):

$$2\,\text{Ga}_2\text{O}_3(s) + \frac{3}{2}\text{S}_2(g) + 6\,\text{I}_2(g) \;\rightleftharpoons\; 4\,\text{GaI}_3(g) + 3\,\text{SO}_2(g) \qquad (5.2.13.6)$$

Umfangreiche Untersuchungen wurden zum Chemischen Transport von Gallium(III)-oxid mit Tellur(IV)-chlorid publiziert (Ger 1977a). Der Transport erfolgt endotherm in einem Temperaturbereich von 750 bis 1000 °C nach 650 bis 900 °C bei einem Temperaturgradienten von 100 K. Die Berechnungen der Gasphasenzusammensetzung über einem Gallium(III)-oxid-Bodenkörper, der mit Tellur(IV)-chlorid im Gleichgewicht steht, zeigen, dass für die Übertragung von Gallium insbesondere die Gasspezies GaCl$_3$ und Ga$_2$Cl$_6$ maßgeblich sind; die Existenz von gasförmigem GaCl$_2$ ist umstritten. Der Sauerstofftransport erfolgt bei tiefen Temperaturen in erster Linie über TeOCl$_2$; bei höheren Temperaturen nimmt der Anteil von TeO$_2$ und O$_2$ zu. Folgende Transportgleichung beschreibt den Vorgang:

$$\text{Ga}_2\text{O}_3(s) + 3\,\text{TeCl}_4(g) \;\rightleftharpoons\; 2\,\text{GaCl}_3(g) + 3\,\text{TeOCl}_2(g) \qquad (5.2.13.7)$$

Bei höheren Temperaturen erfolgt der Transport im Wesentlichen über GaCl$_3$ und TeO$_2$.

$$\text{Ga}_2\text{O}_3(s) + \frac{3}{2}\text{TeCl}_4(g) \;\rightleftharpoons\; 2\,\text{GaCl}_3(g) + \frac{3}{2}\text{TeO}_2(g) \qquad (5.2.13.8)$$

Die angegebenen Transportgleichungen stellen eine Vereinfachung dar. Eine exakte Beschreibung ist nur bei Berücksichtigung weiterer Gleichgewichte möglich (Ger 1977a).

Bei der Verwendung von Tellur(IV)-chlorid ist im Gegensatz zu Schwefel + Chlor als Transportmittel keine Umkehr der Transportrichtung zu beobachten.

Indium(III)-oxid lässt sich ebenfalls durch verschiedene halogenierende Transportmittel wie Chlor und Chlorwasserstoff bzw. Schwefel + Iod ausschließlich endotherm transportieren. Umfangreiche thermodynamische Berechnungen zum Transportverhalten von Indium(III)-oxid sowohl mit Chlor als auch mit Schwefel + Iod finden sich bei *Werner* (Wer 1996). Aus thermodynamischen Berechnungen geht hervor, dass Schwefel den Sauerstoff unter Bildung von SO_2 bindet. Die Anwesenheit von Iod führt zur Bildung verschiedener Indiumiodide. Beim Transport unter Zusatz von Chlor wird Indium(III)-chlorid als eigentlich wirksames Transportmittel diskutiert (Wer 1996). Wie Gallium(III)- und Indium(III)-oxid kann auch die Mischphase $Ga_{2-x}In_xO_3$ durch Chemischen Transport mit hohen Transportraten abgeschieden werden (Pat 2000).

Ternäre Verbindungen *Bor* bildet zahlreiche ternäre und polynäre Oxidoverbindungen. Von diesen ist der Chemische Transport von $FeBO_3$, Fe_3BO_6, BPO_4 und $Cr_2BP_3O_{12}$ publiziert (der Transport von Boraziten wird in Abschnitt 8.1 behandelt). Die Verbindungen $TiBO_3$, VBO_3 und $CrBO_3$ kristallisieren über die Gasphase mit Hilfe von Titan(II)-iodid, Vanadium(II)-chlorid und Chrom(II)-chlorid jeweils in Verbindung mit Wasser (Schm 1964). Der Transport von $FeBO_3$ unter Verwendung von Chlor bzw. Chlorwasserstoff als Transportmittel erfolgt von 760 nach 670 °C über die Chlorierungsgleichgewichte unter Bildung von BCl_3 und $FeCl_3$ sowie von O_2 bzw. H_2O als Gasspezies (Die 1975). Fe_3BO_6 wird mit Chlorwasserstoff transportiert (Die 1976). Die Ausgangsbodenkörper $FeBO_3$ und Fe_3BO_6 wurden in einem Platintiegel vorgelegt, um eine Reaktion mit dem Quarzglas zu minimieren. Die Abscheidung der Kristalle erfolgt endotherm, wobei die Temperatur der Kristallisationszone im Bereich von 800 bis 905 °C liegt. Als Transportgleichung wurde angegeben:

$$Fe_3BO_6(s) + 9\,HCl(g) \rightleftharpoons 3\,FeCl_3(g) + HBO_2(g) + 4\,H_2O(g) \quad (5.2.13.9)$$

Das Borphosphat BPO_4 konnte unter Zusatz von Phosphor(V)-chlorid über folgendes Transportgleichgewicht kristallin abgeschieden werden (Schm 2004):

$$5\,BPO_4(s) + 3\,PCl_3(g) + 3\,Cl_2(g) \rightleftharpoons 5\,BCl_3(g) + 2\,P_4O_{10}(g) \quad (5.2.13.10)$$

Die Abscheidung erfolgte teilweise auf einem in die Ampulle eingebrachten Glaskohlenstofftarget, um das Aufwachsen des Borphosphats auf der Quarzwandung der Ampulle zu vermeiden und so besonders reine Einkristalle für weitere Untersuchungen zu erhalten. Der Chemische Transport von ternären Oxiden mit *Aluminium* als einem Bestandteil ist nur am Beispiel von Al_2SiO_5, $Al_2Ge_2O_7$ und $Al_2Ti_7O_{15}$ bekannt. Der Transport von Al_2SiO_5 mit Hilfe von Na_3AlF_6 erfolgt endotherm (Nov 1966a). Der gleichfalls endotherme Transport von $Al_2Ge_2O_7$ mit Aluminium(III)-chlorid als Transportzusatz gelingt von 1000 nach 900 °C. Versuche mit den Transportmitteln Tellur(IV)-chlorid, Chlorwasserstoff sowie Schwefel und Iod waren nicht erfolgreich (Aga 1985a). Bei der Dotierung von Vanadium(IV)-oxid mit Aluminium über die Gasphase unter Verwendung von Tellur(IV)-chlorid als Transportmittel wird nur wenig Aluminium eingebaut ($V_{1-x}Al_xO_2$, $x \approx 0{,}007$) (Brü 1976).

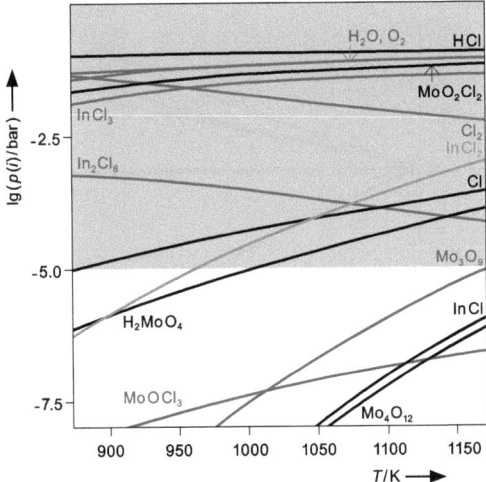

Abbildung 5.2.13.2 Gasphasenzusammensetzung über $In_2Mo_3O_{12}$ im Gleichgewicht mit Cl_2 in Anwesenheit von Wasser nach (Ste 2005b).

Aus der Literatur kennt man eine Reihe von Beispielen für ternäre Oxidoverbindungen, die *Gallium-* und Übergangsmetallatome enthalten. Deren endothermer Transport erfolgt in der Regel über Chlorierungsgleichgewichte in Temperaturbereichen zwischen 1000 und 800 °C mit elementarem Chlor oder Chlorwasserstoff als Transportmittel. Wie Gleichgewichtsberechnungen zeigen, wird Gallium im Wesentlichen als Gallium(III)-chlorid übertragen (Lec 1991, Pat 1999). Das Dimer Ga_2Cl_6(g) spielt nur eine untergeordnete Rolle. Der GaCl-Partialdruck liegt selbst bei hohen Temperaturen über 1000 °C nicht im transportrelevanten Bereich. Die Übertragung des Übergangsmetalls erfolgt in der Regel als Dichlorid, wobei im Fall des Eisens neben dem Monomer $FeCl_2$ auch das Dimer Fe_2Cl_4 transportwirksam wird. Weiterhin zeigen Rechnungen (Lec 1991), dass die Gasphase über einem Bodenkörper $FeGa_2O_4$, der mit Chlor im Gleichgewicht steht, einen erheblichen Anteil an $FeCl_3$ enthält. Gleichgewichtsberechnungen in den Systemen $ZnO/Ga_2O_3/Cl_2$ bzw. $ZnO/Ga_2O_3/HCl$ demonstrieren, dass die Gaskomplexe $ZnGa_2Cl_8$ und $ZnGaCl_5$ gebildet, aber nicht transportwirksam werden; transportwirksam sind $GaCl_3$ und $ZnCl_2$ (Pat 1999). Auch über den Transport von ternären Oxidoverbindungen von *Indium* liegen Literaturangaben vor. Anhand von Beispielen ternärer Indiummolybdate und der In_2O_3/SnO_2-Mischphase soll das Transportverhalten erläutert werden. *Steiner* et. al. beschreiben und erklären durch thermodynamische Rechnungen ausführlich das Transportverhalten der Indiummolybdate $In_2Mo_3O_{12}$ mit den Transportmitteln Chlor und Brom sowie $InMo_4O_6$ mit Wasser (Ste 2005b). Die Verbindung $In_2Mo_3O_{12}$ wird mit Chlor nach folgendem Gleichgewicht transportiert:

$$In_2Mo_3O_{12}(s) + 6\,Cl_2(g)$$
$$\rightleftharpoons 2\,InCl_3(g) + 3\,MoO_2Cl_2(g) + 3\,O_2(g) \qquad (5.2.13.11)$$

Diese Transportgleichung ergibt sich aus thermodynamischen Modellrechnungen (siehe Abbildungen 5.2.13.2 und 5.2.13.3).

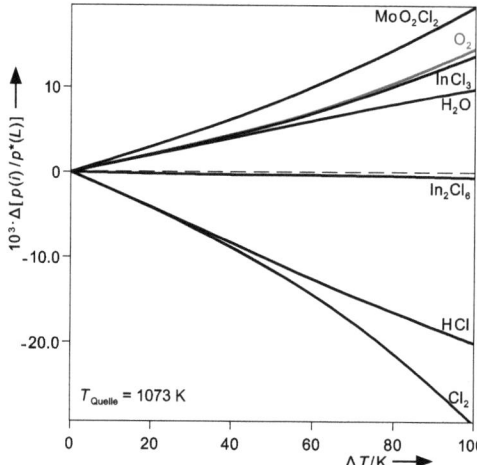

Abbildung 5.2.13.3 Transportwirksamkeit der wesentlichen Gasteilchen für den Chemischen Transport von $In_2Mo_3O_{12}$ mit Cl_2 in Anwesenheit von Wasser nach (Ste 2005b).

Unter Berücksichtigung von Wasserspuren ist ein weiteres Gleichgewicht transportwirksam.

$$In_2Mo_3O_{12}(s) + 12\,HCl(g)$$
$$\rightleftharpoons 2\,InCl_3(g) + 3\,MoO_2Cl_2(g) + 6\,H_2O(g) \qquad (5.2.13.12)$$

Der Transport unter Verwendung von Brom als Transportmittel kann in analoger Weise verstanden werden, wobei neben $InBr_3$ auch $InBr_2$ als Indium-übertragende Spezies berücksichtigt wurde. Die Übertragung von Molybdän erfolgt über MoO_2Br_2. Als wesentlicher Unterschied zum Transport mit Chlor wird HBr beim Transportmittel Brom in Gegenwart von Wasser nicht transportwirksam. Weitere Rechnungen zeigen, dass der Transport von $InMo_4O_6$ nicht über die bekannten gasförmigen Molybdänoxidhalogenide MoO_2X_2 (X = Cl, Br, I) bzw. die Molybdänsäure H_2MoO_4 erfolgen kann, da ihre Partialdrücke deutlich geringer als 10^{-6} bar sind (Ste 2008). Verantwortlich für den Transporteffekt ist die gasförmige Verbindung In_2MoO_4 (Kap 1985). Auch in diesem Fall erfolgt der Transport endotherm von 1000 nach 900 °C. Beim Chemischen Transport von ternären Oxiden im System In/W/O konnten die Verbindungen $In_2W_3O_{12}$ und In_6WO_{12} im Temperaturgefälle von 800 nach 700 °C unter Verwendung von Chlor als Transportmittel kristallin abgeschieden werden. Die Wolframbronze In_xWO_3 kristallisiert im endothermen Transport von 900 nach 800 °C mit Ammoniumchlorid (Ste 2008).

Der Transport von In_2O_3/SnO_2-Mischkristallen wurde sowohl mit den Transportmitteln Chlor (Wer 1996, Pat 2000a) und Schwefel + Iod (Wer 1996) als endothermer Transport publiziert. Als transportwirksame Spezies wurden verschiedene Chloride, $InCl_3$ und $SnCl_4$ sowie $InCl_2$ beschrieben. Näherungsweise lässt sich der Transport anhand folgender Transportgleichung beschreiben:

$$\text{In}_2\text{O}_3(\text{s}) + \text{SnO}_2(\text{s}) + 5\,\text{Cl}_2(\text{g})$$
$$\rightleftharpoons\ 2\,\text{InCl}_3(\text{g}) + \text{SnCl}_4(\text{g}) + \frac{5}{2}\text{O}_2(\text{g}) \tag{5.2.13.13}$$

In der Senke bildet sich ein Indium-/Zinnoxid-Mischkristall (ITO). Bei der Verwendung von Schwefel + Iod als Transportmittel wird Schwefeldioxid gebildet; zusätzlich treten Zinn- und Indiumiodide in niedrigeren Oxidationsstufen auf.

Als einziges Beispiel für den Transport einer *Thallium/Sauerstoff-Verbindung* sei der des Thalliumruthenats $\text{Tl}_2\text{Ru}_2\text{O}_7$ mit Sauerstoff als Transportmittel genannt (Sle 1972). Chemische Transportreaktionen können auch genutzt werden, um Übergangsmetalloxide wie z. B. Titan(IV)-oxid (Izu 1979) oder in Vanadium(IV)-oxid (Brü 1976a) mit Aluminium, Gallium oder Indium zu dotieren.

5.2.14 Gruppe 14

Binäre Oxide Das Transportverhalten der binären Oxide Siliciumdioxid, Germaniumdioxid und Zinndioxid ist von einer Reihe Autoren anhand vieler Beispiele unter Einsatz unterschiedlichster Transportzusätze beschrieben.

Das Verständnis des Chemischen Transports von *Siliciumdioxid* spielt in vielerlei Hinsicht eine wichtige Rolle. Zum einen steht Siliciumdioxid in enger Beziehung zur großen Verbindungsklasse der Silicate. Zum anderen werden fast alle Transportreaktionen in Quarzglasampullen ausgeführt, sodass Siliciumdioxid aus dem Ampullenmaterial an Transportreaktionen beteiligt sein kann. In Abhängigkeit vom verwendeten Transportmittel ist Siliciumdioxid sowohl endotherm als auch exotherm transportierbar. Unter anderem kann Wasser die Kristallisation über die Gasphase bewirken. In der Gasphase wird das Auftreten verschiedener Kieselsäuren der allgemeinen Formel $\text{Si}_n\text{O}_{2n-x}(\text{OH})_{2x}$ diskutiert (Bra 1953). Verbindungen dieser Art spielen auch bei der Hydrothermalsynthese eine Rolle (Rab 1985). Der Stofftransport erfolgt dabei im Wesentlichen durch thermische Konvektion und nicht durch Diffusion.

Neben Wasser kann auch Wasserstoff durch folgendes endothermes Gleichgewicht als Transportmittel für Siliciumdioxid dienen:

$$\text{SiO}_2(\text{s}) + \text{H}_2(\text{g}) \rightleftharpoons \text{SiO}(\text{g}) + \text{H}_2\text{O}(\text{g}) \tag{5.2.14.1}$$

Des Weiteren ist der Transport von Siliciumdioxid im Temperaturbereich von 1200 bis 900 °C über eine Vielzahl von Halogenierungsgleichgewichten möglich. Beschriebene Transportzusätze sind u. a. Phosphor(III)-chlorid + Chlor bzw. Phosphor(V)-chlorid, Phosphor(III)-bromid + Brom, Chrom(III)-chlorid + Chlor, Tantal(V)-chlorid, Niob(V)-chlorid, Titan(II)-oxid/Titan(II)-chlorid und Silicium + Iod. Bei Experimenten im genannten Temperaturbereich ist eine Reaktion des Siliciumdioxids aus der Ampulle mit den Transportmitteln immer mit in Betracht zu ziehen. Neben der Korrosion der Ampulle kann es zur Abscheidung von Siliciumdioxid oder Silicaten im Senkenraum kommen. So erfolgt der Transport mit Phosphor(III)-chlorid + Chlor von 900 nach 1100 °C (Orl 1976):

$$\text{SiO}_2(\text{s}) + \text{PCl}_3(\text{g}) + 2\,\text{Cl}_2(\text{g}) \rightleftharpoons \text{SiCl}_4(\text{g}) + 2\,\text{POCl}_3(\text{g}) \tag{5.2.14.2}$$

Der Transport mit Niob(V)-chlorid lässt sich wie folgt beschreiben:

$$SiO_2(s) + 2\,NbCl_5(g) \rightleftharpoons SiCl_4(g) + 2\,NbOCl_3(g) \qquad (5.2.14.3)$$

Hibst stellte fest, dass die Abscheidung von Siliciumdioxid-Kristallen auf der Quarzglasoberfläche der Ampulle gehemmt ist (Hib 1977). Auf einem Niob(V)-oxid-Substrat ist die Hemmung der Siliciumdioxid-Abscheidung hingegen aufgehoben. Bemerkenswerterweise zeigen die abgeschiedenen Siliciumdioxid-Kristalle den Habitus der Substratkristalle. Die Kristallbildung kann als Austauschgleichgewicht zwischen Siliciumdioxid und Nb_2O_5 angesehen werden. Zudem kann Siliciumdioxid mit Chrom(IV)-chlorid und Chlor von 1100 nach 900 °C transportiert werden:

$$SiO_2(s) + CrCl_4(g) + Cl_2(g) \rightleftharpoons SiCl_4(g) + CrO_2Cl_2(g) \qquad (5.2.14.4)$$

Durch die Bildung des gasförmigen Chrom(VI)-oxidchlorids liegt das Gleichgewicht weiter auf der Seite der Reaktionsprodukte als bei Gleichgewichten, in denen freier Sauerstoff gebildet wird. Das überschüssige Chlor stabilisiert das Chrom(IV)-chlorid. Die Abscheidung von SiO_2 über die Gasphase kann auch unter Zusatz von Silicium und Iod als Transportzusatz erfolgen (Sch 1957a). Siliciumdioxid wandert aus der heißeren Zone (1270 °C) in die kältere Zone (1000 °C). Bei der Temperatur T_2 reagieren festes Silicium und Siliciumdioxid zu gasförmigem SiO, welches in die kältere Zone gelangt und dort zu festem Siliciumdioxid zurückreagiert. Folgende Gleichgewichte beschreiben den Transport:

$$SiO_2(s) + Si(s) \rightleftharpoons 2\,SiO(g) \qquad (5.2.14.5)$$

$$2\,SiO(g) + SiI_4(g) \rightleftharpoons SiO_2(s) + 2\,SiI_2(g) \qquad (5.2.14.6)$$

$$2\,SiO(g) + 4\,I(g) \rightleftharpoons SiO_2(s) + SiI_4(g) \qquad (5.2.14.7)$$

In analoger Weise lässt sich der Siliciumdioxid-Transport auch mit Hilfe der Transportmittel Silicium(IV)-chlorid oder Silicium(IV)-bromid von 1100 nach 900 °C durchführen (Sch 1957a). Weiterhin wird die Abscheidung von Siliciumdioxid mit faserförmigem Habitus im Chlorwasserstoffstrom beschrieben.

$$SiO_2(s) + 4\,HCl(g) \rightleftharpoons SiCl_4(g) + 2\,H_2O(g) \qquad (5.2.14.8)$$

Der exotherme Transport von Siliciumdioxid unter Verwendung von Fluorwasserstoff wird sowohl für niedrige (150 → 500 °C) (Chu 1965) als auch für hohe Temperaturen (600 → 1100 °C) (Hof 1977a) auf folgende Reaktion zurückgeführt:

$$SiO_2(s) + 4\,HF(g) \rightleftharpoons SiF_4(g) + 2\,H_2O(g) \qquad (5.2.14.9)$$

Siliciumdioxid kann ebenfalls in einer exothermen Transportreaktion über das folgende Gleichgewicht abgeschieden werden:

$$SiO_2(s) + 3\,SiF_4(g) \rightleftharpoons 2\,Si_2OF_6(g) \qquad (5.2.14.10)$$

Beim Einsatz von Fluorwasserstoff oder Fluoriden als Transportmittel sollten Transportampullen aus Platin verwendet werden. Wie Siliciumdioxid lässt sich auch *Germaniumdioxid* mit Hilfe von Wasserstoff, Wasser sowie halogenierenden

Transportmitteln wie zum Beispiel Germanium(IV)-chlorid, Tellur(IV)-chlorid, Chlor, Chlorwasserstoff, Fluorwasserstoff und Schwefel + Iod transportieren. Für Chlorwasserstoff und Fluorwasserstoff wird folgende exotherme Transportreaktion angenommen (Schu 1964):

$$GeO_2(s) + 4\,HX(g) \;\rightleftharpoons\; GeX_4(g) + 2\,H_2O(g) \qquad (5.2.14.11)$$
$(X = F, Cl)$

Umfangreiche Arbeiten zum Transport von Germaniumdioxid mit Wasserstoff enthalten zahlreiche thermodynamische Rechnungen (Schm 1981, Schm 1981a, Schm 1981b, Schm 1983). Der Transport von T_2 nach T_1 lässt sich danach über folgendes Gleichgewicht beschreiben:

$$GeO_2(s) + H_2(g) \;\rightleftharpoons\; \frac{1}{n}(GeO)_n(g) + H_2O(g) \qquad (5.2.14.12)$$
$(n = 1, 2, 3)$

Untersuchungen zum Chemischen Transport von Germaniumdioxid mit Chlor wurden von verschiedenen Autoren veröffentlicht (Red 1978, Schm 1985). Danach erfolgt der endotherme Transport von 900 nach 850 °C unter Abscheidung gut ausgebildeter, säulenförmiger Kristalle von 2 bis 3 mm Länge. Zusätze von NaCl, KCl und MnO heben dabei die Reaktionshemmung auf und begünstigen die Bildung von Germaniumdioxid-Kristallen in der Rutilmodifikation. Die Reaktion verläuft folgendermaßen:

$$GeO_2(s) + 2\,Cl_2(g) \;\rightleftharpoons\; GeCl_4(g) + O_2(g) \qquad (5.2.14.13)$$

Redlich und *Gruehn* untersuchten ebenfalls die Transportwirksamkeit der gasförmigen Germaniumoxidchloride $GeOCl_2$ und Ge_2OCl_6. Sie kommen zu dem Schluss, dass der Anteil von Ge_2OCl_6 am Transportgeschehen zu vernachlässigen ist. Der Anteil an $GeOCl_2$ in der Gasphase liegt im Prozentbereich.

Agafonov et. al. beschrieben den Chemischen Transport von Germaniumdioxid sowohl mit Tellur(IV)-chlorid von 1000 nach 900 °C (Aga 1984) als auch mit Schwefel + Iod von 1100 nach 1000 °C (Aga 1985). In dem gewählten Temperaturbereich kann der Transport mit Tellur(IV)-chlorid näherungsweise wie folgt beschrieben werden:

$$GeO_2(s) + TeCl_4(g) \;\rightleftharpoons\; GeCl_4(g) + TeO_2(g) \qquad (5.2.14.14)$$

Wie oben erwähnt, spielen weitere Gleichgewichte in dem Transportsystem Germaniumdioxid/Tellur(IV)-chlorid eine nicht zu vernachlässigende Rolle. Dabei wird u. a. $TeOCl_2$ gebildet, das jedoch in dem gewählten Temperaturbereich für den Sauerstofftransport von untergeordneter Bedeutung ist. Bei der Verwendung von Schwefel + Iod als Transportzusatz erfolgt der Transport über folgendes Gleichgewicht:

$$GeO_2(s) + I_2(g) + \frac{1}{2}S_2(g) \;\rightleftharpoons\; GeI_2(g) + SO_2(g) \qquad (5.2.14.15)$$

Aufgrund der, verglichen mit den Chloriden, geringeren Stabilität der Tetraiodide wird im angegebenen Temperaturbereich Germanium über das gasförmige Diiodid GeI_2 übertragen.

Zwei ungewöhnliche Transportreaktionen von Germaniumdioxid, die nicht auf Halogenierungsgleichgewichten beruhen, sind noch zu erwähnen. *Ito* veröffentlichte (Ito 1978) den Transport von Germaniumdioxid mit Kohlenstoff als Transportmittel. Dazu wurde ein Gemenge aus gepulvertem Germaniumdioxid und Graphitpulver in einem Stickstoffträgergasstrom bei 900 °C zur Reaktion gebracht. Das sich dabei bildende gasförmige GeO wird durch den Gasstrom vom Auflösungsort weggetragen und am Abscheidungsort bei ca. 750 °C mit Luft zur Reaktion gebracht, wobei die Oxidation durch den Luftsauerstoff zur Abscheidung von nadelförmigen GeO$_2$-Kristallen führt.

$$GeO_2(s) + C(s) \rightleftharpoons GeO(g) + CO(g) \qquad (5.2.14.16)$$

$$GeO(g) + \frac{1}{2}O_2(g) \rightarrow GeO_2(s) \qquad (5.2.14.17)$$

Die Flüchtigkeit von Germaniumdioxid in Gegenwart von Wolframdioxid wurde von *Gruehn* und Mitarbeitern analysiert (Pli 1983). Das experimentelle Ergebnis zur Wanderung von GeO$_2$ in Gegenwart von WO$_2$ im Temperaturgefälle von 930 nach 830 °C wird erklärt und mittels thermodynamischer Rechnungen begründet: Das System enthält Spuren von Wasser, das von der Ampullenwand abgegeben wird. Wasser reagiert mit dem Wolfram(IV)-oxid des Bodenkörpers unter Bildung von Wasserstoff. Dieser reduziert Germanium(IV)-oxid zu dem leichtflüchtigen Germanium(II)-oxid. Gasteilchen, die wesentlich zum Transportverhalten beitragen, sind GeO, Ge$_2$O$_2$, Ge$_3$O$_3$, H$_2$ und H$_2$O. Die ebenfalls bei dieser Reaktion abgeschiedene Wolframbronze Ge$_{0,75}$W$_3$O$_9$ wird über die Gasspezies GeWO$_4$ übertragen. Auch gasförmiges GeW$_2$O$_7$ wurde massenspektrometrisch (Pli 1982) nachgewiesen. Diese Übertragung von Ge$_{0,75}$W$_3$O$_9$ über die Gasphase wird als „konproportionative Sublimation" bezeichnet, da kein Transportmittel im eigentlichen Sinn an diesem Prozess beteiligt ist (Pli 1983).

Zinndioxid kann mit verschiedenen halogenierenden Transportzusätzen, z. B. Cl$_2$, TeCl$_4$, CCl$_4$, HBr sowie mit Wasser, Wasserstoff oder Kohlenstoffmonoxid transportiert werden. Alle sich daraus ergebenden Transportgleichgewichte sind endotherm. *Toshev* untersuchte den Transport von Zinn(IV)-oxid mit Chlor und Tetrachlormethan (Tos 1988). Die Abscheidung (z. B. 1010 → 970 °C) lässt sich über die folgenden Gleichgewichte beschreiben:

$$SnO_2(s) + 2\,Cl_2(g) \rightleftharpoons SnCl_4(g) + O_2(g) \qquad (5.2.14.18)$$

$$SnO_2(s) + CCl_4(g) \rightleftharpoons SnCl_4(g) + CO_2(g) \qquad (5.2.14.19)$$

Der Chemische Transport von Zinn(IV)-oxid mit Schwefel und Iod erfolgt über folgendes Transportgleichgewicht (Mat 1977):

$$SnO_2(s) + I_2(g) + \frac{1}{2}S_2(g) \rightleftharpoons SnI_2(g) + SO_2(g) \qquad (5.2.14.20)$$

Zudem lässt sich Zinn(IV)-oxid über die Reaktion mit Wasserstoff und Kohlenstoffmonoxid als reduzierende Transportmittel bzw. mit Kohlenstoff als transportwirksamem Zusatz transportieren. Dabei wird Zinn über die Gasspezies SnO übertragen, das über die Gleichgewichte 5.2.14.21 bis 5.2.14.23 gebildet wird:

$$SnO_2(s) + H_2(g) \rightleftharpoons SnO(g) + H_2O(g) \qquad (5.2.14.21)$$

$$SnO_2(s) + CO(g) \rightleftharpoons SnO(g) + CO_2(g) \quad (5.2.14.22)$$

$$SnO_2(s) + \frac{1}{2}C(s) \rightleftharpoons SnO(g) + \frac{1}{2}CO_2(g) \quad (5.2.14.23)$$

Neben den beschriebenen binären Oxiden kennt man eine Vielzahl von Beispielen für Transportreaktionen ternärer und quaternärer Oxide von Silicium, Germanium und Zinn. Im folgenden Abschnitt werden einige Beispiele zu ihrem Transportverhalten diskutiert. Weitere Beispiele für den Transport dieser Verbindungen sind in anderen Abschnitten dieses Kapitels und in Tabelle 5.1 angeführt.

Ternäre Verbindungen Die Kristallisation von Ortho*silicaten* unter Beteiligung der Gasphase wird an den Beispielen Be_2SiO_4, Co_2SiO_4, Ni_2SiO_4, Zn_2SiO_4, $ThSiO_4$, $HfSiO_4$ und Eu_2SiO_4 gezeigt (vergleiche Abschnitt 6.3). Für den Transport von Silicaten werden häufig Fluorierungsgleichgewichte unter Verwendung von Fluorwasserstoff oder Fluoriden wie z. B. SiF_4, NaF, Li_2BeF_4, Na_2BeF_4, Na_3AlF_6 oder $LiZnF_3$ genutzt. So kann Beryllium-orthosilicat, Be_2SiO_4, endotherm von 1290 bis 900 °C nach 1240 bis 850 °C unter anderem über nachstehendes Gleichgewicht transportiert werden (Nov 1967):

$$Be_2SiO_4(s) + 3\,SiF_4(g) + 2\,NaF(g)$$
$$\rightleftharpoons 2\,NaBeF_3(g) + 4\,SiOF_2(g) \quad (5.2.14.24)$$

Der Transport von Co_2SiO_4 durch Einwirkung von Fluorwasserstoff wird in einer Arbeit von *Schmid* beschrieben (Schm 1964a):

$$Co_2SiO_4(s) + 8\,HF(g) \rightleftharpoons 2\,CoF_2(g) + SiF_4(g) + 4\,H_2O(g) \quad (5.2.14.25)$$

Strobel et. al. analysierten aus thermodynamischer Sicht die eher unerwünschte Bildung von Co_2SiO_4-Kristallen beim Chemischen Transport von Cobalt-Mangan-Spinellen mit Tellur(IV)-chlorid in Quarzglasampullen (Str 1981a). Beim endothermen Transport erfolgt die Abscheidung von Co_2SiO_4-Kristallen auf der Senkenseite. Dabei reagiert der cobalthaltige Bodenkörper mit dem Transportmittel und bildet gasförmiges $CoCl_2$, das mit dem Siliciumdioxid der Ampullenwand in Reaktion tritt. Offenbar ist die Abscheidung von Co_2SiO_4 gegenüber der von Co_3O_4 bevorzugt. Ein Beispiel für den Transport eines thermodynamisch äußerst stabilen Silicats über Chlorierungsgleichgewichte ist der von $ThSiO_4$ (Kam 1979, Schm 1991a). Die endothermen Transporttreaktionen lassen sich folgendermaßen beschreiben:

$$ThSiO_4(s) + 4\,Cl_2(g) \rightleftharpoons ThCl_4(g) + SiCl_4(g) + 2\,O_2(g) \quad (5.2.14.26)$$

$$ThSiO_4(s) + 8\,HCl(g) \rightleftharpoons ThCl_4(g) + SiCl_4(g) + 4\,H_2O(g) \quad (5.2.14.27)$$

Im Gegensatz dazu wird $HfSiO_4$ mit Chrom(III)-chlorid + Selen im Gradienten von 920 nach 980 °C erhalten (Fuh 1986).

Für Transportreaktionen in Metallampullen bei sehr hohen Temperaturen stellt der von *Kaldis* beschriebene Transport von Eu_2SiO_4 mit Chlorwasserstoff oder Iod ein gutes Beispiel dar (Kal 1970, Kal 1971). Der endotherme Transport erfolgt von 1980 nach 1920 °C in senkrecht stehenden Molybdänampullen. Der Stofftransport erfolgt zu einem erheblichen Maße über Konvektion. Vermutlich spielt folgende Reaktion eine wesentliche Rolle:

$$\mathrm{Eu_2SiO_4(s) + 6\,HCl(g)}$$
$$\rightleftharpoons\mathrm{2\,EuCl_2(g) + SiCl_2(g) + 3\,H_2O(g) + \tfrac{1}{2}O_2(g)} \qquad (5.2.14.28)$$

Die Bildung von Sauerstoff steht im Einklang mit der Beobachtung, dass bei manchen Experimenten $\mathrm{Eu_2SiO_5}$ kristallisiert.

$$\mathrm{Eu_2SiO_5(s) + 6\,HCl(g)}$$
$$\rightleftharpoons \mathrm{2\,EuCl_2(g) + SiCl_2(g) + 3\,H_2O(g) + O_2(g)} \qquad (5.2.14.29)$$

In beiden Reaktionen erfolgt die Übertragung des Siliciums über die Gasspezies $\mathrm{SiCl_2}$ und nicht über $\mathrm{SiCl_4}$, wie in den bisher erläuterten Beispielen. Die Ursache liegt in der ungewöhnlich hohen Temperatur, die das folgende Gleichgewicht weit auf die Seite des $\mathrm{SiCl_2}$ verschiebt:

$$\mathrm{SiCl_4(g) \rightleftharpoons SiCl_2(g) + Cl_2(g)} \qquad (5.2.14.30)$$

Von einer Reihe von Autoren wird der Chemische Transport von ternären und quaternären *Germanaten* sowohl mit Hauptgruppen- als auch mit Nebengruppenelementen thematisiert, so zum Beispiel Magnesiumgermanat, $\mathrm{MgGeO_3}$, mit Chlor von 1100 nach 1000 °C (Kru 1986a). Die thermodynamischen Rechnungen zeigen, dass $\mathrm{MgGeO_3}$ über die Gasspezies $\mathrm{MgCl_2}$ und $\mathrm{GeCl_4}$ übertragen wird. Neben den $\mathrm{MgGeO_3}$-Kristallen im Senkenraum wurden im Ausgangsbodenkörper Kristalle von $\mathrm{Mg_2GeO_4}$ beobachtet. Die Kristallisation von anderen Metagermanaten wird für $\mathrm{MnGeO_3}$, $\mathrm{FeGeO_3}$ und $\mathrm{CoGeO_3}$ beschrieben (Roy 1963, Roy 1963a). Der Transport erfolgt mit Chlorwasserstoff bzw. Ammoniumchlorid als Chlorwasserstoffquelle von T_2 nach T_1.

Der Transport im System Germanium(IV)-oxid/Gallium(III)-oxid wurde unter Verwendung der Transportmittel Chlorwasserstoff und Schwefel/Iod untersucht. Dabei können die Verbindungen $\mathrm{Ga_2GeO_5}$ und $\mathrm{Ga_4GeO_8}$ sowohl mit Chlorwasserstoff als auch mit Schwefel + Iod endotherm transportiert werden. Zur vollständigen Beschreibung des Systems wurden Transportexperimente mit den Randphasen $\mathrm{GeO_2}$ und $\mathrm{Ga_2O_3}$ durchgeführt. Sie wurden endotherm von 1100 nach 1000 °C bzw. von 1000 nach 900 °C mit Schwefel + Iod transportiert (Aga 1985). Im Gegensatz zu Chlorierungsgleichgewichten, bei denen das Germanium in der Regel als $\mathrm{GeCl_4}$ über die Gasphase transportiert wird, erfolgt bei iodhaltigen Transportmitteln die Übertragung als $\mathrm{GeI_2}$. Der Transport wird durch die folgende Gleichung beschrieben:

$$\mathrm{Ga_2GeO_5(s) + 4\,I_2(g) + \tfrac{5}{4}S_2(g)}$$
$$\rightleftharpoons \mathrm{2\,GaI_3(g) + GeI_2(g) + \tfrac{5}{2}SO_2(g)} \qquad (5.2.14.31)$$

Dabei sind zusätzlich zu berücksichtigen:

$$\mathrm{GaI_3(g) \rightleftharpoons GaI(g) + I_2(g)} \qquad (5.2.14.32)$$

$$\mathrm{GaI(g) + GaI_3(g) \rightleftharpoons Ga_2I_4(g)} \qquad (5.2.14.33)$$

Pfeifer und *Binnewies* beschrieben den Chemischen Transport von ternären und quaternären Germanaten über endotherme Reaktionen mit Chlorwasserstoff und

Chlor als Transportmittel (Pfe 2002, Pfe 2002a, Pfe 2002b, Pfe 2002c). Cobaltmetagermanat, $CoGeO_3$, und Cobaltorthogermanat, Co_2GeO_4, wurden mit Chlorwasserstoff transportiert. Dabei konnte gezeigt werden, dass für die Abscheidung des jeweiligen Germanats nicht die Transporttemperaturen, sondern das Verhältnis von Cobalt zu Germanium im Ausgangsbodenkörper entscheidend ist. Bei Einsatz äquimolarer Gemenge von CoO und GeO_2 wird über einen weiten Temperaturbereich $CoGeO_3$ abgeschieden, während schon ein geringer Überschuss an Co_3O_4 zur Abscheidung von Co_2GeO_4 führt. Der Transport erfolgt über gasförmiges $CoCl_2$, $GeCl_4$ und H_2O.

Nickelgermanat, Ni_2GeO_4, kann sowohl mit Chlor als auch mit Chlorwasserstoff von 1050 nach 900 °C transportiert werden. Ammoniumchlorid ist als Transportmittel bzw. Chlorwasserstoffquelle wegen der reduzierenden Wirkung ungeeignet. Seine Verwendung führt zur Abscheidung von metallischem Nickel, Nickel(II)-oxid und Siliciumdioxid auf der Senkenseite. Der Transport mit Chlor lässt sich über die Gasspezies $NiCl_2$ und $GeCl_4$ beschreiben. Die Bildung eines Nickelmetagermanats wie $NiGeO_3$ konnte nicht beobachtet werden (Pfe 2002a). Untersuchungen zum Transport von $Ni_{1-x}Co_xGeO_3$-Mischkristallen im Temperaturbereich 900 nach 700 °C mit Chlorwasserstoff als Transportmittel haben gezeigt, dass ein Mischkristall mit x zwischen 0 und 0,4 existiert und kristallin als Senkenbodenkörper abgeschieden werden kann. Größere Nickelgehalte führen zur Abscheidung eines Ortogermanats $(Ni_{1-x}Co_x)_2GeO_4$. Des Weiteren konnte *Pfeifer* belegen, dass ein Transport von Mischphasen $(Ni_{1-x}Co_x)_2GeO_4$ von 1000 °C nach 900 °C mit Chlorwasserstoff im Bereich von $0 \leq x \leq 1$ möglich ist und der Transport nahezu kongruent verläuft (Pfe 2002a). Die Systeme Eisen(II)/Cobalt(II)-germanat und Mangan(II)/Cobalt(II)-germanat unterzog *Pfeifer* analogen Untersuchungen (Pfe 2002). Alle Transportreaktionen werden endotherm mit Chlorwasserstoff als Transportmittel ausgeführt. Dabei konnten $FeGeO_3$, Fe_2GeO_4, $CoGeO_3$, Co_2GeO_4 und $MnGeO_3$ kristallin abgeschieden werden. Zudem wurden zahlreiche Mischkristalle aus den Reihen $Fe_{1-x}Co_xGeO_3$ und $Fe_{2-x}Co_xGeO_4$ sowie unterschiedliche Metagermanate der Zusammensetzung $Mn_{1-x}Co_xGeO_3$ unter den angegebenen Bedingungen transportiert. Co_2GeO_4 kann ebenfalls unter Verwendung von Tellur(IV)-chlorid in die kältere Zone transportiert werden (Hos 2007). Weitere Beispiele sind für den Chemischen Transport von Germanaten in den quaternären Systemen $Cr_2O_3/In_2O_3/GeO_2$, $Ga_2O_3/In_2O_3/GeO_2$, $Mn_2O_3/In_2O_3/GeO_2$ und $Fe_2O_3/In_2O_3/GeO_2$ publiziert (Pfe 2002b). Die durchgeführten Untersuchungen belegen, dass auch in Vielkomponentensystemen eine gezielte Beeinflussung der Zusammensetzung der abgeschiedenen Kristalle möglich ist. Für das System $Fe_2O_3/In_2O_3/GeO_2$ konnte gezeigt werden, dass die Zusammensetzung der abgeschiedenen Mischphasen insbesondere durch Variation der Ausgangsbodenkörperzusammensetzung beeinflusst werden kann. Alle Transportreaktionen verlaufen endotherm über Chlorierungsgleichgewichte, wobei Chlorwasserstoff im System $Mn_2O_3/In_2O_3/GeO_2$ und in den übrigen Systemen Chlor als Transportmittel zum Einsatz kamen. Die transportwirksamen Gleichgewichte lassen sich gut über die Bildung der gasförmigen Trichloride und die von Germanium(IV)-chlorid beschreiben. Ein weiteres Beispiel für den Chemischen Transport eines quaternären Germanats ist $Mn_3Cr_2Ge_3O_{12}$, das mit verschiedenen Transportmitteln (Cl_2, S + Cl_2,

TeCl$_4$, CCl$_4$) im endothermen Transport erhalten wurde (Paj 1985). Bei der Verwendung von Chlor als Transportmittel wurde neben Mn$_3$Cr$_2$Ge$_3$O$_{12}$ auch Cr$_2$O$_3$ im Senkenraum abgeschieden.

Im Gegensatz zu den zahlreichen Beispielen für den Transport von Silicaten und Germanaten ist der Transport von *Stannaten* wenig belegt. Bekannt sind Untersuchungen zur Kristallisation von Mischphasen im System In$_2$O$_3$/SnO$_2$ (Wer 1996, Pat 2000a), die bereits im Abschnitt 5.2.13 diskutiert wurden. Außerdem wird der Transport des Cobaltorthostannats, Co$_2$SnO$_4$ mit Chlor von 1030 nach 1010 °C (Emm 1968b) und mit Ammoniumchlorid von 950 nach 800 °C (Trö 1972) beschrieben. Folgende Transportgleichungen können formuliert werden:

$$Co_2SnO_4(s) + 4\,Cl_2(g) \rightleftharpoons 2\,CoCl_2(g) + SnCl_4(g) + 2\,O_2(g) \quad (5.2.14.34)$$

$$Co_2SnO_4(s) + 8\,HCl(g) \rightleftharpoons 2\,CoCl_2(g) + SnCl_4(g) + 4\,H_2O(g) \quad (5.2.14.35)$$

Der endothermen Transport von Ru$_{1-x}$Sn$_x$O$_2$-Mischkristallen wurde mit Chlor von 1100 nach 1000 °C beschrieben (Nic 1993).

Transportwirksame Halogenide der Elemente der Gruppe 14 Enthält ein Bodenkörper ein Element der Gruppe 14, so kann in den meisten Fällen über Halogenierungsgleichgewichte ein Transporteffekt erzielt werden. Chlor und Chlorwasserstoff bzw. Ammoniumchlorid haben sich neben der Kombination aus Schwefel und Iod als geeignete Transportmittel erwiesen. Dabei muss berücksichtigt werden, dass Ammoniumchlorid aufgrund seiner reduzierenden Wirkung nicht in jedem Fall mit Chlorwasserstoff gleichgesetzt werden kann. Ebenso spielen Tellur(IV)-chlorid und – insbesondere für den Siliciumdioxidtransport – eine Reihe von Übergangsmetallchloriden wie NbCl$_5$, TaCl$_5$, oder die Kombination CrCl$_3$ + Cl$_2$ eine Rolle. Erfolgt der Transport über die Chloride, so kann in der Regel davon ausgegangen werden, dass für Silicium als Gasspezies SiCl$_4$ transportwirksam wird. Mit SiCl$_2$ ist erst im Temperaturbereich nahe 2000 °C zu rechnen. Für Germanium und Zinn sind bereits bei 1000 bzw. 850 °C die Dihalogenide GeCl$_2$ bzw. SnCl$_2$ zu berücksichtigen. Werden durch die Reaktion mit iodhaltigen Transportmitteln Iodide gebildet, so sind die Tetraiode SiI$_4$ (bis ca. 1000 °C) sowie GeI$_4$ und SnI$_4$ (bis ca. 750 °C) transportwirksam. Oberhalb dieser Temperaturen werden zunehmend Diiodide gebildet, die bei den Gleichgewichtsbetrachtungen zu berücksichtigen sind. Dabei nimmt die Tendenz der Bildung von Dihalogeniden vom Silicium zum Zinn und vom Fluorid zum Iodid zu. Diese Zusammenhänge lassen sich durch den Vergleich der freien Reaktionsenthalpien für die Bildung einiger Dihalogenide wie folgt belegen:

$$SiCl_4(g) \rightleftharpoons SiCl_2(g) + Cl_2(g) \quad (5.2.14.36)$$
$$\Delta_R G^0_{1000} = 271\,kJ \cdot mol^{-1}$$

$$SiBr_4(g) \rightleftharpoons SiBr_2(g) + Br_2(g) \quad (5.2.14.37)$$
$$\Delta_R G^0_{1000} = 228\,kJ \cdot mol^{-1}$$

$$SiI_4(g) \rightleftharpoons SiI_2(g) + I_2(g) \quad (5.2.14.38)$$
$$\Delta_R G^0_{1000} = 106\,kJ \cdot mol^{-1}$$

$$\text{GeCl}_4(g) \rightleftharpoons \text{GeCl}_2(g) + \text{Cl}_2(g) \quad (5.2.14.39)$$
$$\Delta_R G^0_{1000} = 110 \text{ kJ} \cdot \text{mol}^{-1}$$

$$\text{GeI}_4(g) \rightleftharpoons \text{GeI}_2(g) + \text{I}_2(g) \quad (5.2.14.40)$$
$$\Delta_R G^0_{1000} = 43 \text{ kJ} \cdot \text{mol}^{-1}$$

$$\text{SnCl}_4(g) \rightleftharpoons \text{SnCl}_2(g) + \text{Cl}_2(g) \quad (5.2.14.41)$$
$$\Delta_R G^0_{1000} = 61 \text{ kJ} \cdot \text{mol}^{-1}$$

$$\text{SnI}_4(g) \rightleftharpoons \text{SnI}_2(g) + \text{I}_2(g) \quad (5.2.14.42)$$
$$\Delta_R G^0_{1000} = 36 \text{ kJ} \cdot \text{mol}^{-1}$$

5.2.15 Gruppe 15

Binäre Oxide Nur die binären Oxide des Antimons, Sb_2O_3 und Sb_2O_4 können durch Chemischen Transport abgeschieden werden. Die Oxide P_4O_6, P_4O_{10} und As_2O_3 haben so hohe Dampfdrücke, dass sie bereits bei relativ niedrigen Temperaturen sublimiert werden können. As_2O_5 und Sb_2O_5 zersetzen sich bereits bei ca. 400 bzw. 350 °C unter Sauerstoffabspaltung.

Sb_2O_4 kann mit Tellur(IV)-iodid endotherm transportiert werden (Dem 1980). Der Transport von 950 nach 930 °C erfolgt nach Transportgleichung 5.2.15.1.

$$Sb_2O_4(s) + 2\,TeI_4(g) \rightleftharpoons 2\,SbI_3(g) + 2\,TeO_2(g) + I_2(g) \quad (5.2.15.1)$$

Zudem spielt die Zersetzung von SbI_3 eine Rolle:

$$SbI_3(g) \rightleftharpoons SbI(g) + I_2(g) \quad (5.2.15.2)$$

Im unteren Temperaturbereich ist zusätzlich $TeOI_2$ als Sauerstoff-übertragende Gasspezies zu berücksichtigen (Opp 1980). Neben Tellur(IV)-iodid als Transportmittel kann in gleicher Weise Tellur(IV)-chlorid für den Sb_2O_4-Transport verwendet werden. Der endotherme Transport erfolgt von 1100 nach 950 °C mit hohen Transportraten.

Zahlreiche Untersuchungen belegen, dass der Chemische Transport von Bismut(III)-oxid nicht gelingt. In verschiedenen Experimenten sowohl mit halogenierenden Transportmitteln als auch mit Wasser sowie mit Transportmittelkombinationen aus halogenierenden Transportmitteln und Wasser wurde gezeigt, dass Bismutoxidhalogenide anstelle von Bi_2O_3 als Senkenbodenkörper abgeschieden werden (siehe auch Abschnitt 8.1).

Ternäre Verbindungen *Oppermann* und Mitarbeiter (Opp 1999, Opp 2002, Rad 2000, Rad 2001) und *Schmidt* et. al. (Schm 1999, Schm 2000) beschrieben den Transport von ternären Verbindungen des Systems Bi/Se/O mit verschiedenen Transportmitteln. Das Phasendiagramm des Systems Bi/Se/O ist in Abbildung 5.2.15.1 dagestellt. Die Verbindungen $Bi_2Se_4O_{11}$, und $Bi_2Se_3O_9$ Bi_2SeO_5 und Bi_2O_2Se sind neben Bi_2TeO_5 und $Bi_2Te_4O_{11}$ (Schm 1997) die einzigen bismuthaltigen Oxidoverbindungen, deren Transport beschrieben ist. Zwei weitere ternäre Bismutoxide, $BiReO_4$ und $BiRe_2O_6$, können durch Sublimation im Temperatur-

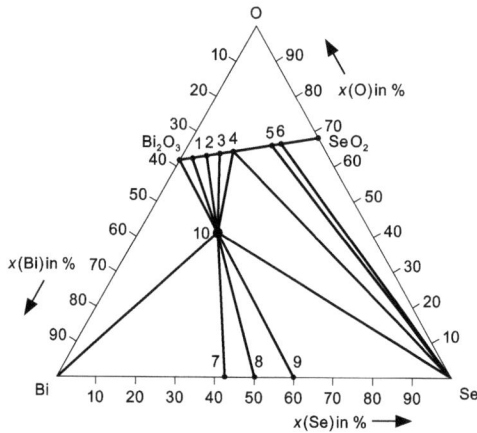

Abbildung 5.2.15.1 Phasendiagramm des Systems Bi/Se/O nach (Opp 1999). 1: $Bi_{12}SeO_{20}$, 2: $Bi_{10}Se_2O_{19}$, 3: $Bi_{16}Se_5O_{34}$, 4: Bi_2SeO_5, 5: Bi_2SeO_9, 6: $Bi_2Se_4O_{11}$, 7: Bi_4Se_3, 8: BiSe, 9: Bi_2Se_3, 10: Bi_2O_2Se.

bereich zwischen 550 und 800 °C erhalten werden (Smi 1979). Bi_2O_2Se kann durch endothermen Transport mit Bismut(III)-iodid und mit Ammoniumiodid in einem weiten Temperaturbereich transportiert werden. Anhand thermodynamischer Rechnungen wird deutlich, dass die Gasspezies BiI, BiSe, SeO_2, Se_2 und SeO transportwirksam sind und dass SeI_2 als Transportmittel wirkt. Dieses wird zunächst durch eine Reaktion des Bodenkörpers mit Bismut(III)-iodid gebildet:

$$Bi_2O_2Se(s) + SeI_2(g) \rightleftharpoons 2\,BiI(g) + SeO_2(g) + \frac{1}{2}Se_2(g) \quad (5.2.15.3)$$

Bi_2SeO_5 und $Bi_2Se_3O_9$ lassen sich endotherm mit verschiedenen brom- und iodhaltigen Transportmitteln abscheiden. Die Transportgleichung für den Transport von Bi_2SeO_5 mit BiI_3 kann wie folgt formuliert werden (Opp 2002):

$$Bi_2SeO_5(s) + BiI_3(g) + SeO_2(g) \rightleftharpoons 3\,BiSeO_3I(g) \quad (5.2.15.4)$$

Bemerkenswert ist, dass die gebildete Gasspezies $BiSeO_3I(g)$ gleichzeitig für Bismut, Selen und Sauerstoff transportwirksam ist. Die konkreten Bedingungen für den Transport mit $BiI_3 + SeO_2$ ergeben sich aus dem Zustandsbarogramm des Gesamtsystems $Bi_2O_3/SeO_2/BiI_3$ (vgl Abschnitt 8.1). Bi_2SeO_5 kann mit wesentlich geringerer Transportrate auch mit Iod als Transportmittel transportiert werden. Folgende Gleichgewichte beschreiben den Vorgang:

$$Bi_2SeO_5(s) + I_2(g) \rightleftharpoons BiSeO_3I(g) + BiI(g) + O_2(g) \quad (5.2.15.5)$$

$$BiI_3(g) \rightleftharpoons BiI(g) + I_2(g) \quad (5.2.15.6)$$

Die Dissoziation von BiI_3 ist für Temperaturen oberhalb 750 °C bei Gleichgewichtsberechnungen ebenso zu berücksichtigen wie die Bildung von Iodatomen oberhalb 900 °C. Analog zu Bi_2SeO_5 kann $Bi_2Se_3O_9$ sehr effektiv mit Bismut(III)-iodid von 500 °C nach T_1 transportiert werden. Oberhalb von 500 °C ist dies aufgrund der Zersetzung von $Bi_2Se_3O_9$ in Bi_2SeO_5 und gasförmiges SeO_2 eingeschränkt. Die auf dem quasibinären Schnitt Bi_2O_3/SeO_2 existierende, Selen(IV)-oxid-reichste Verbindung $Bi_2Se_4O_{11}$ ist ebenfalls mit Bismut(III)-iodid transportierbar, jedoch bei niedrigen Temperaturen von 300 nach 250 °C, da $Bi_2Se_4O_{11}$ bereits oberhalb 300 °C einen deutlichen SeO_2-Zersetzungdruck aufweist.

Der Transport von Bi_2TeO_5 und $Bi_2Te_4O_{11}$ ist von 600 nach 500 °C unter Zusatz von Ammoniumchlorid möglich (Schm 1997). Im Wesentlichen ist der Transport über Gleichgewicht 5.2.15.7 zu beschreiben:

$$Bi_2TeO_5(s) + 8\,HCl(g) \rightleftharpoons 2\,BiCl_3(g) + TeOCl_2(g) + 4\,H_2O(g) \qquad (5.2.15.7)$$

Die für Bismut transportwirksame Gasspezies ist $BiCl_3$, da im angegebenen Temperaturbereich die Bildung von BiCl zu vernachlässigen ist. Die Tellur-übertragende Spezies ist $TeOCl_2$. Der Sauerstoff wird auch durch TeO_2 sowie durch H_2O übertragen, das stets bei der Verwendung von Chlorwasserstoff als Transportmittel in oxidischen Systemen auftritt.

Metall*arsenate* und -*antimonate* sind strukturell durch Oxidoanionen gekennzeichnet. Aus diesem Grunde wird der Transport dieser Verbindungen in Kapitel 6.2 gemeinsam mit anderen Verbindungen thematisiert, die gleichfalls Oxidoanionen enthalten. Die überwiegende Anzahl der aus der Literatur zum Chemischen Transport bekannten Arsenate und Antimonate sind Seltenerdmetallarsenate(V) und -antimonate(V). Da das Transportverhalten von diesen Seltenerdmetalloxidoverbindungen durch das Seltenerdmetall geprägt ist, wird es in Abschnitt 5.2.3 behandelt.

Transportwirksame Gasspezies der Elemente der Gruppe 15 Bei Bodenkörpern, die ein Element der Gruppe 15 enthalten, erfolgt der Transport in den meisten Fällen über Halogenierungsgleichgewichte. Als transportwirksame Spezies spielen die Pentahalogenide aufgrund ihrer geringen Stabilität keine Rolle. Werden Halogenide transportwirksam, so sind es bei den Chloriden die Trichloride, die bis zu hohen Temperaturen stabil sind ($BiCl_3$ bis 1000 °C). Bei den Tribromiden und in besonderem Maße den Triiodiden ist bereits bei mittleren Temperaturen mit der Bildung von Monohalogeniden zu rechnen (BiI oberhalb 750 °C). Die Stabilität der Trihalogenide nimmt vom Phosphor zum Bismut und vom Chlorid zum Iodid ab:

$$PCl_3(g) \rightleftharpoons PCl(g) + Cl_2(g) \qquad (5.2.15.8)$$
$$\Delta_R G^0_{1000} = 218\ kJ \cdot mol^{-1}$$

$$SbCl_3(g) \rightleftharpoons SbCl(g) + Cl_2(g) \qquad (5.2.15.9)$$
$$\Delta_R G^0_{1000} = 120\ kJ \cdot mol^{-1}$$

$$BiCl_3(g) \rightleftharpoons BiCl(g) + Cl_2(g) \qquad (5.2.15.10)$$
$$\Delta_R G^0_{1000} = 120\ kJ \cdot mol^{-1}$$

$$BiBr_3(g) \rightleftharpoons BiBr(g) + Br_2(g) \qquad (5.2.15.11)$$
$$\Delta_R G^0_{1000} = 117\ kJ \cdot mol^{-1}$$

$$BiI_3(g) \rightleftharpoons BiI(g) + I_2(g) \qquad (5.2.15.12)$$
$$\Delta_R G^0_{1000} = 29\ kJ \cdot mol^{-1}.$$

Beim Transport von Verbindungen, die Phosphor und Sauerstoff enthalten, bilden sich in der Gasphase P_4O_{10} und/oder P_4O_6. Werden chlorhaltige Transportmittel verwendet, entstehen auch $POCl_3$, PO_2Cl sowie PCl_3, jedoch nicht mit transportwirksamen Partialdrücken (siehe Abschnitt 6.2).

Die Gasphasenzusammensetzung über Oxidoverbindungen des Arsens und des Antimons, die mit einem chlorierenden Transportmittel im Gleichgewicht stehen, ist durch die Gasspezies $AsCl_3$ bzw. $SbCl_3$ gekennzeichnet. Die flüchtigen Oxidhalogenide AsOCl bzw. SbOCl werden aufgrund ihrer niedrigen Partialdrücke nicht transportwirksam. Flüchtige Oxidhalogenide des Bismuts sind hingegen nicht beschrieben. Vom Arsen kennt man, im Gegensatz zum Phosphor, lediglich ein gasförmiges Oxid, As_4O_6. Dessen Partialdruck leistet in der Regel keinen entscheidenden Beitrag zum Transport. Der hohe Sättigungsdruck erklärt jedoch die Sublimation von Arsen(III)-oxid oberhalb von 250 °C im Vakuum.

5.2.16 Gruppe 16

Binäre Oxide Aus Sicht des Chemischen Transports spielt nur ein binäres Oxid, Tellur(IV)-oxid, eine wesentliche Rolle, da die binären Oxide von Schwefel und Selen niedrige Siedetemperaturen aufweisen. So kann SeO_2 durch Sublimation im Sauerstoffstrom um 420 °C aus der Gasphase abgeschieden werden.

Der Chemische Transport von Tellur(IV)-oxid über Chlorierungsgleichgewichte wird sowohl von den Arbeitsgruppen *Oppermann* (Opp 1977b) als auch von *Schäfer* (Sch 1977) thematisiert. Beim Transport mit Tellur(IV)-chlorid von 600 nach 400 °C spielen folgende Gleichgewichte eine Rolle:

$$TeO_2(s) + TeCl_4(g) \rightleftharpoons 2\,TeOCl_2(g) \qquad (5.2.16.1)$$

$$TeCl_4(g) \rightleftharpoons TeCl_2(g) + Cl_2(g) \qquad (5.2.16.2)$$

$$TeO_2(s) + Cl_2(g) \rightleftharpoons TeOCl_2(g) + \frac{1}{2}O_2(g) \qquad (5.2.16.3)$$

Gleichgewicht 5.2.16.3 kann auch zur Beschreibung des Transports von Tellur(IV)-oxid mit Chlor herangezogen werden. Unter bestimmten experimentellen Bedingungen scheidet sich jedoch nicht TeO_2 sondern $Te_6O_{11}Cl_2$ ab. Dieses steht im Gleichgewicht mit festem TeO_2 und gasförmigem $TeOCl_2$. Liegt $Te_6O_{11}Cl_2$ als Bodenkörper vor, so bestimmt der Zersetzungsdruck dieser festen Phase den Gesamtdruck in der Transportampulle. Entscheidend für die Frage, welcher der beiden Bodenkörper sich abscheidet, ist der Zersetzungsdruck bei der Abscheidungstemperatur. Ist der Partialdruck von $TeOCl_2$ entsprechend obigem Transportgleichgewicht größer als der Koexistenzzersetzungsdruck, so scheidet sich $Te_6O_{11}Cl_2$ ab, ist er kleiner, bildet sich TeO_2 (Opp 1977b) (vgl. Abschnitt 8.1).

Tellur(IV)-oxid ist ebenfalls mit Brom oder mit Tellur(IV)-bromid transportierbar. Die Beschreibung erfolgt analog zum System Te/O/Cl. In der Gasphase tritt $TeOBr_2$ auf. Unter bestimmten Umständen kann in Analogie zu $Te_6O_{11}Cl_2$ auch festes $Te_6O_{11}Br_2$ gebildet werden (Opp 1978a).

Oppermann und Mitarbeiter untersuchten in gleicher Weise den Chemischen Transport im System Te/O/I. Danach kann Tellur(IV)-oxid mit Iod von 700 nach

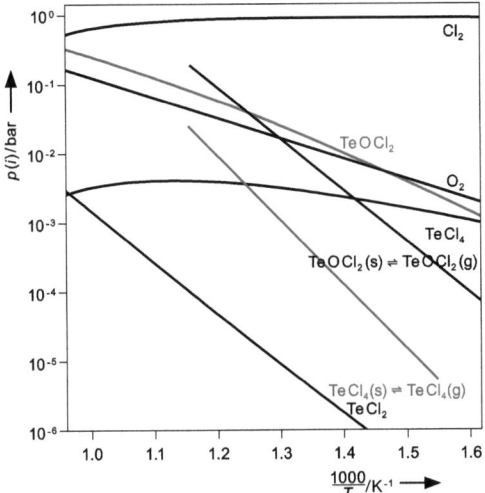

Abbildung 5.2.16.1 Gasphasenzusammensetzung über TeO$_2$ im Gleichgewicht mit Cl$_2$ nach (Opp 1977b).

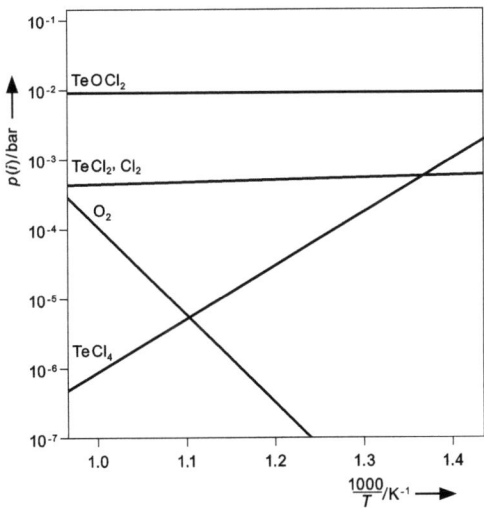

Abbildung 5.2.16.2 Gasphasenzusammensetzung über TeO$_2$ im Gleichgewicht mit TeCl$_4$ nach (Opp 177b).

450 °C, mit Tellur(IV)-iodid von 600 nach 400 °C sowie mit Tellur(IV)-iodid und Wasser von 520 nach 420 °C transportiert werden. Die Gasphase wird analog zu den Systemen Te/O/Cl und Te/O/Br unter Einbeziehung der Gasspezies TeOI$_2$ beschrieben, auf deren Existenz aus dem Transportverhalten geschlossen wurde. Im Gegensatz zum chlor- bzw. bromhaltigen System tritt im Te/O/I-System keine feste ternäre Verbindung der Zusammensetzung Te$_6$O$_{11}$I$_2$ auf (Opp 1980).

Tellur(IV)-oxid kann auch mit Chlorwasserstoff (600 → 400 °C) bzw. Bromwasserstoff (600 → 500 °C) transportiert werden. Bei der Verwendung der Halogenwasserstoffe ist ein viertes unabhängiges Gleichgewicht von Bedeutung, das zusätzlich die Gasspezies Wasser berücksichtigt:

$$TeO_2(s) + 4\,HX(g) \rightleftharpoons TeX_4(g) + 2\,H_2O(g) \quad (5.2.16.4)$$
$$(X = Cl, Br)$$

Ternäre Verbindungen Schwefel und Selen treten in ternären und polynären Oxidoverbindungen nahezu ausschließlich in komplexen Anionen auf. Dem Transport von Oxidoverbindungen mit komplexen Anionen ist Kapitel 6 gewidmet. Die ternären Oxidoverbindungen von Tellur werden bei den entsprechenden Metallen besprochen. Da sich das Transportverhalten von Selenaten und Telluraten ähnelt, sind einige Beispiele für den Transport von Selenaten auch in diesem Kapitel thematisiert.

5.2.17 Transport von Oxiden im Überblick

Die überwiegende Anzahl der binären Oxide kann im Sinne eines Chemischen Transports erhalten werden. Für die wenigen Ausnahmen gibt es zwei wesentliche Ursachen.

- Die Oxide (z. B. Au_2O_3) sind thermisch instabil und zersetzen sich bereits bei Temperaturen, bei denen potentielle metallübertragende Gasspezies noch keinen transportwirksamen Partialdruck erreichen.
- Der Transport ist prinzipiell zwar möglich, aus thermodynamischen Gründen jedoch erst bei sehr hohen Temperaturen (z. B. bei BaO und den meisten Seltenerdmetall(III)-oxiden). Quarzglasampullen können bis zu einer Temperatur von maximal 1200 °C eingesetzt werden. Noch höhere Temperaturen erfordern alternative Ampullenmaterialien, die sowohl gegenüber den oxidischen festen Phasen als auch gegenüber der Gasphase inert sein müssen (Molybdän, Platin, Korund). Die Handhabung dieser Materialien erfordert einen hohen Aufwand und wird in der Regel vermieden.

Die zahlreichen angegebenen Beispiele für den Transport von binären, ternären und quaternären Oxiden können die Grundlage für die Planung von Transportexperimenten zur Darstellung und Kristallisation von Oxiden liefern. Die Bedingungen für den Transport von Oxidoverbindungen können entweder auf der Basis von thermodynamischen Betrachtungen oder auch durch Analogieschlüsse anhand der beschriebenen Beispiele ermittelt werden.

Bei Transportexperimenten zur Kristallisation polynärer Verbindungen kann man zum einen von polykristallinen Pulvermaterialien ausgehen, die die Zielverbindung bereits enthalten, und zum anderen von Gemengen der binären Oxide. Oft hat sich der Einsatz von Pulvermaterialien, in der die polynäre Verbindung bereits vorliegt, als geeigneter erwiesen. Dabei sollte nicht unbedingt von einem einphasigen Ausgangsbodenkörper ausgegangen werden, sondern auch von mehrphasigen Bodenkörpern, die neben der Zielverbindung auch eine der koexistierenden Nachbarphasen enthalten. Der Temperaturbereich, in dem ihre Abscheidung erfolgen kann, wird durch die thermodynamische Stabilität der Zielverbindung begrenzt. Die Abscheidung der Zielverbindung kann in aller Regel nur in einem Temperaturbereich erfolgen, in dem sie thermodynamisch stabil ist. Der Transport einer polynären Verbindung ist nicht in allen Fällen möglich, auch dann nicht, wenn die binären Oxide transportiert werden können. In diesem Fall muss die Gleichgewichtssituation anhand der freien Reaktionsenthalpie im für die Transportreaktion relevanten Temperaturbereich für die Zielverbindung neu betrachtet werden. Dabei sollte die freie Reaktionsenthalpie für eine mögliche Transportreaktion zwischen -100 kJ $\cdot$ mol^{-1} und $+100$ kJ $\cdot$ mol^{-1} liegen. Aufgrund von Fehlern bei der Abschätzung thermodynamischer Daten unbekannter Verbindungen oder durch Vernachlässigung bestimmter Gasspezies sind diese Werte nur als grobe Orientierung zu sehen. Die transportwirksamen Gasspezies beim Transport polynärer Oxide sind im Wesentlichen dieselben, die auch den Transport der binären Oxide bestimmen. In einigen Fällen ist jedoch zusätzlich mit der Bildung von Gaskomplexen zu rechnen. Die zur Berechnung der freien Reaktionsenthalpie benötigten thermodynamischen Daten eines erstmalig zu transportierenden Ausgangsbodenkörpers können über die in Kapitel 12 beschriebenen Regeln abgeschätzt werden. Bei der Wahl des geeigneten Transportmittels kann ebenfalls auf die Erfahrungen beim Transport der binären Oxide zurückgegriffen werden. Das darin bestehende große experimentelle Potential eröffnet eine Vielzahl von Möglichkeiten zur Kristallisation neuer oxidischer Verbindungen.

Tabelle 5.1 Beispiele für den Chemischen Transport von Oxiden.

Senkenbodenkörper	Transportzusatz	Temperatur/°C	Literatur
Al_2O_3	H_2	$2000 \to T_1$	Dev 1959
	H_2	$2000 \to T_1$	Sea 1963
	Cl_2, HCl	$1240 \to T_1$, $1100 \to T_1$	Fis 1932
	HCl	$1150 \to T_1$	Ker 1963
	HCl	$1650 \to T_1$	Kal 1971
	PbF_2	$1300 \ldots 1100 \to T_1$	Tsu 1966
	PbF_2	$1380 \ldots 1260 \to T_1$	Whi 1974
	$H_2 + C$	$2000 \to T_1$	Isa 1973
	$PbO + F_2O$	$1250 \to T_1$	Tim 1964
$Al_2Ge_2O_7$	$AlCl_3$	$1000 \to 900$	Aga 1985a
Al_2SiO_5	Na_3AlF_6	$1100 \ldots 1240 \to 1050 \ldots 1190$	Nov 1966a
$Al_2Ti_7O_{15}$	$TeCl_4$	$950 \to 910$	Rem 1988
$Al_{1-x}V_xO_2$	$TeCl_4$	$1100 \to 1000$	Brü 1976
BPO_4	PCl_5	$800 \to 700$	Schm 2004
$BaAl_{12}O_{19}:Fe^{3+}$	PbF_2	$1300 \to T_1$	Tsu 1966
$BaTa_4O_{11}$	Cl_2	$1255 \to 1155$	Bay 1983
BeO	HCl	$1100 \to 800$	Spi 1930
	H_2O	$1100 \to 800$	You 1960
	H_2O	$1380 \to 1065$	Stu 1964
	H_2O	$1800 \to 1600$	Bud 1966
Be_2SiO_4	NaF, BeF_2, Na_2BeF_4	$1200 \to 1100$, $1100 \to 1000$ $950 \to 850$	Nov 1967
	Li_2BeF_4	$1290 \to 1240$	Nov 1966a
	Na_2BeF_4	$1000 \to 850$	Nov 1964
	Na_2BeF_4	$900 \to 850$	Nov 1966
Bi_2O_2Se	BiI_3	$800 \to 750$	Schm 1999
	BiI_3	$800 \to 750$	Schm 2000
	NH_4I	$750 \to 650$, $900 \to 800$	Opp 1999
Bi_2SeO_5	Br_2, $SeOBr_2$	$750 \to 600$	Rad 2001
	I_2, BiI_3, $SeO_2 + BiI_3$, SeO_2	$700 \to 500$, $600 \to 500$, $600 \to 500$, $600 \to 500$	Opp 2002
$Bi_2Se_3O_9$	Br_2, $BiBr_3$	$500 \to 400$	Rad 2000
	BiI_3	$500 \to 300$	Opp 2002
$Bi_2Se_4O_{11}$	BiI_3	$300 \to 250$	Opp 2002
$Bi_4Si_3O_{12}$	NaF, BiF_3	$T_2 \to T_1$	Nov 1967
Bi_2TeO_5	NH_4Cl	$600 \to 500$	Schm 1997
$Bi_2Te_4O_{11}$	NH_4Cl	$600 \to 500$	Schm 1997
CaO	Br_2, HCl	$1400 \to T_1$	Vei 1967
	H_2O	$1745 \to 1405$	Mat 1981a
$CaMoO_4$	Cl_2	$1150 \to 1050$	Ste 2006
$CaMo_5O_8$	Cl_2	$1150 \to 1050$	Ste 2006

Tabelle 5.1 (Fortsetzung)

Senkenbodenkörper	Transportzusatz	Temperatur/°C	Literatur
$CaNb_2O_6$	Cl_2	1020 → 980	Emm 1968a
	Cl_2	1020 → 980	Emm 1968d
	HCl	1010 → 980	Emm 1968c
$CaTa_4O_{11}$	Cl_2, $TeCl_4$	1100 → 1000,	Bay 1983
	Cl_2 + $FeCl_3$	1015 → 915	
$CaWO_4$	Cl_2	1150 → 1050	Ste 2005a
CdO	H_2	720 → 530	Fuh 1964
	Br_2, I_2	760 → 700	Emm 1968c
	I_2	665 → 595	Fuh 1964
$CdAs_2O_6$	$PtCl_2$	720 → 680	Wei 2001
$Cd_2As_2O_7$	$PtCl_2$	650 → 600	Wei 2001a
$CdFe_2O_4$	HCl	1000 → 800	Klei 1964
$CdMoO_4$	Cl_2, Br_2, I_2	700 → 600	Ste 2000
$Cd_2Mo_3O_8$	Cl_2, Br_2	700 → 600	Ste 2000
$CdNb_2O_6$	HCl, NH_4Cl, NH_4Br, $HgCl_2$, $HgBr_2$	1000 → 900	Kru 1987
$CdSiO_3$	Br_2	750 → 600	Fuh 1964
$CdWO_4$	Cl_2	900 → 800	Ste 2005a
CeO_2	Cl_2, Cl_2 + C	1100 → 1000	Scha 1989
$CeAsO_4$	$TeCl_4$	1050 → 950	Schm 2005
$CeNbO_4$	Cl_2	1000 → 900	Hof 1993
$CeNb_3O_9$	Cl_2	950 → 900	Stu 1975
	Cl_2	950 → 900, 1100 → 1000	Hof 1993
$CeNb_5O_{14}$	Cl_2, NH_4Br	1100 → 1000	Hof 1993
$CeNb_7O_{19}$	Cl_2	800 → 780	Hof 1991
	Cl_2	850 → 800	Hof 1993
$CePO_4$	PCl_5	1100 → 1000	Orl 1971
	PCl_5	1050 → 950	Mül 2004
$CeTaO_4$	Cl_2, CBr_4 + CO_2	1000 → 1100, 1100 → 1000	Scha 1989
$CeTa_3O_9$	Cl_2	1090 → 1000	Scha 1988
	Cl_2, NH_4Br	1100 → 1000	Scha 1989
	Cl_2	1100 → 1000	Scha 1990
$CeTa_7O_{19}$	Cl_2	1100 → 1000	Scha 1990
	Cl_2, NH_4Br	1100 → 1000	Scha 1991
$Ce_2Ti_2O_7$	$HgCl_2$, NH_4Cl	1050 → 950	Pre 1996
$Ce_2Ti_2SiO_9$	NH_4Cl	1050 → 900	Zen 1999
$CeVO_4$	$TeCl_4$	1100 → 1000	Schm 2005a
CoO	Cl_2, HCl	1000 → 900, 970 → 900	Kle 1966a
	Cl_2, HCl	1000 → 900, 970 → 900	Emm 1968c
	Cl_2	950 → 850	Kru 1986
$Co_{1-x}Mg_xO$	HCl	925 → 825	Skv 2000
$Co_{1-x}Ni_xO$	HCl	800 → 650	Loc 1999
$Co_{1-x}Zn_xO$	HCl	800 → 650	Loc 1999b
	Br_2	950 → 900	Kra 1984

Tabelle 5.1 (Fortsetzung)

Senkenbodenkörper	Transportzusatz	Temperatur/°C	Literatur
Co_3O_4	Cl_2	980 → 860	Klei 1963
	HCl	900 → 700	
	HCl	1000 → 800	Klei 1972a
	Cl_2	980 → 860, 1000 → 900	Emm 1968c
	Cl_2	975 → 855	Tar 1984
	Cl_2	980 → 860	Pat 2000b
	HCl	980 → 860	Tar 1984
$Co_{3-x}Fe_xO_4$	HCl	1000 → 900	Szy 1970
$Co_2As_2O_7$	Cl_2	880 → 800	Wei 2004c
	Cl_2	880 → 800	Wei 2005
$CoCr_2O_4$	Cl_2	900 → 800	Emm 1968b
	Cl_2	1045 → 945	Pes 1982
$Co(Cr_{1-x}Fe_x)_2O_4$	$TeCl_4$	1000 → 900	Pat 2000, Pat 2000c
$CoFe_2O_4$	HCl	1000 → 800	Klei 1963
	HCl	800 ... 1200 → T_1 ($\Delta T = 50 ... 100$)	Cur 1965
	HCl	1000 → 800	Klei 1972a
	$TeCl_4$	1000 → 900	Pat 2000c
$Co(Fe_{1-x}Ga_x)_2O_4$	Cl_2	1000 → 900	Pat 2000, Pat 2000c
$CoGa_2O_4$	Cl_2	980 → 860	Pat 2000b
$Co(Ga_{1-x}Co_x)_2O_4$	Cl_2	980 → 860	Pat 2000b
$CoGeO_3$	Cl_2, NH_4Cl	950 → 870, 870 → 770	Kru 1986
	HCl	950 → 650	Roy 1963
	HCl	900 → 700, 1000 → 900	Pfe 2002a
	NH_4Cl	1000 → 700	Roy 1963a
Co_2GeO_4	Cl_2, NH_4Cl	920 → 830, 850 → 770	Kru 1986
	HCl	900 → 700, 1000 → 900	Pfe 2002a
	$TeCl_4$	850 → T_1	Hos 2007
$Co_{1-x}Fe_xGeO_3$	HCl	900 → 700	Pfe 2002
$CoMn_2O_4$	PbF_2	1150 → T_1	Tsu 1966
$Co_{1-x}Mn_xGeO_3$	HCl	900 → 700	Pfe 2002
$CoMoO_4$	Cl_2	1020 → 975	Emm 1968b
	Cl_2, Br_2	900 → 800	Ste 2004a
$Co_2Mo_3O_8$	Cl_2, Br_2	900 → 800	Ste 2004a
	HCl, $TeCl_4$	935 → 815, 965 → 815	Str 1983
$Co_{2-x}Zn_xMo_3O_8$	NH_4Cl, NH_4Br	1000 → 900	Ste 2005
$CoNb_2O_6$	Cl_2	1010 → 970	Emm 1968c
	$HgCl_2$, $PtCl_2$, NH_4Cl	1020 → 960	Ros 1992
	$TeCl_4$	1000 → 900	Sch 1978
$CoTa_2O_6$	Cl_2	880 → 850	Emm 1968b
$CoWO_4$	Cl_2	1000 → 905	Emm 1968b
	Cl_2	900 → 800	Ste 2005a
Co_2SiO_4	HF	1000 → T_1	Schm 1964a
	$TeCl_4$	925 → 705	Str 1981

Tabelle 5.1 (Fortsetzung)

Senkenbodenkörper	Transportzusatz	Temperatur/°C	Literatur
Co_2SnO_4	Cl_2	1030 → 1010	Emm 1968b
	NH_4Cl	950 → 800	Trö 1972
Cr_2O_3	Cl_2	980 → 860	Emm 1968c
	Cl_2	1050 → 850	Pes 1973a
	Cl_2	1050 → 850	Bli 1977
	Cl_2	960 → 870	Kru 1986
	Cl_2, $HgCl_2$	1000 → 900	Noc 1993
	Br_2, $Br_2 + CrBr_3$	1000 → 900	Noc 1994
	O_2	1785 → 1565	Grim 1961
	O_2, $O_2 + H_2O$	1200 → 1000	Cap 1961
	O_2, $O_2 + H_2O$	1400 → T_1	Kim 1974
	$Cl_2 + O_2$	725 → 625	San 1974
	$TeCl_4$	900 → 850	Pes 1984
$CrBO_3$	$CrCl_2 + H_2O$	1000 → 900	Schm 1964
$Cr_2BP_3O_{12}$	I_2, $I_2 + P$	1100 → 1000	Schm 2002
$CrGa_2O_4$	Cl_2	980 → 860	Pat 2000b
Cr_2GeO_5	Cl_2	1080 → 980	Kru 1986
$Cr_{0,18}In_{1,82}Ge_2O_7$	Cl_2	950 → 850	Pfe 2002b
$(Cr,Nb)_{12}O_{29}$	Cl_2, $NbCl_5$	1040 → 1000	Hof 1994
$CrNbO_4$	Cl_2	1020 → 960	Ros 1990a
	$NbCl_5 + Cl_2$	980 → 860	Emm 1968c
$CrTaO_4$	Cl_2	1010 → 950	Emm 1968b
$CrWO_4$	$TeCl_4$	980 → 820	Vla 1976
$Cs_xNb_yW_{1-y}O_3$	$HgCl_2$	850 → 800	Hus 1994
Cs_xWO_3	$HgCl_2$	850 → 800	Hus 1994
	$HgCl_2$, $HgBr_2$	800 → 700	Hus 1997
Cu_2O	HCl	900 → 1000	Sch 1957
	HCl	740 → 760	Jag 1966
	HCl	850 → 950	Kra 1977
	NH_4Cl	1100 → 950, 800 → 950	Bal 1985
	NH_4Cl, NH_4Br	650 → 730, 680 → 750	Mar 1999
	I_2	1000 → 900	Tra 1994
CuO	Cl_2	870 → 800	Kle 1970
	Cl_2, I_2, $HgCl_2$	805 → 725, 855 → 705, 805 → 705	Bal 1985
	HCl	790 → 710	Jag 1966
	HCl	1000 → 900	Yam 1973
	HCl	800 → 700	Sch 1976
	HCl	800 → 700	Kra 1977
	HCl, $TeCl_4$	890 → 830, 810 → 750	Des 1989
	NH_4Cl, CuCl	825 → 745, 805 → 705	Bal 1985
	NH_4Cl	900 → 865	Mil 1990
	$BaO_2 + CuI$	900 → 800	Zhe 1998
	HBr, HI	900 → 700, 900 → 800	Kle 1970
	I_2	1000 → 900	Tra 1994

Tabelle 5.1 (Fortsetzung)

Senkenboden- körper	Transportzusatz	Temperatur/°C	Literatur
$Cu_{1-x}Zn_xO$	Cl_2	900 → 800	Loc 1999c
$CuO \cdot CuSO_4$	I_2	800 → 720	Mar 1998
$Cu_2As_2O_7$	Cl_2	880 → 800	Wei 2004, Wei 2004a, Wei 2004b, Wei 2004c
	Cl_2	880 → 800	Wei 2005
$CuGeO_3$	I_2	920 → 1010	Red 1976
$CuMoO_4$	Cl_2, Br_2, HCl, $TeCl_4$	750 → 700	Ste 1996
$Cu_3Mo_2O_9$	Cl_2, Br_2, HCl, $TeCl_4$	750 → 600	Ste 1996
$CuRh_2O_4$	$TeCl_4$	1050 → 850	Jen 2009
$CuSb_2O_6$	Cl_2, $TeCl_4$	920 → 800, 920 → 880	Pro 2003
$CuSeO_3$	$TeCl_4$	400 → T_1	Meu 1976
$CuSe_2O_5$	$TeCl_4$	380 → 280	Jan 2009
Cu_2SeO_4	$TeCl_4$	400 → T_1	Meu 1976
$CuTe_2O_5$	$PtCl_2$, $TeCl_4$	590 → 490	Jan 2009
	$TeCl_4$	790 → 680	Yu 1993
$Cu_2V_2O_7$	$TeCl_4$	620 → 560	Pro 2001
CuV_2O_6	$TeCl_4$	600 → 500	Jen 2009
$CuWO_4$	Cl_2	900 → 800	Ste 2005a
$Cu_{3(1-x)}Zn_{3x}Mo_2O_9$	Cl_2	700 → 600	Rei 2005
$DyAsO_4$	$TeCl_4$	1050 → 950	Schm 2005
$DyPO_4$	PBr_5	1000 → 930	Mül 2004
$DySbO_4$	$TeCl_4$	1100 → 950	Ger 2007
$Dy_2Ti_2O_7$	Cl_2	1050 → 950	Hüb 1992
$DyVO_4$	$TeCl_4$	1100 → 1000	Schm 2005a
$ErAsO_4$	$TeCl_4$	1050 → 950	Schm 2005
$Er_{1-x}Dy_xAsO_4$	$TeCl_4$	1075 → 975	Schm 2003
$Er_{1-x}La_xAsO_4$	$TeCl_4$	1075 → 975	Schm 2003
$ErPO_4$	PCl_5, PBr_5	1050 → 950, 1075 → 960	Mül 2004
$Er_2Ti_2O_7$	Cl_2	1050 → 950	Hüb 1992
$EuAsO_4$	$TeCl_4$	1050 → 950	Schm 2005
$EuPO_4$	PCl_5	1100 → 1000	Orl 1971
	PCl_5	1000 → 900, 1100 → 1000	Rep 1971
$EuSbO_4$	$TeCl_4$	1100 → 950	Ger 2007
Eu_2SiO_4	I_2, HCl	1980 → 1920	Kal 1970
	HCl	2000 → 1940	Kal 1969
Eu_2SiO_5	HCl	1980 → 1920	Kal 1970
$EuVO_4$	$TeCl_4$	1100 → 1000	Schm 2005a
$Eu_2Ti_2O_7$	Cl_2	1050 → 950	Hüb 1992
$Eu_{1-x}Sm_xVO_4$	$TeCl_4$	1100 → 1000	Schm 2005a

Tabelle 5.1 (Fortsetzung)

Senkenbodenkörper	Transportzusatz	Temperatur/°C	Literatur
FeO	HCl	725 → 700	Bow 1974
$Fe_{1-x}Zn_xO$	NH_4Cl	900 → 750	Loc 1999b
Fe_2O_3	Cl_2, I_2	980 → 860, 980 → 860	Emm 1968c
	Cl_2	1050 → 1000	Pes 1974
	Cl_2, HCl	1000 → 800	Ger 1977b
	$TeCl_4$	1000 → 800, 1000 → 900	
	Cl_2, $TeCl_4$	1000 → 950, 970 → 920	Bli 1977
	Cl_2	1100 → 800, T_2 → 300	Kle 1966a
	HCl	1000 → 800	Sch 1956
	HCl	1000 → 800	Klei 1964
	HCl	1100 → 800	Kle 1966a
	HCl	300 → 400	Klei 1966
	HCl	1000 → 800	Klei 1970
	HCl	1000 → 800	Klei 1972
	YCl_3	1170 → 1050	Klei 1977
	$TeCl_4$	1000 → 900	Aga 1984
	$TeCl_4$	700 → 800, 1100 → 900	Ger 1977
	$TeCl_4$	970 → 820	Pes 1975
	$TeCl_4$	800 → 850	Pes 1984
$Fe_2(^{16}O_{1-x}{}^{18}O_x)_3$	Cl_2	850 → 750	Kra 2005
$Fe_{2-x}Cr_xO_3$	$TeCl_4$	900 → 850	Pes 1984
$(Fe_{1-x}Cr_x)_2O_3$	Cl_2, $FeCl_3$	1070 → 770	Hay 1980
	$TeCl_4$	1000 → 900	Pat 2000c
$(Fe_{1-x}Ga_x)_2O_3$	$TeCl_4$	1000 → 900	Pat 2000c
Fe_3O_4	HCl	1000 → 800	Hau 1962
	HCl	1000 → 800	Klei 1972a
	HCl	1000 → 800	Mer 1973a
	HCl, $TeCl_4$	1000 → 800	Ger 1977b
	$TeCl_4$	970 → 820	Bli 1977
	$TeCl_4$	900 → 850	Pes 1984
$Fe_{2-x}Co_xGeO_4$	HCl	900 → 700	Pfe 2002
$Fe_{3-x}V_xO_4$	HCl	925 → 825, 1000 → 900	Bab 1987
$Fe_7(AsO_4)_6$	NH_4Cl	900 → 800	Wei 2004b
$FeBO_3$	HCl	760 → 670	Die 1975
Fe_3BO_6	HCl	875 → 835	Die 1976
$FeGa_2O_4$	Cl_2	880 → 850	Lec 1991
	Cl_2	980 → 860	Pat 2000b
$FeGeO_3$	HCl	900 → 700, 950 → 650	Roy 1963
	NH_4Cl	1000 → 700	Roy 1962
	NH_4Cl	1000 → 700	Roy 1963a
	Cl_2	880 → 820	Kru 1986
Fe_2GeO_4	Cl_2	880 → 820	Kru 1986
	HCl	900 → 700	Pfe 2002
	$TeCl_4$	920 → 760	Str 1980
Fe_2GeO_5	$TeCl_4$, $TeCl_4$ + HCl	1050 → 950, 800 → 1050	Aga 1984
$Fe_{3,2}Ge_{1,8}O_8$	Cl_2	880 → 820	Kru 1986

Tabelle 5.1 (Fortsetzung)

Senkenboden-körper	Transportzusatz	Temperatur/°C	Literatur
$Fe_8Ge_3O_{18}$	$TeCl_4$,	$1000 \rightarrow 900$,	Aga 1984
	$TeCl_4$ + HCl	$800 \rightarrow 1050$	
	Cl_2	$1060 \rightarrow 980$	Kru 1986
$Fe_{15}Ge_8O_{36}$	Cl_2	$880 \rightarrow 820$	Kru 1986
$Fe_{1-x}Co_xGeO_3$	HCl	$900 \rightarrow 700$	Pfe 2002
$Fe_{1-x}In_xGe_2O_7$	Cl_2	$840 \rightarrow 780$	Pfe 2002b
$Fe_{1-x}Mn_xWO_4$	$TeCl_4$	$985 \rightarrow 900$	Sie 1983
$Fe_2Mo_3O_8$	HCl, $TeCl_4$	$1070 \rightarrow 1025, 960 \rightarrow 855$	Str 1982a
	$TeCl_4$	$955 \rightarrow 865$	Str 1983
	Cl_2, HCl, $TeCl_4$	$970 \rightarrow 800$	Str 1983a
$FeNbO_4$	Cl_2	$1000 \rightarrow 900$	Bru 1976a
	Cl_2 + $NbCl_5$	$920 \rightarrow 750$	Emm 1968c
$FeNb_2O_6$	Cl_2, NH_4Cl,	$1020 \rightarrow 960, 1020 \rightarrow 960$,	Emm 1968c
	Cl_2 + $NbCl_5$	$1005 \rightarrow 935$	
	Cl_2, NH_4Cl	$1020 \rightarrow 960$	Ros 1990a
$FeTaO_4$	Cl_2 + $TaCl_5$	$1000 \rightarrow 900$	Emm 1968b
Fe_2TiO_5	$TeCl_4$	$1100 \rightarrow 900$	Pie 1978
	$TeCl_4$	$T_2 \rightarrow T_1$	Mer 1980
FeV_2O_4	HCl	$925 \rightarrow 825$	Bab 1987
$FeWO_4$	Cl_2	$1010 \rightarrow 980$	Emm 1968b
	$TeCl_4$	$985 \rightarrow 900$	Sie 1982
	$TeCl_4$	$985 \rightarrow 900$	Yu 1993
$Fe_{1-x}V_xO_2$	$TeCl_4$	$1100 \rightarrow 1000$	Brü 1976
Ga_2O_3	Cl_2	$880 \rightarrow 800$	Red 1976
	Cl_2	$945 \rightarrow 895$	Jus 1986
	Cl_2	$1000 \rightarrow 800$	Pat 2000
	HCl	$1000 \rightarrow 800$	Pat 1999
	NH_4Cl	$945 \rightarrow 895$	Paj 1986
	$TeCl_4$	$1000 \rightarrow 900$	Ger 1977a
	C, CO, CH_4	$1100 \rightarrow T_1$	Fos 1960
	Cl_2 + S	$545 \rightarrow 745, 945 \rightarrow 845$	Jus 1988
	I_2 + S	$1150 \rightarrow 1100$	Nit 1966
	I_2 + S	$1150 \rightarrow 1100$	Nit 1967a
	I_2 + S	$1000 \rightarrow 900$	Aga 1985
Ga_2GeO_5	Cl_2, $GeCl_4$	$890 \rightarrow 820, 900 \rightarrow 860$	Red 1976
	I_2 + S	$1000 \rightarrow 900, 1050 \rightarrow 1000$,	Aga 1985
	HCl	$1100 \rightarrow 1000$	
$Ga_{2-x}In_xO_3$	Cl_2	$1000 \rightarrow 800, 1000 \rightarrow 900$	Pat 2000
$Ga_{2-x}V_xO_3$	$TeCl_4$	$1100 \rightarrow 900$	Kra 1991
Ga_4GeO_8	HCl, I_2 + S	$1100 \rightarrow 1050, 1000 \rightarrow 900$	Aga 1985
$(Ga_{0,6}In_{1,4})_2Ge_2O_7$	Cl_2	$1050 \rightarrow 950$	Pfe 2002b
$(Ga_{1,9}In_{0,1})_2Ge_2O_7$	Cl_2	$1050 \rightarrow 950$	Pfe 2002b
$Ga_{1-x}V_xO_y$	$TeCl_4$	$1000 \ldots 1050 \rightarrow 850 \ldots 900$	Kra 1991
$Ga_{1-x}V_xO_2$	$TeCl_4$	$1100 \rightarrow 900$	Brü 1976a

Tabelle 5.1 (Fortsetzung)

Senkenboden-körper	Transportzusatz	Temperatur/°C	Literatur
Gd_2O_3	HCl	$1800 \rightarrow T_1$	Kal 1971
$GdAsO_4$	$TeCl_4$	$1050 \rightarrow 950$	Schm 2005
$Gd_3Fe_5O_{12}$	$GdCl_3$	$1165 \rightarrow 1050$	Klei 1972
	$GdCl_3$	$1165 \rightarrow 1050$	Klei 1974
	$GdCl_3$	$1165 \rightarrow 1050$	Klei 1977, Klei 1977a
$GdPO_4$	PCl_5	$1100 \rightarrow 1000$	Orl 1971
	PCl_5	$1000 \rightarrow 900, 1100 \rightarrow 1000$	Rep 1971
	PCl_5	$1050 \rightarrow 950$	Mül 2004
$Gd_{1-x}Sm_xPO_4$	PCl_5	$1050 \rightarrow 950$	Mül 2004
$GdSbO_4$	$TeCl_4$	$1100 \rightarrow 950$	Ger 2007
$Gd_{2,66}Tb_{0,34}Fe_5O_{12}$	$Cl_2 + FeCl_2$	$1145 \rightarrow 1085$	Gib 1973
$Gd_2Ti_2O_7$	Cl_2	$1050 \rightarrow 950$	Hüb 1992
$GdVO_4$	$TeCl_4$	$1100 \rightarrow 1000$	Schm 2005a
GeO_2	H_2	$850 \rightarrow 750$	Schm 1981, Schm 1981a
	H_2	$850 \rightarrow 750$	Schm 1983
	Cl_2	$900 \rightarrow 850$	Red 1978
	Cl_2	$950 \rightarrow 850$	Schm 1985
	$Cl_2 + MCl$ (M = Li, Na, K, Rb, Cs), $Cl_2 + $ (MnO, CuO, Fe_2O_3)	$900 \rightarrow 850$	Red 1978
	HCl	$200 \rightarrow 500$	Chu 1964
	$GeCl_4$	$1000 \rightarrow 900$	Klei 1982
	$TeCl_4$	$1000 \rightarrow 900$	Aga 1984
	$I_2 + S$	$1100 \rightarrow 1000$	Aga 1985
	$H_2 + H_2O$	$745 \rightarrow 555$	Fak 1965
	$H_2O + WO_2$	$925 \rightarrow 825$	Pli 1983
HfO_2	$Cl_2, TeCl_4$	$1100 \rightarrow 1000$	Dag 1992
	$TeCl_4$	$1100 \rightarrow 1000$	Opp 1975
$HfSiO_4$	$Cl_2, HfCl_4, Br_2, HfBr_4, I_2, HfI_4$	$1150 \ldots 1250 \rightarrow 1050 \ldots 1150$ ($\Delta T = 100$)	Hul 1968
	$CrCl_3 + Se$	$920 \rightarrow 980$	Fuh 1986
$HgAs_2O_6$	$HgCl_2$	$650 \rightarrow 550$	Wei 2000
$(Hg_2)_2As_2O_7$	$HgCl_2$	$550 \rightarrow 500$	Wei 2003
$HoAsO_4$	$TeCl_4$	$1050 \rightarrow 950$	Schm 2005
$HoPO_4$	PCl_5	$1070 \rightarrow 930$	Mül 2004
	$Br_2 + PBr_3$	$1025 \rightarrow 925, 1125 \rightarrow 925$	Orl 1974
$Ho_2Ti_2O_7$	Cl_2	$1050 \rightarrow 950$	Hüb 1992
$HoVO_4$	$TeCl_4$	$1100 \rightarrow 1000$	Schm 2005a

Tabelle 5.1 (Fortsetzung)

Senkenboden-körper	Transportzusatz	Temperatur/°C	Literatur
In_2O_3	Cl_2, NH_4Cl	1000 → 900, 900 → 800	Kru 1986
	Cl_2	950 → 900	Joz 1987
	Cl_2	1000 → 800	Pat 2000
	HCl	950 → 720	Wit 1971
	$I_2 + S$	1150 → 1100	Nit 1966
	$I_2 + S$	1150 → 1100	Nit 1967a
$In_2O_3{:}SnO_2$	Cl_2, $I_2 + S$	975 → 925, 1025 → 925	Wer 1996
	Cl_2	1050 → 900	Pat 2000a
$(In_{1,9}Mn_{0,1})_2Ge_2O_7$	Cl_2	1000 → 800	Pfe 2002b
$In_2Ge_2O_7$	Cl_2, NH_4Cl	840 → 780, 820 → 720	Kru 1986
$InMo_4O_6$	H_2O	1000 → 900	Ste 2005b
$In_2Mo_3O_{12}$	Cl_2, Br_2	700 → 600, 900 → 800	Ste 2005b
In_xWO_3	NH_4Cl	900 → 800	Ste 2008
$In_2W_3O_{12}$	Cl_2	800 → 700	Ste 2008
In_6WO_{12}	$TeCl_4$	1000 → 835	Gae 1993
IrO_2	Cl_2	1100 → 900	Bel 1966
	O_2	1205 → 1035	Sch 1960
	O_2	1090 → 1010	Cor 1962
	O_2	1230 → 1050	Geo 1982
	O_2	1230 → 1050	Tri 1982
	O_2	1150 → 1000	Rea 1976
	$TeCl_4$	1100 → 1000	Opp 1975
$Ir_{1-x}Ru_xO_2$	O_2	1230 → 1050	Geo 1982
	O_2	1230 → 1050	Tri 1982
$K_xNb_{1-y}W_yO_3$	$HgCl_2$	850 → 800	Hus 1994
$K_xP_4W_8O_{32}$		1200 → 1000	Rou 1997
$K_{0,25}WO_3$	$HgCl_2$, $HgBr_2$	800 → 750	Hus 1991
K_xWO_3	Cl_2, I_2	900 → T_1, 1000 → 900	Scho 1992
	$HgCl_2$	850 → 800	Hus 1994
	$HgCl_2$, $HgBr_2$, HgI_2, $PtCl_2$	800 → 750	Hus 1997
$LaAsO_4$	$TeCl_4$	1050 → 950	Schm 2005
$LaNbO_4$	Cl_2	1090 → 1000	Stu 1976
	HCl	800 ... 1200 → T_1 ($\Delta T = 50 ... 100$)	Cur 1965
	NH_4Br	1090 → 1000	Stu 1976
$LaNb_3O_9$	Cl_2	1100 → 1000	Stu 1975, Stu 1976
$LaNb_5O_{14}$	Cl_2, NH_4Br	1050 → 950	Hof 1990
$LaNb_7O_{19}$	Cl_2	800 → 780	Hof 1991
	Cl_2	900 → 800	Bus 1996

Tabelle 5.1 (Fortsetzung)

Senkenbodenkörper	Transportzusatz	Temperatur/°C	Literatur
$LaPO_4$	PCl_5	$1100 \rightarrow 1000$	Tan 1968
	PCl_5	$1100 \rightarrow 1000$	Orl 1971
	NH_4Br, $Br_2 + C$, $Br_2 + CO$, $Br_2 + PBr_3$	$1125 \rightarrow 925$	Sch 1972
$LaSbO_4$	$TeCl_4$	$1100 \rightarrow 950$	Ger 2007
$LaTaO_4$	Cl_2, NH_4Br	$1050 \rightarrow 950$	Stu 1976
	Cl_2, NH_4Br	$1050 \rightarrow 950$	Lan 1986b
	Cl_2	$1100 \rightarrow 1000$	Scha 1990
$LaTa_3O_9$	Cl_2, NH_4Br	$1090 \rightarrow 1000$	Stu 1976
	Cl_2	$1090 \rightarrow 1000$	Lan 1987
	Cl_2	$1100 \rightarrow 1000$	Scha 1990
„$LaTa_5O_{14}$" ($La_{4,67}Ta_{22}O_{62}$)	Cl_2, NH_4Br	$1390 \rightarrow 1300$	Scha 1989
„$LaTa_5O_{14}$" ($La_{4,67}Ta_{22}O_{62}$)	Cl_2, NH_4Br	$1390 \rightarrow 1300$	Scha 1989a
$LaTa_7O_{19}$	Cl_2, NH_4Br	$1120 \rightarrow 1050$	Lan 1986
	Cl_2, NH_4Br	$1120 \rightarrow 1050$	Lan 1986b
	Cl_2	$1100 \rightarrow 1000$	Scha 1990
$LaVO_4$	$TeCl_4$	$1100 \rightarrow 1000$	Schm 2005a
Li_2O	H_2O	$1000 \rightarrow T_1$	Ark 1955
	H_2O	$870 \rightarrow 820$	Ber 1963
$LiNbO_3$	S	$1000 \rightarrow 900$	Sch 1988
Li_xMoO_3	$TeCl_4$	$850 \rightarrow 750$	Schm 2008
Li_xWO_3	$TeCl_4$	$850 \rightarrow 750$	Schm 2008
	$HgCl_2$	$800 \rightarrow 700$	Rüs 2008
$LuAsO_4$	$TeCl_4$	$1050 \rightarrow 950$	Schm 2005
$LuPO_4$	$Br_2 + PBr_3$	$1025 \rightarrow 925$, $1125 \rightarrow 925$	Orl 1974
	$Br_2 + CO$	$1125 \rightarrow 925$, $1200 \rightarrow 1000$	Orl 1978
	$Br_2 + PBr_3$	$1125 \rightarrow 925$, $1200 \rightarrow 1000$	
	PBr_5	$1050 \rightarrow 975$	Mül 2004
$LuSbO_4$	$TeCl_4$	$1100 \rightarrow 950$	Ger 2007
$Lu_2Ti_2O_7$	Cl_2	$1050 \rightarrow 950$	Hüb 1992
MgO	H_2, C	$1550 \rightarrow 950$, $1525 \rightarrow 1350$	Wol 1965
	Cl_2	$1200 \rightarrow 1000$	Bay 1985
	HCl	$1000 \rightarrow 800$	Klei 1972
	HCl	$T_2 \rightarrow 1000$	Gru 1973
	HCl	$T_2 \rightarrow 1000$	Lib 1994
	H_2O	$1735 \rightarrow 1505$	Ale 1963
	CO	$1600 \rightarrow 1400$	Bud 1967
$Mg_xFe_yMn_zO_4$	HCl	$1000 \rightarrow 800 \ldots 900$	Klei 1973

Tabelle 5.1 (Fortsetzung)

Senkenboden-körper	Transportzusatz	Temperatur/°C	Literatur
$Mg_{0,5}Fe_2Mn_{0,5}O_4$	HCl	1000 → 800	Klei 1973
$MgFe_2O_4$	HCl	1000 → 800	Klei 1963
	HCl	1000 → 800	Klei 1972a
$MgGeO_3$	Cl_2	1100 → 1000	Kru 1986a
$MgMoO_4$	Cl_2	1060 → 990	Emm 1968b
	Cl_2, Br_2	1000 → 900	Ste 2003a
$Mg_2Mo_3O_8$	Cl_2, Br_2	1000 → 900	Ste 2003a
$MgNb_2O_6$	HCl	1005 → 935	Emm 1968c
$MgTa_2O_6$	Cl_2	1060 → 980	Emm 1968b
	Cl_2, $TeCl_4$	1100 → 1020, 1100 → 1015,	Bay 1983
	Cl_2 + $FeCl_3$	1025 → 965	
$MgTiO_3$	Cl_2	1060 → 980	Emm 1968b
MgV_2O_4	I_2, HBr, $MgBr_2$, $MgBr_2 + I_2$, $MgBr_2 + S$	800 → 600	Pic 1973b
$Mg_{1+x}V_{2-x}O_4$	$MgBr_2 + I_2$	800 → 600	Pic 1973, Pic 1973b
$MgWO_4$	Cl_2	1060 → 980	Emm 1968b
	Cl_2	1000 → 900	Ste 2005a
	HCl	800 ... 1200 → T_1 ($\Delta T = 50 ... 100$)	Cur 1965
MnO	Cl_2	980 → 900	Kle 1966a
	Cl_2	980 → 900	Emm 1968c
	Br_2	1000 → 900	Loc 2005
	HCl	1025 → 925	Ros 1987
	$SeCl_4$, $TeCl_4$	1025 → 925	Ros 1988
$Mn_{1-x}Zn_xO$	NH_4Cl	900 → 750	Loc 1999b
$Mn_{1-x}Mg_xO$	HCl	925 → 825	Skv 2000
Mn_2O_3	Cl_2	980 → 860	Emm 1968c
	Cl_2, Br_2	1025 → 925, 1125 → 1025	Ros 1987
	HCl, HBr	1025 → 925, 1025 → 925	
	$AlCl_3$	790 → 660	Mar 1999
	$SeCl_4$, $TeCl_4$	1025 → 925	Ros 1988
Mn_3O_4	Cl_2, Br_2	1025 → 925	Ros 1987
	HCl	1000 → 800	Klei 1963
	HCl	1000 → 800	Klei 1972a
	HCl	1050 → 950	Yam 1972
	HCl, HBr	1025 → 925	Ros 1987
	$SeCl_4$, $TeCl_4$	1025 → 925	Ros 1988
$Mn_{1,286}Fe_{1,714}O_4$	HCl	1000 → 800	Klei 1973
$MnFe_{2-x}Mn_xO_4$	HCl	1000 → 800	Klei 1964
$Mn_{0,5}Zn_{0,5}Fe_2O_4$	HCl	1100 → 1000	Klei 1973
$Mn_{0,5}Zn_{0,45}Fe_{2,05}O_4$	HCl	1100 → 1000	Klei 1973
$Mn_{0,75}Fe_{2,25}O_4$	HCl	1000 → 800	Klei 1973
$Mn_{1-x}Zn_xCr_2O_4$	Cl_2	1030 → 950	Lec 1993

Tabelle 5.1 (Fortsetzung)

Senkenboden-körper	Transportzusatz	Temperatur/°C	Literatur
$Mn_2As_2O_7$	Cl_2	880 → 800	Wei 2004c
	Cl_2	880 → 800	Wei 2005
$MnCr_2O_4$	Cl_2	980 → 860	Emm 1968b
$MnFe_2O_4$	HCl	1000 → 800	Klei 1963
	HCl	800 ... 1200 → T_1 (ΔT = 50 ... 100)	Cur 1965
	HCl	1000 → 800	Klei 1972a
$Mn(Cr_{2-x}Fe_x)O_4$	Cl_2	1000 → 900	Emm 1968b
$MnGeO_3$	$GeCl_4$	1010 → 930	Red 1976
	HCl	900 → 700	Pfe 2002
	HCl	950 → 650	Roy 1963
	NH_4Cl	1000 → 700	Roy 1963a
$Mn_{1-x}Zn_1GeO_3$	HCl	1050 → 900	Pfe 2002c
$(Mn_{1-x}Zn_x)_2GeO_4$	HCl	1050 → 900	Pfe 2002c
$MnInGe_2O_7$	Cl_2	1000 → 800	Pfe 2002b
$Mn_3Cr_2Ge_3O_{11}$	Cl_2, CCl_4	1290 → 1220	Paj 1985
$Mn_3Cr_2Ge_3O_{12}$	CCl_4, $TeCl_4$	$T_2 \to T_1$, 980 → 910	Paj 1985
	Cl_2, Cl_2 + S	900 → 750, 950 → 880	
	Cl_2, CCl_4	1000 → 950	Paj 1986a
$Mn_{6,5}In_{0,5}GeO_{12}$	Cl_2	1000 → 800	Pfe 2002b
$Mn_{1-x}Co_xGeO_3$	HCl	900 → 700	Pfe 2002
$MnMoO_4$	Cl_2	905 → 870	Emm 1968b
	Cl_2, HCl, $SeCl_4$, $TeCl_4$	1100 → 1000	Rei 1994
$Mn_2Mo_3O_8$	HCl, $TeCl_4$	940 → 820, 945 → 845	Str 1983
	Cl_2, I_2, HCl, HI, $SeCl_4$	1100 → 1000	Rei 1994
	Cl_2, HCl, $TeCl_4$	970 → 800	Str 1983a
$MnNb_2O_6$	Cl_2 + $NbCl_5$	1010 → 970	Emm 1968c
	$PtCl_2$, NH_4Cl	1020 → 960	Ros 1991a
$MnTa_2O_6$	Cl_2	1010 → 950	Emm 1968b
$MnWO_4$	Cl_2	1000 → 900	Emm 1968b
	Cl_2	900 → 800	Ste 2005a
Mn_2SnO_4	NH_4Cl	950 → 800	Trö 1972
MoO_2	I_2	900 → 700	Ben 1969
	I_2	1000 → 800	Opp 1971
	I_2	1000 → 800, 730 → 650	Sch 1973a
	I_2	950 → 750	Ben 1974
	I_2	1100 → 1000	Schu 1971
	$HgCl_2$	660 → 580	Scho 1990
	$HgCl_2$, HgI_2	660 → 580, 980 → 900	Scho 1992
	I_2, $HgCl_2$, $HgBr_2$, HgI_2	1100 → 1000	Fel 1996
	$HgBr_2$	820 → 740	Scho 1992
	$TeCl_4$	1100 → 1000	Opp 1975

Tabelle 5.1 (Fortsetzung)

Senkenbodenkörper	Transportzusatz	Temperatur/°C	Literatur
MoO_2	$TeCl_4$	700 → 630	Ban 1976
	$TeCl_4$, $TeCl_4$ + S	750 → 700, 670 → 620	Mer 1982
	$TeCl_4$, $TeCl_4$ + S	$T_2 \rightarrow T_1$ [1]	Mon 1984
	$TeBr_4$	1150 → 950	Rit 1980
	CuI, H_2O	1000 → 800	Sch 1973a
MoO_2:Ni	I_2	950 → 750	Ben 1974
$Mo_xRe_{1-x}O_2$	I_2	1100 → 1000	Fel 1998a
$Mo_{1-x}Ru_xO_2$	$TeCl_4$	1100 → 1000	Nic 1993
$Mo_{1-x}V_xO_2$	$TeCl_4$	1075 → 965	Hör 1973
	$TeCl_4$	1100 → 900	Brü 1977
	$TeCl_4$	1100 → 900	Rit 1977
Mo_4O_{11}	I_2, $TeCl_4$	560 → 510, 740 → 680	Koy 1988, Ino 1988
	$MoCl_5$ + $TeCl_4$	540 → 525	Fou 1984
	$TeCl_4$	570 → 550, 690 → 650	
	I_2, $HgCl_2$, $HgBr_2$, HgI_2	740 → 700	Fel 1996
	$HgCl_2$, $HgBr_2$, HgI_2	780 → 700	Scho 1992
	$TeCl_4$	690 → 640, 650 → 560	Ban 1976
	$TeCl_4$	660 → 510	Neg 1994
Mo_8O_{23}	I_2, $HgCl_2$, $HgBr_2$, HgI_2	740 → 700	Fel 1996
	$TeCl_4$	750 → 730	Ban 1976
Mo_9O_{26}	I_2	675 → T_1	Roh 1994
	I_2, $HgCl_2$, $HgBr_2$, HgI_2	740 → 700	Fel 1996
	$TeCl_4$	770 → 745	Ban 1976
MoO_3	Cl_2, $HgCl_2$	$T_2 \rightarrow T_1$	Sch 1985
	I_2, $HgCl_2$, $HgBr_2$, HgI_2	740 → 700	Fel 1996
	HCl	205 … 365	Hul 1956
	$TeCl_4$	650 → 600	Ban 1976
	$TeCl_4$	750 → 700	Fou 1979
	H_2O	600 … 690	Gle 1962
	$MoCl_5$	680 → 600	Fou 1984
Mo_3ReO_{11}	$TeCl_4$, $HgCl_2$	740 → 700	Fel 1998a
Mo_5TeO_{16}	$TeCl_4$	690 → 680	Neg 2000
	$TeCl_4$	600 → 575	Fou 1984
NbO	I_2	950 → 1100	Sch 1962
	I_2	920 → 1080	Hib 1978
	NH_4Cl, NH_4Br, NH_4I	990 → 1150	Kod 1976
NbO_2	Cl_2	1125 → 1025	Stu 1972, Bru 1975, Schw 1983

[1] Gasphasenanalyse durch Raman-Spektroskopie und thermodynamische Berechnungen

Tabelle 5.1 (Fortsetzung)

Senkenbodenkörper	Transportzusatz	Temperatur/°C	Literatur
NbO_2	$HgCl_2$	1125 → 1025	Schw 1982
	NH_4Br, $TeBr_4$	1100 → 950, 1105 → 990	Kod 1975
	I_2, NH_4Cl,	1105 → 990, 1110 → 980	Kod 1975a
	NH_4Br, NH_4I,	1100 → 1000, 1110 → 990	
	$NbCl_5$	1140 → 980	
	NH_4Cl, NH_4Br	1135 → 980, 1140 → 1000	Kod 1976
	$TeCl_4$	1100 → 920	Sak 1972
	$TeCl_4$	1100 → 900	Opp 1975
	$TeCl_4$	1100 → T_1	Rit 1978
	$NbCl_5$, Nb_3O_7Cl	1100 → 1000, 1225 → 1025	Schw 1982
	$NbCl_5$	1125 → 1025	Schw 1983
$Nb_{1-x}Cr_xO_2$	Cl_2	980 → 860	Ben 1978
$Nb_{1-x}V_xO_2$	$TeCl_4$	1100 → 900	Brü 1977
	$TeCl_4$	1100 → 900	Rit 1977
	Cl_2, HCl, $TeCl_4$	900 → 800	Fec 1993
	$TeCl_4$	1050 → 940	Lau 1973
	$TeCl_4$	1000 → 900	Woe 1997
$NbO_{2,417}$	$TeCl_4$	1000 → 900	Rit 1978a
$NbO_{2,42}$	I_2	740 → 650	Sch 1962
$NbO_{2,464}$	$NbCl_5$, $NbOCl_3$	1200 → 1160	Gru 1969
$NbO_{2,483}$	$NbCl_5$, $NbOCl_3 + CO_2/CO$	1080 → 980	Gru 1967
$Nb_{12}O_{29}$	Cl_2	1125 → 1025	Stu 1972, Bru 1975, Schw 1983
	$TeCl_4$	950 → 900	Sch 1962
	$TeCl_4$	1100 → 780, 1100 → 920	Sak 1972
	NH_4Br, $TeBr_4$	1100 → 950, 1105 → 990	Kod 1975
	I_2	750 → 650	Hib 1978
	$TeCl_4$	950 → 900	Rit 1978
	$NbCl_5$	1125 → 1025	Scha 1974
$Nb_{22}O_{54}$	$HgCl_2$	1250 → 1200	Hus 1986
$Nb_{25}O_{62}$	$HgCl_2$	1250 → 1200	Hus 1986
$Nb_{47}O_{116}$	$HgCl_2$	1250 → 1200	Hus 1986
$Nb_{53}O_{132}$	$HgCl_2$	1250 → 1200	Hus 1986
Nb_2O_5	$NbCl_5$, NbI_5	1000 → 700, 700 → 550	Lav 1964
	$NbCl_5$	1050 → 950	Hib 1978
	$NbCl_5$, $NbBr_5$, NbI_5, $Cl_2 + NbCl_5$,	850 → 750	Sch 1964
	$TeCl_4$	780 → 740	Tor 1976
	$TeCl_4$	900 → 800, 1000 ... 600 → T_1 ($\Delta T = 100$)	Rit 1978a
	$TeCl_4$	1000 → 900	Sch 1978
	$Cl_2 + H_2O$, HCl, HCl + H_2O, $NbOCl_3$	800 → 600	Gru 1966

Tabelle 5.1 (Fortsetzung)

Senkenbodenkörper	Transportzusatz	Temperatur/°C	Literatur
Nb_2O_5	$Cl_2 + NbCl_5$	890 → 835	Sch 1966
	Cl_2, $Cl_2 + NbCl_5$,	850 → 750, 1050 → 980,	Emm 1968
	$Cl_2 + NbCl_5 + H_2O$	700 → 600,	
	$Cl_2 + NbCl_5 + SnO_2$	970 → 860	
	$Cl_2 + NbCl_5$	800 → T_1	Kod 1972
	$I_2 + NbI_5$,	790 → 710,	Emm 1968c
	$NbCl_5 + HCl$	750 → 720	
	NbF_5, $NbOF_3$	1270	Gru 1973
	S	1000 → 900	Sch 1980
$(Nb,W)O_x$	$HgCl_2$	1000 → 925	Hus 1989
$Nb_{18}As_2O_{50}$	Cl_2	1020 → 975	Emm 1968b
$Nb_xCr_{1-x}O_2$	$NbCl_5 + Cl_2$	980 → 860	Ben 1978
$Nb_{18}GeO_{47}$	Cl_2	1000 → 900	Emm 1968b
$Nb_{18}V_2O_{50}$	$Cl_2 + NbCl_5$	980 → 880	Emm 1968b
$NdAsO_4$	$HgCl_2$, $TeCl_4$, $TeBr_4$, PCl_5, PBr_5, $As + Cl_2$, $As + PtCl_2$, $As + PtBr_2$, $S + PtCl_2$	1075 → 950	Schm 2005
$Nd_{0,5}Ln_{0,5}AsO_4$ Ln = Sm … Yb	$TeCl_4$	1075 → 975	Schm 2003
$Nd_{1-x}Pr_xAsO_4$	$TeCl_4$	1075 → 975	Schm 2005
$NdNbO_4$	Cl_2	1090 → 1000	Gru 2000
$NdNb_7O_{19}$	Cl_2	800 → 750	Hof 1993
$NdPO_4$	PCl_5	1100 → 1000	Orl 1971
	PCl_5	1000 → 900, 1100 → 1000	Rep 1971
	PCl_5	1050 → 950	Mül 2004
$NdSbO_4$	$TeCl_4$	1100 → 950	Ger 2007
$NdTaO_4$	Cl_2	980 → 880, 1100 → 1000	Scha 1989
	NH_4Br	980 → 880, 1100 → 1000	
$NdTaO_4$	Cl_2	1100 → 1000	Scha 1990
$NdTa_3O_9$	Cl_2	1100 → 1000	Scha 1988a
	Cl_2, NH_4Br	1100 → 1000	Scha 1989
$NdTa_7O_{19}$	Cl_2	1100 → 1000	Scha 1990
	Cl_2, NH_4Br	1100 → 1000	Scha 1991
$Nd_2Ti_2O_7$	Cl_2	1050 → 950	Hüb 1992
$Nd_4Ti_9O_{24}$	Cl_2	1000 → 900	Hüb 1992a
$Nd_{1-x}Pr_xVO_4$	$TeCl_4$	1100 → 1000	Schm 2005a
$NdVO_4$	$TeCl_4$	1100 → 1000	Schm 2005a
NiO	Cl_2, HCl	980 → 860	Kle 1966a
	Cl_2	980 → 860	Emm 1968c
	Br_2	950 → 920	Sto 1966
	HCl,	950 → 920, 980 → 890	
	HBr	940 → 910	

Tabelle 5.1 (Fortsetzung)

Senkenbodenkörper	Transportzusatz	Temperatur/°C	Literatur
NiO	HCl	1000 → 800	Klei 1964
	HCl	1000 → 800	Klei 1972
	HCl	1050 → 1000	Kur 1972
	HCl	1050 → 1000	Kur 1975
	HCl	1100 → 1050	Chu 1995
$Ni_{1-x}Co_xO$	HCl	900 → 800	Bow 1972
	HCl	800 → 650	Loc 1999
$Ni_{1-x}Mg_xO$	HCl	925 → 825	Skv 2000
$Ni_{1-x}Zn_xO$	HCl	900 → 750	Loc 1999a
$Ni_xCo_{3-x}O_4$	Cl_2, HCl	1055 → 855	Tar 1984
$Ni_2As_2O_7$	Cl_2	880 → 800	Wei 2004c
	Cl_2	880 → 800	Wei 2005
$NiCr_2O_4$	Cl_2	950 → 800	Emm 1968b
	Cl_2	1025 → 925	Pes 1982
$Ni(Fe_{2-x}Cr_x)O_4$	Cl_2	1000 → 900	Emm 1968b
$NiFe_2O_4$	Cl_2, $TeCl_4$	1000 → 950, 980 → 880	Bli 1977
	HCl	1000 → 800	Klei 1963a
	HCl	1000 → 800	Klei 1964
	HCl	800 … 1200 → T_1 (ΔT = 50 … 100)	Cur 1965
	HCl	900 → 800	Klei 1965
	HCl	1220 → 1190	Klei 1967
	HCl	1000 → 800	Klei 1972a
	$TeCl_4$	980 → 880	Pes 1978
$(Ni_{1-x}Fe_x)Fe_2O_4$	HCl	1000 → 800	Klei 1964
$Ni_{0,5}Zn_{0,5}Fe_2O_4$	HCl	1100 → 1000	Klei 1973
$Ni_{0,8}Fe_{2,2}O_4$	HCl	1000 → 800	Klei 1973
$(Ni_{1-x}Co_x)(Fe_{1-x}Cr_x)_2O_4$	HCl	1000 → 800	Pat 2000
$NiGa_2O_4$	Cl_2	1030 → 900	Paj 1990
Ni_2GeO_4	Cl_2	1050 → 950	Kru 1986
	Cl_2	1050 → 900,	Pfe 2002a
	HCl	900 → 700, 1000 → 900	
$Ni_{1-x}Co_xGeO_3$	HCl	900 → 700	Pfe 2002a
$(Ni_{1-x}Co_x)_2GeO_4$	HCl	1000 → 900	Pfe 2002a
$NiMoO_4$	Cl_2	905 → 870	Emm 1968b
	Cl_2, Br_2	900 → 800	Ste 2006a
$Ni_2Mo_3O_8$	Cl_2, Br_2	900 → 800	Ste 2006a
	$TeCl_4$	965 → 815	Str 1983
	Cl_2, HCl, $TeCl_4$	970 → 800	Str 1983a
$NiNb_2O_6$	Cl_2	1010 → 970	Emm 1968c
	$PtCl_2$, NH_4Cl	1020 → 960, 1020 → 960	Ros 1992a
$NiTa_2O_6$	$TaCl_5 + Cl_2$	1000 → 900	Emm 1968b
$NiTiO_3$	Cl_2	1030 → 960	Emm 1968b
	$SeCl_4$	1050 → 1000	Bie 1990
Ni_2SiO_4	SiF_4	1190 → 1040	Hof 1977

Tabelle 5.1 (Fortsetzung)

Senkenbodenkörper	Transportzusatz	Temperatur/°C	Literatur
$NiWO_4$	Cl_2	1040 → 1010	Emm 1968b
	Cl_2	900 → 800	Ste 2005a
NpO_2	$TeCl_4$	1075 → 975	Spi 1979
	$TeCl_4$	1050 → 960	Spi 1980
OsO_2	O_2	keine Angabe	Sch 1964
	O_2	900 → 600	Opp 1998
	O_2	930 → 900	Yen 2004
	O_2, OsO_4	960 → 900	Gre 1968
	$TeCl_4$	1100 → 1000	Opp 1975
	$NaClO_3$	960 → 900	Rog 1969
	O_2	920 → 900	Yen 2004
$Os_{1-x}V_xO_2$	$HgCl_2$	900 → 800	Arn 2008
PdO	Cl_2	800 → 900	Rog 1969
	$PdCl_2$	825 → 900	Rog 1971
$PrAsO_4$	$TeCl_4$	1050 → 950	Schm 2005
$Pr_{1-x}La_xAsO_4$	$TeCl_4$	1075 → 950	Schm 2005
$Pr_{1-x}Nd_xAsO_4$	$TeCl_4$	1075 → 975	Schm 2003
$PrNb_3O_9$	Cl_2	950 → 900	Hof 1993
$PrNb_7O_{19}$	Cl_2	800 → 750	Hof 1993
$PrPO_4$	PCl_5	1100 → 1000	Orl 1971
	PCl_5	1000 → 900, 1100 → 1000	Rep 1971
	PCl_5	1050 → 950	Mül 2004
$Pr_{1-x}Nd_xPO_4$	PCl_5	1050 → 950	Mül 2004
$PrSbO_4$	$PtCl_2$, PCl_5, $TeCl_4$	1100 → 950	Ger 2007
$PrTaO_4$	Cl_2, NH_4Br	1120 → 1020	Stei 1987
	Cl_2	1100 → 1000	Scha 1990
$PrTa_3O_9$	Cl_2, NH_4Br	1100 → 1000	Stei 1987
	Cl_2	1100 → 1020	Scha 1988a
	Cl_2	1100 → 1000	Scha 1990
	Cl_2	1100 → 1020	Stei 1990
$PrTa_7O_{19}$	Cl_2, NH_4Br	1120 → 1020	Stei 1987
	Cl_2	1100 → 1000	Scha 1990
$PrVO_4$	$TeCl_4$	1100 → 1000	Schm 2005a
PuO_2	$TeCl_4$	1075 → 975	Spi 1979
$Rb_xNb_{1-y}W_yO_3$	$HgCl_2$	850 → 800	Hus 1994
Rb_xWO_3	$HgCl_2$	850 → 800	Hus 1994
	$HgCl_2$, $HgBr_2$	800 → 700	Hus 1997

Tabelle 5.1 (Fortsetzung)

Senkenboden-körper	Transportzusatz	Temperatur/°C	Literatur
ReO_2	I_2	850 → 825	Rog 1969
	I_2, H_2O	700 → 600, 850 → 825	Sch 1973b
	$I_2 + H_2O$	700 → 600	
	I_2, $HgCl_2$, $HgBr_2$, HgI_2, $TeCl_4$	1100 → 1000	Fel 1998
	$TeCl_4$	1100 → 1000	Opp 1975
$Re_{1-x}Mo_xO_2$	I_2, $TeCl_4$	1100 → 1000, 1000 → 900	Fel 1998a
ReO_3	I_2	400 → 370	Fer 1965
	I_2	380 → 360	Qui 1970
	I_2, HCl	380 → 370, 650 → 425, 600 → 550	Pea 1973
	I_2, H_2O, Re_2O_7	400 → 370, 400 → 350	Sch 1973
	I_2, H_2O	385 → 370, 400 → 350	Sch 1973b
	I_2, $HgCl_2$, $HgBr_2$, HgI_2, $TeCl_4$	600 → 500	Fel 1998
Re_2O_7	H_2O	220 → 165	Gle 1964a
	H_2O, O_2	180 → T_1	Mül 1965
Rh_2O_3	Cl_2	1050 → 950	Goe 1996
	HCl	1000 → 850	Poe 1981
$RhAsO_4$	Cl_2	850 → 750	Goe 1996
$RhNbO_4$	Cl_2	1100 → 1000	Goe 1996
	$TeCl_4$	1050 → 850	Jen 2009
$RhTaO_4$	Cl_2	1100 → 1000	Goe 1996
	$TeCl_4$	1050 → 850	Jen 2009
$RhVO_4$	$TeCl_4$	1000 → 900	Jen 2009
RuO_2	Cl_2, $TeCl_4$, O_2	1100 → 1000, 1100 → 1000, 1300 → 1150	Rei 1991
	$HgCl_2$, $TeCl_4$	1100 → 1000	Fel 1996
	$TeCl_4$	1100 → 1000	Opp 1975
	O_2	1170 → 1070	Sch 1963
	O_2	1205 → 760	Sch 1963a
	O_2	1250 → T_1	But 1971
	O_2	1230 → 920	Sha 1979
	O_2	1230 → 1050	Geo 1982
	O_2	1350 → 1100	Par 1982
	O_2	1230 → 1050	Tri 1982
$Ru_{1-x}Mo_xO_2$	Cl_2, $TeCl_4$	1100 → 1000	Rei 1991
$Ru_{1-x}Ti_xO_2$	Br_2, HCl, CBr_4, $TeCl_4$	1050 → 1000	Tri 1983
$Ru_{1-x}V_xO_2$	Cl_2, $TeCl_4$	1100 → 1000	Rei 1991
	$TeCl_4$	1000 → 900	Kra 1986
	CCl_4, $TeCl_4$	1000 → 850	Kra 1991
	$HgCl_2$	1000 → 900	Arn 2008
	$TeCl_4$	1100 → 900	Rit 1977

Tabelle 5.1 (Fortsetzung)

Senkenboden-körper	Transportzusatz	Temperatur/°C	Literatur
Sb_2O_4	$TeCl_4$	1100 → 950	Gol 2011
	TeI_4	650 → 630, 950 → 930	Dem 1980
Sc_2O_3	Cl_2	1100 → 1000	Ros 1990a
$ScAsO_4$	$TeCl_4$	1080 → 950	Schm 2005
$ScNbO_4$	Cl_2, Cl_2 + $NbCl_5$	1100 → 1000	Ros 1990
$Sc_{11}Nb_3O_{24}$	Cl_2	1100 → 1000	Ros 1990a
$ScPO_4$	PCl_5	900 → 800, 1100 → 1000	Rep 1971
	PBr_5	1050 → 975	Mül 2004
$ScSbO_4$	$TeCl_4$	1100 → 950	Ger 2007
SiO_2	H_2	< 1700 → T_1	Flö 1963
	HF	150 → 500	Chu 1965
	HF	600 → 1100	Hof 1977a
	HF	1000 → T_1	Schm 1964a
	HCl	1200 → T_1	Spi 1930
	H_2O	1200 → 600	Gre 1933
	H_2O	keine Angabe	Bra 1953, Neu 1956
	$NbCl_5$	1050 → 950	Hib 1977
	PCl_5,	900 → 1100,	Orl 1976
	$TaCl_5$, Cl_2 + $CrCl_3$	1190 → 1000, 1100 → 900	
	$SiCl_4$, $SiBr_4$,	1100 → 900, 1270 → 1000	Sch 1957a
	I_2 + Si	1190 → 1000	
	TiO_2 + $TiCl_4$		
	Cl_2 + $CrCl_4$	1100 → 900	Sch 1962a
	Cl_2 + PCl_3	1100 → 1000	Orl 1971
$SmAsO_4$	$TeCl_4$	1050 → 950	Schm 2005
$Sm_3BSi_2O_{10}$	NH_4Cl	1000 → 920	Lis 1996
$Sm_{1-x}La_1AsO_4$	$TeCl_4$	1075 → 975	Schm 2003
$Sm_{1-x}Nd_xAsO_4$	$TeCl_4$	1075 → 975	Schm 2005
$SmPO_4$	PCl_5	1100 → 1000	Orl 1971
$Sm_{1-x}Nd_xPO_4$	PCl_5	1050 → 950	Mül 2004
$SmSbO_4$	$TeCl_4$	1100 → 950	Ger 2007
$Sm_2Ti_2O_7$	Cl_2	1050 → 950	Hüb 1992
$SmVO_4$	$TeCl_4$	1100 → 1000	Schm 2005a
SnO_2	H_2	900 → T_1	Sch 1962a
	Cl_2, CCl_4	1010 → 970, 1070 → 950	Tos 1988
	HBr	1025 → 825	Nol 1976
	$TeCl_4$	700 → 600	Mar 1999
	CO	900 → T_1	Sch 1962a
	I_2 + S	1100 → 900	Mat 1977
	CO (H_2)	1300 → T_1	Gha 1974
	O_2	1475 → T_1	Rea 1976
	O_2	1540 → 1400	Mur 1976

Tabelle 5.1 (Fortsetzung)

Senkenbodenkörper	Transportzusatz	Temperatur/°C	Literatur
$Sn_{1-x}Ru_xO_2$	Cl_2	1100 → 1000	Nic 1993
$SnO_2:IrO_2$	O_2	1475 → 1050	Rea 1976
$SrMoO_4$	Cl_2	1150 → 1050	Ste 2006
$SrMo_5O_8$	Cl_2	1150 → 1050	Ste 2006
$SrTa_4O_{11}$	Cl_2, $TeCl_4$	1100 → 1000, 1225 → 1100	Bay 1983
$SrWO_4$	Cl_2	1150 → 1050	Ste 2005a
Ta_2O_5	$TaCl_5$	800 → 700	Sch 1960a
	Cl_2, Cl_2 + $CrCl_3$	900 → 700	Sch 1962a
	NH_4Cl	1000 → 800	Hum 1992
	CBr_4	900 → 1000	Scha 1989
	S	1000 → 900	Sch 1980, Sch 1988
TaON	NH_4Cl	1100 → 1000, 1000 → 900	Bus 1969
$Ta_{1-x}Ce_xO_2$	Cl_2 + C	1100 → 1000	Scha 1989
$TbAsO_4$	$TeCl_4$	1050 → 950	Schm 2005
$TbPO_4$	PCl_5	1100 → 1000	Orl 1971
	PCl_5	1100 → 1000, 1000 → 900	Rep 1971
$TbSbO_4$	$TeCl_4$	1100 → 950	Ger 2007
$Tb_2Ti_2O_7$	Cl_2	1050 → 950	Hüb 1992
$TbVO_4$	$TeCl_4$	1100 → 1000	Schm 2005a
TeO_2	Cl_2, HCl, $TeCl_4$	600 → 400	Opp 1977b
	Br_2, HBr, $TeBr_4$	700 → 600	Opp 1978a
	I_2, TeI_4,	700 → 450, 600 → 400	Opp 1980
	TeI_4 + H_2O	520 → 420	
	NH_4Cl	600 → 500	Schm 1997
	$TeCl_4$	500 → 450	Sch 1977
	H_2O	700 … 450	Gle 1964
ThO_2	$TeCl_4$	1075 → 975	Spi 1979
	Cl_2, NH_4Cl	1050 → 950	Schm 1991a
	$TeCl_4$	1100 → 1000	Kor 1989
ThCuAsO	I_2	800 → 900	Alb 1996
$ThCu_{1-x}PO$	I_2	900 → 1000	Alb 1996
$Th_{1-x}U_xO_2$	HCl	1100 → 950	Kam 1978
$ThNb_2O_7$	Cl_2, NH_4Cl	1050 → 950	Schm 1990, Schm 1991
$ThNb_4O_{12}$	NH_4Cl	1050 → 950	Schm 1991a
$Th_2Nb_2O_9$	Cl_2	1050 → 900	Schm 1991a
$ThSiO_4$	Cl_2, HCl	1050 → 950	Kam 1979
	Cl_2, NH_4Cl	1050 → 950	Schm 1991a
$ThTa_2O_7$	Cl_2, NH_4Cl	1100 → 900, 1100 → 1050	Schm 1990a, Schm 1991a
$ThTa_4O_{12}$	Cl_2, Cl_2 + Ta, Cl_2 + V, NH_4Cl	1050 → 1000	Schm 1991a

Tabelle 5.1 (Fortsetzung)

Senkenbodenkörper	Transportzusatz	Temperatur/°C	Literatur
ThTa$_6$O$_{17}$	Ta + Cl$_2$, V + Cl$_2$	1050 → 1000	Schm 1991a
ThTa$_8$O$_{22}$	Cl$_2$	1100 → 900	Schm 1991a
Th$_2$Ta$_2$O$_9$	Cl$_2$, NH$_4$Cl	1100 → 1000, 1050 → 950	Schm 1989
	Cl$_2$,	950 → 900, 1100 → 1000	Schm 1991a
	NH$_4$Cl	1050 → 950	
Th$_2$Ta$_6$O$_{19}$	Cl$_2$, ZrCl$_4$, HfCl$_4$	1000 → 980	Bus 1996
Th$_4$Ta$_{18}$O$_{53}$	Cl$_2$ + TaCl$_5$	1100 → T_1	Bus 1996
ThTi$_2$O$_6$	Cl$_2$ + S	1100 → T_1	Gru 2000
Ti$_2$O$_3$	Cl$_2$, TeCl$_4$	1045 → 950, 1045 → 935	Str 1982b
	HCl	1000 → 900	Hau 1967
	CCl$_4$	1000 → 900	Kra 1988
	TeCl$_4$	1050 → 950	Pes 1975a
	TeCl$_4$	1050 → 950	Bli 1982
	TeCl$_4$	900 → 880	Hon 1982
	TiCl$_4$	1100 → 950	Fou 1977
Ti$_3$O$_5$	Cl$_2$	995 → 980	Str 1982b
	HCl	1000 → 860	Sei 1984
	TeCl$_4$	1100 → 1080	Mer 1973
	TeCl$_4$	T_2 → T_1	Mer 1973a
	TeCl$_4$	900 → 880	Hon 1982
	TiCl$_4$	1100 → 950	Fou 1977
Ti$_4$O$_7$	Cl$_2$	995 → 980	Str 1982b
	HCl	1000 → 860	Sei 1984
	HgCl$_2$	1075 → 1005	Sei 1983
	TeCl$_4$	1100 → 1080	Mer 1973
	TeCl$_4$	T_2 → T_1	Mer 1973a
	TeCl$_4$	960 → 910	Hon 1982
	TiCl$_4$	1100 → 950	Fou 1977
(Ti$_{1-x}$V$_x$)$_4$O$_7$	TeCl$_4$	T_2 → T_1	Mer 1980
Ti$_5$O$_9$	HgCl$_2$	1045 → 985	Sei 1983
	TeCl$_4$	1100 → 1080	Mer 1973
Ti$_6$O$_{11}$	Cl$_2$	1070 → 1040	Str 1982b
	HgCl$_2$	1035 → 985	Sei 1983
Ti$_9$O$_{17}$	Cl$_2$	1015 → 960	Str 1982
	Cl$_2$	1045 → 1005	Str 1982b
Ti$_x$O$_{2x-1}$	HCl	1100 → 1070	Mer 1973
	Cl$_2$, HCl, CCl$_4$	1000 → 900	Kra 1988
	NH$_4$Cl, TeCl$_4$	1000 → T_1	Mer 1977
	NH$_4$Cl, TeCl$_4$	1050 → 1000	Ban 1981
	HCl, NH$_4$Cl	1010 → 1000, 1080 → 1040	Sei 1984
	SeCl$_4$, TeCl$_4$	T_2 → T_1	Kra 1987
Ti$_x$O$_{2x-1}$ (x = 2 … 9)	Cl$_2$	1070 → 1040	Str 1982
	Cl$_2$	1070 → 1040	Str 1982b
Ti$_x$O$_{2x-1}$ (x < 4)	HCl	1000 → 900	Kra 1988
Ti$_x$O$_{2x-1}$ (x = 16 … 20)	NH$_4$Cl	1050 → 1000	Ban 1981

Tabelle 5.1 (Fortsetzung)

Senkenbodenkörper	Transportzusatz	Temperatur/°C	Literatur
TiO_2	Cl_2	820 → 750	Mer 1982
	Cl_2	1000 → 850	Schm 1983a
	Cl_2	1000 → 850	Schm 1984
	Cl_2, Cl_2 + S, $TeCl_4$, $TiCl_4$, $TeCl_4$ + S	$T_2 \to T_1$[1]	Mon 1984
	Cl_2	1000 → 900	Kra 1987
	I_2 + S	1150 → 1100	Nit 1967a
	HCl	1125 → 525	Far 1955
	HCl, NH_4Cl	930 → 780	Wäs 1972
	NH_4Cl, NH_4Br	855 → 750	Izu 1979
	NH_4Cl	750 ... 800 → 650 ... 700	Hos 1997
	NH_4Cl	750 ... 800 → 650 ... 700	Sek 2000
	CCl_4, $SeCl_4$, $TeCl_4$	1000 → 900, 850 → 800	Kra 1987
	CCl_4	1000 → 900	Kra 1988
	$TeCl_4$	1100 → 900	Nie 1967
	$TeCl_4$	keine Angabe	Lon 1973
	$TeCl_4$	1100 → 900	Opp 1975
	$TeCl_4$	1125 → 725	Wes 1980
	$TeCl_4$, $TiCl_4$	840 → 750, 1000 → 800, 820 → 720	Mer 1982
	$TeCl_4$	680 → 780	Kav 1996
	$TiCl_4$	1100 → 950	Fou 1977
$TiBO_3$	TiI_2 + H_2O	900 → T_1	Schm 1964
$TiNb_{14}O_{37}$	Cl_2, $NbCl_5$, $TiCl_4$	850 → 750	Bru 1976
TiO_2:Ir, In, Nb, Ta	HCl, $TeCl_4$	1050 → 1000	Tri 1983
TiO_2:Al_2O_3	NH_4Cl, NH_4Br	860 → 755	Izu 1979
	$TeCl_4$	700 → 640	Raz 1981
TiO_2:Fe_2O_3	$TeCl_4$	700 → 640	Raz 1981
TiO_2:Ga_2O_3	NH_4Cl, NH_4Br	860 → 800, 850 → 740	Izu 1979
TiO_2:In_2O_3	NH_4Cl, NH_4Br	850 → 745, 860 → 750	Izu 1979
TiO_2:MgO	$TeCl_4$	700 → 640	Raz 1981
TiO_2:Nb	NH_4Cl	800 → 700	Mul 2004
$Ti_{1-x}Mo_xO_2$	$TeCl_4$, $TeCl_4$ + S	900 → 850, 745 → 685	Mer 1982
$Ti_{1-x}Ru_xO_2$	CCl_4, $TeCl_4$	1075 → 1000	Kra 1991
	$TeCl_4$	1050 → 1000	Tri 1985
$Ti_{1-x}V_xO_2$	$TeCl_4$	1075 → 965	Hör 1976
$Tl_2Ru_2O_7$	O_2	950 → T_1	Sle 1971
$TmAsO_4$	$TeCl_4$	1050 → 950	Schm 2005
$TmPO_4$	PBr_3 + Br_2	1025 → 925, 1125 → 925	Orl 1974
	PBr_5	1050 → 975	Mül 2004
$Tm_2Ti_2O_7$	Cl_2	1050 → 950	Hüb 1992

[1] Gasphasenanalyse durch Raman-Spektroskopie und thermodynamische Berechnungen

Tabelle 5.1 (Fortsetzung)

Senkenbodenkörper	Transportzusatz	Temperatur/°C	Literatur
UO_2	Cl_2, Br_2, I_2, Br_2 + S, Br_2 + Se, HCl	1000 → 850	Nai 1971
	Cl_2	970 → 950	Sin 1974
	$TeCl_4$	1075 → 975	Spi 1979
	HCl	1000 → 850	Nom 1981
	$TeCl_4$	1100 → 900	Opp 1975
	$TeCl_4$	800 → 600	Opp 1977d
	$TeCl_4$	1050 → 950	Fai 1978
	$TeCl_4$	1100 → 900	Paj 1986a
U_3O_8	Cl_2, Br_2, HCl, Br_2 + Se	1000 → 850	Nai 1971
	HCl	1000 → 850	Nom 1981
	O_2, O_2 + H_2O	1100 … 1350 → T_1	Dha 1974
	O_2 + UF_6	800 → 760	Kna 1969
U_4O_9	Cl_2, Br_2, HCl, Br_2 + Se,	1000 → 850	Nai 1971
	HCl	1000 → 850	Nom 1981
	$TeCl_4$	1050 → 1000	Opp 1977d
$U_{1-x}Hf_xO_2$	HCl	1000 → 950	Schl 1999
$U_{1-x}Zr_xO_2$	HCl	1000 → 950	Schl 1999
$UNbO_5$	$NbCl_5$, Cl_2	1000 → 980	Schl 1999
UNb_2O_7	$NbCl_5$, Cl_2	1000 → 990	Bus 1994
UNb_6O_{16}	NH_4Cl	1000 → 990	Bus 1994
$U_{1-x}Pu_xO_2$	$TeCl_4$	1050 → 950	Kol 2002
UOTe	Br_2	900 → 950	Shl 1995
$UTaO_5$	Cl_2	$T_2 → T_1$	Schl 1999a
UTa_3O_{10}	NH_4Cl, $TaCl_5$	1050 → 1000	Schm 1991a
UTa_6O_{17}	NH_4Cl, $TaCl_5$	1050 → 1000	Schm 1991a
$U_2Ta_2O_9$	Cl_2	1040 → 925	Schm 1991a
$U_2Ta_6O_{19}$	HCl	1000 → 950	Schl 2000
$U_4Ta_{18}O_{53}$	Cl_2 + $TaCl_5$	$T_2 → T_1$	Bus 1996
V_2O_3	Cl_2	1050 → T_1 (ΔT = 50 … 300)	Pes 1973
	Cl_2	1050 → 950	Bli 1977
	Cl_2	1125 → 525	Pes 1980
	$HgCl_2$, $HgBr_2$, HgI_2	900 → 840, 960 → 900	Wen 1991
	HBr, I_2 + S	800 → 600	Pic 1973, Pic 1973b
	HCl, $TeCl_4$	1050 → 930, 990 → 900	Pou 1973
	HCl, $TeCl_4$	1000 → 900	Gra 1986
	$TeCl_4$	1050 → 950	Nag 1970
	$TeCl_4$	1050 → 950	Nag 1971
	$TeCl_4$	1050 → 950	Nag 1972
	$TeCl_4$	990 → 890, 1040 → 910	Lau 1976
	$TeCl_4$	1000 → 900	Opp 1977, Opp 1977c

Tabelle 5.1 (Fortsetzung)

Senkenbodenkörper	Transportzusatz	Temperatur/°C	Literatur
V_2O_3:Cr	$TeCl_4$	1050 → 950	Kuw 1980
V_3O_5	Cl_2	1125 → 525	Pes 1980
	$HgCl_2$	900 → 840	Wen 1991
	HCl, $TeCl_4$	1000 → 900	Gra 1986
	$TeCl_4$	1050 → 950	Nag 1972
	$TeCl_4$	1100 → 900	Ter 1976
	$TeCl_4$	1000 → 900	Opp 1977c
	$TeCl_4$	1040 → 920	Nag 1969
V_3O_7	$TeCl_4$	700 → 500	Rei 1975
	NH_4Cl, NH_4Br, H_2O, $I_2 + H_2O$	580 → 480	Wen 1989
	$HgCl_2$	900 → 840	Wen 1991
	$TeCl_4$	1050 → 950	Nag 1972
	$TeCl_4$	1000 → 900	Opp 1977c
	NH_4Cl	400 … 620 → 350 … 580	Li 2009
V_5O_9	$TeCl_4$	1050 → 950	Nag 1970
	$TeCl_4$	1050 → 950	Nag 1972
	$TeCl_4$	1000 → 900	Opp 1977c
	$HgCl_2$	900 → 840	Wen 1991
V_6O_{11}	$HgCl_2$	900 → 840	Wen 1991
	$TeCl_4$	1040 → 920	Nag 1969
	$TeCl_4$	1050 → 950	Nag 1972
	$TeCl_4$	1000 → 900	Opp 1977c
$V_{6-x}Fe_xO_{13}$	$TeCl_4$	600 → 550	Gree 1982
V_6O_{13}	NH_4Cl, NH_4Br, H_2O, $I_2 + H_2O$ $NH_4Cl + H_2O$, $NH_4Br + H_2O$	580 → 480	Wen 1989
	$TeCl_4$	670 → 650	Sae 1973
	$TeCl_4$	600 → 550	Kaw 1974
	$TeCl_4$	700 → 500	Rei 1975
	$TeCl_4$	500 → 450	Opp 1977, Opp 1977c
	$HgCl_2$	900 → 840	Wen 1991
	$TeCl_4$	1050 → 950	Nag 1972
	$TeCl_4$	1000 → 900	Opp 1977c
V_8O_{15}	$HgCl_2$	900 → 840	Wen 1991
	$TeCl_4$	1050 → 950	Nag 1970
	$TeCl_4$	1050 → 950	Nag 1972
	$TeCl_4$	1000 → 900	Opp 1977, Opp 1977c
V_9O_{17}	$HgCl_2$	900 → 840	Wen 1991
	$TeCl_4$	1050 → 950	Nag 1972
	$TeCl_4$	1025 → 955	Kuw 1981
V_xO_{2x-1} ($x = 3 … 8$)	$TeCl_4$	1050 → 950	Nag 1969
	$TeCl_4$	1050 → 950	Nag 1971

Tabelle 5.1 (Fortsetzung)

Senkenboden-körper	Transportzusatz	Temperatur/°C	Literatur
V_xO_{2x-1} ($x = 2 \ldots 8$)	$TeCl_4$	1050 → 950	Nag 1972
V_xO_{2x-1}	$TeCl_4$	1000 → 900	Opp 1977, Opp 1977c
VO_2	HCl, $Cl_2 + HCl$	500 → 800, 530 → 680	Opp 1977a
	$HgCl_2$, $HgBr_2$, NH_4Cl, NH_4Br	900 → 840	Wen 1991
	I_2	1100 → 1000	Kli 1978
	HCl, $TeCl_4$	500 → 800, 1000 → 900, 650 → 450	Opp 1975a
	HCl,	450 → 650	Opp 1977,
	$TeCl_4$	650 → 550, 1000 → 900	Opp 1977c
	NH_4Cl	780 → 680	Wen 1989
	$TeCl_4$	600 → 500, 1000 → 850	Ban 1978
	$TeCl_4$	1050 → 950	Nag 1971
	$TeCl_4$	1040 → 920	Nag 1972
	$TeCl_4$	1050 → 1000	Prz 1972
	$TeCl_4$	700 → 500	Rei 1975
	$TeCl_4$	1100 → 900	Opp 1975
	$TeCl_4$	1100 → 900	Opp 1975b
	$TeCl_4$	1000 → 900, 500 → 450	Opp 1977
	$TeCl_4$	650 → 550, 1000 → 900	Opp 1977c
V_2O_5	NH_4Cl, H_2O, $I_2 + H_2O$, $NH_4Cl + PtCl_2$, $NH_4Cl + H_2O$, $NH_4Br + H_2O$	580 → 480	Wen 1989
	NH_4Cl	640 → 540	Wen 1990
	$TeCl_4$	700 → 500	Rei 1975
	$TeCl_4$	600 → 580	Vol 1976
	$TeCl_4$	500 → 450	Opp 1977c
	$TeCl_4$	550 → 450, 650 → 550	Kir 1994
	$TeCl_4$	700 → 600	Mar 1999
	H_2O	580 → 480	Hac 1998
$VMoO_5$	$TeCl_4$	650 → 450, 560 → 510	Shi 1998
VNb_9O_{25}	HCl, $TeCl_4$	900 → 800	Fec 1993
$VTeO_4$	$TeCl_4$	600 → 500	Lau 1974
	$TeCl_4$	500 → 450	Rei 1979
V_2O_5:Na	$TeCl_4$	530 → 500	Roh 1994
$V_3Nb_9O_{29}$	$TeCl_4$	900 → 800	Fec 1993c
$V_6Te_6O_{25}$	$TeCl_4$	600 → 400	Rei 1979
$V_8Nb_5O_{29}$	HCl, $TeCl_4$	900 → 800	Fec 1993
$V_{1-x}Ga_xO_2$	$TeCl_4$	1000 → 850	Kra 1991
V_xO_{2x-1} ($x = 3 \ldots 8$)	$TeCl_4$	1050 → 950	Nag 1969
	$TeCl_4$	1050 → 950	Nag 1971
V_xO_{2x-1} ($x = 2 \ldots 8$)	$TeCl_4$	1050 → 950	Nag 1972

Tabelle 5.1 (Fortsetzung)

Senkenboden-körper	Transportzusatz	Temperatur/°C	Literatur
V_xO_{2x-1}	$TeCl_4$	$1000 \rightarrow 900$	Opp 1977, Opp 1977c
VBO_3	$VCl_2 + H_2O$	$900 \rightarrow T_1$	Schm 1964
$V_{1-x}Ga_xO_y$	$TeCl_4$	$1000 \ldots 1050 \rightarrow 850 \ldots 900$	Kra 1991
$VNbO_4$	Cl_2, NH_4Cl	$1020 \rightarrow 880$	Ros 1990a
VTe_2O_9	$TeCl_4$	$375 \rightarrow 340$	Kho 1981
$V_{4-x}Ti_xO_7$	NH_4Cl, $TeCl_4$	$1050 \rightarrow 950$	Cal 2005
$V_{5-x}Ti_xO_9$	NH_4Cl, $TeCl_4$	$1050 \rightarrow 950$	Cal 2005
WO_2	Cl_2, HCl	$1000 \rightarrow 900$, $950 \rightarrow 900$	Kle 1968
	I_2	$900 \rightarrow 800$	Ben 1969
	I_2	$1000 \rightarrow 800$	Det 1969
	I_2	$1000 \rightarrow 960$	Rog 1969
	I_2, $I_2 + H_2O$	$1000 \rightarrow 800$	Sch 1973a
	I_2	$950 \rightarrow 850$	Ben 1974
	I_2	$1200 \rightarrow 1100$	Bab 1977
	HCl	$1000 \rightarrow 900$	Kle 1968
	Br_2, NH_4Cl, $HgCl_2$, $HgBr_2$, HgI_2	$840 \rightarrow 760$, $1025 \rightarrow 925$, $690 \rightarrow 610$, $840 \rightarrow 760$, $1060 \rightarrow 980$	Scho 1992
	$HgCl_2$, $HgBr_2$	$950 \rightarrow 850$, $840 \rightarrow 760$	Scho 1988
	HgI_2	$900 \rightarrow 820$, $840 \rightarrow 760$ $1060 \rightarrow 890$	Scho 1989
	$HgBr_2$	$1000 \rightarrow 600$ ($\Delta T = 100$)	Len 1994a
	$TeCl_4$, $TeBr_4$	$1100 \rightarrow 1000$, $1000 \rightarrow 900$	Opp 1975
	$TeCl_4$	$1000 \rightarrow T_1$	Opp 1978
	$TeCl_4$	$1000 \rightarrow 900$	Wol 1978
	$TeCl_4$	$1000 \rightarrow 900$	Opp 1985, Opp 1985a
	$H_2O + H_2$	$1000 \rightarrow T_1$	Mil 1949
WO_2:Ni	I_2	$950 \rightarrow 850$	Ben 1974
$WO_{2,72}$	$TeCl_4$	$1200 \rightarrow 1150$	Wol 1978
$W_{18}O_{49}$	I_2	$950 \rightarrow 850$	Bab 1977
	$HgCl_2$, $HgBr_2$	$950 \rightarrow 850$, $840 \rightarrow 760$	Scho 1988
	$HgCl_2$, HgI_2	$690 \rightarrow 610$, $1060 \rightarrow 980$	Scho 1992
	HgI_2	$900 \rightarrow 820$, $840 \rightarrow 760$ $1060 \rightarrow 890$	Scho 1989
	$TeCl_4$	$1000 \rightarrow T_1$	Opp 1978
	$TeCl_4$	$1000 \rightarrow 900$	Opp 1985
	$TeCl_4$	$1100 \rightarrow 1000$	Opp 1985a
	H_2O	$1000 \rightarrow T_1$	Mil 1949
	H_2O	keine Angabe	Ahm 1966
$W_{20}O_{58}$	Cl_2, HCl	$1000 \rightarrow 950$, $950 \rightarrow 900$	Kle 1968
	I_2	$950 \rightarrow 850$	Bab 1977
	$TeCl_4$	$1000 \rightarrow T_1$	Opp 1978
	$TeCl_4$	$1000 \rightarrow 900$	Opp 1985

Tabelle 5.1 (Fortsetzung)

Senkenbodenkörper	Transportzusatz	Temperatur/°C	Literatur
$W_{20}O_{58}$	$TeCl_4$	$900 \rightarrow 800$	Opp 1985a
	H_2O	keine Angabe	Ahm 1966
WO_3	Cl_2, HCl, CCl_4	$800 \rightarrow 750$, $1100 \rightarrow 1050$, $700 \rightarrow 600$	Kle 1966
	Cl_2, Br_2	$925 \rightarrow T_1$	Vei 1979
	Br_2, HCl	$625 \rightarrow T_1$	Vei 1979
	HCl	$1000 \rightarrow 950$	Bih 1970
	$HgCl_2$	$1025 \rightarrow 925$	Scho 1990a
	$AlCl_3$	$880 \rightarrow 750$	Mar 1999
	$TeCl_4$	$1000 \rightarrow T_1$	Opp 1978
	$TeCl_4$	$1000 \rightarrow 900$	Opp 1985, Opp 1985a
	H_2O	$1100 \rightarrow T_1$	Mil 1949
	H_2O	$1100 \rightarrow 900$	Gle 1962
	H_2O	$1050 \rightarrow 900$	Sah 1983
„$W_2Nb_{18}O_{51}$" [2]	Cl_2	$900 \rightarrow 800$	Heu 1979
„$W_2Nb_{34}O_{91}$" [2]	Cl_2	$900 \rightarrow 800$	Heu 1979
„$W_3Nb_{30}O_{84}$" [2]	Cl_2	$900 \rightarrow 800$	Heu 1979
„$W_4Nb_{52}O_{142}$" [2]	Cl_2	$900 \rightarrow 800$	Heu 1979
$W_{1-x}Ru_xO_2$	Cl_2	$1100 \rightarrow 1000$	Nich 1993
$W_{1-x}V_xO_2$	$TeCl_4$	$1075 \rightarrow 950$	Hör 1972
	$TeCl_4$	$1050 \rightarrow 950$	Rit 1977
	$TeCl_4$	$1100 \rightarrow 900$	Brü 1977
Y_2O_3	Cl_2	$T_2 \rightarrow T_1$	Red 1976
	Br_2 + CO	$1160 \rightarrow 1100$	Mat 1983
Y_2O_3:Eu	Br_2, HBr, Br_2 + CO	$1160 \rightarrow 1100$, $1190 \rightarrow 1090$, $1190 \rightarrow 1090$	Mat 1982
$YAsO_4$	$TeCl_4$	$1080 \rightarrow 950$	Schm 2005
$YFeO_3$	$GdCl_3$	$1200 \rightarrow 1090$	Klei 1972
	YCl_3	$1165 \rightarrow 1050$	Klei 1974
	YCl_3	$1165 \rightarrow 1050$	Klei 1977
$Y_2Ge_2O_7$	Cl_2, Cl_2 + $GeCl_4$	$T_2 \rightarrow T_1$	Red 1976
$Y_3Fe_5O_{12}$	Cl_2, Cl_2 + $FeCl_2$	$1155 \rightarrow 1095$, $1145 \rightarrow 1095$	Gib 1973
	HCl	$800 \ldots 1200 \rightarrow T_1$ ($\Delta T = 50 \ldots 100$)	Cur 1965
	HCl + $FeCl_3$	$1140 \rightarrow 1045$	Weh 1970
	HCl + $FeCl_3$	$1100 \rightarrow 1000$	Lau 1972
	CCl_4	$1100 \rightarrow 950$	Pie 1981
	$FeCl_3$, $FeCl_3$ + $YFeO_3$	$1150 \rightarrow 1050$	Pie 1982
	$GdCl_3$	$1200 \rightarrow 1090$	Klei 1972
	YCl_3	$1170 \rightarrow 1065$	Klei 1974
	YCl_3	$1170 \rightarrow 1065$	Klei 1977, Klei 1977a
YPO_4	PBr_3 + Br_2	$1025 \rightarrow 925$	Orl 1974

[2] Blockstrukturen; die angegebene Zusammensetzung ist die einzelner Blöcke

Tabelle 5.1 (Fortsetzung)

Senkenboden-körper	Transportzusatz	Temperatur/°C	Literatur
YVO_4	$TeCl_4$	1100 → 950	Mat 1981
	$TeCl_4$	1100 → 1000	Schm 2005a
$YbAsO_4$	$TeCl_4$	1050 → 950	Schm 2005
$YbPO_4$	PBr_5	1075 → 960	Mül 2004
$Yb_2Ti_2O_7$	Cl_2	1050 → 950	Hüb 1992
$Yb_xEr_{1-x}AsO_4$	$TeCl_4$	1075 → 975	Schm 2005
ZnO	H_2, Cl_2, HCl, NH_4Cl, $HgCl_2$, NH_3	1020 → 925	Shi 1971
	Cl_2	900 → 820	Kle 1966b
	Cl_2, Br_2, I_2	1150 ... 700 → T_1 ($\Delta T = 150$)	Pie 1972
	Cl_2, Br_2, HCl, HBr, NH_4Cl, NH_4Br	1025 → 825	Opp 1984
	Cl_2, Br_2, HCl, HBr, NH_4Cl, NH_4Br	1000 → 900	Opp 1985
	Cl_2, C	1000 → 900	Nte 1999
	Cl_2	1000 → 900	Pat 1999
	Br_2	1010 → 990	Wid 1971
	HCl	1005 → 935	Kle 1966a
	NH_4Cl, NH_4Br, NH_4I, $ZnCl_2$	1000 → 800	Mat 1988
	C	1050 → 1020	Mik 2005
	C, CO, H_2O	1000 → 960, 1050 → 960	Pal 2006
	HCl + H_2	890 → 630	Quo 1975
	$ZnCl_2$, $ZnCl_2$ + Zn	1000 → 900	Mat 1985
	H_2O	1350 → 1300	Gle 1957
	CO_2 + Zn	1015 → 1000	Mik 2007
	H_2 + C + H_2O, N_2 + C + H_2O	1150 → 1100	Myc 2004a
ZnO	$HgCl_2$ + Zn, $HgCl_2$ + Al, $HgCl_2$ + In	1000 → T_1	Mat 1991
ZnO	C + O_2	1000 → 900	Mun 2005
	$[-CH_2(CHOH)-]_n$	1100 → 1090	Udo 2008
	C	1000 → T_1	Wei 2008
	C	1000 → 880	Jok 2009
	C	970 → 965	Hon 2009
ZnO:Mn	H_2 + C + H_2O, N_2 + C + H_2O	1100 → T_1	Myc 2004

Tabelle 5.1 (Fortsetzung)

Senkenbodenkörper	Transportzusatz	Temperatur/°C	Literatur
$Zn_{1-x}Mn_xO$	C	$1050 \rightarrow 1010$	Sav 2007
$Zn_{1-x}Ni_xO$	HCl	$900 \rightarrow 750$	Loc 1999a
$Zn_2As_2O_7$	Cl_2	$880 \rightarrow 800$	Wei 2004c, Wei 2005
$Zn_xCo_{3-x}O_4$	Cl_2	$1000 \rightarrow 900, 910 \rightarrow 830$	Pie 1988
$ZnCr_2O_4$	Cl_2	$975 \rightarrow 915$	Paj 1981
$ZnFe_2O_4$	HCl	$1000 \rightarrow 800$	Klei 1964
	$TeCl_4$	$950 \rightarrow 750$	Pes 1976
	$TeCl_4$	$950 \rightarrow 750$	Bli 1977
$ZnGa_2O_4$	Cl_2, HCl	$1000 \rightarrow 900, 1000 \rightarrow 800$	Pat 1999
Zn_2GeO_4	Cl_2, HCl	$850 \rightarrow 750, 1050 \rightarrow 900$	Pfe 2002c
	C	$1000 \rightarrow 400 \ldots 500$	Yan 2009
$Zn_{2-x}Co_xGeO_4$	Cl_2	$850 \rightarrow 750$	Pfe 2002c
$Zn_{3-x}Co_xGeO_4$	Cl_2	$910 \rightarrow 820$	Pie 1988
$ZnMn_2O_4$	PbF_2	$1100 \rightarrow T_1$	Tse 1966
$Zn_{1-x}Mn_xCr_2O_4$	Cl_2	$1030 \rightarrow 950$	Lec 1993
$ZnMoO_4$	Cl_2, Br_2, I_2, HCl, HBr	$950 \rightarrow 850$	Söh 1997
$Zn_{1-x}Cu_xMoO_4$	Cl_2, Br_2, NH_4Cl	$700 \rightarrow 600$	Ste 2003
	Cl_2, NH_4Cl	$750 \rightarrow 600$	Rei 2000
$Zn_2Mo_3O_8$	I_2, HCl	$950 \rightarrow 850$	Söh 1997
$Zn_3Mo_2O_9$	Br_2, I_2, HCl	$950 \rightarrow 850$	Söh 1997
$(Zn_{1-x}Nb_x)_{12}O_{29}$	Cl_2, NH_4Cl	$1000 \rightarrow 900$	Kru 1987
$ZnNb_2O_6$	Cl_2, HCl, NH_4Cl, $NbCl_5 + Cl_2$, $HgCl_2$, $HgBr_2$	$1000 \rightarrow 900$	Kru 1987
	HCl	$1020 \rightarrow 975$	Emm 1968c
	$TeCl_4$	$1050 \rightarrow 850$	Jen 2009
$Zn_{1+x}V_{2-x}O_4$	$TeCl_4$	$1000 \rightarrow 800$	Pic 1973a
Zn_2SiO_4	BeF_2, NaF, Na_2BeF_4	$1200 \rightarrow T_1$	Sob 1960
	$LiZnF_3$	$1200 \rightarrow T_1$	Nov 1961
$(Zn_{1-x}Be_x)_2SiO_4$:Mn	$LiZnF_3$	$1200 \rightarrow T_1$	Nov 1961
$ZnWO_4$	HCl	$800 \ldots 1200 \rightarrow T_1$ ($\Delta T = 50 \ldots 100$)	Cur 1965
	Cl_2	$1075 \rightarrow 1040$	Emm 1968b
	Cl_2	$1050 \rightarrow 1000$	Wid 1971
	Cl_2	$900 \rightarrow 800$	Ste 2005a
ZrO_2	Cl_2, $TeCl_4$	$1100 \rightarrow 1000$	Dag 1992
	$TeCl_4$	$1100 \rightarrow 900$	Opp 1975
	$I_2 + S$	$1050 \rightarrow 1000$	Nit 1966
	$I_2 + S$	$1050 \rightarrow 1000$	Nit 1967a
$Zr_{1-x}Th_xO_2$	$ZrCl_4$	$1000 \rightarrow 980$	Bus 1996
$ZrSiO_4$	Cl_2, $ZrCl_4$, Br_2, $ZrBr_4$, I_2, ZrI_4	$1150 \ldots 1250 \rightarrow 1050 \ldots 1150$ ($\Delta T = 100$)	Hul 1968

Literaturangaben

Aga 1984	V. Agafonov, D. Michel, M. Perez y Jorba, M. Fedoroff, *Mater. Res. Bull.* **1984**, *19*, 233.
Aga 1985	V. Agafonov, D. Michel, A. Kahn, M. Perez Y Jorba, *J. Cryst. Growth* **1985**, *71*, 12.
Aga 1985a	V. Agafonov, A. Kahn, D. Michel, M. Perez Y Jorba, M. Fedoroff, *J. Cryst. Growth* **1985**, *71*, 256.
Ahm 1966	I. Ahmad, G. P. Capsimalis, *Intern. Conf. Cryst. Growth,* Boston **1966**.
Alb 1996	J. H. Albering, W. Jeitschko, *Z. Naturforsch.* **1996**, *51b*, 257.
Ale 1963	C. A. Alexander, J. S. Ogden, A. Levy, *J. Chem. Phys.* **1963**, *39*, 3057.
Ark 1955	A. E. van Arkel, U. Spitsbergen, R. D. Heyding, *Can. J. Chem.* **1955**, *33*, 446.
Arn 2008	J. Arnold, J. Feller, U. Steiner, *Z. Anorg. Allg. Chem.* **2008**, *634*, 2026.
Bab 1977	A. V. Babushkin, L. A. Klinkova, E. D. Skrebkova, *Izv. Akad. Nauk SSSR Neorg. Mater.* **1977**, *13*, 2114.
Bab 1987	E. V. Babkin, A. A. Charyev, *Izv. Akad. Nauk SSSR, Neorg. Mater.* **1987**, *236*, 996.
Bag 1976	A. M. Bagamadova, S. A. Semiletov, R. A. Rabadanov, *C. A.* **1976**, *84*, 10985.
Bal 1985	L. Bald, R. Gruehn, *Z. Anorg. Allg. Chem.* **1985,** *521*, 97.
Ban 1976	Y. Bando, Y. Kato, T. Takada, *Bull. Inst. Chem. Res. Kyoto Univ.* **1976**, *54*, 330.
Ban 1978	Y. Bando, M. Kyoto, T. Takada, S. Muranaka, *J. Cryst. Growth* **1978**, *45*, 20.
Ban 1981	Y. Bando, S. Muranaka, Y. Shimada, M. Kyoto, T. Takada, *J. Cryst. Growth* **1981**, *53*, 443.
Bay 1983	E. Bayer, *Dissertation,* Universität Gießen, **1983**.
Bay 1985	E. Bayer, R. Gruehn, *J. Cryst. Growth* **1985**, *71*, 817.
Bel 1966	W. E. Bell, M. Tagami, *J. Phys. Chem.* **1966**, *703*, 640.
Ben 1969	L. Ben-Dor, L. E. Conroy, *Isr. J. Chem.* **1969**, *7*, 713.
Ben 1974	L. Ben-Dor, Y. Shimony, *Mater. Res. Bull.* **1974**, *9*, 837.
Ben 1978	L. Ben-Dor, Y. Shimony, *J. Cryst. Growth* **1978**, *43*, 1.
Ber 1960	J. Berkowitz, D. J. Meschi, W. A. Chupka, *J. Chem. Phys.* **1960**, *33*, 533.
Ber 1963	J. B. Berkowitz-Mattuck, A. Büchler, *J. Phys. Chem.* **1963**, *67*, 1386.
Ber 1989	O. Bertrand, N. Floquet, D. Jaquot, *J. Cryst. Growth* **1989**, *96*, 708.
Bern 1981	C. Bernard, G. Constant, R. Feurer, *J. Electrochem. Soc.* **1981**, *128*, 2447.
Bie 1990	W. Bieger, W. Piekarczyk, G. Krabbes, G. Stöver, N. v. Hai, *Cryst. Res. Technol.* **1990**, *25*, 375.
Bih 1970	R. Le Bihan, C. Vacherand, *C. A.* **1970**, *72*, 71459.
Bli 1977	G. Bliznakov, P. Peshev, *Russ. J. Inorg. Chem.* **1977**, *22*, 1603.
Bow 1972	H. K. Bowen, W. D. Kingery, M. Kinoshita, C. A. Goodwin, *J. Cryst. Growth* **1972**, *13/14*, 402.
Bow 1974	H. K. Bowen, W. D. Kingery, *J. Cryst. Growth* **1974**, *21*, 69.
Bra 1953	E. L. Brady, *J. Phys. Chem.* **1953**, *57*, 706.
Bru 1975	H. Brunner, *Dissertation*, Universität Gießen, **1975**.
Bru 1976	H. Brunner, R. Gruehn, W. Mertin, *Z. Naturforsch. B* **1976**, *31*, 549.
Bru 1976a	H. Brunner, R. Gruehn, *Z. Naturforsch. B* **1976**, *31*, 318.
Brü 1976	W. Brückner, U. Gerlach, W. Moldenhauer, H.-P. Brückner, B. Thuss, H. Oppermann, E. Wolf, I. Storbeck, *J. Phys-Paris* **1976**, *10*, C4-63l.
Brü 1976a	W. Brückner, U. Gerlach, W. Moldenhauer, H.-P. Brückner, N. Mattern, H. Oppermann, E. Wolf, *Phys. Status Solidi* **1976**, *38*, 93.
Brü 1977	W. Brückner, U. Gerlach, H. P. Brückner, W. Moldenhauer, H. Oppermann, *Phys. Status Solidi a* **1977**, *42*, 295.

Brü 1983 W. Brückner, H. Oppermann, W. Reichelt, J. I. Terukow, F. A. Tschudnowski, E. Wolf, *Vanadiumoxide. Darstellung, Eigenschaften, Anwendung*, Akademie-Verlag, Berlin **1983**.
Bud 1966 P. P. Budnikov, V. I. Stusakovskij, D. B. Sandalov, F. P. Butra, *Izv. Akad. Nauk. SSSR, Neorg. Mater.* **1966**, *2*, 829.
Bud 1967 P. P. Budnikov, D. B. Sandulov, *Krist. Tech.* **1967**, *2*, 549.
Bus 1969 Y. A. Buslaev, G. M. Safronov, V. I. Pachomov, M. A. Gluschkova, V. P. Repko, M. M. Erschova, A. N. Zhukov, T. A. Zhdanova, *Izv. Akad. Nauk. SSSR, Neorg. Mater.* **1969**, *5*, 45.
Bus 1994 J. Busch, R. Gruehn, *Z. Anorg. Allg. Chem.* **1994**, *620*, 1066.
Bus 1996 J. Busch, R. Hofmann, R. Gruehn, *Z. Anorg. Allg. Chem.* **1996**, *622*, 67.
But 1971 S. R. Butler, G. L. Gillson, *Mater. Res. Bull.* **1971**, *6*, 81.
Cal 2005 D. Calestani, F. Licci, E. Kopnin, G. Calestani, F. Bolzoni, T. Besagni, V. Boffa, M. Marezio, *Cryst. Res.Technol.* **2005**, *40*, 1067.
Cap 1961 D. Caplan, M. Cohen, *J. Electrochem. Soc.* **1961**, *108*, 438.
Chu 1959 W. A. Chupka, J. Berkowitz, C. F. Giese, *J. Chem. Phys.* **1959**, *30*, 827.
Chu 1964 T. L. Chu, J. R. Gavaler, G. A. Gruber, Y. C. Kao, *J. Electrochem. Soc.* **1964**, *111*, 1433.
Chu 1965 T. L. Chu, G. A. Gruber, *Trans. Metal Soc. AIME* **1965**, *233*, 568.
Chu 1995 Y. Chung, B. J. Wuensch, *Mat. Res. Soc. Symp. Proc.* **1995**, *357*, 139.
Cor 1962 E. H. P. Cordfunke, G. Meyer, *Rec. Trav. Chim.* **1962**, *81*, 495.
Cur 1965 B. J. Curtis, J. A. Wilkinson, *J. Am. Ceram. Soc.* **1965**, *48*, 49.
Dag 1992 F. Dageförde, R. Gruehn, *Z. Anorg. Allg. Chem.* **1992**, *611*, 103.
Dem 1980 L. A. Demina, V. A. Dolgikh, S. Yu. Stefanovich, S. A. Okonenko, B. A. Popovkin, *Izv. Akad. Nauk SSSR, Neorg. Mater.* **1980**, *16*, 470.
DeS 1989 W. DeSisto, B. T. Collins, R. Kershaw, K. Dwight, A. Wold, *Mater. Res. Bull.* **1989**, *24*, 1005.
Det 1969 J. H. Dettingmeijer, J. Tillack, H. Schäfer, *Z. Anorg. Allg. Chem.* **1969**, *369*, 161.
Dev 1959 R. C. DeVries, G. W. Sears, *J. Chem. Phys.* **1959**, *31*, 1256.
Dha 1974 D. R. Dharwadkar, S. N. Tripathi, M. D. Karkhanavala, M. S. Chandrasek-Havaisch, *Thermodyn. Nucl. Mater. Symp.* **1974**, *2*, 455.
Die 1975 R. Diehl, A. Räuber, F. Friedrich, *J. Cryst. Growth* **1975**, *29*, 225.
Die 1976 R. Diehl, F. Friedrich, *J. Cryst. Growth* **1976**, *36*, 263.
Emm 1968 F. P. Emmenegger, M. L. A. Robinson, *J. Phys. Chem. Solids* **1968**, *29*, 1673.
Emm 1968a F. Emmenegger, *J. Cryst. Growth* **1968**, *2*, 109.
Emm 1968b F. Emmenegger, *J. Cryst. Growth* **1968**, *3/4*, 135.
Emm 1968c F. Emmenegger, A. Petermann, *J. Cryst. Growth* **1968**, *2*, 33.
Fai 1978 S. P. Faile, *J. Cryst. Growth* **1978**, *43*, 133.
Fak 1965 M. M. Faktor, J. I. Carasso, *J. Electrochem. Soc.* **1965**, *112*, 817.
Far 1955 M. Farber, A. J. Darnell, *J. Chem. Phys.* **1955**, *23*, 1460.
Fec 1993 St. Fechter, S. Krüger, H. Oppermann, *Z. Anorg. Allg. Chem.* **1993**, *619*, 424.
Fel 1996 J. Feller, *Dissertation*, Universität Dresden, **1996**.
Fel 1998 J. Feller, H. Oppermann, M. Binnewies, E. Milke, *Z. Naturforsch.* **1998**, *53b*, 184.
Fel 1998a J. Feller, H. Oppermann, R. Kucharkowski, S. Däbritz, *Z. Naturforsch.* **1998**, *53b*, 397.
Fer 1965 A. Ferretti, D. B. Rogers, J. B. Good-enough, *J. Phys. Chem. Solids* **1965**, *26*, 200.
Fis 1932 W. Fischer, R. Gewehr, *Z. Anorg. Allg. Chem.* **1932**, *209*, 17.
Flö 1963 O. W. Flörke, *Z. Kristallogr.* **1963**, *118*, 470.

Fos 1960	L. M. Foster, G. Long, *U.S. Pat. 2962370*, **1960**.
Fou 1977	G. Fourcaudot, J. Dumas, J. Devenyi, J. Mercier, *J. Cryst. Growth* **1977**, *40*, 257.
Fou 1979	G. Fourcaudot, M. Gourmala, J. Mercier, *J. Cryst. Growth* **1979**, *46*, 132.
Fou 1984	G. Fourcaudot, J. Mercier, H. Guyot, *J. Cryst. Growth* **1984**, *66*, 679.
Fuh 1964	W. Fuhr, *Dissertation,* Universität Münster, **1964**.
Fuh 1986	J. Fuhrmann, J. Pickardt, *Z. Anorg. Allg. Chem.* **1986**, *532*, 171.
Gae 1993	T. Gaewdang, J. P. Chaminade, A. Garcia, C. Fouassier, M. Pouchard, P. Hagenmuller, B. Jaquier, *Mater. Lett.* **1993**, *18*, 64.
Geo 1982	C. A. Georg, P. Triggs, F. Lévy, *Mater. Res. Bull.* **1982**, *17*, 105.
Ger 1977	U. Gerlach, H. Oppermann, *Z. Anorg. Allg. Chem.* **1977**, *429*, 25.
Ger 1977a	U. Gerlach, H. Oppermann, *Z. Anorg. Allg. Chem.* **1977**, *432*, 17.
Ger 1977b	U. Gerlach, G. Krabbes, H. Oppermann, *Z. Anorg. Allg. Chem.* **1977**, *436*, 253.
Ger 2007	S. Gerlach, R. Cardoso Gil, E. Milke, M. Schmidt, *Z. Anorg. Allg. Chem.* **2007**, *633*, 83.
Gha 1974	D. B. Ghare, *J. Cryst. Growth* **1974**, *23*, 157.
Gib 1973	P. Gibart, *J. Cryst. Growth* **1973**, *18*, 129.
Gle 1957	O. Glemser, H. G. Völz, B. Meyer, *Z. Anorg. Allg. Chem.* **1957**, *292*, 311.
Gle 1962	O. Glemser, R. v. Haeseler, *Z. Anorg. Allg. Chem.* **1962**, *316*, 168.
Gle 1963	O. Glemser, *Österr. Chem. Ztg.* **1963**, *64*, 301.
Gru 1966	R. Gruehn, *J. Less-Common Met.* **1966**, *11*, 119.
Gru 1967	R. Gruehn, R. Norin, *Z. Anorg. Allg. Chem.* **1967**, *355*, 176.
Gru 1969	R. Gruehn, R. Norin, *Z. Anorg. Allg. Chem.* **1969**, *367*, 209.
Gru 1973	R. Gruehn, *Z. Anorg. Allg. Chem.* **1973**, *395*, 181.
Gru 1983	R. Gruehn, H. J. Schweizer, *Angew. Chem.* **1983**, *95*, 80.
Gru 1991	R. Gruehn, U. Schaffrath, N. Hübner, R. Hofmann, *Eur. J. Solid State Inorg. Chem.* **1991**, *28*, 495.
Gru 2000	R. Gruehn, R. Glaum, *Angew. Chemie* **2000**, *112*, 706, *Angew. Chem. Int. Ed.* **2000**, *39*, 692.
Grub 1973	P. E. Gruber, *J. Cryst. Growth* **1973**, *18*, 94.
Gue 1972	A. Guest, C. J. L. Lock, *Can. J. Chem.* **1972**, *50*, 1807.
Hac 1998	A. Hackert, R. Gruehn, *Z. Anorg. Allg. Chem.* **1998**, *624*, 1756.
Hau 1962	Z. Hauptmann, *Czechoslov. J. Phys. B* **1962**, *12*, 148.
Hau 1967	Z. Hauptmann, D. Schmidt, S. K. Banerjee, *Collect. Czechoslov. Chem. Commun.* **1967**, *32*, 2421.
Hay 1980	K. Hayashi, A. S. Bhalla, R. E. Newnham, L. E. Cross, *J. Cryst. Growth* **1980**, *49*, 687.
Heu 1979	G. Heurung, R. Gruehn, *Z. Naturforsch.* **1979**, *34b*, 1377.
Hib 1977	H. Hibst, R. Gruehn, *Z. Anorg. Allg. Chem.* **1977**, *434*, 63.
Hib 1978	H. Hibst, R. Gruehn, *Z. Anorg. Allg. Chem.* **1978**, *440*, 137.
Hof 1977	J. Hofmann, R. Gruehn, *J. Cryst. Growth* **1977**, *37*, 155.
Hof 1977a	J. Hofmann, R. Gruehn, *Z. Anorg. Allg. Chem.* **1977**, *431*, 105.
Hof 1990	R. Hofmann, R. Gruehn, *Z. Anorg. Allg. Chem.* **1990**, *590*, 81.
Hof 1991	R. Hofmann, R. Gruehn, *Z. Anorg. Allg. Chem.* **1991**, *602*, 105.
Hof 1993	R. Hofmann, *Dissertation,* Universität Gießen, **1993**.
Hof 1994	G. Hoffmann, R. Roß, R. Gruehn, *Z. Anorg. Allg. Chem.* **1994**, *620*, 839.
Hon 1982	S. H. Hong, *Acta Chem. Scand A* **1982**, *36*, 207.
Hon 2009	S.-H. Hong, M. Mikami, K. Mimura, M. Uchikoshi, A. Yauo, S. Abe, K. Masumoto, M. Isshiki, *J. Cryst. Growth* **2009**, *311*, 3609.
Hör 1972	T. Hörlin, T. Niklewski, M. Nygren, *Mater. Res. Bull.* **1972**, *7*, 1515.

Hör 1973	T. Hörlin, T. Niklewski, M. Nygren, *Mater. Res. Bull.* **1973**, *8*, 179.
Hör 1976	T. Hörlin, T. Niklewski, M. Nygren, *Acta Chem. Scand. A* **1976**, *30*, 619.
Hos 1997	N. Hosaka, T. Sekiya, C. Satoko, S. Kurita, *J. Phy. Soc. Jpn.* **1997**, *66*, 877.
Hos 2007	T. Hoshi, H. Aruga Katori, M. Kosaka, H. Takagi, *J. Magn.. Mater.* **2007**, *310*, 448.
Hüb 1992	N. Hübner, *Dissertation*, Universität Gießen, **1992**.
Hüb 1992a	N. Hübner, R. Gruehn, *Z. Anorg. Allg. Chem.* **1992**, *616*, 86.
Hüb 1992b	N. Hübner, R. Gruehn, *J. Alloys Compd.* **1992**, *183*, 85.
Hul 1956	N. Hultgren, L. Brewer, *J. Phys. Chem.* **1956**, *60*, 947.
Hul 1968	F. Hulliger, *US Patent 3515508*, **1968**.
Hum 1992	H.-U. Hummel, R. Fackler, P. Remmert, *Chem. Ber.* **1992**, *125*, 551.
Hun 1986	K.-H. Huneke, H. Schäfer, *Z. Anorg. Allg. Chem.* **1986**, *534*, 216.
Hus 1986	A. Hussain, B. Reitz, R. Gruehn, *Z. Anorg. Allg. Chem.* **1986**, *535*, 186.
Hus 1989	A. Hussain, R. Gruehn, *Z. Anorg. Allg. Chem.* **1989**, *571*, 91.
Hus 1991	A. Hussain, R. Gruehn, *J. Cryst. Growth* **1991**, *108*, 831.
Hus 1994	A. Hussain, L. Permér, L. Kihlborg, *Eur. J. Solid State Chem.* **1994**, *31*, 879.
Hus 1997	A. Hussain, R. Gruehn, C. H. Rüscher, *J. Alloys Compd.* **1997**, *246*, 51.
Isa 1973	A. S. Isaikin, V. N. Gribkov, B. V. Shchetanov, V. A. Silaev, M. K. Levinskaya, *Tiz. Khim. Obrat. Mater.* **1973**, 112.
Ito 1978	S. Ito, K. Kodaira, T. Matsushita, *Mater. Res. Bul.* **1978**, *13*, 97.
Izu 1979	F. Izumi, H. Kodama, A. Ono, *J. Cryst. Growth* **1979**, *47*, 139.
Jag 1966	W. Jagusch, *Dissertation*, Universität Münster, **1966**.
Jan 2009	O. Janson, W. Schnelle, M. Schmidt, Yu. Prots, S.-L. Drexler, S. H. Filatov, H. Rosner, *New J. Phys.* **2009**, *11*, 113034.
Jen 2009	J. Jentsch, *Diplomarbeit*, HTW Dresden, **2009**.
Jia 1997	Jianzhuang Jiang, Tesuya Ozaki, Ken-ichi Machida, Gin-ya Adachi, *J. Alloys Comp.* **1997**, *260*, 222.
Jok 2009	S. J. Jokela, M. C. Tarun, M. D. McCluskey, *Phys. B* **2009**, *404*, 4810.
Joz 1987	M. Józefowicz, W. Piekarczyk, *Mater. Res. Bull.* **1987**, *22*, 775.
Jus 1986	H. Juskowiak, A. Pajaczkowska, *J. Mater. Sci.* **1986**, *21*, 3430.
Kal 1969	E. Kaldis, *Referate der Kurzvorträge der 10. Diskussionstagung der Sektion für Kristallkunde der DMG* **1969**, 444.
Kal 1970	E. Kaldis, R. Verreault, *J. Less-Common Met.* **1970**, *20*, 177.
Kal 1971	E. Kaldis, *J. Cryst. Growth* **1971**, *9*, 281.
Kam 1978	N. Kamegashira, K. Ohta, K. Naito, *J. Cryst. Growth* **1978**, *44*, 1.
Kam 1979	N. Kamegashira, K. Ohta, K. Naito, *J. Mater. Sci.* **1979**, *14*, 505.
Käm 1998	H. Kämmerer, R. Hofmann, R. Gruehn, *Z. Anorg. Allg. Chem.* **1998**, *624*, 1533.
Kap 1985	O. Kaposi, L. Lelik, G. A. Semenov, E.N. Nikolaev, *Acta Chim. Hung.* **1985**, *120*, 79.
Kav 1996	L. Kavan, M. Grätzel, S. E. Gilbert, C. Klemenz, H. J. Scheel, *J. Am. Chem. Soc.* **1996**, *118*, 6716.
Kaw 1974	K. Kawashima, Y. Ueda, K. Kosuge, S. Kachi, *J. Cryst. Growth* **1974**, *26*, 321.
Ker 1963	J. V. Kerrigan, *J. Appl. Phys.* **1963**, *34*, 3408.
Kho 1981	I. A. Khodyakova, *Deposited Doc.* **1981**, *VINITI 575-82*, 241.
Kim 1974	Y. W. Kim, G. R. Belton, *Met. Trans.* **1974**, *5*, 1811.
Kir 1994	L. Kirsten, H. Oppermann, *Z. Anorg. Allg. Chem.* **1994**, *620*, 1476.
Kle 1966	W. Kleber, M. Hähnert, R. Müller, *Z. Anorg. Allg. Chem.* **1966**, *346*, 113.
Kle 1966a	W. Kleber, J. Noak, H. Berger, *Krist. Tech.* **1966**, *1*, 7.
Kle 1966b	W. Kleber, R. Mlodoch, *Krist. Tech.* **1966**, *1*, 249.
Kle 1968	W. Kleber, H. Raidt, U. Dehlwes, *Krist. Tech.* **1968**, *3*, 153.

Kle 1970	W. Kleber, H. Raidt, R. Klein, *Krist. Tech.* **1970**, *5*, 479.
Klei 1963	P. Kleinert, *Z. Chem.* **1963**, *3*, 353.
Klei 1964	P. Kleinert, *Z. Chem.* **1964**, *4*, 434.
Klei 1965	P. Kleinert, E. Glauche, *Z. Chem.* **1965**, *5*, 30.
Klei 1966	P. Kleinert, D. Schmidt, *Z. Anorg. Allg. Chem.* **1966**, *348*, 142.
Klei 1967	P. Kleinert, D. Schmidt, E. Glauche, *Z. Chem.* **1967**, *7*, 33.
Klei 1970	P. Kleinert, *Z. Anorg. Allg. Chem.* **1970**, *378*, 71.
Klei 1972	P. Kleinert, *Z. Anorg. Allg. Chem.* **1972**, *387*, 11.
Klei 1972a	P. Kleinert, *Z. Anorg. Allg. Chem.* **1972**, *387*, 129.
Klei 1973	P. Kleinert, D. Schmidt, *Z. Anorg. Allg. Chem.* **1973**, *396*, 308.
Klei 1974	P. Kleinert, J. Kirchhof, *Krist. Tech.* **1974**, *9*, 165.
Klei 1977	P. Kleinert, J. Kirchhof, *Z. Anorg. Allg. Chem.* **1977**, *429*, 137.
Klei 1977a	P. Kleinert, J. Kirchhof, *Z. Anorg. Allg. Chem.* **1977**, *429*, 147.
Klei 1982	P. Kleinert, D. Schmidt, H.-J. Laukner, *Z. Anorg. Allg. Chem.* **1982**, *495*, 157.
Kli 1978	L. A. Klinkova, E. D. Skrebkova, *Izv. Akad. Nauk. SSSR, Neorg. Mater.* **1978**, *14*, 373.
Kna 1969	O. Knacke, G. Lossmann, F. Müller, *Z. Anorg. Allg. Chem.* **1969**, *371*, 32.
Kob 1981	Y. Kobayashi, S. Muranaka, Y. Bando, T. Takada, *Bull. Inst. Chem. Res. Kyoto Univ.* **1981**, *59*, 248.
Kod 1972	H. Kodama, T. Kikuchi, M. Goto, *J. Less-Common Met.* **1972**, *29*, 415.
Kod 1975	H. Kodama, M. Goto, *J. Cryst. Growth* **1975**, *29*, 77.
Kod 1975a	H. Kodama, M. Goto, *J. Cryst. Growth* **1975**, *29*, 222.
Kod 1976	H. Kodama, H. Komatsu, *J. Cryst. Growth* **1976**, *36*, 121.
Kol 2002	D. Kolberg, F. Wastin, J. Rebizant, P. Boulet, G. H. Lander, J. Schoenes, *Phys. Rev. B* **2002**, *66*, 214418.
Kor 1989	V. O. Kordyukevich, V. I. Kuznetsov, M. V. Razumeenko, O. A. Yuminov, *Radiochim.* **1989**, *31*, 147.
Kra 1977	G. Krabbes, H. Oppermann, *Krist. Tech.* **1977**, *12*, 929.
Kra 1979	G. Krabbes, H. Oppermann, E. Wolf, *Z. Anorg. Allg. Chem.* **1979**, *450*, 21.
Kra 1983	G. Krabbes, H. Oppermann, E. Wolf, *J. Cryst. Growth* **1983**, *64*, 353.
Kra 1984	G. Krabbes, J. Klosowski, H. Oppermann, H. Mai, *Cryst. Res. Technol.* **1984**, *19*, 491.
Kra 1986	G. Krabbes, U. Gerlach, E. Wolf, W. Reichelt, H. Oppermann, J. C. Launay, Proc 6th *Symposium on Material Sciences under microgravity Conditions, Bordeaux* **1986**.
Kra 1987	G. Krabbes, D. V. Hoanh, N. Van Hai, H. Oppermann, S. Velichkow, P. Peshev, *J. Cryst. Growth* **1987**, *82*, 477.
Kra 1988a	G. Krabbes, D. V. Hoanh, *Z. Anorg. Allg. Chem.* **1988**, *562*, 62.
Kra 1988b	R. Krausze, H. Oppermann, *Z. Anorg. Allg. Chem.* **1988**, *558*, 46.
Kra 1991	G. Krabbes, W. Bieger, K.- H. Sommer, E. Wolf, *J. Cryst. Growth* **1991**, *110*, 433.
Kra 2005	G. Krabbes, U. Gerlach, W. Reichelt, *Z. Anorg. Allg. Chem.* **2005**, *631*, 375.
Kru 1987	F. Krumeich, R. Gruehn, *Z. Anorg. Allg. Chem.* **1987**, *554*, 14.
Kru 1986	B. Krug, *Dissertation*, Universität Gießen, **1986**.
Kru 1986a	B. Krug, R. Gruehn, *J. Less-Common Met.* **1986**, *116*, 105.
Kub 1983	O. Kubaschewski, C. B. Alcock, *Metallurgical Thermochemistry*, 5.th Ed., Pergamon Press, Oxford, **1983**.
Kur 1972	K. Kurosawa, S. Saito, S. Takemoto, *Jpn. J. Appl. Phys.* **1972**, *11*, 1230.
Kur 1975	K. Kurosawa, S. Saito, S. Takemoto, *Jpn. J. Appl. Phys.* **1975**, *14*, 887.
Kuw 1980	H. Kuwamoto, J. M. Honig, *J. Solid State Chem.* **1980**, *32*, 335.
Kuw 1981	H. Kuwamoto, N. Otsuka, H. Sato, *J. Solid State Chem.* **1981**, *36*, 133.

Kyo 1977 M. Kyoto, Y. Bando, T. Takada, *Chem. Lett. Jpn.* **1977**, 595.
Lan 1986 B. Langenbach- Kuttert, J. Sturm, R. Gruehn, *Z. Anorg. Allg. Chem.* **1986**, *543*, 117.
Lan 1986b B. Langenbach- Kuttert, *Dissertation,* Universität Gießen, **1986**.
Lan 1987 B. Langenbach- Kuttert, J. Sturm, R. Gruehn, *Z. Anorg. Allg. Chem.* **1987**, *548*, 33.
Lau 1972 J. C. Launay, M. Onillon, M. Pouchard, *Rev. Chim. Miner.* **1972**, *9*, 41.
Lau 1973 J. C. Launay, G. Villeneuve, M. Pouchard, *Mater. Res. Bull.* **1973**, *8*, 997.
Lau 1974 J.-C. Launay, M. Pouchard, *J. Cryst. Growth* **1974**, *23*, 85.
Lau 1976 J.- C. Launay, M. Pouchard, R. Ayroles, *J. Cryst. Growth* **1976**, *36*, 297.
Lav 1964 F. Laves, R. Moser, W. Petter, *Naturwissenschaften* **1964**, *51*, 356.
Lec 1991 F. Leccabue, R. Panizzieri, B. E. Watts, D. Fiorani, E. Agostinelli, A. Testa, E. Paparazzo, *J. Cryst. Growth* **1991**, *112*, 644.
Lec 1993 F. Leccabue, B. E. Watts, D. Fiorani, A. M . Testa, J. Alvarez, V. Sagredo, G. Bocelli, *J. Mater. Sci.* **1993**, *28*, 3945.
Lec 1993 F. Leccabue, B. E. Watts, C. Pelosi, D. Fiorani, A. M. Testa, A. Pajączkowska, G. Bocelli, G. Calestani, *J. Cryst. Growth* **1993**, *128*, 859.
Len 1994a M. Lenz, R. Gruehn, *J. Cryst. Growth* **1994**, *137*, 499.
Len 1997 M. Lenz, R. Gruehn, *Chem. Rev.* **1997**, *97*, 2967.
Li 2009 C. Li, M. Isobe, H. Ueda, Y. Matsuhita, Y. Ueda, *J. Solid State Chem.* **2009**, *182*, 3222.
Lib 1994 M. Liberatore, B. J. Wuensch, I. G. Solorzano, J. B. Vander Sande, *Mater. Res. Soc. Symp. Proc.* **1994**, *318*, 637.
Lis 1996 Lisheng Chi, Huayang Chen, Shuiquan Deng, Honghui Zhuang, Jinshun Huang, *J. Alloy. Compd.* **1996**, *242*, 1.
Loc 1999 S. Locmelis, M. Binnewies, *Z. Anorg. Allg. Chem.* **1999**, *625*, 294.
Loc 1999a S. Locmelis, R. Wartchow, G. Patzke, M. Binnewies, *Z. Anorg. Allg. Chem.* **1999**, *625*, 661.
Loc 1999b S. Locmelis, M. Binnewies, *Z. Anorg. Allg. Chem.* **1999**, *625*, 1573.
Loc 2005 S. Locmelis, U. Hotje, M. Binnewies, *Z. Anorg. Allg. Chem.* **2005**, *631*, 3080.
Lon 1973 M. C. De Long, *U. S. Nat. Tech. Inform. Serv. A. D. Rep.* **1973**, Nr. 760733.
Mar 1959 G. de Maria, J. Drowart, M. E. Inghram, *J. Chem. Phys.* **1959**, *30*, 318.
Mar 1999 K. Mariolacos, *N. Jb. Miner. Mh.* **1999**, *9*, 415.
Mas 1990 H. Massalski, *Binary Alloy Phase Diagrams*, 2nd Ed. ASN International, **1990**.
Mat 1977 K. Matsumoto, S. Kaneko, K. Takagi, *J. Cryst. Growth* **1977**, *40*, 291.
Mat 1981 K. Matsumoto, T. Kawanishi, K. Takagi, *J. Cryst. Growth* **1981**, *55*, 376.
Mat 1981a K. Matsumoto, T. Sata, *Bull. Chem. Soc. Jpn.* **1981**, *54*, 674.
Mat 1982 K. Matsumoto, T. Kawanishi, K. Takagi, S. Kaneko, *J. Cryst. Growth* **1982**, *58*, 653.
Mat 1983 K. Matsumoto, S. Kaneko, K. Takagi, S. Kawanishi, *J. Electrochem. Soc.* **1983**, *130*, 530.
Mat 1985 K. Matsumoto, K. Konemura, G. Shimaoka, *J. Cryst. Growth* **1985**, *71*, 99.
Mat 1988 K. Matsumoto, G. Shimaoka, *J. Cryst. Growth* **1988**, *86*, 410.
Mat 1991 K. Matsumoto, K. Noda, *J. Cryst. Growth* **1991**, *109*, 309.
Mer 1973 J. Mercier, S. Lakkis, *J. Cryst. Growth* **1973**, *20*, 195.
Mer 1973a J. Mercier, *Bull. Soc. Sci., Bretagne* **1973**, *48*, 135.
Mer 1977 J. Mercier, J. J. Since, G. Fourcaudot, J. Dumas, J. Devenyi, *J. Cryst. Growth* **1977**, *42*, 583.
Mer 1982 J. Mercier, G. Fourcaudot, Y. Monteil, C. Bec, R. Hillel, *J. Cryst. Growth* **1982**, *59*, 599.

Mer 1982a	J. Mercier, *J. Cryst. Growth* **1982**, *56*, 235.
Meu 1976	G. Meunier, M. Bertaud, *J. Appl. Cryst.* **1976**, *9*, 364.
Mik 2005	M. Mikami, T. Eko, J. Wang, Y. Masa, M. Isshiki, *J. Cryst. Growth* **2005**, *276*, 389.
Mik 2007	M. Mikami, S.- H- Hong, T. Sato, S. Abe, J. Wang, K. Matsumoto, Y. Masa, M. Isshiki, *J. Cryst. Growth* **2007**, *304*, 37.
Mil 1949	T. Millner, J. Neugebauer, *Nature* **1949**, *163*, 601.
Mil 1990	E. C. Milliken, J. F. Cordaro, *J. Mater. Res.* **1990**, *5*, 53.
Mon 1984	Y. Monteil, C. Bec, R. Hillel, J. Bouix, C. Bernard, J. Mercier, *J. Cryst. Growth* **1984**, *67*, 595.
Mül 1965	A. Müller, B. Krebs, O. Glemser, *Naturwissenschaften* **1965**, *52*, 55.
Mul 2004	D. D. Mulmi, T. Sekiya, N. Kamiya, S. Kurita, Y. Murakami, T. Kodaira, *J. Phys. Chem. Solids* **2004**, 1181.
Mül 2004	U. Müller, *Diplomarbeit*, HTW Dresden, **2004**.
Mun 2005	V. Munoz-Sanjosé, R. Tena-Zaera, C. Martínez-Tomás, J. Zúniga-Pérez, S. Hassani, R. Triboulet, *Phys. Stat. Sol.* **2005**, *2*, 1106.
Mur 1976	M. de Murcia, J. P. Fillard, *Mater. Res. Bull.* **1976**, *11*, 189.
Mur 1995	K. Murase, K. Machida, G. Adachi, *J. Alloys Compd.* **1995**, *217*, 218.
Myc 2004	A. Mycielski, A. Szadkowski, L. Kowalczyk, B. Witkowska, W. Kaliszek, B. Chwalisz, A. Wysmołek, R. Stępniewski, J. M. Baranowski, M. Potemski, A. M. Witowski, R. Jakieła, A. Barcz, P.Aleshkevych, M. Jouanne, W. Szuszkiewicz, A. Suchocki, E. Łusakowska, E. Kamińska, W. Dobrowolski, *Phys. Status Solidi C* **2004**, *1*, 884.
Myc 2004a	A. Mycielski, L. Kowalczyk, A. Szadkowski, B. Chwalisz, A. Wysmołek, R. Stępniewski, J. M. Baranowski, M. Potemski, A. M. Witowski, R. Jakieła, A. Barcz, B. Witkowska, W. Kaliszek, A. Jędrzejczak, A. Suchocki, E. Łusakowska, E. Kamińska, *J. Alloys Compd.* **2004**, *371*, 150.
Nag 1969	K. Nagasawa, Y. Bando, T. Takada, *Jpn. J. Appl. Phys.* **1969**, *8*, 1262.
Nag 1970	K. Nagasawa, Y. Bando, T. Takada, *Jpn. J. Appl. Phys.* **1970**, *9*, 407.
Nag 1971	K. Nagasawa, *Mater. Res. Bull.* **1971**, *6*, 853.
Nag 1972	K. Nagasawa, Y. Bando, T. Takada, *J. Cryst. Growth* **1972**, *17*, 143.
Nai 1971	K. Naito, N. Kamegashira, Y. Nomura, *J. Cryst. Growth* **1971**, *8*, 219.
Neg 1994	H. Negishi, T. Miyahara, M. Inoue, *J. Cryst. Growth* **1994**, *144*, 320.
Neg 2000	H. Negishi, S. Negishi, M. Sasaki, M. Inoue, *Jpn. J. Appl. Phys.* **2000**, *39*, 505.
Neu 1956	A. Neuhaus, *Chem. Ing. Tech.* **1956**, *28*, 350.
Nic 1993	G. Nichterwitz, *Dissertation*, Universität Dresden, **1993**.
Nie 1967	T. Niemyski, W. Piekarczyk, *J. Cryst. Growth* **1967**, *1*, 177.
Nit 1966	R. Nitsche, *Intern. Conference on Crystal Growth, Boston* **1966**.
Nit 1967	R. Nitsche, *Fortschr. Miner.* **1967**, *442*, 231.
Nit 1967a	R. Nitsche, *J. Phys. Chem. Solids Suppl.* **1967**, *1*, 215.
Noc 1993	K. Nocker, R. Gruehn, *Z. Anorg. Allg. Chem.* **1993**, *619*, 1530.
Noc 1993a	K. Nocker, R. Gruehn, *Z. Anorg. Allg. Chem.* **1993**, *619*, 699.
Noc 1994	K. Nocker, R. Gruehn, *Z. Anorg. Allg. Chem.* **1994**, *620*, 266.
Nol 1976	B. I. Noläng, M. W. Richardson, *J. Cryst. Growth* **1976**, *34*, 205.
Nom 1981	Y. Nomura, N. Kamegashira, K. Naito, *J. Cryst. Growth* **1981**, *52*, 279.
Nov 1961	A. V. Novoselova, V. N. Babin, B. P. Sobolev, *Russ. J. Inorg. Chem.* **1961**, *6*, 113.
Nov 1964	A. V. Novoselova, U. K. Orlova, B. P. Sobolev, L. N. Sidorov, *Dokl. Akad. Nauk SSSR* **1964**, *159*, 1338.
Nov 1965	A. V. Novoselova, *Izv. Akad. Nauk. SSSR, Neorg. Mater.* **1965**, *17*, 1010.

Nov 1966	A. V. Novoselova, Y. V. Azhikina, *Izv. Akad. Nauk SSSR, Neorg. Mater.* **1966**, *2*, 1604.
Nov 1966a	A. V. Novoselova, V. N. Babin, B. P. Sobolev, *Kristallografija* **1966**, *11*, 477.
Nov 1967	A. V. Novoselova, *Krist. Tech.* **1967**, *2*, 511.
Nte 1999	J.- M. Ntep, S. Said Hassani, A. Lusson, A. Tromson-Carli, D. Ballutaud, G. Didier, R. Triboulet, *J. Cryst. Growth* **1999**, *207*, 30.
Oht 1986	T. Ohtani, T. Yamaoka, K. Shimamura, *Chem. Lett.* **1986**, 947.
Opp 1971	H. Oppermann, *Z. Anorg. Allg. Chem.* **1971**, *383*, 285.
Opp 1975	H. Oppermann, M. Ritschel, *Krist. Tech.* **1975**, *10*, 485.
Opp 1975a	H. Oppermann, W. Reichelt, E. Wolf, *J. Cryst. Growth* **1975**, *31*, 49.
Opp 1975b	H. Oppermann, W. Reichelt, U. Gerlach, E. Wolf, W. Brückner, W. Moldenhauer, H. Wich, *Physica Status Solidi* **1975**, *28*, 439.
Opp 1977	H. Oppermann, W. Reichelt, G. Krabbes, E. Wolf, *Krist. Tech.* **1977**, *12*, 717.
Opp 1977a	H. Oppermann, W. Reichelt, E. Wolf, *Z. Anorg. Allg. Chem.* **1977**, *432*, 26.
Opp 1977b	H. Oppermann, E. Wolf, *Z. Anorg. Allg. Chem.* **1977**, *437*, 33.
Opp 1977c	H. Oppermann, W. Reichelt, G. Krabbes, E. Wolf, *Krist. Tech.* **1977**, *12*, 919.
Opp 1977d	H. Oppermann, *Proc. 6th Intern. Conf. on Rare Metals, Pécs,* **1977**, *1*, 166.
Opp 1978	H. Oppermann, G. Stöver, M. Ritschel, *Kurzreferate Kristallsynthesen der 13. Jahrestagung der Vereinigung für Kristallographie in der Gesellschaft für Geologische Wissenschaften der DDR* **1978**, P 3.12, P 3.13.
Opp 1978a	H. Oppermann, V. A. Titov, G. Kunze, G. A. Kokovin, E. Wolf, *Z. Anorg. Allg. Chem.* **1978**, *439*, 13.
Opp 1980	H. Oppermann, G. Kunze, E. Wolf, G. A. Kokovin, I. M. Sitschova, G. E. Osigova, *Z. Anorg. Allg. Chem.* **1980**, *461*, 165.
Opp 1984	H. Oppermann, G. Stöver, *Z. Anorg. Allg. Chem.* **1984**, *511*, 57.
Opp 1985	H. Oppermann, G. Stöver, A. Heinrich, K. Teske, E. Ziegler, *Acta Phys. Hung.* **1985**, *57*, 213.
Opp 1985a	H. Oppermann, G. Stöver, E. Wolf, *Cryst. Res. Technol.* **1985**, *20*, 883.
Opp 1985b	H. Oppermann, *Z. Anorg. Allg. Chem.* **1985**, *523*, 135.
Opp 1990	H. Oppermann, *Solid State Ionics* **1990**, *39*, 17.
Opp 1998	H. Oppermann, B. Marklein, *Z. Naturforsch.* **1998**, *53b*, 1352.
Opp 1999	H. Oppermann, H. Göbel, P. Schmidt, H. Schadow, V. Vassilev, I. Markova-Deneva, *Z. Naturforsch.* **1999**, *54b*, 261.
Opp 2002	H. Oppermann, D. Q. Huong, P. Schmidt, *Z. Anorg. Allg. Chem.* **2002**, *628*, 2509.
Opp 2005	H. Oppermann, M. Schmidt, P. Schmidt, *Z. Anorg. Allg. Chem.* **2005**, *631*, 197.
Opp 2005a	H. Oppermann, P. Schmidt, *Z. Anorg. Allg. Chem.* **2005**, *631*, 1309.
Orl 1971	V. P. Orlovskii, H. Schäfer, V. P. Repko, G. M. Safronov, I. V. Tananaev, *Izv. Akad. Nauk. SSSR, Neorg. Mater.* **1971**, *7*, 971.
Orl 1974	V. P. Orlovskii, T. V. Belyaevskaya, V. I. Bugakov, B. S. Khalikov, *Izv. Akad. Nauk. SSSR, Neorg. Mater.* **1977**, *13*, 1489.
Orl 1976	V. P. Orlovskii, V. P. Repko, T. V. Belyaevskaya, *Izv. Akad. Nauk. SSSR, Neorg. Mater.* **1976**, *13*, 1526.
Orl 1978	V. P.Orlovskii, B. Khalikov, Kh. M. Kurbanov, V. I. Bugakov, L.N. Kargareteli, *Zh. Neorg. Khim.* **1978**, *232*, 316.
Orl 1985	V. P. Orlovskii, V. V. Nechaev, A. I. Mironenko, *Neorg. Materialy* **1985**, *21*, 664.
Paj 1981	A. Pajączkowska, W. Piekarczyk, P. Peshev, A. Toshev, *Mater. Res. Bull.* **1981**, *16*, 1091.
Paj 1985	A. Pajączkowska, K. Machjer, *J. Cryst. Growth* **1985**, 71, 810.

Paj 1986	A. Pajączkowska, H. Juskowiak, *J. Cryst. Growth* **1986**, *79*, 421.
Paj 1986a	A. Pajączkowska, G. Jasiołek, K. Majcher, *J. Cryst. Growth* **1986**, *79*, 417.
Paj 1990	A. Pajączkowska, *J. Cryst. Growth* **1990**, *104*, 498.
Pal 2006	W. Palosz, *J. Cryst. Growth* **2006**, *286*, 42.
Par 1982	H. L. Park, *J. Korean. Phys. Soc.* **1982**, *15*, 51.
Pat 1999	G. R. Patzke, S. Locmelis, R. Wartchow, M. Binnewies, *J. Cryst. Growth* **1999**, *203*, 141.
Pat 2000	G. Patzke, M. Binnewies, *Solid State Sci.* **2000**, *2*, 689.
Pat 2000a	G. R. Patzke, M. Binnewies, U. Nigge, H.-D. Wiemhöfer, *Z. Anorg. Allg. Chem.* **2000**, *626*, 2340.
Pat 2000b	G. R. Patzke, J. Koepke, M. Binnewies, *Z. Anorg. Allg. Chem.* **2000**, *626*, 1482.
Pat 2000c	G. R. Patzke, M. Binnewies, *Z. Naturforsch.* **2000**, *55b*, 26.
Pea 1973	T. Pearsall, *J. Cryst. Growth* **1973**, *20*, 192.
Pes 1973	P. Peshev, G. Bliznakov, G. Gyurov, M. Ivanova, *Mater. Res. Bull* **1973**, *8*, 915.
Pes 1973a	P. Peshev, G. Bliznakov, G. Gyurov, M. Ivanova, *Mater. Res. Bull.* **1973**, *8*, 1011.
Pes 1974	P. Peshev, A. Toshev, *Mater. Res. Bull.* **1974**, *9*, 873.
Pes 1975	P. Peshev, A. Toshev, *Mater. Res. Bull.* **1975**, *10*, 1335.
Pes 1975a	P. Peshev, M. S. Ivanova, *Phys. Status Solidi* **1975**, *28*, K1.
Pes 1976	P. Peshev, A. Tosehv, *Mater. Res. Bull.* **1976**, *11*, 1433.
Pes 1978	P. Peshev, A. Toshev, *J. Mater. Sci.* **1978**, *13*, 143.
Pes 1980	P. Peshev, I. Z. Babievskaja, V. A. Krenev, *J. Mater. Sci.* **1980**, *15*, 2942.
Pes 1982	P. Peshev, A. Toshev, *Mater. Res. Bull.* **1982**, *17*, 1413.
Pes 1984	P. Peshev, A. Toshev, G. Krabbes, U. Gerlach, H. Oppermann, *J. Cryst. Growth* **1984**, *66*, 147.
Pfe 2002	A. Pfeifer, M. Binnewies, *Z. Anorg. Allg. Chem.* **2002**, *628*, 1678.
Pfe 2002a	A. Pfeifer, M. Binnewies, *Z. Anorg. Allg. Chem.* **2002**, *628*, 1091.
Pfe 2002b	A. Pfeifer, M. Binnewies, *Z. Anorg. Allg. Chem.* **2002**, *628*, 2605.
Pfe 2002c	A. Pfeifer, M. Binnewies, *Z. Anorg. Allg. Chem.* **2002**, *628*, 2273.
Pic 1973	J. Pickardt, B. Reuter, J. Söchtig, *Z. Anorg. Allg. Chem.* **1973**, *401*, 21.
Pic 1973a	J. Pickardt, B. Reuter, *Z. Anorg. Allg. Chem.* **1973**, *401*, 37.
Pie 1972	W. Piekarczyk, S. Gazda, T. Niemyski, *J. Cryst. Growth* **1972**, *12*, 272.
Pie 1978	W. Piekarczyk, P. Peshev, A. Toshev, A. Pajaczkowska, *Mater. Res. Bull.* **1978**, *13*, 587.
Pie 1981	W. Piekarczyk, *J. Cryst. Growth* **1981**, *55*, 543.
Pie 1982	W. Piekarczyk, *J. Cryst. Growth* **1982**, *60*, 166.
Pie 1987	W. Piekarczyk, *J. Cryst. Growth* **1987**, *82*, 367.
Pie 1988	W. Piekarczyk, *J. Cryst. Growth* **1988**, *89*, 267.
Pli 1982	V. Plies, *Z. Anorg. Allg. Chem.* **1982**, *484*, 165.
Pli 1983	V. Plies, W. Redlich, R. Gruehn, *Z. Anorg. Allg. Chem.* **1983**, *503*, 141.
Poe 1981	K. R. Poeppelmeier, G. B. Ansell, *J. Cryst. Growth* **1981**, *51*, 587.
Pou 1973	M. Pouchard, J. C. Launay, *Mater. Res. Bull.* **1973**, *8*, 95.
Pov 1998	V. G. Povarov, A. G. Ivanov, V. M. Smirnov, *Inorg. Mater.* **1998**, *34*, 800.
Pre 1996	A. Preuß, *Dissertation*, Universität Gießen, **1996**.
Pro 2001	A. V. Prokofiev, R. K. Kremer, W. Assmus, *J. Cryst. Growth* **2001**, *231*, 498.
Pro 2003	A. V. Prokofiev, F. Ritter, W. Assmus, B. J. Gibson, R. K. Kremer, *J. Cryst. Growth* **2003**, *247*, 457.
Prz 1972	J. Przedmojski, B. Pura, W. Piekarczyk, S. Gazda, *Phys. Status Solidi* **1972**, *11*, K1.
Qui 1970	R. H. Quinn, P. G. Neiswander, *Mater. Res. Bull.* **1970**, *5*, 329.

Quo 1975	H. H. Quon, D. P. Malanda, *Mater. Res. Bull.* **1975**, *10*, 349.
Rab 1985	A. Rabenau, *Angew. Chem.* **1985**, *97*, 1017.
Rad 2000	O. Rademacher, H. Goebel, H. Oppermann, *Z. Kristallogr.- New Cryst. Struct.* **2000**, *215*.
Rad 2001	O. Rademacher, H. Goebel, M. Ruck, H. Oppermann, *Z. Kristallogr.- New Cryst. Struct.* **2001**, *216*, 29.
Rar 2005	J. A. Rard, *J. Nucl. Radiochem. Sci.* **2005**, *6*, 197.
Raz 1981	M. V. Razumeenko, V. S. Grunin, A. A. Boitsov, *Sov. Phys. Crystallogr.* **1981**, *26*, 371.
Rea 1976	F. M. Reames, *Mater. Res. Bull.* **1976**, *11*, 1091.
Red 1976	W. Redlich, *Dissertation*, Universität Gießen, **1976**.
Red 1978	W. Redlich, R. Gruehn, *Z. Anorg. Allg. Chem.* **1978**, *438*, 25.
Rei 1975	W. Reichelt, H. Oppermann, E. Wolf, *Jahresbericht Zentralinstitut für Festkörperphysik und Werkstoffforschung*, Dresden, **1975**.
Rei 1977	W. Reichelt, Dissertation, *Akademie der Wissenschaften der DDR*, **1977**.
Rei 1979	W. Reichelt, H. Oppermann, E. Wolf, *Z. Anorg. Allg. Chem.* **1979**, *452*, 96.
Rei 1991	W. Reichelt, *Habilitationschrift*, Technische Universität Dresden, **1991**.
Rei 1994	W. Reichelt, H. Oppermann, *Z. Anorg. Allg. Chem.* **1994**, *620*, 1463.
Rei 2000	W. Reichelt, T. Weber, T. Söhnel, S. Däbritz, *Z. Anorg. Allg. Chem.* **2000**, *626*, 2020.
Rei 2005	W. Reichelt, U. Steiner, T. Söhnel, O. Oeckler, V. Duppel, L. Kienle, *Z. Anorg. Allg. Chem.* **2005**, *631*, 596.
Reis 1971	A. Reisman, J. E. Landstein, *J. Electrochem. Soc.* **1971**, *118*, 1479.
Rem 1982	F. Remy, O. Monnereau, A. Casalot, F. Dahan, J. Galy, *J. Solid State Chem.* **1988**, *76*, 167.
Rep 1971	V. P. Repko, V. P. Orlovskii, G. M. Safranov, Kh. M. Kurbanov, M. N. Tseitlin, V. I. Pakhomov, I. V. Tananaev, A. N. Volodina, *Izv. Akad. Nauk. SSSR, Neorg. Mater* **1971**, *7*, 251.
Rin 1967	K. Rinke, M. Klein, H. Schäfer, *J. Less-Common Met.* **1967**, *12*, 497.
Rit 1977	M. Ritschel, N. Mattern, W. Brückner, H. Oppermann, G. Stöver, W. Moldenhauer, J. Henke, E. Wolf, *Krist. Tech.* **1977**, *12*, 1221.
Rit 1978	M. Ritschel, H. Oppermann, *Krist. Tech.* **1978**, *13*, 1035.
Rit 1978a	M. Ritschel, H. Oppermann, N. Mattern, *Krist. Tech.* **1978**, *13*, 1421.
Rit 1980	M. Ritschel, H. Oppermann, *Krist. Tech.* **1980**, *15*, 395.
Rog 1969	D. B. Rogers, R. D. Shannon, A. W. Sleight, J. L. Gillson, *Inorg. Chem.* **1969**, *8*, 841.
Rog 1971	D. B. Rogers, R. D. Shannon, J. L. Gillson, *J. Solid State Chem.* **1971**, *3*, 314.
Roh 1994	G. S. Rohrer, W. Lu, R. L. Smith, *Mat. Res. Soc. Symp. Proc.* **1994**, *332*, 507.
Ros 1987	A. Rossberg, H. Oppermann, R. Starke, *Z. Anorg. Allg. Chem.* **1987**, *554*, 151.
Ros 1988	A. Rossberg, H. Oppermann, *Z. Anorg. Allg. Chem.* **1988**, *556*, 109.
Ros 1990	R. Roß, R. Gruehn, *Z. Anorg. Allg. Chem.* **1990**, *591*, 95.
Ros 1990a	R. Roß, *Dissertation*, Universität Gießen, **1990**.
Ros 1991a	R. Ross, R. Gruehn, *Z. Anorg. Allg. Chem.* **1991**, *605*, 75.
Ros 1992	R. Roß, R. Gruehn, *Z. Anorg. Allg. Chem.* **1992**, *612*, 63.
Ros 1992a	R. Roß, R. Gruehn, *Z. Anorg. Allg. Chem.* **1992**, *614*, 47.
Rou 1997	P. Roussel, D. Groult, C. Hess, Ph. Labbé, C. Schlenker, *J. Phys. Condens. Matter* **1997**, *9*, 7081.
Roy 1962	V. Royen, W. Forwerg, *Naturwissenschaften* **1962**, *49*, 85.
Roy 1963	P. Royen, W. Forweg, *Z. Anorg. Allg. Chem.* **1963**, *326*, 113.
Roy 1963a	P. Royen, W. Forweg, *Naturwissenschaften* **1963**, *50*, 41.

Rüs 2008	C. H. Rüscher, K. R. Dey, T. Debnath, I. Horn, R. Glaum, A. Hussain, *J. Solid State Chem.* **2008**, *181*, 90.
Sae 1973	M. Saeki, N. Kimizuka, M. Ishii, I. Kawada, M. Nakano, A. Ichinose, M. Nakahira, *J. Cryst. Growth* **1973**, *18*, 101.
Sah 1983	W. Sahle, M. Nygren, *J. Solid State Chem.* **1983**, *48*, 154.
Sak 1972	T. Sakata, K. Sakata, G. Höfer, T. Horiuchi, *J. Cryst. Growth* **1972**, *12*, 88.
San 1974	N. Sano, G. R. Belton, *Metallurg. Trans.* **1974**, *5*, 2151.
Sav 2007	A. I. Savchuk, V. I. Fediv, G. I. Kleto, S. V. Krychun, S. A. Savchuk, *Phys. Stat. Sol.* **2007**, *1*, 106.
Sch 1956	H. Schäfer, H. Jacob, K. Etzel, *Z. Anorg. Allg. Chem.* **1956**, *286*, 27.
Sch 1957	H. Schäfer, K. Etzel, *Z. Anorg. Allg. Chem.* **1957**, *291*, 294.
Sch 1957a	H. Schäfer, B. Morcher, *Z. Anorg. Allg. Chem.* **1957**, *291*, 221.
Sch 1960	H. Schäfer, H. J. Heitland, *Z. Anorg. Allg. Chem.* **1960**, *304*, 249.
Sch 1960a	H. Schäfer, E. Sibbing, *Z. Anorg. Allg. Chem.* **1960**, *305*, 341.
Sch 1962	H. Schäfer, W. Huesker, *Z. Anorg. Allg. Chem.* **1962**, *317*, 321.
Sch 1962a	H. Schäfer, *Chemische Transportreaktionen*, Verlag Chemie, Weinheim, **1962**.
Sch 1963	H. Schäfer, G. Schneidereit, W. Gerhardt, *Z. Anorg. Allg. Chem.* **1963**, *319*, 327.
Sch 1963a	H. Schäfer, A. Tebben, W. Gerhardt, *Z. Anorg. Allg. Chem.* **1963**, *321*, 41.
Sch 1964	H. Schäfer, *Chem. Transport Reactions*, Academic Press, N.Y., London, **1964**.
Sch 1964a	H. Schäfer, F. Schulte, R. Gruehn, *Angew. Chemie* **1964**, *76*, 536.
Sch 1966	H. Schäfer, R. Gruehn, F. Schulte, *Angew. Chemie* **1966**, *78*, 28.
Sch 1971	H. Schäfer, *J. Cryst. Growth* **1971**, *9*, 17.
Sch 1972	H. Schäfer, V. P. Orlovskii, *Z. Anorg. Allg. Chem.* **1972**, *390*, 13.
Sch 1972a	H. Schäfer, *Nat. Bur. Standards Special Publ.* **1972**, *364*.
Sch 1973	H. Schäfer, *Z. Anorg. Allg. Chem.* **1973**, *400*, 242.
Sch 1973a	H. Schäfer, T. Grofe, M. Trenkel, *J. Solid State Chem.* **1973**, *8*, 14.
Sch 1973b	H. Schäfer, M. Bode, M. Trenkel, *Z. Anorg. Allg. Chem.* **1973**, *400*, 253.
Sch 1976	H. Schäfer, *Festschrift für Leo Brandt*, Opladen, Köln, **1976**, 91.
Sch 1977	H. Schäfer, M. Binnewies, H. Rabeneck, C. Brendel, M. Trenkel, *Z. Anorg. Allg. Chem.* **1977**, *435*, 5.
Sch 1978	H. Schäfer, M. Trenkel, *Z. Naturforsch.* **1978**, *33b*, 1318.
Sch 1980	H. Schäfer, *Z. Anorg. Allg. Chem.* **1980**, *471*, 35.
Sch 1985	H. Schäfer, W. Jagusch, H. Wenderdel, U. Griesel, *Z. Anorg. Allg. Chem.* **1985**, *529*, 189.
Sch 1988	H. Schäfer, *Z. Anorg. Allg. Chem.* **1988**, *564*, 127.
Scha 1974	E. Schaum, *Diplomarbeit*, Universität Gießen, **1974**.
Scha 1986	U. Schaffrath, *Diplomarbeit*, Universität Gießen, **1986**.
Scha 1988	U. Schaffrath, R. Gruehn, *Z. Anorg. Allg. Chem.* **1988**, *565*, 67.
Scha 1988a	U. Schaffrath, G. Steinmann, *Z. Anorg. Allg. Chem.* **1988**, *565*, 54.
Scha 1989	U. Schaffrath, *Dissertation*, Universität Gießen, **1989**.
Scha 1989a	U. Schaffrath, R. Gruehn, *Z. Anorg. Allg. Chem.* **1989**, *573*, 107.
Scha 1990	U. Schaffrath, R. Gruehn, *Z. Anorg. Allg. Chem.* **1990**, *588*, 43.
Scha 1991	U. Schaffrath, R. Gruehn, *Synthesis of Lanthanide and Actinide Compounds*, Hrsg., G. Meyer, L. Morss, Kluver Academic, Dordrecht, **1991**.
Schl 1999	M. Schleifer, J. Busch, R. Gruehn, *Z. Anorg. Allg. Chem.* **1999**, *625*, 1985.
Schl 1999a	M. Schleifer, *Dissertation*, Universität Gießen **1999**.
Schl 2000	M. Schleifer, J. Busch, B. Albert, R. Gruehn, *Z. Anorg. Allg. Chem.* **2000**, *626*, 2299.
Schm 1964	H. Schmid, *Acta Crystallogr.* **1964**, *17*, 1080.
Schm 1964a	H. Schmid, *Z. Anorg. Allg. Chem.* **1964**, *327*, 110.

Schm 1981	G. Schmidt, R. Gruehn, *Z. Anorg. Allg. Chem.* **1981**, *478*, 75.
Schm 1981a	G. Schmidt, R. Gruehn, *Z. Anorg. Allg. Chem.* **1981**, *478*, 111.
Schm 1983	G. Schmidt, R. Gruehn, *Z. Anorg. Allg. Chem.* **1983**, *502*, 89.
Schm 1983a	G. Schmidt, R. Gruehn, *Z. Anorg. Allg. Chem.* **1983**, *503*, 151.
Schm 1985	G. Schmidt, R. Gruehn, *Z. Anorg. Allg. Chem.* **1985**, *528*, 69.
Schm 1989	G. Schmidt, R. Gruehn, *J. Less-Common Met.* **1989**, *156*, 75.
Schm 1990	G. Schmidt, R. Gruehn, Posterbeitrag *XVth Congress of the International Union of Crystallography*, Bordeaux PS – 07. 06. 03 **1990**.
Schm 1990a	G. Schmidt, R. Gruehn, *J. Less-Common Met.* **1990**, *158*, 275.
Schm 1991	G. Schmidt, R. Gruehn, in G. Meyer, L. R. Morss, Eds. *Synthesis of Lanthanide and Actinide Compounds* Kluwer, Netherlands, **1991**.
Schm 1991a	G. Schmidt, *Dissertation*, Universität Gießen, **1991**.
Schm 1997	P. Schmidt, O. Bosholm, H. Oppermann, *Z. Naturforsch.* **1997**, *52b*, 1461.
Schm 1999	P. Schmidt, O. Rademacher, H. Oppermann, *Z. Anorg. Allg. Chem.* **1999**, *625*, 255.
Schm 2000	P. Schmidt, O. Rademacher, H. Oppermann, S. Däbritz, *Z. Anorg. Allg. Chem.* **2000**, *626*, 1999.
Schm 2002	M. Schmidt, M. Armbrüster, U. Schwarz, H. Borrmann, R. Cardoso-Gil, *Report MPI CPfS Dresden* **2001/2002**, 229.
Schm 2003	M. Schmidt, R. Cardoso-Gil, S. Gerlach, U. Müller, U. Burkhardt, *Report MPI CPfS Dresden* **2003–2005**, 288.
Schm 2004	M. Schmidt, B. Ewald, Yu. Prots, M. Armbrüster, I. Loa, L. Zhang, Ya-Xi Huang, U. Schwarz, R. Kniep, *Z. Anorg. Allg. Chem.* **2004**, *630*, 655.
Schm 2005	M. Schmidt, U. Müller, R. Cardoso Gil, E. Milke, M. Binnewies, *Z. Anorg. Allg. Chem.* **2005**, *631*, 1154.
Schm 2005a	M. Schmidt, R. Ramlau, W. Schnelle, H. Borrmann, E. Milke, M. Binnewies, *Z. Anorg. Allg. Chem.* **2005**, *631*, 284.
Schm 2008	R. Schmidt, J. Feller, U. Steiner, *Z. Anorg. Allg. Chem.* **2008**, *634*, 2076.
Scho 1988	H. Schornstein, R. Gruehn, *Z. Anorg. Allg. Chem.* **1988**, *561*, 103.
Scho 1989	H. Schornstein, R. Gruehn, *Z. Anorg. Allg. Chem.* **1989**, *579*, 173.
Scho 1990	H. Schornstein, R. Gruehn, *Z. Anorg. Allg. Chem.* **1990**, *587*, 129.
Scho 1990a	H. Schornstein, R. Gruehn, *Z. Anorg. Allg. Chem.* **1990**, *582*, 51.
Scho 1992	H. Schornstein, *Dissertation*, Universität Gießen, **1992**.
Schu 1971	A. N. Schukov, R. K. Nikolaev, V. T. Uschakovski, V. Sch. Schektman, *Krist. Techn.* **1971**, *5*, 16.
Schw 1982	H. J. Schweizer, R. Gruehn, *Z. Naturforsch.* **1982**, *37b*, 1361.
Sea 1960	G. W. Sears, R. C. DeVries, *J. Chem. Phys.* **1960**, *32*, 93.
Sea 1963	G. W. Sears, R. C. DeVries, *J. Chem. Phys.* **1963**, *39*, 2837.
Sei 1983	F.-J. Seiwert, R. Gruehn, *Z. Anorg. Allg. Chem.* **1983**, *503*, 151.
Sei 1984	F.-J. Seiwert, R. Gruehn, *Z. Anorg. Allg. Chem.* **1984**, *510*, 93.
Sek 2000	T. Sekiya, K. Ichimura, M. Igarashi, S. Kurita, *J. Phys. Chem. Solids* **2000**, *61*, 1273.
Sha 1979	M. W. Shafer, R. A. Figat, B. Olson, S. J. La Placa, J. Angslello, *J. Electrochem. Soc.* **1979**, *126*, 1625.
Shi 1971	M. Shiloh, J. Gutman, *J. Cryst. Growth* **1971**, *11*, 105.
Shi 1973	M. Shiloh, J. Gutman, *J. Electrochem. Soc.* **1973**, *120*, 438.
Shi 1998	I. Shiozaki, *J. Magn. Mater.* **1998**, *177*, 261.
Shl 1995	L. Shlyk, J. Stępień-Damm, R. Troć, *J. Cryst. Growth* **1995**, *154*, 418.
Sie 1982	K. Sieber, K. Kourtakis, R. Kershaw, K. Dwight, A. Wold, *Mater. Res. Bull* **1982**, *17*, 721.
Sie 1983	K. Sieber, H. Leiva, K. Kourtakis, R. Kershaw, K. Dwight, A.Wold, *J. Solid State Chem.* **1983**, *47*, 361.

Sin 1974	R. N. Singh, R. L. Coble, *J. Cryst. Growth* **1974**, *21*, 261.
Skv 2000	V. Skvortsova, N. Mironova-Ulmane, in *Proceedings of the International Conference on Mass and Charge Transport in Inorganic Materials- Fundamentals to Devices, Faenza, Techna* **2000**, 815.
Sle 1970	A. Sleight, J. L. Gillson, B. L. Chamberland, *Mater. Res. Bull.* **1970**, *5*, 807.
Sle 1971	A. Sleight, J. L. Gillson, *Mater. Res. Bull.* **1971**, *6*, 781.
Smi 1979	A. R. R. Smith, A. K. Cheetham, *J. Solid State Chem.* **1979**, *30*, 345.
Sob 1960	B. P. Sobolev, J. P. Klyagina, *Russ. J. Inorg. Chem.* **1960**, *5*, 1112.
Söh 1997	T. Söhnel, W. Reichelt, H. Oppermann, *Z. Anorg. Allg. Chem.* **1997**, *623*, 1190.
Spi 1930	V. Spitzin, *Z. Anorg. Allg. Chem.* **1930**, *189*, 337.
Spi 1979	J. C. Spirlet, *J. Phys.* **1979**, *4*, 87.
Spi 1980	J. C. Spirlet, E. Bednarczyk, J. Rebizant, C. T. Walker, *J. Cryst. Growth* **1980**, *49*, 171.
Ste 1996	U. Steiner, W. Reichelt, H. Oppermann, *Z. Anorg. Allg. Chem.* **1996**, *622*, 1428.
Ste 2000	U. Steiner, W. Reichelt, *Z. Anorg. Allg. Chem.* **2000**, *626*, 2525.
Ste 2003	U. Steiner, W. Reichelt, S. Däbritz, *Z. Anorg. Allg. Chem.* **2003**, *629*, 116.
Ste 2003a	U. Steiner, W. Reichelt, *Z. Anorg. Allg. Chem.* **2003**, *629*, 1632.
Ste 2004a	U. Steiner, S. Daminova, W. Reichelt, *Z. Anorg. Allg. Chem.* **2004**, *630*, 2541.
Ste 2005	U. Steiner, W. Reichelt, S. Daminova, E. Langer, *Z. Anorg. Allg. Chem.* **2005**, *631*, 364.
Ste 2005a	U. Steiner, *Z. Anorg. Allg. Chem.* **2005**, *631*, 1706.
Ste 2005b	U. Steiner, W. Reichelt, *Z. Anorg. Allg. Chem.* **2005**, *631*, 1877.
Ste 2006	U. Steiner, W. Reichelt, *Z. Anorg. Allg. Chem.* **2006**, *632*, 1257.
Ste 2006a	U. Steiner, W. Reichelt, *Z. Anorg. Allg. Chem.* **2006**, *632*, 1781.
Ste 2008	U. Steiner, *Z. Anorg. Allg. Chem.* **2008**, *634*, 2083.
Stei 1987	G. Steinmann, *Diplomarbeit,* Universität Gießen, **1987**.
Stei 1990	G. Steinmann-Möller, *Dissertation,* Universität Gießen, **1990**.
Sto 1966	C. van de Stolpe, *Phys. Chem. Solids* **1996**, *27*, 1952.
Str 1980	P. Strobel, F. P. Koffyberg, A. Wold, *J. Solid State Chem.* **1980**, *31*, 209.
Str 1982	P. Strobel, Y. Le Page, *J. Cryst. Growth* **1982**, *56*, 723.
Str 1982a	P. Strobel, Y. Le Page, S. P. McAlister, *J. Solid State Chem.* **1982**, *42*, 242.
Str 1982b	P. Strobel, Y. Le Page, *J. Mater. Sci.* **1982**, *17*, 2424.
Str 1983	P. Strobel, Y. Le Page, *J. Cryst. Growth* **1983**, *61*, 329.
Str 1983a	P. Strobel, S. P. McAlister, Y. Le Page, *Stud. in Inorg. Chem.* **1983**, *3*, 307.
Stu 1964	W. I. Stuart, G. H. Price, *J. Nucl. Mater.* **1964**, *14*, 417.
Stu 1975	J. Sturm, R. Gruehn, *Naturwissenschaften* **1975**, *62*, 296.
Stu 1976	J. Sturm, *Dissertation,* Universität Gießen, **1976**.
Sun 2002	Sun Yan-Hui, LiQuing Zhang, Peng-Xiang Lei, Zhi-Chang Wang, Lei Guo, *J. Alloys Compd.* **2002**, *335*, 196.
Sun 2004	Sun Yan-hui, Chen Zhen-fei, Wang Zhi-chang, *Trans. Nonferrous Met. Soc. China* **2004**, *14*, 412.
Szy 1970	H. Szydłowski, H. Lübbe, P. Kleinert, *Phys. Status Solidi* **1970**, *3*, 769.
Tan 1968	I. V. Tananaev, G. M. Safronov, V. P. Orlovskii, V. P. Repko, V. I. Pakhomov, A. N. Volodina, E. A. Ionkina, *Dokl. Akad. Nauk SSSR* **1968**, *1836*, 1357.
Tar 1984	J. A. K. Tareen, A. Małecki, J. P. Doumerc, J. C. Launay, P. Dordor, M. Pouchard, P. Hagenmuller, *Mater. Res. Bull.* **1984**, *19*, 989.
Ter 1976	E. I. Terukov, F. A. Chudnovskii, W. Reichelt, H. Oppermann, W. Brückner, H.- P. Brückner, W. Moldenhauer, *Phys. Status Solidi* **1976**, *37*, 541.
Tim 1964	V. A. Timofeeva, *Kristallografja* **1964**, *9*, 642.

Tor 1976   D. K. Toropov, M. G. Degen, V. P. Bolgartseva, *Izv. Akad. Nauk. SSSR, Neorg. Mater.* **1976**, *12*, 281.
Tos 1988   A. Toshev, P. Peshev, *Mater. Res. Bull.* **1988**, *23*, 1045.
Tra 1994   O. Trappe, *Diplomarbeit*, Universität Gießen, **1994**.
Tri 1982   P. Triggs, C. A. Georg, F. Lévy, *Mater. Res. Bull.* **1982**, *17*, 671.
Tri 1983   P. Triggs, H. Berger, C. A. Georg, F. Lévy, *Mater. Res. Bull.* **1983**, *18*, 677.
Tri 1985   P. Triggs, *Helv. Phys. Acta* **1985**, *58*, 657.
Trö 1972   M. Trömel, *Z. Anorg. Allg. Chem.* **1972**, *387*, 346.
Tsu 1966   K. Tsushima, *J. Appl. Phys.* **1966**, *37*, 443.
Udo 2008   H. Udono, Y. Sumi, S. Yamada, I. Kukuma, *J. Cryst. Growth* **2008**, *310*, 1827.
Uek 1965   T. Ueki, A. Zalkin, D. H. Templeton, *Acta Crystallogr.* **1965**, *19*, 157.
Vei 1976   A. Veispals, E. Latsis, *Izv. Akad. Nauk. SSSR, Neorg. Mater.* **1976**, *12*, 1318.
Vei 1979   A. Veispals, A. Patmalnieks, *Fiz. Teh. Zinat.* **1979**, 99.
Vla 1976   M. Vlasse, J.-P. Doumerc, P. Peshev, J.-P. Chaminade, M. Pouchard, *Rev. Chim. minér.* **1976**, *13*, 451.
Vol 1976   D. S. Volzhenskii, V. A. Grin, V. G. Savitskii, *Kristallografiya* **1976**, *21*, 1238.
Wan 1996   Zh. Ch. Wang, L. Ch. Wang, R. J. Gao, Y. Su, *Faraday Trans.* **1996**, *92*, 1887.
Wan 1997   Zh. Ch. Wang, L. Ch. Wang, *Inorg. Chem.* **1997**, *36*, 1536.
Wan 1998   Zh. Ch. Wang, L. Ch. Wang, *J. Alloys Comp.* **1998**, *265*, 153.
Wan 1998a   Zh. Ch. Wang, J. Yu, Y. Li Yu, Y. H. Sun, *J. Alloys Comp.* **1998**, *264*, 147.
Wäs 1972   E. Wäsch, *Krist. Tech.* **1972**, *7*, 187.
Weh 1970   F. H. Wehmeier, *J. Cryst. Growth* **1970**, *6*, 341.
Wei 2000   M. Weil, *Z. Naturforsch.* **2000**, *55b*, 699.
Wei 2001   M. Weil, *Acta Cryst.* **2001**, *E57*, i22.
Wei 2001a   M. Weil, *Acta Cryst.* **2001**, *E57*, i28.
Wei 2004   M. Weil, C. Lengauer, E. Füglein, E. J. Baran, *Cryst. Growth Des.* **2004**, *4*, 1229.
Wei 2004b   M. Weil, *Acta Cryst.* **2004**, *E60*, i139.
Wei 2004c   M. Weil, E. Füglein, C. Lengauer, *Z. Anorg. Allg. Chem.* **2004**, *630*, 1768.
Wei 2005   M. Weil, U. Kolitsch, *Z. Krist. Suppl.* **2005**, *22*, 183.
Wei 2008   X. Wei, Y. Zhao, Z. Dong, J. Li, *J. Cryst. Growth* **2008**, *310*, 639.
Wen 1989   M. Wenzel, R. Gruehn, *Z. Anorg. Allg. Chem.* **1989**, *568*, 95.
Wen 1990   M. Wenzel, R. Gruehn, *Z. Anorg. Allg. Chem.* **1990**, *582*, 75.
Wen 1991   M. Wenzel, R. Gruehn, *Z. Anorg. Allg. Chem.* **1991**, *594*, 139.
Wer 1996   J. Werner, G. Behr, W. Bieger, G. Krabbes, *J. Cryst. Growth* **1996**, *165*, 258.
Wes 1980   G. H. Westphal, F. Rosenberger, *J. Cryst. Growth* **1980**, *49*, 607.
Whi 1974   E. A. D. White, J. D. C. Wood, *J. Mater. Sci.* **1974**, *9*, 1999.
Wid 1971   R. Widmer, *J. Cryst. Growth* **1971**, *8*, 216.
Wit 1971   J. H. W. De Wit, *J. Cryst. Growth* **1971**, *12*, 183.
Woe 1997   F. v. Woedtke, L. Kirsten, H. Oppermann, *Z. Naturforsch.* **1997**, *52b*, 1155.
Wol 1965   E. G. Wolf, T. D. Coshren, *J. Amer. Ceramic Soc.* **1965**, *48*, 279.
Wol 1978   E. Wolf, H. Oppermann, G. Krabbes, W. Reichelt, *Current Topics in Material Science*, Vol.1, Ed. E. Kaldis, North- Holland, Amsterdam, **1978**, 697.
Yam 1972   N. Yamamoto, K. Nagasawa, Y. Bando, T. Takada, *Jpn. J. Appl. Phys.* **1972**, *11*, 754.
Yam 1973   N. Yamamoto, Y. Bando, T. Takada, *Jpn. J. Appl. Phys.* **1973**, *12*, 1115.
Yan 2009   C. Yan, P. S. Lee, *J. Phys. Chem. C* **2009**, *113*, 14135.
Yen 2004   P. C. Yen, R. S. Chen, Y. S. Huang, K. K. Tong, P. C. Liao, *J. Alloys Compd.* **2004**, *383*, 277.
Yen 2004a   P. C. Yen, R. S. Chen, Y. S. Huang, K. K. Tiong, *J. Cryst. Growth* **2004**, *262*, 271.

You 1960	W. A. Young, *J. Phys. Chem.* **1960**, *64*, 1003.
Yu 1993	F. Yu, U. Schanz, E. Schmidbauer, *J. Cryst. Growth* **1993**, *132*, 606.
Zen 1999	L.-P. Zenser, M. Weil, R. Gruehn, *Z. Anorg. Allg. Chem.* **1999**, *625*, 423.
Zen 1999a	L.-P. Zenser, *Dissertation,* Universität Gießen, **1999**.
Zhe 1998	X. G. Zheng, M. Suzuki, C. N. Xu, *Mater. Res. Bull.* **1998**, *33*, 605.

6 Chemischer Transport von Oxidoverbindungen mit komplexen Anionen

Unter komplexen Oxiden werden im Folgenden polynäre Sauerstoffverbindungen verstanden, die ein oder mehrere Metallkationen und ein oder mehrere komplexe Anionen mit typischen Nichtmetallen als Zentralatom enthalten. Thermodynamisch unterscheiden sich die komplexen Oxide von anderen polynären Oxiden („Doppeloxiden") durch ihre vergleichsweise hohen Beträge der Reaktionswärme für die Bildung aus den binären Oxiden (vgl. Abschnitt 12.2.1), strukturchemisch durch die niedrige Koordinationszahl des Nichtmetalls. Da die meisten Nichtmetalloxide bei höheren Temperaturen auch ohne Zusatz eines Transportmittels flüchtig sind, ergeben sich für deren polynäre Abkömmlinge deutliche Unterschiede im Transportverhalten im Vergleich zu jenem der „Doppeloxide". Nachfolgend wird der Chemische Transport von Vertretern folgender Verbindungsklassen behandelt:

- Sulfate, Selenate, Tellurate
- Phosphate, Arsenate, Antimonate
- Silicate
- Borate

6.1 Transport von Sulfaten

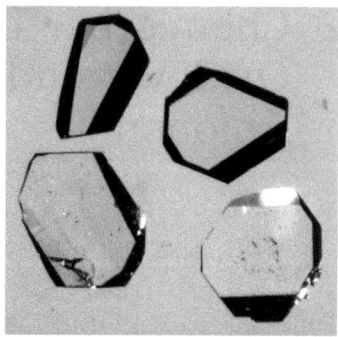

CuSO$_4$

Chlor als Transportmittel

$$ZnSO_4(s) + Cl_2(g) \rightleftharpoons ZnCl_2(g) + SO_3(g) + \frac{1}{2}O_2(g)$$

Thionylchlorid als Transportmittel

$$Al_2(SO_4)_3(s) + 3\,SOCl_2(g) \rightleftharpoons 2\,AlCl_3(g) + 3\,SO_2(g) + 3\,SO_3(g)$$

Die Kristallisation wasserfreier *Sulfate* stellte lange eine Herausforderung dar. So weisen die meisten Vertreter dieser Verbindungsklasse eine vergleichsweise niedrige thermische Stabilität auf (Abspaltung von SO$_3$, bzw. SO$_2$/O$_2$); unter den üblichen Laborbedingungen schmelzen nur die Sulfate der Alkalimetalle ohne Zersetzung. Da auch die Kristallisation aus der Lösung (konz. H$_2$SO$_4$) nur für wenige wasserfreie Sulfate angewendet werden kann, fehlten Vorschriften zur

Kristallisation dieser Verbindungen weitgehend. Die Anwendung Chemischer Transportexperimente zur Kristallzüchtung über die Gasphase hat hier zu bemerkenswerten Fortschritten geführt. Wie Tabelle 6.1 zeigt, reicht die Serie der bislang transportierten Sulfate von Ag_2SO_4 (Spi 1978a) bis $VOSO_4$ (Dah 1994) und umfasst viele Sulfate MSO_4 und $M_2(SO_4)_3$. Neben dem großen präparativen Nutzen lieferten die eingehenden Untersuchungen zum Transportverhalten der Sulfate auch ausführliche Informationen zu den an der Wanderung beteiligten heterogenen und homogenen Gleichgewichten. Es zeigt sich, dass zu einer quantitativen Beschreibung des Transportverhaltens häufig *mehrere Transportreaktionen* berücksichtigt werden müssen. Diese Notwendigkeit stellt besondere Anforderungen an die thermochemische Beschreibung der experimentellen Beobachtungen. Entsprechende Erkenntnisse sind umso wichtiger, als sie für den Chemischen Transport von anderen komplexen Oxiden mit einer leichtflüchtigen Komponente (Phosphate, Arsenate, Borate) Modellcharakter besitzen.

Als *Transportmittel* für Sulfate sind, wie die Übersicht in Tabelle 6.1 zeigt, häufig Chlor oder Chlorwasserstoff anwendbar. In einzelnen Fällen wurde auch eine Wanderung im Temperaturgefälle bei Zusatz von I_2, NH_4Cl, $HgCl_2$, $PbCl_2$, $PbBr_2$ oder $SOCl_2$ beobachtet. Immer erfolgt die Wanderung der Sulfate aufgrund endothermer Reaktionen ($T_2 \rightarrow T_1$). Für den Transport von $ZnSO_4$ mit Chlor beschreiben die Reaktionsgleichungen 6.1.1 bis 6.1.3 die experimentellen Beobachtungen vollständig.

$$ZnSO_4(s) + Cl_2(g) \rightleftharpoons ZnCl_2(g) + SO_3(g) + \frac{1}{2}O_2(g) \quad (6.1.1)$$

$$3\,ZnSO_4(s) \rightleftharpoons Zn_3O(SO_4)_2(s) + SO_3(g) \quad (6.1.2)$$

$$SO_3(g) \rightleftharpoons SO_2(g) + \frac{1}{2}O_2(g) \quad (6.1.3)$$

Eine bemerkenswerte Konsequenz aus dem Zusammenwirken der Gleichgewichte 6.1.1 und 6.1.2 ist die bei Zusatz von Chlor deutlich erhöhte thermische Stabilität von $ZnSO_4$ (Spi 1978b, Bal 1984). Bei Verwendung von Chlorwasserstoff ist dieser Effekt weit weniger ausgeprägt.

Für den Transport von $Fe_2(SO_4)_3$ mit Chlor bei niedrigen Temperaturen (500 bis 600 °C) sind nach ausführlichen thermodynamischen Modellrechnungen die Gleichungen 6.1.4 und 6.1.5 transportbestimmend (Dah 1992, Dah 1993).

$$Fe_2(SO_4)_3(s) + 3\,Cl_2(g) \rightleftharpoons 2\,FeCl_3(g) + 3\,SO_3(g) + \frac{3}{2}O_2(g) \quad (6.1.4)$$

$$Fe_2(SO_4)_3(s) + 3\,Cl_2(g) \rightleftharpoons 2\,FeCl_3(g) + 3\,SO_2(g) + 3\,O_2(g) \quad (6.1.5)$$

Bei höheren Temperaturen (600 bis 750 °C) verliert Gleichung 6.1.4 an Bedeutung. Die Rechnungen zeigen, dass unter diesen Bedingungen $p(SO_3)$ als Funktion der Temperatur über das (endotherme) homogene Gleichgewicht 6.1.3 bestimmt wird. Der *oxidierende Charakter der Gleichgewichtsgasphase* beim Transport von Sulfaten, selbst bei Verwendung von Chlorwasserstoff als Transportmittel, kann sich auf verschiedene Weise äußern. So tritt beim Chemischen Transport von $FeSO_4$ mit HCl immer Fe_2O_3 als zusätzlicher Bodenkörper auf:

$$2\,FeSO_4(s) \rightleftharpoons Fe_2O_3(s) + SO_3(g) + SO_2(g) \tag{6.1.6}$$

$$2\,FeSO_4(s) + H_2(g) \rightleftharpoons Fe_2O_3(s) + 2\,SO_2(g) + H_2O(g) \tag{6.1.7}$$

Wird anstelle von HCl eine entsprechende Menge an NH_4Cl zugesetzt, das in HCl, N_2 und H_2 zerfällt, nimmt der Anteil von Fe_2O_3 sogar noch zu (Gleichung 6.1.7). Die Bildung von Fe_2O_3 aus $FeSO_4$ in Anwesenheit des Reduktionsmittels H_2 überrascht zunächst. Anhand von Gleichung 6.1.7 wird dies verständlich. Offenbar führt der, durch das Verhältnis $p(H_2O)/p(H_2)$ festgelegte Sauerstoffpartialdruck zur Oxidation des Eisens, aber auch zur Reduktion von SO_3. Für eine ausführliche thermodynamische Diskussion des Transportverhaltens der Eisensulfate sei auf die Literatur verwiesen (Dah 1992, Dah 1993).

Eine oxidierende Gleichgewichtsgasphase ist auch die Voraussetzung für die Verwendung von $PbCl_2$ als Transportzusatz für einige wasserfreie Sulfate wie $NiSO_4$, $CuSO_4$ (Pli 1989). Dabei wird in einer vorgelagerten Reaktion, z. B. 6.1.8, in der eine „doppelte Umsetzung" und eine Redoxreaktion enthalten sind, Chlor freigesetzt. Dieses wirkt dann entsprechend Gleichung 6.1.9 als eigentliches Transportmittel für $NiSO_4$.

$$\begin{aligned}&2\,NiSO_4(s) + PbCl_2(l)\\&\rightleftharpoons PbSO_4(s) + 2\,NiO(s) + SO_2(g) + Cl_2(g)\end{aligned} \tag{6.1.8}$$

$$NiSO_4(s) + Cl_2(g) \rightleftharpoons NiCl_2(g) + SO_3(g) + \tfrac{1}{2}O_2(g) \tag{6.1.9}$$

Mit der Transportwaage (vgl. Abschnitt 14.4) gelang es, das sequentielle Transportverhalten der drei Gleichgewichtsbodenkörper $PbSO_4$, $NiSO_4$ und NiO nachzuweisen. Es konnte auch gezeigt werden, dass $PbSO_4$ vor $NiSO_4$ im Temperaturgefälle (850 → 750 °C) wandert, während NiO nach Ende der Experimente in der Quelle verbleibt (Pli 1989).

$Cr_2(SO_4)_3$, $Ga_2(SO_4)_3$ und $In_2(SO_4)_3$ können mit Chlor transportiert werden. Dagegen ist eine Verflüchtigung von Aluminiumoxid mit Chlor (wie auch mit anderen Transportmitteln) im Temperaturgefälle wegen der sehr ungünstigen Gleichgewichtslage von Reaktion 6.1.10, nicht möglich. Es überrascht deshalb, dass die Kristallisation von Aluminiumsulfat durch Chemischen Transport gelingt (625 → 525 °C, Transportmittel $SOCl_2$). Offenbar unterbindet die Verwendung von $SOCl_2$ die Bildung von freiem Sauerstoff und bedingt dadurch eine günstige Lage des heterogenen Transportgleichgewichts 6.1.11. Ob auf ähnlichem Weg auch ein Transport der Sulfate der Sulfate der Seltenerdmetalle gelingt, konnte noch nicht geklärt werden.

$$Al_2O_3(s) + 3\,Cl_2(g) \rightleftharpoons 2\,AlCl_3(g) + \tfrac{3}{2}O_2(g) \tag{6.1.10}$$
$$K_{p,\,1000} = 10^{-10}\,\text{bar}^{2,5}$$

$$\begin{aligned}&Al_2(SO_4)_3(s) + 3\,SOCl_2(g)\\&\rightleftharpoons 2\,AlCl_3(g) + 3\,SO_2(g) + 3\,SO_3(g)\end{aligned} \tag{6.1.11}$$

Auf die Möglichkeit, $VOSO_4$ mit Chlor zu transportieren, sei am Ende dieses Abschnitts besonders hingewiesen (Dah 1994a).

$$2\,VOSO_4(s) + 3\,Cl_2(g) \rightleftharpoons 2\,VOCl_3(g) + 2\,SO_3(g) + O_2(s) \quad (6.1.12)$$

Im Temperaturgradienten von 525 nach 425 °C tritt in Quelle und Senke nur VOSO$_4$ als Bodenkörper auf; die Transportraten liegen bei ca. 5 mg · h^{-1} und nehmen in Richtung höherer Temperaturen (700 → 600 °C) beachtlich zu. Allerdings treten dann auch erhebliche Mengen an V$_2$O$_5$ neben dem Oxidsulfat auf (Dah 1994a).

6.2 Transport von Phosphaten, Arsenaten, Antimonaten und Vanadaten

GdPO$_4$

Chlor als Transportmittel

$$Co_2P_2O_7(s) + 2\,Cl_2(g) \rightleftharpoons 2\,CoCl_2(g) + \frac{1}{2}P_4O_{10}(g) + O_2(g)$$

Transportmittel P + I

$$Ni_2P_4O_{12}(s) + \frac{8}{3}P_4(g) + \frac{4}{3}PI_3(g) \rightleftharpoons 2\,NiI_2(g) + 2\,P_4O_6(g)$$

Gekoppelter Transport von Phosphat und Phosphid

$$Cr_2P_2O_7(s) + \frac{8}{3}CrP(s) + \frac{14}{3}I_2(g) \rightleftharpoons \frac{14}{3}CrI_2(g) + \frac{7}{6}P_4O_6(g)$$

Die Übersicht in Tabelle 6.1 zeigt die breite Anwendbarkeit chemischer Transportreaktionen zur Synthese, Kristallisation und Reinigung von Verbindungen mit komplexen Oxido-Anionen fünfwertiger Zentralatome. Die präparativen Möglichkeiten werden durch die Kristallisation der thermisch labilen Phosphate

6.2 Transport von Phosphaten, Arsenaten, Antimonaten und Vanadaten(V) | 307

$Re_2O_3(PO_4)_2$ (Isl 2009) und CuP_4O_{11} (Gla 1996) des gemischtvalenten Eisen(II,III)-orthoarsenats $Fe_7(AsO_4)_6$ (Wei 2004c) und verschiedener Vanadate(V) von Übergangsmetallen veranschaulicht. Auch Phosphate von Übergangsmetallen in anderweitig nicht einfach zugänglichen (niedrigen) Oxidationsstufen können in geschlossenen Kieselglasampullen synthetisiert und in „Eintopfreaktionen" durch Chemischen Transport kristallisiert werden (z. B.: $TiPO_4$, $V_2O(PO_4)$, $Cr_3(PO_4)_2$, $Cr_2P_2O_7$).

Neben den elementaren Halogenen Cl_2, Br_2 und I_2 kommen Halogenverbindungen (NH_4X u. HgX_2, X = Cl, Br, I) sowie Gemische P + X_2 (X = Cl, Br, I) zur Anwendung. In einigen Fällen wie z. B. $Fe_3O_3(PO_4)$ oder UP_2O_7 erwiesen sich auch chlorierend wirkende Chloride wie VCl_4, $ZrCl_4$, $HfCl_4$ und $NbCl_5$ als geeignete Transportmittel (Kos 1997). Die besten Ergebnisse hinsichtlich Transportrate und Kristallgröße von wasserfreien Phosphaten wurden mit Chlor oder Mischungen aus Phosphor und Iod als Transportmittel erzielt (Gla 1999).

6.2.1 Chlor als Transportmittel für wasserfreie Phosphate

Selbstverständlich können nur solche Phosphate mit Chlor transportiert werden, die in einer Chloratmosphäre chemisch stabil sind und nicht unter vollständiger Aufzehrung des Transportmittels oxidiert werden.

Bei Zugabe von Chlor wird in Anlehnung an den Chemischen Transport der Sulfate P_4O_{10} als phosphorübertragendes Gasteilchen angesehen (vergleiche auch Reaktionen 6.2.1.1 und 6.2.1.4). Das bestimmende Gleichgewicht 6.2.1.1 für $RhPO_4$ ist exemplarisch für den Chemischen Transport von Phosphaten mit Chlor

$$2\,RhPO_4(s) + 3\,Cl_2(g)$$
$$\rightleftharpoons 2\,RhCl_3(g) + \frac{1}{2}P_4O_{10}(g) + \frac{3}{2}O_2(g) \qquad (6.2.1.1)$$

Umfangreiche Experimente zeigen, dass in Abhängigkeit von der Transportmittelkonzentration und der Temperatur $RhCl_3(s)$, $Rh(PO_3)_3(s)$ und elementares Rhodium neben dem Orthophosphat als Gleichgewichtsbodenkörper auftreten können (Gör 1997). In Abbildung 6.2.1.1 ist die berechnete Zusammensetzung von Bodenkörper und Gasphase im Quellenraum zu Beginn eines repräsentativen Transportexperiments als Funktion der Temperatur graphisch dargestellt. Die Ergebnisse der Berechnungen stehen im Einklang mit den experimentellen Beobachtungen.

Bei Temperaturen bis 825 °C bestimmt Gl. 6.2.1.2 die Zusammensetzuung von Bodenkörper und Gasphase. Für 825 ≤ ϑ ≤ 950 °C dominiert Gl. 6.2.1.3. Oberhalb von ϑ = 950 °C gewinnt schließlich die thermische Zersetzung von $RhPO_4$, Gleichung 6.2.1.4, neben der Transportreaktion 6.2.1.1 an Bedeutung.

$$3\,RhPO_4(s) + 3\,Cl_2(g)$$
$$\rightleftharpoons Rh(PO_3)_3(s) + 2\,RhCl_3(s) + \frac{3}{2}O_2(g) \qquad (6.2.1.2)$$

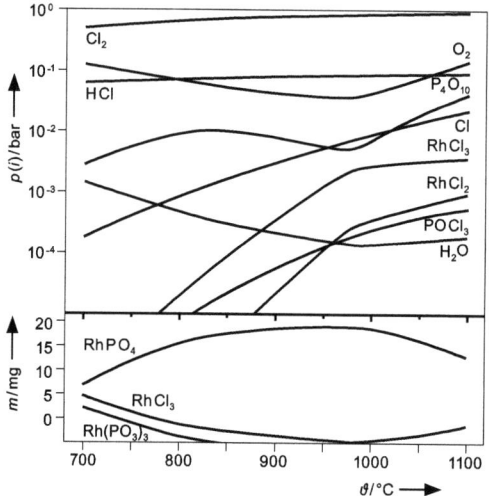

Abbildung 6.2.1.1 Transport von RhPO$_4$ mit Chlor. Berechnete Gleichgewichtsbodenkörper und Gasphase im Quellenraum als Funktion der Temperatur zu Beginn eines Experiments[1].

$$\text{RhPO}_4(\text{s}) + \frac{3}{2}\text{Cl}_2(\text{g}) \rightleftharpoons \text{RhCl}_3(\text{s}) + \frac{1}{4}\text{P}_4\text{O}_{10}(\text{g}) + \frac{3}{4}\text{O}_2(\text{g}) \quad (6.2.1.3)$$

$$\text{RhPO}_4(\text{s}) \rightleftharpoons \text{Rh}(\text{s}) + \frac{1}{4}\text{P}_4\text{O}_{10}(\text{g}) + \frac{3}{4}\text{O}_2(\text{g}) \quad (6.2.1.4)$$

Die thermodynamische Betrachtung des homogenen Gasphasengleichgewichts 6.2.1.5 macht eine nennenswerte Beteiligung von Phosphoroxidchloriden wie POCl$_3$ oder PO$_2$Cl (Bin 1983), bzw. von dessen Polymeren (PO$_2$Cl)$_x$ (Ban 1990) am Transport der Phosphate mit Chlor als Transportmittel unwahrscheinlich (Gla 1999). Aus den thermodynamischen Daten für Reaktion 6.2.1.5 folgt für das Verhältnis $p(\text{P}_4\text{O}_{10}) : p(\text{POCl}_3) = 278$ (1273 K, $p(\text{P}_4\text{O}_{10}) = p(\text{Cl}_2) = 1$ bar). Offensichtlich wird die, durch den Austausch von sehr stabilen P/O- gegen weniger stabile P/Cl-Bindungen bedingte, stark positive Reaktionsenthalpie durch den Entropiegewinn bei den üblichen Temperaturen des Chemischen Transports nicht kompensiert. Es ist auch zu beachten, dass unter den genannten Transportbedingungen der Gleichgewichtspartialdruck von gasförmigem P$_4$O$_{10}$ über einem Phosphatbodenkörper grundsätzlich durch die mögliche Bildung von Nachbarphasen mit höherem Gehalt an P$_4$O$_{10}$ begrenzt wird.

$$\text{P}_4\text{O}_{10}(\text{g}) + 6\,\text{Cl}_2(\text{g}) \rightleftharpoons 4\,\text{POCl}_3(\text{g}) + 3\,\text{O}_2(\text{g}) \quad (6.2.1.5)$$

$\Delta_R H^0_{1273} = 666\,\text{kJ} \cdot \text{mol}^{-1}$, $\Delta_R S^0_{1273} = 185\,\text{J} \cdot \text{mol}^{-1} \cdot \text{K}^{-1}$;
$\Delta_R G^0_{1273} = 430\,\text{kJ} \cdot \text{mol}^{-1}$; $K_{p,1273} = 2{,}0 \cdot 10^{-18}$

---

[1] Zu den verwendeten thermodynamischen Daten vgl. *Görzel* (Gör 1997). (Einwaage: 25 mg RhPO$_4$, 16,23 mg Cl$_2$; $V_{\text{Amp.}} = 22{,}4$ cm^3).

6.2.2 Halogene mit reduzierenden Zusätzen als Transportmittel für Phosphate

Bedingt durch die, verglichen mit den reinen Oxiden, herabgesetzte Aktivität der Metalloxidkomponente in einem Phosphat, wird im Vergleich zu den Metalloxiden eine niedrigere Löslichkeit der Phosphate in einer Chloratmosphäre beobachtet. Heterogene Gleichgewichte wie Reaktion 6.2.1.1 liegen daher im Allgemeinen weit auf der Seite der Quellenbodenkörper und führen meist zu niedrigen Transportraten ($< 1 \text{ mg} \cdot \text{h}^{-1}$).

Für die Orthophosphate LnPO$_4$ (Ln = La, Ce, Pr, Nd) wurden deshalb von *Schäfer* und *Orlovskii* Gemische aus Phosphor und Chlor oder Phosphor und Brom als Transportmittel verwendet (Orl 1971, Sch 1972). Hierdurch wird die Freisetzung von Sauerstoff in mit Gleichgewicht 6.2.1.1 vergleichbaren Reaktionen vermieden und es folgt eine günstigere Gleichgewichtslage. Ein vergleichbarer Effekt wird auch beim Chemischen Transport von Al$_2$(SO$_4$)$_3$ mit SOCl$_2$ gemäß Gleichung 6.1.11 ausgenutzt. In Untersuchungen an verschiedenen Phosphaten der Übergangsmetalle (VPO$_4$, CrPO$_4$, FePO$_4$, Cr$_2$P$_2$O$_7$, Co$_2$P$_2$O$_7$) mit Gemischen aus Phosphor und Chlor bzw. Phosphor und Brom als Transportmittel wurde zwar eine Wanderung der Phosphate über die Gasphase beobachtet (Gla 1990b), zugleich wurde aber auch die Wand der Quarzglasampullen unter Bildung verschiedener *Silicophosphate* sehr stark angegriffen (siehe unten). Insgesamt sind solche Experimente sehr schlecht reproduzierbar und nicht für systematische Untersuchungen geeignet. Offensichtlich ist die halogenierende Wirkung der Gasgemische aus Chlor bzw. Brom und Phosphor so hoch, dass außer den Phosphatbodenkörpern auch SiO$_2$ gut in der Gasphase gelöst wird. Als Besonderheit ist in diesem Zusammenhang der Chemische Transport von V$_2$O(PO$_4$) und VPO$_4$ unter Zusatz von „VCl" (aus der in situ Reaktion von Vanadium mit PtCl$_2$) im Temperaturgradienten 900 $\rightarrow$ 800 °C zu nennen. Die experimentellen Beobachtungen lassen zusammen mit Modellrechnungen einen nennenswerten Gehalt der Gasphase an PCl$_3$ und Phosphordampf erwarten, die gemeinsam als Transportmittel wirken könnten (Gleichung 6.2.2.1 und 6.2.2.2) (Dro 2004). Der Chemische Transport von Phosphaten mit PCl$_3$ als Transportmittel wurde noch nicht systematisch untersucht.

$$3\,V_2O(PO_4)(s) + 4\,PCl_3(g) + \frac{3}{4}P_4(g)$$
$$\rightleftharpoons\ 6\,VCl_2(g) + \frac{5}{2}P_4O_6(g) \qquad (6.2.2.1)$$

$$VPO_4(s) + \frac{2}{3}PCl_3(g) + \frac{1}{4}P_4(g) \ \rightleftharpoons\ VCl_2(g) + \frac{2}{3}P_4O_6(g) \qquad (6.2.2.2)$$

Die Suche nach „selektiv" halogenierenden Transportmitteln für Phosphate führte schließlich zu Kombinationen von Iod mit geringen Zusätzen von Metall, Phosphor oder Phosphid (Gla 1990b, Gla 1999). Die Verwendung von Iod ohne weitere Zusätze als Transportmittel für wasserfreie Phosphate ergibt dagegen nur in Ausnahmefällen einen Transporteffekt (TiPO$_4$ (Gla 1990), Cr$_2$P$_2$O$_7$ (Gla 1991)). Gleichgewichte wie 6.2.2.3 für den Transport von Orthophosphaten, beinhalten eine chemisch wenig sinnvolle Oxidation von O^{2-} durch I_2 und sind offensichtlich thermochemisch sehr ungünstig.

$$M_{\frac{3}{n}}PO_4 \text{(s)} + \frac{3}{2}I_2\text{(g)} \rightleftharpoons \frac{3}{n}MI_n\text{(g)} + \frac{1}{4}P_4O_{10}\text{(g)} + \frac{3}{4}O_2\text{(g)} \quad (6.2.2.3)$$

Der große präparative Nutzen von Iod in Kombination mit reduzierenden Zusätzen als Transportmittel (vgl. Tabelle 6.1) drängt die Frage nach den bestimmenden heterogenen und homogenen Gleichgewichten unter diesen experimentellen Bedingungen auf. Insbesondere ist zunächst unklar, welche Phosphor enthaltenden Gasteilchen am Transport mitwirken.

Neben P_4O_{10} und P_4O_6 sind noch PO, PO_2 und P_4O_n ($7 \leq n \leq 9$) als weitere gasförmige Phosphoroxide bekannt (Mue 1970). Abgesehen von P_4O_{10} (Cha 1998, Glu 1989) ist das thermische Verhalten der Phosphoroxide allerdings nur unzureichend charakterisiert; Angaben für die Bildungsenthalpie von P_4O_6(g) reichen von -1590 bis -2142 kJ · mol^{-1} (Bar 1973, Glu 1989).

Die thermische Stabilität der gasförmigen Phosphoriodide PI_3 und P_2I_4 wird im Zusammenhang mit dem Transport von Phosphiden (Abschnitt 9.1) behandelt.

Verwendet man PI_3 als Transportmittel und nimmt an, dass die Wanderung des Phosphatanteils des Bodenkörpers über P_4O_{10} oder P_4O_6 erfolgt, ergeben sich exemplarisch für die Wanderung von $Mn_2P_2O_7$ die Transportreaktionen 6.2.2.4 und 6.2.2.5. Entsprechende Gleichgewichte mit den weiteren niederen Phosphoroxiden sind ebenfalls denkbar. Schließlich erscheint auch noch der Transport nach Gleichung 6.2.2.6 mit dem Transportmittel HI, das aus Phosphordampf, Iod und Feuchtigkeitsspuren entstehen könnte, möglich.

$$Mn_2P_2O_7\text{(s)} + \frac{4}{5}PI_3\text{(g)} + \frac{4}{5}I_2\text{(g)} \rightleftharpoons 2MnI_2\text{(g)} + \frac{7}{10}P_4O_{10}\text{(g)} \quad (6.2.2.4)$$

$$Mn_2P_2O_7\text{(s)} + \frac{8}{3}PI_3\text{(g)} \rightleftharpoons 2MnI_2\text{(g)} + \frac{7}{6}P_4O_6\text{(g)} + 2I_2\text{(g)} \quad (6.2.2.5)$$

$$Mn_2P_2O_7\text{(s)} + 4\,HI\text{(g)}$$
$$\rightleftharpoons 2MnI_2\text{(g)} + \frac{1}{2}P_4O_{10}\text{(g)} + 2H_2O\text{(g)} \quad (6.2.2.6)$$

Eine direkte „in situ" Untersuchung der Gasphase (MS, IR, Raman) ist wegen vergleichsweise hoher Drücke und Temperaturen kaum möglich. Auch thermodynamische Rechnungen zur Modellierung des Verhaltens von Phosphaten in chemischen Transportexperimenten liefern keine endgültigen Beweise (Gla 1990, Gla 1990b, Ger 1996). Es können deshalb nur einige Beobachtungen zusammengefasst werden, die Hinweise auf die wichtigsten Phosphor enthaltenden Gasteilchen geben.

Offenbar ist ein Transport von wasserfreien Phosphaten mit Iod nur möglich, wenn der Sauerstoffpartialdruck „niedrig" ist. Experimentell kann das durch Zugabe von geringen Mengen an Phosphid, Metall oder Phosphor erreicht werden. Bei den erwähnten Ausnahmen $TiPO_4$ und $Cr_2P_2O_7$ reicht die reduzierende Wirkung von Titan(III) und Chrom(II) aus, um mit Iod einen Transporteffekt zu bewirken. In diesem Zusammenhang ist bemerkenswert, dass die verwandten Phosphate VPO_4 und $Fe_2P_2O_7$ nicht mit Iod allein, sondern nur bei Zusatz der jeweiligen Monophosphide transportierbar sind (Gla 1990b).

6.2 Transport von Phosphaten, Arsenaten, Antimonaten und Vanadaten(V)

Ob beim Transport von Phosphaten mit Iod und reduzierenden Zusätzen die Sauerstoffpartialdrücke immer so niedrig sind, dass in der Gasphase nur noch niedere Phosphoroxide anstelle von P_4O_{10} vorliegen, kann nicht quantitativ belegt werden. Zumindest in einigen Fällen ist die Wanderung von Phosphaten jedoch unter Bedingungen möglich, die keinen nennenswerten P_4O_{10}-Druck zulassen. So wandert $Mn_3(PO_4)_2$ mit Phosphor + Iod als Transportmittel in einem Temperaturgradienten von 850 nach 800 °C (Ger 1996). Das phosphorreichere Phosphat $Mn_2P_2O_7$, dessen Zersetzung zum Orthophosphat den P_4O_{10}-Koexistenzdruck bestimmt, ist noch bis zur Schmelztemperatur von ca. 1200 °C thermisch beständig (Kon 1977). Es erscheint in Anbetracht dieser Tatsache sehr unwahrscheinlich, dass P_4O_{10} als wesentliches Gasteilchen mit einem Partialdruck $p(P_4O_{10}) \geq 10^{-5}$ bar bei den Bedingungen des Transports von $Mn_3(PO_4)_2$ auftreten kann. Ähnliches gilt auch für den Transport von TiO_2 neben $TiPO_4$ bei dem niedere Phosphoroxide als Überträger von Sauerstoff und Phosphor anzusehen sind (Gla 1990) (1000 → 900 °C, Phosphor + Iod als Transportmittel). Zusätzlich zu den beiden genannten Beispielen kann für eine ganze Reihe von weiteren Phosphaten (Tabelle 6.1) anhand von Modellrechnungen gezeigt werden, dass mit P_4O_{10} als bestimmendem, gleichzeitig Phosphor und Sauerstoff-übertragendem, Gasteilchen keine heterogenen Gleichgewichte formuliert werden können, welche die beobachteten Transporteffekte erklären (Gla 1999).

Wenn der beobachtete Transport von wasserfreien Phosphaten mit Iod und reduzierenden Zusätzen nicht über P_4O_{10} verläuft, stellt sich natürlich die Frage, welchem niederen Phosphoroxid die dominierende Rolle zukommt. Beobachtungen beim Transport von $Cr_2P_2O_7$ mit Iod (1050 → 950 °C) in Gegenwart eines Überschusses von CrP sind in diesem Zusammenhang genauso bemerkenswert, wie der Transport von $WOPO_4$ oder WP_2O_7 neben WP (Lit 2003). In allen drei Fällen wird experimentell ein *Simultantransport* von Phosphid und Phosphat aufgrund endothermer Reaktionen gefunden. In Experimenten mit der Transportwaage (vgl. Abschnitt 14.4) zeigt sich, dass Phosphid und Phosphat nur dann in einem einzigen stationären Zustand von der Quelle zur Senke wandern, wenn die beiden kondensierten Phasen in einem ganz bestimmten Stoffmengenverhältnis vorgelegt werden. Ist mehr Phosphid im Ausgangsbodenkörper enthalten, so wandert der Überschuss erst in einem zweiten stationären Zustand zur Senke. Dieses Verhalten deutet auf eine *gekoppelte Transportreaktion* für die beiden Phasen hin. Bei der Komplexität der Gasphasenzusammensetzung überrascht, dass in den drei Fällen das experimentell bestimmte Verhältnis von Phosphid zu Phosphat in sehr guter Übereinstimmung mit dem jeweils berechneten Verhältnis steht, das bei Annahme von P_4O_6 als transportbestimmendem Teilchen in den heterogenen Gleichgewichten 6.2.2.7 bis 6.2.2.9 ermittelt wird. Die Formulierung von $WO_2I_2(g)$ und $CrI_2(g)$ als wesentliche, das Metall-übertragende Gasteilchen steht in Einklang mit vielen anderen Untersuchungen (Dit 1983, Gla 1989, Scho 1991).

$$Cr_2P_2O_7(s) + \frac{8}{3}CrP(s) + \frac{14}{3}I_2(g) \rightleftharpoons \frac{14}{3}CrI_2(g) + \frac{7}{6}P_4O_6(g) \quad (6.2.2.7)$$

$$WOPO_4(s) + \frac{3}{7}WP(s) + \frac{10}{7}I_2(g)$$
$$\rightleftharpoons \frac{10}{7}WO_2I_2(g) + \frac{5}{14}P_4O_6(g) \quad (6.2.2.8)$$

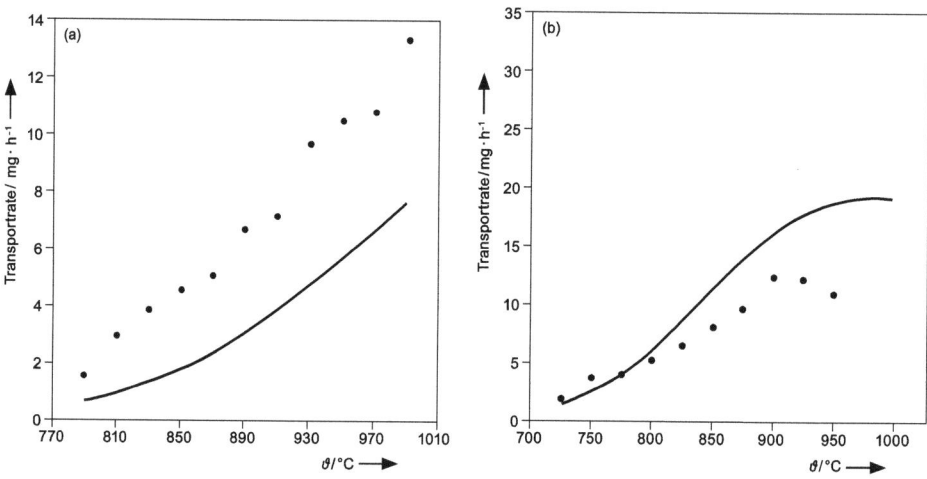

Abbildung 6.2.2.1 Transportrate von $Mg_2P_2O_7$ (a) bzw. $Mn_2P_2O_7$ (b) mit P/I-Gemischen als Funktion der Temperatur $\bar{T}$ nach (Ger 1996)[2].

$$WP_2O_7(s) + \frac{4}{7}WP(s) + \frac{11}{7}I_2(g)$$
$$\rightleftharpoons \frac{11}{7}WO_2I_2(g) + \frac{9}{14}P_4O_6(g) \qquad (6.2.2.9)$$

Für eine maßgebliche Beteiligung von niederen gasförmigen Phosphoroxiden, namentlich P_4O_6, am Transport von wasserfreien Phosphaten mit Iod unter reduzierenden Bedingungen sprechen auch Modellrechnungen zum chemischen Transport von $Mg_2P_2O_7$ und $Mn_2P_2O_7$ (Ger 1996). Bei Berücksichtigung von gasförmigem P_4O_6 mit einer Bildungsenthalpie $\Delta_B H^0_{298}(P_4O_6) = -1841$ kJ · mol^{-1}, einem Wert der als Anpassungsparameter verwendet wurde, ist sogar eine quantitative Beschreibung der Experimente in den Modellrechnungen möglich. Sowohl die Abhängigkeit der Transportraten von $Mg_2P_2O_7$ und $Mn_2P_2O_7$ von der mittleren Temperatur wie auch deren Abhängigkeit von der Transportmittelmenge werden in diesen Rechnungen gut wiedergegeben. Den Rechnungen zufolge kann der Transport von $Mn_2P_2O_7$ und $Mg_2P_2O_7$ über Gl. 6.2.2.5 mit PI_3 als Transportmittel beschrieben werden. In geringerem Umfang ist dabei auch P_2I_4 als Transportmittel wirksam.

Bei der Verwendung von Transportmittelgemischen aus Iod und reduzierenden Zusätzen (Metall, Phosphid oder Phosphor) ist zu beachten, dass letztere zur Bildung von mehrphasigen Bodenkörpern in den Transportexperimenten führen können. So entsteht beim Transport von Kupfer(II)-pyrophosphat, $Cu_2P_2O_7$, mit

---

[2] a) $Mg_2P_2O_7$: $\Delta T = 100°$, 131,0 mg Iod + 10,5 mg P als Transportmittel, $s = 8$ cm, $q = 2$ cm^2, Experimente mit der Transportwaage, • beobachtete Transportraten, berechnete Transportraten (——) mit $\Delta_B H^0_{298}(P_4O_6(g)) = -1841$ kJ · mol^{-1} und Berücksichtigung von 0,1 mmol H_2O. b) $Mn_2P_2O_7$: $\Delta T = 50$ K, 146,5 mg Iod + 8,5 mg P als Transportmittel, $s = 8$ cm, $q = 2$ cm^2, Experimente mit der Transportwaage, • beobachtete Transportraten, berechnete Transportraten (——) mit $\Delta_B H^0_{298}(P_4O_6(g)) = -1841$ kJ · mol^{-1} und Berücksichtigung von 0,1 mmol H_2O.

6.2 Transport von Phosphaten, Arsenaten, Antimonaten und Vanadaten(V) | 313

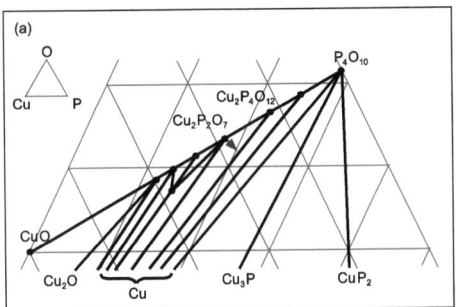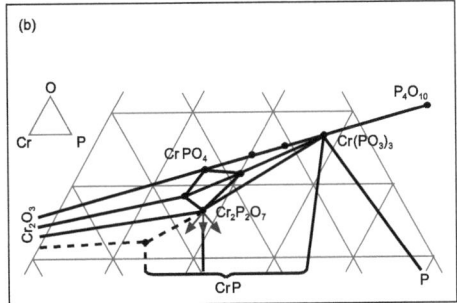

Abbildung 6.2.2.2 Ausschnitte aus den Phasendiagrammen Cu/P/O (Öza 1993, Gla 1999) (a) und Cr/P/O (Gla 1999) (b) zur Veranschaulichung der Nachbarphasenbildung beim Chemischen Transport mit Iod und verschiedenen reduzierenden Zusätzen.

Phosphor + Iod das Metaphosphat $Cu_2P_4O_{12}$ als weitere Phase (vgl. Abbildung 6.2.2.2a). Der Chemische Transport von Chrom(II)-pyrophosphat kann mit Iod bei Zusatz von Chrom, CrP oder Phosphor erreicht werden. Im ersten Falle entstehen geringe Mengen an Cr_2O_3 und CrP im Bodenkörper neben $Cr_2P_2O_7$. Im zweiten tritt etwas CrP und im dritten Fall $Cr(PO_3)_3$ und CrP als Nachbarphase auf (Gla 1993, Gla 1999). Diese Beobachtungen sind anhand des Phasendiagramms Cr/P/O verständlich (Abbildung 6.2.2.2b). Das (unerwünschte) Auftreten mehrphasiger Bodenkörper beim Chemischen Transport von wasserfreien Phosphaten kann bei Kenntnis der Gleichgewichtsbeziehungen in den Dreistoffsystemen Metall/Phosphor/Sauerstoff zumindest nachvollzogen werden (Gla 1999).

In ungünstigen Fällen reagieren die zu transportierenden Phosphate quantitativ mit den reduzierenden Zusätzen, ohne dass dabei flüchtige Reaktionsprodukte entstehen. Ein Chemischer Transport wird dann nicht mehr beobachtet. $CrPO_4$, das mit Chlor nur mit geringen Ausbeuten transportiert wird, reagiert mit Phosphordampf unter Reduktion und Bildung von gemischtvalenten Chrom(II,III)-phosphaten bzw. Chrom(II)-phosphaten, ohne dass ein Transporteffekt eintritt. Im Allgemeinen sind nur solche Phosphate mit Gemischen aus Iod und einem Reduktionsmittel transportierbar, die mit dem jeweiligen Metall, Phosphor oder den Phosphiden im thermischen Gleichgewicht koexistieren.

In Anlehnung an den Chemischen Transport von Oxiden M_2O_5 mit Pentahalogeniden MCl_5 (M = Nb, Ta; vgl. Abschnitt 5.2.5) wurden auch Transportexperimente mit Uranpyrophosphat UP_2O_7 unter Zusatz von Metallhalogeniden ($NbCl_5$, MCl_4 mit M = Ti, V, Zr, Hf) durchgeführt (Kos 1997). Dabei wurden Kristalle des Pyrophosphats für Einkristallstrukturuntersuchungen erhalten. Die beobachteten Transportraten liegen bei ca. 0,5 mg · h^{-1}. Bei Verwendung der Tetrahalogenide MCl_4 (M = Ti, Zr, Hf) erfolgte im Senkenraum die Abscheidung von Mischkristallen $(U_{1-x}M_x)P_2O_7$. Im Quellenraum wurde an der Stelle des Ausgangsbodenkörpers die pseudomorphe Abscheidung von röntgenamorphem SiO_2 beobachtet. Thermodynamische Betrachtungen zu den transportbestimmenden heterogenen Gleichgewichten liegen bislang nicht vor. Gleichgewichte wie 6.2.2.10 und 6.2.2.11 erscheinen jedoch plausibel.

$$ZrP_2O_7(s) + NbCl_5(g)$$
$$\rightleftharpoons ZrOCl_2(g) + NbOCl_3(g) + \frac{1}{2}P_4O_{10}(g) \qquad (6.2.2.10)$$

$$ZrP_2O_7(s) + ZrCl_4(g) \rightleftharpoons 2\,ZrOCl_2(g) + \frac{1}{2}P_4O_{10}(g) \qquad (6.2.2.11)$$

Bei der Kristallisation einer ganzen Reihe von gemischtvalenten Eisen(II,III)-phosphaten wird die mineralisierende Wirkung eines Zusatzes von $FeCl_2$ beschrieben (z. B.: $Fe_2O(PO_4)$ (Mod 1981), $Fe_9O_8(PO_4)$ (Ven 1984), $Fe_4O(PO_4)_2$ (Bou 1982), $Fe_3(P_2O_7)_2$ (Ijj 1991), $Fe_7(P_2O_7)_4$ (Mal 1992)). Ob es sich dabei um reversible Transportreaktionen handelt und welche Verbindung als Transportmittel wirkt, wurde bislang nicht untersucht.

6.2.3 Chemischer Transport polynärer Phosphate

Neben dem Chemischen Transport ternärer (nur ein Metall enthaltender) Phosphate ist in den letzten Jahren auch die Kristallisation polynärer (mehrere Metalle enthaltender) Phosphate gelungen. Eine eingehende thermodynamische Behandlung dieser komplexen Transportsysteme ist wegen fehlender Daten bislang nicht möglich. Folgende Regel kann jedoch für weitere Transportexperimente aufgestellt werden:

> Polynäre Phosphate sind transportierbar, wenn die verschiedenen ternären Komponenten (Phosphate) unter ähnlichen Bedingungen (Temperatur und Art des Transportmittels) transportiert werden können.

Als Beispiele zur Veranschaulichung der Regel dienen $Cr_3^{II}Ti_4^{III}(PO_4)_6$ (Lit 2009) und $Co_3^{II}Cr_4^{III}(PO_4)_6$ (Gru 1996).

$Cr_3^{II}Ti_4^{III}(PO_4)_6$ wandert unter Zusatz von Iod oder von Gemischen $TiP + I_2$ im Temperaturgradienten 1000 → 900 °C aufgrund endothermer Reaktionen zur weniger heißen Ampullenseite. Dabei werden Transportraten von mehreren mg · h^{-1} beobachtet. Gleiches gilt für das Pyrophosphat $Cr^{II}Ti_2^{III}(P_2O_7)_2$ (Lit 2009). Die ternären Phosphate $Cr_3(PO_4)_2$, $Cr_2P_2O_7$ und $TiPO_4$ lassen sich unter vergleichbaren Bedingungen mit ähnlichen Geschwindigkeiten chemisch transportieren (vgl. Tabelle 6.1).

Die Verwendung von Chlor als Transportmittel bei einem Temperaturgradienten 1050 → 950 °C ist für den Chemischen Transport von $Co_2P_2O_7$ (Gla 1991) wie auch für $CrPO_4$ (Gla 1986) geeignet. Erwartungsgemäß kann $Co_3^{II}Cr_4^{III}(PO_4)_6$ unter den gleichen Bedingungen kristallisiert werden (Gru 1996, Lit 2009).

Als weitere polynäre Phosphate, die über chemische Transportexperimente im Temperaturgradienten kristallisiert werden konnten, seien noch die Oxidphosphate $MTi_2O_2(PO_4)_2$ (M = Fe, Co, Ni) (Schö 2007) und die zur NASICON-Strukturfamilie gehörenden Orthophosphate $Mn_{1,65}Ti_4^{III/IV}(PO_4)_6$, $Fe^{II}Ti_4^{IV}(PO_4)_6$ und $CoTi_4(PO_4)_6$ genannt (Schö 2008c). In Analogie zu den Problemen beim Chemischen Transport von Vanadium(IV)-phosphaten (Dro 2004), unterbleibt auch der

Chemische Transport von Oxidphosphaten $MV_2O_2(PO_4)_2$ (M = Co, Ni, Cu). Immerhin bewirkt ein geringer Zusatz von Chlor als Mineralisator eine verbesserte Rekristallisation der Bodenkörper (Ben 2008).

Die Wanderung und Kristallisation von polynären Phosphaten im Temperaturgradienten führte zu einer Reihe von thermodynamisch und reaktionskinetisch interessanten Beobachtungen. Ausgehend von $Fe_2P_2O_7$ und $V_4(P_2O_7)_3$ können die Pyrophosphate $Fe_5^{II}V_2^{III}(P_2O_7)_4$, $Fe_3^{II}V_2^{III}(P_2O_7)_3$ und $Fe^{II}V_2^{III}(P_2O_7)_2$ durch isothermes Tempern (in geschlossenen Kieselglasampullen) erhalten werden. Die Gleichgewichtseinstellung zwischen den ternären Edukten wird in Anwesenheit von Iod als Mineralisator erheblich beschleunigt und ist in weniger als 24 Stunden erreicht. Die Kristallisation der polynären Pyrophosphate gelingt in chemischen Transportexperimenten unter Zusatz von Iod (1050 → 950 °C) (Lit 2009). Diese Beobachtung überrascht, da Eisen(II)-pyrophosphat mit Iod nur bei Zusatz von Fe, FeP oder P transportierbar ist (Gla 1990b, Gla 1991) und Vanadium(III)-pyrophosphat trotz eingehender Versuche (Kai 1996, Dro 2004) bislang nicht transportiert werden konnte.

Ausgehend von zuvor separat hergestelltem $Fe_5^{II}V_2^{III}(P_2O_7)_4$ wurden bei Transportexperimenten im Senkenbodenkörper nach einigen Tagen $Fe_2P_2O_7$, $Fe_5^{II}V_2^{III}(P_2O_7)_4$, $Fe_3^{II}V_2^{III}(P_2O_7)_3$ und $Fe^{II}V_2^{III}(P_2O_7)_2$ nachgewiesen. Im Quellenbodenkörper lagen nach dieser Zeit $V_4(P_2O_7)_3$ und $Fe^{II}V_2^{III}(P_2O_7)_2$ vor. Unter den Bedingungen der Experimente finden eine partielle Entmischung des polynären Pyrophosphats in der Quelle und die Anreicherung von $Fe_2P_2O_7$ in der Senke statt. Warum $V_4(P_2O_7)_3$ (in Form der polynären Pyrophosphate) überhaupt im Senkenraum abgeschieden wird, ist thermodynamisch noch nicht verstanden. Schließlich deutet die Beobachtung eines vierphasigen Senkenbodenkörpers auf unvollständige Gleichgewichtseinstellung hin. Offenbar führt das nichtstationäre Transportverhalten zur Abscheidung von Pyrophosphaten mit zunehmendem Vanadiumgehalt in der Senke. Die Gleichgewichtseinstellung (isotherm, durch heterogene Gleichgewichte unter Beteiligung der Gasphase oder durch Festkörperreaktionen) zwischen den Phosphaten mit unterschiedlichem Verhältnis n(Fe) : n(V) erfolgt jedoch nur langsam. Die hier vorgestellten Beobachtungen zur begünstigten Bildung von Eisen(II)-vanadium(III)-pyrophosphaten unter Mineralisatoreinwirkung bei isothermen Bedingungen sowie deren Neigung zur Entmischung beim Anlegen eines Temperaturgradienten ist exemplarisch für das Transportverhalten von polynären Phosphaten. Die Ursache für dieses Verhalten dürfte in den vergleichsweise wenig exothermen Reaktionsenthalpien für die Bildung der polynären Phosphate aus den ternären Komponenten liegen. Ähnliches gilt sicher auch für die isotherme Bildung von $In_2P_2O_7$ und dessen Zersetzung in $InPO_4$ und InP beim Anlegen eines Temperaturgradienten und Anwesenheit eines Transportmittels (Iod) (Tha 2003, Tha 2006).

6.2.4 Abscheidung thermodynamisch metastabiler Phosphate aus der Gasphase

Die Ausführungen in Kapitel 2 zum Verständnis chemischer Transportexperimente beruhen auf der Annahme einer Wanderung von Bodenkörpern zwischen

Abbildung 6.2.4.1 Abscheidung von metastabilem $(MoO)_4(P_2O_7)_3$. a) Kristalle aus einem Transportexperiment (Einwaage: 200 mg $(Mo^{VI}O_2)_2(P_2O_7)$ + 5,8 mg P, 30 mg Iod, 800 → 650 °C; b) Ampullenwand mit blauem, röntgenamorphem Beschlag und Wachstumshöfen von kristallinem $(MoO)_4(P_2O_7)_3$ (obere Ampulle), Abscheidung von $MoOPO_4$ (untere Ampulle).

Gleichgewichtsräumen. Selbst wenn diese Vorstellung die tatsächlichen Gegebenheiten idealisiert, sprechen die allermeisten quantitativen Untersuchungen chemischer Transportexperimente zumindest für die Einstellung gleichgewichtsnaher Zustände zwischen den Bodenkörpern und der jeweiligen Gasphase im Quellen- und Senkenraum einer Transportampulle. Unter dieser Voraussetzung sollte im Abscheidungsraum keine nennenswerte Übersättigung der Gasphase auftreten. Die *Abscheidung thermodynamisch metastabiler Feststoffe aus der Gasphase* erscheint deshalb wenig wahrscheinlich. Die im Vergleich zu typischen Solvothermalsynthesen sehr viel höheren Temperaturen beim chemischen Gasphasentransport sollten zusätzlich die Abscheidung der thermodynamisch stabilen Bodenkörper begünstigen. Vor diesem Hintergrund ist die Kristallisation metastabiler Festkörper in chemischen Transportexperimenten besonders bemerkenswert. Beim Chemischen Transport wasserfreier Phosphate sind zwei Beispiele gut untersucht, die Abscheidung von β-$Ni_2P_2O_7$ statt σ-$Ni_2P_2O_7$ (Gla 1991, Fun 2004) und die Abscheidung von $(Mo^V)_4(P_2O_7)_3$ statt eines zweiphasigen Gemenges aus Mo^VOPO_4 und $(Mo^VO)_2P_4O_{13}$ (Len 1995, Isl 2009b).

Der Chemische Transport von Nickel(II)-pyrophosphat kann mit verschiedenen Transportmitteln (Cl_2, HCl + H_2 aus der *in situ* Zersetzung von NH_4Cl, Gemische P + I) in einem weiten Temperaturbereich ($\vartheta_{Quelle,max}$ = 1100 °C, $\vartheta_{Senke,min}$ = 600 °C) aufgrund endothermer Reaktionen erfolgen (vgl. Tabelle 6.1). Dabei wird in den meisten Fällen σ-$Ni_2P_2O_7$ (eigener Strukturtyp (Mas 1979)) erhalten. Nur gelegentlich findet man eine Abscheidung von $Ni_2P_2O_7$ mit Thortveitit-Struktur (α-, β-Modifikation, ϑ_U = 577 °C (Pie 1968)). Eine reversible Umwandlung zwischen der σ-Modifikation und jener mit Thortveitit-Struktur wird nicht beobachtet. Die etwas höhere Dichte von σ-$Ni_2P_2O_7$ spricht für dessen geringfügig höhere thermodynamische Stabilität. Tatsächlich führten schließlich experimentelle Bedingungen, die eine höhere Übersättigung der Gasphase im Abscheidungsraum begünstigen (ΔT = 200 K, P + I als Transportmittel) zur quantitativen Abscheidung von β-$Ni_2P_2O_7$ (Fun 2004).

Sowohl MoOPO$_4$ wie auch (MoO)$_2$P$_4$O$_{13}$ wandern mit Iod als Transportmittel aufgrund endothermer Reaktionen im Temperaturgefälle (Len 1995). Isotherme Temperexperimente in evakuierten Kieselglasampullen, mit Iod als Mineralisator zeigen, dass die beiden Phosphate in einem weiten Temperaturbereich miteinander koexistieren. Die Reduktion von (Mo^{VI}O$_2$)$_2$P$_2$O$_7$ durch Phosphor (6.2.4.1) mit nachfolgendem Chemischem Transport in einer Eintopfreaktion lieferte jedoch häufig Produktgemenge aus Mo^{V}OPO$_4$, (Mo^{V}O)$_2$P$_4$O$_{13}$ und (Mo^{V}O)$_4$(P$_2$O$_7$)$_3$ in wechselnden Mengenverhältnissen. Versuche zur gezielten Synthese von (Mo^{V}O)$_4$(P$_2$O$_7$)$_3$ führen in Abhängigkeit von den Versuchsbedingungen zu unterschiedlichen Ergebnissen. Kleine Temperaturgradienten ($\Delta T \leq 100$ K) führen zur Abscheidung von zweiphasigen Gemengen aus Mo^{V}OPO$_4$ und (Mo^{V}O)$_2$P$_4$O$_{13}$. Bei Anwendung von $\Delta T \geq 150$ K wird bei T_1 nur die metastabile Verbindung (Mo^{V}O)$_4$(P$_2$O$_7$)$_3$ neben dem weiteren Reaktionsprodukt MoOPO$_4$ erhalten. Gelegentlich wurde bei solchen Experimenten in der Senke auch die Abscheidung eines blauen, röntgenamorphen Beschlags der Zusammensetzung Mo$_4$P$_6$O$_{25}$ beobachtet (vgl. Abbildung 6.2.4.1). Die Beobachtungen zeigen, dass die Produktbildung sowohl von der Übersättigung der Gasphase, wie auch durch heterogene Keimbildung auf der Kieselglasoberfläche beeinflusst wird. Tempern von (Mo^{V}O)$_4$(P$_2$O$_7$)$_3$ bei 650 °C mit Iod als Mineralisator führt zur Zersetzung des Pyrophosphats unter Bildung von Ortho- und Tetraphosphat.

$$10\,(MoO_2)_2P_2O_7(s) + P_4(g)$$
$$\rightarrow\ 16\,MoOPO_4(s) + 2\,(MoO)_2P_4O_{13}(s) \tag{6.2.4.1}$$

$$10\,(MoO_2)_2P_2O_7(s) + P_4(g)$$
$$\rightarrow\ 12\,MoOPO_4(s) + 2\,(MoO)_4(P_2O_7)_3(s) \tag{6.2.4.2}$$

6.2.5 Bildung von Silicophosphaten beim Chemischen Transport von Phosphaten

Die Synthese und Kristallisation von wasserfreien Phosphaten gelingt in Kieselglasampullen in vielen Fällen ohne Schwierigkeiten. Unter ungünstigen Bedingungen kann es jedoch auch zu Reaktionen mit der Ampullenwand unter Bildung von Silicophosphaten kommen (Gla 1990b, Schö 2008b). Hier sind drei Fälle unterscheidbar.

- Wanderung von P$_4$O$_{10}$ an die Wand
- Wanderung (Transport) von SiO$_2$ zum Phosphatbodenkörper
- Auflösung von SiO$_2$ und Phosphat in der Gasphase und gemeinsame Abscheidung (als Silicophosphat) im Senkenraum

Im einfachsten Fall reagiert P$_4$O$_{10}$(g), das als Edukt bei der Phosphatsynthese verwendet wird, direkt mit der Ampullenwand unter Bildung von SiP$_2$O$_7$ (Til 1973) bzw. Si$_3^o$[Si$_2^t$O (PO$_4$)$_6$] (May 1974). Hinreichend hohe P$_4$O$_{10}$-Zersetzungsdrücke der Phosphatbodenkörper wirken in gleicher Weise.

Der Chemische Transport von SiO$_2$ im Temperaturgefälle ist mit HCl, HCl + H$_2$ (aus NH$_4$Cl) oder auch mit PCl$_3$ + Cl$_2$ möglich (vgl. Abschnitt 5.2.14). Isothermes Tempern von Phosphatbodenkörpern in Kieselglasampullen bei Anwesenheit der genannten Transportmittel führt häufig zur Bildung von Silicophosphaten am Ort des Phosphatbodenkörpers. Offensichtlich findet ein isothermer Transport von SiO_2 im Gradienten von dessen Aktivität statt ($a(SiO_2,$ Wand) ≈ 1, $a(SiO_2,$ Silicophosphat) << 1). Diese, bei der Darstellung und Kristallisation von Phosphaten unerwünschte Reaktion verläuft sehr viel schneller als die Festkörperreaktion zwischen Phosphat und SiO_2 und kann auch zur gezielten Synthese von Silicophosphaten ausgenutzt werden (z. B.: $M_2Si(P_2O_7)_2$ mit M^{2+} = Mn, Fe, Co (Gla 1995), Ni, Cu (Schm 2002)). Die Bruttoreaktionen (6.2.5.1 bis 6.2.5.3) geben Beispiele für die Bildung weiterer Silicophosphate, die auf diesem Weg gut reproduzierbar und einphasig zugänglich sind. Für eine zusätzliche Mobilisierung der Phosphate über die Gasphase spricht, dass die Silicophosphate meistens gut kristallisiert erhalten werden.

$$M_2P_4O_{12}(s) + SiO_2(s) \;\;\rightarrow\;\; M_2Si(P_2O_7)_2(s) \qquad (6.2.5.1)$$

$$M_4(P_2O_7)_3(s) + 2\,SiO_2(s) \;\;\rightarrow\;\; M_4[Si_2O(PO_4)_6](s) \qquad (6.2.5.2)$$

$$M_2O_3(s) + 6\,MP_2O_7(s) + 2\,SiO_2(s)$$
$$\rightarrow \;\; M_2^{III}M_6^{IV}(PO_4)_6[Si_2O(PO_4)_6]\,(s) \qquad (6.2.5.3)$$

Erfolgt der Chemische Transport von Phosphaten unter Bedingungen, die auch eine Auflösung von SiO_2 in der Gasphase erlauben, dann wird im Senkenraum der Transportampulle häufig die Abscheidung eines oder mehrerer Silicophosphate neben dem Phosphat beobachtet. Hierbei handelt es sich um simultan und unabhängig voneinander verlaufende Transportreaktionen für das Phosphat und SiO_2, die je nach dem molaren Verhältnis der Reaktionspartner im Senkenraum zu unterschiedlichen Produkten führen können. Entsprechende Experimente erlauben zwar Zugang zu wohlkristallisierten Proben, sind jedoch meist schlecht reproduzierbar. Beispiele finden sich in verschiedenen Arbeiten (vgl. Kristallisation von $M_4P_6Si_2O_{25}$ mit M^{3+} = Ti, V, Cr, Mo, Fe (Gla 1990b, Rei 1998, Schö 2008b), MP_3SiO_{11} mit M^{3+} = Ti, Cr, Mo (Rei 1998) und $MP_3Si_2O_{13}$ mit M^{3+} = Ti, Cr, Rh).

6.2.6 Chemischer Transport von Arsenaten(V), Antimonaten(V) und Vanadaten(V)

Im Unterschied zu den wasserfreien Phosphaten weisen Arsenate(V), Antimonate(V) und Vanadate(V) der Übergangsmetalle eine deutlich geringere thermische Stabilität auf. Die Verbindungen neigen sehr viel leichter als Phosphate zur Abspaltung von Sauerstoff und gegebenenfalls auch von gasförmigem As_4O_6 bzw. Sb_4O_6. Aus diesem Verhalten folgt, dass Arsenate(V) und Vanadate(V) mit reduzierenden Kationen (z. B. Cr^{2+}, Ti^{3+}) nicht existieren. Gleiches gilt in verstärktem Ausmaß für Antimonate(V).

Die begrenzte Stabilität von Arsenaten und Antimonaten kombiniert mit der Flüchtigkeit von As_4O_6 bzw. Sb_4O_6 scheint günstig für den Chemischen Transport dieser Verbindungen zu sein. So beschreibt *Weil* die erfolgreiche Anwendung chemischer Transportreaktionen zur Kristallisation von verschiedenen wasserfreien

Arsenaten wie $Mn_3(AsO_4)_2$, $M_2As_2O_7$ und MAs_2O_6 (M = Mn, Co, Ni, Cu, Zn, Cd), die mit Chlor als Transportmittel im Temperaturgradienten von 880 nach 800 °C wandern (Wei 2004, Wei 2005). Versuche zur Darstellung und zum Chemischen Transport des bislang unbekannten „$Fe_2^{II}As_2O_7$" führten trotz der Verwendung von Gemischen HCl + H_2 (Zusatz von NH_4Cl) als Transportmittel zur Bildung und Kristallisation von $Fe_3^{II}Fe_4^{III}(AsO_4)_6$ und von $FeAsO_4$ (Wei 2004c). Die oxidierende Wirkung von Arsen(V) wird durch dieses Ergebnis unterstrichen (vgl. hierzu Transportverhalten von $FeSO_4$, Abschnitt 6.1). Zur Kristallisation von verschiedenen Quecksilberarsenaten hat sich $HgCl_2$ als Transportmittel bewährt (650 → 550 °C; vgl. Tabelle 6.1) (Wei 2000).

Ausführlich untersucht ist das Transportverhalten der thermisch sehr stabilen Seltenerdmetallarsenate(V) und -antimonate(V). Da dieses maßgeblich durch die Transporteigenschaften des Seltenerdmetalloxids geprägt ist, wird es in Abschnitt 5.2.3 behandelt.

Prokofiev beschreibt den Chemischen Transport von $CuSb_2O_6$ mit Tellur(IV)-chlorid, Chlor und Chlorwasserstoff (Pro 2003). Mit $TeCl_4$ erfolgt der Transport über die Gasspezies Cu_3Cl_3, $SbCl_3$, O_2 und Cl_2. Für Temperaturen oberhalb 1000 °C kommen die Gasspezies CuCl und Sb_4O_6 hinzu. Die Übertragung des Sauerstoffs erfolgt bis 870 °C im Wesentlichen durch $TeOCl_2$, oberhalb davon durch TeO_2. Der Transport mit Chlor kann über die gleichen Gasspezies beschrieben werden, wobei jedoch Sauerstoff ausschließlich als O_2 übertragen wird. Wirkt Chlorwasserstoff als Transportmittel, wird H_2O im Transportgleichgewicht gebildet. Daraus lassen sich die folgenden Transportgleichungen ableiten:

$$CuSb_2O_6(s) + 3\,TeCl_4(g)$$
$$\rightleftharpoons \frac{1}{3}Cu_3Cl_3(g) + 2\,SbCl_3(g) + 3\,TeO_2(g) + \frac{5}{2}Cl_2(g) \qquad (6.2.6.1)$$

$$CuSb_2O_6(s) + 6\,TeCl_4(g)$$
$$\rightleftharpoons \frac{1}{3}Cu_3Cl_3(g) + 2\,SbCl_3(g) + 6\,TeOCl_2(g) + \frac{5}{2}Cl_2(g) \qquad (6.2.6.2)$$

$$CuSb_2O_6(s) + \frac{7}{2}Cl_2(g)$$
$$\rightleftharpoons \frac{1}{3}Cu_3Cl_3(g) + 2\,SbCl_3(g) + 3\,O_2(g) \qquad (6.2.6.3)$$

$$CuSb_2O_6(s) + 12\,HCl(g)$$
$$\rightleftharpoons \frac{1}{3}Cu_3Cl_3(g) + 2\,SbCl_3(g) + 6\,H_2O(g) + \frac{5}{2}Cl_2(g) \qquad (6.2.6.4)$$

Die thermodynamischen Rechnungen legen nahe, dass im Temperaturgefälle von 900 nach 800 °C der Transport mit Chlor maximale Transportraten ergeben sollte. Für das Transportmittel Tellur(IV)-chlorid wurde dieser Bereich mit 1000 nach 870 °C berechnet. Als besonders günstige Temperaturbereiche haben sich im Experiment 920 → 800 °C (Chlor) und 920 → 880 °C ($TeCl_4$) erwiesen.

Transport von Vanadaten(V) Trotz begrenzter thermischer Stabilität der Vanadate(V) von Übergangsmetallen eignen sich chemische Transportexperimente sehr gut zur Kristallisation dieser Verbindungsklasse. Als Transportmittel wurden bislang Chlor (Zusatz von PtCl$_2$) und Tellur(IV)-chlorid angewandt. Orientierende Modellrechnungen unter Verwendung abgeschätzter thermodynamischer Daten für die Vanadate FeVO$_4$, CrVO$_4$ (Gro 2009) und Co$_2$V$_2$O$_7$ (Bro 2010) sprechen für Gasphasenzusammensetzungen, wie sie auch beim Transport der binären Oxide mit Chlor auftreten (Gleichung 6.2.6.5 bis 6.2.6.7).

$$FeVO_4(s) + 3\,Cl_2(g) \rightleftharpoons FeCl_3(g) + VOCl_3(g) + \frac{3}{2}O_2(g) \qquad (6.2.6.5)$$

$$CrVO_4(s) + \frac{5}{2}Cl_2(g) \rightleftharpoons CrO_2Cl_2(g) + VOCl_3(g) + \frac{1}{2}O_2(g) \qquad (6.2.6.6)$$

$$Co_2V_2O_7(s) + 5\,Cl_2(g) \rightleftharpoons 2\,CoCl_2(g) + 2\,VOCl_3(g) + \frac{5}{2}O_2(g) \quad (6.2.6.7)$$

Für den Chemischen Transport von verschiedenen Kupfervanadaten (Cu$_2$V$_2$O$_7$, CuV$_2$O$_6$ (Bec 2008)) wie auch für RhVO$_4$ (Jen 2009) eignet sich auch Tellur(IV)-chlorid als Transportzusatz. Nach thermodynamischen Modellrechnungen bestimmt das heterogene Gleichgewicht 6.2.6.8 das Transportverhalten von Rhodium(III)-vanadat(V).

$$\begin{aligned} RhVO_4(s) + 3\,TeCl_4(g) \\ \rightleftharpoons RhCl_3(g) + VOCl_3(g) + 3\,TeOCl_2(g) + \end{aligned} \qquad (6.2.6.8)$$

6.3 Transport von Carbonaten, Silicaten und Boraten

In der Literatur sind zum *Chemischen Transport von Carbonaten* keine Hinweise verzeichnet. Für den hypothetischen Transport von Carbonaten mit Chlorwasserstoff kann folgendes Gleichgewicht formuliert werden.

$$NiCO_3(s) + 2\,HCl(g) \rightleftharpoons NiCl_2(g) + CO_2(g) + H_2O(g) \qquad (6.3.1)$$
$\Delta_R H^0_{1000} = 159$ kJ $\cdot$ mol^{-1}, $\Delta_R S^0_{1000} = 222$ J $\cdot$ mol^{-1} $\cdot$ K^{-1};
$\Delta_R G^0_{1000} = -63$ kJ $\cdot$ mol^{-1}, $K_{p,1000} = 2{,}2 \cdot 10^3$

Für den speziellen Fall von NiCO$_3$ könnte auch Gleichung 6.3.2 eine Möglichkeiten zum Transport bieten.

$$NiCO_3(s) + 5\,CO(g) \rightleftharpoons Ni(CO)_4(g) + 2\,CO_2(g) \qquad (6.3.2)$$
$\Delta_R H^0_{400} = -141$ kJ $\cdot$ mol^{-1}, $\Delta_R S^0_{400} = -234$ J $\cdot$ mol^{-1} $\cdot$ K^{-1};
$\Delta_R G^0_{400} = -48$ kJ $\cdot$ mol^{-1}, $K_{p,400} = 2{,}0 \cdot 10^6$

Die thermodynamischen Daten für die angegebenen Gleichgewichte lassen einen Transport von Nickelcarbonat erwarten. Ein Problem könnte jedoch die kinetische Stabilität von Kohlenstoffdioxid bei der Rückreaktion sein.

Zum *Chemischen Transport von Silicaten* enthält die Literatur eine ganze Reihe von Angaben. Auch wurde schon frühzeitig die Vermutung geäußert, dass Chemische Transportreaktionen unter Beteiligung der Gasphase an mineralbildenden Vorgängen in der Natur beteiligt sind (Dau 1841, Dau 1849). Bei näherer Betrachtung der Literaturangaben fällt jedoch auf, dass in den meisten Fällen kein reversibler Chemischer Transport von den Autoren beobachtet wurde. Nur die Wanderung von Europium(II)-silicaten (Eu_2SiO_4, $EuSi_2O_5$) bei sehr hohen Temperaturen (1980 → 1920 °C) mit HCl als Transportmittel (Kal 1970, Kal 1971) und die Kristallisation von Be_2SiO_4 unter Zusatz von Siliciumtetrafluorid als Transportmittel SiF_4 (Nov 1967) beruhen auf Transportreaktionen der Silicate (Gleichungen 6.3.3 bis 6.3.5).

$$Eu_2SiO_4(s) + 6\,HCl(g) \rightleftharpoons 2\,EuCl_2(g) + SiCl_2(g) + 3\,H_2O(g) + \frac{1}{2}O_2(g) \quad (6.3.3)$$

$$Be_2SiO_4(s) + 3\,SiF_4(g) \rightleftharpoons 2\,BeF_2(g) + 4\,SiOF_2(g) \quad (6.3.4)$$

$$Be_2SiO_4(s) + 3\,SiF_4(g) + 2\,NaF(g) \rightleftharpoons 2\,NaBeF_3(g) + 4\,SiOF_2(g) \quad (6.3.5)$$

Die beim Transport von Be_2SiO_4 mit SiF_4 auftretende Gasspezies $SiOF_2$ wurde massenspektrometrisch nachgewiesen. Transporteffekte konnten auch bei Zusatz von Na_2BeF_4 und BeF_2 beobachtet werden. Hydrolysereaktionen mit der Bildung von Fluorwasserstoff als Transportmittel können bei diesen Experimenten nicht gänzlich ausgeschlossen werden.

Im Unterschied zum reversiblen Chemischen Transport im engeren Sinn ist die in der Literatur häufig beschriebene Kristallisation von Silicaten unter Beteiligung der Gasphase auf partielle Transportreaktionen zurückzuführen. Die Bildung von Zirkon aus Zirkoniumdioxid in Kieselglasampullen bei Zusatz von Silicium(IV)-fluorid wurde bereits von *Schäfer* diskutiert (Sch 1962). Die Reaktionen 6.3.6 (über dem Bodenkörper $ZrO_2/ZrSiO_4$) und 6.3.7 (über dem Bodenkörper $SiO_2/ZrSiO_4$) beschreiben den Vorgang vollständig.

$$2\,ZrO_2(s) + SiF_4(g) \rightleftharpoons ZrF_4(g) + ZrSiO_4(s) \quad (6.3.6)$$
$\Delta_R H^0_{1273} = 115\,kJ \cdot mol^{-1}$, $\Delta_R S^0_{1273} = 14{,}8\,J \cdot mol^{-1} \cdot K^{-1}$
$K_{p,1273} = 1{,}2 \cdot 10^{-4}$

$$2\,SiO_2(s) + ZrF_4(g) \rightleftharpoons SiF_4(g) + ZrSiO_4(s) \quad (6.3.7)$$
$\Delta_R H^0_{1273} = -164\,kJ \cdot mol^{-1}$, $\Delta_R S^0_{1273} = -38{,}9\,J \cdot mol^{-1} \cdot K^{-1}$
$K_{p,1273} = 5{,}6 \cdot 10^4$

Die Gleichgewichte 6.3.6 und 6.3.7 erlauben hinreichend große Drücke für SiF_4 und ZrF_4, so dass der wechselseitige Transport von Silicium und Zirkonium möglich wird. Hierbei erfolgt deren Wanderung über die Fluoride unter isothermen (!) Bedingungen im Gradienten der jeweiligen chemischen Potentiale. Diese sind, bedingt durch die Bildung von $ZrSiO_4$, gegenüber jenen der reinen Oxide deutlich erniedrigt. Bei 1000 °C und $\Sigma p = 1$ bar errechnet sich für SiF_4 und ZrF_4 eine Partialdruckdifferenz von jeweils $\Delta p = 1 \cdot 10^{-4}$ bar. In ähnlicher Weise erfolgt die Bildung von Ni_2SiO_4 aus NiO und SiO_2 in Anwesenheit von gasförmigem SiF_4 (Hof 1977), Topas ($Al_2SiO_4F_2$) aus AlF_3 und SiO_2 (Scho 1940) bzw. von Co_2SiO_4 aus CoF_2 und SiO_2 (Schm 1964).

Der reversible Chemische Transport von Co_2SiO_4 mit Fluorwasserstoffgas sollte trotz der ungünstigen thermodynamischen Daten für Reaktion 6.3.8 möglich sein, wie ausführliche Modellrechnungen erwarten lassen. Experimentelle Untersuchungen stehen jedoch noch aus.

$$Co_2SiO_4(s) + 8\,HF(g) \;\rightleftharpoons\; 2\,CoF_2(g) + SiF_4(g) + 4\,H_2O(g) \qquad (6.3.8)$$
$\Delta_R H^0_{1273} = 243\ kJ \cdot mol^{-1}$, $\Delta_R S^0_{1273} = -10{,}3\ J \cdot mol^{-1} \cdot K^{-1}$
$K_{p,1273} = 2{,}4 \cdot 10^{-11}\ bar^{-1}$

Die Bildung von Co_2SiO_4 aus CoO in Kieselglasampullen unter dem Einfluss von Chlor oder $TeCl_4$ wurde ausführlich thermodynamisch analysiert (Str 1981). Demnach wird Cobal(II)-oxid in der Gasphase in Form der Gasteilchen $CoCl_2$ und O_2 gelöst und reagiert mit dem SiO_2 der Ampullenwand zum Silicat (Gl. 6.3.9). In entsprechender Weise ist auch die Reaktion von anderen Oxiden unter den Bedingungen chemischer Transportexperimente mit SiO_2 aus der Wand der Kieselglasampullen möglich und thermodynamisch begünstigt. Die Bildung von $HfSiO_4$ (Fuh 1986), $Ce_2Ti_2SiO_9$ (Zen 1999) und Ni_2SiO_4 (Fun 2004) kann ebenso verstanden werden.

$$2\,CoCl_2(g) + O_2(g) + SiO_2(s) \;\rightleftharpoons\; Co_2SiO_4(s) + 2\,Cl_2(g) \qquad (6.3.9)$$

Die ausführlichen Untersuchungen zur Abscheidung von Nickel(II)-orthosilicat (Fun 2004) deuten bei Anwesenheit von HCl auf eine Begünstigung der Abscheidung des Silicats im Vergleich zum Transport und der Abscheidung des reinen Metalloxids. Hierfür können thermodynamische und kinetische Gründe verantwortlich sein. So ist SiO_2 in einer Chlorwasserstoffatmosphäre besser löslich als in Chlor. Es erscheint auch möglich, dass die Spaltung von Si/O-Bindungen im Kieselglas bei Anwesenheit von Protonen kinetisch einfacher erfolgen kann.

Bor(III)-oxid bildet zahlreiche ternäre und polynäre Oxidoverbindungen. Zum *Chemischen Transport von Boraten* enthält die Literatur jedoch kaum Hinweise. Gesichert sind nur die Wanderung von $CrBO_3$, $FeBO_3$, BPO_4 und $Cr_2BP_3O_{12}$ im Temperaturgefälle.

Der Transport von $FeBO_3$ unter Verwendung von Chlor bzw. Chlorwasserstoff als Transportmittel erfolgt von 760 nach 670 °C über die Chlorierungsgleichgewichte unter Bildung von BCl_3 und $FeCl_3$ sowie von O_2 bzw. H_2O als Gasspezies (Die 1975). Der Ausgangsbodenkörper $FeBO_3$ wurde in einem Platintiegel vorgelegt, um eine Reaktion mit dem Quarzglas zu minimieren. Die Abscheidung der Kristalle erfolgt endotherm, wobei die Temperatur der Kristallisationszone im Bereich von 800 bis 905 °C liegt. Folgende Transportgleichung wird angegeben:

$$FeBO_3(s) + 3\,HCl(g) \;\rightleftharpoons\; FeCl_3(g) + HBO_2(g) + H_2O(g) \qquad (6.3.10)$$

Borphosphat BPO_4 konnte unter Zusatz von Phosphor(V)-chlorid über folgendes Transportgleichgewicht kristallin abgeschieden werden (Schm 2004):

$$5\,BPO_4(s) + 3\,PCl_3(g) + 3\,Cl_2(g) \;\rightleftharpoons\; BCl_3(g) + 2\,P_4O_{10}(g) \qquad (6.3.11)$$

Die Abscheidung erfolgte teilweise auf einem in die Ampulle eingebrachten Glaskohlenstofftarget, um das Aufwachsen des Borphosphats auf der Quarzwandung der Ampulle zu vermeiden und so besonders reine Einkristalle für weitere

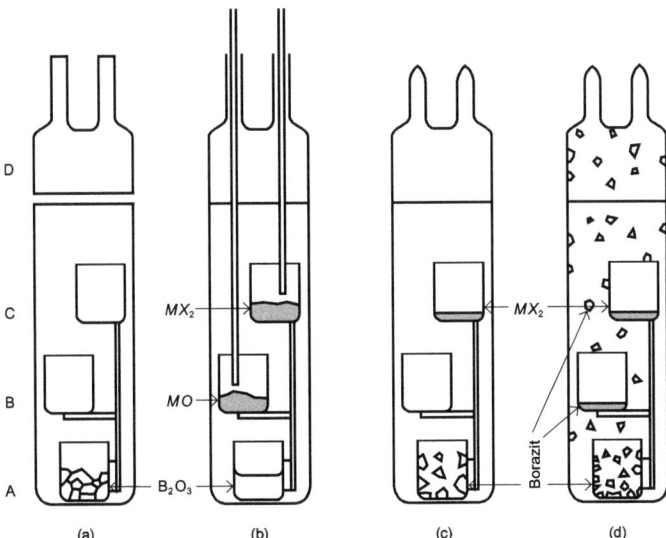

Abbildung 6.3.1 Einzelne Stadien beim isothermen Drei-Tiegel-Verfahren zur Darstellung und Kristallisation von Boraziten $M_3B_7O_{13}X$ (M = zweiwertiges Metall, X = Cl, Br, I) nach (Schm 1965).

Untersuchungen zu erhalten. Weitere Borate wurden als Nebenprodukte bei der Synthese von Boraziten $M_3B_7O_{13}X$ (M = zweiwertiges Metall, X = Cl, Br, I) erhalten (z. B.: MgB_2O_4, ZnB_2O_4, ZnB_4O_7, CuB_2O_4) (Schm 1965). $TiBO_3$, VBO_3 und $CrBO_3$ kristallisieren ebenfalls unter Beteiligung der Gasphase mit Hilfe von Titan(II)-iodid, Vanadium(II)-chlorid oder Chrom(II)-chlorid jeweils in Verbindung mit Wasser (Schm 1964).

Borazite lassen sich im Unterschied zu den halogenfreien Boraten sehr gut mittels chemischer Transportreaktionen kristallisieren. Von *Schmid* wurde ein Verfahren zur Darstellung und Kristallisation von Boraziten $M_3B_7O_{13}X$ (M = zweiwertiges Metall, X = Cl, Br, I) mittels isothermem Chemischem Transport vorgeschlagen (Abbildung 6.3.1) (Schm 1965). In Tiegel A wird dazu vorentwässertes B_2O_3 eingefüllt (a); nach dem Aufschweissen der Deckelkappe D mit Vakuumstutzen D wird bei 1100 °C das B_2O_3 entwässert. Nach Abkühlung im Vakuum wird in trockenem N_2(g) trockenes Oxid in Tiegel B, trockenes Halogenid in Tiegel C und ein H_2O/HX-Dosierungsmittel (z. B. H_3BO_3) in Tiegel B oder C eingefüllt (b); nach dem Zuschweissen der Einfüllrohre unter Vakuum bei 20 °C folgt eine isotherme Reaktion bei 600 bis 1100 °C). Ist der B_2O_3-Transport über die Gasphase völlig zu vernachlässigen, so wird Tiegel B nach Reaktionsende MO-frei und Borazit wächst nur in Tiegel A (c); bei bedeutendem B_2O_3-Transport entsteht wenig Borazit in Tiegel A, in Tiegel B ein Borazitkuchen und manchmal überall in der Ampulle verstreut, grössere und kleiner Kristalle (d). Neuere Untersuchungen zeigen, dass Borazite auch mit geringerem experimentellem Aufwand in einfachen Kieselglasampullen über reversibel verlaufende Transportreaktionen im Temperaturgradienten zugänglich sind (Schm 1995).

Aus thermodynamischen Überlegungen und den Ergebnissen massenspektrometrischer Untersuchugen (Mes 1960) folgert *Schmid*, dass die Wanderung von B_2O_3 über die Gasphase bei Temperaturen um 1000 °C im wesentlichen über $HBO_2(g)$ und in geringem Umfang über $H_3BO_3(g)$ und $(HBO_2)_3(g)$ erfolgt (Schm 1965).

Tabelle 6.1 Beispiele für den Chemischen Transport von komplexen Oxiden.

Senkenboden-körper	Transportzusatz	Temperatur/°C	Literatur
Ag_2SO_4	Cl_2	$800 \rightarrow T_1$	Spi 1978a
$Al_2(SO_4)_3$	$SOCl_2$	$625 \rightarrow 525$	Dah 1995
$Al_2(SiO_4)F_2$ (Topas, aus SiO_2)	AlF_3	800	Scho 1940
BPO_4	PCl_5	$800 \rightarrow 700$	Schm 2004
$BeSO_4$	Cl_2	$700 \rightarrow 600$	Koh 1988
$Cd_2As_2O_7$	$PtCl_2$	$650 \rightarrow 600$	Wei 2001b
$CdAs_2O_6$	$PtCl_2$	$720 \rightarrow 680$	Wei 2001a
CdP_4O_{11}	$P + I_2$	$510 \rightarrow 480$	Wei 1998
$CdSO_4$	Cl_2	$840 \rightarrow 740$	Spi 1978a
	HCl	$840 \rightarrow 740$	Spi 1978a
$Ce_2Ti_2SiO_9$ (aus $Ce_2Ti_2O_7$)	NH_4Cl	$1050 \rightarrow 900$	Zen 1999
$Co_2As_2O_7$	Cl_2	$880 \rightarrow 800$	Wei 2005
$Co_2P_2O_7$	$CoP + I_2, P + I_2$	$1000 \rightarrow 900$	Schm 2002a
	Cl_2	$1100 \rightarrow 1000$	Gla 1991
$Co_2P_4O_{12}$	$P + I_2$	$850 \rightarrow 750$	Schm 2002a
$CoTi_2O_2(PO_4)_2$	$NH_4Cl + Cl_2$, $P + I_2, TiP + Cl_2$	$1000 \rightarrow 900$	Schö 2007
$CoTi_4(PO_4)_6$	$NH_4Cl + Cl_2$, $P + I_2, TiP + Cl_2$	$1000 \rightarrow 900$	Schö 2008c
$Co_3In_4(PO_4)_6$	$NH_4Cl + Cl_2$	$1000 \rightarrow 900$	Lit 2009
$CoSO_4$	Cl_2, HCl	$650 \rightarrow 550$	Spi 1978a
Co_2SiO_4 (aus CoO)	SiF_4	$1000 \rightarrow T_1$	Schm 1964
	$TeCl_4$	$930 \rightarrow 710$	Str 1981
Co_3TeO_6	HCl	$700 \rightarrow 600$	Bec 2006
$Co_2V_2O_7$	Cl_2	$700 \rightarrow 600$	Bro 2010
$CrBO_3$	$Cr + I_2$	$1000 \rightarrow 900$	Schm 1995
	$CrCl_2 + H_2O$	$1000 \rightarrow 900$	Schm 1964
$Cr_2BP_3O_{12}$	$I_2, P + I_2$	$1100 \rightarrow 1000$	Schm 2002b
$CrPO_4$	Cl_2	$1000 \rightarrow 900$	Gla 1986
$Cr_4(P_2O_7)_3$	$PtCl_2$	$1050 \rightarrow 950$	Tha 2006
$Cr(PO_3)_3$ (aus $CrPO_4 + P$)	$P + I_2$	$1050 \rightarrow 950$	Gru 1996
$Cr_7(PO_4)_6$	I_2	$1050 \rightarrow 950$	Gla 1993
$Cr_3(P_2O_7)_2$	$P + I_2$	$1050 \rightarrow 950$	Gla 1992
$Cr_2P_2O_7$	I_2	$1050 \rightarrow 950$	Gla 1991
	$CrP + I_2$	$1050 \rightarrow 950$	Gla 1999
$Cr_3Ti_4^{III}(PO_4)_6$	$I_2, TiP + I_2$	$1000 \rightarrow 900$	Lit 2009
$CrTi_2^{III}(P_2O_7)_2$	I_2	$900 \rightarrow 850$	Lit 2009
$Cr_3V_4^{III}(PO_4)_6$	I_2	$1000 \rightarrow 900$	Lit 2009

Tabelle 6.1 (Fortsetzung)

Senkenboden-körper	Transportzusatz	Temperatur/°C	Literatur
$Cr_2(SO_4)_3$	Cl_2	690 → 630	Dah 1994b
	HCl	690 → 630	Dah 1993b
$Cr_2Te_4O_{11}$	$TeCl_4$	700 → T_1	Meu 1976
$CrVO_4$	Cl_2	750 → 650	Gro 2009
$Cr_2V_4O_{13}$	Cl_2	750 → 650	Gro 2009
$Cu_2As_2O_7$	Cl_2	880 → 800	Wei 2004a
$Cu_2P_2O_7$	$CuP_2 + I_2$	900 → 800	Öza 1993
$Cu_2P_4O_{12}$	$P + I_2$	850 → 750	Öza 1993
	$CuP_2 + I_2$	850 → 750	Gla 1996
CuP_4O_{11}	$P + I_2$	600 → 500	Öza 1993
	$CuP_2 + I_2$	600 → 500	Gla 1996
$Cu_2O(SO_4)$	$HgCl_2$	750 → 650	Bal 1983
$CuSO_4$	Cl_2, HCl, NH_4Cl, I_2	700 → 600	Spi 1978a
	$HgCl_2$	700 → 600	Bal 1983
$Cu_2V_2O_7$	$TeCl_4$	600 → 500	Bec 2008
CuV_2O_6	$TeCl_4$	600 → 500	Bec 2008
$Fe_7(AsO_4)_6$	NH_4Cl	900 → 800	Wei 2004c
$FeBO_3$	HCl	760 → 670	Die 1975
$Fe_3O_3(PO_4)$	$ZrCl_4$	1000 → 900	Dro 1997
($FePO_4 + ZrCl_4$)			
$FePO_4$	Cl_2	1100 → 1000	Gla 1990b
$Fe_2P_2O_7$	$FeP + I_2$	850 → 750	Gla 1991
$Fe_2P_4O_{12}$	$P + I_2$	850 → 750	Wei 1998
$FeTi_2O_2(PO_4)_2$	$TiP + Cl_2$	1000 → 900	Schö 2007
$FeTi_4(PO_4)_6$	$TiP + Cl_2$	1000 → 900	Schö 2008c
$Fe_3Ti_4(PO_4)_6$	$NH_4Cl + Cl_2$	1000 → 900	Lit 2009
$Fe_3V_4(PO_4)_6$	$NH_4Cl + Cl_2$	1000 → 900	Lit 2009
$Fe_3Cr_4(PO_4)_6$	$NH_4Cl + Cl_2$	1000 → 900	Lit 2009
$FeSO_4$	NH_4Cl	650 → 550	Dah 1992
	Cl_2	775 → 675	Dah 1992
	Cl_2	775 → 675	Dah 1993
$FeVO_4$	Cl_2	700 → 600	Gro 2009
$Ga_2(SO_4)_3$	Cl_2	775 → 675	Kra 1995a
	Cl_2	775 → 675	Kra 1995b
GeP_2O_7 (kubisch)	$PtCl_2$	1150 → 1050	Kai 1996
GeP_2O_7 (triklin)	$PtCl_2$	950 → 850	Kai 1996
HfP_2O_7	$P + I_2$	1150 → 1050	Kos 1997
$HgAs_2O_6$	$HgCl_2$	650 → 550	Wei 2000
$(Hg_2)_2As_2O_7$	$HgCl_2$	550 → 500	Wei 2004b

Tabelle 6.1 (Fortsetzung)

Senkenbodenkörper	Transportzusatz	Temperatur/°C	Literatur
$(Hg_2)_2P_2O_7$	Hg_2Cl_2	500 → 450	Wei 1999
$Hg_2P_2O_7$	$PCl_3 + Cl_2$	550 → 500	Wei 1997
$HgSO_4$	HCl, Cl_2	550 → 470	Spi 1978a
$In_2O(PO_4)$ (aus In_2O_3)	$P + I_2$	800 → 700	Tha 2004
$InPO_4$	$InP + I_2$	800 → 700	Tha 2003
$In_4(P_2O_7)_3$ (aus $InPO_4$)	$P + I_2$	1000 → 900	Tha 2003
$In_2(SO_4)_3$	Cl_2	625 → 575	Kra 1995b
	HCl	625 → 575	Kra 1994
$Ir(PO_3)_3$	$IrCl_3 \cdot xH_2O$	900 → 800	Pan 2008
$LaPO_4$	$PBr_3 + Br_2,$ $CO + Br_2$	1120 → 920	Sch 1972
$LuPO_4$	$PBr_5 + Br_2$	1000 → 900	Orl 1978
$MgSO_4$	Cl_2	800 → 700	Koh 1988
$Mg_2P_2O_7$	$P + I_2$	1000 → 900	Gla 1991, Ger 1996
$Mn_3(AsO_4)_2$ ($Mn_7(AsO_4)_4Cl_2$, $Mn_{11}(AsO_4)_7Cl$)	$PtCl_2$	900 → 820	Wei 2008
$Mn_2As_2O_7$	Cl_2	880 → 800	Wei 2005
$Mn_3(PO_4)_2$	$P + I_2$	850 → 800	Ger 1996
$Mn_2P_2O_7$	$P + I_2$	1000 → 900	Ger 1996
	$P + I_2$	1000 → 900	Gla 2002
$Mn_2P_4O_{12}$	$P + I_2$	850 → 750	Gla 2002
$Mn_{1,65}Ti_4(PO_4)_6$	$P + I_2$	1000 → 900	Schö 2008c
$Mn_3In_4(PO_4)_6$	$NH_4Cl + Cl_2$	1000 → 900	Lit 2009
$MnSO_4$	Cl_2, HCl	840 → 740	Spi 1978a
Mn_3TeO_6	Cl_2	830 → 750	Wei 2006a
$Mn_2V_2O_7$	Cl_2	700 → 600	Gro 2009
$MoOPO_4$	$MoP + I_2$	800 → 700	Len 1995
$(MoO)_4(P_2O_7)_3$	I_2	800 → 650	Len 1995
	I_2	800 → 650	Isl 2009b
$(MoO)_2P_4O_{13}$	I_2, HgX_2 (X = Cl, Br)	900 → 800	Len 1995
MoP_2O_7	$MoP + I_2,$ $MoP + HgBr_2$	1000 → 900	Len 1995
$Mo(PO_3)_3$	I_2	900 → 800	Wat 1994
	I_2	900 → 800	Len 1995

Tabelle 6.1 (Fortsetzung)

Senkenbodenkörper	Transportzusatz	Temperatur/°C	Literatur
$Na_{2+x}Nb_6O_{10}(PO_4)_4$	NH_4Cl, NaCl	1150 → 1120	Xu 1996
$K_3Nb_6O_{10}(PO_4)_4$	KCl	1150 → 1120	Xu 1993
Nb_9PO_{25}	$NbP + I_2$	900 → 800	Kai 1990
$NbOPO_4$, $NbO_{1-x}PO_4$	$NbP + NH_4Cl$, $I_2 + NbP$	1000 → 900	Kai 1992
$Nb_2(PO_4)_3$	$P + I_2$	700 → 600	Sie 1989
	$P + I_2$	700 → 600	Kai 1990
β-$Ni_2As_2O_7$	Cl_2	880 → 800	Wei 2005
$Ni_3(PO_4)_2$	$PtCl_2$	1100 → 1000	Fun 2004
β-$Ni_2P_2O_7$	$P + I_2$	800 → 600	Fun 2004
σ-$Ni_2P_2O_7$	$PtCl_2$	1100 … 700 → 1000 … 600	Pet 1987, Gla 1991
	NH_4Cl	900 → 750	Blu 1997, Fun 2004
	$P + I_2$	800 → 700	
$Ni_2P_4O_{12}$	$P + I_2$	850 → 750	Blu 1997, Fun 2004
$NiTi_2O_2(PO_4)_2$	$TiP + Cl_2$	1000 → 900	Schö 2007
Ni_2SiO_4 (aus NiO)	SiF_4	1190 → 1040	Hof 1977
	NH_4Cl	1000 → 900	Fun 2004
$NiSO_4$	Cl_2, HCl	675 → 560	Spi 1978a
	$PbCl_2$	675 → 560	Pli 1989
$PbSO_4$	Cl_2	830 → 730	Pli 1989
	HCl, $HgCl_2$, I_2	830 → 730	Spi 1978a
$PdAs_2O_6$	$PdCl_2$	700 → 600	Pan 2009
$Pd_2P_2O_7$	$PdCl_2$	850 → 750	Pan 2005
$Pd(PO_3)_2$	$PdCl_2$	950 → 850	Gör 1997
$SEAsO_4$	$TeCl_4$	1100 → 950	Schm 2005a
$SEPO_4$	PX_5, (X = Cl, Br) HBr	1100 → 1000	Orl 1971, Sch 1972, Rep 1971, Tan 1968, Orl 1974
$Re_2O_3(PO_4)_2$	I_2	600 → 500	Isl 2009a
$Re_2O_3(P_2O_7)$	$O_2 + H_2O$, $H_2O + I_2$	700 → 650	Isl 2009b
ReP_2O_7	$O_2 + H_2O$, $H_2O + I_2$, $HgBr_2$	800 → 700	Isl 2009b
$RhAsO_4$	$RhCl_3$	820 → 760	Gör 1997
$RhPO_4$	Cl_2	1000 → 900	Rit 1994
$Rh(PO_3)_3$	Cl_2	950 → 850	Rit 1994

Tabelle 6.1 (Fortsetzung)

Senkenbodenkörper	Transportzusatz	Temperatur/°C	Literatur
$RhVO_4$	$TeCl_4$	$1000 \to 900$	Jen 2009
SiP_2O_7	$P + I_2$	$1030 \to 900$	Kos 1996
SnP_2O_7	$PtCl_2$	$980 \to 840$	Kai 1996
$Ti_5O_4(PO_4)_4$	$TiP + Cl_2$	$1000 \to 900$	Rei 1994
TiP_2O_7	$TiP + I_2, P + I_2$	$1000 \to 900$	Gla 1990a
$Ti_{31}O_{24}(PO_4)_{24}$	$TiP + Cl_2$	$1000 \to 900$	Rei 1994
	$TiP + Cl_2$	$1000 \to 900$	Schö 2008
$Ti_4O_3(PO_4)_3$	$Ti + I_2$	$1050 \to 950$	Rei 1994
	$Ti + I_2$	$1050 \to 950$	Schö 2008
$Ti_9O_4(PO_4)_7$	I_2	$1000 \to 900$	Rei 1994
$TiPO_4$	$I_2, P + I_2$	$1000 \to 900$	Gla 1990a
$Ti(PO_3)_3$	$P + I_2$	$1000 \to 900$	Gla 1990a
$U_2O(PO_4)_2$	$UP_2 + I_2$	$800 \to 900$	Alb 1995
UP_2O_7	$NbCl_5, VCl_4$	$1000 \to 900$	Kos 1997
UPO_4X	ZrX_4	$1000 \to 900$	Dro 2004
(X = Cl, Br) aus $UP_2O_7 + ZrX_4$			
$VOPO_4$	NH_4Cl, Cl_2	$700 \to 600$	Vog 2006
$V_2O(PO_4)$	I_2, VCl_3	$1000 \to 900$	Gla 1989, Dro 2004
VPO_4	$VP + I_2, VCl_3$	$1000 \to 900$	Gla 1990b, Gla 1992a, Dro 2004
$V(PO_3)_3$	$P + I_2$	$1000 \to 900$	Dro 2004
$VOSO_4$	Cl_2, NH_4Cl	$525 \to 425, 550 \to 450$	Dah 1994a
$(WO_3)_n(PO_2)_2$ „MPTB"	I_2, NH_4Cl, KI	$900 \to 800$	Mat 1991, Mat 1994, Rou 1996, Tew 1992
$WOPO_4$ (neben WP)	I_2	$1000 \to 900$	Mat 1991
WP_2O_7 (neben WP)	I_2	$1000 \to 900$	Mat 1991
$Zn_2As_2O_7$	Cl_2	$880 \to 800$	Wei 2005
$Zn_2P_2O_7$	NH_4Cl, H_2	$920 \to 820$	Rüh 1994
ZnP_4O_{11}	$ZnP_2 + I_2$	$1000 \to 900$	Wei 1998
	$P + I_2$	$1000 \to 900$	Wei 1998
$Zn_3Ti_4(PO_4)_6$	$NH_4Cl + Cl_2$	$1000 \to 900$	Lit 2009
$Zn_3In_4(PO_4)_6$	$NH_4Cl + Cl_2$	$1000 \to 900$	Lit 2009

Tabelle 6.1 (Fortsetzung)

Senkenboden-körper	Transportzusatz	Temperatur (°C)	Literatur
$Zn_3O(SO_4)_2$	$PbCl_2$	$710 \rightarrow 620$	Bal 1984
N-$ZnSO_4$	Cl_2	$T_2 \rightarrow T_1, T_1 < 690$	Spi 1978a
H-$ZnSO_4$	Cl_2	$T_2 \rightarrow T_1, T_1 > 690$	Spi 1978b
Zn_3TeO_6	Cl_2	$830 \rightarrow 750$	Wei 2006b
ZrP_2O_7	$P + I_2$	$1100 \rightarrow 1000$	Kos 1997

Literaturangaben

Alb 1995	J. H. Albering, W. Jeitschko, *Z. Kristallogr.* **1995**, *210*, 878.
Bal 1983	L. Bald, M. Spiess, R. Gruehn, T. Kohlmann, *Z. Anorg. Allg. Chem.* **1983**, *498*, 153.
Bal 1984	L. Bald, R. Gruehn, *Z. Anorg. Allg. Chem.* **1984**, *509*, 23.
Ban 1990	H. W. Bange, *Diplomarbeit*, Universität Freiburg, **1990**.
Bec 2006	R. Becker, M. Johnsson, H. Berger, *Acta Crystallogr.* **2006**, C62, i67.
Bec 2008	P. Becker-Bohatý, persönliche Mitteilung, Universität Köln, **2008**.
Ben 2008	E. Benser, M. Schöneborn, R. Glaum, *Z. Anorg. Allg. Chem.* **2008**, *634*, 1677.
Bin 1983	M. Binnewies, *Z. Anorg. Allg. Chem.* **1983**, *507*, 77.
Bin 2002	M. Binnewies, E. Milke, *Thermodynamic Data of Elements and Compounds*, 2. Aufl., Wiley-VCH, **2002**.
Blu 1997	M. Blum, *Diplomarbeit*, Universität Gießen, **1997**.
Bou 1982	M. Bouchdoug, A. Courtois, R. Gerardin, J. Steinmetz, C. Gleitzer, *J. Solid State Chem.* **1982**, *42*, 149.
Bro 2010	A. Bronova, R. Glaum, *unveröffentlichte Ergebnisse*, Universität Bonn, **2010**.
Dah 1992	T. Dahmen, R. Gruehn, *Z. Anorg. Allg. Chem.* **1992**, *609*, 139.
Cha 1998	M. W. Chase, *NIST-JANAF Thermochemical Tables*, ACS, **1992**.
Dah 1993a	T. Dahmen, R. Gruehn, *J. Cryst. Growth* **1993**, *130*, 636.
Dah 1993b	T. Dahmen, R. Gruehn, *Z. Kristallogr.* **1993**, *204*, 57.
Dah 1994a	T. Dahmen, R. Gruehn, *persönliche Mitteilung*, Universität Gießen, **1994**.
Dah 1994b	T. Dahmen, R. Gruehn, *Z. Anorg. Allg. Chem.* **1994**, *620*, 1569.
Dah 1995	T. Dahmen, R. Gruehn, *Z. Anorg. Allg. Chem.* **1995**, *621*, 417.
Dau 1841	M. A. Daubrée, *Ann. Mines* **1841**, *20*, 65. Zitiert in W. Schrön, *Eur. J. Mineral.* **1989**, *1*, 739.
Dau 1849	M. A. Daubrée, *Comptes Rendus* **1849**, *29*, 227. Zitiert in W. Schrön, *Eur. J. Mineral.* **1989**, *1*, 739.
Die 1975	R. Diehl, A. Räuber, F. Friedrich, *J. Cryst. Growth* **1975**, *29*, 225.
Die 1976	R. Diehl, F. Friedrich, *J. Cryst. Growth* **1976**, *36*, 263.
Dit 1983	G. Dittmer, U. Niemann, *Mater. Res. Bull.* **1983**, *18*, 355.
Dro 1997	T. Droß, *Diplomarbeit*, Universität Gießen, **1997**.
Dro 2004	T. Droß, *Dissertation*, Universität Bonn, **2004**.
Fuh 1986	J. Fuhrmann, J. Pickardt, *Z. Anorg. Allg. Chem.* **1986**, *532*, 171.
Fun 2004	M. Funke, R. Glaum, *unveröffentlichte Ergebnisse*, Universität Bonn, **2004**.
Ger 1996	M. Gerk, *Dissertation*, Universität Gießen, **1996**.

Ger 2007	S. Gerlach, R. Cardoso-Gil, E. Milke, M. Schmidt, *Z. Anorg. Allg. Chem.* **2007**, *633*, 83.
Gla 1986	R. Glaum, R. Gruehn, M. Möller, *Z. Anorg. Allg. Chem.* **1986**, *543*, 111.
Gla 1989	R. Glaum, R. Gruehn, *Z. Kristallogr.* **1989**, *186*, 91.
Gla 1990a	R. Glaum, R. Gruehn, *Z. Anorg. Allg. Chem.* **1990**, *580*, 78.
Gla 1990b	R. Glaum, *Dissertation*, Universität Gießen, **1990**.
Gla 1991	R. Glaum, M. Walter-Peter, D. Özalp, R. Gruehn, *Z. Anorg. Allg. Chem.* **1991**, *601*, 145.
Gla 1992a	R. Glaum, R. Gruehn, *Z. Kristallogr.* **1992**, 198, 41.
Gla 1992b	R. Glaum, *Z. Anorg. Allg. Chem.* **1992**, *616*, 46.
Gla 1993	R. Glaum, *Z. Kristallogr.* **1993**, 205, 69.
Gla 1995	R. Glaum, A. Schmidt, *Acta Crystallogr.* **1995**, *C52*, 762.
Gla 1996	R. Glaum, M. Weil, D. Özalp, *Z. Anorg. Allg. Chem.* **1996**, *622*, 1839.
Gla 1997	R. Glaum, A. Schmidt, *Z. Anorg. Allg. Chem.* **1997**, *623*, 1672.
Gla 1999	R. Glaum, *Neue Untersuchungen an wasserfreien Phosphaten der Übergangsmetalle*, Habilitationsschrift, Universität Gießen, **1999**. URL: http://geb.uni-giessen.de/
Gla 2002	R. Glaum, H. Thauern, A. Schmidt, M. Gerk, *Z. Anorg. Allg. Chem.* **2002**, *628*, 2800.
Gla 2009	R. Glaum, *unveröffentlichte Ergebnisse*, Universität Bonn, **2009**.
Glu 1989	V. P. Glushko et al., *Thermodynamic Properties of Individual Substances*, Vol. 1/1, Hemisphere Publishing Corporation, **1989**.
Gör 1997	H. Görzel, *Dissertation*, Universität Gießen, **1997**.
Gro 2009	R. Groher, *Diplomarbeit*, Universität Bonn, **2010**.
Gru 1996	M. Gruß, R. Glaum, *Acta Crystallogr.* **1996**, *C52*, 2647.
Hof 1977	J. Hofmann, R. Gruehn, *J. Cryst. Growth* **1977**, *37*, 155.
Ijj 1991	M. Ijjaali, G. Venturini, R. Gerardin, B. Malaman, C. Gleitzer, *Eur. J. Solid State Inorg. Chem.* **1991**, *28*, 983.
Isl 2009a	M. S. Islam, R. Glaum, *Z. Anorg. Allg. Chem.* **2009**, *635*, 1008.
Isl 2010	M. S. Islam, *Teil der geplanten Dissertation*, Universität Bonn.
Jen 2009	J. Jentsch, *Diplomarbeit*, HTW Dresden, **2009**.
Kai 1990	U. Kaiser, *Diplomarbeit*, Universität Gießen, **1990**.
Kai 1992	U. Kaiser, G. Schmidt, R. Glaum, R. Gruehn, *Z. Anorg. Allg. Chem.* **1992**, *607*, 113.
Kai 1994	U. Kaiser, R. Glaum, *Z. Anorg. Allg. Chem.* **1994**, *620*, 1755.
Kai 1996	U. Kaiser, *Dissertation*, Universität Gießen, **1996**.
Koh 1988	T. Kohlmann, R. Gruehn, *persönliche Mitteilung*, Universität Gießen, **1988**.
Kon 1977	Z. A. Konstant, A. I. Dimante, *Inorg. Mater.* [USSR] **1977**, *13*, 83.
Kos 1997	A. Kostencki, *Dissertation*, Universität Gießen, **1997**.
Kra 1994	M. Krause, T. Dahmen, R. Gruehn, *Z. Anorg. Allg. Chem.* **1994**, *620*, 672.
Kra 1995a	M. Krause, R. Gruehn, *Z. Anorg. Allg. Chem.* **1995**, *621*, 1007.
Kra 1995b	M. Krause, R. Gruehn, *Z. Kristallogr.* **1995**, *210*, 427.
Len 1995	M. Lenz, *Dissertation*, Universität Gießen, **1995**.
Lit 2003	C. Litterscheid, *Diplomarbeit*, Universität Bonn, **2003**.
Lit 2009	C. Litterscheid, *Dissertation*, Universität Bonn, **2009**. URL: http://hss.ulb.uni-bonn.de/2009/1928/1928.htm
Mal 1992	B. Malaman, M. Ijjaali, R. Gerardin, G. Venturini, C. Gleitzer, *Eur. J. Solid State Inorg. Chem.* **1992**, *29*, 1269.
Mas 1979	R. Masse, J. C. Guitel, A. Durif, *Mater. Res. Bull.* **1979**, *14*, 327.
Mat 1981	K. Matsumoto, T. Kawanishi, K. Takagi, S. Kaneko, *J. Cryst. Growth* **1981**, *55*, 376.

Mat 1991 H. Mathis, R. Glaum, R. Gruehn, *Acta Chem. Scand.* **1991**, *45*, 781.
Mat 1994 H. Mathis, R. Glaum, R. Gruehn, 7. *Vortragstagung der GDCH-Fachgruppe "Festkörperchemie"*, Bonn, **1994**.
May 1974 H. Mayer, *Monatsh. Chem.* **1974**, *105*, 46.
Mes 1960 D. J. Meschi, W. A. Chupka, J. Berkowitz, *J. Chem. Phys.* **1960**, *33*, 530.
Meu 1976 G. Meunier, B. Frit, J. Galy, *Acta Crystallogr.* **1976**, *B32*, 175.
Mod 1981 A. Modarressi, A. Courtois, R. Gerardin, B. Malaman, C. Gleitzer, *J. Solid State Chem.* **1981**, *40*, 301.
Mue 1970 D. W. Muenow, O. M. Uy, J. L. Margrave, *J. Inorg. Nucl. Chem.* **1970**, *32*, 3459.
Öza 1993 D. Özalp, *Dissertation*, Universität Gießen, **1993**.
Opp 1974 H. Oppermann, G. Stöver, E. Wolf, *Z. Anorg. Allg. Chem.* **1974**, *410*, 179.
Opp 1977a H. Oppermann, E. Wolf, *Z. Anorg. Allg. Chem.* **1977**, *437*, 33.
Opp 1977b H. Oppermann, *Z. Anorg. Allg. Chem.* **1977**, *434*, 239.
Orl 1971 V. P. Orlovskii et al., *Izv. Akad. Nauk SSSR, Neorg. Mater.* **1971**, *7*, 251.
Orl 1974 V. P. Orlovskii, Kh. M. Kurbanov, B. S. Khalikov, V. I. Bugakov, I. V. Tananaev, *Izv. Akad. Nauk SSSR, Neorg. Mater.* **1974**, *10*, 670.
Orl 1978 V. P. Orlovskii, B. Khalikov, Kh. M. Kurbanov, V. I. Bugakov, L. N. Kargareteli, *Zh. Neorg. Khim.* **1978**, *23*, 316.
Pan 2005 K. Panagiotidis, W. Hoffbauer, J. Schmedt auf der Günne, R. Glaum, H. Görzel, *Z. Anorg. Allg. Chem.* **2005**, *631*, 2371.
Pan 2008 K. Panagiotidis, R. Glaum, W. Hoffbauer, J. Weber, J. Schmedt auf der Günne, *Z. Anorg. Allg. Chem.* **2008**, *634*, 2922.
Pan 2009 K. Panagiotidis, *Dissertation*, Universität Bonn, **2009**.
Pie 1968 A. Pietraszko, K. Lukaszewicz, *Bull. Acad. Polon. Sci., Ser. Sci. Chim.* **1968**, *16*, 183.
Pli 1989 V. Plies, T. Kohlmann, R. Gruehn, *Z. Anorg. Allg. Chem.* **1989**, 568, 62.
Pro 2004 A. V. Prokofiev, W. Assmus, R. K. Kremer, *J. Cryst. Growth* **2004**, *271*, 113.
Rei 1994 F. Reinauer, R. Glaum, R. Gruehn, *Eur. J. Solid State Inorg. Chem.* **1994**, *31*, 779.
Rei 1998 F. Reinauer, *Dissertation*, Universität Gießen, **1998**.
Rep 1971 V. P. Repko, V. P. Orlovskii, G. M. Safronov, Kh. M. Kurbanov, M. N. Tseitlin, V. I. Pakhomov, I. V. Tananaev, A. N. Volodina, *Izv. Akad. Nauk SSSR, Neorg. Mater.* **1971**, *7*, 251.
Rit 1994 P. Rittner, R. Glaum, *Z. Kristallogr.* **1994**, *209*, 162.
Rou 1996 P. Roussel, Ph. Labbe, D. Groult, B. Domenges, H. Leligny, D. Grebille, *J. Solid State Chem.* **1996**, *122*, 281.
Rüh 1994 H. Rühl, R. Glaum, *unveröffentlichte Ergebnisse*, Universität Gießen, **1994**.
Ruž 1997 M. Ružička, *Cryst. Res. Tech.* **1997**, *32*, 743.
Sch 1962 H. Schäfer, *Chemische Transportreaktionen*, Verlag Chemie, Weinheim, **1962**.
Sch 1972 H. Schäfer, V. P. Orlovskii, M. Wiemeyer, *Z. Anorg. Allg. Chem.* **1972**, *390*, 13.
Schm 1964 H. Schmid, *Z. Anorg. Allg. Chem.* **1964**, *327*, 110.
Schm 1995 A. Schmidt, *Diplomarbeit*, Universität Gießen, **1995**.
Schm 2002a A. Schmidt, *Dissertation*, Universität Gießen, **2002**. URL: http://geb.uni-giessen.de/geb/volltexte/2002/805/
Schm 2002b M. Schmidt, M. Armbrüster, U. Schwarz, H. Borrmann, R. Cardoso-Gil, *Report MPI CPfS Dresden* **2001/2002**, 229.
Schm 2004 M. Schmidt, B. Ewald, Yu. Prots, R. Cardoso Gil, M. Armbrüster, I. Loa, L. Zhang, Ya-Xi Huang, U. Schwarz, R. Kniep, *Z. Anorg. Allg. Chem.* **2004**, *630*, 655.

Schm 2005a	M. Schmidt, U. Müller, R. Cardoso Gil, E. Milke, M. Binnewies *Z. Anorg. Allg. Chem.* **2005**, *631*, 1154.
Schm 2005b	M. Schmidt, R. Ramlau, W. Schnelle, H. Borrmann, E. Milke, M. Binnewies, *Z. Anorg. Allg. Chem.* **2005**, *631*, 284.
Scho 1940	R. Schober, E. Thilo, *Chem. Ber.* **1940**, *73*, 1219.
Scho 1991	H. Schornstein, *Dissertation*, Universität Gießen, **1991**.
Schö 2007	M. Schöneborn, R. Glaum, *Z. Anorg. Allg. Chem.* **2007**, *633*, 2568.
Schö 2008	M. Schöneborn, R. Glaum, F. Reinauer, *J. Solid State Chem.* **2008**, *181*, 1367.
Schö 2008b	M. Schöneborn, *Dissertation*, Universität Bonn, **2008**. URL: http://hss.ulb.uni-bonn.de/diss_online/math_nat_fak/2008/schoeneborn_marcos/
Schö 2008c	M. Schöneborn, R. Glaum, *Z. Anorg. Allg. Chem.* **2008**, *634*, 1843.
Sie 1989	S. Sieg, *Staatsexamensarbeit*, Universität Gießen, **1989**.
Spi 1978a	M. Spieß, *Dissertation*, Universität Gießen, **1978**.
Spi 1978b	M. Spieß, R. Gruehn, *Naturwissenschaften* **1978**, *65*, 594.
Str 1981	P. Strobel, Y. Le Page, *Mater. Res. Bull.* **1981**, *16*, 223.
Tan 1968	I. V. Tananaev, G. M. Safronov, V. P. Orlovskii, V. P. Repko, V. I. Pakhomov, A. N. Volodina, E. A. Ionkina, *Dokl. Akad. Nauk SSSR* **1968**, *183*, 1357.
Tew 1992	Z. S. Teweldemedhin, K. V. Ramanujachary, M. Greenblatt, *Phys. Rev., Cond. Matt. Mater.* **1992**, *46*, 7897.
Tha 2003	H. Thauern, R. Glaum, *Z. Anorg. Allg. Chem.* **2003**, *629*, 479.
Tha 2004	H. Thauern, R. Glaum, *Z. Anorg. Allg. Chem.* **2004**, *630*, 2463.
Tha 2006	H. Thauern, *Dissertation*, Universität Bonn, **2006**. URL: http://hss.ulb.uni-bonn.de/2006/0790/0790.htm
Til 1973	E. Tillmanns, W. Gebert, W. H. Baur, *J. Solid State Chem.* **1973**, *7*, 69.
Ven 1984	G. Venturini, A. Courtois, J. Steinmetz, R. Gerardin, C. Gleitzer, *J. Solid State Chem.* **1984**, *53*, 1.
Vog 2006	D. Vogt, *Staatsexamensarbeit*, Universität Bonn, **2006**.
Wal 1987	M. Walter-Peter, *Staatsexamensarbeit*, Universität Gießen, **1987**.
Wat 1994	I. M. Watson, M. M. Borel, J. Chardon, A. Leclaire, *J. Solid State Chem.* **1994**, *111*, 253.
Wei 1997	M. Weil, R. Glaum, *Acta Crystallogr.* **1997**, *C53*, 1000.
Wei 1998	M. Weil, R. Glaum, *Eur. J. Inorg. Solid State Chem.* **1998**, *35*, 495.
Wei 1999	M. Weil, R. Glaum, *Z. Anorg. Allg. Chem.* **1999**, *625*, 1752.
Wei 2000	M. Weil, *Z. Naturforsch.* **2000**, *55b*, 699.
Wei 2001a	M. Weil, *Acta Crystallogr.* **2001**, *E57*, i22.
Wei 2001b	M. Weil, *Acta Crystallogr.* **2001**, *E57*, i28.
Wei 2004a	M. Weil, C. Lengauer, E. Fueglein, E. J. Baran, *Cryst. Growth Des.* **2004**, *4*, 1229.
Wei 2004b	M. Weil, *Z. Anorg. Allg. Chem.* **2004**, *630*, 213.
Wei 2004c	M. Weil, *Acta Crystallogr.* **2004**, *E60*, i139.
Wei 2005	M. Weil, U. Kolitsch, *Z. Kristallogr.* **2005**, *22 Suppl.*, 183.
Wei 2006a	M. Weil, *Acta Crystallogr.* **2006**, *E62*, i244.
Wei 2006b	M. Weil, *Acta Crystallogr.* **2006**, *E62*, i246.
Wei 2008	M. Weil, persönliche Mitteilung **2008**.
Wic 1998	M. Wickleder, *Z. Anorg. Allg. Chem.* **1998**, *624*, 1347.
Wic 2000a	M. Wickleder, *Z. Anorg. Allg. Chem.* **2000**, *626*, 1468.
Wic 2000b	M. Wickleder, *Z. Anorg. Allg. Chem.* **2000**, *626*, 547.
Won 2002	J. Wontcheu, T. Schleid, *Z. Anorg. Allg. Chem.* **2002**, *628*, 1941.
Xu 1993	J. Xu, K. V. Ramanujachary, M. Greenblatt, *Mater. Res. Bull.* **1993**, *28*, 1153.
Xu 1996	J. Xu, M. Greenblatt, *J. Solid State Chem.* **1996**, *121*, 273.
Zen 1999	L.-P. Zenser, M. Weil, R. Gruehn, *Z. Anorg. Allg. Chem.* **1999**, *625*, 423.

7 Chemischer Transport von Sulfiden, Seleniden und Telluriden

Der Chemische Transport von Metallsulfiden, -seleniden und -telluriden ist besonders eingehend untersucht worden. Die Zahl der aus der Literatur bekannten Beispiele wird nur von den Oxiden übertroffen. Die ersten Untersuchungen hierzu stammen aus den sechziger Jahren des 20. Jahrhunderts und sind insbesondere mit dem Namen *Nitsche* verbunden, der den Transport einer Vielzahl dieser Verbindungen erstmals beschrieben hat. Deren Chemischer Transport unterscheidet sich deutlich von dem der Oxide. Meist kommen andere Transportmittel zum Einsatz. Dies hängt mit der sehr viel größeren thermodynamischen Stabilität der Metalloxide, verglichen mit jener der Sulfide, Selenide und Telluride zusammen. Besonders häufig werden deshalb Iod, oder Iodverbindungen als Transportmittel verwendet, für Oxide ist dies fast immer ungeeignet. Ein weiterer Unterschied zum Transport der Oxide ergibt sich aus der Tatsache, dass gasförmige Oxidhalogenide nach heutigem Kenntnisstand häufiger auftreten als Sulfidhalogenide und Selenidhalogenide. Gasförmige Telluridhalogenide sind bisher nicht bekannt. Umgekehrt steigt die Stabilität der Halogenverbindungen von Sauerstoff zum Tellur deutlich an. Tellurhalogenide spielen bei Transportreaktionen eine bedeutende, Selenhalogenide eine gewisse Rolle. Binäre Schwefel/Halogen- und Sauerstoff/Halogen-Verbindungen treten bei Transportreaktionen nicht auf. Besonders ähnlich verhalten sich Sulfide und Selenide. Dies hängt zum einen mit den recht ähnlichen Ionenradien der Sulfid- und Selenid-Ionen zusammen, zum anderen auch damit, dass Schwefel und Selen praktisch dieselbe Elektronegativität aufweisen. Beides gemeinsam bedingt ein recht ähnliches chemisches Verhalten, ähnliche thermodynamische Stabilitäten und häufig auch dieselben Strukturtypen eines Metallsulfids und -selenids. Häufig sind Metallsulfide und Metallselenide im festen Zustand vollständig miteinander mischbar. Die wesentlichen Gesichtspunkte, die für den Transport von Sulfiden gelten, treffen auch auf die Selenide zu.

$$ZnQ(s) + I_2(g) \rightleftharpoons ZnI_2(g) + \frac{1}{2}Q_2(g)$$
$$Q = O, S, Se, Te$$

ZnQ	$\Delta_R G^0_{1000}/\text{kJ} \cdot \text{mol}^{-1}$	$K_{p,\,1000}/\text{bar}^{\frac{1}{2}}$
ZnO	205	$2 \cdot 10^{-11}$
ZnS	52	$2 \cdot 10^{-3}$
ZnSe	13	$2 \cdot 10^{-1}$
ZnTe	−82	$2 \cdot 10^{4}$

7.1 Transport von Sulfiden

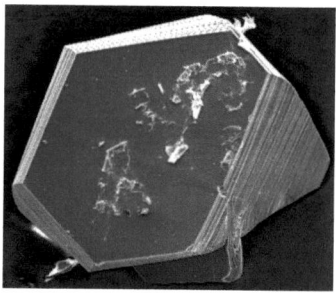

$Nb_{0,6}Ta_{0,4}S_2$

Iod als Transportmittel

$$ZnS(s) + I_2(g) \rightleftharpoons ZnI_2(g) + \frac{1}{2}S_2(g)$$

Halogenwasserstoff als Transportmittel

$$FeS(s) + 2\,HCl(g) \rightleftharpoons FeCl_2(g) + H_2S(g)$$

Wasserstoff als Transportmittel

$$CdS(s) + H_2(g) \rightleftharpoons Cd(g) + H_2S(g)$$

Die Sulfide der meisten Metalle lassen sich gut durch Chemische Transportreaktionen darstellen. So kennt man heute eine Vielzahl von Beispielen für den Chemischen Transport von binären und ternären Sulfiden. Auch einige quaternäre und sogar polynäre Sulfide wie zum Beispiel $FeSn_4Pb_3Sb_2S_{14}$ (Men 2006) sind durch Chemische Transportreaktionen erhältlich (Tabelle 7.1.1). Dies ist durchaus bemerkenswert, denn das Transportmittel ist in diesen Fällen offenbar in der Lage, *alle* in der Verbindung vorhandenen Kationen in die Gasphase zu überführen und bei anderer Temperatur wieder abzuscheiden. Auch Sulfide mit einer Phasenbreite, wie FeS_x lassen sich gezielt transportieren (Kra 1975, Wol 1978). Mischkristalle mit Substitution im Kationenuntergitter, wie $Co_{1-x}Fe_xS$ (Kra 1979), im Anionenuntergitter, $TiS_{2-x}Se_x$ (Nit 1967a, Rim 1974, Hot 2004b), oder im Kationen- *und* Anionenuntergitter wie $Ge_xPb_{1-x}S_{1-y}Se_y$ (Kim 1993) sind mit definierter Zusammensetzung und in kristalliner Form zugänglich. Der Transport von dotierten Sulfiden wie $CdAl_2S_4:Er^{3+}$ ermöglicht das Studium interessanter optischer Eigenschaften an Einkristallen (Oh 1997b).

Obwohl sich viele Sulfide durch Fällung aus wässeriger Lösung gewinnen lassen, gelingt die Darstellung größerer Kristalle auf diese Weise nur in Ausnahmefällen. Die Zusammensetzung so gebildeter Sulfide weicht zudem gelegentlich von der Idealzusammensetzung ab. Bei der Darstellung von Metallsulfiden aus den Elementen bei erhöhten Temperaturen hat man mit der Bildung von Deckschichten zu rechnen. Dies führt dazu, dass die Reaktion langsam verläuft oder ganz zum Stillstand kommt. Führt man eine solche Reaktion in einer geschlossenen Ampulle durch, kann sich durch den nicht zur Reaktion gebrachten Schwefel zudem ein hoher Druck aufbauen. Abhilfe kann hier der Zusatz kleiner Anteile eines geeigneten *Mineralisators* schaffen, wie zum Beispiel Iod oder Ammoniumchlorid. Auf diese Weise verläuft der Stoffumsatz unter Beteiligung der Gasphase, die Reaktion wird deutlich beschleunigt. Dabei wird im Allgemeinen ein gröber kristallines Produkt erhalten.

In vielen Fällen erfolgen Synthese und Chemischer Transport der Sulfide in einem Arbeitsgang: Die jeweiligen Elemente werden in einer bestimmten Zusammensetzung gemeinsam mit einem geeigneten Transportmittel in eine vorbereitete Transportampulle gegeben. Diese wird verschlossen und zunächst etwa einen Tag lang auf eine Temperatur um 450 °C (Siedetemperatur des Schwefels 444 °C) erhitzt. Während dieser Zeit erfolgt die Reaktion der Ausgangsstoffe miteinander, es bilden sich die jeweiligen Metallsulfide. Das Transportmittel beschleunigt die Reaktion, es wirkt als Mineralisator. Erst dann wird die Transportampulle einem Temperaturgradienten ausgesetzt, in dem der Chemische Transport erfolgt. Dieser erfolgt meist bei Temperaturen um 700 bis 1000 °C.

Die Vorreaktion bei ca. 450 °C ist dringend zu empfehlen, denn bei zu schnellem Erhitzen auf die oft deutlich höhere Transporttemperatur würde der noch nicht zur Reaktion gebrachte Schwefel ganz oder teilweise verdampfen. Der hierbei entstehende Druck kann zum Zerbersten der Transportampulle führen.

Von der Verwendung kommerziell erhältlicher Sulfide als Ausgangsbodenkörper ist in vielen Fällen abzuraten. Diese häufig durch Fällungsreaktionen hergestellten, sehr feinteiligen Stoffe können recht große spezifische Oberflächen aufweisen. Sie adsorbieren beträchtliche Mengen von Fremdstoffen, zum Beispiel Wasser. Beim Evakuieren einer Transportampulle neigen solche Präparate sehr stark zum Zerstäuben und verschmutzen die verwendete Vakuumapparatur. Zudem ist es zeitraubend und mühsam, die adsorbierten Fremdstoffe vollständig zu entfernen.

Thermisches Verhalten Der überwiegende Teil der Metallsulfide zerfällt beim Erhitzen vollständig oder teilweise in die Elemente, wobei das im Allgemeinen schwer flüchtige Metall als Bodenkörper zurückbleibt. Hat das Metall bei der Zersetzungstemperatur einen genügend hohen Dampfdruck, beobachtet man in einigen Fällen, wie zum Beispiel bei Zink- und Cadmiumsulfid, eine *Zersetzungssublimation*. Kondensiert man einen solchen Dampf, bildet sich das Metallsulfid zurück.

$$MS(s) \rightleftharpoons M(g) + \frac{1}{2}S_2(g) \quad (7.1.1)$$
$(M = Zn, Cd)$

Nur wenige Metallsulfide lassen sich unzersetzt sublimieren. Beispiele sind Gallium(I)-sulfid, Germanium(II)-, Zinn(II)- oder Blei(II)-sulfid: Ga_2S ($\vartheta_m = 960\,°C$; $K_p = 3 \cdot 10^{-3}$ bar); GeS ($\vartheta_m = 655\,°C$; $K_p = 10^{-1}$ bar); SnS ($\vartheta_m = 880\,°C$; $K_p = 2 \cdot 10^{-2}$ bar); PbS ($\vartheta_m = 1114\,°C$; $K_p = 10^{-1}$ bar).

$$Ga_2S(s) \rightleftharpoons Ga_2S(g) \quad (7.1.2)$$

$$MS(s) \rightleftharpoons MS(g) \quad (7.1.3)$$
$(M = Ge, Sn, Pb)$

Manche Sulfide zerfallen in ein festes niederes Sulfid und gasförmigen Schwefel, so zum Beispiel Pyrit, der bei hohen Temperaturen FeS(s) und S_2(g) bildet (7.1.4). In einigen Fällen können durch thermische Zersetzung gebildete niedere Sulfide auch in der Gasphase auftreten. Diese Verbindungen zeigen merkliche Effekte des Gasphasentransports durch eine Zersetzungssublimation (7.1.5).

$$FeS_2(s) \rightleftharpoons FeS(s) + \frac{1}{2}S_2(g) \quad (7.1.4)$$

$$MS_2(s) \rightleftharpoons MS(g) + \frac{1}{2}S_2(g) \quad (7.1.5)$$
$(M = Si, Ge)$

Transportmittel Als Transportmittel für Sulfide (wie auch für Selenide und Telluride) wird – anders als beim Transport von Oxiden – überwiegend Iod eingesetzt. Dies hängt unmittelbar mit der unterschiedlichen Stabilität der Chalkogenide zusammen.

Am Beispiel der Zinkverbindungen zeigt sich, dass das Oxid eines Metalls in der Regel bedeutend stabiler ist als das analoge Sulfid, Selenid oder Tellurid ($\Delta_B G^0_{298}/kJ \cdot mol^{-1}$: ZnO (−363), ZnS (−212), ZnSe (−180), ZnTe (−142)). Wie sich dies auf den Transport auswirkt, hängt vom verwendeten Transportmittel ab. Hierzu betrachten wir den Chemischen Transport von Zinkoxid und -sulfid mit elementarem Halogen (1000 → 900 °C). Die Gleichungen 7.1.6 und 7.1.7 beschreiben den Transport in sehr guter Näherung.

$$ZnO(s) + X_2(g) \rightleftharpoons ZnX_2(g) + \frac{1}{2}O_2(g) \tag{7.1.6}$$

$$ZnS(s) + X_2(g) \rightleftharpoons ZnX_2(g) + \frac{1}{2}S_2(g) \tag{7.1.7}$$

Tabelle 7.1.1 Thermodynamische Daten der Reaktionen von ZnO und ZnS mit Halogenen.

	ZnO		ZnS	
	$\Delta_R G^0_{1223}/\text{kJ} \cdot \text{mol}^{-1}$	$K_{p,\,1223\,K}/\text{bar}^{\frac{1}{2}}$	$\Delta_R G^0_{1223}/\text{kJ} \cdot \text{mol}^{-1}$	$K_{p,\,1223}/\text{bar}^{\frac{1}{2}}$
Cl_2	−59	$3{,}3 \cdot 10^3$	128	$3 \cdot 10^5$
Br_2	−15	4,3	−84	$3 \cdot 10^3$
I_2	69	$1 \cdot 10^{-3}$	1	0,9

Das Gleichgewicht bei der Umsetzung von Zinksulfid mit Chlor liegt so weit auf Seiten der Reaktionsprodukte ($K_p > 10^4$), dass deren Umkehrung unter Abscheidung des Bodenkörpers kaum möglich ist. Diese Reaktion ist für den Chemischen Transport nicht gut geeignet. Die Gleichgewichtslagen bei den Umsetzungen mit Brom und Iod liegen hingegen in dem Bereich, der die Auflösung des Bodenkörpers und dessen Abscheidung innerhalb der Gleichgewichtsräume möglich macht. Iod sollte unter den Halogenen das beste Transportmittel sein, weil die berechnete Gleichgewichtskonstante dem Idealwert von 1 bar$^{\frac{1}{2}}$ am nächsten kommt. Für die Reaktion von Zinkoxid mit Iod berechnet man für 1223 K eine Gleichgewichtskonstante von 10^{-3} bar$^{\frac{1}{2}}$. Damit liegt das Gleichgewicht weit auf Seiten der Ausgangsstoffe und es findet keine merkliche Auflösung in der Gasphase statt. Bei den Transportgleichgewichten von Zinkoxid mit Chlor und Brom als Transportmittel dagegen liegen die Zahlenwerte der Gleichgewichtskonstanten näher bei eins. Hier sind Transporteffekte zu erwarten. Diese vergleichende Betrachtung gilt für die meisten Sulfide in ähnlicher Weise. Nur in Ausnahmefällen wurde Chlor erfolgreich als Transportmittel eingesetzt. In einigen Fällen wurden Chlorwasserstoff bzw. Ammoniumchlorid als Transportzusatz verwendet.

In einer Reihe von Arbeiten wird über Chemische Transportreaktionen von Sulfiden unter Zusatz von $CrCl_3$, $AlCl_3$, $CdCl_2$ oder $TeCl_4$ berichtet. Die hier ablaufenden Reaktionen sind weitgehend ungeklärt. Im Falle der recht hydrolyseanfälligen Transportmittel $AlCl_3$ und $TeCl_4$ ist zu vermuten, dass Chlorwasserstoff gebildet wird, der als Transportmittel wirksam werden kann (7.1.8).

$$2\,AlCl_3(g) + 3\,H_2O(g) \rightleftharpoons Al_2O_3(s) + 6\,HCl(g) \tag{7.1.8}$$

Beim Chemischen Transport von Sulfiden mit Halogenen oder Halogenverbindungen werden in der Regel die entsprechenden Metallhalogenide und Schwefel als transportwirksame Spezies gebildet. Schwefelhalogenide spielen dagegen kaum eine Rolle: Schwefeliodide sind gänzlich unbekannt, Schwefelbromide sind nur bei niedrigen Temperaturen existenzfähig. Lediglich gasförmiges S_2Cl_2 weist eine genügend hohe Stabilität auf, um bei Transportreaktionen in Erscheinung treten zu können. Die Bildung von gasförmigen Metallsulfidhalogeniden spielt nach heutigem Kenntnisstand ebenfalls eine untergeordnete Rolle. Beim Transport mit elementaren Halogenen tritt Schwefel also praktisch immer elementar in der Gasphase auf. Im Bereich der häufig verwendeten Transporttemperaturen um 800 bis 1000 °C liegt er überwiegend als S_2-Molekül vor. Bei tieferen Temperaturen muss zusätzlich mit der Bildung größerer Schwefelmoleküle S_2, S_3 ... S_8 gerechnet werden.

Bei einigen wenigen Transportreaktionen reagiert das Transportmittel nicht mit den Metallatomen des Bodenkörpers sondern mit den Schwefelatomen. Als Transportmittel ist hier insbesondere Wasserstoff zu nennen, der für CdS und $ZnS_{1-x}Se_x$ erfolgreich verwendet werden kann. Der Transport wird dadurch möglich, dass Zink bzw. Cadmium bei diesen Reaktionen elementar in gasförmiger Form gebildet werden. Diese Metalle weisen bei den Transportbedingungen einen so hohen Dampfdruck auf, dass es nicht zur Bildung des kondensierten Metalls kommt. Der Transport lässt sich durch die Transportgleichung 7.1.9 beschreiben.

$$CdS(s) + H_2(g) \rightleftharpoons Cd(g) + H_2S(g) \tag{7.1.9}$$

In diesem Zusammenhang ist auch Phosphor als Transportmittel zu nennen; Phosphor bildet bei der Reaktion mit Zink- und Cadmiumsulfid den jeweiligen Metalldampf und gasförmiges PS (Loc 2005c).

$$CdS(s) + \frac{1}{4}P_4(g) \rightleftharpoons Cd(g) + PS(g) \tag{7.1.10}$$

In einigen Fällen (SiS_2, TiS_2, TaS_2) gelang der Chemische Transport mit Schwefel als Transportzusatz. Der Transporteffekt wurde der Bildung gasförmiger Polysulfide zugeschrieben (Sch 1982).

Ausgewählte Beispiele Nachfolgend soll an einigen ausgewählten Beispielen der Chemische Transport von Sulfiden eingehender beschrieben werden.

Der Transport von SnS_2 mit Iod

Der endotherme Chemische Transport von SnS_2 mit Iod (950 → 600 °C) wurde erstmalig 1960 von *Nitsche* beschrieben (Nit 1960). In den Folgejahren erschienen zwei weitere Arbeiten aus dieser Gruppe (Nit 1961, Gre 1965). Diese hatten die Züchtung von SnS_2-Kristallen zum Ziel. *Greenway* und *Nitsche* vermuteten, dass der Transport durch Reaktion 7.1.11 bewirkt wird (Gre 1965).

$$SnS_2(s) + 2\,I_2(g) \rightleftharpoons SnI_4(g) + S_2(g) \tag{7.1.11}$$

Diese Vermutung wurde auch in das Standardwerk „*Inorganic Syntheses*" (Con 1970) übernommen. *Wiedemeier* et. al. verwendeten elementares Iod und auch Zinn(IV)-iodid als Transportmittel (Wie 1979). Bei Verwendung von SnI_4 als Transportmittel wird folgende Transportgleichung angegeben:

$$SnS_2(s) + SnI_4(g) \rightleftharpoons 2\,SnI_2(g) + S_2(g) \tag{7.1.12}$$

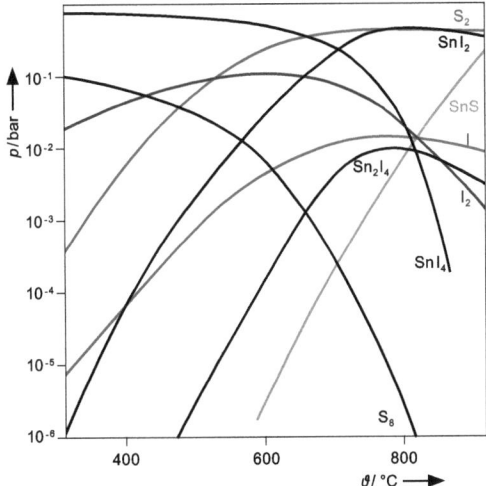

Abbildung 7.1.1 Berechnete Temperaturabhängigkeit von Gasspezies im System SnS_2/I_2 nach (Sch 1981).

Die transportwirksame Spezies ist hier Zinn(II)-iodid. Durch experimentelle Untersuchungen und thermodynamische Betrachtungen wurde gezeigt, dass der Transport von SnS_2, abhängig vom Transportmitteldruck und den Temperaturbedingungen, sowohl exotherm als auch endotherm sein kann (Wie 1979). Zu einem ähnlichen Ergebnis kam *Schäfer* (Sch 1981). Die Berechnung der Partialdrücke der im System SnS_2/I_2 auftretenden Gasspezies (Abbildung 7.1.1) führte zu dem Schluss, dass beim endothermen Transport von SnS_2 mit Iod bei den von Nitsche angegebenen Bedingungen nicht SnI_4 sondern SnI_2 als dominierende und transportwirksame Spezies gebildet wird. Nur unterhalb von ca. 700 °C ist, wie von *Greenway* vermutet, SnI_4 die dominierende Gasspezies. Die Temperaturabhängigkeit der Partialdrücke bietet hier ein etwas unübersichtliches Bild, das ohne Weiteres keine Rückschlüsse über den Transporteffekt zulässt. Übersichtlicher wird das Bild durch die Einführung der Gasphasenlöslichkeit $\lambda(Sn)$ (Abbildung 7.1.2).

Da ein Transport immer von der höheren zur niederen Löslichkeit verläuft, erwartet man unterhalb von 600 °C einen exothermen Transport ($T_1 \rightarrow T_2$), mit niedriger Transportrate. Bei Temperaturen oberhalb 600 °C ergibt sich dagegen ein endothermer Transport ($T_2 \rightarrow T_1$) mit wesentlich höherer Transportrate. Die Experimente bestätigten die Rechnungen. Eine eingehende Diskussion der Stoffflüsse beim Transport von SnS_2 mit SnI_4 führten *Rao* und *Raeder* (Rao 1995), offenbar jedoch in Unkenntnis der Arbeit von *Schäfer* (Sch 1981). Der exotherme Transport von Zinn(IV)-sulfid mit Iod bei Temperaturen unterhalb der Temperatur des Löslichkeitsminimums lässt sich im Wesentlichen durch Gleichung 7.1.13 beschreiben. Als Transportmittel wirkt Iod, die transportwirksame Gasspezies ist SnI_4. Der Partialdruck des Transportmittels I_2 steigt mit der Temperatur, der von SnI_4 sinkt. Man erwartet also einen Transport in die heißere Zone. Oberhalb der Temperatur des Löslichkeitsminimums bis hin zu etwa 900 °C wirkt Iod als

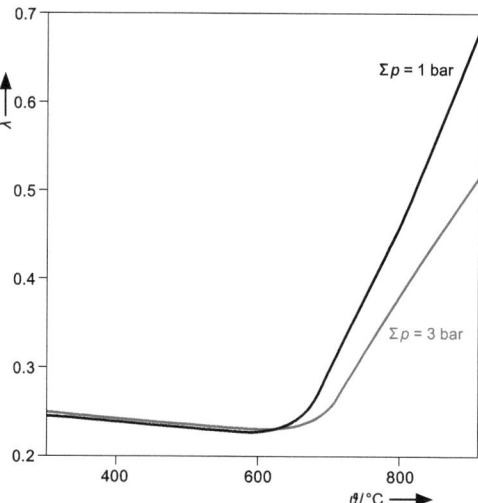

Abbildung 7.1.2 Berechnete Temperaturabhängigkeit der Gasphasenlöslichkeit λ von SnS$_2$ nach (Sch 1981).

Transportmittel, SnI$_2$ ist die transportwirksame Gasspezies (7.1.14). Der Partialdruck von Iod sinkt mit steigender Temperatur, der von SnI$_2$ steigt entsprechend der endotherm verlaufenden Reaktion 7.1.14. Bei noch höheren Temperaturen (oberhalb von ca. 900 °C) wird SnS$_2$ überwiegend durch Zersetzungssublimation in die kältere Zone überführt (7.1.15).

$$SnS_2(s) + 2\,I_2(g) \rightleftharpoons SnI_4(g) + S_2(g) \tag{7.1.13}$$
$$\Delta_R H^0_{1000} = -66\ \text{kJ} \cdot \text{mol}^{-1}\ (\text{Sch 1981})$$

$$SnS_2(s) + I_2(g) \rightleftharpoons SnI_2(g) + S_2(g) \tag{7.1.14}$$
$$\Delta_R H^0_{1000} = 213\ \text{kJ} \cdot \text{mol}^{-1}\ (\text{Sch 1981})$$

$$SnS_2(s) \rightleftharpoons SnS(g) + \tfrac{1}{2}S_2(g) \tag{7.1.15}$$
$$\Delta_R H^0_{1000} = 323\ \text{kJ} \cdot \text{mol}^{-1}\ (\text{Sch 1981})$$

Die frühen Untersuchungen an diesem System zeigen, dass es auch ohne genaue Kenntnisse der auftretenden Gasspezies und der ablaufenden Reaktionen gelingt, Einkristalle von SnS$_2$ zu züchten. Die Arbeiten von *Wiedemeier*, *Schäfer* und *Rao* ermöglichen jedoch ein tiefer gehendes Verständnis der ablaufenden Reaktionen; insbesondere wird hier die Nützlichkeit des Begriffs der Gasphasenlöslichkeit deutlich. Durch seine Verwendung können auch solche Transportreaktionen gut und anschaulich beschrieben werden, die unter Beteiligung zahlreicher Gasspezies verlaufen.

Der Transport von FeS$_x$

„FeS" ist eine Verbindung mit einer beträchtlichen Phasenbreite. Es wird in der Literatur als FeS$_{1+x}$, FeS$_x$ oder Fe$_{1-x}$S bezeichnet. Die Phasenbreite von „FeS"

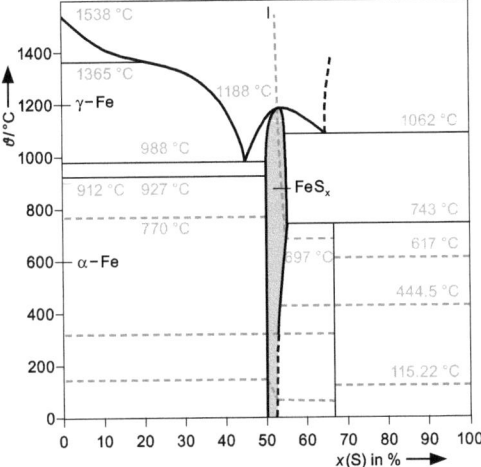

Abbildung 7.1.3 Phasendiagramm des Systems Eisen/Schwefel nach (Mas 1990).

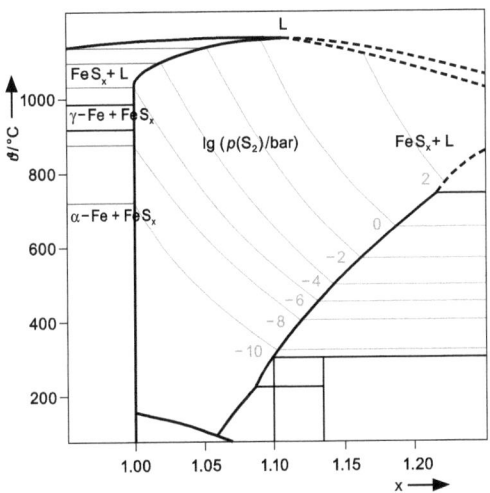

Abbildung 7.1.4 Ausschnitt aus dem Phasendiagramm des Systems Eisen/Schwefel für unterschiedliche Temperaturen und Schwefeldrücke nach (Kra 1975, Wol 1978).

hängt von der Temperatur und dem Schwefelpartialdruck über einem „FeS"-Bodenkörper ab. Die Temperaturabhängigkeit der Phasenbreite ($p(S_x)$ = const.) wird durch das Phasendiagramm (Abbildung 7.1.3) beschrieben (Mas 1990). Abbildung 7.1.4 verdeutlicht die Abhängigkeit der Phasenbreite von der Temperatur und dem Schwefeldruck.

Über den Transport von „FeS" mit Iod wurde schon früh von *Schäfer* (Sch 1962, Sch 1971), *van den Berg* et al. und *Gibart* et. al. berichtet (Van 1969, Gib 1969). Lediglich in der Arbeit von *Gibart* wird die Phasenbreite von „FeS" im Zusammenhang mit dessen Transport thematisiert. *Krabbes, Oppermann* und

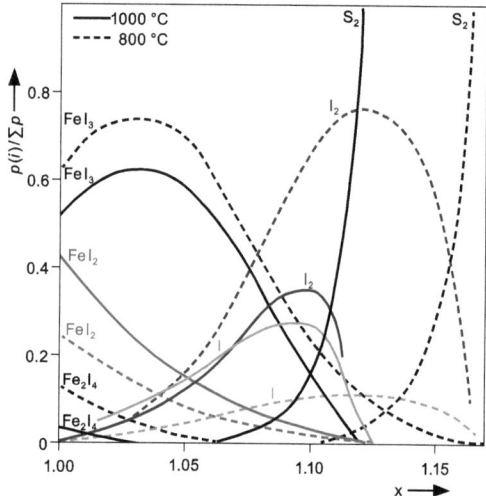

Abbildung 7.1.5 Normierte Partialdrücke im System FeS_x/I_2 als Funktion von x bei 800 und 1000 °C nach (Kra 1975, Wol 1978).

Wolf konnten schließlich zeigen, dass der Transport unter den in der Literatur angegebenen Bedingungen keineswegs immer gelingt (Kra 1975). Sie nahmen dies zum Anlass, das Problem des Transports einer Verbindung mit Phasenbreite grundlegend vom thermodynamischen Standpunkt aus zu behandeln. Die Zusammensetzung der Gasphase über Bodenkörpern mit Zusammensetzungen zwischen $FeS_{1,0}$ und $FeS_{1,17}$ (Abbildung 7.1.5) folgt dabei den innerhalb der Phasenbreite von der Zusammensetzung abhängigen thermodynamischen Funktionen (vgl. Abschnitt 2.4).

Bei Zusatz von Iod enthält die Gasphase über FeS_x im Wesentlichen FeI_2, Fe_2I_4, FeI_3, I, I_2 und S_2. Deren Partialdrücke sind von der Temperatur und der Zusammensetzung des Bodenkörpers abhängig. So gelangt Schwefel bei 1000 °C in nennenswertem Umfang nur bei Bodenkörpern mit $x > 1,05$ in die Gasphase; für stöchiometrisch zusammengesetztes $FeS_{1,0}$ ist der Schwefelpartialdruck äußerst gering. Bei Umsetzung eines Ausgangsbodenkörpers $FeS_{1,0}$ mit Iod ($\vartheta \approx$ 1000 °C) wird zwar Eisen in Form seiner Iodide in die Gasphase überführt (FeI_3, FeI_2, Fe_2I_4, Abbildung 7.1.5), Schwefel wird dabei jedoch nicht freigesetzt. Stattdessen bildet sich ein schwefelreicherer Bodenkörper $FeS_{x+\delta}$. Da die Gasphase keine transportwirksame Menge an Schwefel enthält, kann es auch nicht zum Transport von FeS kommen. Dies ist im Einklang mit den experimentellen Befunden – $FeS_{1,0}$ kann nicht mit Iod transportiert werden (Kra 1976a). In Abbildung 7.1.6 sind die berechneten Transportraten für $FeS_{1,0}$ und $FeS_{1,1}$ für verschiedene Gesamtdrücke dargestellt. Man erkennt, dass die Zusammensetzung des Bodenkörpers einen außerordentlich großen Einfluss auf die Transportrate ausübt.

Krabbes, Oppermann und *Wolf* konnten zeigen, dass der Transport von $FeS_{1,0}$ mit anderen Transportmitteln (HCl, HBr, HI, GeI_2, GeI_4, $GeCl_2$) jedoch gelingt (Kra 1976b). In diesen Fällen liegt Schwefel in der Gasphase nicht elementar sondern als H_2S bzw. GeS vor. Die Löslichkeit von Schwefel in der Gasphase

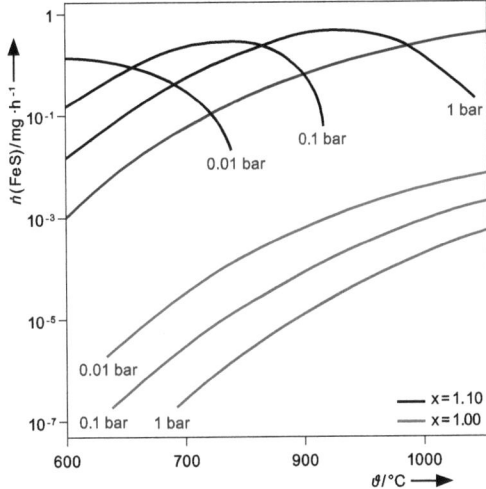

Abbildung 7.1.6 Berechnete Transportraten für Bodenkörper der Zusammensetzungen FeS$_{1,0}$ und FeS$_{1,1}$ bei unterschiedlichen Gesamtdrücken nach (Kra 1975).

erhöht sich so um einige Zehnerpotenzen, der Transport gelingt mit Transportraten von einigen Milligramm pro Stunde. Der Transport mit Halogenwasserstoff kann für schwefelarme Verbindungen von Vorteil sein, wenn aufgrund des geringen Schwefelpartialdrucks sonst keine transportwirksame Auflösung stattfindet.

Der Transport von Pb$_x$Mo$_6$S$_y$

Chevrel-Phasen vom Typ M_nMo$_6Q_8$ (M = Pb, Ca, Sr, Ba, Sn, Ni, Q = S, Se, Te) sind wegen ihrer supraleitenden Eigenschaften und der besonders hohen kritischen Magnetfeldstärke von Interesse. Die Untersuchungen dieser elektrischen Eigenschaften wurden in Ermangelung geeigneter Einkristalle bis auf wenige Ausnahmen an polykristallinem Material durchgeführt und publiziert. Das Interesse an Einkristallen von Vertretern dieser Verbindungsklasse war also beträchtlich. *Krabbes* und *Oppermann* gelang es, mithilfe gezielter Transportreaktionen Einkristalle von „PbMo$_6$S$_8$" (PMS), zu züchten (Kra 1981). Als Transportmittel wurden Br$_2$ und/oder PbBr$_2$ verwendet, der Transport erfolgte endotherm bei Temperaturen um 1000 °C. „PbMo$_6$S$_8$" ist eine Verbindung mit einer Phasenbreite Pb$_x$Mo$_6$S$_y$ (0,9 ≤ x ≤ 1,1; 7,6 ≤ y ≤ 7,9). Das Existenzgebiet dieser Verbindung ist klein; es ist umgeben von vier Dreiphasengebieten (I bis IV). Die Phasenverhältnisse sind in Abbildung 7.1.7 in Form eines isothermen Schnitts (T = 1250 K) dargestellt.

Durch Abschätzung der thermodynamischen Daten von PMS und unter Einbeziehung bekannter Daten der übrigen an der Transportreaktion beteiligten kondensierten und gasförmigen Stoffe konnte das Transportverhalten im System Pb/Mo/S berechnet werden. Dabei ist die Abscheidung nur innerhalb eines bestimmten Bereichs der Zusammensetzung im Homogenitätsgebiet von PMS möglich: Liegt die Zusammensetzung des Quellenbodenkörpers innerhalb des hellgrau

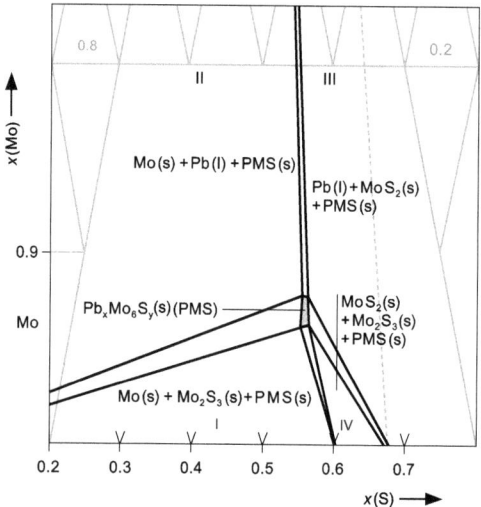

Abbildung 7.1.7 Ausschnitt aus dem Phasendiagramm Pb/Mo/S nach (Kra 1981).

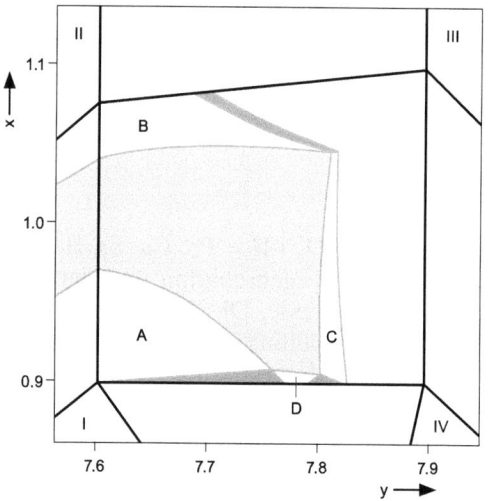

Abbildung 7.1.8 Berechnetes Transportverhalten im System PMS/Br$_2$ (1 bar Br$_2$ 1100 → 1000 °C) nach (Kra 1981).

unterlegten Teils des Homogenitätsgebiets von PMS im Zweiphasengebiet von PMS + Mo, kann in der Senke phasenreines PMS erhalten werden (Abbildung 7.1.8). Liegt die Zusammensetzung des Quellenbodenkörpers in einem der Gebiete A, B, C, oder D, kommt es in der Senke zur Abscheidung von zwei Phasen nebeneinander (A: PMS + Mo, B: PMS + Pb, C: PMS + MoS$_2$, D: PMS + Mo$_2$S$_3$). Setzt man Quellenbodenkörper innerhalb der dunkelgrau unterlegten Gebiete ein, erwartet man die Abscheidung dreiphasiger Bodenkörper.

Dieses Beispiel zeigt in eindrucksvoller Weise, dass mithilfe Chemischer Transportreaktionen auch bei komplizierten Phasenverhältnissen definierte Stoffe phasenrein in kristalliner, häufig einkristalliner Form erhalten werden können. Allerdings bedarf es in einem komplizierten Fall wie diesem in der Regel einer fundierten thermodynamischen Behandlung des Problems, um zum Erfolg zu gelangen.

Einige allgemeine, qualitative Betrachtungen zum Chemischen Transport von ternären Sulfiden wurden von *Nitsche* angestellt und anschaulich beschrieben (Nit 1971).

Der Transport von $ZnS_{1-x}Se_x$

Feste Lösungen von Feststoffen sind von Interesse, weil durch eine definierte Veränderung der Zusammensetzung gezielt physikalische Eigenschaften des Materials eingestellt werden können. Vor allem Halbleitermaterialien sind in dieser Hinsicht detailliert untersucht worden. Chemische Transportreaktionen eignen sich gut zur Präparation solcher Stoffe in Form homogen zusammengesetzter, größerer Kristalle. Besonders eingehend sind die kubischen Mischphasen im System ZnS/ZnSe untersucht worden. Zinksulfid und Zinkselenid sind im festen Zustand vollständig miteinander mischbar. Der Chemische Transport der binären Randverbindungen ist sehr gut untersucht. Beide können unter praktisch gleichen Bedingungen mit demselben Transportmittel transportiert werden, sodass damit zu rechnen ist, dass auch die Mischphasen auf diese Weise erhältlich sind.

So berichteten *Catano* und *Kun* über die Züchtung von Einkristallen mit Kantenlängen von mehr als einem Zentimeter (Transportmittel Iod) sowie über den Gehalt an Fremdatomen vor und nach dem Transportprozess (Cat 1976).

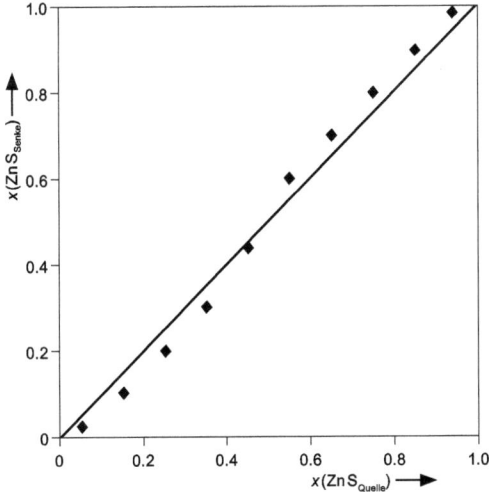

Abbildung 7.1.9 Zusammenhang zwischen den Zusammensetzungen der Bodenkörper im Quellen- und Senkenraum beim Transport von $ZnS_{1-x}Se_x$-Mischphasen mit Iod nach (Hot 2005e).

De Murcia et. al. nutzten den Transport mit Wasserstoff, um epitaktische Schichten von $ZnS_{1-x}Se_x$ auf einem Calciumfluorid-Substrat aufwachsen zu lassen (DeM 1979). Das Studium der Photolumineszenzeigenschaften von $ZnS_{1-x}Se_x$ steht im Mittelpunkt einer weiteren Arbeit (Hig 1980). Weiterhin wurde über die Bildung epitaktischer Schichten von $ZnS_{1-x}Se_x$ auf einem Galliumarsenid-Substrat berichtet. Er verwendete verschiedene Transportmittel, um den Transport zu optimieren (Har 1987). *Matsumo* et. al. transportierten Mischphasen im System ZnS/ZnSe mithilfe von Ammoniumchlorid (HCl) als Transportzusatz und berichteten unter anderem über deren Photolumineszenz in Abhängigkeit von der Zusammensetzung (Mat 1988). Die gleiche Zielsetzung wird in einer Arbeit verfolgt, in der Wasserstoff als Transportmittel verwendet wurde (Kor 2002). Die Keimbildungskinetik von $ZnS_{1-x}Se_x$ wurde beim Transport mit Iod untersucht (Sen 2004). *Hotje* und *Binnewies* stellten ein thermodynamisches Modell für die Stabilität der $ZnS_{1-x}Se_x$-Mischphasen vor und beschrieben erwartete Anreicherungseffekte durch den Transportprozess (Hot 2005e). In Abbildung 7.1.9 sind die experimentell bestimmten Zusammensetzungen der Bodenkörper im Quellen- und Senkenraum gegeneinander aufgetragen. Es zeigte sich, dass in diesem Fall durch den Transportprozess keine signifikante Änderung der Zusammensetzung auftritt.

Der Transport von CdS mit Wasserstoff

Transportreaktionen, bei denen Wasserstoff als Transportmittel wirkt, stellen eine Besonderheit dar. Das Transportmittel reagiert mit den Schwefelatomen des Bodenkörpers unter Bildung von Schwefelwasserstoff. Ein Stofftransport wird dadurch möglich, dass auf diese Weise gebildetes elementares Cadmium bei den Transporttemperaturen gasförmig vorliegt. Transportreaktionen, bei denen das Transportmittel ausschließlich mit dem Nichtmetall des Bodenkörpers reagiert, sind die Ausnahme. Sie können nur dann erfolgreich sein, wenn das jeweilige Metall einen transportwirksamen Dampfdruck hat. In diesem Zusammenhang sei auch der Transport von Zinksulfid mit Phosphor genannt, den *Locmelis* und *Binnewies* beschrieben (Loc 2005c). Das Transportmittel reagiert hier gleichfalls mit den Schwefelatomen, es bildet sich gasförmiges PS.

Ito und *Matsuura* nutzten den Transport von Cadmiumsulfid mit Wasserstoff, um epitaktische Schichten auf Galliumphoshid-Substraten abzuscheiden (Ito 1979). Dass der Transport mit Wasserstoff auch geeignet ist, um große Einkristalle zu züchten, zeigen *Attolini* et al. (Att 1982, Att 1983); sie sehen im Transport mit Wasserstoff gegenüber dem mit Iod den Vorteil, dass eine Kontamination durch das Transportmittel ausgeschlossen ist.

Tabelle 7.1.2 Beispiele für den Chemischen Transport von Sulfiden.

Senkenbodenkörper	Transportzusatz	Temperatur/°C	Literatur
Ag_2S	I_2	$825 \rightarrow 700$	Mus 1975
$Ag_{1-x}Al_{1-x}Sn_{1+x}S_4$	I_2, $AlCl_3$	$850 \rightarrow 750$	Mäh 1984
$Ag_{1-x}Cr_{1-x}Sn_{1+x}S_4$	I_2, $AlCl_3$	$850 \rightarrow 750$	Mäh 1984
$AgGaS_2$	I_2	$840 \rightarrow 740$	Hon 1971
	I_2	$925 \ldots 975 \rightarrow 825 \ldots 900$	Nod 1990b
	I_2	$930 \rightarrow 890$	Bal 1994
	AgCl, $CdBr_2$	$925 \ldots 975 \rightarrow T_1$ ($\Delta T = 25 \ldots 100$)	Nod 1991
	I_2, Br_2, Cl_2	$975 \rightarrow 950$	Nod 1998
AgGaSeS	I_2	$935 \rightarrow 855$	Bal 1994
$Ag_{0,5}In_{0,5}Cr_2S_4$	keine Angabe	$800 \rightarrow T_1$	Phi 1971
$AgIn_2S_4$	I_2	keine Angabe	Bri 1985
	I_2	$780 \rightarrow 660$	Jos 1981
$AgIn_5S_8$	I_2	$740 \ldots 850 \rightarrow 700 \ldots 750$	Pao 1977a
	I_2	$740 \ldots 830 \rightarrow 750$	Pao 1980
Al_2S_3	I_2	keine Angabe	Hel 1979
	I_2	$860 \rightarrow 750$	Kre 1993
$AlInS_3$	I_2	$800 \rightarrow 750$	Schu 1979
$Al_2In_4S_9$	Br_2	$800 \rightarrow 750$	Schu 1982
$BaGaS_4$	I_2	$970 \rightarrow 780$	Cho 2005
$BaGaS_4$:Ho	I_2	$910 \rightarrow 790$	Cho 2005
$BaIn_2S_4$	I_2	$750 \ldots 900 \rightarrow 650 \ldots 800$	Gul 1992
Bi_2S_3	I_2	$745 \rightarrow 670$	Car 1972
	I_2	$680 \rightarrow 600$	Krä 1976
$Bi_2In_4S_9$	I_2	$680 \rightarrow 600$	Cha 1972
$BiPS_4$	I_2	$660 \rightarrow 610$	Nit 1970
$(BiS)_xVS_2$	NH_4Cl	$900 \rightarrow 700 \ldots 850$	Got 2004
$(BiS)_xNbS_2$	NH_4Cl	$900 \rightarrow 700 \ldots 850$	Got 2004
$(BiS)_xTaS_2$	NH_4Cl	$900 \rightarrow 700 \ldots 850$	Got 2004
$(BiS)_{1,16}VS_2$	NH_4Cl	$850 \rightarrow 700$	Got 1995
CaS	I_2	$1200 \rightarrow 800$	Bri 1982
$CaAl_2S_4$	I_2	$960 \rightarrow 870$	Oh 1997a
$CaAl_2S_4$:Er^{3+}	I_2	$950 \rightarrow 870$	Oh 1999
$CaGa_2S_4$	I_2	$750 \rightarrow 580 \ldots 650$	Gul 1992
$CaIn_2S_4$	I_2	$700 \ldots 1000 \rightarrow 580 \ldots 800$	Gul 1992
$Ca_{3,1}In_{6,6}S_{13}$	I_2	$900 \rightarrow 750$	Cha 1971
CdS	H_2	$T_2 \rightarrow 350$	Ito 1979
	H_2	$T_2 \rightarrow T_1$	Att 1982
	H_2	$980 \rightarrow 910$	Att 1983
	I_2	$850 \rightarrow 650$	Nit 1960
	I_2	$850 \ldots 900 \rightarrow 650 \ldots 870$	Nit 1961
	I_2	$T_2 \rightarrow T_1$	Nit 1962

Tabelle 7.1.2 (Fortsetzung)

Senkenbodenkörper	Transportzusatz	Temperatur/°C	Literatur
CdS	I_2	900 → 700	Beu 1962
	I_2	1000 → 700	Bon 1970
	I_2	900 → 870	Pao 1977b
	I_2	600 ... 1000 → 400 ... 800	Mat 1983
	I_2	900 → 700	Shi 1988
	I_2	$T_2 \to T_1$	Shi 1989
	HCl	1100 → 700	Uji 1976
	P_4	1000 → 900	Loc 2005c
$CdS_{1-x}Te_x$	I_2	900 → 800	Hot 2005c
	I_2	780 → 740	Nit 1967a
$CdAl_2S_4$	I_2	950 → 850	Oh 1997b
	$AlCl_3$	830 → 760, 675 → 650	Kra 1997
$CdAl_2S_4$:Co^{2+}	I_2	950 → 850	Oh 1997b
$CdAl_2S_4$:Er^{3+}	I_2	950 → 850	Oh 1997b
$CdCr_2S_4$	Cl_2	775 ... 900 → 725 ... 800	Pin 1970
	Cl_2	825 → 775	Phi 1971
	Cl_2	1000 → 960	Wid 1971
	$AlCl_3$	1000 → 850	Lut 1968
	$AlCl_3$	1000 → 800	Lut 1970
	$AlCl_3$	1000 → 800	Phi 1971
	$CrCl_3$	950 → 900	Bar 1972
	$CrCl_3$	1050 → 800	Oka 1974
	$CrCl_3$	1000 → 900	Rad 1980
	HCl + Cl_2	1100 → 1030	Gib 1974
$CdCr_2S_{4-x}Se_x$	I_2, $AlCl_3$	900 → 700	Phi 1971
	I_2, $AlCl_3$	900 → 700	Pic 1970
$CdCr_{2-x}In_xS_4$	$CrCl_3$, $CdCl_2$	1050 → 700	Phi 1971
$Cd_{1-x}Fe_xCr_2S_4$	$CrCl_3$	950 → 900	Bar 1974
$Cd_{1-x}Fe_xS$	I_2	965 → 870	Dic 1990
$CdGa_2S_4$	I_2	650 → 600	Nit 1961
	I_2	650 → 600	Beu 1961
	keine Angabe	keine Angabe	Ant 1968
	I_2	650 → 600	Cur 1970
	I_2	880 → 840	Wu 1988
	I_2	810 ... 860 → 730 ... 760	Bod 2004
$CdGaCrS_{4-x}Se_x$	$CdCl_2$, $CrCl_3$	1000 → 900	Sag 2004
Cd_4GeS_5	I_2	750 → 700	Nit 1964
Cd_4GeS_6	Cl_2	580 → 510	Que 1975
	I_2	900 → 800	Kal 1965
	I_2	850 → 750	Nit 1967a
	I_2	750 ... 800 → 700 ... 790	Kal 1974
	I_2	580 → 510	Que 1975
$CdIn_2S_4$	I_2	1000 → 600	Nit 1960
	I_2	850 → 750	Nit 1961
	I_2	850 → 750	Cur 1970
	I_2	1000 → 600	Val 1970
	I_2	830 → 780	Taf 1996b

Tabelle 7.1.2 (Fortsetzung)

Senkenboden-körper	Transportzusatz	Temperatur/°C	Literatur
$CdIn_2S_4$	I_2	770 ... 830 → T_1	Pao 1982
	I_2	800 ... 850 → 750 ... 800	Ven 1986b
	I_2	650 ... 850 → 630 ... 820	Neu 1989
$CdIn_2S_4$:Co	I_2	850 → 600	Lee 2003
$CdInGaS_4$:Er^{3+}	I_2	keine Angabe	Cho 2001
$Cd_{1-x}Mn_xIn_2S_4$	I_2	950 ... 1000 → 875 ... 900	Del 2006
$Cd_2P_2S_6$	I_2	630 → 600	Nit 1970
$CdSc_2S_4$	I_2, HCl	keine Angabe	Yim 1973
Cd_4SiS_6	I_2	450 → 380	Que 1975
	I_2	830 → 800	Nit 1967a
CoS	I_2, NH_4I, GeI_2	800 ... 1100 → 700 ... 1000	Kra 1978
	$AlCl_3$	880 → 800	Lut 1970
CoS_2	Cl_2	730 → 695	Bou 1968
	$AlCl_3$	880 → 800	Lut 1970
$Co_xCd_yCr_2S_4$	$AlCl_3$	990 ... 1020 → 870 ... 920	Lut 1989
$CoCr_2S_4$	I_2	1150 → 1000	Nit 1967a
	I_2	1150 → 1000	Phi 1971
	NH_4Cl	1150 → 1000	Cur 1970
	$HCl + Cl_2$	1040 → 950	Gib 1974
	$CrCl_3$	960 ... 1080 → 930 ... 1035	Wat 1972
	$CrCl_3$, $CuCl_2$	1070 → 1020, 1000 → 960	Wat 1978
$Co_{1-x}Fe_xS$	I_2, NH_4I, GeI_2	920 → 850	Kra 1979
	GeI_2	920 → 850	Kra 1984b
$CoIn_2S_4$	I_2	850 → 800	Nit 1967a
	I_2	850 → 800	Cur 1970
$Co_{0,86}In_{2,09}S_4$	$I_2 + AlCl_3$	900 → 780	Lut 1989
$Co_{1-x}Ni_xS_2$	Br_2	750 → 700	But 1971
$Co_{1-x}Fe_xS$	GeI_2	950 → 900	Kra 1984b
	NH_4Cl	1050 → 1030 ... 1035	Gu 1990
CrS	$AlCl_3$	1000 → 980	Lut 1970
Cr_2S_3	Br_2	920 → 800	Nit 1967a
	I_2	keine Angabe	Dis 1970
	$AlCl_3$	keine Angabe	Lut 1968
	$AlCl_3$	1000 → 920	Lut 1970
	$AlCl_3$	900 ... 1000 → 800 ... 850	Lut 1974
	$CrCl_3$	1000 → 900	Nak 1978
$Cr_2S_{3-x}Se_x$	$CrCl_3$, $AlCl_3$	930 ... 1000 → 760 ... 850	Lut 1973b
Cr_3S_4	$AlCl_3$	1000 → 920	Lut 1970
	$CrCl_3$, $AlCl_3$	1000 → 920	Lut 1973a
	$AlCl_3$, $CrCl_3$	1000 → 920	Lut 1974
Cr_5S_6	$AlCl_3$	1000 → 950	Lut 1970
Cr_7S_8	$AlCl_3$	1000 → 920 ... 980	Lut 1970
$CrDyS_3$	I_2	1100 ... 1180 → 1000 ... 1080	Kur 1980

Tabelle 7.1.2 (Fortsetzung)

Senkenbodenkörper	Transportzusatz	Temperatur/°C	Literatur
$CrErS_3$	I_2	1100 ... 1180 → 1000 ... 1080	Kur 1980
$CrGdS_3$	I_2	1100 ... 1180 → 1000 ... 1080	Kur 1980
$CrTbS_3$	I_2	1100 ... 1180 → 1000 ... 1080	Kur 1980
$CrTmS_3$	I_2	1100 ... 1180 → 1000 ... 1080	Kur 1980
$CrYbS_3$	I_2	1100 ... 1180 → 1000 ... 1080	Kur 1980
CuS	HBr	470 → 430	Rab 1967
Cu_3PS_4	I_2	825 → 775	Mar 1983
Cu_3PS_3Se	I_2	825 → 775	Mar 1983
$CuAlS_2$	I_2	860 ... 950 → 870	Pao 1980
	I_2	1020 ... 1070 → 920 ... 1000	Bod 1984
	I_2	900	Ohg 1994
	I_2	keine Angabe	Lip 1993
	I_2	950 → 900	Moc 2001
$CuAl_2S_4$	I_2	800 → 700	Hon 1969
	I_2	950 → 1050	Bri 1975
	I_2	keine Angabe	Aks 1988a
$CuAl_{1-x}Ga_xS_2$	I_2	1000 → 965	He 1988
	I_2	keine Angabe	Bod 1998
$Cu(Al_{1-x}Ga_x)S_{2-y}Se_y$	I_2	885 → 800	Chi 1994
$CuAl_{1-x}In_xS_2$	I_2	880 → 730	Aks 1988b
$CuAl_{1-x}In_xS_2$	I_2	$T_2 → T_1$ ($\Delta T = 80 ... 100$)	Bod 1996
$Cu_{0,5}Al_{2,5}S_4$	$TeCl_4, AlI_3 + I_2$	850 → 750	Mäh 1982
$Cu_{1-x}Al_{1-x}Sn_{1+x}S_4$	$I_2, AlCl_3$	850 → 750	Mäh 1984
$Cu_{1-x}Al_xCr_2S_4$	$CuCl_2$	keine Angabe	Phi 1971
Cu_3BiS_3	HI	440 → 400	Mar 1998
$Cu_4Bi_4S_9$	I_2	440 → 410	Kry 2007
Cu_2CdGeS_4	I_2	800 → 750	Nit 1967b
Cu_2CdGeS_7	I_2	750 → 700	Fil 1991
Cu_2CdSiS_4	I_2	800 → 750	Nit 1967b
Cu_2CdSnS_4	I_2	800 → 750	Nit 1967b
$Cu_2CeNb_2S_5$	I_2	930 → 880	Ohn 1996
$CuCrSnS_4$	$TeCl_4, AlI_3 + I_2$	900 → 800	Mäh 1982
$Cu_{1-x}Cr_{1-x}Sn_{1+x}S_4$	$I_2, AlCl_3$	850 → 750	Mäh 1984
$CuCrZrS_4$	$TeCl_4, AlI_3 + I_2$	850 → 750	Mäh 1982
$Cu_{1-x}Fe_xCr_2S_4$	HCl	800 → 725	Phi 1971
Cu_2FeGeS_4	I_2	800 → 750	Nit 1967b
	I_2	800 → 750	Nit 1967b
$Cu_2Fe_{1-x}Ge_xS_2$	I_2	825 ... 850 → 780 ... 790	Ack 1976
Cu_2FeSnS_4	I_2	800 → 750	Nit 1967b

Tabelle 7.1.2 (Fortsetzung)

Senkenboden-körper	Transportzusatz	Temperatur/°C	Literatur
$CuGaS_2$	I_2	850 → 700	Hon 1971
	I_2	1000 → 940	Bod 1976
	I_2	900 ... 950 → 910	Pao 1978
	I_2	1020 ... 1070 → 920 ... 1000	Bod 1984
	I_2	900 → 750	Tan 1989
	I_2	840 → 750	Bal 1994
	I_2	900 → 850	Pra 2007
$CuGa_2S_4$	I_2	900 → 750 ... 800	Yam 1975
	I_2	900 ... 950 → 910	Pao 1980
	I_2	800 ... 850 → 750 ... 800	Bin 1983
	I_2	1000 → 965	He 1988
$CuGaS_{2-x}Se_x$	I_2	980 ... 1000 → 940 ... 970	Bod 1976
	I_2	850 ... 900 → 650 ... 700	Kim 1993
$Cu_{1-x}Ga_xCr_2S_4$	$CuCl_2$	keine Angabe	Phi 1971
Cu_2GeS_3	I_2	750 → 700	Nit 1967a
$CuInS_2$	I_2	880 ... 940 → 890	Pao 1978
	I_2	820 → 740	Hwa 1978
	I_2	950 → 940	Pro 1979
	I_2	keine Angabe	Hwa 1980
	I_2	800 → 600	Lah 1981
	I_2	1020 ... 1070 → 920 ... 1000	Bod 1984
	I_2	keine Angabe	Ven 1986a
	I_2	810 → 790	War 1987
	I_2	830 ... 850 → 800	Bal 1990
	I_2	830 → 800	Bal 1994
	I_2	850 → 800	Taf 1996a
	I_2	800 → 750	Schö 1999
	I_2	850 → 750	Sav 2000
	I_2	850 → 830	Tsu 2006
CuInSeS	I_2	830 → 800	Bal 1990
	I_2	950 → 900	Bal 1994
$CuIn_2S_4$	I_2	900 ... 950 → 910	Pao 1980
	I_2	780 ... 835 → T_1	Pao 1982
	I_2	800 ... 850 → 750 ... 800	Bin 1983
$CuInS_{2-x}Se_x$	I_2	780 ... 920 → 700 ... 860	Bod 1980
	I_2	950 → 900	Bal 1989
	keine Angabe	keine Angabe	Bod 1997
	keine Angabe	keine Angabe	Lop 1998
$CuIn_5S_8$	I_2	740 ... 830 → 750	Pao 1980
$Cu_{1-x}In_xCr_2S_4$	$CuCl_2$	keine Angabe	Phi 1971
$CuInSnS_4$	$TeCl_4$	830 → 720	Mäh 1982
$Cu_{1-x}InSnS_4$	$TeCl_4$, $AlCl_3 + I_2$	850 → 750	Mäh 1982
Cu_2MnGeS_4	I_2	800 → 750	Nit 1967b
$Cu_xNb_{1+y}S_2$	I_2	1050 → 950	Har 1989

Tabelle 7.1.2 (Fortsetzung)

Senkenbodenkörper	Transportzusatz	Temperatur/°C	Literatur
Cu_3NbS_4	I_2	780 → 700	Nit 1967a
$Cu_xNb_yS_z$	I_2	800 ... 850 → 750 ... 780	Nit 1968
$Cu_xNb_yS_2$	I_2	1050 → 950	Har 1989
Cu_2NiGeS_4	I_2	800 → 750	Nit 1967b
Cu_3PS_4	I_2	850 → 800	Nit 1970
Cu_3SmS_3	I_2	1050 → 950	Ali 1972
Cu_3TaS_4	I_2	780 → 700	Nit 1967a
$Cu_xTa_{1+y}S_2$	I_2	1050 → 950	Har 1989
$CuTi_2S_4$	$TeCl_4$, $AlI_3 + I_2$	900 → 800	Mäh 1982
$Cu_2U_3S_7$	UBr_4	600 → 540	Dao 1996
CuV_2S_4	$TeCl_4$	keine Angabe	Cra 2005
	$TeCl_4$	830 → 720	Mäh 1982
	Cl_2	760 → 690	LeN 1979
$CuVTiS_4$	$TeCl_4$	900 → 800	Mäh 1982
$Cu_2Zn_{1-x}Mn_xGeS_4$	I_2	800 → 850, 800 → 750	Hon 1988
Cu_2ZnGeS_4	I_2	800 → 750	Nit 1967b
Cu_2ZnSiS_4	I_2	800 → 750	Nit 1967b
Cu_2ZnSnS_4	I_2	800 → 750	Nit 1967b
Er_2CrS_4	I_2	1000 → 900	Vaq 2009
Er_3CrS_6	I_2	1000 → 900	Vaq 2009
Er_4CrS_7	I_2	1000 → 900	Vaq 2009
$Er_6Cr_2S_{11}$	I_2	1000 → 900	Vaq 2009
EuS	I_2	T_2 → 1700	Kal 1969
	S	2050 → T_1	Kal 1972
	S	keine Angabe	Kal 1974
$EuSb_4S_7$	I_2	980 → 870	Ali 1978
Fe_2GeS_4	I_2	1050 → 1000	Nit 1967a
FeS	$TeCl_4$, I_2, $FeCl_3$	880 → 700, 900 → 700 ... 800, 800 → 700	Mer 1973
	I_2		Kra 1976a
	HCl, HBr, NH_4Cl, NH_4Br, NH_4I, GeI_2, GeI_4, $GeCl_2$	750 ... 1050 → 700 ... 1000	Kra 1976b
	HCl, HBr, HI, $GeCl_2$, $GeCl_4$	700 ... 1100 → 600 ... 1000	Wol 1978
	I_2, HCl, NH_4Cl, GeI_2, GeI_4	850 → 800, 850 → 800, 900 → 800, 900 → 800	Kra 1984a
FeS_x	I_2		Kra 1975
	I_2, Cl_2, HCl		Ber 1976
	I_2	850 ... 1100 → 750 ... 1050	Wol 1978
$Fe_{1-x}Mn_xS$	I_2	900 → 800	Kni 2000

Tabelle 7.1.2 (Fortsetzung)

Senkenbodenkörper	Transportzusatz	Temperatur/°C	Literatur
$Fe_{1-x}Ni_xS$	GeI_2	870 → 780	Kra 1984b
$Fe_{1-x}Zn_xS$	I_2	900 → 800	Kni 2000
FeS_2	Cl_2	715 → 655	Bou 1968
	Cl_2	705 → 665	Yam 1974
	Cl_2	705 → 665	Yam 1979
	I_2, Cl_2	700 → 600, 650 → 550	Kra 1984a
	$Cl_2, Cl_2 + H_2, ICl_3,$ $HCl, NH_4Cl, Br_2,$ NH_4Br, I_2	630 → 580 … 700	Fie 1986
	Br_2	T_2 → 370 … 500	Ble 1992
	Cl_2, Br_2	630 … 700 → 580 … 680	Tom 1995
$FeCr_2S_4$	Cl_2	875 → 850	Gib 1969
	$CrCl_3$	905 → 855	Phi 1971
	$Cl_2, HCl + Cl_2$	keine Angabe	Gol 1973
	keine Angabe	800 → 750	Ish 1978a
	keine Angabe	800 → 750	Ish 1978b
	$CrCl_3$	keine Angabe	Ish 1978c
	I_2	1050 → 1000	Cur 1970
	$CrCl_3$	900 … 1045 → 845 … 980	Wat 1972
	$CrCl_3$	1040 → 980	Wat 1978
	$CrCl_3$	1120 … 1180 → 1150 … 1190	Vol 1993
$FeCr_2S_{4-x}Se_x$	$HCl + Cl_2$	920 … 940 → 870 … 880	Gib 1974
$FeIn_2S_4$	I_2	780 → 680	Lut 1989
$FeIn_{2-x}Cr_xS_4$	I_2	900 → 850	Sag 1998
Fe_xNbS_2	I_2	keine Angabe	Koy 2000
$Fe_xNb_yS_2$	I_2	950 → 850	Hin 1987
$FePS_3$	Cl_2	750 → 690, 700 → 640	Tay 1973
$Fe_2P_2S_6$	I_2	670 → 620	Nit 1970
$FePb_3Sb_2Sn_4S_{14}$	I_2	660 → 620 … 630	Men 2006
FeV_2S_4	I_2	keine Angabe	Mur 1973
$FeTi_2S_4$	I_2	keine Angabe	Mur 1973
$Fe_{1-x}Zn_xCr_2S_4$	$CrCl_3$	990 → 935	Wat 1978
GaS	Br_2	790 → 700	Zul 1974
	I_2	925 → 850	Nit 1961
	I_2	930 → 850	Lie 1969
	I_2	800 → 700	Rus 1969
	I_2	930 → 800 … 870	Lie 1972
	I_2	870 → 780	Azi 1975
	I_2	850 → 800	AlA 1977b
	I_2	850 → 750	Whi 1978
	I_2	860 → 800	Mic 1990
Ga_2S_3	I_2	1000 → 800	Nit 1961
$GaPS_4$	I_2	550 → 700	Per 1978
	I_2	450 → 430	Nit 1970
Ga_2S_3:Co	I_2	800 → 700	Rus 1969

Tabelle 7.1.2 (Fortsetzung)

Senkenboden-körper	Transportzusatz	Temperatur/°C	Literatur
$Ga_2S_{3-x}Se_x$	I_2	950 → 800	Hot 2005a
$Ga_{2-x}Er_xS_3$	I_2	970 → 820	Jin 1998
$Ga_{2-x}In_xS_3$	I_2	650 → 150	Ami 1990
$Ga_{0,5}Fe_{0,5}InS_3$	I_2	660 → 540	Gus 2003
$Ga_2In_4S_9$	I_2	750 → 700	Krä 1970
$Ga_2In_8S_{15}$	I_2	750 → 700	Krä 1970
$Ga_6In_4S_{15}$	I_2	750 → 700	Krä 1970
Gd_2S_3	I_2	950 … 1150 → 900 … 1000	Pes 1971
	I_2	950 … 1150 → 900 … 1000	Pie 1970
Gd_2S_3:Nd	I_2	1200 → 1150	Lei 1980
GeS	I_2	520 → 450	Nit 1967a
GeS_2	I_2	600 → 500	Gol 1998
	I_2	700 → 600	Nit 1967a
$Ge_xPb_{1-x}S_{1-y}Se_y$	I_2, $PbCl_2$	885 … 935 → 755 … 850	Kim 1993
HfS_2	I_2	900 → 800	Gre 1965
	I_2	900 → 800	Nit 1967a
	I_2	1010 → 1000	Rim 1972
	I_2, ICl_3 u. a.	780 → 740	Lev 1983
	Cl_2, Br_2, I_2	$T_1 → T_2$	Fie 1988
HfS_3	I_2, S_2Cl_2	650 → 600	Lev 1983
HgS	$NH_4Cl + I_2$	400 → 285	Fai 1978
	I_2, NH_4Cl	keine Angabe	Sim 1980
$HgCr_2S_4$	Cl_2	900 → 780	Phi 1971
$HgGa_2S_4$	I_2	730 → 580	Beu 1961
	I_2	750 → 600	Kra 1965
	I_2	1100 → 1000	Cur 1970
Hg_4GeS_6	Cl_2	400 → 470	Que 1975
$HgIn_2S_4$	I_2	950 → 650	Nit 1960
	I_2	950 → 650	Nit 1961
	I_2	950 → 650	Cur 1970
$HgIn_2S_4$:Co	I_2	850 → 570	Lee 2003
Hg_4SiS_6	I_2	480 → 420	Que 1975
In_2S_3 (α)	Br_2	300 → 400	Gul 1979
In_2S_3 (β)	Br_2	680 → 450	Gul 1979
In_2S_3 (γ)	Br_2	990 → 800	Gul 1979
In_2S_3	I_2	950 → 450	Nit 1960
	I_2	950 → 450	Nit 1961
	I_2	1100 → 730	Hol 1965
	I_2	850 → 800	Die 1973
	I_2	850 → 800	Die 1975
	I_2	680 → 600	Krä 1976

Tabelle 7.1.2 (Fortsetzung)

Senkenbodenkörper	Transportzusatz	Temperatur/°C	Literatur
$In_2S_{3-x}Se_x$	I_2	700	And 1970
$InPS_4$	I_2	550 → 700	Per 1978
	I_2	640 → 580	Nit 1970
In_2S_3:Co	I_2	1000 → 800	Kim 1991
$InBiS_3$	I_2	680 → 600	Krä 1976
$In_4Bi_2S_9$	I_2	680 → 600	Krä 1971
	I_2	680 → 600	Krä 1976
$Ir_{0,667x}Ru_{1-x}S_2$	I_2	1100 → 1050	Col 1964
La_2S_3:Nd	I_2	1200 → 1150	Lei 1980
$LaIn_3S_6$	I_2	830 ... 980 → 740 ... 900	Ali 2000
MgS	I_2	870 → 710	Mar 1999
$MgAl_2S_4$	I_2	960 → 870	Oh 1997a
$MgAl_{1,04}S_{1,84}$	I_2	780 → 660	Kha 1984
$MgAl_2S_4$:Er^{3+}	I_2	950 → 870	Oh 1999
$MgIn_2S_4$:Co	I_2	950 → 530	Lee 2003
MnS	I_2	1000 → 550	Nit 1960
	I_2	1000 → 550	Nit 1961
	HCl	825 ... 900 → 800	Paj 1983
	Cl_2, $AlCl_3$	900 → 875 ... 885, 950 → 1000	Paj 1980
$MnS_{1-x}O_x$	Br_2	1000 → 900	Loc 2005a
$MnS_{1-x}Se_x$	I_2	945 → 850	Wie 1969
$Mn_{1-x}Zn_xS$	I_2	1000 → 980	Gar 1997
$MnAlS_2$	I_2	785 → 655	Kha 1984
$MnCr_2S_4$	$AlCl_3$	1000 → 900	Lut 1968
	$AlCl_3$	1000 → 900	Lut 1970
	$AlCl_3$	1000 → 800	Phi 1971
Mn_2GeS_4	I_2	1050 → 1000	Nit 1967a
$MnPS_3$	Cl_2	750 → 690, 700 → 640	Tay 1973
	I_2	850 → 800	Cur 1970
$Mn_2P_2S_6$	I_2	670 → 620	Nit 1970
$MnIn_2S_4$	I_2	1100 → 1000	Cur 1970
	I_2	1100 → 1000	Nit 1967a
	I_2 + $AlCl_3$	900 → 780	Lut 1989
$MnIn_{2-2x}Ga_{2x}S_4$	I_2	900 → 850	Sag 1998
$MnIn_{2-2x}Cr_{2x}S_4$	I_2	850 → 750	Sag 1995
Mn_2SiS_4	I_2	830 → 780	Nit 1967a
MoS_2	Br_2	900 → 800	Nit 1967a
	Br_2	950 → 890	AlH 1972
	Br_2, Br_2 + S, Cl_2	800 ... 1000 → 750 ... 950	Kra 1980
	I_2	820 ... 900 → 700 ... 750	Sch 1973a
	I_2	T_2 → 1000	Rem 1999

Tabelle 7.1.2 (Fortsetzung)

Senkenboden-körper	Transportzusatz	Temperatur/°C	Literatur
MoS_2	I_2	$T_2 \to 740$	Rem 2002
MoS_2	I_2	$790 \to T_1$	Vir 2007
$MoS_{2-x}Se_x$	I_2	$1000 \to 900$	Hot 2005f
$Mo_{1-x}Nb_xS_2$	I_2	$1000 \to 900$	Hot 2005f
Mo_2S_3	Br_2, NH_4Br	$1000 \ldots 1050 \to 900 \ldots 950$	Kra 1980
NbS_2	I_2	$850 \to 800$	Nit 1967a
	I_2	$950 \to 850$	Fuj 1979b
	I_2, ICl_3 u. a.	$780 \to 730$	Lev 1983
$NbS_{2-x}Se_x$	I_2	$1000 \to 900$	Hot 2005f
NbS_3	S u. a.	$670 \to 610$	Lev 1983
Nb_3S_4	I_2	$T_2 \to 1000$	Nak 1984
Nb|Pb|Bi|S	Cl_2	$960 \to 910$	Ohn 2005
$NdIn_3S_6$	I_2	$830 \ldots 980 \to 740 \ldots 900$	Ali 2000
NiS	I_2, HCl, NH_4I, GeI_2	$900 \to 800$	Kra 1984a
	$AlCl_3$	$850 \to 820$	Lut 1970
NiS_2	Cl_2	$715 \to 655$	Bou 1968
	Cl_2	$715 \to 655$	Kra 1984a
	Cl_2, Br_2	$670 \to 500$	Yao 1994
	$AlCl_3$	$830 \to 800$	Lut 1970
$NiS_{2-x}Se_x$	Cl_2, Br_2	$670 \to 500$	Yao 1994
Ni_3S_2	NH_4I, GeI_2	$800 \to 700$	Kra 1984a
	$AlCl_3$	$860 \to 830$	Lut 1970
$NiS_{2-x}Se_x$	Cl_2	$780 \to 760$	Bou 1973
$NiPS_3$	I_2	$720 \ldots 750 \to 690 \ldots 720$	Aru 1989
$NiPS_3$	Cl_2	$750 \to 690$, $700 \to 640$	Tay 1973
$NiCr_2S_4$	$AlCl_3$	$1000 \to 850$	Lut 1970
$Ni_{1-x}Cr_{2+x}S_4$	$AlCl_3$, $CrCl_3$	$1050 \to 660$	Lut 1973a
$NiIn_{2-x}Cr_xS_4$	I_2	$900 \to 850$	Sag 1998
Ni_3CrS_4	$AlCl_3$	$1020 \to 970$	Lut 1970
Ni_5CrS_6	$AlCl_3$	$1030 \to 980$	Lut 1970
$NiIn_2S_4$	I_2 + $AlCl_3$	$820 \to 730$	Lut 1989
$Ni_{0,95}In_{2,03}S_4$	I_2 + $InCl_3$	$800 \to 730$	Lut 1989
$Ni_{1-x}Co_xGa_2S_4$	I_2	$925 \to 850$	Nam 2008
$Ni_{1-x}Fe_xGa_2S_4$	I_2	$925 \to 850$	Nam 2008
$Ni_{1-x}Mn_xGa_2S_4$	I_2	$925 \to 850$	Nam 2008
Ni_6SnS_2	I_2	$600 \to 570$	Bar 2003
$Ni_9Sn_2S_2$	I_2	$600 \to 570$	Bar 2003
$Ni_{1-x}Zn_xGa_2S_4$	I_2	$925 \to 850$	Nam 2008
PbS	NH_4Cl	$745 \to 670$	Car 1972
$Pb_3(PS_4)_2$	I_2	$850 \to 800$	Pos 1984
$PbIn_2S_4$	I_2	> 700	Krä 1980

Tabelle 7.1.2 (Fortsetzung)

Senkenboden-körper	Transportzusatz	Temperatur/°C	Literatur
$PbMo_6S_8$	$PbBr_2$	1320 → 1260	Kra 1981
$Pb_6In_{10}S_{21}$	I_2	> 700	Krä 1980
$(Pb_{1-y}Bi_yS)_{1+x}(NbS_2)_n$	Cl_2	960 → 910	Ohn 2005
PdPS	Cl_2	760 → 740	Fol 1987
$Pd_3(PS_4)_2$	Cl_2	760 → 740	Fol 1987
$Pt_{1-x}S_2$	Cl_2	800 → 740	Fin 1974
$PtS_{2-x}Se_x$	P_4, Cl_2	850 → 690 … 720, 850 … 875 → 690 … 750	Sol 1976
$Pt_{1-x}Sn_xS_2$	I_2	950 → 750	Tom 1998
ReS_2	H_2O, $I_2 + H_2O$	900 → 800	Sch 1973b
	Br_2	1125 → 1075	Mar 1984
	I_2	1050 → 990	Lia 2009
	Br_2	1050 → 990	Ho 2005
ReS_2:Mo	Br_2	1040 → 1000	Yen 2002
$ReS_{2-x}Se_x$	Br_2	1100 → 1050	Ho 1999
RuS_2	Cl_2	1100 → 1050	Fie 1987
	ICl_3, $ICl_3 + S_2Cl_2$	1040 → 1020	Bic 1984
	ICl_3	T_2 → 960	Hua 1988
$RuS_{2-x}Se_x$	ICl_3	1080 → 980	Lin 1992
	ICl_3	1120 → 1090	Sti 1992
$Ru_{1-x}Fe_xS_2$	ICl_3	1000 → 960	Tsa 1994
Sb_2S_3	I_2	455 … 490 → 395 … 450	Sch 1978
	I_2	250 … 500 → 150 … 400	Bal 1986
	I_2	490 → 420	Ven 1987
	I_2	490 → 410	Ven 1988
Sc_2S_3	I_2	keine Angabe	Dis 1970
SiS_2	S	700 → 600	Sch 1982
$(SmS)_{1,19}(TaS_2)_2$	Cl_2	960 → 910	Ohn 2005
SnS	I_2	950 → 600	Nit 1961
SnS	I_2	950 → 850	Cru 2003
SnS_2	Cl_2	640 → 590, 730 → 680	Kou 1988
	Cl_2	420 … 440 → 450 … 455	Shi 1990
	I_2	950 → 600	Nit 1960
	I_2	950 → 600	Nit 1961
	I_2	800 → 700	Gre 1965
	I_2	687 → 647	Whi 1979
	I_2	680 → 640	Min 1980
	I_2	700 → 600, 400 → 500	Sch 1981

Tabelle 7.1.2 (Fortsetzung)

Senkenboden-körper	Transportzusatz	Temperatur/°C	Literatur
SnS_2	I_2	$525 \rightarrow T_1$	Rao 2000
	I_2	$950 \rightarrow 850$	Cru 2003
	SnI_4	$580 \ldots 750 \rightarrow 550 \ldots 740$	Pal 1986
	SnI_4	$650 \rightarrow 550$	Rao 1995
	SnI_4	$650 \rightarrow 550$	Wie 1979
	$SnCl_4 \cdot 5\,H_2O$	$420 \ldots 440 \rightarrow 450 \ldots 455$	Shi 1991
$SnS_{2-x}O_x$	I_2	$600 \rightarrow 550$	Nit 1967a
$SnS_{2-x}Se_x$	I_2	$620 \rightarrow 578$	AlA 1977a
	I_2	$680 \rightarrow 620$	Pat 1997
	I_2	$680 \rightarrow 620$	Rim 1972
Sn_2S_3	I_2	$950 \rightarrow 850$	Cru 2003
$Sn_2P_2S_6$	I_2	$600 \rightarrow 630$	Nit 1970
$Sn_{1-x}Zr_xS_2$	I_2	$690 \ldots 900 \rightarrow 650 \ldots 820$	AlA 1973
	I_2	$690 \ldots 900 \rightarrow 650 \ldots 840$	AlA 1977a
$SrGa_2S_4$	I_2	$900 \rightarrow 700$	Tan 1995
$SrIn_2S_4$	I_2	$700 \ldots 900 \rightarrow 600 \ldots 800$	Gul 1992
TaS_2	I_2	$850 \rightarrow 800$	Nit 1967a
	I_2	$950 \rightarrow 300$	Eno 2004
	I_2, ICl_3 u. a.	$950 \rightarrow 900$	Lev 1983
	S	$800 \rightarrow 700$	Sch 1968
	S	$800 \rightarrow 700, 800 \rightarrow 1000$	Sch 1980
TaS_2:Cu	I_2	$1000 \rightarrow 900$	Zhu 2008
$TaS_{2-x}Se_x$	I_2	$850 \ldots 900 \rightarrow 700 \ldots 800$	AlA 1977a
	I_2	$1000 \rightarrow 900$	Hot 2005b
$Ta_{1,08}S_2$	NH_4Cl	$1100 \rightarrow 700 \ldots 800$	Got 1998
$Ta_{1-x}Mo_xS_2$	I_2	$1000 \rightarrow 800$	Hot 2005d
$Ta_{1-x}Nb_xS_2$	I_2	$1000 \rightarrow 900$	Hot 2005g
TaS_3	S_2Cl_2 u. a.	$550 \rightarrow 500$	Lev 1983
Tb_2S_3	I_2	keine Angabe	Ebi 2006
TiS_2	I_2	$900 \rightarrow 800$	Gre 1965
	I_2	$900 \rightarrow 800$	Nit 1967a
	I_2	$800 \rightarrow 720$	Rim 1972
	I_2	$950 \rightarrow 850$	Sae 1976
	I_2	$900 \rightarrow 800$	Sae 1977
	I_2	$800 \rightarrow 700$	Ma 2008
	S	$700 \rightarrow 600$	Sch 1982
	I_2	$1000 \rightarrow 770$	Kus 1998
	I_2	keine Angabe	Kul 1987
	I_2, ICl_3 u. a.	$630 \rightarrow 625$	Lev 1983
	I_2, S	$800 \ldots 900 \rightarrow 700 \ldots 800$	Ino 1984
$TiS_{2-x}Se_x$	I_2	$850 \rightarrow 800$	Nit 1967a
	I_2	$T_2 \rightarrow 720 \ldots 820$	Rim 1974
	I_2	$1000 \rightarrow 900$	Hot 2005b

Tabelle 7.1.2 (Fortsetzung)

Senkenbodenkörper	Transportzusatz	Temperatur/°C	Literatur
$TiS_{2-x}Te_x$	I_2	780 → 740	Nit 1967a
	I_2	750 ... 800 → 690 ... 720	Rim 1974
$Ti_{1-x}Mo_xS_2$	I_2	1000 → 800	Hot 2005d
$Ti_{1-x}NbS_2$	I_2	850 → 800	Nit 1967a
	I_2	1000 → 900	Hot 2005g
$Ti_{1-x}TaS_2$	I_2	850 → 800	Nit 1967a
	I_2	1000 → 900	Hot 2005b
$Ti_{1-x}VS_2$	I_2	850 → 800	Nit 1967a
	I_2	900 → 800	Sae 1978
$Ti_{1-x}ZrS_3$	Br_2	625 ... 900 → 530 ... 785	Sie 1983
Ti_2S_3	I_2	700 → 800	Sae 1982
Ti_5S_8	I_2	500 → 600	Sae 1982
TiS_3	ICl_3 u. a.	500 → 450	Lev 1983
$TlFeS_2$	I_2	500 → 400	Wan 1972
TlV_5S_8	I_2	1100 → 1000	Ben 1987
$TlV_5S_{8-x}Se_x$	I_2	1100 → 1000	Ben 1987
US_x ($x = 1{,}65 ... 1{,}99$)	Br_2	930 → 830	Sev 1970
US_2	I_2	940 → 700	Smi 1967
$U_xPd_3S_4$	I_2	940 → 880	Dao 1986
VS_2	I_2	900 → 850	Nit 1967a
V_2S_3	I_2	900 → 700	Tan 1980
V_3S_4	Cl_2	900 → 750	Sae 1974
	I_2	900 → 700 ... 800	Wak 1982
V_5S_8	Cl_2	900 → 750	Sae 1974
	I_2	900 → 650 ... 750	Tan 1980
	I_2	900 → 700 ... 800	Wak 1982
WS_2	Cl_2, Br_2	1200 → 1170	Bag 1983
	Br_2	900 → 800	Nit 1967a
	$I_2, H_2O, I_2 + H_2O$	900 → 700	Sch 1973a
	I_2	T_2 → 790	Rem 1998
	I_2	T_2 → 740	Rem 2002
	I_2	790 → T_1	Vir 2007
WS_2:Re	Br_2	1000 → 950	Yen 2004a
$WS_{2-x}Se_x$	I_2	1000 → 960	Jos 1993
	I_2	keine Angabe	Jos 1994
$W_{1-x}Re_xS_2$	Br_2	1000 → 950	Yen 2004a
Y_2S_3:Nd	I_2	1200 → 1150	Lei 1980
Y_2HfS_5	I_2	keine Angabe	Jei 1975
$YbAs_4S_7$	I_2	530 → 460	Mam 1988
$Yb_3As_4S_9$	I_2	880 → 810	Mam 1988
$YbIn_3S_6$	I_2	830 ... 980 → 740 ... 900	Ali 2000

Tabelle 7.1.2 (Fortsetzung)

Senkenbodenkörper	Transportzusatz	Temperatur/°C	Literatur
ZnS	I_2	$1000 \rightarrow 750$	Nit 1960
	I_2	$1000 \rightarrow 750$	Nit 1961
	I_2	$1050 \rightarrow 900$	Jon 1964
	I_2	$1000 \ldots 1200 \rightarrow 700 \ldots 1000$	Har 1967
	I_2	$800 \rightarrow 725 \ldots 800$	Dan 1973
	I_2	$950 \rightarrow 750$	Har 1974
	I_2	$1160 \rightarrow 930$	Aot 1976
	I_2	$1050 \rightarrow 850$	Har 1977
	I_2	$850 \rightarrow 840$	Fuj 1979a
	I_2	$T_2 \rightarrow 840$	Tho 1983
	I_2	keine Angabe	Pal 1983
	I_2	$900 \rightarrow 840 \ldots 890$	Mat 1986
	I_2	$850 \rightarrow 840$	Kit 1987
	I_2	$1000 \rightarrow 800$	Shi 1992
	I_2	keine Angabe	Zuo 2002a
	I_2	keine Angabe	Zuo 2002b
	I_2, NH_4Cl	$920 \ldots 1025 \rightarrow 630 \ldots 1000$, $1160 \rightarrow 700 \ldots 1070$	Len 1971
	I_2, NH_4Cl	$1010 \rightarrow 900$, $920 \rightarrow 700$	Len 1975
	HCl	$T_2 \rightarrow T_1$	Jon 1962
	HCl	$T_2 \rightarrow > 755$	Sam 1962
	HCl	$1050 \rightarrow 940$	Jon 1963
	HCl	$700 \rightarrow 900$	Uji 1971
	HCl	$1100 \rightarrow 900$	Uji 1976
	NH_4Cl	$T_2 \rightarrow T_1$	Nod 1990a
	H_2S	$1200 \rightarrow 1000$	Sam 1961a
	H_2S	$1100 \ldots 1230 \rightarrow 900 \ldots 1200$	Sam 1961b
	H_2S, HCl	$1200 \rightarrow 1060$, keine Angabe	Ska 1963
	P_4	$1000 \rightarrow 900$	Loc 2005c
$ZnO_{1-x}S_x$	Br_2	$1000 \rightarrow 900$	Loc 2007
ZnS:P	P_4	$1000 \rightarrow 900$	Loc 2005c
$ZnS_{1-x}Se_x$	H_2	$800 \rightarrow 650 \ldots 780$	DeM 1979
	H_2	keine Angabe	Kor 2002
	I_2	$850 \rightarrow 840$	Cat 1976
	I_2	$850 \rightarrow 840$	Fuj 1979a
	I_2	$1000 \rightarrow 850$	Hig 1980
	I_2	$900 \rightarrow 840 \ldots 890$	Mat 1986
	I_2	$900 \rightarrow 800$	Sen 2004
	I_2	$900 \rightarrow 800$	Hot 2005e
	I_2	$1000 \rightarrow 900$	Gru 2005
	I_2	$850 \rightarrow 800$	Gra 1995
	H_2, $H_2 + I_2$, H_2 + HCl	$850 \rightarrow 450 \ldots 700$	Har 1987
	NH_4Cl	$900 \rightarrow T_1$	Mat 1988
	I_2	$725 \rightarrow 650$	Nis 1982

Tabelle 7.1.2 (Fortsetzung)

Senkenboden-körper	Transportzusatz	Temperatur/°C	Literatur
$ZnS_{1-x}Se_x{:}Fe$	I_2	850 → 800	Gra 1995
$ZnS_{1-x}Te_x$	I_2	1000 → 900	Ros 2004
$Zn_{1-x}Cd_xS$	H_2	760 → 700	Fra 1979
	H_2	760 → 700	Ant 1980
	H_2	760 → 700	Fra 1981
	I_2	$T_2 \to T_1$	Pal 1982a
	I_2	$T_2 \to T_1$	Pal 1982b
$Zn_{1-x}Co_xS$	I_2	900 → 875	Pas 1998
$Zn_{1-x}Fe_xS$	I_2	965 → 870	Dic 1990
$Zn_{1-x}Fe_xPS_3$	Cl_2	500 → 480	Odi 1975
$Zn_{1-x}Mn_xS$	I_2	1050 → 700 … 900	Nit 1961
	I_2	850 → 750	Nit 1971
	I_2	900 … 1100 → 800 … 1030	Kni 1999
$Zn_{1-x}Ni_xS$	I_2	950 → 925	Wu 1989
$Zn_{1-x-y}Mn_xFe_yS$	I_2	900 → 800	Kni 2000
Zn_2AgInS_4	I_2	750 → 700	Lam 1972
Zn_3AgInS_5	I_2	750 → 700	Lam 1972
$ZnAl_2S_4$	I_2	$T_2 \to 740$	Ber 1981
	I_2	780 → 700	Kai 1995
$Zn_{1-x}Cd_xGa_2S_4$	I_2	1000 → 800	Wu 1988
$Zn_{1-x}Cd_xIn_2S_4$	I_2	1000 → 800	Cur 1987
$(Zn_{1-x}Cd_x)GeS_6$	I_2	keine Angabe	Dub 1991
$ZnCr_2S_4$	Cl_2	775 … 900 → 725 … 800	Pin 1970
	$AlCl_3$	1000 → 850	Lut 1968
	$AlCl_3$	1000 → 850	Lut 1970
	$AlCl_3$	1000 → 800	Phi 1971
	$CrCl_3$	950 → 900	Phi 1971
$ZnCr_2S_{4-x}Se_x$	$I_2, AlCl_3$	950 → 700	Pic 1971
$ZnGa_2S_4$	I_2	1100 → 1000	Nit 1961
	I_2	1100 → 1000	Beu 1961
	I_2	1100 → 1000	Cur 1970
	I_2	850 → 750	Wu 1988
$ZnIn_2S_4$	I_2	1000 → 700	Nit 1960
	I_2	750 → 700	Nit 1961
	I_2	1000 → 700	Lap 1962
	I_2	750 → 700	Cur 1970
	I_2	1000 → 700	Val 1970
	I_2	790 → 750	Buc 1974
$ZnIn_2S_{4-x}Se_x$	I_2	725 → 675	Loc 2005b
$Zn_3In_2S_4$	I_2	$T_2 \to {>}1000$	Buc 1974
$Zn_5In_2S_8$	I_2	1000 → 900	Kal 1987
$ZnLu_2S_4$	I_2, HCl	keine Angabe	Yim 1973
$ZnSc_2S_4$	I_2, HCl	keine Angabe	Yim 1973
$ZnTm_2S_4$	I_2, HCl	keine Angabe	Yim 1973
$(ZnS)_{1-x}(CuAlS_2)_x$	I_2	950 → 925	Do 1992
$(ZnS)_{1-x}(CuFeS_2)_x$	I_2	950 → 925	Do 1992

Tabelle 7.1.2 (Fortsetzung)

Senkenboden-körper	Transportzusatz	Temperatur/°C	Literatur
$(ZnS)_{1-x}(CuInS_2)_x$	I_2	950 → 925	Do 1992
$(ZnS)_{1-x}(GaP)_x$	I_2	945 → 700	Han 1995
	I_2	1000 → 900	Loc 2004b
$(ZnS)_x(Zn_3P_2)_y$	I_2	1000 → 900	Loc 2004a
ZrS_2	I_2	900 → 800	Gre 1965
	I_2	900 → 800	Nit 1967a
	I_2	900 → 820	Rim 1972
	I_2	900 → 800	Fuj 1979b
	I_2, ICl_3 u. a.	760 → 730	Lev 1983
$ZrO_{2-x}S_x$	I_2	780 → 700	Nit 1967a
$ZrS_{2-x}Se_x$	I_2	850 → 800	Nit 1967a
	I_2	860 ... 900 → 800 ... 820	Bar 1995
	I_2	930 → 900	Pat 1998
ZrS_3	I_2	900 → 850	Nit 1967a
	I_2	1010 → 930	Pat 1993
	I_2	900 → 850	Pat 2005
	S_2Cl_2 u. a.	750 → 730	Lev 1983
$ZrP_{1,4}S_{0,6}$	I_2	880 → 980	Schl 2009
$ZrSiS$	I_2	850 → 750	Nit 1967a

Literaturangaben

Ack 1976   J. Ackermann, S. Soled, A. Wold, E. Kostiner, *J. Solid State Chem.* **1976**, *19*, 75.

Aks 1988a   I. A. Aksenov, L. A. Makovetskaya, V. A. Savchuk, *Phys. Status Solidi* **1988**, *108*, K63.

Aks 1988b   I. A. Aksenov, S. A. Gruzo, L. A. Makowezkaja, G. P. Popelnjuk, W. A. Rubzov, *Izv. Akad. Nauk SSSR, Neorg. Mater.* **1988**, *24*, 560.

AlA 1973   F. A. S. Al-Alamy, A. A. Balchin, *Mater. Res. Bull.* **1973**, *8*, 245.

AlA 1977a   F. A. S. Al-Alamy, A. A. Balchin, *J. Cryst. Growth* **1977**, *38*, 221.

AlA 1977b   F. A. S. Al-Alamy, A. A. Balchin, *J. Cryst. Growth* **1977**, *39*, 275.

AlH 1972   A. A. Al-Hilli, B. L. Evans, *J. Cryst. Growth* **1972**, *15*, 93.

Ali 1972   U. M. Aliev, R. S. Gamidov, G. G. Guseinov, *Izv. Akad. Nauk. SSSR, Neorg. Mater.* **1972**, *8*, 1855.

Ali 1978   U. M. Aliev, P. G. Rustamov, G. G. Guseinov, *Izv. Akad. Nauk. SSSR, Neorg. Mater.* **1978**, *14*, 1346.

Ali 2000   V. O. Aliev, E. R. Guseinov, O. M. Aliev, R. Ya. Alieva, *Inorg. Mater.* **2000**, *36*, 753.

Ame 1976   K. Ametani, *Bull. Chem. Soc. Jpn.* **1976**, *49*, 450.

Ami 1990   I. R. Amiraslamov, F. J. Asadov, B. A. Maksimov, W. N. Moltschanov, A. A. Musaev, H. G. Furmapova, *Kristallografija* **1990**, *35*, 332.

And 1970	I. Ya. Andronik, V. P. Mushinskii, *Uchenye Zapiski – Kishinevskii Gosudarstvennyi Universitet* **1970**, *110*, 19.
Ant 1968	V. B. Antonov, G. G. Gusejnov, D. T. Gusejnov, R. C. Nani, *Dokl. Akad. Nauk Azerbajdzh. SSSR* **1968**, *24*, 12.
Ant 1980	G. Antonioli, D. Bianchi, *Thin Solid Films* **1980**, *70*, 71.
Aot 1976	S. Aotsu, M. Takahashi, H. Fujisaki, *Tohoku Daigaku Kagaku Keisoku Kenkyusho Hokuku* **1980**, *24*, 109.
Aru 1989	A. Aruchamy, H. Berger, F. Levy, *J. Electrochem. Soc.* **1989**, 136, 2261.
Att 1982	G. Attolini, C. Paorici, L. Zanotti. *J. Cryst. Growth* **1982**, *56*, 254.
Att 1983	G. Attolini, C. Paorici, *Mater. Chem. Phys.* **1983**, *9*, 65.
Azi 1975	T. K. Azizov, I. Y. Aliev, A. S. Abbasov, M. K. Alieva, *Azerb. Khim. Zh.* **1975**, *3*, 126.
Bag 1983	J. Baglio, E. Kamieniecki, *J. Solid State Chem.* **1983**, *49*, 166.
Bal 1986	C. Balarew, M. Ivanova, *Cryst. Res. Technol.* **1986**, *21*, K171.
Bal 1989	K. Balakrishnan, B. Vengatesan, N. Kanniah, P. Ramasamy, *Bioelectrochemistry* **1989**, *5*, 841.
Bal 1990	K. Balakrishnan, B. Vengatesan, N. Kanniah, P. Ramasamy, *Cryst. Res. Technol.* **1990**, *25*, 633.
Bal 1994	K. Balakrishnan, B. Vengatesan, P. Ramasamy, *J. Mat. Sci.* **1994**, *29*, 1879.
Bar 1972	K. G. Barraclough, A. Meyer, *J. Cryst. Growth* **1972**, *16*, 265.
Bar 1974	K. G. Barraclough, W. Lugschneider, *Phys. Status Solidi* **1974**, *22*, 401.
Bar 1995	K. S. Bartwal, O. N. Srivastava, *Mat. Sci. Eng.* **1995**, *B33*, 115.
Bar 2003	A. I. Baranov, A. A. Isaeva, L. Kloo, B. A. Popovkin, *Inorg. Chem.* **2003**, *42*, 6667.
Ben 1987	W. Bensch, R. Schlögl, *Micron Microsc. Acta* **1987**, *18*, 89.
Ber 1976	C. Bernhard, G. Fourcaudot, J. Mercier, *J. Cryst. Growth* **1976**, *35*, 192.
Ber 1981	H. J. Berthold, K. Köhler, *Z. Anorg. Allg. Chem.* **1981**, *475*, 45.
Beu 1961	J. A. Beun, R. Nitsche, M: Lichtensteiger, *Physika* **1961**, *27*, 448.
Beu 1962	J. A. Beun, R. Nitsche, H. U. Bölsterli, *Physika* **1962**, *28*, 184.
Bic 1984	R. Bichsel, F. Levy, H. Berger, *J. Phys. C: Solid State Phys.* **1984**, *17*, L19.
Bin 1983	J. J. M. Binsma, W. J. P. van Enckevort, G. W. M. Staarink, *J. Cryst. Growth* **1983**, *61*, 138.
Ble 1992	O. Blenk, E. Bucher, G. Willeke, *Appl. Phys. Lett.* **1993**, *62*, 2093.
Bod 1976	I. V. Bodnar, *Vestsi Akad. Nauk BSSSR, Ser. Khim. Navuk* **1976**, *2*, 124.
Bod 1980	I. V. Bodnar, A. P. Bologa, B. V. Korzun, *Krist. Technik,* **1980**, *15*, 1285.
Bod 1984	I. V. Bodnar, I. T. Bodnar, A. A. Vaipolin, *Cryst. Res. Technol.* **1984**, *19*, 1553.
Bod 1996	I. V. Bodnar, *Inorg. Mater.* **1996**, *32*, 936.
Bod 1997	I. V. Bodnar, *Fiz. Techn. Poluprov.* **1997**, *31*, 49.
Bod 1998	I. V. Bodnar, *Zhurnal Neorg. Khim.* **1998**, *43*, 2090.
Bod 2004	I. V. Bodnar, V. Yu. Rud, Yu. V. Rud, *Inorg. Mater.* **2004**, *40*, 102.
Bon 1970	S. Bontscheva-Mladenova, I. Dukov, *Godisnik na Vissija Chimiko-Technologiceski Institut Sofija* **1970**, *14*, 335.
Bou 1968	R. J. Bouchard, *J. Cryst. Growth* **1968**, *2*, 40.
Bou 1973	R. J. Bouchard, H. J. Kent, *Mater. Res. Bull.* **1973**, *8*, 489.
Bri 1985	J. M. Briceno-Valero, S. A. Lopez-Rivera, L. Martinez, G. Gonzales de Armengol, G. Frias, *Progr. Cryst. Growth Charact.* **1985**, *10*, 159.
Bri 1975	P. Bridenbaugh, B. Tell, *Mater. Res. Bull.* **1975**, *10*, 1127.
Bri 1982	J. W. Brigthwell, B. Ray, C. N. Buckley, *J. Cryst. Growth,* **1982**, *59*, 210.
Buc 1974	P. Buck, *J. Cryst. Growth* **1974**, *22*, 13.
But 1971	S. R. Butler, J. Bouchard, *J. Cryst. Growth* **1971**, *10*, 163.
Car 1972	E. H. Carlson, *J. Cryst. Growth* **1972**, *12*, 162.

Cat 1976	E. Catano, Z. K. Kun, *J. Cryst. Growth* **1976**, *33*, 324.
Cha 1971	J. P. Chapius, A. Niggli, R. Nitsche, *Naturwissenschaften* **1971**, *58*, 94.
Cha 1972	J. P. Chapius, C. H. Gnehn, V. Krämer, *Acta Crystallogr.* **1972**, *B28*, 3128.
Chi 1994	S. Chichibu, S. Shirakata, A. Ogawa, R. Sudo, M. Uchida, Y. Harada, T. Wakiyama, M. Shishikura, S. Matsumoto, *J. Cryst. Growth* **1994**, *140*, 388.
Cho 2001	S.-H. Choe, H.-L. Park, W.-T. Kim, *J. Korean Phys. Soc.* **2001**, *38*, 155.
Cho 2005	S.-H. Choe, M.-S. Jin, W.-T. Kim, *J. Korean Phys. Soc.* **2005**, *47*, 866.
Col 1964	H. Colell, N. Alonso-Vante, S. Fiechter, R. Schieck, K. Diesner, W. Henrion, H. Tributsch, *Mater. Res. Bull.* **1994**, *29*, 1065.
Con 1970	L. E. Conroy, R. J. Bouchard, *Inorg. Synth.* **1979**, *12*, 163.
Cra 2005	D. A. Crandles, M. Reedyk, G. Wardlaw, F. S. Razavi, T. Hagino, S. Nagata, I. Shimono, R. K. Kremer, *J. Phys.: Condens. Matter* **2005**, *17*, 4813.
Cru 2003	M. Cruz, J. Morales, J. P. Espinos, J. Sanz, *J. Solid State. Chem.* **2003**, *175*, 359.
Cur 1970	B. J. Curtis, F. P. Emmenegger, R. Nitsche, *R. C. A. Rev.* **1970**, *31*, 647.
Cur 1987	M. Curti, P. Gastaldi, P. P. Lottici, C. Paorici, C. Razetti, S. Viticoli, L. Zanotti, *J. Solid State Chem.* **1987**, *69*, 289.
Dan 1973	P. N. Dangel, B. J. Wuensch, *J. Cryst. Growth* **1973**, *19*, 1.
Dao 1986	A. Daoudi, H. Noel, *Inorg. Chim. Acta* **1986**, *117*, 183.
Dao 1996	A. Daoudi, M. Lamire, J. C. Levet, H. Noel, *J. Solid State Chem.* **1996**, *123*, 331.
Dav 2002	G. Ye. Davyduk, O. V. Parasyuk, Ya. E. Romanyuk, S. A. Semenyk, V. I. Zaremba, L. V. Piskach, J. J. Koziol, V. O. Halka, *J. Alloys Compd.* **2002**, *339*, 40.
Del 2006	G. E. Delgado, L. Betancourt, V. Sagredo, M. N. C. Moron, *Phys. Status Solidi* **2006**, *203*, 3627.
DeM 1979	M. De Murcia, D. Etienne, J. P. Fillard, *Surf. Sci.* **1979**, *8*, 280.
Dic 1990	J. Dicarlo, K. Albert, K. Dwigth, A. Wold, *J. Solid State Chem.* **1990**, *87*, 443.
Die 1973	R. Diehl, R. Nitsche, *J. Cryst. Growth* **1973**, *20*, 38.
Die 1975	R. Diehl, R. Nitsche, *J. Cryst. Growth* **1975**, *28*, 306.
Dis 1970	J. P. Dismukes, R. T. Smith, *Z. Kristallogr.* **1970**, *132*, 272.
Do 1992	Y. R. Do, K. Dwigth, A. Wold, *Chem. Mater.* **1992**, *4*, 1014.
Dub 1991	I. V. Dubrovin, L. D. Budennaya, E. V. Sharkina, *Izv. Akad. Nauk SSSR, Neorg. Mater.* **1991**, *27*, 244.
Ebi 2006	S. Ebisu, M. Gorai, K. Maekawa, S. Nagata, CP 850, *Low Temperature Physics, 24 th. International Conference on Low Temp. Physics*, **2006**.
Eno 2004	H. Enomoto, T. Kawano, M. Kawaguchi, Y. Takano, K. Sekizawa, *Jpn. J. Appl. Phys.* **2004**, *43*, L123.
Fai 1978	S. P. Faile, *J. Cryst. Growth*, **1978**, *43*, 129.
Fie 1986	S. Fiechter, J. Mai, A. Ennaoui, *J. Cryst. Growth* **1986**, *78*, 438.
Fie 1987	S. Fiechter, H.-M. Kühne, *J. Cryst. Growth* **1987**, *83*, 517.
Fie 1988	S. Fiechter, H. Eckert, *J. Cryst. Growth* **1988**, *88*, 435.
Fil 1991	V. V. Filonenko, B. D. Nechiporuk, N. E. Novoseletskii, V. A. Yukhimchuk, Yu. F. Lavorik, *Izv. Akad. Nauk SSSR, Neorg. Mater.* **1991**, *27*, 1166.
Fin 1974	A. Finley, D. Schleich, J. Ackermann, S. Soled, A. Wold, *Mater. Res. Bull.* **1974**, *9*, 1655.
Fol 1987	J. C. W. Folmer, J. A. Turner, B. A. Parkinson, *J. Solid State Chem.* **1987**, *68*, 28.
Fra 1979	P. Franzosi, C. Ghezzi, E. Gombia, *Mater. Chem.* **1979**, *4*, 557.
Fra 1981	P. Franzosi, C. Ghezzi, E. Gombia, *J. Cryst. Growth* **1981**, *51*, 314.
Fuj 1979a	S. Fujita, H. Mimoto,, H. Takebe, T. Noguchi, *J. Cryst. Growth* **1979**, *47*, 326.
Fuj 1979b	S. Fujiki, Y. Ishazawa, Z. Inoue, *Mineral. J.* **1979**, *9*, 339.

Gar 1997	V. J. Garcia, J. M. Briceno-Valero, L. Martinez, A. Mora, S. Adan Lopez-Rivera, W. Giriat, *J. Cryst. Growth* **1997**, *173*, 222.
Gib 1969	P. Gibart, A. Begouen-Demeaux, *Compt. Rend. Acad. Sci. Paris C* **1969**, *268*, 111.
Gib 1974	P. Gibart, *J. Cryst. Growth* **1974**, *24/25*, 147.
Gol 1973	L. Goldstein, J. L. Dormann, R. Druilhe, M.Guittard, P. Gibart, *J. Cryst. Growth* **1973**, *20*, 24.
Gol 1998	A. V. Golubkov, G. B. Dubrovskii, A. I. Shelyk, A. V. Golubkov, G. B. Dubrovskii, A. I. Shelykh, A. F. Ioffe, *Fizika i Tekhnika Poluprovodnikov* **1998**, *32*, 827.
Got 1995	Y. Gotoh, J. Akimoto, Y. Oosawa, M. Onoda, *Jpn. J. Appl. Phys.* **1995**, Letters, *34(12B)*, L1662.
Got 1998	Y. Gotoh, J. Akimoto, Y. Oosawa, *J. Alloys Compd.* **1998**, *270*, 115.
Got 2004	Y. Gotoh, I. Yamaguchi, Y. Takahashi, J. Akimoto, M. Goto, K. Kawaguchi, N. Yamamoto, M. Onoda, *Solid State Ionics*, **2004**, *172*, 519.
Gra 1995	K. Grasza, E. Janik, A. Mycielski, J. Bak-Misiuk, *J. Cryst. Growth* **1995**, *146*, 75.
Gre 1965	D. L. Greenway, R. Nitsche, *J. Phys. Chem. Solids* **1965**, *26*, 1445.
Gru 2005	S. Gruhl, C. Vogt, J. Vogt, U. Hotje, M. Binnewies, *Microchim. Acta* **2005**, *149*, 43.
Gu 1990	X. Gu, W. Giriat, J. K. Furdyna, *Rare Metals* **1990**, *9*, 139.
Gul 1979	T. N. Guliev, D. I. Zul`fugarly, N. F. Gakhramanov, *Azerb. Khim. Zh.* **1979**, *5*, 89.
Gul 1992	T. N. Guliev, *Izv. Vyssh. Uchebn. Zaved., Khim. Khim. Tekhnol.* **1992**, *35*, 15.
Gus 2003	G. G. Guseynov, N. N. Musaeva, M. G. Kyazumov, I. B. Asadova, O. M. Aliyev, *Inorg. Mater.* **2003**, *39*, 924.
Han 1995	Y. Han, M. Acinc, *J. Amer. Ceram. Soc.* **1995**, *78*, 1834.
Har 1967	H. Hartmann, *Rost Kristallov.* **1967**, *7*, 252.
Har 1974	H. Hartmann, *Kristall Technik* **1974**, *9*, 743.
Har 1977	H. Hartmann, *J. Cryst. Growth* **1977**, *42*, 144.
Har 1987	H. Hartmann, R. Mach, N. Testova, *J. Cryst. Growth* **1987**, *84*, 199.
Har 1989	B. Harbrecht, G. Kreiner, *Z. Anorg. Allg. Chem.* **1989**, *572*, 47.
He 1988	X-C. He, H-S. Shen, P. Wu, K. Dwight, A. Wold, *Mater. Res. Bull.* **1988**, *23*, 799.
Hel 1979	E. E. Hellstrom, R. A. Huggins, *Mater. Res. Bull.* **1979,** *14*, 127.
Hig 1980	S. Higo, M. Oka, T. Numata M. Aoki, *Kagoshima Daigaku Kogakubu Kenkyu Hokoku* **1980**, *22*, 175.
Hin 1987	H. Hinode, M. Wakihara, M. Taniguchi, *J. Cryst. Growth* **1987,** *84*, 413.
Ho 2005	C. H. Ho, *Optics Express*, **2005**, *13*, 8.
Ho 1999	C. H. Ho, Y. S. Huang, P. C. Liao, K. K. Tiong, *J. Phys. Chem. Sol.* **1999**, *60*, 1797.
Hol 1965	H. Holzapfel, E. Butter, U. Stottmeister, *Z. Chem.* **1965**, *5*, 31.
Hon 1969	W. N. Honeyman, *J. Phys. Chem. Solids* **1969**, *30*, 1935.
Hon 1971	W. N. Honeyman, K. H. Wilkinson, *J. Phys. D. Appl. Phys.* **1971**, *4*, 1182.
Hon 1988	E. Honig, H-S. Shen, G-Q. Yao, K. Doverspike, R. Kershaw, K. Dwight, A. Wold, *Mater. Res. Bull.* **1988**, *23*, 307.
Hot 2005a	U. Hotje, R. Wartchow, E. Milke, M. Binnewies, *Z. Anorg. Allg. Chem.* **2005**, *631*, 1675.
Hot 2005b	U. Hotje, R. Wartchow, M. Binnewies, *Z. Anorg. Allg. Chem.* **2005**, *631,* 403.
Hot 2005c	U. Hotje, M. Binnewies, *Z. Anorg. Allg. Chem.* **2005**, *631*, 1682.
Hot 2005d	U. Hotje, R. Wartchow, M. Binnewies, *Z. Naturforsch.* **2005**, *60b*, 1235.

Hot 2005e	U. Hotje, C. Rose, M. Binnewies, *Z. Anorg. Allg. Chem.* **2005**, *631*, 2501.
Hot 2005f	U. Hotje, M. Binnewies, *Z. Anorg. Allg. Chem.* **2005**, *631*, 2467.
Hot 2005g	U. Hotje, R. Wartchow, M. Binnewies, *Z. Naturforsch.* **2005**, *60b*, 1241.
Hua 1988	Y.-S. Huang, S.-S. Lin, *Mater. Res. Bull.* **1988**, *23*, 277.
Hwa 1978	H. L. Hwang, C. Y. Sun, C. Y. Leu, C. L. Cheng, C. C. Tu, *Rev. Phys. Appl.* **1978**, *13*, 745.
Hwa 1980	H. L. Hwang, B. H. Tseng, *Solar Energy Mater.* **1980**, *4*, 67.
Ino 1984	M. Inoue, H. Negishi, *J. Phys. Soc. Jpn.* **1984**, *53*, 943.
Ish 1978a	H. Ishizuki, I. Nakada, *Jpn. J. Appl. Phys.* **1978**, *17*, 43.
Ish 1978b	H. Ishizuki, *Jpn. J. Appl. Phys.* **1978**, *17*, 1171.
Ish 1978c	H. Ishizuki, I. Nakada, *J. Cryst. Growth* **1978**, *44*, 632.
Ito 1979	K. Ito, Y. Matsuura, *Proc. Electrochem. Soc.* **1979**, *79*, 281.
Jei 1975	W. Jeitschko, P. C. Donohue, *Acta Crystallogr.* **1975**, *B31*, 1890.
Jin 1998	M.-S. Jin, Y.-G. Kim, B.-S. Park, D.-I. Yang, H.-J. Lim, H.-L. Park, W.-T. Kim, *Inst. Phys. Conf. Ser. No. 152:Section C,* Salford **1997**, IOP Publishing Ltd., **1998**.
Jon 1962	F. Jona, *J. Phys. Chem. Solids* **1962**, *23*, 1719.
Jon 1963	F. Jona, *J. Chem. Phys.* **1963**, *38*, 346.
Jon 1964	F. Jona, G. Mandel, *J. Phys. Chem. Solids* **1964**, *25*, 187.
Jos 1981	N. V. Joshi, L. Martinez, E. Echeverria, *J. Phys. Chem. Solids* **1981**, *42*, 281.
Jos 1993	S. Joshi, D. Lakshminarayana, P. K. Garg, M. K. Agarwal, *Ind. J. Pure Appl. Phys.* **1993**, *31*, 651.
Jos 1994	S. Joshi, D. Lakshminarayana, P. K. Garg, M. K. Agarwal, *Cryst. Res. Technol.* **1994**, *29*, 109.
Kai 1995	T. Kai, M. Kaifuku, I. Aksenov, K. Sato, *Jpn. J. Appl. Phys.* **1995**, *34*, 4682.
Kal 1965	E. Kaldis, *J. Phys. Chem. Solids,* **1965**, *26*, 1697.
Kal 1969	E. Kaldis, *Z. Kristallogr.* **1969**, *128*, 444.
Kal 1972	E. Kaldis, *J. Cryst. Growth* **1972**, *17*, 3.
Kal 1974	E. Kaldis, *Principles of the vapour growth of single crystals.* In: C. H. L. Goodman (Ed.) *Crystal Growth, Theory and Techniques.* Vol. 1. **1974**, 49.
Kal 1987	J. A. Kalomiros, A. N. Anagnostopoulos, J. Spyridelis, *Mater. Res. Bull.* **1987**, *22*, 1307.
Kha 1984	A. Khan, N. Abreu, L. Gonzales, O. Gomez, N. Arcia, D. Aguilera. S. Tarantino, *J. Cryst. Growth* **1984**, *69*, 241.
Kim 1991	D. T. Kim, K. S. Yu, W. T. Kim, *New Phys.* (Korean Physical Soc.) **1991**, *31*, 477.
Kim 1993	K. Kimoto, K. Masumoto, Y. Noda, K. Kumazawa, T. Kiyosawa, N. Koguchi, *Jpn. J. Appl. Phys., Part 1,* **1993**, 32 (Suppl. 32-3, Proceedings of the 9th International Conference of Ternary and Multinary Compounds, **1993**), 187.
Kit 1987	M. Kitagawa, Y. Tomomura, S. Yamaue, S. Nakajima, *Sharp Technical Journal* **1987**, *27*, 13.
Kni 1999	S. Knitter, M. Binnewies, *Z. Anorg. Allg. Chem.* **1999**, *625*, 1582.
Kni 2000	S. Knitter, M. Binnewies, *Z. Anorg. Allg. Chem.* **2000**, *626*, 2335.
Kor 2002	Y. V. Korostelin, V. I. Kozlovsky, *Phys. Status Solidii* **2002**, *B229*, 5.
Kou 1988	K. Kourtakis, J. DiCarlo, R. Kershaw, K. Dwigth, A. Wold, *J. Solid State Chem.* **1988**, *76*, 186.
Koy 2000	M. Koyano, H. Watanabe, Y. Yamura, Y. Tsuji, S. Katayama, *Mol. Cryst. Liq. Cryst.* **2000**, *341*, 33.
Kra 1965	L. Krausbauer, R. Nitsche, P. Wild, *Phys.* **1965**, *31*, 113.
Kra 1975	G. Krabbes, H. Oppermann, E. Wolf, *Z. Anorg. Allg. Chem.* **1975**, *416*, 65.
Kra 1976a	G. Krabbes, H. Oppermann, E. Wolf, *Z. Anorg. Allg. Chem.* **1976**, *421*, 111.

Kra 1976b	G. Krabbes, H. Oppermann, E. Wolf, *Z. Anorg. Allg. Chem.* **1976**, *423*, 212.
Kra 1978	G. Krabbes, H. Oppermann, J. Henke, *Z. Anorg. Allg. Chem.* **1978**, *442*, 79.
Kra 1979	G. Krabbes, H. Oppermann, *Z. Anorg. Allg. Chem.* **1979**, *450*, 27.
Kra 1980	G. Krabbes, H. Oppermann, H. Henke, *Z. Anorg. Allg. Chem.* **1980**, *470,* 7.
Kra 1981	G. Krabbes, H. Oppermann, *Z. Anorg. Allg. Chem.* **1981**, *481*, 13.
Kra 1984a	G. Krabbes, H. Oppermann, *Z. Anorg. Allg. Chem.* **1984**, *511*, 19.
Kra 1984b	G. Krabbes, J. Klosowski, H. Oppermann, H. Mai, *Cryst. Res. Technol.* **1984**, *19,* 491.
Kra 1997	G. Krauss, V. Kramer, A. Eifler, V. Riede, S. Wenger, *Cryst. Res. Technol.* **1997**, *32*, 223.
Krä 1970	V. Krämer, R. Nitsche, J. Ottemann, *J. Cryst. Growth* **1970**, *7*, 285.
Krä 1971	V. Krämer, R. Nitsche, *Z. Naturforsch.* **1971**, *26b*, 1074.
Krä 1976	V. Krämer, *Thermochim. Acta* **1976**, *15*, 205.
Krä 1980	V. Krämer, K. Berroth, *Mater. Res. Bull.* **1980**, *15*, 299.
Kre 1993	B. Krebs, A. Schiemann, M. Läge, *Z. Anorg. Allg. Chem.* **1993**, *619*, 983.
Kry 2007	G. Kryukova, M. Heuer, Th. Doering, K. Bente, *J. Cryst. Growth* **2007**, *306*, 212.
Kul 1987	L. M. Kulikov, *Izv. Akad. Nauk SSSR, Neorg. Mater.* **1987**, *23*, 681.
Kur 1980	T. K. Kurbanov, P. G. Rustamov, *Izv. Akad. Nauk SSSR, Neorg. Mater.* **1980**, *16*, 611.
Kus 1998	T. Kusawake, Y. Takahashi, K. Oshima, *Mater. Res. Bull.* **1998**, *33*, 1009.
Lah 1981	N. Lahlou, G. Masse, *J. Appl. Phys.* **1981**, *52*, 978.
Lam 1972	V. G. Lamprecht, *Mater. Res. Bull.* **1972**, *7*, 1411.
Lap 1962	F. Lappe, A. Niggli, R. Nitsche, J. G. White, *Z. Kristallogr.* **1962**, *117*, 146.
Lee 2003	S.-J. Lee, J.-E. Kim, H. Y. Park, *J. Mater. Res.* **2003**, *18*, 733.
Lei 1980	M. Leiss, *J. Phys. Solid State Phys.* **1980**, *13*, 151.
Len 1971	E. Lendvay, *J. Cryst. Growth* **1971**, *10*, 77.
Len 1975	E. Lendvay, *Acta Technica Scientiarium Hungaria* **1975**, *80*, 151.
Len 1979	N. Le Nagard, A. Katty, G. Collin, O. Gorochov, A. Willig, *J. Solid State Chem.* **1979**, *27*, 267.
Lev 1983	F. Levy, H. Berger, *J. Cryst. Growth* **1983**, *61*, 61.
Lia 2009	C. H. Lia Y. H. Chan, K. K. Tiog, Y. S. Huang, Y. M. Chen, D. O. Dumenco, C. H. Ho, *J. Alloys and Compd.*, **2009**, *480*, 94.
Lie 1969	R. M. A. Lieth, C. W. M. van der Heijden, J. W. M. van Kessel, *J. Cryst. Growth* **1969**, *5*, 251.
Lie 1972	R. M. A. Lieth, *Phys. Status Solidi* **1972**, *12*, 399.
Lin 1992	S.-S. Lin, J.-K. Huang, Y.-S. Huang, *Mater. Res. Bull.* **1992**, *27*, 177.
Lip 1993	V. I. Lipnitskii, V. A. Savchuk, B. V. Korzun, G. I. Makovetskii, G. P. Popelnjuk, *Jpn. J. Appl. Phys.* **1993**, *32*, Suppl. 32-3, 635.
Loc 2004a	S. Locmelis, M. Binnewies, *Z. Anorg. Allg. Chem.* **2005**, *630*, 1301.
Loc 2004b	S. Locmelis, M. Binnewies, *Z. Anorg. Allg. Chem.* **2005**, *630*, 1308.
Loc 2005a	S. Locmelis, U. Hotje, M. Binnewies, *Z. Anorg. Allg. Chem.* **2005**, *631*, 3080.
Loc 2005b	S. Locmelis, E. Milke, M. Binnewies, S. Gruhl, C. Vogt, *Z. Anorg. Allg. Chem.* **2005**, *631*, 1667.
Loc 2005c	S. Locmelis, U. Hotje, M. Binnewies, *Z. Anorg. Allg. Chem.* **2005**, *631*, 672.
Loc 2007	S. Locmelis, C. Brünig, M. Binnewies, A. Börger, K.-D. Becker, T. Homann, T. Bredow, *J. Mater. Sci.* **2007**, *42*, 1965.
Lop 1998	S. A. Lopez-Rivera, B. Fontal, J. A. Henao, E. Mora, W. Giriat, R. Vargas, *Institute of Physics Conference Series* **1998**, *152* (Ternary and Multinary Compounds), 175.
Lut 1968	H. D. Lutz, Cs. Lovasz, *Angew. Chem.* **1968**, *80,* 562.

Lut 1970	H. D. Lutz, Cs. Lovasz, K. H. Bertram, M. Sreckovic , U. Brinker, *Monatsh. Chemie* **1970**, *101*, 519.
Lut 1973a	H. D. Lutz, K. H. Bertram, *Z. Anorg. Allg. Chem.* **1973**, *401*, 185.
Lut 1973b	H. D. Lutz, K. H. Bertram, M. Sreckovic, W. Molls, *Z. Naturforsch.* **1973**, *28b*, 685.
Lut 1974	H. D. Lutz, K. H. Bertram, G. Wribel, M. Ridder, *Monatsh. Chemie* **1974**, *105*, 849.
Lut 1989	H. D. Lutz, W. Becker, B. Mueller, M. Jung, *J. Raman Spectrosc.* **1989**, *20*, 99.
Mäh 1982	D. Mähl, J. Pickardt, B. Reuter, *Z. Anorg. Allg. Chem.* **1982**, *491*, 203.
Mäh 1984	D. Mähl, J. Pickardt, B. Reuter, *Z. Anorg. Allg. Chem.* **1984**, *516*, 102.
Ma 2008	J. Ma, H. Jin, X. Liu, M. E. Fleet, J. Li, X. Cao, S. Feng, *Cryst. Growth Des.* **2008**, *8*, 4460.
Mam 1988	A. I. Mamedov, T. M. Iljasov, P. G. Rustamov, F. G. Akperov, *Zh. Neorg. Khim.* **1988**, *33*, 1103.
Mar 1983	J. V. Marzik, A. K. Hsieh, K. Dwight, A. Wold, *J. Solid State Chem.* **1983**, *49*, 43.
Mar 1984	J. V. Marzik, R. Kershaw, K. Dwight, A. Wold, *J. Solid State Chem.* **1984**, *51*, 170.
Mar 1998	K. Mariolacos, *N. Jahrb. Mineral. Monatsh.* **1998**, 164. K. Mariolacos, *N. Jb. Miner. Mh.* **1999**, 415.
Mar 1999	K. Mariolacos, *N. Jahrb. Mineral. Monatsh.* **1999**, 415.
Mas 1990	H. Massalski, *Binary Alloy Phase Diagrams*, 2nd Ed. ASN International, **1990.**
Mat 1983	K. Matsumoto, K. Takagi, *J. Cryst. Growth* **1983**, *62*, 389.
Mat 1986	K. Matsumoto, G. Shimaoka, *J. Cryst. Growth* **1986**, *79*, 723.
Mat 1988	K. Matsumoto, *Shizuoka Daigaku Denshi Kogaku Kenkyusho Kenkyu Hokoku* **1988**, *23*, 127.
Men 2006	F. Menzel, R. Kaden, D. Spemann, K. Bente, T. Butz, *Nucl. Instr. Meth. Phys. Res. B* **2006**, *249*, 478.
Mer 1973	J. Mercier, J. C. Bruyere, *Bull. Soc. Scie. De Bretagne* **1973**, *48*, 135.
Mic 1990	G. Micocci, R. Rella, P. Siciliano, A. Tepore, *J. Appl. Phys.* **1990**, *68*, 138.
Min 1980	T. Minagawa, *J. Phys. Soc. Jpn.* **1980**, *49*, 2317.
Moc 2001	K. Mochizuki, N. Kuroishi, K. Kimoto, *Ishinomaki Senshu Daigaku Kenkyu Kiyo* **2001**, *12*, 37.
Mur 1973	S. Muranka, T. Takada, *Bull Inst. Chem. Res. Kyoto Univ.* **1973**, *51*, 287.
Mus 1975	F. M. Mustafaev, F. I. Ismailiv, *Izv. Akad. Nauk SSSR, Neorg. Mater.* **1975**, *11*, 1552.
Nak 1978	I. Nakada, M. Kubota, *J. Cryst. Growth* **1978**, *43*, 711.
Nak 1984	I. Nakada, Y. Ishihara, *Jpn. J. Appl. Phys.* **1984**, *23*, 677.
Nam 2008	Y. Nambu, M. Ichihara, Y. Kiuchi, S. Nakatsuji, Y. Maeno, *J. Cryst. Growth* **2008**, *310*, 1881.
Neu 1989	H. Neumann, W. Kissinger, F. Levy, H. Sobotta, V. Riede, *Cryst. Res. Technol.* **1989**, *24*, 1165.
Nis 1978	T. Nishinaga, R. M. A. Lieth, *J. Cryst. Growth* **1973**, *20*, 109.
Nit 1960	R. Nitsche, *J. Phys. Chem. Solids* **1960**, *17*, 163.
Nit 1961	R. Nitsche, H. U. Bölsterli, M. Lichtensteiger, *J. Phys. Chem. Solids* **1961**, *21*, 199.
Nit 1962	R. Nitsche, D. D. Richman, *Z. Elektrochem.* **1962**, *66*, 709.
Nit 1964	R. Nitsche, *Z. Kristallogr.* **1964**, *120*, 229.
Nit 1967a	R. Nitsche, *J. Phys. Chem. Solids, Suppl.* **1967**, *1*, 215.
Nit 1967b	R. Nitsche, D. Sargant, P. Wild, *J. Cryst. Growth* **1967**, *1*, 52.

Nit 1968	R. Nitsche, P. Wild, *J. Cryst. Growth* **1968**, *3/4*, 153.
Nit 1970	R. Nitsche, P. Wild, *Mater. Res. Bull.* **1970**, *5*, 419.
Nit 1971	R. Nitsche, *J. Cryst. Growth* **1971**, *9*, 238.
Nod 1990a	K. Noda, N. Matsumura, S. Otsuka, K. Matsumoto, *J. Electrochem. Soc.* **1990**, *137*, 1281.
Nod 1990b	K. Noda, T. Kurasawa, N. Sugai, Y. Furukawa, *J. Cryst. Growth* **1990**, *99*, 757.
Nod 1991	K. Noda, T. Kurasawa, Y. Furukawa, *J. Cryst. Growth* **1991**, *115*, 802.
Nod 1998	K. Noda, Y. Furukawa, S. Nakazawa, *Mem. Fac. Sci. Eng. Stimane Univ. Ser.* **1998**, *A 32*, 19.
Odi 1975	J. P. Odile, J. J. Steger, A. Wold, *Inorg. Chem.* **1975**, *14*, 2400.
Oh 1997a	S.-K. Oh, W.-T. Kim, E.-J. Cho, M.-S. Jin, H.-G. Kim, C.-D. Kim, *J. Kor. Phys. Soc.* **1997**, *31*, 677.
Oh 1997b	S.-K. Oh, W.-T. Kim, M.-S. Jin, C.-S. Yun, S.-H. Choe, C.-D. Kim, *J. Kor. Phys. Soc.* **1997**, *31*, 681.
Oh 1999	S.-K. Oh, H.-J. Song, T.-Y. Park, H.-G. Kim, S.-H. Choe, *Semicond. Sci. Technol.* **1999**, *14*, 848.
Ohg 1994	T. Ohgoh, I. Aksenov, Y. Kudo, K. Sato, *Jpn. J. Appl. Phys.* **1994**, *33*, 962.
Ohn 1996	Y. Ohno, *Phys. Rev. B: Condens. Matter Mater. Phys.* **1996**, *54*, 11693.
Ohn 2005	Y. Ohno, *J. Solid State Chem.* **2005**, *178*, 1539.
Oka 1974	F. Okamoto, K. Ametani, T. Oka, *Jpn. J. Appl. Phys.* **1974**, *13*, 187.
Paj 1980	A. Pajaczkowska, *J. Cryst. Growth* **1980**, *49*, 563.
Paj 1983	A. Pajaczkowska, *Mater. Res. Bull.* **1983**, *18*, 397.
Pal 1982a	W. Palosz, M. J. Kozielsky, B. Palosz, *J. Cryst. Growth* **1982**, *58*, 185.
Pal 1982b	W. Palosz, *J. Cryst. Growth* **1982**, *60*, 57.
Pal 1983	W. Palosz, *J. Cryst. Growth* **1983**, *61*, 412.
Pal 1986	B. Palosz, W. Palosz, S. Gierlotka, *Bull. Mineral.* **1986**, *109*, 143.
Pao 1977a	C. Paorici, L. Zanotti, *Mater. Res. Bull.* **1977**, *12*, 1207.
Pao 1977b	C. Paorici, C. Pelosi, G. Attolini, *J. Cryst. Growth* **1977**, *37*, 9.
Pao 1978	C. Paorici, L. Zanotti, G. Zucalli, *J. Cryst. Growth* **1978**, *43*, 705.
Pao 1980	C. Paorici, L. Zanotti, *Mater. Chem.* **1980**, *5*, 337.
Pao 1982	C. Paorici, L. Zanotti, M. Curti, *Cryst. Es. Techn.* **1982**, *17*, 917.
Pas 1998	W. Paskowicz, J. Domagala, Z. Golacki, *J. Alloys Compd.* **1998**, *274*, 128.
Pat 1993	S. G. Patel, S. H. Chaki, A. Agarwal, *Phys. Status Solidi A* **1993**, *140*, 207.
Pat 1997	D. H. Patel, S. G. Patel, S. K. Arora, M. K. Agarwal, *Cryst. Res. Technol.* **1997**, *32*, 701.
Pat 1998	D. H. Patel, S. K. Arora, M. K. Agarwal, *Bull. Mater. Sci.* **1998**, *21*, 297.
Pat 2005	K. Patel, J. Prajapati, R. Vaidya, S. G. Patel, *Ind. J. Phys.* **2005**, *79*, 373.
Per 1973	A. Perrin, C. Perrin, R. Chevrel, M. Sergent, R. Brochu, J. Padiou, *Bull. Soc. Sci. Bretagne* **1973**, *48*, 141.
Per 1978	E. Yu. Peresch, W. W. Zigika, N. P. Stasjuk, J. W. Galagowez, A. W. Gapak, *Izv. Wyssch. Utsch. Saw.* **1978**, *21*, 1070.
Pes 1971	P. Peshev, W. Piekarczyk, S. Gazda, *Mater. Res Bull.* **1971**, *6*, 479.
Phi 1971	H. von Philipsborn, *J. Cryst. Growth* **1971**, *9*, 296.
Pic 1970	J. Pickardt, E. Riedel, B. Reuter, *Z. Anorg. Allg. Chem.* **1970**, *373*, 15.
Pic 1971	J. Pickardt, E. Riedel, *J. Solid State Chem.* **1971**, *3*, 67.
Pie 1970	W. Piekarczyk, P. Peshev, *J. Cryst. Growth* **1970**, *6*, 357.
Pin 1970	H. L. Pinch, L. Ekstrom, *R. C. A. Rev.* **1970**, *31*, 692.
Pos 1984	E. Post, V. Krämer, *Mater. Res. Bull.* **1984**, *19*, 1607.
Pra 2007	P. Prabukanthan, R. Dhansekaran, *Cryst. Growth Des.* **2007**, *7*, 618.
Pro 1979	V. A. Prokhorov, E. N. Kholina, A. V. Voronin, *Izv. Akad. Nauk SSSR, Neorg. Mater.* **1979**, *15*, 1923.

Que 1975	P. Quenez, A. Maurer, O. Gorochov, *J. Phys.* **1975**, *36*, 83.
Rab 1967	A. Rabenau, H. Rau, *Z. Phys. Chem.* **1967**, *53*, 155.
Rad 1980	S. I. Radautsan, V. I. Tezlevan, K. G. Nikiforov, *J. Cryst. Growth* **1980**, *49*, 67.
Rao 1995	Y. K. Rao, C. H. Raeder, *J. Mater. Synth. Process.* **1995**, *3*, 49.
Rao 2000	Y. K. Rao, C. H. Raeder, *Schriften des Forschungszentrums Jülich, Reihe Energietechnik, High Temperature Materials Chemistry* **2000**, *15*, 189.
Rem 1998	M. Remskar, Z. Skraba, C. Ballif, R. Sanjines, F. Levy, *Adv. Mater.* **1998**, *10*, 246.
Rem 1999	M. Remskar, Z. Skraba, C. Ballif, R. Sanjines, F. Levy, *Surface Sci.* **1999**, *433–435*, 637.
Rem 2002	M. Remskar, A. Mrzel, F. Levy, in: *Perspectives of Fullerene Nanotechnology*, 113 Kluwer Academic Publ. Dordrecht, **2002**.
Rim 1972	H. P. B. Rimmington, A. Balchin, B. K. Tanner, *J. Cryst. Growth* **1972**, *15*, 51.
Rim 1974	H. P. B. Rimmington, A. Balchin, B. K. Tanner, *J. Cryst. Growth* **1972**, *21*, 171.
Ros 2004	C. Rose, M. Binnewies, *Z. Anorg. Allg. Chem.* **2004**, *630*, 1296.
Rus 1969	P. G. Rustamov, B. A. Geidarov, *Azerb. Khim. Zh.* **1969**, *2*, 143.
Sae 1974	M. Saeki, M. Nakano, M. Nakahira, *J. Cryst. Growth* **1974**, *24/25*, 154.
Sae 1976	M. Saeki, *J. Cryst. Growth* **1976**, *36*, 77.
Sae 1977	M. Saeki, *Mater. Res. Bull.* **1977**, *12*, 773.
Sae 1978	M. Saeki, *J. Cryst. Growth* **1978**, *45*, 25.
Sae 1982	M. Saeki, M. Onoda, *Bull. Chem. Soc. Jpn.* **1982**, *55*, 113.
Sag 1995	V. Sagredo, H. Romero, L. Betancourt, J. Alvarez, G. Attolini, C. Pelosi, *Mater. Sci. Forum* **1995**, *182–184*, 467.
Sag 1998	V. Sagredo, L. Nieves, G. Attolini, *Institute of Physics Conference Series* **1998**, *152*, 677.
Sag 2004	V. Sagedo, L. Betancourt, L. M. de Chalbaud, G. E. Delgado, *Cryst. Res. Technol.* **2004**, *39*, 873.
Sam 1961a	H. Samelson, *J. Appl. Phys.* **1961**, *32*, 309.
Sam 1961b	H. Samelson, V. A. Brophy, *J. Electrochem Soc.* **1961**, *108*, 150.
Sam 1962	H. Samelson, *J. Appl. Phys.* **1962**, *33*, 1779.
Sav 2000	Proc. 12th Int. Conf. Ternary and Multinary Compounds, *Jpn. J. Appl. Phys.* **2000**, *39*, Suppl. 39-1, 69.
Sch 1962	H. Schäfer, *Chemische Transportreaktionen*, Verlag Chemie, Weinheim, **1962**.
Sch 1968	H. Schäfer, F. Wehmeier, M. Trenkel, *J. Less-Common Met.* **1968**, *16*, 290.
Sch 1971	H. Schäfer, *J. Cryst. Growth* **1971**, *9*, 17.
Sch 1973a	H. Schäfer, T. Grofe, M. Trenkel, *J. Solid State Chem.* **1971**, *8*, 14.
Sch 1973b	H. Schäfer, *Z. Anorg. Allg. Chem.* **1973**, *400*, 253.
Sch 1978	H. Schäfer, H, Plautz, C. Balarew, J. Bazelkov, *Z. Anorg. Allg. Chem.* **1978**, *440*, 130.
Sch 1980	H. Schäfer, *Z. Anorg. Allg. Chem.* **1980**, *471*, 21.
Sch 1981	H. Schäfer, *Z. Anorg. Allg. Chem.* **1981**, *475*, 201.
Sch 1982	H. Schäfer, *Z. Anorg. Allg. Chem.* **1982**, *486*, 33.
Schl 2009	A. Schlechte, K. Meier, R. Niewa, Y. Prots, M. Schmidt, R. Kniep, *Z. Kristallogr. NCS* **2009**, *224*, 375.
Schö 1999	J. H. Schön, E. Bucher, *Phys. Status Solidi* **1999**, *171*, 511.
Schu 1979	M. Schulte-Kellinghaus, V. Krämer, *Acta Crystallogr.* **1979**, *B35*, 3016.
Schu 1982	M. Schulte-Kellinghaus, V. Krämer, *Z. Naturforsch.* **1982**, *37B*, 390.
Sen 2004	O. Senthil Kumar, S. Soundeswaran, R. Dhanasekaran, *Mater. Chem. Phys.* **2004**, *87*, 75.
Sev 1970	V. G. Sevast`yanov, G. V. Ellert, V. K. Slovyanskikh, *Zh. Neorg. Khim.* **1972**, *17*, 16.

Shi 1988	Y. J. Shin, B. H. Park, H. K. Min, T. S. Jeong, Y. W. Seo, P. W. Rho, P. Y. Yu, *New Physics (Kor. Phys. Soc.)* **1988**, *28*, 616.
Shi 1989	Y. J. Shin, B. H. Park, T. S. Jeong, Y. W. Seo, K. S. Rheu, T. S. Kim, S. Kang, P. Y. Yu, *New Physics (Kor. Phys. Soc.)* **1989**, *29*, 275.
Shi 1990	T. Shibata, N. Kambe, Y. Muranushi, T. Miura, T. Kishi, *J. Phys. D: Appl. Phys.* **1990**, *23*, 719.
Shi 1991	T. Shibata, N. Kambe, Y. Muranushi, T. Miura, T. Kishi, *J. Phys. Chem. Solids* **1991**, *52*, 551.
Shi 1992	Y. J. Shin, T. S. Jeong, H. K. Shin, K. S. Rheu, T. S. Kim, S. Kang, J. H. Song, *New Physics (Kor. Phys. Soc.)* **1992**, *32*, 91.
Sie 1983	K. Sieber, B. Fotouhi, O. Gorochov, *Mater. Res. Bull.* **1983**, *18*, 1477.
Sim 1980	C. T. Simpson, W. Imaino, W. M. Becker, *Phys. Rev.* **1980**, *B 22*, 911.
Ska 1963	M. Skala, K. Hauptmann, *Z. Naturforsch.* **1963**, *18a*, 368.
Smi 1967	P. K. Smith, L. Cathey, *J. Electrochem. Soc.* **1967**, *114*, 973.
Sol 1976	S. Soled, A. Wold, O. Gorochov, *Mat. Res. Bull* **1976**, *11*, 927.
Sti 1992	T. Stingl, B. Mueller, H. D. Lutz, *J. Alloys Compd.* **1992**, *184*, 275.
Taf 1996a	M. J. Tafreshi, K. Balakrishnan, R. Dhanasekaran, *Il Nuovo Cimento* **1996**, *18D*, 471.
Taf 1996b	M. J. Tafreshi, K. Balakrishnan, J. Kumar, R. Dhanasekaran, *Ind. J. Pure Appl. Phys.* **1996**, *34*, 18.
Tan 1995	K. Tanaka, T. Ohgoh, K. Kimura, H. Yamamoto, *Jpn. J. Appl. Phys. Lett.* **1995**, 34, L1651.
Tan 1997	S. Tanaka, S. Kawami, H. Kobayashi, H. Sasakura, *J. Phys. Chem. Solids* **1977**, *38*, 680.
Tan 1980	M. Taniguchi, M: Wakihara, Y. Shirai, *Z. Anorg. Allg. Chem.* **1980**, *461*, 234.
Tan 1989	K. Tanaka, K. Ishii, S. Matsuda, Y. Hasegawa, K. Sato, *Jpn. J. Appl. Phys. Lett.* **1989**, *28*, 12.
Tay 1973	B. E. Taylor, J. Steger, A. Wold, *J. Solid State Chem.* **1973**, *7*, 461.
Tho 1983	A. E. Thomas, G. J. Russel, J. Woods, *J. Cryst. Growth* **1983**, *63*, 265.
Tom 1995	Y. Tomm, R. Schiek, K. Ellmer, S. Fiechter, *J. Cryst. Growth* **1995**, *146*, 271.
Tom 1998	Y. Tomm, S. Fiechter, K. Diener, H. Tributsch, *Int. Phys. Conf. Ser.* No 152: *Section A, Int. Conf. on Ternary and Multinary Compounds*, IMTMC-11, Salford **1997**, p. 167.
Tsa 1994	M.-Y. Tsay, S.-H. Chen, C.-S. Chen, Y.-S. Huang, *J. Cryst. Growth* **1994**, *144*, 91.
Tsu 2006	N. Tsujii, Y. Imanaka, T. Takamasu, H. Kitazawa, G. Kido, *J. Alloys Compd.* **2006**, *408–412*, 791.
Uji 1971	S. Ujiie, Y. Kotera, *J. Cryst. Growth* **1971**, *10*, 320.
Uji 1976	S. Ujiie, *Denki Kagaku* **1976**, *44*, 22.
Val 1970	Y. Valov, A. Paionchkovska, *Izv. Akad. Nauk SSSR, Neorg. Mater.* **1970**, *6*, 241.
Van 1969	C. B. Van den Berg, J. E. van Delden, J. Boumann, *Phys. Status Solidi* **1969**, *36*, K 89.
Vaq 2009	P. Vaqueiro, I. Szkoda, D. Sanchez, A. V. Powell, *Inorg. Chem.* **2009**, *48*, 1284.
Ven 1986a	B. Vengatesan, N. Kanniah, P. Ramasamy, *J. Mater. Sci. Lett.* **1986**, *5*, 984.
Ven 1986b	B. Vengatesan, N. Kanniah, P. Ramasamy, *J. Mater. Sci. Lett.* **1986**, *5*, 595.
Ven 1987	B. Vengatesan, N. Kanniah, P. Ramasamy, *Mater. Chem. Phys.* **1987**, *17*, 311.
Ven 1988	B. Vengatesan, N. Kanniah, P. Ramasamy, *Mater. Sci. Eng.* **1988**, *A104*, 245.
Vir 2007	M. Virsek, A. Jesih, I. Milosevic, M. Damnjanovic, M. Remskar, *Surface Science* **2007**, *601*, 2868.
Vol 1993	V. V. Volkov, C. van Heurck, J. van Landuyt, S. Amelinckx, E. G. Zhukov, E. S. Polulyak, V. M. Novotortsev, *Cryst. Res. Technol.* **1993**, *28*, 1051.

Wak 1982	M. Wakihara, K. Kinoshita, H. Hinode, M. Taniguchi, *J. Cryst. Growth* **1982**, *56*, 157.
Wan 1972	R. Wandji, J. K. Kom, *Compt. Rend. Acad. Sci.* **1972**, *C 275*, 813.
War 1987	T. Warminski, M. Kwietniak, W. Giriat, L. L. Kazmerski, J. J. Loferski, *Ternary Multinary Comp. Proc. Int. Conf* 7th **1987**, 127.
Wat 1972	T. Watanabe, *J. Phys. Soc. Jpn.* **1972**, *32*, 1443.
Wat 1978	T. Watanabe, I. Nakada, *Jpn. J. Appl. Phys.* **1978**, *17*, 1745.
Whi 1978	C. R. Whitehouse, A. A. Balchin, *J. Cryst. Growth* **1978**, *43*, 727.
Whi 1979	C. R. Whitehouse, A. A. Balchin, *J. Cryst. Growth* **1979**, *47*, 203.
Wid 1971	R. Widmer, *J. Cryst. Growth* **1971**, *8*, 216.
Wie 1969	H. Wiedemeier, A. G. Sigai, *J. Cryst. Growth* **1969**, *6*, 67.
Wie 1979	H. Wiedemeier, F. J. Csillag, *J. Cryst. Growth* **1979**, *46*, 189.
Wol 1978	E. Wolf, H. Oppermann, G. Krabbes, W. Reichelt, *Current Topics in Materials Science* **1978**, *1*, 697.
Wu 1988	P. Wu, X-C. He, K. Dwight, A. Wold, *Mater. Res. Bull.* **1988**, *23*, 1605.
Wu 1989	P. Wu, R. Kershaw, K. Dwight, A. Wold, *Mater. Res. Bull.* **1989**, *24*, 49.
Yam 1974	S. Yamada, Y. Matsuno, J. Nanjo, S. Nomura, S. Hara, *Muroran Kogyo Daigaku Kenkyu Hokoku* **1974**, *8*, 451.
Yam 1975	Y. Yamamoto, N. Toghe, T. Miyauchi, *Jpn. J. Appl. Phys.* **1975**, *14*, 192.
Yam 1979	S. Yamada, J. Nanjo, S. Nomura, S. Hara, *J. Cryst. Growth* **1979**, *46*, 10.
Yao 1994	X. Yao, J. M. Honig, *Mater. Res. Bull.* **1994**, *29*, 709.
Yen 2002	P. C. Yen, M. J. Chen, Y. S. Huang, C. H. Ho, K. K. Tiong, *J. Phys.: Condens. Matt.* **2002**, *14*, 4737.
Yen 2004	P. C. Yen, Y. S. Huang, K. K. Tiong, *J. Phys.: Condens. Matt.* **2004**, *16*, 2171.
Yim 1973	W. M. Yim, A. K. Fan, E. J. Stofko, *J. Electrochem. Soc.* **1973**, *120*, 441.
Zhu 2008	X. D. Zhu, Y. P. Sun, X. B. Zhu, X. Luo, B. S. Wang, G. Li, Z. R. Yang, W. H. Song, J. M. Dai, *J. Cryst. Growth* **2008**, *311*, 218.
Zul 1974	D. I. Zul'fugarly, B. A. Geidarov, *Azerb. Khim. Zh.* **1974**, *2*, 110.
Zuo 2002a	R. Zuo, W. Wang, *J. Cryst. Growth* **2002**, *236*, 687.
Zuo 2002b	R. Zuo, W. Wang, *J. Cryst. Growth* **2002**, *236*, 695.

Nach Redaktionsschluss erschienen zu diesem Thema weiterhin:

M. Binnewies, S. Locmelis, B. Meyer, A. Polity, D. M. Hofmann, H. v. Wenckstern, *Progr. Solid. State. Chem.* **2009**, *37*, 57.

R. Lauck *J. Cryst. Growth* **2010**, *312*, 3642.

7.2 Transport von Seleniden

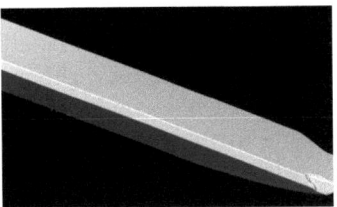

Sb$_2$Se$_3$

H																	He
Li	Be											B	C	N	O	F	Ne
Na	Mg											Al	Si	P	S	Cl	Ar
K	Ca	Sc	Ti	V	Cr	Mn	Fe	Co	Ni	Cu	Zn	Ga	Ge	As	Se	Br	Xe
Rb	Sr	Y	Zr	Nb	Mo	Tc	Ru	Rh	Pd	Ag	Cd	In	Sn	Sb	Te	I	Kr
Cs	Ba	La	Hf	Ta	W	Re	Os	Ir	Pt	Au	Hg	Tl	Pb	Bi	Po	At	Rn

Ce	Pr	Nd	Pm	Sm	Eu	Gd	Tb	Dy	Ho	Er	Tm	Yb	Lu
Th	Pa	U	Np	Pu	Am	Cm	Bk	Cf	Es	Fm	Md	No	Lr

Iod als Transportmittel

$$CdSe(s) + I_2(g) \rightleftharpoons CdI_2(g) + \frac{1}{2}Se_2(g)$$

Halogenwasserstoff als Transportmittel

$$MnSe(s) + 2\,HCl(g) \rightleftharpoons MnCl_2(g) + H_2Se(g)$$

Wasserstoff als Transportmittel

$$ZnSe(s) + H_2(g) \rightleftharpoons Zn(g) + H_2Se(g)$$

Man kennt heute zahlreiche Beispiele für den Chemischen Transport von Seleniden der Hauptgruppenelemente (Gruppen 2, 13 und 14), fast aller Nebengruppenelemente und einiger Lanthanoide (vgl. Tabelle 7.2.1). Die Alkalimetallselenide lassen sich wegen der hohen Stabilität der Alkalimetallhalogenide nicht mit Halogenen oder Halogenverbindungen transportieren. Gleichermaßen eingeschränkt sind Chemische Transportreaktionen von Seleniden der Platinmetalle, allerdings wegen der zu geringen Stabilität der Metallhalogenide. Eine Übersicht zur Darstellung von kristallinen Alkalimetallseleniden vor allem mit ammonothermalen Synthesen geben *Böttcher* und *Doert* (Böt 1998).

Die Selenide sind in aller Regel etwas instabiler als die analogen Sulfide. Die Transportreaktionen sind dadurch weniger stark endotherm, das Transportgleichgewicht verschiebt sich auf die Seite der Reaktionsprodukte. Die Folgen sind höhere Partialdrücke der transportwirksamen Spezies bzw. niedrigere Auflösungstemperaturen. Erste Berichte von *Nitsche* und Mitarbeitern zur Darstellung und zur Reinigung von Seleniden über Gasphasenreaktionen gehen zeitlich einher mit der methodischen Entwicklung des Chemischen Transports (Nit 1957, Nit 1960, Nit 1962). Basierend auf der Definition Chemischer Transportreaktionen nach *Schäfer* wurden die grundlegenden Gleichgewichte für binäre Selenide maßgeblich am Beispiel von ZnSe und CdSe sowie für ternäre Verbindungen am Beispiel der Selenidospinelle ZnM_2Se$_4$ bzw. CdM_2Se$_4$ formuliert.

Thermisches Verhalten Einige Selenide sublimieren unzersetzt. Das gilt für Verbindungen der Gruppen 13 und 14, MSe (M = Ge, Sn, Pb) bzw. M_2Se (M = Ga, In, Tl). Die Sublimationsdrücke nehmen dabei zu den schwereren Homologen der jeweiligen Gruppe ab: GeSe ($K_{p,700}$ = 3 · 10^{-5} bar), SnSe ($K_{p,\,700}$ = 2 · 10^{-8} bar), PbSe ($K_{p,\,700}$ = 2 · 10^{-9} bar). PbSe schmilzt jedoch erst bei 1077 °C, sodass eine Sublimation bis hin zu dieser Temperatur möglich ist. So ergeben sich dennoch große Sublimationsraten: GeSe (ϑ_m = 675 °C, K_p > 10^{-2} bar), SnSe (ϑ_m = 540 °C, K_p > 10^{-6} bar), PbSe (ϑ_m = 1077 °C; K_p > 10^{-1} bar).

Versuche zur Sublimation von GeSe in mit Xenon gefüllten Transportampullen (p_{ges} = 2 bar) unter Mikrogravitation (Versuche im Weltraumlabor) und verstärkter Gravitation bis 10 g (Zentrifuge) wurden zum Nachweis des jeweiligen Diffusions- und Konvektionsanteils des Stofftransports bei der Sublimation genutzt (Wie 1992) (vgl. Abschnitt 2.8).

Eine größere Anzahl von Seleniden zeigt merkliche Effekte der Auflösung in der Gasphase durch Zersetzungsreaktionen, (siehe Abbildung 7.2.1). Dabei entstehen neben Selen die leichter flüchtigen niederen Selenide von Elementen der Gruppen 13, 14 und 15.

$$M_2Se_3(s) \rightleftharpoons M_2Se(g) + Se_2(g) \tag{7.2.1}$$
(M = Al, Ga, In)

$$GeSe_2(s) \rightleftharpoons GeSe(g) + \frac{1}{2}Se_2(g) \tag{7.2.2}$$

$$\frac{n}{2}M_2Se_3(s) \rightleftharpoons M_nSe_n(g) + \frac{n}{4}Se_2(g) \tag{7.2.3}$$
(M = As, Sb, Bi)

Von Bedeutung ist die thermische Zersetzung von ZnSe und CdSe in die Elemente:

$$MSe(s) \rightleftharpoons M(g) + \frac{1}{2}Se_2(g) \tag{7.2.4}$$
(M = Zn, Cd)

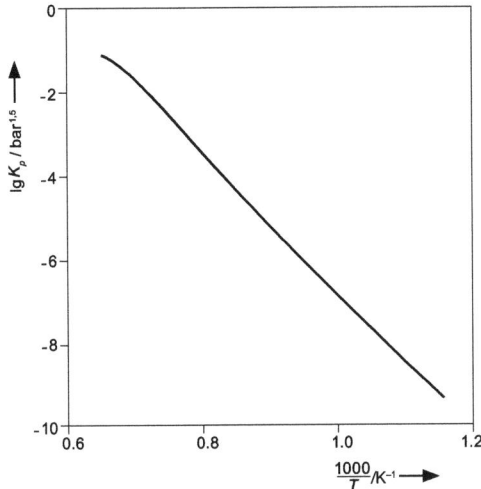

Abbildung 7.2.1: Zersetzungsdruck von CdSe als Temperaturfunktion nach (Sig1972).

In Abbildung 7.2.1 ist der Zersetzungsdruck über Cadmiumselenid als Temperaturfunktion dargestellt. Auf diese Weise gelingt die Abscheidung von kristallinem ZnSe und CdSe über die Gasphase auch ohne Zugabe eines Transportmittels bei Temperaturen oberhalb von 1000 °C ($K_{p,1200}$(ZnSe) = 1,5 · 10^{-4} bar, $K_{p,1200}$(CdSe) = 3 · 10^{-4} bar). Die Gleichgewichte und ihre thermodynamische Beschreibung liefern die Grundlage für PVD-Prozesse zur Abscheidung von Schichten der beiden Verbindungen (Kle 1967, Sig 1972, Sha 1995).

Iod als Transportmittel Mehr als drei Viertel aller bekannten Chemischen Transportreaktionen der Selenide verlaufen unter Zusatz von Iod. Die anderen Halogene spielen nur eine marginale Rolle. Die vom Chlorid zum Iodid hin abnehmende Stabilität der Metallhalogenide kompensiert dabei die von den Metalloxiden zu den Seleniden abnehmende Stabilität. Auf diese Weise erhält man ausgeglichene Gleichgewichtslagen und somit gute Transportergebnisse der Selenide mit Iod.

Verbleibt man bei dem bereits behandelten Beispiel des Gasphasentransports von CdSe, so wird deutlich, dass sich die Temperatur der Quellenseite unter Zugabe von Iod um bis zu 200 K gegenüber der Zersetzungssublimation erniedrigen lässt. Transporte von CdSe sind im Temperaturbereich von 1000 bis 700 °C ($K_{p,1000} \approx 1$ bar) auf der Auflösungsseite und 700 bis 500 °C auf der Abscheidungsseite möglich (Kle 1967); der Transport folgt folgendem Gleichgewicht:

$$\text{CdSe(s)} + \text{I}_2(g) \rightleftharpoons \text{CdI}_2(g) + \frac{1}{2}\text{Se}_2(g) \tag{7.2.5}$$

Der Transport der allermeisten Selenide erfolgt auf diese Weise. Bei Temperaturen oberhalb 600 °C dominiert Se_2 in der Gasphase. Darunter sind die höhermolekularen Spezies Se_n ($n = 3 \ldots 8$) zu berücksichtigen. Auch der Transport einer Vielzahl ternärer Selenide folgt diesem Transportmechanismus. So ist der Transport von Mischkristallen wie zum Beispiel Cd$_{1-x}$Mn$_x$Se (Wie 1970, Sig1971), Cd$_{1-x}$Fe$_x$Se (Smi 1988) oder CdS$_{1-x}$Se$_x$ beschrieben (Moc1978). Enthält die ternäre Verbindung zwei verschiedene Metallatome, werden diese jeweils in das Iodid überführt, während Selen elementar in die Gasphase geht.

$$\text{ZnIn}_2\text{Se}_4(s) + 4\,\text{I}_2(g) \rightleftharpoons \text{ZnI}_2(g) + 2\,\text{InI}_3(g) + 2\,\text{Se}_2(g) \qquad (7.2.6)$$

Mit zunehmender Anzahl verschiedener Atomsorten im Bodenkörper werden die Beziehungen zur Darstellung aller am Transport beteiligten Fest/Gas-Gleichgewichte jedoch komplizierter. Häufig reicht eine unabhängige Reaktion zur Beschreibung des Chemischen Transports nicht mehr aus. Aus Gründen der Anschaulichkeit wird dann eine *dominierende Transportreaktion* (7.2.7) angegeben.

$$\text{CuAlSe}_2(s) + 2\,\text{I}_2(g) \rightleftharpoons \tfrac{1}{3}\text{Cu}_3\text{I}_3(g) + \text{AlI}_3(g) + \text{Se}_2(g) \qquad (7.2.7)$$

Am Beispiel des Transports von CuAlSe$_2$ sind weitere unabhängige Gleichgewichte formuliert, welche die Zusammensetzung der Gasphase beeinflussen:

$$\text{I}_2(g) \rightleftharpoons 2\,\text{I}(g) \qquad (7.2.8)$$

$$\text{Cu}_3\text{I}_3(g) \rightleftharpoons 3\,\text{CuI}(g) \qquad (7.2.9)$$

$$\text{AlI}_3(g) \rightleftharpoons \text{AlI}(g) + \text{I}_2(g) \qquad (7.2.10)$$

Welches der Gleichgewichte dominiert, hängt von der Temperatur und dem Druck ab. Dies kann man am Beispiel des Transports von GaSe mit Iod zeigen (Abbildung 7.2.2). Bei niedrigem Ioddruck überwiegt die Sublimation von GaSe, während die Transportrate bei mittlerem Partialdruck aufgrund der ungünstigen Gleichgewichtslage bei der Bildung von GaI(g) minimal ist. Mit zunehmendem

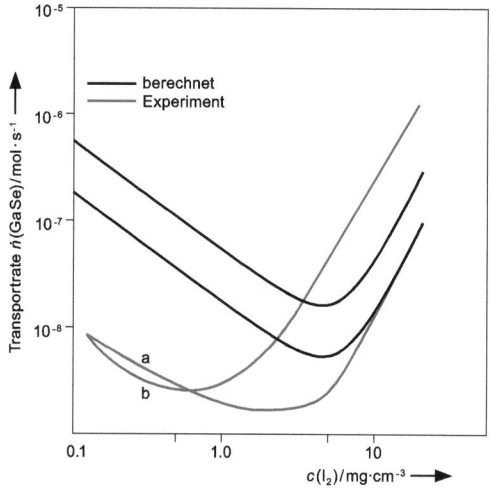

Abbildung 7.2.2 Berechnete und experimentell bestimmte Transportraten zum Transport von GaSe. Die berechneten Kurven repräsentieren mittlere Diffusionskoeffizienten $\bar{D}^0$ = 0,035 (oben) und 0,012 cm$^2 \cdot$ s^{-2} (unten) nach (Nis 1975) (a: Ampullendurchmesser 11 mm, b: Ampullendurchmesser 20 mm).

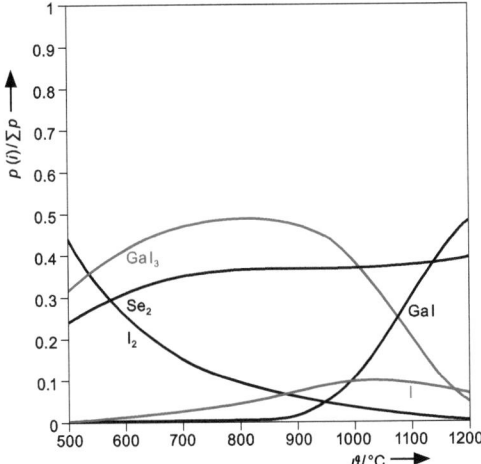

Abbildung 7.2.3 Normierte Partialdrücke im System Ga$_2$Se$_3$/I$_2$ bei $p^0(I_2) = 1$ bar nach (Hot 2005b).

Ioddruck wird die Bildung von GaI$_3$(g) dominierend und der resultierende Transport verläuft mit hohen Transportraten (Nis 1975). Bei einem größeren Ampullendurchmesser von 20 mm führt der zusätzliche konvektive Anteil an der Gasbewegung zu hohen Transportraten.

$$\text{GaSe(s)} + \frac{1}{2}I_2(g) \rightleftharpoons \text{GaI(g)} + \frac{1}{2}Se_2(g) \tag{7.2.11}$$

$$\text{GaSe(s)} + \frac{3}{2}I_2(g) \rightleftharpoons \text{GaI}_3(g) + \frac{1}{2}Se_2(g) \tag{7.2.12}$$

Die Bedeutung der verschiedenen Gleichgewichte beim Transport von Ga$_2$Se$_3$ mit Iod ist von der Temperatur abhängig. Bei tiefen Temperaturen ($\vartheta < 800\,°\text{C}$) dominiert die Bildung von GaI$_3$(g) (Abbildung 7.2.3), oberhalb von etwa 900 °C wird die Bildung von GaI(g) transportwirksam (Hot 2005b). Da beide Reaktionen endotherm sind, ändert sich die Transportrichtung nicht.

$$\text{Ga}_2\text{Se}_3(s) + 3\,I_2(g) \rightleftharpoons 2\,\text{GaI}_3(g) + \frac{3}{2}Se_2(g) \tag{7.2.13}$$
$$\Delta_R H^0_{298} = 150\,\text{kJ} \cdot \text{mol}^{-1}$$

$$\text{Ga}_2\text{Se}_3(s) + \text{GaI}_3(g) \rightleftharpoons 3\,\text{GaI(g)} + \frac{3}{2}Se_2(g) \tag{7.2.14}$$
$$\Delta_R H^0_{298} = 800\,\text{kJ} \cdot \text{mol}^{-1}$$

Dagegen kann die Transportrichtung von GeSe$_2$ durch die gezielte Wahl der Transportmittelkonzentration umgekehrt werden: In jedem Fall wird GeI$_4$(g) gebildet. Bei hohem Anfangsdruck von Iod wirkt dieses als Transportmittel und man beobachtet einen endothermen Transport (520 → 420 °C) nach Gleichung 7.2.15 (Buc 1987). Bei niedrigem Ausgangsdruck liegt Iod atomar vor und wird im Gleichgewicht 7.2.16 als Transportmittel wirksam; es kommt zur Umkehr der

Transportrichtung und zu einem exothermen Transport von 400 nach 550 °C (Wie 1972):

$$GeSe_2(s) + GeI_4(g) \rightleftharpoons 2\,GeI_2(g) + Se_2(g) \quad (7.2.15)$$
$$\Delta_R H^0_{298} = +370\text{ kJ} \cdot \text{mol}^{-1}$$

$$GeSe_2(s) + 4\,I(g) \rightleftharpoons GeI_4(g) + Se_2(g) \quad (7.2.16)$$
$$\Delta_R H^0_{298} = -230\text{ kJ} \cdot \text{mol}^{-1}$$

Über die Umkehr der Transportrichtung, abhängig von der Zusammensetzung des Bodenkörpers MQ_n innerhalb eines chemischen Systems M/Q, berichteten *Schäfer* und Mitarbeiter (Sch 1965). Am Beispiel einiger Niobverbindungen (Nb/Q; Q = P, As, Sb, S, Se, Te) wird gezeigt, dass metallarme Verbindungen in einer endothermen Reaktion von heiß nach kalt transportiert werden, während metallreiche in einem exothermen Gleichgewicht von kalt nach heiß wandern. Auf diese Weise sind die selenreichen Verbindungen $NbSe_2$ (Bri 1962) und Nb_3Se_4 (Nak 1985) im Temperaturgradienten T_2 nach T_1 transportierbar. Das Selenid $Nb_{1+x}Se$ dagegen folgt im Transport dem Gradienten T_1 nach T_2 (Sch 1965). Eine Abschätzung über die Transportrichtung ist anhand der folgenden Teilreaktionen möglich:

$$Nb(s) + 2\,I_2(g) \rightleftharpoons NbI_4(g) \quad (7.2.17)$$
$$\Delta_R H^0_T = -a$$

$$NbSe(s) \rightleftharpoons Nb(s) + \frac{1}{2}Se_2(g) \quad (7.2.18)$$
$$\Delta_R H^0_T = b$$

$$NbSe(s) + 2\,I_2(g) \rightleftharpoons NbI_4(g) + \frac{1}{2}Se_2(g) \quad (7.2.19)$$
$$\Delta_R H^0_T = (b - a)$$

$$NbSe_x(s) \rightleftharpoons NbSe(s) + \frac{(x-1)}{2}Se_2(g) \quad (7.2.20)$$
$$\Delta_R H^0_T = c$$

$$NbSe_x(s) + 2\,I_2(g) \rightleftharpoons NbI_4(g) + \frac{x}{2}Se_2(g) \quad (7.2.21)$$
$$\Delta_R H^0_T = (b + c - a)$$

Demnach erfolgt die Auflösung des Niobs als Iodid in der exothermen Reaktion 7.2.17 ($\Delta_R H^0_T = -a$). Dem steht die endotherme Zersetzung 7.2.18 gegenüber, die in der Bilanz der Gesamtreaktion 7.2.19 für schwach endotherme Verbindungen NbSe nicht zur Kompensation des exothermen Anteils ausreicht (($b - a$) < 0). Geht für die metallärmeren Verbindungen $NbSe_x$ zusätzlich der Anteil c in die Bilanz der Gesamtreaktion ein, so ändert sich die Charakteristik des resultierenden Transportgleichgewichts 7.2.21 (($b + c - a$) > 0) und man beobachtet einen endothermen Transport ($T_2 \rightarrow T_1$). Ein solches Verhalten kann zur Trennung der Verbindungen sinnvoll genutzt werden, da die Abscheidung an verschiedenen Orten erfolgt.

Am Beispiel des Niob(IV)-selenids zeigt sich schließlich ein weiterer Nutzen Chemischer Transportreaktionen. Durch Wahl geeigneter Temperaturgradienten

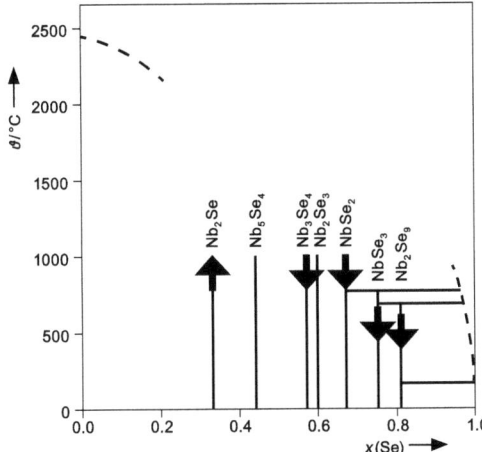

Abbildung 7.2.4 Schematisches Zustandsdiagramm des binären Systems Nb/Se und die Temperaturbereiche des Transports der verschiedenen Selenide.

können verschiedene Modifikationen der Verbindung (ein-)kristallin abgeschieden werden.

Die Verbindungen Cd_4MSe_6 (M = Si, Ge) zeigen insofern eine Besonderheit, als sie nicht nur mit Iod, sondern auch bei Zusatz von Chlor und Brom im Temperaturbereich von 680 bis 520 °C (ΔT = 100 K) transportierbar sind (Kal 1967, Que 1974).

Nicht allein die Wahl der Auflösungstemperatur und der Transportmittelmenge bestimmt das Ergebnis des Transports der Selenide. Verläuft das Gleichgewicht unter Bildung von $Se_2(g)$, so darf die Abscheidungstemperatur ca. 400 °C nicht unterschreiten, da ansonsten Selen auf der Senkenseite auskondensiert. Dadurch verändert sich die Zusammensetzung des Ausgangsbodenkörpers und der Transport führt nicht zum gewünschten Produkt bzw. kann vollständig zum Erliegen kommen.

Einige Systeme erfordern durch die Bildung kondensierter Selenidhalogenide (vgl. Abschnitt 8.2) darüber hinaus besondere Aufmerksamkeit bei der Wahl der Transportbedingungen. Zu hohe Transportmitteldrücke sowie zu hohe Temperaturgradienten können zur Abscheidung des entsprechenden Selenidhalogenids führen. In der Regel erfolgt dann der Transport des Selenidhalogenids solange, bis der Transportmitteldruck durch die Kondensation im Bodenkörper soweit erniedrigt ist, dass dessen Gleichgewichtsdruck auf der Senkenseite nicht mehr erreicht wird. Danach folgt der Transport des reinen Selenids.

Der Transport von Bi_2Se_3 und Sb_2Se_3 (Schö 2010) findet unter solch limitierenden Bedingungen in Koexistenz mit den Selenidiodiden BiSeI bzw. SbSeI statt. Am Beispiel des Transports von Bi_2Se_3 seien charakteristische Verläufe dieses Transports dargestellt, Abbildung 7.2.5:

Fall I: Der stationäre Transport von Bi_2Se_3 ist von einer Auflösungstemperatur ϑ_{Quelle} = 550 °C und einem Transportgradienten bis zu ΔT = 100 K möglich, wenn

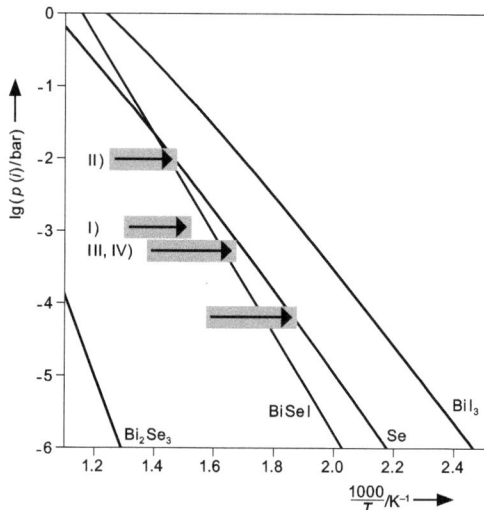

Abbildung 7.2.5 Zustandsbarogramm des Systems Bi_2Se_3/BiI_3 und Darstellung der Phasenverhältnisse beim Chemischen Transport von Bismut(III)-selenid.
I: stationärer Transport von Bi_2Se_3, II und III: sequentieller Transport von BiSeI gefolgt von Bi_2Se_3, IV: simultaner Transport von BiSeI und Se nach (Schö 2010).

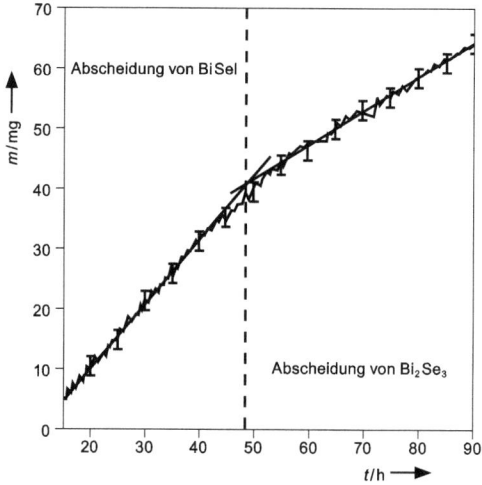

Abbildung 7.2.6 Masse/Zeit-Diagramm für den Chemischen Transport von Bi_2Se_3. Sequentieller Transport von BiSeI gefolgt von Bi_2Se_3 bei einem Transport von 500 nach 425 °C wie im Fall II beschrieben, nach (Schö 2010).

der Gleichgewichtsdruck von BiI_3(g) einen Wert von 10^{-3} bar nicht überschreitet. Die Konzentration des als Transportzusatz verwendeten Iods ist dabei auf $\beta^0 \leq 0{,}5$ mg · cm^{-3} beschränkt.

Fall II: Der Transport ändert sich, wenn die Iodmenge erhöht wird. Übersteigt der Gleichgewichtsdruck $p(\text{BiI}_3(g))$ 10^{-3} bar, ist die Gleichgewichtsbedingung für BiSeI auf der Abscheidungsseite erfüllt und die Verbindung wird zur Senke transportiert. Während der Abscheidung von BiSeI sinkt der Partialdruck von BiI$_3$. Dabei wechselt der Transport zum eingangs beschrieben Fall I und Bi$_2$Se$_3$ wird in der Folge transportiert (Abbildung 7.2.6).

Fall III: Hält man sowohl den Gleichgewichtsdruck $p(\text{BiI}_3(g)) < 10^{-3}$ bar (Ausgangskonzentration von Iod: $\beta^0 \leq 0{,}5$ mg · cm^{-3}) als auch den Temperaturgradienten konstant auf $\Delta T = 100$ K, ist das Transportverhalten abhängig von der Auflösungstemperatur: Bei $\vartheta_{\text{Quelle}} \leq 450\,°\text{C}$ wird BiSeI auf der Senkenseite abgeschieden.

Fall IV: Steigt der Temperaturgradient auf $\Delta T > 100$ K wird auf der Abscheidungsseite auch der Sättigungsdruck von Selen erreicht und man beobachtet einen simultanen Transport von BiSeI neben Selen.

Halogenwasserstoff und Wasserstoff als Transportmittel Bei Verwendung von Wasserstoff oder Halogenwasserstoffen als Transportmittel kann die Löslichkeit des Selens in der Gasphase zusätzlich durch die Bildung von Selenwasserstoff unterstützt werden. Die Verwendung von Halogenwasserstoffen, insbesondere Chlorwasserstoff, führt dabei zur Bildung des jeweiligen Chlorids (7.2.22). Als Chlorwasserstoffquelle wird dabei oft das experimentell leicht zu handhabende Ammoniumchlorid verwendet (siehe Kapitel 14).

$$\text{MnSe(s)} + 2\,\text{HCl (g)} \;\rightleftharpoons\; \text{MnCl}_2(g) + \text{H}_2\text{Se(g)} \qquad (7.2.22)$$

Die Verwendung von Wasserstoff als Transportmittel ist dann geeignet, wenn das zu transportierende Metall im Temperaturbereich des Transports einen hinreichenden eigenen Dampfdruck aufweist. Damit beschränkt sich die Methode zwar im Wesentlichen auf die Verbindungen der Gruppe 12. Bei der Abscheidung von dünnen Schichten erfährt dieser Transport große Beachtung (vgl. (Har 1987)).

$$\text{ZnSe(s)} + \text{H}_2(g) \;\rightleftharpoons\; \text{Zn(g)} + \text{H}_2\text{Se(g)} \qquad (7.2.23)$$

Der Transport mit Wasserstoff gelingt auch bei Mischkristallen ZnS$_{1-x}$Se$_x$ (Eti 1980b), da H$_2$Se und H$_2$S gleichermaßen transportwirksam werden.

$$\text{ZnS}_{1-x}\text{Se}_x(s) + \text{H}_2(g) \;\rightleftharpoons\; \text{Zn(g)} + (1-x)\,\text{H}_2\text{S(g)} + x\,\text{H}_2\text{Se(g)} \qquad (7.2.24)$$

In einem Strom von H$_2$ und HCl transportiert Ga$_2$Se$_3$ im Gleichgewicht über GaCl und H$_2$Se (Rus 2003).

$$\text{Ga}_2\text{Se}_3(s) + 2\,\text{H}_2(g) + 2\,\text{HCl}(g) \;\rightleftharpoons\; 2\,\text{GaCl(g)} + 3\,\text{H}_2\text{Se(g)} \qquad (7.2.25)$$

Auch ternäre Selenide können auf diese Weise transportiert werden (Iga 1993). Voraussetzung dafür ist, dass die gasförmigen Halogenide beider metallischen Komponenten transportwirksame Partialdrücke aufweisen. Zudem muss die Differenz der Partialdrücke (der „Fluss" der Komponenten im Temperaturgradienten) genau die Zusammensetzung der Verbindung widerspiegeln.

$$CuInSe_2(s) + 2\,H_2(g) + Br_2(g)$$
$$\rightleftharpoons \frac{1}{3}Cu_3Br_3(g) + InBr(g) + 2\,H_2Se(g) \qquad (7.2.26)$$

Metallhalogenide als Transportmittel Neben der Verwendung von Iod ist eine beträchtliche Anzahl Chemischer Transportreaktionen von Seleniden unter Zusatz von $AlCl_3$, $CrCl_3$ bzw. $CdCl_2$ bekannt. So wird der Chemische Transport von $CoSe_2$ mit $AlCl_3$ mit einem für Übergangsmetallselenide wie Cr_2Se_3, MnSe, FeSe, $FeSe_2$, NiSe allgemeingültigen Mechanismus beschrieben (Lut 1974). Zum Problem des Transportes unter Zusatz von $AlCl_3$, vgl. Abschnitt 14.2. Es zeigt sich, dass die Metallhalogenide vor allem für den Transport ternärer Übergangsmetallverbindungen geeignet sind. Während zum Beispiel die Selenidospinelle $CdGa_2Se_4$ und $CdIn_2Se_4$ wie CdSe über Transportreaktionen unter Zugabe von Iod zugänglich sind, werden für den analogen Chromspinell $CdCr_2Se_4$ und dessen Substitutionsvarianten Transporte mit chlorhaltigen Transportmitteln beschrieben. Dabei kommen sowohl $CdCl_2$ (Weh 1969, Lya 1982, Sag 2004), $CrCl_3$ (Oka 1974, Oko 1999, Jen 2004) als auch $AlCl_3$ (Lut 1970) zum Einsatz. Bei den dominierenden Transportreaktionen wird die Bildung von Cd(g) und $CrCl_3(g)$ beschrieben:

Berechnungen zu Transportreaktionen der Übergangsmetallselenide mit $AlCl_3$ zeigen jedoch, dass in der Gasphase $CrCl_2$ neben AlCl im Gleichgewicht vorliegt und nicht die höheren Chloride $CrCl_3$ und $CrCl_4$ (Lut 1974). In diesem Sinne zeigen Gleichgewichtsberechnungen (Oko 1989, Oko 1999) für den Transport mit $CrCl_3$ die Bildung der Dichloride $CdCl_2$ und $CrCl_2$. Das angesprochene Gleichgewicht von Cd neben $CrCl_3$ ist demnach nicht möglich und müsste besser gemäß Gleichungen 7.2.27 bzw. 7.2.28 formuliert werden.

$$CdCr_2Se_4(s) + 6\,CrCl_3(g)$$
$$\rightleftharpoons CdCl_2(g) + 8\,CrCl_2(g) + 2\,Se_2(g) \qquad (7.2.27)$$
$$CdCr_2Se_4(s) + 2\,CdCl_2(g) \rightleftharpoons 3\,Cd(g) + 2\,CrCl_2(g) + 2\,Se_2(g) \qquad (7.2.28)$$

Tabelle 7.2.1 Beispiele für den Chemischen Transport von Seleniden.

Senkenbodenkörper	Transportzusatz	Temperatur/°C	Literatur
AgGaSSe	I_2	935 → 855	Bal 1994
$Ag_{0,5}Cu_{0,5}InSSe$	I_2	940 → 850	Taf 1995
Al_2Se_3	I_2	keine Angabe	Sch 1963
BaSe	I_2	1050 … 950 → 950 … 850	Jin 2001
BaSe:Co^{2+}	I_2	1050 … 950 → 950 … 850	Jin 2001
Bi_2Se_3	I_2	500 → 450	Schö 2010
CaSe	I_2	1050 … 950 → 950 … 850	Jin 2001
CaSe:Co^{2+}	I_2	1050 … 950 → 950 … 850	Jin 2001
CdSe	Zersetzungssublimation	1000 → 800 … 500	Kle 1967
	Zersetzungssublimation	950 → 875	Sig 1972
	I_2	1000 → 500	Nit 1960
	I_2	1000 … 700 → 800 … 500	Kle 1967
	I_2	875 → 840	Wie 1970, Sig 1971
	I_2	950 → 875	Sig 1972
	H_2	1050 → 950	Var 1973
$CdSe_{1-x}S_x$	Zersetzungssublimation	1000 → 950	Moc 1978
$Cd_{1-x}Mn_xSe$	I_2	875 → 840	Wie 1970, Sig 1971
$Cd_{1-x}Fe_xSe$	I_2	705 → 725	Smi 1988
$CdGa_2Se_4$	I_2	720 → 700	Gas 1985
$CdAl_2Se_4$	$AlCl_3$	675 → 650	Kra 1997
$Cd_{1-x}Mn_xGa_2Se_4$	I_2	720 → 700	Sim 1987
	I_2	720 → 700	Sim 1988
$CdCr_2Se_4$	Cl_2	800 → 750	Mer 1981
	$AlCl_3$	850 → 700	Lut 1970
	$CdCl_2$	800 → 700	Weh 1969
	$CdCl_2$	keine Angabe	Lya 1982
	$CrCl_3$	800 → 750	Oka 1974
$Cd_{1-x}Ga_{\frac{2}{3}x}Cr_2Se_4$	$CrCl_3$	800 … 750 → 700 … 675	Oko 1999
$CdCr_2Se_4$:Cu^{2+}	$CrCl_3$	800 → 750	Oka 1974
$Cd_{1-x}Ni_xCr_2Se_4$	$CrCl_3$	800 … 700 → 760 … 680	Jen 2004
$CdCr_2Se_4$:Ag	$CrCl_3$	800 → 750	Oka 1974
$CdCr_{2-x}Ga_xSe_4$	$CdCl_2$	800 → 700	Sag 2004
$CdCr_2Se_4$:In^{3+}	$CrCl_3$	800 → 750	Oka 1974
$CdIn_2Se_2S_2$	I_2	950 → 900	Ven 1988
$CdIn_2Se_4$	I_2	1000 → 700	Nit 1960
	I_2	keine Angabe	Beu 1962
	I_2	950 → 900	Ven 1987

Tabelle 7.2.1 (Fortsetzung)

Senkenboden-körper	Transportzusatz	Temperatur/°C	Literatur
Cd_4GeSe_6	I_2	keine Angabe	Nit 1964
	Cl_2, Br_2, I_2	660 → 560, 680 → 580, 520 … 400 → 460 … 390	Que 1974
	I_2	560 → 480	Kov 2003
$Cd_4GeSe_6:Cu^{2+}$	I_2	520 → 440	Que 1974
	Br_2	680 → 580	Que 1974
	Cl_2	660 → 560	Que 1974
Cd_4SiSe_6	I_2	800 (Mineralisation)	Kal 1967
$CoSe_2$	$AlCl_3$	650 → 500	Lut 1974
Cr_2Se_3	I_2, Se_2	1010 → 920,	Weh 1970
		1100 → 1030	Weh 1970
	I_2	keine Angabe	Sat 1990
	$AlCl_3$	950 → 900	Lut 1970
$Cr_2Se_xS_{3-x}$	$AlCl_3$	1000 → 800	Lut 1974
Cr_7Se_8	$AlCl_3$	980 → 920	Lut 1970
$Cu_{0,5}Ag_{0,5}InSSe$	I_2	940 → 850	Taf 1995
$CuAlSe_2$	I_2	820 → 750	Geb 1990
	I_2	800 → 700	Chi 1991
	I_2	keine Angabe	Moc 1993
	I_2	700 → 800	Bod 2002
$CuAlSe_{2-x}S_x$	I_2	700 → 800	Bod 2002
$CuAlSe_2:Cd^{2+}$	I_2	800 → 700	Chi 1991
$CuAlSe_2:Zn^{2+}$	I_2	800 → 700	Chi 1991
$CuAl_{1-x}Ga_xSSe$	I_2	800 → 700	Chi 1994
$CuAl_{1-x}Ga_xSe_2$	I_2	800 → 700	Dev 1988
	I_2	keine Angabe	Shi 1997
$CuAl_{1-x}In_xSe_2$	I_2	820 → 750	Geb 1990
$CuCr_2Se_4$	I_2	keine Angabe	Lot 1964
	$AlCl_3$	900 → 700	Lut 1970
$Cu_{1-x}Ga_xCr_2Se_4$	$CrCl_3$	900 → 700	Oko 1992
$Cu_{1-x}In_xCr_2Se_4$	$CrCl_3$	900 → 700	Oko 1995
Cu|In|Cr|Se	$CrCl_3$	900 → 700	Oko 1995
$CuCrSnSe_4$	$I_2 + AlCl_3$	850 → 750	Mae 1984
$CuCrZrSe_4$	$I_2 + AlCl_3$	850 → 750	Mae 1984
$CuGaSe_2$	I_2	900 → 700	Tan 1977
	I_2	900 → 600	Sus 1978
	I_2	570 → 550	Mas 1993
	I_2	810 → 750	Tom 1998
$CuGa_3Se_5$	I_2	keine Angabe	Lev 2006
$CuGaSe_2:Sn$	I_2	830 → 780	Schö 1996
$CuGa_{1-x}In_xSe_2$	I_2	570 → 550	Mas 1993
	I_2	600 → 550	Dje 1993
	I_2	600 … 700	Schö 2000

Tabelle 7.2.1 (Fortsetzung)

Senkenboden-körper	Transportzusatz	Temperatur/°C	Literatur
$CuGaS_{2-x}Se_x$	I_2	850 ... 900 → 650 ... 700	Tan 1977
$CuGa_3Se_5$	I_2	keine Angabe	Aru 2006
$CuInSe_2$	I_2	810 → 780 ... 730	Cis 1984
	I_2	820 → 770	Bal 1990a
	I_2	810 → 770	Bal 1990b
	I_2	570 → 550	Mas 1993
	I_2	600 ... 400 → 575 ... 350	Dje 1994
	$H_2 + Br_2$	620 → 540	Iga 1993
$CuInSe_xS_{2-x}$	I_2	780 ... 900 → 700 ... 860	Bod 1980
$CuInSSe$	I_2	820 → 770	Bal 1989
	I_2	950 → 900	Bal 1990b
$CuIn_5Se_8$	I_2	keine Angabe	Aru 2006
$Cu_2ZnGeSe_4$	I_2	800 → 750	Nit 1967a
$Cu_2ZnSiSe_4$	I_2	800 → 750	Nit 1967a
$Cu_2U_3Se_7$	I_2	600 → 540	Dao 1996
Cu_3NbSe_4	I_2	800 → 750	Nit 1967b
Cu_3TaSe_4	I_2	800 → 750	Nit 1967b
Dy_8Se_{15}	I_2	850 → 700	Doe 2007
$Dy_4U_5Se_{16}$	I_2	keine Angabe	Pak 1981
Er_8Se_{15}	I_2	850 → 700	Doe 2007
$EuSe$	I_2	1700 → T_1	Kal 1968
$FeSe$	$AlCl_3$	830 → 500	Lut 1974
$FeSe_2$	$AlCl_3$	650 → 540	Lut 1974
$FeAs_{2-x}Se_x$	Cl_2	800 → 780	Bag 1974
$FePSe_3$	Cl_2	650 → 610	Tay 1974
$Fe_{1-x}Mn_xIn_2Se_4$	I_2	800 → 750	Att 2005
$FeAs_{2-x}Se_x$	Cl_2	800 → 780	Bag 1974
$Ga_{1-x}Zn_xAs_{1-x}Se_x$	I_2	800 → 780	Bru 2006
$GaSe$	I_2	870 → 750	Nit 1961
	I_2	870 ... 805 → 750 ... 700	Kuh 1972
	I_2	920 → 880 ... 800	Egm 1974
	I_2	920 → 880 ... 800	Nis 1975
	I_2	950 ... 750 → 850 ... 650	Whi 1978a
	I_2	870 → 820	Ish 1986
	$SnCl_2$	790 → 740	Zul 1984
$GaSe_{2-x}S_x$	I_2	910 ... 850 → 850 ... 750	Whi 1978b
Ga_2Se_3	$H_2 + HCl$	580 ... 520 → 480 ... 420	Rus 2003
$Ga_2Se_{3-x}S_3$	I_2	950 → 800	Hot 2005b
Gd_8Se_{15}	I_2	850 → 700	Doe 2007

Tabelle 7.2.1 (Fortsetzung)

Senkenboden-körper	Transportzusatz	Temperatur/°C	Literatur
GeSe	I_2	570 → 450	Wie 1972
	I_2	520 → 420	Rao 1984
	I_2, NH_4Cl	600 → 530, 570 → 490	Sol 2003
	GeI_4	520 → 420	Wie 1981
	GeI_4	520 → 420	Cha 1982
	GeI_4	520 → 420	Buc 1987
$GeSe_{1-x}Te_x$	Sublimation	600 → 590	Wie 1991a, Wie 1991b
	Sublimation	625 → 325	Lia 1992
$GeSe_2$	I_2	400 → 550	Wie 1972
	GeI_4	520 → 420	Buc 1987
$HfSe_2$	I_2	900 → 800	Gre 1965
	I_2	900 → 800	Nit 1967c
	I_2	900 → 860	Rim 1972
	I_2	900 → 800	Rad 2008
$HfS_{2-x}Se_x$	I_2, Se	900 ... 950 → 750 ... 850	Gai 2004
$HfSe_3$	I_2	650 → 600	Lev 1983
$Hg_{1-x}Cd_xSe$		keine Angabe	Wan 1986
$HgCr_2Se_4$	$AlCl_3$	750 → 600	Lut 1970
	$CrCl_3$	1000 → 900	Bel 1989
$HgGa_2Se_4$	I_2		Beu 1962
	I_2	720 → 700	Gas 1984b
Ho_8Se_{15}	I_2	850 → 700	Doe 2007
InSe	I_2	600 → 560	Med 1965
	NH_4Cl	450 → 500, 600 → 400	Che 1981
In_2Se	I_2	480	Med 1965
In_2Se_3	I_2	500 → 460	Med 1965
	I_2	keine Angabe	Zor 1965
	I_2	850 → 400	Gri 1975
	NH_4Cl	600 → 400	Che 1981
$In_{1,9}As_{0,1}Se_3$	I_2	650 → 600	Kat 1978
In_5Se_6	I_2	600 → 560	Med 1965
$In_{0,667}PSe_3$	Cl_2	630 → 560	Kat 1997
$IrSe_2$	ICl_3	1080 → 930	Lia 2009
$LaSe_{1,9}$	I_2	keine Angabe	Gru 1991
$MgIn_2Se_4$	I_2	950 → 900	Gas 1984a
$MgIn_2Se_4:Co^{2+}$	I_2	950 → 900	Gas 1984a
MnSe	Zersetzungs-sublimation	1600 → 1400	Wie 1968
	I_2	875 → 840	Wie 1970, Sig 1971

7.2 Transport von Seleniden

Tabelle 7.2.1 (Fortsetzung)

Senkenbodenkörper	Transportzusatz	Temperatur/°C	Literatur
MnSe	Cl_2	830 → 780	Paj 1983
	NH_4Cl	800 → 775 … 700	Paj 1983
	$AlCl_3$	830 → 500	Lut 1974
	$AlCl_3$	750 … 650 → 740 … 620	Paj 1980
$Mn_{1,04}AlSe_{1,77}$	I_2	720 → 620	Kha 1984
$MnGa_{1-x}In_xSe_2$	I_2	800 → 750	Sag 2005
$MnIn_2Se_4$	I_2		Neu 1986
	$AlCl_3$	840 → 820	Doe 1990, Doe 1991
$Mn_{1-x}Ho_xInSe_4$	I_2	705 … 670 → 675 … 640	Kha 1997
$Mn_{1-x}Zn_xIn_2Se_4$	I_2, $AlCl_3$	850 → 800, 900 → 950	Man 2004
$MoSe_2$	I_2	900 → 700	Bri 1962
	Cl_2	1000 … 650 → 990 … 640	Ols 1983
$MoSe_{2-x}S_x$	I_2	1000 (Mineralisation)	Aga 1986a
	I_2	1000 → 900	Hot 2005c
$MoSe_{2-x}Te_x$	Br_2	900 … 800 → 800 … 650	Aga 1986b
$MoSe_2:Nb^{4+}$	I_2	880 → 850	Leg 1991
$Mo_{1-x}Nb_xSe_2$	I_2	1000 → 900	Hot 2005c
$MoSe_2:Re^{4+}$	I_2		Leg 1991
$Mo_{1-x}Ta_xSe_2$	I_2	1000 → 800	Hot 2005e
$Mo_{1-x}W_xSe_2$			Hof 1988
	Br_2	1020 … 1000 → T_1	You 1990
NbSe	I_2	880 → 1050	Sch 1965
	I_2	900 → 700	Bri 1962
	I_2	800 → 730	Bay 1976
	I_2	825 → 725	Vac 1977
	I_2	825 → 725	Vac 1993
Nb_3Se_4	I_2	1000 → 950	Nak 1985
$NbSe_xS_{2-x}$	I_2	1000 → 900	Hot 2005c
$Nb_{1-x}Ta_xSe_2$	I_2	780 → 700	Dal 1986
	I_2	1000 → 900	Hot 2005f
$Nb_{1-x}Ti_xSe_2$	I_2	1000 → 900	Hot 2005f
$Nb_{1-x}V_xSe_2$	I_2	800 (Mineralisation)	Bay 1976
$NbSe_3$	I_2	700 (Mineralisation)	Mee 1975, Hae 1978
$NbSe_4$:I	I_2	730 → 670	Nak 1986
Nb_2Se_9	I_2	600 → 500	Mee 1979
	$SeCl_4$, ICl_3	700 → 680	Lev 1983
$NdSe_2$	I_2	800 → 600	Doe 2005
$NbSe_3$	I_2, S_2Cl_2, Se, ICl_3	650 … 750 → 600 … 700	Lev 1983
PbSe	Sublimation	800 → 795	Sto 1992
	AgI	700 → 695	Sto 1992
$PbSe:Sn^{2+}$	Sublimation	keine Angabe	Zlo 1990

Tabelle 7.2.1 (Fortsetzung)

Senkenboden-körper	Transportzusatz	Temperatur/°C	Literatur
$PrSe_2$	I_2	800 → 600	Doe 2005
NiSe	$AlCl_3$	830 → 500	Lut 1974
$ReSe_2$	Br_2	1075 → 1025	Lut 1974
$ReSe_2$:Mo	Br_2	1050 → 1000	Hu 2004
	Br_2	1060 → 1000	Hu 2007
$ReSe_2$:W	Br_2	1050 → 1000	Hu 2004
	Br_2	1050 → 1000	Hu 2006
$RuSe_xS_{2-x}$	ICl_3	keine Angabe	Mar 1984
Sb_2Se_3	I_2	500 → 450	Schö 2010
$SiSe_2$	I_2	810 → 730	Hau 1969
Sc_2Se_3	I_2	keine Angabe	Dis 1964
$SnSe_2$	I_2	560 → 410	Mct 1958
	I_2	500 → 400	Nit 1961
	I_2	560 → 500	Lee 1968
	I_2	650 → 610	Rim 1972
	I_2	600 → 400	Aga 1989a
$SnSe_xS_{2-x}$	I_2	650 → 610	Rim 1972
	I_2	690 … 550 → 640 … 510	Ala 1977
	I_2	650 → 600	Har 1978
$Sn_{1-x}Zr_xSe_2$	I_2	550 … 850 → 510 … 800	Ala 1977
$TaSe_2$	I_2	900 → 700	Bri 1962
	I_2	keine Angabe	Asl 1963
	I_2	keine Angabe	Bro 1965
$TaSe_{2-x}S_x$	I_2	850 … 900 → 800 … 700	Ala 1977
$TaSe_3$	I_2, ICl_3, Se	650 … 750 → 600 … 710	Lev 1983
	I_2	1000 → 900	Hot 2005a
$Ta_{1-x}Ti_xSe_2$	I_2	1000 → 900	Hot 2005a
$TaSe_3$	I_2	900 (Mineralisation)	Bje 1964
	I_2	700 (Mineralisation)	Hae 1978
Tb_8Se_{15}	I_2	850 → 700	Doe 2007
$TiSe_2$	I_2	900 → 800	Gre 1965
	I_2	900 → 800	Nit 1967c
	I_2	780 → 740	Rim 1972
	Se_2	880 → 790	Weh 1970

Tabelle 7.2.1 (Fortsetzung)

Senkenboden-körper	Transportzusatz	Temperatur/°C	Literatur
$TiSe_{2-x}S_x$	I_2	850 → 800	Nit 1967c
	I_2	800 ... 780 → 720 ... 740	Rim 1974
	I_2	1000 → 900	Hot 2005a
$TiSe_{2-x}Te_x$	I_2	780 ... 750 → 740 ... 690	Rim 1974
VSe_2	I_2	850 → 800	Nit 1967c
	I_2	800 → 730	Bay 1976
	Se_2	870 → 780	Weh 1970
$V_{1+x}Se_2$ ($x = 0 ... 0.25$)	I_2	820 → 720	Hay 1983
$V_{1+x}Se_2$	I_2	820 → 720	Oht 1987
V_2Se_9	I_2	325 → 300	Fur 1984
WSe_2	I_2	900 → 700	Bri 1962
	Cl_2	1000 ... 650 → 990 ... 640	Ols 1983
	Br_2, $SeCl_4$, $TeCl_4$	970 → 950, 990 → 960 985 → 945	Aga 1989b
	$SeCl_4$	980 → 950	Aga 1989c
	$TeCl_4$	1100 → 1050	Pra 1986
	$TeBr_4$	1100 → 1050	Pra 1986
WSe_2:Nb	Se, Br_2, I_2, $SeCl_4$, $TeCl_4$	880 → 850	Leg 1991
WSe_2:Re	Se, Br_2, I_2, $SeCl_4$, $TeCl_4$	880 → 850	Leg 1991
WSe_{2-x} ($x = 0 ... 0.1$)	I_2	950 ... 915 → 700	Aga 1982
Y_8Se_{15}	I_2	850 → 700	Doe 2007
$Yb_2U_{0.87}Se_4$	I_2		Slo 1982
ZnSe	I_2	1050 → 800	Nit 1960
	I_2	900 → 800	Kal 1965b
	I_2	1050 → 800	Ari 1966
	I_2	855 → 800	Sch 1966
	I_2	800 → 700	Sim 1967
	I_2	900 → 800	Poi 1979
	I_2	810 → 775	Tri 1982
	I_2	900 ... 800 → 850 ... 700	Böt 1995
	GeI_4	1050 → 800	Ari 1966
	HCl	760 ... 620 → 660 ... 570	Hov 1969
	HCl	950 ... 750 → 750 ... 450	Har 1987
	HCl, $ZnCl_2 \cdot 2\,NH_4Cl$	910 ... 1030 → T_1	Liu 2010
	$ZnCl_2 \cdot 3\,NH_4Cl$	915 → 900	Li 2003
	H_2	950 → 450	Voh 1971
	H_2	930 → 880	Che 1972

Tabelle 7.2.1 (Fortsetzung)

Senkenboden-körper	Transportzusatz	Temperatur/°C	Literatur
ZnSe	H_2	850 → 800 ... 650	Eti 1980a
	H_2	1000 → 750	Bes 1981
	H_2	950 ... 850 → 800 ... 650	Har 1987
	H_2	1200 → 1150	Kor 1996
	H_2O	1030 → 880	Mim 1995
ZnSe:Cu^{2+}	H_2	800 → 500	Fal 1984
ZnSe:Fe^{2+}	I_2	keine Angabe	Jan 1993
ZnSe:Fe	H_2	850 → 800	Gra 1995
ZnSe:Ga^{2+}	H_2	800 → 500	Fal 1984
ZnSe:Mn^{2+}	I_2	keine Angabe	Jan 1993
ZnSe:Mn	H_2	850 → 800	Gra 1995
ZnSe:Ni	I_2	keine Angabe	Rab 1990
	I_2	keine Angabe	Jan 1993
	H_2	850 → 800	Gra 1995
ZnSe:Ti	H_2	1190 → 1180	Kli 1994
ZnSe$_{1-x}$S$_x$	I_2	850 → 840	Cat 1976
	I_2	1000 → 900	Hot 2005d
	H_2	850 → 780 ... 630	Eti 1980b
ZnSe$_{1-x}$Te$_x$	Zersetzungs-sublimation	1250 → 1200	Tsu 1967
ZnCr$_2$Se$_4$	$AlCl_3$	850 → 650	Lut 1970
	$CrCl_3$	850 → 700	Oko 1989
Zn|In|Cr|Se	$CrCl_3$	850 → 700	Oko 1989
ZnGa$_2$Se$_4$	I_2	keine Angabe	Beu 1962
ZnGa$_{1,02}$Se$_{1,89}$	I_2	680 → 580	Kha 1984
Zn|Ga|Cr|Se	$CrCl_3$	850 ... 700 → 775 ... 600	Oko 1999
ZnIn$_2$Se$_4$	I_2	1000 → 700	Nit 1960
	I_2	keine Angabe	Beu 1962
ZnIn$_2$S$_{4-x}$Se$_x$	I_2	725 → 675	Loc 2005
ZrAs$_{1,4}$Se$_{0,5}$	I_2	750 → 850	Schm 2005
ZrSe$_2$	I_2	900 → 800	Gre 1965
	I_2	900 → 800	Nit 1967c
	I_2	850 → 800	Rim 1972
	I_2	850 → 800	Whi 1973
	I_2	850 → 800	Pat 1998
	I_2	800 → 700	Czu 2010
ZrSe$_3$	I_2	900 → 850	Nit 1967c
	I_2	400 → 350	Pro 2001
	I_2	600 → 750	Pat 2009
	I_2	650 → 600	Pro 2001
Zr$_{0,9}$Ti$_{0,1}$Se$_3$	I_2 + Se$_2$Cl$_2$	700 → 690	Lev 1983
Zr$_3$Se$_4$	I_2	870 → 770	Wie 1986
Zr$_4$Se$_3$	I_2	870 → 770	Wie 1986

Tabelle 7.2.1 (Fortsetzung)

Senkenboden-körper	Transportzusatz	Temperatur/°C	Literatur
$ZrSe_{2-x}S_x$	I_2	850 → 800	Nit 1967c
	I_2	870 → 770	Wie 1986
	I_2	900 ... 850 → 820 ... 800	Bar 1995
$ZrSe_{3-x}S_x$	I_2	780 → 830	Pat 2009
ZrSiSe	I_2	900 → 850	Nit 1967c

Literaturangaben

Aga 1982	M. K. Agarwal, J. D. Kshatriya, P. D. Patel, P. K. Garg, *J. Cryst. Growth* **1982**, *60*, 9.
Aga 1986a	M. K. Agarwal, L. T. Talele, *Solid State Comm.* **1986**, *59*, 549.
Aga 1986b	M. K. Agarwal, P. D. Patel, R. M. Joshi, *J. Mater. Science Lett.* **1986**, *5*, 66.
Aga 1989a	M. K. Agarwal, P. D. Patel, S. S. Patel, *J. Mater. Science Lett.* **1989**, *8*, 660.
Aga 1989b	M. K. Agarwal, V. V. Rao, *Cryst. Res. Technol.* **1989**, *24*, 1215.
Aga 1989c	M. K. Agarwal, V. V. Rao, V. M. Pathak, *J. Cryst. Growth* **1989**, *97*, 675.
Aga 1994	M. K. Agarwal, P. D. Patel, D. Lakshminarayana, *J. Cryst. Growth* **1994**, *142*, 344.
Ala 1977	F. A. S. Al-Alamy, A. A. Balchin, *J. Cryst. Growth* **1977**, *38*, 221.
Ari 1966	T. Arizumi, T. Nishinaga, M. Kakehi, *Jpn. J. Appl. Phys.* **1966**, *5*, 588.
Aru 2006	E. Arushanov, S. Levcenko, N. N. Syrbu, A. Nateprov, V. Tezlevan, J. M. Merino, *Phys, Stat. Sol.* **2006**, *203*, 2909.
Asl 1963	L. A. Aslanov, Y. M. Ukrainskii, Y. P. Simanov, *Russ. J. Inorg. Chem.* **1963**, *8*, 937.
Att 2005	G. Attolini, V. Sagredo, L. Mogollon, T. Torres, C. Frigeri, *Cryst. Res. Technol.* **2005**, *40*, 1064.
Bag 1974	A. Baghdadi, A. Wold, *J. Phys. Chem. Solids* **1974**, *35*, 811.
Bal 1989	K. Balakrishnan, B. Vengatesan, N. Kanniah, P. Ramasamy, *Bull. Electrochem.* **1989**, *5*, 841.
Bal 1990a	K. Balakrishnan, B. Vengatesan, N. Kanniah, P. Ramasamy, *J. Mater. Science Lett.* **1990**, *9*, 785.
Bal 1990b	K. Balakrishnan, B. Vengatesan, N. Kanniah, P. Ramasamy, *Cryst. Res. Technol.* **1990**, *25*, 633.
Bal 1994	K. Balakrishnan, B. Vengatesan, P. Ramasamy, *J. Mater. Science* **1994**, *29*, 1879.
Bar 1973	K. G. Barraclough, A. Meyer, *J. Cryst. Growth* **1973**, *20*, 212.
Bar 1995	K.S. Bartwal, O. N. Srivastava, *Mater. Science Engin. B* **1995**, *B33*, 115.
Bay 1976	M. Bayard, B.F. Mentzen, M. J. Sienko, *Inorg. Chem.* **1976**, *15*, 1763.
Bel 1989	V. K. Belyaev, K. G. Nikiforov, S. I. Radautsan, V. A. Bazakutsa, *Cryst. Res. Technol.* **1989**, *24*, 371.
Bes 1981	P. Besomi, B. W. Wessels, *J. Cryst. Growth* **1981**, *55*, 477.
Beu 1962	J. A. Beun, R. Nitsche, M. Lichtensteiger, *Phys.* **1961**, *27*, 448.
Bje 1964	E. Bjerkelund, A. Kjekshus, *Z. Anorg. Allg. Chem.* **1964**, *328*, 235.
Bod 1980	I. V. Bodnar, A. P. Bologa, B.V. Korzun, *Kristall Technik* **1980**, *15*, 1285.

Bod 2002	I. V. Bodnar, *Inorg. Mater.* **2002**, *38*, 647.
Boe 1962	H. U. Boelsterli, E. Mooser, *Helv. Phys. Acta* **1962**, *35*, 538.
Böt 1995	K. Böttcher, H. Hartmann, *J. Cryst. Growth* **1995**, *146*, 53.
Böt 1998	P. Böttcher, Th. Doert, *Phosphorus, Sulfur and Silicon and the Related Elements* **1998**, *136*, 255.
Bri 1962	L. H. Brixner, *J. Inorg. Nucl. Chem.* **1962**, *24*, 257.
Bro 1965	B. Brown, D. Beerntsen, *Acta Crystallogr.* **1965**, 18, 31.
Bru 2006	C. Bruenig, S. Locmelis, E. Milke, M. Binnewies, *Z. Anorg. Allg. Chem.* **2006**, *632*, 1067.
Buc 1987	N. Buchan, F. Rosenberger, *J. Cryst. Growth* **1987**, 84, 359.
Cat 1976	A. Catano, Z. Kun, *J. Cryst. Growth* **1976**, *33*, 324.
Cha 1982	D. Chandra, H. Wiedemeier, *J. Cryst. Growth* **1982**, *57*, 159.
Che 1972	J. Chevrier, D. Etienne, J. Camassel, D. Auvergne, J. C. Pons, H. Mathieu, G. Bougnot, *Mater. Res. Bull.* **1972**, 7, 1485.
Che 1981	A. Chevy, *J. Cryst. Growth* **1981**, *51*, 157.
Chi 1991	S. Chichibu, M. Shishikura, J. Ino, S. Matsumoto, *J. Appl. Phys.* **1991**, *70*, 1648.
Chi 1994	S. Chichibu, M. Shirakata, A.Ogawa, R. Sudo, M. Uchida, Y. Harada, T. Wakiyama, M. Shishikura, S. Matsumoto, *J. Cryst. Growth* **1994**, *140*, 388.
Cis 1984	T. F. Ciszek, *J. Cryst. Growth* **1984**, *70*, 405.
Czu 2010	A. Czulucki, *Dissertation*, TU Dresden, **2010**.
Dal 1986	B. J. Dalrymple, S. Mroczkowski, D. E. Prober, *J. Cryst. Growth* **1986**, *74*, 575.
Dao 1996	A. Daoudi, M. Lamire, J. C. Levet, H. Noeel, *J. Solid State Chem.* **1996**, *123*, 331.
Dev 1988	W. E. Devaney, R. A. Mickelsen, *Solar Cells* **1988**, *24*, 19.
Dis 1964	J. P. Dismukes, J. G. White, *Inorg. Chem.* **1964**, *3*, 1220.
Dje 1993	K. Djessas, G. Masse, *Thin Solid Films* **1993**, *232*, 194.
Dje 1994	G. Masse, K. Djessas, *Thin Solid Films* **1994**, *237*, 1293.
Doe 1990	G. Doell, M. C. Lux-Steiner, C. Kloc, J. R. Baumann, E. Bucher, *J. Cryst. Growth* **1990**, *104*, 593.
Doe 1991	G. Doell, M. C. Lux-Steiner, C. Kloc, J. R. Baumann, E. Bucher, *Cryst. Prop. Prepar.* **1991**, *36–38*, 152.
Doe 2005	T. Doert, C. Graf, *Z. Anorg. Allg. Chem.* **2005**, *631*, 1101.
Doe 2007	T. Doert, E. Dashjav, B. P. T. Fokwa, *Z. Anorg. Allg. Chem.* **2007**, *633*, 261.
Egm 1974	G. E. van Egmond, R. M. Lieth, *Mater. Res. Bull.* **1974**, *9*, 763.
Eti 1980a	D. Etienne, G. Bougnot, *Thin Solid Films* **1980**, *66*, 325.
Eti 1980b	D. Etienne, L. Soonckindt, G. Bougnot, *J. Electrochem. Soc.* **1980**, *127*, 1800.
Fal 1984	C. Falcony, F. Sanchez-Sinencio, J. S. Helman, O. Zelaya, C. Menezes, *J. Appl. Phys.* **1984**, *56*, 1752.
Fur 1984	S. Furuseth, B. Klewe, *Acta Chem. Scand.* **1984**, *A38*, 467.
Gai 2004	C. Gaiser, T. Zandt, A. Krapf, R. Severin, C. Janowitz, R. Manzke, *Phys. Rev. B* **2005**, *69*, 075205.
Gas 1984a	L. Gastaldi, A. Maltese, S. Viticoli, *J. Cryst. Growth* **1984**, *66*, 673.
Gas 1984b	L. Gastaldi, M. P. Leonardo, *Compt. Rend. Acad. Sci. II* **1984**, *298*, 37.
Gas 1985	L. Gastaldi, M. G. Simeone, S. Viticoli, *Solid State Comm.* **1985**, *55*, 605.
Geb 1990	W. Gebicki, M. Igalson, W. Zajac, R. Trykozko, *J. Phys. D: Appl. Phys.* **1990**, *23*, 964.
Gra 1995	K. Grasza, E. Janik, A. Mycielski, J. Bak-Misiuk, *J. Cryst. Growth* **1995**, *146*, 75.
Gre 1965	D. L. Greenaway, R. Nitsche, *Phys. Chem. Solids* **1965**, *26*, 1445.
Gri 1975	Y. K. Grinberg, R. Hillel, V. A. Boryakova, V. F. Shevelkov, *Izv. Akad. Nauk SSSR, Neorg. Mater.* **1975**, *11*, 1945.

Gru 1991	M. Grupe, W. Urland, *J. Less-Common Met.* **1991**, *170*, 271.
Hae 1978	P. Haen, F. Lapierre, P. Monceau, M. Nunez Regueiro, J. Richard, *Solid State Comm.* **1978**, *26*, 725.
Har 1978	J. Y. Harbec, Y. Paquet, S. Jandl, *Canad. J. Phys.* **1978**, *56*, 1136.
Har 1987	H. Hartmann, R. Mach, N. Testova, *J. Cryst. Growth* **1987**, *84*, 199.
Hau 1969	E. A. Hauschild, C. R. Kannewurf, *J. Phys. Chem. Solids* **1969**, *30*, 353.
Hay 1983	K. Hayashi, T. Kobashi, M. Nakahira, *J. Cryst. Growth* **1983**, *63*, 185.
Hof 1988	W. K. Hofmann, H. J. Lewerenz, C. Pettenkofer, *Solar Energy Mater.* **1988**, *17*, 165.
Hot 2005a	U. Hotje, R. Wartchow, M. Binnewies, *Z. Anorg. Allg. Chem.* **2005**, *631*, 403.
Hot 2005b	U. Hotje, R. Wartchow, E. Milke, M. Binnewies, *Z. Anorg. Allg. Chem.* **2005**, *631*, 1675.
Hot 2005c	U. Hotje, M. Binnewies, *Z. Anorg. Allg. Chem.* **2005**, *631*, 2467.
Hot 2005d	U. Hotje, C. Rose, M. Binnewies, *Z. Anorg. Allg. Chem.* **2005**, *631*, 2501.
Hot 2005e	U. Hotje, R. Wartchow, M. Binnewies, *Z. Naturforsch. B* **2005**, *60*, 1235.
Hot 2005f	U. Hotje, R. Wartchow, M. Binnewies, *Z. Naturforsch. B* **2005**, *60*, 1241.
Hov 1969	H. J. Hovel, A. G. Milnes, *J. Electrochem. Soc.* **1969**, *116*, 843.
Hu 2004	S. Y. Hu, S. C. Lin, K. K. Tiong, P. C. Yen, Y. S. Huang, C. H. Ho, P. C. Liao, *J. Alloys Compd.* **2004**, *383*, 63.
Hu 2006	S. Y. Hu, C. H. Liang, K. K. Tiong, Y. S. Huang, Y. C. Lee, *J. Electrochem. Soc.* **2006**, *153*, J100.
Hu 2007	S. Y. Hu, Y. Z. Chen, K. K. Tiong, Y. S. Huang, *Mater. Chem. Phys.* **2007**, *104*, 105.
Ish 1986	T. Ishii, N. Kambe, *J. Cryst. Growth* **1986**, *76*, 489.
Iga 1993	O. Igarashi, *J. Cryst. Growth* **1993**, *130*, 343.
Jan 1993	E. Janik, K. Grasza, A. Mycielski, J. Bak-Misiuk, J. Kachniarz, *Acta Phys. Polon. A* **1993**, *84*, 785.
Jen 2004	I. Jendrzejewska, M. Zelechower, K. Szamocka, T. Mydlarz, A. Waskowska, I. Okonska-Kozlowska, *J. Cryst. Growth* **2004**, *270*, 30.
Jin 2001	M. S. Jin, N. O. Kim, H. G. Kim, C. S. Yoon, C. I. Lee, M. Y. Kim, *J. Korean Phys. Soc.* **2001**, *39*, 692.
Kal 1965a	E. Kaldis, R. Widmer, *J. Phys. Chem. Solids* **1965**, *26*, 1697.
Kal 1965b	E. Kaldis, *J. Phys. Chem. Solids* **1965**, *26*, 1701.
Kal 1967	E. Kaldis, L. Krausbauer, R. Widmer, *J. Electrochem. Soc.* **1967**, *114*, 1074.
Kal 1968	E. Kaldis, *J. Cryst. Growth* **1968**, *3–4*, 146.
Kal 1984	A. Kallel, H. Boller, *J. Less-Common Met.* **1984**, *102*, 213.
Kat 1978	A. Katty, C.A. Castro, J. P. Odile, S. Soled, A. Wold, *J. Solid State Chem.* **1978**, *24*, 107.
Kat 1997	A. Katty, S. Soled, A. Wold, *Mater. Res. Bull.* **1977**, *12*, 663.
Kha 1984	A. Khan, N. Abreu, L. Gonzales, O. Gomez, N. Arcia, D. Aguilera. S. Tarantino, *J. Cryst. Growth* **1984**, *69*, 241.
Kha 1997	A. Khan, J. Diaz, V. Sagredo, R. Vargas, *J. Cryst. Growth* **1997**, *174*, 783.
Kle 1967	W. Kleber, I. Mietz, U. Elsasser, *Kristall Technik* **1967**, *2*, 327.
Kli 1994	A. Klimakow, J. Dziesiaty, J. Korostelin, M. U. Lehr, P. Peka, H. J. Schulz, *Adv. Mater. Optics Electron.* **1994**, *3*, 253.
Kor 1996	Yu. V. Korostelin, V. I. Kozlowsky, A. S. Nasibov, P. V. Shapki, *J. Cryst. Growth* **1996**, *161*, 51.
Kov 2003	S. Kovach, A. Nemcsics, Z. Labadi, S. Motrya, *Inorg. Mater.* **2003**, *39*, 108.
Kuh 1972	A. Kuhn, A. Chevy, E. Lendvay, *J. Cryst. Growth* **1972**, *13–14*, 380.
Kra 1997	G. Krauss, V. Kramer, A. Eifler, V. Riede, S. Wenger, *Cryst. Res. Technol.* **1997**, *32*, 223.

Kyr 1976	D. S. Kyriakos, T. K. Karakostas, N. A. Economou, *J. Cryst. Growth* **1976**, *35*, 223.
Lee 1968	P. A. Lee, G. Said, *Brit. J. Appl. Phys.* **1968**, *2*, 837.
Lee 1994	Y. E. Lee, H. J. Kim, Y. J. Kim, K. L. Lee, B. H. Choi, K. H. Yoon, J. S. Song, *J. Electrochem. Soc.* **1994**, *141*, 558.
Leg 1991	J. B. Legma, G. Vacquier, H. Traore, A. Casalot, *Mater. Science Engin. B* **1991**, *B8*, 167.
Lev 1983	F. Levy, H. Berger, *J. Cryst. Growth* **1983**, *61*, 61.
Lev 2006	S. Levcenko, N. N. Syrbau, A. Nateprov, E. Arushanov, J. M. Merino, M. Leon, *J. Phys. D: Appl. Phys.* **2006**, *39*, 1515.
Lew 1975	N. E. Lewis, T. E. Leinhardt, J. G. Dillard, *Mater. Res. Bull.* **1975**, *10*, 967.
Lot 1964	F. K. Lotgering, *Proc. Int. Conf Magnetism, Nottingham* **1964**, 533.
Li 2003	H. Li, W. Jie, *J. Cryst. Growth* **2003**, *257*, 110.
Lia 1992	B. Liautard, M. Muller, S. Dal Corso, G. Brun, J. C. Tedenac, A. Obadi, C. Fau, S.Charar, F. Gisbert, M. Averous, *Phys. Status Solidi A* **1992**, *133*, 411.
Lin 1992	S. S. Lin, J. K. Huang, Y. S. Huang, *Mater. Res. Bull.* **1992**, *27*, 177.
Liu 2010	C. Liu, T. Hu, W. Jie, *J. Cryst. Growth* **2010**, *312*, 933.
Loc 2005	S. Locmelis, E. Milke, M. Binnewies, S. Gruhl, C. Vogt, *Z. Anorg. Allg. Chem.* **2005**, *631*, 1667.
Lut 1970	H. D. Lutz, C. Lovasz, K. H. Bertram, M. Sreckovic, U. Brinker, *Monatsh. Chem.* **1970**, *101*, 519.
Lut 1974	H. D. Lutz, K. H. Bertram, G. Wrobel, M. Ridder, *Monatsh. Chem.* **1974**, *105*, 849.
Lya 1982	R. Y. Lyalikova, A. I. Merkulov, S. I. Radautsan, V. E. Tezlevan, *Izv. Akad. Nauk SSSR, Neorg. Mater.* **1982**, *18*, 1968.
Mae 1984	D. Maehl, J. Pickardt, B. Reuter, *Z. Anorg. Allg. Chem.* **1984**, *508*, 197.
Man 2004	J. Mantilla, G. E. S. Brito, E. Ter Haar, V. Sagredo, V. Bindilatti, *J. Phys.: Cond. Matter* **2004**, *16*, 3555.
Mas 1993	G. Masse, K. Djessas, *Thin Solid Films* **1993**, *226*, 254.
Mct 1958	F. McTaggert, *Austr. J. Chem.* **1958**, *13*, 458.
Mee 1975	A. Meerschaut, J. Rouxel, *J. Less-Common Met.* **1975**, *39*, 197.
Mee 1979	A. Meerschaut, L. Guemas, R. Berger, J. Rouxel, *Acta Cryst.logr.* **1979**, *B35*, 1747.
Med 1965	Z. S. Medvedeva, T. N. Guliev, *Izv. Akad. Nauk SSSR, Neorg. Mater.* **1965**, *1*, 848.
Mer 1981	A. I. Merkulov, R. Y. Lyalikova, S. I. Radautsan, V. E. Tezlevan, Y. M. Yakovlev, *Izv. Akad. Nauk SSSR, Neorg. Mater.* **1981**, *17*, 926.
Mim 1995	J. Mimila, R. Triboulet, *Mater. Lett.* **1995**, *24*, 221.
Moc 1978	K. Mochizuki, K. Igaki, *J. Cryst. Growth* **1978**, *45*, 218.
Moc 1993	K. Mochizuki, E. Niwa, K. Kimoto, Japan. *Jpn. J. Appl. Phys.* **1993**, *Suppl. 32-3*, 168.
Nak 1985	I. Nakada, Y. Ishihara, *Jpn. J. Appl. Phys.* **1985**, *24*, 31.
Nak 1986	I. Nakada, E. Bauser, *J. Cryst. Growth* **1986**, *79*, 837.
Neu 1986	H. Neumann, C. Bellabarba, A. Khan, V. Riede, *Cryst. Res. Technol.* **1986**, *21*, 21.
Nis 1975	T. Nishinaga, R.M. Lieth, G. E. van Egmond, *Jpn. J. Appl. Phys.* **1975**, *14*, 1659.
Nit 1957	R. Nitsche, *Angew. Chem.* **1957**, *69*, 333.
Nit 1960	R. Nitsche, *Phys. Chem. Solids* **1960**, *17*, 163.
Nit 1961	R. Nitsche, H. Boelsterli, M. Lichtensteiger, *Phys. Chem. Solids* **1961**, *21*, 199.
Nit 1964	R. Nitsche, *Z. Kristallogr.* **1964**, *120*, 1.

Nit 1967a	R. Nitsche, D. F. Sargent, P. Wild, *J. Cryst. Growth* **1967**, *1*, 52.
Nit 1967b	R. Nitsche, P. Wild, *J. Appl. Physics* **1967**, *38*, 5413.
Nit 1967c	R. Nitsche, *J. Phys. Chem. Solids* **1967**, *Suppl. 1*, 215.
Oht 1987	T. Ohtani, T. Kohashi, *Jpn. Chem. Lett.* **1987**, *7*, 1413.
Oka 1974	F. Okamoto, K. Ametani, T. Oka, *Jpn. J. Appl. Phys.* **1974**, *13*, 187.
Oko 1989	I. Okonska-Kozlowska, J. Kopyczok, M. Jung, *Z. Anorg. Allg. Chem.* **1989**, *571*, 157.
Oko 1992	I. Okonska-Kozlowska, J. Kopyczok, K.Wokulska, J. Kammel, *J. Alloys Compds.* **1992**, *189*, 1.
Oko 1995	I. Okonska-Kozlowska, E. Maciazek, K. Wokulska, J. Heimann, *J. Alloys Compds.* **1995**, *219*, 97.
Oko 1999	I. Okonska-Kozlowska, E. Malicka, R. Nagel, H.D. Lutz, *J. Alloys Compds.* **1999**, *292*, 90.
Ols 1983	J. M. Olson, R. Powell, *J. Cryst. Growth* **1983**, *63*, 1.
Pak 1981	V. I. Pakhomov, G. M. Lobanova, V. K. Slovyanskikh, N. T. Kuznetsov, N. V. Gracheva, V. I. Checherikov, P. V. Nutsubidze, *Zh. Neorg. Khim.* **1981**, *26*, 1961.
Paj 1980	A. Pajaczkowska, *J. Cryst. Growth* **1980**, *49*, 563.
Paj 1983	A. Pajaczkowska, *Mater. Res. Bull.* **1983**, *18*, 397.
Pat 1998	S. G. Patel, M. K. Agarwal, N. M. Batra, D. Lakshminarayana, *Bull. Mater. Sci* **1998**, *21*, 213.
Pat 2009	K. R. Patel, R. D. Vaidya, M. S. Dave, S. G. Patel, *Pramana-J. Phys.* **2009**, *73*, 945.
Poi 1979	R. Poindessault, *J. Electronic Mater.* **1979**, *8*, 619.
Pra 1986	G. Prasad, N. N. Rao, O. N. Srivastava, *Cryst. Res. Technol.* **1986**, *21*, 1303.
Pro 2001	A. Prodan, V. Marinkovic, N. Jug, H. J. P. van Midden, H. Bohm, F. W. Boswell, J. Bennett, *Surface Science* **2001**, *482–485*, 1368.
Que 1974	P. Quenez, Y. Gorochov, *J. Cryst. Growth* **1974**, *26*, 55.
Rab 1990	F. Rabago, A. B. Vincent, N. V. Joshi, *Mater. Lett.* **1990**, *9*, 480.
Rad 2008	K. Radhakrishnan, K. M. Pilla, *Asian J. Chem.* **2008**, *20*, 3774.
Rao 1984	Y. K. Rao, M. Donley, H. G. Lee, *J. Electr. Mater.* **1984**, *13*, 523.
Rim 1972	H. P. B. Rimmington, A. A. Balchin, B. K. Tanner, *J. Cryst. Growth* **1972**, *13*, 51.
Rim 1974a	H .P. B. Rimmington, A. A. Balchin, B. K. Tanner, *J. Cryst. Growth* **1974**, *21*, 171.
Rim 1974b	H. P. B. Rimmington, A. A. Balchin, *J. Mater. Sci.* **1974**, *9*, 343.
Rus 2003	M. Rusu, S. Wiesner, S. Lindner, E. Strub, J. Roehrich, R. Wuerz, W. Fritsch, W. Bohne, Th. Schedelniedrig, M.Ch. Luxsteiner, *J. Phys. Cond. Matter* **2003**, *15*, 8185.
Sag 2004	V. Sagredo, L. M. de Chalbaud, *Cryst. Res. Technol.* **2004**, *39*, 877.
Sag 2005	V. Sagredo, G. E. Delgado, E. ter Haar, G. Attolini, *J. Cryst. Growth* **2005**, *275*, 521.
Sat 1990	K. Sato, Y. Aman, M. Hirai, M. Fujisawa, *J. Phys. Soc. Jpn.* **1990**, *59*, 435.
Sch 1963	H. Schäfer, *Naturwissenschaften* **1963**, *50*, 53.
Sch 1965	H. Schäfer, W. Fuhr, Werner *J. Less-Common Met.* **1965**, *8*, 375.
Sch 1966	H. Schäfer, H. Odenbach, *Z. Anorg. Allg. Chem.* **1966**, *346*, 127.
Schö 1996	J. H. Schön, F. P. Baumgaertner, E. Arushanov, H. Riazi-Nejad, Ch. Kloc, *J. Appl. Phys*: 1996, *79*, 6961.
Schö 2000	J. H. Schön, Ch. Kloc, E. Bucher, *Thin Solid Films* **2000**, *361/362*, 411.
Schö 2010	M. Schöneich, M. Schmidt, P. Schmidt, *Z. Anorg. Allg. Chem.* **2010**, *636*, 1810.

Schm 2005	M. Schmidt, T. Cichorek, R. Niewa, A. Schlechte, Y. Prots, F. Steglich, R. Kniep, *J. Phys.: Cond. Matter* **2005**, *17*, 5481.
Shi 1997	S. Shirataka, S. Shigefusa, S. Isomura, *Jpn. J. Appl. Phys.* **1997**, *37*, 7160.
Sig 1971	A. G. Sigai, H. Wiedemeier, *J. Cryst. Growth* **1971**, *9*, 244.
Sig 1972	A.G. Sigai, H. Wiedemeier, *J. Electrochem. Soc.* **1972**, *119*, 910.
Sim 1967	A. A. Simanovskii, *Rost Kristallov* **1967**, *7*, 258.
Sim 1987	M. G. Simeone, S. Viticoli, *J. Cryst. Growth* **1987**, *80*, 447.
Sim 1988	M. G. Simeone, S. Viticoli, *Mater. Res.* **1988**, *23*, 1219.
Sha 1995	Y. G. Sha, C. H. Su, W. Palosz, M P. Volz, D. C. Gillies, F. R. Szofran, S. L. Lehoczky, H. C. Liu, R. F. Brebrick, *J. Cryst. Growth* **1995**, *146*, 42.
Slo 1982	V. K. Slovyanskikh, N. T. Kuznetsov, N. V. Gracheva, *Zh. Neorg. Khim.* **1982**, *27*, 1327.
Smi 1988	K. Smith, J. Marsella, R. Kershaw, K. Dwight, A. Wold, *Mater. Res. Bull.* **1988**, *23*, 1423.
Sol 2003	G. K. Solamnki, M. P. Deshpande, M. K. Agarwal, P. D. Patel, *J. Mater. Sci. Lett.* **2003**, *22*, 985.
Sto 1992	D. Stöber, B. O. Hildmann, H. Böttner, S. Schelb, K. H. Bachem, M. Binnewies, *J. Cryst. Growth* **1992**, *121*, 656.
Sus 1978	M. Susaki, T. Miyauchi, H. Horinaka, N. Yamamoto, *Jpn. J. Appl. Phys.* **1978**, *17*, 1555.
Taf 1995	M. J. Tafreshi, K. Balakrishnan, R. Dhanasekaran, *Mater. Res. Bull.* **1995**, *30*, 1371.
Tan 1977	S. Tanaka, S. Kawami, H. Kobayashi, H. Sasakura, *J. Phys. Chem. Solids* **1977**, *38*, 680.
Tay 1974	B. Taylor, J. Steger, A. Wold, E. Kostiner, *Inorg. Chem.* **1974**, *13*, 2719.
Tri 1982	R. Triboulet, F. Rabago, R. Legros, H. Lozykowski, G. Didier, *J. Cryst. Growth* **1982**, *59*, 172.
Tom 1998	Y. Tomm, S. Fiechter, C. Fischer, *Institute of Physics Conference Series* **1998**, *152*, 181.
Tsu 1967	Y. Tsujimoto, T. Nakajima, Y. Onodera, F. Masakazu, *Jpn. J. Appl. Phys.* **1967**, *6*, 1014.
Vac 1977	G. Vachier, O. Cerclier, A. Casalot, *J. Cryst. Growth* **1977**, *41*, 157.
Vac 1992	G. Vacquier, A. Casalot, *J. Cryst. Growth* **1993**, *130*, 259.
Var 1973	J. Varvas, T. Nirk, *Zh. Khim.* **1973**, *8B*, 562.
Ven 1987	B. Vengatesan, N. Kanniah, R. Gobinathan, P. Ramasamy, *Indian J. Phys.* **1987**, *61A*, 393.
Ven 1988	B. Vengatesan, K. Chinnakali, N. Kanniah, P. Ramasamy, *J. Mater. Science Lett.* **1988**, *7*, 654.
Voh 1971	P. Vohl, W. R. Buchan, J. E. Genthe, *J. Electrochem. Soc.* **1971**, *118*, 1842.
Wan 1986	D. Wang, W. Shi, B. Wang, *Jilin Daxue Ziran Kexue Xuebao* **1986**, *3*, 45.
Whi 1973	C. R. Whitehouse, H. P. B. Rimmington, A. A. Balchin, *Phys. Status Solidi* **1973**, *A18*, 623.
Whi 1978a	C. R. Whitehouse, A. A. Balchin, *J. Cryst. Growth* **1978**, *43*, 727.
Whi 1978b	C. R. Whitehouse, A. A. Balchin, *J. Mater. Sci.* **1978**, *13*, 2394.
Weh 1969	F. H. Wehmeier, *J. Cryst. Growth* **1969**, *5*, 26.
Weh 1970	F. H. Wehmeier, E. T. Keve, S. C. Abrahams, *Inorg. Chem.* **1970**, *9*, 2125.
Wie 1968	H. Wiedemeier, W. J. Goyette, *J. Chem. Phys.* **1968**, *48*, 2936.
Wie 1970	H. Wiedemeier, A. G. Sigai, *J. Solid State Chem.* **1970**, *2*, 404.
Wie 1972	H. Wiedemeier, E. A. Irene, A. K. Chaudhuri, *J. Cryst. Growth* **1972**, *13–14*, 393.
Wie 1981	H. Wiedemeier, D. Chandra, F. Klaessig, *J. Cryst. Growth* **1981**, *51*, 345.

Wie 1986	H. Wiedemeier, H. Goldman, *J. Less-Common Met.* **1986**, *116*, 389.
Wie 1991a	H. Wiedemeier, Y. R. Ge, *Z. Anorg. Allg. Chem.* **1991**, *598-599*, 339.
Wie 1991b	H. Wiedemeier, Y. R. Ge, *Z. Anorg. Allg. Chem.* **1991**, *602*, 129.
Wie 1992	H. Wiedemeier, L. L. Regel, W. Palosz, *J. Cryst. Growth* **1992**, *119*, 79.
You 1990	G. H. Yousefi, *J. Mater. Science Lett.* **1990**, *9*, 1216.
Zlo 1990	V. P. Zlomanov, A. M. Gaskov, I. M. Malinskii, *Izv. Akad. Nauk SSSR, Neorg. Mater.* **1990** *26*, 744.
Zor 1965	E. L. Zorina, V. B. Velichkova, T. N. Guliev, *Inorg. Mater. (USSR)* **1965**, *1*, 633.
Zul 1984	D. I. Zulfugarly, B. A. Geidarov, T. A. Nadzhafova, *Azerbaidzh. Khim. Zh.* **1984**, *3*, 136.

7.3 Transport von Telluriden

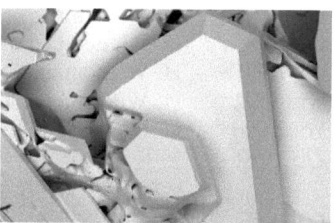

HfTe$_2$

Iod als Transportmittel

$$CdTe(s) + I_2(g) \rightleftharpoons CdI_2(g) + \frac{1}{2}Te_2(g)$$

Halogenwasserstoff als Transportmittel

$$PbTe(s) + 2\,HCl(g) \rightleftharpoons PbCl_2(g) + H_2 + Te_2(g)$$

Die Beispiele für den Chemischen Transport von Telluriden (vgl. Tabelle 7.3.1.) sind fast ebenso zahlreich wie die der Sulfide und Selenide. Man findet Referenzen sowohl für Hauptgruppenelemente (Gruppen 2, 13 und 14), als auch für fast alle Nebengruppenelemente und einige Lanthanoide. Die Alkalimetalltelluride lassen sich wegen der hohen Stabilität der Alkalimetallhalogenide nicht mit Halogenen oder Halogenverbindungen transportieren.

Die Telluride sind thermisch weniger stabil als die analogen Selenide und Sulfide. Die Transportreaktionen sind dadurch weniger stark endotherm, das Transportgleichgewicht verschiebt sich auf die Seite der Reaktionsprodukte. Die Folgen sind höhere Partialdrücke der transportwirksamen Spezies bzw. niedrigere

Auflösungstemperaturen. Im Gegensatz zu Schwefel und Selen bildet Tellur, auch in der Gasphase, ein recht stabiles Diiodid, TeI$_2$. Mit dessen Bildung muss insbesondere bei hohen Iod-Drücken gerechnet werden. In der älteren Literatur ist dies jedoch nicht berücksichtigt worden. In einer neueren Arbeit wird TeI$_2$ jedoch diskutiert (Czu 2010) (vgl. Abschnitt 9.2).

Ausgelöst von der methodischen Entwicklung des Chemischen Transports in den 1960er Jahren sind auch rasch Gasphasenreaktionen zur Darstellung und Reinigung von Telluriden in den Blickpunkt gerückt (Bro 1962, Pia 1966, Mei 1967, Gib 1969, Wie 1969). Aufgrund des Anwendungspotentials wurden die grundlegenden Gleichgewichte für Telluride maßgeblich an den Beispielen CdTe, ZnTe und Hg$_{1-x}$Cd$_x$Te formuliert.

Thermisches Verhalten Einige Telluride sublimieren unzersetzt. Das gilt vor allem für Verbindungen MTe (M = Ge, Sn, Pb) der Gruppe 14. Die Sublimationsdrücke nehmen dabei zu den schwereren Homologen der jeweiligen Gruppe ab: GeTe ($K_{p,\,800}$ = 5 · 10^{-5} bar); SnTe ($K_{p,800}$ = 1 · 10^{-6} bar); PbTe ($K_{p,\,700}$ = 3 · 10^{-7} bar). Innerhalb der Reihe der Chalkogenide eines Elements steigen die Sublimationsdrücke zu den Telluriden hin an, wobei sich die Selenide und Telluride kaum unterscheiden (Abbildung 7.3.1).

Wie die Selenide zeigen auch die Telluride von Elementen der Gruppen 13 und 15 den Effekt der Zersetzungssublimation. Dabei entstehen neben Tellur die leichter flüchtigen niederen Telluride. Die aus der Zersetzungssublimation resultierenden Gesamtdrücke haben in der Reihe der Chalkogenide bei den Telluriden ein Maximum.

$$M_2\text{Te}_3(s) \rightleftarrows M_2\text{Te}(g) + \text{Te}_2(g) \qquad (7.3.1)$$
$$(M = \text{Al, Ga, In})$$

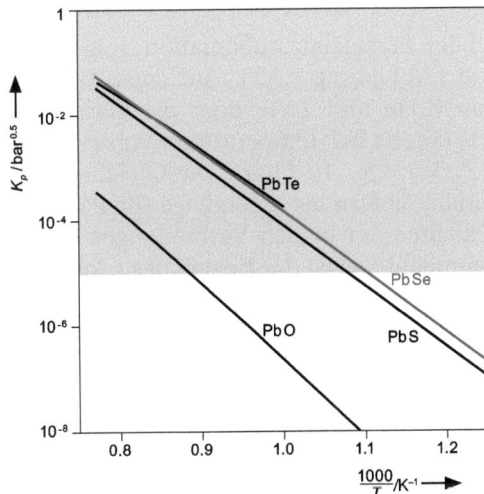

Abbildung 7.3.1 Gleichgewichtskonstanten für die Sublimation der Bleichalkogenide als Temperaturfunktion in logarithmischer Darstellung.

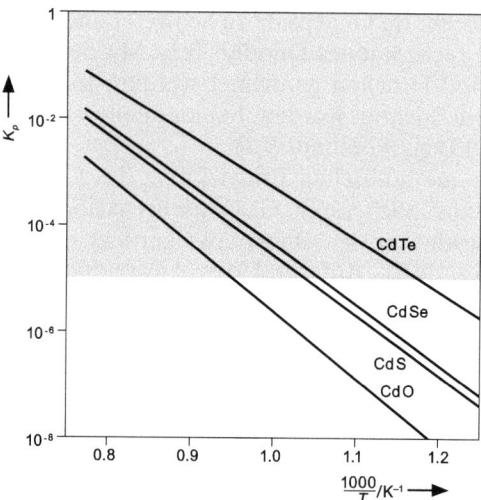

Abbildung 7.3.2 Gleichgewichtskonstanten für die Zersetzungssublimation der Cadmiumchalkogenide als Temperaturfunktion in logarithmischer Darstellung.

$$M_2Te_3(s) \rightleftharpoons 2\,MTe(g) + \frac{1}{2}Te_2(g) \tag{7.3.2}$$
$(M = \text{As, Sb, Bi})$

Von Bedeutung ist die kongruente thermische Zersetzung von ZnTe und CdTe in die Elemente.

$$MTe(s) \rightleftharpoons M(g) + \frac{1}{2}Te_2(g) \tag{7.3.3}$$
$(M = \text{Zn, Cd, Hg})$

Die Partialdrücke bei der Zersetzungssublimation steigen von den Oxiden zu den Telluriden deutlich an (Abbildung 7.3.2). Auf diese Weise gelingt die Abscheidung von kristallinem CdTe und ZnTe über die Gasphase auch ohne Zugabe eines Transportmittels bereits bei Temperaturen von ca. 800 °C ($K_{p,1100}(\text{CdTe}) = 4 \cdot 10^{-3}$ bar; $K_{p,1100}(\text{ZnTe}) = 5 \cdot 10^{-4}$ bar). Die Gleichgewichte und ihre thermodynamische Beschreibung liefern die Grundlage für PVD-Prozesse zur Abscheidung von dünnen Schichten der beiden Verbindungen (Aku 1971, Iga 1976, Ido 1968). In diesem Zusammenhang ist der Begriff des *Close-spaced- vapor-transport* – CSVT – (Cas 1993) zu erwähnen: in einem PVD-Prozess werden dabei aufgrund kurzer Transportwegstrecken (wenige mm) in der Sublimationskammer gute Abscheidungsraten auch bei niedrigeren Temperaturen erzielt.

Iod als Transportmittel Wenngleich der Chemische Transport von Telluriden sowohl mit Chlor, Brom als auch Iod beschrieben ist, verläuft die Mehrzahl der bekannten Transportreaktionen unter Zusatz von Iod. Aufgrund ähnlicher Stabilitäten von Telluriden und Seleniden ergibt sich in aller Regel ein vergleichbares Transportverhalten. So können die für die Selenide getroffenen Aussagen häufig auf die Telluride übertragen werden. Grundsätzlich besteht beim Transport der Telluride auch die Möglichkeit der Bildung von Telluriodiden mit transportwirksamen Partialdrücken.

Obgleich die Zersetzungssublimation von CdTe bereits bei Temperaturen oberhalb 900 °C hinreichende Abscheidungsraten zeigt, ist auch der Chemische Transport der Verbindung eingehend untersucht. Die Temperatur der Quellenseite lässt sich durch Zugabe von Iod um etwa 100 K gegenüber der Zersetzungssublimation erniedrigen. Transporte von CdTe sind im Temperaturbereich von 1000 bis 800 °C ($K_{p,\,1000} \approx 1$ bar) auf der Quellenseite und 750 bis 600 °C auf der Senkenseite (Pia 1966, Pao 1974) möglich; der Transport folgt dem Gleichgewicht 7.3.4.

$$\text{CdTe(s)} + \text{I}_2(\text{g}) \rightleftharpoons \text{CdI}_2(\text{g}) + \frac{1}{2}\text{Te}_2(\text{g}) \qquad (7.3.4)$$

Der Transport der allermeisten Telluride erfolgt auf diese Weise. Die Bildung von Te$_2$ dominiert in der Gasphase; bei höheren Temperaturen ist auch Te(g) transportrelevant. Höhermolekulare Spezies wie beim Schwefel und Selen sind nicht zu berücksichtigen. Auch der Transport einer Vielzahl ternärer Telluride folgt diesem Transportmechanismus. Eingehende Untersuchungen beschreiben den Transport von Mischkristallen, wie zum Beispiel Cd$_{1-x}$Co$_x$Te (Red 2008) und Cd$_{1-x}$Mn$_x$Te (Mel 1990) oder CdTe$_{1-x}$S$_x$ (Hot 2005); CdTe$_{1-x}$Se$_x$ (Hot 2005) bzw. ZnTe$_{1-x}$S$_x$ (Ros 2004) und ZnTe$_{1-x}$Se$_x$ (Tsu 1967, Su 2000).

Besondere Beachtung hinsichtlich seiner Transporteigenschaften hat das System CdTe/HgTe erfahren. Die Bedeutung ergibt sich aus der Möglichkeit, die Bandlücke innerhalb der Mischkristallreihe Hg$_{1-x}$Cd$_x$Te nahezu linear mit der Zusammensetzung zu verändern. Obgleich beide binären Randphasen jeweils gut über eine Zersetzungssublimation (7.3.3) zu erhalten sind, ergeben sich aufgrund der unterschiedlichen Partialdrücke ($K_{p,\,900}$(CdTe) = 5 · 10^{-5} bar; $K_{p,\,900}$(HgTe) = 6 · 10^{-1} bar) Probleme für die gezielte Abscheidung von Mischkristallen definierter Zusammensetzung. Diese Schwierigkeiten können durch eine Verdampfung der Komponenten aus räumlich getrennten Quellen verschiedener Temperaturen behoben werden. Hinsichtlich der Zusammensetzung homogene Materialien werden aber insbesondere durch Chemischen Transport mit Iod gewonnen (Wie 1982, Ire 1983, Wie 1987, Shi 1987). Dabei wird Cadmium in das leichter flüchtige Iodid überführt, während Quecksilber als elementare Gasspezies transportwirksam wird.

$$\text{Cd}_{1-x}\text{Hg}_x\text{Te(s)} + (1-x)\,\text{I}_2(\text{g})$$
$$\rightleftharpoons (1-x)\,\text{CdI}_2(\text{g}) + x\,\text{Hg(g)} + \frac{1}{2}\text{Te}_2(\text{g}) \qquad (7.3.5)$$

$$\text{Cd}_{1-x}\text{Hg}_x\text{Te(s)} + (1-x)\,\text{HgI}_2(\text{g})$$
$$\rightleftharpoons (1-x)\,\text{CdI}_2(\text{g}) + \text{Hg(g)} + \frac{1}{2}\text{Te}_2(\text{g}) \qquad (7.3.6)$$

Inwiefern Iod tatsächlich als Transportmittel wirksam wird oder ob sich bei Zusatz von Iod unmittelbar gasförmiges HgI$_2$ bildet, ist nicht geklärt. Die Transporteffekte beim Transport mit Iod sind identisch mit denen unter direktem Zusatz

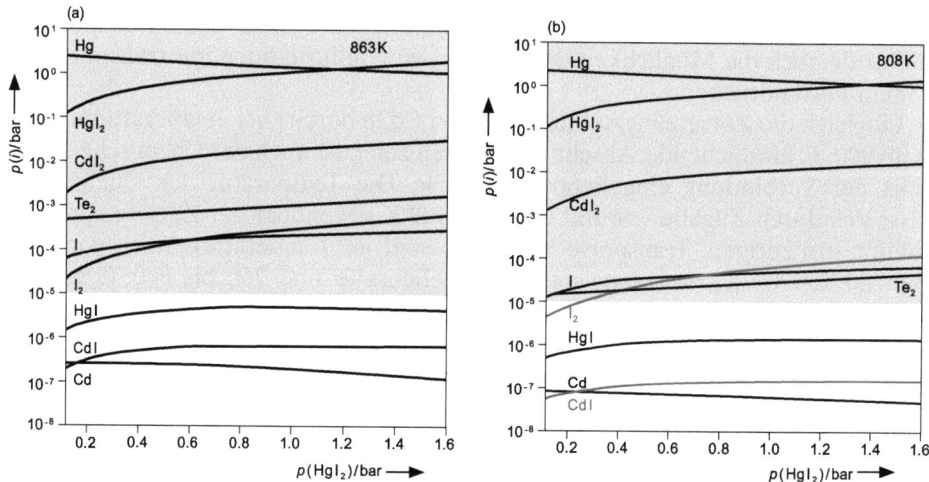

Abbildung 7.3.3 Gleichgewichtspartialdrücke im System $Hg_{0,8}Cd_{0,2}Te/I_2$ als Funktion des HgI_2-Partialdrucks bei 863 (a) und 808 K (b) nach (Wie 1987).

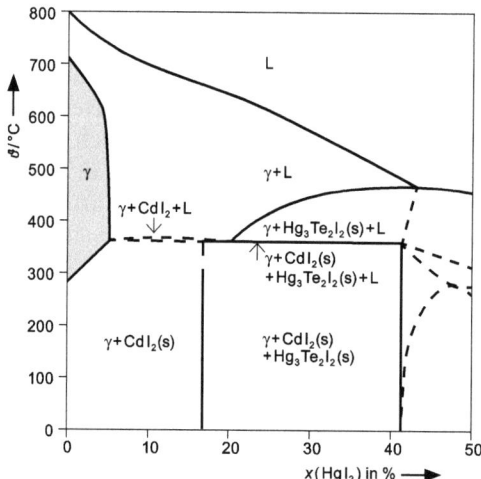

Abbildung 7.3.4 Zustandsdiagramm $Hg_{0,8}Cd_{0,2}Te/HgI_2$ nach (Hut 2002).

von HgI_2 (7.3.6) (Wie 1983a, Wie 1983b, Ire 1983, Wie 1989, Hut 2002). Die resultierenden Gleichgewichte zur Bildung der transportwirksamen Spezies sind analog. Die Partialdrücke der einzelnen, am Transport beteiligten Spezies sind dabei maßgeblich von der Temperatur und dem Transportmitteldruck abhängig (Abbildung 7.3.3).

Am Beispiel des Transports von $Cd_{1-x}Hg_xTe$, vor allem in der charakteristischen Zusammensetzung $Hg_{0,8}Cd_{0,2}Te$, mit HgI_2 wird das Problem einer möglichen Kontamination der transportierten Kristalle mit dem Transportmittel deutlich. Wie das Phasendiagramm (Hut 2002) zeigt, hat die γ-Phase $Hg_{0,8}Cd_{0,2}Te$ im

Temperaturbereich zwischen 300 und 700 °C eine ausgeprägte Löslichkeit von bis zu 5 % für HgI_2. Transporte von phasenreinem $Hg_{0,8}Cd_{0,2}Te$ müssen demnach bei kleinen Transportmittelmengen und Abscheidungstemperaturen unter 290 °C durchgeführt werden. Kleine Transportmittelkonzentrationen sind auch im Sinne des Erhalts der Ausgangsbodenkörperzusammensetzung $Cd_{1-x}Hg_xTe$ beim Transport sinnvoll: Höhere Konzentrationen von HgI_2 führen zur Abscheidung von CdI_2 bzw. $Hg_3Te_2I_2$ (Hut 2002).

Der Chemische Transport weiterer ternärer Telluride, wie z. B. $CuInTe_2$ und $CuGaTe_2$ ist wie für die binären Verbindungen als Auflösungsreaktion der metallischen Komponenten in die jeweiligen Iodide zu beschreiben, während Tellur elementar in die Gasphase geht:

$$CuMTe_2(s) + 2\,I_2(g) \;\rightleftharpoons\; \tfrac{1}{3}Cu_3I_3(g) + MI_3(g) + Te_2(g) \qquad (7.3.7)$$
$(M = In, Ga)$

Mit dieser Reaktionsgleichung wird das dominierende Gasphasengleichgewicht wiedergegeben. Das gesamte Reaktionsgeschehen wurde durch die Beteiligung der Gasspezies I, Te_n, CuI, MI, M_2Te, und Cu_2Te (M = In, Ga) beschrieben.

Die Prinzipien zum Transport von phasenreinen Telluriden mit Iod in Koexistenz zu den entsprechenden Telluridiodiden und zu elementarem Tellur gelten in gleichem Maße, wie für die Selenide ausführlich beschrieben (Schö 2010).

Halogenwasserstoff und Wasserstoff als Transportmittel Die Verwendung von Wasserstoff oder Halogenwasserstoffen als Transportmittel hat große Bedeutung für den Transport der Oxide und Sulfide, da die Löslichkeit des Sauerstoffs bzw. Schwefels in der Gasphase zusätzlich durch die Bildung von Wasser bzw. Schwefelwasserstoff unterstützt wird. Da aber die Stabilität der Wasserstoffverbindungen H_2Q (Q = O, S, Se, Te) stetig abnimmt, ist die Beteiligung von H_2Se und insbesondere von H_2Te an Chemischen Transportreaktionen kritisch zu diskutieren.

Sowohl H_2O als auch H_2S sind bis über 1000 °C stabil (Gleichgewichtskonstanten für die Zersetzung (7.3.8): $K_{p,\,1300}(H_2O) = 2 \cdot 10^{-5}\,\text{bar}^{\frac{1}{3}}$, $K_{p,\,1300}(H_2S) = 2 \cdot 10^{-1}\,\text{bar}^{\frac{1}{3}}$). H_2Se hingegen zersetzt sich bereits zwischen 700 und 800 °C ($K_{p,\,1000}(H_2Se) = 1\,\text{bar}^{\frac{1}{3}}$). Bei hinreichend großen Wasserstoffpartialdrücken (p ca. 1 bar) sind auch bis etwa 1000 °C transportrelevante Partialdrücke von H_2Se denkbar.

$$\tfrac{2}{3}H_2Q(g) \;\rightleftharpoons\; \tfrac{2}{3}H_2(g) + \tfrac{1}{3}Q_2(g) \qquad (7.3.8)$$

$H_2Te(g)$ ist im gesamten Temperaturbereich instabil ($K_{p,\,1000}(H_2Te) = 10^2\,\text{bar}^{\frac{1}{3}}$). Der aus dem Gleichgewicht resultierende, um Größenordnungen höhere Partialdruck von $Te_2(g)$ bestimmt dann das Transportgleichgewicht.

Der beschriebene Transport von Cadmiumtellurid in Gegenwart von Wasserstoff (Pia 1966, Pao 1972, Akh 1981b, Ant 1984) ist demnach eher als Zersetzungssublimation aufzufassen. Die angegebenen Temperaturbereiche der Gasphasenabscheidung (1090 ... 800 → 700 ... 500 °C) stützen diese Aussage. Bei Transportreaktionen, die unter Zusatz von Halogen/Wasserstoff-Gemischen

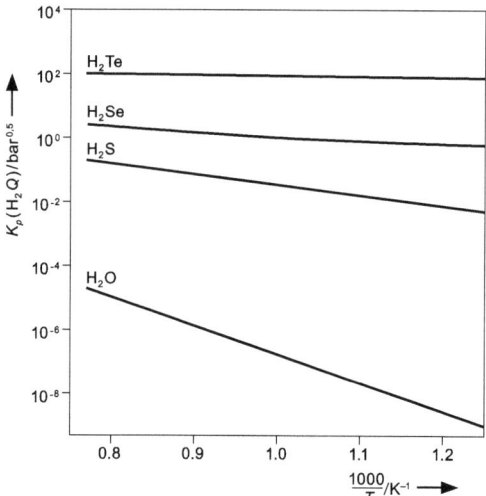

Abbildung 7.3.5 Gleichgewichtskonstanten der Zersetzung der Chalkogenwasserstoffe als Temperaturfunktion in logarithmischer Darstellung.

ablaufen, entstehen die jeweiligen Metallhalogenide, nicht jedoch H$_2$Te (Tok 1979, Akh 1981a, Pao 1974).

Häufig wird die Verwendung der Ammoniumhalogenide als Zusatz für den Transport von Telluriden beschrieben. Die experimentell leicht zu handhabenden Ammoniumhalogenide dienen dabei als Halogenwasserstoffquelle (siehe Kapitel 14).

$$M\text{Te}(s) + 2\,\text{H}X\,(g) \;\rightleftharpoons\; MX_2(g) + \text{H}_2 + \frac{1}{2}\text{Te}_2(g) \qquad (7.3.9)$$
$(M = \text{Cd, Pb, Zn})$

$$\text{Pb}_{1-x}\text{Sn}_x\text{Te} + 2\,\text{H}X(g)$$
$$\rightleftharpoons\; (1-x)\,\text{PbCl}_2(g) + x\,\text{SnCl}_2(g) + \text{H}_2 + \frac{1}{2}\text{Te}_2(g) \qquad (7.3.10)$$

Im Gegensatz zu den Transportgleichgewichten der Sulfide und Selenide muss man hier, wie oben bereits erwähnt, die Beteiligung von H$_2$Te ausschließen und die betreffenden Reaktionen unter Beteiligung von H$_2$(g) und Te$_2$(g) formulieren. Dem Halogenwasserstoff kommt damit nur die Funktion der Halogenierung der metallischen Komponente zu.

Metallhalogenide als Transportmittel Nur anhand weniger Beispiele ist der Chemische Transport von Telluriden unter Zusatz von Metallhalogeniden beschrieben. Häufig handelt es sich um Zusätze, die eine Komponente des Bodenkörpers enthalten (CdTe/CdCl$_2$ (Vac 1991); Cu$_x$Te/CuBr (Abb 1987); Gd$_4$NiTe$_2$/GdBr$_3$ (Mag 2004).

Die Wirksamkeit des Zusatzes von TeCl$_4$ kann in ähnlicher Weise aufgefasst werden: Gegenüber unedleren Metallen überträgt TeCl$_4$(g) das Chlor unter Bildung des Transportmittels MCl$_x$(g) und Te$_2$(g) (Phi 2008b).

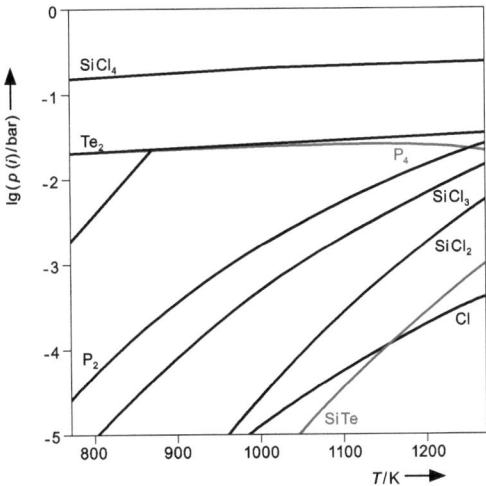

Abbildung 7.3.6 Gasphasenzusammensetzung im System Si/P/Te/Cl in Abhängigkeit von der Temperatur nach (Phi 2008a).

$$\text{Ti(s)} + \text{TeCl}_4(g) \rightleftharpoons \text{TiCl}_4(g) + \frac{1}{2}\text{Te}_2(g) \tag{7.3.11}$$

$$2\,\text{Ti}_2\text{PTe}_2(s) + 12\,\text{TiCl}_4(g) \rightleftharpoons 16\,\text{TiCl}_3(g) + \text{P}_2(g) + 2\,\text{Te}_2(g) \tag{7.3.12}$$

Gleichgewichtsberechnungen zum Transport des kationischen Clathrats $\text{Si}_{46-2x}\text{P}_{2x}\text{Te}_x$ zeigen in gleicher Weise die Bildung von $\text{SiCl}_4(g)$ als dominierende Spezies bei der Umsetzung mit TeCl_4 (Phi 2008a). Damit ist der endotherme Transport im Temperaturgradienten von 900 nach 800 °C folgendermaßen zu beschreiben:

$$\begin{aligned}&\text{Si}_{30}\text{P}_{16}\text{Te}_8(s) + 22\,\text{SiCl}_4(g)\\&\rightleftharpoons 44\,\text{SiCl}_2(g) + 8\,\text{SiTe}(g) + 8\,\text{P}_2(g)\end{aligned} \tag{7.3.13}$$

Bei tieferen Temperaturen wurde eine Transportumkehr beobachtet, die anhand der vorliegenden Gleichgewichtsrechnungen nicht nachvollziehbar war. Erst die Einbeziehung wasserstoffhaltiger Spezies belegte die Möglichkeit eines exothermen Transports bei tiefen Temperaturen (650 → 730 °C). Dabei wird HCl(g) als Transportmittel wirksam.

$$\begin{aligned}&\text{Si}_{30}\text{P}_{16}\text{Te}_8(s) + 120\,\text{HCl}(g)\\&\rightleftharpoons 30\,\text{SiCl}_4(g) + 4\,\text{Te}_2(g) + 4\,\text{P}_4(g) + 60\,\text{H}_2(g)\end{aligned} \tag{7.3.14}$$

Es zeigt sich, dass die Bildung von Halogenwasserstoffen durch Wechselwirkung mit anhaftender Feuchtigkeit der Ampullenwandung nicht grundsätzlich auszuschließen ist. Ein so gravierender Effekt der Transportumkehr wie beim Clathrat $\text{Si}_{46-2x}\text{P}_{2x}\text{Te}_x$ beobachtet, ist jedoch selten. Ähnliche Effekte wurden beim Transport von SiAs (Bol 1994) gefunden, (vgl. auch Abschnitt 9.1).

Der Chemische Transport von MnTe verläuft dagegen bei Zusatz von AlCl_3 unter Bildung ternärer Gasphasenkomplexe MnAl_2Cl_8 und $\text{MnAl}_3\text{Cl}_{11}$ (Paj 1980). Der „Trick" besteht nach Meinung der Autoren darin, dass gegenüber

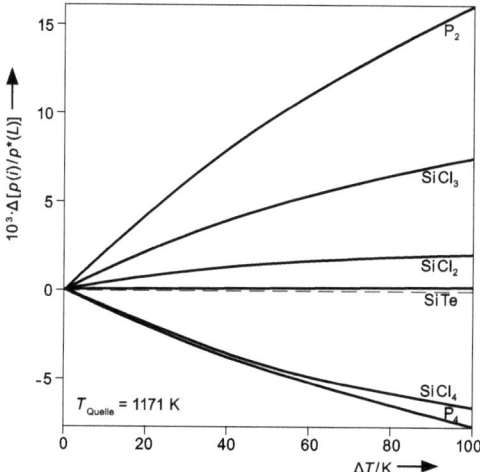

Abbildung 7.3.7 Transportwirksamkeit der Gasspezies für den Transport von $Si_{30}P_{16}Te_8$ nach (Phi 2008a).

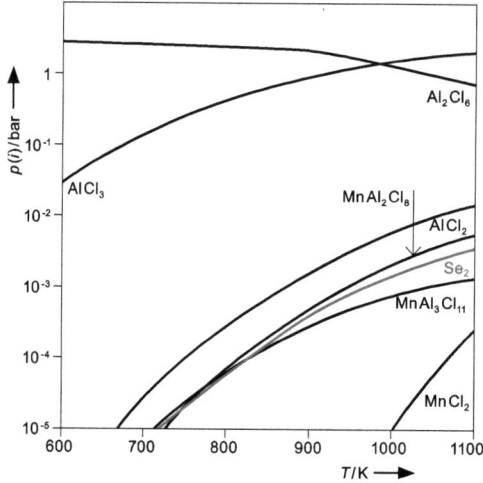

Abbildung 7.3.8 Gasphasenzusammensetzung im System $MnTe/AlCl_3$ in Abhängigkeit von der Temperatur nach (Paj 1980).

dem Transport mit Cl_2 zwar die Partialdrücke erniedrigt und damit die absoluten Löslichkeiten der Komponenten in der Gasphase herabgesetzt werden, dadurch aber größere Differenzen in den Gasphasenlöslichkeiten und damit bessere Transporteigenschaften erzielt werden. Das Auftreten von Chlorwasserstoff bleibt in dieser Arbeit unberücksichtigt.

Tabelle 7.3.1 Beispiele für Chemische Transportreaktionen von Telluriden.

Senkenboden-körper	Transportzusatz	Temperatur/°C	Literatur
Ag_2Te	Br_2, I_2	950 … 900 → 650 … 450	Bon 1969
	Br_2	1140 … 725 → 940 … 540	Bon 1972
	I_2	930 → 830	Pav 1978
	keine Angabe	keine Angabe	Chu 2001
	keine Angabe	keine Angabe	Mus 2005
Bi_2Te_3	I_2	500 → 450	Sch 2010
CdTe	$Cl_2 + H_2$, $Br_2 + H_2$, $I_2 + H_2$	keine Angabe	Tok 1979
	$Br_2 + H_2$	825 → 425	Akh 1981a
	I_2	1100 … 850 → 600	Pia 1966
	I_2	keine Angabe	Pao 1972a
	I_2	keine Angabe	Pao 1977
	$I_2 + H_2$	820 → 750	Pao 1974
	$CdCl_2$	620 → T_1	Vac 1991
	NH_4Cl, NH_4Br, NH_4I	keine Angabe	Ilc 2002
	NH_4Cl	800 … 700 → 730 … 500	Pao 1972b
	NH_4Cl	800 … 700 → 730 … 500	Pao 1973
	NH_4Cl	800 → 600	Ghe 1974
	NH_4Cl	800 → 650	Pao 1975
	NH_4Cl	750 … 650 → 650 … 550	Man 1983
	NH_4Cl	800 → 660	Pao 1986
	NH_4I	850 … 800 → 630 … 510	Zha 1983
$Cd_{1-x}Co_xTe$	I_2	1100 → T_1	Red 2008
$Cd_{1-x}Mn_xTe$	I_2	725 … 715 → 685 … 675	Mel 1990
$Cd_{1-x}Zn_xTe$	NH_4Cl, NH_4Br, NH_4I	keine Angabe	Ilc 2002
$CdTe_{1-x}S_x$	I_2	900 → 800	Hot 2005
$CdTe_{1-x}Se_x$	I_2	900 → 800	Hot 2005
Ce_2Te_3	I_2	900 → 700	Bro 1962
$CeTe_2$	I_2	900 → 700	Bro 1962
	I_2	950 → 850	Sto 2002
CoTe	I_2	870 … 675 → 845 … 640	Gib 1969a
$Co_{1-x}Te$	I_2	870 … 650 → 845 … 615	Gib 1969b
Co_2Te_3	I_2	675 → 650	Boc 1981
$CoCr_2Te_4$	I_2	870 … 650 → 845 … 615	Gib 1969b
$Cr_{1-x}Te$	I_2	1010 → 930	Str 1973
	I_2	800 → T_1	Shi 1985
Cr_3Te_4	I_2	keine Angabe	Sat 1990
Cr_2Te_3	I_2	keine Angabe	Sat 1990

Tabelle 7.3.1 (Fortsetzung)

Senkenbodenkörper	Transportzusatz	Temperatur/°C	Literatur
$Cr_{1-x}Fe_{1-y}Te$	I_2	$800 \rightarrow T_1$	Shi 1985
Cr_2FeTe_4	Cl_2	$840 \rightarrow 780$	Beg 1975
Cu_2Te	I_2	keine Angabe	Mus 2005
	CuBr	$900 \ldots 600 \rightarrow 750 \ldots 350$	Abb 1987
$Cu_{2-x}Te$	CuBr	$900 \ldots 600 \rightarrow 750 \ldots 350$	Abb 1987
CuTe	CuBr	$900 \ldots 600 \rightarrow 750 \ldots 350$	Abb 1987
$CuGaTe_2$	I_2	keine Angabe	Pao 1980
	I_2	keine Angabe	Lec 1983
	I_2	keine Angabe	Mas 1993
	I_2	$700 \rightarrow 650$	Gom 1983
$CuInTe_2$	I_2	keine Angabe	Pao 1980
	I_2	keine Angabe	Lec 1983
	I_2	$720 \rightarrow 680$	Bal 1990
	I_2	keine Angabe	Mas1993
	I_2, $TeCl_4$	$710 \rightarrow 670$, $710 \rightarrow 670$	Bal 1994
	I_2	$700 \rightarrow 650$	Gom 1983
Er_2Te_3	$ErCl_3$	$950 \rightarrow 800$	Sto 1998
$Fe_{1-x}Te$	I_2	$800 \rightarrow T_1$	Shi 1985
$DyTe_2$	Br_2, I_2	keine Angabe	Slo 1985
$Dy_{1,5}U_{1,5}Te_5$	Br_2, I_2	keine Angabe	Slo 1985
$Dy_{0,5}U_{0,5}Te_2$	Br_2, I_2	keine Angabe	Slo 1985
$Dy_{0,5}U_{0,5}Te_3$	Br_2, I_2	keine Angabe	Slo 1985
EuTe	I_2	$1700 \rightarrow T_1$	Kal 1968
GaTe	Br_2	$780 \rightarrow 690$	Zul 1983
	$SnCl_2$	$780 \rightarrow 690$	Zul 1983
Gd_4NiTe_2	$GdBr_3$	$1000 \rightarrow T_1$	Mag 2004
GeTe	I_2	$590 \rightarrow 440$	Wie 1972
$GeTe_{1-x}Se_x$		$600 \rightarrow 590$	Wie 1991a
	I_2	$600 \rightarrow 590$	Wie 1991b
$HfTe_2$	I_2	keine Angabe	Bra 1973
$HfTe_2$	I_2	$600 \rightarrow 700$	Lev 1983
$HfTe_5$	I_2	$450 \rightarrow 400$	Lev 1983
HgTe	H_2	$T_2 \rightarrow 420 \ldots 320$	Iga 1976b
$Hg_{1-x}Cd_xTe$	I_2	$590 \rightarrow 535$	Wie 1982, Ire 1983, Wie 1987
	I_2	keine Angabe	Shi 1987

Tabelle 7.3.1 (Fortsetzung)

Senkenboden-körper	Transportzusatz	Temperatur/°C	Literatur
$Hg_{1-x}Cd_xTe$	HgI_2	590 → 535	Wie 1983a, Wie 1983b, Ire 1983
	HgI_2	590 → 585 … 520	Wie 1989, Hut 2002
	HgI_2	590 → 540	Wie 1991c, Wie 1992
	HgI_2	600 → 570 … 500	Sha 1993, Sha 1994
	HgI_2	595 → 545	Ge 1996, Ge 1999
	NH_4Br, NH_4Cl	580 → 300, 590 → 290	Akh 1983
	NH_4I	590 → 290	
	NH_4I	670 … 520 (HgTe), 850 … 800 (CdTe) → 630 … 510	Gol 1979
$Hg_{1-x}Cd_xTe:In^{3+}$	NH_4I	keine Angabe	Tom 1980
$Hg_{1-x}Mn_xTe$	HgI_2	590 → 535	Pal 1989
La_2Te_3	I_2	900 → 700	Bro 1962
$LaTe_2$	I_2	900 → 700	Bro 1962
MgTe		960 → 760	Kuh 1971
MnTe	I_2	800 → 750 … 600	Wie 1969
	I_2	800 … 670 → 770 … 640	Mel 1991
	$AlCl_3$	730 → 630	Paj 1980
$MnAl_{1,04}Te_{2,18}$	I_2	740 → 630	Kha 1984
$MoTe_2$	Br_2	900 → 700	Bri 1962
	Br_2	keine Angabe	Bro 1966
	Br_2	800 → 750	Hil 1972
	Br_2	895 → 845	Alb 1992
	$TeCl_4$	1000 → 900	Fou 1979
	$TeCl_4$	825 → 730	Bal 1994a
$MoTe_{2-x}Se_x$	Br_2	900 … 700 → 800 … 650	Aga 1986
Nb_3Te_4	keine Angabe	1160 → T_1	Edw 2005
$NbTe_2$	I_2	1000 → T_1	All 1969
	I_2	keine Angabe	Bha 2004
$NbTe_4$	$I_2, TeCl_4$	420 → 360	Lev 1983
	$Cl_2, TeCl_4$	550 → 530	Lev 1991
$Nb_2FeCu_{0,35}Te_4$	$TeCl_4$	875 → 810	Li 1994
Nd_2Te_3	I_2	900 → 700	Bro 1962
$NdTe_2$	I_2	900 → 700	Bro 1962
	I_2	950 → 850	Sto 2001

Tabelle 7.3.1 (Fortsetzung)

Senkenbodenkörper	Transportzusatz	Temperatur/°C	Literatur
PbTe	Br_2	keine Angabe	Bez 1972
	I_2	$700 \rightarrow T_1$	Sto 1992
	I_2	$540 \rightarrow 490$	Ker 1998
	NH_4Cl	$830 \rightarrow 370$	Akh 1986
$Pb_{1-x}Sn_xTe$	Br_2	keine Angabe	Bez 1972
	NH_4Cl, NH_4Br, NH_4I	$680 \rightarrow 380$	Akh 1987b
$Pd_{13}Te_3$	$PdBr_2, PdCl_2$	$600 \rightarrow 650$	Jan 2006
Nd_2Te_3	I_2	$900 \rightarrow 700$	Bro 1962
$PrTe_2$	I_2	$900 \rightarrow 700$	Bro 1962
	I_2	$950 \rightarrow 850$	Sto 2000
Pr_2Te_3	I_2	$900 \rightarrow 700$	Bro 1962
$RuTe_2$	ICl_3	$1060 \rightarrow 960$	Hua 1994
Sb_2Te_3	I_2	$500 \rightarrow 450$	Sch 2010
Si_2Te_3	I_2	$750 \rightarrow T_1$	Bai 1966
	I_2	$750 \rightarrow T_1$	Pet 1973
$Si_{46-2x}P_{2x}Te_x$	$TeCl_4$	$650 \rightarrow 730, 900 \rightarrow 800$	Phi 2008a
SnTe	I_2	keine Angabe	Vor 1973
$TaTe_4$	$I_2, TeCl_4$	$520 \rightarrow 460$	Lev 1983
	$Cl_2, TeCl_4$	$550 \rightarrow 530$	Lev 1991
Ti_3Te_4	I_2	keine Angabe	Pan 1994
$TiTe_2$	I_2	$900 \rightarrow 800$	Gre 1965
	I_2	$750 \rightarrow 690$	Rim 1974
$TiTe_{2-x}S_x$	I_2	$800 \ldots 750 \rightarrow 720 \ldots 690$	Rim 1974
$TiTe_{2-x}Se_x$	I_2	$780 \ldots 750 \rightarrow 740 \ldots 690$	Rim 1974
Ti_2PTe_2	$TeCl_4$	$800 \rightarrow 700$	Phi 2008b
UTe_2	Br_2, I_2	keine Angabe	Slo 1985
U_7Te_{12}	I_2	$1030 \rightarrow 1000$	Tou 1998
$U_3Ge_{0,7}Te_5$	I_2	$870 \rightarrow 840$	Tou 2002
$U_3Sn_{0,5}Te_5$	I_2	$840 \rightarrow 800$	Tou 2002
WTe_2	Br_2	keine Angabe	Bro 1966
ZnTe	Cl_2, Br_2, I_2	keine Angabe	Mei 1967
	I_2	$T_2 \rightarrow 650 \ldots 550$	Nis 1979, Nis 1980, Nis 1982
	I_2	$675 \ldots 600 \rightarrow 650 \ldots 550$	Kak 1981

Tabelle 7.2.1 (Fortsetzung)

Senkenboden-körper	Transportzusatz	Temperatur/°C	Literatur
ZnTe	I_2	725 → 650 … 550	Oga 1981
	H_2	930 → 610	Ido 1968
	HCl	725 → 650	Nis 1986, Nis 1988
	NH_4I	1100 → 700	Ilc 1999
$ZnS_{1-x}Te_x$	I_2	1000 → 900	Ros 2004
$ZnGa_{1,01}Te_{2,13}$	I_2	650 → 550	Kha 1984
$ZrTe_2$	I_2	keine Angabe	Bra 1973
	I_2	700 → 800	Czu 2010
$ZrTe_3$	I_2	400 → 350	Pro 2001
	I_2, $TeCl_4$	650 … 800 → 600 … 700	Lev 1983
$ZrTe_5$	I_2	530 → 480	Lev 1983
Zr_2PTe_2	I_2	800 → T_2	Tsc 2009
$ZrSb_{0,85}Te_{1,15}$	I_2	600 → 700	Czu 2010
$ZrAs_{0,6}Te_{1,4}$	I_2	900 → 950	Czu 2010
$ZrAs_{1,6}Te_{0,4}$	I_2	900 → 950	Czu 2010

Literaturangaben

Abb 1987   A. S. Abbasov, T. Kh. Azizov, N. A. Alieva, U. Ya. Aliev, F. M. Mustafaev, *Dokl. Akad. Nauk Azerbaidzhanskoi SSR* **1987**, *42*, 41.
Aga 1986   M. K. Agarwal, P. D. Patel, R. M. Joshi, *J. Mater. Sci. Lett.* **1986**, *5*, 66.
Akh 1981a   Y. G. Akhromenko, G. A. Il'chuk, I. E. Lopatinskii, S. P. Pavlishin, *Izv. Akad. Nauk SSSR, Neorg. Mater.* **1981**, *17*, 2016.
Akh 1983   Y. G. Akhromenko, G. A. Il'chuk, S. P. Pavlishin, V. I. Ivanov-Omskii, *Pisma Zh. Tekhn. Fiz.* **1983**, *9*, 564.
Akh 1986   Y. G. Akhromenko, Y. G. Belashov, G. A. Il'chuk, S. P. Pavlishin, S. I. Petrenko, *Izv. Akad. Nauk SSSR, Neorg. Mater.* **1986**, *22*, 1275.
Akh 1987a   Y. G. Akhromenko, G. A. Il'chuk, S. P. Pavlishin, S . I. Petrenko, O. I. Gorbova, *Izv. Akad. Nauk SSSR, Neorg. Mater.* **1987**, *23*, 762.
Akh 1987b   Y. G. Akhromenko, G. A. Il'chuk, S. P. Pavlishin, S. I. Petrenko, *Vestnik L'vovskogo Politekhnich. Inst.* **1987**, *215*, 122.
Akh 1990   Y. Akhromenko, G. Il'chuk, S. Pavlishin, I. Lopatinskii, V. Ukrainets, *Izv. Akad. Nauk SSSR, Neorg. Mater.* **1990**, *26*, 739.
Alb 1992   M. Albert, R. Kershaw, K. Dwight, A. Wold, *Solid State Commun.* **1992**, *81*, 649.
All 1969   K. R. Allakhverdiev, E. A. Antonova, G. A. Kalyuzhnaya, *Izv. Akad. Nauk SSSR, Neorg. Mater.* **1969**, *5*, 1653.
Bai 1966   L. G. Bailey, *Phys. Chem. Solids* **1966**, *27*, 1593.
Bal 1990   K. Balakrishnan, B. Vengatesan, N. Kanniah, P. Ramasamy, *Crystal Res. Technol.* **1990**, *25*, 633.
Bal 1994   K. Balakrishnan, B. Vengatesan, P. Ramasamy, *J. Mater. Sci.* **1994**, *29*, 1879.

Bal 1994a	K. Balakrishnan, P. Ramasamy, *J. Cryst. Growth* **1994**, *137*, 309.
Beg 1975	A. Begouen-Demeaux, G. Villers, P. Gibart, *J. Solid State Chem.* **1975**, *15*, 178.
Bez 1972	L. I. Bezrodnaya, N. I. Makarova, E. P. Strukova, Y. S. Kharionovskii, S. G. Yudin, *Rost Kristallov* **1972**, *9*, 231.
Bha 2004	N. Bhatt, R. Vaidya, S. G. Patel, A. R. Jani, *Bull. Mater. Sci.* **2004**, *27*, 23.
Boc 1981	C. Bocchl, P. Franzosi, F. Leccabue, R. Panizzieri, *J. Cryst. Growth* **1981**, *54*, 335.
Bol 1994	P. Bolte, R. Gruehn, *Z. Anorg. Allg. Chem.* **1994**, *620*, 2077.
Bon 1969	Z. Boncheva-Mladenova, G. Bachvarov, *Dokl. Bolg. Akad. Nauk* **1969**, *22*, 125.
Bon 1972	Z. Boncheva-Mladenova, St. Karbanov, M. Mitkova, *Dokl. Bolg. Akad. Nauk* **1972**, *25*, 225.
Bra 1973	L. Brattas, A. Kjekshus, *Acta Chem. Scand.* **1973**, *27*, 1290.
Bri 1962	L. H. Brixner, *J. Inorg. Nucl. Chem.* **1962**, *24*, 257.
Bro 1962	P. Bro, *J. Electrochem. Soc.* **1962**, *109*, 1110.
Bro 1966	B. E. Brown, *Acta Cryst.logr.* **1966**, *20*, 268.
Chu 2001	I. S. Chuprakov, V. B. Lyalikov, K. H. Dahmen, P. Xiong, *Mater. Res. Soc. Symp. Proc.* **2001**, *602 (Magnetoresistive Oxides and Related Materials)*, 472.
Czu 2010	A. Czulucki, *Dissertation*, TU Dresden, **2010**.
Edw 2005	H. K. Edwards, P. A. Salyer, M. J. Roe, G. S. Walker, P. D. Brown, D. H. Gregory, *Angew. Chem.* **2005**, *117*, 3621; *Angew. Chem., Intern. Edt.* **2005**, *44*, 3555.
Fou 1979	G. Fourcaudot, M. Gourmala, J. Mercier, *J. Cryst. Growth* **1979**, *46*, 132.
Ge 1996	Y. R. Ge, H. Wiedemeier, *J. Electron. Mater.* **1996**, *25*, 1067.
Ge 1999	Y. R. Ge, H. Wiedemeier, *J. Electron. Mater.* **1999**, *28*, 91.
Ghe 1974	C. Ghezzi, C. Paorici, *J. Cryst. Growth* **1974**, *21*, 58.
Gib 1969a	P. Gibart, C. Vacherand, *J. Cryst. Growth* **1969**, *5*, 111.
Gib 1969b	P. Gibart, G. Collin, *Croissance Composes Miner. Monocrist.* **1969**, *2*, 127.
Gol 1979	Z. Golacki, J. Makowski, *J. Cryst. Growth* **1979**, *47*, 749.
Gom 1983	E. Gombia, F. Leccabue, C. Pelosi, D. Seuret, *J. Cryst. Growth* **1983**, *65*, 391.
Gre 1965	D. L. Greenaway, R. Nitsche, *Phys. Chem. Solids* **1965**, *26*, 1445.
Hil 1972	A. A. Al Hilli, B. L. Evans, *J. Cryst. Growth* **1972**, *15*, 193.
Hot 2005	U. Hotje, M. Binnewies, *Z. Anorg. Allg. Chem.* **2005**, *631*, 1682.
Hua 1994	J. K. Huang, Y. S. Huang, T. R. Yang, *J. Cryst. Growth* **1994**, *135*, 224.
Hut 2002	M. A. Hutchins, H. Wiedemeier, *Z. Anorg. Allg. Chem.* **2002**, *628*, 1489.
Ido 1968	T. Ido, S. Oshima, M. Saji, *Jpn. J. Appl. Phys.* **1968**, *7*, 1141.
Iga 1976b	O. Igarashi, *Oyo Butsuri* **1976**, *45*, 864.
Ilc 1999	G. A. Ilchuk, *Inorg. Mater. (Transl. Neorg. Mater.)* **1999**, *35*, 682.
Ilc 2002	G. A. Ilchuk, V. Ukrainetz, A. Danylov, V. Masluk, J. Parlag, O. Yaskov, *J. Cryst. Growth* **2002**, *242*, 41.
Ire 1983	E. A. Irene, E. Tierney, H. Wiedemeier, D. Chandra, *Appl. Phys. Lett.* **1983**, *42*, 710.
Jan 2006	M. Janetzky, B. Harbrecht, *Z. Anorg. Allg. Chem.* **2006**, *632*, 837.
Kak 1981	M. Kakehi, T. Wada, *Jpn. J. Appl. Phys.* **1981**, *20*, 429.
Kal 1968	E. Kaldis, *J. Cryst. Growth* **1968**, *3–4*, 146.
Ker 1998	S. Kertoatmodjo, G. Nugraha; *Thin Solid Films* **1998**, *324*, 25.
Kha 1984	A. Khan, N. Abreu, L. Gonzales, O. Gomez, N. Arcia, D. Aguilera. S. Tarantino, *J. Cryst. Growth* **1984**, *69*, 241.
Kuh 1971	A. Kuhn, A. Chevy, M. Naud, *J. Cryst. Growth* **1971**, *9*, 263.
Lec 1983	F. Leccabue, C. Pelosi, *Mater. Lett.* **1983**, *2*, 42.

Lev 1983	F. Levy, H. Berger, *J. Cryst. Growth* **1983**, *61*, 61.
Lev 1991	F. Levy, H. Berger, *J. Chim. Phys. Phys.-Chim. Biolog.* **1991**, *88*, 1985.
Li 1994	J. Li, F. McCulley, M J. Dioszeghy, S. C. Chen, K. V. Ramanujachary, M. Greenblatt, *Inorg. Chem.* **1994**, *33*, 2109.
Mag 2004	C. Magliocchi, F. Meng, T. Hughbanks, *J. Solid State Chem.* **2004**, *177*, 3896.
Man 1983	A. M. Mancini, P. Pierini, A. Quirini, A. Rizzo, L. Vasanelli, *J. Cryst. Growth* **1983**, *62*, 34.
Mas 1993	G. Masse, L. Yarzhou, K. Djessas, *Fr. J. Phys. III* **1993**, *3*, 2087.
Mei 1967	W. M. DeMeis, A. G. Fischer, *Mater. Res. Bull.* **1967**, *2*, 465.
Mel 1990	O. De Melo, F. Leccabue, R. Panizzieri, C. Pelosi, G. Bocelli, G. Calestani, V. Sagredo, M. Chourio, E. Paparazzo, *J. Cryst. Growth* **1990**, *104*, 780.
Mel 1991	O. De Melo, F. Leccabue, C. Pelosi, V. Sagredo, M. Chourio, J. Martin, G. Bocelli, G. Calestani, *J. Cryst. Growth* **1991**, *110*, 445.
Moc 1981	K. Mochizuki, *J. Cryst. Growth* **1981**, *51*, 453.
Mus 2005	F. M. Mustafaev, *Kim. Problemlari J.* **2005**, *2*, 113.
Nem 1984	Y. Nemirovsky, A. Kepten, *J. Electronic Mater.* **1984**, *13*, 867.
Nis 1979	M. Nishio, K. Tsuru, H. Ogawa, *Jpn. J. Appl. Phys.* **1979**, *18*, 1909.
Nis 1980	M. Nishio, K. Tsuru, H. Ogawa, *Rikogakubu Shuho* **1980**, *8*, 59.
Nis 1982	M. Nishio, H. Ogawa, *Jpn. J. Appl. Phys. Part 1: Regular Papers, Short Notes & Review Papers* **1982**, *21*, 90.
Nis 1986	M. Nishio, H. Ogawa, *J. Cryst. Growth* **1986**, *78*, 218.
Nis 1988	M. Nishio, H. Ogawa, K. Komorita, *Rikogakubu Shuho (Saga Daigaku)* **1988**, *17*, 19.
Oga 1981	H. Ogawa, M. Nishio, T. Arizumi, *J. Cryst. Growth* **1981**, *52*, 263.
Paj 1980	A. Pajaczkowska, *J. Cryst. Growth* **1980**, *49*, 563.
Pal 1989	W. Palosz, H. Wiedemeier, *J. Less-Common Met.* **1989**, *156*, 299.
Pan 1994	O. Y. Pankratova, S. A. Novozhilova, L. I. Grigor'eva, R. A. Zvinchuk, *Zh. Neorg. Khim.* **1994**, *39*, 1609.
Pao 1972a	C. Paorici, *Proc. Int. Symp. Cadmium Telluride, Mater. Gamma-Ray Detectors* **1972**, VII-1-VII-4.
Pao 1972b	C. Paorici, C. Pelosi, G. Zuccalli, *Phys. Status Solidi A* **1972**, *13*, 95.
Pao 1973	C. Paorici, G. Attolini, C. Pelosi, G. Zuccalli, *J. Cryst. Growth* **1973**, *18*, 289.
Pao 1974	C. Paorici, G. Attolini, C. Pelosi, G. Zuccalli, *J. Cryst. Growth* **1974**, *21*, 227.
Pao 1975	C. Paorici, C. Pelosi, G. Attolini, G. Zuccalli, *J. Cryst. Growth* **1975**, *28*, 358.
Pao 1977	C. Paorici, C. Pelosi, *Rev. Phys. Appl.* **1977**, *12*, 155.
Pao 1980	C. Paorici, L. Zanotti, *Mater. Chem.* **1980**, *5*, 337.
Pav 1978	O. Pavlov, Z. Boncheva-Mladenova, T. Dzhubrailov, *Izv. Khim. (Bolg.)* **1978**, *11*, 124.
Pet 1973	K. E. Peterson, U. Birkholz, D. Adler, *Phys. Rev. B* **1973**, *8*, 1453.
Pro 2001	A. Prodan, V. Marinkovic, N. Jug, H. J. P. van Midden, H. Bohm, F. W. Boswell, J. Bennett, *Surface Science* **2001**, *482–485*, 1368.
Phi 2008	F. Philipp, P. Schmidt, *J. Cryst. Growth* **2008**, *310*, 5402.
Red 2008	Y. D. Reddy, B. K. Reddy, D. S. Reddy, D. R. Reddy, *Spectrochim. Acta A* **2008**, *70A*, 934.
Rim 1974	H. P. B. Rimmington, A. A. Balchin, *J. Cryst. Growth* **1974**, *21*, 171.
Ros 2004	C. Rose, M. Binnewies, *Z. Anorg. Allg. Chem.* **2004**, *630*, 1296.
Sat 1990	K. Sato, Y. Aman, M. Hirai, M. Fujisawa, *J. Phys. Soc. Jpn.* **1990**, *59*, 435.
Schö 2010	M. Schöneich, M. Schmidt, P. Schmidt, *Z. Anorg. Allg. Chem.* **2010**, 1810.
Sha 1993	Y. G. Sha, C. H. Su, F. R. Szofran, *J. Cryst. Growth* **1993**, *131*, 574.
Sha 1994	Y. G. Sha, M. P. Volz, S. L. Lehoczky, *J. Electron. Mater.* **1994**, *23*, 25.
Shi 1985	T. Shingyoji, T. Nakamura, *Report Res. Lab. Engin. Mater., Tokyo Institute of Technology* **1985**, *10*, 79.

Shi 1987	W. Shi, H. Kong, Z. Li, B. Wang, *Yibiao Cailiao* **1987**, *18*, 16.
Slo 1985	V. K. Slovyanskikh, N. T. Kuznetsov, N. V. Gracheva, *Zh. Neorg. Khim.* **1985**, *30*, 558.
Sto 1992	D. Stoeber, B. O. Hildmann, H. Boettner, S. Schelb, K. H. Bachem, M. Binnewies, *J. Cryst. Growth* **1992**, *121*, 656.
Sto 1998	K. Stöwe, *Z. Anorg. Allg. Chem.* **1998**, *624*, 872.
Sto 2000	K. Stöwe, *Z. Anorg. Allg. Chem.* **2000**, *626*, 803.
Sto 2001	K. Stöwe, *Z. Kristallogr.* **2001**, *216*, 215.
Sto 2002	K. Stöwe, *J. Alloys Compd.* **2000**, *307*, 101.
Str 1973	G. B. Street, E. Sawatzky, K. Lee, *J. Phys. Chem. Solids* **1973**, *34*, 1453.
Tok 1979	V. V. Tokmakov, I. I. Krotov, A. V. Vanyukov, *Izv. Akad. Nauk SSSR, Neorg. Mater.* **1979**, *15*, 1546.
Tom 1980	A. S. Tomson, N. V. Baranova, *Izv. Akad. Nauk SSSR, Neorg. Mater.* **1980**, *16*, 2059.
Tou 1998	O. Touhait, M. Potel, H. Noel, *Inorg. Chem.* **1998**, *37*, 5088.
Tou 2002	O. Tougait, M. Potel, H. Noël, *J. Solid State Chem.* **2002**, *168*, 217.
Tsc 2009	K. Tschulik, M. Ruck, M. Binnewies, E. Milke, S. Hoffmann, W. Schnelle, B. P. T. Fokwa, M. Gilleßen, P. Schmidt, *Eur. J. Inorg. Chem.* **2009**, 3102.
Vac 1991	P. O. Vaccaro, G. Meyer, J. Saura, *J. Phys. D: Appl. Phys.* **1991**, *24*, 1886.
Vig 2008	O. Vigil-Galan, E. Sanchez-Meza, J. Sastre-Hernandez, F. Cruz-Gandarilla, E. Marin, G. Contreras-Puente, E. Saucedo, C. M. Ruiz, M. Tufino-Velazquez, A. Calderon, *Thin Solid Films* **2008**, *516*, 3818.
Vig 2009a	O. Vigil-Galan, F. Cruz-Gandarilla, J. Sastre-Hernandez, F. Roy, E. Sanchez-Meza, G. Contreras-Puente, *Mex. J. Phys. Chem. Solids* **2009**, *70*, 365.
Vor 1973	L. P. Voropaeva, L. A. Firsanov, V. V. Nechaev, Strukt. *Svoistva Termoelektr. Mater.* **1973**, 79.
Wie 1969	H. Wiedemeier, A. G. Sigai, *J. Cryst. Growth* **1969**, *6*, 67.
Wie 1972	H. Wiedemeier, E. A. Irene, A. K. Chaudhuri, *J. Cryst. Growth* **1972**, *13–14*, 393.
Wie 1982	H. Wiedemeier, D. Chandra, *Z. Anorg. Allg. Chem.* **1982**, *488*, 137.
Wie 1983a	H. Wiedemeier, A. E. Uzpurvis, *J. Electrochem. Soc.* **1983**, *130*, 252.
Wie 1983b	H. Wiedemeier, A. E. Uzpurvis, D. Wang, *J. Cryst. Growth* **1983**, *65*, 474.
Wie 1987	H. Wiedemeier, D. Chandra, *Z. Anorg. Allg. Chem.* **1987**, *545*, 109.
Wie 1989	H. Wiedemeier, W. Palosz, *J. Cryst. Growth* **1989**, *96*, 933.
Wie 1991a	H. Wiedemeier, Y. R. Ge, *Z. Anorg. Allg. Chem.* **1991**, *598–599*, 339.
Wie 1991b	H. Wiedemeier, Y. R. Ge, *Z. Anorg. Allg. Chem.* **1991**, *602*, 129.
Wie 1991c	H. Wiedemeier, G. Wu, *J. Electron. Mater.* **1991**, *20*, 891.
Wie 1992	H. Wiedemeier, Y. G. Sha, *J. Electron. Mater.* **1992**, *21*, 563.
Zha 1983	S. N. Zhao, C. Y. Yang, C. Huang, A. S. Yue, *J. Cryst. Growth* **1983**, *65*, 370.
Zul 1983	D. I. Zulfugarly, B. A. Geidarov, Kh. S. Khalilov, T. A. Nadzhafova, *Azerbaidzh. Khim. Zh.* **1983**, *1*, 111.

8 Chemischer Transport von Chalkogenidhalogeniden

BiOBr

																	He
H																	He
Li	Be											B	C	N	O	F	Ne
Na	Mg											Al	Si	P	S	Cl	Ar
K	Ca	Sc	Ti	V	Cr	Mn	Fe	Co	Ni	Cu	Zn	Ga	Ge	As	Se	Br	Xe
Rb	Sr	Y	Zr	Nb	Mo	Tc	Ru	Rh	Pd	Ag	Cd	In	Sn	Sb	Te	I	Kr
Cs	Ba	La	Hf	Ta	W	Re	Os	Ir	Pt	Au	Hg	Tl	Pb	Bi	Po	At	Rn

Ce	Pr	Nd	Pm	Sm	Eu	Gd	Tb	Dy	Ho	Er	Tm	Yb	Lu
Th	Pa	U	Np	Pu	Am	Cm	Bk	Cf	Es	Fm	Md	No	Lr

Halogene als Transportmittel

$$WO_2I(s) + \frac{1}{2}I_2(g) \rightleftharpoons WO_2I_2(g)$$

Halogenide als Transportmittel

$$Te_6O_{11}Cl_2(s) + 5\,TeCl_4(g) \rightleftharpoons 11\,TeOCl_2(g)$$

Wasser als Transportmittel

$$BiOCl(s) + H_2O(g) \rightleftharpoons Bi(OH)_2Cl(g)$$

Der Chemische Transport von Chalkogenidhalogeniden ist sicher weniger ausführlich beschrieben als die Transporte der korrespondierenden binären Chalkogenide bzw. Halogenide. Existieren in einem System MQ_q/MX_x aber ausreichend stabile feste Verbindungen MQ_yX_z, so ist die Kenntnis von der Gasphasenzusammensetzungen über diesen Bodenkörpern wichtig für das Verständnis der Transporteigenschaften des Gesamtsystems. Insbesondere bei Transportreaktionen der binären Oxide, Sulfide, Selenide und Telluride können unter Zusatz größerer

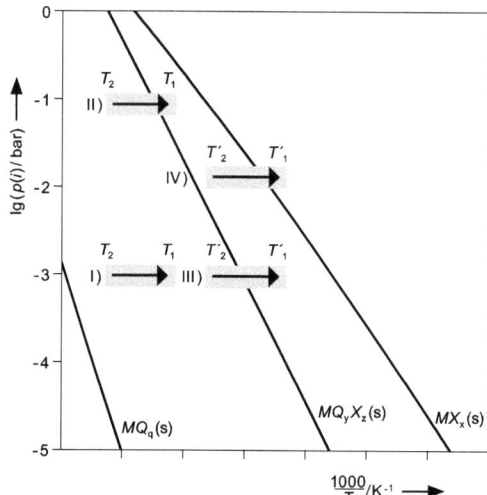

Abbildung 8.1 Schematisches Zustandsbarogramm eines Systems MQ_n/MX_m mit Darstellung der Phasenverhältnisse bei Transportexperimenten in Abhängigkeit vom Transportmitteldruck, Auflösungstemperatur und Temperaturgradient.

I = Transport von MQ_n bei niedrigem Transportmitteldruck und hoher Auflösungstemperatur

II = Abscheidung von MQ_yX_z bei hohem Transportmitteldruck und hoher Auflösungstemperatur

III = Abscheidung von MQ_yX_z bei niedriger Auflösungstemperatur bzw. großem Temperaturgradienten

IV = Abscheidung von MX_m bei hohem Transportmitteldruck, sehr niedriger Auflösungstemperatur bzw. großem Temperaturgradienten.

Mengen von Halogenen oder Halogenverbindungen als Transportmittel die koexistierenden Chalkogenidhalogenide kondensieren, sodass mehrphasige Simultantransporte oder Transporte mit Phasenfolge beobachtet werden (Opp 1990). Beim Transport von Oxiden mit Halogenen bilden sich in einigen Fällen sehr stabile feste Oxidhalogenide. Beispiele sind die Bildung von $BiOX$ und $SEOX$. Dadurch wird dem System das Transportmittel entzogen und der Transport des binären Oxids verhindert wie im System Bi_2O_3/X_2 oder erschwert wie bei SE_2O_3/X_2 (vgl. Abschnitte 5.2.15 und 5.2.3).

Das jeweilige Verhalten ergibt sich aus den Koexistenzzersetzungsdrücken von benachbarten Phasen. Diese werden anschaulich in den Zustandsbarogrammen dargestellt (Abbildung 8.1, vgl. auch Abschnitt 15.6). Der temperaturabhängige Verlauf des Verdampfungs- bzw. Zersetzungsdrucks über einem festen Chalkogenidhalogenid MQ_yX_z liegt dabei zwischen denen des Halogenids und des Chalkogenids (Abbildung 8.1).

- Fall I: Sind bei einem Transport im Temperaturgradienten ($T_2 \rightarrow T_1$) die mittlere Temperatur hoch ($T > T'$, Abbildung 8.1) und der Partialdruck des Halogenids bzw. Halogens niedrig, unterliegt das Chalkogenidhalogenid der thermi-

schen Zersetzung und das koexistierende binäre Chalkogenid MQ_n wird phasenrein transportiert.
- Fall II: Bei gleichbleibender Temperatur und erhöhtem Partialdruck können dagegen auch die Gleichgewichtsbedingungen für die Abscheidung des Chalkogenidhalogenids MQ_yX_z erfüllt werden. MQ_yX_z transportiert dabei im ersten Abschnitt eines sequentiellen Transports. Ist der Partialdruck des Halogenids durch die Kondensation von MQ_yX_z hinreichend erniedrigt, so folgt der Transport des binären Chalkogenids in einem zweiten Teilschritt.
- Fall III: Der Transport von MQ_yX_z kann auch bei relativ niedrigem Partialdruck erzielt werden, wenn die Abscheidungstemperatur ausreichend abgesenkt wird ($T' < T_2$).
- Fall IV: In Kombination von niedriger Abscheidungstemperatur und hohem Partialdruck des Halogenids kann das binäre Halogenid MX_m selbst in einer Sublimation abgeschieden werden. Das hier exemplarisch dargestellte Verhalten ist aus Sicht des Transports von Bi_2Se_3 in Koexistenz zu BiSeI (Abschnitt 7.3) bereits ausführlich diskutiert.

Der Transport eines Chalkogenidhalogenids MQ_yX_z erfolgt stets bei Bedingungen, die zwischen denen der Abscheidung des binären Chalkogenids MQ_n und des Halogenids MX_m des betreffenden Elements liegen, also in der Regel bei mittleren Temperaturen und mittleren Transportmitteldrücken. Die konkreten Bedingungen sind individuell für die zu untersuchenden Systeme durch Vergleich der Transportexperimente des binären Chalkogenids und des Halogenids zu ermitteln.

Diese Regel kann mit guter Verlässlichkeit zur Abschätzung der Transportbedingungen von Chalkogenidhalogeniden herangezogen werden. Tritt ein Kation in mehreren Oxidationsstufen auf, sind für den beschriebenen Vergleich zunächst die Transportbedingungen für die Verbindungen mit derselben Oxidationsstufe zu betrachten.

So beobachtet man einen Transport von CrOCl unter Zusatz von Cl_2 oder $CrCl_4$ im Temperaturgradienten von 1000 nach 840 °C (Sch 1961b). Während Chrom(III)-oxid mit Chlor von 1050 °C auf der Auflösungs- nach 950 °C auf der Abscheidungsseite transportiert (vgl. Abschnitt 5.2.6) und das entsprechende Chlorid $CrCl_3$ von 500 nach 400 °C abgeschieden werden kann (vgl. Abschnitt 4.1).

$$Cr_2O_3(s) + \frac{5}{2}Cl_2(g) \rightleftharpoons \frac{3}{2}CrO_2Cl_2(g) + \frac{1}{2}CrCl_4(g) \quad (8.1)$$
(1050 → 950 °C)

$$CrOCl(s) + Cl_2(g) \rightleftharpoons \frac{1}{2}CrO_2Cl_2(g) + \frac{1}{2}CrCl_4(g) \quad (8.2)$$
(1000 → 840 °C)

$$CrCl_3(s) + \frac{1}{2}Cl_2(g) \rightleftharpoons CrCl_4(g) \quad (8.3)$$
(500 → 400 °C)

In gleicher Weise sind die Bedingungen für den Transport der Vanadium(IV)-Verbindungen VO_2, $VOCl_2$ und VCl_4 miteinander in den Kontext zu stellen. Die

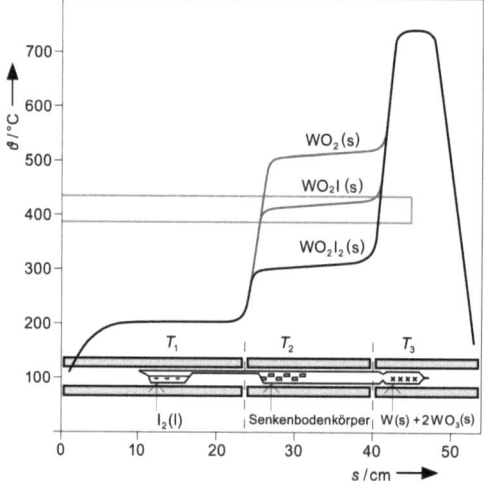

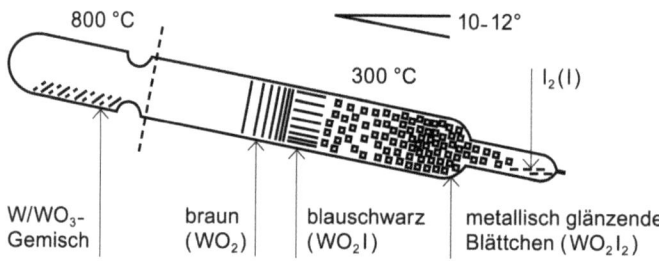

Abbildung 8.2 Darstellung der Phasenverhältnisse bei Transportexperimenten von WO_2 mit Iod (7 mg · cm^{-3}) von 800 °C nach T_1 nach (Til 1968).

Temperaturbereiche für den Transport phasenreiner Verbindungen unterscheiden sich von denen der Vanadium(III)-Verbindungen zum Teil deutlich:

$$VO_2(s) + \frac{3}{2}Cl_2(g) \rightleftharpoons VOCl_3(g) + \frac{1}{2}O_2(g) \tag{8.4}$$
(900 → 840 °C)

$$VOCl_2(s) + \frac{1}{2}Cl_2(g) \rightleftharpoons VOCl_3(g) \tag{8.5}$$
(500 → 400 °C)

$$VCl_4(s) \rightleftharpoons VCl_4(g) \tag{8.6}$$
(150 → T_1)

Mit zunehmender Oxidationsstufe des Metallatoms in Chalkogenidhalogeniden sinken die mittleren Transporttemperaturen. Alternativ führen höhere Transportmitteldrücke bei gleich bleibender Transporttemperatur zu Phasen mit dem Metallatom in höheren Oxidationsstufen.

8 Chemischer Transport von Chalkogenidhalogeniden | 421

Die Temperaturabhängigkeit von Transporteffekten bei sich verändernder Oxidationsstufe kann anhand der Abscheidungsbedingungen von WO_2, WO_2I und WO_2I_2 demonstriert werden (Til 1968). Bei einer Temperatur der Quellenseite von 800 °C und einem Transportmitteldruck des Iods von etwa 1 bar beobachtet man in der Ampulle eine Phasenfolge entlang des Temperaturgradienten, der sich innerhalb eines Dreizonenofens mit Temperaturen der Senkenseite von minimal 200 °C ergibt. Bis etwa 500 °C kann das Wolfram(IV)-oxid in der Senke phasenrein abgeschieden werden; die Oxidiodide des Wolframs bleiben vollständig in der Gasphase aufgelöst. Zwischen 500 und 400 °C wird das Wolfram(V)-oxidiodid WO_2I erhalten, während bei einer Temperatur der Senkenseite von etwa 300 °C Wolfram(VI)-oxidiodid WO_2I_2 transportiert wird. Wird das Ende der Ampulle auf unter 200 °C abgekühlt, so kondensiert schließlich Iod aus.

$$WO_2(s) + I_2(g) \rightleftharpoons WO_2I_2(g) \quad (8.7)$$
$$(800 \rightarrow 500\,°C)$$

$$WO_2I(s) + \frac{1}{2}I_2(g) \rightleftharpoons WO_2I_2(g) \quad (8.8)$$
$$(T_2 \rightarrow 400\,°C)$$

$$WO_2I_2(s) \rightleftharpoons WO_2I_2(g) \quad (8.9)$$
$$(T_2 \rightarrow 300\,°C)$$

$$I_2(l) \rightleftharpoons I_2(g) \quad (8.10)$$
$$(T_2 \rightarrow\, <200\,°C)$$

Eine temperaturabhängige Phasenfolge von Transporten ist auch bei Existenz mehrerer Chalkogenidhalogenide mit Metallatomen *derselben Oxidationsstufe* zu beobachten. So beobachtet man im System Bi_2S_3/BiI_3 nacheinander den Transport der Verbindungen $Bi_{19}S_{27}I_3$ (8.12) und BiSI (8.13) (Opp 2003, Opp 2005) (Abbildung 8.3).

$$Bi_2S_3(s) + BiI_3(g) \rightleftharpoons 3\,BiI(g) + \frac{3}{2}S_2(g) \quad (8.11)$$
$$(750 \rightarrow 650\,°C)$$

$$Bi_{19}S_{27}I_3(s) + 8\,BiI_3(g) \rightleftharpoons 27\,BiI(g) + \frac{27}{2}S_2(g) \quad (8.12)$$
$$(600 \rightarrow 500\,°C)$$

$$BiSI(s) \rightleftharpoons BiI(g) + \frac{1}{2}S_2(g) \quad (8.13)$$
$$(500 \rightarrow 400\,°C)$$

$$BiI_3(s) \rightleftharpoons BiI_3(g) \quad (8.14)$$
$$(400 \rightarrow T_1)$$

> Bei Existenz mehrerer Chalkogenidhalogenide in einem System transportiert die chalkogenreichere bzw. halogenärmere Verbindung bei höheren Temperaturen oder niedrigerem Transportmitteldruck, die halogenreichere bei niedrigeren Temperaturen oder hohem Druck des Halogenids.

Die beschriebene Kaskade des Transports mit Phasenfolge ist jedoch nicht beliebig erweiterbar. Bei den chalkogenreichen Phasen kann der Partialdruck des Ha-

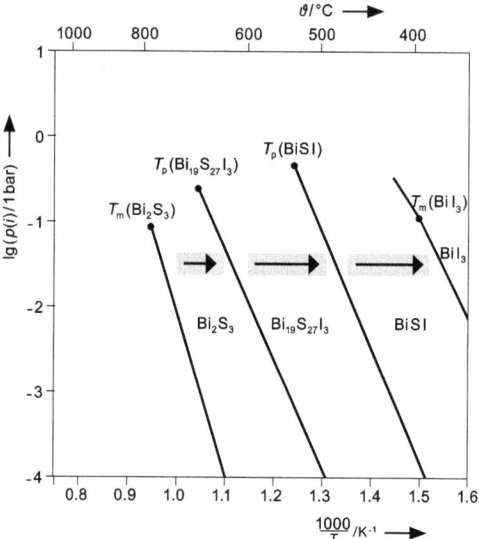

Abbildung 8.3 Zustandsbarogramm des Systems Bi_2S_3/BiI_3 und Darstellung der Phasenverhältnisse bei Transportexperimenten von: Bi_2S_3 (750 → 650 °C), $Bi_{19}S_{27}I_3$ (600 → 500 °C) und BiSI (500 → 400 °C) nach (Opp 2003).

logenids unter die transportwirksame Grenze fallen. Um dem entgegen zu wirken, müsste die mittlere Transporttemperatur weiter erhöht werden; die Temperaturerhöhung ist aber durch die Schmelztemperaturen bzw. peritektischen Umwandlungspunkte der Verbindungen beschränkt. So ist eine Abscheidung nur noch im Kurzwegtransport möglich oder der Transport kommt gänzlich zum Erliegen. Dieses Verhalten zeigt sich im Transportverhalten der Verbindungen des Bismuts: Bi_2O_3 (Gleichgewicht 8.15) ist ebenso wie die sauerstoffreichen Oxidhalogenide $Bi_{12}O_{17}Cl_2(s)$ und $Bi_3O_4Cl(s)$ sowie $Bi_{12}O_{17}Br_2$ und Bi_5O_7I (Gleichgewicht 8.16) nicht transportierbar (Schm 1997, Schm 1999, Opp 2005). Die mit Bi_5O_7I im Gleichgewicht stehende Verbindung $Bi_7O_9I_3$ kann dagegen bei Temperaturen unterhalb der Schmelztemperatur ($\vartheta_m = 960$ °C) kristallin abgeschieden werden (Schm 1997, Opp 2005) (Gleichgewicht 8.17, Abbildung 8.4).

$$Bi_2O_3(s) + BiI_3(g) \rightleftharpoons 3\,BiI(g) + \frac{3}{2}O_2(g) \tag{8.15}$$
(kein Transport)

$$Bi_5O_7I(s) + 2\,BiI_3(g) \rightleftharpoons 7\,BiI(g) + \frac{7}{2}O_2(g) \tag{8.16}$$
(kein Transport)

$$Bi_7O_9I_3(s) + 2\,BiI_3(g) \rightleftharpoons 9\,BiI(g) + \frac{9}{2}O_2(g) \tag{8.17}$$
(840 → 780 °C)

$$Bi_4O_5I_2(s) + BiI_3(g) \rightleftharpoons 5\,BiI(g) + \frac{5}{2}O_2(g) \tag{8.18}$$
(750 → 650 °C)

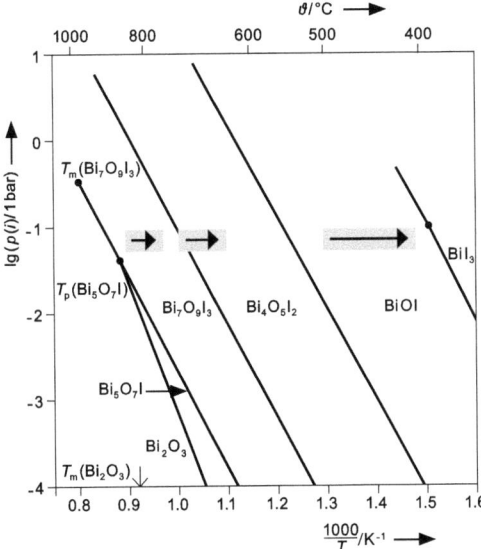

Abbildung 8.4 Zustandsbarogramm des Systems Bi_2O_3/BiI_3 mit charakteristischem Transportverhalten für die Oxidiodide des Bismuts: $Bi_7O_9I_3$ (840 → 780 °C), $Bi_4O_5I_2$ (750 → 650 °C) und BiOI (500 → 400 °C); kein Transport für Bi_2O_3 und Bi_5O_7I.

$$BiOI(s) \rightleftharpoons BiI(g) + \frac{1}{2}O_2(g) \quad (8.19)$$
(500 → 400 °C)

$$BiI_3(s) \rightleftharpoons BiI_3(g) \quad (8.20)$$
(400 → T_1)

Wie das Beispiel von WO_2I_2 zeigt, sind die Gasteilchen der Chalkogenidhalogenide mitunter stabil genug, um selbst transportwirksam zu werden (vgl. Kapitel 11). Dann sind die Gasphasenabscheidungen der kondensierten Verbindungen im einfachsten Sinne als Sublimation aufzufassen. Vanadium(V)-oxidchlorid, $VOCl_3$, zeigt dieses Verhalten bereits ab Raumtemperatur. Die Wolframspezies werden in der Quelle oberhalb von 100 °C ($WOCl_4$), oberhalb 200 °C ($WOCl_3$) und oberhalb 300 °C (WO_2Cl_2) aufgelöst. $WOBr_3$ sublimiert ebenso wie WO_2Br_2 und WO_2I_2 oberhalb 300 °C. Diese Teilchen haben wegen ihrer Flüchtigkeit entsprechende Bedeutung für den Chemischen Transport von Oxiden mit Halogenen bzw. Halogenverbindungen (vgl. Kapitel 5 und Abschnitt 15.1).

Das Verhalten beim Stofftransport im Sinne einer Sublimation ist aber nicht immer eindeutig. So zeigen die Bismut- und Antimonchalkogenidhalogenide *MQX* (*M* = Sb, Bi, *Q* = Se, Te; *X* = Cl, Br, I) überwiegend Gasphasenabscheidungen, die auf eine Sublimation hindeuten, also ohne Zusatz von Transportmitteln erfolgen. Trotz der in massenspektrometrischen Analysen nachgewiesenen Existenz ihrer ternären Gasspezies *MQX* (mit *Q* = Se, und *X* = Cl, Br, I) (vgl. (Schm 2000)) erfolgt die Auflösung in der Gasphase dabei aber im Sinne einer Zersetzungssublimation 8.21. Dabei werden, wie auch beim Transport der Chalkogenide (vgl. Abschnitt 7.2) die Gasteilchen *MX* und Q_2 transportwirksam, das homogene Gleichgewicht 8.22 liegt auf Seiten der Produkte.

$$\text{BiSeI(s)} \rightleftharpoons \text{BiI(g)} + \frac{1}{2}\text{Se}_2(g) \tag{8.21}$$
$$(500 \rightarrow T_1)$$

$$\text{BiSeI(g)} \rightleftharpoons \text{BiI(g)} + \frac{1}{2}\text{Se}_2(g) \tag{8.22}$$

Überdies muss die thermische Zersetzung eines Chalkogenidhalogenids nicht immer kongruent wie im Fall der Zersetzungssublimation verlaufen. Die inkongruente Zersetzung im Gleichgewicht 8.23 führt dann zur Bildung eines halogenidärmeren Bodenkörpers und des gasförmigen Metallhalogenids. In einer zweiten heterogenen Reaktion 8.24 kann das gebildete Halogenid als Transportmittel wirksam werden.

$$4\,\text{BiSeBr(s)} \rightleftharpoons \text{Bi}_3\text{Se}_4\text{Br(s)} + \text{BiBr}_3(g) \tag{8.23}$$

$$7\,\text{BiSeBr(s)} + 3\,\text{BiBr}_3(g) \rightleftharpoons 10\,\text{BiBr(g)} + 3\,\text{SeBr}_2(g) + 2\,\text{Se}_2(g) \tag{8.24}$$
$$(490 \rightarrow 460\,°C)$$

Man beobachtet hier einen Autotransport, also eine Chemische Transportreaktion ohne externen Zusatz eines Transportmittels (vgl. Abschnitt 1.6). Gasphasenabscheidungen nach dem Prinzip des Autotransports können für eine Vielzahl von Chalkogenidhalogeniden angewendet werden, ein umfassender Überblick dazu ist von *Oppermann* und Mitarbeitern gegeben (Opp 2005). Grundsätzlich sind heterogene Gleichgewichte, die im Autotransport verlaufen, auch bei Zusatz geringer Mengen des Transportmittels als reguläre Chemische Transportreaktionen durchführbar.

8.1 Transport von Oxidhalogeniden

Übergangsmetalloxidhalogenide Die ersten Berichte zum Chemischen Transport von Oxidhalogeniden der Übergangsmetalle gehen bis auf die Anfänge der systematischen Untersuchungen der Methode Ende der 1950er und zu Beginn der 1960er Jahre zurück. Ein erster Überblick zu den Phasenverhältnissen bei Transportexperimenten der Oxidhalogenide wurde von *Oppermann* gegeben (Opp 1990). Chemische Transportreaktionen von Verbindungen der Zusammensetzung *MO*Cl sind für Titan (Sch 1958), Vanadium (Sch 1961a), Chrom (Sch 1961b) und Eisen (Sch 1962) beschrieben. Als Transportmittel können dabei sowohl Chlor (8.1.1, 8.1.2) und Chlorwasserstoff (8.1.3, 8.1.4) als auch systemeigene Chloride (8.1.5) eingesetzt werden.

$$2\,\text{CrOCl(s)} + 2\,\text{Cl}_2(g) \rightleftharpoons \text{CrO}_2\text{Cl}_2(g) + \text{CrCl}_4(g) \tag{8.1.1}$$

$$\text{VOCl(s)} + 2\,\text{Cl(g)} \rightleftharpoons \text{VOCl}_3(g) \tag{8.1.2}$$

$$\text{TiOCl(s)} + 2\,\text{HCl(g)} \rightleftharpoons \text{TiCl}_3(g) + \text{H}_2\text{O(g)} \tag{8.1.3}$$

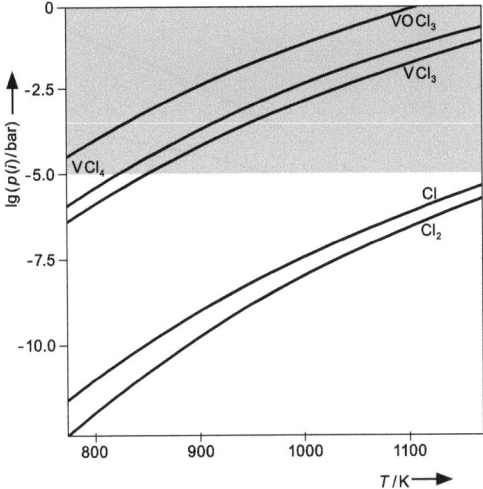

Abbildung 8.1.1 Zusammensetzung der Gasphase bei der inkongruenten thermischen Zersetzung von VOCl nach (Opp 2005).

$$\text{FeOCl(s)} + 2\,\text{HCl(g)} \;\rightleftharpoons\; \tfrac{1}{2}\text{Fe}_2\text{Cl}_6(g) + \text{H}_2\text{O}_{(g)} \tag{8.1.4}$$

$$\text{VOCl(s)} + 2\,\text{VCl}_4(g) \;\rightleftharpoons\; \text{VOCl}_3(g) + 2\,\text{VCl}_3(g) \tag{8.1.5}$$

Neben dem Chemischen Transport von VOCl mit VCl$_4$(g) über die heterogene Reaktion 8.1.5 weist *Schäfer* (Sch 1961) erstmals auch auf einen Autotransport der Verbindung hin. Der Autotransport ist in Kenntnis des thermischen Verhaltens von VOCl quantitativ beschreibbar (Opp 1967): Die transportwirksame Gasphase wird zunächst in den inkongruenten Zersetzungsreaktionen 8.1.6 und 8.1.7 im Temperaturbereich von 700 °C bis 850 °C generiert. Darüber hinaus sind weitere, unabhängige Gasphasengleichgewichte 8.1.8 und 8.1.9 an der Bildung der dominierenden Gasphasenspezies beteiligt, Abbildung 8.1.1.

$$7\,\text{VOCl(s)} \;\rightleftharpoons\; 2\,\text{V}_2\text{O}_3(s) + 2\,\text{VCl}_2(s) + \text{VOCl}_3(g) \tag{8.1.6}$$

$$6\,\text{VOCl(s)} \;\rightleftharpoons\; 2\,\text{V}_2\text{O}_3(s) + \text{VCl}_2(s) + \text{VCl}_4(g) \tag{8.1.7}$$

$$\text{VCl}_4(g) \;\rightleftharpoons\; \text{VCl}_3(g) + \tfrac{1}{2}\text{Cl}_2(g) \tag{8.1.8}$$

$$\text{Cl}_2(g) \;\rightleftharpoons\; 2\,\text{Cl}(g) \tag{8.1.9}$$

Damit wird ein Autotransport prinzipiell nach Gleichung 8.1.2 mit Cl$_2$ oder Cl als Transportmittel oder nach 8.1.5 mit VCl$_4$ als Transportmittel möglich (Opp 1967). Für den *Autotransport* folgt aus der Transportwirksamkeit der Gasphasenspezies (Abbildung 8.1.2) die Zuordnung von VCl$_4$ als Transportmittel ($\Delta[p(i)/p^*(L)] < 0$), während Cl$_2$ und Cl mit $\Delta[p(i)/p^*(L)] \approx 0$ nicht transportwirksam werden. Die Spezies VCl$_3$ und VOCl$_3$ sind dann mit $\Delta[p(i)/p^*(L)] > 0$ für den Transport der Komponenten im Temperaturgradienten von T_2 nach T_1 verantwortlich. Anhand der Verhältnisse der Transportwirksamkeiten von VCl$_4$, VOCl$_3$

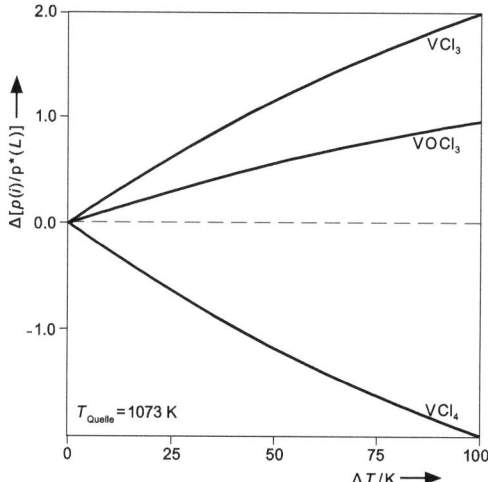

Abbildung 8.1.2 Transportwirksamkeit der Gasspezies beim Autotransport von VOCl von 800 °C auf der Quellenseite nach 700 °C in der Senke nach (Opp 2005).

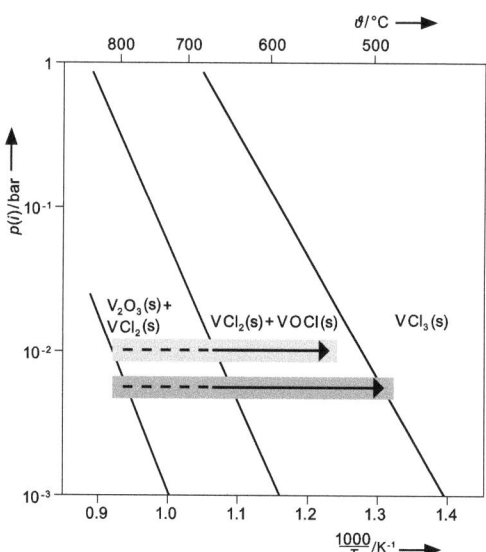

Abbildung 8.1.3 Zustandsbarogramm des Systems $V_2O_3/VOCl/VCl_3$ und Darstellung der Phasenverhältnisse für den Autotransport von VOCl (800 → 550 °C) bzw. die Sublimation von VCl_3 (800 → 500 °C) nach (Opp 1967).

und VCl_3 ist der *Autotransport* mit dem formal dominierenden Gleichgewicht wie der reguläre Transport 8.1.5 zu formulieren (Opp 2005).

Der Bereich (p, T) des Autotransports von VOCl geht aus den in Abbildung 8.1.3 gegenüber gestellten Zersetzungsdrücken von VOCl und VCl_3 hervor. Die Quellentemperatur kann von 700 °C bis 800 °C ($p_{ges} = 10^{-2} \ldots 1$ bar) gewählt werden, die Abscheidungstemperatur zwischen 550 °C und 650 °C. Der Gradient des Autotransports wird in diesem Fall nicht durch den Gesamtdruck über festem VOCl bestimmt, sondern durch den im Gesamtdruck enthaltenen Partialdruck $p(VCl_3)$ (Gleichgewicht 8.1.8). Wird auf der Abscheidungsseite der Sättigungsdruck von VCl_3 überschritten, so kondensiert VCl_3 aus; der Transport von VOCl kommt dabei zum Erliegen (Opp 1967).

Die Elemente der Gruppen 5 und 6 bilden zudem Oxidhalogenide der Zusammensetzung MOX_2. Deren Transport beruht jeweils auf der Bildung einer transportwirksamen Gasspezies $MOCl_3$ bzw. MO_2Cl_2 bei der Auflösung des Bodenkörpers mit den Metallhalogeniden der betreffenden Elemente. Dem Gleichgewicht 8.1.10 mit $NbOCl_2$ als Bodenkörper (Sch 1961c) folgen auch die Transportreaktionen von $NbOBr_2$, $NbOI_2$ (Sch 1962b), $TaOX_2$ (X = Cl, Br, I) (Sch 1961c) und $MoOCl_2$ (Sch 1964).

$$NbOCl_2(s) + NbCl_5(g) \rightleftharpoons NbOCl_3(g) + NbCl_4(g) \quad (8.1.10)$$

Der Transport von $VOCl_2$ erfolgt mit Chlor als Transportmittel im folgenden Gleichgewicht:

$$VOCl_2(s) + \frac{1}{2}Cl_2(g) \rightleftharpoons VOCl_3(g) \quad (8.1.11)$$

Aus endothermen Transportexperimenten von V_2O_3 und V_3O_5 beim Einsatz von Cl_2 als Transportmittel folgt zudem die Annahme der Existenz einer Gasspezies $VOCl_2$ (Ros 1990, Hac 1996), die bei Gasphasenabscheidungen von festem $VOCl_2$ einen signifikanten Beitrag im Sinne einer Sublimation leisten kann (Opp 2005).

Das entsprechende Oxidchlorid des Wolframs $WOCl_2$ unterliegt dagegen, wie auch das Wolfram(V)-oxidchlorid, einer inkongruenten Zersetzung 8.1.12 bis 8.1.14.

$$3\,WOCl_2(s) \rightleftharpoons W(s) + WO_2Cl_2(g) + WOCl_4(g) \quad (8.1.12)$$

$$2\,WOCl_3(s) \rightleftharpoons WOCl_2(s) + WOCl_4(g) \quad (8.1.13)$$

$$2\,WOCl_4(g) \rightleftharpoons WO_2Cl_2(g) + WCl_6(g) \quad (8.1.14)$$

Die Verbindungen sublimieren also nicht; die Gasspezies $WOCl_2$ bzw. $WOCl_3$ spielen demnach keine Rolle für den Transport von Oxiden und Oxidchloriden. $WOCl_2$ und $WOCl_3$ sind aber durch Chemischen Transport mit WCl_6 kristallin abzuscheiden (Til 1970, Opp 1972).

$$WOCl_3(s) + WCl_6(g) \rightleftharpoons WOCl_4(g) + WCl_5(g) \quad (8.1.15)$$

$$WOCl_2(s) + 2\,WCl_6(g) \rightleftharpoons WOCl_4(g) + 2\,WCl_5(g) \quad (8.1.16)$$

Im homogenen Gasgleichgewicht 8.1.14 kann das Transportmittel auch intern gebildet werden, sodass für $WOCl_2$ und $WOCl_3$ ein Autotransport möglich ist. Der Autotransport der Verbindungen folgt der Lage der Zersetzungsdrucklinien im Zustandsbarogramm (Abbildung 8.1.4). Der Transport von phasenreinem $WOCl_2$ erfolgt demnach von 350 bis 450 °C auf der Quellenseite nach 250 bis 350 °C auf der Senkenseite. Ausgehend von einem Bodenkörper $WOCl_2$ wird bei einem ausreichend großen Gradienten ΔT von über 150 K $WOCl_3$ transportiert.

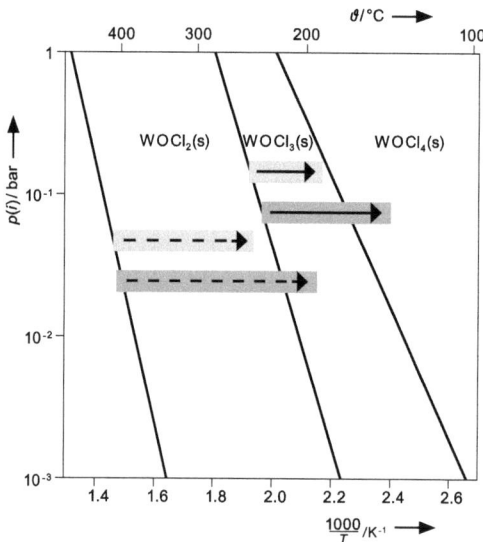

Abbildung 8.1.4 Zustandsbarogramm des Systems WOCl$_2$/WOCl$_3$/WOCl$_4$ und Darstellung der Phasenverhältnisse für den Autotransport von WOCl$_2$ (400 → 300 °C), WOCl$_3$ (400 → 200 °C), WOCl$_3$ (250 → 200 °C), WOCl$_4$ (250 → 150 °C) nach (Opp 1986).

WOCl$_3$ wiederum wird direkt von etwa 250 nach 200 °C abgeschieden. Bei Einsatz von WOCl$_3$ kondensiert bei größeren Gradienten ($\Delta T > 50$ K) WOCl$_4$ auf der Senkenseite (Abbildung 8.1.4). Dieses Verhalten folgt der zu Beginn des Kapitels formulierten Aussage, dass bei Existenz mehrerer Chalkogenidhalogenide in einem System halogenärmere Verbindung bei höheren Temperaturen, die halogenreichere bei niedrigeren Temperaturen transportiert.

Besondere Aufmerksamkeit verdienen die Chemischen Transportreaktionen zur Bildung von Seltenerdmetall/Übergangsmetall-oxidhalogeniden. Während der Transport der Seltenerdmetalloxide mit Halogenen oder Halogenverbindungen nur bedingt möglich ist, gibt es bereits eine größere Anzahl von Gasphasentransporten der Seltenerdmetalloxidometallate (vgl. Abschnitt 5.2.3). Aus deren Transportverhalten ist das der Oxidhalogenide des jeweiligen Systems grundsätzlich abzuleiten: Die Verbindungen sollten bei niedrigeren Temperaturen als die Oxide transportierbar sein (8.1.17 und 8.1.18). So beobachtet man den Transport von Sm$_2$Ti$_2$O$_7$ mit Chlor von 1050 °C nach 950 °C (Hüb 1992); das Oxidchlorid SmTiO$_3$Cl ist von 950 nach 850 °C transportierbar. Bei Temperaturen zwischen 1000 und 900 °C kommt es dagegen, ausgehend von einem Bodenkörper SmTiO$_3$Cl, zum Simultantransport von TiO$_2$ (Rutil) und SmTiO$_3$Cl (Hüb 1991).

$$Sm_2Ti_2O_7(s) + 7\,Cl_2(g)$$
$$\rightleftharpoons 2\,SmCl_3(g) + 2\,TiCl_4(g) + \frac{7}{2}O_2(g) \tag{8.1.17}$$
$$(1050 \rightarrow 950\,°C)$$

$$\text{SmTiO}_3\text{Cl(s)} + 3\,\text{Cl}_2\text{(g)} \rightleftharpoons \text{SmCl}_3\text{(g)} + \text{TiCl}_4\text{(g)} + \frac{3}{2}\text{O}_2\text{(g)} \quad (8.1.18)$$
$$(950 \rightarrow 850\,°\text{C})$$

In der Tat ist die Transportierbarkeit der Oxide und Oxidometallate eben gerade durch die Existenz stabiler Oxidhalogenide eingeschränkt. Als Beispiel kann der Transport eines Ausgangsbodenkörpers NdTaO_4 unter Zusatz von Cl_2 und TaCl_5 von 1000 nach 900 °C gelten: Unter den chlorierenden Bedingungen des Transportzusatzes (ca. 1 bar) bildet sich auf der Quellenseite $\text{Nd}_2\text{Ta}_2\text{O}_7\text{Cl}_2$ neben $\text{NdTa}_7\text{O}_{19}$. Auf der Senkenseite werden dann, abhängig vom örtlichen Temperaturgradienten NdTaO_4, $\text{NdTa}_7\text{O}_{19}$, $\text{Nd}_{7,33}\text{Ta}_8\text{O}_{28}\text{Cl}_6$ und $\text{Nd}_2\text{Ta}_2\text{O}_7\text{Cl}_2$ abgeschieden (Scha 1988). Der Transport von phasenreinem NdTaO_4 gelingt dagegen nur bei Temperaturen oberhalb von 1000 °C und bei niedrigen Transportmitteldrücken (Scha 1989).

$$\text{NdTaO}_4\text{(s)} + 3\,\text{Cl}_2\text{(g)} \rightleftharpoons \text{NdCl}_3\text{(g)} + \text{TaOCl}_3\text{(g)} + \frac{3}{2}\text{O}_2\text{(g)} \quad (8.1.19)$$
$$(1100 \rightarrow 1000\,°\text{C})$$

$$\text{Nd}_2\text{Ta}_2\text{O}_7\text{Cl}_2\text{(s)} + 5\,\text{Cl}_2\text{(g)}$$
$$\rightleftharpoons 2\,\text{NdCl}_3\text{(g)} + 2\,\text{TaOCl}_3\text{(g)} + \frac{5}{2}\text{O}_2\text{(g)} \quad (8.1.20)$$
$$(1000 \rightarrow 900\,°\text{C})$$

Mit der Kenntnis um die sehr komplexe Temperatur- und Druckabhängigkeit solcher Transportexperimente gelingt schließlich auch die Darstellung einer Reihe von Chloroxidotantalaten und -niobaten der Seltenerdmetalle der Zusammensetzungen $SE_2CeMO_6Cl_3$ und $SE_{3,25}MO_6Cl_{3,5-x}$ (SE = La ... Sm, M = Nb, Ta) (Wei 1999).

Als gleichermaßen komplex aufgebaute Oxidhalogenide sind auch die *Borazite* $M_3B_7O_{13}X$ (M = Mg, Cr, Mn, Fe, Co, Ni, Cu, Zn, Cd, X = Cl, Br, I) für Chemische Transportreaktionen zugänglich. Deren Vertreter sind vor allem wegen ihrer physikalischen Eigenschaften untersucht: Eine Reihe von ihnen weisen gleichzeitig *ferroelektrisches* und *ferromagnetisches* Verhalten auf; einige Verbindungen zeigen *Thermochroismus* ($\text{Ni}_3\text{B}_7\text{O}_{13}X$ und $\text{Ni}_3\text{B}_7\text{O}_{13}X_{1-x}X'_x$, X = Cl, Br, I) bzw. den *Alexandrit*-Effekt ($\text{Mg}_3\text{B}_7\text{O}_{13}\text{Cl}$, $\text{Cu}_3\text{B}_7\text{O}_{13}\text{I}$). Die genannten Eigenschaften der Borazite sind verbunden mit einer *ferroischen* Phasenumwandlung von der kubischen Hochtemperaturmodifikation (T_d^5- Symmetrie, Raumgruppe $F\bar{4}3m$) zur orthorhombischen Tieftemperaturphase (C_{2v}^5- Symmetrie, Raumgruppe $Pca\,2_1$). Die Phasenumwandlungstemperatur des Minerals Borazit $\text{MgB}_7\text{O}_{13}\text{Cl}$ liegt bei 538 K. Die Umwandlungstemperaturen anderer Vertreter variieren in einem weiten Bereich von etwa 10 K ($\text{Cr}_3\text{B}_7\text{O}_{13}\text{I}$) bis etwa 800 K ($\text{Cd}_3\text{B}_7\text{O}_{13}\text{Cl}$) (Schm 1965), wobei der Wert mit abnehmendem Radius des Halogenidanions und zunehmendem Metallionenradius steigt.

Der Transport der Borazite erfolgt mit Wasser und dem entsprechenden Halogenwasserstoff. Als transportwirksame Spezies sind vor allem die Metalldihalogenide MX_2 sowie BX_3, $B_3O_3X_3$ und HBO_2 in Betracht zu ziehen (Tak 1976).

$$MX_2\text{(s)} \rightleftharpoons MX_2\text{(g)} \quad (8.1.21)$$

$$MO\text{(s)} + 2\,HX\text{(g)} \rightleftharpoons MX_2\text{(g)} + H_2O\text{(g)} \quad (8.1.22)$$

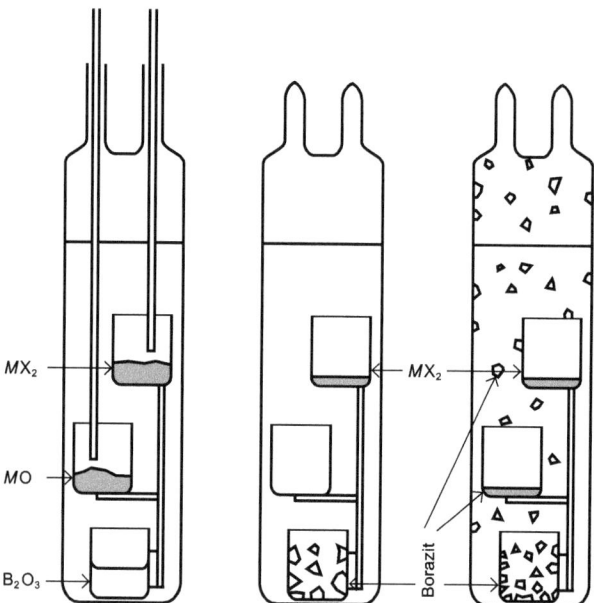

Abbildung 8.1.5 Schematische Anordnung der Tiegel für den Transport der Borazite nach (Schm 1965).
a) Vorlage der binären Edukte,
b) Transport von MO/MX_2 in Richtung B_2O_3 bei niedrigen Drücken des Transportzusatzes H_2O/HX,
c) Transport von B_2O_3 bei hohen Drücken H_2O/HX, z. T. gemeinsamer Transport von $B_2O_3/MO/MX_2$.

$$B_2O_3(s) + 6\,HX(g) \rightleftharpoons 2\,BX_3(g) + 3\,H_2O(g) \tag{8.1.23}$$

$$3\,B_2O_3(s) + 6\,HX(g) \rightleftharpoons 2\,(BOX)_3(g) + 3\,H_2O(g) \tag{8.1.24}$$

$$B_2O_3(s) + H_2O(g) \rightleftharpoons 2\,HBO_2(g) \tag{8.1.25}$$

Die Besonderheit des Transports der Borazite besteht in der von *Schmid* erstmals beschriebenen experimentellen Anordnung: In einer *Zweitiegeltechnik* (Nas 1972) oder *Dreitiegeltechnik* (Schm 1965, Cas 2005, Cam 2006) werden die konstituierenden binären Verbindungen MO, MX_2 und B_2O_3 separat vorgelegt (Abbildung 8.1.5). Der Transport erfolgt isotherm bei etwa 800 bis 900 °C entlang der *Aktivitätsgradienten* der Komponenten. Die Richtung des Transports wird dabei von der Konzentration der Transportzusätze Wasser und Halogenwasserstoff bestimmt: Bei niedrigen Gesamtdrücken H_2O/HX findet ein Transport von MO/MX_2 zum flüssigen Boroxid statt, während bei höheren Drücken B_2O_3 in Richtung Metalloxid wandert (Abbildung 8.1.5) (Schm 1965). Die konkreten Bedingungen sind insbesondere vom Übergangsmetall M und dessen Transportverhalten in den Verbindungen MO/MX_2 abhängig. Wird zusätzlich ein kleiner Temperaturgradient angewandt (ΔT = 5 bis 20 K), so kann ein gleichzeitiger Transport von B_2O_3 und MO/MX_2 zum kälteren Teil der Ampulle stattfinden (Schm 1965, Nas 1972). Bei separaten Bodenkörpern in einem geschlossenen Quarzrohr wandert B_2O_3 sogar von der kälteren Seite ($\vartheta_1 = 800 \ldots 770\,°C$) entgegen dem Temperaturgradienten zum Schwerpunkt der Ampulle in Richtung der heißeren Seite ($\vartheta_2 = 850 \ldots 820\,°C$) (Tak 1976). Die Abscheidung erfolgt dabei immer ausgehend von den binären Edukten entlang des durch die Phasenbildung vorgegebenen Aktivitätsgradienten.

Voraussagen der entsprechenden Stoffflüsse wurden mit Hilfe eines Flussfunktionsdiagramms von *Richardson* und *Noläng* (vgl. Abschnitt 2.4) am Beispiel der Bildung von $Ni_3B_7O_{13}Cl$ getroffen (Dep 1979). Die Beschreibung erfolgt gemäß der Phasenregel mit fünf Freiheitsgraden: p_{ges}, T, $a(Ni)$, $a(O)$, $a(Cl)$. Der direkte Transport von bereits vorreagierten Boraziten ist bislang nicht beschrieben. Offensichtlich sind die gebildeten Verbindungen so stabil, dass das Gleichgewicht für deren Auflösung in einer Transportreaktion zu extrem ist.

Oxidhalogenide der Hauptgruppenelemente In einer dem Transport der Borazite analogen Weise kann auch die Bildung von Topas – $Al_2SiO_4(OH, F)_2$ beschrieben werden. Die Kristalle entstehen unter Vorlage von AlF_3 und SiO_2 mit SiF_4 bzw. HF als Transportmittel (Scho 1940). Hier liegt im Übrigen eines der sehr wenigen Beispiele für den Transport von *Oxidfluoriden* vor. Die Metallfluoride (vgl. Abschnitt 4.4) sind aufgrund ihrer hohen Stabilität kaum für Transportreaktionen geeignet. Ähnliches Verhalten ist bei den Oxidfluoriden zu erwarten. Der Transport eines Oxidfluorids ist also nur dann zu erwarten, wenn das binäre Fluorid über die Gasphase abgeschieden werden kann.

Der Transport von AlOCl verläuft unter Zusatz von $NbCl_5$ gemäß Gleichgewicht 8.1.26, wobei Al_2Cl_6 neben $NbOCl_3$ transportwirksam wird (vgl. Abschnitt 11.1). Gegenüber anderen Synthesenmethoden erhält man hierbei gut kristalline, für die Strukturanalyse geeignete Kristalle von AlOCl (Sch 1962, Sch 1972).

$$AlOCl(s) + NbCl_5(g) \rightleftharpoons \tfrac{1}{2}Al_2Cl_6(g) + NbOCl_3(g) \qquad (8.1.26)$$

Die weitaus umfangreichsten Untersuchungen zum Chemischen Transport von Oxidhalogeniden der Hauptgruppenelemente liegen für die Verbindungen von Antimon und Bismut vor. In den Systemen M_2O_3/MX_3 (M = Sb, Bi; X = Cl, Br, I) existieren jeweils mehrere Phasen entlang der quasibinären Schnitte (vgl. Abbildung 8.1.6). Die Verbindungen zeigen wie im Beispiel der Bismutoxidchloride ein inkongruentes Zersetzungsverhalten, wobei jeweils das sauerstoffreichere Oxidchlorid und gasförmiges Chlorid gebildet werden (Abbildung 8.1.7).

$$5\,BiOCl(s) \rightleftharpoons Bi_4O_5Cl_2(s) + BiCl_3(g) \qquad (8.1.27)$$

$$\tfrac{31}{4}Bi_4O_5Cl_2(s) \rightleftharpoons \tfrac{5}{4}Bi_{24}O_{31}Cl_{10}(s) + BiCl_3(g) \qquad (8.1.28)$$

$$\tfrac{4}{3}Bi_{24}O_{31}Cl_{10}(s) \rightleftharpoons \tfrac{31}{3}Bi_3O_4Cl(s) + BiCl_3(g) \qquad (8.1.29)$$

$$\tfrac{17}{3}Bi_3O_4Cl(s) \rightleftharpoons \tfrac{4}{3}Bi_{12}O_{17}Cl_2(s) + BiCl_3(g) \qquad (8.1.30)$$

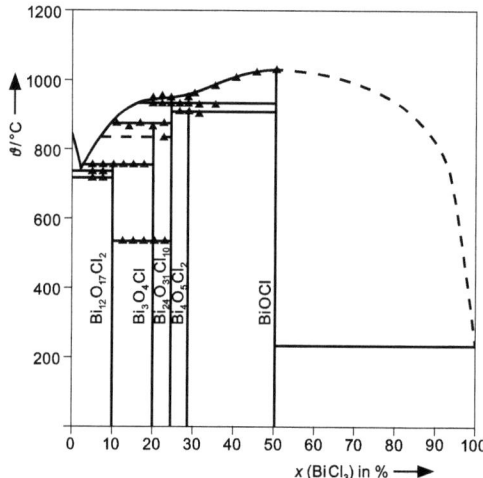

Abbildung 8.1.6 Zustandsdiagramm des Systems $Bi_2O_3/BiCl_3$ nach (Schm 1999).

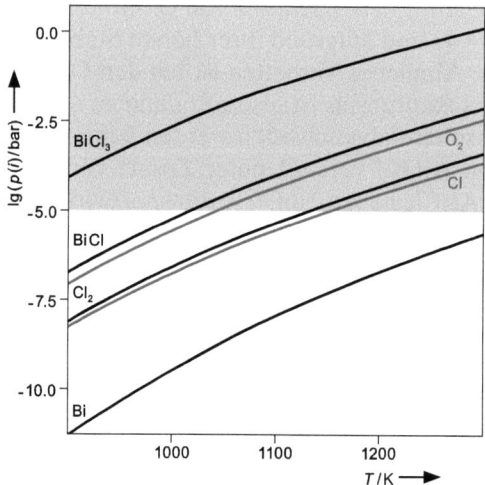

Abbildung 8.1.7 Gasphasenzusammensetzung über einem Bodenkörper BiOCl nach (Schm 1999).

$$\frac{3}{2} Bi_{12}O_{17}Cl_2(s) \rightleftharpoons \frac{17}{2} Bi_2O_3(s) + BiCl_3(g) \tag{8.1.31}$$

In Abhängigkeit von den Zersetzungsdrücken können Autotransporte der Verbindungen mit $BiCl_3$ als Transportmittel erfolgen (8.1.32 und 8.1.33).

$$Bi_4O_5Cl_2(s) + BiCl_3(g) \rightleftharpoons 5\,BiCl(g) + \frac{5}{2} O_2(g) \tag{8.1.32}$$

$$Bi_{24}O_{31}Cl_{10}(s) + 7\,BiCl_3(g) \rightleftharpoons 31\,BiCl(g) + \frac{31}{2} O_2(g) \tag{8.1.33}$$

Die oxidreicheren Phasen $Bi_3O_4Cl(s)$ und $Bi_{12}O_{17}Cl_2(s)$ können dagegen nicht durch Autotransport erhalten werden. Die Gesamtdrücke liegen bis 880 °C (peritektische Zersetzung von Bi_3O_4Cl) bzw. 760 °C (peritektische Zersetzung von $Bi_{12}O_{17}Cl_2$) zu niedrig, sodass ein Transport dieser Phasen in endlicher Zeit nicht möglich ist (Schm 1999, Opp 2005).

Die Abscheidung von BiOCl ist nicht im Sinn eines Autotransports zu beschreiben: aus der Reaktion mit $BiCl_3(g)$ resultiert keine geeignete Gasspezies. Der Gasphasentransport kann vielmehr mit den transportrelevanten Gasteilchen BiCl und O_2 in einer Zersetzungssublimation (8.1.34) erfolgen ($p(i) > 10^{-5}$ bar, Abbildung 8.1.7).

$$BiOCl(s) \rightleftharpoons BiCl(g) + \frac{1}{2}O_2(g) \tag{8.1.34}$$

Die analogen Verbindungen BiOBr und BiOI sind auf diese Weise im Prinzip nur im Kurzwegtransport – abzuscheiden, da der Sauerstoffpartialdruck der Zersetzungsreaktionen unter die transportwirksame Grenze auf 10^{-5} bar (BiOBr) bzw. 10^{-7} bar (BiOI) fällt (Opp 2005).

Der Chemische Transport der Bismutoxidhalogenide BiOX wird für eine Reihe von geeignet erscheinenden Transportmitteln diskutiert (Sht 1972, Sht 1983): Die Transporte mit den Halogenen bzw. den Halogenwasserstoffverbindungen sollten dabei über die Gleichgewichte 8.1.35 und 8.1.36 verlaufen. Tatsächlich werden nur für BiOCl und BiOBr hinreichend hohe Sauerstoffpartialdrücke erzielt, die Transportraten nehmen von BiOCl zu BiOBr hin ab. Für BiOI sind mit den Transportzusätzen I_2 bzw. HI keine Transporte zu erwarten (Opp 2000).

$$BiOX(s) + X_2(g) \rightleftharpoons BiX_3(g) + \frac{1}{2}O_2(g) \tag{8.1.35}$$

$$BiOX(s) + 2\,HX(g) \rightleftharpoons BiX_3(g) + H_2O(g) \tag{8.1.36}$$

Dagegen verläuft der Transport mit Wasser für alle Verbindungen mit hohen Transportraten von bis zu 15 mg $\cdot$ h^{-1}. Ursache dafür ist die Bildung der Gasteilchen $Bi(OH)_2X$ in allen drei Systemen, die gemäß 8.1.37 transportwirksam werden können (Abbildung 8.1.8) (Opp 2000). Die gelegentlich als Sublimation oder Zersetzungssublimation beobachteten Gasphasenabscheidungen von BiOBr und BiOI sind also offensichtlich eher auf einen Transport mit Feuchtigkeitsspuren in der Ampulle zurückzuführen.

$$BiOX(s) + H_2O(g) \rightleftharpoons Bi(OH)_2X(g) \tag{8.1.37}$$

Darüber hinaus ist der Transport der Bismutoxidhalogenide mit Selen(IV)-oxid über gemeinsame Gasspezies $BiSeO_3X$ (X = Cl, Br, I) beschrieben (8.1.38) (Opp 2001, Opp 2002a, Opp 2002b). Aufgrund ihrer Transportwirksamkeit für vier Komponenten gleichzeitig stellen diese Spezies eine Besonderheit dar. Ihre Kenntnis ermöglicht das Verständnis des Transports sowohl von Oxiden als auch von Oxidhalogeniden des Bismuts. So erfolgt der Transport von Bi_2SeO_5 und $Bi_2Se_3O_9$ mit BiI_3 über das Gasteilchen $BiSeO_3I$ (vgl. Abschnitt 5.2). Die Phasenverhältnisse beim Transport von phasenreinem BiOI ergeben sich dementsprechend aus den Gleichgewichtsdrücken von BiOI und der koexistierenden Phase

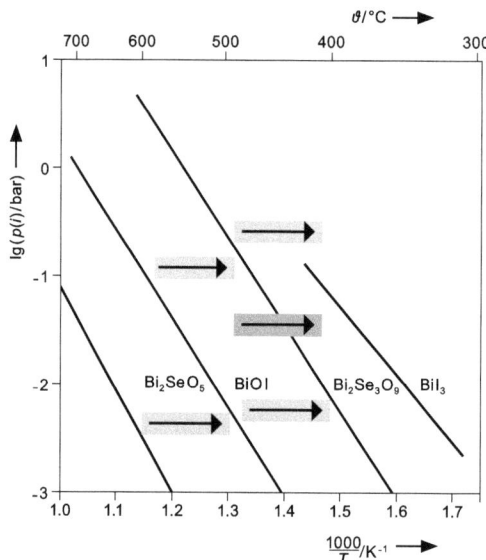

Abbildung 8.1.8 Zustandsbarogramm des Systems $Bi_2O_3/SeO_2/BiI_3$ und Darstellung der Phasenverhältnisse bei Transportexperimenten nach (Opp 2002b).
Bi_2SeO_5, 600 → 500 °C, $p(BiI_3) \approx 10^{-2}$ bar (vgl. Abschnitt 5.2),
BiOI, 600 → 500 °C, $p(SeO_2) \approx 10^{-1}$ bar,
BiOI, 500 → 400 °C, $p(SeO_2) < 10^{-2}$ bar,
$Bi_2Se_3O_9$, 500 → 400 °C, $p(SeO_2) > 10^{-2}$ bar (vgl. Abschnitt 5.2),
$Bi_2Se_3O_9$, 500 → 400 °C, $p(BiI_3) > 10^{-1}$ bar (vgl. Abschnitt 5.2).

$Bi_2Se_3O_9$: Bei zu hohen Partialdrücken $p(SeO_2)$ bzw. zu niedrigen Abscheidungstemperaturen kann ansonsten statt BiOI das ternäre Bismutselenat(IV) transportiert werden (Abbildung 8.1.8).

$$BiOX(s) + SeO_2(g) \rightleftharpoons BiSeO_3X(g) \quad (8.1.38)$$

$$Bi_2Se_3O_9(s) + BiI_3(g) \rightleftharpoons 3\,BiSeO_3X(g) \quad (8.1.39)$$

Bei Experimenten zum Chemischen Transport von TeO_2 mit $TeCl_4$ zeigt sich dezidiert das Verhalten eines Systems mit einem kondensierten Oxidhalogenid. In mehr als 20 Variationen der Transportbedingungen über einen weiten Temperaturbereich von 600 bis 400 °C der Auflösungsseite und 500 bis 300 °C der Abscheidungsseite konnte, abhängig vom Partialdruck, der Auflösungstemperatur und dem Temperaturgradienten, die Bildung des Tellur(IV)-oxidchlorids $Te_6O_{11}Cl_2$ beobachtet werden (Opp 1977b, Sch 1977). Dem allgemeinen Trend prinzipiell folgend, dass das Oxidhalogenid bei hohen Partialdrücken bzw. niedrigen mittleren Transporttemperaturen erhalten wird, sind dennoch vielfältige Variationen der Druck- und Temperaturbereiche für die Transportexperimente möglich, wie Abbildung 8.1.9 anhand ausgewählter Beispiele im System $TeO_2/TeCl_4$ belegt. So ist $Te_6O_{11}Cl_2$ sowohl von 600 nach 400 °C, als auch im Temperaturgradient von 400 nach 300 °C transportierbar (8.1.41). Dagegen wird TeO_2 beispielsweise von 550 nach 450 °C phasenrein abgeschieden (8.1.40) – also in

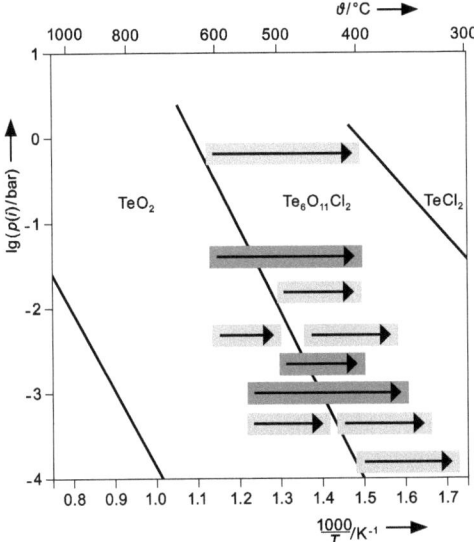

Abbildung 8.1.9 Zustandsbarogramm des Systems TeO$_2$/TeCl$_4$ und Darstellung der Phasenverhältnisse bei Transportexperimenten nach (Opp 1977b):
Hellgrau: Transport von TeO$_2$ bzw. Te$_6$O$_{11}$Cl, dunkelgrau: Simultantransport von TeO$_2$ und Te$_6$O$_{11}$Cl$_2$.

einem mittleren Temperaturbereich. Hier ist eine detaillierte Betrachtung der Gleichgewichtsdrücke notwendig; der Transport von TeO$_2$ erfolgt unter diesen Bedingungen nur bei sehr kleinen Transportmitteldrücken $p(\text{TeCl}_4) \leq 10^{-3}$ bar.

$$\text{TeO}_2(s) + \text{TeCl}_4(g) \rightleftharpoons 2\,\text{TeOCl}_2(g) \tag{8.1.40}$$

$$\text{Te}_6\text{O}_{11}\text{Cl}_2(s) + 5\,\text{TeCl}_4(g) \rightleftharpoons 11\,\text{TeOCl}_2(g) \tag{8.1.41}$$

Die transportwirksame Spezies TeOCl$_2$(g) hat über die Abscheidung tellurhaltiger Verbindungen hinaus eine wesentliche Bedeutung für den Transport von Metalloxiden unter Zusatz von TeCl$_4$ (vgl. Abschnitt 2.4, Kapitel 5 und Kapitel 11). Werden die Homologen TeBr$_4$ oder TeI$_4$ als Transportzusatz verwendet, können die entsprechenden Spezies TeOBr$_2$ bzw. TeOI$_2$ auftreten. Bei Transporten mit TeBr$_4$ kann analog zum beschriebenen Fall im System TeO$_2$/TeCl$_4$ zudem die Verbindung Te$_6$O$_{11}$Br$_2$ gebildet werden (Opp 1978). Deren Abscheidung folgt dem gleichen Schema wie bei Te$_6$O$_{11}$Cl$_2$.

8.2 Transport von Sulfid-, Selenid- und Telluridhalogeniden

Die kristalline Darstellung von Sulfid-, Selenid- und Telluridhalogeniden gelingt in vielen Fällen über Gasphasenabscheidungen. Dabei lässt sich ein genereller Trend erkennen, der dem Transportverhalten der binären Verbindungen entspricht: So wie die binären Oxide eher mit Chlor oder Chlorverbindungen transportierbar sind (vgl. Abschnitt 5.1), können häufig auch die Oxidchloride besser über die Gasphase abgeschieden werden als die entsprechenden -bromide oder -iodide. Bei den übrigen Chalkogenidhalogeniden sind, ebenso wie bei den binären Chalkogeniden, besonders die Bromide und vor allem die Iodide für den Chemischen Transport geeignet. Die von den Oxidhalogeniden zu den Telluridhalogeniden abnehmende Stabilität der Bodenkörper wird dabei im heterogenen Transportgleichgewicht durch die gleichfalls abnehmende Stabilität der gasförmigen Metallhalogenide (Cl ... I) ausgeglichen (vgl. Kapitel 7).

Noch weit häufiger als die entsprechenden Reaktionen der Oxidhalogenide verlaufen die Gasphasenabscheidungen von Chalkogenidhalogeniden als Zersetzungssublimationen oder im Sinne eines Autotransports (Opp 2005). Die aufgrund abnehmender Stabilität der Chalkogenide steigenden Partialdrücke der transportrelevanten Spezies (S_2, Se_2, Te_2) liegen dann im Bereich der Partialdrücke der transportwirksamen Metallhalogenide ($p(i) > 10^{-5}$ bar). Der Zusatz eines externen Transportmittels ist in dem Fall nicht mehr erforderlich.

Viele experimentelle Belege beschränken sich aus diesem Grund auf den Hinweis, dass die Verbindungen im Temperaturgradienten kristallin abgeschieden wurden. Ein umfassender Überblick zu Synthesen und Eigenschaften von Chalgenidhalogeniden ist durch *Fenner* auf dem Stand der 1980er Jahre gegeben (Fen 1980). Detaillierte, thermodynamisch motivierte Untersuchungen zum Transportverhalten der Chalkogenidhalogenide sind dagegen selten.

Übergangsmetallchalkogenidhalogenide Betrachten wir repräsentativ die Existenz und das Abscheidungsverhalten der Chalkogenidhalogenide des Chroms, $CrQX$: Der Transport des Oxidchlorids CrOCl mit Chlor ist aus den Transportbedingungen von Chrom(III)-oxid mit Cl_2 (980 → 860 °C, vgl. Abschnitt 5.2.6) abzuleiten; das Oxidchlorid transportiert bei niedrigeren Temperaturen im Gradienten von 940 nach 840 °C. Entsprechend dem allgemeinen Trend zur Eignung der Transportmittel für Chalkogenide werden Crom(III)-sulfid mit Brom und das Selenid sowie das Tellurid mit Iod jeweils im Bereich von 1000 °C endotherm transportiert. Diese Tendenz spiegelt sich auch im Transportverhalten der ternären Verbindungen wieder.

Man kennt die Sulfidhalogenide des Chroms sowohl mit Chlor (Meh 1980) als auch mit Brom und Iod (Kat 1966). Der Transport von CrSCl ist nicht bekannt, dagegen gelingt die Abscheidung der Mischphase $CrSCl_{0,33}Br_{0,67}$ bei Temperaturen von 950 nach 880 °C (Sas 2000). Die besten Transportergebnisse der Chrom(III)-sulfidhalogenide zeigt CrSBr. Während Cr_2S_3 mit Brom von 920 nach 800 °C transportiert wird, ist die Abscheidung von CrSBr über einen weiten Temperaturbereich (870 °C → T_1 (Kat 1966) bis 950 → 880 °C (Bec 1990c)) im Autotransport beschrieben. Bei der hohen Auflösungstemperatur gelingt der Transport von phasenreinem CrSBr nicht, Cr_2S_3, CrSBr und $CrBr_3$ werden räumlich getrennt voneinander abgeschieden (Bec 1990c). Im Verhältnis zur Transporttemperatur von Cr_2S_3 erscheint eine Quellentemperatur von 950 °C für die Auflösung von CrSBr zu hoch. Unter diesen Bedingungen findet bereits eine merkliche Zersetzung von CrSBr in festes Cr_2S_3 und gasförmige Chrombromide statt. Chrom(III)-bromid wandert dann an die kälteste Stelle der Ampulle, während

Tabelle 8.2.1 Transportbedingungen der binären Verbindungen Cr_2Q_3 und Verhalten der ternären Phasen $CrQX$ der Systeme $Cr/Q/X$ (Q = O, S, Se, Te, X = Cl, Br, I) im Autotransport.

	O	S	Se	Te
Cr_2Q_3	$Cr_2O_3 + Cl_2$ (Emm 1968) 980 → 860 °C	$Cr_2S_3 + Br_2$ (Nit 1967) 920 → 800 °C	$Cr_2Se_3 + I_2$ (Weh 1970) 1000 → 900 °C	$Cr_{1-x}Te + I_2$ (Str 1973) 1000 → 900 °C
$CrQCl$	CrOCl (Sch 1961b) 940 → 840 °C	$CrSCl_{0,33}Br_{0,67}$ (Sas 2000) 950 → 880 °C		
$CrQBr$		CrSBr (Kat 1966) 870 °C → T_1		
$CrQI$		$CrSI_{0,83}$ (Kat 1966) 420 °C → T_1	CrSeI (Kat 1966) 400 °C → T_1	$CrTe_{0,73}I$ (Kat 1966) 315 °C → T_1
				CrTeI (Bat 1966) 190 °C → T_1

die in der Quelle verbleibenden Bodenkörperphasen nacheinander zur Senke transportieren. Eine Auflösungstemperatur unterhalb 900 °C (Kat 1966) erscheint für den gezielten Transport von CrSBr besser geeignet.

Die Darstellung der Iodide $CrQI$ erfolgt bei nochmals deutlich geringerer Temperatur, bei isothermer Reaktionsführung offensichtlich durch Mineralisation. Bereits bei niedrigen Temperaturen zeigen die Verbindungen hinreichend hohe Zersetzungsdrücke, sodass nicht immer die ideale Zusammensetzung $CrQI$ erzielt werden kann (vgl. $CrSI_{0,83}$ und $CrTe_{0,73}I$ (Kat 1966)). Nahezu defektfreies CrTeI wird nur bei Temperaturen unterhalb von 200 °C erhalten (Bat 1966).

Dem Experimentator können anhand dieses Beispiels wichtige Hinweise zur Durchführung der Transportversuche gegeben werden: Die meisten Gasphasentransporte der Chalkogenidhalogenide sind ohne Zusatz eines Transportmittels im Autotransport möglich. Der Transport erfolgt immer endotherm. Das Transportmittel bzw. die transportwirksamen Gasteilchen werden dabei durch die thermische Zersetzung der Verbindungen freigesetzt. Bei Zusatz eines Transportmittels sollten sehr geringe Mengen davon verwendet werden (wenige Milligramm), um die Kondensation halogenreicher Phasen im System zu verhindern.

Gibt es bereits Informationen zum Transport von binären Chalkogeniden und ternären Chalkogenidhalogeniden eines Elements, können die Bedingungen für die Abscheidung weiterer Chalkogenidhalogenide abgeschätzt werden: Die Temperatur der Quelle des Chalkogenidhalogenids sollte jeweils unterhalb der Auflösungstemperatur des binären Chalkogenids liegen. Die Temperatur auf der Auflösungsseite verringert sich zudem in der Reihe Cl ... I sowie gleichermaßen für die Chalkogene S ... Te. Oxidchloride benötigen demnach in der Regel die höchsten Auflösungstemperaturen, Telluridiodide die niedrigsten.

Diese Regeln sind zunächst als Anhaltspunkte zur Planung der Versuche gedacht. Die konkreten Bedingungen sind jeweils auch von der Komplexität eines Systems abhängig. Treten mehrere Verbindungen in einem System auf, sind geeignete Bedingungen für Transporte phasenreiner Verbindungen hinsichtlich der Auflösungstemperatur und des Temperaturgradienten in weiterführenden Versuchen aufzuklären:

Vertreter der Phasen NbQ_2X_2 (Q = S, Se, X = Cl, Br, I) (Sch 1964b, Rij 1979b] sind durch das Auftreten von Dichalkogenid-Anionen $[Q_2]^{2-}$ gekennzeichnet (Schn 1966). Ihre Darstellung gelingt im Autotransport bei einer Temperatur der Quelle von 500 °C (Sch 1964b, Fen 1980). Nach Freisetzung des Transportmittels in einer inkongruenten Zersetzungsreaktion kann der Transport gemäß Gleichgewicht 8.2.1 folgen. Der Transport der analogen Verbindungen NbS_2Br_2, $NbSe_2Cl_2$ und $NbSe_2Br_2$ sollte in gleicher Weise verlaufen. Für die Iodide NbS_2I_2 und $NbSe_2I_2$ wird ein Transport nach Reaktion 8.2.2 erwartet (Fen 1980).

$$NbS_2Cl_2(s) + NbCl_4(g) \rightleftharpoons 2\,NbSCl_3(g) \tag{8.2.1}$$

$$NbS_2I_2(s) + I_2(g) \rightleftharpoons NbI_4(g) + S_2(g) \tag{8.2.2}$$

Für die Abscheidung phasenreiner Verbindungen müssen hier jeweils sehr kleine Temperaturgradienten von 5 bis 20 K angewandt werden, da ansonsten eine Reihe weiterer ternärer Phasen (z.B. $Nb_3Se_5Cl_7$, $Nb_3Q_{12}X$) neben den binären Randphasen auftreten (Rij 1979a, Rij 1979b). Bei größeren Temperaturgradienten wird in der Senke zunächst eine halogenreichere Verbindung abgeschieden, unter Umständen das Halogenid NbX_3 selbst. Der Bodenkörper der Quelle verarmt an dem abtransportierten Halogenid und es stellt sich ein neues heterogenes Gleichgewicht ein. Sind die dabei entstehenden Verbindungen im vorgegebenen Temperaturbereich selbst transportierbar (vgl. NbS_2 (Nit 1967), Nb_2Se_9 (Mee 1979)), kommt es zu einem sequentiellen Transport. In der Senke können dann entgegen der Phasenregel mehrere Verbindungen vorliegen, eine Gleichgewichtseinstellung durch Reaktion der kristallinen Abscheidungsprodukte erfolgt jedoch nur langsam. Das gleichzeitige Auftreten halogenreicher *und* chalkogenreicher Verbindungen in *einem* Experiment spricht für sehr geringe Unterschiede in den thermodynamischen Stabilitäten der beteiligten Phasen – so kann der Transport unter gleichbleibenden Bedingungen erfolgen. Das Prinzip des temperaturabhängigen Transports der Chalkogenidhalogenide kommt hier kaum zum Tragen.

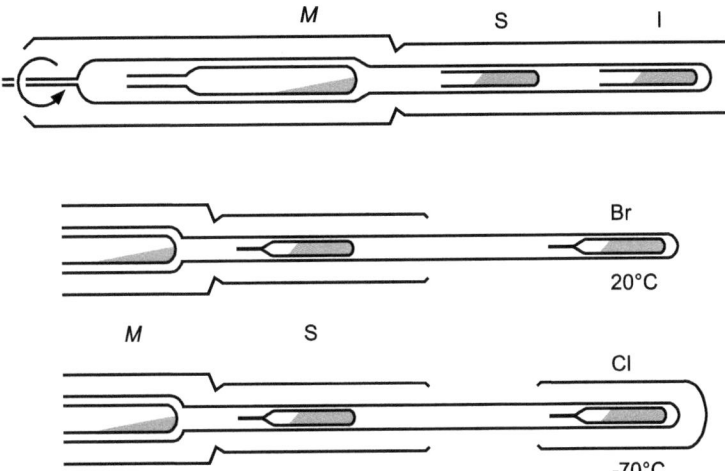

Abbildung 8.2.1 Kristallisation der Sulfidhalogenide der Seltenermetalle durch einen isopiestischen Transport von Schwefel und Halogen zum Seltenerdmetall in der Senke (M: Metall, S: Schwefel) (Fen 1980).

Im Gegensatz zu den Oxiden sind die chalkogenreichen Sulfide, Selenide und Telluride der Seltenerdmetalle der Zusammensetzung zwischen SE_2Q_3 und SEQ_2 in der Regel gut transportierbar (vgl. Kapitel 7). Unter dieser Voraussetzung ist auch ein Transport von Chalkogenidhalogeniden der Seltenerdmetalle zu erwarten.

Die Synthese der Sulfidhalogenide der Seltenerdmetalle $SESX$ (SE = La, Ce, Pr, Nd, Sm, Gd, Tb, Y, Tb, Dy, Ho, Er, Tm, Yb, Lu, X = Cl, Br, I) (Fen 1980) kann über eine Umsetzung der Halogenide SEX_3 mit Schwefel oder in Reaktion des Sulfids SE_2S_3 mit dem Seltenerdmetall und dem entsprechenden Halogen erfolgen. Die direkte Synthese aus dem Sulfid und dem Halogenid führt in der Regel nicht zu phasenreinen Produkten (Fen 1980, Bec 1986, Kle 1995).

Die Bildung der ternären Phasen kann auch durch eine Wanderung von Schwefel und den Halogenen entlang des Aktivitätsgradienten zum Seltenerdmetall hin erfolgen (Abbildung 8.2.1). Im Prinzip handelt es sich hierbei um eine *isopiestische Methode* der Phasenbildung, bei der durch unterschiedliche Quellentemperaturen gleiche oder zumindest ähnliche Gleichgewichtspartialdrücke der flüchtigen Elemente für die Wanderung zur Senke (zum Metall) eingestellt werden (hier etwa 10^{-1} bar für Schwefel bei ca. 400 °C sowie für Chlor/Brom/Iod bei −70/20/110 °C).

Da die Sulfide SE_2S_3 bei Temperaturen der Quellenseite von 950 bis 1150 °C aufgelöst werden (vgl. Abschnitt 7.1), kann der Transport der Sulfidhalogenide bei etwas niedrigen Temperaturen erwartet werden. So können beispielsweise für DySBr und DySI bei 750 bis 900 °C Kristalle gewonnen werden (Kle 1995), die offensichtlich im Kurzwegtransport entlang des natürlichen Gradienten des Ofens entstehen.

Die Darstellung der Selenidbromide SESeBr (SE = Dy ... Lu) (Pro 1985) und der Selenidiodide SESeI (SE = Gd ... Lu) (Pro 1984) gelingt zunächst bei etwa

500 °C. Der Gasphasentransport ist ausführlich am Beispiel der Verbindungen des Erbiums ErSeX (X = Br, I) erläutert (Stö 1997). In Abhängigkeit vom Temperaturgradienten entlang der Ampulle und von der eingesetzten Menge des Trihalogenids ErX_3 im Gemenge mit Er$_2$Se$_3$ beobachtet man eine Phasenfolge durch Sublimation von ErX_3 an die kälteste Stelle der Ampulle, gefolgt vom Selenidbromid bzw. -iodid. Bei kleinen Partialdrücken durch geringen Zusatz von ErX_3 oder nach Kondensation der ternären Verbindungen ErSeX transportiert schließlich Er$_2$Se$_3$. Die Temperatur der Quellenseite entspricht der des Transports von Er$_2$Se$_3$ (850 → 700 °C) (Doe 2007). Für das Selenidbromid liegt sie etwas höher (850 °C → T_1) als für das Selenidiodid (800 °C → T_1) (Sto 1997). Welche Gasteilchen für den Transport von Er$_2$Se$_3$ und ErSeX wirksam werden, ist nicht geklärt. Sowohl der Transport von Er$_2$Se$_3$ mit dem Halogenid als auch der Autotransport von ErSeX kann nur gelingen, wenn die Spezies ErX oder ErX_3 mit hinreichendem Partialdruck in der Gasphase vorliegen.

Der Transport von Chalkogenidhalogeniden mit mehr als einer metallischen Komponente ist nur dann möglich, wenn *alle* Komponenten in *einem* Temperaturbereich Gasteilchen mit transportwirksamen Partialdrücken bilden. Diese Bedingung ist idealerweise erfüllt, wenn die binären Chalkogenide unter ähnlichen Bedingungen transportieren oder bereits ein ternäres bzw. polynäres Chalkogenid über Transportreaktionen erhalten werden kann. Am Beispiel des Transports der Chalkogenidhalogenid-Spinelle CuCr$_2Q_3X$ (Q = S, Se, Te, X = Cl, Br, I) (Miy 1968) kann diese Aussage belegt werden.

Die ternären Spinelle CuCr$_2Q_4$ (Q = S, Se) sind unter Zusatz von AlCl$_3$ oder Iod von 850 nach 750 °C (CuCr$_2$S$_4$) (Mäh 1984) bzw. von 900 nach 700 °C (CuCr$_2$Se$_4$) (Lut 1970) zu transportieren. Der Transport der beiden binären Telluride CuTe (mit CuBr, 900 → 750 °C) (Abb 1987) und Cr$_{1-x}$Te (mit I$_2$, 1000 → 900 °C) (Str 1973) gelingt unter ähnlichen Bedingungen, die Wanderung der ternären Verbindung CuCr$_2$Te$_4$ im Chemischen Transport ist bislang nicht dokumentiert.

Alle diese Transporte geben ein Indiz dafür, dass transportwirksame Spezies für Kupfer, Chrom und die Chalkogene in einem Temperaturbereich von etwa 900 °C existieren. Der Transport gelingt schließlich für alle Verbindungen CuCr$_2Q_3X$ (Q = S, Se, Te, X = Cl, Br, I) im Gradienten von 900 nach 850 °C (Miy 1968). Als Transportzusatz können die Kupfer(II)-halogenide verwendet werden. Durch deren Zersetzung bei der Temperatur der Quellenseite werden schließlich die Halogene als Transportmittel freigesetzt (Miy 1968). Die Variation der Anteile der Halogen- und Chalkogenkomponenten führt überdies zu Mischkristallen der Zusammensetzung CuCr$_2$S$_{4-x}$Cl$_x$, CuCr$_2$Se$_{4-x}$Br$_x$ und CuCr$_2$Te$_{4-x}$I$_x$ (Sle 1968).

Unterscheiden sich die Transportbedingungen der binären Chalkogenide deutlicher voneinander, so sollte der Transport des gemeinsamen Chalogenidhalogenids in einem mittleren Temperaturbereich erfolgreich sein: Von den Übergangsmetallen Mangan und Cadmium existieren jeweils mit Antimon und Bismut Phasen der allgemeinen Zusammensetzung $MM'Q_2X$: MnSbS$_2$Cl und MnBiS$_2$Cl (Dou 2006), MnBiS$_2$Br (Pfi 2005a), MnBiSe$_2$I (Pfi 2005b) sowie CdSbS$_2X$ (X = Cl, Br), CdBiS$_2X$ (X = Cl, Br) und CdBiSe$_2X$ (X = Br, I) (Wan 2006). Der Vergleich der Transportbedingungen für die binären Chalkogenide weist deutliche Unterschiede für CdQ und MnQ mit ϑ_2 > 850 °C einerseits sowie Sb$_2Q_3$ und

Bi_2Q_3 (Q = S, Se) mit $\vartheta_2 \approx 500\,°C$ andererseits auf. In Konsequenz werden die quaternären Verbindungen des Mangans im Autotransport von $600\,°C \rightarrow T_1$ erhalten (Dou 2006, Pfi 2005a, Pfi 2005b). Die Sulfid- und Selenidhalogenide von Cadmium werden bei 550 bis $600\,°C$ aufgelöst (Wan 2006).

Chalkogenidhalogenide der Hauptgruppenelemente Der Transport bzw. Autotransport von Chalkogenidhalogeniden der Hauptgruppenelemente ist besonders gut für die Verbindungen des Antimons und Bismuts untersucht. Das Interesse an Verbindungen MQX (M = Sb, Bi; Q = S, Se, Te; X = Cl, Br, I) erwächst vor allem aus deren physikalischen Eigenschaften als ferroelektrische Halbleiter und Piezoelektrika. Der Bedarf an größeren Kristallen für physikalische Messungen hat darüber hinaus vielfältige Untersuchungen zum Chemischen Transport der Verbindungen angeregt.

Wie bereits gezeigt, ist der Transport der Chalkogenide M_2Q_3 mit Iod bei Temperaturen der Quelle von etwa $500\,°C$ möglich, für die Chalkogenidhalogenide von Antimon und des Bismut sind also gute Transporteffekte bei Auflösungstemperaturen unter $500\,°C$ zu erwarten:

Der Chemische Transport der Chalkogenidiodide MQI (M = Sb, Bi; Q = S (Nee 1971, Ale 1981a; Ale 1981b, Ale 1990), Se (Ale 1981a), Te (Tur 1973)) gelingt unter Zusatz von Iod gemäß Gleichgewicht 8.2.3 im Temperaturbereich von 440 bis $380\,°C$ auf der Auflösungsseite nach 400 bis $340\,°C$ in der Senke. Der gleichfalls beschriebene Transport unter Zusatz von Schwefel bzw. Selen (Ale 1981a) bedingt weitere heterogene Gleichgewichte, die dem eigentlichen Transport vorausgehen: Da es neben den transportwirksamen Spezies MI_3, MI und MQ keine chalkogenreicheren Gasteilchen im System gibt, die durch Oxidation mit dem Chalkogen in einem Transportgleichgewicht gebildet werden könnten, wird der Partialdruck der reinen Chalkogenspezies Q_2 im Gleichgewicht 8.2.4 fixiert. Ein Überschuss des Chalkogens führt damit zur Verschiebung der Zusammensetzung des Quellenbodenkörpers in Richtung des Chalkogenids unter Freisetzung von I_2. Iod wird als Transportmittel in einem, dem eigentlichen Transport vorausgehenden heterogenen Gleichgewicht gebildet, der Transport verläuft danach wie im Gleichgewicht 8.2.3 beschrieben. Die experimentell gefundene Transportrate für den Transport von SbSI unter Zusatz von Schwefel entspricht folglich der für den Transport mit Iod (Ale 1981a). *Neels* verweist jedoch darauf, dass der Schwefelzusatz bei größeren Temperaturgradienten ($400 \rightarrow 250 \ldots 350\,°C$) (Nee 1971) zur Senke sublimiert und der Effekt durch das im Gleichgewicht 8.2.4 gebildete Transportmittel dann ausbleibt. SbSI kann aber auch ohne Zusatz eines Transportmittels im Temperaturgradienten von $400\,°C \rightarrow T_1$ abgeschieden werden (Gleichgewicht 8.2.5) (Nee 1971).

$$SbSI(s) + I_2(g) \rightleftharpoons SbI_3(g) + \frac{1}{2}S_2(g) \tag{8.2.3}$$

$$2\,SbSI(s) + \frac{1}{2}S_2(g) \rightleftharpoons Sb_2S_3(s) + I_2(g) \tag{8.2.4}$$

$$SbSI(s) \rightleftharpoons SbI(g) + \frac{1}{2}S_2(g) \tag{8.2.5}$$

Um größere Durchmesser der dünnen, nadelförmigen Kristalle zu erhalten, wird von *Neels* die Anwendung eines *Pendelverfahrens* für den Autotransport vorgeschlagen (vgl. (Sch 1962a)). Durch Variation der Temperatur der Abscheidungsseite soll dabei die Keimbildungswahrscheinlichkeit reduziert und das Kristallwachstum gefördert werden.

Das Pendelverfahren kann grundsätzlich in zwei Varianten erfolgen, die sich durch das Verhältnis der maximalen Temperatur der Senke zur Temperatur der Quelle unterscheiden: So kann die Temperatur der Senke T_1 während des Pendelvorganges die Temperatur T_2 der Bodenkörperseite kurzzeitig übersteigen. Die periodische Erhöhung der Kristallisationstemperatur über die Temperatur des Ausgangsbodenkörpers bewirkt, dass kleinere, instabile Keime zurück transportiert werden und im Resultat nur wenige Keime wachsen.

Eine zweite Möglichkeit für das Pendelverfahren ergibt sich durch Variation der Abscheidungstemperatur T_1 unterhalb der Auflösungstemperatur T_2. Dabei wird im Minimum von T_1 die Temperaturdifferenz der beginnenden Keimbildung (*Ostwald-Miers*-Bereich) geringfügig unterschritten. Durch das Pendeln der Temperatur wird der Bereich der Keimbildung sofort wieder verlassen. Es bilden sich also nur wenige Keime, die dann im Bereich geringer Übersättigung weiter wachsen. Oberhalb einer gewissen Größe nehmen diese Kristalle aus der Gasphase so viel Substanz auf, dass bei Unterschreitung des *Ostwald-Miers*-Bereiches keine neue Keimbildung mehr einsetzen kann. Auf diese Weise werden bei einer Auflösung von 390 °C und Pendeln der Senkentemperatur zwischen 320 und 285 °C (bei 2 Zyklen/Stunde) bis zu 3 mm dicke Kristalle von SbSI gewonnen (Nee 1971).

Auch die Darstellung der übrigen Phasen SbQX (Q = S, Se, Te; X = Cl, Br, I) (Dön 1950a, Dön 1950b, Nit 1960) gelingt in der Regel über Gasphasengleichgewichte. Dabei muss nicht immer ein örtlicher Temperaturgradient zur Kristallisation verwendet werden. Häufig werden Kristalle auch im zeitlichen Temperaturgradienten durch Abkühlen der Ampulle erhalten. Darüber hinaus sind auch die Mischkristallsysteme SbS$_{1-x}$Se$_x$I (Nit 1964, Cha 1982, Kal 1983a), SbSI$_{1-x}$Br$_x$ (Bar 1976, Kve 1996, Aud 2009) und Sb$_{1-x}$Bi$_x$SI (Ish 1974, Ten 1981, Kal 1983b) aufgrund ähnlicher Transportbedingungen mit Auflösungstemperaturen der ternären Randphasen von 450 bis 350 °C für Gasphasentransporte geeignet. Die Untersuchungen zielen vor allem auf eine dezidierte Variation der ferroelektrischen Eigenschaften. So verändert sich die *Curie*-Temperatur für Kristalle von SbSI$_{1-x}$Br$_x$ von 22 bis 293 K für $x = 1 \ldots 0$ (Aud 2009).

Die Bismutchalkogenide Bi$_2Q_3$ (Q = S, Se, Te) bilden mit den -halogeniden BiX_3 (X = Cl, Br, I) ternäre Verbindungen mit variierenden Zusammensetzungen. Die auf den quasibinären Schnitten Bi$_3Q_3$/BiX_3 existierenden Phasen sind in ihrer Synthese, ihren Strukturen und im thermochemischen Verhalten von verschiedenen Arbeitsgruppen ausführlich beschrieben worden (Krä 1972, Krä 1973, Krä 1974a, Krä 1978, Krä 1979, Rya 1970, Vor 1979, Tri 1997, Opp 1996, Pet 1997, Pet 1998, Pet 1999a, Pet 1999b). Eine zusammenfassende Darstellung zur Chemie der Sulfid-, Selenid- und Telluridhalogenide des Bismuts ist von *Oppermann* gegeben (Opp 2003, Opp2004). Viele Verbindungen der Bismutchalkogenidhalogenide sind durch einen Autotransport einkristallin abscheidbar (Opp 2005). Dabei nimmt die "Flüchtigkeit", d.h. die Transportierbarkeit unter dem

Tabelle 8.2.2 Transportbedingungen der binären Verbindungen Bi_2Q_3 und Verhalten der ternären Phasen BiQX der Systeme Bi/Q/X (Q = O, S, Se, Te, X = Cl, Br, I) im Autotransport.

	O	S	Se	Te
Bi_2Q_3	$Bi_2O_3 + X_2$ (Krä 1976a)	$Bi_2S_3 + I_2$ (Schö 2010)	$Bi_2Se_3 + I_2$ (Schö 2010)	$Bi_2Te_3 + I_2$ (Schö 2010)
	–	680 → 600 °C	500 → 450 °C	500 → 450 °C
BiQCl	BiOCl (Opp 2005)	BiSCl (Opp 2003, Opp 2005)	$Bi_{11}Se_{12}Cl_9$ (Opp 2004, Opp 2005)	BiTeCl (Opp 2004, Opp 2005)
	850 → 800 °C	–	500 → 480 °C	410 → 390 °C
BiQBr	BiOBr (Opp 2005)	BiSBr (Opp 2003, Opp 2005)	BiSeBr (Opp 2004, Opp 2005)	BiTeBr (Opp 2004, Opp 2005)
	750 → 700 °C	500 → T_1	490 → 460 °C	450 → 400 °C
BiQI	BiOI (Schm 1997, Opp 2005)	BiSI (Opp 2003, Opp 2005)	BiSeI (Opp 2004, Opp 2005)	BiTeI (Opp 2004, Opp 2005)
	–	500 → 450 °C	520 … 400 → 470 … 350 °C	500 … 450 → 450 … 400 °C

eigenen Zersetzungsdruck von den Bismutsulfidhalogeniden über die Bismutselenidhalogenide zu den Bismuttelluridhalogeniden zu. Bei den Chalkogenidhalogeniden sind jeweils die Iodide am besten transportierbar, die Bromide besser als die Chloride.

Bismutsulfidhalogenide Bismutsulfid Bi_2S_3 bildet in Festkörperreaktionen mit $BiCl_3$ die ternären Phasen BiSCl, $Bi_4S_5Cl_2$ und $Bi_{19}S_{27}Cl_3$ (Dön 1950, Vor 1979, Krä 1974a, Krä 1976a, Krä 1979, Opp 2003), mit $BiBr_3$ die Verbindungen BiSBr und $Bi_4S_5Br_2$ (Dön 1950, Krä 1972, Krä 1973, Vor 1990, Opp 2003) sowie mit BiI_3 die Phasen BiSI und $Bi_{19}S_{27}I_3$ (Dön 1950, Rya 1970, Krä 1979, Opp 2003). Die Sulfidchloride sind aufgrund der niedrigen Partialdrücke $p(i) < 10^{-5}$ bar der schwefelhaltigen Spezies nicht transportierbar (vgl. auch BiSeCl, Abb. 8.2.2) (Opp 2003).

Dagegen verläuft der Autotransport der Sulfidbromide mit dem in einem vorausgehenden heterogenen Zersetzungsgleichgewicht gebildeten Bismut(III)-bromid entsprechend der Gleichgewichte 8.2.6 und 8.2.7 (Opp 2003). Die Abscheidung der Sulfidiodide des Bismuts verläuft in ähnlicher Weise (Opp 2004, Opp 2005). Die Bedingungen für einen Transport phasenreiner Produkte hinsichtlich der Auflösungstemperatur und des Temperaturgradienten sind bereits eingangs des Kapitels eingehend diskutiert worden (vgl. Abbildung 8.3).

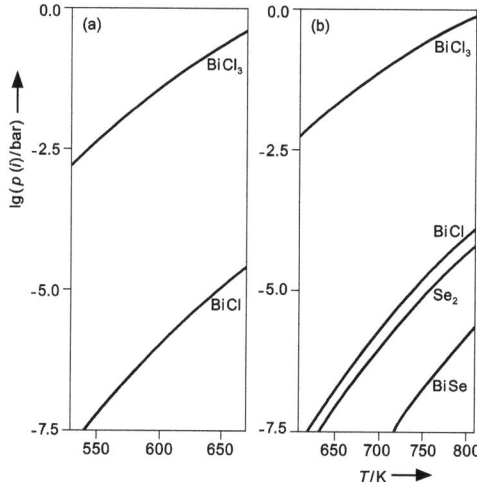

Abbildung 8.2.2 Zusammensetzung der Gasphase über Ausgangsbodenkörpern BiSeCl (a) und $Bi_8Se_9Cl_6$ (b) nach (Opp 2005)

$$Bi_{19}S_{27}Br_3(s) + 8\,BiBr_3(g) \rightleftharpoons 27\,BiBr(g) + \frac{27}{2}S_2(g) \qquad (8.2.6)$$

$$7\,BiSBr(s) + 3\,BiBr_3(g) \rightleftharpoons 10\,BiBr(g) + 3\,SBr_2(g) + 2\,S_2(g) \qquad (8.2.7)$$

Bismutselenidhalogenide Im System $Bi_2Se_3/BiCl_3$ existiert neben der Verbindung BiSeCl (Pet 1997) eine ternäre Phase mit einem Homogenitätsgebiet zwischen $Bi_8Se_9Cl_6$ (Pet 1997) und $Bi_{11}Se_{12}Cl_9$ (Pet 1997, Tri 1997, Egg 1999). Die Gasphasenabscheidung von BiSeCl ist im Autotransport nicht möglich. Während die Partialdrücke der für den Transport von Bismut wirksamen Spezies $BiCl_3$ und BiCl hinreichend hoch sind, bleiben die Drücke der selenhaltigen Gasphasenspezies BiSe und Se_2 unter 10^{-8} bar (Abbildung 8.2.2).

Bei Kenntnis des Zustandsbarogramms des Systems (Abbildung 8.2.3) ist aber eine Gasphasenabscheidung ausgehend von einem Bi_2Se_3-reicheren Bodenkörper ($Bi_8Se_9Cl_6$ ... $Bi_{11}Se_{12}Cl_9$) realisierbar. Man legt also bewusst einen „falschen" Bodenkörper für den Transport vor. Dabei werden die Partialdrücke der wirksamen Gasphasenspezies für den Transport von Selen erhöht. In einem genügend großen Temperaturgradienten werden schließlich die Bedingungen für die Kondensation der angestrebten Verbindung erreicht. Dieses Verhalten hinsichtlich unterschiedlicher Zusammensetzungen des Ausgangsgemenges und der erhaltenen Kristalle kann man sich ähnlich einer Kristallisation aus peritektischen Schmelzen vorstellen. Die Abschätzung der Transportbereiche der ternären Phasen $Bi_{11}Se_{12}Cl_9$ und BiSeCl ist anhand des Zustandsbarogramms des Systems $Bi_2Se_3/BiCl_3$ (Abbildung 8.2.3) möglich.

Dem Transport von $Bi_{11}Se_{12}Cl_9$ (Gleichgewicht 8.2.9) geht das inkongruente Zersetzungsgleichgewicht 8.2.8 der Verbindung voraus, in dem das Transportmittel $BiCl_3(g)$ gebildet wird.

$$3\,Bi_{11}Se_{12}Cl_9(s) \rightleftharpoons 4\,Bi_8Se_9Cl_6(s) + BiCl_3(g) \qquad (8.2.8)$$

8.2 Transport von Sulfid-, Selenid- und Telluridhalogeniden | 445

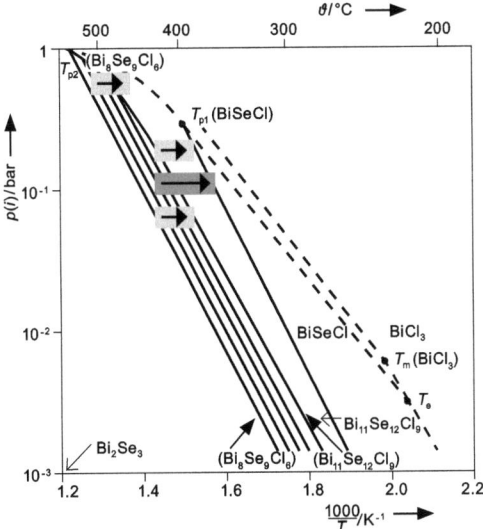

Abbildung 8.2.3 Zustandsbarogramm des Systems $Bi_2Se_3/BiCl_3$ und Darstellung der Phasenverhältnisse bei Transportexperimenten nach (Opp 2005): Hellgrau: Transport von phasenreinem $Bi_{11}Se_{12}Cl_9$, dunkelgrau: Transport von BiSeCl ausgehend von $Bi_{11}Se_{12}Cl_9$.

$$Bi_{11}Se_{12}Cl_9(s) + BiCl_3(g) \rightleftharpoons 12\,BiCl(g) + 6\,Se_2(g) \tag{8.2.9}$$

Beim Autotransport, ausgehend von einem Bodenkörper der unteren, Bi_2Se_3-reichen Phasengrenze $Bi_8Se_9Cl_6$, wird in einem minimalen Gradienten von 20 K in der Senke immer ein Bodenkörper mit einer Zusammensetzung nahe der oberen Phasengrenze $Bi_{11}Se_{12}Cl_9$ abgeschieden. Dieses Verhalten erweist sich als typisch für Autotransporte von Verbindungen mit einer *Phasenbreite*.

Bei Verbindungen mit einer Phasenbreite wird im Autotransport entlang des Temperaturgradienten $T_2 \rightarrow T_1$ die flüchtigere Komponente bei T_1 angereichert; man erhält bei Vorlage einer Phase der unteren Phasengrenze immer Zusammensetzungen nahe der oberen Phasengrenze in der Senke. In welchem Maß sich die Zusammensetzung ändert, hängt von der Breite des Homogenitätsgebietes und vom verwendeten Temperaturgradienten ab.

Die Selenidbromide BiSeBr (Hor 1968, Vor 1987) und Bi_3Se_4Br (Vor 1987) sind über einen Autotransport mit dem intern gebildeten Transportmittel $BiBr_3(g)$ kristallin abzuscheiden. Die Transporte verlaufen nach den Gleichgewichten 8.2.10 und 8.211 (Opp 2004, Opp 2005). Das Bismutselenidiodid BiSeI wird dagegen ohne Transportzusatz in einer Zersetzungssublimation 8.2.12 zur Senke überführt.

$$\begin{aligned}&7\,BiSeBr(s) + 3\,BiBr_3(g) \\ &\rightleftharpoons 10\,BiBr(g) + 3\,SeBr_2(g) + 2\,Se_2(g)\end{aligned} \tag{8.2.10}$$

$$4\,Bi_3Se_4Br(s) + 6\,BiBr_3(g)$$
$$\rightleftharpoons 18\,BiBr(g) + 2\,SeBr_2(g) + 7\,Se_2(g) \qquad (8.2.11)$$

$$BiSeI(s) \rightleftharpoons BiI(g) + \tfrac{1}{2}Se_2(g) \qquad (8.2.12)$$

Bismuttelluridhalogenide Der Transport der Bismuttelluridhalogenide kann ähnlich zu den Gasphasenabscheidungen der Bismutselenidhalogenide beschrieben werden. Da auf den ternären Schnitten jeweils nur die Verbindungen BiTeX (X = Cl, Br, I) existieren, ist die Ableitung der Existenz- und Transportbereiche sehr übersichtlich (Opp 2004, Opp 2005).

Aus dem Zustandsbarogramm des Systems $Bi_2Te_3/BiCl_3$ (Pet 1999b) folgt, dass der Transport von BiTeCl nur in schmalen Temperaturbereichen möglich ist, da der Zersetzungsdruck von BiTeCl nur wenig unterhalb des Gleichgewichtsdrucks der BiCl$_3$-reichen Schmelze liegt. Der Transport gelingt im Temperaturgefälle von ΔT = 15–20 K unter den Bedingungen des *Kurzwegtransports* (vgl. Abschnitt 14.1 (Krä 1974b)).

BiTeBr wird in einem Temperaturgefälle von 450 … 500 °C nach 400 … 450 °C kristallin abgeschieden. Für die Wanderung sind mehrere unabhängige Gleichgewichte zu formulieren. Danach wird BiTeBr maßgeblich in einer inkongruenten Zersetzungssublimation 8.2.13, mit geringem Anteil dagegen in einem simultanen Autotransport 8.2.14 abgeschieden.

$$BiTeBr(s) \rightleftharpoons BiBr(g) + \tfrac{1}{2}Te_2(g) \qquad (8.2.13)$$

$$7\,BiTeBr(s) + 3\,BiBr_3(g)$$
$$\rightleftharpoons 10\,BiBr(g) + 3\,TeBr_2(g) + 2\,Te_2(g) \qquad (8.2.14)$$

Die Abscheidung von BiTeI folgt prinzipiell dem heterogenen Gleichgewicht der Zersetzungssublimation von BiSeI (8.1.12). *Valitova* hat jedoch beim Transport der Verbindung von 520 nach 455 °C Einkristalle erhalten, deren analytische Zusammensetzung der oberen Phasengrenzzusammensetzung $BiTe_{0,973}I_{1,054}$ entsprach (Val 1976). Hier führt insbesondere der große Gradient von mehr als 50 K zur Abscheidung der Phase an der oberen Phasengrenze.

Polynäre Chalkogenidhalogenide Wir haben bereits mehrfach gesehen, dass der Transport polynärer Verbindungen besonders dann zu erwarten ist, wenn die Transporte der binären oder ternären Randphasen unter ähnlichen Bedingungen verlaufen. Diese Aussage ist nicht an bestimmte Stoffsysteme gebunden, sodass sich auch für Chalkogenidhalogenide mit mehreren Hauptgruppenelementen Beispiele finden lassen. So lässt sich der Autotransport von $InBi_2S_4Br$ auf die Gasphasentransporte von In_2S_3 sowie Bi_2S_3 bzw. $InBiS_3$ und $In_4Bi_2S_9$ (jeweils 680 → 600) (Krä 1976a) sowie BiSBr (500 → T_1) (Opp 2003, Opp 2005) zurückführen: $InBi_2S_4Br$ wandert bei einer mittleren Temperatur im Gradienten von 600 nach 550 °C (Krä 1976b).

8.3 Transport von Verbindungen mit Chalkogen- polykationen und Chalkogenat(IV)-halogeniden

Bislang sind nur Chalkogen-Halogen-Verbindungen mit Chalkogenid-Anionen Gegenstand der Betrachtung gewesen. Die Chemie der Chalkogene, insbesondere von Selen und Tellur, bietet darüber hinaus aber ein weites Spektrum der Existenz dieser Elemente auch in positiven Oxidationsstufen. Bekannt sind Verbindungen mit Chalkogenpolykationen bis hin zu Oxidochalkogenat(IV)-halogeniden. Gerade weil bisher kaum methodische Untersuchungen zum Chemischen Transport dieser Verbindungen vorliegen, soll der folgende Abschnitt Anregung zu einer intensiveren Auseinandersetzung mit den ablaufenden Reaktionen bei Gasphasenabscheidungen geben.

Verbindungen mit Chalkogenpolykationen Eine Vielzahl von Verbindungen mit homo- und heteroatomaren Polykationen des Schwefels, des Selens und des Tellurs können über Gasphasenreaktionen kristallin erhalten werden (Bec 1994, Bec 2002, Bau 2004). Häufig beobachtet man die Wanderung der Phasen entlang eines Temperaturgradienten in der Ampulle; die dabei ablaufenden Transportgleichgewichte bleiben jedoch in der Regel ungeklärt. Anhand eines übersichtlichen Beispiels sollen hier die theoretischen Hintergründe und experimentellen Bedingungen für den Chemischen Transport von polykationischen Verbindungen erläutert werden.

Die Verbindungen $Te_4[WCl_6]_2$ und $Te_8[WCl_6]_2$ werden durch Umsetzung von elementarem Tellur und WCl_6 bei etwa 200 °C erhalten, die kristallinen Produkte sind im Bereich zwischen 250 und 180 °C phasenrein transportierbar (Bec 1990a, Bec 1990b). Bei Erhöhung der Temperatur der Quellenseite auf 280 °C bis 300 °C erfolgt für beide Phasen die Zersetzung in elementares Tellur (8.3.1 und 8.3.2), während bei der tieferen Temperatur der Senkenseite $WCl_x(l)$ kondensiert (Bec 1990a, Bec 1990b). Der thermische Abbau der Phasen erfolgt jedoch nicht, wie oberflächlich erwartet wird, über $WCl_6(g)$ sondern mit den dominierenden Spezies $TeCl_2$ und WCl_4, (Abbildung 8.3.2). Die Bildung der Spezies $WCl_5(g)$ im Verlauf des Zersetzungsgleichgewichts ist von untergeordneter Bedeutung, der Partialdruck liegt jedoch in einer für Gasphasenabscheidungen relevanten Größenordnung $p(WCl_5) > 10^{-5}$ bar, Abbildung 8.3.1 (Schm 2007). Aus weiteren Angaben zum thermochemischen Verhalten, wie der peritektoiden Umwandlung von $Te_8[WCl_6]_2$, lässt sich das Zustandsbarogramm mit den korrespondierenden Koexistenzzersetzungsdrücken (Abbildung 8.3.2) ableiten.

$$3\,Te_4[WCl_6]_2(s) \;\rightleftharpoons\; Te_8[WCl_6]_2(s) + 4\,TeCl_2(g) + 4\,WCl_4(g) \qquad (8.3.1)$$

$$Te_8[WCl_6]_2(s) \;\rightleftharpoons\; 6\,Te(s, l) + 2\,TeCl_2(g) + 2\,WCl_4(g) \qquad (8.3.2)$$

Da alle Komponenten des Systems in ausreichendem Maße in der Gasphase gelöst sind (Abbildung 8.3.1), kann die Abscheidung über einen Autotransport erfolgen. Die für einen phasenreinen Transport der Verbindungen geeigneten Temperaturen der Quellen- und Senkenseite ergeben sich schließlich aus der Lage der Gleichgewichtsdruckkurven im Zustandsbarogramm (Abbildung 8.3.2):

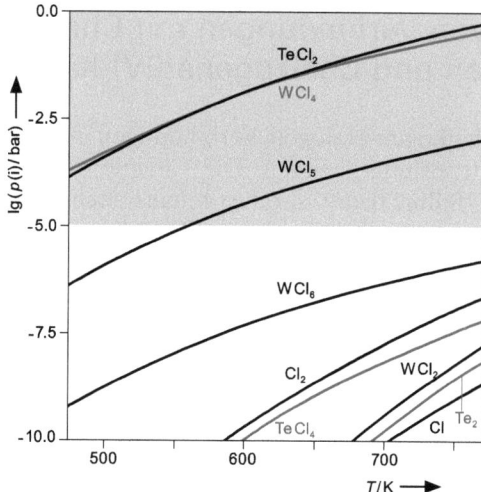

Abbildung 8.3.1 Zusammensetzung der Gasphase über einem Ausgangsbodenkörper Te$_4$[WCl$_6$]$_2$ nach (Schm 2007).

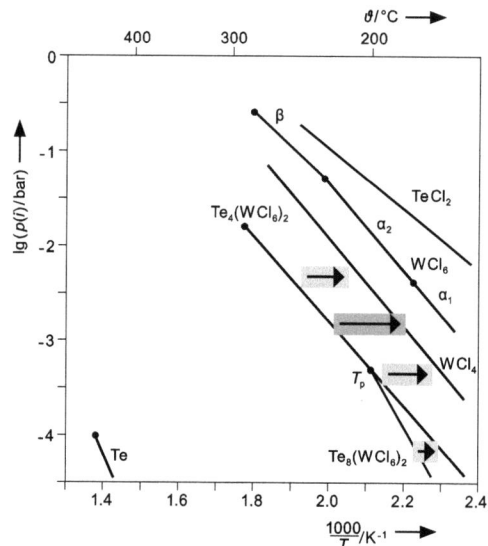

Abbildung 8.3.2 Schematische Darstellung des Zustandsbarogramms des Systems Te/WCl$_6$ und Darstellung der Phasenverhältnisse bei Transportexperimenten nach (Schm 2007).
Hellgrau: Transport von Te$_8$(WCl$_6$)$_2$ bzw. Te$_4$(WCl$_6$),
dunkelgrau: Kondensation von WCl$_4$.

Te$_4$[WCl$_6$]$_2$ kann in geschlossenen Ampullen bei Temperaturen der Quellenseite von 180 bis 250 °C aufgelöst und bei kleinen Temperaturgradienten unterhalb von 30 K phasenrein abgeschieden werden. Bei größeren Gradienten wird die

8.3 Transport von Verbindungen mit Chalkogenpolykationen und ... | 449

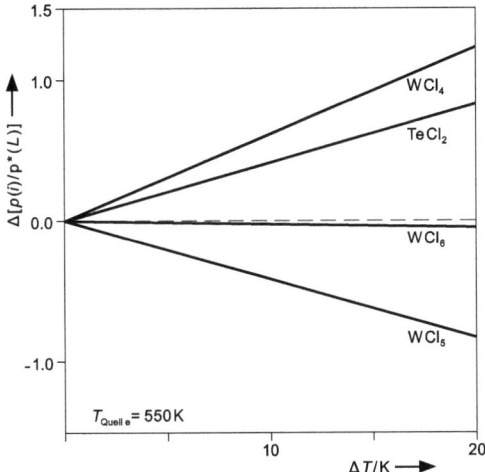

Abbildung 8.3.3 Transportwirksamkeit ($\Delta[p(i)/p^*(L)]$) beim Autotransport von Te$_4$[WCl$_6$]$_2$ nach (Schm 2007).

Kondensationslinie von WCl$_4$ geschnitten und WCl$_4$ aus dem Ausgangsbodenkörper abtransportiert. Wird in der Versuchsanordnung ein Temperaturgradient von größer als 70 K gewählt, so wird in der Senke zudem WCl$_6$ abgeschieden.

Die tellurreiche Verbindung Te$_8$[WCl$_6$]$_2$ kann bei einer Auflösung knapp unterhalb der peritektoiden Zersetzung bei 200 °C in einem Gradienten $\Delta T < 15$ K phasenrein abgeschieden werden. Bei Vorliegen beider ternärer Phasen bei T_2 sollte in zeitlicher Folge zuerst Te$_4$[WCl$_6$]$_2$ transportiert werden. In einem Gemenge der Phasen Te$_8$[WCl$_6$]$_2$ und Tellur ist zuerst die Abscheidung von Te$_8$[WCl$_6$]$_2$ in der Senke zu erwarten, danach sublimiert Tellur.

Die beim Autotransport ablaufenden heterogenen Gleichgewichte sind mithilfe weiterführender Rechnungen zu charakterisieren. Mit Partialdrücken $p(i) > 10^{-5}$ bar sind die Spezies TeCl$_2$, WCl$_4$ und WCl$_5$ transportrelevant. WCl$_5$ agiert dabei im Autotransport der ternären Verbindungen mit einer Transportwirksamkeit $\Delta[p(i)/p^*(L)] < 0$ als Transportmittel, während TeCl$_2$ und WCl$_4$ mit $\Delta[p(i)/p^*(L)] > 0$ die wirksamen Spezies für die Wanderung zur Senke sind (Abbildung 8.3.3). Aus dem Verhältnis der Wirksamkeiten der Gasteilchen folgen die dominierenden Transportgleichgewichte (8.3.3 und 8.3.4).

$$\text{Te}_4[\text{WCl}_6]_2(s) + 4\,\text{WCl}_5(g) \;\rightleftharpoons\; 4\,\text{TeCl}_2(g) + 6\,\text{WCl}_4(g) \qquad (8.3.3)$$

$$\text{Te}_8[\text{WCl}_6]_2(s) + 12\,\text{WCl}_5(g) \;\rightleftharpoons\; 8\,\text{TeCl}_2(g) + 14\,\text{WCl}_4(g) \qquad (8.3.4)$$

Die Reaktionsgleichungen 8.3.3 und 8.3.4 stellen insofern eine Vereinfachung dar, als die Gasphasenzusammensetzung tatsächlich komplexer ist. Neben TeCl$_2$, WCl$_4$ und WCl$_5$ können auch WCl$_6$, TeCl$_4$ und Cl$_2$ in geringem Maße am Transport beteiligt sein (Schl 1991) (vgl. Abbildung 8.3.1).

Die für die Tellur-Chloridowolframate getroffenen Aussagen zum Transportverhalten lassen sich auf weitere Systeme polykationischer Verbindungen des Selens und Tellurs $Q_x[MX_y]_z$ übertragen. Deren Abscheidung sollte grundsätzlich im Autotransport möglich sein, wenn die konstituierenden Metallhalogenide MX_y hinreichende Dampfdrücke aufweisen; Selen und Tellur selbst sublimieren bei Temperaturen oberhalb 400 °C. Geeignete Transporttemperaturen lassen sich aus dem Sublimationsverhalten der Metallhalogenide MX_y ableiten: Die Temperatur der Auflösung der ternären Verbindung sollte etwa 100 K über der Temperatur der merklichen Sublimation des Metallhalogenids liegen, der Gradient zur Senke sollte 20 bis 30 K nicht überschreiten. In einem System mit mehreren ternären Phasen sind chalkogenreichere Verbindungen bei höheren Temperaturen zu transportieren als halogenidreichere. Die Auflösungstemperatur sollte aber 300 bis 350 °C nicht übersteigen, da sonst die inkongruente Zersetzung der Phasen in Richtung der Chalkogene erfolgt.

Chalkogenat(IV)-halogenide $BiSeO_3Cl$ ist die einzige Verbindung auf dem quasibinären Schnitt $BiOCl/SeO_2$ (Opp 2001). Im Temperaturbereich von 250 bis 400 °C ist das inkongruente Zersetzungsgleichgewicht 8.3.5 mit der Bildung der dominierenden Gasspezies SeO_2 zu beobachten. Daneben bildet sich auch die quaternäre Spezies $BiSeO_3Cl$ mit Partialdrücken im transportwirksamen Bereich (Abbildung 8.3.4).

$$BiSeO_3Cl(s) \rightleftharpoons BiOCl(s) + SeO_2(g) \tag{8.3.5}$$

Die Bedingungen des Chemischen Transports von festem $BiSeO_3Cl$ folgen aus der Lage der Gleichgewichtsdrücke im Zustandsbarogramm. Entlang der Zersetzungsdruckgeraden von $BiSeO_3Cl$ kann der Bodenkörper bei einer Quellentemperatur zwischen 300 und 400 °C aufgelöst werden. Bei Temperaturgradienten bis zu 50 K liegt die Abscheidungstemperatur T_1 oberhalb des Sublimationsdrucks

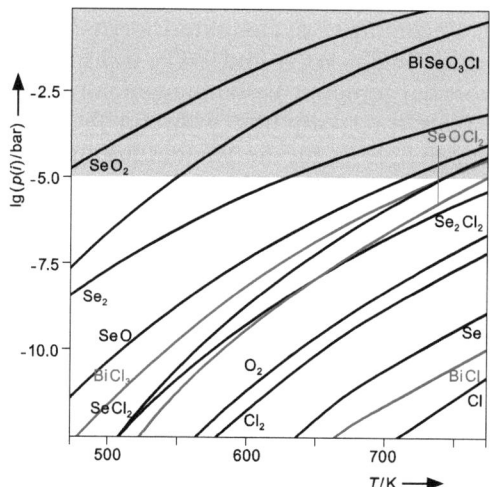

Abbildung 8.3.4 Zusammensetzung der Gasphase über dem Bodenkörper $BiSeO_3Cl$ nach (Opp 2001).

8.3 Transport von Verbindungen mit Chalkogenpolykationen und ... | 451

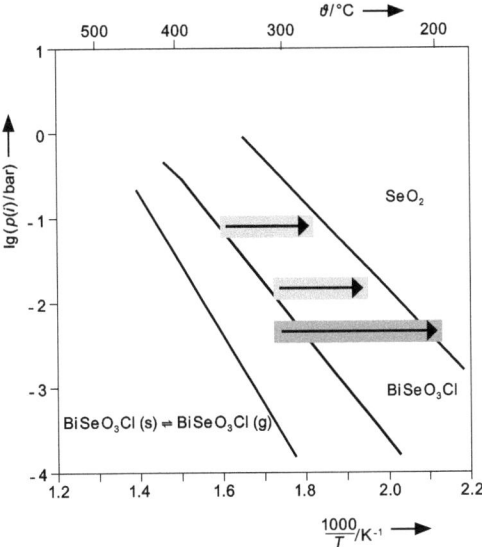

Abbildung 8.3.5 Schematische Darstellung des Zustandsbarogramms des Systems BiOCl/ SeO₂ und Darstellung der Phasenverhältnisse bei Transportexperimenten nach (Opp 2001, Opp 2005).
Hellgrau: phasenreiner Transport von BiSeO₃Cl,
dunkelgrau: Kondensation von SeO₂.

von SeO$_2$ und man beobachtet in der Senke die Abscheidung von BiSeO$_3$Cl (Abbildung 8.3.5). Wählt man einen Temperaturgradienten größer als 50 K, kondensiert SeO$_2$ in der Senke.

Trotz der inkongruenten Zersetzung kann die Gasphasenabscheidung von BiSeO$_3$Cl mit einem dominierenden Gleichgewicht 8.3.6 als Sublimation beschrieben werden. Im Grunde handelt es sich um einen Spezialfall der inkongruenten Zersetzungssublimation, bei der ein Teil der dominierenden Gasspezies SeO$_2$ mit $\Delta[p(i)/p^*(L)] = 0$ nicht zum Fluss der Komponenten im Temperaturgradienten beiträgt, während die im Partialdruck untergeordnete Gasspezies BiSeO$_3$Cl allein für den Transport verantwortlich ist ($\Delta[p(i)/p^*(L)] > 0$; Abbildung 8.3.6).

$$BiSeO_3Cl(s) \rightleftharpoons BiSeO_3Cl(g) \qquad (8.3.6)$$

Für die homologe Verbindung BiSeO$_3$Br hat die Gasspezies SeOBr$_2$ in der Quelle bei einer Temperatur oberhalb von 400 °C einen transportwirksamen Partialdruck ($p(SeOBr_2) > 10^{-5}$ bar). Bei zu hohen Auflösungstemperaturen zersetzt sich der Ausgangsbodenkörper BiSeO$_3$Br deshalb in Richtung BiBr$_3$-ärmerer Zusammensetzungen, es bildet sich Bi$_8$(SeO$_3$)$_9$Br$_6$. Die Gasphasenabscheidung von Bi$_8$(SeO$_3$)$_9$Br$_6$ kann dann im Sinne eines Autotransports durch das folgende Gleichgewicht beschrieben werden (Ruc 2003):

$$Bi_8(SeO_3)_9Br_6(s) + SeOBr_2(g) \rightleftharpoons 8\,BiSeO_3Br(g) + 2\,SeO_2(g) \qquad (8.3.7)$$

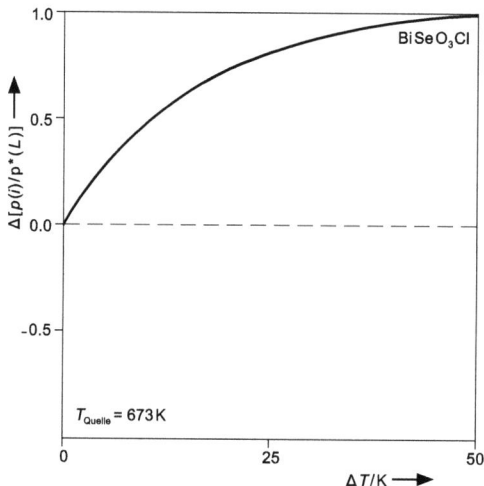

Abbildung 8.3.6 Transportwirksamkeit ($\Delta[p(i)/p^*(L)]$) beim Autotransport von BiSeO$_3$Cl nach (Opp 2005).

Unter den in den Kapiteln 3 bis 10 vorgestellten Stoffklassen beobachtet man bei den Chalkogenidhalogeniden besonders viele Beispiele für Autotransport-Reaktionen. Beim Autotransport wird eine feste Phase in eine zweite, mit dieser koexistierende Phase und ein gasförmiges Reaktionsprodukt zersetzt. Die so gebildeten Gasspezies wirken dann als Transportmittel. Bedingt durch diese vorgelagerte Zersetzungsreaktion verläuft der Autotransport stets endotherm. Der Transport kann jedoch auch durch externe Zugabe des durch die vorgelagerte Zersetzungsreaktion gebildeten Transportmittels durchgeführt werden. Aufgrund seiner Charakteristik wird der Autotransport in der Literatur oft als Sublimation beschrieben. Bei der Stoffklasse der Chalkogenidhalogenide finden sich viele Beispiele für eine isotherme Kristallisation entlang eines Aktivitätsgradienten. Die Methode wird dabei häufig eingesetzt, ohne in der Literatur als Transportreaktion erkannt und erwähnt zu werden.

Tabelle 8.1 Beispiele für den Chemischen Transport von Chalkogenidhalogeniden.

Senkenboden-körper	Transportzusatz	Temperatur/°C	Literatur
AlOCl	NbCl$_5$	400 → 380	Sch 1962, Sch 1972
BiOBr	Autotransport	750 → 700	Schm 1999b, Opp 2005
	Br$_2$	800 → 700	Opp 2000
	HBr	800 → 600	Opp 2000
	H$_2$O	550 ... 800 → 450	Opp 2000
	SeO$_2$	500 ... 700 → 450	Opp 2002
BiOCl	Autotransport	720 → 600	Gan 1993
	Autotransport	850 → 800	Schm 1999a, Opp 2005
	Cl$_2$	800 → 700	Opp 2000
	HCl	800 → 600	Opp 2000
	H$_2$O	550 ... 800 → 450	Opp 2000
	SeO$_2$	550 ... 700 → 500	Opp 2001
BiOI	Autotransport	580 → 450	Gan 1993
	H$_2$O	550 ... 800 → 450	Opp 2000
	SeO$_2$	500 ... 700 → 400 ... 600	Opp 2002b
BiSI	Autotransport	500 → 400	Opp 2003, Opp 2005
BiSeBr	Autotransport	490 → 460	Opp 2004, Opp 2005
BiSeI	Autotransport	560 → T_1	Gan 1993
	Autotransport	600 → T_1	Bra 2000
	Autotransport	500 °C → T_1	Opp 2004, Opp 2005
BiSeO$_3$Br	Autotransport	400 ... 490 → 300 ... 390	Opp 2002, Opp 2005
BiSeO$_3$Cl	Autotransport	300 ... 400 → 250 ... 350	Opp 2001, Opp 2005
BiTeBr	Autotransport	450 ... 500 → 400 ... 450	Opp 2004, Opp 2005
BiTeCl	Autotransport	410 → 395	Opp 2004, Opp 2005
α-BiTeI	Autotransport	530 → 490	Opp 2004, Opp 2005
β-BiTeI	Autotransport	450 → 400	Opp 2004, Opp 2005
Bi$_3$O$_4$Br	Autotransport	835 → 815	Schm 1999b, Opp 2005
Bi$_3$Se$_4$Br	Autotransport	550 → 510	Opp 2004, Opp 2005
Bi$_4$O$_4$SeCl$_2$	Autotransport	700 ... 800 → 650 ... 750	Schm 2000, Opp 2005

Tabelle 8.1 (Fortsetzung)

Senkenbodenkörper	Transportzusatz	Temperatur/°C	Literatur
$Bi_4O_5Br_2$	Autotransport	660 → 650	Schm 1999b, Opp 2005
$Bi_4O_5Cl_2$	Autotransport	650 → 645	Schm 1999a, Opp 2005
$Bi_4O_5I_2$	Autotransport	750 → 650	Schm 1997, Opp 2005
$Bi_7O_9I_3$	Autotransport	840 → 780	Schm 1997, Opp 2005
$Bi_8(SeO_3)_9Br_6$	Autotransport	400 → T_1	Ruc 2003, Opp 2005
$Bi_{10}O_{12}SeCl_4$	Autotransport	750 … 800 → 700 … 750	Schm 2000, Opp 2005
$Bi_{11}Se_{12}Cl_9$	Autotransport	500 → 480	Opp 2004, Opp 2005
$Bi_{19}S_{27}I_3$	Autotransport, BiI_3	500 … 700 → 400 … 600	Opp 2003, Opp 2005
$Bi_{24}O_{31}Br_{10}$	Autotransport	900 → 840	Schm 1999b, Opp 2005
$Bi_{24}O_{31}Cl_{10}$	Autotransport	850 → 825	Schm 1999a, Opp 2005
$Cd_3B_7O_{13}Br$	$H_2O + HBr$	800 … 900 → T_1	Schm 1965
	$H_2O + HBr$	820 → 770	Tak 1976
$Cd_3B_7O_{13}Cl$	$H_2O + HCl$	800 … 900 → T_1	Schm 1965
	$H_2O + HCl$	850 → 800	Tak 1976
$Cd_3B_7O_{13}I$	$H_2O + HI$	800 … 900 → T_1	Schm 1965
$CeNb_7O_{19}$	Cl_2	850 → 800	Hof 1991
	$Cl_2 + TaCl_5$	1100 → 1000	Scha 1990
$Ce_{2+x}^{III}Ce_{1-x}^{IV}TaO_6Cl_{3-x}$			
$Ce_3TaO_6Cl_3$	Cl_2	1000 → 900	Scha 1988
$Ce_{3,25}NbO_6Cl_{3,5-x}$	Cl_2	950 … 1050 → 900 … 1000	Wei 1999
$Ce_{3,25}TaO_6Cl_{3,5-x}$	Cl_2	950 … 1050 → 900 … 1000	Wei 1999
$Ce_{3,5}NbO_6Cl_{4-x}$	HCl	900 … 1050 → 850 … 1000	Wei 1999
$Ce_{3,5}TaO_6Cl_{4-x}$	HCl	900 … 1050 → 850 … 1000	Wei 1999
$Ce_{12,33}V_6O_{23}(OH)Cl_2$	Cl_2	900 → 800	Käm 1998
$Co_3B_7O_{13}Br$	$H_2O + HBr$	800 … 900 → T_1	Schm 1965
$Co_3B_7O_{13}Cl$	$H_2O + HCl$	800 … 900 → T_1	Schm 1965, Nas 1972
$Co_3B_7O_{13}I$	$H_2O + HI$	800 … 900 → T_1	Schm 1965

Tabelle 8.1 (Fortsetzung)

Senkenboden-körper	Transportzusatz	Temperatur/°C	Literatur
CrOCl	Cl_2	940 → 840	Sch 1961b
	$CrCl_4$	1000 → 840	Sch 1961b
	$CrCl_3$	1000 → 840	Sch 1961b
CrSBr	Autotransport	870 → T_1	Kat 1966, Bec 1990
$CrSCl_{0,33}Br_{0,67}$	Autotransport	950 → 880 °C	Sas 2000
CrSI	Autotransport	420 → T_1	Kat 1966
CrSeI	Autotransport	400 → T_1	Kat 1966
CrTeI	Autotransport	190 → T_1	Bat 1966
$CrTe_{0,73}I$	Autotransport	315 → T_1	Kat 1966
$Cr_3B_7O_{13}Br$	H_2O + HBr	800 … 900 → T_1	Schm 1965
$Cr_3B_7O_{13}Cl$	H_2O + HCl	800 … 900 → T_1	Schm 1965
$Cr_3B_7O_{13}I$	H_2O + HI	800 … 900 → T_1	Schm 1965
$CuCr_2S_3Br$	Autotransport	900 → 850	Miy 1968
$CuCr_2S_{4-x}Cl_x$	Autotransport	800 → T_1	Sle 1968
$CuCr_2S_3Cl$	Autotransport	900 → 850	Miy 1968
$CuCr_2S_3I$	Autotransport	900 → 850	Miy 1968
$CuCr_2Se_3Br$	Autotransport	800 → T_1	Rob 1968
	Autotransport	900 → 850	Miy 1968
$CuCr_2Se_{4-x}Br_x$	Autotransport	800 → T_1	Sle 1968
$CuCr_2Se_3Cl$	Autotransport	800 → T_1	Rob 1968
	Autotransport	900 → 850	Miy 1968
$CuCr_2Se_3I$	Autotransport	900 → 850	Miy 1968
$CuCr_2Te_3Br$	Autotransport	900 → 850	Miy 1968
$CuCr_2Te_3Cl$	Autotransport	900 → 850	Miy 1968
$CuCr_2Te_3I$	Autotransport	800 → T_1	Rob 1968
	Autotransport	900 → 850	Miy 1968
$CuSe_2Cl$	Autotransport	300 → 280	Car 1976
$CuSe_3Br$	Autotransport	340 → 290	Car 1976
CuTeBr	Autotransport	420 → 200	Car 1976
CuTeCl	Autotransport	390 → 200	Car 1976
CuTeI	Autotransport	500 → 300	Car 1976
Cu_2OCl_2	Autotransport	470 → 370	Kri 2002
$Cu_3B_7O_{13}Br$	H_2O + HBr	800 … 900 → T_1	Schm 1965
$Cu_3B_7O_{13}Cl$	H_2O + HCl	800 … 900 → T_1	Schm 1965
Cu_6PS_5Br	Autotransport	T_2 → T_1	Fie 1983
	CuBr	765 → 740	Kuh 1976
Cu_6PS_5Cl	Autotransport	625 → 600	Fie 1983
	CuCl	765 → 740	Kuh 1976
Cu_6PS_5I	Autotransport	T_2 → T_1	Fie 1983
	I_2	800 → 700	Kuh 1976
	CuI	765 → 740	Kuh 1976
ErSeBr	$ErBr_3$	850 → T_1	Sto 1997
ErSeI	ErI_3	800 → T_1	Sto 1997

Tabelle 8.1 (Fortsetzung)

Senkenboden-körper	Transportzusatz	Temperatur/°C	Literatur
$FeMoO_4Cl$	Autotransport	400 ... 450 → T_1	Cho 1989
FeOCl	HCl	350 → T_1	Sch 1962a
$Fe_3B_7O_{13}Br$	H_2O + HBr	800 ... 900 → T_1	Schm 1965, Nas 1972
$Fe_3B_7O_{13}Cl$	H_2O + HCl	800 ... 900 → T_1	Schm 1965
$Fe_3B_7O_{13}I$	H_2O + HI	800 ... 900 → T_1	Schm 1965
$Hg_3S_2Cl_2$	HCl	400 → 295	Car 1967
$LaNb_7O_{19}$	Cl_2	800 ... 820 → 780 ... 800	Hof 1991
$LaTiO_4Cl_5$	S + Cl_2	1050 → 950	Hüb 1990
$(La, Ce)_{3,25}NbO_6Cl_{3,5-x}$	Cl_2	950 ... 1050 → 900 ... 1000	Wei 1999
$(La, Ce)_{3,25}TaO_6Cl_{3,5-x}$	Cl_2	950 ... 1050 → 900 ... 1000	Wei 1999
$(La, Ce)_{3,5}NbO_6Cl_{4-x}$	HCl	900 ... 1050 → 850 ... 1000	Wei 1999
$(La, Ce)_{3,5}TaO_6Cl_{4-x}$	HCl	900 ... 1050 → 850 ... 1000	Wei 1999
$(La, Tb)_{3,5}TaO_6Cl_{4-x}$	HCl	900 ... 1050 → 850 ... 1000	Wei 1999
$La_xCe_yTaO_6Cl_z$	Cl_2	1100 → 1000	Scha 1990
$La_2TaO_4Cl_3$	Cl_2	1100 → 1000	Scha 1988
La_2TeI_2	Autotransport	900 → T_1	Rya 2006
$La_2ThTaO_6Cl_3$	Cl_2	1080 → 940	Scha 1988
$La_3TaO_5(OH)Cl_3$	Cl_2	1100 → 1000	Scha 1988
$La_3UO_6Cl_3$	Cl_2	1000 → 900	Hen 1993
$La_{12,33}V_6O_{23}(OH)Cl_2$	Cl_2	900 → 800	Käm 1998
$LuTiO_3Cl$	Cl_2	950 → 850	Hüb 1993
$Mg_3B_7O_{13}Br$	H_2O + HBr	800 ... 900 → T_1	Schm 1965
$Mg_3B_7O_{13}Cl$	H_2O + HCl	800 ... 900 → T_1	Schm 1965, Nas 1972
$Mg_3B_7O_{13}I$	H_2O + HI	800 ... 900 → T_1	Schm 1965
$Mn_3B_7O_{13}Br$	H_2O + HBr	800 ... 900 → T_1	Schm 1965
$Mn_3B_7O_{13}Cl$	H_2O + HCl	800 ... 900 → T_1	Schm 1965, Nas 1972
$Mn_3B_7O_{13}I$	H_2O + HI	800 ... 900 → T_1	Schm 1965
$MoOBr_3$	Autotransport	350 → 270	Opp 1972b
$MoOCl_2$	$MoCl_5$	350 → 300	Sch 1964a
$MoOCl_3$	Autotransport	300 → 250	Opp 1972c
$MoOCl_4$	Autotransport	120 → 80	Opp 1972c

Tabelle 8.1 (Fortsetzung)

Senkenboden-körper	Transportzusatz	Temperatur/°C	Literatur
MoO_2Br_2	Autotransport	$180 \rightarrow 130$	Opp 1970
MoO_2Cl_2	Autotransport	$250 \rightarrow T_1$	Opp 1970
MoS_2Cl_2	Autotransport	$515 \rightarrow 510$	Rij 1979b
$NbOBr_2$	$NbBr_5$	$450 \rightarrow 400$	Sch 1986
	Autotransport	$500 \ldots T_1$	Bec 2006
$NbOBr_3$	Autotransport, Br_2	$T_2 \rightarrow T_1$	Fai 1959
$NbOCl_2$	$NbCl_5$	$370 \rightarrow 350$	Sch 1961c
	$NbCl_5$	$420 \rightarrow 375$	Sch 1974
	$NbCl_5$	$400 \rightarrow 360$	Sch 1986
$NbOCl_3$	$NbCl_5$	$350 \rightarrow 210$	Sch 1960
$NbOI_2$	I_2	$500 \rightarrow 450$	Sch 1962b
$NbOI_3$	Autotransport, I_2	$400 \rightarrow 275$	Sch 1962b
NbO_2Br	Br_2	$450 \rightarrow 400$	Sch 1986
NbO_2I	NbI_5	$500 \rightarrow 475$	Sch 1965
	I_2	$500 \rightarrow 475$	Har 2007
NbS_2Br_2	Autotransport	$500 \rightarrow T_1$	Sch 1964b, Fen 1980
	Autotransport	$505 \rightarrow 500$	Rij 1979b
NbS_2Cl_2	Autotransport	$500 \rightarrow T_1$	Sch 1964b, Schn 1966, Fen 1980
	Autotransport	$480 \rightarrow 475$	Rij 1979b
NbS_2I_2	Autotransport	$500 \rightarrow T_1$	Sch 1964b, Fen 1980
	Autotransport	$400 \rightarrow 380$	Rij 1979b
$NbSe_2Br_2$	Autotransport	$500 \rightarrow T_1$	Sch 1964b, Fen 1980
	Autotransport	$480 \rightarrow 475$	Rij 1979b
$NbSe_2Cl_2$	Autotransport	$500 \rightarrow T_1$	Sch 1964b, Fen 1980
	Autotransport	$410 \rightarrow 405$	Rij 1979b
$NbSe_2I_2$	Autotransport	$500 \rightarrow T_1$	Sch 1964b, Fen 1980
	Autotransport	$470 \rightarrow 460$	Rij 1979b
$NbSe_4I_{0,33}$	I_2	$730 \rightarrow 670$	Nak 1985
Nb_3O_7Cl	$NbCl_5$	$600 \rightarrow 550$	Sch 1961c, Sch 1962
	$NbCl_5$	$610 \rightarrow 580$	Sch 1986
$Nd_2Ta_2O_7Cl_2$	$Cl_2 + TaCl_5$	$1000 \rightarrow 900$	Scha 1988a
$Nd_2Ti_3O_8Cl_2$	Cl_2	$950 \rightarrow 850$	Hüb 1991
$Nd_3NbO_4Cl_6$	NH_4Cl	$900 \rightarrow 800$	Tho 1992
$Nd_3UO_6Cl_3$	Cl_2	$840 \rightarrow 780$	Hen 1993
$Nd_{7,33}Ta_8O_{28}Cl_6$	$Cl_2 + TaCl_5$	$1000 \rightarrow 900$	Scha 1988a

Tabelle 8.1 (Fortsetzung)

Senkenboden-körper	Transportzusatz	Temperatur/°C	Literatur
$Ni_3B_7O_{13}Br$	H_2O + HBr	800 … 900 → T_1	Schm 1965
	H_2O + HBr	860 → T_1	Cas 2005
$Ni_3B_7O_{13}Cl$	H_2O + HCl	800 … 900 → T_1	Schm 1965, Dep 1979
	H_2O + HCl	920 → T_1	Cas 1998
$Ni_3B_7O_{13}I$	H_2O + HI	800 … 900 → T_1	Schm 1965, Nas 1972
$OsO_{0,5}Cl_3$	Cl_2	505 → 480	Hun 1986
	Cl_2	500 → 400	Sch 1967
$OsOCl_2$	Cl_2	500 → 100	Hun 1986
	Cl_2	500 → 470	Sch 1967
$Pr_3NbO_4Cl_6$	NH_4Cl	900 → 800	Tho 1992
$Pr_3NbO_5(OH)Cl_3$	Cl_2	900 → 800	Tho 1992
$Pr_3UO_6Cl_3$	Cl_2	840 → 780	Hen 1993
$(Pr, Ce)_{3,25}NbO_6Cl_{3,5-x}$	Cl_2	950 … 1050 → 900 … 1000	Wei 1999
$(Pr, Ce)_{3,25}TaO_6Cl_{3,5-x}$	Cl_2	950 … 1050 → 900 … 1000	Wei 1999
$(Pr, Ce)_{3,5}NbO_6Cl_{4-x}$	HCl	900 … 1050 → 850 … 1000	Wei 1999
$(Pr, Ce)_{3,5}TaO_6Cl_{4-x}$	HCl	900 … 1050 → 850 … 1000	Wei 1999
$Re_6S_8Br_2$	Br_2	1160 → 1120	Fis 1992
$Re_6S_8Cl_2$	Cl_2	1100 → 1060	Fis 1992a
$Re_6Se_7Br_4$	Br_2	1080 → 1050	Aru 1994
$Re_6Se_8Br_2$	Br_2	1120 → 1080	Spe 1988
	Br_2	1120 → 1080	Fis 1992
RhTeCl	Cl_2 + $AlCl_3$	900 → 700	Köh 1997
SbSBr	Autotransport	500 … 600 → T_1	Nit 1960
$SbSBr_{1-x}I_x$	Autotransport	370 … 460 → 300 … 395	Aud 2009
SbSI	Autotransport	500 … 600 → T_1	Nit 1960
	Autotransport	390 → 320 … 285	Nee 1971
	I_2	250 … 500 → 150 … 400	Bal 1986
SbSeBr	Autotransport	360 → 300 … 320	Ari 1987
	Autotransport	500 … 600 → T_1	Nit 1960
SbSeI	Autotransport	500 … 600 → T_1	Nit 1960
SbTeI	Autotransport	500 … 600 → T_1	Nit 1960
Sb_3O_4I	Autotransport	400 → 350	Krä 1973
Sb_5O_7I	Autotransport	550 → 530	Krä 1973
	Autotransport	540 … 580 → 470 … 540	Krä 1974b
	Autotransport	580 → 550	Nit 1977
$Sb_8O_{11}I_2$	Autotransport	500 → 450	Krä 1973

Tabelle 7.2.1 (Fortsetzung)

Senkenboden-körper	Transportzusatz	Temperatur/°C	Literatur
SmTiO$_3$Cl	Cl$_2$	1000 → 900	Hüb 1991a
Sm$_2$Ta$_2$O$_7$Cl$_2$	NH$_4$Cl	1000 → 960	Guo 1994
TaOBr$_2$	TaBr$_5$	650 → 500	Sch 1986
TaOBr$_3$	Autotransport, Br$_2$	550 → T_1	Fai 1959
TaOCl$_2$	TaCl$_5$	500 → 400	Sch 1961c
TaOI$_2$	TaI$_5$	650 → 550	Sch 1986
TaO$_2$Br	Br$_2$	500 → 400	Sch 1986
TaO$_2$Cl	TaCl$_5$	500 → 400	Sch 1986
TaO$_2$I	I$_2$	500 → 450	Sch 1965
Ta$_3$O$_7$Cl	TaCl$_5$	500 → 400	Sch 1986
Te$_4$[HfCl$_6$]	Autotransport	220 → 200	Bau 2004
(Te$_4$)(Te$_{10}$)[Bi$_4$Cl$_{16}$]	Autotransport	160 → 90	Bec 2002
Te$_6$[HfCl$_6$]	Autotransport	220 → 200	Bau 2004
Te$_6$[ZrCl$_6$]	Autotransport	220 → 200	Bau 2004
Te$_6$O$_{11}$Br$_2$	Autotransport, TeBr$_4$	500 ... 550 → 450 ... 500	Opp 1978
Te$_6$O$_{11}$Cl$_2$	Autotransport, TeCl$_4$	400 ... 600 → 350 ... 550	Opp 1977b, Sch 1977
Te$_8$[HfCl$_6$]	Autotransport	220 → 200	Bau 2004
ThOI$_2$	HI	530 ... 780 → 600 ... 800	Cor 1969
TiOCl	HCl, TiCl$_3$	650 ... 800 → 520 ... 600	Sch 1957, Sch 1958
Tl[NbOBr$_4$]	Autotransport	350 → 300	Bec 2005
Tl[NbOCl$_4$]	Autotransport	350 → 300	Bec 2005
TmTiO$_3$Cl	Cl$_2$	950 → 850	Hüb 1993
VOCl	Autotransport	700 ... 850 → 550 ... 700	Opp 2005
	Cl$_2$, VCl$_4$	800 → 700	Sch 1961a
	Cl$_2$, VCl$_4$	800 → 700	Opp 1967, Opp 1990
VOCl$_2$	Cl$_2$	400 → 300	Opp 1967, Opp 1990
	Cl$_2$	500 → 400	Hac 1996
	Autotransport	450 ... 500 → T_1	Opp 2005
WOBr$_2$	Autotransport	550 → 470	Til 1969
	Autotransport	580 → 450	Opp 1972e
	Autotransport	400 ... 500 → T_1	Opp 2005
WOBr$_3$	Autotransport	400 → 350	Opp 2005
	WBr$_6$	400 → 350	Opp 1972e
WOBr$_4$	Autotransport	300 → 230	Opp 1971a

Tabelle 8.1 (Fortsetzung)

Senkenboden-körper	Transportzusatz	Temperatur/°C	Literatur
$WOCl_2$	Autotransport	400...500 → 250 ... 400	Opp 1972a, Opp 2005
$WOCl_3$	Autotransport	250...350 → T_1	Opp 1972a, Opp 2005
$WOCl_4$	Autotransport	220 → 150	Opp 1971b
WO_2Br_2	Autotransport	400 → 320	Opp 1971a
WO_2Cl_2	Autotransport	320 → 260	Opp 1971b
WO_2I	I_2	T_2 → 400	Til 1968
WO_2I_2	I_2	T_2 → 300	Til 1968
$YbTiO_3Cl$	Cl_2	950 → 850	Hüb 1993
$Zn_3B_7O_{13}Br$	H_2O + HBr	800 ... 900 → T_1	Schm 1965
	H_2O + HBr	920 → T_1	Cam 2006
$Zn_3B_7O_{13}Cl$	H_2O + HCl	800 ... 900 → T_1	Schm 1965
$Zn_3B_7O_{13}I$	H_2O + HI	800 ... 900 → T_1	Schm 1965

Literaturangaben

Abb 1987 A. S. Abbasov, T. Kh. Azizov, N. A. Alieva, U. Ya. Aliev, F. M. Mustafaev, *Dokl. Akad. Nauk Azerbaidzhanskoi SSR* **1987**, *42*, 41.

Ale 1981a V. A. Aleshin, V. I. Dernovskii, B. A. Popovkin, A. V. Novoselova, *Izv. Akad. Nauk SSSR, Neorg. Mater.* **1981**, *17*, 618.

Ale 1981b V. A. Aleshin, B. A. Popovkin, A. V. Novoselova, *Izv. Akad. Nauk SSSR, Neorg. Mater.* **1981**, *17*, 1398.

Ale 1990 V. A. Aleshin, B. A. Popovkin, *Izv. Akad. Nauk SSSR, Neorg. Mater.* **1990**, *26*, 1391.

Ari 1987 D. Arivuoli, F. D. Gnanam, P. Ramasamy, *J. Mater. Sci. Lett.* **1987**, *6*, 249.

Aru 1994 A. Aruchamy, H. Tamaoki, A. Fujishima, H. Berger, N. L. Speziali, F. Lévy, *Mater. Res. Bull.* **1994**, *29*, 359.

Aud 2009 A. Audzijonis, L. Zigas, A. Kvedaravicius, R. Zaltauskas, *Phys. B* **2009**, *404*, 3941.

Bal 1986 C. Balarew, M. Ivanova, *Cryst. Res. Technol.* **1986**, *21*, K171.

Bar 1976 A. Bartzokas, D. Siapkas, *Ferroelectrics* **1976**, *127*, 12.

Bat 1966 S. S. Batsanov, L. M. Doronina, *Inorg. Mater.* **1966**, *2*, 423.

Bau 2004 A. Baumann, J. Beck, *Z. Anorg. Allg. Chem.* **2004**, *630*, 2078.

Bec 1986 H. P. Beck, C. Strobel, *Z. Anorg. Allg. Chem.* **1986**, *535*, 229.

Bec 1990a J. Beck, *Angew. Chem.* **1990**, *102*, 301.

Bec 1990b J. Beck, *Z. Naturforsch.* **1990**, *B45*, 413.

Bec 1990c J. Beck, *Z. Anorg. Allg. Chem* **1990**, *585*, 157.

Bec 2002 J. Beck, A. Fischer, A. Stankowski, *Z. Anorg. Allg. Chem.* **2002**, *628*, 2540.

Bec 1994 J. Beck, *Angew. Chem.* **2004**, *106*, 172, *Angew. Chem. Int. Ed.* **1994**, *33*, 163.

Bec 2005 J. Beck, J. Bordinhão, *Z. Anorg. Allg. Chem.* **2005**, *631*, 1261.

Bec 2006	J. Beck, C. Kusterer, *Z. Anorg. Allg. Chem.* **2006**, *632*, 2193.
Bra 2000	T. P. Braun, F. J. DiSalvo, *Acta Cryst.* **2000**, *C56*, e1.
Cam 2006	J. Campa-Molina, S. Ulloa-Godınez, A. Barrera, L. Bucio, J. Mata, *J. Phys.: Condens. Matter* **2006**, *18*, 4827.
Cha 1982	R. Chaves, H. Amaral, A. Levelur, S. Ziolkiewicz, M. Balkanski, M. K. Teng, J. F. Vittori, H. Stone, *Phys. Stat. Sol.* **1982**, *73*, 367.
Cho 1989	J. H. Choy, S. H. Chang, D. Y. Noh, K. A. Son, *Bull. Korean Chem. Soc.* **1989**, *10*, 27.
Car 1967	E. H. Carlson, *J. Crystal Growth* **1967**, *1*, 271.
Car 1976	P. M. Carkner, H. M. Haendler, *J. Cryst. Growth* **1976**, *33*, 196.
Cas 1998	A. G. Castellanos-Guzman, J. Reyes-Gomez, H. H. Eulert, J. Campa-Molina, W. Depmeier, *J. Korean Phys. Soc.* **1998**, *32*, 208.
Cas 2005	A. G. Castellanos-Guzman, M. Trujillo-Torrez, M. Czank, *Mater. Science Engin.* **2005**, *B 120*, 59.
Cor 1969	J. D. Corbett, R. A. Guidotti, D. G. Adolphson, *Inorg. Chem.* **1969**, *8*, 163.
Dag 1969	C. Dagron, E Thevet, a) *Compt. Rend. Acad. Sci.*, **1969**, *C268*, 1867; b) *Ann. Chim.* **1971**, *6*, 67.
Dep 1979	W. Depmeier, H. Schmid, B. I. Noläng, M. W. Richardson, *J. Cryst. Growth* **1979**, *46*, 718.
Doe 2007	T. Doert, E. Dashjav, B. P. T. Fokwa, *Z. Anorg. Allg. Chem.* **2007**, *633*, 261.
Dön 1950a	E. Dönges, *Z. Anorg. Allg. Chem.* **1950**, *263*, 112.
Dön 1950b	E. Dönges, *Z. Anorg. Allg. Chem.* **1950**, *263*, 280.
Dou 2006	C. Doussier, G. Andre, P. Leone, E. Janod, Y. Moelo, *J. Solid State Chem.* **2006**, *179*, 486.
Ebi 2009	S. Ebisu, K. Koyama, H. Omote, S. Nagata, *J. Phys. Conf. Ser.* **2009**, *150*, 042027.
Egg 1999	U. Eggenweiler, E. Keller, V. Krämer, U. Petasch, H. Oppermann, *Z. Kristallogr.* **1999**, *214*, 264.
Emm 1968	F. Emmenegger, A. Petermann, *J. Cryst. Growth* **1968**, *2*, 33.
Fai 1959	F. Fairbrother, A. H. Cowley, N. Scott, *J. Less Comm. Met.* **1959**, *1*, 206
Fen 1980	J. Fenner, A. Rabenau, G. Trageser, *Adv. Inorg. Chem. Radiochem.* **1980**, *23*, 329.
Fie 1983	S. Fiechter, J. Eckstein, R. Nitsche, *J. Cryst. Growth* **1983**, *61*, 275.
Fis 1992	C. Fischer, N. Alonso-Vante, S. Fiechter, H. Tributsch, *J. Alloys. Comp.* **1992**, *178*, 305.
Fis 1992a	C. Fischer, S. Fiechter, H. Tributsch, G. Reck, B. Schultz, *Ber. Bunsenges. Phys. Chem.* **1992**, *11*, 1652.
Gan 1993	R. Ganesha, D. Arivuoli, P. Ramasamy, *J. Cryst. Growth* **1993**, *128*, 1081.
Guo 1994	G. Guo, M. Wang, J. Chen, J. Huang, Q. Zhang, *J. Solid State Chem.* **1994**, *113*, 434.
Hac 1996	A. Hackert, V. Plies, R. Gruehn, *Z. Anorg. Allg. Chem* **1996**, *622*, 1651.
Har 2007	S. Hartwig, H. Hillebrecht, *Z. Naturforsch.* **2007**, *62b*, 1543.
Hen 1993	G. Henche, K. Fiedler, R. Gruehn, *Z. Anorg. Allg. Chem.* **1993**, *619*, 77.
Hof 1991	R. Hofmann, R. Gruehn, *Z. Anorg. Allg. Chem.* **1991**, *602*, 105.
Hor 1968	J. Horak, J. D. Turjanica, J. Klazar, H. Kozakova, *Krist. Tech.* **1968**, *3*, 231 und 241.
Hüb 1990	N. Hübner, U. Schaffrath, G. Gruehn, *Z. Anorg. Allg. Chem.* **1990**, *591*, 107.
Hüb 1991	N. Hübner, R. Gruehn, *Z. Anorg. Allg. Chem.* **1991**, *597*, 87.
Hüb 1991a	N. Hübner, R. Gruehn, *Z. Anorg. Allg. Chem.* **1991**, *602*, 119. *Z. Anorg. Allg. Chem.* **2000**, *626*, 2515. *J. Less Comm. Met.* **1961**, *3*, 29. *J. Cryst. Growth* **1972**, *16*, 59. *Inorg. Chem.* **2006**, *45*, 10728. *Mater. Res. Bull.* **1976**, *11*, 183. *J. Solid State Chem.* **1979**, *30*, 365.

Hüb 1992	N. Hübner, *Dissertation*, Universität Gießen, **1992**.
Hüb 1993	N. Hübner, K. Fiedler, A. Preuß, R. Gruehn, *Z. Anorg. Allg. Chem.* **1993**, *619*, 1214.
Hun 1986	K.-H. Huneke, H. Schäfer, *Z. Anorg. Allg. Chem.* **1986**, *534*, 216.
Ish 1974	K. Ishikawa, Y. Shikatawa, A. Toyoda, *Phys. Stat. Sol.* **1974**, *25*, K187.
Käm 1998	H. Kämmerer, R. Gruehn, *Z. Anorg. Allg. Chem.* **1998**, *624*, 1526.
Kal 1983a	V. Kalesinskas, J. Grigas, A. Audzijonis, K. Zickus, *Phase Trans.* **1983**, *3*, 217.
Kal 1983b	V. Kalesinskas, J. Grigas, R. Jankevicius, A. Audzijonis, *Phys. Stat. Sol.* **1983**, *115*, K11.
Kat 1966	H. Katscher, H. Hahn, *Naturwiss.* **1966**, *53*, 361.
Kle 1995	G. Kleeff, H. Schilder, H. Lueken, *Z. Anorg. Allg. Chem.* **1995**, *621*, 963.
Köh 1997	J. Köhler, W. Urland, *Z. Anorg. Allg. Chem.* **1997**, *623*, 583.
Krä 1972	V. Krämer, R. Nitsche, *J. Cryst. Growth* **1972**, *15*, 309.
Krä 1973	V. Krämer, *J. Appl. Cryst.* **1973**, *6*, 499.
Krä 1973	V. Krämer, M. Schumacher, R. Nitsche, *Mat. Res. Bull.* **1973**, *8*, 65.
Krä 1974a	V. Krämer, *Z. Naturforsch.* **1974**, *29b*, 688 ibid. *31b*, 1582.
Krä 1974b	V. Krämer, R. Nitsche, M. Schuhmacher, *J. Cryst. Growth* **1974**, *24/25*, 179.
Krä 1976a	V. Krämer, *Thermochim. Acta* **1976**, *15*, 205.
Krä 1976b	V. Krämer, *Mat. Res. Bull.* **1976**, *11*, 183.
Krä 1978	V. Krämer, *J. Thermal Anal.* **1978**, *16*, 303.
Krä 1979	V. Krämer, *Acta Crystallogr.* **1979**, *B35*, 139.
Kri 2002	S. V. Krivovichev, S. K. Filatov, P. C. Burns, Can. Mineral. **2002**, *40*, 1185.
Kuh 1976	W. F. Kuhs, R. Nitsche, K. Scheunemann, *Mat. Res. Bull.* **1976**, *11*, 1115.
Kve 1996	S. Kvedaravicius, A. Audzijonis, N. Mykolaitien, A. Kanceravicius, *Ferroelectrics* **1996**, *58*, 235.
Lut 1970	H. D. Lutz, C. Lovasz, K. H. Bertram, M. Sreckovic, U. Brinker, *Monatsh. Chem.* **1970**, *101*, 519.
Mäh 1984	D. Mähl, J. Pickardt, B. Reuter, *Z. Anorg. Allg. Chem.* **1984**, *516*, 102.
Mee 1979	A. Meerschaut, L. Guemas, R. Berger, J. Rouxel, *Acta Crystallogr. B* **1979**, *B35*, 1747.
Meh 1980	A. Le Mehaute, J. Rouxel, M. Spiesser, GB 79-23572 19790705, DE 79-2929778 19790723, **1980**.
Miy 1968	K. Miyatani, Y. Wada, F. Okamoto, *J. Phys. Soc. Jap.* **1968**, *25*, 369.
Nak 1985	I. Nakada, E. Bauser, *J. Cryst. Growth* **1985**, *73*, 410.
Nas 1972	K. Nassau, J. W. Shiever, *J. Cryst. Growth* **1972**, *16*, 59.
Nee 1971	H. Neels, W. Schmitz, H. Hottmann, N. Rössner, W. Topp, *Krist. Techn.* **1971**, *6*, 225.
Nit 1960	R. Nitsche, W. J. Merz, *J. Phys. Chem. Solids*, **1960**, *13*, 154.
Nit 1964	R. Nitsche, H. Roetschi, P. Wild, *Appl. Phys. Lett.* **1964**, *4*, 210.
Nit 1967	R. Nitsche, *J. Phys. Chem. Solids, Suppl.* **1967**, *1*, 215.
Nit 1977	R. Nitsche, V. Krämer, M. Schuhmacher, A. Bussmann, *J. Cryst. Growth* **1977**, *42*, 549.
Opp 1967	H. Oppermann, *Z. Anorg. Allg. Chem.* **1967**, *351*, 127.
Opp 1970	H. Oppermann, *Z. Anorg. Allg. Chem.* **1970**, *379*, 262.
Opp 1971a	H. Oppermann, G. Stöver, *Z. Anorg. Allg. Chem.* **1971**, *383* 14.
Opp 1971b	H. Oppermann, *Z. Anorg. Allg. Chem.* **1971**, *383* 1.
Opp 1972a	H. Oppermann, G. Stöver, G. Kunze, *Z. Anorg. Allg. Chem.* **1972**, *387*, 317.
Opp 1972b	H. Oppermann, G. Kunze, G. Stöver, *Z. Anorg. Allg. Chem.* **1972**, *387*, 339.
Opp 1972c	H. Oppermann, G. Stöver, G. Kunze, *Z. Anorg. Allg. Chem.* **1972**, *387*, 201.
Opp 1972d	H. Oppermann, G. Stöver, *Z. Anorg. Allg. Chem.* **1972**, *387*, 218.
Opp 1972e	H. Oppermann, G. Stöver, G. Kunze, *Z. Anorg. Allg. Chem.* **1972**, *387*, 329

Opp 1977a	H. Oppermann, *Z. Anorg. Allg. Chem.* **1977**, *434*, 239.
Opp 1977b	H. Oppermann, E. Wolf, *Z. Anorg. Allg. Chem.* **1977**, *437*, 33.
Opp 1978	H. Oppermann, V. A. Titov, G. Kunze, G. A. Kollovin, E. Wolf, *Z. Anorg. Allg. Chem.* **1978**, *439*, 13.
Opp 1986	H. Oppermmann, G. Stöver, G. Kunze, *Z. Anorg. Allg. Chem.* **1986**, *387*, 317 ibid. **1986**, *387*, 329.
Opp 1990	H. Oppermann, *Solid State Ionics* **1990**, *39*, 17.
Opp 1997	H. Oppermann, H. Göbel, U. Petasch, *J. Thermal Anal.* **1996**, *47*, 595.
Opp 2000	H. Oppermann, M. Schmidt, H. Brückner, W. Schnelle, E. Gmelin, *Z. Anorg. Allg. Chem.* **2000**, *626*, 937.
Opp 2001	H. Oppermann, H. Dao Quoc, M. Zhang, P. Schmidt, B. A. Popovkin, S. A. Ibragimov, P. S. Berdonosov, V. A. Dolgikh, *Z. Anorg. Allg. Chem.* **2001**, *627*, 1347.
Opp 2002a	H. Oppermann, P. Schmidt, M. Zhang-Preße, H. Dao Quoc, R. Kucharkowski, B. A. Popovkin, S. A. Ibragimov, V. A. Dolgikh, *Z. Anorg. Allg. Chem.* **2002**, *628*, 91.
Opp 2002b	H. Oppermann, H. Dao Quoc, P. Schmidt, *Z. Anorg. Allg. Chem.* **2002**, *628*, 2509.
Opp 2003	H. Oppermann, U. Petasch, *Z. Naturforsch.* **2003**, *58b*, 725.
Opp 2004	H. Oppermann, U. Petasch, P. Schmidt, E. Keller, V. Krämer, *Z. Naturforsch.* **2004**, *59b*, 727.
Opp 2005	H. Oppermann, M. Schmidt, P. Schmidt, *Z. Anorg. Allg. Chem.* **2005**, *631*, 197.
Pes 1971	P. Peshev, W. Piekarczyk, S. Gazda, *Mater. Res Bull.* **1971**, *6*, 479.
Pet 1997	U. Petasch, H. Oppermann, *Z. Anorg. Allg. Chem.* **1997**, *623*, 169.
Pet 1998	U. Petasch, H. Göbel, H. Oppermann, *Z. Anorg. Allg. Chem.* **1998**, *624*, 1767.
Pet 1999a	U. Petasch, H. Oppermann, *Z. Naturforsch.* **1999**, *54b*, 487.
Pet 1999b	U. Petasch, C. Hennig, H. Oppermann, *Z. Naturforsch.* **1999**, *54b*, 234.
Pfi 2005a	A. Pfitzner, M. Zabel, F. Rau, *Monatsh. Chem.* **2005**, *136*, 1977.
Pfi 2005b	A. Pfitzner, M. Zabel, F. Rau, *Z. Anorg. Allg. Chem.* **2005**, *631*, 1439.
Pie 1970	W. Piekarczyk, P. Peshev, *J. Cryst. Growth* **1970**, *6*, 357.
Pro 1984	I. V. Protskaya, V. A. Trifonov, B. A. Popovkin, A. V. Novoselova, S. I. Troyanov, A.V. Astaf'ev, *Zh. Neorg. Khim.* **1985**, *29*, 1128.
Pro 1985	I. V. Protskaya, V. A. Trifonov, B. A. Popovkin, A. V. Novoselova, S. I. Troyanov, A. V. Astaf'ev, *Zh. Neorg. Khim.* **1985**, *30*, 3029.
Rij1979a	J. Rijnsdorp, F. Jellinek, *J. Solid State Chem.* **1979**, *28*, 149.
Rij1979b	J. Rijnsdorp, G. J. De Lange, G. A. Wiegers, *J. Solid State Chem.* **1979**, *30*, 365.
Rij1980	J. Rijnsdorp, C. Haas, *J. Phys. Chem. Solids* **1980**, *41*, 375.
Rob 1968	M. Robbins, M. K. Baltzer, E. Lopatin, *J. Appl. Phys.* **1968**, *39*, 662.
Ros 1990	R. Ross, *Dissertation*, Universität Gießen, **1990**.
Ruc 2003	M. Ruck, P. Schmidt, *Z. Anorg. Allg. Chem.* **2003**, *629*, 2133.
Rya 1970	A. A. Ryazantsev, L. M. Varekha, B. A. Popovkin, A. V. Novoselova, *Izv. Akad. Nauk, Neorg. Mater.* **1970**, *6(6)*, 1175.
Rya 2006	M. Ryazanov, A. Simon, H. J. Mattausch, *Inorg. Chem.* **2006**, *45*, 10728.
Sas 2000	M. Saßmannshausen, H. D. Lutz, *Mat. Res. Bull.* **2000**, *35*, 2431.
Sch 1958	H. Schäfer, F. Wartenpfuhl, E. Weise, *Z. Anorg. Allg. Chem.* **1958**, *295*, 268.
Sch 1960	H. Schäfer, F. Kahlenberg, *Z. Anorg. Allg. Chem.* **1960**, *305*, 327.
Sch 1961a	H. Schäfer, F. Wartenpfuhl, *J. Less Comm. Met.* **1961**, *3*, 29.
Sch 1961b	H. Schäfer, F. Wartenpfuhl, *Z. Anorg. Allg. Chem.* **1961**, *308*, 282.
Sch 1961c	H. Schäfer, E. Sibbing, R. Gerken, *Z. Anorg. Allg. Chem.* **1961**, *307*, 163.

Sch 1962a	H. Schäfer, *Chemische Transportreaktion*, Verlag Chemie, Weinheim **1962**.
Sch 1962b	H. Schäfer, R. Gerken, *Z. Anorg. Allg. Chem.* **1962**, *317*, 105.
Sch 1964a	H. Schäfer, J. Tillack, *J. Less Comm. Met.* **1964**, *6*, 152.
Sch 1964b	H. Schäfer, D. Bauer, W. Beckmann, R. Gerken, H. G. Nieder-Vahrenholz, K.-J. Niehues, H. Scholz, *Naturwiss.* **1964**, *51*, 241.
Sch 1965	H. Schäfer, L. Zylka, *Z. Anorg. Allg. Chem.* **1965**, *338*, 309.
Sch 1967	H. Schäfer, K.-H. Huneke, *J. Less Comm. Met.* **1967**, *12*, 331.
Sch 1972	H. Schäfer, P. Hagenmüller, *Prep. Methods in Solid State Chem.*, New York, **1972**.
Sch 1974	H. Schäfer, F. Schulte, *Z. Anorg. Allg. Chem.* **1974**, *405*, 307.
Sch 1977	H. Schäfer, M. Binnewies, H. Rabeneck, C. Brendel, M. Trenkel, *Z. Anorg. Allg. Chem.* **1977**, *435*, 5.
Sch 1986	H. Schäfer, R. Gerken, L. Zylka, *Z. Anorg. Allg. Chem.* **1986**, *534*, 209.
Schö 2010	M. Schöneich, M. Schmidt, P. Schmidt, *Z. Anorg. Allg. Chem.* **2010**, *636*, 1810.
Scha 1988	U. Schaffrath, R. Gruehn, *J. Less Comm. Met.* **1988**, *137*, 61.
Scha 1988a	U. Schaffrath, R. Gruehn, *Z. Naturforsch. B* **1988**, *43*, 1567.
Scha 1989	U. Schaffrath, *Dissertation*, Universität Gießen, **1989**.
Scha 1990	U. Schaffrath, R. Gruehn, *Z. Anorg. Allg. Chem.* **1990**, *589*, 139.
Schl 1991	Th. Schlörb, *Diplomarbeit*, Universität Gießen, **1991**.
Schm 1965	H. Schmid, *J. Phys. Chem. Solids* **1965**, *27*, 973.
Schm 1997	M. Schmidt, H. Oppermann, H. Brückner, M. Binnewies, *Z. Anorg. Allg. Chem.* **1997**, *623*, 1945.
Schm 1999	M. Schmidt, H. Oppermann, M. Binnewies, *Z. Anorg. Allg. Chem.* **1999**, *625*, 1001.
Schm 1999b	M. Schmidt, *Dissertation*, TU Dresden **1999**.
Schm 2000	P. Schmidt, H. Oppermann, N. Söger, M. Binnewies, A. N. Rykov, K. O. Znamenkov, A. N. Kuznetsov, B. A. Popovkin, *Z. Anorg. Allg. Chem.* **2000**, *626*, 2515.
Schm 2007	P. Schmidt, *Habilitationsschrift, TU Dresden,* **2007**; http://nbn-resolving.de/urn:nbn:de:bsz:14-ds-1200397971615-40549
Schn 1966	H. G. von Schnering, W. Beckmann, *Z. Anorg. Allg. Chem.* **1966**, *347*, 231.
Scho 1940	R. Schober, E. Thilo, *Ber. Dt. Chem. Ges.* **1940**, *73*, 1219.
Sle 1968	A. W. Sleight, H. S. Harret, *J. Phys. Chem. Solids* **1968**, *29*, 868.
Som 1972	I. Sommer, *J. Cryst. Growth* **1972**, *16*, 259.
Spe 1988	N. L. Speziali, H. Berger, G. Leicht, R. Sanjinés, G. Chapuis, F. Lévy, *Mat. Res. Bull.* **1988**, *23*, 1597.
Str 1973	G. B. Street, E. Sawatzky, K. Lee, *J. Phys. Chem. Solids* **1973**, *34*, 1453.
Sto 1997	K. Stöwe, *Z. Anorg. Allg. Chem.* **1997**, *623*, 1639.
Tak 1976	T. Takahashi, O. Yamada, *J. Cryst. Growth* **1976**, *33*, 361.
Ten 1981	M. K. Teng, M. Massot, M. R. Chaves, M. H. Amoral, S. Ziolkievicz, W. Young, *Phys. Stat. Sol.* **1981**, *63*, 605.
Tho 1992	M. H. Thomas, R. Gruehn, *J. Solid State Chem.* **1992**, *99*, 219.
Til 1968	J. Tillack, *Z. Anorg. Allg. Chem.* **1968**, *357*, 11.
Til 1969	J. Tillack, R. Kaiser, *Angew. Chem.* **1969**, *8*, 142.
Til 1970	J. Tillack, *J. Less Comm. Met.* **1970**, *20*, 171.
Tri 1997	V. A. Trifonov, A. V. Shevelkov, E. V. Dikarev, B. A. Popovkin, *Zh. Neorg. Khim.* **1997**, *42(8)*, 1237.
Tur 1973	I. D. Turynitsa, I. D. Olekseyuk, I. I. Kozmanko, *Izv. Akad. Nauk SSSR, Neorg. Mater.* **1973**, *9*, 1433.
Val 1976	N. R. Valitova, V. A. Aleshin, B. A. Popovkin, A. V. Novoselova, *Izv. Akad. Nauk SSSR, Neorg. Mater.* **1976**, *12*, 225.

Vor 1979	T. A. Vorobeva, A. M. Pantschenkov, V. A. Trifonov, B. A. Popovkin, A. V. Novoselova, *Zh. Neorg. Khim.* **1979**, *24(3)*, 767.
Vor 1987	T. A. Vorobeva, E. V. Kolomnina, V. A. Trifonov, B. A. Popovkin, A. V. Novoselova, *Izv. Akad. Nauk SSSR, Neorg. Mater.* **1987**, *23*, 1843.
Vor 1990	T. A. Vorobeva, V. A. Trifonov, B. A. Popovkin, *Neorg. Mater. 1990*, *26*, 51.
Wan 2006	L. Wang, Y.-C. Hung, S.-J. Hwu, H.-J. Koo, M.-H. Whangbo, *Chem. Mater.* **2006**, *18*, 1219.
Weh 1970	F. H. Wehmeier, E. T. Keve, S. C. Abrahams, *Inorg. Chem.* **1970**, *9*, 2125.
Wei 1999	H. Weitzel, B. Behler, R. Gruehn, *Z. Anorg. Allg. Chem.* **1999**, *625*, 221.

In Tabelle 8.1 sind drei Arbeiten zum Transport von Bismutoxidhalogeniden nicht erfasst worden:

M. V. Shtilikha, D. V. Chepur, I. I. Yatskovich, *Sov. Phys. Cryst.* **1972**, *16*, 732.
M. V. Shtilikha, *Russ. J. Inorg. Chem.* **1983**, *28*, 154.
J. Ketterer, *Dissertation*, Universität Freiburg, **1985**.

9 Chemischer Transport von Pnictiden

Bei den Metallpnictiden ändert sich der Bindungscharakter von den ionisch bis kovalenten Nitriden und Phosphiden über die kovalent bis metallischen Arsenide und Antimonide hin zu typisch metallischen Bismutiden.

In der Literatur findet man lediglich ein Beispiel für den Chemischen Transport eines binären Nitrids (Mün 1956): TiN kann bei Temperaturen um 1000 °C mit Chlorwasserstoff in die heißere Zone, bei Temperaturen um 1500 °C mit beträchtlichen Transportraten in die kältere Zone transportiert werden. Anhand zahlreicher Beispiele ist der Transport von Phosphiden, Arseniden dokumentiert. Recht wenige Beispiele kennt man bei den Antimoniden; bis heute ist nur ein einziges Beispiel für den Transport einer bismuthaltigen intermetallischen Phase, NiBi, bekannt geworden (Ruc 1999).

Als Transportzusätze werden bevorzugt elementare Halogene, insbesondere Iod, und in einigen Fällen auch Halogenverbindungen verwendet. Die Neigung der Pnictogene, Halogenverbindungen zu bilden, steigt vom Stickstoff zum Bismut stetig an. Beim Transport von Phosphiden spielt die Bildung von Phosphorhalogeniden eine beträchtliche Rolle. Die Stabilität von Phosphor-, Arsen-, und Antimonhalogeniden ist so groß, dass in einigen Fällen keine Metallhalogenide mit transportwirksamen Partialdrücken gebildet werden.

Die Siedetemperaturen der Pnictogene steigen vom Stickstoff zu Bismut an. Während Stickstoff, Phosphor und Arsen genügend hohe Sättigungsdampfdrücke aufweisen, um in elementarer Form transportwirksam sein zu können, ist es bei den Antimoniden notwendig, transportwirksame Verbindungen zu bilden.

Bei den Phosphiden treten überwiegend die Phosphor(III)-halogenide in der Gasphase auf. Beim Transport der Arsenide und Antimonide muss, mit steigender Temperatur zunehmend, auch mit der Bildung der Monohalogenide gerechnet werden. Dies gilt insbesondere für die schwereren Halogene. Auch mit der Bildung von Pniktogenchalkogenidhalogeniden, wie zum Beispiel AsSeI muss gerechnet werden (Bru 2006).

9 Chemischer Transport von Pnictiden

9.1 Transport von Phosphiden

TaP

H																	He
Li	Be											B	C	N	O	F	Ne
Na	Mg											Al	Si	P	S	Cl	Ar
K	Ca	Sc	Ti	V	Cr	Mn	Fe	Co	Ni	Cu	Zn	Ga	Ge	As	Se	Br	Xe
Rb	Sr	Y	Zr	Nb	Mo	Tc	Ru	Rh	Pd	Ag	Cd	In	Sn	Sb	Te	I	Kr
Cs	Ba	La	Hf	Ta	W	Re	Os	Ir	Pt	Au	Hg	Tl	Pb	Bi	Po	At	Rn

Ce	Pr	Nd	Pm	Sm	Eu	Gd	Tb	Dy	Ho	Er	Tm	Yb	Lu
Th	Pa	U	Np	Pu									

Iod als Transportmittel

$$VP(s) + \frac{7}{2}I_2(g) \rightleftharpoons VI_4(g) + PI_3(g)$$

Phosphor(III)-iodid als Transportmittel

$$CuP_2(s) + \frac{1}{3}PI_3(g) \rightleftharpoons \frac{1}{3}Cu_3I_3(g) + \frac{7}{12}P_4(g)$$

Quecksilber(II)-bromid als Transportmittel

$$Fe_2P(s) + \frac{7}{2}HgBr_2(g) \rightleftharpoons 2\,FeBr_2(g) + PBr_3(g) + \frac{7}{2}Hg(g)$$

Wie Tabelle 9.1.1 zeigt, stellt der Chemische Transport in vielen Fällen einen sehr guten Zugang zu wohlkristallisierten Proben von Phosphiden der Übergangsmetalle dar. Neben dem hohen präparativen Nutzen erlaubten Transportexperimente an dieser Substanzklasse auch die näherungsweise Bestimmung von thermodynamischen Daten einiger Phosphide. Die aus einem kritischen Vergleich aller experimentellen Beobachtungen (vgl. Abschnitt 14) mit den Ergebnissen thermodynamischer Modellrechnungen (vgl. Kapitel 2 und 13) erhaltenen Hinweise gestatten zudem ein detailliertes chemisches Verständnis der transportbestimmenden Gleichgewichte. Hierdurch ist wiederum die gezieltere Auswahl der günstigsten experimentellen Bedingungen für den Transport neuer Verbindungen möglich.

In den meisten Fällen ist ein *Transport von Phosphiden der Übergangsmetalle mit Iod* möglich. In Abhängigkeit von der thermodynamischen Stabilität von Phosphid und flüchtigem Metalliodid kann die Wanderung im Temperaturgefälle über exotherme (z. B.: VP/I_2, MnP/I_2, Cu_3P/I_2) oder endotherme (z. B.: CrP/I_2, CoP/I_2, CuP_2/I_2) Reaktionen erfolgen. Für die genannten Beispiele ergeben sich aus thermodynamischen Modellrechnungen die transportbestimmenden Gleichgewichte 9.1.1 bis 9.1.6.

$$VP(s) + \frac{7}{2}I_2(g) \rightleftarrows VI_4(g) + PI_3(g) \tag{9.1.1}$$

$$MnP(s) + 2\,HI(g) \rightleftarrows \frac{1}{2}Mn_2I_4(g) + \frac{1}{4}P_4(g) + H_2(g) \tag{9.1.2}$$

$$Cu_3P(s) + 3\,I(g) \rightleftarrows Cu_3I_3(g) + \frac{1}{4}P_4(g) \tag{9.1.3}$$

$$CrP(s) + I_2(g) \rightleftarrows \frac{1}{2}Cr_2I_4(g) + \frac{1}{4}P_4(g) \tag{9.1.4}$$

$$CoP(s) + \frac{5}{2}I_2(g) \rightleftarrows CoI_2(g) + PI_3(g) \tag{9.1.5}$$

$$CuP_2(s) + \frac{1}{3}PI_3(g) \rightleftarrows \frac{1}{3}Cu_3I_3(g) + \frac{7}{12}P_4(g) \tag{9.1.6}$$

Im Allgemeinen sind für einen effektiven Transport vergleichsweise hohe Transportmitteldichten von ca. 5 mg · cm^{-3} notwendig. Das Ausbleiben einer Wanderung von NbP in frühen Experimenten von *Schäfer* (Sch 1965) ist auf zu niedrigen Iodzusatz zurückzuführen (vgl. Tabelle 9.1.1).

Bei einer qualitativen Betrachtung fällt auf, dass Phosphide mit einem Verhältnis $n(M) : n(P)$ nahe 1 : 1 offenbar die besten Ergebnisse (hohe Transportraten; große Kristalle) liefern. Der Chemische Transport von metallreichen und phosphorreichen Phosphiden im Temperaturgefälle ist dagegen experimentell weniger effektiv durchführbar. Darüber hinaus führt der Transport von metallreichen Phosphiden der frühen Übergangsmetalle ((M : P $\geq$ 1, M = Ti, Zr, V, Cr) zur Wanderung des jeweiligen Monophosphids mit starkem Angriff der Quarzglasampulle. Verschiedene Überlegungen und weitere experimentelle Ergebnisse machen die Sachverhalte verständlich: Ist die Aktivität der Metallkomponente in einem Phosphid hoch, die von Phosphor jedoch sehr niedrig (metallreiches

Phosphid), so erfolgt eine Reaktion des Transportmittels Iod nur mit dem Metall zum flüchtigen Metalliodid. Unter Umständen wird sogar dessen Sättigungsdampfdruck überschritten, sodass auch kondensierte Metallhalogenide auftreten. Phosphor wird im Bodenkörper unter Anreicherung festgehalten; die gleichzeitige Verflüchtigung beider Komponenten des Bodenkörpers ist nicht möglich. Beispiele hierfür sind die Reaktionen von $Cr_{12}P_7$ ($\rightarrow$ CrP), Fe_2P ($\rightarrow$ FeP) und Co_2P ($\rightarrow$ CoP) mit Iod (Gla 1999). In einer alternativen, aber gleichwertigen Betrachtungsweise lässt sich das Ausbleiben einer Wanderung auf die, durch das Auftreten von phosphorreicheren Nachbarphasen begrenzten *Phosphorkoexistenzdrücke* zurückführen. Die Partialdrücke $p(P_2)$ bzw. $p(P_4)$ können unter diesen Bedingungen keine genügend hohen Werte annehmen ($\geq 10^{-5}$ bar), um einen nachweisbaren Transporteffekt zu gestatten. Die thermodynamische Stabilität der Phosphoriodide P_2I_4 und PI_3 reicht unter diesen Bedingungen nicht aus, um Phosphor in der Gasphase zu halten (Fin 1965, Fin 1969, Fin 1970, Hil 1973). Diese Überlegungen führten zur erfolgreichen Anwendung von $HgBr_2$ als Transportmittel für Mo_3P, Mo_4P_3 (Len 1995) und Fe_2P (Cze 1999). Die Überführung des Phosphors erfolgt über das sehr viel stabilere Phosphortribromid (9.1.7 bis 9.1.9) (Cze 1999).

$$Mo_3P(s) + \frac{9}{2} HgBr_2(g) \rightleftharpoons 3\, MoBr_2(g) + PBr_3(g) + \frac{9}{2} Hg(g) \qquad (9.1.7)$$

$$Mo_4P_3(s) + \frac{17}{2} HgBr_2(g)$$
$$\rightleftharpoons 4\, MoBr_2(g) + 3\, PBr_3(g) + \frac{17}{2} Hg(g) \qquad (9.1.8)$$

$$Fe_2P(s) + \frac{7}{2} HgBr_2(g) \rightleftharpoons 2\, FeBr_2(g) + PBr_3(g) + \frac{7}{2} Hg(g) \qquad (9.1.9)$$

In Umkehrung der vorstehenden Betrachtungen gilt natürlich, dass der Phosphorkoexistenzdruck über einem Phosphid und dessen phosphorreicherer Nachbarphase höher als ca. 10^{-5} bar sein muss, wenn ersteres mit Iod transportierbar ist.

Beim Chemischen *Transport von phosphorreichen Phosphiden* kommt dem Phosphordruck in den Ampullen eine ganz andere Bedeutung zu. Bei Temperaturen, die eine genügende Flüchtigkeit der Metalliodide gestatten, sind viele Phosphide mit einem Verhältnis $M:P < 1:1$ (Polyphosphide) nur noch bei $p(P_2/P_4) > 1$ bar stabil. Trotz der vergleichsweise geringen thermodynamischen Stabilität von gasförmigem P_2I_4 und PI_3 kann unter diesen Bedingungen das als Transportmittel zugesetzte Iod durch Phosphor in der Gasphase gebunden werden; es steht somit nicht mehr zur Iodierung der Metallkomponente zu Verfügung. Aus diesem Grund ist der reversible Chemische Transport vieler Polyphosphide, die man insbesondere aus den Untersuchungen der Arbeitsgruppen von *Jeitschko* (Bra 1978, Jei 1984) und *von Schnering* (vSc 1988) kennen, kaum möglich. Ausnahmen bilden hier VP_4, FeP_4 und Cu_2P_7, deren Metalle besonders stabile und/oder sehr leicht flüchtige Iodide bilden, sodass ein Transport bei vergleichsweise niedrigen Temperaturen zwischen 500 und 600 °C mit den in situ entstehenden Transportmitteln PI_3 und/oder P_2I_4 möglich ist (Gleichungen 9.1.10 bis 9.1.12).

$$VP_4(s) + \frac{4}{3} PI_3(g) \rightleftharpoons VI_4(g) + \frac{16}{3} P_4(g) \qquad (9.1.10)$$

$$FeP_4(s) + \frac{2}{3}PI_3(g) \rightleftharpoons FeI_2(g) + \frac{7}{6}P_4(g) \qquad (9.1.11)$$

$$Cu_2P_7(s) + \frac{2}{3}PI_3(g) \rightleftharpoons \frac{2}{3}Cu_3I_3(g) + \frac{23}{12}P_4(g) \qquad (9.1.12)$$

Die bisher beschriebenen Transportsysteme mit Phosphiden als Bodenkörper zeigen, dass der einfache Fall eines einphasigen, in Quelle und Senke identischen, während der gesamten Dauer eines Transportexperimentes vorliegenden Bodenkörpers nicht immer realisiert ist. Wie bereits angedeutet, kann die Reaktion eines Phosphids mit Iod zur Bildung von kondensierten Metalliodiden führen. Eingehend untersucht wurde in diesem Zusammenhang das Auftreten von $VI_2(s)$ neben VP (Gla 1989a), $CrI_2(l)$ neben CrP (Gla 1989b), $MnI_2(l)$ neben MnP (Gla 1989b), $CoI_2(l)$ neben CoP (Schm 1995) und CuI(l) neben Cu_3P und/oder CuP_2 (Öza 1992). Aus der Menge an $VI_2(s)$, das neben VP(s) auftritt, konnte die Bildungsenthalpie des Phosphids näherungsweise bestimmt werden. In den weiteren Fällen war eine Überprüfung der relativen thermodynamischen Stabilität von Phosphiden und Iodiden anhand der Stoffmengenverhältnisse im Gleichgewichtsbodenkörper möglich. Für entsprechende Untersuchungen hat sich die in Abschnitt 14.4 beschriebene Transportwaage besonders bewährt.

Auch ohne eine hohe Metallaktivität in einem Phosphid kann die Bildung sehr stabiler Metalliodide, wie oben bereits beschrieben, zur Entstehung von phosphorreicheren Phosphiden führen (inkongruente Verflüchtigung der Phosphide). So traten in Experimenten bei genügend hohen Iodeinwaagen TiP_2 (Mar 1988) neben TiP (Uga 1978), ZrP_2 neben ZrP sowie CuP_2 neben Cu_3P und CuI(l) auf (Gleichungen 9.1.13 und 9.1.14).

$$2\,MP(s) + 2\,I_2(g) \rightleftharpoons MI_4(g) + MP_2(s) \qquad (9.1.13)$$
$(M = Ti, Zr)$

$$2\,Cu_3P(s) + \frac{5}{2}I_2(g) \rightleftharpoons 5\,CuI(l) + CuP_2(s) \qquad (9.1.14)$$

Sehr erhellend für das Verständnis der homogenen Gasphasengleichgewichte zwischen Phosphor und Iod in Abhängigkeit von Druck und Temperatur ist das Transportverhalten von VP. Dieses wandert mit Iod als Transportmittel aufgrund der exothermen Reaktion 9.1.1. Bei Versuchen zur Synthese von VP_2 (800 °C, aus den Elementen mit Iod als Mineralisator) lagen Monophosphid und Diphosphid nebeneinander vor und eine Wanderung beider Phosphide nach T_1 konnte beobachtet werden. Unter den Bedingungen des Transports von T_2 nach T_1 wirkt PI_3 nicht als Phosphor-übertragendes Teilchen wie in Gleichung 9.1.1 oder 9.1.5 sondern wird zum Transportmittel:

$$VP(s) + \frac{4}{3}PI_3(g) \rightleftharpoons VI_4(g) + \frac{7}{12}P_4(g) \qquad (9.1.15)$$

Die Verwandschaft zum Transportverhalten von Siliciden (Kapitel 10) und von elementarem Silicium ist offensichtlich (vgl. Abschnitt 3.3). Auch CuP_2 kann sowohl über exotherme wie auch über endotherme Reaktionen im Temperaturgefälle wandern (Öza 199). Im letzteren Fall entsteht Kupfer(I)-iodid und Phosphordampf neben PI_3 und P_2I_4 in einer dem Transport vorgeschalteten Reaktion aus CuP$_2$ und zugesetztem Iod. Mit PI$_3$ als Transportmittel erfolgt schließlich die Verflüchtigung von verbliebenem CuP$_2$ über folgende endotherme Reaktion.

$$\text{CuP}_2(\text{s}) + \frac{1}{3}\text{PI}_3(\text{g}) \rightleftharpoons \frac{1}{3}\text{Cu}_3\text{I}_3(\text{g}) + \frac{7}{12}\text{P}_4(\text{g}) \tag{9.1.16}$$

Abschließend sei noch ein experimenteller Hinweis gegeben: Legt man unmittelbar nach der *in situ* Darstellung von Phosphiden aus Metall und Phosphor in einer Quarzglasampulle mit Iod als Mineralisator und Transportmittel ein Temperaturgefälle an, so wird häufig nur ein vergleichsweise geringer Transporteffekt beobachtet, der manchmal vollkommen ausbleibt. Setzt man im Unterschied dazu zuvor synthetisiertes Phosphid als Ausgangsbodenkörper ein, so sind die Transportraten deutlich höher und gut reproduzierbar. Man führt dieses Verhalten auf zwei Ursachen zurück. Feuchtigkeitsspuren, die mit Phosphor und Iod eingeschleppt werden, reagieren mit dem Phosphid zu Phosphaten unter Freisetzung von Wasserstoff. Dieser bindet das als Transportmittel benötigte Iod in Form des für den Phosphidtransport weniger günstigen HI(g). Dieser Effekt ist bei kleinen bis mittleren Transportmittelkonzentrationen ≤ 5 mg $\cdot$ cm^{-3} an Iod wirksam. Hierdurch werden die experimentellen Transportraten gegenüber den für ein vollständig trockenes System zu erwartenden teilweise drastisch gesenkt.

Es kann auch nicht ausgeschlossen werden, dass Sauerstoff, der auf verschiedenen Wegen in die Ampullen gelangen kann (Spuren von Feuchtigkeit, geringfügige Oxidation der verwendeten Metalle), den Transport der Phosphide ungünstig beeinflußt. Das scheint insbesondere von Bedeutung, wenn ein Phosphid mit Iod aufgrund exothermer Reaktion wandert, bei gleichzeitiger Gegenwart eines Phosphats aber mit diesem in einer gekoppelten Transportreaktion zur weniger heißen Ampullenseite wandert. Beispiele für solche Fälle enthält Abschnitt 6.2.

Einen günstigen Zugang zu Phosphiden bietet deren Synthese ausgehend von den Oxiden. Als Reduktionsmittel kann in einer „Eintopfreaktion" Aluminium (Mar 1990) oder überschüssiger Phosphor (Mat 1991) dienen.

$$\text{WO}_3(\text{s}) + \frac{1}{4}\text{P}_4(\text{g}) + 2\,\text{Al}(\text{l}) \rightleftharpoons \text{WP}(\text{s}) + \text{Al}_2\text{O}_3(\text{s}) \tag{9.1.17}$$

$$\text{WO}_3(\text{s}) + \frac{1}{4}\text{P}_4(\text{g}) \rightleftharpoons \frac{2}{5}\text{WP}(\text{s}) + \frac{3}{5}\text{WOPO}_4(\text{s}) \tag{9.1.18}$$

$$M\text{O}_3(\text{s}) + \frac{4}{5}\text{P}_4(\text{g}) \rightleftharpoons M\text{P}_2(\text{s}) + \frac{3}{10}\text{P}_4\text{O}_{10}(\text{g}) \tag{9.1.19}$$
(M = Mo, W)

Die Abtrennung der Phosphide von den weiteren Reaktionsprodukten kann durch Chemischen Transport erfolgen.

Die Kristallisation von CoP$_2$ ist ein Beispiel für die Abscheidung einer *metastabilen* Verbindung aus der Gasphase (vgl. Abschnitt 2.9). Isothermes Tempern von equimolaren Mengen an CoP und CoP$_3$ führt nur in Ausnahmefällen zur Bildung von wenig CoP$_2$, während beim Transport höhere Anteile von CoP$_2$ neben CoP und CoP$_3$ entstehen (Jei 1984, Schm 1992). Einphasig kann das Diphosphid bei Anlegen eines ungewöhnlich hohen Temperaturgradienten $\Delta T = 200$ K in der Senke abgeschieden werden (Schm 2002, Sel 1972, Jei 1984, Flö 1983).

Im Unterschied zu den oben diskutierten Transportreaktionen von Phosphiden mit Halogenen oder Halogenverbindungen gelingt der Transport von InP und GaP durch Zusatz eines Überschusses an Phosphor. Ab initio Berechnungen zur Stabilität verschiedener Gasspezies im System deuten auf die Bildung von MP_5(g) (M: In, Ga) (Köp 2003). Damit ergibt sich folgende wahrscheinliche Transportreaktion:

$$MP(s) + P_4(g) \rightleftharpoons MP_5(g) \quad (9.1.20)$$
$$(M = \text{In, Ga})$$

Einerseits überrascht die thermische Stabilität dieser ungewöhnlichen Gasspezies, andererseits schließt sich dieser Befund an zahlreiche Beobachtungen aus der metallorganischen Chemie an, in der das zum P_5-Fragment isoelektronische Cyclopentadienid-Anion häufig als Ligand auftritt. Auch $[P_5]^-$- bzw. $[As_5]^-$-Liganden in Komplexverbindungen sind in der Literatur beschrieben (Sche 1999, Kra 2010).

Bei Versuchen, binäre Goldphosphide durch Chemischen Transport zu kristallisieren wurde in der Senke eine Verbindung der Zusammensetzung $Au_7P_{10}I$ erhalten. Diese stellt ein Beispiel für ein Phosphidiodid dar. Das Transportmittel Iod wird während der Reaktion in den Senkenbodenkörper eingebaut und dem System auf diese Weise nach und nach entzogen (Bin 1978).

Tabelle 9.1.1 Beispiele für den Chemischen Transport von Phosphiden.

Senkenbodenkörper	Transportmittel	Temperatur/°C	Literatur
AlP	I_2	CVD	Sei 1976
$AgZnSEP_2$ (SE = La, Sm)	I_2	$1000 \rightarrow T_1$	Tej 1990
Au_2P_3	Br_2	$930 \rightarrow 830$	Jei 1979
$Au_7P_{10}I$	I_2	$700 \rightarrow 650$	Bin 1978, Jei 1979
BP	I_2	$1100 \rightarrow 900$	Bou 1976, Nis 1972
	S, Se	$1145 \rightarrow 1065 \ldots 880$	Arm 1967, Med 1969, Kic 1967
	BI_3	$1150 \rightarrow 1050$	Med 1967
	PCl_3	$1150 \rightarrow T_1$	Chu 1972
Cd_3P_2	Zersetzungssublimation	$700 \rightarrow 450$	Laz 1974, Klo 1984
CdP_2	Zersetzungssublimation	$800 \rightarrow T_1$	Laz 1977
$Cd_4P_2X_3$ (X = Cl, Br, I)	X_2	$550 \rightarrow 530$	Suc 1963
$CdSiP_2$	$CdCl_2$, I_2, $SiCl_4$	$1200 \ldots 1100 \rightarrow 1000 \ldots 950$	Val 1967, Val 1968, Bue 1971
$CdGeP_2$	$CdCl_2$, I_2, PCl_3	$780 \ldots 750 \rightarrow 755 \ldots 720$	Mio 1980, Süs 1982
$CeSiP_3$	I_2	$800 \rightarrow 1000$	Hay 1975
$CeSi_2P_6$	I_2	$800 \rightarrow 1000$	Hay 1975
Co_2P	I_2	$1050 \rightarrow 950$	Schm 2002
CoP	I_2	$850 \rightarrow 750$	Schm 1995, Schm 2002
CoP_2	I_2	$850 \rightarrow 650$	Schm 1992
CoP_3	I_2	$1000 \rightarrow 900$	Schm 2002
	Br_2	$900 \rightarrow 840$	Ric 1977
	Cl_2	$900 \rightarrow 840$	Ack 1977
CrP	I_2	$1050 \rightarrow 950$	Gla 1989b
Cu_3P	I_2	$800 \rightarrow 900$	Öza 1992
CuP_2	I_2	$750 \rightarrow 650$	Guk 1972, Öza 1992
	CuI	$730 \rightarrow 630$	Öza 1992
	Cl_2	$810 \rightarrow 760$	Öza 1992, Odi 1978

Tabelle 9.1.1 (Fortsetzung)

Senkenboden-körper	Transportzusatz	Temperatur/°C	Literatur
Cu_2P_7	I_2	700 ... 550 → T_1	Möl 1982
	$P + I_2$	580 → 530	Öza 1992
$CuZnSmP_2$	I_2	1000 → T_1	Tej 1990
Fe_2P	$HgBr_2$	1000 → 900	Cze 1999
FeP	I_2	800 → 550	Sel 1972, Ric 1977, Nol 1980, Bel 1973, Gla 1990
FeP_2	I_2	800 → 700	Bod 1971, Flö 1983
FeP_4	I_2	700 → 600	Flö 1983
DyP	I_2	800 → 1000	Kal 1971
GaP	P_4	900 → 800	Köp 2003
	H_2O	1100 → T_1	Dja 1965, Nic 1963, Fro 1964
	I_2	1050 → 950	Wid 1971, Fai 1978
	Sublimation	1060 → 975	Ger 1961
GdP	I_2	800 → 1000	Kal 1971
InP	P_4	950 → 850	Köp 2003
	I_2	800 → 700	Nic 1974, Tha 2006
	PCl_3	730 → 630	Nic 1974
HoP	I_2	800 → 1000	Kal 1971
$LaSiP_3$	I_2	800 → 1000	Hay 1975
$LaSi_2P_6$	I_2	800 → 1000	Hay 1975
MnP	I_2	1000 → 1100	Gla 1989b, Gla 1990
MnP_4	I_2	700 ... 500 → 600 ... 450	Rüh 1981
Mo_3P	$HgBr_2$	1100 ... 900 → 1000 ... 800	Len 1995, Len 1997
Mo_4P_3	$HgBr_2$	1050 ... 900 → 950 ... 800	Len 1995, Len 1997
MoP	$I_2 + O_2$	1000 → 900	Mar 1988, Len 1995, Len 1997

Tabelle 7.2.1 (Fortsetzung)

Senkenboden-körper	Transportzusatz	Temperatur/°C	Literatur
MoP	$HgBr_2$	$1000 \rightarrow 900$	Len 1995, Len 1997
MoP_2	$I_2 + O_2$, $HgCl_2 + O_2$	$1000 \rightarrow 900$	Mat 1990
NbP	I_2	$850 \rightarrow 950$	Mar 1988a
Ni_5P_4	I_2	$900 \rightarrow 800$	Blu 1997
PrP	I_2	$800 \rightarrow 1000$	Mir 1968, Hay 1975
PrP_2	I_2	$800 \rightarrow 1000$	Hay 1975
PrP_5	$P + I_2$	$800 \rightarrow 1000$	Hay 1975
$PrSiP_3$	I_2	$800 \rightarrow 1000$	Hay 1975
Re_6P_{13}	I_2	$930 \rightarrow T_1$	Rüh 1980
SiP	I_2	keine Angabe	Wad 1969
SiP_2	I_2, Br_2, Cl_2	600 ... 1200 Kristallisation bei 800	Don 1968
TaP	I_2	$850 \rightarrow 950$	Mar 1988a
Th_3P_4	Br_2	$\sim 500 \rightarrow 1250$	Hen 1977, Mar 1990
TiP	I_2	$800 \rightarrow 900$	Gla 1990, Uga 1978
TiP_2	$P + I_2$	$650 \rightarrow 700$	Mar 1988a
UP_2	I_2, Br_2	$T_1 \rightarrow T_2$	Hen 1968
U_3P_4	I_2, Br_2	$990 \rightarrow 1040$	Hen 1968, Buh 1969, Mar 1990
VP	I_2	$810 \rightarrow 930$	Gla 1989a
	PI_3	$800 \rightarrow 700$	Gla 2000
VP_2	I_2	$800 \rightarrow 700$	Mar 1988a
VP_4	I_2	$700 \rightarrow 600$	Mar 1988b
WP	$I_2 + O_2$	$1000 \rightarrow 900$	Mar 1988a
WP_2	$I_2 + O_2$	$1000 \rightarrow 900$	Mat 1990
Zn_3P_2	Zersetzungssublimation	$900 \rightarrow 450$	Klo 1984
	I_2	$860 ... 830 \rightarrow 720 ... 700$	Wan 1981

Tabelle 7.2.1 (Fortsetzung)

Senkenboden-körper	Transportzusatz	Temperatur/°C	Literatur
ZnP_2	Zersetzungs-sublimation	$1050 \rightarrow T_1$	Laz 1977
$ZnGeP_2$	$GeCl_4$, $ZnCl_2$	$1200 \rightarrow 800$	Bue 1971, Bau 1978, Win 1977
$ZnSiP_2$	$SiCl_4$, $ZnCl_2$	$1200 \rightarrow 800$	Bue 1971, Bau 1978, Win 1977
Zn_3SmP_3	I_2	$1000 \rightarrow T_1$	Tej 1995
ZrP	I_2	$950 \rightarrow 1050$	Mar 1988a
ZrP_2	I_2	$850 \rightarrow 900$	Mar 1988a

Literaturangaben

Arm 1967	A. F. Armington, *J. Cryst. Growth* **1967**, *1*, 47.
Ack 1977	J. Ackermann, A. Wold, *J. Phys. Chem. Solids* **1977**, *38*, 1013.
Bel 1973	D. W. Bellavance, A. Wold, *Inorg. Synth.* **1973**, *14*, 176
Bin 1978	M. Binnewies, *Z. Naturforsch.* **1978**, *33b*, 570
Blu 1997	M. Blum, *Diplomarbeit*, Universität Gießen, **1997**.
Bod 1971	G. Boda, B. Strenström, V. Sagredo, D. Beckman, *Phys. Scr.* **1971**, *4*, 132.
Bou 1976	J. Bouix, R. Hillel, *J. Less-Common Met.* **1976**, *47*, 67.
Bau 1978	H. Baum, K. Winkler, *Krist. Tech.* **1978**, *13*, 645.
Bra 1978	D. J. Braun, W. Jeitschko, *Z. Anorg. Allg. Chem.* **1978**, *445*, 157.
Bue 1971	E. Buehler, J. H. Wernick, *J. Cryst. Growth* **1971**, *8*, 324.
Buh 1969	C. F. Buhrer, *J. Phys. Chem. Solids* **1969**, *30*, 1273.
Chu 1972	T. L. Chu, J. M. Jackson, R. K. Smeltzer, *J. Cryst. Growth* **1972**, *15*, 254.
Cze 1999	K. Czekay, R. Glaum, *unveröffentlichte Ergebnisse*, Universität Gießen, **1999**.
Dja 1965	L. I. Djakonov, A. V. Lisina, V. N. Maslov, A. J. Naselskij, B. A. Sacharov, *Izv. Akad. Nauk. SSSR, Neorg. Mater.* **1965**, *1*, 2154.
Don 1968	P. C. Donohue, W. J. Siemons, J. L. Gillson, *J. Phys. Chem. Solids* **1968**, *29*, 807.
Fai 1978	P. S. Faile, *J. Cryst. Growth* **1978**, *43*, 129.
Fin 1965	A. Finch, P. J. Gardner, I. H. Wood, *J. Chem. Soc.* **1965**, 746.
Fin 1969	A. Finch, P. J. Gardner, K. K. SenGupta, *J. Chem. Soc. (A)* **1969**, 2958.
Fin 1970	A. Finch, P. J. Gardner, A. Hameed, *J. Inorg. Nucl. Chem.* **1970**, *32*, 2869.
Flö 1983	U. Flörke, *Z. Anorg. Allg. Chem.* **1983**, *502*, 218.
Fro 1964	C. J. Frosch, *J. Electrochem. Soc.* **1964**, *111*, 180.
Ger 1961	M. Gershenzon, R. M. Mikulyak, *J. Electrochem. Soc.* **1961**, *108*, 548.
Gla 1989a	R. Glaum, R. Gruehn, *Z. Anorg. Allg. Chem.* **1989**, *568*, 73.
Gla 1989b	R. Glaum, R. Gruehn, *Z. Anorg. Allg. Chem.* **1989**, *573*, 24.
Gla 1990	R. Glaum, *Dissertation*, Universität Gießen, **1990**.
Gla 1999	R. Glaum, *unveröffentlichte Ergebnisse*, Universität Gießen, **1999**.

Gla 2000   R. Glaum, R. Gruehn, *Angew. Chem.* **2000**, *112*, 706, Angew. Ed. lut. Ed. **2000**, *39*, 692.
Guk 1972   O. Ya. Gukov, Y. A. Ugai, W. R. Rshestanchik, V. Anokhin, *Izv. Akad. Nauk SSSR Neorg. Mater.* **1972**, *8*, 167.
Hay 1975   H. Hayakawa, T. Sekine, S. Ono, *J. Less-Common Met.* **1975**, *41*, 197.
Hen 1968   Z. Henkie, *Rocznicki Chemii* **1968**, *42*, 363.
Hen 1981   Z. Henkie, P. Markowski, *J. Cryst. Growth* **1977**, *41*, 303.
Hil 1973   R. Hillel, J.-M. Letoffe, J. Bouix, *J. Chim. Phys.* **1973**, *73*, 845.
Jei 1979   W. Jeitschko, M. Möller, *Acta Crystallogr.* **1979**, *B35*, 573.
Jei 1984   W. Jeitschko, U. Flörke, U. D. Scholz, *J. Solid State Chem.* **1984**, *52*, 320.
Kal 1971   E. Kaldis, *J. Cryst. Growth* **1971**, *9*, 281.
Klo 1984   K. Kloc, W. Zdanowicz, *J. Cryst. Growth* **1984**, *66*, 451.
Köp 2003   R. Köppe, H. Schnöckel, *Z. Anorg. Allg. Chem.* **2003**, *629*, 2168.
Kra 2010   H. Krauss, G. Balázs, M. Bodensteiner, M. Scheer, *Chem. Sci.*, **2010** DOI: 10.1039/c0sc00254b
Laz 1974   V. B. Lazarev, V. J. Shevchenko, *J. Cryst. Growth* **1974**, *23*, 237.
Laz 1977   V. B. Lazarev, V. J. Shevchenko, S. F. Marenkin, G. Magomedgadghiev, *J. Cryst. Growth* **1977**, *38*, 275.
Len 1995   M. Lenz, *Dissertation*, Universität Gießen, **1995**.
Len 1997   M. Lenz, R. Gruehn, *Chem. Rev.* **1997**, *97*, 2967.
Mar 1988a   J. Martin, R. Gruehn, *Z. Kristallogr.* **1988**, *182*, 180.
Mar 1988b   J. Martin, Diplomarbeit, Universität Gießen, **1988**.
Mar 1990   J. Martin, R. Gruehn, *Solid State Ionics* **1990**, *43*, 19.
Mat 1990   H. Mathis, Diplomarbeit, Universität Gießen, **1990**.
Mat 1991   H. Mathis, R. Glaum, R. Gruehn, *Acta Chem. Scand.* **1991**, *45*, 781.
Med 1969   Z. S. Medvedeva, J. H. Greenberg, E. G. Zhukov, *Krist. Tech.* **1969**, *4*, 487.
Mir 1968   K. E. Mironov, *J. Cryst. Growth* **1968**, *3/4*, 150.
Möl 1982   M. Möller, W. Jeitschko, *Z. Anorg. Allg. Chem.* **1982**, *491*, 225.
Nic 1963   F. H. Nicoll, *J. Electrochem. Soc.* **1963**, *110*, 1165.
Nic 1974   I. F. Nicolau, *Z. Anorg. Allg. Chem.* **1974**, *407*, 83.
Nis 1972   T. Nishinaga, H. Ogawa, H. Watanabe, T. Arizumi, *J. Cryst. Growth* **1972**, *13/14*, 346.
Nol 1980   B. I. Noläng, M. W. Richardson, *J. Chem. Soc. Spec. Publ.* **1980**, *3*, 75.
Odi 1978   J. P. Odile, S. Soled, C. A. Castro, A. Wold, *Inorg. Chem.* **1978**, *17*, 283.
Öza 1992   D. Özalp, *Dissertation*, Universität Gießen, **1992**.
Ric 1977   M. W. Richardson, B. I. Noläng, *J. Cryst. Growth* **1977**, *42*, 90.
Sch 1965   H. Schäfer, W. Fuhr, *J. Less-Common Met.* **1965**, *8*, 375.
Sch 1971   H. Schäfer, *J. Cryst. Growth* **1971**, *9*, 17.
Sche 1999   O. J. Scherer, *Acc. Chem. Res.* **1999**, *32*, 751.
Schm 1992   A. Schmidt, *Diplomarbeit*, Universität Gießen, **1992**.
Schm 2002   A. Schmidt, *Dissertation*, Universität Gießen, **1999**.
Sei 1976   E. Seidowski, S. O. Newiak, *Krist. Tech.* **1976**, *11*, 329.
Sel 1972   K. Selte, A. Kjekshus, *Acta Chem. Scand.* **1972**, *26*, 1276.
Süs 1982   B. Süss, K. Hein, E. Buhrig, H. Oettel, *Cryst. Res. Tech.* **1982**, *17*, 137.
Suc 1963   L. Suchow, N. R. Stemple, *J. Electrochem. Soc.* **1963**, *110*, 766.
Tej 1990   P. Tejedor, A. M. Stacy, *J. Cryst. Growth* **1990**, *89*, 227.
Tej 1995   P. Tejedor, F. J. Hollander, J. Fayos, A. M. Stacy, *J. Cryst. Growth* **1995**, *155*, 223.
Uga 1978   Y. A. Ugai, O. Y. Gukov, A. A. Illarionov, *Izv. Akad. Nauk, SSSR Neorg. Mater.* **1978**, *14*, 1012.
Val 1967   Yu. A. Valov, R. L. Plečko, *Krist. Tech.* **1967**, *2*, 535.

Val 1968a	Yu. A. Valov, R. L. Plečko, *Izv. Akad. Nauk, Neorg. Mater.* **1968**, *4*, 993.
Val 1968b	Yu. A. Valov, T. N. Ushakova, *Izv. Akad. Nauk, Neorg. Mater.* **1968**, *4*, 1054.
vSc 1988	H.-G. von Schnering, W. Hönle, *Chem. Rev.* **1988**, *88*, 243.
Wad 1969a	T. Wadsten, *Acta chem. Scand.* **1969**, *23*, 331.
Wad 1969b	T. Wadsten, *Acta chem. Scand.* **1969**, *23*, 2532.
Wan 1981	F.-C. Wang, R. H. Bube, R. S. Feigelson, R. K. Route, *J. Cryst. Growth* **1981**, *55*, 268.
Wid 1971	R. Widmer, *J. Cryst. Growth* **1971**, *8*, 216.
Win 1977	K. Winkler, K. Hein, *Krist. Tech.* **1977**, *12*, 211.
Win 1978	K. Winkler, U. Schulz, K. Hein, *Krist. Tech.* **1978**, *13*, 137.

9.2 Transport von Arseniden

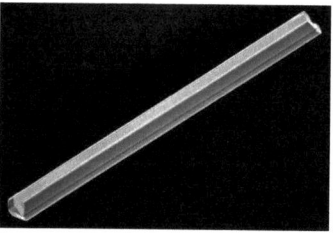
ZrAs$_2$

Iod als Transportmittel

$$NdAs(s) + 3\,I(g) \rightleftharpoons NdI_3(g) + \frac{1}{2}As_2(g)$$

Halogenwasserstoffe als Transportmittel

$$SiAs(s) + 4\,HI(g) \rightleftharpoons SiI_4(g) + \frac{1}{4}As_4(g) + 2\,H_2(g)$$

Wasser als Transportmittel

$$GaAs(s) + \frac{1}{2}H_2O(g) \rightleftharpoons \frac{1}{2}Ga_2O(g) + \frac{1}{2}As_2(g) + \frac{1}{2}H_2(g)$$

Der Chemische Transport von Arseniden ist anhand zahlreicher Beispiele dokumentiert. Insbesondere die Arsenide der Gruppe 13 sind wegen der technischen Anwendung von Galliumarsenid experimentell umfassend untersucht und durch thermodynamische Rechnungen beschrieben. In den meisten anderen Arbeiten steht der präparative Aspekt im Vordergrund.

Fast alle Arsenide zersetzen sich unterhalb ihrer Schmelztemperatur unter Abgabe von Arsen in ein niederes Arsenid oder das entsprechende Metall oder Halbmetall. Arsen liegt bei der Zersetzung meist gasförmig vor.

Ein Vergleich des *Transportverhaltens der Pnictide* zeigt, dass der Transport der Arsenide dem der Phosphide ähnlich ist, sich aber deutlich von dem der Antimonide und Bismutide unterscheidet. Die wesentliche Ursache dafür liegt in den relativ hohen Sättigungsdampfdrücken von Phosphor und Arsen, die 1 bar bei 277 bzw. 602 °C betragen. So kann sowohl Phosphor als auch Arsen schon bei relativ niedrigen Temperaturen in beträchtlichem Umfang elementar in die Gasphase überführt werden, ohne den Sättigungsdampfdruck zu überschreiten und wieder zu kondensieren. Der Sättigungsdampfdruck von Antimon hingegen erreicht erst bei 1585 °C den Wert von 1 bar. Deshalb kommt es bereits bei geringen Konzentrationen von elementarem Antimon in der Gasphase zur Kondensation, sodass Antimon in elementarer Form nicht mit transportwirksamen Partialdrücken über die Gasphase übertragen werden kann.

Auch bezüglich der thermodynamischen Stabilitäten der Pnictide ähneln sich die Phosphide und Arsenide. Dies zeigt exemplarisch ein Vergleich der Standardbildungsenthalpien der Uranpnictide: Die Differenzen zwischen den Standardbildungsenthalpien der Phosphide und Arsenide sind wesentlich geringer als die zwischen den Arseniden und Antimoniden

Tabelle 9.2.1 Vergleich der Standardbildungsenthalpien/kJ · mol^{-1} von Uranpnictiden.

UN	−294,6	UN$_2$	−431,0
UP	−262,3	UP$_2$	−292,9
UAs	−234,3	UAs$_2$	−251,0
USb	−138,5	USb$_2$	−176,0
UBi	−73,6	UBi$_2$	−102,5

Transportmittel Für den Transport von Arseniden haben sich eine Reihe von Transportzusätzen bewährt. Die wichtigsten sind die Halogene, insbesondere Iod. Nicht immer wirken die Halogene als Transportmittel, sondern die daraus gebildeten Halogenide, die auch als Transportzusatz eingesetzt werden können. Von geringerer Bedeutung sind Halogenwasserstoffe. Auch Wasser und elementares Arsen können einen Transporteffekt bewirken

Halogene als Transportzusätze: Am häufigsten erfolgt der Transport der Arsenide unter Zusatz von Halogenen bzw. Halogeniden. Dabei verlaufen über die Hälfte der in der Literatur beschriebenen Transportexperimente unter Zugabe von Iod bzw. von Iodiden. Damit werden ausgeglichene Gleichgewichtslagen erreicht. Werden Halogenide als Transportzusätze verwendet, so sind es entweder die Arsenhalogenide AsX_3 (X = Cl, Br, I) oder solche, die als Zentralatom eine Komponente des Bodenkörpers enthalten. Davon kennt man nur zwei Ausnahmen: den Transport von ZnSiAs$_2$ und den von CdSiAs$_2$ mit Tellur(IV)-chlorid.

Beim Transport von Arseniden mit Halogenen werden sowohl flüchtige Metallhalogenide als auch flüchtige Arsenhalogenide – vor allem die Trihalogenide – gebildet. Die Trihalogenide von Arsen sind weniger stabil als die des Phosphors, wie der Vergleich der Standardbildungsenthalpien zeigt. Vergleicht man den Transport eines Arsenids mit dem des entsprechenden Phosphids, ist folglich der Anteil des Transportmittels, der als Pnictogenhalogenid vorliegt, beim Arsenid deutlich geringer als beim Phosphid. Bei Transportexperimenten mit Phosphiden kann der Fall eintreten, dass das Transportmittel für die Bildung von Phosphorhalogeniden praktisch vollständig verbraucht wird, sodass kein gasförmiges Metallhalogenid mehr gebildet werden kann. Ein Transport ist in diesen Fällen nicht möglich. Bei Arseniden beobachtet man dies nicht.

Tabelle 9.2.2 Vergleich der Standardbildungsenthalpien/kJ · mol^{-1} von gasförmigen Pnictogen(III)-halogeniden.

PCl$_3$	−288,7	PI$_3$	−18,0
AsCl$_3$	−261,5	AsI$_3$	8,9
SbCl$_3$	−313,1	SbI$_3$	6,7
BiCl$_3$	−265,3	BiI$_3$	−16,3

Thermodynamische Modellrechnungen haben gezeigt, dass beim Einsatz von Halogenen als *Transportzusatz* diese nicht zwangsläufig auch als *Transportmittel* wirksam werden, sondern häufig das daraus gebildete Arsentrihalogenid oder das Metall- bzw. Halbmetallhalogenid. Zum Beispiel lässt sich der Transport von Neodymarsenid, NdAs, unter Zugabe von Iod (950 → 1080 °C) anhand folgender Transportgleichung beschreiben:

$$\text{NdAs(s)} + 3\,\text{I(g)} \;\rightleftharpoons\; \text{NdI}_3\text{(g)} + \frac{1}{2}\text{As}_2\text{(g)} \tag{9.2.1}$$

Im Gegensatz dazu belegen Modellrechnungen, dass der Transport von Eisenarsenid unter Zusatz von Iod (800 → 765 °C) über folgendes Gleichgewicht abläuft:

$$\text{FeAs}_2\text{(s)} + \text{AsI}_3\text{(g)} \;\rightleftharpoons\; \text{FeI}_2\text{(g)} + \frac{3}{4}\text{As}_4\text{(g)} + \frac{1}{2}\text{I}_2\text{(g)} \tag{9.2.2}$$

In diesem Fall wird Iod zugesetzt, als Transportmittel wird jedoch Arsen(III)-iodid wirksam.

Der Transport von Galliumarsenid, GaAs, mit Iod verläuft endotherm (z. B. von 900 nach 850 °C) und basiert im Wesentlichen auf folgendem Gleichgewicht:

$$\text{GaAs(s)} + \frac{1}{2}\text{GaI}_3\text{(g)} \;\rightleftharpoons\; \frac{3}{2}\text{GaI(g)} + \frac{1}{4}\text{As}_4\text{(g)} \tag{9.2.3}$$

Aufgrund des hohen Sättigungsdruckes und der vergleichsweise geringen Stabilität von gasförmigen Arseniodiden gelangt Arsen elementar in die Gasphase. Bis hin zu etwa 1000 °C dominiert in der Gasphase im Wesentlichen As$_4$, darüber As$_2$. Neben diesen beiden Spezies treten noch As$_3$ und As in der Gasphase auf, die aber für den Chemischen Transport in der Regel von untergeordneter Bedeutung sind.

Neben den genannten Arsen-Spezies sind noch die Arsenmonohalogenide zu erwähnen, die durch folgendes Zersetzungsgleichgewicht gebildet werden können:

$$As X_3(g) \rightleftharpoons As X(g) + X_2(g) \qquad (9.2.4)$$
(X = Cl, Br, I).

Die Tendenz zur Bildung der Arsenmonohalogenide nimmt mit steigender Temperatur und vom Chlorid zum Iodid zu.

Beim Transport von Arseniden sind die transportwirksamen, Arsen-übertragenden Spezies meist As$_4$(g) bzw. As$_2$(g). Für eine vollständige Beschreibung der Transportvorgänge sind die Arsenhalogenide, insbesondere die Arsentrihalogenide zusätzlich zu berücksichtigen.

Halogenwasserstoffe als Transportmittel: Halogenwasserstoffe, insbesondere Chlorwasserstoff, spielen nur für den Chemischen Transport der Arsenide der Elemente aus Gruppe 13 eine Rolle (BAs, GaAs und InAs). Man kennt nur ein anderes Beispiel, bei dem die Rolle eines Halogenwasserstoffs für den Chemischen Transport diskutiert wird: *Bolte* und *Gruehn* beschreiben den Chemischen Transport von SiAs mit Iod (Bolt 1994). Diese Arbeit zeigt anhand von thermodynamischen Rechnungen und Experimenten, dass bei niedrigen Temperaturen (750 → 850 °C) der exotherme Transport überwiegend auf HI als Transportmittel zurückzuführen ist, das durch Restfeuchte der Ampullenwand gebildet wird. Folgendes Transportgleichgewicht kann formuliert werden:

$$SiAs(s) + 4\,HI(g) \rightleftharpoons SiI_4(g) + \frac{1}{4}As_4(g) + 2\,H_2(g) \qquad (9.2.5)$$

Im Gegensatz dazu erfolgt der SiAs-Transport unter *Ausschluss* von Restfeuchte und Zugabe von Iod endotherm von 1050 nach 950 °C und kann über folgendes Gleichgewicht beschrieben werden:

$$SiAs(s) + SiI_4(g) \rightleftharpoons 2\,SiI_2(g) + \frac{1}{4}As_4(g) \qquad (9.2.6)$$

Als Transportmittel fungiert hier SiI$_4$. Das Experiment zeigt, dass schon geringe Spuren von Restfeuchte das Transportgeschehen grundlegend beeinflussen können: hier erfolgt eine Umkehr der Transportrichtung.

Der anhand von Experimenten und thermodynamischen Rechnungen gut beschriebene Transport von Galliumarsenid mit Chlorwasserstoff bzw. Bromwasserstoff lässt sich in guter Näherung durch folgende Transportgleichung beschreiben:

$$GaAs(s) + HX(g) \rightleftharpoons GaX(g) + \frac{1}{4}As_4(g) + \frac{1}{2}H_2(g) \qquad (9.2.7)$$
(X = Cl, Br)

Beim Transport von Arseniden ist in Gegenwart von Wasserstoff oder Wasserstoffverbindungen unter Umständen eine weitere arsenhaltige Gasspezies, AsH_3, zu berücksichtigen.

Wasser als Transportmittel: GaAs, InAs, $Ga_{1-x}In_xAs$ und $InAs_{1-x}P_x$ können mit Wasser transportiert werden. Der Transport von GaAs verläuft über folgendes Gleichgewicht:

$$GaAs(s) + \frac{1}{2}H_2O(g) \rightleftharpoons \frac{1}{2}Ga_2O(g) + \frac{1}{2}As_2(g) + \frac{1}{2}H_2(g) \quad (9.2.8)$$

Der Transport der anderen genannten Verbindungen kann in analoger Weise beschrieben werden. Die Transportreaktion ist stets mit einem Redoxgleichgewicht gekoppelt, bei dem ein gasförmiges Suboxid (Coc 1962), Arsen und Wasserstoff gebildet werden. Zudem kann GaAs mit Wasser/Wasserstoff-Gemischen transportiert werden. Dabei wird ein exothermes Transportverhalten (z. B. 800 → 1070 °C) beobachtet. Die genannten Transportmittel finden vor allem in offenen Systemen mit strömenden Gasen Verwendung (Fro 1964).

Arsen als Transportmittel: Ungewöhnlich und deshalb bemerkenswert ist der Chemischen Transport von Galliumarsenid GaAs bzw. Indiumarsenid InAs mit Arsen als Transportmittel. Der von *Köppe* und *Schnöckel* anhand von experimentellen Daten, quantenchemischen Betrachtungen und thermodynamischen Rechnungen belegte Transporteffekt beruht auf der Bildung von gasförmigen $GaAs_5$- bzw. $InAs_5$-Molekülen (Köp 2004). Der Transport erfolgt von 940 nach 840 °C bei Arsendrücken zwischen 0,88 und 5,3 bar über folgendes Gleichgewicht:

$$MAs(s) + As_4(g) \rightleftharpoons MAs_5(g) \quad (9.2.9)$$

Wie Rechnungen zeigen, existiert eine weitere Gallium- bzw. Indium-übertragende Gasspezies der Zusammensetzung MAs_3, die jedoch erst bei Temperaturen oberhalb 1000 °C transportwirksame Partialdrücke erreicht.

Ausgewählte Beispiele Nachfolgend soll an einigen ausgewählten Beispielen der Chemische Transport von Arseniden eingehender beschrieben werden.

Binäre Arsenide der Hauptgruppenelemente: Wegen der technischen Bedeutsamkeit findet man in der Literatur viele Arbeiten zum Transport von GaAs. Dieses kann mit Halogenen sowie Halogenwasserstoffen in einem weiten Temperaturbereich endotherm transportiert werden (Fak 1973, Fak 1979, Gar 1978, Pas 1983). Weitere halogenierende Zusätze, die den Transport ermöglichen, sind Arsen(III)-chlorid oder Gallium(III)-iodid. Die meisten Autoren gehen davon aus, dass der Transport unter Zusatz von Halogenen bzw. der genannten Trihalogenide von Gallium oder Arsen über die folgenden beiden Gleichgewichte verläuft:

$$GaAs(s) + \frac{1}{2}X_2(g) \rightleftharpoons GaX(g) + \frac{1}{4}As_4(g) \quad (9.2.10)$$
$(X = Cl, I)$

$$\text{GaAs(s)} + \frac{1}{2}\text{Ga}X_3(\text{g}) \rightleftharpoons \frac{3}{2}\text{Ga}X(\text{g}) + \frac{1}{4}\text{As}_4(\text{g}) \quad (9.2.11)$$
$(X = \text{Cl, I})$

Da in beiden Gleichgewichten sowohl GaX als auch As$_4$ gebildet werden, kann nach dem Prinzip des kleinsten Zwanges durch die Zugabe des entsprechenden Galliumhalogenids GaX im Austausch gegen ein Teil des Halogens der Arsendruck im System reduziert werden. Dies lässt den Transport von GaAs unter definierten Arsenpartialdrücken zu. In der Praxis wird dazu das Stoffmengenverhältnis Gallium/Halogen variiert (Fak 1971, Hit 1994).

Der Transport von Indiumarsenid InAs ist über analoge Gleichgewichte gut zu beschreiben, wobei sich aufgrund der vom Gallium zum Indium abnehmenden Stabilität der Trihalogenide die Lage der Gleichgewichte geringfügig ändert. (siehe Kapitel 11) (Cah 1971, Sah 1982, Kao 2004, Bol 2008). In einigen Publikationen wird der Transport weiterer Monoarsenide der Elemente der Gruppe 13 beschrieben: BAs (Arm 1967, Bou 1976, Bou 1977), AlAs (Vor 1972, Hil 1977), Ga$_x$In$_{1-x}$As-Mischkristalle (Cah 1982).

BAs kann unter Zugabe von Brom, Iod oder Arsen(III)-iodid exotherm transportiert werden. *Bouix* und *Hillel* (Bou 1976, Bou 1977) untersuchten und beschrieben den Transport von Verbindungen der Zusammensetzung $A^{\text{III}}B^{\text{V}}$ (A = B, Al, Ga, In, B = P, As), wobei ein besonderer Schwerpunkt auf der Analyse der Gasphasenzusammensetzung beim Transport dieser Verbindungen mit Iod bzw. iodhaltigen Transportmitteln mittels Ramann-Spektroskopie lag. Basierend auf diesen Untersuchungen wurde für den Transport von BAs mit Iod bzw. Arsen(III)-iodid folgende Transportgleichungen abgeleitet:

$$\text{BAs(s)} + \text{AsI}_3(\text{g}) \rightleftharpoons \text{BI}_3(\text{g}) + \frac{1}{2}\text{As}_4(\text{g}) \quad (9.2.12)$$

$$\text{BAs(s)} + \frac{3}{2}\text{I}_2(\text{g}) \rightleftharpoons \text{BI}_3(\text{g}) + \frac{1}{4}\text{As}_4(\text{g}) \quad (9.2.13)$$

Neben BAs können auch B$_6$As (Rad 1978) und B$_{12}$As$_2$ (Bec 1980) mit Iod transportiert werden. Besonders bemerkenswert ist der Transport von B$_6$As von 1050 nach 950 °C unter Zugabe von Tellur, bei dem ein flüchtiges Bortellurid gebildet wird, vergleichbar mit Transport von elementarem Bor mit Selen.

Binäre Arsenide der Nebengruppenelemente: In der Literatur ist der Transport einer Reihe von Übergangsmetallarseniden unter Zusatz von Halogenen, insbesondere von Iod, beschrieben. Beispiele sind Arsenide von Zirkonium, Niob, Tantal, Molybdän, Wolfram, Cobalt, Nickel und Palladium. Eine thermodynamische Analyse des Transportverhaltens wurde für die Systeme Niob/Arsen und Molybdän/Arsen durchgeführt: *Schäfer* beschreibt und erörtert das Transportverhalten von Niobmonoarsenid, NbAs, und Niobdiarsenid, NbAs$_2$ (Sch 1965). In diesem Zusammenhang werden vergleichende Betrachtungen zum Chemischen Transport von Sulfiden, Seleniden und Telluriden sowie Arseniden und Antimoniden angestellt und das beobachtete Transportverhalten anhand der entsprechenden Niobverbindungen verallgemeinert und schematisiert. NbAs kann unter Zugabe von Iod exotherm von 940 nach 1065 °C transportiert werden. Im

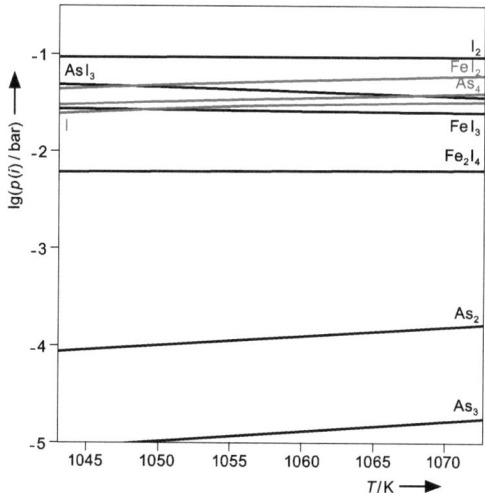

Abbildung 9.2.1 Gasphasenzusammensetzung im System FeAs$_2$/I$_2$.

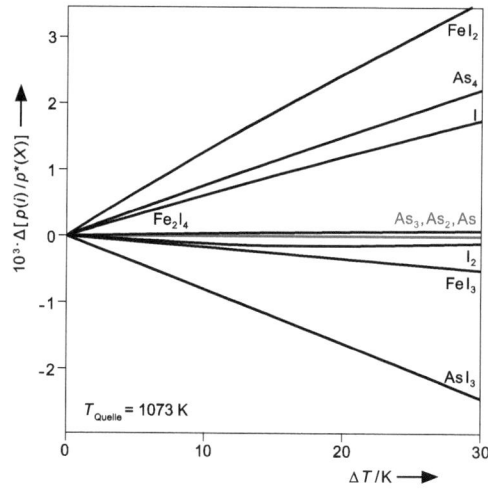

Abbildung 9.2.2 Transportwirksamkeit der wesentlichen Gasteilchen im System FeAs$_2$/I$_2$.

Gegensatz dazu verläuft der Transport von NbAs$_2$ mit Iod endotherm von 1045 nach 855 °C. Diese Umkehr der Transportrichtung mit abnehmendem Metallanteil gilt ebenso für die Niobantimonide -sulfide, -selenide und -telluride. Dies wird in Abschnitt 7.2 am Beispiel der Niobselenide erläutert.

Im Gegensatz zum Transport von Chalkogeniden spielt bei den Pnictiden die Bildung von Pnictogenhalogeniden eine wichtige Rolle. Ein Beispiel hierfür ist der Transport von FeAs$_2$. Es kann unter Zusatz von Chlor oder Iod von 800 nach 765 °C transportiert werden (Fan 1972, Ros 1972, Lut 1987). Die aus thermodynamischen Rechnungen erhaltenen Werte für die Transportwirksamkeit der einzelnen Gasspezies für das System Eisen/Arsen/Chlor bzw. Eisen/Arsen/Iod zei-

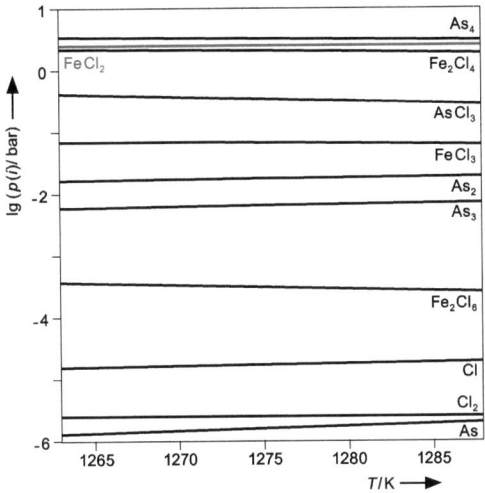

Abbildung 9.2.3 Gasphasenzusammensetzung im System $FeAs_2/Cl_2$.

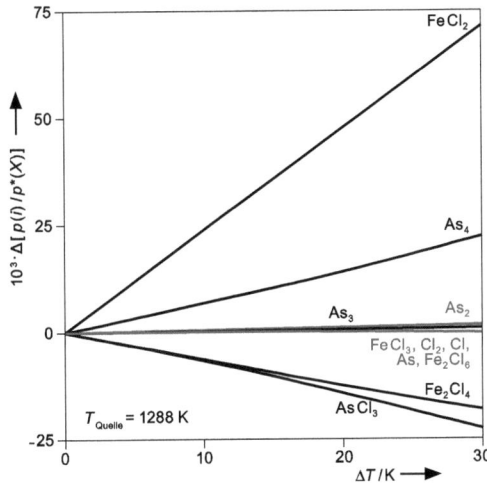

Abbildung 9.2.4 Transportwirksamkeit der wesentlichen Gasteilchen im System $FeAs_2/Cl_2$.

gen, dass nicht die zugesetzten Halogene, sondern die daraus gebildeten Arsentrihalogenide als Transportmittel wirken:

$$FeAs_2(s) + AsCl_3(g) \rightleftharpoons FeCl_2(g) + \frac{3}{4}As_4(g) + \frac{1}{2}Cl_2(g) \quad (9.2.14)$$

$$FeAs_2(s) + AsI_3(g) \rightleftharpoons FeI_2(g) + \frac{3}{4}As_4(g) + \frac{1}{2}I_2(g) \quad (9.2.15)$$

Der Chemische Transport von Molybdänarseniden ist gleichfalls gut untersucht. *Murray* et al. veröffentlichten Daten zum Transport von $MoAs_2$, $MoAs_3$ und Mo_5As_4 mit Chlor und insbesondere Brom (Mur 1972). Die Gasphasen wurden mittels Gesamtdruckmessungen und UV-Absorptionsspektroskopie eingehend analysiert. Die Gasphase wird bei Temperaturen um 725 °C im Wesentlichen von AsBr$_3$ dominiert. Molybdänbromide wurden in geringen Anteilen nachgewiesen. Des Weiteren ergaben die Untersuchungen, dass mit zunehmendem Anteil von Molybdän im Bodenkörper auch die Anteile von molybdänhaltigen Spezies in der Gasphase ansteigen. Als wesentliche Molybdän-übertragende Spezies wurde MoBr$_4$ identifiziert. Im System Mo$_5$As$_4$/Br$_2$ wurde auch gasförmiges MoBr$_2$ beschrieben.

Seltenerdmetallarsenide: Neben den Übergangsmetallarseniden können auch eine Reihe von Seltenerdmetallarseniden transportiert werden. Der Transport erfolgt stets über halogenierende Transportgleichgewichte – in der Regel mit Iod als Transportmittel –. Als ein Beispiel sei der Transport von Ytterbiumarsenid, YbAs, mit Iod von 1025 nach 900 °C genannt (Kha 1974). Folgende Transportgleichung wird angegeben:

$$\text{YbAs(s)} + \text{I}_2(\text{g}) \rightleftharpoons \text{YbI}_2(\text{g}) + \frac{1}{2}\text{As}_2(\text{g}) \qquad (9.2.16)$$

Als Ytterbium-übertragende Spezies wird von YbI$_2$ anstelle von YbI$_3$ ausgegangen. Bemerkenswert ist der Zusammenhang zwischen dem Iod-Druck und der transportierten Stoffmenge: Es werden besonders hohe Transportraten für Iod-Drücke von 0,5 und 3 bar beobachtet. Die Transportrate ist bei ca. 1,5 bar auffallend niedrig.

Der exotherme Chemische Transport des Neodymarsenids NdAs (z. B. 985 → 1080 °C) ist exemplarisch für den Transport der anderen Seltenerdmonoarsenide und zeigt, dass hier das zugesetzte Iod als Transportmittel fungiert. Die Gasphase über einem NdAs-Bodenkörper im Gleichgewicht mit Iod wird in dem oben angegebenen Temperaturbereich durch die Gasspezies NdI$_3$, I, I$_2$ und As$_2$ dominiert. Die Partialdrücke von As$_4$, As$_3$, As und AsI$_3$ liegen unterhalb von 10^{-5} bar. Wie die Werte der berechneten Transportwirksamkeit für die einzelnen Gasspezies zeigen, kann der Transport in sehr guter Näherung anhand folgender Gleichung beschrieben werden:

$$\text{NdAs(s)} + 3\,\text{I(g)} \rightleftharpoons \text{NdI}_3 + \frac{1}{2}\text{As}_2 \qquad (9.2.17)$$

$\Delta_R H^0_{1300} = -272{,}1 \text{ kJ} \cdot \text{mol}^{-1}$, $\Delta_R S^0_{1300} = -114{,}1 \text{ J} \cdot \text{mol}^{-1} \cdot \text{K}^{-1}$
$\Delta_R G^0_{1300} = -123{,}0 \text{ kJ} \cdot \text{mol}^{-1}$

Das Vorzeichen der Reaktionsenthalpie ist mit der beobachteten Transportrichtung im Einklang. Die freie Reaktionsenthalpie liegt in einem Bereich, in dem sehr geringe Transportraten zu erwarten sind.

Ternäre Verbindungen: Neben der Vielzahl von binären Arseniden (siehe Tab. 9.2.1) wurde auch das Transportverhalten einiger ternärer Verbindungen untersucht und beschrieben. Das sind u. a. Seltenerdmetall/Münzmetall-Diarsenide, zum Beispiel CeAgAs$_2$ (Dem 2004), halbleitende Cadmiumarsenidhalogenide der Zusammensetzung Cd$_4$As$_2$X$_3$ (X = Cl, Br, I) (Suc 1963), die Clathrat-Verbindung Ge$_{38}$As$_8$I$_8$ (vSc 1976), Arsenid/Phosphid-Mischkristalle, zum Beispiel GaAs$_{1-x}$P$_x$,

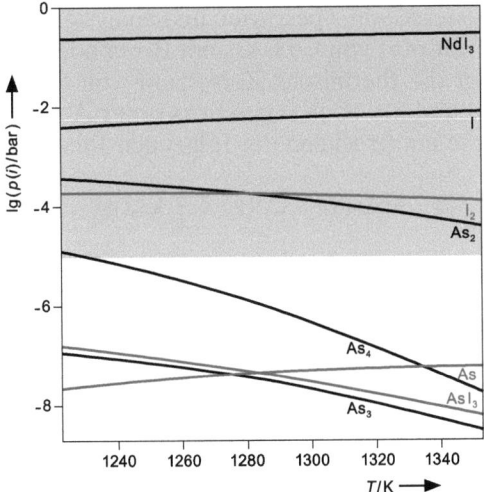

Abbildung 9.2.5 Gasphasenzusammensetzung im System NdAs/I_2.

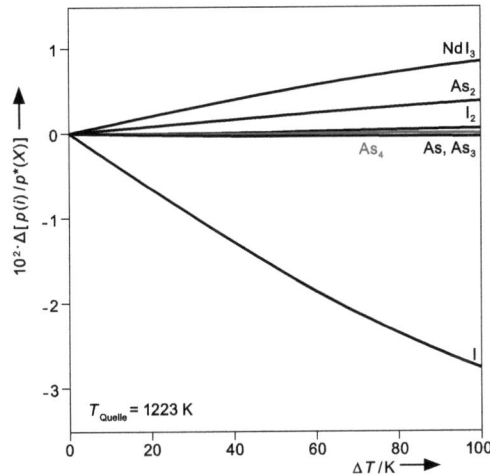

Abbildung 9.2.6 Transportwirksamkeit der wesentlichen Gasteilchen im System NdAs/I_2.

Seltenmetallmonoarsenid-Mischkristalle $SE_{1-x}SE'_xAs$ (Gol 2011) sowie eine Vielzahl von verschieden zusammengesetzten Pnictid-Chalkogeniden (Hul 1968, Mam 1988, Hen 2001, Bru 2006, Czu 2010) und Chalkopyrite der Zusammensetzung $A^{II}B^{IV}As_2$ (A = Cd, Zn; B = Si, Ge) (Spr 1968, Win 1974, Avi 1984, Kim 1989, Wen 1997).

Aufgrund der thermochemischen Eigenschaften der *Chalkopyrite*, sie zersetzen sich unterhalb der Schmelztemperatur, kommt dem Chemischen Transport als präparative Methode zur Darstellung von Einkristallen eine besondere Rolle zu. Die Verbindungsklasse der Chalkopyrite ist aufgrund ihrer Eigenschaft als

Halbleiter von Interesse. *Kimmel* beschrieb und analysierte das thermochemische Verhalten und den Transport von CdSiAs$_2$ mit Brom oder Cadmiumchlorid (Kim 1998). Danach erfolgt die thermische Zersetzung von CdSiAs$_2$ im Temperaturbereich zwischen 570 und 710 °C in festes SiAs unter Abgabe von Cadmium und Arsen in die Gasphase entsprechend der folgenden Reaktionsgleichung:

$$\text{CdSiAs}_2(s) \rightleftharpoons \text{SiAs}(s) + \text{Cd}(g) + \frac{1}{4}\text{As}_4(g) \tag{9.2.18}$$

Oberhalb von 710 °C zerfällt SiAs in festes Silicium und gasförmiges Arsen:

$$\text{SiAs}(s) \rightleftharpoons \text{Si}(s) + \frac{1}{4}\text{As}_4(g) \tag{9.2.19}$$

Da die endothermen Transportreaktionen im Temperaturbereich um 800 °C ausgeführt werden, kann man davon ausgehen, dass Cadmium und Arsen gasförmig vorliegen. Das schwer flüchtige Silicium muss hingegen mit einem geeigneten Transportmittel in die Gasphase überführt werden. Als Transportzusätze eignen sich neben den bereits genannten, insbesondere Brom, Cadmium(II)-chlorid, Tellur(IV)-chlorid sowie Iod.

Aus thermodynamischen Überlegungen lässt sich folgende Transportgleichung für CdSiAs$_2$ ableiten:

$$\text{CdSiAs}_2(s) + \text{Si}X_4(g) \rightleftharpoons \text{Cd}(g) + 2\,\text{Si}X_2(g) + \frac{1}{2}\text{As}_4(g) \tag{9.2.20}$$
$$(X = \text{Cl, Br, I})$$

Für den Transport mit Halogenen bzw. Halogeniden können diese Überlegungen in analoger Weise auf andere Verbindungen der Zusammensetzung $A^{II}B^{IV}\text{As}_2$ (A = Cd, Zn, B = Si, Ge) übertragen werden, da Zink wie Cadmium einen ausreichend hohen transportwirksamen Dampfdruck aufweisen und Germanium und Silicium erst durch Zugabe eines entsprechenden Transportmittels in die Gasphase gelangen. Hervorzuheben sind die Arbeiten von *Winkler*, die das Transportverhalten von Chalkopyriten umfangreich beschreiben (Win 1974, Win 1977). Der Schwerpunkt der Arbeiten liegt auf der Optimierung des Kristallwachstums bezüglich Größe, Morphologie und Qualität der Kristalle. Dabei wird der Einfluss der Transportzusätze ZnCl$_2$, SiCl$_4$, PbCl$_2$ und TeCl$_4$ sowie der Transportmittelmenge und der Transporttemperaturen auf das Kristallwachstum untersucht. Optimale Kristallisationsbedingungen für ZnSiAs$_2$ werden mit den Transportmitteln PbCl$_2$ und ZnCl$_2$ bei Temperaturen um 1000 °C erreicht.

Abschließend wird auf das Transportverhalten von *Pnictidchalkogeniden* näher eingegangen, da eine Vielzahl von Vertretern dieser Verbindungsklasse durch Chemische Transportreaktionen kristallisiert werden kann. Das sind zum einen die im PbFCl-Typ kristallisierenden Uranarsenidchalkogenide (UAsS, UAsSe, UAsTe) und Thoriumarsenidchalkogenide (ThAsS, ThAsSe, ThAsTe), deren endothermer Transport (z. B. 1000 → 900 °C) mit Brom oder Iod als Transportmittel insbesondere von *Hulliger* (Hul 1968, Kac 1994, Nar 1998, Waw 2005, Kac 2005) und *Henkie* et al. (Hen 1968, Hen 2001) beschrieben wird. Zum anderen handelt es sich um Zirconium- und Hafniumarsenidchalkogenide u. a. der Zusammensetzungen HfAs$_{1,7}$Se$_{0,2}$, ZrAs$_{0,7}$Se$_{1,3}$, ZrAs$_{0,7}$Te$_{1,3}$, ZrAs$_{1,4}$Se$_{0,5}$, ZrAs$_{1,6}$Te$_{0,4}$, wobei

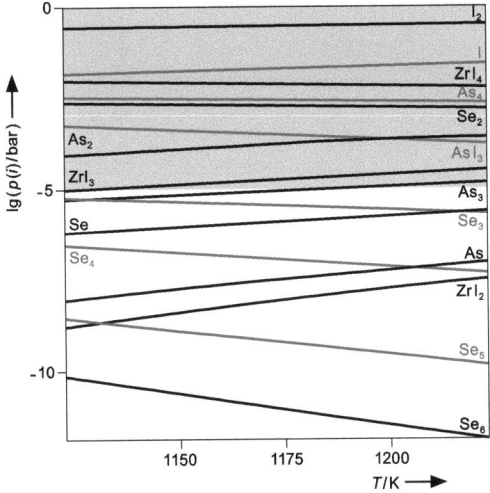

Abbildung 9.2.7 Gasphasenzusammensetzung im System ZrAs$_{1,5}$Se$_{0,5}$/I$_2$ nach (Czu 2010).

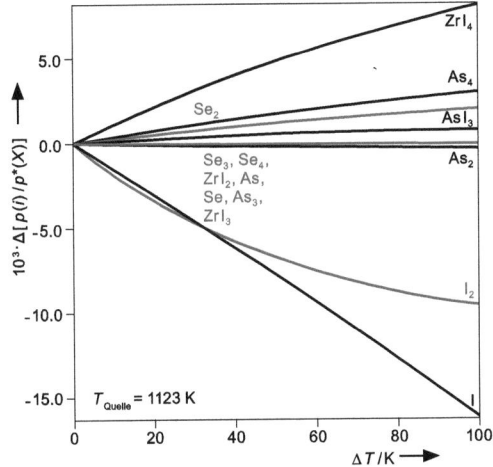

Abbildung 9.2.8 Transportwirksamkeit der wesentlichen Gasteilchen im System ZrAs$_{1,5}$Se$_{0,5}$/I$_2$ nach (Czu 2010).

insbesondere die beiden letztgenannten Phasen einen weiten Homogenitätsbereich aufweisen. Der Transport erfolgt unter Zusatz von Iod und ist stets exotherm (Czu 2010). Durch thermodynamische Rechnungen wurde das Transportverhalten der genannten Verbindungen anhand der Beispiele ZrAs$_{1,5}$Se$_{0,5}$ und ZrAs$_{1,5}$Te$_{0,5}$ beschrieben. Die im System ZrAs$_{1,5}$Se$_{0,5}$/I$_2$ berechnete Gasphasenzusammensetzung und Transportwirksamkeit zeigen, dass ZrI$_4$, As$_4$ und Se$_2$ als wesentliche transportwirksame Gasspezies auftreten (Abbildungen 9.2.7 und 9.2.8). Ebenfalls transportwirksame Partialdrücke erreichen die Gasspezies AsI$_3$, As$_2$, ZrI$_3$ und As$_3$, sie sind jedoch von untergeordneter Bedeutung. Für den

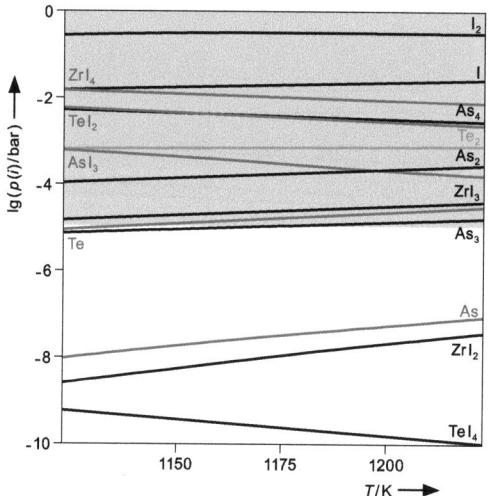

Abbildung 9.2.9 Gasphasenzusammensetzung im System $ZrAs_{1,5}Te_{0,5}/I_2$ nach (Czu 2010).

Transport von 850 nach 950 °C kann anhand der berechneten Transportwirksamkeiten der einzelnen Gasspezies die folgende Transportgleichung abgeleitet werden. Aufgrund der komplex zusammengesetzten Gasphase gibt sie das Transportverhalten nur näherungsweise wieder, veranschaulicht aber hinreichend den ablaufenden Transportprozess:

$$ZrAs_{1,5}Se_{0,5}(s) + 4\,I_2(g) \rightleftharpoons ZrI_4(g) + \frac{3}{8}As_4(g) + \frac{1}{4}Se_2(g) \qquad (9.2.21)$$

Für den exothermen Transport von $ZrAs_{1,5}Te_{0,5}$ zeigen die berechnete Gasphasenzusammensetzung und die Transportwirksamkeit der wesentlichen, am Transport beteiligten Gasspezies, dass sich bezüglich der Zirconium- und Arsen-übertragenden Spezies keine signifikante Änderung gegenüber dem Transport von $ZrAs_{1,5}Se_{0,5}$ ergibt. Lediglich hinsichtlich der Chalkogen-übertragenden Spezies ist eine deutliche Abweichung festzustellen. Für den Transport von $ZrAs_{1,5}Te_{0,5}$ ist die wesentliche Tellur-übertragende Gasspezies TeI_2, wobei Te_2 und Te ebenfalls transportwirksame Partialdrücke aufweisen, die jedoch in ihrer Transportwirksamkeit deutlich unter der von TeI_2 liegen (Abbildungen 9.2.9 und 9.2.10). Aufgrund der vom Selen zum Tellur zunehmenden Stabilität der Chalkogenidhalogenide wird TeI_2 im Gegensatz zu SeI_2 mit transportwirksamen Partialdruck gebildet (siehe Kapitel 7). Zur Veranschaulichung des Transportverhaltens kann folgendes wesentliches Gleichgewicht abgeleitet werden:

$$ZrAs_{1,5}Te_{0,5}(s) + \frac{5}{2}I_2(g) \rightleftharpoons ZrI_4(g) + \frac{3}{8}As_4(g) + \frac{1}{2}TeI_2(g) \qquad (9.2.22)$$

Wie massenspektrometrische Untersuchungen belegen, stimmen anhand thermodynamischer Daten simulierte und experimentell ermittelte Gasphasenzusammensetzungen gut überein.

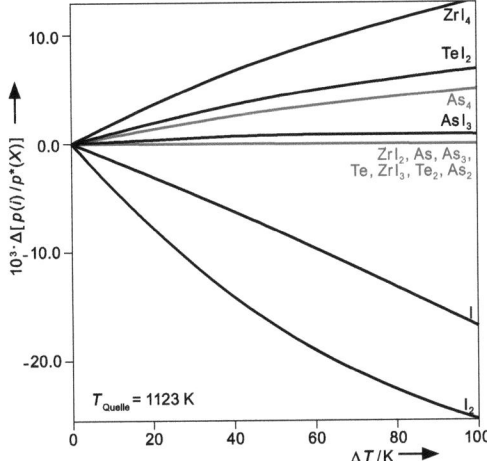

Abbildung 9.2.10 Transportwirksamkeit der wesentlichen Gasteilchen im System $ZrAs_{1,5}Te_{0,5}/I_2$ nach (Czu 2010).

Weitere Beispiele für den Chemischen Transport von Arsenidchalkogeniden sind die *Mischphasen* im System GaAs/ZnSe. GaAs/ZnSe-Mischkristalle können unter Zugabe von Iod im Temperaturgradienten von 800 nach 700 °C transportiert werden. *Brünig* veröffentlicht thermodynamische Rechnungen und massenspektrometrische Untersuchungen zum Transportverhalten der genannten Mischkristalle (Bru 2006). Durch den Einsatz der Massenspektrometrie kann erstmals ein gasförmiges Arsenselenidhalogenid (AsSeI) nachgewiesen werden. Erst die Bildung dieses Gasteilchens macht den Transport von GaAs/ZnSe-Mischkristallen möglich.

Arsenide der meisten Metalle bzw. Halbmetalle können bzw. sollten durch Chemischen Transport darstellbar sein. Die oftmals fehlende thermodynamische Analyse des beobachteten Transportverhaltens ist der Tatsache geschuldet, dass für die meisten festen Arsenide keine oder nur sehr unzuverlässige thermodynamische Daten bekannt sind. Im Gegensatz zur festen Phase lässt sich die Gasphase beim Transport von binären Arseniden relativ sicher beschreiben. Die wichtigsten arsenhaltigen Gasspezies sind As_4, As_3, As_2 und As sowie die Arsen(III)-halogenide. Bei Anwesenheit von Wasser bzw. Wasserstoff kann Arsenwasserstoff gebildet werden. Weiter zu berücksichtigen sind die Arsen(I)-halogenide, für die jedoch keine thermodynamischen Daten bekannt sind und die aufgrund ihrer niedrigen Partialdrücke für den Chemischen Transport keine große Relevanz haben. Wie das Beispiel AsSeI(g) zeigt, ist in Systemen, die Chalkogenatome enthalten, mit der Bildung von Pnictogenchalkogenidhalogeniden zu rechnen.

Tabelle 9.2.3 Beispiele für den Chemischen Transport von Arseniden.

Senkenboden-körper	Transportzusatz	Temperatur/°C	Literatur
AlAs	Cl_2, I_2		Vor 1972
	AlI_3	300 → 900	Hil 1977, Bou 1977
B/As	Br_2	850 → 600	Arm 1967
	I_2	850 → 400	Arm 1967
	I_2	920 → 900	Chu 1972a
	$Cl_2 + H_2O$, $Br_2 + H_2O$, $I_2 + H_2O$	800 → 620	Rad 1978
	I_2, AsI_3	350 → 800	Bou 1976
	I_2, AsI_3	900	Bou 1977
	Te	850 → 750 ... 800	Rad 1978
B_6As	I_2, Te	1050 → 950	Rad 1978
$B_{12}As_2$	I_2	620 → 900	Bec 1980
$CdSiAs_2$	Br_2, $CdCl_2$	805 → 785	Kim 1989
	$TeCl_4$	790 ... 815 → 720 ... 760	Avi 1984
CeAs	I_2	800 → 850, 985 → 1080	Gol 2011
$Ce_{1-x}Nd_xAs$	I_2	950 → 1080	Gol 2011
$CeAgAs_2$	I_2	600 → 800, 800 → 900	Dem 2004
CeAsSe	I_2	keine Angabe	Czu 2010
CoAs	I_2	850 → 550	Sel 1971
$CoAs_3$	Cl_2	900 → 800	Ack 1977
$CdGeAs_2$	Br_2	655 → 635	Bau 1990
Cd_3As_2	CdX_2	500 → 550	Suc 1963
$Cd_4As_2X_3$ (X = Cl, Br, I)	CdX_2	500 → 550	Suc 1963
DyAs	I_2	1000	Bus 1965
ErAs	I_2	1000	Bus 1965
$FeAs_2$	Cl_2	800 → 765	Fan 1972, Ros 1972
	I_2	800 → 765	Ros 1972, Lut 1987
GaAs	Cl_2	780 → 730	Alt 1968
	Cl_2	830 → 680	Fak 1971
	Cl_2	800 → 750	Wat 1975
	I_2	800 → 775 ... 700, 700 → 675 ... 575	Ari 1965
	I_2	1070 → 1030	Ant 1959
	I_2	200 → 1100	Sil 1962

Tabelle 9.2.3 (Fortsetzung)

Senkenbodenkörper	Transportzusatz	Temperatur/°C	Literatur
	I_2	825 → 725	Fer 1964
GaAs	I_2	800 ... 600 → T_1; ΔT = 40 K	Oka 1963
	I_2	850 → T_1	Sel 1972
	I_2	700 → 650, 800 → 750, 900 → 850	Hit 1994
	$Cl_2 + H_2$, $I_2 + H_2$	825 → 725	Fer 1964
	HCl	700 → T_1	Moe 1962
	HCl	830 → 680	Fak 1973, Fak 1979
	HCl	725 → 925	Pas 1983
	HCl + H_2	1000 ... 750 → T_1	Ett 1965
	HCl + H_2, $H_2O + H_2$	850 ... 950 → T_1	Mic 1964
	HBr	425 → 1125	Fak 1977, Fak 1979
	HBr	830 → 630	Gar 1978
	H_2O	1100 → 1100 ... 1080	Fro 1964
	H_2O	800 → 1070	Dem 1972
	H_2O	800 → 740	Bar 1975
	As	940 → 840	Köp 2004
	$AsCl_3$		Hen 1971
	$AsCl_3 + H_2$	700	Kra 1970
	$AsCl_3 + H_2$	820 → 680 ... 550	Nic 1971
	GaI_3	900	Bou 1977
	GaI_3		Hil 1977
GaAs/GaAs$_{1-x}$P$_x$	I_2	1000 → 900	Ros 2005
GaAs/ZnSe	I_2	800 → 700	Bru 2006
GaAs$_x$P$_{1-x}$	H_2O	800 → 1070 → T_1	Dem 1972
Ga$_x$In$_{1-x}$As	HCl	800 → 650	Cha 1982
Ga$_{1-y}$In$_y$As$_{1-x}$P$_x$	HCl	725	Esk 1982
GdAs	I_2	1000	Bus 1965
	I_2	960 → 1030	Mur 1970
GdCuAs$_2$	I_2	900 → 800	Moz 2000
GdCuAs$_{1,15}$P$_{0,85}$	I_2	900 → 800	Moz 2000
GeAs	I_2		Hil 1980
GeAs$_2$	I_2	515 → 505, 615 → 605	Hil 1982
	I_2		Hil 1980
Ge$_{38}$As$_8$I$_8$	I_2		vSc 1976
HfAs$_2$	I_2	700 → 800, 800 → 900	Czu 2010
HfAs$_{1,7}$Se$_{0,2}$	I_2	800 → 900	Schl 2007, Czu 2010

Tabelle 9.2.3 (Fortsetzung)

Senkenboden-körper	Transportzusatz	Temperatur/°C	Literatur
HoAs	I_2	1000	Bus 1965
	I_2	950 → 1080	Gol 2011
InAs	I_2	840 → 815	Nic 1972
	HCl	635 → 520	Bol 2008
	$InCl_3$	890 → 840	Ant 1959
	InI_3	875 → 830	Ant 1959
	InI_3	900	Bou 1977
	$AsCl_3 + H_2$	825 → 775	Car 1974
	As	940 → 840	Köp 2004
	H_2O		Cha 1971
LaAs	I_2	800	Mur 1970
$LaAs_2$	I_2	960 → 840	Mur 1970
	I_2		Ono 1970
$La_{1-x}Ce_xAs$	I_2	950 → 1080	Gol 2011
$La_{1-x}Nd_xAs$	I_2	950 → 1080	Gol 2011
LaAsSe	I_2	keine Angabe	Czu 2010
Mo_4As_5	Br_2	980 → 930	Mur 1972
Mo_2As_3	Br_2	keine Angabe	Tay 1965
	Br_2	1080 → 1030	Mur 1972
	Br_2	keine Angabe	Jen 1965
$MoAs_2$	Cl_2	915 → 940	Tay 1965
	Cl_2	1000 → 950	Mur 1972
	Br_2	1000 → 950	Mur 1972
	I_2	1010 → 940	Mur 1972
NbAs	Br_2	1000 → 850	Sai 1964
	I_2	940 → 1065	Sch 1965
$NbAs_2$	Cl_2	1000 → 700	Sai 1964
	Br_2	1000 → 700	Sai 1964
	I_2	1045 → 855	Sch 1965
	I_2	keine Angabe	Fur 1965
NdAs	I_2	800	Mur 1970
	I_2	800 → 850, 985 → 1080	Gol 2011
	$PtCl_2$	950 → 1080	Gol 2011
	AsI_3	900 → 1000	Gol 2011
$NdAs_2$	I_2	960 → 1030	Mur 1970
	I_2	keine Angabe	Ono 1970
$Nd_{1-x}Ho_xAs$	I_2	950 → 1080	Gol 2011
Ni_5As_2	Br_2, I_2	750 → 650	Sai 1964
$NpAs_2$	I_2	800 → 850	Woj 1982
Np_3As_4	I_2	720 → 760	Woj 1982

Tabelle 9.2.3 (Fortsetzung)

Senkenboden-körper	Transportzusatz	Temperatur/°C	Literatur
PaAs	I_2	450 → 2000	Cal 1979
Pa_3As_4	I_2	400 → 1500	Cal 1979
$PaAs_2$	I_2	400 → 1000	Cal 1979
Pd_5As	Cl_2	500 → 650	Sai 1964
PrAsSe	I_2	950 → 800	Czu 2010
SiAs	I_2	400 → 1180	Bec 1966
	I_2	1100 → 900	Wad 1969
	I_2	1100 → T_1	Chu 1971
	I_2	keine Angabe	Hil 1980
	I_2	1015 → 985, 1015 → 790	Uga 1989
	I_2	750 → 850, 1050 → 950	Bolt 1994
	HI	750 → 850	Bolt 1994
$SiAs_2$	I_2, AsI_3	1100 → 900	Ing 1967
Ta_2As	I_2	1000 → T_1	Mur 1976
Ta_5As_4	Br_2, I_2	1000 → T_1	Mur 1976
TaAs	I_2	T_2 → T_1	Mur 1976
$TaAs_2$	Cl_2, Br_2	1000 → 700	Sai 1964
	Cl_2, Br_2, I_2	T_2 → T_1	Mur 1976
TbAs	I_2	1000	Bus 1965
	I_2	800 → 850, 900 → 1050	Gol 2011
ThAsS	Br_2	1020 → 970	Hen 2001
ThAsSe	Br_2	1020 → 970	Hen 2001
	Br_2, I_2	1000 → 900	Hul 1968
ThAsTe	Br_2, I_2	1000 → 900	Hul 1968
$(Th_xU_{1-x})_3As_4$	I_2		Hen 1977
UAs	I_2	keine Angabe	Hen 1977
U_3As_4	I_2	890 → 940	Buh 1969
	I_2	800 → 935	Hen 1968
	I_2	keine Angabe	Hen 1977
	I_2	920 → 960	Hen 1985
	I_2	925 → 975	Onu 2007
UAs_2	I_2	710 → 790	Hen 1968
	I_2	830 → 870	Hen 1985
	I_2	750 → 900	Wis 2000, Wis 2000a
	I_2	925 → 975	Onu 2007
UAsS	Br_2	950 → 900	Hen 2001
	Br_2, I_2	1000 → 900	Hul 1968
UAsSe	Br_2	950 → 900	Hen 2001
	Br_2, I_2	1000 → 900	Hul 1968

Tabelle 9.2.3 (Fortsetzung)

Senkenbodenkörper	Transportzusatz	Temperatur/°C	Literatur
UAsTe	Br_2, I_2	1000 → 900	Hul 1968
WAs_2	Br_2	1075 → 900	Tay 1965
	Br_2	keine Angabe	Jen 1965
YbAs	I_2	1025 → 900	Kha 1974
$YbAs_4S_7$	I_2	525 → 455	Mam 1988
$Yb_3As_4S_9$	I_2	875 → 805	Mam 1988
$ZnSiAs_2$	I_2	950 → 925	Spr 1968
	$PbCl_2$	1040 → 1000	Win 1974
	$ZnCl_2$	1050 → 1000	Win 1974
	$TeCl_4$	965 → 940	Wen 1997
$ZnSiAs_2$		1150 … 1090 → T_1	Nad 1973
$ZnSiP_{2-x}As_x$	I_2	950 → 925	Spr 1968
$ZrAs_2$	I_2	700 → 800	Czu 2010
$ZrAs_{0,7}Se_{1,3}$	I_2	970 → 1020	Czu 2010
$ZrAs_{0,6}Te_{1,4}$	I_2	900 → 950	Czu 2010
$ZrAs_{1,4}Se_{0,5}$	I_2	850 → 950	Czu 2010
$ZrAs_{1,6}Te_{0,4}$	I_2	900 → 950	Czu 2010
$ZrAs_{0,5}Ga_{0,5}Te$	$TeCl_4$	900 → 950	Wan 1995
$ZrAsSi_{0,5}Te_{0,5}$	$TeCl_4$	900 → 950	Wan 1995

Literaturangaben

Ack 1977   J. Ackermann, A. Wold, *J. Phys. Chem. Solids* **1977**, *38*, 1013.

Akh 1977   O. S. Akhverdov, S. A. Ershova, E. M. Novikova, K. A. Sokolovskii, *Tezisy Dokl. Vses. Soveshch. Rostu Krist. 5th* **1977**, *2*, 100.

Alf 1968   Z. I. Alferov, M. K. Trukan, *Izv. Akad. Nauk. SSSR, Neorg. Mater.* **1968**, *4*, 331.

Ant 1959   G. R. Anteli, D. Effer, *J. Electrochem. Soc.* **1959**, 509.

Ant 1961   G. R. Antell, *Brit. J. Appl. Phys.* **1961**, *12*, 687.

Ari 1965   T. Arizumi, T. Nishinaga, *Jap. J. Appl. Phys.* **1965**, *4*, 165.

Arm 1967   A. F. Armington, *J. Cryst. Growth* **1967**, *1*, 47.

Avi 1984   M. Avirović, M. Lux-Steiner, U. Elrod, J. Hönigschmid, E. Bucher, *J. Cryst. Growth* **1984**, *67*, 185.

Bar 1975   A. A. Barybin, A. A. Zakharov, N. K. Nedev, *Izv. Akad. Nauk SSSR, Neorg. Mater.* **1975**, *11*, 1005.

Bau 1990   F. P. Baumgartner, M. Lux-Steiner, E. Bucher, *J. Electr. Mater.* **1990**, *19*, 777.

Bec 1966   C. G. Beck, R. Stickler, *J. Appl. Phys.* **1966**, *37*, 4683.

Bec 1980   H. J. Becher, F. Thévenot, C. Brodhag, *Z. Allg. Chem.* **1980**, *469*, 7.

Bod 1973   I. V. Bodnar, *Kinet. Mekh. Krist.* **1973**, 248.

Bol 1963	D. E. Bolger, B. E. Barry, *Nature* **1963**, *199*, 1287.
Bol 1994	P. Bolte, R. Gruehn, *Z. Anorg. Allg. Chem.* **1994**, *620*, 2077.
Bou 1976	J. Bouix, R. Hillel, *J. Less-Common Met.* **1976**, *47*, 67.
Bou 1977	J. Bouix, R. Hillel, *J. Cryst. Growth* **1977**, *38*, 61.
Boz 1974	C. O. Bozler, *Solid-State Electronics* **1974**, *17*, 251.
Bru 2006	C. Brünig, S. Locmelis, E. Milke, M. Binnewies, *Z. Anorg. Allg. Chem.* **2006**, *632*, 1067.
Buh 1969	C. F. Buhrer, *J. Phys. Chem. Solids* **1969**, *30*, 1273.
Bus 1965	G. Busch, O. Vogt, F. Hulliger, *Phys. Letters* **1965**, *15*, 301.
Cal 1979	G. Calestani, J. C. Spirlet, J. Rebizant, W. Müller, *J. Less-Common Met.* **1979**, *68*, 207.
Cha 1971	G. V. Chaplygin, T. I. Shcherballova, S. A. Semiletov, *Kristallografiya* **1971**, *16*, 207.
Cha 1976	S. Chang, J.-K. Liang, *Guoli Taiwan Daxue Gongcheng Xuekan* **1976**, *19*, 64.
Cha 1982	A. K. Chatterjee, M. M. Faktor, M. H. Lyons, R. H. Moss, *J. Cryst. Growth* **1982**, *56*, 591.
Che 1985	K. J. Chen, Z. Y. Yang, R. L. Wu, *J. Non-Cryst. Solids* **1985**, *77–78*, 1281.
Chu 1971	T. L. Chu, R. W. Kelm, S. S. C. Chu, *J. Appl. Phys.* **1971**, *42*, 1169.
Chu 1972a	T. L. Chu, A. E. Hyslop, *J. Appl. Phys.* **1972**, *43*, 276.
Coc 1962	C. N. Cochran, L. M. Foster, *J. Electrochem. Soc.* **1962**, *109*, 144.
Czu 2010	A. Czulucki, *Dissertation*, TU Dresden, **2010**.
Dem 1972	E. Deml, J. Talpova, A. S. Popova, *Krist. Tech.* **1972**, *7*, 1089.
Dem 2004	R. Demchyna, J. P. F. Jemetio, Y. Prots, T. Doert, L. G. Akselrud, W. Schnelle, Y. Kuz'ma, Y. Grin, *Z. Anorg. Allg. Chem.* **2004**, *630*, 635.
Der 1966	H. J. Dersin, E. Sirtl, *Z. Naturforsch.* **1966**, *21A*, 332.
Eff 1965	D. Effer, *J. Electrochem. Soc.* **1965**, *112*, 1020.
Esk 1982	S. M. Eskin, E. N. Vigdorovich, T. P. Shapovalova, A. S. Pashikin, *Izv. Akad. Nauk. SSSR, Neorg. Mater.* **1982**, *18*, 729.
Fak 1971	M. M. Faktor, I. Garrett, *J. Chem. Soc. A* **1971**, *8*, 934.
Fak 1973	M. M. Faktor, I. Garrett, R. H. Moss, *J. Chem. Soc. Faraday T. 1* **1973**, *69*, 1915.
Fak 1977	M. M. Faktor, I. Garrett, M. H. Lyons, R. H. Moss, *J. Chem. Soc. Faraday Trans.* **1977**, *73*, 1446.
Fak 1979	M. M. Faktor, I. Garret, M. H. Lyons, *J. Cryst. Growth* **1979**, *46*, 21.
Fan 1972	A. K. L. Fan, G. H. Rosenthal, H. L. McKinzie, A. Wold, *J. Solid State Chem.* **1972**, *5*, 136.
Fer 1964	R. R. Fergusson, T. Gabor, *J. Electrochem. Soc.* **1964**, *111*, 585.
Fra 1981	P. Franzosi, C. Ghezzi, E. Gombia, *J. Cryst. Growth* **1981**, *51*, 314.
Fro 1964	C. J. Frosch, *J. Electrochem. Soc.* **1964**, *111*, 180.
Fur 1965	S. Furuseth, A. Kjekshus, *Acta Crystallogr.* **1965**, *18*, 320.
Gar 1978	I. Garrett, M. M. Faktor, M. H. Lyons, *J. Cryst. Growth* **1978**, *45*, 150.
Gol 1977	M. I. Golovei, M. Yu. Rigan, *Khim. Fiz. Khal'kogenidov* **1977**, 38.
Gol 2011	S. Golbs, *geplante Dissertation*, TU Dresden, **2011**.
Hen 1968	Z. Henkie, *Roczniki Chemii, Ann. Soc. Chim. Polonorum* **1968**, *42*, 363.
Hen 1977	Z. Henkie, P. J. Markowski, *J. Cryst. Growth* **1977**, *41*, 303.
Hen 2001	Z. Henkie, A. Pietraszko, A. Wojakowski, L. Kępiński, T. Chichorek, *J. Alloys. Compd.* **2001**, *317–318*, 52.
Hil 1977	R. Hillel, J. Bouix, *J. Cryst. Growth* **1977**, *38*, 67.
Hil 1980	R. Hillel, J. Bouix, A. Michaelides, *Thermochim. Acta* **1980**, *38*, 259.
Hil 1982	R. Hillel, C. Bec, J. Bouix, A. Michaelides, Y. Monteil, A. Tranquard, *J. Electrochem. Soc.* **1982**, *129*, 1343.

Hit 1994	L. Hitova, A. Lenchev, E. P. Trifonova, M. Apostolova, *Cryst. Res. Technol.* **1994**, *29*, 957.
Hul 1968	F. Hulliger, *J. Less-Common Met.* **1968**, *16*, 113.
Ing 1967	S. W. Ing, Y. S. Chiang, W. Haas, *J. Electrochem. Soc.* **1967**, *114*, 761.
Jen 1965	P. Jensen, A. Kjekshus, T. Skansen, *Acta Chem. Scand.* **1965**, *19*, 1499.
Jen 1969	P. Jensen, A. Kjekshus, T. Skansen, *J. Less-Common Met.* **1969**, *17*, 455.
Kac 1994	D. Kaczorowski, H. Noël, M. Potel, A. Zygmunt, *J. Phys. Chem. Solids* **1994**, *55*, 1363.
Kac 2005	D. Kaczorowski, A. P. Pikul, A. Zygmunt, *J. Alloy. Compd.* **2005**, *398*, L1.
Kha 1974	A. Khan, J. Castro, C. Vallendilla, *J. Cryst. Growth* **1974**, *23*, 221.
Kha 1976	A. Khan, J. Castro, *Proc. Rare Earth Res. Conf.* **1976**, *2*, 961.
Kim 1989	M. Kimmel, M. Lux-Steiner, A. Klein, E. Bucher, *J. Cryst. Growth* **1989**, *97*, 665.
Köp 2004	R. Köppe, H. Schnöckel, *Angew. Chem.* **2004**, *116*, 2222. *Angew. Chem., Int. Ed.* **2004**, *43*, 2170.
Kra 1970	P. Kramer, W. Schmidt, G. Knobloch, E. Butter, *Krist. Tech.* **1970**, *5*, 523.
Kun 1976	Y. Kuniya, T. Fujii, M. Yuizumi, *Denki Kagaku oyobi Kogyo Butsuri Kagaku* **1976**, *44*, 124.
Lut 1987	H. D. Lutz, M. Jung, G. Wäschenbach, *Z. Anorg. Allg. Chem.* **1987**, *554*, 87.
Mam 1988	A. I. Mamedov, T. M. Il'yasov, P. G. Rustamov, F. G. Akperov, *Zh. Neorg. Khim.* **1988**, *33*, 1103.
Mic 1964	M. Michelitsch, W. Kappallo, G. Hellbardt, *J. Electrochem. Soc.* **1964**, *111*, 1248.
Min 1971	H. T. Minden, *J. Cryst. Growth* **1971**, *8*, 37.
Moe 1962	R. R. Moest, B. R. Shupp, *J. Electrochem. Soc.* **1962**, *109*, 1061.
Moz 2000	Y. Mozharivskyj, D. Kaczorowski, H. F. Franzen, *J. Solid State Chem.* **2000**, *155*, 259.
Mur 1970	J. J. Murray, J. B. Taylor, *J. Less-Common Met.* **1970**, *21*, 159.
Mur 1972	J. J. Murray, J. B. Taylor, L. Usner, *J. Cryst. Growth* **1972**, *15*, 231.
Mur 1976	J. J. Murray, J. B. Taylor, L. D. Calvert, Yu. Wang, E. J. Gabe, J. G. Despault, *J. Less-Common Met.* **1976**, *46*, 311.
Nad 1973	H. Nadler, M. D. Lind, *Mater. Res. Bull.* **1973**, *8*, 687.
Nar 1998	A. Narducci, J. A. Ibers, *Chem. Mater.* **1998**, *10*, 2811.
Nic 1963	F. H. Nicoll, *J. Electrochem. Soc.* **1963**, *110*, 1165.
Nic 1971	J. J. Nickl, W. Just, *J. Cryst. Growth* **1971**, *11*, 11.
Nic 1972	W. Nicolaus, E. Seidowski, V. A. Voronin, *Krist. Technik* **1972**, *7*, 589.
Oka 1963	T. Okada, T. Kano, S. Kikuchi, Jap. *J. Appl. Phys.* **1963**, *2*, 780.
Ono 1970	S. Ono, J. G. Despault, L. D. Calvert, J. B. Taylor, *J. Less-Common Met.* **1970**, *22*, 51.
Onu 2007	Y. Ōnuki, R. Settai, K. Sugiyama, Y. Inada, T. Takeuchi, Y. Haga, E. Yamamoto, H. Harima, H. Yamagami, *J. Phys.: Condens. Matter* **2007**, *19*, 125203.
Pas 1983	A. S. Pashinkin, A. S. Malkova, V. A. Fedorov, A. V. Rodionov, Yu. N. Sveshnikov, *Izv. Akad. Nauk SSSR, Neorg. Mater.* **1983**, *19*, 538.
Rad 1978	A. F. Radchenko, *Neorg. Materialy* **1978**, *14*, 1051.
Rao 1978	M. Subba Raó, R. H. Moss, M. M. Faktor, *Indian J. Pur. Ap. Phys.* **1978**, *16*, 805.
Ros 1972	G. Rosenthal, R. Kershaw, A. Wold, *Mater. Res. Bull.* **1972**, *7*, 479.
Ros 2005	C. Rose, S. Locmelis, E. Milke, M. Binnewies, *Z. Anorg. Allg. Chem.* **2005**, *631*, 530.
Sai 1964	G. S. Saini, L. D. Calvert, J. B. Taylor, *Canad. J. Chem.* **1964**, *42*, 150.
Sch 1965	H. Schäfer, W. Fuhr, *J. Less-Common Met.* **1965**, *8*, 375.

Schl 2007	A. Schlechte, R. Niewa, M. Schmidt, H. Borrmann, G. Aufermann, R. Kniep, *Z. Kristallogr. NCS* **2007**, *222*, 369.
Schl 2007a	A. Schlechte, R. Niewa, M. Schmidt, G. Aufermann, Yu. Prots, W. Schnelle, D. Gnida, T. Cichorek, F. Steglich, R. Kniep, *Sci. Technol. Adv. Mat.* **2007**, *8*, 341.
Sel 1971	K. Selte, A. Kjekshus, *Acta Chem. Scand.* **1971**, *25*, 3277.
Sel 1971a	K. Selte, A. Kjekshues, W. E. Jamison, A. I. Andresen, J. E. Engebretsen, *Acta Chim. Scand.* **1971**, *25*, 1703.
Sel 1972	K. Selte, A. Kjekshus, *Acta Chem. Scand.* **1972**, *26*, 3101.
Sil 1962	V. J. Silvestri, V. J. Lyons, *J. Electrochem. Soc.* **1962**, *109*, 963.
Suc 1963	L. Suchow, N. R. Stemple, *J. Electrochem. Soc.* **1963**, *110*, 766.
Tay 1965	J. B. Taylor, L. D. Calvert, M. R. Hunt, *Can. J. Chemistry* **1965**, *43*, 3045.
Uga 1989	Y. A. Ugai, E. G. Goncharov, A. Y. Zavrazhnov, A. E. Popov, I. V. Vavresyuk, *Neorg. Materialy* **1989**, *25*, 609.
Uts 1971	Y. Utsugi, K. Yanata, H. Fujisaki, Y. Tanabe, *Tohoku Daigaku Kagaku Keisoku Kenkyusho Hokoku* **1971**, *20*, 1.
Ven 1975	K. Venttsel, V. A. Kempel, V. I. Tomilin, *Izv. Leningradskogo Elektrotekhnicheskogo Instituta* **1975**, *167*, 138.
Vor 1972	V. A. Voronin, V. A. Prokhorov, *J. Electrochem. Soc.* **1972**, *119*, C97.
vSc 1976	H. von Schnering, H. Menke, *Z. Anorg. Allg. Chem.* **1976**, *424*, 108.
Wad 1969	T. Wadsten, *Acta Chem. Scand.* **1969**, *23*, 331.
Wan 1995	C. Wang, T. Hughbanks, *Inorg. Chem.* **1995**, *34*, 5524.
Wat 1975	H. Watanabe, T. Nishinaga, T. Arizumi, *J. Cryst. Growth* **1975**, *31*, 179.
Waw 2005	R. Wawryk, A. Wojakowski, A. Pietraszko, Z. Henkie, *Solid-State Comm.* **2005**, *133*, 295.
Wen 1997	Y. Wen, B. A. Parkinson, *J. Phys. Chem. B* **1997**, *101*, 2659.
Win 1974	K. Winkler, K. Hein, K. Leipner, *Krist. Technik* **1974**, *9*, 1223.
Win 1977	K. Winkler, K. Hein, *Krist. Technik* **1977**, *12*, 211.
Wis 2000	P. Wiśniewski, D. Aoki, K. Miyake, N. Watanabe, Y. Inada, R. Settai, Y. Haga, E. Yamamoto, Y. Ōnuki, *Physica B* **2000**, *281/282*, 769.
Wis 2000°	P. Wiśniewski, D. Aoki, N. Watanabe, K. Miyake, R. Settai, Y. Ōnuki, Y. Haga, E. Yamamoto, Z. Henkie, *J. Phys.: Condens. Matt.* **2000**, *12*, 1971.
Woj 1982	A. Wojakowski, D. Damien, *J. Less-Common Met.* **1982**, *83*, 263.
Yan 1977	K. Yanata, *Tohoku Daigaku Kagaku Keisoku Kenkyusho Hokoku* **1977**, *26*, 43.

10 Chemischer Transport von intermetallischen Phasen

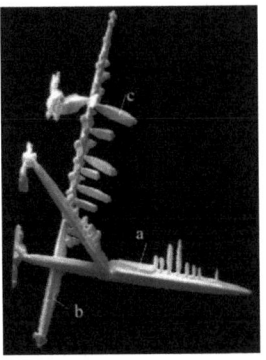

Cu$_9$Ga$_4$

Iod als Transportmittel

$$FeSi(s) + \frac{7}{2}I_2(g) \rightleftharpoons FeI_3(g) + SiI_4(g)$$

Iod als Transportzusatz – SiI$_4$ als Transportmittel

$$FeSi_2(s) + 2\,SiI_4(g) \rightleftharpoons 3\,SiI_2(g) + FeI_2(g)$$

Intermetallische Phasen mit großer Phasenbreite

$$Mo_{1-x}W_x(s) + 2\,HgBr_2(g) \rightleftharpoons (1-x)\,MoBr_4(g) + x\,WBr_4(g) + 2\,Hg(g)$$

Unter **intermetallischen Phasen** versteht man feste Stoffe, an deren Aufbau zwei oder mehr Metalle beteiligt sind. Gelegentlich wird zwischen Legierungen und intermetallischen Verbindungen unterschieden. Diese Begriffe werden in der Literatur jedoch nicht einheitlich verwendet. Um Missverständnisse zu vermeiden, verwenden wir hier ausschließlich den Begriff intermetallische Phase. Dieser schließt stöchiometrisch zusammengesetzte metallische Feststoffe ebenso ein wie solche mit Phasenbreiten bzw. feste Lösungen.

Aufgrund ihres Verhaltens beim Chemischen Transport sollen in diesem Kapitel auch Festkörper abgehandelt werden, die aus Metallen und den Halbmetallen Bor, Silicium, Germanium und Antimon gebildet werden. Diese Stoffe zählen im engeren Sinne nicht zu den intermetallischen Phasen, obwohl viele von ihnen metallische Eigenschaften aufweisen.

Üblicherweise werden die genannten Phasen mithilfe herkömmlicher Darstellungsmethoden wie Schmelz- oder pulvermetallurgischen Verfahren hergestellt. Sie bilden sich beim Erstarren von Schmelzen oder beim Tempern von Gemengen der einzelnen Komponenten. Das Schmelzen erfolgt in der Regel im Vakuum oder unter Schutzgas. Dabei sind teilweise sehr hohe Temperaturen notwendig. Neben dem erheblichen experimentellen bzw. technischen Aufwand (Lichtbogenofen bzw. Hochtemperaturofen, Schutzgastechnik, Hochvakuumtechnik) ist es insbesondere schwierig, geeignete Tiegelmaterialien zu finden, die bei den hohen Temperaturen keine Reaktion mit dem Tiegelinhalt eingehen. In manchen Fällen kommen Flussmittel zum Einsatz, um intermetallische Phasen zu kristallisieren (Kan 2005). Häufig verwendete Flussmittel sind Schmelzen der Metalle Aluminium, Gallium, Indium, Zinn, Blei, Antimon sowie Kupfer, Lithium und Natrium. Nachteilig ist hier, dass Atome des Flussmittels in die Phasen eingebaut werden können. Zudem lassen sich die gebildeten Kristalle oft nur schwierig von der erstarrten Schmelze (Flussmittel) abtrennen.

Transportreaktionen sind eine gute Alternative zur Synthese bzw. Kristallzucht kleiner Mengen intermetallischer Phasen (Loi 1972). Der Chemische Transport von intermetallischen Phasen schließt im Prinzip an den der Metalle an. Man kennt heute eine beträchtliche Anzahl von Beispielen für den Transport intermetallischer Phasen. Dieser unterscheidet sich grundlegend von dem anderer Verbindungen wie den Oxiden, Sulfiden, Seleniden, Arseniden und Halogeniden. Der Unterschied besteht darin, dass in einer intermetallischen Phase in der Regel keine der Komponenten einen eigenen, transportwirksamen Partialdruck aufweist. Das bedeutet, dass *alle* Komponenten des Bodenkörpers mit dem gewählten Transportmittel unter denselben Bedingungen unter Bildung flüchtiger Gasspezies in die Gasphase überführt werden müssen. Die Transportgleichungen 10.1 bis 10.3 machen die Unterschiede zwischen dem Transport einer salzartigen Verbindung auf der einen Seite und einer intermetallischen Phase bzw. eines Metallsilicids auf der anderen Seite deutlich.

$$ZnS(s) + I_2(g) \rightleftharpoons ZnI_2(g) + \frac{1}{2}S_2(g) \tag{10.1}$$

$$CrSi_2(s) + 5\,I_2(g) \rightleftharpoons CrI_2(g) + 2\,SiI_4(g) \tag{10.2}$$

$$Mo_{1-x}W_x(s) + 2\,HgBr_2(g)$$
$$\rightleftharpoons (1-x)\,MoBr_4(g) + x\,WBr_4(g) + 2\,Hg(g) \tag{10.3}$$

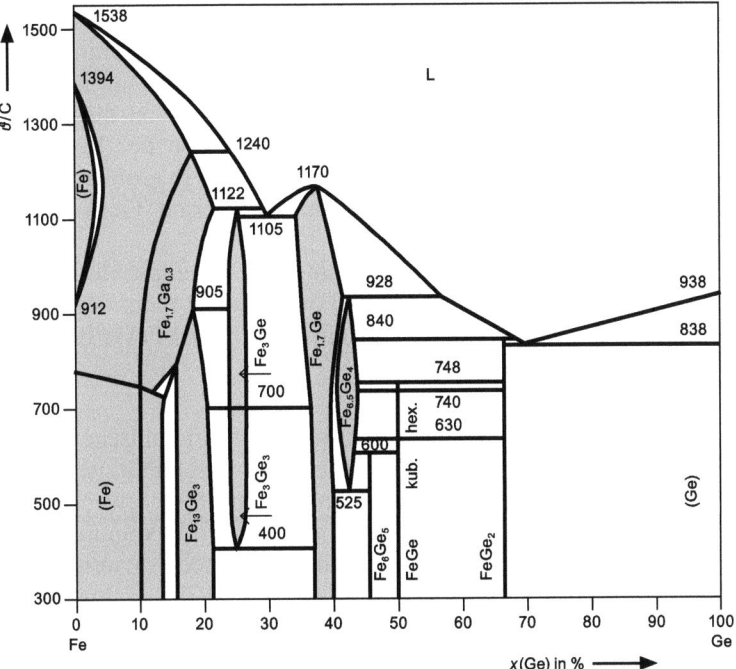

Abbildung 10.1 Phasendiagramm des Systems Fe/Ge nach (Ric 1967].

Viele intermetallische Systeme sind durch das Auftreten zahlreicher fester Phasen mit ähnlichen Stabilitäten gekennzeichnet. Hier beobachtet man besonders häufig einen inkongruenten Chemischen Transport, bei dem sich die Zusammensetzungen von Quellenbodenkörper und Senkenbodenkörper unterscheiden. Durch folgende Einflussgrößen kann die Zusammensetzung des abgeschiedenen Bodenkörpers beeinflusst werden:

- die Zusammensetzung des Quellenbodenkörpers.
- die Art des Transportmittels und die Transportmittelkonzentration.
- die Temperaturen der Quellen- und Senkenseite sowie der daraus resultierende Temperaturgradient.
- Chemische Transportreaktionen sind nicht nur eine Alternative zur Synthese und Kristallzucht von intermetallischen Phasen mit hohen Schmelztemperaturen. Ihnen ist gegenüber den genannten anderen Verfahren insbesondere in den folgenden Fällen der Vorzug zu geben:

Eine oder mehrere Komponenten der intermetallischen Phase haben bei der Schmelztemperatur einen hohen Dampfdruck.

Die intermetallische Phase zersetzt sich z. B. peritektisch vor Erreichen der Schmelztemperatur.

Die intermetallische Phase zeigt eine oder mehrere Phasenumwandlungen vor Erreichen der Schmelztemperatur.

Intermetallische Phasen können insbesondere dann durch Chemischen Transport erhalten werden, wenn auch die Elemente mit demselben Transportmittel bei gleicher Transportrichtung erhältlich sind. Beispiele findet man in den Systemen Molybdän/Wolfram, Cobalt/Nickel und Kupfer/Silber. Von dieser allgemeinen Regel kennt man insbesondere dann Ausnahmen, wenn der Betrag der freien Bildungsenthalpie der intermetallischen Phase besonders groß ist, so z. B. in den Systemen Chrom/Germanium, Cobalt/Germanium, Eisen/Germanium, Nickel/Zinn oder Kupfer/Zinn.

Durch Chemischen Transport kann es gelingen, Tieftemperaturmodifikationen intermetallischer Phasen in einkristalliner Form darzustellen, deren Präparation mit anderen Methoden nur selten gelingt. Ein Beispiel ist FeGe in der kubischen Modifikation (Wil 2007).

Transportmittel Da sich das Transportverhalten intermetallischer Phasen in vielen Fällen an das Transportverhalten der Elemente anschließt, ist Iod auch beim Transport der intermetallischen Phasen das am häufigsten verwendete Transportmittel. Neben Iod finden Kombinationen aus Iod und Aluminium(III)-, Gallium(III)- oder Indium(III)-iodid als Transportmittel Verwendung. Weitere Transportmittel bzw. transportwirksame Zusätze sind die Halogene Chlor und Brom sowie in Einzelfällen Chlorwasserstoff, Kupfer(II)-chlorid, Mangan(II)-chlorid, die Quecksilber(II)-halogenide, Tellur(IV)-chlorid und Eisen(II)-bromid.

Mineralisation – Kurzwegtransport – Mikrodiffusion Neben den Transportreaktionen im eigentlichen Sinn, bei denen ein Materialtransport über eine größere Wegstrecke im Zentimeterbereich entlang eines Temperaturgradienten erfolgt, werden intermetallische Phasen häufig unter Verwendung eines Mineralisators präpariert (Mer 1980, Sau 1993, Wan 2001, Wan 2002, Wan 2007). Diese Reaktionen können als *Kurzwegtransport* bzw. Transport mit *Mikrodiffusion* angesehen werden. Im Gegensatz zum Transport im eigentlichen Sinn werden sie meist als isotherme Reaktionen durchgeführt. In vielen Fällen hat es sich für den Erhalt definierter Reaktionsprodukte als günstig erwiesen, wenn die Temperatur bei der Mineralisationsreaktion so gewählt ist, dass keine flüssige Phase auftritt. In manchen Fällen ist dies jedoch nicht möglich, da bei diesen Temperaturen die Partialdrücke der transportwirksamen Halogenide zu niedrig sind. In intermetallischen Systemen, die hoch und niedrig schmelzende Metalle enthalten, können die Edukte räumlich voneinander getrennt vorgelegt werden. Grundsätzlich sind die Bedingungen möglichst so zu wählen, dass die Reaktion über die Gasphase stattfindet, bei der die aus den metallischen Komponenten gebildeten Gasspezies unter Bildung der intermetallischen Phase zurück reagieren und den Mineralisator wieder freisetzen. Mit einem geeigneten Mineralisator können sowohl intermetallische Phasen aus den Elementen gebildet und kristallisiert als auch polykristalline bzw. mikrokristalline Ausgangsmaterialien rekristallisiert werden. Die für Transportreaktionen notwendige Partialdruckdifferenz beruht bei dieser Art von Reaktion nicht auf der temperaturabhängig unterschiedlichen Lage des Transportgleichgewichts auf der Auflösungs- bzw. Abscheidungsseite, sondern auf dem Unterschied der freien Standardenthalpien der Bodenkörperphasen vor und nach

Abbildung 10.2 Rasterelektronenmikroskopisches Bild von FeGe.

der Mineralisation bzw. der freien Standardbildungsenthalpie der intermetallischen Phase (Nic 1973). Diese Art von Mineralisationsreaktion ist selbst bei sehr kleinen Partialdruckdifferenzen im Bereich von $\Delta p = 10^{-6}$ bar bei einem Gesamtdruck von einem bar noch sehr effektiv. Die Methode ist dann besonders wirkungsvoll, wenn alle Komponenten des Bodenkörpers mit dem Mineralisator gasförmige Verbindungen bilden. Sehr häufig verwendet man als Mineralisatoren Halogene, insbesondere Iod, oder aber Halogenverbindungen von Komponenten des Bodenkörpers. So wird vermieden, dass die gebildeten intermetallischen Phasen durch den Mineralisator verunreinigt werden. In einigen Fällen werden auch Chalkogene wie Sauerstoff, Schwefel und Tellur als Mineralisatoren wirksam. Der Mineralisator sorgt für einen kontinuierlichen Stoffaustausch zwischen Bodenkörper und Gasphase. Die Mineralisatorkonzentration ist so zu bemessen, dass bei der gewählten Reaktionstemperatur die Partialdrücke der gebildeten Gasspezies nicht größer sind als ihre jeweiligen Sättigungsdrücke, da die Gasspezies beim Überschreiten des Sättigungsdrucks kondensieren. Bezüglich der Gleichgewichtslage bei der Reaktion des Bodenkörpers mit dem Mineralisatorgas gelten ähnliche Gesetzmäßigkeiten wie bei Chemischen Transportreaktionen; die Gleichgewichtslage darf hier jedoch durchaus extremer sein, woraus kleinere Partialdruckdifferenzen resultieren. Bei einer isothermen Mineralisation ist es zudem nicht zwingend, dass die Reaktionen aller Komponenten mit dem gewählten Mineralisatorgas dieselbe Transportrichtung aufweisen. Für solche Mineralisationsreaktionen ist in vielen Fällen die Verwendung eines „Pendelofens" (Sch 1962) von Vorteil. Dabei wird die Temperatur um einen Mittelwert zum Beispiel mit einer Amplitude von 20 K und einer Frequenz von 20 Minuten je Periode variiert, sodass nicht wie beim Chemischen Transport eine räumliche, sondern eine zeitliche Temperaturdifferenz zur Kristallisation der intermetallischen Phase führt. Weitere Beispiele zur Kristallisation von Verbindungen aus anderen Stoffklassen unter Einsatz der Temperaturoszillationsmethode bzw. des „Pendelofens" finden sich in (Nee 1971, Ros 1973, Scho 1974, Schi 1976, Ala 1977, Bei 1977), wobei dort der methodische Aspekt im Vordergrund steht.

Intermetallische Phasen, die durch Mikrodiffusion synthetisiert bzw. kristallisiert wurden, können nahezu alle Metalle (außer den Alkalimetallen) und den überwiegenden Teil der Halbmetalle enthalten, so die Elemente Beryllium, Magnesium, die Seltenerdmetalle, Titan, Vanadium, Rhenium, Eisen, Ruthenium, Cobalt, Rhodium, Iridium, Nickel, Palladium, Platin, Zink, Bor, Aluminium, Gallium, Indium, Silicium, Germanium, Zinn, Blei, Antimon und Bismut.

10.1 Ausgewählte Beispiele

Man kennt zahlreiche Beispiele für den Chemischen Transport intermetallischer Phasen. Die untersuchten Stoffsysteme reichen von festen Lösungen zweier ähnlicher Metalle über stöchiometrisch zusammengesetzte Phasen bis hin zu Siliciden, Germaniden und Boriden. Über den Chemischen Transport von *Zintl*-Phasen wurde bislang nicht berichtet. Besonders viele Beispiele sind beschrieben, bei denen eine Komponente des Bodenkörpers ein Element der Gruppe 14 ist.

Intermetallische Phasen mit großer Phasenbreite Molybdän und Wolfram sind zwei sehr hoch schmelzende Metalle. Sie sind isotyp und im festen und flüssigen Zustand vollständig mischbar (siehe Abbildung 10.1.1). Molybdän/Wolfram-Mischkristalle aus der Schmelze zu züchten erfordert einen hohen experimentellen Aufwand. Mit Hilfe Chemischer Transportreaktionen gelingt dies weit unterhalb der Liquiduskurve bei Temperaturen um 1000 °C. Die beiden Metalle können unter denselben Bedingungen mit demselben Transportmittel transportiert werden.

Molybdän/Wolfram-Mischkristalle lassen sich durch Chemischen Transport unter Zugabe von Quecksilber(II)-bromid von 1000 nach 900 °C abscheiden (Ned 1996a). Die folgende vereinfachte Transportgleichung beschreibt den Vorgang:

$$\text{Mo}_{1-x}\text{W}_x(\text{s}) + 2\,\text{HgBr}_2(\text{g})$$
$$\rightleftharpoons (1-x)\,\text{MoBr}_4(\text{g}) + x\,\text{WBr}_4(\text{g}) + 2\,\text{Hg}(\text{g}) \qquad (10.1.1)$$

In analoger Weise sind Mischkristalle in folgenden binären Systemen transportierbar: Cobalt/Nickel, Eisen/Nickel, Silber/Kupfer, Gold/Kupfer, Kupfer/Nickel, Gold/Nickel und Kupfer/Gallium.

Das System Cobalt/Nickel ist ein System mit lückenloser Mischkristallbildung. Cobalt und Nickel können unter ähnlichen Bedingungen unter Zusatz von Iod und Gallium(III)-iodid transportiert werden (Sch 1977). Dieser Zusatz wirkt sowohl iodierend als auch komplexbildend. Die für den Transport wesentlichen Nickel- bzw. Cobalt-übertragenden Gasspezies sind: NiI_2, Ni_2I_4, CoI_2, Co_2I_4, NiGa_2I_8, CoGa_2I_8 sowie NiGaI_5 und CoGaI_5. Im untersuchten Temperaturbereich zwischen T_2 (1000 bis 900 °C) und T_1 (800 °C) ist die Gasphasenlöslichkeit von

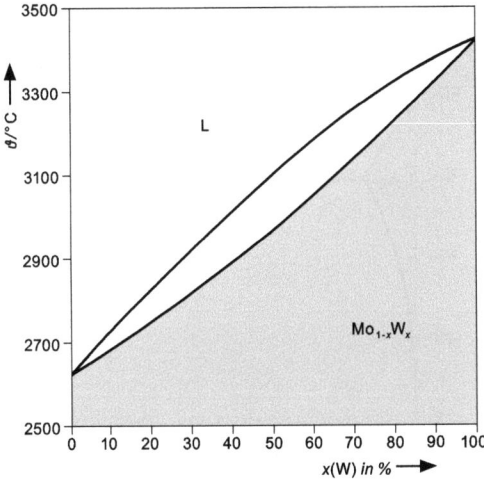

Abbildung 10.1.1 Phasendiagramm des Systems Mo/W nach (Mas 1990).

Cobalt und ihre Temperaturabhängigkeit deutlich höher als die von Nickel, sodass eine Anreicherung von Cobalt erwartet wird. Dieser Anreicherungseffekt kann – wenn gewünscht – experimentell durch den Einsatz eines Dreizonenofens mit unterschiedlich langen Diffusionsstrecken und unterschiedlichen Temperaturgradienten kompensiert werden. Ausgehend von den räumlich getrennt vorgelegten Elementen Cobalt und Nickel können Mischkristalle mit Iod und Gallium(III)-iodid von T_2 nach T_1 mit Zusammensetzungen zwischen 5 und 75 % Nickel abgeschieden werden (Ned 1996).

Ein weiteres System, in dem Mischkristalle durch Chemischen Transport erhalten wurden, ist das System Kupfer/Silber (Abbildung 10.1.2). Dieses weist ein Eutektikum mit $x(Cu)$ = 60,1 % Kupfer bei 770 °C auf. Unterhalb der eutektischen Temperatur existiert eine breite Mischungslücke. Durch Chemischen Transport mit Iod von 600 nach 700 °C können sowohl kupferreiche als auch silberreiche Mischkristalle abgeschieden werden. Auffällig ist, dass die individuelle Zusammensetzung einzelner Kristalle innerhalb eines Experiments unterschiedlich sein kann. Massenspektrometrische Untersuchungen der Gasphase über Cu/Ag in Gegenwart von gasförmigem Iod belegen die Bildung der Gasspezies $CuAg_2I_3$ und Cu_2AgI_3 neben CuI bzw. AgI und den jeweiligen Trimeren M_3I_3 (M = Cu, Ag) (Ger 1995). Wie dieses Beispiel zeigt, ist insbesondere beim Transport intermetallischer Phasen in vielen Fällen mit der Bildung von Gaskomplexen zu rechnen, die bei der exakten Beschreibung der Gasphase und vor allem bei der thermodynamischen Modellierung der Transportexperimente zu berücksichtigen sind.

Die Zusammensetzung der abgeschiedenen Mischkristalle kann durch die experimentellen Bedingungen, insbesondere durch die Zusammensetzung des Quellenbodenkörpers beeinflusst werden. Man kann keineswegs immer davon ausgehen, dass die Zusammensetzungen von Quellen- und Senkenbodenkörpern

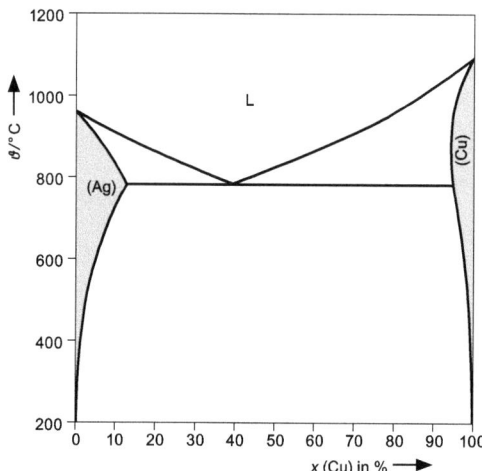

Abbildung 10.1.2 Phasendiagramm des Systems Cu/Ag nach (Mas 1990).

identisch sind. Anreicherungseffekte durch den Transportvorgang können auch zu Konzentrationsgradienten innerhalb einzelner Kristalle führen (Ned 1996a).

Stöchiometrisch zusammengesetzte intermetallische Phasen Ausgewählte Beispiele sind intermetallische Phasen in den binären Systemen Nickel/Tantal (z. B. NiTa, $NiTa_2$, Ni_3Ta) und Cobalt/Tantal (z. B. $CoTa_2$, Co_2Ta, Co_7Ta_2). Weitere Beispiele sind Nb_3Ga, PdAl, Pd_2Al, Pd_2Ga, Pd_2In, $AlPt_3$ und V_3Ga.

Alle in den Systemen Nickel/Tantal und Cobalt/Tantal auftretenden binären Phasen können durch Chemischen Transport mit Iod von 800 nach 950 °C abgeschieden werden. Die beiden genannten Systeme stehen stellvertretend für binäre Systeme, in denen eine Vielzahl intermetallischer Phasen auftritt. In der Mehrzahl der Fälle beobachtet man einen inkongruenten Transport; die Zusammensetzungen von Quellen- und Senkenbodenkörpern sind unterschiedlich (Abbildungen 10.1.4 und 10.1.5). Dabei sind die Aktivitäten der beiden Komponenten im Quellenbodenkörper die wesentliche Einflussgröße, welche die Zusammensetzung des abgeschiedenen Bodenkörpers bestimmt. Insbesondere bestimmt die Zusammensetzung in der Quelle die Zusammensetzung in der Senke. Weitere Einflussgrößen sind das Transportmittel, der Temperaturgradient und der Gesamtdruck, die jedoch von geringerer Bedeutung sind.

Weitere typische intermetallische Phasen, die über die Gasphase abgeschieden werden können, sind solche, die Platin- oder Palladiumatome und ein Atome der Gruppe 13 (Aluminium, Gallium, Indium) enthalten. Deren Transport erfolgt in der Regel mit Iod oder/und dem entsprechenden Metall(III)-iodid (AlI_3, GaI_3, InI_3) (Sau 1992, Dei 1998). Bei der Beschreibung der Gasphase ist auch hier die Bildung von Gaskomplexen zu berücksichtigen. (siehe Abschnitt 11.1). Wie umfangreiche Untersuchungen zum Chemischen Transport von intermetallischen Phasen in den Systemen Palladium/Aluminium, Palladium/Gallium und Palladium/Indium gezeigt haben, sind neben der Zusammensetzung des Ausgangsbodenkörpers bei der Verwendung von $MI_3 + I_2$ als Transportmittel (M = Al, Ga,

10.1 Ausgewählte Beispiele | 511

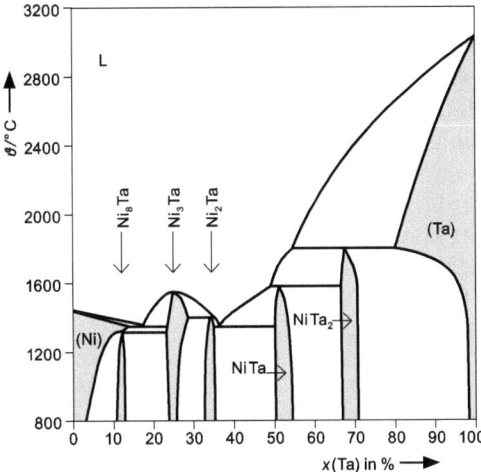

Abbildung 10.1.3 Phasendiagramm des Systems Ni/Ta nach (Mas 1990).

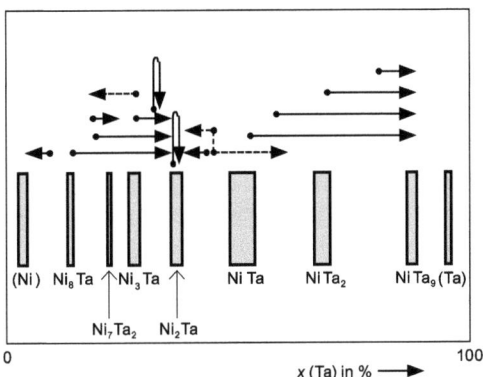

Abbildung 10.1.4 Transportscheide im System Ni/Ta nach (Ned 1997).

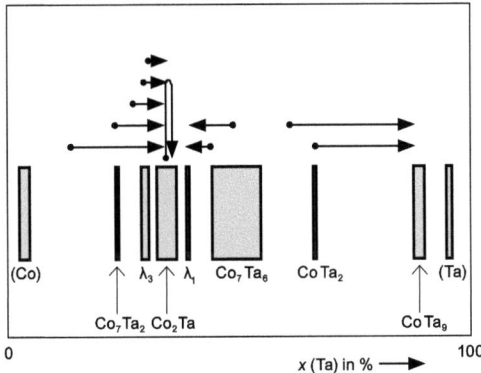

Abbildung 10.1.5 Transportscheide im System Co/Ta nach (Ned 1997).

In) auch das Verhältnis von Metall(III)-iodid zu Iod und die Transportmittelkonzentration entscheidend für die Zusammensetzung des abgeschiedenen Bodenkörpers (Dei 1998). Beim Chemischen Transport intermetallischer Phasen hat es sich bewährt, die Metalle, aus denen die intermetallische Phase gebildet wird, dann räumlich voneinander getrennt in der Quelle vorzulegen, wenn bei der Versuchstemperatur mindestens eine Komponente flüssig vorliegt; so zum Beispiel in den Systemen Pd/Al (1000 → 800 °C) und Pd/Ga (400 → 600 °C).

Nb_3Ga und Nb_3Ga_5 können unter Verwendung des für intermetallische Phasen relativ selten eingesetzten Transportmittels Chlorwasserstoff von 860 nach 940 °C bzw. von 910 nach 970 °C erhalten werden (Hor 1971). Folgende wesentliche Transportgleichung kann angegeben werden:

$$Nb_3Ga(s) + 15\,HCl(g) \rightleftharpoons 3\,NbCl_4(g) + GaCl_3(g) + \frac{15}{2}H_2(g) \qquad (10.1.2)$$

Tetrelide Man kennt besonders viele Beispiele für den Transport von binären und einigen ternären Phasen, bei denen eine Komponente ein Element der Gruppe 14 ist. Einige davon sind experimentell und anhand thermodynamischer Modellrechnungen gut untersucht und tragen damit entscheidend zum Verständnis des Transports intermetallischer Phasen bei. In folgenden Systemen ist der Chemische Transport von Siliciden, Germaniden oder Stanniden beschrieben: ***M*/Si** (M = Co, Cr, Cu, Fe, Ni, Mn, Mo, Nb, Re, Ta, Ti, U, V, W), ***M*/Ge** (M = Co, Cr, Cu, Fe, Ni, Nb, Ti) und ***M*/Sn** (M = Co, Cu, Fe, Nb, Ni, Ti). Neben den genannten binären Systemen sind auch Transportexperimente in den ternären Systemen Cobalt/Tantal/Germanium, Cobalt/Chrom/Germanium sowie Eisen/Cobalt/Silicium publiziert. Für die überwiegende Anzahl der in diesen Systemen kristallisierten binären und ternären Phasen gelingt der Chemische Transport unter Zusatz von Iod. Ausnahmen sind die Systeme Molybdän/Silicium, Uran/Sili-

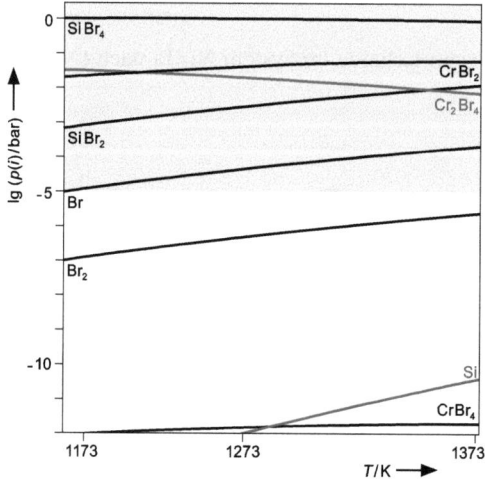

Abbildung 10.1.6 Gasphasenzusammensetzung für den Chemischen Transport von $CrSi_2$ mit Brom nach (Kra 1989).

10.1 Ausgewählte Beispiele | 513

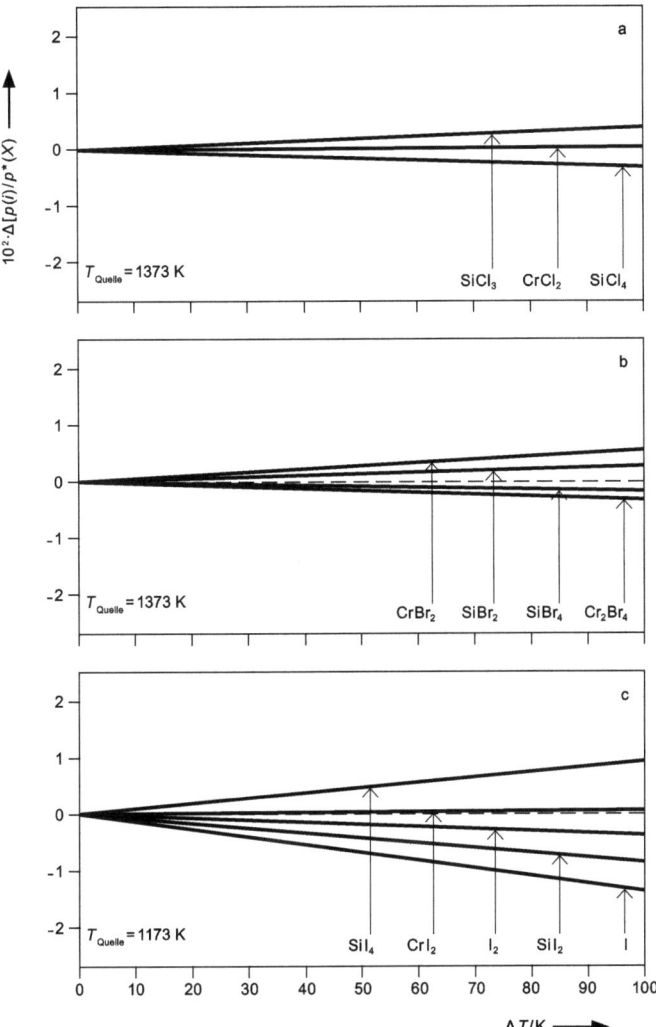

Abbildung 10.1.7 Transportwirksamkeit der verschiedenen Gasspezies beim Chemischen Transport von CrSi$_2$ mit a) Chlor, b) Brom und c) Iod nach (Kra 1989).

cium und Wolfram/Silicium; hier wird Brom als Transportmittel verwendet. In den Systemen Niob/Germanium und Niob/Zinn bewirkt Chlorwasserstoff einen Transporteffekt. Nickel/Germanium- und Nickel/Zinn-Phasen können unter Zugabe von Gallium(III)-iodid transportiert werden.

Gut untersucht und thermodynamisch umfassend verstanden ist der Chemische Transport im System Cr/Si mit den Halogenen Chlor, Brom und Iod (Kra 1989, Kra 1990). Durch endothermen Chemischen Transport mit Chlor von 1100 nach 900 °C können Cr$_3$Si, Cr$_5$Si$_3$ und CrSi$_2$, mit Brom bei gleichen Temperaturen Cr$_3$Si, Cr$_5$Si$_3$, CrSi und CrSi$_2$ abgeschieden werden. Der Transport mit Iod erfolgt hingegen exotherm von 900 nach 1100 °C. Dabei können Cr$_3$Si, Cr$_5$Si$_3$, CrSi und

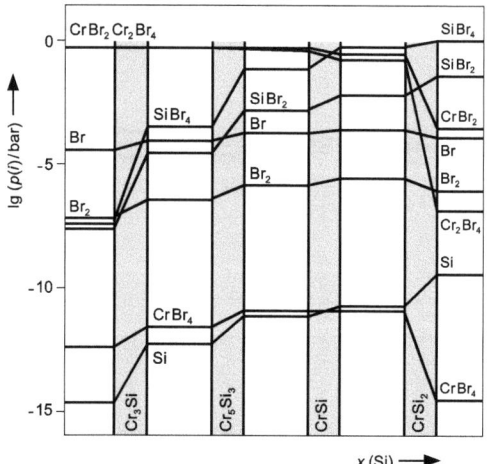

Abbildung 10.1.8 Gasphasenzusammensetzung für den Chemischen Transport verschiedener Chromsilicide mit Brom nach (Kra 1990).

CrSi$_2$ abgeschieden werden. In allen drei Fällen unterscheiden sich die Transportmechanismen deutlich voneinander. Basierend auf der Transportwirksamkeit (Abbildung 10.1.7) der einzelnen Gasspezies, wurden folgende Transportgleichungen abgeleitet:

$$Cr_5Si_3(s) + 19\,SiCl_4(g) \;\rightleftharpoons\; 5\,CrCl_2(g) + 22\,SiCl_3(g) \tag{10.1.3}$$

bzw.
$$CrSi_2(s) + 8\,SiCl_4(g) \;\rightleftharpoons\; CrCl_2(g) + 10\,SiCl_3(g) \tag{10.1.4}$$

$$CrSi_2(s) + 3\,SiBr_4(g) \;\rightleftharpoons\; CrBr_2(g) + 5\,SiBr_2(g) \tag{10.1.5}$$

$$CrSi_2(s) + 10\,I(g) \;\rightleftharpoons\; CrI_2(g) + 2\,SiI_4(g). \tag{10.1.6}$$

In den ersten drei Fällen ist nicht das zugesetzte Halogen Chlor bzw. Brom das Transportmittel, sondern das in einer simultan ablaufenden Reaktion gebildete Silicium(IV)-chlorid bzw. -bromid. Im Unterschied dazu wirkt beim Transport unter Zusatz von Iod dieses direkt als Transportmittel.

Krauße et. al. publizierte weitere vergleichende thermodynamische Betrachtungen zum Transportverhalten von Siliciden der Übergangsmetalle Titan, Vanadium, Chrom, Molybdän, Mangan und Eisen mit den Transportmitteln Chlor, Brom und Iod (Kra 1991).

Alle im System Eisen/Silicium existierenden Phasen, Fe$_3$Si, Fe$_2$Si, Fe$_5$Si$_3$, FeSi und FeSi$_2$, können durch Chemischen Transport mit Iod kristallisiert werden (Bos 2000). Auf der eisenreichen Seite bis einschließlich FeSi verläuft der Transport von kalt nach heiß, wobei die Abscheidungstemperaturen zwischen 700 und 1030 °C liegen. Das Transportverhalten entspricht dem des Eisens. Betrachtet man die Transportwirksamkeit der einzelnen Gasspezies für die Reaktion von FeSi mit Iod, so lässt sich folgende Transportgleichung ableiten:

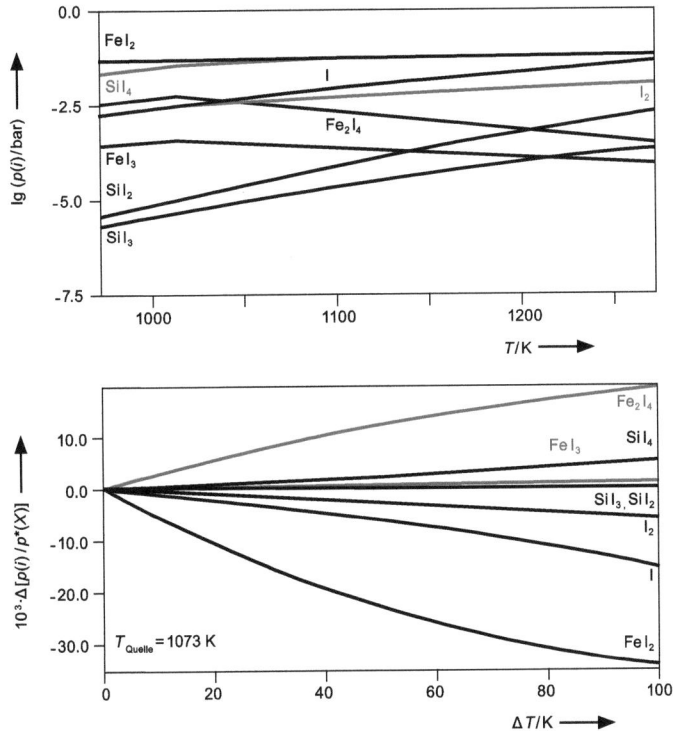

Abbildung 10.1.9 Gasphasenzusammensetzung und Transportwirksamkeit für den Chemischen Transport von FeSi mit Iod nach (Bos 2000).

$$\text{FeSi(s)} + \frac{7}{2}\text{I}_2(\text{g}) \rightleftharpoons \text{FeI}_3(\text{g}) + \text{SiI}_4(\text{g}) \tag{10.1.7}$$

Die über das Dimerisierungsgleichgewicht verbundenen Spezies FeI$_2$ und Fe$_2$I$_4$ tragen nur in geringem Maße zum Eisentransport bei. Für den *endothermen* Transport von FeSi$_2$ kann folgende Transportgleichung formuliert werden:

$$\text{FeSi}_2(\text{s}) + 2\,\text{SiI}_4(\text{g}) \rightleftharpoons 3\,\text{SiI}_2(\text{g}) + \text{FeI}_2(\text{g}) \tag{10.1.8}$$

In diesem Fall ist nicht das zugesetzte Iod das Transportmittel, sondern das daraus gebildete Silicium(IV)-iodid. Damit ähnelt dieser Transport dem von Silicium mit SiI$_4$. FeSi$_2$ ist hinsichtlich des Chemischen Transports eine der am besten untersuchten intermetallischen Phasen (Ouv 1972, Beh 1997, Zah 1999, Bos 2000, Beh 2001, Osa 2002, Wan 2004). Analoge Untersuchungen sind für das System Cobalt/Silicium (Bos 2000a) beschrieben. Im Gegensatz zum System Eisen/Silicium können im System Cobalt/Silicium nur die cobaltreichen Phasen Co$_2$Si, CoSi sowie ein cobaltreicher Mischkristall transportiert werden. Die Abscheidung erfolgt dabei in der heißeren Zone (700 → 800 °C). Folgende Transportgleichung wird angegeben:

$$\text{CoSi(s)} + 6\,\text{I}(\text{g}) \rightleftharpoons \text{CoI}_2(\text{g}) + \text{SiI}_4(\text{g}) \tag{10.1.9}$$

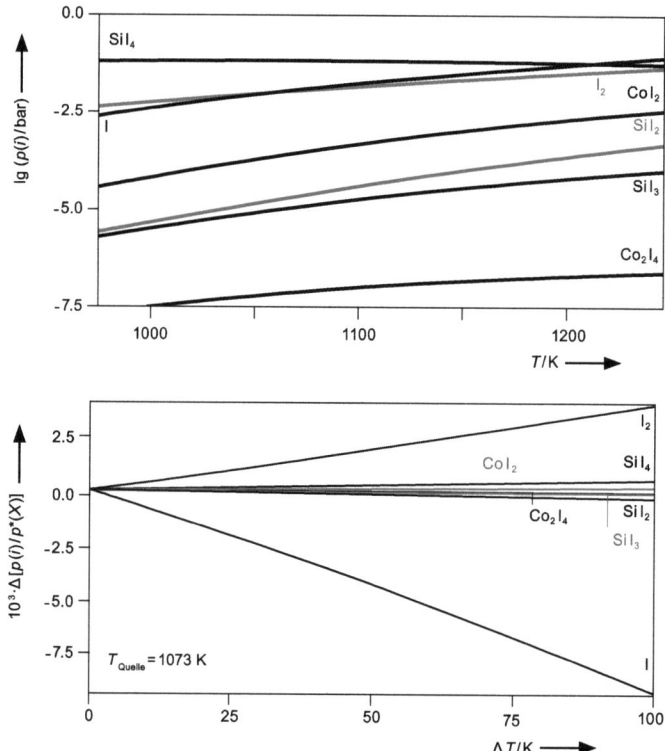

Abbildung 10.1.10 Gasphasenzusammensetzung und Transportwirksamkeit beim Chemischen Transport von CoSi mit Iod nach (Bos 2000a).

Im Gegensatz zu FeSi$_2$ kann CoSi$_2$ nicht durch Chemischen Transport erhalten werden. Wie thermodynamische Rechnungen zeigen, liegt der Partialdruck der einzigen Cobalt-übertragenden Gasspezies CoI$_2$ im untersuchten Temperaturbereich deutlich unter 10^{-5} bar, sodass kein Transport stattfinden kann. Das zugesetzte Iod überführt ganz überwiegend Silicium aber praktisch kein Cobalt in Gasphase (Abbildung 10.1.11). Der Unterschied im Transportverhalten von FeSi$_2$ und CoSi$_2$ liegt in der geringeren thermodynamischen Stabilität von gasförmigem CoI$_2$ verglichen mit FeI$_2$.

Auf diesen Resultaten basieren Transportexperimente im ternären System Cobalt/Eisen/Silicium (Bol 2003). Dabei wurde die Mischkristallbildung auf den quasibinären Schnitten FeSi/CoSi und FeSi$_2$/CoSi$_2$ untersucht. Durch Chemischen Transport von 700 nach 900 °C unter Zusatz von Iod konnten nur Mischkristalle der Zusammensetzung Fe$_{1-x}$Co$_x$Si erhalten werden. Sowohl Experimente als auch thermodynamische Rechnungen zeigen dabei den Zusammenhang zwischen der Zusammensetzung der abgeschiedenen Bodenkörper in Abhängigkeit von der Zusammensetzung des Ausgangsbodenkörpers.

Erste Transportexperimente im System Nickel/Silicium legen nahe, dass in diesem System ebenfalls nur die metallreichen binären Phasen Ni$_5$Si$_2$, Ni$_2$Si (Bos

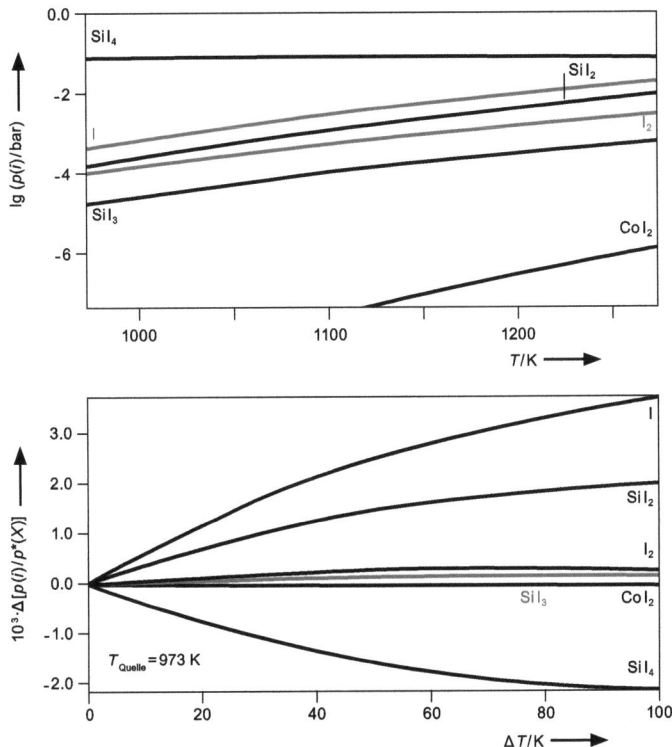

Abbildung 10.1.11 Gasphasenzusammensetzung und Transportwirksamkeit der einzelnen Gasspezies im System von $CoSi_2$/Iod nach (Bos 2000a).

2000b) und Ni_3Si (Son 2007) durch exothermen Chemischen Transport im Bereich von 500 bis 900 °C mit Iod darstellbar sind.

Für das System Titan/Silicium ist der Transport von Ti_5Si_3 (Hoa 1988), TiSi (Hoa 1988) und $TiSi_2$ (Pes 1986, Hoa 1988, Kra 1991) beschrieben. Dabei ist das Transportverhalten von $TiSi_2$ anhand thermodynamischer Modellrechnungen für die Transportmittel Chlor, Brom und Iod analysiert (Pes 1986). Der Transport erfolgt für die drei genannten Transportmittel grundsätzlich endotherm von 1000 nach 800 °C, wobei die am besten ausgebildeten Kristalle bei einem kleinem Temperaturgradienten von 1000 nach 950 °C erhalten werden. Beispiele für den Transport weiterer Silicide können Tabelle 10.1 entnommen werden.

Neben den Siliciden ist eine Vielzahl von Übergangsmetallgermaniden durch Chemischen Transport präparativ zugänglich. So können u. a. die Titangermanide Ti_5Ge_3 und $TiGe_2$ durch Chemischen Transport mit Iod von 900 nach 700 °C erhalten werden (Wir 2000). Mit Chlorwasserstoff als transportwirksamem Zusatz können die Niobgermanide Nb_5Ge_3, Nb_3Ge_2 und $NbGe_2$ exotherm abgeschieden werden (Hor 1971). Umfangreiche experimentelle Untersuchungen und thermodynamische Rechnungen belegen, dass alle im System Chrom/Germanium existierenden festen Phasen durch Chemischen Transport mit Iod von 780 °C nach 880 °C dargestellt werden können. Nur Cr_3Ge ist kongruent trans-

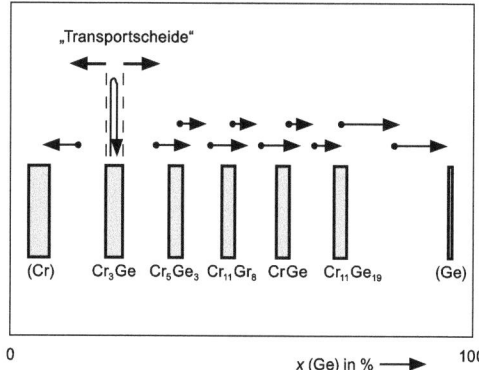

Abbildung 10.1.12 Transportscheide im System Chrom/Germanium nach (Ned 1997).

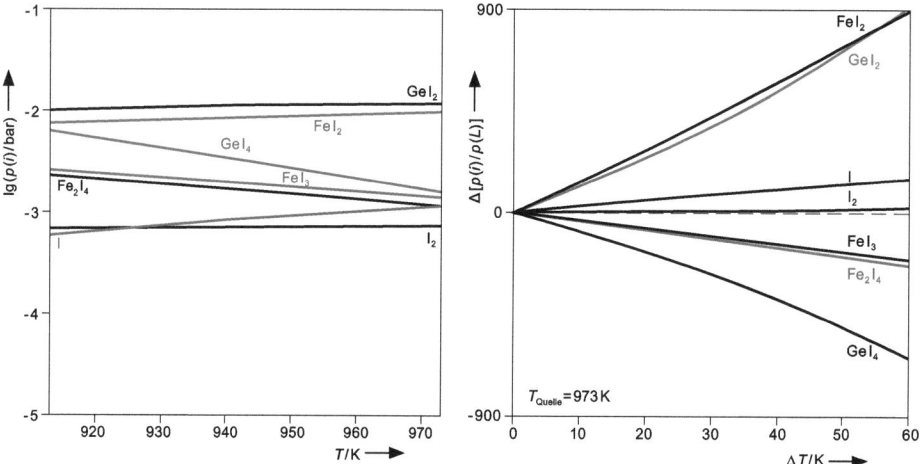

Abbildung 10.1.13 Gasphasenzusammensetzung (a) und Transportwirksamkeit (b) für den Chemischen Transport von FeGe mit Iod von 700 nach 640 °C unter Abscheidung der hexagonalen Modifikation.

portierbar. Alle anderen Phasen zeigen einen inkongruenten Transport, die Zusammensetzungen von Quellen- und Senkenbodenkörper unterscheiden sich. Ausgangsbodenkörper, die germaniumreicher als Cr_3Ge sind, führen zu noch germaniumreicheren Senkenbodenkörpern. Ausgangsbodenkörper, die chromreicher als Cr_3Ge sind, zu noch chromreicheren Senkenbodenkörpern. Damit stellt Cr_3Ge eine sogenannte *Transportscheide* dar (Ned 1998).

Ebenso ist der Transport Co_5Ge_3 mit Iod von 900 nach 700 °C sowohl experimentell belegt als auch durch thermodynamische Simulationen erklärt (Ger 1996). Umfangreiche experimentelle Arbeiten und thermodynamische Rechnungen zum Transport im System Eisen/Germanium (Ric 1967, Bos 2001) wurden publiziert. Alle in diesem System enthaltenen Phasen können durch Chemischen Transport mit Iod erhalten werden. Auf der eisenreichen Seite (oberhalb von

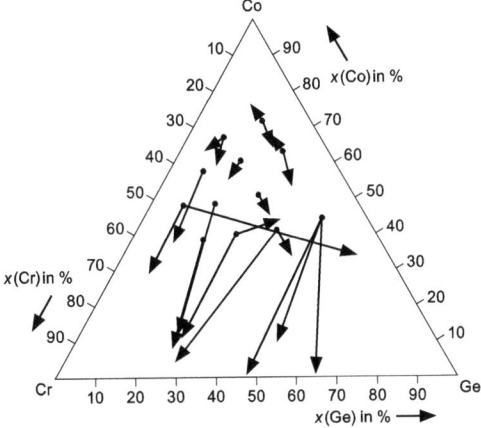

Abbildung 10.1.14 Zusammenhang zwischen den Zusammensetzungen der Bodenkörper in Quelle und Senke für das System Cobalt/Chrom/Germanium nach (Wir 2000b) (Die Pfeilspitze weist auf die Zusammensetzung des Senkenbodenkörpers).

$x(Fe) = 64\%$) verläuft der Transport exotherm mit Abscheidungstemperaturen zwischen 800 °C und 950 °C. Die Temperaturen der Ausgangsbodenkörper liegen in der Regel um 100 K niedriger. Germaniumreichere Phasen wie Fe_6Ge_5 (560 → 500 °C), $FeGe$ und $FeGe_2$ (700 → 600 °C) werden hingegen endotherm transportiert.

Von besonderem Interesse ist der Chemische Transport für die Kristallisation von $FeGe$, das sich peritektoid bildet und in drei Modifikationen (monoklin, hexagonal, kubisch) auftritt. Die einzelnen Modifikationen, insbesondere die kubische, unterhalb 630 °C stabile Modifikation ist nur durch Chemische Transportreaktionen in Form größerer Kistalle darstellbar (Wil 2007). Die Nickelgermanide Ni_3Ge und Ni_5Ge_3 sowie ein nickelreicher Mischkristall können mit Gallium(III)-iodid als transportwirksamem Zusatz von 1000 nach 800 °C transportiert werden (Ger 1998). Durch Chemischen Transport mit Brom oder Iod von 570 nach 630 °C können Cu_3Ge und Cu_5Ge in kristalliner Form sowie ein kupferreicher Mischkristall abgeschieden werden (Wir 2000a). Neben der gezeigten Vielfalt an binären Übergangsmetallgermaniden kann auch eine Reihe ternärer intermetallischer Phasen in den Systemen Chrom/Cobalt/Germanium und Cobalt/Tantal/Germanium durch Chemischen Transport mit Iod von 800 nach 900 °C erhalten werden. Diese Systeme sind aufgrund eines inkongruenten Transports durch relativ komplizierte Zusammenhänge zwischen den Zusammensetzungen der Bodenkörper in Quelle und Senke gekennzeichnet (Wir 2000b).

Im Vergleich zu den Siliciden und Germaniden kennt man nur relativ wenige Beispiele für den Chemischen Transport von Stanniden. In den meisten Publikationen wird der Transport nur als präparative Methode thematisiert, das Transportgeschehen jedoch nicht analysiert. So kann Ti_2Sn_3 in Gegenwart von Iod bei 500 °C erhalten werden. Der Transport von Nb_3Sn ist sowohl unter Zugabe von Tellur(IV)-chlorid (960 → 890 °C) (Nor 1990) als auch mit Chlorwasserstoff (850

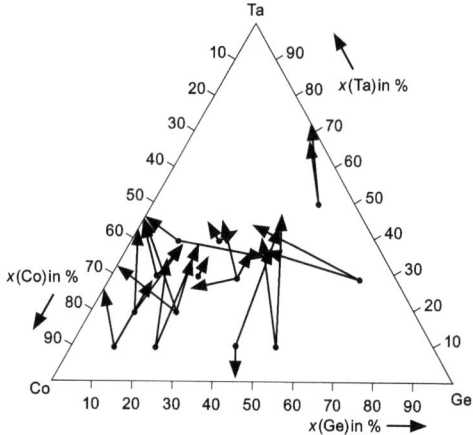

Abbildung 10.1.15 Zusammenhang zwischen den Zusammensetzungen der Bodenkörper in Quelle und Senke für das System Tantal/Cobalt/Germanium nach (Wir 2000b) (Die Pfeilspitze weist auf die Zusammensetzung des Senkenbodenkörpers).

→ 900 °C) (Han 1967) möglich. Der Transport verläuft im Wesentlichen über folgendes Gleichgewicht:

$$Nb_3Sn(s) + 14\,HCl(g) \rightleftharpoons 3\,NbCl_4(g) + SnCl_2(g) + 7\,H_2(g) \qquad (10.1.10)$$

Des Weiteren können Co_3Sn_2 und $CoSn$ mit Gallium(III)-iodid als transportwirksamem Zusatz von 900 nach 700 °C transportiert werden. Durch die Zugabe von Gallium(III)-iodid wird die Löslichkeit von Cobalt in der Gasphase durch Komplexbildung erhöht, sodass als cobalt- bzw. zinnhaltige Gasspezies SnI_2, SnI_4, Sn_2I_4, CoI_2, Co_2I_4, $CoGaI_5$ und $CoGa_2I_8$ zu berücksichtigen sind. Darüber hinaus wäre auch die Bildung eines Gaskomplexes des Zinns der Zusammensetzung $SnGaI_5$ in Analogie zu $GeGaI_5$ möglich (Ger 1998). Im System Kupfer/Zinn gelingt der Transport von $Cu_{41}Sn_{11}$, $Cu_{10}Sn_3$ und eines kupferreichen Mischkristalls mit Iod von 550 nach 600 °C (Ger 1998). Umfangreichere Untersuchungen und thermodynamische Modellrechnungen sind zu dem System Nickel/Zinn veröffentlicht. Danach können Ni_3Sn und Ni_3Sn_2 von 900 nach 700 °C mit Iod transportiert werden (Ger 1997). Die Kristallisation von $FeSn_2$ mit Iod (490 → 460 °C) erfolgte im Kurzwegtransport senkrecht zur Ampullenlängsachse über eine Diffusionsstrecke von ca. 4 cm. Durch diese Anordnung verstärkt sich der Stofftransport durch Konvektion. Bereits unterhalb von 3 bar wird die Konvektion zum wesentlichen stoffübertragenden Prozess. Des Weiteren steigt die Transportrate durch Verkürzung der Diffusionsstrecke und Vergrößerung des Querschnitts (vgl. Kapitel 2) (Arm 2007). Der Kurzwegtransport eignet sich besonders zur Kristallisation von Phasen, die zwar im Prinzip transportiert werden können, jedoch nur mit sehr geringen Transportraten. Aufgrund des überwiegend konvektiven Anteils des Stofftransports lässt sich aus thermodynamischen Modellierungen ersehen, ob ein Transport prinzipiell möglich ist; eine Voraussage der Transportrate kann aber nicht erfolgen. Aufgrund der experimentellen Anordnung eignet sich der Kurzwegtransport besonders bei endothermen Transportreaktionen.

Antimonide In der Literatur ist der Chemische Transport von nur wenigen binären Antimoniden beschrieben. Dies sind: $CrSb_2$ (Kje 1979), Mo_3Sb_7 (Jen 1966), $FeSb_2$ (Ros 1972), $CoSb_3$ (Ack 1977), $ThSb_x$ (Hen 1977), USb_2 (Hen 1979), GaSb (Ari 1971, Okh 1978), $ZrSb_2$ (Czu 2010) sowie die Niobantimonide Nb_3Sb, Nb_5Sb_4 und $NbSb_2$ (Sch 1965). Als Transportmittel werden Chlor und Iod sowie Chlorwasserstoff, Chrom(III)-chlorid und Antimon(V)-chlorid verwendet. Der Chemische Transport von Antimoniden ist nicht systematisch untersucht. In den wenigen publizierten Arbeiten wird der Hintergrund der beobachteten Transportvorgänge nicht beschrieben. Vermutlich wird Antimon bei Verwendung der Halogene als Transportmittel in Form des jeweiligen Halogenids oder Subhalogenids übertragen. Es kann auch mit niedrigem Partialdruck elementar in die Gasphase überführt werden. Aufgrund des geringen Antimon-Sättigungsdrucks, der bei 827 °C nur $2{,}7 \cdot 10^{-3}$ bar beträgt, kommt es bei Anwesenheit von elementarem Antimon in der Gasphase zur Kondensation, wenn der Antimon-Partialdruck den Sättigungsdruck überschreitet. Der nicht ausreichende Sättigungsdruck macht den Einsatz eines Transportmittels notwendig, welches auch in der Lage ist, Antimon zu übertragen. Antimon(III)-iodid ist relativ instabil; bei höherer Temperatur bildet sich stattdessen zunehmend Antimon(I)-iodid, jedoch auch nur in geringem Umfang. Da die Stabilität der Halogenide von Antimon(III)-iodid über Antimon(III)-bromid zu Antimon(III)-chlorid zunimmt, sollte Chlor als Transportmittel für den Chemischen Transport von Antimon und Metallantimoniden bevorzugt werden. Chlor als Transportmittel bildet jedoch mit vielen Metallen sehr stabile gasförmige Chloride. Das Transportmittel überführt also das jeweilige Metall, nicht aber Antimon in die Gasphase. Die Gleichgewichtslagen für die Reaktionen von Chlor mit Antimon auf der einen und typischen Metallen auf der anderen Seite sind so unterschiedlich, dass es in der Regel nicht zur Abscheidung eines Antimonids kommt. Die Abscheidung von NiBi unter Zusatz von Brom bzw. Iod im Temperaturgradienten von 525 nach 475 °C liefert ein Beispiel für den Chemischen Transport eine Bismutids (Ruc 1999).

Boride Auch für den Transport von Boriden kennt man nur sehr wenige Beispiele. Der Chemische Transport von Boriden ist eine reizvolle präparative Alternative, denn Boride sind in der Regel, nicht zuletzt wegen ihrer hohen Schmelztemperaturen, häufig schwierig darzustellen. In der Literatur findet man Angaben zum Transport der folgenden Boride: CrB (Nic 1966), CrB_2 (Nic 1966), VB_2 (Nic 1966), NbB_2 (Arm 1978), TaB_2 (Arm 1978), TiB_2 (Feu 1979, Mon 1987) und ZrB_2 (Nic 1966) sowie die Abscheidung von LaB_6 (Nie 1968) und NbB_2 (Mot 1975). Besonders gut untersucht und anhand thermodynamischer Modellrechnung beschrieben ist der Chemische Transport von TiB_2 mit Chlor, Brom, Iod, Bor(III)-bromid, Bor(III)-iodid und Tellur(IV)-chlorid (Feu 1979, Mon 1987, Ber 1981, Ber 1979). Ramanspektroskopische Untersuchungen der Gasphase und thermodynamische Rechnungen zeigen, dass die Bor(III)-halogenide die wesentlichen Bor-übertragenden und die Titan(IV)-halogenide die wesentlichen Titan-übertragenden Spezies sind. Besonders effektiv als Transportmittel sind Tellur(IV)-chlorid und Bor(III)-bromid, mit denen im endothermen Transport die höchsten Transportraten erzielt werden. Weiterhin wird in der Veröffentlichung von *Feurer* und *Constant* deutlich, dass die Verwendung unterschiedlicher Transportmittel zu unterschiedlichen Zusammensetzungen der abgeschiedenen Kristalle führt. So werden beim Chemischen Transport von TiB_2 mit Iod Kristalle der Zusammensetzung $TiB_{1,89}$ abgeschieden. Bei Verwendung von Tellur(IV)-chlorid entstehen Kristalle der Zusammensetzung $TiB_{1,96}$. Neben den wenigen Arbeiten, die den Chemischen Transport von Boriden zum Thema haben, gibt es einige Publikationen zur Synthese von Boriden über die Gasphase in strömenden Systemen, zum Beispiel von TiB_2, CrB_2, NbB_2, TaB_2, LaB_6 und $Nd_2Fe_{14}B$ (Mur 1975, Mot 1975, Pes 2000).

Tabelle 10.1 Beispiele für den Chemischen Transport intermetallischer Phasen.

Senkenbodenkörper	Transportzusatz	Temperatur/°C	Literatur
Ag/Ga	I_2	600 → 400, 700 → 500	Pla 2000
$AlPt_3$	I_2	400 → 600	Sau 1992
Au/Cu	I_2	850	Nic 1973
Au/Ni	Cl_2	900	Nic 1973
Co/Cr	I_2	800 → 900	Wir 2000b
Co/Cr/Ge	I_2	800 → 900	Wir 2000b
Co:Ge	I_2	900 → 700	Ger 1996a
CoGe	I_2	900 → 700	Ger 1996, Ger 1996a
Co_5Ge_3	I_2	900 → 700	Ger 1996, Ger 1996a
$CoGe_2$	I_2	900 → 700	Ger 1996a
Co/Ni	$GaI_3 + I_2$	900 … 1000 → 800	Ned 1996
$CoSb_3$	Cl_2	750 → 725	Ack 1977
CoSi	I_2	700 → 800	Bos 2000a
$Co_{1-x}Fe_xSi$	I_2	700 → 900	Bol 2003
Co_2Si	I_2	800 → 900	Bos 2000a
CoSn	GaI_3	900 → 700	Ger 1998, Ger 1996a
Co_3Sn	GaI_3	900 → 700	Ger 1996a
Co_3Sn_2	GaI_3	900 → 700	Ger 1996a, Ger 1998
Co:Ta	I_2	800 → 950	Ned 1997
Co_2Ta	I_2	800 → 950	Ned 1997
Co_6Ta_7	I_2	800 → 950	Ned 1997
$CoTa_2$	I_2	800 → 950	Ned 1997
Co_7Ta_2	I_2	800 → 950	Ned 1997
$CoTa_9$	I_2	800 → 950	Ned 1997
Co/Ta/Ge	I_2	800 → 950	Wir 2000b
CrB	Cl_2, Br_2, I_2	1100 → 950	Nic 1966
CrB_2	Cl_2, Br_2, I_2	1050 → 850	Nic 1966
Cr:Ge	I_2	780 → 880	Ned 1997
Cr_3Ge	I_2	780 → 880	Ned 1997, Ned 1998
$Cr_{11}Ge_{19}$	I_2	780 → 880	Ned 1997, Ned 1998
CrGe	I_2	780 → 880	Ned 1997, Ned 1998
$Cr_{11}Ge_8$	I_2	780 → 880	Ned 1997, Ned 1998
Cr_5Ge_3	I_2	780 → 880	Ned 1997, Ned 1998
$CrSb_2$	$CrCl_3$		Kje 1979

Tabelle 10.1 (Fortsetzung)

Senkenboden-körper	Transportzusatz	Temperatur/°C	Literatur
Cr/Si	Br_2	1000	Nic 1971a
Cr_3Si	Cl_2, Br_2, I_2	1100 → 900, 1100 → 900, 900 → 1100	Kra 1990
Cr_5Si_3	Cl_2, Br_2, I_2	1100 → 1000, 1100 → 1000, 900 → 1100	Kra 1990
Cr_3Si_2	Cl_2, Br_2, I_2	1050 → 850	Nic 1966
	Br_2	1100 → 1000	Kra 1990
	I_2	900 → 1100	Kra 1990
CrSi	Cl_2, Br_2, I_2	1025	Kra 1991
$CrSi_2$	Cl_2, Br_2, I_2	1100 → 950, 1100 → 950, 1100 → 950	Nic 1966
	Cl_2	1100 … 900 → 1000 … 700	Nic 1971a
	Cl_2	1100 → 1000	Kra 1989
	Cl_2, Br_2, I_2	1100 → 1000, 1100 → 900, 900 → 1100	Kra 1990
	Cl_2, Br_2, I_2	1025	Kra 1991
	Br_2	1050 → 800	Nic 1971a
	Br_2	1100 → 900	Kra 1989
	I_2	1000 → 1100	Kra 1989
	I_2	900 → T_1	Szc 2007
	Cl_2	1025	Kra 1991
	Cl_2, Br_2, I_2	1025	Kra 1991
Cu/Ag	I_2	750	Nic 1973
	I_2	600 → 700	Ger 1995
Cu/Ga	I_2	800 → 700	Pla 2000
$Cu_{1-x}Ga_x$	I_2	800 → 650 … 500	Kos 2007
Cu:Ge	Br_2, I_2	570 → 630	Wir 2000a
Cu_5Ge	Br_2, I_2	570 → 630	Wir 2000a
Cu_3Ge	Br_2, I_2	570 → 630	Wir 2000a
Cu:Si	I_2	600 → 700	Wir 2000a
Cu_5Si	I_2	600 → 700	Wir 2000a
Cu_3Si	I_2	600 → 700	Wir 2000a
	HCl	700 → 1150	Tej 1988
	HCl	550 … 700 → 1075 … 1300	Tej 1989
Cu:Sn	I_2	550 → 600	Ger 1998
$Cu_{41}Sn_{11}$	I_2	550 → 600	Ger 1996a, Ger 1998
$Cu_{10}Sn_3$	I_2	550 → 600	Ger 1996a, Ger 1998
Fe_3Ge	I_2	850 → 950	Bos 2001
	I_2	900 → 1000	Bos 2000
Fe_6Ge_5	I_2	560 → 500	Bos 2001

Tabelle 10.1 (Fortsetzung)

Senkenboden-körper	Transportzusatz	Temperatur/°C	Literatur
FeGe	I_2	$T_2 \to 560$	Ric 1967
	I_2	$700 \to 600$	Bos 2001
	I_2	$575 \to 535$	Will 2007
	$FeBr_2$	$T_2 \to 745$	Ric 1967
$FeGe_2$	I_2	$700 \to 600$	Bos 2001
Fe/Ni	Cl_2	900	Nic 1973
$FeSb_2$	Cl_2	$700 \to 650$	Fan 1972
	Cl_2	$700 \to 650$	Ros 1972
Fe/Si	Cl_2, Br_2, I_2	$750 \to 900$	Nic 1973
	I_2	$1050 \to 950 \ldots 750$	Wan 2006
Fe_3Si	Cl_2	1025	Kra 1991
	I_2	$800 \to 900$	Bos 2000
Fe_2Si	I_2	Dreizonenexperiment	Ger 1996a
	I_2	$950 \to 1030$	Bos 2000
Fe_5Si_3	Cl_2	1025	Kra 1991
FeSi	Br_2, I_2	900	Kra 1991
	I_2	$1050 \to 900$	Ouv 1972
	I_2	Dreizonenexperiment	Ger 1996a
	I_2	$700 \to 800$	Bos 2000
$FeSi_2$	Br_2, I_2	900	Kra 1991
	I_2	$825 \to 750, 1030 \to 830$	Ouv 1972
	I_2	$1050 \to 750, 1050 \to 950$	Beh 1997
	I_2	$1050 \to 950 \ldots 750$	Hei 1996
	I_2	$1050 \to 750$	Zha 1999
	I_2	$1000 \to 800$	Bos 2000
	I_2	$1050 \to 750$	Beh 2001
	I_2	$1050 \to 750, 1050 \to 950$	Li 2003
	I_2	$1050 \to 850 \ldots 750$	Wan 2004
	I_2	$1050 \to 950 \ldots 750$	Wan 2006
$FeSi_3$	Cl_2	1025	Kra 1991
$FeSn_2$	I_2	$490 \to 460$	Arm 2007
GaSb	I_2	keine Angabe	Okh 1978
	$I_2, HCl, SbCl_5$	$650 \to 600$	Ari 1971
Ge:Cr	I_2	$780 \to 880$	Ned 1997, Ned 1998
Ge:Ta	I_2	$800 \to 950$	Ned 1997
$Ge_{1-x}Si_x$	Br_2	$1150 \to 800$	Dru 2005
LaB_6	$BCl_3 + H_2$	$1000 \to 1350 \ldots 1450$	Nie 1968
$MnSi_{1,7}$	Cl_2, I_2	$900, 800 \to 900$	Kra 1991
$MnSi_{1,73}$	$I_2, CuCl_2, MnCl_2$	$800 \to 900, 900 \to 800, 800 \to 900$	Koj 1975
$Mn_{15}Si_{26}$	$CuCl_2$	$900 \to 800$	Koj 1979

Tabelle 10.1 (Fortsetzung)

Senkenboden-körper	Transportzusatz	Temperatur/°C	Literatur
Mo_3Sb_7	Cl_2, Br_2, I_2	keine Angabe	Jen 1966
Mo/Si	Br_2	1000	Nic 1971a
Mo_3Si	I_2	1025	Kra 1991
Mo/W	$HgBr_2$	1000 → 900	Ned 1996a
NbB_2	I_2	1050 → 900	Arm 1978
Nb_3Ga	I_2	keine Angabe	Web 1975
	HCl	860 → 940	Hor 1971
Nb_3Ga_5	HCl	860 → 920, 910 → 970	Hor 1971
Nb_5Ge_3	HCl	870 → 920	Hor 1971
Nb_3Ge_2	HCl	820 → 870	Hor 1971
$NbGe_2$	HCl	820 → 870	Hor 1971
Nb_3Sb	I_2	840 → 970	Sch 1965
Nb_5Sb_4	I_2	830 → 980	Sch 1965
$NbSb_2$	I_2	1010 → 830	Sch 1965
Nb_5Si_3	HCl	800 → 900, 870 → 930	Hor 1971
$NbSi_2$	Cl_2, Br_2, I_2	1050 → 850	Nic 1966
Nb_3Sn	HCl	850 → 900	Han 1967
	$TeCl_4$	890 → 960	Nor 1990
NiBi	Br_2, I_2	525 → 475	Ruc 1999
Ni/Cu	Cl_2, Br_2, I_2	700, 850, 1000	Nic 1973
$Ni_{1-x}Ga_x$	I_2	920 → 590 … 800	Kos 2007
Ni:Ge	GaI_3	1000 → 800	Ger 1998
Ni_3Ge	GaI_3	1100 → 900	Ger 1998
Ni_5Ge_3	GaI_3	1000 → 800	Ger 1998
Ni_3Si	I_2	970 → 810 … 850	Son 2007
Ni_3Sn	I_2	900 → 700	Ger 1997
Ni_3Sn_2	I_2	900 → 700	Ger 1997
Ni:Ta	I_2	800 → 950	Ned 1997
Ni_8Ta	I_2	800 → 950	Ned 1997
Ni_7Ta_2	I_2	800 → 950	Ned 1997
Ni_3Ta	I_2	800 → 950	Ned 1997
Ni_2Ta	I_2	800 → 950	Ned 1997
NiTa	I_2	800 → 950	Ned 1997
$NiTa_2$	I_2	800 → 950	Ned 1997
$NiTa_9$	I_2	800 → 950	Ned 1997
Pd_xAl	I_2	600	Mer 1980
Pd_2Al	I_2	375 → 600	Sch 1975
PdAl	I_2	1050 → 850	Dei 1998
Pd_2Ga	$I_2 + GaI_3$	400 → 600	Dei 1998
	GaI_3	400 → 600	Kov 2008
PdGa	$I_2 + GaI_3$	400 → 600	Dei 1998
	Cl_2, I_2, $TeCl_4$	1000 → 800	Dei 1998
	$I_2 + AlI_3$	450 → 600	Dei 1998
Pd_3In	$I_2 + InI_3$	400 → 600	Dei 1998

Tabelle 7.2.1 (Fortsetzung)

Senkenbodenkörper	Transportzusatz	Temperatur/°C	Literatur
Pd_2In	I_2 + InI_3	400 → 600	Dei 1998
Pt/Si	I_2	800	Nic 1973
$ReSi_2$	Cl_2, I_2	1050 → 900	Khr 1989
TaB_2	I_2	1050 → 900	Arm 1978
Ta:Co	I_2	800 → 950	Ned 1997
Ta:Ge	I_2	800 → 950	Ned 1997
Ta_9Ge	I_2	800 → 950	Ned 1997
Ta_5Ge_3	I_2	800 → 950	Ned 1997
TaGe	I_2	800 → 950	Ned 1997
Ta:Ni	I_2	800 → 950	Ned 1997
Ta/Si	Br_2	1000	Nic 1971a
$TaSi_2$	Cl_2, Br_2, I_2	1100 → 950	Nic 1966
$ThSb_x$	I_2	$T_1 \rightarrow T_2$	Hen 1977
TiB_2	Cl_2, Br_2	1100 → 950	Nic 1966
	Br_2	1020	Nic 1973
	I_2	1100 → 950	Nic 1966
	I_2, BI_3	850 → 950, 775 → 925	Feu 1979
	BI_3, BBr_3, $TiBr_4$	keine Angabe	Ber 1981
	$TeCl_4$, BBr_3	975 → 845, 960 → 830	Feu 1979
	Cl_2, Br_2, I_2, $TeCl_4$	1000 → 900	Mon 1987
TiC/Si	I_2	1100	Nic 1973
Ti/Ge	Cl_2, Br_2, I_2	750	Nic 1973
Ti_5Ge_3	I_2	900 → 700	Wir 2000
$TiGe_2$	I_2	900 → 700	Wir 2000
Ti/Si	I_2	1100	Nic 1973
TiSi	Cl_2	1000 → 900	Hoa 1988
Ti_5Si_3	Cl_2, I_2	1000 → 900	Hoa 1988
	Cl_2	1000 → 900	Kra 1987
	I_2	900 → 1000	Hoa 1988
	I_2	1000 → 900, 900 → 1000	Hoa 1988
	Cl_2	1000 → 900	Kra 1987
$TiSi_2$	Cl_2	1050 → 850	Nic 1966
	Cl_2	1100 … 900 → 1000 … 700	Nic 1971a
	Cl_2	1000 → 900	Kra 1987
	Cl_2, Br_2, I_2	1000 → 800	Pes 1986
	Cl_2	1000 → 900	Hoa 1988
	Cl_2, Br_2, I_2	1025	Kra 1991
	Br_2	1050 → 850	Nic 1966
	Br_2	1000 → 800	Nic 1971a
	I_2	1050 → 850	Nic 1966
	I_2	1000 → 900, 900 → 1000	Hoa 1988

Tabelle 10.1 (Fortsetzung)

Senkenboden-körper	Transportzusatz	Temperatur/°C	Literatur
Ti_2Sn_3	I_2	500	Kle 2000
USb_x	I_2	$T_1 \rightarrow T_2$	Hen 1977
USb_2	I_2	$720 \rightarrow 860$	Hen 1979
U/Si	Br_2	1000	Nic 1971a
VB_2	Cl_2, Br_2, I_2	$1100 \rightarrow 950$	Nic 1966
V/Si	Br_2	1000	Nic 1971a
VSi_2	Cl_2	$1100 \rightarrow 950$	Nic 1966
	Cl_2	$1100 \ldots 900 \rightarrow 1000 \ldots 700$	Nic 1971a
	Cl_2	$1100 \rightarrow 1000$	Bar 1983
	Cl_2, I_2	1025	Kra 1991
	Br_2, I_2	$1100 \rightarrow 950$	Nic 1966
	Br_2	$1050 \rightarrow 800$	Nic 1971a
	Br_2	1000	Nic 1973
	$SiCl_4$	$1100 \rightarrow 1000$	Bar 1983
V_3Ga	I_2	$720 \rightarrow 600$	Das 1978
V_3Si_2	$Cl_2, SiCl_4$	$1100 \rightarrow 1000$	Bar 1983
V_5Si_3	$Cl_2, SiCl_4$	$1100 \rightarrow 1000$	Bar 1983
	Cl_2	1025	Kra 1991
W/Si	Br_2	1000	Nic 1971a
ZrB_2	Cl_2, Br_2, I_2	$1100 \rightarrow 950$	Nic 1966
ZrGeTe	$TeCl_4$	$900 \rightarrow 950$	Wan 1995
$ZrSb_2$	I_2	$500 \rightarrow 600$	Czu 2010
$ZrSi_{1-x}Ge_xTe$	$TeCl_4$	$900 \rightarrow 950$	Wan 1995
ZrSnTe	$TeCl_4$	$900 \rightarrow 950$	Wan 1995

Literaturangaben

Ack 1977   J. Ackermann, A. Wold, *J. Phys. Chem. Solids* **1977**, *38*, 1013.

Ala 1977   F. A. S. Al-Alamy, A. A. Balchin, *J. Cryst. Growth* **1977**, *39*, 275.

Ari 1971   T. Arizumi, M. Kakehi, R. Shimokawa, *J. Cryst. Growth* **1971**, *9*, 151.

Arm 1978   B. Armas, J. H. E. Jeffes, M. G. Hocking, *J. Cryst. Growth* **1978**, *44*, 609.

Arm 2007   M. Armbrüster, M. Schmidt, R. Cardoso-Gil, H. Borrmann, Y. Grin, *Z. Kristallogr. NCS* **2007**, *222*, 83.

Bar 1983   K. Bartsch, E. Wolf, *Z. Anorg. Allg. Chem.* **1983**, *501*, 27.

Beh 1997   G. Behr, J. Werner, G. Weise, A. Heinrich, A. Burkov, C. Gladun, *Phys. Stat. Sol.* **1997**, *169*, 549.

Beh 2001   G. Behr, L. Ivanenko, H. Vinzelberg, A. Heinrich, *Thin Solid Films* **2001**, *381*, 276.

Bei 1977	I. Beinglass, G. Dishon, A. Holzer, M. Schieber, *J. Cryst. Growth* **1977**, *42*, 166.
Ber 1979	C. Bernard, G. Constant, R. Feurer, *Proc. Electrochem. Soc.* **1979**, *79*, 368
Ber 1981	C. Bernard, G. Constant, R. Feurer, *J. Electrochem. Soc.* **1981**, *129*, 1377.
Bol 2003	R. Boldt, W. Reichelt, O. Bosholm, H. Oppermann, *Z. Anorg. Allg. Chem.* **2003**, *629*, 1839.
Bos 2000	O. Bosholm, H. Oppermann, S. Däbritz, *Z. Naturforsch.* **2000**, *55b*, 614.
Bos 2000a	O. Bosholm, H. Oppermann, S. Däbritz, *Z. Naturforsch.* **2000**, *55b*, 1199.
Bos 2000b	O. Bosholm, *Dissertation*, Universität Dresden, **2000**.
Bos 2001	O. Bosholm, H. Oppermann, S. Däbritz, *Z. Naturforsch.* **2001**, *56b*, 329.
Czu 2010	A. Czulucki, *Dissertation*, TU Dresden, **2010**.
Das 1978	B. N. Das, J. D. Ayers, *J. Cryst. Growth* **1978**, *43*, 397.
Dei 1998	J. Deichsel, *Dissertation*, Universität Hannover, **1998**.
Dru 2002	A. Druzhinin, E. N. Lavitska, I. I. Maryamova, H. W. Kunert, *Adv. Eng. Mater.* **2002**, *4*, 589.
Dru 2005	A. A. Druzhinin, I. P. Ostrovskii, Y. M. Khoverko, Y. V. Gij, *Functional Materials* **2005**, *12*, 738.
Fan 1972	A. K. L. Fan, G. H. Rosenthal, H. L. McKinzie, A. Wold, *J. Solid State Chem.* **1972**, *5*, 136.
Feu 1979	R. Feurer, G. Constant, *J. Less-Common Met.* **1979**, *67*, 107.
Ger 1995	S. Gerighausen, M. Binnewies, *Z. Anorg. Allg. Chem.* **1995**, *621*, 936.
Ger 1996	S. Gerighausen, E. Milke, M. Binnewies, *Z. Anorg. Allg. Chem.* **1996**, *622*, 1542.
Ger 1996a	S. Gerighausen, *Dissertation*, Universität Hannover, **1996**.
Ger 1997	S. Gerighausen, R. Wartchow, M. Binnewies, *Z. Anorg. Allg. Chem.* **1997**, *623*, 1361.
Ger 1998	S. Gerighausen, R. Wartchow, M. Binnewies, *Z. Anorg. Allg. Chem.* **1998**, *624*, 1057.
Gru 1997	T. Grundmeier, W. Urland, *Z. Anorg. Allg. Chem.* **1997**, *623*, 1744.
Han 1967	J. J. Hanak, H. S. Berman, *Crystal Growth, Ed. H. S. Peiser (Pergamon, Oxford)* **1967**, *1*, 249.
Han 1976	J. J. Hanak, H. S. Berman, *International Conference on Crystal Growth*, Boston, **1966**, 249.
Hei 1996	A. Heinrich, A. Burkov, C. Gladun, G. Behr, K. Herz, J. Schumann, H. Powalla, *15th International Conference on Thermoelectrics* **1996**, 57.
Hen 1977	Z. Henkie, P. J. Markowski, *J. Cryst. Growth* **1977**, *41*, 303.
Hen 1979	Z. Henkie, A. Misiuk, *Krist. Techn.* **1979**, *14*, 539.
Hen 2001	Z. Henkie, A. Pietraszko, A. Wojakowski, L. Kępiński, T. Chichorek, *J. Alloys Compd.* **2001**, *317–318*, 52.
Hoa 1988	D. V. Hoanh, G. Bieger, G. Krabbes, *Z. Anorg. Allg. Chem.* **1988**, *560*, 128.
Hor 1971	R. Horyń, M. Dryś, *Krist. Techn.* **1971**, K 85.
Hua 1994	J. Huang, Y. Huang, T. Yang, *J. Cryst. Growth* **1994**, *135*, 224.
Hul 1968	F. Hulliger, *J. Less-Common Met.* **1968**, *16*, 113.
Jen 1966a	P. Jensen, A. Kjekshues, T. Skansen, *Acta Chem. Scand.* **1966**, *20*, 417.
Kan 2005	M. G. Kanatzidis, R. Pöttgen, W. Jeitschko, *Angew. Chem.* **2005**, *117*, 7156, *Angew. Chem. Int. Ed.* **2005**, *44*, 6995.
Khr 1989	M. Khristov, G. Gyurov, P. Peshev, *Cryst. Res. Technol.* **1989**, *24*, K 22.
Kje 1979	A. Kjekshus, P. G. Peterzéns, T. Rakke, A. F. Andresen, *Acta Chem. Scand.* **1979**, *33A*, 469.
Kle 2000	H. Kleinke, M. Waldeck, P. Gütlich, *Chem. Mater.* **2000**, *12*, 2219.
Koj 1975	T. Kojima, I. Nishida, *Jpn. J. Appl. Phys.* **1975**, *14*, 141.

Koj 1979	T. Kojima, I. Nishida, T. Sakata, *J. Cryst. Growth* **1979**, *47*, 589.
Kos 2007	A. V. Kosyakov, A. Yu. Zavrazhnov, A. V. Naumov, A. A. Nazarova, V. P. Zlomanov, *Inorg. Mater.* **2007**, *43*, 1199.
Kov 2008	K. Kovnir, M. Schmidt, C. Waurisch, M. Armbrüster, Y. Prots, Y. Grin, *Z. Kristallogr. – NCS* **2008**, *223,* 7.
Kra 1987	G. Krabbes, M. Ritschel, Do. V. Hoanh, *Acta Phys. Hung.* **1987**, *61*, 181.
Kra 1989	R. Krausze, M. Khristov, P. Peshev, G. Krabbes, *Z. Anorg. Allg. Chem.* **1989**, *579*, 231.
Kra 1990	R. Krausze, M. Khristov, P. Peshev, G. Krabbes, *Z. Anorg. Allg. Chem.* **1990**, *588*, 123.
Kra 1991	R. Krausze, G. Krabbes, M. Khristov, *Cryst. Res. Technol.* **1991**, *26*, 179.
Li 2003	Y. Li, L. Sun, L. Cao, J. Zhao, H. Wang, Y. Nan, Z. Gao, W. Wang, *Sci. China Ser.* **2003**, *G 46*, 47.
Loi 1972	R. Loitzl, C. Schüler, *Deutsches Patent* DE 2051404, **1972**.
Mas 1990	H. Massalski, Binary Alloy Phase Diagrams, 2nd Ed. ASN International, **1990**
Mer 1980	H. Merker, H. Schäfer, B. Krebs, *Z. Anorg. Allg. Chem.* **1980**, *662*, 49.
Mon 1987	Y. Monteil, R. Feurer, G. Constant, *Z. Anorg. Allg. Chem.* **1987**, *545*, 209.
Mot 1975	S. Motojima, K Sugiyama, Y. Takahashi, *J. Cryst. Growth* **1975**, *30,* 233.
Mur 1995	K. Murase, K. Machida, G. Adachi, *J. Alloy. Compd.* **1995**, *217*, 218.
Ned 1996	R. Neddermann, M. Binnewies, *Z. Anorg. Allg. Chem.* **1996**, *622*, 17.
Ned 1996a	R. Neddermann, S. Gerighausen, M. Binnewies, *Z. Anorg. Allg. Chem.* **1996**, *622*, 21.
Ned 1997	R. Neddermann, *Dissertation*, Universität Hannover, **1997**.
Ned 1998	R. Neddermann, M. Binnewies, *Z. Anorg. Allg. Chem.* **1998**, *624*, 733.
Nee 1971	H. Neels, W. Schmitz, H. Hottmann, R. Rössner, W. Topp, *Krist. Tech.* **1971**, *6*, 225.
Nic 1966	J. Nickl, M. Duck, J. Pieritz, *Angew. Chem.* **1966**, *17*, 822.
Nic 1971a	J. J. Nickl, J. D. Koukoussas, *J. Less-Common Met.* **1971**, *23*, 73.
Nic 1973	J. J. Nickl, J. D. Koukoussas, A. Mühlratzer, *J. Less-Common Met.* **1973**, *32*, 243.
Nie 1968	T. Niemyski, E. Kierzek-Pecold, *J. Cryst. Growth* **1968**, *3/4*, 162.
Nis 1980	M. Nishio, K. Tsuru, H. Ogawa, *Reports of the Faculty of Science and Engineering* **1980**, *8*, 59.
Nor 1990	M. L. Norton, N. Nevins, H. Tang, N. Chong, J. Scowyra, *Mater. Res. Bull.* **1990**, *25*, 257.
Okh 1978	Y. A. Okhrimenko, *Dielektr. Poluprovodr.* **1978**, *13*, 67.
Osa 2002	M. Osamura, *Report of researches, Nippon Institute of Technology* **2002**, *32*, 17.
Ouv 1972	J. Ouvrard, R. Wandji, B. Roques, *J. Cryst. Growth* **1972**, *13/14*, 406.
Pes 1986	P. Peshev, M. Khristov, *J. Less-Common Met.* **1986**, *117*, 361.
Pes 2000	P. Peshev, *J. Solid State Chem.* **2000**, *154*, 157.
Pla 2000	T. Plaggenborg, M. Binnewies, *Z. Anorg. Allg. Chem.* **2000**, *626*, 1478.
Ric 1967	M. Richardson, *Acta Chem. Scand.* **1967**, *21*, 2305.
Ros 1972	G. Rosenthal, R. Kershaw, A. Wold, *Mater. Res. Bull.* **1972**, *7*, 479.
Ros 1973	F. Rosenberger, M. C, DeLong, J. M Olson, *J. Cryst. Growth* **1973**, *19,* 317.
Ruc 1999	M. Ruck, *Z. Anorg. Allg. Chem.* **1999**, *625*, 2050.
Sau 1992	M. Sauer, A. Engel, H. Lueken, *J. Alloy. Compd.* **1992**, *183*, 281.
Sch 1962	H. Schäfer, *Chemische Transportreaktionen*, Verlag Chemie, Weinheim, **1962**.
Sch 1965	H. Schäfer, W. Fuhr, *J. Less-Common Met.* **1965**, *8*, 375.
Sch 1975	H. Schäfer, M. Trenkel, *Z. Anorg. Allg. Chem.* **1975**, *414*, 137.
Sch 1977	H. Schäfer, J. Nowitzki, *Z. Anorg. Allg. Chem.* **1977**, *435*, 49.

Schi 1976	M. Schieber, W. F. Schnepple, L. van den Berg, *J. Cryst. Growth* **1976**, *33*, 125.
Scho 1974	H. Scholz, *Acta Electron.* **1974**, *17*, 69.
Son 2007	Y. Song, S. Jin, *Appl. Phys. Lett* **2007**, *90*, 173122-1.
Szc 2007	J. R. Szczech, A. L. Schmitt, M. J. Bierman, S. Jin, *Chem. Mater.* **2007**, *19*, 3238.
Tej 1988	P. Tejedor, J. M. Olson, *J. Cryst. Growth* **1988**, *89*, 220.
Tej 1989	P. Tejedor, J. M. Olson, *J. Cryst. Growth* **1989**, *94*, 579.
Wan 1995	C. Wang, T. Hughbanks, *Inorg. Chem.* **1995**, *34*, 5524.
Wan 2001	C. H. Wannek, B. Harbrecht, *J. Solid State Chem.* **2001**, *159*, 113.
Wan 2002	C. H. Wannek, B. Harbrecht, *Z. Anorg. Allg. Chem.* **2002**, *628*, 1597.
Wan 2004	J. F. Wang, S. Y. Ji, K. Mimura, Y. Sato, S. H. Song, H. Yamane, M. Shimada, M. Isshiki, *Phys. Status Soidi.* **2004**, *201*, 2905.
Wan 2006	J. F. Wang, S. Saitou, S. Y. Ji, M. Isshiki, *J. Cryst. Growth* **2006**, *295*, 129.
Wan 2007	C. H. Wannek, B. Harbrecht, *Z. Anorg. Allg. Chem.* **2007**, *633*, 1397.
Web 1975	G. W. Webb, J. J. Engelhardt, *IEEE Trans. Magnetics* **1975**, *11*, 208.
Wil 2007	H. Wilhelm, M. Schmidt, R. Cardoso-Gil, U. Burkhardt, M. Hanfland, U. Schwarz, L. Akselrud, *Science and Technology of Advanced Materials* **2007**, *8*, 416.
Wir 2000	J. Wirringa, M. Binnewies, *Z. Allg. Anorg. Chem.* **2000**, *626*, 996.
Wir 2000a	J. Wirringa, R. Wartchow, M. Binnewies, *Z. Anorg. Allg. Chem.* **2000**, *626*, 1473.
Wir 2000b	J. Wirringa, M. Binnewies, *Z. Anorg. Allg. Chem.* **2000**, *626*, 1747.
Zha 1999	J. Zhao, Y. Li, R. Liu, X. Zhang, Z. Zhou, C. Wang, Y. Xu, W. Wang, *Chinese Phys. Lett.* **1999**, *16*, 208.

11 Gasteilchen und ihre Stabilität

Wie bei keinem anderen Präparationsverfahren in der Festkörperchemie spielt bei Chemischen Transportreaktionen das Reaktionsgeschehen in der Gasphase eine zentrale Rolle. Will man eine Transportreaktion lediglich präparativ nutzen, ohne den Reaktionsverlauf im Einzelnen verstehen zu wollen, genügt es häufig, auf einer empirischen Basis qualitativ zu erörtern, mit welchem Transportmittel ein bestimmter Bodenkörper transportiert werden kann. Für ein tieferes Verständnis des Reaktionsgeschehens sind Kenntnisse über gasförmige anorganische Moleküle und deren Stabilität unerlässlich. Eine quantitative Beschreibung des Transportvorgangs erfordert die Kenntnis der thermodynamischen Daten aller beteiligten kondensierten Phasen und gasförmigen Moleküle.

In diesem Abschnitt geben wir einen Überblick darüber, welche Arten von gasförmigen anorganischen Molekülen bei Chemischen Transportreaktionen auftreten können. In vielen Fällen sind deren thermodynamische Daten bekannt, können abgeschätzt oder mithilfe quantenchemischer Methoden näherungsweise berechnet werden, sodass auch thermodynamische Modellrechnungen möglich sind. Die nachfolgende Zusammenstellung erhebt nicht den Anspruch, einen vollständigen Überblick über gasförmige anorganische Moleküle zu geben. Es werden die für den Chemischen Transport wichtigen Aspekte angesprochen. Die Besprechung erfolgt nach Stoffgruppen geordnet: gasförmige Halogenverbindungen einschließlich der Oxidhalogenide, gasförmige Elemente, gasförmige Wasserstoffverbindungen, gasförmige Sauerstoffverbindungen.

11.1 Halogenverbindungen

Die Metall- und Nichtmetallhalogenide spielen bei Chemischen Transportreaktionen eine zentrale Rolle. Halogene und zahlreiche Halogenverbindungen sind wirksame und viel verwendete Transportmittel. Die daraus gebildeten Halogenide stellen die wichtigsten transportwirksamen Spezies dar. Nachfolgend wird zunächst ein Überblick über Halogene und Halogenverbindungen als Transportmittel gegeben. Danach wird die Rolle von Halogenverbindungen als transportwirksame Gasspezies beschrieben.

Halogene und Halogenverbindungen als Transportmittel Die elementaren Halogene Chlor, Brom und Iod kommen als Transportmittel besonders häufig in Betracht. Fluor hingegen ist aus mehreren Gründen ungeeignet. Zum einen liegt das Gleichgewicht in den meisten Fällen extrem auf Seiten der Reaktionsprodukte. Ein weiterer Grund liegt in Materialproblemen, denn Fluor reagiert mit den Behältermaterialien, die üblicherweise bei der Durchführung von Transportreaktionen verwendet werden.

Chlor, Brom und Iod reagieren unter Transportbedingungen mit Bodenkörpern verschiedener Stoffklassen, mit Metallen, intermetallischen Verbindungen, Halbmetallen, Metalloxiden, -sulfiden, -seleniden, -telluriden, -nitriden, -phosphiden, -arseniden, -antimoniden, -siliciden, -germaniden, manchen -halogeniden und anderen mehr. In der Regel werden dabei die gasförmigen Metall- bzw. Halbmetallhalogenide und das jeweilige Nichtmetall gebildet. In einigen Fällen entstehen auch Nichtmetallhalogenide. So können bei der Reaktion von Metallphosphiden mit einem Halogen oder einer Halogenverbindung nicht nur Metall- sondern auch Phosphorhalogenide auftreten.

Da die Halogene oxidierende Eigenschaften aufweisen, werden nicht selten Metallhalogenide oder Oxidhalogenide als transportwirksame Spezies gebildet, in denen das Metall eine höhere Oxidationsstufe hat als im Bodenkörper. Beispiele sind der Transport von Chrom(III)-chlorid mit Chlor oder der von Wolfram(IV)-oxid mit Iod, die durch nachfolgende Transportgleichungen beschrieben werden.

$$CrCl_3(s) + \frac{1}{2}Cl_2(g) \rightleftharpoons CrCl_4(g) \quad (11.1.1)$$

$$WO_2(s) + I_2(g) \rightleftharpoons WO_2I_2(g) \quad (11.1.2)$$

Auch **Halogenwasserstoffe** sind vielseitig verwendbare Transportmittel. Da sie keine oxidierende Wirkung haben, sind die Oxidationsstufen des Metalls im Bodenkörper und in der transportwirksamen Gasspezies im Allgemeinen gleich. Besonders häufig werden Halogenwasserstoffe beim Transport von Oxiden verwendet. Hier bilden sich das gasförmige Metallhalogenid und Wasserdampf.

Halogenverbindungen wie $TeCl_4$, PCl_5, $NbCl_5$ oder $TaCl_5$ sind ebenfalls nützliche Transportmittel, insbesondere für Metalloxide. Reaktionen der genannten Chloride führen zum einen zur Bildung gasförmiger Metallchloride oder Metalloxidchloride, zum anderen wird Sauerstoff als flüchtiges Oxid (TeO_2, P_4O_6, P_4O_{10}), oder Oxidchlorid ($TeOCl_2$, $POCl_3$, $NbOCl_3$, $TaOCl_3$) gebunden. *Oppermann* konnte zeigen, dass Tellur(IV)-chlorid ein besonders vielseitiges Transportmittel ist (Opp 1975).

Halogenverbindungen als transportwirksame Spezies Nach den grundlegenden Arbeiten von *Schäfer* werden bei der Reaktion verschiedenster Bodenkörper mit Halogenen oder Halogenverbindungen gasförmige Metall- bzw. Halbmetallhalogenide als transportwirksame Spezies gebildet. Nachfolgend sind einige ausgewählte Beispiele angeführt (Sch 1962).

$$Co(s) + I_2(g) \rightleftharpoons CoI_2(g) \quad (11.1.3)$$

$$Si(s) + SiI_4(g) \rightleftharpoons 2\,SiI_2(g) \quad (11.1.4)$$

$$TiO_2(s) + 4\,HCl(g) \rightleftharpoons TiCl_4(g) + 2\,H_2O(g) \quad (11.1.5)$$

$$Ga_2S_3(s) + 3\,I_2(g) \rightleftharpoons 2\,GaI_3(g) + \frac{3}{2}S_2(g) \quad (11.1.6)$$

Tabelle 11.1.1 Moleküle im Dampf der Chloride von Hauptgruppenelementen.

1	2	13	14	15	16
LiCl, Li$_2$Cl$_2$	BeCl$_2$, Be$_2$Cl$_4$	BCl$_3$, BCl	CCl$_4$		
NaCl, Na$_2$Cl$_2$	MgCl$_2$	AlCl$_3$, Al$_2$Cl$_6$, AlCl	SiCl$_4$, SiCl$_2$	PCl$_5$, PCl$_3$	S$_2$Cl$_2$, SCl$_2$
KCl, K$_2$Cl$_2$	CaCl$_2$	GaCl$_3$, Ga$_2$Cl$_6$, GaCl	GeCl$_4$, GeCl$_2$	AsCl$_3$	SeCl$_4$, SeCl$_2$
RbCl, Rb$_2$Cl$_2$	SrCl$_2$	InCl$_3$, In$_2$Cl$_6$, InCl	SnCl$_4$, SnCl$_2$	SbCl$_3$	TeCl$_4$, TeCl$_2$
CsCl, Cs$_2$Cl$_2$	BaCl$_2$	TlCl, Tl$_2$Cl$_2$	PbCl$_2$	BiCl$_3$, BiCl	

$$\text{RuCl}_3(s) + \frac{1}{2}\text{Cl}_2(g) \rightleftharpoons \text{RuCl}_4(g) \tag{11.1.7}$$

$$2\,\text{InP}(s) + \text{InI}_3(g) \rightleftharpoons 3\,\text{InI}(g) + \frac{1}{2}\text{P}_4(g) \tag{11.1.8}$$

Die Chloride, Bromide und Iodide eines Metalls weisen in der Regel eine hohe Flüchtigkeit, auf. Die Fluoride haben in den meisten Fällen viel höhere Siedetemperaturen und damit geringere Flüchtigkeiten. Unter den Halb- und Nichtmetallhalogeniden hingegen haben die Fluoride besonders niedrige Siedetemperaturen.

Die thermodynamische Stabilität gasförmiger Halogenide sinkt vom Fluorid zum Iodid. Der überwiegende Teil der Halogenide verdampft unzersetzt. Die Tendenz zur Zersetzung nimmt von den Fluoriden zu den Iodiden zu. In Tabelle 11.1.1 sind die wichtigsten gasförmigen Spezies, die von den Chloriden der Hauptgruppenelemente in der Gasphase gebildet werden, zusammengestellt.

Für die Bromide und Iodide ergibt sich ein ähnliches Bild, die Verbindungen werden jedoch zunehmend instabiler und die Tendenz zur Bildung von niederen Halogeniden nimmt von den Fluoriden zu den Iodiden zu. So zersetzt sich Phosphor(V)-bromid bereits etwas oberhalb von Raumtemperatur in Phosphor(III)-bromid und Brom, Phosphor(V)-iodid ist unbekannt, Schwefelbromide sind sehr instabil, binäre Iodide von Schwefel und Selen sind bisher nicht nachgewiesen worden.

In Tabelle 11.1.2 sind die wichtigsten gasförmigen Spezies, die bei den Chloriden der Nebengruppenelemente in der Gasphase auftreten, zusammengestellt. Für die Bromide und Iodide ergibt sich ein ähnliches Bild. Das Verhalten der Lanthanoidhalogenide ähnelt dem der Lanthanhalogenide.

Der Dampf von Metallhalogeniden kann aus monomeren, dimeren und/oder oligomeren Molekülen bestehen. In Dimeren und Oligomeren sind die Metallatome im Allgemeinen über Halogenbrücken miteinander verknüpft, gelegent-

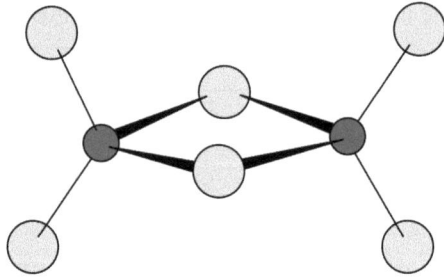

Abbildung 11.1.1 Aufbau von Al_2Cl_6.

Tabelle 11.1.2 Moleküle im Dampf der Chloride von Nebengruppenelementen.

3	4	5	6	7	8	9	10	11	12
$ScCl_3$ Sc_2Cl_6	$TiCl_4$ $TiCl_3$ Ti_2Cl_6 $TiCl_2$	VCl_4	$CrCl_4$ $CrCl_2$	$MnCl_2$ Mn_2Cl_4	$FeCl_3$ Fe_2Cl_6 $FeCl_2$ Fe_2Cl_4	$CoCl_2$ Co_2Cl_4	$NiCl_2$ Ni_2Cl_4	$CuCl,$ Cu_3Cl_3 Cu_4Cl_4	$ZnCl_2$ Zn_2Cl_4
YCl_3 Y_2Cl_6	$ZrCl_4,$	$NbCl_5,$ $NbCl_4$	$MoCl_5$ $MoCl_4$ $MoCl_3$	Tc_3Cl_9 $TcCl_4$	$RuCl_4$	$RhCl_3$	$PdCl_2$ Pd_6Cl_{12}	$AgCl,$ Ag_3Cl_3	$CdCl_2$
$LaCl_3$ La_2Cl_6	$HfCl_4$	$TaCl_5$ $TaCl_4$	WCl_6 WCl_4	Re_3Cl_9 $ReCl_5$	$OsCl_4$	$IrCl_3$	$PtCl_3$ $PtCl_2$ Pt_6Cl_{12}	$AuCl_3$ Au_2Cl_6 $AuCl$ Au_2Cl_2	$HgCl_2$ Hg_2Cl_2

lich treten Metall/Metall-Bindungen auf (z. B. in Re_3X_9). In Abbildung 11.1.1 ist der Aufbau eines Moleküls vom Typ des Al_2Cl_6 dargestellt.

Besonders große Anteile an Dimeren M_2X_6 beobachtet man bei M = Al, Ga, In, Fe, Sc, Y, *Ln* (*Ln* = Lanthanoide). Trimere treten bei Kupfer(I)- und Silberhalogeniden auf. Die Gasphasenzusammensetzungen über festen oder flüssigen Metallchloriden wurde insbesondere von *Schäfer* sehr eingehend untersucht (Sch 1974a, Sch 1976). Es wurden Regeln beschrieben, mit deren Hilfe die thermodynamischen Daten von dimeren Molekülen abgeschätzt werden können. Dies kann dann von Nutzen sein, wenn thermodynamische Daten interessierender Verbindungen nicht bekannt sind. Man kann davon ausgehen, dass die für Metallchloride geltenden Regeln auch für die Bromide und Iodide gelten.

Metallhalogenide verschiedener Metalle *A* und *B* können im gasförmigen Zustand miteinander unter Bildung von **Gaskomplexen** reagieren. Solche Gaskomplexe werden auch bei heterogenen Reaktionen zwischen festen und gasförmigen Halogeniden gebildet. So reagiert zum Beispiel gasförmiges Aluminium(III)-chlorid mit einer Vielzahl von schwer flüchtigen, festen Metallchloriden unter Bildung von Gaskomplexen und erhöht auf diese Weise deren Flüchtigkeit beträchtlich, häufig um viele Zehnerpotenzen. Diese Reaktionen können präparativ

Tabelle 11.1.3 Übersicht über zweikernige Gaskomplexe von Chloriden.

Oxidations-zahlen	Beispiele für Gaskomplexe
I–I	$MM'Cl_2$ (M, M' = Li … Cs), $NaCuCl_2$, $TlCuCl_2$, $MAgCl_2$ (M = Li … Cs).
I–II	$NaBeCl_3$, $KBeCl_3$, $KMgCl_3$, $KCaCl_3$, $KSrCl_3$ $MCrCl_3$ (M = K, Rb, Cs) $MMnCl_3$ (M = Li … Cs) $MFeCl_3$ (M = Li … Cs) $MCoCl_3$ (M = Li … Cs) $NaZnCl_3$, $KZnCl_3$ $MCdCl_3$ (M = Na … Cs) $MSnCl_3$ (M = Na … Cs) $MPbCl_3$ (M = Na … Cs, Tl)
I–III	$MAlCl_4$ (M = Li … .Cs), $CuAlCl_4$, $CuGaCl_4$, $BiAlCl_4$, $In^IIn^{III}Cl_4$, $MInCl_4$ (M = K, Cs) $TlInCl_4$, $CuInCl_4$, $TlTlCl_4$, $MFeCl_4$ (M = Na, K), $MScCl_4$ (M = Li … Cs) $MYCl_4$ (M = Li, Na), $NaBiCl_4$, $MLnCl_3$ (M = Li … Cs, Ln = Lanthanoide, Einzelheiten siehe (Sch 1976))
I–IV	$KThCl_5$, $MThCl_5$ (M = Tl, Cu, Ag), $MUCl_5$ (M = Tl, Cu)
II–II	$CdPbCl_4$
II–III	$BeAlCl_5$, $BeFeCl_5$, $BeInCl_5$, $ZnInCl_5$, $SnInCl_5$, $HgAlCl_5$, $SnBiCl_5$
II–IV	$BeZrCl_6$, $BeUCl_6$, $PbThCl_6$
III–III	$AlGaCl_6$, $AlVCl_6$, $AlFeCl_6$, $AlSbCl_6$, $AlBiCl_6$, $GaInCl_6$, $AlInCl_6$, $FeAuCl_6$, $EuLuCl_6$
III–V	$AlUCl_8$, $InUCl_8$
IV–IV	$ThUCl_8$

als Transportreaktionen genutzt werden. Als ein Beispiel sei die folgende Reaktion von Cobaltchlorid mit Aluminium(III)-chlorid genannt (Bin 1977).

$$CoCl_2(s) + Al_2Cl_6(g) \rightleftharpoons CoAl_2Cl_8(g) \qquad (11.1.9)$$

Cobaltchlorid kann auf diese Weise mit Aluminium(III)-chlorid schon bei Temperaturen weit unterhalb der Siedetemperatur transportiert werden (z. B. 400 → 350 °C) (Sch 1974b). Man kennt heute eine Vielzahl von Beispielen dieser Art (Sch 1974b, Sch 1975, Sch 1976, Sch 1983). Die Tabellen 11.1.3 und 11.1.4 geben einen Überblick über nachgewiesene Chloridkomplexe (entnommen aus (Sch 1976)). Es ist anzunehmen, dass Metallbromide und -iodide in ganz ähnlicher Weise Gaskomplexe bilden.

Von einer beträchtlichen Anzahl von Gaskomplexen wurden thermodynamische Daten bestimmt (Bin 1974). *Schäfer* und *Binnewies* stellten empirische Regeln auf, die zur Abschätzung der thermodynamischen Daten von Gaskomplexen die-

Tabelle 11.1.4 Übersicht zu mehrkernigen Gaskomplexen von Chloriden

Oxidations-zahlen	Beispiele für Gaskomplexe
I–I	$LiCs_2Cl_3$, Li_2CuCl_3, $LiCu_2Cl_3$, $NaCu_2Cl_3$, $TlCu_2Cl_3$, $M_2Ag_2Cl_3$, MAg_2Cl_3 (M = Li ... Cs)
I–II	$Na_2Zn_2Cl_6$, $Cs_2Cd_2Cl_5$
I–III	Cu_2AlCl_5, Cu_3AlCl_6, $CuAl_2Cl_7$, $Cu_2Al_2Cl_8$, Cu_2InCl_5, Cu_3InCl_6, $CuIn_2Cl_7$, Tl_2InCl_5
I–IV	Cu_2ThCl_6, $CuTh_2Cl_9$, Cu_2UCl_6, Tl_2ThCl_6, Tl_2UCl_6, TlU_2Cl_9
II–III	Be_2AlCl_7, $Be_2Al_2Cl_8$, $Be_2Al_2Cl_{10}$, $Be_3Al_2Cl_{12}$, Be_2InCl_7, $BeIn_2Cl_8$, Be_3InCl_9, $BeFe_2Cl_8$ $Be_2Fe_2Cl_{10}$, $Be_3Fe_2Cl_{12}$, MAl_2Cl_8 (M = Mg, Ca, Mn, Co, Ni, Pb, Cr, Pd, Pt Cu) MFe_2Cl_8 (M = Mg, Ca, Sr, Ba, Mn, Co, Ni, Cd), $CoAl_4Cl_{14}$, VAl_3Cl_{11}
II–IV	Be_2UCl_8
III–III	$CrAl_3Cl_{12}$, $NdAl_3Cl_{12}$, $NdAl_4Cl_{15}$, VAl_2Cl_9, $FeAl_2Cl_9$,
III–IV	UAl_2Cl_{10}, UIn_2Cl_{10}

nen können (Bin 1974, Sch 1976). In Abschnitt 12.2.2 findet sich eine kurze Beschreibung.

Oxidhalogenide Nur von recht wenigen Metallen, insbesondere von einigen Übergangselementen, kennt man gasförmige Oxidhalogenide. Eine Übersicht geben *Ngai* und *Stafford* (Nga 1971). Solche Moleküle treten besonders dann auf, wenn Metalle in hohen Oxidationsstufen vorliegen. VOX_3, $NbOX_3$, $TaOX_3$ (X = F ... I), CrO_2X_2 (X = F ... Br), MoO_2X_2, WO_2X_2 (X = F ... I), $MoOX_4$, WOX_4 (X = F ... Br), $ReOCl_4$, OsO_2Cl_2, $OsOCl_4$, $RuOCl$, ReO_3X (X = F ... I). Gasförmige Oxidhalogenide können eine wichtige Rolle als transportwirksame Spezies beim Transport von Oxiden spielen (Sch 1972). Genannt seien an dieser Stelle die folgenden beiden Beispiele

$$SiO_2(s) + 2\,TaCl_5(g) \rightleftharpoons SiCl_4(g) + 2\,TaOCl_3(g) \quad (11.1.10)$$

$$MoO_3(s) + I_2(g) \rightleftharpoons MoO_2I_2(g) + \frac{1}{2}O_2(g) \quad (11.1.11)$$

Auch von den Hauptgruppenmetallen kennt man einige gasförmige Oxidhalogenide. Elemente der Gruppe 13 bilden bei sehr hohen Temperaturen um 2000 °C Oxidhalogenide wie AlOCl. Von Silicium und Germanium kennt man eine Vielzahl von gasförmigen Oxidhalogeniden wie z. B. Si_2OCl_6 oder $Si_4O_4Cl_8$ (Bin 2000, Lie 1997). Die genannten Verbindungen spielen bei Chemischen Transportreaktionen jedoch keine nennenswerte Rolle. In der Gruppe 15 bildet Phosphor mehrere bei hohen Temperaturen stabile Oxidchloride und -bromide: POX_3, PO_2X und POX (X = Cl, Br) (Bin 1990a). POF existiert nur bei hohen Temperaturen (Ahl 1986). Bei Arsen und Antimon sind AsOCl und SbOCl bei hohen Temperaturen stabil, nicht jedoch Oxidhalogenide dieser Elemente in der Oxidationsstufe V (Bin 1990a). Die mit Abstand größte Bedeutung unter den Oxidhalogeniden der Hauptgruppenelemente kommt $TeOCl_2$ zu. Diese Gasspezies spielt beim Transport zahlreicher Oxide mit Tellur(IV)-chlorid eine zentrale Rolle (Opp 1975).

11.2 Elemente im gasförmigen Zustand

Die Bedeutung elementarer Halogene bei Chemischen Transportreaktionen wurde bereits besprochen. Auch andere Elemente treten bei Transportreaktionen häufig gasförmig auf, insbesondere gasförmige Nichtmetalle. Beispielsweise bilden sich beim Transport von Pnictiden oder Chalkogeniden mit Halogenen oder Halogenverbindungen in vielen Fällen die gasförmigen Elemente der Gruppe 15 bzw. 16. Als ein Beispiel sei der exotherme Transport von Zirconiumarsenid, $ZrAs_2$, mit Iod angeführt, der durch die folgende Transportgleichung gut beschrieben wird:

$$ZrAs_2(s) + 2\,I_2(g) \rightleftharpoons ZrI_4(g) + \frac{1}{2}As_4(g) \qquad (11.2.1)$$

Im Unterschied zu gasförmigen Nichtmetallen spielen Metalldämpfe nur in wenigen Fällen eine Rolle. Insbesondere dann, wenn das Transportmittel nicht mit den Metallatomen sondern den Nichtmetallatomen reagiert. Als Beispiel sei hier der endotherme Transport von Zinkoxid mit Wasserstoff angeführt, der durch Transportgleichung 11.2.2 beschrieben werden kann:

$$ZnO(s) + H_2(g) \rightleftharpoons Zn(g) + H_2O(g) \qquad (11.2.2)$$

Man kennt nicht sehr viele Transportreaktionen dieser Art. Dies hat zwei Gründe: Die allermeisten der üblicherweise verwendeten Transportmittel bilden mit den Metallatomen des Bodenkörpers stabilere gasförmige Verbindungen als mit den Nichtmetallatomen. Hinzu kommt, dass der Dampfdruck der meisten Metalle auch bei den recht hohen Versuchstemperaturen zu gering ist, um ausschließlich gasförmig vorliegen zu können. Aus diesem Grund kann man bei Transportreaktionen allenfalls dann mit der Bildung eines ungesättigten Metalldampfs rechnen, wenn die Siedetemperatur des Metalls unterhalb von ca. 1200 °C liegt. Dies trifft nur auf die folgenden Metalle zu: Na (881 °C), K (763 °C), Rb (697 °C), Cs (657 °C), Mg (1093 °C), Zn (906 °C), Cd (766 °C), Hg (356 °C), Yb (1194 °C) und Te (989 °C).

In einigen Fällen können, außer den Halogenen, auch andere gasförmige Elemente als Transportmittel wirken. So kann Sauerstoff den Transport einiger Platinmetalle bewirken (Sch 1972). Der Transport erfolgt über gasförmige Oxide dieser Metalle, zum Beispiel OsO_4. Schwefel ist imstande, eine Reihe von Übergangsmetallsulfiden zu transportieren (Sch 1968). Hier werden gasförmige Polysulfide, wie zum Beispiel TaS_3 als transportwirksame Spezies angenommen. Ähnliche Beobachtungen liegen für den Chemischen Transport einiger Selenide vor. Schwefel stellt auch für Tellur ein wirksames Transportmittel dar (Bin 1976). Als transportwirksame Spezies wurden Verbindungen nachgewiesen, in denen Tellur-Atome in die verschiedenen ringförmigen Schwefel-Moleküle eingebaut werden. Phosphor ist imstande, Galliumphosphid, GaP, und Indiumphosphid, InP, zu transportieren, vermutlich über GaP_5 bzw. InP_5 als transportwirksame Spezies (Köp 2003). Mithilfe von Arsen gelang in ähnlicher Weise der Transport von Galliumarsenid, GaAs, und Indiumarsenid, InAs (Köp 2004).

Zusammensetzung von Metalldämpfen Mithilfe massenspektrometrischer Methoden sind die Gasphasen über praktisch allen Metallen insbesondere von *Gingerich* gut untersucht (Gin 1980). Sie bestehen ganz überwiegend aus den Atomen. Der Anteil zwei- oder mehratomiger Moleküle liegt im gesättigten Dampf zwischen 10^{-5} und 10 % (Gin 1980). In den Dämpfen über geschmolzenen Legierungen können auch mehratomige Moleküle auftreten, die unterschiedliche Metallatome enthalten. Jedoch liegt auch deren Anteil deutlich unter denen der der Metallatome. Die thermodynamischen Daten mehratomiger, aus gleichen oder unterschiedlichen Metallatomen bestehenden Molekülen sind in der Regel recht gut bekannt (Gin 1980). Bei Chemischen Transportreaktionen spielen solche Moleküle jedoch keine Rolle.

Zusammensetzung von Nichtmetalldämpfen Die Dämpfe der Nichtmetalle bestehen, abgesehen von den Edelgasen, bei den Bedingungen des Chemischen Transports in aller Regel aus sehr stabilen mehratomigen Molekülen, die in großen Anteilen in der Gasphase auftreten. Atome treten – anders als bei Metallen – nur untergeordnet auf. Die Anteile der verschiedenen molekularen Spezies in den Dämpfen der Nichtmetalle hängen von Temperatur und Druck ab. Höhere Temperatur und niedrigerer Druck begünstigen die Bildung kleinerer Moleküle bzw. der Atome. Betrachten wir als Beispiel einen ungesättigten Iod-Dampf. In

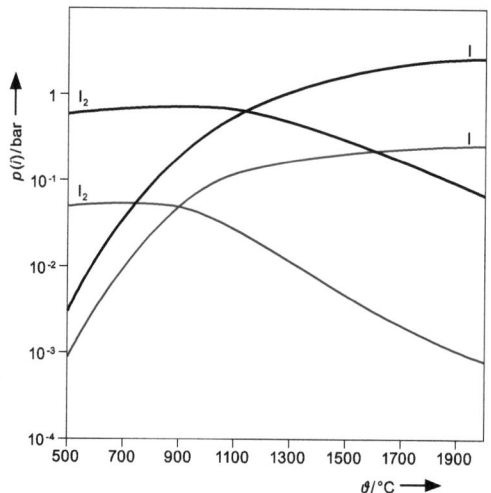

Abbildung 11.2.1 Partialdrücke von I und I_2 bei Anfangsdrücken (298 K) von 0,2 bar (schwarz) und 0,02 bar (grau).

Tabelle 11.2.1 Zusammenstellung gasförmiger Spezies in Nichtmetalldämpfen.

15	16	17
N_2	O_2	
P_4, P_2	S_2, S_3 ... S_7, S_8	Cl_2, Cl
As_4, As_2	Se_2, Se_3 ... Se_7, Se_8	Br_2, Br
Sb_4, Sb_2	Te_2, Te	I_2, I
Bi		

Abbildung 11.2.1 ist der Einfluss der Temperatur auf die Gasphasenzusammensetzung für zwei unterschiedliche Drücke dargestellt.

In beiden Fällen steigt der Anteil der Iodatome mit steigender Temperatur an. Bei einem Anfangsdruck an Iod von 0,2 bar überwiegen Iodatome oberhalb von 1100 °C, bei einem Anfangsdruck von 0,02 bar bereits oberhalb von 900 °C. Es hängt also von den jeweiligen Reaktionsbedingungen ab, welche Gasspezies die dominierende Rolle spielen. Bei eingehenden Diskussionen muss dies in jedem Einzelfall geprüft werden. Treten bei einer Transportreaktion Elemente der Gruppen 15, 16 oder 17 auf, kann man davon ausgehen, dass die Spezies gebildet werden, die in Tabelle 11.2.1 zusammengestellt sind. Abweichungen davon ergeben sich nur bei außergewöhnlichen äußeren Bedingungen.

11.3 Wasserstoffverbindungen

Eine Vielzahl gasförmiger Wasserstoffverbindungen der Metalle ist in der Literatur beschrieben. In den meisten Fällen handelt es sich um zweiatomige Moleküle der Zusammensetzung MH ((Gur 1974), zitiert in (Gin 1980)). Bei Chemischen Transportreaktionen spielen diese Moleküle praktisch keine Rolle. Eine wichtige Rolle hingegen können die Wasserstoffverbindungen der Nichtmetalle spielen. Von Bedeutung sind hier insbesondere die Halogenwasserstoffe, die sehr häufig als Transportmittel verwendet werden, zum Beispiel beim Transport von Metalloxiden wie Magnesiumoxid.

$$MgO(s) + 2\,HCl(g) \;\rightleftharpoons\; MgCl_2(g) + H_2O(g) \quad (11.3.1)$$

Das genannte Beispiel zeigt, dass Wasserdampf, hier als transportwirksame Spezies, bei Transportreaktionen eine Rolle spielt. Wasser kann aber auch als Transportmittel fungieren. Beispiele sind der Transport von Molybdän(VI)-oxid und der von Germanium mit Wasser.

$$MoO_3(s) + H_2O(g) \;\rightleftharpoons\; H_2MoO_4(g) \quad (11.3.2)$$

$$Ge(s) + H_2O(g) \;\rightleftharpoons\; GeO(g) + H_2(g) \quad (11.3.3)$$

Wasser kann auch zur Bildung transportwirksamer gasförmiger Hydroxide führen:

$$Li_2O(s) + H_2O(g) \;\rightleftharpoons\; 2\,LiOH(g) \quad (11.3.4)$$

Eine besondere Bedeutung hat Wasser bei der hydrothermalen Bildung zahlreicher Mineralien in der Natur. Das bekannteste Beispiel ist die Kristallisation von Bergkristall (α-Quarz) unter überkritischen Bedingungen. Dieser aus der Natur bekannte Prozess wird heute als technisches Verfahren durchgeführt. Man nimmt an, dass Silicium(IV)-oxid mit Wasser unter den besonderen Reaktionsbedingungen verschiedene gasförmige Kieselsäuren bildet.

Eine im täglichen Leben wichtige Transportreaktion ist die von Wolfram mit Wasser und Iod. Diese Reaktion stellt die Grundlage der Funktionsweise von Halogenlampen dar.

$$W(s) + 2\,H_2O(g) + 3\,I_2(g) \;\rightleftharpoons\; WO_2I_2(g) + 4\,HI(g) \tag{11.3.5}$$

Spuren von Wasser, häufig aus der Wandung der beim Transport verwendeten Kieselglasrohre, können für Transporteffekte von Bedeutung sein (Sch 1986).

Auch Schwefel- und Selenwasserstoff treten beim Transport von Sulfiden bzw. Seleniden mit Halogenwasserstoffen auf. Tellurwasserstoff ist zu instabil, um bei Transportbedingungen zu entstehen. Eine besondere Rolle kommt Ammoniumchlorid zu. Es zerfällt bei der Sublimation in Ammoniak und Chlorwasserstoff, stellt also eine Chlorwasserstoffquelle dar, die sehr einfach zu handhaben und zu dosieren ist. Ammoniak zerfällt bei höheren Temperaturen in die Elemente und schafft damit eine reduzierende Atmosphäre, die sich in verschiedener Weise auf die am Transport beteiligten Gleichgewichte auswirken kann.

11.4 Sauerstoffverbindungen

Der weitaus größte Teil der Metalloxide zerfällt beim Erhitzen auf hohe Temperaturen vollständig oder teilweise. Eine Zusammenstellung über gasförmige Metalloxide und deren Stabilität gibt *Gingerich* (Gin 1980). Bei den Zerfallsreaktionen können die Metalle und Sauerstoff, oder auch feste oder gasförmige niedere Oxide und Sauerstoff entstehen. Als ein Beispiel sei hier das thermische Verhalten von Silicium(IV)-oxid genannt. Ein kleiner Anteil von ca. 1 % verdampft bei Temperaturen oberhalb von 1500 °C kongruent unter Bildung von $SiO_2(g)$, es dominiert jedoch der Zerfall in $SiO(g)$ und $O_2(g)$.

Einige Metalloxide verdampfen kongruent. Genannt seien hier beispielhaft CrO_3, MoO_3, WO_3, Re_2O_7, IrO_3, RuO_3, RuO_4, OsO_4, GeO, SnO und PbO. In den Dämpfen von CrO_3, MoO_3 und WO_3 treten trimere Moleküle wie zum Beispiel M_3O_9 auf, SnO und PbO bilden Dimere und Trimere. Insgesamt spielen gasförmige Metalloxide bei Transportreaktionen keine besondere Rolle. Genannt seien an dieser Stelle die folgenden beiden Beispiele (Sch 1972, Sch 1960):

$$OsO_2(s) + OsO_4(g) \;\rightleftharpoons\; 2\,OsO_3(g) \tag{11.4.1}$$

$$Pt(s) + O_2(g) \;\rightleftharpoons\; PtO_2(g) \tag{11.4.2}$$

Bedeutsamer ist die Rolle von Nichtmetalloxiden. So kann Kohlenstoffmonoxid auf ganz unterschiedliche Weise als *Transportmittel* fungieren (Tam 1929, Tam 1931):

$$SnO_2(s) + CO(g) \rightleftharpoons SnO(g) + CO_2(g) \quad (11.4.3)$$

$$Ni(s) + 4\,CO(g) \rightleftharpoons Ni(CO)_4(g) \quad (11.4.4)$$

Häufiger treten Nichtmetalloxide als *transportwirksame Spezies* auf, insbesondere beim Transport von Oxiden. So kann Schwefeldampf gemeinsam mit Iod den Transport von Zinn(IV)-oxid bewirken (Mat 1977).

$$SnO_2(s) + I_2(g) + \frac{1}{2}S_2(g) \rightleftharpoons SnI_2(g) + SO_2(g) \quad (11.4.5)$$

Eine besondere Rolle kommt Tellur(IV)-chlorid beim Chemischen Transport von Metalloxiden zu, es reagiert unter Bildung eines Metallchlorids oder -oxidchlorids und bindet gleichzeitig den Sauerstoff in Form von $TeO_2(g)$ oder $TeOCl_2(g)$ (Opp 1975).

$$TiO_2(s) + TeCl_4(g) \rightleftharpoons TiCl_4(g) + TeO_2(g) \quad (11.4.6)$$

$$MoO_3(s) + TeCl_4(g) \rightleftharpoons MoO_2Cl_2(g) + TeOCl_2(g) \quad (11.4.7)$$

Weitere für den Transport von Oxidoverbindungen wichtige gasförmige Oxide sind unter anderem: B_2O_3, SiO, P_4O_6, P_4O_{10}, As_4O_6, Sb_4O_6, SeO_2.

11.5 Weitere Stoffgruppen

Bei einigen Transportreaktionen spielen gasförmige Sulfide, Selenide, Telluride oder Sulfidhalogenide eine gewisse Rolle. So kann Bor in Gegenwart von Schwefel oder Selen verflüchtigt werden; In diesem Zusammenhang wurden die Moleküle BS_2 (Bro 1973) und BSe_2 (Bin 1990b) nachgewiesen. Auch Aluminium bildet bei hohen Temperaturen gasförmige Sulfide und Selenide: Al_2S, AlS, Al_2S_2, Al_2Se, $AlSe$, Al_2Se_2 (Mil 1974). Gasförmige Sulfide, Selenide und Telluride der Elemente der Gruppe 14 sind ebenfalls bekannt: SiS, $SiSe$, $SiTe$, GeS, $GeSe$, $GeTe$, SnS, $SnSe$, $SnTe$, PbS, $PbSe$, $PbTe$ (Mil 1974). Diese Moleküle bilden in geringem Umfang Dimere. Weniger stabil sind die Disulfide bzw. -selenide dieser Elemente. Vom Phosphor ist das gasförmige Monosulfid, PS, beschrieben (Dre 1955).

Nur von wenigen Elementen kennt man gasförmige Sulfid- oder Selenidhalogenide. So sind beispielsweise beim Phosphor PSX_3 und PSX (X = F, Cl, Br) (Bin 1990a) beschrieben. Niob bildet die gasförmigen Sulfid- bzw. Selenidhalogenide $NbSCl_3$, $NbSBr_3$, $NbSeBr_3$ (Sch 1966), vom Tantal sind $TaSCl_3$ und $TaSeBr_3$ bekannt (Sch 1966); über die Transportwirksamkeit von $MoSBr$ wurde berichtet (Kra 1981). Wolfram bildet zwei flüchtige Sulfidchloride, WS_2Cl_2 (Nga 1971) und $WSCl_4$ (Bri 1970). Die thermodynamischen Daten von WS_2X_2 (X = Cl, Br, I) wurden bestimmt (Mil 2010). Vom Rhenium ist das gasförmige $ReSCl_4$ bekannt (Rin 1967). In einem Fall wurde von der Transportwirksamkeit eines Hydroxidhalogenids, $Bi(OH)_2X$ (X = Cl, Br, I) berichtet (Opp 2000). Abschließend sei mit $Pt(CO)_2Cl_2$ eine gasförmige Verbindung genannt, die beim Transport von Platin mit Kohlenstoffmonoxid und Chlor transportwirksam wird (Sch 1971).

Literaturangaben

Ahl 1986	R. Ahlrichs, R. Becherer, M. Binnewies, H. Borrmann, M. Lakenbrink, S. Schunck, H. Schnöckel, *J. Am. Chem. Soc.* **1986**, *108*, 7905.
Bin 1974	M. Binnewies, H. Schäfer, *Z. Anorg. Allg. Chem.* **1974**, *407*, 327.
Bin 1976	M. Binnewies, *Z. Anorg. Allg. Chem.* **1976**, *422*, 43.
Bin 1977	M. Binnewies, *Z. Anorg. Allg. Chem.* **1977**, *435*, 156.
Bin 1990a	M. Binnewies, H. Schnöckel, *Chem. Rev.* **1990**, *90*, 32.
Bin 1990b	M. Binnewies, *Z. Anorg. Allg. Chem.* **1990**, *589*, 115.
Bin 2000	M. Binnewies, K. Jug, *Eur. J. Inorg. Chem.* **2000**, 1127.
Bri 1970	D. Britnell, G. W. A. Fowles, R. Mandycewsky, *Chem. Commun.* **1970**, 608.
Bro 1973	J. M. Brom, W. Weltner, *J. Mol. Spectrosc.* **1973**, *45*, 82.
Dre 1955	K. Dressler, *Helv. Phys. Acta.* **1955**, *28*, 563.
Gin 1980	K. A. Gingerich, E. Kaldis, Eds., *Current Topics in Material Science*, North-Holland Publishing Company, **1980**, *6*, 345.
Gur 1974	L. V. Gurvich, G. V. Karachevstev, V. N. Kondratyew, Y. A. Lebedev, V. A. Mendredev, V. K. Potatov, Y. S. Khodeev, *Bond Energies, Ionisation Potentials and Electron Affinities* Nauka, Moskau, **1974**.
Köp 2003	R. Köppe, J. Steiner, H. Schnöckel, *Z. Anorg. Allg. Chem.* **2003**, *62*, 2168.
Köp 2004	R. Köppe, H. Schnöckel, *Angew. Chem.* **2004**, *116*, 2222. *Angew. Chem., Int. Ed.* **2004**, *43*, 2170.
Kra 1981	G. Krabbes, H. Oppermann, *Z. Anorg. Allg. Chem.* **1981**, *481*, 13.
Lie 1997	S. Lieke und M. Binnewies, *Z. Anorg. Allg. Chem.* **1997**, *623*, 1705.
Mat 1977	K. Matsumoto, S. Kaneko, K. Katagi, *J. Cryst. Growth* **1977**, *40*, 291.
Mil 1974	K. C. Mills, *Thermodynamic Data for Inorganic Sulphides, Selenides and Tellurides*, Butterworths, London, **1974**.
Mil 2010	E. Milke, R. Köppe, M. Binnewies, *Z. Anorg. Allg. Chem.* **2010**, *636*, 1313.
Nga 1971	L. H. Ngai, F. E. Stafford in L. Eyring (Ed.) *Advances in High Temperatur Chemistry*, Academic Press, New York, **1971**, 313.
Opp 1975	H. Oppermann, *Kristall u. Techn.* **1975**, *10*, 485.
Opp 2000	H. Oppermann, M. Schmidt, H. Brückner, W. Schnelle, E. Gmelin, *Z. Anorg. Allg. Chem.* **2000**, *626*, 937.
Rin 1967	K. Rinke, M. Klein, H. Schäfer, *J. Less-Common Met.* **1967**, *12*, 497.
Sch 1960	H. Schäfer, A. Tebben, *Z. Anorg. Allg. Chem.* **1960**, *304*, 317.
Sch 1962	H. Schäfer, *Chemische Tranportreaktionen*, Verlag Chemie, Weinheim, **1962**.
Sch 1966	H. Schäfer, W. Beckmann, *Z. Anorg. Allg. Chem.* **1966**, *347*, 225.
Sch 1968	H. Schäfer, F. Wehmeier, M. Trenkel, *J. Less-Common Met.* **1968**, *16*, 290.
Sch 1971	H. Schäfer, U. Wiese, *J. Less-Common Met.* **1971**, *24*, 55.
Sch 1972	H. Schäfer, Nat. Bur. Standards, Spec. Publ. 364, *Solid State Chem. Proceed. 5th Materials Research Sympos.*, **1972**, 413.
Sch 1974a	H. Schäfer, M: Binnewies, *Z. Anorg. Allg. Chem.* **1974**, *410*, 251.
Sch 1974b	H. Schäfer, *Z. Anorg. Allg. Chem.* **1974**, *403*, 116.
Sch 1975	H. Schäfer, *J. Cryst. Growth* **1975**, *31*, 31.
Sch 1976	H. Schäfer, *Angew. Chem.* **1976**, *88*, 775, *Angew. Chem. Int. Ed.* **1976**, *15*, 713.
Sch 1983	H. Schäfer, *Adv. Inorg. Radiochem.* **1983**, *26*, 201.
Sch 1986	H. Schäfer, *Z. Anorg. Allg. Chem.* **1986**, *543*, 217.
Tam 1929	S. Tamaru, N. Ando, *Z. Anorg. Allg. Chem.* **1929**, *184*, 385,
Tam 1931	S. Tamaru, N. Ando, *Z. Anorg. Allg. Chem.* **1931**, *195*, 309.

12 Thermodynamische Daten

Chemische Transportreaktionen werden durch das Wechselspiel zwischen kondensierten und gasförmigen Stoffen bestimmt. Ein tieferes Verständnis dieser Reaktionen setzt zunächst die Kenntnis voraus, *welche* Stoffe am Reaktionsgeschehen beteiligt sind. Für eine quantitative Beschreibung einer Transportreaktion ist es zusätzlich notwendig, deren thermodynamische Daten zu kennen, um damit Modellrechnungen zum Reaktionsgeschehen durchführen zu können. In diesem Kapitel werden einige thermodynamische Aspekte Chemischer Transportreaktionen behandelt.

Zur Beschreibung der thermodynamischen Stabilität eines Stoffes benötigt man die Standardbildungsenthalpie, die Standardentropie sowie die Wärmekapazität als Temperaturfunktion bzw. die freien Standardbildungsenthalpie. Aus diesen Größen lassen sich mithilfe der *Kirchhoff*schen Gesetze die temperaturabhängigen Zahlenwerte von Standardbildungsenthalpie, Standardentropie und freier Standardbildungsenthalpie berechnen. Die grundlegenden Zusammenhänge sind in Lehrbüchern für physikalische Chemie dargestellt und sollen an dieser Stelle nicht wiederholt werden.

12.1 Bestimmung und Tabellierung thermodynamischer Daten

Die klassischen Methoden zur Bestimmung thermodynamischer Daten sind beispielsweise in Büchern von *Kubaschewski* und *Schmalzried* zusammenfassend mit Literaturangaben beschrieben (Kub 1983, Schm 1978). Während in dem Buch von *Kubaschewski* die praktische Anwendung thermodynamischer Überlegungen im Vordergrund steht, beschreibt *Schmalzried* schwerpunktmäßig den theoretischen Hintergrund der Festkörperthermodynamik (Schm 1978). Als klassische Methoden zur Bestimmung thermodynamischer Daten seien hier beispielhaft die verschiedenen kalorimetrischen Methoden, Methoden der Thermoanalyse (DTA, DSC), elektrochemische Methoden (EMK-Messungen), Dampfdruckmessungen mit verschiedenen Methoden (Mitführungsmessungen, Gesamtdruckmessungen, Knudsenzellenmessungen) genannt. Diese und andere Methoden haben jeweils bestimmte Vor- und Nachteile, mit denen auch die Fehler der jeweiligen Methoden zusammenhängen. So kann eine allgemein als „richtig" anerkannte **Standardbildungsenthalpie** eines Stoffs durchaus mit einem Fehler von 10 bis 20 kJ · mol^{-1} behaftet sei. Als besonders zuverlässig gelten Zahlenwerte von Standardbildungsenthalpien, die von mehreren Autoren, im Idealfall mithilfe unterschiedlicher Methoden bestätigt wurden. Solch zuverlässige Daten kennt man jedoch nur von einer eingeschränkten Anzahl von Stoffen, insbesondere solchen, die in der chemischen Technik eine bedeutende Rolle spielen. Im Regelfall kann man bezüglich der Standardbildungsenthalpie eines Stoffs wohl davon ausgehen, dass Abweichungen vom wahren Wert von 10 bis 15 oder auch 20 kJ · mol^{-1} in Kauf genommen werden müssen. In Einzelfällen können die Standardbildungsenthalpien sogar mit deutlich größeren Fehlern behaftet sein.

Recht zuverlässig kennt man die **Standardentropien** vieler Stoffe. Wenn diese nicht experimentell bestimmt sind, kann man sie mithilfe recht bewährter Schätz- oder Rechenverfahren mit guter Genauigkeit ermitteln. Entsprechendes gilt für die Wärmekapazitäten.

Die zur thermodynamischen Beschreibung von chemischen Reaktionen benötigten Daten können Tabellenwerken entnommen werden. Die wichtigsten sind folgende:

- Thermodynamic Data for Inorganic Sulphides, Selenides and Tellurides (Mil 1974)
- Thermochemical Properties of Inorganic Substances (Kna 1991)
- Thermochemical Data of Pure Substances (Bar 1992)
- NIST-JANAF Thermochemical Tables (Cha 1998)
- Termitscheskije Konstanti Veschtschestw (Glu 1999)
- Thermochemical Properties of Elements and Compounds (Bin 2002)

Darüber hinaus kann die Originalliteratur nach weiteren Daten durchsucht werden. Hier ist anzumerken, dass seit ca. 1990 zunehmend weniger Arbeiten publiziert wurden, die eine Bestimmung thermodynamischer Daten anorganischer Verbindungen zum Ziele hatten. Der überwiegende Teil solcher Daten ist in neueren Tabellenwerken erfasst (Bin 2002).

12.2 Abschätzung thermodynamischer Daten

Fehlen thermodynamische Daten für die Modellierung einer Chemischen Transportreaktion, können diese auch abgeschätzt werden. Es stehen Methoden zur Verfügung, die eine Abschätzung mit oftmals ausreichender Genauigkeit ermöglichen. *Kubaschewski* widmet in einem Buch diesen Schätzverfahren ein eigenes Kapitel (Kub 1983). Auch *Schmalzried* schlägt Verfahren zur Abschätzung von Enthalpien vor (Schm 1978). Die heute zur Verfügung stehenden Computerprogramme zur Modellierung chemischer Transportexperimente ermöglichen Berechnungen bei geringem zeitlichem Aufwand. Durch kritischen Vergleich der experimentellen Beobachtungen mit den auf der Basis von Abschätzungen durchgeführten thermodynamischen Berechnungen ist somit eine weitere Eingrenzung der Daten einfach möglich.

12.2.1 Thermodynamische Daten von Feststoffen

Die Methoden zur Abschätzung der Standardbildungsenthalpie einer festen Phase sind in der Regel nicht so zuverlässig wie die Verfahren zur Abschätzung ihrer Standardentropie und Wärmekapazität. Man kennt keine einheitliche Methode zur Abschätzung von Standardbildungsenthalpien beliebiger Feststoffe. Jede Methode beschränkt sich auf eine bestimmte Gruppe von Verbindungen. Als zielführend hat sich die Abschätzung der Standardbildungsenthalpien auf der Basis bekannter Daten von Verbindungen homologer Reihen bzw. chemisch ähnlicher Stoffe erwiesen. Es ist zu empfehlen, die Abschätzung des gesuchten Wertes über mehrere Wege vorzunehmen. Nachfolgend werden einige Möglichkeiten zur Abschätzung der Standardbildungsenthalpie vorgestellt.

Abschätzung der Standardbildungsenthalpie einer binären Festkörperverbindung Betrachten wir den Fall, dass die Standardbildungsenthalpie von Magnesiumselenid abgeschätzt werden soll. Hierzu kann man die bekannten Daten (in kJ · mol^{-1}) der Magnesiumchalkogenide und der Calciumchalkogenide im Vergleich betrachten:

MgO	−601	CaO	−635
MgS	−346	CaS	−473
MgSe	gesuchter Wert	CaSe	−368
MgTe	−209	CaTe	−272

Der Wert für Calciumselenid liegt zwischen dem für Calciumsulfid und -tellurid. Die Zahlenwerte zeigen, dass der Betrag der Standardbildungsenthalpie von Calciumselenid ziemlich genau in der Mitte zwischen dem von Calciumsulfid und -tellurid liegt. Ähnliches erwartet man auch beim Magnesium. So würde man einen Wert von −270 bis −280 kJ · mol^{-1} erwarten. Dies entspricht in etwa dem Tabellenwert von −293 kJ · mol^{-1}. Besonders häufig nutzt man graphische Darstellungen von Enthalpien, um unbekannte Werte durch Interpolation oder Extrapolation abzuschätzen.

Abschätzung der Standardbildungsenthalpie einer ternären Festkörperverbindung Will man die Bildungsenthalpie einer ternären Verbindung abschätzen, betrachtet man üblicherweise deren Bildung aus den binären Ausgangsstoffen. Am Beispiel der Bildung eines ternären Oxids sei dies näher erläutert.

$$MO_x(s) + M'O_y(s) \rightarrow M M'O_{x+y}(s) \tag{12.2.1.1}$$

Eine Reaktion dieser Art ist prinzipiell exotherm. Die Reaktionsenthalpie liegt typischerweise um −20 kJ pro Metallatom in der gebildeten Verbindung. Dieser Wert wird dann beobachtet, wenn die Säure/Base-Eigenschaften der beiden miteinander reagierenden Metalloxide ähnlich sind. Reagiert hingegen ein basisches Oxid wie z. B. CaO mit einem sauren Oxid wie SiO$_2$, beobachtet man deutlich exothermere Reaktionen. In diesem Fall beträgt die Reaktionsenthalpie −89 kJ · mol^{-1} also ca. −45 kJ pro konstituierendem Kation im Calciumsilicat CaSiO$_3$. Eine vertiefte Diskussion dieser Fragestellung führte *Schmidt* (Schm 2007). Für andere Verbindungsklassen, wie Sulfide, Selenide oder Phosphide gelten andere, meist niedrigere Richtwerte.

Abschätzung der Standardbildungsenthalpie einer ternären Festkörperverbindung mit einem komplexen Anion Enthält eine ternäre Festkörperverbindung ein komplexes Anion wie zum Beispiel eine Phosphat-, Sulfat- oder Vanadat-Anion, so ist der Betrag der Reaktionsenthalpie für deren Bildung aus den binären Bausteinen deutlich größer als in dem oben angeführten Fall. Dies wird durch folgendes Beispiel verdeutlicht:

$$\frac{1}{2}Nd_2O_3(s) + \frac{1}{4}P_4O_{10}(s) \rightarrow NdPO_4(s) \quad (12.2.1.2)$$
$$\Delta_R H^0_{298} = -312 \text{ kJ} \cdot \text{mol}^{-1}$$

Dies entspricht einem Beitrag von −156 kJ pro konstituierendem Kation (Nd, P). Ein anderes Beispiel ist die Bildung von $NdVO_4$:

$$\frac{1}{2}Nd_2O_3(s) + \frac{1}{2}V_2O_5(s) \rightarrow NdVO_4(s) \quad (12.2.1.3)$$
$$\Delta_R H^0_{298} = -127 \text{ kJ} \cdot \text{mol}^{-1}$$

Man erkennt, dass der Betrag der Reaktionsenthalpie von 12.2.1.3 deutlich größer ist als bei der Bildung von $CaSiO_3$ ist, jedoch viel kleiner als bei der Reaktion zu $NdPO_4$. Der ungewöhnlich große Zahlenwert bei der Bildung von $NdPO_4$ wird mit dem ausgeprägt sauren Charakter von P_4O_{10} in Zusammenhang gebracht (Kub 1983, Blu 2003, Schm 2007).

Diese Beispiele geben Anhaltspunkte für die Abschätzung unbekannter Standardbildungsenthalpien. Allgemein gültige Regeln kann man nicht aufstellen. Jede empirische Regel bezieht sich auf ganz bestimmte, aus chemisch ähnlichen Verbindungen bestehende Stoffgruppe.

Abschätzung der Wärmekapazität einer binären Festkörperverbindung Die Wärmekapazität eines festen Stoffs kann nach der Regel von *Dulong-Petit* abgeschätzt werden. Danach beträgt die Wärmekapazität bei 298 K pro konstituierendem Atom ca. 25 bis 30 J · K^{-1} · mol^{-1}. Für eine *AB*-Verbindung erwartet man also einen Zahlenwert für $C^0_{p,298}$ zwischen 50 und 60 J · K^{-1} · mol^{-1} (Beispiel: $C^0_{p,298}$ (FeS) = 50,5 J · K^{-1} · mol^{-1}). Bei Abschätzungen ist zu berücksichtigen, dass die Wärmekapazitäten mit zunehmender Temperatur ansteigen. Die Temperaturabhängigkeit der Wärmekapazität wird üblicherweise durch folgendes Polynom beschrieben.

$$C^0_{p,T} = a + b \cdot T + c \cdot T^{-2} + d \cdot T^2 \quad (12.2.1.4)$$

Mithilfe der Zahlenwerte für a, b, c und d lassen sich die temperaturabhängigen Enthalpie- und Entropiewerte eines Stoffs berechnen. Hierzu verwendet man die Gleichungen 12.2.1.5 und 12.2.1.6.

$$\begin{aligned}\Delta H^0_T &= \Delta H^0_{298} + \int_{298}^{T} C^0_p dT \\ &= a[T-298] + b[0{,}5 \cdot 10^{-3}(T^2 - 298^2)] + c[10^6(298^{-1} - T^{-1})] \\ &\quad + d\left[\frac{1}{3}10^{-6}(T^3 - 298^3)\right]\end{aligned} \quad (12.2.1.5)$$

$$S_T^0 = S_{298}^0 + \int_{298}^T C_p^0 \frac{dT}{T}$$
$$= a \ln \frac{T}{298} + b \cdot 10^{-3} (T - 298) - \frac{1}{2} c \cdot 10^6 (T^{-2} - 298^{-2})$$
$$+ d[0{,}5 \cdot 10^{-6} (T^2 - 298^2)] \qquad (12.2.1.6)$$

Abschätzung der Wärmekapazität und der Entropie einer ternären Festkörperverbindung Nach der Regel von *Dulong-Petit* kann man im Prinzip auch die Wärmekapazität einer ternären oder polynären Verbindung abschätzen. Zu genaueren Ergebnissen gelangt man jedoch auf der Basis experimentell bestimmter Werte für binäre Ausgangsverbindungen.

Hierzu betrachten wir eine typische Festkörperreaktion 12.2.1.7. Es hat sich gezeigt, dass sowohl die Reaktionsentropie als auch die Änderung der Wärmekapazität des Systems nahe bei null liegt. Man bezeichnet dies auch als die Regel von *Neumann-Kopp*. Mit deren Hilfe kann die Standardentropie bzw. die Wärmekapazität eines Feststoffs als Summe der Standardentropien bzw. Wärmekapazitäten ihrer Bausteine abgeschätzt werden.

$$MA(s) + 2M'A(s) \rightarrow MM'_2A_3(s) \qquad (12.2.1.7)$$
$$S_{298}^0(MM'_2A_3(s)) = S_{298}^0(MA(s)) + 2 \cdot S_{298}^0(M'A(s)) \qquad (12.2.1.8)$$
$$C_p(MM'_2A_3(s)) = C_p(MA(s)) + 2 \cdot C_p(M'A(s)) \qquad (12.2.1.9)$$

Die Abweichungen so erhaltener Werte für Entropie und Wärmekapazität vom wahren Wert liegen erfahrungsgemäß unterhalb von ca. $\pm 8 \, J \cdot mol^{-1} \cdot K^{-1}$.

> Für Näherungsbetrachtungen einer Gleichgewichtslage bei hohen Temperaturen kann man auf die für 298 K angegebenen Werte für Enthalpie und Entropie aller Reaktionsteilnehmer zurückgreifen. Die Berücksichtigung der molaren Wärmekapazitäten und ihrer Temperaturfunktionen führt häufig zu ähnlichen Ergebnissen. Bei genaueren Berechnungen müssen die Wärmekapazitäten jedoch berücksichtigt werden. Unter keinen Umständen dürfen thermodynamische Daten *eines* Reaktionsteilnehmers für 298 K mit solchen eines *anderen* Reaktionsteilnehmers für eine *andere* Temperatur kombiniert werde. Dies führt zu groben Fehlern bei der Berechnung der Gleichgewichtslage!

Abschätzung thermodynamischer Daten von Mischphasen In der Literatur finden sich nur wenige experimentell begründete Angaben zur Stabilität fester Mischphasen und deren thermodynamischen Daten. Benötigt man solche Zahlenwerte, ist man auf Abschätzungen angewiesen. Dazu verwendet man Modelle für reale und ideale feste Lösungen. Das Modell der idealen festen Lösung geht von der Vorstellung aus, dass beim Mischungsvorgang keine Wärmeeffekte auftreten. Die Mischungsentropie wird mithilfe der statistischen Thermodynamik berechnet. Sie hat stets ein positives Vorzeichen. Das Modell der realen Lösung beinhaltet zusätzlich einen bestimmten Beitrag der Mischungsenthalpie. Einzelheiten zu diesen Modellen wurden von *Schmalzried* beschrieben (Schm 1978).

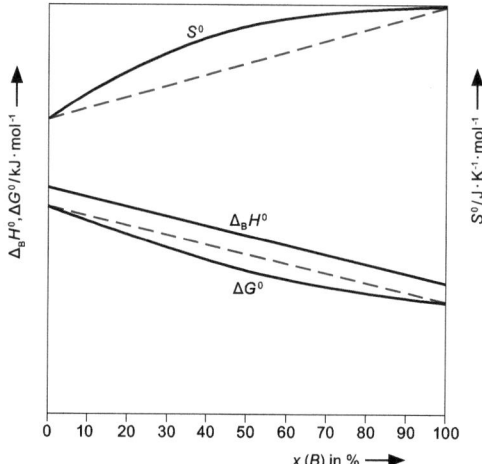

Abbildung 12.2.1.1 Schematische Abhängigkeit von Enthalpie, Entropie und freier Enthalpie von der Zusammensetzung in einem Zweistoffsystem mit lückenloser Mischkristallbildung.

Konsistenz eines Datensatzes Wenn in einem Stoffsystem mehrere Verbindungen unterschiedlicher Zusammensetzung existieren, spielt bei thermodynamischen Betrachtungen die Konsistenz des gesamten Datensatzes eine wesentliche Rolle. Diese ist häufig nicht gegeben, denn die Vielzahl unterschiedlicher experimenteller Methoden kann zu nicht konsistenten Werten führen. Bei Verwendung von tabellierten Standardwerten wurde diese Prüfung auf Konsistenz in den meisten Fällen bereits von den Autoren vorgenommen. Insbesondere, wenn Daten aus unterschiedlichen Quellen wie Messungen, Abschätzungen, Tabellenwerken und Originalliteratur zusammengeführt werden, sollte allen thermodynamischen Rechnungen eine Konsistenzprüfung der verwendeten Daten vorausgehen.

Besonders übersichtlich ist die graphische Darstellung der einheitlich normierten Werte der freien Standardbildungsenthalpien bzw. der Enthalpien und Entropien gegen die Zusammensetzung (Abbildungen 12.2.1.1 und 12.2.1.2).

Abbildung 12.2.1.1 beschreibt die Situation der lückenlosen Bildung idealer Mischkristalle. Die Verhältnisse bei der Bildung von Verbindungen der Zusammensetzungen A_3B, AB und AB_3 sind in Abbildung 12.2.1.2 dargestellt. Bei der Verbindung der einzelnen Datenpunkte der freien Enthalpie müssen die eingezeichneten Winkel bei Konsistenz der Daten kleiner als 180° sein. Treten andere Winkel auf, würde eine der auf dem Schnitt liegenden Verbindung aus ihren koexistierenden Nachbarphasen endergonisch gebildet werden und damit thermodynamisch nicht stabil sein. Dieselbe Aussage wird bei der numerischen Überprüfung der Bildungsreaktionen gewonnen. Bei der Bildung einer Verbindung aus ihren Nachbarphasen muss die freie Reaktionsenthalpie stets negativ sein. Dies gilt in der Regel auch für die Reaktionsenthalpie, da die Reaktionsentropie einer Festkörperreaktion nahe null ist.

$$A_3B(s) + AB_3(s) \rightarrow 4\,AB(s)$$
$$\Delta_R G^0 < 0, \quad \Delta_R H^0 < 0 \tag{12.2.1.10}$$

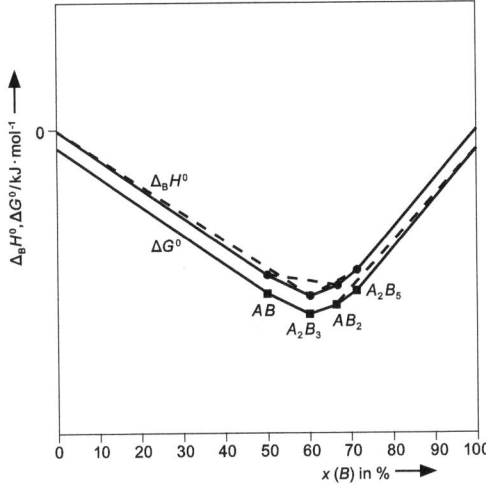

Abbildung 12.2.1.2 Schematische Abhängigkeit von Enthalpie, Entropie und freier Enthalpie von der Zusammensetzung in einem Zweistoffsystem mit Verbindungsbildung.

12.2.2 Thermodynamische Daten von Gasen

Auch die Bildungsenthalpien und Entropien gasförmiger Verbindungen können abgeschätzt werden. Während Entropiewerte mit oft hinreichender Genauigkeit geschätzt werden können, ist bei der Voraussage von Bildungenthalpien Vorsicht geboten. Hier versagen einfache Regeln nicht selten ihren Dienst und es muss mit beträchtlichen Fehlern gerechnet werden.

Abschätzung der Standardbildungsenthalpie einer binären gasförmigen Verbindung Die Standardbildungsenthalpien gasförmiger Moleküle zeigen innerhalb homologer Reihen in den meisten Fällen einen einheitlichen Gang. Will man durch Interpolation oder Extrapolation unbekannte Enthalpiewerte abschätzen, kann man bekannte Standardbildungsenthalpien analoger Verbindungen zum Vergleich heranziehen. Es kann jedoch sinnvoller sein, nicht die Standardbildungsenthalpien, sondern die daraus erhältlichen Atomisierungsenthalpien $\Delta_{At}H^0_{298}$ zu vergleichen[1] (Opp 1975). Die Zahlenwerte der Atomisierungsenthalpien sind identisch mit der Summe der Bindungsenthalpien $\Delta_{Bdg}H^0_{298}$ aller chemischen Bindungen im jeweils betrachteten Molekül. Auf diese Weise erhält man Vergleichsdaten, die frei sind von besonderen Eigenheiten der Standardzustände der Elemente, aus denen das betrachtete gasförmige Molekül aufgebaut ist. So zeigen zum Beispiel die Standardbildungsenthalpien und die Atomisierungsenergien der Chloride, Bromide und Iodide von Aluminium, Gallium und Indium

---

[1] Die Atomisierungsenthalpie ist die Enthalpie, die aufzubringen ist, um eine Verbindung in die gasförmigen Atome, aus denen sie aufgebaut ist, zu zerlegen. Sie ergibt sich aus der Standardbildungsenthalpie der betrachteten Verbindung und den Standardbildungsenthalpien der jeweiligen Atome.

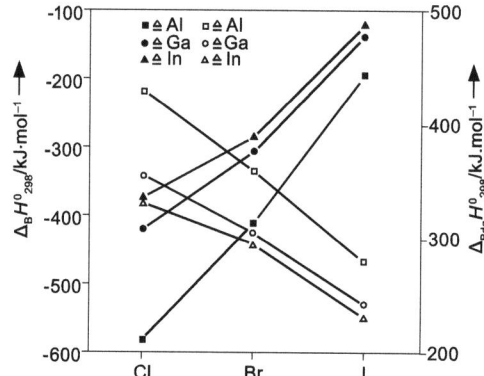

Abbildung 12.2.2.1 Standardbildungsenthalpien, Atomisierungsenthalpien und Bindungsenthalpien gasförmiger Chloride, Bromide und Iodide von Aluminium, Gallium und Indium.

Tabelle 12.2.2.1 Standardbildungsenthalpien, Atomisierungsenthalpien und Bindungsenthalpien gasförmiger Chloride, Bromide und Iodide von Aluminium, Gallium und Indium (Bin 2002).

Verbindung	$\Delta_B H^0_{298}$/kJ · mol^{-1}	$\Delta_{At} H^0_{298}$/kJ · mol^{-1}	$\Delta_{Bdg} H^0_{298}$/kJ · mol^{-1}
AlCl$_3$	−584,6	1278,2	426,1
AlBr$_3$	−410,5	1075,9	358,6
AlI$_3$	−193,3	843,4	281,1
GaCl$_3$	−422,9	1058,8	352,9
GaBr$_3$	−307,0	914,7	304,9
GaI$_3$	−137,6	730	243,3
InCl$_3$	−376,3	986,6	328,9
InBr$_3$	−285,2	885,3	295,1
InI$_3$	−120,5	687,5	232,5

eine einheitliche Tendenz. Dies macht deutlich, dass eine Interpolation bzw. Extropolation hier durchaus statthaft ist.

Dass eine derartige Interpolation bzw. Extrapolation jedoch auch zu Werten führen kann, die mit großen Fehlern behaftet sind, zeigt der Vergleich der Bildungsenthalpien bzw. der Atomisierungsenthalpien und der daraus abgeleiteteten Bindungsenthalpien $\Delta_{Bdg} H^0_{298}$ der Trihalogenide der Elemente der Gruppe 15, PCl$_3$, AsCl$_3$, SbCl$_3$ und BiCl$_3$. Die Zahlenwerte sin in Tabelle 12.2.2.2 zusammengestellt.

Man erkennt, dass die Standardbildungsenthalpien und auch die Atomisierungs- bzw. Bindungsenthalpien keinen einheitlichen Gang der Werte zeigen. Die Bindungsenthalpie sinkt vom PCl$_3$ zum AsCl$_3$, steigt dann zum SbCl$_3$ wieder geringfügig an und fällt dann zum BiCl$_3$ deutlich ab. Die Ursache hierfür ist vor allem darin zu sehen, dass die Elemente Phosphor und Arsen nichtmetallischen bzw.

Tabelle 12.2.2.2 Standardbildungsenthalpien, Atomisierungsenthalpien und Bindungsenthalpien der gasförmigen Trichloride von Phospor, Arsen, Antimon und Bismut (Bin 2002).

Verbindung	$\Delta_B H^0_{298}/\text{kJ} \cdot \text{mol}^{-1}$	$\Delta_{At} H^0_{298}/\text{kJ} \cdot \text{mol}^{-1}$	$\Delta_{Bdg} H^0_{298}/\text{kJ} \cdot \text{mol}^{-1}$
PCl_3	−288,7	986,5	328,8
$AsCl_3$	−261,5	927,2	309,1
$SbCl_3$	−313,1	942,5	314,2
$BiCl_3$	−265,3	838,8	279,6

halbmetallischen Charakter haben, Antimon und Bismut hingegen metallische Eigenschaften aufweisen. Dies hat eine Änderung des Bindungscharakters und damit auch der Bindungsenthalpien und der Stabilitäten der Chloride zur Folge. Wäre beispielsweise die Bildungsenthalpie von $SbCl_3$ nicht bekannt, käme man durch eine Interpolation zu falschen Ergebnissen. In solchen Fällen sollte man den unbekannten Wert mithilfe quantenchemischer Methoden ermitteln. So führte eine quantenchemische Berechnung der Standardbildungsenthalpien der angeführten Moleküle zu Werten, die nahe bei den experimentell bestimmten liegen (−295,0; −267,2; −314,6; −252,0) (Köp 2010).

Abschätzung der Bildungsenthalpien von Gasmolekülen mit Halogenbrücken
Metallhalogenide können in der Gasphase in vielfältiger Weise miteinander reagieren. Die in diesem Zusammenhang wichtigsten Reaktionen führen zur Bildung von Metall/Halogen-Verbindungen, in denen zwei oder mehrere Metallatome über Halogenbrücken miteinander verknüpft sind (siehe Abschnitt 11.1). Im einfachsten Fall bilden sich dimere Metallhalogenide. Für Metallchloride sind solche, stets exothermen Dimerisierungsreaktionen eingehend untersucht und die Dimerisierungsenthalpien näherungsweise bestimmt worden (Sch 1974). In den meisten Fällen liegt der Zahlenwert der Dimerisierungsenthalpie nahe bei dem der Verdampfungsenthalpie des monomeren Metallhalogenids. Insbesondere bei einigen Trichloriden, wie $GaCl_3$, $AlCl_3$ oder $InCl_3$ findet man Ausnahmen von dieser Regel: Hier sind die dimeren Moleküle besonders stabil, die Konzentration der Dimeren ist höher als bei den meisten anderen Metallhalogeniden. Die besonders hohe Stabilität von Halogenbrückenbindungen bei den genannten Chloriden macht man sich in vielfältiger Weise bei der Verwendung dieser Chloride als Transportmittel zu Nutze. Die am Beispiel vieler gasförmiger Chloride erarbeiteten Regeln sollten sich auch auf die Bromide und Iodide übertragen lassen. Systematische experimentelle Untersuchungen wurden jedoch nicht gemacht.

Reagieren zwei verschiedene Metallhalogenide in der Gasphase miteinander, bilden sich so genannte *Gaskomplexe*, in denen zwei oder mehrere verschiedene Metallatome über Halogenbrücken miteinander verknüpft sind. Die Reaktionsenthalpien solcher Reaktionen sind an vielen Beispielen bestimmt worden. Man hat aus diesen Daten empirische Regeln abgeleitet. Diese zeigen, dass die Reaktionenthalpie bei der Reaktion eines dimeren Metallhalogenids M_2Cl_{2n} mit einem anderen M'_2Cl_{2m} unter Bildung des Gaskomplexes $MM'Cl_{m+n}$ nahe bei null kJ ·

mol^{-1} liegt. In bestimmten Fällen, insbesondere wenn eines der Metallatome ein Alkalimetallatom ist, verlaufen die Reaktionen jedoch exotherm. Das umfangreiche Datenmaterial und die daraus abgeleiteten Regeln sind in einer Arbeit von *Schäfer* zusammengestellt (Sch 1976). Die Bildung von Gaskomplexen wurde insbesondere bei den Chloriden untersucht. Für Bromide und Iodid sollte sich ein ähnliches Bild ergeben, sodass auch die abgeleiteten Regeln zur Stabilität übertragbar sein sollten.

Abschätzung der Wärmekapazität gasförmiger Moleküle Die Wärmekapazit und die Entropie eines Gases lassen sich mit den Methoden der statistischen Thermodynamik aus der molaren Masse, der Molekülgeometrie und den Schwingungsfrequenzen des Moleküls berechnen. Die Molekülgeometrie und die Schwingungsfrequenzen sind häufig nicht durch experimentelle Untersuchungen bekannt. Sie können entweder abgeschätzt oder mithilfe quantenchemischer Methoden mit guter Genauigkeit berechnet werden. Die Abschätzungen von Wärmekapazität und Entropie eines Gases treten mehr und mehr in den Hintergrund und werden durch quantenchemische Methoden abgelöst. Diesen ist heute unbedingt der Vorzug zu geben (siehe Abschnitt 12.3). Die klassischen Regeln zur Abschätzung der Wärmekapazität $C^0_{p,298}$ seien hier nur kurz zusammengefasst (Kub 1983):

- Die Wärmekapazität C_p eines einatomigen Gases beträgt bei allen Temperaturen $\frac{5}{2}R = 20{,}8$ J $\cdot$ mol^{-1} $\cdot$ K^{-1}.
- Die Wärmekapazität $C^0_{p,298}$ eines zweiatomigen Gases beträgt bei Raumtemperatur etwa 30 J $\cdot$ mol^{-1} $\cdot$ K^{-1}. Dieser Wert steigt mit der Temperatur auf maximal 38 J $\cdot$ mol^{-1} $\cdot$ K^{-1} an. Die Wärmekapazität zweiatomiger Moleküle steigt tendenziell mit der molaren Masse etwas an.
- Die Wärmekapazität mehratomiger gasförmiger Moleküle schätzt man anhand bekannter Werte chemisch ähnlicher Moleküle mit ähnlichen molaren Massen ab.

Abschätzung der Entropie gasförmiger Verbindungen *Kubaschewski* gibt empirische Näherungsformeln zur Abschätzung der Entropie gasförmiger, aus n Atomen bestehender Moleküle als Funktion der molaren Masse M an. Diese sind in Tabelle 12.2.2.3 zusammengestellt:

Tabelle 12.2.2.3 Empirische Formeln zur Abschätzung der Standarentropien von n-atomigen gasförmigen Molekülen.

n	S^0_{298}/J $\cdot$ mol^{-1} $\cdot$ K^{-1}
1	110,9 + 33 $\cdot$ lg M
2	101,3 + 68,2 $\cdot$ lg M
3	37,7 + 111,7 $\cdot$ lg M
4	−7,5 + 146,4 $\cdot$ lg M
≥5	−131,8 + 207,1 $\cdot$ lg M

12.3 Quantenchemische Berechnung thermodynamischer Daten

Quantenchemische Methoden haben sich insbesondere in den letzten Jahren zu leistungsstarken Instrumenten entwickelt, mit denen auch thermodynamische Größen berechnet werden können. Ab initio-Methoden liefern keine Bildungsenthalpien sondern die totalen Energien bei 0 K, die sich ergeben, wenn ein Stoff aus den beteiligten Atomkernen und den Elektronen aufgebaut wird. Diese Energien werden in der Einheit hartree angegeben (1 hartree = 2625,5 kJ · mol^{-1}). Sie sind stets negativ. Die Bildungsenthalpie eines Stoffs bezieht sich hingegen nicht auf dessen Bildung aus den Atomkernen und Elektronen, sondern auf die Bildung aus den Elementen in deren jeweiligem Standardzustand. Die im Sinne der Thermodynamik verwendeten Zahlenwerte sind also zunächst in keiner Weise mit denen aus ab initio-Rechnungen vergleichbar. Sie werden jedoch vergleichbar, wenn man chemische Reaktionen betrachtet, bei denen die Änderung des Energie- bzw. Enthalpieinhalts und nicht die Absolutwerte betrachtet werden. Man kann heute die Änderung des Energie- bzw. Enthalpieinhalts bei der Bildung eines kristallinen Feststoffs aus anderen kristallinen Feststoffen mit gewisser Genauigkeit quantenchemisch berechnen, ohne experimentelle Daten zu verwenden. Man kann ebenso die Änderung des Energie- bzw. Enthalpieinhalts bei der Bildung einer gasförmigen Verbindung aus gasförmigen Ausgangsstoffen berechnen. Reaktionen zwischen kondensierten Phasen und Gasen, die die Grundlage Chemischer Transportreaktionen sind, können quantenchemisch (noch) nicht behandelt werden.

Ab initio-Rechnungen an (gasförmigen) Molekülen sind sehr weit entwickelt und es stehen allgemein zugängliche Programmpakete zur Verfügung, um bestimmte Eigenschaften von Molekülen zu berechnen. Ein derartiges Programmpaket ist TURBOMOLE (Ahl 1989). Es können Molekülgeometrien und Schwingungsfrequenzen, daraus mithilfe der statistischen Thermodynamik wiederum Wärmekapazitäten und Standardentropien als Temperaturfunktion berechnet werden. Es gestattet auch die Berechnung der Reaktionsenthalpie einer homogenen Gasreaktion. Dies wiederum kann genutzt werden, um die unbekannte Standardbildungsenthalpie eines gasförmigen Moleküls zu ermitteln. Dazu betrachtet man eine fiktive Reaktion, an der das Molekül beteiligt ist, dessen Standardbildungsenthalpie berechnet werden soll. Die übrigen Reaktionsteilnehmer müssen so gewählt werden, dass deren Bildungsenthalpien mit ausreichender Genauigkeit bekannt sind. Dann berechnet man mit TURBOMOLE die Energieinhalte aller Reaktionsteilnehmer und daraus die Änderung der Energie während der Reaktion. Diese, zunächst für 0 K berechneten Werte werden unter Berücksichtigung der Wärmekapazitäten 298 K bezogen und in Enthalpien umgerechnet. Die Koeffizienten des Polynoms, das die temperaturabhängige Wärmekapazität (Gleichung 12.2.1.4) beschreibt, werden mithilfe eines Mathematik-Programms, wie beispielsweise MAPLE (Mon 2005) nach Berechnung verschiedener Werte von $C_{p,T}^0$ im interessierenden Temperaturbereich ermittelt. Mit diesen Koeffizienten können ebenfalls temperaturabhängige Enthalpien (Gleichung 12.2.1.5) und Entropien (Gleichung 12.2.1.6) berechnet werden. Betrachten wir diese Vorgehensweise an einem Beispiel. Während gasförmiges WO_2Cl_2 wegen seiner Rolle in Halogenlampen sehr eingehend untersucht und charakterisiert ist, kennt man die analoge Schwefelverbindung WS_2Cl_2 erst seit jüngster Zeit. Es wurde massenspektrometrisch als Produkt der Reaktion von festem WS_2 mit Chlor bei ca. 750 °C beobachtet (Mil 2010) und könnte beim Transport von WS_2 mit Chlor durchaus eine wichtige Rolle spielen. Quantenchemische Rechnungen sollten helfen, die Bildungsenthalpie, Entropie und Wärmekapazität des Moleküls zu berechnen. Hierzu wurde die folgende Reaktion betrachtet:

$$WS_2Cl_2(g) + O_2(g) \rightleftharpoons WO_2Cl_2(g) + S_2(g) \qquad (12.3.1)$$

Die Berechnung ergab eine Reaktionsenthalpie von $\Delta_R H^0_{298} = -307{,}9 \text{ kJ} \cdot \text{mol}^{-1}$. Mithilfe der tabellierten Standardbildungsenthalpien der übrigen Reaktionsteilnehmer berechnet man daraus eine Standardbildungsenthalpie $\Delta_B H^0_{298}$ ($WS_2Cl_2(g)$) = $-235{,}0 \text{ kJ} \cdot \text{mol}^{-1}$. Dieser Wert ist in ausgezeichneter Übereinstimmung mit dem experimentell bestimmten Wert von $-230{,}8 \text{ kJ} \cdot \text{mol}^{-1}$ (Mil 2010). Man nimmt an, dass bei einer derartigen Vorgehensweise Bildungsenthalpien innerhalb einer Fehlerbreite von $\pm 15 \text{ kJ} \cdot \text{mol}^{-1}$ berechnet werden können. Besonders genaue Werte erhält man, wenn die betrachtete Reaktion, wie in diesem Fall, so ausgewählt wird, dass auf der Edukt- und Produktseite möglichst ähnliche Reaktionsteilnehmer stehen. Sehr genau können Wärmekapazitäten und Entropien berechnet werden. Die Genauigkeit der Ergebnisse übertrifft nicht selten die experimentell ermittelter Werte. Auch wenn das genannte Programm jedermann zugänglich ist, wird dringend geraten, bei ersten Berechnungen einen Fachmann hinzuzuziehen, der über Erfahrungen auf diesem Gebiet verfügt.

Literaturangaben

Ahl 1989	R. Ahlrichs, M. Bär, M. Häser, H. Horn, C. Kölmel, *Chem. Phys. Lett.* **1989**, 162, 165.
Bar 1989	I. Barin, *Thermochemical Data of Pure Substances*, VCH, Weinheim, **1989**.
Bin 2002	M. Binnewies, E. Milke, *Thermochemical Data of Elements and Compounds*, Wiley-VCH, Weinheim, **2002**.
Blu 2003	M. Blum, K. Teske, R. Glaum, *Z. Anorg. Allg. Chem.* **2003**, *629*, 1709.
Cha 1998	M. W. Chase, *NIST-JANAF Thermochemical Tables*, ACS, **1992**.
Glu 1999	V. P. Glushko, V. A. Medvedev, L. V. Gurvich, *Thermal Constants of Substances*, Wiley, New York, **1999**.
Kna 1991	O. Knacke, O. Kubaschewski, K. Hesselmann, *Thermochemical Properties of Inorganic Substances*, Springer, Berlin, **1991**.
Köp 2010	R. Köppe, *unveröffentliche Ergebnisse*.
Kub 1983	O. Kubaschewski, C. B. Alcock, *Metallurgical Thermochemistry*, Pergamon Press, 5th Aufl. Oxford, **1983**.
Mil 1974	K. C. Mills, *Thermodynamic Data for Ionorganic Sulphides, Selenides and Tellurides*, Butterworth, London, **1974**.
Mil 2010	E. Milke, R. Köppe, M. Binnewies, *Z. Anorg. Allg. Chem.* **2010**, *636*, 1313.

Mon 2005	M. B. Monagan, K. O. Geddes, K. M. Heal, G. Labahn, S. M. Vorkoetter, J. McCarron, P. DeMarco, *Maple 10 Programming Guide*, Maplesoft, Waterloo ON, Canada, **2005**.
Opp 1975	H. Oppermann, M. Ritschel, *Krist. Tech.* **1975**, *10*, 485.
Sch 1974	H. Schäfer, M. Binnewies, *Z. Anorg. Allg. Chem.* **1974**, *410*, 251.
Sch 1976	H. Schäfer, *Angew. Chem.* **1976**, *88*, 775. *Angew. Chem., Int. Ed.* **1976**, *15*, 713.
Schm 1978	H. Schmalzried, A. Navrotsky, *Festkörperthermodynamik*, Akademie-Verlag, Berlin, **1978**.

13 Modellierung Chemischer Transportexperimente: Die Computerprogramme TRAGMIN und CVTRANS

13.1 Zielsetzungen bei der Modellierung Chemischer Transportexperimente

Über die präparativen Anwendungen hinaus bieten Chemische Transportreaktionen auch eine vergleichsweise einfache Möglichkeit, wichtige Informationen zu den thermodynamische Eigenschaften der vorliegenden Festkörper und der beteiligten Gasphase über entsprechende Modellierungen zu erlangen. Die Modellierung Chemischer Transportexperimente kann mit verschiedenen Zielsetzungen erfolgen:

- Orientierende Rechnungen *vor* einem Experiment geben Hinweise auf die günstigsten Bedingungen bezüglich Temperatur und Wahl des Transportmittels.
- Die Modellierung *nach* einem Experiment, besser noch nach einer Serie von Experimenten unter systematischer Variation der Versuchsbedingungen, liefert Informationen über die Zusammensetzung der Gleichgewichtsgasphase, die durch direkte Messung häufig nicht zugänglich sind.
- Der kritische Vergleich von Beobachtungsgrößen mit den Ergebnissen der Modellrechnungen erlaubt die Überprüfung oder Eingrenzung der verwendeten thermodynamischen Daten[1].

Insgesamt führen die thermochemischen Modellierungen zu einem sehr detaillierten Verständnis der im Transportsystem auftretenden chemischen Gleichgewichte.

Angestrebt wird bei der Modellierung eine möglichst genaue Wiedergabe der verschiedenen Beobachtungen an einem Transportsystem. Zu unterscheiden sind dabei Größen, die ausschließlich von den thermodynamischen Eigenschaften der beteiligten kondensierten Phasen und Gasteilchen abhängen und jene, die durch „nichtthermodynamische" Effekte beeinflusst oder sogar bestimmt werden. Zu den ersteren gehören die Zusammensetzung der Gleichgewichtsbodenkörper und deren Löslichkeit in der Gasphase, zu letzteren die Transportraten. Diese sind über den Diffusionsansatz von *Schäfer* (vgl. Abschnitt 2.6) mit den Partialdruckdifferenzen zwischen Quelle und Senke und folglich auch mit den thermodynami-

---

[1] Beispiele hierfür sind die Eingrenzungen der Bildungsenthalpien der Feststoffe VP (Gla 1989a), CrP, MnP (Gla 1989b), MNb$_2$O$_6$ (Ros 1992), CrOCl (Noc 1993), MSO$_4$ und M_2(SO$_4$)$_3$ (Dah 1992) sowie von gasförmigem P$_4$O$_6$ (vgl. Kapitel 6.2) (Gla 1999).

schen Gegebenheiten in einem System verknüpft, werden aber unter Umständen durch kinetische Effekte wie auch durch Massefluss über Konvektion erheblich beeinflusst. Entsprechend der Art der experimentellen Beobachtungen sind bei der Modellierung von Transportexperimenten thermodynamische Berechnungen von solchen zu unterscheiden, welche die Geschwindigkeit des Masseflusses innerhalb der Ampulle beschreiben.

13.2 Gleichgewichtsberechnungen nach der G_{min}-Methode

Wie an verschiedenen Stellen dieses Buchs vorgestellt wurde, kann die Berechnung heterogener und homogener Gleichgewichte durch Lösen von Gleichungssystemen erfolgen, die auf Massenwirkungsausdrücken vorgegebener chemischer Reaktionen beruhen (K_p-Methode) und bestimmte (experimentelle) Randbedingungen erfüllen (Elementbilanzen, Stöchiometriebeziehungen). Die Berechnung von Gleichgewichtskonzentrationen oder -drücken über bekannten Bodenkörpern gehört zur chemischen Grundausbildung (Bin 1996) und bereitet im Allgemeinen kaum Schwierigkeiten. Grundsätzlich können auf diesem Weg (bei Kenntnis der thermodynamischen Daten) auch die unter Gleichgewichtsbedingungen auftretenden Bodenkörper eines Systems aus einer Serie möglicher kondensierter Phasen berechnet werden. Diese Aufgabe ist jedoch mathematisch weit schwieriger zu bewältigen und setzt üblicherweise geschicktes Programmieren voraus. Die Frage nach den unter bestimmten Randbedingungen (Druck, Temperatur, Elementbilanzen) in einem System auftretenden kondensierten Phasen ist jedoch von so fundamentaler Bedeutung für viele chemische Probleme, dass bereits vor mehr als 50 Jahren durch *White*, *Johnson* und *Dantzig* (Whi 1958) eine andere Vorgehensweise zur Berechnung komplexer heterogener Gleichgewichte vorgeschlagen wurden. Der Vorschlag beruht auf der Überlegung, dass die Freie Enthalpie eines im Gleichgewicht befindlichen Systems minimal wird. Gesucht ist also der Satz an nicht-negativen Stoffmengen, welcher den niedrigsten möglichen Wert für die gesamte Freie Enthalpie eines Systems liefert und gleichzeitig die Einschränkungen aus der Bilanz der zur Verfügung stehenden Elemente erfüllt. Zur Berechnung der Gleichgewichtszusammensetzungen wird ein Iterationsverfahren verwendet. Für dieses werden zunächst Startwerte, y^0, für die Stoffmengen für die im System in Frage kommenden kondensierten Phasen und Gasspezies abgeschätzt. Nach einem ersten Iterationsschritt ergeben sich die gegenüber y^0 verbesserten Stoffmengen x, welche ihrerseits zur Berechnung verbesserter Startwerte y herangezogen werden, bis die Gleichgewichtszusammensetzung erreicht ist. Für jeden Iterationsschritt wird ein neuer Satz an y-Werten verwendet.

Die Freie Enthalpie G eines Systems wird durch 13.2.1 ausgedrückt.

$$G = \sum_i n_i \cdot \mu_i \tag{13.2.1}$$

Darin steht n_i für die Stoffmenge einer Substanz und μ_i für deren chemisches Potential, das durch 13.2.2 gegeben ist.

13.2 Gleichgewichtsberechnungen nach der G_{min}-Methode

$$\mu = \mu_i^0 + R \cdot T \ln a_i \tag{13.2.2}$$

Für Gasspezies, welche als ideal behandelt werden, entsprechen die Aktivitäten a_i den Partialdrücken p_i (Gleichung 13.2.3).

$$a_i = p_i = \left(\frac{n_i}{\Sigma n_i^g}\right) \Sigma p_i \tag{13.2.3}$$

In 13.2.3 beschreibt Σn_i die Gesamtstoffmenge aller Gasteilchen, Σp_i ist der Gesamtdruck. Die kondensierten Phasen sollen sich ebenfalls ideal verhalten; deren Aktivitäten sind gleich eins. Mit den vorstehenden Definitionen kann eine dimensionslose Zahl ($G/R \cdot T$) erhalten werden (13.2.4).

$$G/R \cdot T = \sum_{i=1}^{m} n_i^g [(\mu^0/R \cdot T)_i^g + \ln \Sigma p_i + \ln (n_i^g/\Sigma n_i)]$$
$$+ \sum_{i=1}^{s} n_i^c (\mu^0/R \cdot T)_i^c \tag{13.2.4}$$

Die Exponenten g und c stehen für Gasphase und kondensierte Phase. Die Anzahl der unter Gleichgewichtsbedingungen vorliegenden Gasteilchen wird mit m, die der kondensierten Phasen mit s bezeichnet.

Die Größe ($\mu^0/R \cdot T$) wird für sämtliche berücksichtigten Gasspezies und die kondensierten Phasen über 13.2.5 berechnet.

$$\mu^0/R \cdot T = (1/R) [(G^0 - H_{298}^0)/T] + \Delta_B H_{298}^0/R \cdot T \tag{13.2.5}$$

Alternativ können Zahlenwerte für ($\mu^0/R \cdot T$) auch nach 13.2.6 erhalten werden.

$$\Delta(\mu^0/R \cdot T) = -\ln 10 \cdot \lg K_B \tag{13.2.6}$$

Die Beziehungen für die Elementbilanz können wie in 13.2.7 geschrieben werden.

$$\sum_{i=1}^{m} z_{ij}^g \cdot n_i^g + \sum_{i=1}^{s} z_{ij}^c \cdot n_i^c = b_j \quad (j = 1, 2, ..., l) \tag{13.2.7}$$

Darin beschreiben die z_{ij} die Anzahl von Atomen des j-ten Elements in einer Formeleinheit der i-ten Substanz. Die Gesamtstoffmenge des j-ten Elements ist durch b_j gegeben und l ist die Anzahl an Elementen.

Die hier beschriebene G_{min}-Methode zur Berechnung von Gleichgewichten beinhaltet die Suche nach der minimalen Freien Enthalpie G bzw. ($G/R \cdot T$) eines Systems unter Berücksichtigung der Elementbilanzen (13.2.7). Zur Lösung des Problems ist die Methode der *Lagrange*schen Multiplikatoren geeignet. Damit werden die folgenden Gleichungen erhalten.

$$(\mu^0/R \cdot T)_i^g + \ln \Sigma p_i + \ln (n_i^g/\Sigma n_i) - \sum_{j=1}^{l} \lambda_j \cdot z_{ij}^g$$
$$(i = 1, 2, ..., m) \tag{13.2.8}$$

$$(\mu^0/R \cdot T)_i^c - \sum_{j=1}^{l} \lambda_j \cdot z_{ij}^c \quad (i = 1, 2, ..., s) \tag{13.2.9}$$

Die λ_j werden als *Lagrange*sche Multiplikatoren bezeichnet.

Die Gleichungen 13.2.7 und 13.2.8 können in einer *Taylor*-Reihe zu einem beliebigen Punkt $(y_1^g, y_2^g, ..., y_m^g; y_1^c, y_2^c, ..., y_s^c)$ entwickelt werden. Dabei werden Terme zweiter und höherer Ordnung vernachlässigt.

$$\sum_{i=1}^{m} z_{ij}^g \cdot y_i^g + \sum_{i=1}^{s} z_{ij}^c \cdot y_i^c - b_j + \sum_{i=1}^{m} z_{ij}^g (n_i^g - y_i^g) + \sum_{i=1}^{s} z_{ij}^c (n_i^c - y_i^c) = 0$$
$$(j = 1, 2, ..., l) \tag{13.2.10}$$

$$(\mu^0/R \cdot T)_i^g + \ln p + \ln(y_i^g/Y) - \sum_{j=1}^{l} \lambda_j \cdot z_{ij}^g + (n_i^g/y_i^g) - (\Sigma n_i/Y) = 0$$
$$(j = 1, 2, ..., l) \tag{13.2.11}$$

$$\text{mit } Y = \sum_{i=1}^{m} y_i^g$$

über 13.2.12 werden die Zahlenwerte der n_i^g berechnet:

$$n_i^g = -f_i + y_i^g \left[(\Sigma n_i/Y) + \sum_{j=1}^{l} \lambda_j \cdot z_{ij}^g \right] \quad (i = 1, 2, ..., m) \tag{13.2.12}$$

darin bedeutet

$$f_i = y_i^g [(\mu^0/R \cdot T)_i^g + \ln \Sigma p_i + \ln(y_i^g/Y)] \quad (i = 1, 2, ..., m) \tag{13.2.13}$$

Die Summation von Gleichung 13.2.12 über alle i liefert 13.2.14

$$\sum_{j=1}^{l} \lambda_j \sum_{i=1}^{m} y_i^g \cdot z_{ij}^g = \sum_{i=1}^{m} f_i \tag{13.2.14}$$

Die Größe C_j, welche als Korrekturterm für solche Fälle dient, in denen die zunächst angenommenen Startwert für die Stoffmengen die Elementbilanzen nicht erfüllen, ist nach *Levine* (Lev 1962) wie folgt definiert:

$$C_j = \sum_{i=1}^{m} z_{ij}^g \cdot y_i^g - b_j \quad (j = 1, 2, ..., l) \tag{13.2.15}$$

Durch Einsetzen der Gleichungen 13.2.11 und 13.2.14 in 13.2.9 erhält man 13.2.16.

$$\sum_{k=1}^{l} \lambda_k \cdot r_{jk} + [(\Sigma n_i/Y) - 1] \sum_{i=1}^{m} z_{ij}^g \cdot y_i^g + \sum_{i=1}^{s} z_{ij}^c \cdot n_i^c = \sum_{i=1}^{m} z_{ij}^g \cdot f_i - C_j$$
$$(j = 1, 2, ..., l) \tag{13.2.16}$$

13.2 Gleichgewichtsberechnungen nach der G_{min}-Methode

Darin bedeutet:

$$r_{jk} = r_{kj} = \sum_{i=1}^{m} (z_{ij}^g \cdot z_{ik}^g) y_i^g \quad (j,k = 1, 2, ..., l) \tag{13.2.17}$$

Aus 13.2.16, 13.2.9 und 13.2.10 wird ein System von $(l + s + 1)$ linearen Gleichungen gebildet. Diese bestehen aus den $(l + s + 1)$ unbekannten Größen λ_j ($j = 1, 2 ... l$), n_i^c ($i = 1, 2 ... s$) und $\left[\left(\sum_{i=1}^{m} n_i^g / Y\right) / Y - 1\right]$. Der letztere Ausdruck wird zur besseren Übersichtlichkeit im Folgenden als λ_{l+1} bezeichnet. Das Gleichungssystem kann mit der Eliminierungsmethode nach *Gauß* gelöst werden. Dabei ist zu beachten, dass die Lösung direkt Werte für die Stoffmengen n_i^c liefert, während die Stoffmengen n_i^g unter Verwendung der Werte λ_j ($j = 1, 2 ... l + 1$) über Gleichung 13.2.11 erhalten werden. Es sei erwähnt, dass eine singuläre Matrix erhalten wird, wenn eine Mischung aus zwei oder mehr Elementen vollständig zu einer bestimmten Substanz abreagiert. Das Auftreten einer singulären Matrix in den Berechnungen kann auf zwei Arten vermieden werden. Einerseits kann die vorgegebene Elementbilanz so gewählt werden, dass sie geringfügig von der Zusammensetzung der entstehenden Verbindung abweicht. Als zweite Möglichkeit bietet sich an, Spuren eines neuen Elements, das nicht in der stabilen Verbindung festgelegt wird, in die Berechnung einzubeziehen.

Iterationsprozedur Wenn alle erhaltenen Stoffmengen n_i positiv sind, werden diese zur Ableitung neuer Startwerte für den nächsten Iterationszyklus verwendet. Treten negative Stoffmengen auf, wird die Differenz zwischen den Startwerten y der Iteration und der im Iterationsschritt erhaltenen Werte x verringert, um positive Zahlenwerte zu erhalten. Für alle Substanzen mit negativen Stoffmengen werden die Werte für y_i' auf null gesetzt. Für die y_i' gilt Gleichung 13.2.17, womit δ berechnet werden kann.

$$y_i' = y_i + \delta(x_i - y_i) \tag{13.2.18}$$

Danach wird Gleichung 13.2.18 verwendet, um besser angepasste, positive Stoffmengen zu berechnen. Dazu wird ein Wert $\delta = k \cdot \delta_{min}$ verwendet. Es gilt $k < 1$ und δ_{min} sei der kleinste erhaltene Wert für δ. Üblicherweise wird für k ein Zahlenwert nahe bei eins gewählt, z. B. 0,99. Die Stoffmengen y' werden als Startwerte im nachfolgenden Iterationszyklus verwendet. Erfüllen die Startwerte y der Stoffmengen die Elementbilanzen, so gilt dies auch für die Werte von y', da die Elementbilanzen durch alle Werte von δ erfüllt werden. Es erwies sich zur Vermeidung zu vieler Iterationsschritte als notwendig, eine untere Grenze für die erlaubten Startwerte der Stoffmengen y festzulegen. Unterschreitet die Stoffmenge einer Substanz diesen Wert, wird dieser auf null gesetzt. Diese Substanz i wird in den nachfolgenden Iterationsschritten nicht berücksichtigt, da sowohl der Zahlenwert x_i wie auch der Wert für y_i' gemäß 13.2.12 und 13.2.18 den Wert null annehmen. Da die Stoffmengen x^c unabhängig von den y^c-Werten sind, sind die Algorithmen zur Minimierung üblicherweise so formuliert, dass eine kondensierte Phase die δ-Werte nicht bestimmen kann bevor nicht alle Werte x^g positiv sind. Die Größe λ_{l+1}, welche eine Variable im zu lösenden linearen Gleichungssystem ist, wird zur Überprüfung verwendet, ob die freie Enthalpie des Systems den minimalen Wert erreicht hat. Wenn Σn_i sich Y annähert, wenn also die verbesserten und die als Startwerte angenommenen Stoffmengen gleich werden, geht der Zahlenwert λ_{l+1} gegen null. Es hat sich gezeigt, dass ein Zahlenwert $\lambda_{l+1} < 10^{-8}$ eine gute Wahl darstellt, um für alle Stoffmengen hinreichende Genauigkeit zu erreichen. Wird die Minimumbedingung für G nicht erfüllt, werden die berechneten Stoffmengen in die Gleichung 13.2.16, 13.2.14 und 13.2.9 eingesetzt und ein neuer Iterationszyklus startet.

Behandlung kondensierter Phasen Die vorstehend beschriebenen Berechnungen basieren auf bestimmten kondensierten Phasen, deren Anwesenheit zunächst unter Gleichgewichtsbedingungen angenommen wurde. Möglicherweise kann ein anderer Satz kondensierter Phasen einen kleineren Wert für die freie Enthalpie des Systems liefern. Deshalb muss es möglich sein, im Verlauf der Rechnungen kondensierte Phasen zu entfernen bzw. hinzuzufügen bis die korrekte Zusammensetzung erreicht wird. Führt diese Vorgehensweise zu einer Verletzung der Phasenregel, werden die berücksichtigten kondensierten Phasen durch einen neuen Satz kondensierter Phasen ersetzt. Auch eine einzelne kondensierte Phase kann in den Berechnungen unterdrückt werden. So wird zum Beispiel eine kondensierte Phase, deren Stoffmenge von Iterationszyklus zu Iterationszyklus immer negativer wird, aus den Berechnungen entfernt. Das Gleiche geschieht, wenn δ für eine kondensierte Phase gegen null geht. Die freie Enthalpie des Systems kann in Ergänzung zu Gleichung 13.2.4 durch 13.2.19 ausgedrückt werden.

$$G/R \cdot T = \sum_{j=1}^{l} \lambda_i \cdot b_j \qquad (13.2.19)$$

Gleichung 13.2.19 wird durch Substitution von 13.2.8 und 13.2.9 in 13.2.4 erhalten. Durch Betrachtung von 13.2.9 und 13.2.19 kann einfach überprüft werden, ob eine kondensierte Phase, die zunächst in den Rechnungen nicht berücksichtigt wurde, in diese einbezogen werden muss. Das wird notwendig, wenn $(\mu^0/R \cdot T)_i^c$ kleiner als $\sum_{j=1}^{l} \lambda_j \cdot a_{ij}^c$ wird. Wenn keine weitere kondensierte Phase einen kleineren Wert für G ergibt, ist das Gleichgewicht erreicht. Die Anzahl der Kombinationsmöglichkeiten der verschiedenen kondensierten Phasen hängt stark von deren Gesamtzahl und der Anzahl der Elemente ab. Deshalb werden umso mehr Iterationsschritte zur Berechnung der Gleichgewichtszusammensetzung notwendig je größer diese Zahlen sind. Wird ein neuer Satz an kondensierten Phasen in den Rechnungen berücksichtigt, werden in den nachfolgenden Iterationsschritten auch die Drücke aller Gasspezies neu berechnet. Die vorstehende Darstellung der G_{min}-Methode wurde in enger Anlehnung an die Beschreibung von *Eriksson* (Eri 1971) formuliert.

13.3 Das Programm TRAGMIN

Das Programm TRAGMIN eignet sich zur thermodynamischen Berechnung heterogener Gleichgewichte unter Beteiligung einer Gasphase. Als Ergebnis werden die im Gleichgewicht stehenden kondensierten Phasen bestimmt und deren Anteil an der Stoffmengenbilanz sowie die Zusammensetzung der zugehörigen Gleichgewichtsgasphase ermittelt. Das Programm ermöglicht auf der Basis der Gleichgewichtsberechnungen eine Beschreibung chemischer Gasphasenabscheidungen (CVD, offenes System) und Chemischer Transportreaktionen (CTR, geschlossenes System).

Dem Programm liegt das Lösungsverfahren zur Gleichgewichtsberechnung durch Minimierung der freien Enthalpie des Systems nach der Methode von *Eriksson* zugrunde (Eri 1971). Die Programmierung der hierfür nötigen Berechnungsroutinen wurde von *Bieger*, *Selbmann*, *Sommer* und *Krabbes* in der Sprache Fortran realisiert (Som 1984). Die Modellierung des Chemischen Transports erfolgt unter Berücksichtigung der im erweiterten Transportmodell von *Krabbes*, *Oppermann* und *Wolf* formulierten Stationaritätsbeziehungen (Kra 1983), welche den Zusammenhang zwischen Quellen- und Senkenraum beim Chemischen Transport beschreiben (Abschnitt 2.4).

Als Eingaben in TRAGMIN sind die konkreten Werte für die Zustandsvariablen Temperatur und Volumen bzw. Druck sowie die Stoffmengen der Komponenten (Chemische Elemente) des Systems erforderlich. Damit der Gleichgewichtszustand korrekt beschrieben werden kann, ist die Vorgabe aller denkbaren kondensierten Phasen und Gasteilchen im System mit ihren thermodynamischen Daten $\Delta_B H_T^0$, S_T^0 und C_p^0 notwendig. Als kondensierte Phasen können neben Verbindungen mit fester Zusammensetzung auch solche mit Homogenitätsgebiet auftreten. Zurzeit stehen zwei unterschiedliche Modelle zur Beschreibung von Phasen mit Homogenitätsgebieten der Form AC_x und $A_{1-y}B_yC_x$ zur Verfügung.

Bei der Nutzung des Programms wird grundsätzlich zwischen Berechnungen von Bodenkörper/Gasphase-Gleichgewichten mit einem Einraummodell und der Simulation des Gasphasentransports zwischen räumlich getrennten Zonen unterschiedlicher Temperatur (Zweiraummodell) unterschieden. Die Modellierungen können entweder unter Annahme eines konstanten Gesamtdrucks (offenes System) oder eines konstanten Volumens (geschlossene Ampulle) durchgeführt werden.

Bei Anwendung des Einraummodells sind Berechnungen für eine bestimmte Temperatur oder auch für eine Serie von Temperaturen (T_1 bis T_2 mit Schrittweite ΔT, Rechenbeispiel 1) möglich. Weiterhin sind Serien von Berechnungen bei konstanter Temperatur und Variation des Gehalts einer Komponente oder einer Gasspezies realisierbar.

Die Modellierung des Gasphasentransports erfordert die Vorgabe der Temperatur des Quellenraums und die Variation der Senkentemperatur mit einer vorgegebenen Schrittweite (siehe Rechenbeispiel 2). Darüber hinaus sind Serien mit schrittweiser Änderung der mittleren Temperatur ($T_\text{Senke} + T_\text{Quelle})/2$ bei konstanter Schrittweite sowie Berechnungen mit konstanten Temperaturen von Quellen- und Senkenraum und Variation des Gehalts einer Komponente oder einer Gasspezies möglich.

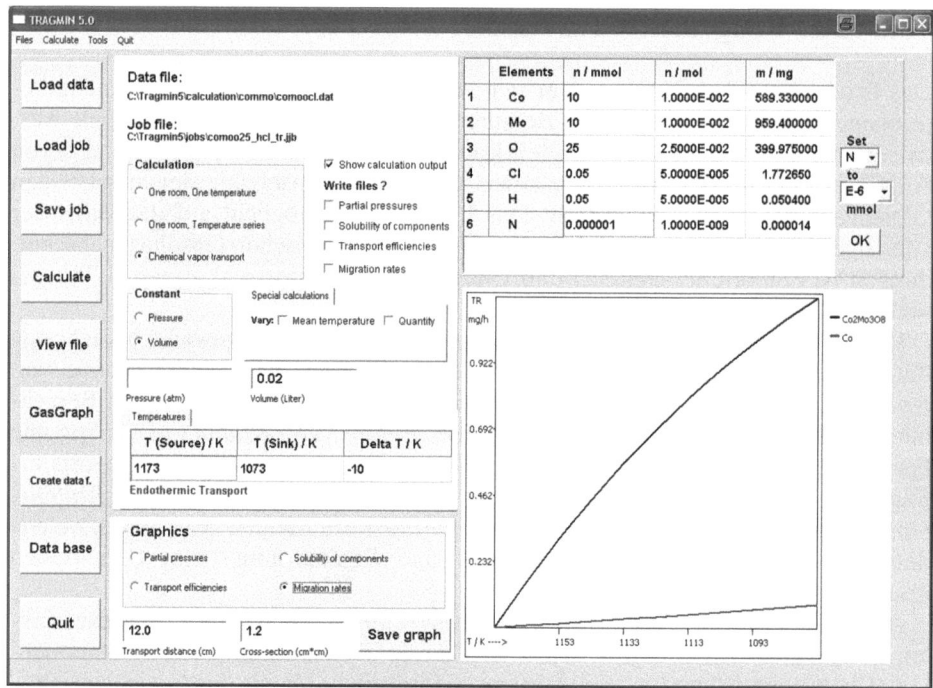

Abbildung 13.3.1 Bedienoberfläche des Programms TRAGMIN mit Beispielrechnung 2.

Zur graphischen Darstellung der Berechnungen steht das Unterprogramm GASGRAPH zur Verfügung. Hier erhält man die Information über die im Gleichgewicht auftretenden kondensierten Phasen sowie die Partialdrücke der Gasspezies und die Gasphasenlöslichkeiten der Komponenten in Abhängigkeit von der Temperatur.

Bei der Modellierungen des Gasphasentransports werden zusätzlich die Zusammensetzung des transportierten Bodenkörpers angegeben und die Transportwirksamkeiten der Gasspezies sowie die Transportraten der kondensierten Verbindungen in Abhängigkeit von der Temperatur graphisch dargestellt. Es besteht die Möglichkeit der Datenspeicherung im ASCII-Format. Weitere enthaltene Unterprogramme dienen der Verwaltung und Sammlung thermodynamischer Daten sowie der automatischen Erstellung der für TRAGMIN-Berechnungen benötigten Eingabefiles.

Beispielrechnungen im System Co/Mo/O/Cl/H Im genannten System wurden folgende, für Berechnungen bei $T > 1073$ K wesentliche Verbindungen berücksichtigt:

Kondensierte Phasen: Co_3O_4, CoO, $CoCl_2$, Co, Mo, MoO_2, MoO_3, $CoMoO_4$, $Co_2Mo_3O_8$

Gasförmige Verbindungen: $CoCl$, $CoCl_2$, Co_2Cl_4, $CoCl_3$, MoO_2Cl_2, $MoOCl_3$, $MoOCl_4$, Mo_3O_9, Mo_4O_{12}, Mo_5O_{15}, H_2MoO_4, O_2, Cl_2, Cl, HCl, H_2O, H_2, H.

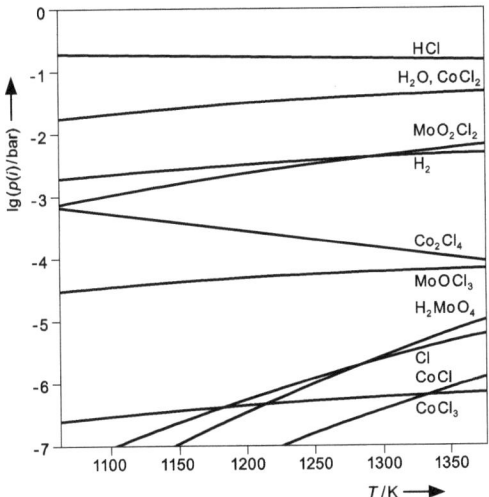

Abbildung 13.3.2 Zusammensetzung der Gleichgewichtsgasphase über einem dreiphasigen Bodenkörper $Co_2Mo_3O_8/MoO_2/Co$ nach (Ste 2004).

Beispielrechnung 1 Bodenkörper-Gasphase-Gleichgewicht (Einraummodell) bei konstantem Volumen, Berechnung einer Serie zwischen 1073 K und 1373 K mit Schrittweite 10 K. Weitere Eingaben:
$V = 0{,}012$ l, $n(Co) = 0{,}01$ mol, $n(Mo) = 0{,}01$ mol, $n(O) = 0{,}025$ mol, $n(Cl) = 5 \cdot 10^{-5}$ mol, $n(H) = 5 \cdot 10^{-5}$ mol.

Das eingegebene Stoffmengenverhältnis entspricht einer Zusammensetzung des Dreiphasengebiets $Co_2Mo_3O_8/MoO_2/Co$. In Übereinstimmung dazu werden bei den Modellrechnungen im gesamten untersuchten Temperaturbereich diese Verbindungen im Bodenkörper als koexistierende Gleichgewichtsphasen erhalten. Abbildung 13.3.2 zeigt die berechnete Zusammensetzung der zugehörigen Gleichgewichtsgasphase (Gasteilchen mit Partialdrücken > 10^{-7} bar).

Beispielrechnung 2 Chemischer Transport, Transportmittel HCl, Berechnung einer Serie mit konstanter Temperatur $T_{Quelle} = 1173$ K und Variation der Senkentemperatur mit einer Schrittweite von −10 K bis 1073 K; Länge der Transportstrecke $s = 12$ cm, Ampullenquerschnitt $q = 1{,}2$ cm^2, weitere Eingaben analog Rechnung 1.

Die Rechnungen lassen den simultanen Transport von $Co_2Mo_3O_8$ und elementarem Co erwarten. Die Transportrate von $Co_2Mo_3O_8$ übersteigt die von Cobalt um das 15 bis 25fache (Abbildung 13.1.3). Dieses Rechenergebnis stimmt gut mit den experimentellen Beobachtungen (Ste 2004) überein.

TRAGMIN ist frei erhältlich und wird von U. *Steiner* (Hochschule für Technik und Wirtschaft Dresden) gepflegt und weiterentwickelt.

Kontakt Dr. Udo Steiner, Hochschule für Technik und Wirtschaft Dresden, Fakultät Maschinenbau/Verfahrenstechnik, e-Mail: steiner@mw.htw-dresden.de, Internet: www.tragmin.de.

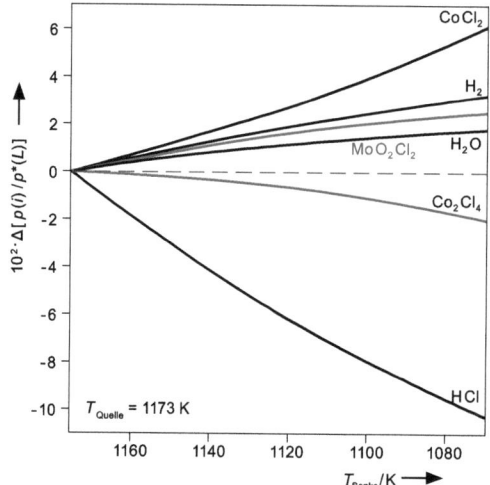

Abbildung 13.3.3 Transportwirksamkeit der einzelnen Gasspezies beim Transport aus einem dreiphasigen Bodenkörper $Co_2Mo_3O_8/MoO_2/Co$ (Transportmittel HCl).

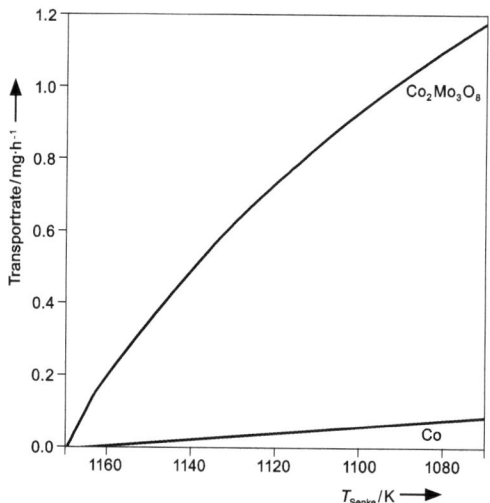

Abbildung 13.3.4 Berechnete Transportraten beim Transport aus einem dreiphasigen Bodenkörper $Co_2Mo_3O_8/MoO_2/Co$ (Transportmittel HCl).

13.4 Das Programm CVTRANS

Vorbemerkungen Das Computerprogramm CVTRANS ist aus den Programmen EPC/EPLAM/EPDELT (Bec 1985) hervorgegangen, die wiederum auf den Algorithmen von *Eriksson, Noläng* und *Richardson* beruhen (Eri 1971, Nol 1976,

Ric 1977). Neben sehr geringem Bedienungskomfort zeigten sich im Laufe der Zeit bei diesem Programmpaket einige prinzipielle Unzulänglichkeiten bei der Berechnung einfacher heterogener Gleichgewichte, wie auch bei der Modellierung Chemischer Transportexperimente. So waren, ähnlich wie bei allen anderen Programmen, die heterogene Gleichgewichte über eine iterative Minimierung der Freien Enthalpie (G_{min}-Methode (Whi 1958, Eri 1971); vgl. Abschnitt 13.2) ermitteln. Rechnungen für Systeme, in denen der Gesamtdruck durch einen Sättigungsdampfdruck oder Koexistenzdruck limitiert wird, sind damit kaum möglich. Probleme bereiteten häufig auch Berechnungen, bei denen das Programm die Zusammensetzung eines mehrphasigen Gleichgewichtsbodenkörpers aus einer größeren Anzahl von möglichen (kondensierten) Phasen zu bestimmen hatte. Desweiteren ließen sich Rechnungen zur Simulation des Massenflusses während eines Transportexperiments in Abhängigkeit von der Zeit, sogenanntes nichtstationäres Transportverhalten (vgl. Abschnitt 2.5), nur unter Mühe und mit erheblichem Zeitaufwand realisieren. Gerade solche Experimente, insbesondere wenn sie unter Verwendung der Transportwaage (vgl. Abschnitt 14.4) durchgeführt werden, liefern aber sehr detaillierte Informationen zur Abscheidungsreihenfolge, Wanderungsgeschwindigkeit sowie zur Zusammensetzung mehrphasiger Gleichgewichtsbodenkörper. Es erschien deshalb angebracht, ein Computerprogramm zu entwickeln, welches die skizzierten Schwierigkeiten vermeidet und außerdem eine den aktuellen Entwicklungen entsprechende Nutzerfreundlichkeit bietet.

Allgemeines zum Programm CVTRANS Das Programm wurde ursprünglich in der Programmiersprache Delphi 2.0 von Borland für das Betriebssystem Windows 95 entwickelt (Tra 1999); es lässt sich jedoch problemlos auf Rechnern mit aktuellen Betriebssystemen (Windows XP, Vista, Windows 7) verwenden. Idealerweise sollte die Bildschirmauflösung 800 · 600 Pixel gewählt werden. Alle vom Programm benutzten Dateien und die Wertetabellen mit den Ergebnissen der Serienrechnungen werden im ASCII-Format abgelegt und können somit von jedem Textverarbeitungs- bzw. Graphikprogramm gelesen werden.

Entsprechend der für *Windows* typischen Oberfläche gliedert sich das Programm in verschiedene „Fenster", die während einer Anwendung durchlaufen werden. An die Eingabe der thermodynamischen Daten (Fenster „**DATA**"; Abbildung 13.4.1) schließt sich „**INPUT**" an, in dem in zwei Unterfenstern die zu berücksichtigenden Verbindungen („**COMPOUNDS**"; Abbildung 13.4.2) sowie die sonstigen Randbedingungen („**PARAMETERS**"; Abbildung 13.4.3) der Berechnung festzulegen sind. Die Rechnung wird im Fenster „**CALCULATION**" (Abbildung 13.4.4) gestartet. „**RESULTS**" gestattet die Ansicht und das Drucken der Ergebnisdateien über einen internen Editor. Eine schnelle und übersichtliche graphische Darstellung der Ergebnisse von Serienrechnungen (Partialdrücke, Transportraten, Zusammensetzung der Bodenkörper jeweils als Funktion der Temperatur oder der Transportmittelmenge) ist über das Fenster „**GRAFIX**" (Abbildung 13.4.6) möglich. Die Option „**KIRCHHOFF**" (Abbildung 13.4.7) erlaubt schließlich die schnelle Berechnung von thermodynamischen Daten für eine bestimmte Reaktion.

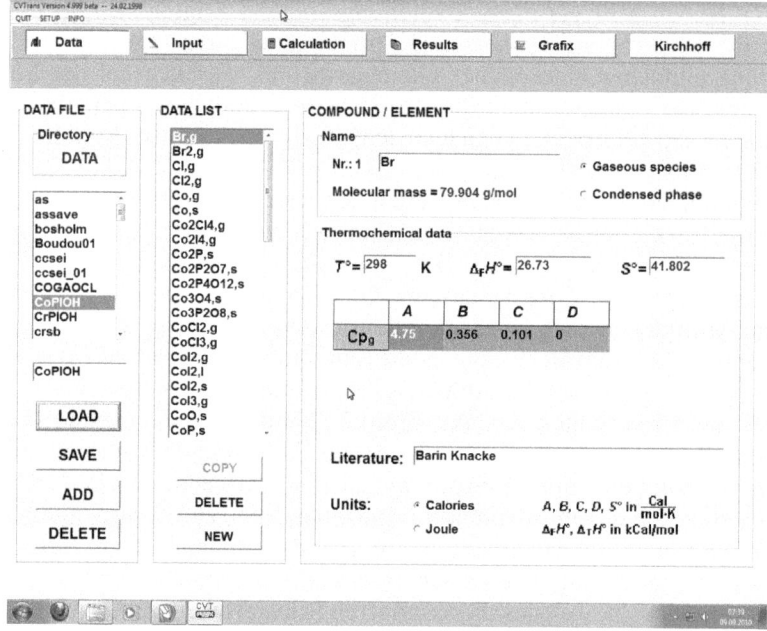

Abbildung 13.4.1 CVTRANS. Fenster „Data" zur Eingabe der thermodynamischen Daten.

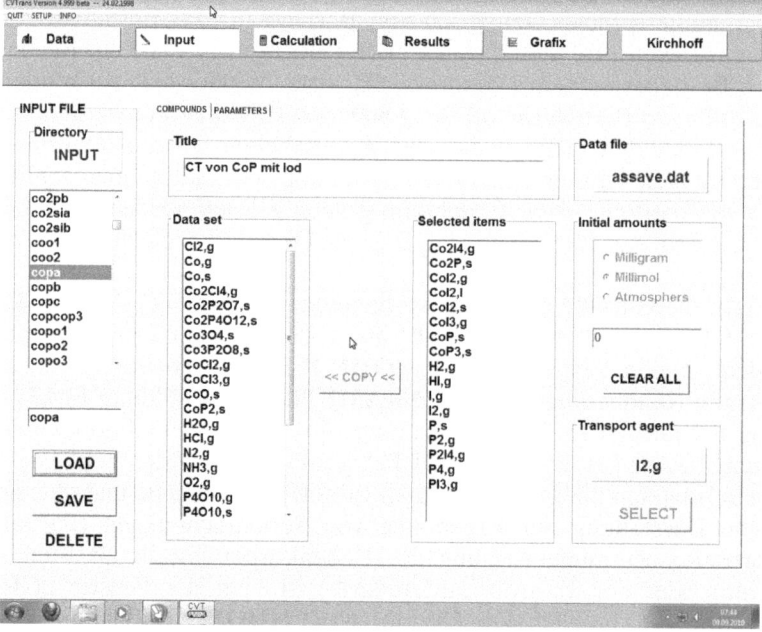

Abbildung 13.4.2 CVTRANS. Fenster „Input – Compounds" zur Auswahl der Verbindungen und Eingabe der Stoffmengen für eine Berechnung.

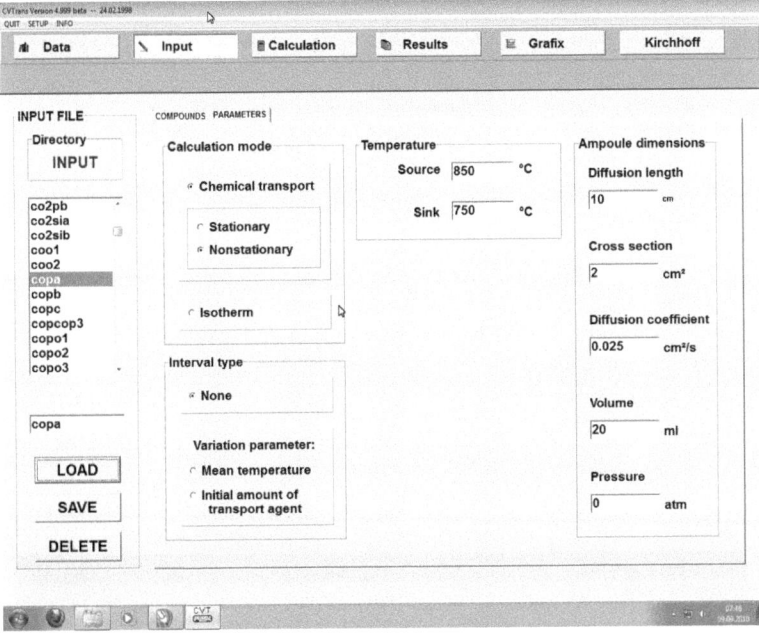

Abbildung 13.4.3 CVTRANS. Fenster „Input – Parameters" zur Festlegung der experimentellen Bedingungen.

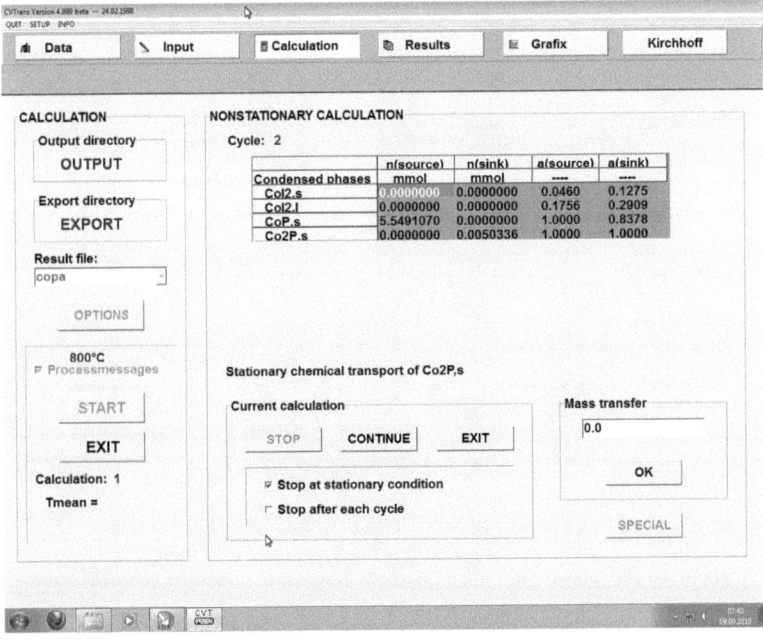

Abbildung 13.4.4 CVTRANS. Fenster „Calculation" zum Starten einer Rechnung und Auswahl der Bildschirmausgabe während der Berechnung.

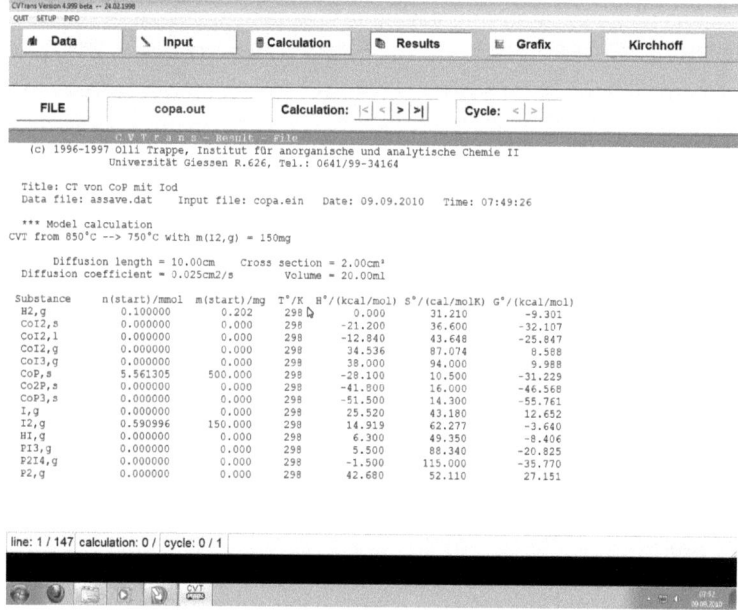

Abbildung 13.4.5 CVTRANS. Fenster „Results" zur nummerischen Ausgabe der Ergebnisse von Gleichgewichtsberechnungen und der Modellierung von chemischen Transportexperimenten.

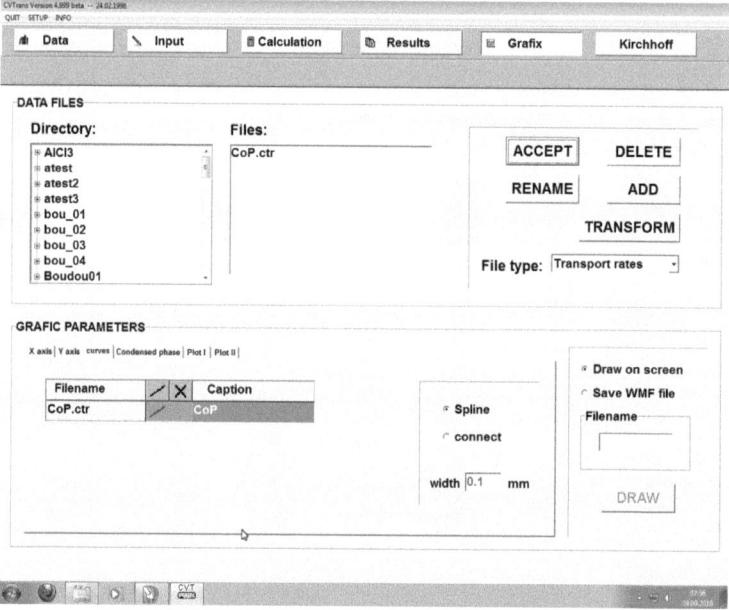

Abbildung 13.4.6 CVTRANS. Fenster „Graphix" zur graphischen Darstellung der Ergebnisse von Gleichgewichtsberechnungen und der Modellierung von chemischen Transportexperimenten.

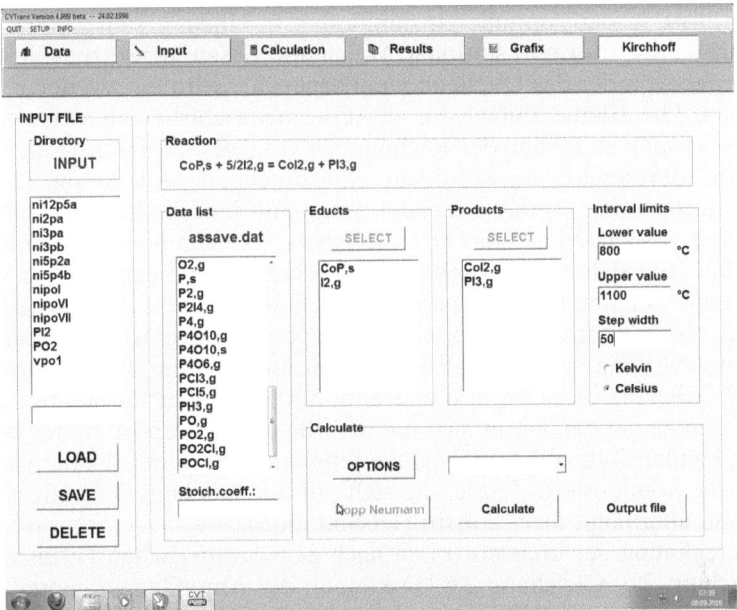

Abbildung 13.4.7 CVTRANS. Fenster „Kirchhoff" zur Berechnung von $\Delta_R G^0$, $\Delta_R H^0$, $\Delta_R S^0$ und K_p von Gleichgewichtsreaktionen und Ausgabe der Ergebnisse von Intervallberechnungen im ASCII-Format.

Hinweise zur Durchführung von Berechnungen Im Fenster „DATA", vgl. Abbildung 13.4.1) werden die einzelnen Verbindungen als Summenformel in der chemisch üblichen Form eingegeben. Klammern und gebrochene Stöchiometriekoeffizienten sind nicht erlaubt. So wird z. B. Wüstit an der unteren Phasengrenze, $Fe_{0,948}O$, mit der Formel $Fe_{95}O_{100}$ eingegeben. Es werden die Energieeinheiten Joule und Kalorien unterstützt. Temperaturen können wahlweise in °C oder K eingegeben werden.

Im Fenster „INPUT-Compounds" (Abbildung 13.4.2) werden für die Gleichgewichtsberechnung die zu berücksichtigenden Verbindungen ausgewählt. Diesen können beliebige Startstoffmengen (in mg oder mmol) zugewiesen werden.

CVTRANS erlaubt die Berechnung heterogener Gleichgewichte unter verschiedenen Randbedingungen. Im Fenster „INPUT-Parameters" (Abbildung 13.4.3) wird festgelegt, ob die Gleichgewichtsberechnungen unter isothermen Bedingungen (bei konstantem Druck oder konstantem Volumen) oder für Transportexperimente im Temperaturgradienten durchgeführt werden sollen. Die Berechnungen zum Chemischen Transport können sowohl für einfache, stationäre Systeme mit nur einem stationären Zustand wie auch für komplizierte, nichtstationär verlaufende Experimente durchgeführt werden. Den Modellrechnungen zu nichtstationär verlaufenden Transportexperimenten liegt das kooperative Transportmodell von *Schweizer* und *Gruehn* (Schw 1983a, Schw 1983b) zugrunde (vgl. Abschnitt 2.5). Dieses bietet auf einfache Weise die Möglichkeit, zeitabhängige Stoffflüsse in der Ampulle zu simulieren. In einem ersten Zyklus wird gerechnet als sei der Transport stationär. Weicht die Zusammensetzung des Senkenbodenkörpers von der des Quellenbodenkörpers ab, wird ein zweiter Zyklus angeschlossen. Die Elementbilanz für die Gleichgewichtsberechnung der Quelle ergibt sich aus den zu Beginn der Rechnungen vorgegebenen Stoffmengen abzüglich der in der Senke abgeschiedenen Stoffmengen (Abbildung 13.4.5 bzw. 13.4.6). Die Rechnung ist dann beendet, wenn auf der Quellenseite kein Bodenkörper mehr vorhanden ist oder aber sich dessen Zusammensetzung nicht mehr ändert. Hier lässt sich nun das Kriterium der Stationarität exakt durch Vergleich der Zusammensetzung der Gasphase in der aktuellen und der vorangegangenen Rechnung überprüfen. Der stationäre Transport einer einzigen kondensierten Phase liegt erst dann vor, wenn sich dessen Stoffmenge im Quellenraum erniedrigt und gleichzeitig im Senkenraum erhöht hat. Trifft dies für mehrere kondensierte Phasen zu, so handelt es sich um den Simultantransport zweier oder auch mehrerer kondensierter Phasen. Des Weiteren kann auch der seltene Fall auftreten, dass die kondensierte Phase, die sich auf der Quellenseite auflöst, auf der Senkenseite überhaupt nicht auftritt (Dismutation).

Zur Berechnung der Transportraten nach dem *Schäfer*'schen Diffusionsansatz (vgl. Abschnitt 2.6, Gleichung 2.6.11) können die Ampullenparameter (Diffusionsstrecke, Querschnitt, Volumen) und der mittlere Diffusionskoeffizient der Gasteilchen verändert werden („INPUT-Parameters"; Abbildung 13.4.3).

Hat CVTRANS im Zuge der Rechnungen einen stationären Zustand festgestellt, so wird automatisch die Transportrate berechnet.

Das Menu KIRCHHOFF ermöglicht es, die thermodynamischen Daten für eine vorgegebene Reaktionsgleichung zu berechnen. Dazu werden die jeweils aktuell im Arbeitsspeicher von CVTRANS vorhandenen Daten der Reaktionsteilnehmer verwendet. Für die eingegebene Gleichung lassen sich Reaktionsdaten ($\Delta_R G^0$, $\Delta_R H^0$, $\Delta_R S^0$, K_p) direkt für eine spezielle Temperatur anzeigen oder für ein Temperaturintervall die berechneten Daten in einer Ausgabedatei speichern. Des Weiteren ist es auch möglich, Wertetabellen mit den Daten in Abhängigkeit von der Temperatur in ASCII-Dateien anzulegen. Alle von CVTRANS erzeugten Wertetabellen lassen sich direkt vom Programm graphisch darstellen.

CVTRANS steht nicht-kommerziellen Nutzer kostenlos zur Verfügung. Bitte richten Sie Anfragen an Prof. Dr. Robert Glaum, Institut für Anorganische Chemie, Universität Bonn, e-Mail: rglaum@uni-bonn.de.

Literaturangaben

Bec 1985	J. Becker, *„Die Computerprogramme EPC, EPLAM, EPDELT und EPZEICH"*, Universität Gießen, **1985**.
Bri 1946	S. R. Brinkley, *J. Chem. Phys.* **1946**, *14*, 563.
Dah 1992	T. Dahmen, R. Gruehn *Z. Anorg. Allg. Chem.* **1992**, *609*, 139.
Eri 1971	G. Eriksson, *Acta Chem. Scand.* **1971**, *25*, 2651.
Gla 1989a	R. Glaum, R. Gruehn *Z. Anorg. Allg. Chem.* **1989**, *568*, 73.
Gla 1989b	R. Glaum, R. Gruehn, *Z. Anorg. Allg. Chem.* **1989**, *573*, 24.

Kra 1983	G. Krabbes, H. Oppermann, E. Wolf, *J. Cryst. Growth* **1983**, *64*, 353.
Noc 1993	K. Nocker, R. Gruehn, *Z. Anorg. Allg. Chem.* **1993**, *619*, 699.
Nol 1976	B. I. Noläng, M. W. Richardson, *J. Cryst. Growth* **1976**, *34*, 198.
Oth 1968	D. F. Othmer, H.-T. Chen, *Ind. Eng. Chem.* **1968**, *60*, 39.
Roß 1994	R. Roß, R. Gruehn, *Z. Anorg. Allg. Chem.* **1992**, *614*, 47.
Ric 1977	M. W. Richardson, B. I. Noläng, *J. Cryst. Growth* **1977**, *42*, 90.
Sch 1962	H. Schäfer, Chemische Transportreaktionen, Verlag Chemie, Weinheim, **1962**. H. Schäfer, Chemical Transport Reactions, Academic Press, New York, London, **1964**.
Schm 1995	A. Schmidt, R. Glaum, *Z. Anorg. Allg. Chem.* **1995**, *621*, 1693.
Scho 1989	H. Schornstein, R. Gruehn, *Z. Anorg. Allg. Chem.* **1989**, *579*, 173.
Scho 1990	H. Schornstein, R. Gruehn, *Z. Anorg. Allg. Chem.* **1990**, *587*, 129.
Schw 1983a	H.-J. Schweizer, *Dissertation*, Universität Gießen, **1983**.
Schw 1983b	H.-J. Schweizer, R. Gruehn, *Angew. Chem.* **1983**, *95*, 80.
Som 1984	K. H. Sommer, D. Selbmann, G. Krabbes, *Wissenschaftliche Berichte des ZFW Dresden*, **1984**, Nr. 28.
Ste 2004	U. Steiner, S. Daminova, W. Reichelt, *Z. Anorg. Allg. Chem.* **2004**, *630*, 2541.
Tra 1994	O. Trappe, *Diplomarbeit*, Universität Gießen, **1994**.
Tra 1999	O. Trappe, R. Glaum, R. Gruehn, *Das Computerprogramm CVTRANS*, Universität Gießen, **1999**.
Whi 1958	W. B. White, S. M. Johnson, G. B. Dantzig, *J. Chem. Phys.* **1958**, *28*, 751.
Zel 1968	F. J. Zeleznik, S. Gordon, *Ind. Eng. Chem.* **1968**, *60*, 27.

14 Arbeitstechniken

In diesem Abschnitt werden Hinweise für die Durchführung einer Chemischen Transportreaktion gegeben. In den verschiedenen Arbeitsgruppen, die sich mit dieser Thematik befassen, werden teilweise etwas unterschiedliche Arbeitstechniken verwendet, die jeweils kleine Vor- und Nachteile aufweisen können. Die hier gegebenen Hinweise sind also nur als Leitfaden anzusehen. Die verwendete Arbeitstechnik hängt auch vom Ziel des Experiments ab. Will man eine Transportreaktion sehr genau verstehen, sind besondere Maßnahmen notwendig. So kann eine Transportampulle vor deren Beschickung mehrere Tage lang sorgfältig im Hochvakuum ausgeheizt werden, um Spurengase wie Wasser zu entfernen. In solchen Fällen wird man auch besondere Ansprüche an die verwendete Vakuumapparatur stellen. Auch die Reinheit der verwendeten Chemikalien kann eine Rolle spielen. Für rein präparative oder Unterrichtszwecke sind solche Maßnahmen in der Regel nicht erforderlich. Die Durchführung von Transportexperimenten kann also mit recht unterschiedlichem Aufwand verbunden sein.

14.1 Transportampullen und Transportöfen

Transportreaktionen werden in den allermeisten Fällen in geschlossenen Ampullen aus einem geeigneten Glas durchgeführt. Die Auswahl der verwendeten Glassorte wird durch die Transporttemperaturen festgelegt. Die heute verwendeten Borosilikatgläser können bis zu Temperaturen von ca. 600 °C verwendet werden, Bei höheren Temperaturen verwendet man Glas aus reinem Siliciumdioxid, **Quarzglas** oder **Kieselglas**. Diese sind bis zu Temperaturen von ca. 1100 °C beständig. Man beachte, dass insbesondere beim Erhitzen von Kieselglas Wasser frei wird (Wassergehalt bis zu 50 ppm). Um dies zu vermeiden, empfiehlt sich sorgfältiges Auszheizen der Ampulle im Vakuum (siehe auch Abschnitt 3.5).

In besonderen Fällen werden aus verschiedenen Metallen gefertigte Ampullen oder Behälter aus keramischen Materialien wie **Pythagorasmasse** oder **Sinterkorund** verwendet (Klo 1965). Das Zuschmelzen von Ampullen aus keramischer Materialien ist jedoch nicht unproblematisch. Stattdessen verwendet man auch Einsätze aus Sinterkorund oder Glaskohlenstoff, die in eine Kieselglasampulle eingebracht werden (Abbildung 14.1.1). Keramische Materialien werden besonders dann verwendet, wenn der Ampulleninhalt mit dem SiO_2 der Kieselglasampulle reagiert. Alternativ dazu kann die Innenwand der Ampulle durch Pyrolyse von Aceton mit Kohlenstoff beschichtet werden (Ham 1993). In Ausnahmefällen werden auch aus bestimmten Metallen gefertigte Ampullen verwendet. Über die Handhabung von Molybdänampullen berichtet *Kaldis* (Kal 1974).

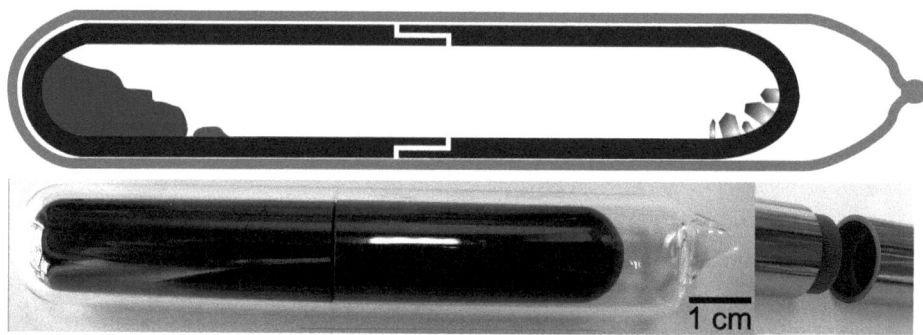

Abbildung 14.1.1 Transportampulle mit einem Einsatz aus Glaskohlenstoff.

Die Transportreaktion erfolgt in einem Temperaturgefälle. Um dieses kontrolliert einzustellen, verwendet man einen Röhrenofen mit zwei, gelegentlich auch drei Heizzonen. Der Transportofen sollte waagerecht angeordnet sein, um Konvektionsanteile an der Gasbewegung möglicht klein zu halten. Ist das Ziel des Experiments jedoch die Darstellung einer möglichst großen Stoffmenge durch den endothermen Transport einer bestimmten Verbindung, kann der Ofen auch in der Weise schräg gestellt werden, dass die Senkenseite höher als die Quellenseite ist, um die Transportrate zu steigern. Solche Experimente lassen sich jedoch nicht ohne weiteres mit den thermodynamischen Modellen beschreiben, denen eine Gasbewegung durch Diffusion zugrunde liegt.

Einen besonders hohen konvektiven Anteil an der Gasbewegung nutzt man beim sogenannten **Kurzwegtransport**, der von *Krämer* beschrieben wurde (Krä 1974). Der Transport erfolgt hier in vertikaler Richtung. Die Transportstrecke beträgt dabei lediglich etwa 3 cm, der Ampullenquerschnitt ist mit ca. 30 cm² besonders groß (siehe auch Kapitel 2). Auf diese Weise gelingt ein Chemischer Transport auch in einem System mit ansonsten äußerst geringer Transportrate aufgrund sehr ungünstiger Gleichgewichtslage. Diese experimentelle Variante des Chemischen Transports ist für endotherme Transportraktionen besonders effektiv. Im Fall von exothermen Transportreaktionen entfällt der konvektive Anteil und die Transportrate ist ausschließlich durch Diffusion bestimmt.

In enger Beziehung zum Kurzwegtransport stehen Experimente zur Züchtung größerer Kristalle mithilfe Chemischer Transportreaktionen. Die Transportampulle wird hier senkrecht angeordnet, um einen möglichst hohen konvektiven Anteil zu gewährleisten. Des Weiteren werden spezielle Ampullen zur Keimauslese verwendet.

Für jede Heizzone werden ein Temperaturregler und ein Thermofühler benötigt. Häufig verwendete Thermofühler sind Thermoelemente vom *Typ S* (Pt/Rh//Pt). Bei Temperaturen bis zu ca. 700 °C kommen auch Thermoelemente vom *Typ K* (Ni/Cr//Ni) in Betracht. In der Praxis sind die Thermoelemente, mit denen die Temperaturen T_1 und T_2 gemessen werden, gleichzeitig Bestandteile des Regelkreises. In besonderen Fällen können bei einem Zweizonenofen auch vier Thermoelemente zum Einsatz kommen, zwei im eigentlichen Regelkreis und zwei zur Messung der Temperaturen des Quellen- und Senkenraums. Die Regel-

14.1 Transportampullen und Transportöfen | 579

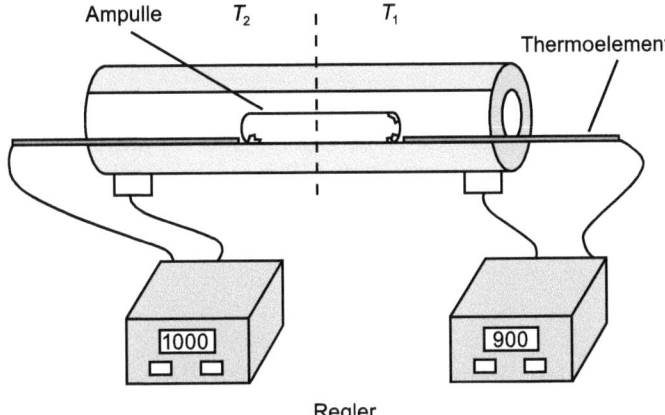

Abbildung 14.1.2 Experimentelle Anordnung beim Chemischen Transport in einem Zweizonenofen.

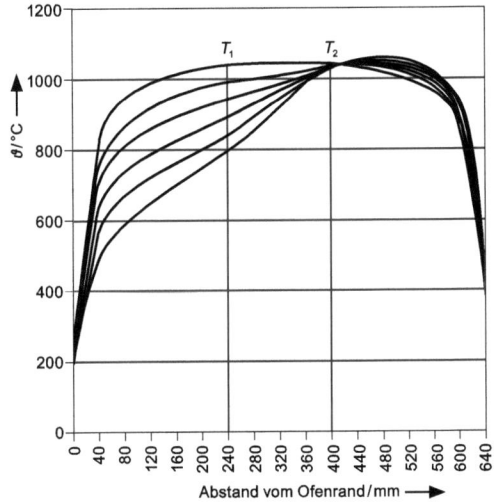

Abbildung 14.1.3 Typische Temperaturverläufe in einem Zweizonenofen (T_2 konstant, T_1 variabel).

thermoelemente befinden sich dann unmittelbar auf der Heizwicklung des Ofens, die beiden anderen in unmittelbarer Nähe der Transportampulle.

Man achte auf jeden Fall darauf, dass die Thermoelemente die Temperatur des Quellen- und Senkenraums möglichst korrekt messen. Hier ist von Bedeutung, dass die Spitze des Thermoelements, in der sich die Messstelle, die Thermoperle, befindet, möglichst nahe am Quellen- bzw. Senkenraum der Ampulle befindet. Weiterhin soll das andere Ende des Themoelements so weit aus dem Ofen herausragen, dass die Verbindungsstelle zwischen dem eigentlichen **Thermopaar** und den Verbindungsleitungen zum Temperaturregler Raumtemperatur hat; anderenfalls können Messfehler auftreten. Abbildung 14.1.2 zeigt schematisch die experimentelle Anordnung beim Chemischen Transport in einem Zweizonenofen.

Bei der ersten Inbetriebnahme einer solchen Ofenanlage empfiehlt es sich, bei typischen Transporttemperaturen (z. B. 1000 → 900 °C) mithilfe eines besonders langen Thermoelements den horizontalen Temperaturgradienten des verwendeten Ofens zu bestimmen, um sich ein Bild über die Temperaturgradienten und temperaturkonstante Zonen in dem verwendeten Ofen zu verschaffen.

14.2 Vorbereitung von Transportampullen

Die experimentelle Vorgehensweise bei der Vorbereitung einer Transportampulle kann recht unterschiedlich sein. Sie hängt in erster Linie von den physikalischen und chemischen Eigenschaften des Transportmittels ab. Man kann die folgenden drei Fälle unterscheiden.

1. Das Transportmittel ist bei Normalbedingungen fest oder flüssig, hat aber einen nennenswerten Dampfdruck (Beispiel: Iod)
2. Das Transportmittel ist bei Normalbedingungen gasförmig (Beispiele: HCl, Cl_2) oder es hat einen hohen Dampfdruck.
3. Das Transportmittel hat bei Raumtemperatur praktisch keinen Dampfdruck, muss aber ggf. in einer Vorreaktion erst dargestellt werden (Beispiele: $TeCl_4$, $AlCl_3$).

Zu 1 Es wird ein einseitig geschlossenes Rohr vorbereitet (Durchmesser 10 bis 20 mm). In einem Abstand von ca. 15 bis 20 cm vom geschlossenen Ende wird das Rohr so weit verengt, dass die Edukte problemlos eingefüllt werden können; die Verengung sollte möglichst eng sein, um das Abschmelzen zu vereinfachen, aber weit genug, um einem langen Trichter Platz zu bieten. Das offene Ende des Rohres ist so zu gestalten, dass ein problemloser und vakuumdichter Übergang zur Vakuumapparatur möglich ist. Typischerweise haben die so vorbereiteten Ampullen etwa das in Abbildung 14.2.1 dargestellte Aussehen.

Die so vorbereiteten Rohre werden zunächst mit etwa einem Gramm des zu transportierenden Bodenkörpers beschickt. Hierzu verwendet man zweckmäßigerweise einen Trichter, der so lang ist, dass der Auslass in unmittelbarer Nähe des Ampullenbodens ist. So wird vermieden, dass kleine Partikel des Bodenkörpers an der Wandung der gesamten Ampulle haften und bei der Abscheidung als Kristallisationskeime wirken können. Dies würde zur unerwünschten Bildung vieler kleiner Kristalle führen. Auf die gleiche Weise wird das Transportmittel in der zuvor berechneten Menge eingefüllt. Die Menge wird in der Regel so bemessen, dass der Druck in der Ampulle (näherungsweise durch den Anfangsdruck des Transportmittels ausgedrückt) 1 bar bei der Versuchstemperatur beträgt (Gasgesetz).

Die Verbindung der Transportampulle mit der Vakuumapparatur kann auf unterschiedliche Weise erfolgen. Besonders häufig wird eine Schliffverbindung ge-

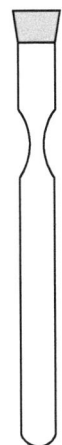

Abbildung 14.2.1 Transportampulle mit Schliff.

wählt. Diese hat sich sehr bewährt, ist jedoch mit einem gewissen Aufwand bezüglich der Vorbereitung der Ampulle verbunden. Gleichfalls haben sich Verbindungen mithilfe von Quetschverschraubungen eingebürgert (Abbildung 14.2.2). Hier ist der Aufwand deutlich geringer, es kann jedoch zu Undichtigkeiten der Verbindung führen, wenn die Ampulle beim Abschmelzen bewegt wird. Für Unterrichtszwecke ist diese Art der Verbindung auch aus Kostengründen durchaus zu empfehlen.

Die Ampulle wird dann in senkrechter Anordnung mit einer Vakuumapparatur verbunden, das Ventil zu Vakuumapparatur bleibt zunächst geschlossen. Um ein Verdampfen bzw. Sublimieren des Ampulleninhalts zu verhindern, muss dieser in der Regel vor dem Evakuieren gekühlt werden. Dies geschieht üblicherweise mit flüssigem Stickstoff. Hierzu wird das untere Ende der senkrecht angeordneten Ampulle ca. 5 cm in das Kühlmittel getaucht, nach etwa 3 Minuten wird der Hahn zur Vakuumapparatur geöffnet, das Reaktionsrohr evakuiert und abgeschmolzen. Das Kühlen der Ampulle ist immer dann notwendig, wenn ein oder mehrere Bestandteile der Füllung bei Raumtemperatur einen so hohen Dampfdruck haben, dass die Gefahr des Verdampfens oder Sublimierens beim Evakuieren besteht. Verwendet man Iod als Transportmittel, ist Kühlen unbedingt erforderlich.

Sicherheitshinweis Es ist unbedingt darauf zu achten, dass insbesondere im bereits mit flüssigem Stickstoff gekühlten aber noch nicht evakuierten Zustand der Ampulle keinerlei Verbindung zwischen dem Inneren der Ampulle und der Atmosphäre besteht, weil sonst flüssiger Sauerstoff in der Ampulle kondensiert. Falls die Ampulle in diesem Zustand zugeschmolzen wird, resultiert nach Entfernen des Kühlmittels ein sehr hoher Druck in der Ampulle, der eine heftige Explosion zur Folge hat. Aus Sicherheitsgründen sollte der zur Kühlung verwendete flüssige Stickstoff in einem Dewar-Gefäß aus Metall bereitgestellt werden.

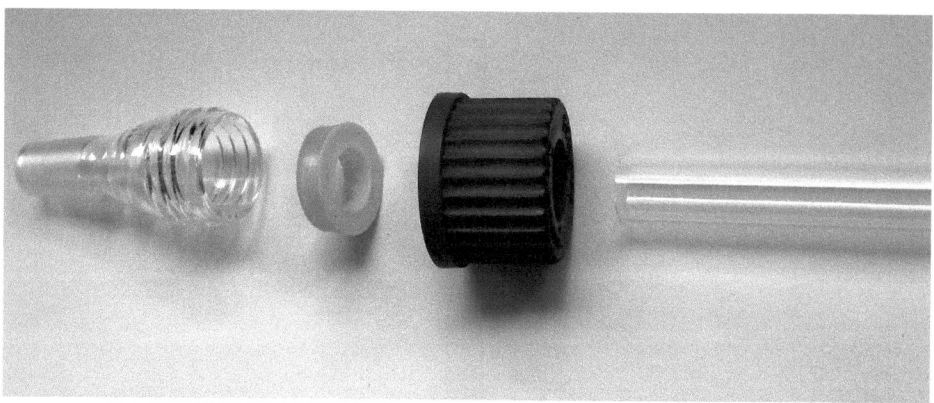

Abbildung 14.2.2 Transportampulle mit einer Quetschverschraubung.

Zu 2 Das Transportmittel ist bei Normalbedingungen gasförmig, (Beispiele: HCl, Cl_2). In einem solchen Falle kommen verschiedene Arbeitsweisen in Betracht. Bei einer, insbesondere in früheren Jahren häufig verwendeten Arbeitsweise, wird ein Glasrohr vorbereitet, das schematisch in Abbildung 14.2.3 dargestellt ist.

Der Bodenkörper A wird an der markierten Stelle in das Rohr eingebracht. Anschließend wird für einige Zeit ein Strom des Transportmittels durch das Rohr geleitet und die Luft auf diese Weise verdrängt. Anschließend wird zunächst bei (1), dann bei (2) zugeschmolzen. Hierbei ist darauf zu achten, dass das Transportmittel durch ein Überdruckventil entweichen kann, da sonst durch das Erhitzen des Rohres ein Überdruck entsteht und das Abschmelzen unmöglich wird. Dieses Verfahren hat den Vorteil der besonders einfachen Duchführbarkeit. Es hat jedoch einige Nachteile.

- Es wird unnötig viel Transportmittel benötigt. Gegebenenfalls müssen Vorsichtsmaßnahmen zur Entsorgung getroffen werden.
- Der Anfangsdruck des Transportmittels beträgt stets 1 bar bei Raumtemperatur, andere Anfangsdrücke sind so nicht einstellbar.

Eine andere Möglichkeit besteht darin, eine bestimmte Menge des Transportmittels in die Transportampulle einzukondensieren. Häufig verwendet man Chlor als Transportmittel. Will man den Umgang mit einer Stahlflasche mit flüssigem Chlor vermeiden, lässt sich Chlor sehr gut durch thermische Zersetzung von Platin(II)-chlorid bei 525 °C freisetzen. Auch wasserfreies Kupfer(II)-chlorid, das leicht aus dem Dihydrat durch Erhitzen im Trockenschrank auf 140 °C erhältlich ist, kann verwendet werden. Diese Chloride zersetzen entsprechend den folgenden Reaktionsgleichungen:

$$PtCl_2(s) \rightarrow Pt(s) + Cl_2(g) \tag{14.2.1}$$
(oberhalb 525 °C)

$$CuCl_2(s) \rightarrow CuCl(s) + Cl_2(g) \tag{14.2.2}$$
(Temperaturbereich 300 bis 350 °C)

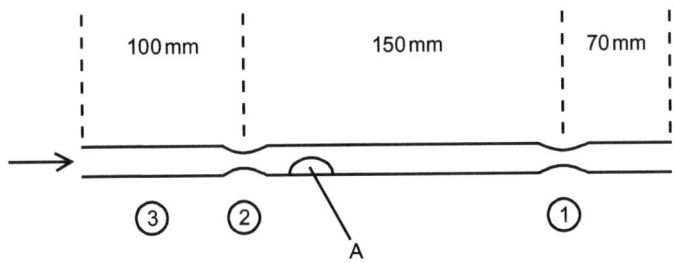

Abbildung 14.2.3 Transportampulle, zur Füllung mit gasförmigem Transportmittel.

Verwendet man CuCl$_2$ als Chlorquelle, ist darauf zu achten, dass die Temperatur 350 °C nicht überschreitet, da dann das gebildete CuCl bereits einen nennenswerten Dampfdruck aufweist. Die jeweils benötigte Menge an PtCl$_2$ bzw. CuCl$_2$ hängt vom einzustellenden Anfangsdruck, der Temperatur und dem Ampullenvolumen ab. Sie lässt sich mithilfe des allgemeinen Gasgesetzes berechnen. Um bei Raumtemperatur in einem Volumen von einem Milliliter einen Chlordruck einen Druck von 1 bar einzustellen, benötigt man etwa 0,01 g PtCl$_2$.

$$p \cdot V = n \cdot R \cdot T = \frac{m}{M} R \cdot T$$

$$m = \frac{p \cdot V \cdot M}{R \cdot T}$$

$$m = \frac{1 \, \text{bar} \cdot 10^{-3} \, \text{l} \cdot 266 \, \text{g} \cdot \text{mol}^{-1}}{0{,}08314 \, \text{l} \cdot \text{bar} \cdot \text{K}^{-1} \cdot \text{mol}^{-1} \cdot 298 \, \text{K}} = 1{,}073 \cdot 10^{-2} \, \text{g}$$

(14.2.3)

Eine Apparatur, die geeignet ist, eine Transportampulle mit Chlor zu füllen, ist in Abbildung 14.2.4 schematisch dargestellt.

Die Transportampulle wird, wie oben beschrieben, mit dem Ausgangsbodenkörper gefüllt. Dann wird die zuvor berechnete Menge an PtCl$_2$ bzw. CuCl$_2$ in den rechten Schenkel der Apparatur gefüllt, die Apparatur zusammengebaut und evakuiert. Dann erhitzt man PtCl$_2$ bzw. CuCl$_2$ vorsichtig mit dem Brenner bis die Zersetzung abgeschlossen ist. Anschließend kühlt man das untere Ende der Transportampulle mit flüssigem Stickstoff und schmilzt die Ampulle zu. Man kann in das Transportrohr auch kleine mit PtCl$_2$ gefüllte Quarzglaskapillaren einführen, um Chlor bereitzustellen. In aller Regel stört das bei der Zersetzung gebildete metallische Platin nicht. In der Literatur wird darüber hinaus für besonders anspruchsvolle Arbeiten eine Apparatur beschrieben, die es gestattet, Transportampullen mit verschiedenen Gasen in hoher Reinheit zu befüllen (Ros 1979).

Um eine definierte Menge an Brom in eine Transportampulle zu füllen, hat sich folgende Arbeitsweise bewährt. Man schmilzt eine Messpipette mit einem Volumen von 1 ml unten zu und setzt an das obere Ende ein Ventil mit einem Teflonküken an. Die so vorbereitete Pipette füllt man mit trockenem Brom. Ersetzt man in der in Abbildung 14.2.4 dargestellten Apparatur das Rohr für die Zersetzung von PtCl$_2$ bzw. CuCl$_2$ durch diese Pipette, lässt sich eine definierte Menge an Brom mühelos in die Transportampulle umkondensieren. Auch PtBr$_2$

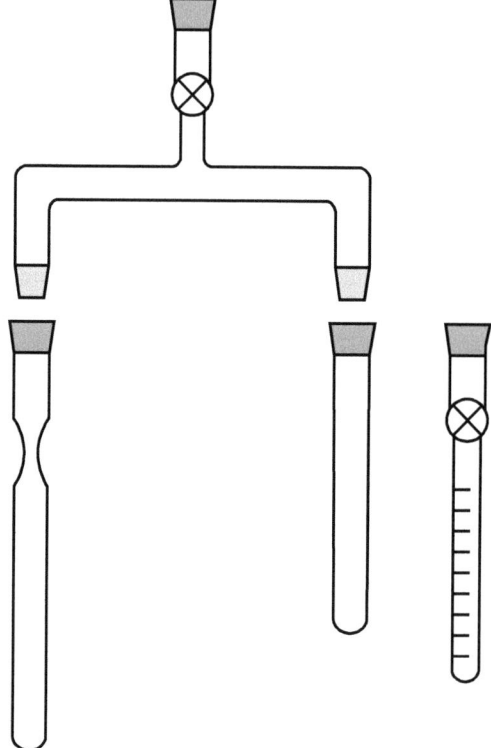

Abbildung 14.2.4 Apparatur zur Füllung einer Transportampulle mit einer definierten Menge Chlor.

kann als Bromquelle dienen. Es zersetzt sich oberhalb von 475 °C in die Elemente.

Als Quelle für Halogenwasserstoff werden meist die entsprechenden Ammoniumhalogenide verwendet, da diese besonders einfach zu dosieren sind. Man beachte jedoch, dass zunächst gebildetes Ammoniak bei Temperaturen oberhalb von ca. 700 °C in Stickstoff und Wasserstoff zerfällt; Es bildet sich also eine reduzierende Atmosphäre aus. Ist dies unerwünscht, müssen die jeweiligen Halogenwasserstoffe mit einer speziellen Arbeitstechnik eingebracht werden.

Chlorwasserstoff wird zweckmäßigerweise durch Reaktion von Ammoniumchlorid mit konzentrierter Schwefelsäure hergestellt. Bromwasserstoff bildet sich bei der Umsetzung von Ammoniumbromid mit konzentrierter Phosphorsäure. Schwefelsäure ist aufgrund seiner oxidierenden Eigenschaft hier nicht geeignet. Iodwasserstoff ist thermisch nicht sehr stabil; bei Transportbedingungen zerfällt er zumindest teilweise in Wasserstoff und Iod. In praktisch allen Fällen verwendet man Ammoniumiodid als Iodwasserstoffquelle, weil der zusätzliche, durch die Zersetzung von Ammoniak gebildete Anteil an Wasserstoff toleriert werden kann, denn HI zerfällt bei Transporttemperaturen zum großen Teil in H_2 und I_2. Alternativ hierzu können Halogenwasserstoffe auch aus kleinen, kommerziell erhältlichen Druckgasflaschen (lecture bottles) entnommen werden.

Eine bestimmte Menge Wasser lässt sich sehr einfach durch Erhitzen von $BaCl_2 \cdot 2H_2O$ auf ca. 150 °C bereitstellen. Sauerstoff bildet sich beim Erhitzen von Gold(III)-oxid auf ca. 200 °C.

Zu 3 Besonders einfach ist das Beschicken der Transportampullen, wenn das Transportmittel bei Raumtemperatur praktisch keinen Dampfdruck hat, wie zum Beispiel Aluminium(III)-chlorid und Tellur(IV)-chlorid. Solche häufig als Transportmittel verwendeten Zusätze sind jedoch sehr feuchtigkeitsempfindlich. Um diese in eine Transportampulle einzubringen, werden verschiedene Arbeitstechniken verwendet.

a) Man füllt unter geeigneten Schutzmaßnahmen (Glovebox) kleine dünnwandige Kieselglaskapillaren mit der entsprechenden Menge des Transportzusatzes und schmilzt diese unter Vakuum zu. Die Kapillaren werden mit einem Glasmesser angeritzt und in die Transportampulle eingebracht. Nach dem Zuschmelzen der Ampulle wird diese kräftig geschüttelt, bis die die Kapillare bricht. Alternativ kann der Transportzusatz auch direkt innerhalb der Glovebox in die Transportampulle gegeben werden. Es ist anzuraten, diese Transportzusätze, insbesondere Aluminium(III)-chlorid, zuvor zu synthetisieren, da kommerzielle Präparate den hier gestellten Anforderungen häufig nicht genügen. Durch das Schütteln der Ampulle gerät der Inhalt der Ampulle auch auf die Senkenseite. Die unerwünschten Kristallisationskeime entfernt man dadurch, dass die Ampulle für einige Minuten senkrecht stehend in ein Ultraschallbad gebracht wird.

b) Es wird eine Ampulle, wie in Abbildung 14.2.3 dargestellt, verwendet. Bei 3 wird ein Schiffchen, das Tellur bzw. Aluminium enthält, eingebracht, dieses mit einem geeigneten Gas (Cl_2, HCl) zur Reaktion gebracht und das Reaktionsprodukt in den zwischen 1 und 2 liegenden Teil der Ampulle sublimiert. Hier ist auf eine geeignete, nicht zu große Strömungsgeschwindigkeit des Gases zu achten. Nach erfolgtem vollständigem Umsatz (wenige Minuten) wird bei 1 zugeschmolzen und das Reaktionsrohr mit der Vakuumapparatur verbunden. Hier ist Luft, insbesondere Feuchtigkeitszutritt, unter allen Umständen auszuschließen. Anschließend wird das Rohr evakuiert und bei 2 zugeschmolzen. Die Vakuumpumpe wird anschließend für einige Minuten mit Gasballast betrieben, um das aggressive Cl_2 (oder HCl) zu entfernen. Besondere Vorsichtsmaßnahmen bezüglich der Pumpe sind wegen der geringen Stoffmengen nicht erforderlich.

14.3 Das Transportexperiment

Die vorbereitete Transportampulle wird so im Transportofen platziert, dass Ofenmitte und Ampullenmitte ungefähr übereinstimmen. Bevor die eigentlichen Transporttemperaturen eingestellt werden, setzt man die Ampulle für ca. einen Tag dem umgekehrten Temperaturgradienten aus. Auf diese Weise wird die Ampullenwandung auf der Senkenseite von kleinen Kristallisationskeimen befreit.

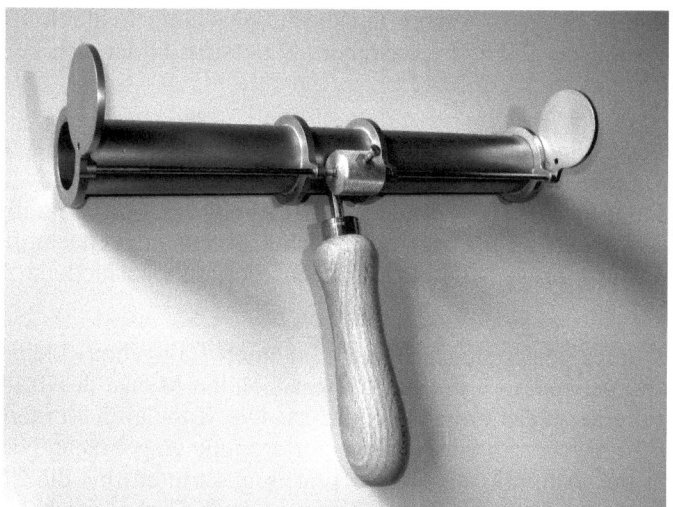

Abbildung 14.3.1 Ampullenfänger.

Diese Vorgehensweise bezeichnet man auch als **Rücktransport** oder **Klartransport**. Nach Ablauf der Transportdauer entnimmt man die Ampulle. Um Kristalle ohne oberflächliche Verunreinigungen durch das Transportmittel zu erhalten, ist darauf zu achten, dass die Gasphase möglichst auf der Quellenseite kondensiert. Hierzu haben sich unterschiedliche Vorgehensweisen eingebürgert.

a) Die Transportampulle wird soweit zur Quellenseite aus dem Ofen geschoben, dass die Ampulle ca. 5 cm aus dem Ofen herausragt. Innerhalb weniger Minuten kondensiert dort die Gasphase und die Ampulle kann entnommen werden.

> **Sicherheitshinweis** Da im Prinzip Explosionsgefahr besteht, ist das aus dem Ofen ragende Ampullenende mit einem Sicherheitsglas als Splitterschutz zu sichern. Die Handhabung der Ampulle sollte bis zum Öffnen mit geeigneten Schutzhandschuhen erfolgen.

b) Die Transportampulle (Kieselglas) wird zur Quellenseite in einen so genannten Ampullenfänger geschoben (Abbildung 14.3.1). Dieser wird geschlossen und die Quellenseite in kaltes Wasser getaucht.

Das Öffnen der Ampulle kann auf verschiedene Weise erfolgen. Entweder ritzt man die Ampulle an geeigneter Stelle an, umwickelt sie mit einem festen Tuch und bricht sie auf, oder man schneidet mit einem geeigneten Werkzeug einen ca. 1 mm tiefen Schlitz in die Ampulle und öffnet die Ampulle nach Sicherung durch ein Tuch durch Aufhebeln mit einem Schraubendreher. Die Senkenseite wird abschließend mit einem geeigneten Lösemittel ausgespült.

14.4 Transportwaage

Die Transportwaage ist eine Meßanordnung, mit der der zeitliche Verlauf von Transportexperimenten verfolgt werden kann. Dabei wird die Änderung der Auflagekraft auf eine Waage mittels eines Rechners während der Dauer des gesamten Transporexperiments aufgezeichnet und graphisch dargestellt. Man kann so den Transportvorgang online verfolgen. Der schematische Aufbau der Meßanordnung ist in Abbildung 14.4.1 dargestellt. Der Aufbau und das Messprinzip der Transportwaage wurden von *Plies* erstmalig beschrieben (Pli 1989).

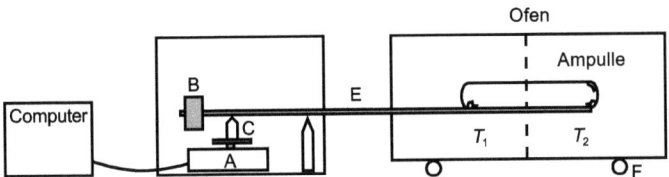

Abbildung 14.4.1 Schematische Anordnung der Transportwaage (A: Waage, B: Gegengewicht, C: Stempel, D: Schneide, E: Hebel, F: Ofen

Bei der Transportwaage liegt die Transportampulle auf einem Hebel aus zwei Korundstäben. Das andere Hebelende drückt durch ein Gegengewicht auf eine elektronische Waage. Dabei muß der Hebel eine möglichst geringe Auflagekraft haben. Die Waage ist über einen Datenausgang mit einem Rechner verbunden. Während des Transportprozesses liegt die Ampulle auf dem Hebel, der freischwebend in den Ofen ragt. Bei dieser Versuchsanordnung führt eine Verlagerung der Masse m_1 innerhalb der Transportampulle längs der Transportstrecke Δs zur Änderung des Auflagegewichts m_2 an der Waage. Die Größe der messbaren Gewichtsänderung ist abhängig von der Länge des waageseitigen Hebelarms l (= Schneide/Stempel-Abstand). Es ergibt sich folgender Zusammenhang:

$$m_2 = \frac{m_1 \cdot \Delta s}{l} \qquad (14.4.1)$$

Der Quotient $\Delta s/l$ sollte ungefähr eins sein; So lassen sich Transportraten aufzeichnen, die größer oder gleich $1\,\mathrm{mg} \cdot \mathrm{h}^{-1}$ sind.

Versuchsdurchführung

1. Die Transportampulle wird auf den Hebelarm gelegt. Die Auflagemasse des Hebelarms auf die Waage wird so gewählt, dass diese bei etwa 1 g liegt. Der Stempel/Schneide-Abstand wird ausgemessen.
2. Man fährt den Ofen über den Hebel mit der Ampulle und kontrolliert, dass der Hebelarm mit der Ampulle frei schwebt.
3. Der Ofen wird aufgeheizt; zunächst wird ein Klartransport durchgeführt.
4. Man startet das Computerprogramm zur Aufzeichnung der Waagemessdaten. In der Regel wird alle 1 bis 3 Minuten ein Messwert aufgenommen.

5. Der Klartransport wird solange durchgeführt, bis keine Gewichtsänderung mehr registriert wird.
6. Der Ofen wird zuerst auf beiden Seiten auf die mittlere Transporttemperatur eingestellt. Ist diese erreicht, stellt man den Temperaturgradienten ein. Bei Erreichen der Transporttemperaturen wird der Nullwert am Computer gesetzt.
7. Während des Transportexperiments sind die Messdaten online am Bildschirm zu erkennen.
8. Nach dem Abkühlen der Ampulle misst man die Transportstrecke aus.
9. Die Messwerte werden mittels Gleichung 14.4.1 korrigiert und die transportierte Masse gegen die Transportdauer graphisch aufgetragen. Aus den Steigungen dieser Kurven lassen sich die Transportraten (mg · h^{-1}) berechnen.

Bei Experimenten mit der Transportwaage ist auf folgende Punkte zu achten:

- Erschütterungen, Luftzug und Sonneneinstrahlung müssen vermieden werden.
- Temperaturschwankungen im Ofen sollten möglichst klein gehalten werden, z. B. durch Abdichten der Ofenausgänge mit einem keramischen Faserdämmstoff und/oder durch Aufstellen von Schutzschildern (Hebelarmseite).

14.5 Hochtemperaturtransport, Transport unter Plasmabedingungen

Zwei weitere spezielle Varianten Chemischer Transportreaktionen sind „hightemperature vapor growth" (HTVG) (Kal 1974, Kal 1974a) und der Chemische Transport unter Plasmabedingungen (Vep 1971). Beide Techniken bedürfen eines erheblichen experimentellen Aufwands.

Der Chemische Transport bei hohen Temperaturen (um 2000 °C) wurde von *Kaldis* anhand einiger Beispiele aus verschiedenen Verbindungsklassen beschrieben, so u. a. für SiO_2, Al_2O_3, EuO, Eu_2SiO_4, Eu_3SiO_5, LaS, SmS, EuS, EuSe, EuTe, YbSe, YbTe, GdP und HoP (Kal 1968, Kal 1971, Kal 1972, Kal 1981). *Kaldis* versteht unter HTVG neben den Chemischen Transportreaktionen allgemein alle Methoden zur Kristallisation über die Gasphase bei hohen Temperaturen, also auch Sublimation bzw. Zersetzungssublimation und Autotransport. Beispiele dafür sind die Züchtung von Einkristallen unter anderem der Verbindungen LaS, NdSe, NdTe, SmSe, SmTe, GdS, GdSe, GdTe, HoTe, ErTe und insbesondere der Seltenerdmetallnitride EuN, GdN, HoN, DyN sowie TbN (Kor 1972a). Die Experimente wurden ausschließlich als endotherme Transporte in vertikal angeordneten, unter Hochvakuum verschweißten Metallampullen aus Molybdän oder Wolfram durchgeführt. Die Heizung erfolgte mittels HF-Technik.

Der Chemische Transport unter Einfluss nichtisothermer Niederdruckplasmen wird insbesondere von *Veprek* untersucht und beschrieben (Vep 1971, Vep 1976, Vep 1980, Vep 1988). Der Transport unter Plasmabedingungen kann von Plasma zum Neutralgas, von Neutralgas zu Plasma und von Plasma zu Plasma verlaufen. Im Vergleich zum isothermen Plasma, beispielsweise in einem, bei dem das Neutralgas und die Elektronen sehr hohe Temperatur aufweisen, sind die Temperatur des Neutralgases und die der Elektronen bei nichtisothermem Plasma zwei relativ unabhängig voneinander variierbare Parameter. Ein solches Plasma wird häufig auch als „kaltes Plasma" bezeichnet.

Da ein Plasma aus geladenen und neutralen Teilchen besteht, weist das Plasma eine wesentlich höhere innere Energie auf als ein neutrales Gas im thermodynamischen Gleichgewicht bei der gleichen Temperatur. Die innere Energie eines nichtisothermen Niederdruckplasmas entspricht im Wesentlichen der Summe der Anregungsenergien aller Teilchen. So beträgt die kinetische Energie von gasförmigem Wasserstoff bei 25 °C ca. $8 \cdot$ kJ $\cdot$ mol^{-1}, die eines Wasserstoffplasmas bei 25 °C und einem Dissoziationsgrad von 80 % ca. 340 kJ $\cdot$ mol^{-1} (Vep 1971).

Die Wirkung von Plasmen auf den Chemischen Transport kann zwei Kategorien zugeordnet werden. Die eine Kategorie beinhaltet den kinetischen, die andere den thermodynamischen Aspekt. In die erste Kategorie fallen Reaktionen, die nach rein thermodynamischer Betrachtung ablaufen sollten, zum Beispiel die Abscheidung von Kohlenstoff über das Boudouard-Gleichgewicht, die jedoch kinetisch gehemmt sind. In diesen Fällen hat das Plasma eine katalytische Wirkung. Der zweiten Kategorie sind Fälle zuzuordnen, in denen der Plasmazustand die Lage des thermodynamischen Gleichgewichts so beeinflusst, dass der Chemische Transport möglich wird. Beispiele dafür sind der Transport von Aluminiumnitrid, Titannitrid bzw. Zirkoniumnitrid um 1000 °C in einem Stickstoff/Chlor-Niederdruckplasma oder der Transport von Kohlenstoff im Wasserstoff-, Sauerstoff- oder Stickstoffplasma. In diesem Zusammenhang ist insbesondere auf die Abscheidung von Diamantschichten aus Wasserstoff/Methan-Niederdruckplasmen (98 bis 99 % H_2, 1 bis 2 % CH_4, 100 bis 200 mbar Gesamtdruck) bei 800 bis 900 °C zu verweisen (Reg 2001, Ale 2003). Ein weiteres Beispiel, bei dem sowohl kinetische als auch thermodynamische Aspekte eine Rolle spielen, ist die Abscheidung von polykristallinem Silicium durch Chemischen Transport im Wasserstoffplasma bei 60 °C.

Literaturangaben

Ale 2003	V. D. Aleksandrov, I. V. Sel'skaya, *Inorg. Mater.* **2003**, *39*, 455.
Ham 1993	A. Hammerschmidt, *Dissertation*, Universität Münster, **1993**.
Kal 1968	E. Kaldis, *J. Cryst. Growth* **1968**, *3/4*, 146.
Kal 1971	E. Kaldis, *J. Cryst. Growth* **1971**, *9*, 281.
Kal 1972	E. Kaldis, *J. Cryst. Growth* **1972**, *17*, 3.
Kal 1974	E. Kaldis, C. H. L. Goodman, Eds., *Crystal Growth, Theory and Techniques*, Plenum Press, New York, **1974**.
Kal 1974a	E. Kaldis, *J. Cryst. Growth* **1974**, *24/25*, 53.
Kal 1981	E. Kaldis, W. Peteler, *J. Cryst. Growth* **1981**, *52*, 125.
Klo 1965	H. Klotz, *Vakuum-Technik* **1965**, *3*, 63.
Kor 1972a	J. Kordis, K. A. Gingerich, R. J. Seyse, E. Kaldis, R. Bischof, *J. Cryst. Growth* **1972**, *17*, 53.
Krä 1974	V. Krämer, R. Nitsche, M. Schumacher *J. Cryst. Growth* **1974**, *24/25*, 179.
Reg 2001	L. Regel, W. Wilcox, *Acta Astronaut.* **2001**, *48*, 129.

Ros 1979	F. Rosenberger, J. M. Olson, M. C. Delong, *J. Cryst. Growth* **1979**, *47*, 321.
Schö 1980	E. Schönherr, *Crystals, Growth, Properties, Applications*, 2, Springer, Berlin, **1980**.
Vep 1971	S. Vepřek, C. Brendel, H. Schäfer, *J. Cryst. Growth* **1971**, *9*, 266.
Vep 1976	S. Vepřek, *Pure & Appl. Chem.* **1976**, *48*, 163.
Vep 1980	S. Vepřek, *Chimia* **1980**, *12*, 489.
Vep 1988	S. Vepřek, *J. Less-Common Met.* **1988**, *137*, 367.

15 Ausgewählte Praktikumsexperimente zum Chemischen Transport

In den voran gegangenen Kapiteln sind wesentliche Prinzipien, Modelle und zahlreiche Beispiele zum Chemischen Transport diskutiert und beschrieben worden. Im Folgenden wollen wir einige ausgewählte Experimente erläutern, die auf einfache und überschaubare Weise das theoretische Verständnis für Chemische Transportreaktionen anregen sollen und die darüber hinaus gut im eigenen Labor nachvollziehbar sind. Die Versuche eignen sich insbesondere für Praktika (oder Vorlesungen) in der Fortgeschrittenenausbildung, bei denen neben der Information zum Chemischen Transport als Synthesemethode auch die physikalisch chemischen Hintergründe vermittelt werden sollen.

15.1 Transport von WO_2 mit HgX_2 (X = Cl, Br, I)

In Vorbereitung auf den Versuch sollte man sich mit den folgenden Fragestellungen vertraut machen. Anhand des sehr übersichtlichen Beispiels des Transports von WO_2 mit den Quecksilberhalogeniden können die Punkte mit eigenen Rechnungen und Experimenten belegt werden.

- Was sind Chemische Transportreaktionen und welches Transportmittel ist geeignet?
- Was ist die grundlegende Voraussetzung für Chemische Transportreaktionen?
- Welche mittlere Transporttemperatur ist für das zu untersuchende System geeignet?
- Wie kann man die Richtung des Transports bestimmen?
- Wie wird die Transportrate bestimmt?

Chemische Transportreaktionen können zur Reinigung von Stoffen, zur Synthese kristalliner Verbindungen sowie zur Dotierung von Stoffen angewendet werden. Der Chemische Transport ist dadurch charakterisiert, dass ein fester oder flüssiger Bodenkörper mit einem Transportmittel in einer heterogenen Gasphasenreaktion unter Bildung von nur gasförmigen Spezies reversibel reagiert. Diese werden entlang eines Temperaturgradienten in die Senke überführt. Dort erfolgt die Rückbildung des festen oder flüssigen Stoffs.

$$i\,A(s) + k\,B(g) \;\rightleftharpoons\; j\,C(g) + \ldots \tag{15.1.1}$$

Auf den ersten Blick ist diese Reaktion einer Sublimation ähnlich. Der Stoff A(s) hat jedoch im betreffenden Temperaturbereich keinen eigenen, transportwirksa-

Abbildung 15.1.1 Kristall von WO_2.

men Partialdruck $p(A)$ die Auflösung in der Gasphase ist zwingend an die Anwesenheit eines Hilfs- bzw. Transportmittels gebunden.

Der Bodenkörper WO_2 hat keinen messbaren eigenen Dampfdruck, der geeignet wäre, die Verbindung im Sinne einer Sublimation über die Gasphase zu transportieren. Die Phase zersetzt sich vielmehr bei 1000 K mit einem Sauerstoffpartialdruck von 10^{-20} bar zu metallischem Wolfram.

Als Transportmittel sind in der Regel die Halogene Chlor, Brom und Iod oder Halogenverbindungen, wie zum Beispiel die Halogenwasserstoffe HX (X = Cl, Br, I) geeignet. Für den Transport von WO_2 wird dabei die Gasspezies WO_2X_2 transportwirksam.

$$WO_2(s) + X_2(g) \rightleftharpoons WO_2X_2(g) \tag{15.1.2}$$

$$WO_2(s) + 2\,HX(g) \rightleftharpoons WO_2X_2(g) + H_2(g) \tag{15.1.3}$$

Aber auch die Zugabe der bei Raumtemperatur festen Quecksilberhalogenide HgX_2 (X = Cl, Br, I) ist potentiell geeignet, beide Komponenten der Bodenkörperphase WO_2 – also sowohl Wolfram als auch Sauerstoff – in die Gasphase zu überführen.

$$WO_2(s) + HgX_2(g) \rightleftharpoons WO_2X_2(g) + Hg(g) \tag{15.1.4}$$

Nach der vollständigen Verdampfung der Quecksilberhalogenide bei Temperaturen oberhalb von 300 °C können in einer chemischen Reaktion die Gasspezies WO_2X_2 neben gasförmigem Quecksilber Hg gebildet werden.

Was ist die grundlegende Voraussetzung für Chemische Transportreaktionen?

Grundlegende Voraussetzung für chemische Transportreaktionen ist eine ausgeglichene Gleichgewichtslage: Für Reaktionen, die durch *eine* unabhängige Reaktionsgleichung beschreibbar sind, können Transporte bei Gleichgewichtskonstanten K_p im Bereich von 10^{-4} bis 10^4 bzw. freien Reaktionsenthalpien $\Delta_R G^0$ im Bereich von ca. –100 bis 100 kJ · mol^{-1} erwartet werden. Der Partialdruckgradient Δp als Triebkraft für den Materialtransport zwischen Auflösungsseite und Abscheidungsseite wird durch einen Temperaturgradienten erreicht.

Eine stark exergonische Reaktion $\Delta_R G^0 < -100$ kJ · mol^{-1} ($K_p > 10^4$) zeigt eine weitgehende Auflösung des Bodenkörpers in der Gasphase. Aber: Die Rückreaktion unter Abscheidung der Bodenkörperphase ist thermodynamisch praktisch nicht möglich. Das heißt, die zu transportierende Verbindung wird auf der Quellenseite nahezu vollständig in die Gasphase überführt, ohne sich auf der Senkenseite wieder abzuscheiden.

Bei einer stark endergonischen Reaktion $\Delta_R G^0 > 100$ kJ · mol^{-1} ($K_p < 10^{-4}$) wird der Bodenkörper dagegen kaum in die Gasphase überführt, somit kann auch kein Transport stattfinden.

Mithilfe der thermodynamischen Daten der an der Reaktion beteiligten Stoffe (Tabelle 15.1.1) können die Werte der Freien Enthalpie bzw. der Gleichgewichtskonstanten der möglichen Transportreaktionen berechnet werden:

$$WO_2(s) + Cl_2(g) \rightleftharpoons WO_2Cl_2(g) \tag{15.1.5}$$
$\Delta_R H^0_{1000} = -86,5$ kJ · mol^{-1}, $\quad \Delta_R S^0_{1000} = 73,2$ J · mol^{-1} · K^{-1}
$\Delta_R G^0_{1000} = -159,7$ kJ · mol^{-1}, $\quad K_{p,\,1000} \approx 10^8$

$$WO_2(s) + Br_2(g) \rightleftharpoons WO_2Br_2(g) \tag{15.1.6}$$
$\Delta_R H^0_{1000} = 13,0$ kJ · mol^{-1}, $\quad \Delta_R S^0_{1000} = 74,7$ J · mol^{-1} · K^{-1}
$\Delta_R G^0_{1000} = -61,7$ kJ · mol^{-1}, $\quad K_{p,\,1000} \approx 10^3$

$$WO_2(s) + I_2(g) \rightleftharpoons WO_2I_2(g) \tag{15.1.7}$$
$\Delta_R H^0_{1000} = 112,4$ kJ · mol^{-1}, $\quad \Delta_R S^0_{1000} = 84,6$ J · mol^{-1} · K^{-1}
$\Delta_R G^0_{1000} = 27,8$ kJ · mol^{-1}, $\quad K_{p,\,1000} \approx 10^{-2}$

$$WO_2(s) + 2\,HCl(g) \rightleftharpoons WO_2Cl_2(g) + H_2(g) \tag{15.1.8}$$
$\Delta_R H^0_{1000} = 31,0$ kJ · mol^{-1}, $\quad \Delta_R S^0_{1000} = 283,4$ J · mol^{-1} · K^{-1}
$\Delta_R G^0_{1000} = -252,4$ kJ · mol^{-1}, $\quad K_{p,\,1000} \approx 10^{13}$

$$WO_2(s) + 2\,HBr(g) \rightleftharpoons WO_2Br_2(g) + H_2(g) \tag{15.1.9}$$
$\Delta_R H^0_{1000} = 105,7$ kJ · mol^{-1}, $\quad \Delta_R S^0_{1000} = 296,1$ J · mol^{-1} · K^{-1}
$\Delta_R G^0_{1000} = -190,4$ kJ · mol^{-1}, $\quad K_{p,\,1000} \approx 10^{10}$

$$WO_2(s) + 2\,HI\,(g) \rightleftharpoons WO_2I_2(g) + H_2(g) \quad (15.1.10)$$
$\Delta_R H^0_{1000} = 174{,}6\ kJ \cdot mol^{-1}, \quad \Delta_R S^0_{1000} = 314{,}3\ J \cdot mol^{-1} \cdot K^{-1}$
$\Delta_R G^0_{1000} = -139{,}7\ kJ \cdot mol^{-1}, \quad K_{p,\,1000} \approx 10^7$

Die Ergebnisse der Berechnungen geben einen realistischen Ausblick auf die zu erwartenden Resultate von Transportversuchen: Bei Verwendung der Halogene verspricht der Transport mit Iod gute Erfolge (vgl. Abschnitt 5.2.6). Unter Zusatz von Brom scheint der Transport immerhin noch möglich, während mit Chlor eine extreme Gleichgewichtslage unter Bildung von $WO_2Cl_2(g)$ resultiert – der Transport sollte nicht möglich sein.

Mit den Halogenwasserstoffen ergeben sich aufgrund eines deutlich größeren Entropiegewinns während der Reaktionen weit auf der Seite der Reaktionsprodukte liegende Gleichgewichte. Auch wenn eine Abstufung der Gleichgewichtslage für die Transporte mit HI und HBr gegenüber dem Transport mit HCl zu beobachten ist, sind Transporteffekte grundsätzlich nicht zu erwarten.

Der Transport von WO_2 mit den Quecksilberhalogeniden erscheint für alle drei Transportmittel HgX_2 (X = Cl, Br, I) möglich: Die Gleichgewichtskonstanten liegen jeweils innerhalb der Grenzen von $10^{-4} < K_p < 10^4$. Für systematische und insbesondere das Verständnis für den Chemischen Transport fördernde Untersuchungen sind diese Systeme also bestens geeignet. Wir wollen uns im Folgenden auf den Transport von WO_2 mit den Quecksilberhalogeniden konzentrieren.

Für den Transport mit Quecksilberbromid ist die Gleichgewichtslage am wenigsten extrem – in diesem Fall können die besten Transportergebnisse erwartet werden, vgl. Abbildung 15.1.2. Für den Transport mit $HgCl_2(g)$ liegt das Gleichgewicht weit rechts, das heißt, der Bodenkörper WO_2 wird mit dem Transportmittel sehr gut in die Gasphase überführt. Nur in sehr geringem Umfang möglich ist jedoch die Abscheidung des Bodenkörpers auf der Senkenseite des Transports. Auch bei Temperaturerniedrigung liegt das Gleichgewicht immer noch weit rechts.

Die Gleichgewichtskonstante für den Transport mit $HgI_2(g)$ belegt, dass der Bodenkörper kaum aufgelöst wird – das Gleichgewicht liegt weit auf der linken Seite. Damit sind grundsätzlich ungünstige Bedingungen für einen Transport gegeben.

$$WO_2(s) + HgCl_2(g) \rightleftharpoons WO_2Cl_2(g) + Hg(g) \quad (15.1.11)$$
$\Delta_R H^0_{1000} = 115{,}5\ kJ \cdot mol^{-1}, \quad \Delta_R S^0_{1000} = 171{,}9\ J \cdot mol^{-1} \cdot K^{-1}$
$\Delta_R G^0_{1000} = -56{,}4\ kJ \cdot mol^{-1}, \quad K_{p,\,1000} \approx 10^3\ bar$

$$WO_2(s) + HgBr_2(g) \rightleftharpoons WO_2Br_2(g) + Hg(g) \quad (15.1.12)$$
$\Delta_R H^0_{1000} = 190{,}5\ kJ \cdot mol^{-1}, \quad \Delta_R S^0_{1000} = 170{,}5\ J \cdot mol^{-1} \cdot K^{-1}$
$\Delta_R G^0_{1000} = 20{,}0\ kJ \cdot mol^{-1}, \quad K_{p,\,1000} \approx 10^{-1}\ bar$

$$WO_2(s) + HgI_2(g) \rightleftharpoons WO_2I_2(g) + Hg(g) \quad (15.1.13)$$
$\Delta_R H^0_{1000} = 249{,}6\ kJ \cdot mol^{-1}, \quad \Delta_R S^0_{1000} = 179{,}2\ J \cdot mol^{-1} \cdot K^{-1}$
$\Delta_R G^0_{1000} = 70{,}4\ kJ \cdot mol^{-1}, \quad K_{p,\,1000} \approx 10^{-4}\ bar$

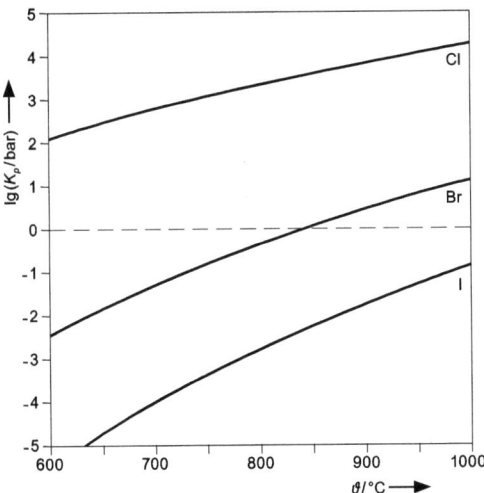

Abbildung 15.1.2 Gleichgewichtskonstanten der Transportreaktionen von WO$_2$(s) mit HgX_2(g), X = Cl, Br, I.

Welche mittlere Transporttemperatur ist für das zu untersuchende System geeignet?

Die optimale mittlere Temperatur $[(T_2+T_1)/2]$ für den Chemischen Transport ergibt sich aus der Bedingung $\Delta_R G^0 = 0$. Bei Kenntnis der thermodynamischen Daten der Reaktion, die man leicht nach dem *Hess*'schen Satz aus den Werten der beteiligten Spezies erhält, lässt sich die optimale mittlere Temperatur aus dem Quotienten aus Reaktionsenthalpie und -entropie berechnen. Die Ergebnisse sind umso realistischer, je besser die Daten sind. Anhand der für 298 K gegebenen Standarddaten kann immerhin eine erste Abschätzung der optimalen Transporttemperatur vorgenommen werden. Die in dieser Rechnung erhaltenen Ergebnisse sind nicht auf ein Grad genau zu übernehmen. Man erhält vielmehr einen für den Transport geeigneten Bereich von ± 100 K.

$$\Delta_R G^0 = \Delta_R H_T^0 - T \cdot \Delta_R S_T^0 \qquad (15.1.14)$$
$$0 = \Delta_R H_T^0 - T \cdot \Delta_R S_T^0$$

$$T_{\text{opt.}} = \frac{\Delta_R H_T^0}{\Delta_R S_T^0} \qquad (15.1.15)$$

Durch Variation der Temperaturen der Quellen- und der Senkenseite wird das Gleichgewicht dann jeweils in Richtung der gasförmigen Produkte bei der Auflösung bzw. in Richtung des Bodenkörpers bei der Abscheidung verschoben.
Die Berechnungen der Gleichgewichtskonstanten sind zunächst für eine mittlere Temperatur von 1000 K durchgeführt worden. Variiert man nun die Temperatur etwas, erhält man charakteristische Verläufe der Kurven (vgl. Abbildung 15.1.2): Bei Erniedrigung der Temperatur wird die Gleichgewichtslage im Transportsys-

tem mit $HgCl_2$ weniger extrem. Dagegen wird die Gleichgewichtslage für den Transport mit HgI_2 bei Temperaturerhöhung über 1000 K günstiger.

Über den Quotienten der Reaktionsenthalpie und der Reaktionsentropie ergibt sich die optimale, mittlere Temperatur für den Transport mit $HgCl_2$ zu 700 K bzw. 400 °C; mit $HgBr_2$ zu 1100 K bzw. 800 °C und mit HgI_2 1400 K bzw. 1100 °C. In diesem Fall führt die Berechnung der Temperatur auf der Basis der Standardwerte (Tabelle 15.1.1) bei 298 K sowie der für 1000 K abgeleiteten Werte zu den gleichen Ergebnissen, das heißt, die Abschätzung ist bereits mit einfachsten Rechnungen möglich.

$$WO_2(s) + HgCl_2(g) \rightleftharpoons WO_2Cl_2(g) + Hg(g) \quad (15.1.16)$$
$$\Delta_R H^0_{298} = 122{,}5 \text{ kJ} \cdot \text{mol}^{-1}, \quad \Delta_R S^0_{298} = 183{,}6 \text{ J} \cdot \text{mol}^{-1} \cdot \text{K}^{-1}$$
$$T_{opt} = 125\,500 \text{ J} \cdot \text{mol}^{-1} / 183{,}6 \text{ J} \cdot \text{mol}^{-1} \cdot \text{K}^{-1}$$
$$\mathbf{T_{opt} \approx 700 \text{ K bzw. } 400\,°C}$$

$$WO_2(s) + HgBr_2(g) \rightleftharpoons WO_2Br_2(g) + Hg(g) \quad (15.1.17)$$
$$\Delta_R H^0_{298} = 188{,}1 \text{ kJ} \cdot \text{mol}^{-1}, \quad \Delta_R S^0_{298} = 170{,}0 \text{ J} \cdot \text{mol}^{-1} \cdot \text{K}^{-1}$$
$$\mathbf{T_{opt} \approx 1100 \text{ K bzw. } 800\,°C}$$

$$WO_2(s) + HgI_2(g) \rightleftharpoons WO_2I_2(g) + Hg(g) \quad (15.1.18)$$
$$\Delta_R H^0_{298} = 238{,}4 \text{ kJ} \cdot \text{mol}^{-1}, \quad \Delta_R S^0_{298} = 165{,}4 \text{ J} \cdot \text{mol}^{-1} \cdot \text{K}^{-1}$$
$$\mathbf{T_{opt} \approx 1400 \text{ K bzw. } 1100\,°C}$$

Wie kann man die Richtung des Transports bestimmen?

Kann man den Transportvorgang durch *eine* Reaktion in guter Näherung beschreiben, ergibt sich die Richtung des Transportes gemäß der *van't Hoff*'schen Reaktionsisobare bzw. der *Clausius-Clapeyron*'schen Gleichung aus der Wärmebilanz des heterogenen Gleichgewichts:

$$\frac{d \ln K_p}{d \frac{1}{T}} = \frac{-\Delta_R H^0_T}{R} \quad (15.1.19)$$

Für eine Reaktion mit negativer Reaktionsenthalpie (exotherme Auflösungsreaktion) steigt K_p mit sinkender Temperatur – die Auflösung erfolgt also bei niedriger, die Abscheidung bei höherer Temperatur. Anders ausgedrückt: Der Transport verläuft in die heißere Zone.

$$\Delta_R H^0_T < 0; \quad d \ln K_p \sim d \frac{1}{T} \quad (15.1.20)$$

Für eine Reaktion mit positiver Reaktionsenthalpie (endotherme Auflösungsreaktion) steigt K_p mit steigender Temperatur – die Auflösung erfolgt also bei höherer, die Abscheidung bei niedrigerer Temperatur. In diesem Fall verläuft der Transport in die kältere Zone.

$$\Delta_R H^0_T > 0; \quad d \ln K_p \sim dT \quad (15.1.21)$$

Da sich die Richtung des Transports allein aus der Reaktionsenthalpie ergibt, ist die Schlussfolgerung für alle drei untersuchten Transportsysteme von WO_2 eindeutig: Die Reaktionsenthalpie ist jeweils positiv – es resultiert ein Transport in die kältere Zone. Die Größe des Betrages der Reaktionsenthalpie spielt bei der Entscheidung über die Durchführung des Transports keine Rolle. Bei Reaktionsenthalpien nahe null ist die Genauigkeit der verwendeten Daten kritisch zu prüfen, denn diese können durchaus mit einem Fehler von 10 bis 20 kJ · mol^{-1} behaftet sein.

Wie wird die zu erwartende Transportrate ermittelt?

Der Stofftransport über die Bewegung der Gasspezies zwischen Auflösungsseite und Abscheidungsseite erfolgt durch Diffusion und Konvektion. Bei waagerecht liegender Ampulle und Gesamtdrücken von 10^{-3} bar bis 3 bar (Sch 1962, Opp 1987) wird die Geschwindigkeit des Stofftransports durch Diffusion bestimmt. Diese verläuft in den allermeisten Fällen viel langsamer als Auflösung und Abscheidung des Bodenkörpers. Bei Drücken über 3 bar wird die Konvektion dominierend.

Unter der Voraussetzung, dass der Chemische Transport ausschließlich diffusionsbestimmt ist, lässt sich für Transportvorgänge, die durch *eine* Reaktionsgleichung (15.1.1) beschrieben werden können, die Transportrate durch die von *Schäfer* aufgestellte Gleichung (1.5.4) beschreiben (Sch 1962, Sch 1973b). Eine hohe Transportrate ergibt sich bei großen Beträgen für Δp. Ein großer Querschnitt wirkt ebenso wie eine kurze Transportstrecke positiv auf die Transportrate. Eine hohe mittlere Temperatur ist gemäß der Transportgleichung formal zwar von Vorteil für die Transportrate; der Einfluss der Temperatur über die Gleichgewichtskonstante und damit Δp ist aber gewichtiger.

Schließlich sollte man bei der Wahl des Transportmittels und der Temperatur auch berücksichtigen, mit welchem Ziel der Transport durchgeführt werden soll. Eine hohe Transportrate ist zweifellos von Vorteil, wenn es um die reine Synthese einer Verbindung oder deren Reinigung geht. Sollen Kristalle für Strukturuntersuchungen oder physikalische Messungen gezüchtet werden, so ist eher auf die Kristallqualität zu achten und mithin eine kleine Transportrate zu wählen.

Die Berechnungen der Transportraten für WO_2 durch *Schornstein* und *Gruehn* (Scho 1988, Scho 1989) zeigen im mittleren Temperaturbereich zunächst eine deutliche Dominanz für Transporte mit $HgBr_2$: Die erwarteten Transportraten sind mehr als zehn Mal höher als für Transporte mit $HgCl_2$ und HgI_2. Die Begründung haben wir bereits geliefert: Durch die ausgeglichene Lage des Gleichgewichts treten große Partialdruckdifferenzen zwischen Quellen- und Senkenraum auf. Damit ist eine hohe Triebkraft für die Diffusion der Gasteilchen und damit für den Stofftransport gegeben.

Für den Transport mit $HgCl_2$ sinkt die Transportrate mit steigender Temperatur. Wie wir gesehen haben, ist das weit rechts liegende Gleichgewicht 15.1.16 dafür verantwortlich. Erst mit einer Erniedrigung der Temperatur kann das Gleichgewicht nach links verschoben werden. Die resultierenden, größeren Partialdruckdifferenzen zwischen Auflösungs- und Abscheidungsseite bewirken eine steigende Transportrate bei niedrigeren Temperaturen.

Tabelle 15.1.1 Thermodynamische Daten der an den Transportreaktionen von $WO_2(s)$ mit den Quecksilberhalogeniden $HgX_2(g)$ beteiligten Spezies (Kna 1991).

	$\Delta_B H^0_{298}/$ kJ·mol^{-1}	$\Delta_B H^0_{1000}/$ kJ·mol^{-1}	$S^0_{298}/$ J·mol^{-1}·K^{-1}	$S^0_{1000}/$ J·mol^{-1}·K^{-1}
$WO_2(s)$	−589,7	−540,5	50,5	132,9
$Cl_2(g)$	0	25,5	223,1	266,7
$Br_2(g)$	30,9	57,0	245,4	290,3
$I_2(g)$	62,2	88,6	260,2	305,5
$H_2(g)$	0	20,7	130,7	166,3
$HCl(g)$	−92,3	−71,3	186,9	222,8
$HBr(g)$	−36,4	−15,0	198,7	235,2
$HI(g)$	26,5	47,1	206,6	242,1
$Hg(g)$	61,4	76,0	175,0	200,2
$HgCl_2(g)$	−143,3	−100,5	294,8	368,2
$HgBr_2(g)$	−87,8	−44,5	320,2	394,7
$HgI_2(g)$	−16,2	27,4	336,2	411,1
$WO_2Cl_2(g)$	−671,5	−601,5	353,9	472,8
$WO_2Br_2(g)$	−550,8	−470,5	365,7	497,9
$WO_2I_2(g)$	−428,9	−339,5	377,1	523,0

Bei Verwendung von Quecksilberiodid als Transportmittel liegt das Gleichgewicht bei tiefen Temperaturen auf Seiten der Ausgangsstoffe. Durch Temperaturerhöhung wird die Lage des Gleichgewichts auf die Seite der Reaktionsprodukte verschoben, die Transportrate steigt (Abbildung 15.1.2).

Experimente zum Transport von WO_2 mit HgX_2 (X = Cl, Br, I)

Benötigte Chemikalien		*Benötigte Geräte*
WO_2	ca. 1 g	Ampullen aus Quarzglas
W	ca. 0,05 g	langer Pulvertrichter
$HgCl_2$	0,08 g	Zweizonenofen
$HgBr_2$	0,1 g	*Schutzhandschuhe, Schutzbrille,*
HgI_2	0,13 g	*Ampullenfänger (Ampullenzange)*

Durchführung Etwa 1 g WO_2 mit Zusatz von W und der exakt eingewogenen Menge des entsprechenden Transportmittels werden in eine zuvor bei 900 °C unter Vakuum ausgeheizte Transportampulle aus Quarzglas (ca. 100 mm Länge, 16 mm Durchmesser) gefüllt.

Durch den Zusatz von elementarem Wolfram wird durch das Gleichgewicht 15.1.22 im Transportsystem ein definierter Sauerstoffpartialdruck eingestellt.

$$WO_2(s) \rightleftharpoons W(s) + O_2(g) \qquad (15.1.22)$$

Ein möglicher Sauerstoffüberschuss aus dem Restgas oder aus Feuchtigkeit der Ampullenwand wird so vermieden und die Bildung der sauerstoffreicheren Phase

$W_{18}O_{49}$ verhindert; $W_{18}O_{49}$ würde neben WO_2 in Form blau-violetter Nadeln transportiert und so das Transportergebnis verfälschen.

Nach Evakuieren ($p < 10^{-3}$ bar) wird die Transportampulle unter Vakuum abgeschmolzen. Die Ampulle wird für ca. 12 Stunden dem umgekehrten Temperaturgradienten ausgesetzt. Auf diese Weise werden Kristallisationskeime, die an der Wandung auf der Senkenseite haften, in den Quellenraum transportiert. Bei der eigentlichen Transportreaktion bilden sich dann nicht so viele, aber größere Kristalle. Man bezeichnet diese Vorgehensweise als den **Klartransport.** Die Transportampulle wird in einem Zweizonenofen einem definierten Temperaturgradienten ausgesetzt. Nach Ablauf der Transportzeit wird die heiße Ampulle aus dem Ofen entnommen und mit kaltem Wasser abgeschreckt. Um saubere Kristalle zu erhalten, empfiehlt es sich, zunächst die Quellenseite abzuschrecken und dort die Gasphase mit dem Transportmittel auszukondensieren. Erst danach sollte die Senkenseite mit den Kristallen abgekühlt werden.

Nach ein bis zwei Tagen können die Ampullen aus dem Ofen genommen werden. Die Dauer der Versuche ist abhängig vom Transportsystem und der Temperatur zu wählen: Die Transporte mit $HgBr_2$ sollten maximal 24 bis 36 Stunden verlaufen, die Transporte mit $HgCl_2$ und HgI_2 können bis zu 48 Stunden durchgeführt werden. Soll die Transportrate bestimmt werden, ist grundsätzlich darauf zu achten, dass der Quellenbodenkörper nicht vollständig auf die Senkenseite transportiert wird. Der transportierte Bodenkörper muss sorgsam aus der Ampullenspitze herausgelöst werden. Werden die gewonnenen Kristalle ausgewogen, erhält man eine über den Zeitraum des Transports gemittelte Transportrate. Vergleichen Sie dabei die Transportraten verschiedener Temperaturbereiche mit dem Hintergrund der von Ihnen berechneten, optimalen mittleren Reaktionstemperatur.

Beobachtungen Entsprechend den einfachen Abschätzungen zum Transportverhalten von WO_2 mit den Quecksilberhalogeniden erhält man unter Zusatz von $HgBr_2$ die besten Ergebnisse. Der Transport mit Quecksilberbromid ist über einen weiten Temperaturbereich möglich. Dabei kann man Transportraten von über 30 mg · h^{-1} erzielen. Als optimal für den Transport erweisen sich Temperaturen der Quellenseite von etwa 800 °C und der Senkenseite von 720 °C. Dieses Ergebnis bestätigt die Abschätzung zur optimalen Transporttemperatur. Sowohl bei weiterer Erhöhung der Temperatur (880 → 800 °C bzw. 960 → 880 °C; Abbildung 15.1.3) als auch bei Temperaturerniedrigung (720 → 640 °C; Abbildung 15.1.3) verringert sich die Transportrate aufgrund der Verschiebung des Gleichgewichts wieder.

Die Transporte mit $HgCl_2$ und HgI_2 weisen deutlich geringere Transportraten auf. Mit Quecksilberiodid müssen die Versuche, gemäß der Abschätzung, bei höheren Temperaturen durchgeführt werden. Praktikabel sind dabei Temperaturen bis zu 1000 °C; darüber hinaus wird die Kieselglasampulle durch Rekristallisation stark beschädigt. Bei einer mittleren Transporttemperatur von 940 °C erzielt man aber immerhin Transportraten von bis zu 15 mg · h^{-1} (Abbildung 15.1.3). Mit sinkender Transporttemperatur verringert sich die Transportrate drastisch, bei der mittleren Temperatur von 640 °C auf unter 1 mg · h^{-1}. Die Transportversuche mit $HgCl_2$ weisen hinsichtlich der Transportrate die schlechtesten Ergebnisse auf:

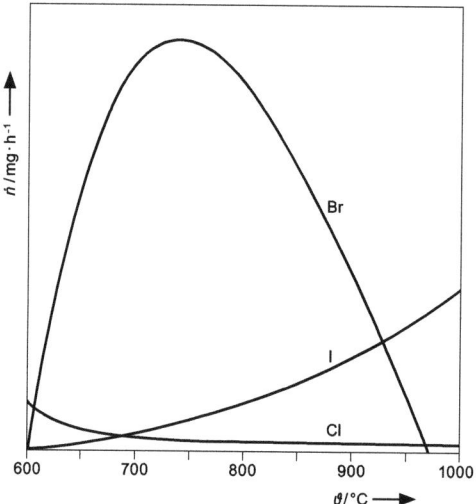

Abbildung 15.1.3 Verlauf der Transportraten beim Transport von WO_2 mit HgX_2 (X = Cl, Br, I) nach (Scho 1988, Scho 1989).

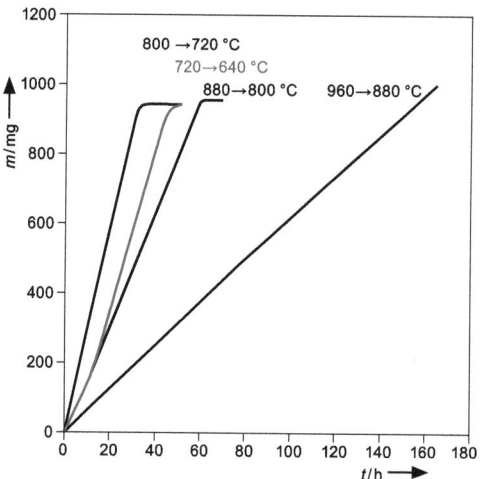

Abbildung 15.1.4 Mit einer Transportwaage beobachtete Transportmengen beim Transport von WO_2 mit $HgBr_2$.

Gemäß der Berechnung sind niedrige Temperaturen grundsätzlich günstiger, im Bereich von 500 bis 700 °C liegen die Transportraten dennoch nur im Bereich von 1 bis mg · h^{-1} (Abbildung 15.1.3). Bei höheren Temperaturen kommt der Transport nahezu zum Erliegen.

Zu einer ganz anderen Bewertung der Versuche kann man kommen, wenn nicht die Transportrate im Vordergrund steht, sondern beispielsweise die Kristallqualität. Relativ hohe Transportraten bewirken ein unkontrolliertes Keim- und Kristallwachstum. In der Folge erhält man bei Transporten mit $HgBr_2$ stark ver-

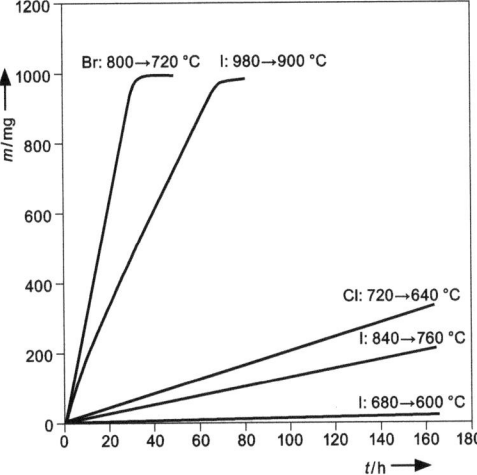

Abbildung 15.1.5 Mit einer Transportwaage beobachtete Transportmengen beim Transport von WO$_2$ mit HgX_2 (X = Cl, Br, I).

Abbildung 15.1.6 Typische Kristallmorphologie unter Ausbildung rosettenförmig verwachsener Kristallagglomerate beim Transport von WO$_2$ mit HgBr$_2$.

wachsene, rosettenförmige Kristallagglomerate. Häufig wird in der Senke *ein* kompakter Bodenkörper solch verwachsener Kristallite von WO$_2$ gefunden (Abbildung 15.1.6).

Abbildung 15.1.7 Typische Kristallmorphologie unter Ausbildung einzelner Kristallite mit einer Kantenlänge von bis zu 1 mm beim Transport von WO_2 mit HgI_2.

Unter Verwendung mittlerer Temperaturen von etwa 800 °C erhält man im Transportsystem mit HgI_2 dagegen isolierte, stäbchenförmige Kristalle von bis zu 1 mm Kantenlänge (Abbildung 15.1.7). Die Präparation von Einkristallen zur Kristallstrukturanalyse aus diesen Ansätzen ist möglich, auch wenn nicht jeder Kristall geeignet ist. Die geringe Transportrate von 1 bis 2 mg · h^{-1} (Abbildung 15.1.5) ermöglicht in diesem Fall ein störungsfreies Keim- und Kristallwachstum. Dabei können auch kleinere, stärker fehlgeordnete Kristallite zugunsten anderer Individuen wieder aufgelöst werden.

Schlussfolgerungen Chemische Transportreaktionen sind „planbar". Bereits mit einem Grundverständnis der Methode und ihrer thermodynamischen Hintergründe sind einfache Abschätzungen zur Durchführbarkeit und zum Verlauf solcher Transportreaktionen möglich. Die Mühe lohnt in jedem Fall – man vermeidet so unnötige Versuche nach dem „trial and error"-Verfahren. Wie das vorliegende Beispiel zeigt, sind auch Analogieschlüsse zwischen ähnlichen Transportsystemen nur als ein erster Anhaltspunkt hilfreich, die tatsächlich günstigen Parameter für den Transport sollten vorher sorgsam abgeschätzt werden.

15.2 Transport von Zn$_{1-x}$Mn$_x$O-Mischkristallen

Zinkoxid kristallisiert in der Wurtzit-Struktur. Die Zinkatome können durch verschiedene andere Metallatome in der Oxidationsstufe II substituiert werden. Die Phasendiagramme ZnO/MO beschreiben die Löslichkeiten als Temperaturfunktion. Obwohl MnO im Steinsalztyp kristallisiert, lösen sich beträchtliche Anteile MnO in ZnO. Das Phasendiagramm des Systems ist in Abbildung 15.2.1 dargestellt.

Mischkristalle, in denen ein Teil der Zinkatome durch Manganatome substituiert sind, erscheinen besonders eindrucksvoll, sie haben eine intensiv weinrote Farbe, zudem bilden sich beim Transport besonders schön ausgeprägte, nadelförmige Kristalle. Darüber hinaus ist Zn$_{1-x}$Mn$_x$O aufgrund bestimmter physikalischer Eigenschaften Gegenstand intensiver Forschungsbemühungen, insbesondere in der Festkörperphysik – Stichwort „spintronics".

Zinkoxid kann mit verschiedenen Transportmitteln transportiert werden (siehe Tabelle 5.1). Auch Mischkristalle, in denen ein Teil der Zinkatome durch andere Atome mit der Oxidationsstufe II substituiert sind, können mithilfe Chemischer Transportreaktionen erhalten werden. Der Transport von Zn$_{1-x}$Mn$_x$O-Mischkristallen ist ein besonders attraktiver Praktikumsversuch, weil gut ausgebildete, intensiv farbige Kristalle eines aktuellen Materials erhalten werden.

Zinkoxid ist in hinreichend reiner Form kommerziell erhältlich. Für dieses Experiment ist praktisch jedes Zinkoxid-Material verwendbar. Besondere Vorsichtsmaßnahmen sind nicht notwendig.

In binären Oxiden des Mangans können die Manganatome Oxidationszahlen zwischen II und VII aufweisen. Um sicherzustellen, dass die Manganatome mit der Oxidationsstufe II in das Zinkoxid-Gitter eingebaut werden, stellt man in einem ersten Arbeitsschritt MnO durch Zersetzung von kommerziell erhältlichem

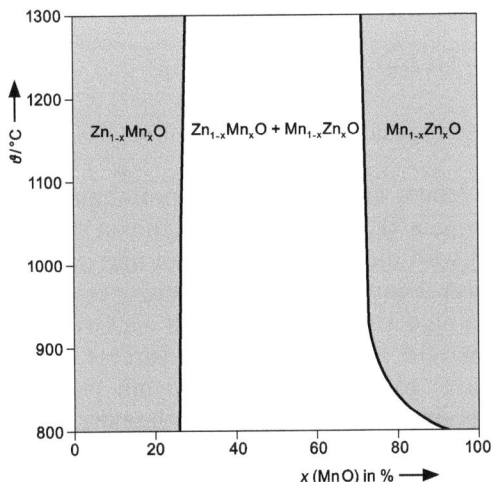

Abbildung 15.2.1 Phasendiagramm des Systems ZnO/MnO nach (Whi 1965).

Mangan(II)-carbonat im Wasserstoffstrom her. So gebildetes Mangan(II)-oxid hat eine olivgrüne Farbe.

Bei der Auswahl des Transportmittels dürfen keine oxidierend wirkenden verwendet werden, denn diese könnten eine Oxidation der Mangan(II)-Ionen bewirken. Die elementeren Halogene Chlor und Brom scheiden also aus. Besser geeignet ist Chlorwasserstoff, oder besser noch Ammoniumchlorid als Transportzusatz. Ammoniumchlorid zersetzt sich zunächst in Ammoniak und Chlorwasserstoff. Bei Temperaturen oberhalb von 600 °C zerfällt Ammoniak in die Elemente, es entsteht Wasserstoff, der eine reduzierende Atmosphäre schafft und die Oxidation der Mangan(II)-Ionen verhindert. Zudem ist Ammoniumchlorid besonders leicht zu handhaben und zu dosieren.

Durchführung Der Transport von $Zn_{1-x}Mn_xO$-Mischkristallen ist in der Literatur beschrieben (Loc 1999). Kommerziell erhältliches Zinkoxid wird im Trockenschrank sorgfältig getrocknet, denn das meist feinteilige Pulver enthält beträchtliche Anteile an adsorbiertem Wasser. Mangan(II)-oxid wird durch Zersetzung von Mangan(II)-carbonat im Wasserstoffstrom bei 550 °C hergestellt. Man verwendet einen waagerecht angeordneten Röhrenofen, der ein Glas- oder Quarzglasrohr beheizt, das an beiden Enden mit einem Schliff versehen ist. Man gibt die benötigte Menge an Mangancarbonat in ein Schiffchen und platziert es in der Ofenmitte. Wasserstoff wird mit Schwefelsäure getrocknet (Sicherheitswaschflasche!) und durch das Rohr geleitet. Nachdem die Knallgasprobe negativ ausgefallen ist, heizt man den Ofen auf eine Temperatur von 550 °C auf, hält die Temperatur 5 Stunden und lässt den Ofen im Wasserstoffstrom abkühlen. Das olivgrüne Mangan(II)-oxid wird entnommen und im Exsiccator aufbewahrt, da es bereits bei Raumtemperatur an Luft oxidiert. Die vorbereitete Transportampulle wird mit ca. 1 g eines ZnO/MnO-Gemenges beschickt und soviel Ammoniumchlorid hizugegeben, dass der Anfangsdruck, berechnet auf $NH_4Cl(g)$, bei der mittleren Transporttemperatur von 825 °C ca. 0,5 bar beträgt. Ammoniumchlorid zerfällt bei der Transporttemperatur entsprechend 15.2.1.

$$NH_4Cl(s) \rightarrow HCl(g) + \frac{1}{2}N_2(g) + \frac{3}{2}H_2(g) \qquad (15.2.1)$$

Der tatsächliche Anfangsdruck ist also dreimal so groß wie der für „$NH_4Cl(g)$" berechnete.

Die so beschickte, zuvor ausgeheizte Transportampulle wird nach dem Klartransport für 5 Tage einem Temperaturgradienten von 900 nach 750 °C ausgesetzt. Nach dem Abkühlen wird die Ampulle geöffnet und das Produkt in Form weinroter Nadeln von bis zu 1 cm Länge entnommen.

Dieses Experiment eignet sich besonders gut als Gruppenversuch, in dem der Mangananteil zwischen 0,5 % bis zu ca. 15 % variiert wird. Die mit steigendem Mangananteil intensiver werdende Farbe wird mit bloßem Auge erkannt. Die intensiv rote Farbe ist darauf zurückzuführen, dass der Einbau von Mangan(II)-Ionen in das Gitter des Zinkoxids zu einer starken Verringerung der Bandlücke führt, die eine Absorption im sichtbaren Bereich zur Folge hat (Saa 2009a, Saa 2009b).

Weitere Untersuchungen

Röntgenographische Charakterisierung des Produkts

⇒ $Zn_{1-x}Mn_xO$-Mischkristalle haben die Wurtzit-Struktur.

Zerreiben des Produkts

⇒ Die Farbe hellt sich auf, je nach Mangangehalt hat das Pulver eine hellrote oder orange Farbe (Korngrößeneffekt).

Analytische Untersuchungen

Das Produkt wird mit einer geeigneten Methode analysiert.
⇒ Der Mangangehalt wird bestimmt und daraus die Zusammensetzung der $Zn_{1-x}Mn_xO$-Mischkristalle ermittelt und mit dem Phasendiagramm verglichen (Abbildung 15.2.1).

Magnetische Messungen

Der Magnetismus von Produkten unterschiedlicher Zusammensetzung wird untersucht.
⇒ Bei niedrigen Mangangehalten entspricht der Magnetismus der high spin $3d^5$-Elektronenkonfiguration der Mn^{2+}-Ionen. Mit größer werdendem Mangangehalt koppeln die Mn^{2+}-Ionen zunehmend miteinander, das magnetische Moment wird geringer.

Thermodynamische Diskussion

Das Transportverhalten von $Zn_{1-x}Mn_xO$ wird durch Modellrechnungen beschrieben. Das Transportverhalten entspricht in guter Näherung dem das reinen ZnO. Man diskutiere die Frage, in welcher Weise sich eine Mischkristallbildung auf das Transportverhalten eines Systems auswirkt.

Benötigte Chemikalien		*Benötigte Geräte*
ZnO	ca. 1g	Ampullen aus Quarzglas
$MnCO_3$	ca. 0,5 g	langer Pulvertrichter
NH_4Cl	ca. 0,1 g	Zweizonenofen
Wasserstoff		Schutzhandschuhe, Schutzbrille,
		Ampullenfänger (Ampullenzange)

15.3 Transport von Rhenium(VI)-oxid

Im System Rhenium/Sauerstoff existieren die Verbindungen Rhenium(IV)-oxid (ReO_2), Rhenium(VI)-oxid (ReO_3) und Rhenium(VII)-oxid (Re_2O_7). Der Chemische Transport von Rhenium(VI)-oxid eignet sich aufgrund der außergewöhn-

Abbildung 15.3.1 Zweizonenofen mit Sichtfenster (HTM Reetz GmbH).

lich hohen Transportrate und dem günstigen Temperaturbereich besonders gut als Vorlesungsexperiment oder für Schauversuche, die in kurzer Zeit und damit gut sichtbar in einem Zweizonenrohrofen aus Kieselglasröhren durchgeführt werden können (Abbildung 15.3.1). Rhenium(VI)-oxid kann unter Zusatz von Quecksilber(II)-halogeniden HgX_2 (X = Cl, Br, I) mit Transportraten im Bereich von 20 bis 25 mg · h^{-1} transportiert werden. Dabei werden jedoch in der Regel weniger gut ausgebildete Kristalle abgeschieden. Bei geringeren Transportraten wird Rhenium(VI)-oxid in Form von gut ausgebildeten, mehrere Millimeter großen, roten, metallisch glänzenden Kristallen erhalten. Deren Habitus kann stäbchen-, quader- oder würfelförmig sein.

Als Demonstrationsversuche haben sich Transportexperimente mit Quecksilber(II)-chlorid im Temperaturbereich von 500 nach 400 °C als besonders tauglich erwiesen. Aufgrund der günstigen Gleichgewichtslage kann man im Vergleich zu den anderen Quecksilberhalogeniden hier die niedrigste Transporttemperatur bei gleichzeitig hoher Transportrate anwenden. Die niedrige Abscheidungstemperatur erweist sich zudem als notwendig, da oberhalb von 400 °C die Zersetzung von Rhenium(VI)-oxid in Rhenium(IV)-oxid und gasförmiges Re$_2$O$_7$ beginnt. Zusätzlich ist bei Verwendung von Quecksilber(II)-chlorid das Kristallwachstum besser zu erkennen, weil die Gasphase nicht so stark gefärbt ist wie beim Iodid.

Der Transport von Rhenium(VI)-oxid lässt sich anhand der folgenden Transportgleichungen in guter Näherung beschreiben:

$$\text{ReO}_3(s) + \tfrac{1}{2}\text{HgCl}_2(g) \; \rightleftharpoons \; \text{ReO}_3\text{Cl}(g) + \tfrac{1}{2}\text{Hg}(g) \qquad (15.3.1)$$

$\Delta_R H^0_{800} = 144{,}6 \text{ kJ} \cdot \text{mol}^{-1}, \quad \Delta_R S^0_{800} = 168{,}6 \text{ J} \cdot \text{mol}^{-1} \cdot \text{K}^{-1}$

$\Delta_R G^0_{800} = 9{,}7 \text{ kJ} \cdot \text{mol}^{-1}, \quad K_p = 2{,}3 \cdot 10^{-1} \text{ bar}, \quad T_{\text{opt}} \approx 860 \text{ K}$

$$\text{ReO}_3(s) + \tfrac{1}{2}\text{HgBr}_2(g) \; \rightleftharpoons \; \text{ReO}_3\text{Br}(g) + \tfrac{1}{2}\text{Hg}(g) \qquad (15.3.2)$$

$\Delta_R H^0_{800} = 156{,}0 \text{ kJ} \cdot \text{mol}^{-1}, \quad \Delta_R S^0_{800} = 167{,}2 \text{ J} \cdot \text{mol}^{-1} \cdot \text{K}^{-1}$

$\Delta_R G^0_{800} = 22{,}3 \text{ kJ} \cdot \text{mol}^{-1}, \quad K_p = 3{,}5 \cdot 10^{-2} \text{ bar}, \quad T_{\text{opt}} \approx 930 \text{ K}$

Tabelle 15.3.1 Thermodynamische Daten der an den Transportreaktionen von ReO$_3$(s) mit den Quecksilberhalogeniden HgX$_2$(g) beteiligten Spezies.

	$\Delta_B H^0_{298}/$ kJ · mol^{-1}	$\Delta_B H^0_{800}/$ kJ · mol^{-1}	$S^0_{298}/$ J · mol^{-1} · K^{-1}	$S^0_{800}/$ J · mol^{-1} · K^{-1}
ReO$_3$(s)	−589,1	−542,5	69,3	158,7
Hg(g)	61,4	71,8	175,0	195,5
HgCl$_2$(g)	−143,3	−112,8	294,8	354,4
HgBr$_2$(g)	−87,8	−56,9	320,2	380,8
HgI$_2$(g)	−16,2	14,9	336,2	397,2
ReO$_3$Cl(g)	−536,4	−490,2	315,9	406,8
ReO$_3$Br(g)	−497,1	−450,8	327,6	418,5
ReO$_3$I(g)	−443,9	−391,4	334,7	438,0

$$\text{ReO}_3(\text{s}) + \frac{1}{2}\text{HgI}_2(\text{g}) \rightleftharpoons \text{ReO}_3\text{I}(\text{g}) + \frac{1}{2}\text{Hg}(\text{g}) \quad (15.3.3)$$

$\Delta_R H^0_{800}$ = 179,6 kJ · mol^{-1}, $\Delta_R S^0_{800}$ = 178,4 J · mol^{-1} · K^{-1}
$\Delta_R G^0_{800}$ = 36,8 kJ · mol^{-1}, K_p = 4 · 10^{-3} bar, T_{opt} ≈ 1010 K.

Der endotherme Charakter dieser Transportreaktionen ist im Einklang mit der beobachteten Transportrichtung. Der Vergleich der freien Reaktionsenthalpien bzw. der Gleichgewichtskonstanten mit den verschiedenen Transportmitteln zeigt, dass die Gleichgewichtslage bei 800 K für den Transport mit Quecksilber(II)-chlorid am günstigsten ist. Die thermodynamischen Daten der an den Transportreaktionen von ReO$_3$(s) mit den Quecksilberhalogeniden HgX$_2$(g) beteiligten Spezies sind in Tabelle 15.3.1 angegeben.

Durchführung Der Transport von Rhenium(VI)-oxid mit den Quecksilber(II)-halogeniden sowie dessen thermochemische Eigenschaften sind in der Literatur beschrieben (Opp 1985, Fel 1998). Die benötigten Chemikalien Rhenium(VI)-oxid und Quecksilber(II)-chlorid sind kommerziell erhältlich. Es ist ratsam, Rhenium(VI)-oxid vorher bei Raumtemperatur im Vakuum mehrere Stunden zu trocknen. Da das Quecksilber(II)-chlorid leicht hygroskopisch ist, empfiehlt es sich, die Substanz entweder im Exsikkator oder in einer Glove-Box aufzubewahren. Die Präparation an der Luft ist jedoch möglich.

Die vorbereitete Transportampulle wird mit ca. 1 g ReO$_3$ sowie mit HgCl$_2$ befüllt (1 mg · cm^{-3}). Die befüllte und unter Vakuum abgeschmolzene Transportampulle wird für einen Tag einem Rücktransport bzw. Klartransport in einem

Benötigte Chemikalien		*Benötigte Geräte*
ReO$_3$	ca. 1 g	Kieselglasampulle
HgCl$_2$	ca. 0,02 g	langer Pulvertrichter
		Zweizonenofen mit Sichtfenster
		Schutzhandschuhe, Schutzbrille,
		Ampullenfänger (Ampullenzange)

Temperaturgradienten von 400 nach 500 °C unterzogen, um die Zahl der Kristallisationskeime zu minimieren. Danach kann durch Umkehr des Temperaturgradienten direkt der Demonstrationsversuch gezeigt werden. Man kann die Ampulle nach dem Klartransport auch, auf der Quellenseite beginnend, abschrecken. Der reguläre Transport kann zu einem späteren Zeitpunkt gestartet werden, die Ausbildung der Gasphase beim langsamen Aufheizen ist dann gut sichtbar.

15.4 Transport von Nickel

Der Chemische Transport von Nickel ist sowohl im geschlossenen als auch in strömenden Systemen umfassend untersucht und dokumentiert. Dies hat im Wesentlichen zwei Ursachen. Zum einen gehört die Reinigung von Nickel nach dem *Mond-Langer*-Verfahren zu den Chemischen Transportreaktionen, die von technischem Interesse sind. Zum anderen wurde die Abscheidung von Nickel mit Kohlenstoffmonoxid als eines der Modellsysteme herangezogen, um die Theorie des Chemischen Transports zu entwickeln. Dies gilt insbesondere für die Entwicklung des Diffusionsmodells für geschlossene Reaktionsräume (siehe Kapitel 2).

Der exotherme Chemische Transport von Nickel mit Kohlenstoffmonoxid lässt sich anhand folgender Transportgleichung beschreiben:

$$\text{Ni(s)} + 4\,\text{CO(g)} \rightleftharpoons \text{Ni(CO)}_4\text{(g)} \tag{15.4.1}$$

$\Delta_R H^0_{400} = -159{,}6\,\text{kJ}\cdot\text{mol}^{-1}$, $\Delta_R S^0_{400} = -406{,}7\,\text{J}\cdot\text{mol}^{-1}\cdot\text{K}^{-1}$
$\Delta_R G^0_{400} = 3{,}1\,\text{kJ}\cdot\text{mol}^{-1}$, $K_p = 0{,}4\,\text{bar}^{-3}$, $T_{opt} \approx 390\,\text{K}$.

Die für die Transportreaktion charakteristischen thermodynamischen Größen Reaktionsenthalpie, freie Reaktionsenthalpie bzw. die Gleichgewichtskonstante belegen sowohl die Transportrichtung von T_1 nach T_2 als auch die sehr günstige Gleichgewichtslage. Die berechnete optimale Transporttemperatur von 390 K (117 °C) stimmt sehr gut mit der mittleren Temperatur des in der Praxis bewährten Temperaturgradienten überein. In offenen strömenden Systemen erfolgt die Auflösung des Ausgangsbodenkörpers bei Temperaturen zwischen 50 und 80 °C (T_1) und die Abscheidung zwischen 190 und 200 °C (T_2). In geschlossenen Systemen (Ampulle) hat sich ein Temperaturgradient von 80 nach 180 bis 200 °C bewährt. Der Druck des Transportmittels Kohlenstoffmonoxid beträgt dabei ca. 1 bar. Bei diesem Transport wird auf der Senkenseite ein Nickelspiegel erhalten.

Tabelle 15.4.1 Thermodynamische Daten der an den Transportreaktionen von Nickel mit Kohlenstoffmonoxid beteiligten Spezies.

	$\Delta_B H^0_{298}/$ kJ·mol^{-1}	$\Delta_B H^0_{400}/$ kJ·mol^{-1}	$S^0_{298}/$ J·mol^{-1}·K^{-1}	$S^0_{400}/$ J·mol^{-1}·K^{-1}
Ni(s)	0	2,8	29,9	37,9
CO(g)	−110,5	−107,6	197,7	206,3
Ni(CO)$_4$	−602,9	−587,1	410,6	456,2

Durchführung Beim Transport von Nickel mit Kohlenstoffmonoxid kann sowohl von kompaktem Material (Folie, Draht, Späne) als auch von Pulver ausgegangen werden. Auf jeden Fall ist die Reaktion zwischen Nickel und Kohlenstoffmonoxid zu flüchtigem Tetracarbonylnickel, das als transportwirksame Gasspezies dient, bei 80 °C kinetisch gehemmt. Die kinetische Hemmung ist bei kompakten Materialien stärker ausgeprägt als bei Pulvern. Am reaktivsten und nahezu ungehemmt verläuft die Auflösung des Quellenbodenkörpers, wenn das eingesetzte Nickelpulver unmittelbar vor der Verwendung im Wasserstoffstrom reduziert wird. Eine weitere Möglichkeit, ein sehr reaktives Nickelpulver zu erhalten, ist die Reduktion von $NiC_2O_4 \cdot 2\,H_2O$ im Wasserstoffstrom bei 500 °C. Beim Einsatz von Massivmaterial kann die kinetische Hemmung durch Zugabe kleiner Mengen Schwefel (ca. 5 mg) verringert werden, da Schwefel die Umsetzung von Nickel mit Kohlenstoffmonoxid katalysiert.

In eine vorbereitete Transportampulle wird ca. 1 g Nickel eingebracht. Danach wird diese evakuiert und anschließend mit Kohlenstoffmonoxid ($p \approx 800$ mbar) befüllt und abgeschmolzen. Die so beschickte Transportampulle wird in einem Zweizonenofen einem Temperaturgradienten ausgesetzt. Bei der Verwendung von Nickelpulver erfolgt zuerst ein Rücktransport (Klartransport) von 180 bis 200 (Ausgangsbodenkörper) nach 80 °C für ein bis zwei Tage. Danach kann nach Umkehr des Temperaturgradienten die eigentliche Transportreaktion ausgeführt werden. Beim Einsatz von Massivmaterial ist der Rücktransport nicht notwendig. Unter Verwendung der üblichen Transportampullen (Länge der Diffusionsstrecke 100 bis 150 mm, Durchmesser 12 bis 15 mm) können Transportraten von 5 bis 10 mg · h^{-1} erwartet werden.

Benötigte Chemikalien	Benötigte Geräte
Nickel (1 g Folie, Draht oder Pulver) bzw. $NiC_2O_4 \cdot 2\,H_2O$ Kohlenstoffmonoxid evtl. Wasserstoff evtl. Schwefel (ca. 5 mg).	Ampulle langer Pulvertrichter Zweizonenofen *Schutzhandschuhe, Schutzbrille,* *Ampullenfänger (Ampullenzange)*

Sicherheitshinweis Kohlenstoffmonoxid ist ein sehr giftiges Gas, das nur mit entsprechender Sensortechnik und Schutzmaßnahmen (Abzug) zum Einsatz kommen darf. Ebenso ist das entstehende Tetracarbonylnickel eine leicht flüchtige, giftige Substanz.

15.5 Transport von Monophosphiden *M*P (*M* = Ti bis Co)

Die Monophosphide der 3d-Metalle (*M* = Ti – Ni) kristallisieren im Nickelarsenidstrukturtyp (TiP (Scho 1954), VP (Fje 1986)) bzw. im davon abgeleiteten MnP-Strukturtyp (CrP (Sel 1972a), MnP (Fje 1984), FeP und CoP (Run 1962)). Der Übergang vom einen in den anderen Strukturtyp stellt ein Lehrbuchbeispiel

Abbildung 15.5.1 Kristalle von VP (a) und CrP (b) aus Chemischen Transportexperimenten (Gla 1990).

für strukturelle Verzerrungen dar, die auf elektronische Gründe zurückgeführt werden können und ist in der Literatur ausführlich diskutiert (Tre 1986, Sil 1986, Bur 1995). Kristalle der Monophosphide eignen sich für weiterführende Messungen von deren magnetischen und elektrischen Eigenschaften.

Die Monophosphide sind mittels Chemischer Transportexperimente mit dem Transportmittel Iod in wohlkristallisierter Form zugänglich (Abbildung 15.5.1). Dabei ist interessant, dass die Transportbedingungen trotz der engen chemischen und kristallchemischen Verwandtschaft der Verbindungen sehr stark variieren.

Allgemeine Vorgehensweise Darstellung und Chemischer Transport der Phosphide erfolgen als „Eintopfreaktion" in geschlossenen, evakuierten Kieselglasampullen mit den ungefähren Abmessungen $l = 12$ cm, $d = 1{,}5$ cm. Zur Synthese der Phosphide werden die Elemente eingesetzt. Bei den genannten Ampullenabmessungen ist eine Bodenkörpermenge von 500 bis 1000 mg sinnvoll. Die Umsetzung (Gleichgewichtseinstellung) zwischen Metall und Phosphor erfordert einige Stunden. Zur Vermeidung eines zu hohen Innendrucks in den Ampullen zu Beginn eines Experiments (Achtung Explosionsgefahr! Schätzen Sie den maximalen Innendruck ab!) ist eine durch Erhitzen mit einem Bunsenbrenner eingeleitete Vorreaktion sinnvoll. Danach werden die Ampullen für einen Tag im umgekehrten Temperaturgefälle, dem Klartransport unterzogen. Dabei erfolgt die Gleichgewichtseinstellung innerhalb des Bodenkörpers und zwischen Bodenkörper und Gasphase, ohne dass ein Transport zum leeren Ampullenende erfolgen kann. Dieses wird bei dieser Prozedur von Kristallisationskeimen befreit, was meist zur Ausbildung größerer Kristalle während des eigentlichen Transportexperiments führt. Es hat sich bewährt, die Ampullen während der Transportexperimente asymmetrisch in den Temperaturgradienten zu legen ($\frac{2}{3}$ der Ampulle im Bereich der Quellentemperatur; $\frac{1}{3}$ im Bereich der Abscheidungstemperatur). Hierdurch wird eine engere Abscheidungszone erzielt.

Als Transportzusatz wird immer Iod verwendet. Es ist jedoch zu beachten, dass dieser beim Transport der Phosphide nicht immer mit dem Transportmittel gleichzusetzen ist (vgl. Abschnitt 9.1).

Tabelle 15.5.1 Temperaturgradienten und Iodkonzentrationen für den Chemischen Transport von Monophosphiden MP (M = Ti bis Co).

Phosphid	Temperatur/°C	$\beta(Iod)/mg \cdot cm^{-3}$	Anmerkungen
TiP	800 → 900	2	unproblematisch (Gla 1990)
VP	800 → 900	7	Transport ist anfällig gegen Feuchtigkeit und Sauerstoff und wird durch diese u. U. unterdrückt (Gla 1989a)
CrP	1000 → 900	2	unproblematisch; höhere Iodkonzentrationen und niedrigere Temperaturen führen zur Abscheidung von $CrI_2(l)$ (Gla 1989b)
MnP	900 → 1050	0,25	Iod reagiert nahezu quantitativ zu $MnI_2(l)$; Transportraten niedrig (Gla 1989b)
FeP	800 → 550	2	unproblematisch; der ungewöhnliche Temperaturgradient liefert tatsächlich die besten Ergebnisse (Sel 1972b, Gla 1990)
CoP	1000 → 900	2	unproblematisch; höhere Iodkonzentrationen und niedrigere Temeraturen führen zur Abscheidung von $CoI_2(l)$ (Schm 1995)
NiP	960 → 860	2,5	problematisch wegen des engen thermischen Existenzbereichs von NiP, häufig wird nur die Bildung von NiP_2 und Ni_5P_4 beobachtet

Nach dem Experiment wird die Ampulle mit der Quellenseite zuerst aus dem Ofen genommen (Ampullenfänger) und an diesem Ende auch zur Kondensation der Gasphase mit Wasser abgeschreckt. Nach Anritzen und Aufbrechen der Ampulle werden die Kristalle aus dem Abscheidungsraum geborgen. Nach Waschen mit verd. $NaOH/H_2O_2$, Wasser und Aceton werden diese ausgewogen. Mit dem restlichen, nicht transportierten Bodenkörper des Quellenraums wird in gleicher Weise verfahren.

Die abgeschiedenen Kristalle können Kantenlängen bis zu mehreren Millimetern erreichen. Die Transportraten der Phosphide liegen im Bereich mehrerer $mg \cdot h^{-1}$.

Thermodynamische Betrachtungen und Transportgleichgewichte Die experimentellen Beobachtungen beim Chemischen Transport der Monophosphide können in thermodynamischen Modellrechnungen unter Verwendung der in Kapitel 13 beschriebenen Computerprogramme TRAGMIN oder CVTRANS nachvollzogen werden. Die dazu notwendigen thermodynamischen Daten sind in Tabelle 15.5.2 zusammengestellt. In den Modellrechnungen sind geringe Mengen an Wasserstoff (0,01 mmol) zu berücksichtigen, die durch Reaktion von Restfeuchte in den Ampullen mit den Phosphiden freigesetzt werden.

Im Einklang mit den Modellrechnungen können die transportbestimmenden Gleichgewichte 15.5.1 bis 15.5.6 formuliert werden (vgl. auch Abschnitt 9.1).

$$\text{TiP(s)} + \frac{7}{2}\text{I}_2(g) \rightleftharpoons \text{TiI}_4(g) + \text{PI}_3(g) \qquad (15.5.1)$$

$$\text{VP(s)} + \frac{7}{2}\text{I}_2(g) \rightleftharpoons \text{VI}_4(g) + \text{PI}_3(g) \qquad (15.5.2)$$

$$\text{CrP(s)} + \text{I}_2(g) \rightleftharpoons \text{CrI}_2(g) + \frac{1}{2}\text{P}_2(g) \qquad (15.5.3)$$

$$\text{MnP(s)} + 2\,\text{HI}(g) \rightleftharpoons \text{MnI}_2(g) + \frac{1}{4}\text{P}_4(g) + \text{H}_2(g) \qquad (15.5.4)$$

$$\text{FeP(s)} + \frac{5}{2}\text{I}_2(g) \rightleftharpoons \text{FeI}_2(g) + \text{PI}_3(g) \qquad (15.5.5)$$

$$\text{CoP(s)} + \frac{5}{2}\text{I}_2(g) \rightleftharpoons \text{CoI}_2(g) + \text{PI}_3(g) \qquad (15.5.6)$$

Anregungen für weitere Experimente und Modellrechnungen Die vorstehend beschriebenen Transportexperimente mit den dazugehörenden thermochemischen Betrachtungen können in verschiedene Richtungen erweitert werden.

- „Aluminothermische" Phosphidsynthese. Die Darstellung der Phosphide erfolgt aus Phosphor und Metalloxid, das in situ durch Aluminium reduziert wird. Die Abtrennung des Phosphids von Al_2O_3 kann über Chemischen Transport erfolgen.
- Zusatz von $CrPO_4$ beim Transport von CrP und Simultantransport von $Cr_2P_2O_7$/CrP (vgl. Abschnitt 6.2)
- Synthese von Mischkristallen (z. B.: FeP, $Fe_{1-x}Co_xP$, CoP) mittels Chemischer Transportexperimente
- Führen Sie thermodynamische Modellrechnungen für das von Ihnen bearbeitete Transportsystem durch und ändern Sie in den Rechnungen die experimentellen Randbedingungen. Wie sollte sich das Transportverhalten verändern?
- Vergleichen Sie die Ergebnisse von Modellrechnungen mit und ohne Berücksichtigung von Wasserstoff.

Tabelle 15.5.2 Thermodynamische Daten zur Modellierung des Transportverhaltens der Monophosphide MP (M = Ti bis Co).

Verbindung	$\Delta_B H^0_{298}/$ kJ·mol^{-1}	$\Delta_B H^0_{298}/$ J·mol^{-1}·K^{-1}	a [a]	b	c	Literatur
H$_2$(g)	0	130,6	27,28	3,26	0,50	(Bar 1973)
HI(g)	26,4	206,5	26,32	5,94	0,92	(Bar 1973)
I(g)	105,6	180,7	20,39	0,28	0,28	(Bar 1973)
I$_2$(g)	62,4	260,6	37,40	0,57	0,62	(Bar 1973)
P$_2$(g)[b]	178,6	218,0	36,30	0,80	−4,16	(Bar 1973)
P$_4$(g)	128,7	279,9	81,34	0,68	−13,44	(Bar 1973)
P$_2$I$_4$(g)	−6,3	481,2	126,36	5,56	−	(Nol 1978)
PI$_3$(g)	23,0	369,6	82,72	0,53	−3,97	(Nol 1978)
TiI$_2$(s)	−269,4	123,2	84,05	7,29	0,004	(Nol 1978)
TiI$_2$(g)	−57,7	329,3	62,32	0,004	−1,56	(Nol 1978)
TiI$_3$(g)	−150,2	379,9	82,87	0,14	−5,25	(Nol 1978)
TiI$_4$(g)	−287,0	433,0	108,01	0,04	−3,36	(Nol 1978)
TiP(s)	−282,8	50,2	44,98	0,04	−	(Gla 1990)
VI$_2$(s)	−262,0	146,4	84,06	7,28	0,004	(Gla 1989a)
VI$_2$(g)	−23,3	320,1	62,32	0,02	−1,56	(Gla 1989a)
VI$_3$(s)	−280,3	211,5	113,32	8,90	0,73	(Gla 1989a)
VI$_4$(g)	−135,6	461,9	108,01	0,04	−3,36	(Gla 1989a)
VP(s)	−255,2	50,2	44,98	10,46	−	(Gla 1989b)
CrI$_2$(s)	−158,2	154,4	89,12	2,94	−12,35	(Gla 1989b)
CrI$_2$(l)[c]	−59,7	293,3	108,80	−	−	(Gla 1989b)
CrI$_2$(g)	107,2	353,4	60,67	2,44	−	(Gla 1989b)
Cr$_2$I$_4$(g)	10,1	573,6	129,70	4,90	−	(Gla 1989b)
CrI$_3$(g)	48,8	408,1	68,83	3,26	−16,74	(Gla 1989b)
CrI$_4$(g)	8,3	467,3	108,03	0,04	−3,36	(Gla 1989b)
CrP(s)	−106,7	46,0	49,87	6,78	−	(Gla 1989b)
MnI$_2$(l)[e]	−173,0	288,4	108,78	−	−	(Gla 1989b)
MnI$_2$(g)	−54,4	336,1	59,88	3,26	0,12	(Gla 1989b)
Mn$_2$I$_4$(g)	−271,8	538,1	128,13	6,52	0,24	(Gla 1989b)
MnP(s)	−96,2	52,3	44,98	10,46	−	(Gla 1989b)
FeI$_2$(s)	−104,6	167,4	82,94	2,46	−	(Nol 1978)
FeI$_2$(l)	−71,1	195,4	112,97	−	−	(Nol 1978)
FeI$_2$(g)	87,9	349,4	60,53	2,17	−0,21	(Nol 1978)
Fe$_2$I$_4$(g)	8,4	543,5	130,09	3,76	0,23	(Nol 1978)
FeI$_3$(g)	43,7	412,5	79,24	2,51	−	(Nol 1978)
Fe$_2$I$_6$(g)	−57,4	675,8	175,23	5,02	−	(Nol 1978)
FeP(s)	−105,4	50,240	49,87	6,79	−	(Nol 1978)
CoI$_2$(s)	−88,7	153,1	66,11	32,22	−	(Schm 1995)
CoI$_2$(l)[d]	26,2	315,1	105,81	−14,21	−0,62	(Schm 1995)
CoI$_2$(g)[d]	191,2	442,2	59,88	3,26	0,12	(Schm 1995)
Co$_2$I$_4$(g)[d]	187,1	733,3	130,09	3,76	0,23	(Schm 1995)
CoI$_3$(g)	159,0	393,3	79,24	2,51	−	(Schm 1995)
CoP(s)	−117,6	43,9	46,02	8,79	−1,51	(Schm 1995)

[a] $C_p = a + b \cdot 10^{-3} \cdot T + c \cdot 10^5 \cdot T^{-2}$,
[b] Die Bildungsenthalpien aller Phosphor enthaltenden Verbindungen sind auf $\Delta_B H^0_{298}$ = 0 kJ·mol^{-1} bezogen.
[c] Die Werte beziehen sich auf T = 1066 K.
[d] Die Werte beziehen sich auf T = 1050 K.
[e] Die Werte beziehen sich auf T = 911 K.

Benötigte Chemikalien	Benötigte Geräte
Jeweiliges Metall oder Metalloxid (ca. 1 g Folie, Draht oder Pulver) Phosphor (rot) Ggf. Aluminium (Blech, Folie, kein Pulver) Iod als Transportzusatz. Verdünnte Natronlauge und Aceton zum Waschen der Produkte.	Ampulle langer Pulvertrichter Zweizonenofen *Schutzhandschuhe, Schutzbrille, Ampullenfänger (Ampullenzange)*

15.6 Numerische Berechnung eines Koexistenzzersetzungsdrucks

Von zahlreichen Metallen kennt man in einem binären Stoffsystem M/A mehrere Verbindungen unterschiedlicher Zusammensetzung. So bildet Eisen die Oxide „FeO" (Wüstit), Fe_3O_4 (Magnetit) und Fe_2O_3 (Hämatit). Will man eine dieser Phasen mithilfe einer Chemischen Transportreaktion darstellen, entscheidet der Sauerstoffpartialdruck im System, welche auf der Senkenseite gebildet wird: Je höher der Sauerstoffdruck im System ist, umso sauerstoffreicher ist der abgeschiedene Bodenkörper. Für den Fall, dass außer dem eingesetzten Bodenkörper keine zusätzliche Sauerstoffquelle vorhanden ist, stellt sich der Koexistenzzersetzungsdruck des eingesetzten Feststoffs ein. Bei genau diesem Sauerstoffpartialdruck existieren zwei in der Zusammensetzung benachbarte feste Phasen nebeneinander, z. B. Fe_2O_3 neben Fe_3O_4. Ist der Sauerstoffpartialdruck größer als der Koexistenzzersetzungsdruck, ist nur eine Phase stabil, in diesem Fall Fe_2O_3. Ist der Sauerstoffpartialdruck hingegen kleiner, bildet sich nur Fe_3O_4. Diese Betrachtungen gelten nicht nur für Oxide, sie sind in abgewandelter Form allgemein gültig.

Besonders viele feste Phasen treten im System Vanadium/Sauerstoff auf. In diesem System haben sich Chemische Transportreaktionen als *das* Präparationsverfahren erwiesen, um bestimmte Verbindungen phasenrein zu synthetisieren. In Kapitel 5 wird dies ausführlich diskutiert. Wir wollen an dieser Stelle beispielhaft den Koexistenzzersetzungsdruck über V_2O_3 bei 2000 K berechnen. Bei der Zersetzung von V_2O_3 entstehen die feste Phase VO und gasförmiger Sauerstoff. Die Zersetzungsgleichung wird so aufgestellt, dass der stöchiometrische Koeffizient für O_2 eins beträgt:

$$2\,V_2O_3(s) \;\rightleftharpoons\; 4\,VO(s) + O_2(g) \tag{15.6.1}$$

$$K_p = p(O_2) \tag{15.6.2}$$

Die Gleichgewichtskonstante K lässt sich aus den thermodynamischen Daten von 15.6.1 berechnen.

$$\ln K = -\frac{\Delta_R H^0}{R \cdot T} + \frac{\Delta_R S^0}{R} \tag{15.6.3}$$

15.6 Numerische Berechnung eines Koexistenzzersetzungsdrucks

Die so berechnete, dimensionslose Gleichgewichtskonstante K bezieht sich auf folgenden Massenwirkungsterm:

$$K = \frac{a^4(\text{VO}) \cdot a(\text{O}_2)}{a^2(\text{V}_2\text{O}_3)} \tag{15.6.4}$$

Da die Aktivitäten reiner kondensierter Phasen definitionsgemäß gleich eins sind, vereinfacht sich der Ausdruck:

$$K = a(\text{O}_2) \tag{15.6.5}$$

Die Aktivität eines Gases lässt sich in guter Näherung durch folgenden Ausdruck mit seinem Partialdruck verknüpfen:

$$a(i) = \frac{p(i)}{p^0} \tag{15.6.6}$$

Der Standarddruck p^0 ist 1 bar. Die tabellierten thermodynamischen Daten beziehen sich üblicherweise auf diesen Druck. Somit gilt folgenden Beziehung:

$$a(i) = \frac{p(i)}{\text{bar}} \tag{15.6.7}$$

Der Sauerstoffpartialdruck ergibt sich also in der Einheit bar:

$$K = \frac{p(\text{O}_2)}{\text{bar}} \quad \Rightarrow \quad p(\text{O}_2) = K \cdot \text{bar} \tag{15.6.8}$$

Zur numerischen Berechnung benötigt man die thermodynamischen Daten aller Reaktionsteilnehmer. Auf diese Weise können durch die Berechnung entsprechender Druck/Temperatur-Wertepaare Zustandsbarogramme aufgestellt werden, die eine Ableitung geeigneter Transportbedingungen ermöglichen (siehe Kapitel 5). Dies ist nicht nur auf oxidische Systeme anwendbar, sondern lässt sich allgemein auf die Erstellung von Zustandsbarogrammen auf die verschiedenen Stoffklassen übertragen. In allen Fällen erfolgt die Zersetzung einer festen Phase in die koexistiere Nachbarphase unter Ausbildung einer Gasphase.

	$\Delta_B H^0_{298}/$ kJ·mol^{-1}	$\Delta_B H^0_{2000}/$ kJ·mol^{-1}	$S^0_{298}/$ J·mol^{-1}·K^{-1}	$S^0_{2000}/$ J·mol^{-1}·K^{-1}
V$_2$O$_3$(s)	–1218,8	–976,4	98,1	353,3
VO(s)	–431,8	–325,5	39,0	149,6
O$_2$(g)	0	59,2	205,1	268,7

Aus diesen Daten ergeben sich folgende Werte:

$$\Delta_R H^0_{2000} = 710{,}0 \text{ kJ·mol}^{-1} \qquad \Delta_R S^0_{2000} = 160{,}5 \text{ J·mol}^{-1}\cdot\text{K}^{-1}$$

$$\ln K = -\frac{710\,000 \text{ J} \cdot \text{mol}^{-1}}{8{,}3145 \text{ J} \cdot \text{mol}^{-1} \cdot \text{K}^{-1} \cdot 2000 \text{ K}} + \frac{160{,}5 \text{ J} \cdot \text{mol}^{-1} \cdot \text{K}^{-1}}{8{,}3145 \text{ J} \cdot \text{mol}^{-1} \cdot \text{K}^{-1}}$$

$\ln K = -23{,}392$

$K = p(O_2)/\text{bar}$

$p(O_2) = 6{,}9 \cdot 10^{-11}$ bar

Literaturangaben

Bab 1977	A. V. Babushkin, L. A. Klinkova, E. D. Skrebkova, *Izv. Akad. Nauk SSSR, Neorg. Mater.* **1977**, *13*, 2114.
Bar 1973	I. Barin, O. Knacke, *Thermochemical Properties of Inorganic Substances*, Springer-Verlag, Berlin, **1973**.
Ben 1969	L. Ben-Dor, L. E. Conroy, *Isr. J. Chem.* **1969**, *7*, 713.
Ben 1974	L. Ben-Dor, Y. Shimony, *Mater. Res. Bull.* **1974**, *9*, 837.
Bur 1995	J. K. Burdett, *Chemical Bonding in Solids*, Oxford University Press, New York, **1995**.
Det 1969	J. H. Dettingmeijer, J. Tillack, H. Schäfer, *Z. Anorg. Allg. Chem.* **1969**, *369*, 161.
Fel 1998	J. Feller, H. Oppermann, M. Binnewies, E. Milke, *Z. Naturforsch.* **1998**, *53b*, 184.
Fje 1984	H. Fjellvag, A. Kjekshus, *Acta Chem. Scand.* **1984**, *38A*, 563.
Fje 1986	H. Fjellvag, A. Kjekshus, *Monatsh. Chem.* **1986**, *117*, 773.
Gla 1989a	R. Glaum, R. Gruehn, *Z. Anorg. Allg. Chem.* **1989**, *568*, 73.
Gla 1989b	R. Glaum, R. Gruehn, *Z. Anorg. Allg. Chem.* **1989**, *573*, 24.
Gla 1990	R. Glaum, *Dissertation*, Universität Gießen, **1990**.
Kna 1991	O. Knacke, O. Kubaschewski, K. Hesselmann, *Thermochemical Properties of Inorganic Substances*, 2nd Ed., Springer, **1991**.
Loc 1999	S. Locmelis, M. Binnewies, *Z. Anorg. Allg. Chem.* **1999**, *625*, 1573.
Mon 1890	L. Mond, C. Langer, F. Quincke, *J. Chem. Soc.*, **1890**, 749.
Nol 1978	B. I. Noläng, M. W. Richardson, *Free Energy Data for Chemical Substances*, Universität Uppsala, Schweden, **1978**.
Opp 1985	H. Oppermann, *Z. Anorg. Allg. Chem.* **1985**, *523*, 135.
Opp 1987	H. Oppermann, *Freiberger Forschungshefte*, VEB Deutscher Verlag für Grundstoffindustrie **1987**, *A 767*, 97.
Rog 1969	D. B. Rogers, R. D. Shannon, A. W. Sleight, J. L. Gillson, *Inorg. Chem.* **1969**, *8*, 841.
Run 1962	S. Rundqvist, *Acta Chem. Scand.* **1962**, *16*, 287.
Saa 2009a	H. Saal, M. Binnewies, M. Schrader, A. Börger, K.-D. Becker, V. A. Tikhomirov, K. Jug, *Chem. Eur. J.* **2009**, *15*, 6408.
Saa 2009b	H. Saal, T. Bredow, M. Binnewies, *Phys. Chem. Chem. Phys.* **2009**, *11*, 3201.
Sch 1962	H. Schäfer, *Chemische Transportreaktionen*, Verlag Chemie, Weinheim, **1962**.
Sch 1973a	H. Schäfer, T. Grofe, M. Trenkel, *J. Solid State Chem.* **1973**, *8*, 14.
Sch 1973b	H. Schäfer, *Z. Anorg. Allg. Chem.* **1973**, *400*, 242.
Sch 1982	H. Schäfer, *Z. Anorg. Allg. Chem.* **1982**, *493*, 17.

Schm 1995	A. Schmidt, R. Glaum, *Z. Anorg. Allg. Chem.* **1995**, *621*, 1693.
Scho 1954	N. Schoenberg, *Acta Chem. Scand.* **1954**, *8*, 226.
Scho 1988	H. Schornstein, R. Gruehn, *Z. Anorg. Allg. Chem.* **1988**, *561*, 103.
Scho 1989	H. Schornstein, R. Gruehn, *Z. Anorg. Allg. Chem.* **1989**, *579*, 173.
Sel 1972a	K. Selte, A. Kjekshus, A. F. Andresen, *Acta Chem. Scand.* **1972**, *26*, 4188.
Sel 1972b	K. Selte, A. Kjekshus, *Acta Chem. Scand.* **1972**, *26*, 1276.
Sil 1986	J. Silvestre, W. Tremel, R. Hoffmann, *J. Less-Common. Met.* **1986**, *108*, 5174.
Tre 1986	W. Tremel, R. Hoffmann, J. Silvestre, *J. Amer. Chem. Soc.* **1986**, *116*, 113.
Ull 1979	*Ullmanns Encyclopädie der technischen Chemie*, Bd. 17., Verlag Chemie Weinheim, **1979**, 259.
Whi 1965	W. B. White, K. W. McIlfvried, *Trans. Brit. Ceram. Soc.* **1965**, *64*, 523.

16 Anhang

16.1 Wichtige thermodynamische Beziehungen

$$\Delta_R G^0 = \Delta_R H^0 - T \cdot \Delta_R S^0$$

$$\Delta_R G^0 = -R \cdot T \cdot \ln K$$

$$\ln K = -\frac{\Delta_R H^0}{R \cdot T} + \frac{\Delta_R S^0}{R}$$

$$C_{p,T}^0 = a + b \cdot T + c \cdot T^{-2} + d \cdot T^2$$

$$\begin{aligned}\Delta H_T^0 &= \Delta H_{298}^0 + \int_{298}^{T} C_p^0 \, dT \\ &= a[T - 298] + b[0{,}5 \cdot 10^{-3}(T^2 - 298^2)] + c[10^6(298^{-1} - T^{-1})] \\ &\quad + d\left[\frac{1}{3} 10^{-6}(T^3 - 298^3)\right]\end{aligned}$$

$$\begin{aligned}S_T^0 &= S_{298}^0 + \int_{298}^{T} C_p^0 \frac{dT}{T} \\ &= a \ln \frac{T}{298} + b \cdot 10^{-3}(T - 298) - \frac{1}{2} c \cdot 10^6 (T^{-2} - 298^{-2}) \\ &\quad + d[0{,}5 \cdot 10^{-6}(T^2 - 298^2)]\end{aligned}$$

16.2 Häufig verwendete Einheiten, Konstanten und Umrechnungen

Tabelle 16.2.1 Basiseinheiten des SI.

physikalische Größe		SI-Einheit	
Name	Symbol (Formelzeichen)	Name	Symbol
Länge	l	Meter	m
Masse	m	Kilogramm	kg
Zeit	t	Sekunde	s
elektrische Stromstärke	I	Ampere	A
thermodynamische Temperatur	T	Kelvin	K
Stoffmenge	n	Mol	mol
Lichtstärke	I_v	Candela	cd

16.2 Häufig verwendete Einheiten, Konstanten und Umrechnungen

Tabelle 16.2.2 Häufig benutzte abgeleitete SI-Einheiten.

physikalische Größe	Symbol	Einheit	Symbol	Beziehung zu anderen SI-Einheiten
Frequenz	ν	Hertz	Hz	$1\,\text{Hz} = 1\,\text{s}^{-1}$
Energie, Arbeit, Wärmemenge	E, W, Q	Joule	J	$1\,\text{J} = 1\,\text{N} \cdot \text{m} = 1\,\text{W} \cdot \text{s}$ $= 1\,\text{kg} \cdot \text{m}^2 \cdot \text{s}^{-2}$
Kraft	F	Newton	N	$1\,\text{N} = 1\,\text{J} \cdot \text{m}^{-1}$ $= 1\,\text{kg} \cdot \text{m} \cdot \text{s}^{-2}$
Druck	p	Pascal	Pa	$1\,\text{Pa} = 1\,\text{N} \cdot \text{m}^{-2}$ $= 1\,\text{kg} \cdot \text{m}^{-1} \cdot \text{s}^{-2}$
Leistung	P	Watt	W	$1\,\text{W} = 1\,\text{A} \cdot \text{V} = 1\,\text{J} \cdot \text{s}^{-1}$ $= 1\,\text{kg} \cdot \text{m}^2 \cdot \text{s}^{-3}$
elektrische Ladung	Q	Coulomb	C	$1\,\text{C} = 1\,\text{A} \cdot \text{s} = 1\,\text{J} \cdot \text{V}^{-1}$
elektrische Spannung	U	Volt	V	$1\,\text{V} = 1\,\text{W} \cdot \text{A}^{-1} = 1\,\text{J} \cdot \text{C}^{-1}$ $= 1\,\text{kg} \cdot \text{m}^2 \cdot \text{A}^{-1} \cdot \text{s}^{-3}$
elektrischer Widerstand	R	Ohm	Ω	$1\,\Omega = 1\,\text{V} \cdot \text{A}^{-1} = 1\,\text{S}^{-1}$ $= 1\,\text{kg} \cdot \text{m}^2 \cdot \text{A}^{-2} \cdot \text{s}^{-3}$
elektrischer Leitwert	G	Siemens	S	$1\,\text{S} = \Omega^{-1} = 1\,\text{A} \cdot \text{V}^{-1}$ $= 1\,\text{A}^2 \cdot \text{s}^3 \cdot \text{kg}^{-1} \cdot \text{m}^{-2}$
elektrische Kapazität	C	Farad	F	$1\,\text{F} = 1\,\text{C} \cdot \text{V}^{-1} = 1\,\text{J} \cdot \text{V}^{-2}$ $= 1\,\text{A}^2 \cdot \text{s}^4 \cdot \text{kg}^{-1} \cdot \text{m}^{-2}$
magnetischer Fluss	Φ	Weber	Wb	$1\,\text{Wb} = 1\,\text{V} \cdot \text{s}$ $= 1\,\text{kg} \cdot \text{m}^2 \cdot \text{A}^{-1} \cdot \text{s}^{-2}$
magnetische Flussdichte	B	Tesla	T	$1\,\text{T} = 1\,\text{Wb} \cdot \text{m}^{-2}$ $= 1\,\text{V} \cdot \text{s} \cdot \text{m}^{-2}$ $= 1\,\text{kg} \cdot \text{A}^{-1} \cdot \text{s}^{-2}$
Induktivität	L	Henry	H	$1\,\text{H} = 1\,\text{Wb} \cdot \text{A}^{-1}$ $= 1\,\text{V} \cdot \text{s} \cdot \text{A}^{-1}$ $= 1\,\text{kg} \cdot \text{m}^{-2} \cdot \text{A}^{-2} \cdot \text{s}^{-2}$

Tabelle 16.2.3 Wichtige Konstanten.

Name	Symbol	Wert
Atommassenkonstante	m_u	$1{,}6605402 \cdot 10^{-27}$ kg = 1 u
Ruhemasse des Protons	$m(p)$	$1{,}6726231 \cdot 10^{-27}$ kg
Ruhemasse des Elektrons	$m(e)$	$9{,}1093897 \cdot 10^{-31}$ kg
Elementarladung	e	$1{,}60217733 \cdot 10^{-19}$ C
Bohrscher Radius	a_0	$5{,}29177249 \cdot 10^{-11}$ m
Boltzmann-Konstante	k	$1{,}380658 \cdot 10^{-23}$ J $\cdot$ K^{-1}
Avogadro-Konstante	N_A	$6{,}02214 \cdot 10^{23}$ mol^{-1}
Faraday-Konstante	$F \,(= N_A \cdot e)$	$9{,}6485309 \cdot 10^4$ C $\cdot$ mol^{-1}
allgemeine Gaskonstante	$R \,(= N_A \cdot k)$	$8{,}31451$ J $\cdot$ K^{-1} $\cdot$ mol^{-1}
		$= 0{,}0831451$ l $\cdot$ bar $\cdot$ K^{-1} $\cdot$ mol^{-1}
Lichtgeschwindigkeit (im Vakuum)	c	$2{,}99792458 \cdot 10^8$ m $\cdot$ s^{-1}
Dielektrizitätskonstante des Vakuums	ε_0	$8{,}85418782 \cdot 10^{-12}$ F $\cdot$ m^{-1}
Planck-Konstante	h	$6{,}6260755 \cdot 10^{-34}$ J $\cdot$ s
Bohrsches Magneton	μ_B	$9{,}2740154 \cdot 10^{-24}$ J $\cdot$ T^{-1}

Tabelle 16.2.4 Umrechnungsbeziehungen für einige neben dem SI verwendete Einheiten.

Größe	Beziehungen	
Länge	1 Å $= 10^2$ pm $= 10^{-10}$ m	(Å: Ångström)
Energie	1 cal $= 4{,}184$ J	
	1 eV $= 1{,}6022 \cdot 10^{-19}$ J $\,\hat{=}\, 96{,}4852$ kJ $\cdot$ mol^{-1}	
	1 cm$^{-1} = 1{,}9865 \cdot 10^{-23}$ J $\,\hat{=}\, 1{,}1963 \cdot 10^{-2}$ kJ $\cdot$ mol^{-1}	
Dipolmoment	1 D $= 3{,}336 \cdot 10^{-30}$ C $\cdot$ m	(D: Debye)
Druck	1 bar $= 10^5$ Pa	
	1 atm $= 760$ Torr $= 1{,}01325 \cdot 10^5$ Pa	($= 1013$ hPa)
	1 Torr $= 133{,}32$ Pa	

16.3 Abkürzungsverzeichnis

a	Aktivität
a_i	Aktivität der Substanz i
a, b	Oxidationsstufen
A, B, C	Stoffe bzw. Spezies
a, b, c, d	Koeffizienten im Polynom zur Beschreibung der Wärmekapazität als Temperaturfunktion
B^0	Ausgangskonzentration
b_j	Gesamtstoffmenge des j-ten Elements
β	Massenkonzentration
c	Konzentration
$C_{p,T}^0$	Wärmekapazität bei konstantem Druck und T
CSVT	Close Spaced Vapour Transport
CTR	Chemische Transportreaktion
CVD	Chemical Vapour Deposition
CVT	Chemical Vapour Transport
D	Diffusionskoeffizient
$\overline{D}$	Mittlerer Diffusionskoeffizient
D^0	binärer Diffusionskoeffizient
δ	Phasenbreite
δ	Korrekturfaktor zur Berechnung der Startwerte für den nachfolgenden Iterationszyklus
$\Delta_B G_T^0$	freie Standardbildungsenthalpie bei T
$\Delta_R G_T^0$	freie Standardreaktionsenthalpie bei T
$\Delta_B H_T^0$	Standardbildungsenthalpie
$\Delta_{Bdg} H_T^0$	Standardbindungsenthalpie bei T
$\Delta_R H_T^0$	Standardreaktionsenthalpie bei T
$\Delta\lambda$	Löslichkeitsdifferenz
Δp	Partialdruckdifferenz
$\Delta_R S_T^0$	Reaktionsentropie bei T
ΔT	Temperaturdifferenz
η	Viskosität
ε	Stationaritätsbeziehung
F	Anzahl der Freiheitsgrade in einem System
F	Flußfaktor
f'	Strömungsgeschwindigkeit
g	Phasensymbol „gasförmig"
Gr	Grashofzahl
HTVG	High Temperature Vapour Growth
i, k, j	stöchiometrische Koeffizenten
J	Fluss
k	Anzahl der Komponenten in einem System
K	Gleichgewichtskonstante
K_p	Gleichgewichtskonstante
k_B	Boltzmannkonstante

L	Lösungsmittel
l	Phasensymbol „liquid"
l	Länge der Diffusionsstrecke
l	Anzahl der Elemente im System
l(w)	Streckenabschnitt
Ln	Lanthanoid
λ	Gasphasenlöslichkeit
λ_j	Lagrangescher Multiplikator
M	molare Masse
m	stöchiometrischer Koeffizient
m	Masse
M	Metall
M'	Metall
MS	Massenspektrometrie
μ_i	chemisches Potential der Substanz i
n	stöchiometrischer Koeffizient
n	Molzahl
n^*	Stoffmengenbilanz
$\dot{n}(A)$	Transportrate der Stoffes A
n_i	Stoffmenge der Substanz i
ν	Stöchiometrischer Koeffizient
p	Druck
p^0	Standarddruck
p_i	Partialdruck der Spezies i
p^*	Bilanzdruck
P	Anzahl der Phasen in einem System
PVD	Physical Vapour Deposition
Q	Nichtmetall (außer Halogen)
q	Querschnitt der Diffusionsstrecke
QBK	Quellenbodenkörper
R	Allgemeine Gaskonstante
r	Radius
r_u	Anzahl voneinander unabhängiger Gleichgewichte in einem System
s	Phasensymbol „solid"
s	Anzahl der Gasspezies in einem System
s	Länge der Diffusionsstrecke
SBK	Senkenbodenkörper
Sc	Schmidtzahl
SE	Seltenerdmetall
S_T^0	Standardentropie bei T
Σp	Gesamtdruck
$\Sigma n_i^g(X)$	Summe der Stoffmengen aller Gasteilchen
σ	Teilchendurchmesser
t	Zeit
T	absolute Temperatur /K
T^0	Temperatur 273,15 K
T_1	tiefere Transporttemperatur

16.3 Abkürzungsverzeichnis

T_2	höhere Transporttemperatur
T_e	Temperatur des Eutektikums
T_m	Schmelztemperatur
T_{opt}	optimale Transporttemperatur
T_p	Temperatur des Peritektikums
$\bar{T}$	Mittlere Temperatur
ϑ	Temperatur /°C
ϑ_m	Schmelztemperatur /°C
V	Volumen
$w(i)$	Transportwirksamkeit der Spezies i
W	Fließgeschwindigkeit
x	Stoffmengenanteil
x	stöchiometrischer Koeffizient
X	Halogen
x	nach dem ersten Iterationszyklus erhaltene Stoffmengen
y	stöchiometrischer Koeffizient
y	Startwerte für weitere Iterationszyklen
y^0	Erster Startwert für die Iteration der Stoffmengen
z_{ij}^g, z_{ij}^c (a_{ij}^g, a_{ij}^c)	Anzahl von Atomen des j-ten Elements in einer Formeleinheit der i-ten Substanz

Index

Abschätzung 546, 547, 548, 549, 551, 553, 554
Abscheidung 1, 21, 108, 419, 593
Abscheidungsraum 80
Abscheidungsreihenfolge 66, 70
Abscheidungstemperatur 419
Actinoide, Oxidoverbindungen 189
Ag 124, 129
Aktivität 615
Aktivitätsgradient 5, 430
Al 123
Al_2Cl_6 536
Al_2O_3 236
$Al_2(SO_4)_3$ 304
$AlCl_3$ 147, 149
Alexandrit-Effekt 429
AlF_3 149
Allgemeines Gasgesetz 82
AlOCl 431
Aluminium 123
Aluminiumhalogenid 146
Aluminium(III)-chlorid 147, 148, 169, 536, 585
Aluminium(III)-oxid 236
Aluminiumoxid 236
Ammoniak 15, 166, 584, 584, 604
Ammoniumbromid 193, 584
Ammoniumchlorid 193, 542, 604
Ammoniumhalogenid 166, 406
Ampulle 80, 103, 577, 581
Ampullenmaterial 29, 577
Ampullenwand 70
Anfangsdruck 583
Anreicherung 55
Antimon 123, 128
Antimonat 178, 180, 183, 318
Antimonid 521
Arbeitstechnik 577
Arsenat 178, 180, 318
As_2O_3 107, 249
AsOCl 252
AsSeI 493
Atomisierungsenthalpie 552, 553
Au 121

Auflösung 2, 21, 593
Autotransport 16, 17, 222, 223, 225, 424, 425, 426, 427, 432, 433, 437, 438, 443, 445, 447

B 122, 130
BAs 485
B_6As 485
Be 122
Be_2SiO_4 245, 321
BeO 170
Bergkristall 4
Beryllium 122
Berylliumoxid 170, 173
Bi 123
BiBr 251
$BiBr_3$ 251
Bi_2O_2Se 249, 250
Bi_2O_3 422
Bi_2S_3 421
Bi_2Se_3 48, 49, 50, 250, 381
$Bi_2Se_3O_9$ 249, 434
$Bi_2Se_4O_{11}$ 249, 250
Bi_2SeO_5 249, 250
Bi_2SeO_9 250
$Bi_2Te_4O_{11}$ 249, 251
Bi_2TeO_5 249, 251
$Bi_{24}O_{31}Cl_{10}$ 431
Bi_3O_4Cl 431
$Bi_4O_5Cl_2$ 431, 432
$Bi_4O_5I_2$ 422
Bi_4Se_3 250
Bi_5O_7I 422
$Bi_7O_9I_3$ 422
$Bi_8(SeO_3)_9Br_6$ 451
$Bi_{10}Se_2O_{19}$ 250
$Bi_{11}Se_{12}Cl_9$ 444, 445
$Bi_{12}O_{17}Cl_2$ 432
$Bi_{12}SeO_{20}$ 250
$Bi_{16}Se_5O_{34}$ 250
$Bi_{19}S_{27}I_3$ 421
BiCl 251
$BiCl_3$ 251

BiI 48, 49, 251
BiI$_3$ 48, 49, 251, 423
Bilanzdruck 34, 38, 40, 41, 44, 84
Bindungsenthalpie 552, 553
BiOCl 431, 433
BiOI 423
BiRe$_2$O$_6$ 249
BiReO$_4$ 249
BiSe 49, 250
BiSeBr 424, 445
BiSeI 381, 424
BiSeO$_3$Br 451
BiSeO$_3$Cl 450, 451
BiSI 421
Bismut 48, 123
Bismutselenidhalogenid 444
Bismutsulfidhalogenid 443
Bismuttelluridhalogenid 446
BiTeBr 446
BiTeI 446
Bleichalkogenid 401
Bodenkörper, mehrphasiger 61, 64
Bodenkörperzusammensetzung 52, 207, 247
Bor 122, 123, 130, 238
Borate 322
Borazit 323, 429
Boride 521
Bor(III)-oxid 236
Boudouard-Gleichgewicht 108, 109, 130, 131
BPO$_4$ 238, 322
Brom 12, 121, 128, 339, 512, 533, 534, 583
Bromwasserstoff 128, 174, 584

Cadmium 340
Cadmiumchalkogenid 402
Cadmiumoxid 234, 235
Cadmiumoxidoverbindung 235
CCl$_4$ 195
Cd$_{1-x}$Co$_x$Te 403
Cd$_{1-x}$Fe$_x$Se 378
Cd$_{1-x}$Mn$_x$Te 403
Cd$_{1-x}$Mn$_x$Se 378
Cd$_3$B$_7$O$_{13}$Cl 429
CdCr$_2$Se$_4$ 384
CdNb$_2$O$_6$ 235
CdO 235
CdS 340, 348
CdSiAs$_2$ 490
CdTe 403

CdTe$_{1-x}$S$_x$ 403
CdTe$_{1-x}$Se$_x$ 403
Ce$_2$Ti$_2$O$_7$ 186
Ce$_2$Ti$_2$SiO$_9$ 197
Cer(III)-Silicat-Titanat 197
Cer(IV)-oxid 177
CeTaO$_4$ 187
Chalkogenidhalogenid 418
Chalkogenwasserstoff 406
Chalkopyrit 489
chemical vapor deposition 37
chemisches Potential 560
Chevrel-Phase 70, 345
Chlor 12, 46, 47, 121, 128, 252, 339, 533, 534
Chlorid 535, 536
Chlorwasserstoff 15, 45, 56, 58, 128, 166, 174, 196, 584, 604
Chlorwasserstoffquelle 542
Chrom(II)-chlorid 17
Chrom(III)-chlorid 3
Chrom(III)-oxid 209
Chromoxid 209
Chromsilicid 514
Cl$_2$ 46, 47
close-spaced-vapor-transport 402
CO 10, 110
Cobalt 27, 567, 568
Cobalt(II)-diarsenat 225
Cobalt(II)-selenat(IV) 225
Cobalt(II)-silikat 224
Cobaltmetagermanat 247
Cobaltmonophosphid 64
Cobaltorthogermanat 247
Cobaltorthostannat 248
Co$_2$As$_2$O$_7$ 225
Co$_2$GeO$_4$ 247
Co$_2$Mo$_3$O$_8$ 568
Co$_2$P 64
Co$_2$SiO$_4$ 224, 245, 322
Co$_2$SnO$_4$ 248
Co$_2$V$_2$O$_7$ 320
Co$_3$O$_4$ 224
CoGeO$_3$ 246, 247
CoI$_2$ 28, 64, 71, 72, 73
CoNb$_2$O$_6$ 224, 225
CoO 224
CoP 64, 65, 71, 72, 469, 611, 612
CoSeO$_3$ 225
CoSi 515, 516
CoSi$_2$ 516, 517
Cr$_2$BP$_3$O$_{12}$ 209

Cr_2O_3 71, 209, 419, 419
$Cr_2P_2O_7$ 71, 76, 307, 309, 310, 311
$Cr_2(SO_4)_3$ 304
$Cr_3B_7O_{13}I$ 429
$Cr_3(PO_4)_2$ 307
Cr_5Si_3 514
$CrCl_3$ 17, 100
$CrCl_4$ 17
$CrGa_2O_4$ 209
$CrNbO_4$ 209
CrO_2X_2 538
CrOCl 71, 419, 419, 424
CrP 71, 76, 469, 611, 612
$CrSi_x$ 514
$CrSi_2$ 504, 512, 513, 514
$CrTaO_4$ 209
$CrVO_4$ 320
CSVT 402
Cu 66, 128
$CuAlSe_2$ 378
$Cu_2As_2O_7$ 234
$Cu_2I_2P_{14}$ 68
Cu_2O 66, 68, 71, 72, 231, 232
$Cu_2P_3I_2$ 68
Cu_2P_7 68, 471
Cu_2P_{20} 68
$Cu_3B_7O_{13}I$ 429
$Cu_3I_3P_{12}$ 68
$Cu_3Mo_2O_9$ 232
Cu_3P 469, 471
$CuCl_2$ 16, 582
CuI 66
$CuMoO_4$ 232
CuO 66, 67, 68, 71, 72, 231
CuP_2 68, 469, 471, 472
CuP_4O_{11} 307
$CuSb_2O_6$ 234, 319
$CuSe_2O_5$ 233
$CuSO_4$ 304
$CuTe_2O_5$ 234, 234
CVTRANS 41, 559, 568, 569, 573, 574, 611
Cyclopentadienid-Anion 473
Czochralski-Verfahren 236

de Boer 2
Deckschicht 147
Destillation 144

Diamant 131
Diffusion 5, 21, 41, 80, 81, 89, 94, 98, 100, 102, 103, 105, 105, 121, 597
Diffusionsansatz 14, 33, 81, 96, 97, 102, 559, 574
Diffusionskoeffizient 30, 81, 82, 83, 90, 91, 92, 93, 94, 95, 101
– Temperaturabhängigkeit 93
Diffusionskoeffizient, gemittelter 94
Diffusionskontrolle 98, 101
Diffusionsstrecke 5, 14, 33, 80, 81, 83
Dimerisierungsenthalpie 553
Dismutation 69
Disproportionierung 69, 218
dominierende Transportreaktion 43
Dreitiegeltechnik 323, 430
Dulong-Petit 549

Edelmetall 129
einfacher Transport 19, 20
Eintopfreaktion 610
Eisen 6, 27, 86
Eisen(II)-oxid 220
Eisen(II, III)-oxid 220
Eisen(III)-halogenid 146
Eisen(III)-oxid 1, 220
Eisenoxid 220, 221
Eisensulfid 52
Eisentitanat 197
Elementbilanz 561
Element 121, 127
Entropie 549, 554, 556
Entropiegewinn 25
Erdalkalimetallchlorid 175
Erdalkalimetallwolframat 174
Erweitertes Transportmodell 41
– quasistationärer Transport 20
$EuAl_2Cl_8$ 147
$EuAl_3Cl_{11}$ 147
$EuAl_4Cl_{14}$ 147
Eu_2SiO_4 245, 246, 321
Eu_2SiO_5 246
Europium(II)-silicat 321
Existenzgebiet 163, 345

Fe 6, 36, 86, 120
$FeAs_2$ 482, 486, 487
$FeBO_3$ 322
$FeBr_2$ 28
$Fe_{1-x}O$ 220
$Fe_{1-x}S$ 342

Fe$_2$GeO$_4$ 247
Fe$_2$I$_4$ 7
Fe$_2$O$_3$ 1, 37, 85, 101, 107, 220, 221, 222, 614
Fe$_2$P 64, 470
Fe$_2$P$_2$O$_7$ 69, 69, 310
Fe$_2$(SO$_4$)$_3$ 303
Fe$_2$TiO$_5$ 197
Fe$_3$BO$_6$ 238
Fe$_3$O$_3$(PO$_4$) 307
Fe$_3$O$_4$ 220, 221, 614
FeCl$_2$ 28
FeGe 518
FeGeO$_3$ 246, 247
FeI$_2$ 7, 28
FeO 614
FeOCl 425
FeP 611, 612
FeP$_4$ 68, 471
FeS 51, 342
FeS$_x$ 53, 342, 344
FeS$_{1+x}$ 342
FeS$_{1,0}$ 53
FeS$_{1,15}$ 53
FeSi 515
FeSi$_2$ 515, 516
FeSO$_4$ 304
Feuchtigkeit 72, 129, 598
FeVO$_4$ 320
Fe^{II}V$_2^{III}$(P$_2$O$_7$)$_2$ 69
Fe$_3^{II}$V$_2^{III}$(P$_2$O$_7$)$_3$ 69
Fe$_5^{II}$V$_2^{III}$(P$_2$O$_7$)$_4$ 69
Fließgeschwindigkeit 81
Fluor 533
Fluorwasserstoff 230, 242, 245, 321, 322
Fluss 40, 41, 42, 80, 95
Flussbeziehung 41, 78
Flüsse 72
Flussfaktor 81
Flussmittel 504
fraktionierter Chemischer Transport 148
freie Enthalpie 560, 561, 593
freie Reaktionsenthalpie 165, 171

Ga 123
GaAs 36, 36, 108, 482, 483, 484
Ga$_{1-x}$In$_x$As 484
Ga$_2$GeO$_5$ 246
Ga$_2$O$_3$ 237
Ga$_2$Se$_3$ 379, 383
Ga$_2$(SO$_4$)$_3$ 304

Gadolinium(III)-oxid 177
Gallium 123
Galliumarsenid 481, 482
Gallium(III)-halogenid 146
Gallium(III)-oxid 236, 237
Galliumnitrid 107
Gasbewegung 5, 41, 95, 98, 103, 104, 106
GaSe 379
Gaskomplex 127, 146, 239, 536, 537, 538, 553
Gasphase
– BiOCl, Zersetzung 432
– Bi$_2$Se$_3$, Sublimation 50
– Bi$_2$Se$_3$/Iod 48
– Bi$_8$Se$_9$Cl$_6$, Autotransport 444
– BiSeCl, Autotransport 444
– BiSeO$_3$Cl, Autotransport 450
– CdSe/Sublimation 377
– Co$_2$Mo$_3$O$_8$/MoO$_2$/Cobalt/HCl 567
– CoSi/Iod 516
– CoSi$_2$/Iod 517
– CrSi$_x$/Brom 514
– CrSi$_2$/Brom 512
– CrSi$_2$/Halogen 513
– CuSe$_2$O$_5$/TeCl$_4$ 233
– Eisen/Iod 8
– FeAs$_2$/Chlor 487
– FeAs$_2$/Iod 486
– FeGe/Iod 518
– FeS$_x$ 52
– FeS$_x$/Iod 344
– FeS$_{1,0}$/HCl 56
– FeS$_{1,0}$/Iod 53
– FeS$_{1,1}$/Iod 54
– FeSi/Iod 515
– Ga$_2$O$_3$/TeCl$_4$ 237
– Ga$_2$Se$_3$/Iod 379
– Hg$_{0,8}$Cd$_{0,2}$Te/Iod 404
– In$_2$Mo$_3$O$_{12}$/Chlor 239
– Iod 540
– In$_2$Mo$_3$O$_{12}$/Chlor 239
– Mn$_3$O$_4$/TeCl$_4$ 168
– MnO$_x$/SeCl$_4$ 216
– MnO$_x$/TeCl$_4$ 216
– MnTe/AlCl$_3$ 408
– Mo, MoO$_2$/HgCl$_2$ 211
– MoO$_2$, Mo$_4$O$_{11}$/HgCl$_2$ 211
– NdAs/Iod 489
– NdAsO$_4$/Chlor 179
– NdAsO$_4$/TeCl$_4$ 183
– NdPO$_4$/PCl$_5$ 181
– NdSbO$_4$/SeCl$_4$ 194

- $NdSbO_4/TeCl_4$ 185
- $NiMoO_4$/Chlor 228
- $Ni_2Mo_3O_8$/Chlor 229
- $ReO_2/HgCl_2$ 220
- $ReO_3/HgCl_2$ 219
- $RhPO_4$/Chlor 308
- Silicium/Phosphor/Tellur/Chlor 407
- SnS_2/Iod 341
- $Te_4[WCl_6]_2$, Autotransport 447
- TeO_2/Chlor 253
- $TeO_2/TeCl_4$ 253
- TiO_2/CCl_4 195
- $TiO_2/SeCl_4$ 194
- $TiO_2/TeCl_4$ 194
- $V_3O_5/TeCl_4$ 59
- $V_nO_{2n-1}/TeCl_4$ 60
- $VO_x/TeCl_4$ 203
- $VO_2/TeCl_4$ 59
- VOCl, Zersetzung 425
- WO_2, $W_{18}O_{49}/HgCl_2$ 213
- Zirconium/Iod 120
- ZnO/Chlor 47
- ZnO/HCl 45
- ZnS/Brom 13
- ZnS/Chlor 12
- ZnS/Iod 6, 7, 13, 32
- $ZrAs_{1,5}Se_{0,5}$/Iod 491
- $ZrAs_{1,5}Te_{0,5}$/Iod 492

Gasphasenlöslichkeit 8, 342
- Silber/Iod 125
- Silicium/Iod 85, 126
- SnS_2/Iod 342

G_{min}-Methode 41, 77, 560, 561
Ge 41, 97, 123, 129
$GeCl_2$ 248, 249
$GeCl_4$ 249
GeI_2 97, 249
GeI_4 97, 249
gekoppelte Transportreaktion 311
gekoppelter Transport 71, 76
GeO 129
$(GeO)_2$ 129
GeO_2 243
$(GeO)_3$ 129
Germanat 246
Germanium 41, 96, 109, 121, 123, 129
Germaniumdioxid 241, 243, 244
Gesamtdruck 5, 14, 27, 33, 83, 98, 102, 126
geschlossenes System 4
GeSe 97
$GeSe_2$ 379, 380

GeTe 97
Gibbs-Helmholtz-Gleichung 31
Gleichgewichtsberechnung 78, 565, 573, 574
Gleichgewichtseinstellung 93, 102
Gleichgewichtskonstante 160, 594, 595, 614, 615
Gleichgewichtslage 4, 5, 25, 171, 594, 595, 596, 606
Gleichgewichtsraum 80
Gleichgewichtszusammensetzung 560, 564
Glühdrahtmethode 2
Glühdraht 99
Glühdrahtanordnung 99
Glühfaden 101, 110, 131
Glühlampen 131
Gold 121
Granat 217
*Grashof*zahlen 97

Hafnium(IV)-oxid 198
Hafniumoxide 198
Hagen-Poiseuille-Gesetz 104
Halogen 164
Halogenbrücke 553
Halogenid 144, 535
Halogenlampe 1, 131
Halogenverbindung 534
Halogenwasserstoff 128, 166, 383, 405, 534, 584
Hämatit 614
H_2MoO_4 129, 240
H_2O 405
H_2S 405
H_2Se 405
H_2Te 405
H_2WO_4 129, 213
HCl 15, 45, 107, 534, 568
Heißdraht-Verfahren 122, 123
Heißdraht-Verfahren nach *van Arkel* und *de Boer* 118
Heterokomplex 146
HF 242
HfO_2 198
$HfSiO_4$ 245
$HgAs_2O_6$ 234
$Hg_{1-x}Cd_xTe$ 403
$HgCl_2$ 30, 211, 213
HgI_2 72

Hochtemperaturtransport 588
Homogenitätsgebiet 19, 37, 38, 41, 43, 51, 52, 61, 62, 78, 163, 345, 565
Homöokomplexe 146
$HReO_4$ 218
$HTcO_4$ 220
Hydrothermalsynthese 4, 241

IF_5 149
In 123
InAs 484
$InAs_{1-x}P_x$ 484
$In_2Mo_3O_{12}$ 239
$In_2P_2O_7$ 69
$In_2(SO_4)_3$ 304
$In_2W_3O_{12}$ 240
indirekter Transport 111
Indium 123
Indium(III)-chlorid 215
Indium(III)-chlorid/Chlor 216
Indium(III)-halogenid 146
Indium(III)-oxid 236, 238
individueller Flussfaktor 82
inkongruente Zersetzung 15, 16
inkongruente Auflösung 19, 20, 38
InP 69
$InPO_4$ 69
Interhalogenverbindung 149
intermetallische Phase 504
Iod 12, 30, 54, 85, 125, 312, 339, 341, 379, 403, 491, 519, 533, 534, 581
Iodide 119
Iodidmethode 99, 101, 110
Iodidverfahren s. *Van-Arkel-de-Boer*-Verfahren 119
Ir 129
Iridium 129
Iridium(IV)-oxid 225
IrO_2 17, 170, 225
IrO_3 17
irreversible Löslichkeit 35, 84
isopiestische Methode 439
Iteration 563, 564
Iterationsverfahren 560
ITO 241

katalysierte Verflüchtigung 128
katalytische Zersetzung 109
katalytischer Effekt 110
Keimbildung 442
Kinetik 107
kinetischer Effekt 20, 69

Kirchhoff'schen Sätze 31
Klartransport 586, 587, 599
Knudsenzellen-Massenspektrometrie 201
Koexistenzdruck 39, 52
Koexistenzgebiet 221
Koexistenzzersetzungsdruck 53, 160, 161, 252, 614
Koexistenzzersetzungslinie 161
Kohlefadenlampe 109
Kohlenstoff 108, 109, 130
Kohlenstoffdisulfid 131
Kohlenstoffmonoxid 10, 89, 110, 128, 130, 130, 542, 608, 609
Komplexbildner 127
komplexer Transport 19, 20
Komponente 34, 37, 42
Kondensation 419
kongruente Auflösung 20
kongruente Zersetzung 15
kongruenter Transport 30, 33
Konvektion 94, 96, 97, 98, 100, 102, 102, 103, 104, 105, 106, 121, 597
Konzentrationsgradient 107
Kooperatives Transportmodell 41, 77, 78, 79
Kooperatives Transportmodell: sequentieller Transport 20
kooperierende Gleichgewichtsräume 77
Kristallwachstum 600, 602, 606
Kristallzüchtung 3
Kupfer 66, 128
Kupfer(I)-halogenid 231
Kupfer(I)-oxid 66, 72, 231
Kupfer(II)-chlorid 16, 144, 582
Kupfer(II)-molybdat 232
Kupfer(II)-oxid 66, 67, 71, 72, 231
Kupferphosphidiodid 68
Kurzwegtransport 70, 99, 422, 433, 439, 446, 506, 520, 578

laminarer Fluss 81
$LaNbO_4$ 187, 187
Lanthanphosphat 181, 182
$LaPO_4$ 181, 182
Li_2O 172
Lithiumoxid 172
Löslichkeit 8, 38, 86
Löslichkeitsdifferenz 83

Magnéli-Phasen 57, 58, 60, 66, 168, 192, 212
Magnesiumfluorid 149

Magnesiumgermanat 246
Magnesiumoxid 170, 171, 172, 173
Magnesiumwolframat 174
Magnetit 614
Mangan(II)-carbonat 604
Mangan(II)-oxid 604
Manganoxide 168, 214
MAPLE 555
Massenwirkungsterm 615
Masse/Zeit-Diagramm 62, 75
– Bi_2Se_3/Iod 382
– CoP/Iod 65
– $Cr_2P_2O_7$, CrP/Iod 76
– CuO/Iod 71
– $NiSO_4$/$PbCl_2$ 75
– Rh_2O_3/Chlor 62
– WO_2, $W_{18}O_{49}$/Iod 74
Metall 161, 610
Metalldampf 540
Metallfluorid 149
Metallhalogenid 145, 146, 384
Metalloxidhalogenid 208
Metallsulfid 338
metastabile Verbindung 472
metastabiler Feststoff 316
Mg_2GeO_4 246
$Mg_2Mo_3O_8$ 174
$Mg_2P_2O_7$ 312
$Mg_3B_7O_{13}Cl$ 429
MgF_2 149
$MgGeO_3$ 246
MgO 170, 171
Mikrodiffusion 506
Mikrogravitation 89, 97, 121, 222, 376
Mineralisation 437, 506, 507
Mineralisator 315, 337, 507
Mineralisatorgas 507
Mischkristall 378, 403, 509, 519, 603
Mischphase 347, 493, 549
Mitführungsexperiment 148
Mitführungsmessung 21
mittlere Transporttemperatur 591
Mn_2O_3 214, 215
$Mn_2P_2O_7$ 310, 312
$Mn_3Cr_2Ge_3O_{12}$ 217, 248
$Mn_3Fe_2Ge_3O_{12}$ 217
$Mn_3Ga_2Ge_3O_{12}$ 217
Mn_3O_4 214, 215
$MnGeO_3$ 247
$MnNb_2O_6$ 217
MnO 214, 215, 603
MnO_2 214, 216

MnP 469, 611, 612
Mo 122, 128, 129
$MoBr_3$ 16
$MoBr_4$ 16
$Mo_{1-x}W_x$ 504, 508
Mo_3O_{12} 239, 240
Mo_3P 470
Mo_3ReO_{11} 212
Mo_4O_{11} 209, 210
Mo_4P_3 470
Mo_8O_{23} 210
Mo_9O_{26} 210
Modellierung 78, 559, 565
molare Volumen 90
Molybdän 122, 128, 129, 214
Molybdänbronze 172
Molybdänoxide 209
Molybdän(IV)-oxid 209, 210
Molybdän(VI)-oxid 209
Molybdän/Wolfram-Mischkristalle 508
Mond-Langer-Verfahren 1, 10, 130, 608
Monophosphide 609, 613
MoO_2 209, 210, 229, 568
$(MoO_2)_2P_2O_7$ 317
$(MoO)_2P_4O_{13}$ 317
MoO_2X_2 538
MoO_3 209, 212
$(MoO)_4(P_2O_7)_3$ 316, 317
$MoOPO_4$ 317
$MoOX_4$ 538
Mo/W-Mischkristall 70, 508
MQ_n 161
MX_m (Q = Chalkogen, X = Halogen) 161

Nb 123, 380
Nb_2O_5 204, 205, 206, 207, 242
$Nb_{12}O_{29}$ 111, 204, 206
$Nb_{22}O_{54}$ 204, 206
$Nb_{25}O_{62}$ 204, 206
Nb_3Ga 512
Nb_3Ga_5 512
Nb_3O_7F 206
Nb_3Se_4 380
Nb_3Sn 520
$Nb_{47}O_{116}$ 204, 206
$Nb_{53}O_{132}$ 204, 206
$NbCl_3$ 145
$NbCl_4$ 145
$NbCl_5$ 145, 242, 534
NbO 205
NbO_2 204, 205, 206, 207

NbOCl$_2$ 427
NbOF$_3$ 206
NbOX_3 538
NbS$_2$Cl$_2$ 438
NbS$_2$I$_2$ 438
NbSe 380
NbSe$_2$ 380
NdAs 482, 488, 489
NdAsO$_4$ 179, 183, 184
Nd$_2$Ta$_2$O$_7$Cl$_2$ 429
Nd$_2$Ti$_4$O$_{11}$ 186
Nd$_4$Ti$_9$O$_{24}$ 186
NdPO$_4$ 181, 182
NdSbO$_4$ 185
NdTaO$_4$ 429
Neodymarsenat 183
Neumann-Kopp'sche Regel 549
NH$_3$ 15
NH$_4$Cl 15, 584
Ni 10, 86, 110, 128, 130, 608
NiBr$_2$ 28
NiC$_2$O$_4 \cdot$ 2 H$_2$O 609
Ni$_2$GeO$_4$ 247
Ni$_2$Mo$_3$O$_8$ 227, 228, 229
Ni$_2$SiO$_4$ 230, 230, 245
Nichtmetalldampf 540, 541
nichtstationäres Transportverhalten 11, 19, 20, 41, 63, 69, 78, 163
Nickel 1, 10, 27, 87, 89, 110, 128, 130, 608, 609
Nickelarsenid-Strukturtyp 609
Nickelgermanat 247
Nickel(II)-niobat(V) 227
Nickel(II)-orthosilikat 230
Nickel(II)-wolframat(VI) 229
Nickel/Kohlenstoffmonoxid 86
Nickeltitanat 197
NiCl$_2$ 28
NiCO$_3$ 320
Ni(CO)$_4$ 10, 86, 130, 608
NiCr$_2$O$_4$ 226
NiFe$_2$O$_4$ 226, 229
NiGa$_2$O$_4$ 226
NiI$_2$ 28
NiMoO$_4$ 227, 228
NiNb$_2$O$_6$ 227
NiO 226, 230
Niob 123
Niobbronzen 172
Niob(III)-chlorid 145
Nioboxide 204
Niob(V)-chlorid 145, 242

Niob(V)-oxid 172
NiP 611
NiSO$_4$ 75, 304
NiTiO$_3$ 197, 230
Nitrid 109
NiWO$_4$ 229
normierter Partialdruck 6

Oberfläche 107
offenes System 85
optimale Transporttemperatur 12, 14, 29, 595
Os 121
Osmium 121
Osmium(IV)-oxid 223
Osmiumoxide 222
Osmium(VIII)-oxid 223
OsO$_2$Cl$_2$ 538
OsO$_3$ 223
OsO$_4$ 223
OsOCl$_4$ 538
Ostwald-Miers-Bereich 442
Oxidationsstufe 144
Oxidfluoride 431
Oxidhalogenid 214, 538

Palladium(II)-oxid 230
Partialdruckdifferenz 14, 22, 27, 83, 95, 507
Partialdruckgradient 25, 35
Pb$_x$Mo$_6$S$_y$ 70
PbCl$_2$ 75
PbMo$_6$S$_8$ 345
PbSO$_4$ 75, 304
P$_4$O$_n$ 310
P$_4$O$_6$ 76, 249, 310
P$_4$O$_{10}$ 249, 310
PCl 251
PCl$_3$ 251, 252
PCl$_5$ 534
PdAl$_2$I$_8$ 108
Pd$_5$AlI$_2$ 108
PdO 226, 230
Pendelofen 508
Pendelverfahren 442
Perrheniumsäure 218, 219
Phasenbreite 161, 169, 200, 337, 342, 343, 344, 345, 445, 508
Phasendiagramm 161, 196, 199, 204, 603
– Bi$_2$O$_3$/BiCl$_3$ 432
– Bismut/Selen/Sauerstoff 250
– Blei/Molybdän/Schwefel 346

- Chrom/Phosphor/Sauerstoff 313
- Eisen/Germanium 505
- Eisen/Schwefel 343
- $Hg_{0,8}Cd_{0,2}Te/HgI_2$ 404
- Kupfer/Phosphor/Sauerstoff 313
- Kupfer/Silber 510
- Metall/Sauerstoff (schematisch) 161
- Molybdän/Wolfram 509
- Nickel/Tantal 511
- Niob/Sauerstoff 204
- Niob/Selen 381
- Vanadium/Sauerstoff 199

Phasenfolge 21, 69, 75, 421
Phasengrenze 55, 57
Phasengrenzzusammensetzung 57
Phasenregel 33, 40, 69, 564
Phasenumwandlung 29
Phosphate 178, 180, 307, 314
Phosphid 469
Phosphide, phosphorreiche 470
Phosphor 107, 128, 312, 348, 610
Phosphorkoexistenzdruck 470
Plasma 131, 589
Plasmabedingung 588
Platin 121, 122, 128, 129
Platin(II)-chlorid 144, 582
PMS 345, 346
Pnictidchalkogenid 490
Pnictide 481
Pnictogenhalogenid 482
PO 310
PO_2 310
$POCl_3$ 252
PO_2Cl 252
Polykation 447
Praseodymantimonat 184
$Pr_4Ti_9O_{24}$ 186
$PrSbO_4$ 184
pseudomorphe Abscheidung 111
Pt 122, 129
$PtCl_2$ 582
PVD-Prozess 402

quantenchemische Berechnung 555
Quarz 4
quasistationäres Transportexperiment 19, 20, 38, 41
Quecksilberhalogenid 165, 591, 593, 594, 599
Quecksilber(II)-bromid 70
Quecksilber(II)-chlorid 231, 235, 606

Quecksilber(II)-halogenid 606
Quelle 2, 15, 80
Quellenbodenkörper 2, 30

Randbedingung 32, 33, 33
Re 122, 129
Reaktionsenthalpie 596
Regelkreis 578
Reinigungseffekt 1
ReO_2 37, 218, 219
ReO_3 218, 605
Re_2O_7 37, 218, 219, 606
ReO_3Cl 219
ReO_3I 37
ReO_3X 538
$ReOCl_4$ 538
reversible Löslichkeit 35
Rh 69
Rh_2O_3 62, 64, 225
$RhCl_3$ 62, 69
Rhenium 122
Rhenium(IV)-oxid 218
Rhenium(VI)-oxid 218, 605
Rhenium(VII)-oxid 218
Rheniumoxide 218
$RhNbO_4$ 225
Rhodium(III)-orthophosphat 68
Rhodium(III)-oxid 225
$Rh(PO_3)_3$ 69
$RhPO_4$ 69, 307, 307, 308
$RhTaO_4$ 225
$RhVO_4$ 225, 320
$RuBr_3$ 145
$RuBr_4$ 145
Rücktransport 586
RuO_2 222, 223, 225
RuO_3 129
RuO_4 129
$RuOCl$ 538
Ruß 130
Ruthenium 222
Ruthenium(III)-bromid 145
Ruthenium(IV)-bromid 145
Ruthenium(IV)-oxid 225

Sättigungsdampfdruck 72
Sauerstoff 129, 250
Sauerstoffkoexistenzdruck 192, 199
Sauerstoffkoexistenzzersetzungsdruck 160, 202

Sauerstoffpartialdruck 160, 161, 162, 164, 167, 169, 189, 192, 200, 202, 215, 221, 598, 614, 615
Sb 123, 128
Sb_2O_3 249
Sb_2O_4 249
Sb_2S_3 441
Sb_2Se_3 381
SbCl 251
$SbCl_3$ 251
SbI 441
SbI_3 441
SbOCl 252
SbSeI 381
SbSI 441
Scandium(III) 177
Scandium(III)-chlorid 177
Sc_2O_3 177
*Schmidt*zahl 97
Schwefel 130, 208, 337, 340, 609
Schwefelpartialdruck 343, 344
Schwerelosigkeit, s. Mikrogravitation 97
ScOCl 177
$SeCl_4$ 194
Selen 250
Selenid 376
Selenidospinell 376
Selen(IV)-chlorid 197, 215
Seltenerdmetallarsenat 183
Seltenerdmetall(III)-chlorid 176
Seltenerdmetall(III)-oxid 177
Seltenerdmetall(III)-oxidoverbindung 180
Seltenerdmetallniobat 187
Seltenerdmetalloxid 428
Seltenerdmetalloxidometallat 186
Seltenerdmetalloxidoverbindung 176
Seltenerdmetalltantalat 187
Seltenerdmetallvanadat 186
Senke 2, 15, 80
Senkenbodenkörper 30
– mit Homogenitätsgebiet 51
sequentielle Abscheidung 62
sequentieller Transport 19, 51, 71
Si 122, 123
SiAs 483, 490
$SiBr_4$ 248
$Si_{30}P_{16}Te_8$ 407
$Si_{46-2x}P_{2x}Te_x$ 407
$SiCl_2$ 35, 248
$SiCl_4$ 35, 149, 248

SiF_4 149, 245
SiI_2 33, 34, 84, 125
SiI_4 33, 34, 125, 248, 534
Silber 124, 129
Silicat 245, 320
Silicid 514
Silicium 33, 34, 35, 84, 85, 122, 123, 125
Siliciumdioxid 110, 241, 242
Silicium(IV)-chlorid 35, 149
Silicium(IV)-fluorid 149, 321
Silicophosphat 317
Simultantransport 51, 57, 71, 77, 79, 311, 574
SiO_2 109, 111, 318
$SiOF_2$ 321
$SmTiO_3Cl$ 428, 429
Sn 123
$SnCl_2$ 248, 249
$SnCl_4$ 249
SnI_2 249, 341, 342
SnI_4 248, 249, 341, 342
SnO_2 244, 244, 245
SnS_2 340, 341, 342
Standardbildungsenthalpie 545, 547, 552, 553
Standarddruck 615
Standardentropie 546
stationärer Transport 10, 30, 163
stationärer Zustand 93
Stationarität 57, 78
Stationaritätsbeziehung 42, 43
Stöchiometriebeziehung 31
Stöchiometriezahl 30
stöchiometrischer Fluss 80, 97
Stoffmengenbilanz 34, 42
Stoffmengenverhältnis 40
Stoßquerschnitt 91
strömendes System 85
Strömungsgeschwindigkeit 21, 86, 102
Strömungsrohr 85, 102
Sublimation 15, 16, 17, 107, 144
Sublimationsdruck 376
Substitution 337
Sulfate 303
Synproportionierung 69, 76, 124
Synproportionierungsgleichgewicht 122, 123, 145

Tabellenwerk 546
Ta_2O_5 207, 208
$TaCl_5$ 534
Tantaloxid 207

TaOX_3 538
TaS$_2$ 103
Tc$_2$O$_7$ 220
Te$_2$ 58
Te$_4$[WCl$_6$]$_2$ 447, 449
Te$_6$O$_{11}$Br$_2$ 252
Te$_6$O$_{11}$Cl$_2$ 252, 434, 435
Te$_8$[WCl$_6$]$_2$ 447, 448, 449
Technetium(VII)-oxid   220
TeCl$_2$ 58
TeCl$_4$ 58, 59, 168, 194, 203, 221, 233, 237, 252, 534
TeI$_2$ 492
TeI$_4$ 249
Tellur   130
Tellur(IV)-chlorid   58, 164, 202, 215, 221, 585
Tellur(IV)-halogenid   166
Tellur(IV)-iodid   249, 253
Tellur(IV)-oxid   252, 254
Temperaturregler   578, 579
TeO   58
TeO$_2$ 58, 59, 252, 252, 254, 435
TeOCl$_2$ 58, 59, 252
TeOI$_2$ 253
Tetracarbonylnickel   87, 130, 609
Tetrachlormethan   217
Tetralid   512
Thallium   128
Thallium(III)-oxid   236
Th$_2$Nb$_2$O$_9$ 191
Th$_2$Ta$_2$O$_9$ 191
Th$_2$Ta$_6$O$_{19}$ 191
Th$_4$Ta$_{18}$O$_{53}$ 191
ThCl$_4$ 147
thermische Konvektion   101, 102
thermische Zersetzung   66, 338, 376
thermodynamische Daten   545
thermodynamische Größen   24
Thermoelement   578
Thermofühler   578
Thermopaar   579
ThNb$_2$O$_7$ 191
ThNb$_4$O$_{12}$ 191
ThO$_2$ 189
Thorium(IV)-orthosilicat   190
Thorium(IV)-oxid   189, 190
Thoriumtitanat   191, 197
ThSiO$_4$ 190, 245
ThTa$_2$O$_7$ 191
ThTa$_4$O$_{12}$ 191
ThTa$_6$O$_{17}$ 191

ThTa$_8$O$_{22}$ 191
ThTi$_2$O$_6$ 191, 197
TiB$_2$ 522
Ti$_2$O$_3$ 191, 192
Ti$_3$O$_5$ 191
TiCl$_2$ 124
TiCl$_3$ 124
TiN   109
TiO   191
TiO$_2$ 191, 192, 193, 194, 195, 196
TiOCl   424
TiP   611, 612
TiPO$_4$ 307, 309, 310
Titan   2, 123, 124, 125
Titanate   186
Titan(II)-chlorid   124
Titan(II)-oxid   191
Titan(III)-oxid   191
Titan(IV)-chlorid   124
Titan(IV)-oxid   191
Titanoxide   191
Titan/Sauerstoff-System   193
Tl$_2$Ru$_2$O$_7$ 241
TRAGMIN   41, 43, 559, 565, 566, 611
Transportampulle   4, 96, 577, 578, 579, 580, 581, 583, 585
Transporteffekt   4, 5, 6, 25, 26, 27, 28, 105
Transportgleichung nach *Schäfer*   2, 14, 82
Transporthemmung   70
Transportmittel   1, 11, 29, 30, 58, 164, 166, 533, 580, 581, 582, 591
Transportmittelkombination   169
Transportofen   577
Transportrate   14, 23, 80, 89, 597
Transportrichtung   10, 16, 124, 126, 380, 596
Transportscheide   511, 518
Transporttemperatur   595
Transportumkehr   84, 125, 407
Transportverhalten
– Bi$_2$Q$_3$ (Q = Chalkogen)   443
– BiQX (X = Halogen)   443
– Borazit   323, 430
– Co$_x$Cr$_y$Ge$_z$/Iod   519
– Co$_x$Ta$_y$/Iod   511
– CoP/Iod   73
– Cr$_x$Ge$_y$/Iod   518
– Cr$_2$O$_3$ (Q = Chalkogen)   437
– CrCl$_3$/Chlor   47
– CrQX (X = Halogen)   437
– CuO/Iod   67

- $FeS_{1,0}$, $FeS_{1,1}$/Iod 345
- Ge/Iod 96
- $Mg_2P_2O_7$/Phosphor+Iod 312
- $Mn_2P_2O_7$/Phosphor+Iod 312
- Ni_xTa_y/Iod 511
- $Pb_xMo_yS_z$/Brom 346
- $Ta_xCo_yGe_z$/Iod 519
- WO_2/Iod 420

Transportwaage 62, 73, 587, 600, 601
transportwirksame Spezies 6, 43, 81, 543
Transportwirksamkeit 43, 44, 46, 49, 120
- absolute 44
- Bi_2Se_3, Sublimation 50
- Bi_2Se_3/Iod 48
- $BiSeO_3Cl$, Autotransport 452
- $CaMoO_4$/Chlor 175
- $Co_2Mo_3O_8$, MoO_2, Cobalt/HCl 568
- CoSi/Iod 516
- $CoSi_2$/Iod 517
- $CrSi_2$/Halogen 513
- $CuSe_2O_5$/$TeCl_4$ 233
- $FeAs_2$/Chlor 487
- $FeAs_2$/Iod 486
- FeGe/Iod 518
- $FeS_{1,0}$/HCl 56
- $FeS_{1,1}$/Iod 55
- FeSi/Iod 515
- GaSe/Iod 378
- $In_2Mo_3O_{12}$/Chlor 240
- NdAs/Iod 489
- $NdAsO_4$/Chlor 179
- $NdAsO_4$/$TeCl_4$ 184
- $NdPO_4$/PCl_5 181
- $NdSbO_4$/$TeCl_4$ 185
- $Ni_2Mo_3O_8$/Chlor 229
- $NiMoO_4$/Chlor 228
- $Si_{30}P_{16}Te_8$/$SiCl_4$ 408
- $Te_4[WCl_6]_2$, Autotransport 449
- V_3O_5/$TeCl_2$ 61
- VO_2/$TeCl_2$ 60
- VOCl, Autotransport 426
- Zr/Iod 120
- ZnO/Chlor 47
- ZnO/HCl 45
- $ZrAs_{1,5}Se_{0,5}$/Iod 491
- $ZrAs_{1,5}Te_{0,5}$/Iod 493

Transportzusatz 58, 167, 169, 196
TURBOMOLE 555

Übergangsmetallchalkogenidhalogenide 436
U_2Te_3 191

U_3O_8 189, 190
U_4O_9 189, 190
$U_4Ta_{18}O_{53}$ 191
UCl_4 147
Umhalogenierungsreaktionen 149
Umkehrpunkt 124
Umkehrtemperatur 124
unabhängiges Gleichgewicht 33, 46
UNb_2O_7 191
UNb_6O_{16} 191
$UNbO_5$ 191
UO_2 189
UP_2O_7 307
Uran(IV)-oxid 189
Urantelluridoxid 191
UTa_3O_{10} 191
UTa_6O_{17} 191
UTeO 191

Vanadaten 318, 319
Vanadiumoxide 57, 198, 200, 201, 202, 203
van Arkel 2
Van-Arkel-de-Boer-Verfahren 119
van't Hoff-Gleichung 13, 31
VCl_3 145
VCl_4 420
Verdampfungsgeschwindigkeit 128
Verdampfungskoeffizient 128
Verflüchtigung 1
Verhalten 20
Verneuil-Verfahren 236
Vielkomponentensysteme 247
Viskosität 104, 105
V_nO_{2n-1} 57, 58
V_2O_3 66, 199, 614
V_2O_5 199
V_3O_5 59, 61, 199
V_3O_7 199
V_4O_7 199
V_5O_9 199
V_6O_{11} 199
V_6O_{13} 199
V_7O_{13} 199
V_8O_{15} 199
V_9O_{17} 199
VO 614
VO_x 202
VO_2 59, 59, 60, 60, 199, 420
- obere Phasengrenze 201
- untere Phasengrenze 201
VOCl 424, 425

VOCl$_2$ 420, 427
VOCl$_3$ 59, 59, 66
Volumeninkrement 92
Vorreaktion 337
VOSO$_4$ 305
VOX_3 538
V$_2$O(PO$_4$) 307, 309
VP 469, 471, 611, 612
VPO$_4$ 309, 310
V$_4$(P$_2$O$_7$)$_3$ 69

W 36, 122, 129
Wanderungsgeschwindigkeit 69, 85
Wärmekapazität 548, 549, 554, 556
Wärmeleitfähigkeit 106
Wasser 585
Wasserstoff 236, 241, 244, 340, 348, 383, 405, 584, 604
Wasserstoffstrom 609
WCl$_6$ 427
WO$_2$ 71, 72, 73, 74, 75, 212, 213, 420, 421, 591
W$_{18}$O$_{49}$ 71, 72, 73, 74, 75, 214, 599
W$_{20}$O$_{58}$ 214
WOCl 427
WOCl$_2$ 427
WOCl$_3$ 427
WOCl$_4$ 427
WO$_2$Cl$_2$ 427
WO$_2$I 421
WO$_2$I$_2$ 421
WO$_2X_2$ 538
WO$_3$ 212, 213, 214, 472
Wolfram 122, 129, 172
Wolframbronze 240, 244
Wolframoxid 212
Wolframsäure 213, 214
Wolfram(VI)-oxid 212, 213
WOX_4 538
WP$_2$O$_7$ 312
Wüstit 220, 614

Xenonlampe 148

YbAs 488
Y$_3$Fe$_5$O$_{12}$ 187, 188
Y$_2$O$_3$ 177
Ytterbiumarsenid 488
Yttrium-Eisen-Granat 187, 188
Yttrium(III)-oxid 177
Yttriumvanadat 186
YVO$_4$ 186

Zersetzungsdruck 160, 377
Zersetzungsreaktion 49, 161
Zersetzungssublimation 15, 16, 17, 50, 51, 338, 377, 402, 403, 433, 445
Zersetzungstemperatur 338
Zink 234, 340
Zinkoxid 46, 47, 234, 603, 604
Zinksulfid 5, 12, 30, 33
Zinn 123
Zinndioxid 241
Zinn(IV)-oxid 244
Zirconium 110, 198
Zirconium(IV)-oxid 198
Zn$_2$SiO$_4$ 245
ZnI$_2$ 31
ZnIn$_2$Se$_4$ 378
ZnO 10, 29, 30, 45, 46, 47, 234, 235, 339, 603
ZnS 5, 10, 11, 12, 13, 30, 31, 32, 339
ZnS$_{1-x}$Se$_x$ 347
ZnSO$_4$ 303
ZnTe$_{1-x}$S$_x$ 403
ZnTe$_{1-x}$Se$_x$ 403
Zr 120
ZrAs$_{1,5}$Se$_{0,5}$ 491, 492
ZrAs$_{1,5}$Te$_{0,5}$ 492, 493
ZrO$_2$ 198, 321
ZrP$_2$O$_7$ 314
ZrSiO$_4$ 321
Zustandsbarogramm 39, 58, 161, 162, 196, 200, 615
– Bi$_2$O$_3$/BiI$_3$ 422
– Bi$_2$O$_3$/SeO$_2$/BiI$_3$ 434
– Bi$_2$S$_3$/BiI$_3$ 422
– Bi$_2$Se$_3$/BiCl$_3$ 445
– Bi$_2$Se$_3$/BiI$_3$ 382
– BiOCl/SeO$_2$ 451
– Mangan/Sauerstoff 167
– Metall/Sauerstoff (schematisch) 161
– MQ_n/MX_m (Q = Chalkogen, X = Halogen) 418
– PbQ (Q = O, S, Se, Te), Sublimation 401
– Tellur/WCl$_6$ 448
– TeO$_2$/TeCl$_4$ 435
– Titan/Schwefel 39
– Vanadium/Sauerstoff 58, 200
– V$_2$O$_3$/VOCl/VCl$_3$ 426
– WOCl$_2$/WOCl$_3$/WOCl$_4$ 428
Zweitiegeltechnik 430

Tafelteil

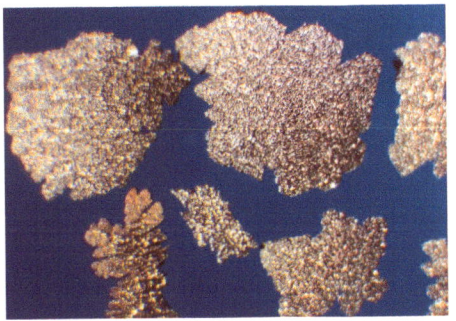

MnO_{1+x}

V_2O_3

$V_{1-x}Nb_xO_2$

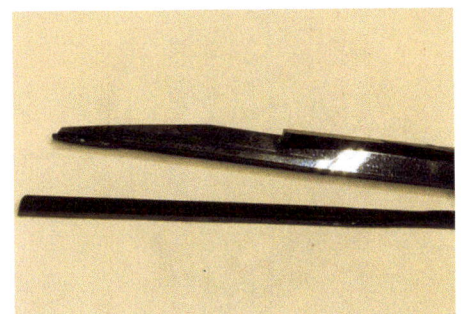

V_6O_{13}

V_2O_5

Ta_2O_5

Mo$_4$O$_{11}$

γ-Mo$_4$O$_{11}$

MoO$_2$

MoO$_3$

W$_{18}$O$_{49}$

WPO$_5$

ReO$_2$

ReO$_3$

Fe$_3$O$_4$

Ru$_{1-x}$Sn$_x$O$_2$

ZnCr$_2$O$_4$

ZnO$_{1-x}$

T4 | Tafelteil

VOSO$_4$

Fe$_2$(SO$_4$)$_3$

N-CoSO$_4$

ZnSO$_4$

CuSe$_2$O$_5$

CuTe$_2$O$_5$

BPO$_4$

CePO$_4$

NdPO$_4$

Nd$_{1-x}$Pr$_x$PO$_4$

Nd$_{1-x}$Sm$_x$PO$_4$

NdAsO$_4$

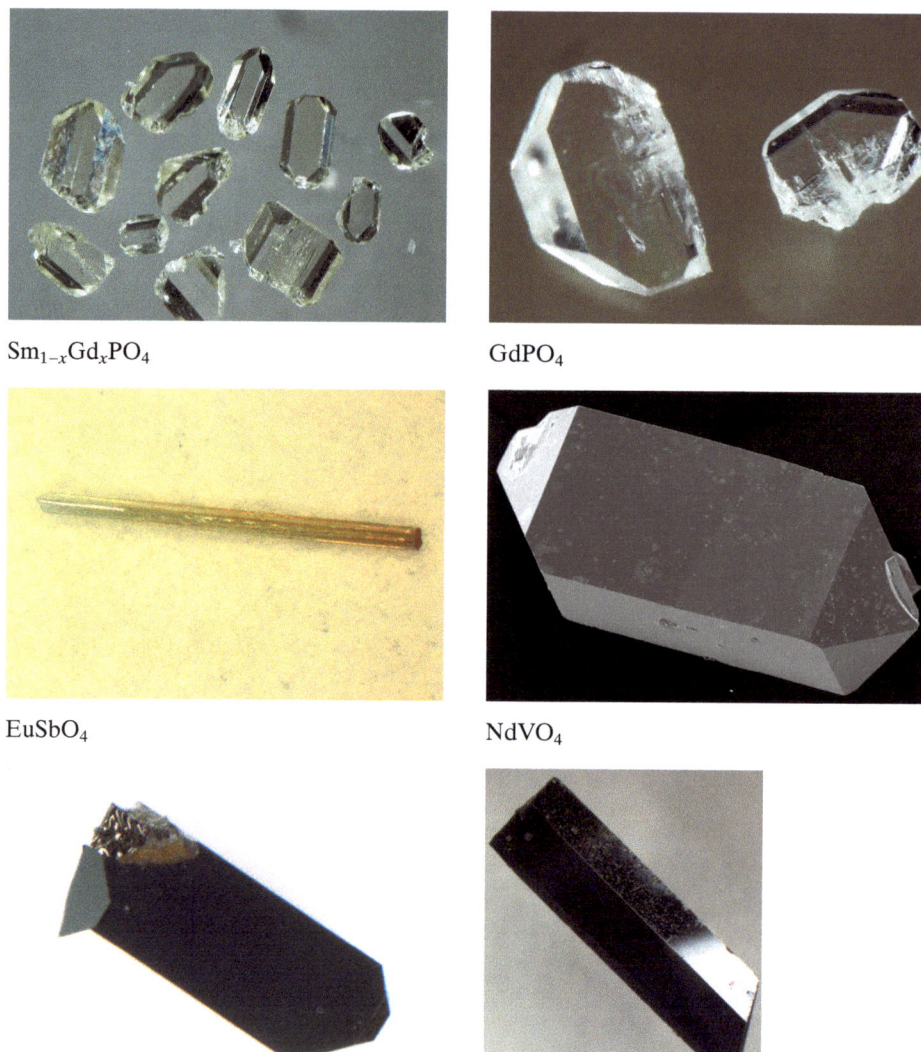

Sm$_{1-x}$Gd$_x$PO$_4$

GdPO$_4$

EuSbO$_4$

NdVO$_4$

RhVO$_4$

CuV$_2$O$_6$

Tafelteil | T7

TiPO$_4$

Ti(PO$_3$)$_3$ C-Typ

β-VPO$_5$ anreduziert

Cr$_2$P$_2$O$_7$

β-CrPO$_4$

FeTi$_4$(PO$_4$)$_6$

Co$_2$P$_2$O$_7$

Co$_2$Si(P$_2$O$_7$)$_2$

CoTi$_4$(PO$_4$)$_6$

δ-Ni$_2$P$_2$O$_7$

NiTi$_2$O$_2$(PO$_4$)$_2$

Cu$_2$P$_2$O$_7$

Tafelteil | T9

$Fe_{0,97}Mn_{0,03}S$

$Fe_{0,97}Mn_{0,03}S$

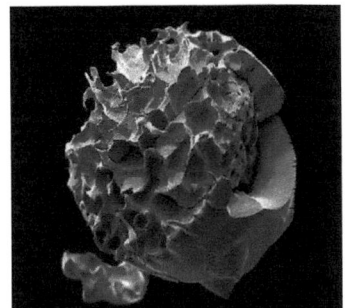

Ag_2Se

PtS

ZnS

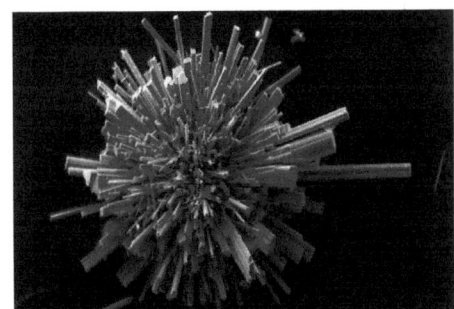

$Pd_{0,62}Pt_{0,38}S$

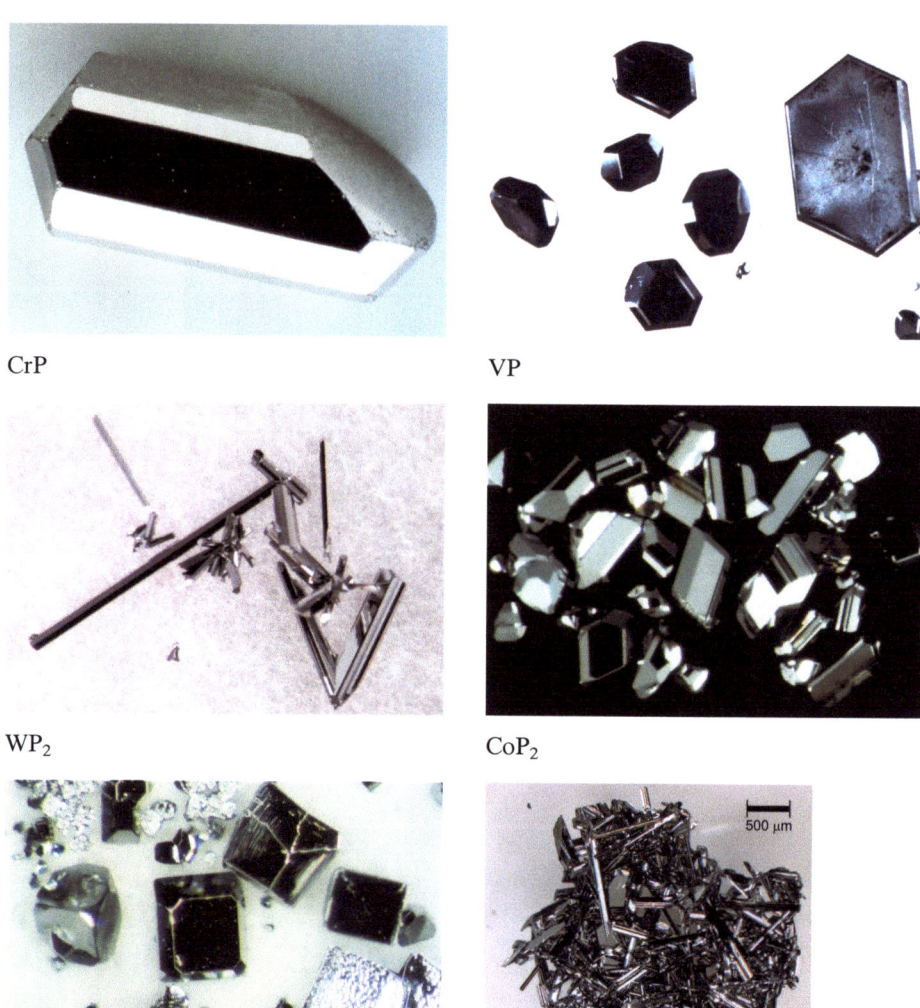

CrP

VP

WP$_2$

CoP$_2$

CoP$_3$

HfAs$_2$

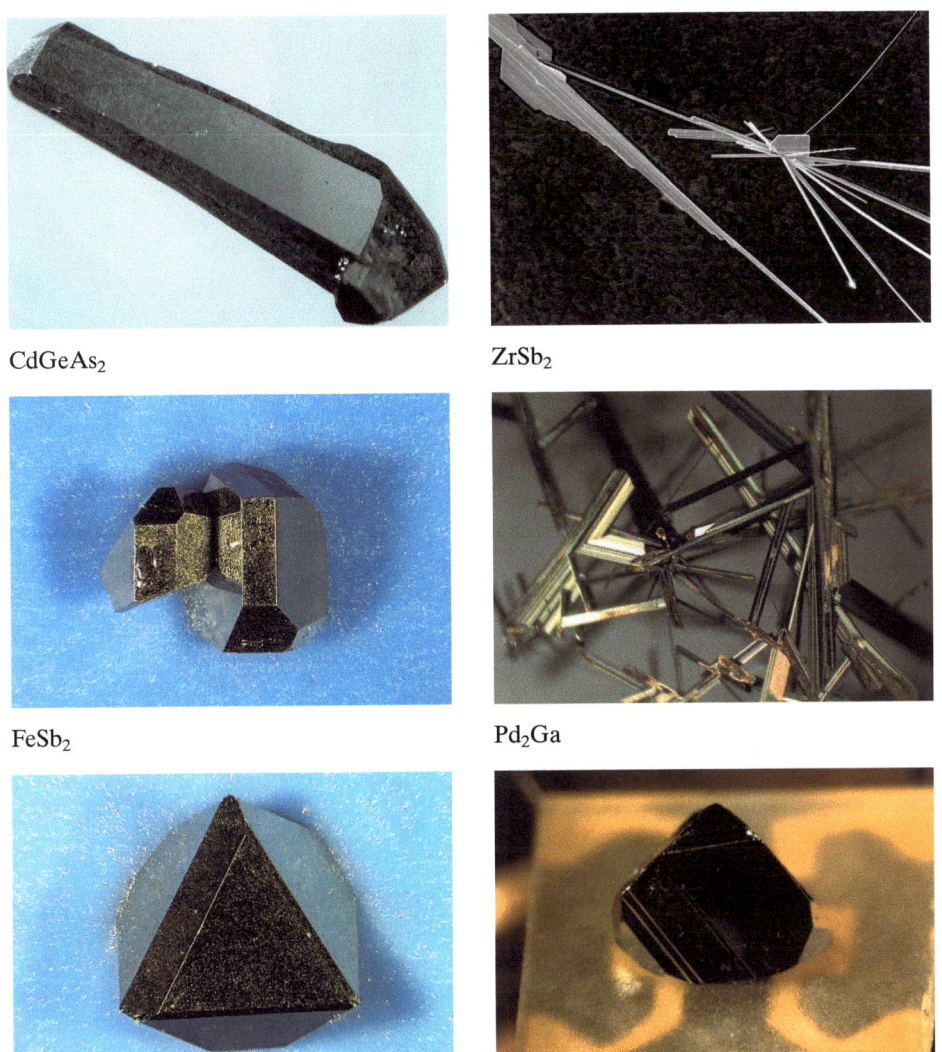

Tafelteil | T11

CdGeAs$_2$

ZrSb$_2$

FeSb$_2$

Pd$_2$Ga

CrGe

FeGe

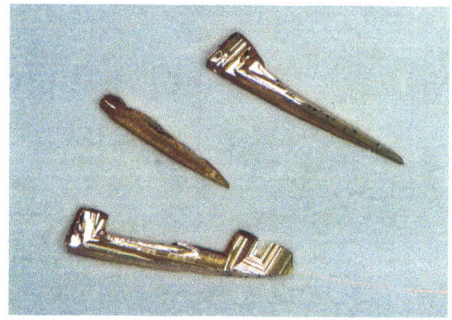

Bi$_7$O$_9$I$_3$

Bi$_{24}$O$_{31}$Cl$_{10}$

BiOCl

BiOI

BiSeI

CoCl$_2$

Bei Fragen zur Produktsicherheit wenden Sie sich bitte an:
If you have any questions regarding product safety,
please contact:

Walter de Gruyter GmbH
Genthiner Straße 13
10785 Berlin
productsafety@degruyterbrill.com